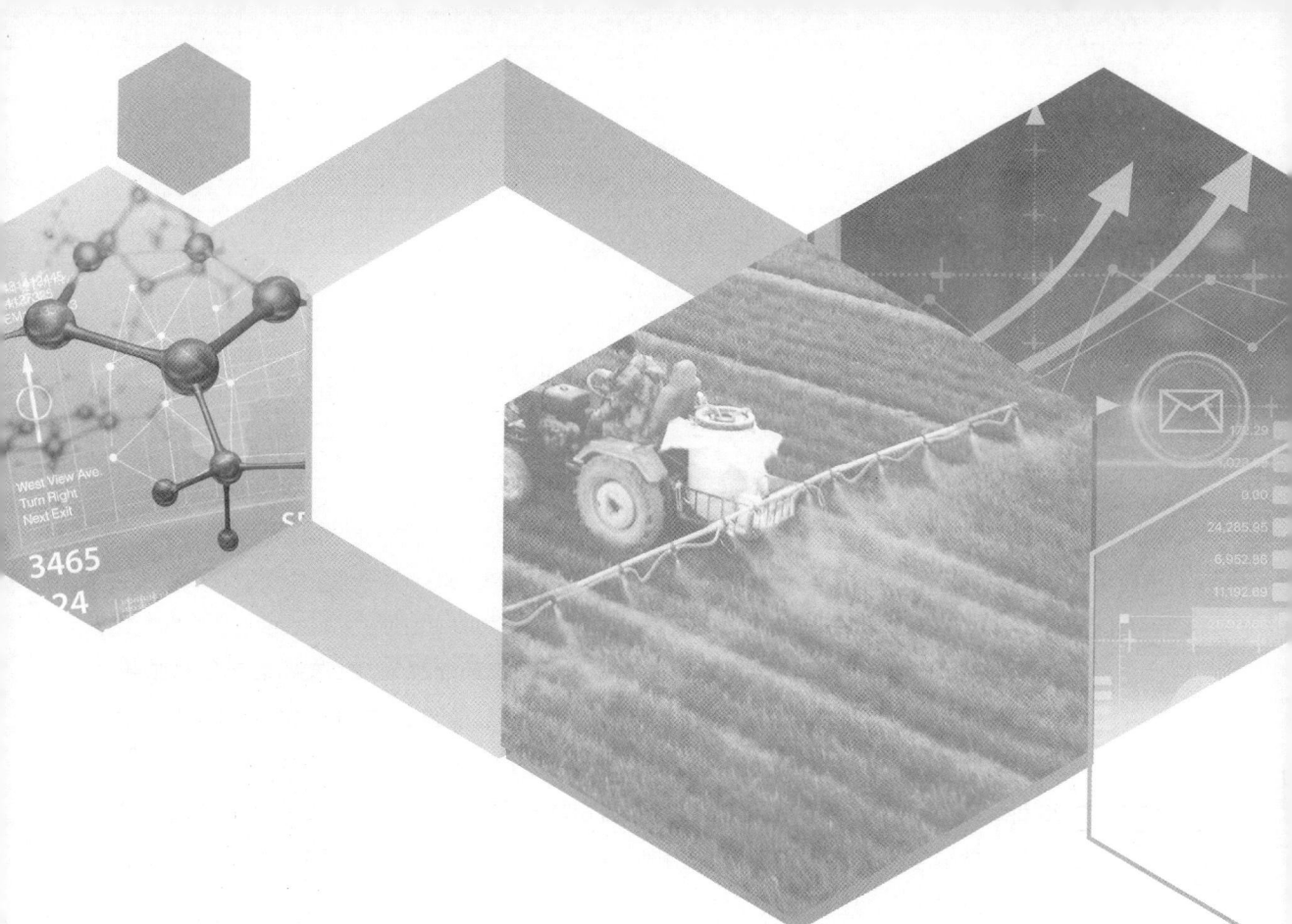

新编
农药科学使用手册

王江柱　主编

中国农业出版社

北　京

　　本书以农业农村部农药检定所主办的"中国农药信息网"上发布登记的优质农药为基础，结合我国农业生产中的实际用药状况等，精选了 418 种优质实用农药（杀菌剂单剂 69 种及混剂 64 种、杀虫杀螨剂单剂 68 种及混剂 53 种、种衣剂混剂 26 种、除草剂单剂 61 种及混剂 52 种、植物生长调节剂 25 种）进行介绍，分别阐述了主要含量与剂型、产品特点、适用作物防控（除）对象及使用技术（或适用作物使用技术及效果）、注意事项四个方面内容，其中以使用技术部分为内容重点。

　　本书适用于农业生产技术人员、农药经营人员、农药生产与营销企业、农业种植专业合作社及种植大户（或家庭农场）、农学类及植保专业师生等参考使用。

编 写 人 员

主　　编　王江柱

副 主 编　吴　研　齐明星

编写人员　（按姓氏笔画排序）

王江柱　王建华　齐明星　刘新佳

吴　研　张锋岗　陈　霞　周宏宇

赵　莹　赵雄伟

前言

Foreword

  农药是一类重要农业生产物资，是保障植物健康生长发育并丰产丰收的农业生产投入品，在农业生产中发挥着举足轻重的作用，具有不可或缺性。同时，农药又是一类有毒的化学物质，其毒性由低到高依次为微毒、低毒、中毒、高毒、剧毒，虽然目前我国已对剧毒农药和大部分高毒农药实行了禁用，并对少数未禁高毒农药也做了限制性使用规定，但仍然存在一些农药的不规范使用，甚至滥用问题。鉴于此，国家相关职能部门出台了"农药减量使用"的相关倡导与要求。在此背景下，如何既要保证有效防控病虫草害，又要贯彻农药减量使用的指导方针，科学安全使用农药就成为一个重要课题。因此，我们在中国农业出版社编辑的策划下，以《农民欢迎的200种农药》（第二版）为基础，组织编写了《新编农药科学使用手册》。本书以农业农村部农药检定所主办的"中国农药信息网"上发布登记的农药为基准，结合我国农业生产中实际用药状况和作者近些年来在农业生产指导与服务中的经验积累，精选了418种优质实用农药（单剂217种、混配制剂201种）作为编写对象，分别从主要含量与剂型、产品特点、适用作物防控（除）对象及使用技术（或适用作物使用技术及效果）、注意事项四个方面进行阐述，其中以使用技术部分为重点内容。

  杀菌剂、杀虫剂及种衣剂部分继续沿用作者以往编写农药类书籍时所使用的"防控"概念，目的是遵循农业生态平衡和可持续发展的原则，将病虫害控制在最低损害水平，尽量减少用药次数及用药量，降低农药残留和可能的环境污染，以贯彻落实国家倡导的"农药减量使用"方针。

  常用农药虽然按其来源可分为植物源、微生物源、矿物源、仿生类、化学合成类五大类型，但也都属于"有毒"的农用化学生产物资，所以每类农药在具体使用中都有明确的使用方法、技术和严格的注意事项，而注意事项除少数产品的特殊要求外，大部分均具有一定共性。为了节省正文篇幅，这些相同注意事项就基本不在相应农药的"注意事项"中赘述，结合农药购买、使用等环节的注意事项，在此一并归纳总结为 20 个方面阐述说明。

（1）购买药剂时，应选择正规销售渠道，并认清产品包装上的有效成分名称、含量、防治靶标等相关内容，使用前再仔细阅读产品标签上的使用技术、用药量及注意事项等。

（2）配药时应选用中性清水稀释，不能使用偏酸性水、偏碱性水、污水及浑浊水，最好采用二次稀释法配药，并注意将药液搅拌均匀，以促使药效充分发挥；配制好的药液应尽快使用，不能长时间放置，更不能过夜。

（3）首次使用一种新药剂时，应在农业技术人员指导下进行，或先进行小范围试验确认后再大面积使用。

（4）有些悬浮剂长时间放置后可能会有沉淀或沉降现象，使用前应当充分摇匀，摇匀后使用大多不影响药效。

（5）保护性杀菌剂应在病菌侵染前喷施，迟效型杀虫（螨）剂尽量在害虫（螨）发生初期开始喷药，土壤封闭型（苗前）除草剂一定在杂草出土前喷洒，以充分保证防控（除）效果。

（6）除个别产品外，绝大多数农药均不能与碱性药剂（含肥料）及强酸性药剂混用。

（7）许多农药品种已使用多年，不同地区因用药水平和频次不同，对这些药剂的敏感性或抗药性了解程度也不同，导致有效剂量会存在一定差异，具体用药时应根据当地以往用药习惯和实际情况，科学确定适宜用药量或混合用药，以确保获得理想防控效果。

（8）用药时应及时、均匀、周到，避免漏喷及重复喷施，特别是除草剂类及植物生长调节剂类。

（9）连续用药时，注意与不同作用机理药剂交替使用或科学混用，以延缓防控靶标产生抗药性；同时需特别注意该药剂的安全采收间隔期及每季最多使用次数，以确保药剂残留低于最大残留限量标准。

（10）有些混配药剂生产企业较多，各企业间产品的配方比例及含量差异较大，本书所推荐使用倍数或剂量是以相应配方比例为前提的，具体选用时还应以购买产品的标签说明为准。

（11）露地植物喷药时，应选择无风或微风天进行，并避免在高温下作业，最好在上午 10 时前或下午 4 时后施药，且喷药前应注意天气预报，保证喷药后 2 小时内无有效降雨。

（12）有些水果的幼果期尽量避免使用乳油类剂型和铜素杀菌剂类药剂，以免对幼果表面造成刺激伤害，形成果锈。

（13）关于药剂处理种子（包衣或拌种）时，首先供处理种子应符合良种标准要求；其次，配药和种子处理均应在通风良好的环境下进行，且操作人员应严格按照农药使用准则进行操作；第三，药剂处理后的种子不能在阳光下暴晒，应当阴干，以免导致药剂光解而影响药效；第四，药剂处理后的种子在设置清晰而明显标签后应存放于阴凉干燥处，不能与未处理种子、粮食、饲料共存，以免搞混，且药剂处理后的种子只能用于播种，不能用作粮食、饲料或加工；第五，有些种子药剂处理后播种时（或播种前）还会有一些具体要求，请按照产品标签说明进行操作。

（14）许多农药对蜜蜂、家蚕、赤眼蜂高毒，这类药剂在作物及果树开花期禁止使用，蜜源植物花期、蚕室周边和桑园内及其附近也禁止使用，鸟类取食区域及保护区内和赤眼蜂放飞区域亦禁止使用。

（15）许多农药对鱼类及水生生物有毒，用药时应远离水产养殖区域，并禁止在河流、湖泊、池塘等水体中清洗施药器具，剩余药液及洗涤药械的废液严禁污染上述各类水体。

（16）废弃农药包装严禁随意丢弃、填埋或烧毁，更不能作为他用，应根据《中华人民共和国土壤污染防治法》《农药包装废弃物回收处理管理办法》《农药管理条例》等法律、法规的要求，交当地农药包装废弃物回收部门回收处理。

（17）农药均属有毒化学物质，应在阴凉、干燥、通风、避光、防雨处保存，贮存场所应为儿童及未成年人不能触及之处，并上锁保管；不能与食物、饮料、粮食及动物饲料在一起存放或运输；小包装（药袋或药瓶）打开后尽量一次性用完，未用完时应将剩余药剂密封后放回原处保存，并在短期内用完。

（18）孕妇、哺乳期妇女及儿童禁止接触农药产品。

（19）用药时应做好安全防护，如穿戴好防护服装（长衣、长裤等）、防护靴、口罩或面罩、手套等防护用品，请勿逆风喷药，避免药液接触皮肤、溅入眼睛或从口鼻吸入，且施药期间不得进食、饮水、吸烟等；施药后及时更换衣服，并用清水和肥皂清洗手、脸等身体裸露部位或洗澡；若用药过程中或用药后感觉不适（过敏或中毒等），应立即停止工作、离开现场，采取急救措施，并携带用药包装或标签送医院诊治。

（20）农药中毒症状有局部瘙痒、红肿、恶心、呕吐、腹泻、腹痛、头痛、头晕、心律失常、呼吸失常或麻痹、血压下降、抽搐、循环衰竭乃至死亡等；不慎药液沾染皮肤，立即用肥皂和清水彻底清洗皮肤表面；不慎药液溅入眼睛，立即用清水冲洗眼睛至少 15 分钟，严重者及时携带药剂包装或标签送医院对症就医；不慎误服或吸入，应立即将患者移至空气清新处，并根据标签说明进行处理，较重者迅速携带药剂包装或标签送医院对症治疗。

在同一植物上防控多种病害或害虫时，本书许多地方分别叙述了相应的防控技术及用药次数，目的是使读者更加清楚不同病害或害虫的具体用药防控技术，以便根据田间实际情况进行针对性参考；若同一田块内有多种病害或害虫均需防控时，应科学安排具体用药种类，尽量做到兼防兼控。另外，植物果实（或果穗）是否套袋对一些病虫害的防控技术要求不同，具体用药时应根据生产上的实际情况进行灵活调整。再有，根据农民用药习惯，面积单位书中还是以"亩"来进行表示。

书中所述农药的使用剂量或使用倍数及使用技术（方法），可能会因植物品种、栽培方式、生长时期、生态条件及不同生产企业的生产工艺等不同而有一定的差异。因此，实际使用过程中，应以所购买产品的标签说明为准，或在当地农技人员指导下进行使用。

在本书编写过程中，得到了河北农业大学科教兴农中心、江苏龙灯化学有限公司等单位的大力支持，在此表示诚挚的感谢！

由于作者的研究工作范围、农技指导区域、生产实践经验及所收录和积累的技术资料还相当有限，书中不足之处在所难免，恳请各位同仁及广大读者予以批评指正，以便今后进一步修改、完善，在此深致谢意！

编　者

2022 年 9 月

目 录
Contents

✔ 第五章　**植物生长调节剂**　556

第一章 杀菌剂

第一节 单 剂

氨基寡糖素 oligosaccharins

主要含量与剂型 0.5%、1%、2%、3%、5%水剂，1%可溶液剂，2%可湿性粉剂。

产品特点 氨基寡糖素是一种多糖类物质，属新型植物抗性诱导剂（诱导植物产生抗性）。被植物吸收后，能迅速激发植物本身的防御反应，诱导植物产生具有抗病作用的几丁酶、葡聚糖酶、木质素、植保素及与病程相关的蛋白等物质，提高植物自身的免疫力和防卫能力，使植物免受危害。使用本品后，诱导植物产生的抗病物质，既可影响病菌孢子萌发，诱发菌丝形态发生变异，溶解病菌细胞壁，破坏其生长点，抑制或甚至杀死病菌；又可钝化病毒，预防病毒侵入、扩展，干扰病毒复制、增殖及在植物体内的转移等；还可提高植株抗线虫侵入及为害能力。同时，氨基寡糖素还兼有活化植物细胞，增强植株抗逆性，促进植物生长发育，改善品质，提高产量等作用。

适用作物防控对象及使用技术

烟草病毒病 从病害发生初期或初见病叶时开始喷药，7～10天1次，连喷2～3次。一般每亩次使用0.5%水剂200～300毫升，或1%水剂或1%液剂100～150毫升，或2%水剂70～100毫升，或2%可湿性粉剂70～100克，或3%水剂40～60毫升，或5%水剂30～40毫升，对水30～45千克均匀喷雾。植株小时选用低剂量，植株大时选用高剂量。

玉米粗缩病 从病害发生初期或玉米3～5叶期开始喷药，7～10天1次，连喷1～2次，特别要重点喷洒田块边缘。一般每亩次使用0.5%水剂400～500毫升，或1%水剂或1%液剂200～300毫升，或2%水剂100～150毫升，或2%可湿性粉剂100～150克，或3%水剂80～100毫升，或5%水剂50～70毫升，对水20～40千克均匀喷雾。喷药时，最好混加防控传毒媒介飞虱类害虫的有效药剂，以提高防控效果。

辣椒病毒病 从病害发生初期或初见病叶时开始喷药，7～10天1次，连喷3次左右。一般每亩次使用0.5%水剂400～500毫升，或1%水剂或1%液剂200～250毫升，或2%水剂100～120毫升，或2%可湿性粉剂100～120克，或3%水剂70～90毫升，或5%水剂35～50毫升，对水30～45千克均匀喷雾。

番茄病毒病 从病害发生初期或初见病叶时开始喷药，7～10天1次，连喷3次左右。一般每亩次使用0.5%水剂800～1 000毫升，或1%水剂或1%液剂400～500毫升，或2%水剂200～300毫升，或2%可湿性粉剂200～300克，或3%水剂140～180毫升，或 5%水剂 80～100 毫升，对水 30～60 千克均匀喷雾。

番茄晚疫病　从病害发生初期或初见病斑时开始喷药，7 天左右 1 次，连喷 3 次左右，注意与不同类型药剂交替使用。一般每亩次使用 0.5%水剂 200～300 毫升，或 1%水剂或 1%液剂 100～150 毫升，或 2%水剂 70～100 毫升，或 2%可湿性粉剂 70～100 克，或 3%水剂 40～60 毫升，或 5%水剂 30～40 毫升，对水 30～60 千克均匀喷雾。

西瓜、黄瓜枯萎病　从病害发生初期开始用药液灌根，10 天左右 1 次，连续用药 2～3 次；或在瓜苗定植时、定植后 20～30 天及坐住瓜后各用药液灌根 1 次。一般使用 0.5%水剂 120～150 倍液，或 1%水剂或 1%液剂 250～300 倍液，或 2%水剂或 2%可湿性粉剂 400～500 倍液，或 3%水剂 600～800 倍液，或 5%水剂 1 000～1 200 倍液灌根，每次每株浇灌药液 200～250 毫升。

黄瓜根结线虫病　在瓜苗栽植时、栽植后 20 天左右及开始结瓜后各用药液灌根 1 次。药剂使用量同"西瓜枯萎病"。

猕猴桃树根结线虫病　在病害发生前或发生初期使用药液灌根。一般使用 0.5%水剂 150～200 倍液，或 1%水剂或 1%液剂 300～400 倍液，或 2%水剂或 2%可湿性粉剂 500～600 倍液，或 3%水剂 800～1 000 倍液，或 5%水剂 1 200～1 500 倍液灌根，每株浇灌药液 3～5 千克。

白菜软腐病　从病害发生初期开始喷药，7～10 天 1 次，连喷 2 次左右。一般每亩次使用 0.5%水剂 800～1 000 毫升，或 1%水剂或 1%液剂 400～500 毫升，或 2%水剂 200～250 毫升，或 2%可湿性粉剂 200～250 克，或 3%水剂 120～150 毫升，或 5%水剂 80～100 毫升，对水 30～45 千克喷淋茎基部（基部叶片背面）。

葡萄霜霉病　从病害发生初期或初见病斑时开始喷药，7 天左右 1 次，与不同类型药剂交替使用。氨基寡糖素一般使用 0.5%水剂 150～200 倍液，或 1%水剂或 1%液剂 300～400 倍液，或 2%水剂或 2%可湿性粉剂 600～800 倍液，或 3%水剂 800～1 000 倍液，或 5%水剂 1 200～1 500 倍液，均匀喷雾。

梨树黑星病　从病害发生初期或初见病斑时开始喷药，10 天左右 1 次，与不同类型药剂交替使用。氨基寡糖素一般使用 0.5%水剂 80～100 倍液，或 1%水剂或 1%液剂 120～150 倍液，或 2%水剂或 2%可湿性粉剂 250～300 倍液，或 3%水剂 400～500 倍液，或 5%水剂 600～800 倍液，均匀喷雾。

苹果树斑点落叶病　从病害发生初期或初见病斑时开始喷药，10 天左右 1 次，与不同类型药剂交替使用，春梢生长期内和秋梢生长期内各需喷药 2 次左右。氨基寡糖素喷施倍数同"梨树黑星病"。

红枣黑斑病　从病害发生初期或初见病斑时开始喷药，10 天左右 1 次，与不同类型药剂交替使用。氨基寡糖素喷施倍数同"梨树黑星病"。

水稻稻瘟病　防控苗瘟及叶瘟时，从病害发生初期或田间出现发病中心时或出现急性病斑时开始喷药，10 天左右 1 次，连喷 1～2 次；防控穗颈瘟时，在破口初期和齐穗初期各喷药 1 次。注意与不同类型药剂交替使用。氨基寡糖素一般每亩次使用 0.5%水剂 750～1 000 毫升，或 1%水剂或 1%液剂 400～500 毫升，或 2%水剂 200～250 毫升，或 2%可湿性粉剂 200～250 克，或 3%水剂 120～150 毫升，或 5%水剂 80～100 毫升，对水 30～45 千克均匀喷雾。

棉花黄萎病、枯萎病　从病害发生初期或初见病株时开始喷药，10～15 天 1 次，连喷 2～3 次。一般每亩次使用 0.5% 水剂 400～500 毫升，或 1% 水剂或 1% 液剂 200～300 毫升，或 2% 水剂 100～150 毫升，或 2% 可湿性粉剂 100～150 克，或 3% 水剂 80～100 毫升，或 5% 水剂 50～70 毫升，对水 30～45 千克均匀喷雾。

人参调节生长　在人参花蕾期、采花后及采花后 1 个月左右各喷药 1 次，具有较好的促进生长作用。一般每亩次使用 0.5% 水剂 250～300 毫升，或 1% 水剂或 1% 液剂 120～150 毫升，或 2% 水剂 60～80 毫升，或 2% 可湿性粉剂 60～80 克，或 3% 水剂 40～50 毫升，或 5% 水剂 25～30 毫升，对水 30～45 千克均匀喷雾。

注意事项　氨基寡糖素属于植物诱抗类药剂，应尽量在发病前或早期使用。用药时不能与强酸性或碱性农药及肥料混用。藤稔葡萄对本剂较敏感，具体应用时需要注意。

百菌清 chlorothalonil

主要含量与剂型　10%、20%、30%、40%、45% 烟剂，40%、720 克/升悬浮剂，75% 可湿性粉剂。

产品特点　百菌清是一种有机氯类极广谱保护性低毒杀菌剂，没有内吸传导作用，喷施到植物表面后黏着性能良好，不易被雨水冲刷，持效期较长。其杀菌机理是与真菌细胞中的 3-磷酸甘油醛脱氢酶中的半胱氨酸的蛋白质结合，破坏细胞的新陈代谢而使其丧失生命力。百菌清主要是保护植物免受病菌侵染，对已经侵入植物体内的病菌基本无效，必须在病菌侵染寄主植物前用药才能获得理想的防病效果。该药具有多个杀菌作用位点，连续使用病菌不易产生抗药性。

适用作物防控对象及使用技术

黄瓜、甜瓜、苦瓜、西瓜、西葫芦等瓜类及番茄、辣椒、茄子等茄果类蔬菜灰霉病露地栽培时以喷雾防控为主，保护地内除喷雾用药外还可熏烟防控。从病害发生初期或连续阴天 2 天时开始用药，7 天左右 1 次，连用 2～3 次。喷雾用药时，一般每亩次使用 40% 悬浮剂 125～150 毫升，或 720 克/升悬浮剂 100～120 毫升，或 75% 可湿性粉剂 120～200 克，对水 45～60 千克均匀喷雾。熏烟用药时，一般每亩次使用 10% 烟剂 500～800 克，或 20% 烟剂 300～400 克，或 30% 烟剂 200～250 克，或 40% 烟剂 150～200 克，或 45% 烟剂 150～180 克，在棚室内均匀分布多点点燃，而后密闭熏烟一夜。熏烟用药宜在傍晚封闭棚室后进行，点燃点应距离作物 30 厘米以上，以免灼伤作物；点燃时，从距棚室远处开始，依次点燃；刚定植的弱苗需谨慎使用，以免发生药害；次日通风后方可进入棚室内进行农事操作。

黄瓜、苦瓜、甜瓜、西瓜、西葫芦等瓜类病害　黄瓜病害以防控霜霉病为主，其他病害（不含灰霉病）考虑兼防即可，从初见病斑时开始喷药，7 天左右 1 次，与不同类型药剂交替使用，连续喷施；防控其他瓜类病害（不含灰霉病）时，从病害发生初期开始喷药，7～10 天 1 次，连喷 3～4 次。一般每亩次使用 75% 可湿性粉剂 120～150 克，或 720 克/升悬浮剂 100～120 毫升，或 40% 悬浮剂 125～150 毫升，对水 45～60 千克均匀喷雾。

番茄早疫病、晚疫病、叶霉病、叶斑病　从病害发生初期或初见病斑时开始喷药，

7 天左右 1 次，与不同类型药剂交替使用，连喷 3～5 次。百菌清喷施剂量同"黄瓜病害"。

茄子褐纹病、炭疽病、疫病、叶斑病 从病害发生初期或初见病斑时开始喷药，7～10 天 1 次，连喷 2～4 次，注意与不同类型药剂交替使用。百菌清喷施剂量同"黄瓜病害"。

辣椒炭疽病、疫病、霜霉病、白粉病 从病害发生初期或初见病斑时开始喷药，7～10 天 1 次，与不同类型药剂交替使用，连喷 3～5 次。百菌清喷施剂量同"黄瓜病害"。

芸豆、豇豆等豆类蔬菜的炭疽病、锈病、白粉病、叶斑病 从病害发生初期或初见病斑时开始喷药，7～10 天 1 次，连喷 2～4 次，注意与不同类型药剂交替使用。百菌清喷施剂量同"黄瓜病害"。

白菜、甘蓝等叶菜类蔬菜霜霉病、白粉病、炭疽病、叶斑病、灰霉病、菌核病、黑斑病 从病害发生初期或初见病斑时开始喷药，7～10 天 1 次，连喷 2～3 次。一般每亩次使用 75％可湿性粉剂 100～120 克，或 720 克/升悬浮剂 70～90 毫升，或 40％悬浮剂 100～120 毫升，对水 30～45 千克均匀喷雾。

葱蒜类蔬菜叶斑病、锈病 从病害发生初期或初见病斑时开始喷药，7～10 天 1 次，连喷 2～3 次。百菌清喷施剂量同"叶菜类蔬菜霜霉病"。

芦笋茎枯病、锈病 从病害发生初期或初见病斑时开始喷药，7～10 天 1 次，连喷 3～4 次，注意与不同类型药剂交替使用。一般使用 75％可湿性粉剂 500～600 倍液，或 720 克/升悬浮剂 700～800 倍液，或 40％悬浮剂 400～500 倍液，均匀喷雾。

马铃薯早疫病、晚疫病、炭疽病 从病害发生初期或初见病斑时，或植株现蕾期开始喷药，7～10 天 1 次，与不同类型药剂交替使用，直到生长后期。一般每亩次使用 75％可湿性粉剂 120～150 克，或 720 克/升悬浮剂 100～120 毫升，或 40％悬浮剂 150～180 毫升，对水 60～75 千克均匀喷雾。

油菜菌核病、锈病 从病害发生初期或油菜封垄前开始喷药，7～10 天 1 次，连喷 2 次左右。一般每亩次使用 75％可湿性粉剂 100～120 克，或 720 克/升悬浮剂 80～100 毫升，或 40％悬浮剂 120～150 毫升，对水 30～45 千克均匀喷雾，重点喷洒植株中下部及地面。

花生叶斑病、疮痂病、锈病 从病害发生初期或初见病斑时开始喷药，10 天左右 1 次，连喷 2～3 次。一般每亩次使用 75％可湿性粉剂 100～120 克，或 720 克/升悬浮剂 70～90 毫升，或 40％悬浮剂 100～120 毫升，对水 30～45 千克均匀喷雾。

甜菜褐斑病 从病害发生初期开始喷药，10 天左右 1 次，连喷 2 次左右。百菌清喷施剂量同"花生叶斑病"。

小麦纹枯病、锈病、白粉病、赤霉病 防控纹枯病、锈病、白粉病时，从小麦拔节初期或病害发生初期开始喷药，10 天左右 1 次，连喷 1～2 次；防控赤霉病时，在齐穗期和扬花初期各喷药 1 次。一般每亩次使用 75％可湿性粉剂 100～130 克，或 720 克/升悬浮剂 60～80 毫升，或 40％悬浮剂 100～130 毫升，对水 30～45 千克均匀喷雾。

水稻稻瘟病、稻曲病、纹枯病、鞘腐病 防控苗瘟、叶瘟时，在田间出现中心病株或出现急性病斑时喷药 1 次；防控穗颈瘟时，在破口初期和齐穗初期各喷药 1 次；防控稻曲病时，在破口前 5～7 天和齐穗初期各喷药 1 次；防控纹枯病、鞘腐病时，拔节期、孕穗期各喷药 1 次。百菌清喷施剂量同"小麦纹枯病"。

玉米大斑病、小斑病、黄斑病、纹枯病　田间出现病斑后，当气候条件有利于病害发生时开始喷药，7～10 天 1 次，连喷 1～2 次。一般每亩次使用 75％可湿性粉剂 100～150 克，或 720 克/升悬浮剂 80～100 毫升，或 40％悬浮剂 100～150 毫升，对水 30～45 千克均匀喷雾。

柑橘疮痂病、砂皮病、炭疽病、黑星病、黄斑病　在春梢萌发初期、春梢转绿期、落花 2/3 时、落花后 15 天左右、落花后 30 天左右、夏梢抽生初期、夏梢转绿期、秋梢抽生初期、秋梢转绿期各喷药 1 次，注意与不同类型药剂交替使用。百菌清一般使用 75％可湿性粉剂 600～700 倍液，或 720 克/升悬浮剂 700～800 倍液，或 40％悬浮剂 400～500 倍液，均匀喷雾。

香蕉叶斑病、黑星病　从病害发生初期开始喷药，10～15 天 1 次，与不同类型药剂交替使用，连喷 3～5 次。百菌清一般使用 75％可湿性粉剂 500～600 倍液，或 720 克/升悬浮剂 600～700 倍液，或 40％悬浮剂 300～400 倍液，均匀喷雾。

苹果树早期落叶病、黑星病、炭疽病、轮纹病　多从苹果落花后 20～30 天开始喷施本剂，与相应治疗性药剂交替使用，10～15 天 1 次，连喷 5～7 次。百菌清一般使用 75％可湿性粉剂 700～800 倍液，或 720 克/升悬浮剂 800～1 000 倍液，或 40％悬浮剂 500～600 倍液，均匀喷雾。需要指出，苹果在落花后 20 天内的幼果期不能喷施本剂，否则可能会造成果面产生锈斑。

梨树黑斑病、白粉病、褐斑病、轮纹病、炭疽病　防控黑斑病、白粉病、褐斑病等叶部病害时，多从病害发生初期或初见病斑时开始均匀喷药，10～15 天 1 次，连喷 2～3 次；防控轮纹病、炭疽病等果实病害时，一般从落花后半月左右开始喷药，10～15 天 1 次，与相应治疗性药剂交替使用或混用，直到果实套袋或生长后期。百菌清喷施倍数同"苹果树早期落叶病"。

葡萄病害　开花前、落花后各喷药 1 次，防控黑痘病、穗轴褐枯病，兼防霜霉病；防控霜霉病时，从叶片上初见病斑时开始喷药，7～10 天 1 次，与相应治疗性药剂交替使用或混用，直到生长后期，兼防炭疽病、褐斑病、白粉病；在果粒将要着色时，开始喷药防控炭疽病（不套袋葡萄），10 天左右 1 次，与相应治疗性药剂交替使用或混用，连喷 3～4 次，兼防霜霉病、褐斑病、白粉病。百菌清一般使用 75％可湿性粉剂 600～700 倍液，或 720 克/升悬浮剂 700～800 倍液，或 40％悬浮剂 400～500 倍液，均匀喷雾。应当指出，红提葡萄果粒对百菌清较敏感，仅适合在果穗全部套袋后喷施。

桃树病害　防控黑星病（疮痂病）时，从落花后 20 天左右开始喷药，10～15 天 1 次，直到果实采收前 1 个月，兼防真菌性穿孔病、炭疽病；防控炭疽病时，从落花后 20～30 天开始喷药，10～15 天 1 次，直到生长后期；防控褐腐病时，从果实采收前 1.5 个月开始喷药，10 天左右 1 次，连喷 2～4 次，兼防后期果实炭疽病。百菌清喷施倍数同"苹果树早期落叶病"。连续喷药时注意与相应治疗性药剂交替使用或混用。

李炭疽病、红点病　防控炭疽病时，从落花后 20～30 天开始喷药，10～15 天 1 次，连续喷施，直到生长后期；防控红点病时，多从落花后 15 天左右开始喷药，10～15 天 1 次，连喷 2～4 次。百菌清喷施倍数同"苹果树早期落叶病"。连续喷药时注意与相应治疗性药剂交替使用或混用。

草莓病害　在开花初期、中期、末期各喷药1～2次，对白粉病、灰霉病、褐斑病、叶枯病均具有较好的预防效果；繁苗田块，从病害发生初期或初见病斑时开始喷药，10天左右1次，连喷2～4次，有效防控炭疽病等病害发生。百菌清一般使用75％可湿性粉剂600～800倍液，或720克/升悬浮剂800～1 000倍液，或40％悬浮剂400～500倍液，均匀喷雾，连续喷药时注意与相应治疗性药剂交替使用或混用。

保护地果树灰霉病、花腐病　除上述喷雾防控外，还可通过熏烟进行用药。熏烟防控病害时，多在病害发生前或连续阴天2天时开始用药，一般每亩次使用45％烟剂150～180克，或40％烟剂170～200克，或30％烟剂200～250克，或20％烟剂350～400克，或10％烟剂700～800克，均匀分多点点燃，而后密闭熏烟一夜。第二天通风后才能进棚进行农事操作。

茶树炭疽病、茶饼病　从病害发生初期开始喷药，10天左右1次，连喷2～3次。一般使用75％可湿性粉剂600～800倍液，或720克/升悬浮剂800～1 000倍液，或40％悬浮剂500～600倍液，均匀喷雾。

烟草赤星病、炭疽病、黑胫病　从病害发生初期或初见病斑时开始喷药，7～10天1次，连喷2～3次；防控黑胫病时重点对茎秆中下部喷雾。一般使用75％可湿性粉剂600～700倍液，或720克/升悬浮剂700～800倍液，或40％悬浮剂400～500倍液，均匀喷雾。

观赏植物的炭疽病、白粉病、灰霉病、叶斑病　从病害发生初期开始喷药，7～10天1次，连喷2～4次。百菌清喷施倍数同"烟草赤星病"。

药用植物炭疽病、锈病、白粉病、叶斑病　从病害发生初期开始喷药，7～10天1次，连喷2～4次。百菌清喷施倍数同"烟草赤星病"。

橡胶树白粉病、炭疽病　既可熏烟用药，又可进行喷雾。多从病害发生初期开始用药，10～15天1次，连用2～3次。熏烟时，一般每亩次使用10％烟剂750～800克，或20％烟剂375～400克，或30％烟剂250～270克，或40％烟剂180～200克，或45％烟剂170～180克，均匀点燃熏烟；喷雾时，一般使用75％可湿性粉剂600～800倍液，或720克/升悬浮剂800～1 000倍液，或40％悬浮剂400～500倍液，均匀喷雾。

注意事项　百菌清不能与石硫合剂、波尔多液等碱性农药混用，连续用药时注意与相应治疗性药剂交替使用或混用，且喷药应均匀周到。本剂在梨、柿、桃、梅及苹果等果树上使用时，浓度偏高会发生药害；与杀螟松混用，桃树上易发生药害；与炔螨特、三环锡等混用，茶树会产生药害；杧果对本剂较敏感，不建议在杧果上使用。烟剂发烟速度较快，老人、儿童及行走不便者，禁止施放烟剂；点燃烟剂后应迅速离开棚室，避免吸入烟雾。

苯醚甲环唑 difenoconazole

主要含量与剂型　10％、30％、37％、60％水分散粒剂，10％、20％、25％水乳剂，10％、20％、25％微乳剂，10％、25％、30％、40％悬浮剂，25％、250克/升乳油，3％、30克/升悬浮种衣剂。

产品特点　苯醚甲环唑是一种含杂环的三唑类内吸治疗性广谱低毒杀菌剂，具有预防保护和内吸治疗双重功效，内吸传导性好，安全性高，持效期较长。其杀菌机理是通过抑制病菌甾醇脱甲基化作用，使麦角甾醇生物合成受阻，造成病菌细胞膜难以形成，而最终导致病菌死亡。既干扰病菌正常生长，又抑制病菌孢子形成。施药后能被植物迅速吸收，并通过输导组织传到植株各部位，对多种高等真菌性病害均有较好的治疗和保护活性。

适用作物防控对象及使用技术 苯醚甲环唑在果树上主要用于树体喷雾，于病害发生前或发生初期喷施防控效果最佳。一般使用 10％水分散粒剂或 10％水乳剂或 10％微乳剂或 10％悬浮剂 1 500～2 000 倍液，或 20％水乳剂或 20％微乳剂 3 000～4 000 倍液，或 25％水乳剂或 25％微乳剂或 25％悬浮剂或 25％乳油或 250 克/升乳油 4 000～5 000 倍液，或 30％水分散粒剂或 30％悬浮剂 5 000～6 000 倍液，或 37％水分散粒剂 6 000～7 000 倍液，或 40％悬浮剂 6 000～8 000 倍液，或 60％水分散粒剂 10 000～12 000 倍液，均匀喷雾。

苹果树病害 先在花序分离期和落花后各喷药 1 次，有效防控锈病、白粉病及花腐病，兼防黑星病；然后从落花后 10 天左右开始连续喷药，10～15 天 1 次，与不同类型药剂交替使用，连喷 6～8 次，可有效防控斑点落叶病、褐斑病、炭疽病、轮纹病、套袋果斑点病及黑星病。往年套袋果斑点病发生较重果园，套袋前 5 天内最好使用苯醚甲环唑与全络合态代森锰锌或克菌丹或吡唑醚菌酯混合喷药 1 次；往年白粉病发生较重果园，在 8、9 月份的花芽分化期注意喷药 1～2 次，防控病菌侵染芽。苯醚甲环唑喷施倍数同前述。

梨树病害 先在花序分离期和落花后各喷药 1 次，有效防控锈病为害，并控制黑星病病梢形成；然后从初见黑星病病梢或病叶或病果时开始继续喷药，10～15 天 1 次，与不同类型药剂交替使用，连喷 5～8 次，有效防控黑星病，兼防黑斑病、炭疽病、轮纹病、套袋果黑点病、褐斑病及白粉病。往年套袋果黑点病发生较重果园，套袋前 5 天内最好选用苯醚甲环唑与全络合态代森锰锌或克菌丹或吡唑醚菌酯混合喷药 1 次；往年白粉病发生较重果园，从白粉病发生初期开始喷药，10～15 天 1 次，连喷 2～3 次，重点喷洒叶片背面。苯醚甲环唑喷施倍数同前述。

葡萄病害 先在花蕾期和落花后各喷药 1 次，有效防控黑痘病、穗轴褐枯病，往年黑痘病发生较重果园落花后 10 天左右再喷药 1 次。防控炭疽病、白腐病时，从果粒膨大中后期开始喷药，10～15 天 1 次，与不同类型药剂交替使用，直到采收前一周结束（套袋葡萄套袋后不再喷药），兼防房枯病、溃疡病；防控褐斑病、白粉病时，从病害发生初期开始喷药，10～15 天 1 次，连喷 2～3 次。苯醚甲环唑喷施倍数同前述。

桃树病害 防控黑星病、炭疽病时，毛桃类从桃树落花后 20～30 天开始喷药，油桃类从桃树落花后 15 天左右开始喷药，10～15 天 1 次，连喷 2～4 次，兼防真菌性穿孔病及白粉病、锈病；防控白粉病、锈病时，从病害发生初期开始喷药，10～15 天 1 次，连喷 2 次左右，兼防真菌性穿孔病；防控缩叶病时，在花芽露红期和落花后各喷药 1 次。连续喷药时，注意与不同类型药剂交替使用。苯醚甲环唑喷施倍数同前述。

李树病害 防控袋果病时，在花芽膨大后开花前和落花后各喷药 1 次，兼防红点病；防控红点病时，从落花后 15 天左右开始喷药，10～15 天 1 次，连喷 2～4 次，兼防炭疽病及真菌性穿孔病；防控炭疽病时，从落花后 15 天左右开始喷药，10～15 天 1 次，连喷 2～4 次，兼防真菌性穿孔病。连续喷药时，注意与不同类型药剂交替使用。苯醚甲环唑喷施倍数同前述。

杏树病害 防控杏疔病时，从落花后立即开始喷药，10～15天1次，连喷2次；防控黑星病时，从落花后半月左右开始喷药，10～15天1次，连喷2～3次，兼防真菌性穿孔病。苯醚甲环唑喷施倍数同前述。

樱桃真菌性穿孔病、褐斑病 从病害发生初期开始喷药，10～15天1次，连喷2～3次。苯醚甲环唑喷施倍数同前述。

枣树病害 先在（一茬花）开花前和落花后各喷药1次，有效防控褐斑病的早期为害；然后从（一茬花）坐住果后15天左右或锈病发生初期开始继续喷药，10～15天1次，与不同类型药剂交替使用，连喷4～6次，有效防控锈病、炭疽病、轮纹病，兼防褐斑病。苯醚甲环唑喷施倍数同前述。

草莓白粉病、褐斑病、炭疽病 从病害发生初期或初见病斑时开始喷药，10天左右1次，连喷2～4次。苯醚甲环唑喷施倍数同前述。

石榴麻皮病、炭疽病、叶斑病 先在（一茬花）开花前喷药1次，然后从（一茬花）落花后15天左右继续喷药，10～15天1次，与不同类型药剂交替使用，连喷3～5次。苯醚甲环唑喷施倍数同前述。

核桃炭疽病、褐斑病、白粉病 防控炭疽病时，多从果实膨大中期开始喷药，或从果实上初见病斑时开始喷药，10～15天1次，连喷2～4次；防控褐斑病、白粉病时，从病害发生初期或初见病斑时开始喷药，10～15天1次，连喷2次左右。苯醚甲环唑喷施倍数同前述。

柿树炭疽病、角斑病、圆斑病、白粉病 一般柿园从落花后20～30天开始喷药，15天左右1次，连喷2～3次，有效防控角斑病、圆斑病及炭疽病的发生为害，兼防白粉病。南方炭疽病发生较重的柿产区，需在开花前增加1次喷药、落花后增加1～2次喷药、果实膨大中后期增加2次喷药。连续喷药时，注意与不同类型药剂交替使用。苯醚甲环唑喷施倍数同前述。

板栗炭疽病、叶斑病 从病害发生初期开始喷药，10～15天1次，连喷2次左右。苯醚甲环唑喷施倍数同前述。

山楂白粉病、锈病、轮纹病、炭疽病、褐斑病 先在花序分离期、落花后和落花后10～15天各喷药1次，有效防控白粉病和锈病的发生为害；然后从落花后20～30天开始继续喷药，10～15天1次，连喷2～4次，有效防控轮纹病、炭疽病及褐斑病的发生为害。连续喷药时，注意与不同类型药剂交替使用。苯醚甲环唑喷施倍数同前述。

猕猴桃炭疽病、叶斑病 从病害发生初期或初见病斑时开始喷药，10～15天1次，连喷2～3次。苯醚甲环唑喷施倍数同前述。

花椒锈病、黑斑病、炭疽病 多从锈病发生初期开始喷药，10～15天1次，连喷2～4次，可有效防控锈病的发生为害，兼防黑斑病、炭疽病。苯醚甲环唑喷施倍数同前述。

蓝莓炭疽病、叶斑病 从病害发生初期或初见病斑时开始喷药，10～15天1次，连喷2次左右。苯醚甲环唑喷施倍数同前述。

枸杞炭疽病、白粉病、灰斑病、黑斑病 防控炭疽病时，从每茬果的膨大中后期开始喷药，10～15天1次，每茬连喷1～2次，兼防白粉病、灰斑病及黑斑病；防控白粉病、灰斑病、黑斑病时，从病害发生初期开始喷药，10～15天1次，连喷2次左右。苯醚甲环唑喷施倍数同前述。

柠果白粉病、炭疽病 花序伸长期、开花前、落花后及落花后 15～20 天各喷药 1 次，近成果期喷药 2 次（间隔期 10～15 天），注意与不同类型药剂交替使用。苯醚甲环唑喷施倍数同前述。

柑橘病害 先在春梢芽长 0.5 厘米左右时、春梢转绿期、谢花 2/3 时及谢花后小幼果期各喷药 1 次，然后再于夏梢生长期、秋梢生长期各喷药 2 次左右，即可有效控制疮痂病、炭疽病、黄斑病及黑星病的发生为害。连续喷药时，注意与不同类型药剂交替使用。苯醚甲环唑喷施倍数同前述。

荔枝炭疽病 从病害发生初期或初见病斑时开始喷药，10～15 天 1 次，连喷 2～3 次。苯醚甲环唑喷施倍数同前述。

茶树炭疽病、茶饼病 从病害发生初期或初见病斑时开始喷药，10～15 天 1 次，连喷 2 次左右。苯醚甲环唑喷施倍数同前述。

芦笋茎枯病 从病害发生初期或初见病斑时开始喷药，10 天左右 1 次，连喷 2～4 次，重点喷洒植株中下部。苯醚甲环唑喷施倍数同前述。

麻山药炭疽病 从病害发生初期或初见病斑时开始喷药，10 天左右 1 次，与不同类型药剂交替使用，连喷 5～7 次。苯醚甲环唑喷施倍数同前述。

香蕉叶斑病、黑星病 从病害发生初期或初见病斑时开始喷药，10～15 天 1 次，与不同类型药剂交替使用，连喷 3～5 次。苯醚甲环唑一般使用 10％水分散粒剂或 10％水乳剂或 10％微乳剂或 10％悬浮剂 800～1 000 倍液，或 20％水乳剂或 20％微乳剂 1 500～2 000 倍液，或 25％水乳剂或 25％微乳剂或 25％悬浮剂或 25％乳油或 250 克/升乳油 2 000～2 500 倍液，或 30％水分散粒剂或 30％悬浮剂 2 500～3 000 倍液，或 37％水分散粒剂 3 000～3 500 倍液，或 40％悬浮剂 3 000～4 000 倍液，或 60％水分散粒剂 5 000～6 000 倍液，均匀喷雾。

番茄早疫病、叶霉病、炭疽病、叶斑病 从初见病斑时开始喷药，10 天左右 1 次，与不同类型药剂交替使用，连喷 3～5 次。苯醚甲环唑一般每亩次使用 10％水分散粒剂 60～80 克，或 10％水乳剂或 10％微乳剂或 10％悬浮剂 60～80 毫升，或 20％水乳剂或 20％微乳剂 30～40 毫升，或 25％水乳剂或 25％微乳剂或 25％悬浮剂或 25％乳油或 250 克/升乳油 25～30 毫升，或 30％水分散粒剂 20～30 克，或 30％悬浮剂 20～30 毫升，或 37％水分散粒剂 17～21 克，或 40％悬浮剂 15～20 毫升，或 60％水分散粒剂 10～14 克，对水 45～60 千克均匀喷雾。

辣椒炭疽病 从病害发生初期或初见病斑时开始喷药，10 天左右 1 次，连喷 2～3 次。苯醚甲环唑喷施剂量同"番茄早疫病"。

茄子褐纹病、叶斑病、白粉病 从病害发生初期或初见病斑时开始喷药，10 天左右 1 次，连喷 2～3 次。苯醚甲环唑喷施剂量同"番茄早疫病"。

黄瓜黑星病、炭疽病、白粉病、靶斑病 从病害发生初期或初见病斑时开始喷药，10 天左右 1 次，每期连喷 2～3 次。苯醚甲环唑喷施剂量同"番茄早疫病"。靶斑病发生较重时，注意与其他不同类型药剂混合使用。

西瓜、甜瓜、南瓜、苦瓜的炭疽病、白粉病、蔓枯病 从病害发生初期或初见病斑时开始喷药，10 天左右 1 次，与不同类型药剂交替使用，连喷 3～4 次。苯醚甲环唑喷施剂量同"番茄早疫病"。防控蔓枯病时，重点喷洒中下部茎蔓。

芸豆、豇豆等豆类蔬菜的锈病、炭疽病、叶斑病　从病害发生初期或初见病斑时开始喷药，10天左右1次，连喷2～4次。苯醚甲环唑喷施剂量同"番茄早疫病"。

芹菜叶斑病　从病害发生初期或初见病斑时开始喷药，7～10天1次，连喷2～4次。一般每亩次使用10％水分散粒剂40～60克，或10％水乳剂或10％微乳剂或10％悬浮剂40～60毫升，或20％水乳剂或20％微乳剂20～30毫升，或25％水乳剂或25％微乳剂或25％悬浮剂或25％乳油或250克/升乳油16～25毫升，或30％水分散粒剂15～20克，或30％悬浮剂15～20毫升，或37％水分散粒剂12～16克，或40％悬浮剂10～15毫升，或60％水分散粒剂7～10克，对水30～45千克均匀喷雾。

十字花科蔬菜黑斑病、白斑病　从病害发生初期开始喷药，10天左右1次，连喷2次左右。苯醚甲环唑喷施剂量同"芹菜叶斑病"。

大蒜叶枯病、锈病　从病害发生初期开始喷药，10天左右1次，连喷2次。苯醚甲环唑喷施剂量同"芹菜叶斑病"。

葱、洋葱的紫斑病、锈病　从病害发生初期开始喷药，10～15天1次，连喷2次左右。苯醚甲环唑喷施剂量同"芹菜叶斑病"。

姜叶枯病　从病害发生初期开始喷药，10天左右1次，连喷2次左右。苯醚甲环唑喷施剂量同"芹菜叶斑病"。

花生叶斑病、疮痂病、锈病　从病害发生初期开始喷药，10～15天1次，连喷2～3次。苯醚甲环唑喷施剂量同"芹菜叶斑病"。

大豆叶斑病、锈病　从病害发生初期开始喷药，10～15天1次，连喷2次。苯醚甲环唑喷施剂量同"芹菜叶斑病"。

大豆根腐病　通过种子包衣或拌种进行用药。一般每100千克种子使用3％悬浮种衣剂或30克/升悬浮种衣剂300～400毫升，稀释5～7倍液均匀拌种或包衣，后晾干、播种。

甜菜褐斑病、蛇眼病　从病害发生初期开始喷药，10～15天1次，连喷2次左右。苯醚甲环唑喷施剂量同"芹菜叶斑病"。

水稻病害　拔节期、破口前5～7天、抽穗期、齐穗期各喷药1次，可有效防控纹枯病、鞘腐病、稻瘟病及稻曲病的发生为害。一般每亩次使用10％水分散粒剂50～70克，或10％水乳剂或10％微乳剂或10％悬浮剂50～70毫升，或20％水乳剂或20％微乳剂25～35毫升，或25％水乳剂或25％微乳剂或25％悬浮剂或25％乳油或250克/升乳油20～30毫升，或30％水分散粒剂17～23克，或30％悬浮剂17～23毫升，或37％水分散粒剂14～19克，或40％悬浮剂15～20毫升，或60％水分散粒剂9～11克，对水30～45千克均匀喷雾。

小麦、大麦等麦类的锈病、白粉病、赤霉病　防控锈病、白粉病时，从病害发生初期或拔节期至扬花期开始喷药，10～15天1次，连喷1～2次；防控赤霉病时，在齐穗期或扬花前开始喷药，7天左右1次，连喷1～2次。苯醚甲环唑喷施剂量同"水稻病害"。

小麦、大麦等麦类的黑穗病、全蚀病　通过种子包衣或拌种进行用药。一般每100千克种子使用3％悬浮种衣剂或30克/升悬浮种衣剂300～500毫升，稀释6～8倍液均匀拌种或包衣，后晾干、播种。

玉米丝黑穗病　通过种子包衣或拌种进行用药。一般每 100 千克种子使用 3％悬浮种衣剂或 30 克/升悬浮种衣剂 300～500 毫升，稀释 5～7 倍液均匀拌种或包衣，后晾干、播种。

玉米大斑病、小斑病、圆斑病、黄斑病等叶斑病、锈病　从病害发生初期开始喷药，10～15 天 1 次，连喷 1～2 次。苯醚甲环唑喷施剂量同"水稻病害"。

棉花立枯病　通过种子包衣或拌种进行用药。一般每 100 千克种子使用 3％悬浮种衣剂或 30 克/升悬浮种衣剂 300～400 毫升，稀释 5～7 倍液均匀拌种或包衣，后晾干、播种。

棉花叶斑病、炭疽病　从病害发生初期开始喷药，10～15 天 1 次，连喷 1～2 次。苯醚甲环唑喷施剂量同"番茄早疫病"。

马铃薯早疫病、炭疽病　从病害发生初期或初见病斑时开始喷药，10 天左右 1 次，连喷 2～3 次。苯醚甲环唑喷施剂量同"番茄早疫病"。

烟草赤星病、炭疽病　从病害发生初期开始喷药，10～15 天 1 次，连喷 2 次左右。一般每亩次使用 10％水分散粒剂 60～80 克，或 10％水乳剂或 10％微乳剂或 10％悬浮剂 60～80 毫升，或 20％水乳剂或 20％微乳剂 30～40 毫升，或 25％水乳剂或 25％微乳剂或 25％悬浮剂或 25％乳油或 250 克/升乳油 25～35 毫升，或 30％水分散粒剂 20～30 克，或 30％悬浮剂 20～30 毫升，或 37％水分散粒剂 16～24 克，或 40％悬浮剂 15～20 毫升，或 60％水分散粒剂 10～15 克，对水 45～60 千克均匀喷雾。

芝麻茎腐病　通过种子包衣或拌种进行用药。一般每 100 千克种子使用 3％悬浮种衣剂或 30 克/升悬浮种衣剂 300～400 毫升均匀拌种或包衣。

观赏牡丹、月季等花卉植物的炭疽病、叶斑病、白粉病　从病害发生初期开始喷药，10～15 天 1 次，连喷 2～3 次。一般每亩次使用 10％水分散粒剂 50～70 克，或 10％水乳剂或 10％微乳剂或 10％悬浮剂 50～70 毫升，或 20％水乳剂或 20％微乳剂 25～35 毫升，或 25％水乳剂或 25％微乳剂或 25％悬浮剂或 25％乳油或 250 克/升乳油 20～30 毫升，或 30％水分散粒剂 17～25 克，或 30％悬浮剂 17～25 毫升，或 37％水分散粒剂 15～20 克，或 40％悬浮剂 13～18 毫升，或 60％水分散粒剂 9～12 克，对水 45～60 千克均匀喷雾。

三七黑斑病　从病害发生初期开始喷药，10 天左右 1 次，连喷 2～3 次。一般每亩次使用 10％水分散粒剂 40～50 克，或 10％水乳剂或 10％微乳剂或 10％悬浮剂 40～50 毫升，或 20％水乳剂或 20％微乳剂 20～25 毫升，或 25％水乳剂或 25％微乳剂或 25％悬浮剂或 25％乳油或 250 克/升乳油 15～20 毫升，或 30％水分散粒剂 10～15 克，或 30％悬浮剂 10～15 毫升，或 37％水分散粒剂 9～12 克，或 40％悬浮剂 8～10 毫升，或 60％水分散粒剂 6～8 克，对水 45～60 千克均匀喷雾。

人参黑斑病　从病害发生初期开始喷药，10～15 天 1 次，连喷 2～3 次。苯醚甲环唑喷施剂量同"三七黑斑病"。

注意事项　苯醚甲环唑不能与碱性药剂及肥料混用，亦不宜与铜制剂混用。连续使用时，注意与不同作用机理的药剂交替使用或混用。喷药时应均匀周到。小麦上早春低温时喷施，可能会造成下部老叶变黄，需要慎重。本剂生产企业众多，不同企业间的产品可能存在较大差异，具体选用时应注意其标签说明。

吡唑醚菌酯 pyraclostrobin

主要含量与剂型　10％、15％、25％微乳剂，15％、25％、30％悬浮剂，25％微囊悬浮剂，30％、250克/升乳油，30％、50％水分散粒剂，18％悬浮种衣剂。

产品特点　吡唑醚菌酯是一种含有吡唑结构的甲氧基丙烯酸酯类广谱低毒（或中毒）杀菌剂，属线粒体呼吸抑制剂，具有保护、治疗、铲除、渗透及较强内吸作用，对多种真菌性病害均有较好的预防和治疗效果，通过抑制孢子萌发和菌丝生长而发挥药效。该药杀菌活性高，作用迅速，持效期较长，耐雨水冲刷，使用安全，对环境友好，并能在一定程度上诱使植株产生抗病能力，促进植株生长健壮，提高农产品质量。其杀菌机理是通过阻止线粒体呼吸链中细胞色素 bc1 间的电子传递，使呼吸作用受到抑制，不能产生和提供细胞正常代谢所需能量（ATP），而最终导致病菌死亡。喷施后，具有显著的植物健康作用，刺激叶片叶绿素含量提高，光合作用增强，降低植物呼吸作用，增加营养物质积累，并提高植物抗病菌侵害能力和抗逆能力；同时，抑制乙烯合成，延长果品保存期。

适用作物防控对象及使用技术

苹果树腐烂病　治疗腐烂病病斑时，在刮治的基础上于病疤伤口表面涂药，一般使用10％微乳剂15～20倍液，或15％悬浮剂或15％微乳剂20～30倍液，或25％悬浮剂或25％微乳剂或25％微囊悬浮剂或250克/升乳油30～50倍液，或30％悬浮剂或30％乳油或30％水分散粒剂40～60倍液，或50％水分散粒剂80～100倍液涂抹伤口，1个月后再涂抹1次效果更好。预防腐烂病发生时，在腐烂病发生较重地区分别于7～8月、11月及早春发芽前涂抹较大枝干，一般使用10％微乳剂100～120倍液，或15％悬浮剂或15％微乳剂150～200倍液，或25％悬浮剂或25％微乳剂或25％微囊悬浮剂或250克/升乳油250～300倍液，或30％悬浮剂或30％乳油或30％水分散粒剂300～400倍液，或50％水分散粒剂500～600倍液，涂刷枝干。

苹果树炭疽病、轮纹病、褐斑病、斑点落叶病、炭疽叶枯病　防控炭疽病、轮纹病时，从苹果落花后7～10天开始喷药，10天左右1次，连喷3次药后套袋，兼防褐斑病、斑点落叶病；不套袋苹果继续喷药3～5次，间隔期10～15天，兼防褐斑病、斑点落叶病及炭疽叶枯病。防控褐斑病时，从落花后1个月左右或初见病叶时或套袋前开始喷药，10～15天1次，连喷4～6次，兼防斑点落叶病、炭疽叶枯病。防控斑点落叶病时，在春梢生长期内和秋梢生长期内各喷药2次左右，间隔期10～15天。防控炭疽叶枯病时，在7、8月份雨季降雨前2～3天喷药，每次有效降雨前喷药1次。一般使用10％微乳剂700～1 000倍液，或15％悬浮剂或15％微乳剂1 000～1 500倍液，或25％悬浮剂或25％微乳剂或25％微囊悬浮剂或250克/升乳油2 000～2 500倍液，或30％悬浮剂或30％乳油或30％水分散粒剂2 500～3 000倍液，或50％水分散粒剂4 000～5 000倍液，均匀喷雾，连续喷药时注意与不同类型药剂交替使用或混用。

梨树黑星病、黑斑病、褐斑病、白粉病、炭疽病、轮纹病　以防控黑星病的发生为害为主导，兼防其他病害即可。一般果园从落花后即开始喷药，10～15天1次，连喷2～3次药后套袋，套袋后继续喷药4～6次；中后期白粉病较重果园，需增加喷药1～2次，并注意喷洒叶片背面。连续喷药时，注意与不同类型药剂交替使用或混用。吡唑醚菌酯喷施倍数同"苹果树炭疽病"。

枣树褐斑病、炭疽病、轮纹病　先在枣树开花前（一茬花）和落花后（一茬花）各喷药1次，有效防控褐斑病；然后从枣树一茬花坐住果后20天左右开始继续喷药，10～15天1次，连喷4～6次，注意与不同类型药剂交替使用或混用。吡唑醚菌酯喷施倍数同"苹果树炭疽病"。

葡萄霜霉病、白粉病、灰霉病、穗轴褐枯病、炭疽病、褐斑病　先在葡萄花蕾期和落花后各喷药1次，有效防控幼穗期受害；然后从叶片上初显霜霉病病斑时立即开始连续喷药，10天左右1次，与不同类型药剂交替使用或混用，直到生长后期。一般使用10%微乳剂600～800倍液，或15%悬浮剂或15%微乳剂1 000～1 200倍液，或25%悬浮剂或25%微乳剂或25%微囊悬浮剂或250克/升乳油1 500～2 000倍液，或30%悬浮剂或30%乳油或30%水分散粒剂2 000～2 500倍液，或50%水分散粒剂3 000～4 000倍液，均匀喷雾。

枸杞白粉病　从病害发生初期或初见病斑时开始喷药，10～15天1次，连喷2～3次。吡唑醚菌酯喷施倍数同"葡萄霜霉病"。

草莓白粉病、灰霉病、炭疽病　从病害发生初期或初见病斑时开始喷药，10～15天1次，连喷3～5次，注意与不同类型药剂交替使用或混用。吡唑醚菌酯一般每亩次使用10%微乳剂80～100毫升，或15%悬浮剂或15%微乳剂50～70毫升，或25%悬浮剂或25%微乳剂或25%微囊悬浮剂或250克/升乳油30～40毫升，或30%悬浮剂或30%乳油25～30毫升，或30%水分散粒剂25～30克，或50%水分散粒剂15～25克，对水45～60千克均匀喷雾。

香蕉叶斑病、黑星病　从病害发生初期开始喷药，15天左右1次，与不同类型药剂交替使用，连喷3～5次。吡唑醚菌酯一般使用10%微乳剂500～600倍液，或15%悬浮剂或15%微乳剂800～1 000倍液，或25%悬浮剂或25%微乳剂或25%微囊悬浮剂或250克/升乳油1 200～1 500倍液，或30%悬浮剂或30%乳油或30%水分散粒剂1 500～2 000倍液，或50%水分散粒剂2 500～3 000倍液，均匀喷雾。

香蕉采后的轴腐病、炭疽病　香蕉采收后，即刻使用吡唑醚菌酯药液浸果，浸泡1分钟后捞出，晾干、包装、贮运。药液浸果浓度同"香蕉叶斑病"喷洒浓度。

杧果炭疽病　先在现蕾期、初花期、落花后及落花后15～20天各喷药1次，然后再于采收前1个月间隔10～15天连喷2次。连续喷药时注意与不同类型药剂交替使用，吡唑醚菌酯喷施倍数同"香蕉叶斑病"。

火龙果溃疡病　从病害发生初期或初见病斑时开始喷药，10～15天1次，连喷2～3次。吡唑醚菌酯喷施倍数同"香蕉叶斑病"。

柑橘树树脂病（砂皮病、黑点病）、疮痂病、炭疽病、黄斑病、黑星病　先在春梢嫩芽长0.5厘米时、春梢转绿期、落花2/3时及落花后15～20天各喷药1次，然后再于夏梢生长期、秋梢生长期各喷药1～2次（间隔期10～15天），并注意与不同类型药剂交替使用或混用。吡唑醚菌酯一般使用10%微乳剂600～800倍液，或15%悬浮剂或15%微乳剂1 000～1 200倍液，或25%悬浮剂或25%微乳剂或25%微囊悬浮剂或250克/升乳油1 500～2 000倍液，或30%悬浮剂或30%乳油或30%水分散粒剂2 000～2 500倍液，或50%水分散粒剂3 000～4 000倍液，均匀喷雾。

茶树炭疽病、茶饼病　从病害发生初期开始喷药，10～15天1次，连喷2～3次。吡唑醚菌酯喷施倍数同"柑橘树树脂病"。

草坪褐斑病、币斑病　从病害发生初期开始喷药，10～15天1次，每期连喷2次。吡唑醚菌酯喷施倍数同"柑橘树树脂病"。

黄瓜霜霉病、白粉病、炭疽病、靶斑病　以防控霜霉病为主，兼防其他病害即可。从叶片上初见霜霉病病斑时立即开始喷药，7～10天1次，与不同类型药剂交替使用或混用，直到生长后期。吡唑醚菌酯一般每亩次使用10%微乳剂80～100毫升，或15%悬浮剂或15%微乳剂50～70毫升，或25%悬浮剂或25%微乳剂或25%微囊悬浮剂或250克/升乳油30～50毫升，或30%悬浮剂或30%乳油25～40毫升，或30%水分散粒剂25～40克，或50%水分散粒剂15～25克，对水45～60千克均匀喷雾。

西瓜、甜瓜的炭疽病、白粉病　从病害发生初期或初见病斑时开始喷药，10天左右1次，连喷2～4次。吡唑醚菌酯一般每亩次使用10%微乳剂80～100毫升，或15%悬浮剂或15%微乳剂50～70毫升，或25%悬浮剂或25%微乳剂或25%微囊悬浮剂或250克/升乳油30～40毫升，或30%悬浮剂或30%乳油25～30毫升，或30%水分散粒剂25～30克，或50%水分散粒剂15～20克，对水45～60千克均匀喷雾。

西瓜促进健康作用　在瓜蔓伸长期、开花前、坐瓜后各喷施1次，有利于瓜蔓健壮生长及提高瓜的品质，增产又防病。吡唑醚菌酯喷施剂量同"西瓜炭疽病"。

番茄、辣椒的炭疽病、叶斑病　从病害发生初期或初见病斑时开始喷药，10天左右1次，连喷3～4次。吡唑醚菌酯喷施剂量同"西瓜炭疽病"。

十字花科蔬菜炭疽病、黑斑病、霜霉病　从病害发生初期开始喷药，7～10天1次，连喷2次左右，防控霜霉病时注意喷洒叶片背面。吡唑醚菌酯喷施剂量同"西瓜炭疽病"。

叶用莴苣霜霉病　从病害发生初期或初见病斑时开始喷药，7～10天1次，连喷2～3次，注意喷洒叶片背面。吡唑醚菌酯喷施剂量同"西瓜炭疽病"。

姜炭疽病、叶枯病　从病害发生初期开始喷药，10～15天1次，连喷2次左右。吡唑醚菌酯喷施剂量同"西瓜炭疽病"。

玉米大斑病、小斑病等叶斑病、锈病　从病害发生初期开始喷药，10～15天1次，连喷1～2次。一般每亩次使用10%微乳剂80～120毫升，或15%悬浮剂或15%微乳剂50～80毫升，或25%悬浮剂或25%微乳剂或25%微囊悬浮剂或250克/升乳油30～50毫升，或30%悬浮剂或30%乳油25～40毫升，或30%水分散粒剂25～40克，或50%水分散粒剂15～25克，对水30～60千克均匀喷雾。

玉米促进健康作用　在玉米喇叭口期间隔10～15天喷药1～2次，具有促进玉米健康生长作用，健壮又防病。吡唑醚菌酯喷施剂量同"玉米大斑病"。

玉米茎基腐病　通过种子包衣或拌种用药。一般每100千克种子使用18%悬浮种衣剂28～33毫升，对水稀释至1～2千克，均匀拌种或包衣。包衣或拌种后的种子不能食用，亦不可用作饲料。

小麦赤霉病、锈病、白粉病　防控赤霉病时，在齐穗初期和扬花初期各喷药1次（间隔期7～10天）；防控锈病、白粉病时，从病害发生初期开始喷药，10～15天1次，连喷1～2次。一般每亩次使用10%微乳剂80～100毫升，或15%悬浮剂或15%微乳剂50～70毫升，或25%悬浮剂或25%微乳剂或25%微囊悬浮剂或250克/升乳油30～40毫升，或 30％悬浮剂或 30％乳油 25～30 毫升，或 30％水分散粒剂 25～30 克，或 50％水分散粒剂 15～20 克，对水 30～45 千克均匀喷雾。

花生叶斑病、疮痂病　从病害发生初期或开花下针期开始喷药，10～15 天 1 次，连喷 2～3 次。吡唑醚菌酯喷施剂量同"小麦赤霉病"。

大豆叶斑病、羞萎病　从病害发生初期开始喷药，10～15 天 1 次，连喷 2 次左右。吡唑醚菌酯喷施剂量同"小麦赤霉病"。

马铃薯晚疫病、早疫病　从病害发生初期或初见病斑时或植株现蕾期开始喷药，7～10 天 1 次，与不同类型药剂交替使用或混用，直到生长后期。吡唑醚菌酯一般每亩次使用 10％微乳剂 100～120 毫升，或 15％悬浮剂或 15％微乳剂 60～80 毫升，或 25％悬浮剂或 25％微乳剂或 25％微囊悬浮剂或 250 克/升乳油 40～50 毫升，或 30％悬浮剂或 30％乳油 30～40 毫升，或 30％水分散粒剂 30～40 克，或 50％水分散粒剂 20～25 克，对水 45～60 千克均匀喷雾。

棉花立枯病、猝倒病　既可种子包衣或拌种用药，亦可苗期喷雾。种子包衣或拌种时，一般每 100 千克种子使用 18％悬浮种衣剂 27～33 毫升，对适量水（每 100 千克种子约需药液 1.5 升左右）稀释后均匀包衣或拌种，晾干后播种。或在棉花苗期喷雾，每亩次使用 10％微乳剂 80～100 毫升，或 15％悬浮剂或 15％微乳剂 50～70 毫升，或 25％悬浮剂或 25％微乳剂或 25％微囊悬浮剂或 250 克/升乳油 30～40 毫升，或 30％悬浮剂或 30％乳油 25～30 毫升，或 30％水分散粒剂 25～30 克，或 50％水分散粒剂 15～20 克，对水 15～30 千克均匀喷洒幼苗。

注意事项　吡唑醚菌酯不能与碱性及强酸性药剂或肥料混用。连续喷药时，注意与其他不同类型药剂交替使用或混用。本剂高温时对冬枣果实较敏感，特别是棚室内，用药时需要慎重。发病轻或作为预防处理时使用低剂量，发病重或作为治疗用药时使用高剂量。

丙环唑 propiconazol

主要含量与剂型　25％、50％、62％、250 克/升乳油，25％、40％、50％水乳剂，40％、50％、55％微乳剂，40％悬浮剂。

产品特点　丙环唑是一种三唑类内吸传导型广谱低毒杀菌剂，具有保护和治疗双重作用，能被根、茎、叶吸收，并能很快在植株体内向上传导，内吸治疗性好。其杀菌机理是通过抑制麦角甾醇的生物合成，使病菌细胞膜功能受到破坏，最终导致细胞死亡，而起到杀菌、防病和治病的功效。该药渗透力强，黏着性好，耐雨水冲刷，喷施后 2 小时下雨不需补喷，持效期较长，可达 1 个月左右。对多种高等真菌性病害均有较好的防控效果，但对卵菌病害无效。

适用作物防控对象及使用技术

香蕉叶斑病、黑星病　从病害发生初期开始喷药，20 天左右 1 次，与不同类型药剂交替使用，连喷 3～5 次。丙环唑一般使用 25％乳油或 250 克/升乳油或 25％水乳剂 600～800 倍液，或 40％水乳剂或 40％微乳剂或 40％悬浮剂 1 000～1 200 倍液，或 50％乳油或 50％水乳剂或 50％微乳剂 1 200～1 500 倍液，或 55％微乳剂 1 500～1 800 倍液，或 62％乳油 1 500～2 000 倍液，均匀喷雾。喷药时不要将药液喷到蕉蕾或蕉仔上，以免造成药害。不慎喷到蕉蕾或蕉仔上后，应立即喷洒清水淋洗。

枇杷树叶斑病　从病害发生初期开始喷药，15～20天1次，连喷2～3次。丙环唑喷施倍数同"香蕉叶斑病"。

苹果树褐斑病、斑点落叶病　防控褐斑病时，从苹果落花后1个月左右或田间初见病斑时开始喷药，15天左右1次，连喷4～6次；防控斑点落叶病时，在春梢生长期内和秋梢生长期内各喷药2次左右（间隔期15天左右）。连续喷药时，注意与不同类型药剂交替使用。丙环唑一般使用25%乳油或250克/升乳油或25%水乳剂1 500～2 000倍液，或40%水乳剂或40%微乳剂或40%悬浮剂2 500～3 000倍液，或50%乳油或50%水乳剂或50%微乳剂3 000～4 000倍液，或55%微乳剂3 500～4 500倍液，或62%乳油4 000～5 000倍液，均匀喷雾。

核桃树白粉病　从病害发生初期开始喷药，10～15天1次，连喷2次左右。丙环唑喷施倍数同"苹果树褐斑病"。

葡萄白粉病、炭疽病　防控白粉病时，从初见病斑时开始喷药，15～20天1次，连喷2次左右，兼防炭疽病；防控套袋葡萄的炭疽病时，在套袋前喷药1次即可；防控不套袋葡萄的炭疽病时，从果粒膨大中后期开始喷药，10～15天1次，与不同类型药剂交替使用，连喷3～4次，兼防白粉病。丙环唑一般使用25%乳油或250克/升乳油或25%水乳剂4 000～5 000倍液，或40%水乳剂或40%微乳剂或40%悬浮剂7 000～8 000倍液，或50%乳油或50%水乳剂或50%微乳剂8 000～10 000倍液，或55%微乳剂9 000～11 000倍液，或62%乳油10 000～12 000倍液，均匀喷雾。

枸杞白粉病　从病害发生初期开始喷药，10～15天1次，连喷2～3次。丙环唑喷施倍数同"葡萄白粉病"。

冬枣叶斑病　从病害发生初期开始喷药，15～20天1次，连喷2～3次。丙环唑一般使用25%乳油或250克/升乳油或25%水乳剂2 000～2 500倍液，或40%水乳剂或40%微乳剂或40%悬浮剂3 000～4 000倍液，或50%乳油或50%水乳剂或50%微乳剂4 000～5 000倍液，或55%微乳剂4 500～5 500倍液，或62%乳油5 000～6 000倍液，均匀喷雾。

麦类作物病害　在返青后喷药1次，防控根腐病，兼防纹枯病；拔节期、孕穗期各喷药1次，防控纹枯病，兼防根腐病、锈病、白粉病；在齐穗初期和扬花初期各喷药1次，防控赤霉病，兼防其他病害；或从病害发生初期开始喷药，15～20天1次，连喷2次左右。一般每亩次使用25%乳油或250克/升乳油或25%水乳剂30～50毫升，或40%水乳剂或40%微乳剂或40%悬浮剂20～30毫升，或50%乳油或50%水乳剂或50%微乳剂15～25毫升，或55%微乳剂15～22毫升，或62%乳油12～20毫升，对水30～45千克均匀喷雾。防控根腐病时，应重点喷洒植株茎基部。

玉米大斑病、小斑病、黄斑病等叶斑病　从病害发生初期开始喷药，10～15天1次，连喷2次左右。丙环唑喷施剂量同"麦类作物病害"。

水稻纹枯病、稻瘟病、稻曲病　防控纹枯病时，在拔节期和孕穗期各喷药1次，兼防叶瘟病；防控叶瘟病时，在田间出现中心病株时或出现急性病斑时及时喷药1次，兼防纹枯病；防控穗颈瘟时，在破口期和齐穗期各喷药1次，兼防稻曲病；防控稻曲病时，在破口前5～7天和齐穗初期各喷药1次，兼防穗颈瘟病。丙环唑喷施剂量同"麦类作物病害"。

花生叶斑病、锈病　从病害发生初期或开花下针期开始喷药，15～20 天 1 次，连喷 2～3 次。丙环唑喷施剂量同"麦类作物病害"。

茭白胡麻叶斑病、瘟病　从病害发生初期或初见病斑时开始喷药，7～10 天 1 次，连喷 2～3 次，不宜在孕茭期使用，应在孕茭前 20 天停止用药。一般每亩次使用 25％乳油或 250 克/升乳油或 25％水乳剂 15～20 毫升，或 40％水乳剂或 40％微乳剂或 40％悬浮剂 10～15 毫升，或 50％乳油或 50％水乳剂或 50％微乳剂 8～10 毫升，或 55％微乳剂 7～9 毫升，或 62％乳油 6～8 毫升，对水 30～45 千克均匀喷雾。

辣椒褐斑病、炭疽病　从病害发生初期开始喷药，15～20 天 1 次，连喷 2 次左右。一般每亩次使用 25％乳油或 250 克/升乳油或 25％水乳剂 30～40 毫升，或 40％水乳剂或 40％微乳剂或 40％悬浮剂 20～25 毫升，或 50％乳油或 50％水乳剂或 50％微乳剂 15～20 毫升，或 55％微乳剂 14～18 毫升，或 62％乳油 12～16 毫升，对水 45～60 千克均匀喷雾。

黄瓜、瓠瓜等瓜类蔬菜的白粉病　从病害发生初期开始喷药，15 天左右 1 次，连喷 2～3 次。丙环唑喷施剂量同"辣椒褐斑病"。

莲藕叶斑病　从病害发生初期开始喷药，10～15 天 1 次，连喷 2～3 次，注意应在莲藕浮叶期后使用，以免产生药害。一般每亩次使用 25％乳油或 250 克/升乳油或 25％水乳剂 20～30 毫升，或 40％水乳剂或 40％微乳剂或 40％悬浮剂 13～18 毫升，或 50％乳油或 50％水乳剂或 50％微乳剂 10～15 毫升，或 55％微乳剂 9～13 毫升，或 62％乳油 8～12 毫升，对水 30～45 千克均匀喷雾。

草坪褐斑病　从病害发生初期开始喷药，15～20 天 1 次，每期连喷 2 次。丙环唑喷施剂量同"麦类作物病害"。

观赏植物白粉病　从病害发生初期开始喷药，15～20 天 1 次，每期连喷 2 次。丙环唑喷施剂量同"麦类作物病害"。

人参黑斑病　从病害发生初期开始喷药，10～15 天 1 次，连喷 2～3 次。一般每亩次使用 25％乳油或 250 克/升乳油或 25％水乳剂 25～35 毫升，或 40％水乳剂或 40％微乳剂或 40％悬浮剂 16～20 毫升，或 50％乳油或 50％水乳剂或 50％微乳剂 13～17 毫升，或 55％微乳剂 12～16 毫升，或 62％乳油 10～14 毫升，对水 45～60 千克均匀喷雾。

注意事项　丙环唑不能与碱性药剂、强酸性药剂及肥料混用；连续喷药时，注意与不同类型药剂交替使用。有些作物可能对该药较敏感，高浓度下抑制植株生长，用药时应严格控制好用药量。储存温度不能超过 35℃。

丙硫菌唑 prothioconazole

主要含量与剂型　25％、40％、48％、480 克/升悬浮剂，30％可分散油悬浮剂，50％水分散粒剂。

产品特点　丙硫菌唑是一种三唑硫酮类内吸性广谱低毒杀菌剂，具有良好的保护、治疗和铲除活性，内吸性好，持效期长，对人和环境安全，并具有一定增产功效。其杀菌机理是通过抑制真菌中甾醇前体的羊毛甾醇在 14 -或 24 -位亚甲基二氢羊毛甾醇上的脱甲基化作用，使病菌细胞膜合成受到影响而达到杀菌效果。

适用作物防控对象及使用技术

麦类作物的纹枯病、白粉病、锈病 从病害发生初期或初见发病中心时开始喷药，10～15 天 1 次，连喷 2 次左右。一般每亩次使用 25％悬浮剂 50～60 毫升，或 30％可分散油悬浮剂 40～45 毫升，或 40％悬浮剂 30～35 毫升，或 48％悬浮剂或 480 克/升悬浮剂 25～30 毫升，或 50％水分散粒剂 25～30 克，对水 30～45 千克均匀喷雾。

麦类作物赤霉病 在齐穗初期和扬花初期各喷药 1 次（间隔期 7 天左右）。丙硫菌唑喷施剂量同"麦类作物的纹枯病"。

水稻纹枯病 从病害发生初期开始喷药，或在水稻拔节期和齐穗初期各喷药 1 次。丙硫菌唑喷施剂量同"麦类作物的纹枯病"。

玉米纹枯病、大斑病、小斑病、锈病 从病害发生初期开始喷药，10～15 天 1 次，连喷 1～2 次。丙硫菌唑喷施剂量同"麦类作物的纹枯病"。

油菜菌核病 在油菜封垄前或初花期开始喷药，10～15 天 1 次，连喷 2 次左右，重点喷洒植株中下部。一般使用 25％悬浮剂 600～800 倍液，或 30％可分散油悬浮剂 700～900 倍液，或 40％悬浮剂 1 000～1 200 倍液，或 48％悬浮剂或 480 克/升悬浮剂 1 200～1 500 倍液，或 50％水分散粒剂 1 200～1 500 倍液，均匀喷雾。

花生叶斑病、白绢病 从病害发生初期或花生初花期开始喷药，10～15 天 1 次，连喷 2～3 次，防控白绢病时重点喷洒植株茎基部。丙硫菌唑喷施倍数同"油菜菌核病"。

瓜类蔬菜的白粉病、灰霉病、叶斑病 从病害发生初期开始喷药，10 天左右 1 次，连喷 2～3 次。一般每亩次使用 25％悬浮剂 60～80 毫升，或 30％可分散油悬浮剂 55～65 毫升，或 40％悬浮剂 40～50 毫升，或 48％悬浮剂或 480 克/升悬浮剂 35～45 毫升，或 50％水分散粒剂 30～40 克，对水 45～60 千克均匀喷雾。

香蕉叶斑病、黑星病 从病害发生初期开始喷药，10～15 天 1 次，与不同类型药剂交替使用，连喷 3～5 次。丙硫菌唑一般使用 25％悬浮剂 400～500 倍液，或 30％可分散油悬浮剂 500～600 倍液，或 40％悬浮剂 600～800 倍液，或 48％悬浮剂或 480 克/升悬浮剂 800～1 000 倍液，或 50％水分散粒剂 800～1 000 倍液，均匀喷雾。具体喷药时，不要将药液喷洒到蕉蕾或蕉仔上。

蔷薇科观赏花卉褐斑病、白粉病 从病害发生初期开始喷药，10～15 天 1 次，连喷 2～3 次。一般使用 25％悬浮剂 600～800 倍液，或 30％可分散油悬浮剂 700～900 倍液，或 40％悬浮剂 1 000～1 200 倍液，或 48％悬浮剂或 480 克/升悬浮剂 1 200～1 500 倍液，或 50％水分散粒剂 1 200～1 500 倍液，均匀喷雾。

注意事项 丙硫菌唑不能与强酸性及碱性药剂或肥料混用，也不能与含铜制剂混用。连续喷药时，注意与其他不同作用机理的杀菌剂交替使用或混用。误服后不要催吐，用水漱口，并立即送医院对症治疗。

丙森锌 propineb

主要含量与剂型 70％、80％可湿性粉剂，70％、80％水分散粒剂。

产品特点 丙森锌是一种硫代氨基甲酸酯类广谱保护性低毒杀菌剂，具有较好的速效性。其杀菌机理是通过抑制病菌体内丙酮酸的氧化，而抑制蛋白质合成，最终导致病菌死亡。该抑制过程具有多个作用位点，故病菌不易产生抗药性。该药使用安全，并对作物有一定的补锌效果。

适用作物防控对象及使用技术

苹果树病害 防控锈病、花腐病时，在花序分离期和落花后各喷药 1 次；防控斑点落叶病时，在春梢生长期内和秋梢生长期内各喷药 2 次左右，间隔期 7～10 天，兼防轮纹病、炭疽病、褐斑病、黑星病；防控轮纹病、炭疽病时，从落花后 7～10 天开始喷药，10 天左右 1 次，连喷 3 次药后套袋，不套袋苹果需继续喷药 4～7 次，兼防褐斑病、黑星病、斑点落叶病；防控褐斑病时，从落花后 1 个月左右开始喷药，10 天左右 1 次，连喷 4～6 次，兼防黑星病、斑点落叶病。丙森锌一般使用 70%可湿性粉剂或 70%水分散粒剂 500～700 倍液，或 80%可湿性粉剂或 80%水分散粒剂 600～800 倍液，均匀喷雾。连续喷药时，注意与相应治疗性杀菌剂交替使用或混用。

梨树病害 防控锈病时，在花序分离期和落花后各喷药 1 次；防控轮纹病、炭疽病时，从落花后 10 天左右开始喷药，10 天左右 1 次，连喷 3 次药后套袋，不套袋梨需继续喷药 4～6 次，兼防黑星病、黑斑病；防控黑星病时，从初见病梢或病果时开始喷药，10 天左右 1 次，至麦收前后连喷 3～4 次，采收前 45 天内再连喷 3 次左右，兼防黑斑病、轮纹病、炭疽病、白粉病；防控白粉病时，从初见病斑时开始喷药，10 天左右 1 次，连喷 2～3 次，兼防黑星病。连续喷药时，注意与相应治疗性杀菌剂交替使用或混用。丙森锌喷施倍数同"苹果树病害"。

葡萄病害 防控黑痘病、穗轴褐枯病时，先在花蕾期（开花前）和落花后各喷药 1 次，往年黑痘病严重果园，落花后 10～15 天再喷药 1 次，兼防霜霉病为害果穗；防控霜霉病时，从叶片上初见病斑时开始喷药，7～10 天 1 次，连续喷施，直到雨季及雾露等高湿环境结束，兼防炭疽病、褐斑病；防控炭疽病时，从果粒膨大中后期开始喷药，7～10 天 1 次，连续喷施，鲜食葡萄到果实套袋后结束，或不套袋葡萄至果实采收前一周结束，兼防褐斑病、霜霉病；防控褐斑病时，从初见病斑时开始喷药，10 天左右 1 次，连喷 3～4 次，兼防霜霉病、炭疽病。丙森锌一般使用 70%可湿性粉剂或 70%水分散粒剂 500～600 倍液，或 80%可湿性粉剂或 80%水分散粒剂 600～700 倍液，均匀喷雾。连续喷药时，注意与相应治疗性杀菌剂交替使用或混用。

桃树病害 防控黑星病时，油桃类从落花后 10～15 天开始喷药、毛桃类从落花后 20 天左右开始喷药，10～15 天 1 次，至套袋后结束，或不套袋桃至采收前 1 个月结束，兼防穿孔病；防控不套袋桃的褐腐病时，从果实采收前 45 天开始喷药，10 天左右 1 次，连喷 2～3 次，兼防黑星病、穿孔病；防控锈病（褐锈病、白锈病）时，从病害发生初期开始喷药，10 天左右 1 次，连喷 2 次左右。丙森锌一般使用 70%可湿性粉剂或 70%水分散粒剂 500～700 倍液，或 80%可湿性粉剂或 80%水分散粒剂 600～800 倍液，均匀喷雾。连续喷药时，注意与相应治疗性杀菌剂交替使用或混用。

李树病害 防控红点病时，从落花后 10～15 天开始喷药，10～15 天 1 次，连喷 3～4 次，兼防炭疽病、穿孔病；防控炭疽病时，在防控红点病的基础上增加喷药 1～2 次，兼防穿孔病；防控褐腐病时，从果实成熟采收前 45 天开始喷药，10 天左右 1 次，连喷 2～3 次，兼防穿孔病。连续喷药时，注意与相应治疗性杀菌剂交替使用或混用。丙森锌喷施倍数同"桃树病害"。

杏树病害　防控黑星病时，从落花后 20 天左右开始喷药，10～15 天 1 次，连喷 3 次左右，兼防穿孔病；防控穿孔病时，从病害发生初期开始喷药，10～15 天 1 次，连喷 3 次左右。连续喷药时，注意与相应治疗性杀菌剂交替使用或混用。丙森锌喷施倍数同"桃树病害"。

柿树病害　多从柿树落花后 15 天左右开始喷药，10～15 天 1 次，连喷 2～3 次，有效防控圆斑病、角斑病及炭疽病的发生为害；南方甜柿产区或往年炭疽病发生严重果园，开花前需增加喷药 1 次，中后期需增加喷药 2～4 次。丙森锌一般使用 70％可湿性粉剂或 70％水分散粒剂 500～700 倍液，或 80％可湿性粉剂或 80％水分散粒剂 600～800 倍液，均匀喷雾。连续喷药时，注意与相应治疗性杀菌剂交替使用或混用。

山楂病害　防控锈病、白粉病时，在开花前（花序分离期）、落花后、落花后 10～15 天各喷药 1 次；防控叶斑病时，从病害发生初期开始喷药，10 天左右 1 次，连喷 2～3 次。丙森锌一般使用 70％可湿性粉剂或 70％水分散粒剂 500～600 倍液，或 80％可湿性粉剂或 80％水分散粒剂 600～700 倍液，均匀喷雾。连续喷药时，注意与相应治疗性杀菌剂交替使用或混用。

核桃病害　防控炭疽病时，多从果实膨大中期开始喷药，10～15 天 1 次，连喷 2～4 次，兼防褐斑病；防控褐斑病、白粉病时，从病害发生初期或初见病斑时开始喷药，10～15 天 1 次，连喷 2～3 次。丙森锌喷施倍数及注意同"山楂病害"。

枣树病害　先在枣树开花前（一茬花）和落花后各喷药 1 次，有效防控褐斑病的发生；然后从（一茬花）落花后 10～15 天开始连续喷药，10～15 天 1 次，连喷 4～6 次，有效防控轮纹病、炭疽病、锈病的发生为害。丙森锌喷施倍数及原则同"山楂病害"。

石榴病害　一般石榴园先在石榴开花前（一茬花）喷药 1 次，然后从（一茬花）落花后 10 天左右开始连续喷药，10～15 天 1 次，连喷 3～6 次，即可有效防控褐斑病、炭疽病、麻皮病的发生为害。丙森锌喷施倍数及注意同"山楂病害"。

柑橘病害　先在春梢嫩芽长 0.5 厘米、春梢转绿期、落花 2/3 和落花后 10 天左右各喷药 1 次，然后再于夏梢生长期内和秋梢生长期内各喷药 2 次左右（间隔期 10 天左右），可有效防控疮痂病、炭疽病、黑星病、黄斑病、黑点病等病害的发生为害。丙森锌一般使用 70％可湿性粉剂或 70％水分散粒剂 400～500 倍液，或 80％可湿性粉剂或 80％水分散粒剂 500～600 倍液，均匀喷雾。连续喷药时，注意与相应治疗性杀菌剂交替使用或混用。

香蕉叶斑病、黑星病　从病害发生初期开始喷药，10～15 天 1 次，与相应治疗性杀菌剂交替使用或混用，连喷 3～5 次。丙森锌一般使用 70％可湿性粉剂或 70％水分散粒剂 400～500 倍液，或 80％可湿性粉剂或 80％水分散粒剂 500～600 倍液，均匀喷雾。

杧果病害　先在开花前、落花后及落花后 15 天左右各喷药 1 次，防控炭疽病、白粉病；而后于果实采收前 1 个月内再喷药 1～2 次，防控炭疽病。丙森锌一般使用 70％可湿性粉剂或 70％水分散粒剂 500～600 倍液，或 80％可湿性粉剂或 80％水分散粒剂 600～800 倍液，均匀喷雾。

黄瓜病害　多以防控霜霉病为主，兼防其他病害。从叶片上初见霜霉病病斑时，或早晚有雾露时开始喷药，7 天左右 1 次，与相应治疗性杀菌剂交替使用或混用，连续喷施。丙森锌一般每亩次使用 70％可湿性粉剂或 70％水分散粒剂 170～220 克，或 80％可湿性粉剂或 80％水分散粒剂 140～180 克，对水 45～75 千克均匀喷雾。

甜瓜、西瓜的炭疽病、霜霉病、叶斑病、疫病　从初见病斑时开始喷药，7～10 天 1 次，与相应治疗性杀菌剂交替使用或混用，连喷 3～5 次。丙森锌一般每亩次使用 70％可湿性粉剂或 70％水分散粒剂 150～200 克，或 80％可湿性粉剂或 80％水分散粒剂 130～180 克，对水 45～60 千克均匀喷雾。

番茄早疫病、晚疫病、叶霉病、叶斑病　从病害发生初期或早晚有雾露时开始喷药，7～10 天 1 次，与相应治疗性杀菌剂交替使用或混用，连喷 3～5 次。丙森锌喷施剂量同"甜瓜炭疽病"。

辣椒疫病　从田间初见病株时开始喷药，7～10 天 1 次，连喷 2～3 次，重点喷洒植株中下部的茎秆处。丙森锌喷施剂量同"甜瓜炭疽病"。

十字花科蔬菜霜霉病、黑斑病　从病害发生初期开始喷药，7 天左右 1 次，连喷 2 次左右。一般每亩次使用 70％可湿性粉剂或 70％水分散粒剂 120～150 克，或 80％可湿性粉剂或 80％水分散粒剂 100～120 克，对水 30～45 千克均匀喷雾。

玉米大斑病、小斑病等叶斑病　从病害发生初期开始喷药，10～15 天 1 次，连喷 2 次左右。一般每亩次使用 70％可湿性粉剂或 70％水分散粒剂 120～150 克，或 80％可湿性粉剂或 80％水分散粒剂 100～120 克，对水 30～45 千克均匀喷雾。

马铃薯晚疫病、早疫病、炭疽病　以防控晚疫病为主，兼防其他病害即可。从田间初见晚疫病病斑时或植株现蕾期开始喷药，7～10 天 1 次，与相应治疗性杀菌剂交替使用或混用，直到生长后期。丙森锌一般每亩次使用 70％可湿性粉剂或 70％水分散粒剂 150～200 克，或 80％可湿性粉剂或 80％水分散粒剂 130～180 克，对水 45～75 千克均匀喷雾。

花生叶斑病　从病害发生初期或初见病斑时，或开花下针期开始喷药，10 天左右 1 次，连喷 2～4 次。一般每亩次使用 70％可湿性粉剂或 70％水分散粒剂 120～150 克，或 80％可湿性粉剂或 80％水分散粒剂 100～130 克，对水 30～45 千克均匀喷雾。

烟草赤星病、炭疽病、黑胫病　从病害发生初期或初见病斑时开始喷药，7～10 天 1 次，连喷 3 次左右，防控黑胫病时重点喷洒植株中下部的茎秆处。一般每亩次使用 70％可湿性粉剂或 70％水分散粒剂 130～180 克，或 80％可湿性粉剂或 80％水分散粒剂 120～150 克，对水 45～60 千克均匀喷雾。

花卉植物的炭疽病、褐斑病、黑斑病　从病害发生初期或初见病斑时开始喷药，10 天左右 1 次，每期连喷 2～3 次。一般使用 70％可湿性粉剂或 70％水分散粒剂 500～600 倍液，或 80％可湿性粉剂或 80％水分散粒剂 600～700 倍液，均匀喷雾。

注意事项　丙森锌不能与碱性药剂或肥料及含铜药剂混用，且相邻使用时前、后应分别间隔 7 天以上。丙森锌为保护性杀菌剂，必须在病害发生前喷施才能获得较好防效，且喷药应均匀周到，使叶片正反两面及果实表面都要着药。连续喷药时注意与相应治疗性杀菌剂交替使用或混用。

波尔多液 bordeaux mixture

主要含量与剂型　28％悬浮剂，80％可湿性粉剂，86％水分散粒剂，不同配制比例的悬浮液。

产品特点　波尔多液是一种矿物源广谱保护性低毒杀菌剂，铜离子为主要杀菌成分，喷施后于植物表面形成一层致密的保护药膜，具有展着性好、黏着性强、耐雨水冲刷、持效期长、防病范围广等特点，在发病前或发病初期喷施效果最佳。药剂喷施后，在空气、雨露、水等作用下，逐渐解离出具有杀菌活性的铜离子与病菌蛋白质的一些活性基团结合，进入病菌细胞内的少量铜离子与某些酶结合，通过阻碍和抑制病菌一些酶的活性及生理代谢过程，而导致病菌死亡。铜离子的杀菌作用位点多，病菌很难产生抗药性，可以连续多次使用。目前生产上常用的波尔多液分为工业化生产的制剂（可湿性粉剂、水分散粒剂、悬浮剂）和自制的天蓝色黏稠状悬浮液两种。

工业化生产的制剂品质稳定，使用方便，颗粒微细，悬浮性好，喷施后植物表面没有明显药斑污染，有利于叶片光合作用。药液多呈微酸性，能与不忌铜的普通非碱性药剂混用。

自制的波尔多液（天蓝色液体）是由硫酸铜和生石灰为主要原料配制的，液体呈碱性，对金属有腐蚀作用，稳定性差，久置即沉淀，并产生结晶，逐渐变质降效。其中硫酸铜和生石灰的比例不同，配制的波尔多液药效、持效期、耐雨水冲刷能力及安全性均不相同。硫酸铜比例越高、生石灰比例越低，波尔多液药效越高、持效期越短、耐雨水冲刷能力越弱、越容易发生药害；相反，硫酸铜比例越低、生石灰比例越高，波尔多液药效越低、持效期越长、耐雨水冲刷能力越强、安全性越高。另外，生石灰比例越高，对植物表面污染越严重。

不同植物对波尔多液的敏感性不同，使用时要特别注意硫酸铜和石灰对植物的安全性。对石灰敏感的作物有葡萄、香蕉、瓜类、番茄、辣椒等，这些作物使用波尔多液后，在高温干燥条件下易发生药害，因此要用石灰少量式或半量式波尔多液。对铜非常敏感的作物有桃树、李树、杏树、白菜、莴苣、菜豆、荸荠等，一般生长期不能使用波尔多液。对铜较敏感的作物有梨树、苹果树、柿树、小麦、大豆、黄瓜、西瓜等，这些作物在潮湿多雨条件下易发生药害，应使用石灰倍量式或多量式波尔多液。

配制方法 自制波尔多液常用的配制比例有石灰少量式：硫酸铜：生石灰：水＝1：(0.3～0.7)：X；石灰半量式：硫酸铜：生石灰：水＝1：0.5：X；石灰等量式：硫酸铜：生石灰：水＝1：1：X；石灰倍量式：硫酸铜：生石灰：水＝1：(2～3)：X；石灰多量式：硫酸铜：生石灰：水＝1：(4～6)：X。

自制波尔多液常用的配制方法有如下两种：

(1) 两液对等配制法（两液法） 取优质的硫酸铜晶体和生石灰，分别先用少量水消化生石灰和少量热水溶解硫酸铜，然后分别各加入全水量的一半，制成硫酸铜液和石灰水，待两种液体的温度等于环境温度时，将两种液体同时缓缓注入第三个容器内，边注入边搅拌即成。此法配制的波尔多液质量高，防病效果好。

(2) 稀硫酸铜液注入浓石灰乳配制法（稀铜浓灰法） 用90%的水溶解硫酸铜、10%的水消化生石灰（搅拌成石灰乳），然后将稀硫酸铜溶液缓慢注入浓石灰乳中（如喷入石灰乳中效果更好），边注入边搅拌即成。绝不能将石灰乳注入硫酸铜溶液中，否则会产生大量沉淀，降低药效，造成药害。

适用作物防控对象及使用技术 波尔多液为保护性杀菌剂，只有在病菌侵入前用药才能获得理想的防控效果，且喷药必须均匀周到，将叶片正反两面及果实表面均匀喷湿为止。

苹果树病害　　多从落花后 45 天开始喷施波尔多液（最好是全套袋后），15 天左右 1 次，可以连续喷施，能有效防控中后期的褐斑病、黑星病、斑点落叶病、炭疽叶枯病及不套袋果实的轮纹病、炭疽病、疫腐病、褐腐病。幼果期尽量不要喷施，以避免造成果锈。一般使用 1∶（2～3）∶（200～240）倍波尔多液，或 80％可湿性粉剂 500～600 倍液，或 86％水分散粒剂 600～700 倍液，或 28％悬浮剂 300～400 倍液，均匀喷雾。

梨树病害　　多从落花后 45 天开始喷施波尔多液（最好是全套袋后），15 天左右 1 次，可以连续喷施，能有效防控中后期的黑星病、黑斑病、褐斑病、白粉病及不套袋果实的炭疽病、轮纹病、褐腐病。幼果期尽量不要喷施，以避免造成果锈。波尔多液喷施倍数同"苹果树病害"。

葡萄病害　　以防控霜霉病为主，兼防褐斑病、白粉病、炭疽病、房枯病。从霜霉病发生初期或谢花后 10 天左右开始喷药（开花前尽量不要喷施），10～15 天 1 次，连续喷施。一般使用 1∶（0.5～0.7）∶（160～240）倍波尔多液，或 80％可湿性粉剂 400～500 倍液，或 86％水分散粒剂 500～600 倍液，或 28％悬浮剂 200～300 倍液，均匀喷雾。

枣树病害　　多从落花后（一茬花）20 天左右开始喷药，15 天左右 1 次，连喷 4～6 次（最好与其他不同类型药剂交替使用），能有效防控锈病、轮纹病、炭疽病及褐斑病的发生为害。一般使用 1∶2∶200 倍波尔多液，或 80％可湿性粉剂 600～700 倍液，或 86％水分散粒剂 600～800 倍液，或 28％悬浮剂 300～400 倍液，均匀喷雾。高温干旱季节喷施应适当提高药剂稀释倍数。

桃树、杏树、李树及樱桃树的流胶病　　在花芽开始膨大前喷施 1 次，有效防控流胶病的为害，并具清园杀菌作用，但生长期禁止喷施。一般使用 1∶1∶100 倍波尔多液，或 80％可湿性粉剂 200～300 倍液，或 86％水分散粒剂 300～350 倍液，或 28％悬浮剂 80～100 倍液，喷洒枝干。

柿树病害　　从落花后 15 天左右开始喷药，10～15 天 1 次，连喷 2～3 次，能有效防控圆斑病、角斑病及炭疽病（北方柿产区）的发生为害。一般使用 1∶（3～5）∶（400～600）倍波尔多液，或 80％可湿性粉剂 1 000～1 200 倍液，或 86％水分散粒剂 1 200～1 500 倍液，或 28％悬浮剂 400～500 倍液，均匀喷雾。

核桃病害　　核桃展叶期、落花后、幼果期、果实膨大中期及近成果期各喷药 1 次，可有效防控黑斑病、褐斑病及炭疽病的发生为害。一般使用 1∶1∶200 倍波尔多液，或 80％可湿性粉剂 800～1 000 倍液，或 86％水分散粒剂 1 000～1 200 倍液，或 28％悬浮剂 300～400 倍液，均匀喷雾。

柑橘树病害　　在春梢抽生初期喷药 1 次，10～15 天后再喷 1 次；谢花 2/3 时喷药 1 次，谢花后 15 天再喷药 1 次；夏梢抽生初期喷药 1 次，10～15 天后再喷 1 次；秋梢抽生初期喷药 1 次，10～15 天后再喷 1 次；果实转色前喷药 1～2 次。能有效防控溃疡病、疮痂病、炭疽病、黄斑病及黑星病的发生为害。一般使用 1∶1∶（150～200）倍波尔多液，或 80％可湿性粉剂 500～600 倍液，或 86％水分散粒剂 600～700 倍液，或 28％悬浮剂 200～300 倍液，均匀喷雾。

香蕉叶斑病、黑星病　　从病害发生初期开始喷药，10～15 天 1 次，连喷 3～4 次。一般使用 1∶0.5∶100 倍波尔多液，或 80％可湿性粉剂 400～500 倍液，或 86％水分散粒剂 500～600 倍液，或 28％悬浮剂 200～250 倍液，均匀喷雾，若在药液中加入 500 倍木薯粉或面粉，可增加药液黏着性。

荔枝霜疫霉病　花蕾期、幼果期、中果期、果实转色期各喷药1次，一般使用1：1：200倍波尔多液，或80%可湿性粉剂500～600倍液，或86%水分散粒剂600～700倍液，或28%悬浮剂200～300倍液，均匀喷雾。应当指出，自配的波尔多液容易污染果面，且果实成熟阶段易引起果皮变黑，所以果实生长中后期尽量慎用。

杧果炭疽病　春梢萌动期、花蕾期、落花后及落花后1个月左右各喷药1次，一般使用1：1：（100～200）倍波尔多液，或80%可湿性粉剂500～600倍液，或86%水分散粒剂600～700倍液，或28%悬浮剂250～300倍液，均匀喷雾。

枇杷病害　防控炭疽病时，在果实生长期喷药，10～15天1次，连喷2次左右；防控叶斑病时，从春梢新叶长出后开始喷药，10～15天1次，连喷2～3次。一般使用1：1：200倍波尔多液，或80%可湿性粉剂600～800倍液，或86%水分散粒剂700～800倍液，或28%悬浮剂300～350倍液，均匀喷雾。

番木瓜炭疽病　冬季喷洒1次1：1：100倍波尔多液，或80%可湿性粉剂400～500倍液，或86%水分散粒剂500～600倍液，或28%悬浮剂150～200倍液；8～9月喷洒3～4次1：1：200倍波尔多液，或80%可湿性粉剂600～700倍液，或86%水分散粒剂700～800倍液，或28%悬浮剂300～350倍液，间隔期10～15天。

黄瓜霜霉病　从病害发生初期或初见霜霉病病斑时开始喷药，10天左右1次，直到生长后期，最好与相应治疗性药剂交替使用。波尔多液一般每亩次使用80%可湿性粉剂100～125克，或86%水分散粒剂100～120克，或28%悬浮剂250～300毫升，对水45～75千克喷雾，重点喷洒叶片背面。

辣椒炭疽病、疫病、疮痂病　从病害发生初期或田间初见病株时开始喷药，10天左右1次，连喷2～4次，防控疫病时重点喷洒植株中下部的茎秆部位。一般使用80%可湿性粉剂400～500倍液，或86%水分散粒剂500～600倍液，或28%悬浮剂200～250倍液，均匀喷雾。

烟草野火病、黑胫病、角斑病　从病害发生初期或田间初见病株时开始喷药，10天左右1次，连喷2～4次，防控黑胫病时重点喷洒植株中下部的茎秆部位。一般每亩次使用80%可湿性粉剂或86%水分散粒剂80～100克，或28%悬浮剂200～250毫升，对水45～60千克均匀喷雾。

水稻稻曲病　在水稻破口前5～7天和齐穗初期各喷药1次。一般每亩次使用80%可湿性粉剂50～75克，或86%水分散粒剂40～65克，或28%悬浮剂100～120毫升，对水30～45千克均匀喷雾。

注意事项　波尔多液尽量不要与其他农药混用，尤其是自配的波尔多液；工业化产品亦应避免与石硫合剂、有机磷农药、机油乳剂及其他碱性或强酸性药剂、肥料混用。自配的波尔多液长时间放置易产生沉淀，应现用现配，且不能使用金属容器。不套袋果近成熟期（采收前30天左右）不要使用自配制的波尔多液，以免污染果面。桃树、杏树、李树、樱桃树对铜离子非常敏感，生长期使用会引起严重药害，造成大量落叶、落果。阴雨连绵或露水未干时喷施波尔多液易发生药害，有时在高温干燥条件下使用也易产生药害，需要特别注意。对石灰敏感的作物如茄科作物、葫芦科作物、葡萄、黄瓜、西瓜等，在高温干燥条件下易产生药害。梅雨期过后夏季高温时易产生药害，应避开高温高湿时段用药。

春雷霉素 kasugamycin

主要含量与剂型 2%、4%、6%、10%可湿性粉剂，2%、4%、6%水剂，20%水分散粒剂。

产品特点 春雷霉素是由春日链霉菌发酵产生的一种农用抗生素类低毒杀菌剂，具有较强的渗透性和内吸性，可在植物体内移动。喷施后见效快，耐雨水冲刷，持效期较长，对植物病害具有预防和显著的治疗作用。其杀菌机理是通过干扰病菌氨基酸代谢的酯酶系统，进而影响蛋白质的生物合成，使菌丝伸长受到抑制，造成细胞颗粒化，而导致病菌死亡，但对孢子萌发没有影响。该药使用安全，瓜类植物喷施后叶色浓绿，并能延长收获期。

适用作物防控对象及使用技术

桃树、杏树、李树及樱桃树的细菌性穿孔病、真菌性穿孔病 从病害发生初期开始喷药，10～15天1次，连喷2～3次。一般使用2%水剂或2%可湿性粉剂200～300倍液，或4%水剂或4%可湿性粉剂500～600倍液，或6%水剂或6%可湿性粉剂600～800倍液，或10%可湿性粉剂1 000～1 500倍液，或20%水分散粒剂2 000～3 000倍液均匀喷雾。

核桃黑斑病 从病害发生初期开始喷药，10～15天1次，连喷2～4次。春雷霉素喷施倍数同"桃树穿孔病"。

猕猴桃树溃疡病 先在冬剪后立即喷药1次，然后于早春发芽前再喷药1次，进行清园灭菌，一般使用2%水剂或2%可湿性粉剂100～150倍液，或4%水剂或4%可湿性粉剂200～300倍液，或6%水剂或6%可湿性粉剂300～400倍液，或10%可湿性粉剂500～700倍液，或20%水分散粒剂1 000～1 200倍液，均匀喷洒枝蔓。生长期先在发芽后至开花前喷药，然后于果实采收后喷药，每期均喷洒2次左右，间隔期10～15天。春雷霉素喷施倍数同"桃树穿孔病"。

梨树黑星病 从初见病叶或病果时开始喷药，10天左右1次，与不同类型药剂交替使用，连喷5～7次。春雷霉素一般使用2%水剂或2%可湿性粉剂300～400倍液，或4%水剂或4%可湿性粉剂600～800倍液，或6%水剂或6%可湿性粉剂1 000～1 200倍液，或10%可湿性粉剂1 500～2 000倍液，或20%水分散粒剂3 000～4 000倍液，均匀喷雾。

库尔勒香梨细菌性枝枯病 先在萌芽前喷药1次，进行清园，一般使用2%水剂或2%可湿性粉剂100～150倍液，或4%水剂或4%可湿性粉剂200～300倍液，或6%水剂或6%可湿性粉剂300～400倍液，或10%可湿性粉剂500～700倍液，或20%水分散粒剂1 000～1 200倍液，均匀喷雾；然后再于花序分离期、落花后及落花后10～15天各喷药1次，一般使用2%水剂或2%可湿性粉剂400～500倍液，或4%水剂或4%可湿性粉剂800～1 000倍液，或6%水剂或6%可湿性粉剂1 200～1 500倍液，或10%可湿性粉剂2 000～2 500倍液，或20%水分散粒剂4 000～5 000倍液，均匀喷雾。

柑橘树溃疡病 先在春梢萌生初期、春梢萌生后10～15天及春梢叶片转绿期各喷药1次，防护春梢受害；然后于幼果直径0.5～1厘米时开始喷药保护果实，10天左右1次，连喷3次；再于秋梢抽生初期、秋梢抽生后10天左右及秋梢叶片转绿期各喷药1次，有效防护秋梢受害。连续喷药时，注意与不同类型药剂交替使用。春雷霉素喷施倍数同"梨树黑星病"。需要指出，有些柑橘类的品种对春雷霉素较敏感，喷施后会产生轻微药害，具体应用时应当注意。

水稻稻瘟病 防控苗瘟及叶瘟时，在苗床或田间出现发病中心时或有急性型病斑时开始喷药，7～10 天 1 次，连喷 1～2 次；防控穗颈瘟时，在破口期和齐穗期各喷药 1 次。一般每亩次使用 2％水剂 100～150 毫升，或 2％可湿性粉剂 100～150 克，或 4％水剂 50～75 毫升，或 4％可湿性粉剂 50～75 克，或 6％水剂 40～50 毫升，或 6％可湿性粉剂 40～50 克，或 10％可湿性粉剂 25～30 克，或 20％水分散粒剂 12～15 克，对水 30～45 千克均匀喷雾。

番茄叶霉病 从病害发生初期或初见病斑时开始喷药，7～10 天 1 次，连喷 3 次左右，重点喷洒叶片背面。一般每亩次使用 2％水剂 140～170 毫升，或 2％可湿性粉剂 140～170 克，或 4％水剂 70～90 毫升，或 4％可湿性粉剂 70～90 克，或 6％水剂 50～60 毫升，或 6％可湿性粉剂 50～60 克，或 10％可湿性粉剂 30～35 克，或 20％水分散粒剂 15～17 克，对水 45～60 千克均匀喷雾。

黄瓜细菌性角斑病、细菌性圆斑病 从病害发生初期或初见病斑时开始喷药，7～10 天 1 次，连喷 3～4 次，重点喷洒叶片背面。春雷霉素喷施剂量同"番茄叶霉病"。

西瓜、甜瓜细菌性角斑病、果斑病 从病害发生初期或初见病斑时开始喷药，7～10 天 1 次，连喷 2～4 次，重点喷洒叶片背面及瓜的表面。春雷霉素喷施剂量同"番茄叶霉病"。

黄瓜、西瓜、甜瓜等瓜类的枯萎病 先在移栽定植时浇灌 1 次定植药水，然后从定植后 1 个月左右或田间初见病株时开始继续用药液浇灌植株根部，15 天后再浇灌 1 次，每株浇灌药液 250～300 毫升。一般使用 2％水剂或 2％可湿性粉剂 200～300 倍液，或 4％水剂或 4％可湿性粉剂 400～600 倍液，或 6％水剂或 6％可湿性粉剂 600～800 倍液，或 10％可湿性粉剂 1 000～1 500 倍液，或 20％水分散粒剂 2 000～3 000 倍液灌根。

辣椒疮痂病 从病害发生初期开始喷药，7～10 天 1 次，连喷 3～4 次。一般每亩次使用 2％水剂 100～130 毫升，或 2％可湿性粉剂 100～130 克，或 4％水剂 50～65 毫升，或 4％可湿性粉剂 50～65 克，或 6％水剂 35～45 毫升，或 6％可湿性粉剂 35～45 克，或 10％可湿性粉剂 20～25 克，或 20％水分散粒剂 10～15 克，对水 45～60 千克均匀喷雾。

菜豆细菌性晕疫病 从病害发生初期开始喷药，7～10 天 1 次，连喷 2～3 次。春雷霉素喷施剂量同"辣椒疮痂病"。

芹菜叶斑病 从病害发生初期开始喷药，7～10 天 1 次，连喷 3～4 次。一般每亩次使用 2％水剂 100～150 毫升，或 2％可湿性粉剂 100～150 克，或 4％水剂 50～75 毫升，或 4％可湿性粉剂 50～75 克，或 6％水剂 35～50 毫升，或 6％可湿性粉剂 35～50 克，或 10％可湿性粉剂 20～30 克，或 20％水分散粒剂 10～15 克，对水 30～45 千克均匀喷雾。

大白菜、甘蓝、菜花的软腐病、黑腐病 从病害发生初期或田间初见病株时开始喷药，7～10 天 1 次，连喷 2 次左右，防控软腐病时重点喷洒植株茎基部的叶片背面。春雷霉素喷施剂量同"芹菜叶斑病"。

马铃薯黑胫病 从田间初见病株时开始喷药，7～10 天 1 次，每期连喷 2～3 次，重点喷洒植株中下部的茎部。一般每亩次使用 2％水剂 100～150 毫升，或 2％可湿性粉剂

100～150 克，或 4％水剂 50～70 毫升，或 4％可湿性粉剂 50～70 克，或 6％水剂 35～50 毫升，或 6％可湿性粉剂 35～50 克，或 10％可湿性粉剂 20～30 克，或 20％水分散粒剂 10～15 克，对水 45～75 千克均匀喷雾。

烟草野火病 从病害发生初期开始喷药，7～10 天 1 次，连喷 2～3 次。一般每亩次使用 2％水剂 120～160 毫升，或 2％可湿性粉剂 120～160 克，或 4％水剂 60～80 毫升，或 4％可湿性粉剂 60～80 克，或 6％水剂 40～55 毫升，或 6％可湿性粉剂 40～55 克，或 10％可湿性粉剂 25～32 克，或 20％水分散粒剂 12～16 克，对水 45～60 千克均匀喷雾。

注意事项 春雷霉素不能与碱性药剂及肥料混用。连续喷药时，应当与不同类型药剂交替使用。本剂对大豆、豌豆、蚕豆、莲藕较敏感，施药时避免药液飘移到该类作物上；也不要将药液污染到杉树（特别是苗木）上；葡萄和苹果上有轻微药害，需要慎重使用。喷药 2～3 小时后遇雨基本不影响药效。

代森联 metiram

主要含量与剂型 70％可湿性粉剂，60％、70％水分散粒剂。

产品特点 代森联是一种硫代氨基甲酸酯类广谱保护性低毒杀菌剂，速效性较好，持效期较长，耐雨水冲刷，正确使用对作物安全，花期也可用药，且连续使用病菌不易产生抗药性。该药属非特异性复合酶抑制剂，可抑制病菌细胞内多种酶的活性，进而影响呼吸作用，破坏生理生化所需能量 ATP 的供给，通过有效阻止孢子萌发、干扰芽管伸长和菌丝的生长，实现防病作用。

适用作物防控对象及使用技术

苹果树斑点落叶病、褐斑病、黑星病、轮纹病、炭疽病 先在花序分离期喷药 1 次（主要防控斑点落叶病），然后从苹果落花后 10 天左右开始连续喷药，10～15 天 1 次，连喷 3 次药后套袋；套袋后（或不套袋苹果）继续喷药，15 天左右 1 次，连喷 3～5 次。与相应治疗性杀菌剂交替使用或混用效果更好。代森联一般使用 70％水分散粒剂或 70％可湿性粉剂 500～700 倍液，或 60％水分散粒剂 500～600 倍液均匀喷雾。

梨树黑星病、轮纹病、炭疽病、黑斑病、褐斑病、白粉病 从初见黑星病病果或病梢时，或梨树落花后 10 天左右开始喷药，10～15 天 1 次，连喷 3 次药后套袋；套袋后（或不套袋梨）继续喷药，15 天左右 1 次，连喷 5～7 次。与相应治疗性杀菌剂交替使用或混用效果更好。代森联喷施倍数同"苹果树斑点落叶病"。

山楂轮纹病、炭疽病、黑星病、叶斑病 从山楂落花后 15 天左右开始喷药，10～15 天 1 次，连喷 3～6 次，与相应治疗性杀菌剂交替使用或混用效果更好。代森联喷施倍数同"苹果树斑点落叶病"。

葡萄霜霉病、炭疽病、褐斑病 以防控霜霉病为主导，兼防褐斑病、炭疽病。一般葡萄园多从幼果期开始喷施本剂，10 天左右 1 次，直到生长后期，与相应治疗性杀菌剂交替使用或混用，注意喷洒叶片背面。代森联喷施倍数同"苹果树斑点落叶病"。

桃树黑星病、炭疽病、真菌性穿孔病 以防控果实黑星病、炭疽病为主，兼防真菌性穿孔病。毛桃类一般从桃树落花后 20～30 天开始喷药，油桃类一般从落花后 10～15 天开始喷药，10～15 天 1 次，套袋桃套袋后结束，不套袋桃需连续喷药至采收前 1 个月左右。

注意与相应治疗性杀菌剂交替使用或混用。代森联喷施倍数同"苹果树斑点落叶病"。

李树炭疽病、红点病、真菌性穿孔病　从李树落花后 10 天左右开始喷药，10～15 天 1 次，连喷 3～6 次，注意与相应治疗性杀菌剂交替使用或混用。代森联喷施倍数同"苹果树斑点落叶病"。

核桃炭疽病、褐斑病　从病害发生初期或初见病斑时，或果实膨大中期开始喷药，10～15 天 1 次，连喷 2～4 次。注意与相应治疗性杀菌剂交替使用或混用。代森联喷施倍数同"苹果树斑点落叶病"。

柿树炭疽病、角斑病、圆斑病　南方甜柿产区，在柿树开花前喷药 1～2 次，间隔期 10 天左右，有效防控炭疽病的早期为害；然后从落花后 10 天左右开始继续喷药，10～15 天 1 次，连喷 4～7 次，注意与相应治疗性杀菌剂交替使用或混用。北方柿产区，多从落花后 20 天左右开始喷药，10～15 天 1 次，连喷 2 次左右。代森联喷施倍数同"苹果树斑点落叶病"。

枣树褐斑病、轮纹病、炭疽病、锈病　枣树开花前（一茬花）喷药 1～2 次，间隔期 10 天左右，有效防控褐斑病的早期为害；然后从落花后（一茬花）7～10 天开始继续喷药，10～15 天 1 次，连喷 3～6 次，注意与相应治疗性杀菌剂交替使用或混用。代森联喷施倍数同"苹果树斑点落叶病"。

石榴炭疽病、褐斑病、麻皮病　一般从落花后（一茬花）7～10 天开始喷药，10～15 天 1 次，连喷 3～6 次，与相应治疗性杀菌剂交替使用或混用效果更好。代森联喷施倍数同"苹果树斑点落叶病"。

柑橘树疮痂病、黑星病、黄斑病、炭疽病　先在柑橘春梢萌发期、春梢萌发后 10～15 天、春梢转绿期、开花前及谢花 2/3 时各喷药 1 次，然后再于幼果期、果实膨大期及果实转色期再各喷药 1 次。连续喷药时，注意与相应治疗性杀菌剂交替使用或混用。代森联一般使用 70％水分散粒剂或 70％可湿性粉剂 500～600 倍液，或 60％水分散粒剂 400～500 倍液均匀喷雾。

荔枝霜疫霉病　花蕾期、幼果期、果实膨大期及果实转色期各喷药 1 次，可有效防控霜疫霉病的发生为害。代森联喷施倍数同"柑橘树疮痂病"。

番茄、茄子、辣椒、马铃薯等茄科蔬菜的晚疫病、早疫病、叶斑病　从病害发生初期开始喷药，7～10 天 1 次，与相应治疗性杀菌剂交替使用或混合喷洒，连续 4～7 次。代森联一般每亩次使用 70％水分散粒剂或 70％可湿性粉剂 120～150 克，或 60％水分散粒剂 140～180 克，对水 45～60 千克均匀喷雾。

黄瓜、西瓜、甜瓜等瓜类的霜霉病、叶斑病　从病害发生初期或初见病斑时开始喷药，7～10 天 1 次，与相应治疗性杀菌剂交替使用或混合使用，直到生长后期，注意喷洒叶片背面。代森联一般每亩次使用 70％水分散粒剂或 70％可湿性粉剂 120～170 克，或 60％水分散粒剂 140～200 克，对水 45～60 千克均匀喷雾。

小麦锈病、白粉病　从病害发生初期开始喷药，10 天左右 1 次，连喷 2 次左右。一般每亩次使用 70％水分散粒剂或 70％可湿性粉剂 70～100 克，或 60％水分散粒剂 80～120 克，对水 30～45 千克均匀喷雾。

玉米大斑病、小斑病、灰斑病　从病害发生初期开始喷药，10 天左右 1 次，连喷 2 次左右。一般每亩次使用 70％水分散粒剂或 70％可湿性粉剂 80～100 克，或 60％水分散粒剂 90～120 克，对水 30～45 千克均匀喷雾。

烟草黑胫病 从田间初见病株时立即开始喷药，7～10 天 1 次，连喷 2～4 次，重点喷洒植株中下部的茎部。一般每亩次使用 70％水分散粒剂或 70％可湿性粉剂 80～120 克，或 60％水分散粒剂 90～140 克，对水 30～60 千克均匀喷雾。

麻山药炭疽病、叶斑病 从病害发生初期开始喷药，10 天左右 1 次，与相应治疗性杀菌剂交替使用或混合使用，连喷 5～7 次。代森联一般使用 70％水分散粒剂或 70％可湿性粉剂 600～800 倍液，或 60％水分散粒剂 500～600 倍液均匀喷雾。

注意事项 代森联不能与碱性农药、肥料及含铜的药剂混用。本剂对光、热、潮湿不稳定，储藏时应注意防止高温，并保持干燥。本剂为保护性杀菌剂，连续喷施时或病害发生较重时最好与相应治疗性药剂交替使用或混用。

代森锰锌 mancozeb

主要含量与剂型 50％、70％、80％可湿性粉剂，75％、80％水分散粒剂，30％、40％、430 克/升悬浮剂。

产品特点 代森锰锌是一种硫代氨基甲酸酯类广谱保护性低毒杀菌剂，主要通过金属离子杀菌，喷施后在植物表面形成一层致密的保护药膜，有效抑制病菌孢子萌发和侵入植物体内，且黏着性好，耐雨水冲刷。其杀菌机理是与病菌中氨基酸的巯基及相关酶反应，抑制病菌代谢过程中丙酮酸的氧化，干扰脂质代谢、呼吸作用和能量的供应，最终导致病菌死亡。该反应具有多个作用位点，病菌极难产生抗药性，所以生产中常与内吸治疗性杀菌剂混配使用，以延缓后者抗药性的产生。

目前市场上的代森锰锌类产品分为两类，一类为全络合态结构、一类为非全络合态结构（又称"普通代森锰锌"）。全络合态产品使用安全，能够于作物幼叶、幼苗及幼果期使用，防病效果稳定，并具有促进果面亮洁、提高果品质量的效果。非全络合态结构的产品，防病效果不稳定，使用相对不安全，使用不当经常造成不同程度的药害，严重时对果品质量影响较大。

适用作物防控对象及使用技术 代森锰锌属保护性杀菌剂，对病害没有治疗作用，只有在病菌侵害寄主植物前喷施才能获得理想的防控效果；若病害发生后用药，必须与相应治疗性杀菌剂混配使用或交替使用。代森锰锌可以连续多次使用，病菌极难产生抗药性。在果树类作物上喷雾时，全络合态产品 80％可湿性粉剂或 80％水分散粒剂或 75％水分散粒剂一般使用 600～800 倍液均匀喷雾；普通代森锰锌为避免发生药害，一般使用 80％可湿性粉剂 1 200～1 500 倍液，或 70％可湿性粉剂 1 000～1 200 倍液，或 50％可湿性粉剂 700～800 倍液均匀喷雾；使用悬浮剂时，430 克/升悬浮剂或 40％悬浮剂一般喷施 400～500 倍液，30％悬浮剂一般喷施 300～400 倍液。需要说明，由于代森锰锌生产企业很多，产品质量也存在一定差异，所以具体应用时还应以其标签说明为准。

苹果树病害 在花序分离期和落花后各喷药 1 次，有效防控锈病、花腐病，兼防斑点落叶病；在盛花末期喷施 1 次全络合态产品 80％可湿性粉剂或 80％水分散粒剂或 75％水分散粒剂 600～800 倍液，有效防控霉心病，兼防斑点落叶病。然后从苹果落花后 7～10 天开始喷施，10 天左右 1 次，连喷 3 次药后套袋，有效防控轮纹病、炭疽病、黑星病、套袋果斑点病及春梢期斑点落叶病，兼防褐斑病，套袋苹果第 3 次药尤为重要；套袋后继续喷药 3～5 次，间隔期 10～15 天，有效防控褐斑病、黑星病及秋梢期斑点落叶病。不套袋苹果从落花后第 4 次药开始还可兼防轮纹病、炭疽病、褐腐病、疫腐病等多种果实病害，且需增加喷药 2 次左右，以提高对果实病害的防控效果。落花后 45 天内以选用全络合态代森锰锌较好，避免对幼果造成药害、后期形成果锈。代森锰锌喷施倍数同前述。

梨树病害　以防控黑星病为主，兼防黑斑病、褐斑病、轮纹病、炭疽病、白粉病。多从落花后 7～10 天开始喷药，10～15 天 1 次，连续喷施，直到果实采收前 10 天；中早熟品种果实采收后还应喷药 1～2 次进行保叶。具体喷药间隔期及喷药次数根据降雨情况而定，雨多多喷，雨少少喷。落花后 45 天内以选用全络合态代森锰锌较好，避免对幼果造成药害、形成果锈。代森锰锌喷施倍数同前述。

葡萄病害　先在开花前、落花后各喷药 1 次，有效防控黑痘病、穗轴褐枯病及幼穗期的霜霉病；然后从落花后 10 天左右或叶片上初显霜霉病病斑时开始继续喷药，10 天左右 1 次，连续喷施，直到果实采收前 1 个月左右或雨季结束，具体喷药时间及次数根据降雨情况而定，雨多多喷，雨少少喷，多雨潮湿年份果实采收后还需喷药 1～3 次，以防霜霉病后期的发生为害。不套袋葡萄，采收前 45 天内不建议喷施本剂，以防药剂污染果面。代森锰锌喷施倍数同前述。

桃树、杏树、李树病害　防控黑星病时，从落花后 15～20 天开始喷药，10～15 天 1 次，到果实采收前 1 个月结束，兼防炭疽病、真菌性穿孔病；防控不套袋果的褐腐病时，从采收前 45 天开始喷药，10～15 天 1 次，直到果实采收前一周，兼防炭疽病、真菌性穿孔病。代森锰锌喷施倍数同前述。核果类果树上尽量选用全络合态产品，以免发生药害。

樱桃病害　从病害发生初期开始喷药，10～15 天 1 次，连喷 2～3 次，可有效防控叶斑病、真菌性穿孔病、早期落叶病等多种病害。代森锰锌喷施倍数同前述。

枣树病害　先在开花前、落花后各喷药 1 次，有效防控早期褐斑病，兼防果实斑点病；而后从落花后（一茬花）15 天左右开始连续喷药，10～15 天 1 次，连喷 4～7 次，有效防控锈病、轮纹病、炭疽病、褐斑病及果实斑点病。幼果期尽量选用全络合态产品，以免造成果面果锈。代森锰锌喷施倍数同前述。

柿树病害　一般果园从落花后 15 天左右开始喷药，15 天左右 1 次，连喷 2～3 次，可有效防控一般柿树园的圆斑病、角斑病及炭疽病的发生为害；但在南方甜柿产区，炭疽病发生严重的品种或果园，除落花后应连续喷药 4～6 次甚至更多外，还需在开花前增加喷药 1～2 次。代森锰锌喷施倍数同前述。

板栗炭疽病、叶斑病　从病害发生初期开始喷药，10～15 天 1 次，连喷 2 次左右。代森锰锌喷施倍数同前述。

核桃炭疽病、叶斑病　从落花后 1 个月左右或果实上初显炭疽病病斑时开始喷药，10～15 天 1 次，连喷 2～4 次。代森锰锌喷施倍数同前述。

石榴病害　先在开花前喷药 1 次，有效防控褐斑病，兼防炭疽病；然后从大部分雌花坐果后开始连续喷药，10～15 天 1 次，连喷 3～5 次，有效防控炭疽病、干腐病、褐斑病、麻皮病等多种病害。代森锰锌喷施倍数同前述。

草莓病害　从病害发生初期或初见病斑时开始喷药，10 天左右 1 次，连喷 2～4 次，可有效防控腐霉果腐病、叶斑病等多种病害；育苗地防控炭疽病时，需连续喷药 3～5 次。代森锰锌喷施倍数同前述。

山楂病害　一般果园从落花后 20 天左右开始喷药，10～15 天 1 次，连喷 2～4 次，可有效防控炭疽病、轮纹病、叶斑病的发生为害。代森锰锌喷施倍数同前述。

猕猴桃炭疽病、叶斑病　一般果园从落花后 1 个月左右开始喷药，10～15 天 1 次，连喷 2～4 次。代森锰锌喷施倍数同前述。

花椒锈病、黑斑病　从病害发生初期或初见病斑时开始喷药，10 天左右 1 次，每期连喷 3 次左右。代森锰锌喷施倍数同前述。

蓝莓叶斑病、炭疽病　多从病害发生初期或初见病斑时开始喷药，10 天左右 1 次，连喷 2～3 次。代森锰锌喷施倍数同前述。

枸杞炭疽病、黑斑病　防控果实炭疽病时，从每茬花落花后 10～15 天开始喷药，10 天左右 1 次，每茬连喷 2 次左右；防控黑斑病时，一般从初见病斑时或病害发生初期开始喷药，10 天左右 1 次，连喷 2～3 次。代森锰锌喷施倍数同前述。

柑橘树病害　先在春梢萌芽 2～3 毫米、谢花 2/3、幼果期各喷药 1 次，有效防控疮痂病、炭疽病、砂皮病（黑点病），兼防蒂腐病、黑星病、黄斑病等；多雨年份及重病果园应适当增加喷药 1～2 次，以保证防控效果。后在 6 月底或 7 月上旬、8 月中旬各喷药 1 次，有效防控锈壁虱（锈蜘蛛），兼防砂皮病、炭疽病、黑星病、煤烟病等果实病害。椪柑和橙类，9 月上中旬再喷药 1～2 次，有效防控炭疽病。在柑橘上，一般使用全络合态的 80％可湿性粉剂或 80％水分散粒剂或 75％水分散粒剂 500～600 倍液，或 430 克/升悬浮剂或 40％悬浮剂 300～400 倍液，或 30％悬浮剂 250～300 倍液，均匀喷雾。

香蕉叶斑病、黑星病　从病害发生初期开始喷药，10～15 天 1 次，连喷 3～5 次。香蕉上多选用全络合态产品，一般使用 80％可湿性粉剂或 80％水分散粒剂或 75％水分散粒剂 500～600 倍液，或 430 克/升悬浮剂或 40％悬浮剂 300～400 倍液，或 30％悬浮剂 200～250 倍液，均匀喷雾。

杧果炭疽病　先在嫩梢期、花序生长期各喷药 1 次；然后从落花后再开始喷药，7～10 天 1 次，连喷 2 次；最后再于果实采收前 45 天开始继续喷药，10 天左右 1 次，连喷 2～4 次。选用全络合态产品，代森锰锌喷施倍数同"香蕉叶斑病"。

荔枝霜疫霉病　在始花期、幼果期、中果期、果实转色期各喷药 1 次，注意抢晴喷药和雨前喷药。多选用全络合态产品，代森锰锌喷施倍数同"香蕉叶斑病"。

黄瓜病害　以防控霜霉病为主，兼防炭疽病、靶斑病、白粉病等其他病害。从初见霜霉病病斑时开始喷药，7～10 天 1 次，与相应治疗性杀菌剂交替使用或混用，直到生长后期，重点喷洒叶片背面。常选用全络合态产品，一般每亩次使用 80％可湿性粉剂或 80％水分散粒剂或 75％水分散粒剂 100～150 克，或 70％可湿性粉剂 120～180 克，或 430 克/升悬浮剂或 40％悬浮剂 150～200 毫升，对水 45～75 千克均匀喷雾。

甜瓜、西瓜病害　从病害发生初期开始喷药，7～10 天 1 次，连喷 3～5 次，注意与相应治疗性杀菌剂交替使用或混用，可有效防控炭疽病、蔓枯病、叶斑病、霜霉病及果腐病等真菌性病害的发生为害。代森锰锌喷施剂量同"黄瓜病害"。

苦瓜炭疽病、霜霉病　从病害发生初期开始喷药，7～10 天 1 次，连喷 3～5 次。代森锰锌喷施剂量同"黄瓜病害"。

番茄病害　从病害发生初期或田间初见病斑时立即开始喷药，7～10天1次，连喷3～5次，可有效防控早疫病、晚疫病、叶霉病及叶斑病的发生为害。一般每亩次使用80％可湿性粉剂或80％水分散粒剂或75％水分散粒剂100～150克，或70％可湿性粉剂120～150克，或50％可湿性粉剂150～200克，或430克/升悬浮剂或40％悬浮剂150～180毫升，或30％悬浮剂200～250毫升，对水45～75千克均匀喷雾。植株较小时，适当减少用药量。

马铃薯早疫病、晚疫病、炭疽病　从田间初见病斑时或植株现蕾期开始喷药，10天左右1次，直到生长后期。代森锰锌喷施剂量同"番茄病害"。

茄子病害　从病害发生初期开始喷药，7～10天1次，连喷3～5次，可有效防控褐纹病、轮斑病、绵疫病及叶斑病的发生为害。代森锰锌喷施剂量同"番茄病害"。

辣椒病害　从病害发生初期开始喷药，7～10天1次，连喷3～5次，可有效防控炭疽病、霜霉病、疫病及黑斑病的发生为害。一般每亩次使用80％可湿性粉剂或80％水分散粒剂或75％水分散粒剂120～160克，或70％可湿性粉剂130～180克，或50％可湿性粉剂180～240克，或430克/升悬浮剂或40％悬浮剂150～180毫升，或30％悬浮剂200～250毫升，对水45～60千克均匀喷雾。

芸豆、豇豆等豆类蔬菜病害　从病害发生初期开始喷药，7～10天1次，连喷3～5次，可有效防控炭疽病、锈病、角斑病及紫斑病的发生为害。一般每亩次使用80％可湿性粉剂或80％水分散粒剂或75％水分散粒剂100～150克，或70％可湿性粉剂120～150克，或50％可湿性粉剂120～180克，或430克/升悬浮剂或40％悬浮剂120～150毫升，或30％悬浮剂150～200毫升，对水45～60千克均匀喷雾。

芹菜叶斑病、疫病　从田间初见病斑时开始喷药，7～10天1次，连喷2～4次。一般每亩次使用80％可湿性粉剂或80％水分散粒剂或75％水分散粒剂70～100克，或70％可湿性粉剂80～100克，或50％可湿性粉剂100～140克，或430克/升悬浮剂或40％悬浮剂80～120毫升，或30％悬浮剂120～160毫升，对水30～45千克均匀喷雾。

十字花科蔬菜病害　从病害发生初期开始喷药，7～10天1次，连喷2～3次，可有效防控霜霉病、白锈病、炭疽病、黑斑病及白斑病的发生为害。代森锰锌喷施剂量同"芹菜叶斑病"。

芦笋茎枯病、锈病　从病害发生初期开始喷药，7～10天1次，连喷3～5次。代森锰锌喷施剂量同"芹菜叶斑病"。

麻山药炭疽病、叶斑病　从病害发生初期或田间初见病斑时立即开始喷药，10天左右1次，连喷5～7次。一般每亩次使用80％可湿性粉剂或80％水分散粒剂或75％水分散粒剂120～160克，或70％可湿性粉剂120～180克，或50％可湿性粉剂150～200克，或430克/升悬浮剂或40％悬浮剂150～200毫升，或30％悬浮剂200～250毫升，对水45～75千克均匀喷雾。

花生叶斑病、锈病　从病害发生初期或开花下针期开始喷药，10天左右1次，连喷2～4次。一般每亩次使用80％可湿性粉剂或80％水分散粒剂或75％水分散粒剂70～90克，或70％可湿性粉剂80～100克，或50％可湿性粉剂100～130克，或430克/升悬浮剂或40％悬浮剂80～100毫升，或30％悬浮剂120～150毫升，对水30～45千克均匀喷雾。

大豆、绿豆等豆类病害　从病害发生初期开始喷药，10 天左右 1 次，连喷 2 次左右，可有效防控炭疽病、紫斑病及锈病的发生为害。代森锰锌喷施剂量同"花生叶斑病"。

烟草病害　从病害发生初期开始喷药，10 天左右 1 次，连喷 2~4 次，可有效防控炭疽病、赤星病及黑胫病的发生为害，防控黑胫病时重点喷洒植株中下部的茎部。一般每亩次使用 80％可湿性粉剂或 80％水分散粒剂或 75％水分散粒剂 100~150 克，或 70％可湿性粉剂 120~180 克，或 50％可湿性粉剂 170~220 克，或 430 克/升悬浮剂或 40％悬浮剂 150~180 毫升，或 30％悬浮剂 200~250 毫升，对水 45~60 千克均匀喷雾。

草坪病害　从病害发生初期开始喷药，7~10 天 1 次，每期连喷 2~3 次，可有效防控褐斑病、币斑病、斑点病、雪腐病、锈病及红丝病的发生为害。一般每亩次使用 80％可湿性粉剂或 80％水分散粒剂或 75％水分散粒剂 100~150 克，或 70％可湿性粉剂 120~180 克，或 50％可湿性粉剂 150~200 克，或 430 克/升悬浮剂或 40％悬浮剂 120~150 毫升，或 30％悬浮剂 150~200 毫升，对水 45~60 千克均匀喷雾或喷淋。

人参病害　从病害发生初期开始喷药，10 天左右 1 次，连喷 3~5 次，可有效防控炭疽病、疫病及叶斑病的发生为害。一般每亩次使用 80％可湿性粉剂或 80％水分散粒剂或 75％水分散粒剂 120~150 克，或 70％可湿性粉剂 120~160 克，或 50％可湿性粉剂 150~200 克，或 430 克/升悬浮剂或 40％悬浮剂 130~180 毫升，或 30％悬浮剂 180~220 毫升，对水 45~60 千克均匀喷雾。

三七疫病、叶斑病　从病害发生初期开始喷药，7~10 天 1 次，连喷 2~4 次。代森锰锌喷施剂量同"人参病害"。

注意事项　代森锰锌不建议与铜制剂混合使用，也不能与碱性药剂或肥料混用，且喷药时必须均匀周到。连续喷药时，最好与相应治疗性药剂交替使用或混用，以提高防控效果。有些果树的幼叶、幼果期需慎重使用普通代森锰锌，以免发生药害，生产优质高档果品时应特别注意。高温多雨季节用药时，应适当缩短喷药间隔期；少雨干旱时，喷药间隔期可适当延长。

稻瘟灵 isoprothiolane

主要含量与剂型　30％、40％乳油，40％可湿性粉剂。

产品特点　稻瘟灵是一种含硫杂环类内吸治疗性低毒杀菌剂，具有有机硫臭味（臭鸡蛋味），易被根、茎、叶吸收，对稻瘟病有特效。水稻植株吸收药剂后累积于叶组织，特别集中于穗轴与枝梗，从而抑制病菌侵入，阻碍病菌脂质代谢，抑制病菌生长，起到预防与治疗作用。该药使用安全，持效期长，耐雨水冲刷，大面积使用还具有抑制稻飞虱作用。

适用作物防控对象及使用技术

水稻稻瘟病　防控叶瘟时，在田间或苗床上出现叶瘟发病中心，或出现急性型病斑时开始喷药，7~10 天 1 次，连喷 1~2 次；防控穗（颈）瘟时，在破口期和齐穗期各喷药 1 次。一般每亩次使用 40％乳油 80~120 毫升，或 40％可湿性粉剂 80~120 克，或 30％乳油 120~150 毫升，对水 30~45 千克均匀喷雾。

香蕉叶斑病　从病害发生初期开始喷药，10~15 天 1 次，与不同类型药剂交替使用，连喷 3～5 次。稻瘟灵一般使用 40％乳油或 40％可湿性粉剂 600～800 倍液，或 30％乳油 500～600 倍液，均匀喷雾。

注意事项 稻瘟灵不能与碱性药剂或肥料混用，也不能与氯酚钠混用。有时在籼稻等品种上会出现褐色小点或短线等轻微药害表现，但一般不影响产量。该药对鱼和水生生物有一定影响，不宜在养鱼稻田内施药。

稻瘟酰胺 fenoxanil

主要含量与剂型 20％、30％、40％悬浮剂。

产品特点 稻瘟酰胺是一种苯氧酰胺类低毒杀菌剂，专用于防控水稻稻瘟病，具有良好的渗透性、内吸传导性和卓越的特效性，施药后对新展开的叶片也有很好的预防效果。其杀菌机理主要是通过抑制小柱孢酮脱氢酶的活性，进而抑制稻瘟病菌黑色素形成，最终导致病菌死亡。该药耐雨水冲刷，持效期长，施药 40 天后仍能抑制病斑上的孢子脱落和飞散，进而避免再侵染。

适用作物防控对象及使用技术 稻瘟酰胺主要用于防控水稻稻瘟病，既可单独使用，又可与其他杀菌剂混用。防控苗瘟及叶瘟时，多从病害发生初期（出现发病中心或急性型病斑时）开始喷药，10 天左右 1 次，连喷 1～2 次；防控穗颈瘟时，在破口初期和齐穗初期各喷药 1 次。一般每亩次使用 40％悬浮剂 40～50 毫升，或 30％悬浮剂 50～60 毫升，或 20％悬浮剂 70～100 毫升，对水 30～45 千克均匀喷雾。

注意事项 稻瘟酰胺不能与强酸性及碱性药剂或肥料混用。连续喷药时，注意与不同类型药剂交替使用或混用。喷药时注意不得将药液飘移到蔬菜幼苗上，且喷药时必须保持田间水层 5～7 厘米，并保水 3～5 天。

丁香菌酯 coumoxystrobin

主要含量与剂型 0.15％、20％悬浮剂。

产品特点 丁香菌酯是一种甲氧基丙烯酸酯类高效广谱低毒杀菌剂，对真菌性植物病害具有良好的预防保护和免疫作用，使用安全。其杀菌机理是通过阻碍病菌线粒体细胞色素 b 和细胞色素 c 间的电子传递，抑制真菌细胞的呼吸作用，干扰细胞能量供给，进而导致病菌死亡。该成分结构中含有丁香内酯族基团，不仅具有杀菌功能，还能诱使侵入菌丝找不到契合位点而迷向；同时，能够刺激植物启动应急反应和抗病因子，加强自身抑菌系统，加速植物组织愈伤，使植物表现出对真菌病害的免疫功能，并促进植物改善品质，有利于增产、增收。

适用作物防控对象及使用技术

苹果树和梨树的腐烂病、枝干轮纹病 预防病害发生时，既可在春季树体萌芽前使用 20％悬浮剂 500～600 倍液均匀喷洒干枝，又可在生长季节使用 20％悬浮剂 300～400 倍液涂抹较粗大枝干；治疗病斑时，在刮治病斑的基础上使用 20％悬浮剂 150～200 倍液或 0.15％悬浮剂原液均匀涂抹病疤伤口，涂抹面积应覆盖整个病疤，尤其是病疤边缘一定要有药剂，1 个月后再涂抹 1 次效果更好。

苹果树轮纹病、炭疽病、斑点落叶病、褐斑病　防控轮纹病及炭疽病时，从苹果落花后 7～10 天开始喷药，10 天左右 1 次，连喷 3 次药后套袋，兼防斑点落叶病、褐斑病；不套袋果园需继续喷药 4～6 次，10～15 天 1 次，与不同类型药剂交替使用。防控斑点落叶病时，在春梢生长期内和秋梢生长期内各喷药 2 次左右，间隔期 10～15 天，兼防褐斑病。防控褐斑病时，从落花后 1 个月左右开始喷药，或临近套袋的用药为第 1 次喷药，10～15 天 1 次，与不同类型药剂交替使用，连喷 4～5 次。丁香菌酯一般使用 20％悬浮剂 2 000～2 500 倍液均匀喷雾。

梨树轮纹病、炭疽病、黑星病　以防控黑星病为主线，兼防轮纹病、炭疽病。一般梨园从初见黑星病病梢或病叶、病果时开始喷药，或从落花后 7～10 天开始喷药，10～15 天 1 次，与不同类型药剂交替使用，连喷 6～8 次。丁香菌酯一般使用 20％悬浮剂 2 000～2 500 倍液均匀喷雾。

葡萄霜霉病、白粉病、炭疽病　先在葡萄花蕾期和落花后各喷药 1 次，有效防控霜霉病为害幼穗；然后从叶片上初见霜霉病病斑时或落花后 20 天左右开始连续喷药，10 天左右 1 次，与不同类型药剂交替使用，直到生长后期。丁香菌酯一般使用 20％悬浮剂 1 500～2 000 倍液均匀喷雾。

枣树锈病、炭疽病、轮纹病　多从（一茬花）落花后 15 天左右开始喷药，10～15 天 1 次，与不同类型药剂交替使用，连喷 5～7 次。丁香菌酯一般使用 20％悬浮剂 2 000～2 500 倍液均匀喷雾。

桃树黑星病、炭疽病、褐腐病　防控黑星病时，多从落花后 20 天左右开始喷药，15 天左右 1 次，连喷 2～4 次，兼防炭疽病；防控褐腐病时，多从果实采收前 30～45 天开始喷药，10～15 天 1 次，连喷 2 次左右，兼防炭疽病。一般使用 20％悬浮剂 1 000～1 500 倍液均匀喷雾。

香蕉叶斑病、黑星病　从病害发生初期开始喷药，15～20 天 1 次，与不同类型药剂交替使用，连喷 3～5 次。丁香菌酯一般使用 1 500～2 000 倍液均匀喷雾。

杧果炭疽病、白粉病　先在花序生长期和开花初期各喷药 1 次，然后从落花后开始继续喷药，10～15 天 1 次，连喷 2～3 次；最后再于果实采收前 1 个月内喷药 2 次左右（间隔期 10～15 天）。连续喷药时，注意与不同类型药剂交替使用或混用。丁香菌酯一般使用 20％悬浮剂 1 500～2 000 倍液均匀喷雾。

柑橘树疮痂病、炭疽病、黄斑病、树脂病　防控疮痂病、炭疽病时，在开花前、落花后及坐果后各喷药 1 次；防控黄斑病、树脂病时，多从果实膨大期开始喷药，15 天左右 1 次，连喷 2～3 次，兼防炭疽病。一般使用 20％悬浮剂 1 500～2 000 倍液均匀喷雾。

水稻恶苗病、纹枯病、稻瘟病　防控恶苗病时，在苗期或苗床期进行用药，多在发病前喷药；防控纹枯病、稻瘟病时，多从发病初期开始喷药，或在拔节期、破口初期及齐穗期各喷药 1 次。一般每亩次使用 20％悬浮剂 50～100 毫升，对水 30～45 千克均匀喷雾。

小麦纹枯病、锈病、赤霉病　从病害发生初期开始喷药，或在拔节期、孕穗期至齐穗初期及扬花初期各喷药 1 次。丁香菌酯喷施剂量同"水稻恶苗病"。

玉米小斑病、大斑病、黄斑病　从病害发生初期开始喷药，10～15 天 1 次，连喷 1～2 次。一般使用 20％悬浮剂 1 500 倍液均匀喷雾。

番茄叶霉病、灰霉病、炭疽病、晚疫病　从病害发生初期或田间初见病斑时开始喷药，10 天左右 1 次，与不同类型药剂交替使用，连喷 3～5 次。丁香菌酯一般每亩次使用 20％悬浮剂 50～150 毫升，对水 45～60 千克均匀喷雾。

黄瓜、甜瓜等瓜类的炭疽病、霜霉病、黑星病、蔓枯病　从病害发生初期或初见病斑时开始喷药，10 天左右 1 次，与不同类型药剂交替使用，直到生长后期。丁香菌酯一般使用 20％悬浮剂 1 500～2 000 倍液均匀喷雾。

马铃薯晚疫病、早疫病　从病害发生初期或植株现蕾期开始喷药，10 天左右 1 次，与不同类型药剂交替使用，直到生长后期。丁香菌酯一般每亩次使用 20％悬浮剂 80～150 毫升，对水 45～75 千克均匀喷雾。

花生叶斑病、疮痂病　从病害发生初期或初花期开始喷药，10～15 天 1 次，连喷 2～3 次。一般每亩次使用 20％悬浮剂 50～100 毫升，对水 30～45 千克均匀喷雾。

油菜菌核病　从病害发生初期或初花期开始喷药，10～15 天 1 次，连喷 2～3 次，重点喷洒植株中下部。一般每亩次使用 20％悬浮剂 75～100 毫升，对水 30～60 千克均匀喷雾。

注意事项　丁香菌酯不能与碱性及强酸性药剂或肥料混用。连续用药时，注意与不同类型药剂交替使用或混用。为充分发挥本剂激活植物自身的防御潜能，使用本剂时应较其他普通杀菌剂稍早些喷雾。

啶酰菌胺 boscalid

主要含量与剂型　25％、30％悬浮剂，50％水分散粒剂。

产品特点　啶酰菌胺是一种吡啶甲酰胺类广谱低毒杀菌剂，以保护作用为主，兼有一定治疗活性，属线粒体电子传递链中的琥珀酸泛醌还原酶（复合体Ⅱ）抑制剂。其杀菌机理主要是通过抑制病菌呼吸作用中线粒体的琥珀酸酯脱氢酶活性，阻碍三羧酸循环，使氨基酸、糖缺乏，能量减少，细胞无法获得正常代谢所需能量而导致病菌死亡，对病菌孢子萌发、芽管伸长、菌丝生长及孢子产生等整个发育环节均有作用。该成分在植物叶片上具有层间传导和向顶传导作用，叶面喷雾后表现出卓越的耐雨水冲刷和持效性能。

适用作物防控对象及使用技术

葡萄灰霉病、白粉病、炭疽病、黑痘病　先在葡萄花蕾期和落花后各喷药 1 次，有效防控幼穗灰霉病，兼防黑痘病；然后再于落花后 10～15 天喷药 1 次，防控黑痘病；套袋葡萄套袋前喷药 1 次，有效防控灰霉病、炭疽病，兼防白粉病；不套袋葡萄多从果粒膨大中期开始喷药预防炭疽病，兼防白粉病、灰霉病，10～15 天 1 次，与不同类型药剂交替使用，连喷 4～6 次；防控白粉病时，从病害发生初期开始喷药，10～15 天 1 次，连喷 2～3 次。啶酰菌胺一般使用 50％水分散粒剂 1 000～1 500 倍液，或 30％悬浮剂 600～800 倍液，或 25％悬浮剂 500～700 倍液，均匀喷雾。

苹果树白粉病　苹果花序分离期、落花 80％及落花后 15 天左右各喷药 1 次，有效防控白粉病病梢形成及白粉病的早期传播扩散；往年病害严重果园，在 8、9 月再喷药 1～2 次，有效防控病菌侵染芽，降低芽的带菌率，减少第 2 年病梢。啶酰菌胺喷施倍数同"葡萄灰霉病"。

草莓灰霉病、白粉病 从草莓初花期或病害发生初期开始喷药，10～15 天 1 次，与不同类型药剂交替使用，连喷 3～4 次。啶酰菌胺一般每亩次使用 50%水分散粒剂 30～45 克，或 30%悬浮剂 45～60 毫升，或 25%悬浮剂 60～80 毫升，对水 45～60 千克均匀喷雾。

香蕉叶斑病、黑星病 从病害发生初期开始喷药，15 天左右 1 次，与不同类型药剂交替使用，连喷 3～5 次。啶酰菌胺一般使用 50%水分散粒剂 800～1 000 倍液，或 30%悬浮剂 500～600 倍液，或 25%悬浮剂 400～500 倍液，均匀喷雾。

番茄灰霉病、早疫病 防控灰霉病时，从病害发生初期或连阴天时开始喷药，7～10 天 1 次，每期连喷 2～3 次；防控早疫病时，从病害发生初期开始喷药，10 天左右 1 次，连喷 2～3 次。一般每亩次使用 50%水分散粒剂 30～50 克，或 30%悬浮剂 50～80 毫升，或 25%悬浮剂 60～100 毫升，对水 45～60 千克均匀喷雾。

黄瓜、甜瓜、西瓜等瓜类的灰霉病、炭疽病、白粉病 防控灰霉病时，从病害发生初期或连阴天时开始喷药，7～10 天 1 次，每期连喷 2～3 次；防控炭疽病、白粉病时，从病害发生初期开始喷药，10 天左右 1 次，连喷 3 次左右。一般每亩次使用 50%水分散粒剂 35～50 克，或 30%悬浮剂 60～80 毫升，或 25%悬浮剂 70～90 毫升，对水 45～60 千克均匀喷雾。

马铃薯早疫病 从病害发生初期或田间初见病斑时开始喷药，10～15 天 1 次，连喷 2～3 次。一般每亩次使用 50%水分散粒剂 30～40 克，或 30%悬浮剂 50～70 毫升，或 25%悬浮剂 60～80 毫升，对水 45～75 千克均匀喷雾。

油菜菌核病 从油菜初花期或封垄前开始喷药，10～15 天 1 次，连喷 2 次左右。一般每亩次使用 50%水分散粒剂 30～50 克，或 30%悬浮剂 50～80 毫升，或 25%悬浮剂 60～100 毫升，对水 30～45 千克进行喷雾，重点喷洒植株中下部。

注意事项 啶酰菌胺不能与强酸性及碱性药剂或肥料混用。连续喷药时，注意与不同类型药剂交替使用或混用，以延缓病菌产生抗药性。

啶氧菌酯 picoxystrobin

主要含量与剂型 22.5%、30%悬浮剂，50%、70%水分散粒剂。

产品特点 啶氧菌酯是一种甲氧基丙烯酸酯类内吸性高效广谱低毒杀菌剂，具有铲除、保护、渗透和内吸作用，使用安全、方便，耐雨水冲刷，药效稳定。其杀菌机理是作用于细胞复合体 bc1 上，通过与细胞色素 b（Q0 位点）结合，阻止细胞色素 b 和 c1 间的电子传递，阻断氧化磷酸化作用，抑制线粒体呼吸，破坏病菌的能量合成，而导致病菌不能生长、繁殖和产孢。药剂喷施后，在叶片蜡质层均匀扩散，渗透力强，内吸性好，能够在植物体内均匀分布，并通过木质部向植物新生组织传导，有效保护新生组织。另外，啶氧菌酯还能有效降低乙烯合成，减少落叶，延缓植株衰老，提高抗逆性；增加叶绿素含量，叶片更浓绿，植株更健壮，有利于提高产量和果实品质。

适用作物防控对象及使用技术

葡萄黑痘病、霜霉病、白粉病、白腐病 先在葡萄花蕾期、落花后及落花后 10～15 天各喷药 1 次，有效防控黑痘病及霜霉病为害葡萄幼穗；然后从叶片上初见霜霉病病斑时立即开始继续喷施，10 天左右 1 次，与不同类型药剂交替使用，直到生长中后期。啶氧菌酯一般使用 22.5％悬浮剂 1 500～2 000 倍液，或 30％悬浮剂 2 000～2 500 倍液，或 50％水分散粒剂 3 000～4 000 倍液，或 70％水分散粒剂 5 000～6 000 倍液，均匀喷雾。防控叶部霜霉病时，注意喷洒叶片背面。

苹果树黑星病、炭疽病　防控黑星病时，从病害发生初期或初见病斑时开始喷药，10～15 天 1 次，连喷 2～3 次；防控炭疽病时，从苹果落花后 10～15 天开始喷药，10～15 天 1 次，连喷 2～3 次药后套袋（套袋后停止喷药），不套袋苹果需继续喷药 3～5 次（间隔期 10～15 天），并注意与不同类型药剂交替使用。啶氧菌酯喷施倍数同"葡萄黑痘病"。

枣树锈病　从叶片上初见锈病病斑时或枣果膨大初期开始喷药，10～15 天 1 次，与不同类型药剂交替使用，连喷 4～6 次。啶氧菌酯喷施倍数同"葡萄黑痘病"。

香蕉叶斑病、黑星病　从病害发生初期开始喷药，10～15 天 1 次，连喷 3～4 次，注意与不同类型药剂交替使用。啶氧菌酯喷施倍数同"葡萄黑痘病"。

杧果炭疽病　先在花穗伸长期、落花后及落花后 15 天左右各喷药 1 次，有效防控炭疽病为害幼穗及幼果；然后从果实采收前 30～45 天开始继续喷药，10～15 天 1 次，连喷 2～3 次。连续喷药时，注意与不同类型药剂交替使用。啶氧菌酯喷施倍数同"葡萄黑痘病"。

黄瓜霜霉病、灰霉病　防控霜霉病时，从叶片上初见病斑时立即开始喷药，7～10 天 1 次，与不同类型药剂交替使用，直到生长后期，兼防灰霉病；防控灰霉病时，从病害发生初期或连阴天时开始喷药，7 天左右 1 次，每期连喷 2 次。啶氧菌酯一般每亩次使用 22.5％悬浮剂 30～40 毫升，或 30％悬浮剂 25～30 毫升，或 50％水分散粒剂 15～20 克，或 70％水分散粒剂 12～15 克，对水 45～75 千克均匀喷雾。

番茄灰霉病　从病害发生初期或连阴天时开始喷药，7 天左右 1 次，每期连喷 2～3 次。一般每亩次使用 22.5％悬浮剂 25～35 毫升，或 30％悬浮剂 20～25 毫升，或 50％水分散粒剂 12～16 克，或 70％水分散粒剂 9～12 克，对水 45～60 千克均匀喷雾。

辣椒炭疽病　从病害发生初期开始喷药，7～10 天 1 次，连喷 2～3 次。啶氧菌酯喷施剂量同"番茄灰霉病"。

西瓜炭疽病、蔓枯病　从病害发生初期开始喷药，7～10 天 1 次，连喷 2～4 次。一般每亩次使用 22.5％悬浮剂 40～50 毫升，或 30％悬浮剂 30～38 毫升，或 50％水分散粒剂 20～25 克，或 70％水分散粒剂 14～17 克，对水 45～60 千克均匀喷雾。

茶树炭疽病、茶饼病　从病害发生初期开始喷药，10 天左右 1 次，连喷 2～3 次。一般使用 22.5％悬浮剂 1 000～1 500 倍液，或 30％悬浮剂 1 500～2 000 倍液，或 50％水分散粒剂 2 000～3 000 倍液，或 70％水分散粒剂 3 000～4 000 倍液，均匀喷雾。

铁皮石斛叶锈病　从病害发生初期开始喷药，7～10 天 1 次，连喷 2～3 次。一般使用 22.5％悬浮剂 1 200～2 000 倍液，或 30％悬浮剂 1 800～2 500 倍液，或 50％水分散粒剂 3 000～4 000 倍液，或 70％水分散粒剂 4 000～5 000 倍液，均匀喷雾。

注意事项　啶氧菌酯不能与强酸性及碱性药剂或肥料混用，配制药液时请勿添加有机硅等表面活性剂。连续喷药时，注意与不同类型药剂交替使用或混用。

多菌灵 carbendazim

主要含量与剂型 25％、40％、50％、80％可湿性粉剂，50％、75％、80％、90％水分散粒剂，40％、50％、500 克/升悬浮剂。

产品特点 多菌灵是一种苯并咪唑类内吸治疗性广谱低毒杀菌剂，对多种高等真菌性病害均具有预防保护和内吸治疗作用，可混用性好，使用安全。其杀菌机理是通过干扰真菌细胞有丝分裂中纺锤体的形成，进而影响细胞分裂，而导致病菌死亡。药剂喷施后通过叶片渗入到植物体内，耐雨水冲刷，持效期较长。其在植物体内的传导和分布与植物的蒸腾作用有关，蒸腾作用强，传导分布快；蒸腾作用弱，传导分布慢。在蒸腾作用较强的部位，如叶片上药剂分布量较多；在蒸腾作用较弱的器官，如花、果上药剂分布较少。酸性条件下，能够增加多菌灵的水溶性，提高药剂的渗透和输导能力。多菌灵酸化后，透过植物表面角质层的移动力比未酸化时增大 4 倍。

适用作物防控对象及使用技术 多菌灵的使用方法灵活多样，除常规喷雾用药外，还可用于灌根、涂抹、浸泡、拌种、土壤消毒等。

果树的根朽病、紫纹羽病、白纹羽病 在清除病根组织的基础上，使用药液浇灌果树根部，浇灌药液量因树体大小而异，应以病树的主要根区土壤湿润为宜。一般使用 25％可湿性粉剂 250～300 倍液，或 40％可湿性粉剂或 40％悬浮剂 400～500 倍液，或 50％可湿性粉剂或 50％水分散粒剂或 50％悬浮剂或 500 克/升悬浮剂 500～600 倍液，或 75％水分散粒剂 700～800 倍液，或 80％可湿性粉剂或 80％水分散粒剂 800～1 000 倍液，或 90％水分散粒剂 1 000～1 200 倍液，进行浇灌。根部病害防控在早春进行较好，但整体要立足于早发现早治疗。

苹果树病害 开花前后阴雨潮湿时或在风景绿化区的果园，先在花序分离期、落花后各喷药 1 次，有效防控花腐病、锈病，兼防白粉病、斑点落叶病；然后从落花后 10 天左右开始连续喷药，10 天左右 1 次，连喷 3 次药后套袋，套袋后继续喷药 4 次左右（间隔期 10～15 天）；不套袋苹果则 10～15 天喷药 1 次，需连续喷药 7～10 次，对轮纹烂果病、炭疽病、褐斑病、褐腐病、黑星病、霉污病均具有较好的防控效果。具体喷药时间及次数根据降雨情况灵活掌握，雨多多喷，雨少少喷；连续喷药时，注意与不同类型药剂交替使用或混用。多菌灵一般使用 25％可湿性粉剂 250～300 倍液，或 40％可湿性粉剂 400～500 倍液，或 50％可湿性粉剂或 50％水分散粒剂或 40％悬浮剂 500～700 倍液，或 50％悬浮剂或 500 克/升悬浮剂 600～800 倍液，或 75％水分散粒剂 800～1 000 倍液，或 80％可湿性粉剂或 80％水分散粒剂 1 000～1 200 倍液，或 90％水分散粒剂 1 200～1 500 倍液，均匀喷雾。不套袋苹果采收后，用上述药液浸果 20～30 秒，捞出晾干后储运，对采后烂果病也有较好的控制效果。

梨树病害 在风景绿化区的果园，于花序分离期、落花后各喷药 1 次，有效防控锈病的发生为害。然后从落花后 10 天左右开始连续喷药，10～15 天 1 次，与腈菌唑、烯唑醇、苯醚甲环唑、戊唑醇、克菌丹、全络合态代森锰锌、吡唑醚菌酯等药剂交替使用或混用，需连续喷药 7～10 次，可有效控制黑星病、轮纹病、炭疽病、褐斑病、白粉病的发生为害。具体喷药时间及次数根据降雨情况灵活掌握，雨多多喷，雨少少喷。多菌灵喷施倍数同"苹果树病害"。

葡萄病害　在葡萄花蕾期、落花后及落花后 10～15 天各喷药 1 次，有效防控黑痘病；防控褐斑病时，从初见病斑时开始喷药，10 天左右 1 次，连喷 3～4 次，兼防炭疽病；然后从果粒膨大中后期开始继续喷药，7～10 天 1 次，连喷 3～5 次，有效防控炭疽病，兼防房枯病、褐斑病。多菌灵喷施倍数同"苹果树病害"，注意与不同类型药剂交替使用或混用。

桃树病害　花芽露红期，喷施 1 次 25％可湿性粉剂 150～200 倍液，或 40％可湿性粉剂 250～300 倍液，或 50％可湿性粉剂或 50％水分散粒剂或 40％悬浮剂 300～400 倍液，或 50％悬浮剂或 500 克/升悬浮剂 400～500 倍液，或 75％水分散粒剂或 80％可湿性粉剂或 80％水分散粒剂 500～600 倍液，或 90％水分散粒剂 600～800 倍液，有效防控缩叶病。然后从落花后 20 天左右开始继续喷药，10～15 天 1 次，与不同类型药剂交替使用或混用，连喷 3～4 次，有效防控黑星病、炭疽病及真菌性穿孔病的发生为害。往年褐腐病较重果园，从果实采收前 45 天开始喷药防控，10 天左右 1 次，连喷 2～3 次，兼防炭疽病、锈病；往年锈病发生较重的果园，从叶片上初见病斑时开始喷药，10 天左右 1 次，连喷 2 次左右。落花后多菌灵喷施倍数同"苹果树病害"。

杏树病害　一般杏园从落花后 15 天左右开始喷药，10～15 天 1 次，与不同类型药剂交替使用或混用，连喷 2～4 次，可有效防控黑星病、真菌性穿孔病的发生为害。杏疗病较重果园，在落花后 5～7 天增加 1 次喷药即可。多菌灵喷施倍数同"苹果树病害"。

李树病害　先在萌芽后开花前和落花后各喷药 1 次，有效防控袋果病的发生为害；然后从落花后 15 天左右开始喷药，10～15 天 1 次，与不同类型药剂交替使用或混用，连喷 3～5 次，可有效防控红点病、黑星病、炭疽病、真菌性穿孔病及褐腐病的发生为害。多菌灵喷施倍数同"苹果树病害"。

樱桃病害　从落花后 20 天左右开始喷药，10～15 天 1 次，连喷 2～3 次，可有效防控炭疽病、真菌性穿孔病及褐腐病的发生为害；叶斑病或真菌性穿孔病发生较重的果园，再于果实采收后叶片上病害发生初期开始喷药，10～15 天 1 次，连喷 1～2 次。多菌灵喷施倍数同"苹果树病害"。

核桃病害　以防控炭疽病为害为主，兼防枝枯病、叶斑病。一般果园从落花后 30 天左右或病害发生初期开始喷药，10～15 天 1 次，连喷 2～3 次。多菌灵喷施倍数同"苹果树病害"。

枣树病害　先在（一茬花）开花前、落花后各喷药 1 次，有效防控褐斑病的早期为害；然后从落花后 15 天左右开始继续喷药，10～15 天 1 次，与不同类型药剂交替使用或混用，连喷 4～6 次，有效防控锈病、炭疽病、轮纹病及褐斑病的发生为害。多菌灵喷施倍数同"苹果树病害"。

柿树病害　一般柿园从落花后 15 天左右开始喷药，10～15 天 1 次，连喷 2～3 次，可有效防控角斑病、圆斑病及炭疽病的发生为害；炭疽病发生严重的南方甜柿产区，开花前增加喷药 1～2 次，中后期再增加喷药 2～4 次。连续喷药时，注意与不同类型药剂交替使用或混用。多菌灵喷施倍数同"苹果树病害"。

板栗病害　以防控炭疽病、叶斑病为主，从病害发生初期开始喷药，10～15 天 1 次，连喷 2～3 次。多菌灵喷施倍数同"苹果树病害"。

猕猴桃病害　先在开花前喷药 1 次，然后从落花后 15 天左右开始连续喷药，10～15 天 1 次，与不同类型药剂交替使用或混用，连喷 3～5 次，可有效防控炭疽病及叶斑病的发生为害。多菌灵喷施倍数同"苹果树病害"。

石榴病害　从开花初期开始喷药，10～15 天 1 次，与不同类型药剂交替使用或混用，连喷 4～6 次，对炭疽病、麻皮病及叶斑病均有较好的防控效果。多菌灵喷施倍数同"苹果树病害"。

山楂病害　在山楂展叶期、初花期和落花后 10 天各喷药 1 次，有效防控锈病，兼防叶斑病；防控黑星病时，从初见病斑时开始喷药，10～15 天 1 次，连喷 2～3 次，兼防炭疽病、叶斑病；防控轮纹病、炭疽病时，从落花后 15 天左右开始喷药，10～15 天 1 次，连喷 3～4 次，兼防叶斑病。连续喷药时，注意与不同类型药剂交替使用或混用。多菌灵喷施倍数同"苹果树病害"。

草莓病害　从花蕾期开始，使用多菌灵药液灌根，10～15 天后再浇灌 1 次，对高等真菌性根腐病具有较好的防控效果，多菌灵灌根浓度同"果树的根朽病"。防控褐斑病、炭疽病时，从初见病斑时开始喷药，10～15 天 1 次，与不同类型药剂交替使用或混用，连喷 2～4 次。多菌灵喷施倍数同"苹果树病害"。

花椒病害　以防控锈病为主，兼防黑斑病、炭疽病。从锈病发生初期或初见病斑时开始喷药，10～15 天 1 次，与不同类型药剂交替使用或混用，连喷 2～4 次。多菌灵喷施倍数同"苹果树病害"。

蓝莓炭疽病、叶斑病　从病害发生初期或初见病斑时开始喷药，10～15 天 1 次，连喷 2～3 次。多菌灵喷施倍数同"苹果树病害"。

枸杞炭疽病、白粉病、叶斑病　从病害发生初期或初见病斑时开始喷药，10 天左右 1 次，连喷 2～3 次。多菌灵喷施倍数同"苹果树病害"。

柑橘树病害　防控枝干树脂病时，在 4～7 月用刀在病部纵向划道切割，深达木质部，然后使用 25％可湿性粉剂 10～20 倍液，或 40％可湿性粉剂 20～40 倍液，或 50％可湿性粉剂或 50％水分散粒剂或 40％悬浮剂 30～50 倍液，或 50％悬浮剂或 500 克/升悬浮剂或 75％水分散粒剂 50～80 倍液，或 80％可湿性粉剂或 80％水分散粒剂 60～90 倍液，涂抹病部表面。防控疮痂病、炭疽病、砂皮病、黑星病及黄斑病时，在春梢抽生初期、春梢抽生后 10～15 天及叶片转绿期各喷药 1 次；然后再于幼果直径 0.5～1 厘米时开始连续喷药，10～15 天 1 次，连喷 3～4 次。杂柑类、脐橙类品种再从果实转色初期开始继续喷药，10～15 天 1 次，连喷 2 次左右。连续喷药时，注意与不同类型药剂交替使用或混用，多菌灵喷施倍数同"苹果树病害"。

杧果病害　从初花期开始喷药，10 天左右 1 次，连喷 3～4 次，可有效防控炭疽病的发生为害，兼防叶斑病。多菌灵喷施倍数同"苹果树病害"。

枇杷炭疽病、叶斑病　从病害发生初期开始喷药，10～15 天 1 次，连喷 2～3 次。多菌灵喷施倍数同"苹果树病害"。

番木瓜炭疽病　从落花后开始喷药，10～15 天 1 次，每期连喷 2～4 次。多菌灵喷施倍数同"苹果树病害"。

香蕉叶斑病、黑星病、炭疽病　防控叶斑病、黑星病时，从病害发生初期开始喷药，10～15 天 1 次（多雨潮湿时为 7～10 天 1 次），连喷 3～5 次，注意与不同类型药剂交替使用或混用。多菌灵一般使用 25％可湿性粉剂 200～250 倍液，或 40％可湿性粉剂 300～400 倍液，或 50％可湿性粉剂或 50％水分散粒剂或 40％悬浮剂 400～600 倍液，或 50％悬浮剂或 500 克/升悬浮剂 500～700 倍液，或 75％水分散粒剂 700～800 倍液，或 80％可湿性粉剂或 80％水分散粒剂 800～1 000 倍液，或 90％水分散粒剂 1 000～1 200 倍液，均匀喷雾。防控炭疽病时，在果实采收后使用上述多菌灵浓度药液浸果 30～60 秒，而后晾干储运。

水稻病害　防控苗瘟、叶瘟时，在田间或苗床上出现中心病株时开始喷药，7～10 天 1 次，连喷 1～2 次；防控穗颈瘟时，在破口初期、齐穗期各喷药 1 次；防控稻曲病时，在破口前 5～7 天和齐穗初期各喷药 1 次；防控纹枯病、鞘腐病时，在拔节期、孕穗期各喷药 1 次；防控褐变穗时，在破口初期、齐穗期各喷药 1 次；防控小粒菌核病时，在拔节期、抽穗期各喷药 1 次；防控胡麻叶斑病时，从病害发生初期开始喷药，10 天左右 1 次，连喷 1～2 次。连续喷药时，注意与不同类型药剂交替使用或混用。多菌灵一般每亩次使用 25％可湿性粉剂 200～300 克，或 40％可湿性粉剂 125～175 克，或 50％可湿性粉剂或 50％水分散粒剂 100～150 克，或 40％悬浮剂 100～150 毫升，或 50％悬浮剂或 500 克/升悬浮剂 80～120 毫升，或 75％水分散粒剂 70～100 克，或 80％可湿性粉剂或 80％水分散粒剂 65～90 克，或 90％水分散粒剂 60～85 克，对水 30～45 千克均匀喷雾。

麦类赤霉病　从齐穗初期开始喷药，7～10 天 1 次，连喷 1～2 次；或在齐穗初期和扬花期各喷药 1 次。多菌灵喷施剂量同“水稻病害”。

玉米大斑病、小斑病、灰斑病、黄斑病、纹枯病　从病害发生初期开始喷药，10 天左右 1 次，连喷 1～2 次。多菌灵喷施剂量同“水稻病害”。

马铃薯干腐病　主要通过收获后浸薯及播种前拌种进行防控。收获后一般使用 25％可湿性粉剂 200～250 倍液，或 40％可湿性粉剂 300～400 倍液，或 50％可湿性粉剂或 50％水分散粒剂或 40％悬浮剂 400～500 倍液，或 50％悬浮剂或 500 克/升悬浮剂 500～600 倍液，或 75％水分散粒剂 600～700 倍液，或 80％可湿性粉剂或 80％水分散粒剂 700～800 倍液，或 90％水分散粒剂 800～1 000 倍液浸薯 20～30 秒，捞出后晾干储运。播种前拌种时，每 100 千克种薯使用 25％可湿性粉剂 150～200 克，或 40％可湿性粉剂 100～125 克，或 50％可湿性粉剂 75～100 克，或 80％可湿性粉剂 50～65 克，混加适量滑石粉后均匀拌种。

甘薯黑斑病　育秧前，使用 25％可湿性粉剂 250～300 倍液，或 40％可湿性粉剂 400～500 倍液，或 50％可湿性粉剂或 50％水分散粒剂或 40％悬浮剂 500～600 倍液，或 50％悬浮剂或 500 克/升悬浮剂 600～700 倍液，或 75％水分散粒剂 700～800 倍液，或 80％可湿性粉剂或 80％水分散粒剂 800～1 000 倍液，或 90％水分散粒剂 1 000～1 200 倍液浸薯 1～2 分钟，捞出晾干后开始摆薯育秧。也可于栽植前使用上述浓度药液浸泡秧苗基部 5～10 厘米处半分钟，而后栽植。

花生病害　从病害发生初期或初花期开始喷药，10 天左右 1 次，连喷 2～4 次，对褐斑病、黑斑病、网斑病、疮痂病及茎腐病均有较好的防控效果。一般每亩次使用 25％可湿性粉剂 150～200 克，或 40％可湿性粉剂 100～125 克，或 50％可湿性粉剂或 50％水分散粒剂 80～100 克，或 40％悬浮剂 80～100 毫升，或 50％悬浮剂或 500 克/升悬浮剂 70～90 毫升，或 75％水分散粒剂或 80％可湿性粉剂或 80％水分散粒剂 50～70 克，或 90％水分散粒剂 40～60 克，对水 30～45 千克均匀喷雾。

大豆、绿豆等豆类的灰斑病、菌核病、褐斑病、紫斑病　从病害发生初期开始喷药，10 天左右 1 次，连喷 2 次左右；或在封垄前和封垄后各喷药 1 次。多菌灵喷施剂量同"花生病害"。

甜菜褐斑病　从病害发生初期开始喷药，10 天左右 1 次，连喷 2 次左右。多菌灵喷施剂量同"花生病害"。

油菜菌核病　从病害发生初期或封垄初期开始喷药，10 天左右 1 次，连喷 2～3 次，重点喷洒植株中下部及地面。一般每亩次使用 25％可湿性粉剂 300～400 克，或 40％可湿性粉剂 200～250 克，或 50％可湿性粉剂或 50％水分散粒剂 150～200 克，或 40％悬浮剂 150～200 毫升，或 50％悬浮剂或 500 克/升悬浮剂 125～170 毫升，或 75％水分散粒剂或 80％可湿性粉剂或 80％水分散粒剂 100～120 克，或 90％水分散粒剂 80～100 克，对水 45～60 千克均匀喷雾。

瓜果蔬菜的真菌性根腐病　栽植或播种前进行土壤消毒，即将药粉均匀撒施在栽植或播种沟内，与土混匀即可，一般每亩使用 25％可湿性粉剂 2～4 千克，或 40％可湿性粉剂 1.25～2.5 千克，或 50％可湿性粉剂 1～2 千克，或 80％可湿性粉剂 0.8～1.5 千克。栽植后也可用药液进行灌根或栽植时浇灌定植药水，每株约需浇灌药液 200～300 毫升，浇灌药液浓度一般为 25％可湿性粉剂 250～300 倍液，或 40％可湿性粉剂或 40％悬浮剂 400～500 倍液，或 50％可湿性粉剂或 50％水分散粒剂或 50％悬浮剂或 500 克/升悬浮剂 500～600 倍液，或 75％水分散粒剂 700～800 倍液，或 80％可湿性粉剂或 80％水分散粒剂 800～1 000 倍液，或 90％水分散粒剂 1 000～1 200 倍液。

黄瓜、西瓜、甜瓜等瓜类病害　防控炭疽病、黑星病及蔓枯病时，从病害发生初期开始喷药，7～10 天 1 次，连喷 3～4 次，一般使用 25％可湿性粉剂 250～300 倍液，或 40％可湿性粉剂 400～500 倍液，或 50％可湿性粉剂或 50％水分散粒剂或 40％悬浮剂 500～600 倍液，或 50％悬浮剂或 500 克/升悬浮剂 600～700 倍液，或 75％水分散粒剂或 80％可湿性粉剂或 80％水分散粒剂 800～1 000 倍液，或 90％水分散粒剂 1 000～1 200 倍液，均匀喷雾。防控枯萎病时，在定植后 30 天、45 天、60 天各浇灌植株主要根区 1 次，每株浇灌药液量 200～300 毫升，浇灌药液浓度同上述喷药倍数。

茄子病害　防控叶斑病时，从病害发生初期开始喷药，10 天左右 1 次，连喷 2～4 次；防控黄萎病时，从门茄似鸡蛋大小时开始浇灌植株根部，10 天 1 次，连灌 2～3 次。多菌灵喷施倍数及灌根用药剂量均同"黄瓜病害"。

辣椒炭疽病、菌核病　从病害发生初期开始喷药，10 天左右 1 次，连喷 3～4 次。多菌灵喷施倍数同"黄瓜病害"喷雾。

番茄炭疽病、叶斑病　从病害发生初期开始喷药，10 天左右 1 次，连喷 3～4 次。多菌灵喷施倍数同"黄瓜病害"喷雾。

芹菜叶斑病　从病害发生初期开始喷药，7～10 天 1 次，连喷 3～5 次。多菌灵喷施倍数同"黄瓜病害"喷雾。

芦笋茎枯病　从病害发生初期开始喷药，10 天左右 1 次，连喷 3～4 次，重点喷洒植株中下部茎秆。多菌灵喷施倍数同"黄瓜病害"喷雾。

中药植物炭疽病、叶斑病　从病害发生初期开始喷药，10 天左右 1 次，连喷 2～

4 次。多菌灵喷施倍数同"黄瓜病害"喷雾。

观赏植物炭疽病、叶斑病 从病害发生初期开始喷药，10 天左右 1 次，连喷 2～4 次。多菌灵喷施倍数同"黄瓜病害"喷雾。

莲藕叶斑病 从病害发生初期开始喷药，10 天左右 1 次，连喷 2～3 次。一般每亩次使用 25％可湿性粉剂 100～120 克，或 40％可湿性粉剂 62～75 克，或 40％悬浮剂 50～60 毫升，或 50％可湿性粉剂或 50％水分散粒剂 50～60 克，或 50％悬浮剂或 500 克/升悬浮剂 40～50 毫升，或 75％水分散粒剂或 80％可湿性粉剂或 80％水分散粒剂 30～40 克，或 90％水分散粒剂 27～35 克，对水 30～45 千克均匀喷雾。

蘑菇褐腐病、木霉病 拌料时，按照每 100 千克基料使用 25％可湿性粉剂 80～120 克，或 40％可湿性粉剂或 40％悬浮剂 50～75 克，或 50％可湿性粉剂或 50％悬浮剂或 500 克/升悬浮剂 40～60 克，或 80％可湿性粉剂 25～40 克药剂充分拌匀；或通过床面喷雾进行用药，一般每平方米床面使用 25％可湿性粉剂 2～3 克，或 40％可湿性粉剂或 40％悬浮剂 1.3～1.8 克，或 50％可湿性粉剂或 50％水分散粒剂或 50％悬浮剂或 500 克/升悬浮剂 1～1.5 克，或 75％水分散粒剂或 80％可湿性粉剂或 80％水分散粒剂 0.7～1 克，或 90％水分散粒剂 0.6～0.8 克药剂，对适量水稀释后均匀喷雾。

注意事项 多菌灵不能与波尔多液、石硫合剂等碱性农药及肥料混用。连续喷药时，注意与不同类型杀菌剂交替使用或混用。由于多菌灵残留具有一定的生殖毒性（雄性），目前有些果区已经限制使用含有多菌灵成分的药剂，所以具体使用时还需结合当地管理要求酌情选择。露地作物在多雨季节喷用时，间隔期不要超过 10 天。

多抗霉素 polyoxin

主要含量与剂型 1.5％、3％、10％、15％、20％可湿性粉剂，16％可溶粒剂，1％、1.5％、3％、5％水剂。

产品特点 多抗霉素是一种农用抗生素类（肽嘧啶核苷酸类）高效广谱低毒杀菌剂，由金色链霉菌代谢产生，具有较好的内吸传导作用，杀菌力强，使用安全。其作用机理是干扰病菌细胞壁几丁质的生物合成，芽管和菌丝体接触药剂后，局部膨大、破裂，细胞内含物溢出，不能正常发育而最终死亡；同时，还有抑制病菌产孢和病斑扩大的作用。

适用作物防控对象及使用技术

苹果树病害 先在花序分离后开花前和盛花末期各喷药 1 次，有效防控霉心病，兼防斑点落叶病；然后从落花后 10 天左右开始喷药，10 天左右 1 次，连喷 3 次药后套袋，有效防控轮纹病、炭疽病、套袋果斑点病及春梢期的斑点落叶病；秋梢生长期内再喷药 2 次左右，间隔 10～15 天，有效防控秋梢期的斑点落叶病，兼防轮斑病、灰斑病。多抗霉素一般使用 1％水剂 150～200 倍液，或 1.5％可湿性粉剂或 1.5％水剂 200～300 倍液，或 3％可湿性粉剂或 3％水剂 400～600 倍液，或 5％水剂 600～800 倍液，或 10％可湿性粉剂 1 000～1 500 倍液，或 15％可湿性粉剂或 16％可溶粒剂 1 500～2 000 倍液，或 20％可湿性粉剂 2 000～3 000 倍液，均匀喷雾。连续喷药时注意与不同类型药剂交替使用。

梨树病害 从初见黑斑病病叶或黑星病病叶或病果时开始喷药，10～15 天 1 次，与不同类型药剂交替使用，连喷 4～6 次，有效防控黑斑病、黑星病及套袋果黑点病，兼防轮纹病、炭疽病；秋季初见白粉病病斑时再次开始喷药，10天左右1次，连喷2～3次，兼防黑星病、黑斑病。多抗霉素喷施倍数同"苹果树病害"。

葡萄穗轴褐枯病、灰霉病、炭疽病、白粉病　先在葡萄花蕾期和落花后各喷药1次，有效防控穗轴褐枯病及幼穗期灰霉病；然后于果穗套袋前再喷施1次，有效预防果穗灰霉病，兼防炭疽病、白粉病；不套袋葡萄则从果粒膨大中期开始喷药，10天左右1次，与不同类型药剂交替使用，连喷3～5次，有效防控炭疽病、白粉病，兼防灰霉病。多抗霉素喷施倍数同"苹果树病害"。不套袋葡萄近成熟期喷药时，应尽量选用水剂，以免污染果面。

桃黑星病、炭疽病　多从落花后20天左右开始喷药，10～15天1次，连喷3～5次，注意与不同类型药剂交替使用。多抗霉素喷施倍数同"苹果树病害"。

草莓灰霉病、白粉病　在初花期、盛花期、末花期及幼果期各喷药1次即可。一般每亩次使用1％水剂300～400毫升，或1.5％水剂200～250毫升，或1.5％可湿性粉剂200～250克，或3％水剂100～125毫升，或3％可湿性粉剂100～125克，或5％水剂60～75毫升，或10％可湿性粉剂30～40克，或15％可湿性粉剂或16％可溶粒剂20～25克，或20％可湿性粉剂15～20克，对水30～45千克均匀喷雾。结果后应尽量选用水剂，以免污染果实。

茶饼病　从病害发生初期开始喷药，10天左右1次，连喷2～3次。一般使用1％水剂100～150倍液，或1.5％可湿性粉剂或1.5％水剂150～200倍液，或3％可湿性粉剂或3％水剂300～400倍液，或5％水剂500～600倍液，或10％可湿性粉剂800～1 000倍液，或15％可湿性粉剂或16％可溶粒剂1 200～1 500倍液，或20％可湿性粉剂1 500～2 000倍液，均匀喷雾。

烟草赤星病　从初见病斑时开始喷药，10～15天1次，连喷2～3次。一般每亩次使用1％水剂600～800毫升，或1.5％水剂400～500毫升，或1.5％可湿性粉剂400～500克，或3％水剂200～300毫升，或3％可湿性粉剂200～300克，或5％水剂150～200毫升，或10％可湿性粉剂75～100克，或15％可湿性粉剂或16％可溶粒剂40～60克，或20％可湿性粉剂30～40克，对水45～60千克均匀喷雾。

人参、三七的黑斑病　从初见病斑时开始喷药，10天左右1次，与不同类型药剂交替使用，整个生长季连续喷施。多抗霉素一般使用1％水剂80～100倍液，或1.5％可湿性粉剂或1.5％水剂100～150倍液，或3％可湿性粉剂或3％水剂200～300倍液，或5％水剂400～500倍液，或10％可湿性粉剂800～1 000倍液，或15％可湿性粉剂或16％可溶粒剂1 200～1 500倍液，或20％可湿性粉剂1 500～2 000倍液，均匀喷雾。

花卉植物的白粉病、叶斑病　从初见病斑时开始喷药，7～10天1次，连喷3～4次。多抗霉素喷施倍数同"人参黑斑病"。

黄瓜、番茄、辣椒、茄子的灰霉病　从初见病斑时或连续阴天2天后立即开始喷药，7天左右1次，每期连喷2～3次。一般每亩次使用1％水剂1 000～1 200毫升，或1.5％水剂700～900毫升，或1.5％可湿性粉剂700～900克，或3％水剂350～450毫升，或3％可湿性粉剂350～450克，或5％水剂200～300毫升，或10％可湿性粉剂100～140克，或15％可湿性粉剂或16％可溶粒剂70～90克，20％可湿性粉剂50～70克，对水60～75千克均匀喷雾。

黄瓜白粉病、霜霉病、炭疽病　以防控霜霉病为主，从霜霉病发生初期或初见霜霉病病斑时立即开始喷药，7天左右1次，与不同类型药剂交替使用，直到生长后期。多抗霉素喷施剂量同"黄瓜灰霉病"。

番茄早疫病、晚疫病、叶霉病、叶斑病　前期以防控晚疫病为主，后期以防控叶霉病为主，兼防其他病害。多从初见病斑时开始喷药，7～10天1次，每期连喷3～4次，注意与不同类型药剂交替使用。多抗霉素喷施剂量同"黄瓜灰霉病"。

马铃薯早疫病、晚疫病　从病害发生初期或植株现蕾期开始喷药，10天左右1次，与不同类型药剂交替使用，连喷5～7次。多抗霉素喷施剂量同"黄瓜灰霉病"。

甜瓜炭疽病、白粉病　从病害发生初期开始喷药，7～10天1次，连喷3～4次。一般每亩次使用1％水剂450～600毫升，或1.5％水剂300～400毫升，或1.5％可湿性粉剂300～400克，或3％水剂150～200毫升，或3％可湿性粉剂150～200克，或5％水剂100～120毫升，或10％可湿性粉剂50～60克，或15％可湿性粉剂或16％可溶粒剂30～40克，或20％可湿性粉剂25～30克，对水45～60千克均匀喷雾。

西瓜炭疽病　从病害发生初期开始喷药，7～10天1次，连喷3～4次。多抗霉素喷施剂量同"甜瓜炭疽病"。

西瓜、甜瓜、黄瓜、苦瓜的蔓枯病　从病害发生初期开始用药，7～10天1次，连用2～4次。一般每亩次使用1％水剂1 000～1 200毫升，或1.5％水剂700～900毫升，或1.5％可湿性粉剂700～900克，或3％水剂350～450毫升，或3％可湿性粉剂350～450克，或5％水剂200～250毫升，或10％可湿性粉剂100～140克，或15％可湿性粉剂或16％可溶粒剂70～90克，或20％可湿性粉剂60～70克，对水30～45千克均匀喷洒枝蔓。也可使用上述药剂按对水量15千克的浓度涂抹病斑处。

茄子叶斑病　从病害发生初期开始喷药，10天左右1次，连喷2～3次。多抗霉素喷施剂量同"甜瓜炭疽病"。

芹菜叶斑病　从病害发生初期开始喷药，7～10天1次，连喷2～4次。多抗霉素喷施剂量同"甜瓜炭疽病"。

十字花科蔬菜黑斑病　从病害发生初期开始喷药，7～10天1次，连喷1～2次。多抗霉素喷施剂量同"甜瓜炭疽病"。

甜菜褐斑病　从病害发生初期开始喷药，10～15天1次，连喷2～3次。多抗霉素喷施剂量同"甜瓜炭疽病"。

水稻纹枯病、稻瘟病　防控纹枯病时，在分蘖至拔节期、破口前、齐穗期各喷药1次；防控叶部稻瘟病时，在田间出现发病中心时或出现急性叶瘟时进行喷药；防控穗颈瘟时，在破口前、齐穗期各喷药1次。一般每亩次使用1％水剂400～500毫升，或1.5％水剂250～300毫升，或1.5％可湿性粉剂250～300克，或3％水剂125～150毫升，或3％可湿性粉剂125～150克，或5％水剂80～100毫升，或10％可湿性粉剂40～50克，或15％可湿性粉剂或16％可溶粒剂25～30克，或20％可湿性粉剂20～25克，对水30～45千克均匀喷雾。

小麦纹枯病、白粉病　多在拔节期、抽穗期各喷药1次即可，多抗霉素喷施剂量同"水稻纹枯病"。

花生叶斑病　从病害发生初期开始喷药，10～15天1次，连喷2～3次。多抗霉素喷施剂量同"水稻纹枯病"。

棉花褐斑病　从病害发生初期开始喷药，10～15 天 1 次，连喷 2 次左右。多抗霉素喷施剂量同"水稻纹枯病"。

注意事项　多抗霉素不能与强酸性及碱性药剂或肥料混用。连续喷药时，注意与其他不同类型药剂交替使用。

多黏类芽孢杆菌 paenibacillus polymyza

主要含量与剂型　10 亿 cfu/克、50 亿 cfu/克可湿性粉剂，0.1 亿 cfu/克细粒剂，5 亿 cfu/克悬浮剂。

产品特点　多黏类芽孢杆菌是一种广谱低毒微生物杀菌剂，耐温性好，质量稳定，既可喷雾防病，又能灌根用药。其作用机理是通过产生胞外多糖和多黏菌素等抗菌物质，以及位点竞争、诱导抗病性等作用方式，杀灭和控制病菌，保护植物免受病菌侵害，进而达到防控病害的目的。灌根用药后能有效防控植物的细菌性和真菌性土传病害，并能使植物叶部的细菌和真菌病害明显减轻，同时还对植物具有明显的促进生长及增产作用。

适用作物防控对象及使用技术

番茄、辣椒、茄子、烟草青枯病　首先于播种时药剂浸种，一般使用 0.1 亿 cfu/克细粒剂 10 倍液，或 5 亿 cfu/克悬浮剂 50 倍液，或 10 亿 cfu/克可湿性粉剂 100 倍液，或 50 亿 cfu/克可湿性粉剂 500 倍液浸种 30 分钟，捞出晾干后播种，然后将剩余药液均匀泼浇于苗床上；其次，分苗假植时泼浇或不假植时在育苗中期泼浇苗床，一般使用 0.1 亿 cfu/克细粒剂 100 倍液，或 5 亿 cfu/克悬浮剂 1 500 倍液，或 10 亿 cfu/克可湿性粉剂 3 000 倍液，或 50 亿 cfu/克可湿性粉剂 10 000 倍液进行泼浇，每株泼浇药液量 50 毫升；第三，定植时浇灌定植药水，药液灌根浓度同"苗床泼浇"，每株浇灌药液量 150～200 毫升；第四，发病初期灌根，每株浇灌药液量 200～250 毫升，灌根药液浓度同"苗床泼浇"。

姜青枯病　从病害发生初期或田间初见病株时开始用药液灌根，7～10 天 1 次，连灌 3 次。一般每亩次使用 0.1 亿 cfu/克细粒剂 5～10 千克，或 5 亿 cfu/克悬浮剂 1 000～2 000 毫升，或 10 亿 cfu/克可湿性粉剂 500～1 000 克，或 50 亿 cfu/克可湿性粉剂 200～300 克，对足量水顺垄浇灌。

西瓜、黄瓜、甜瓜枯萎病　首先于播种时药剂浸种，一般使用 0.1 亿 cfu/克细粒剂 10 倍液，或 5 亿 cfu/克悬浮剂 50 倍液，或 10 亿 cfu/克可湿性粉剂 100 倍液，或 50 亿 cfu/克可湿性粉剂 500 倍液浸种 30 分钟，捞出晾干后播种，然后将剩余药液均匀泼浇于苗床上或田间；其次，定植时浇灌定植药水，一般使用 0.1 亿 cfu/克细粒剂 100 倍液，或 5 亿 cfu/克悬浮剂 1 500 倍液，或 10 亿 cfu/克可湿性粉剂 3 000 倍液，或 50 亿 cfu/克可湿性粉剂 10 000 倍液浇灌，每株浇灌药液量 150～200 毫升；第三，发病初期开始灌根，10 天左右 1 次，连灌 2～3 次，每次每株浇灌药液量 200～250 毫升，灌根药液浓度同"定植药水"。

西瓜炭疽病　从病害发生初期开始喷药，10 天左右 1 次，连喷 2～4 次。一般每亩次使用 5 亿 cfu/克悬浮剂 200～300 毫升，或 10 亿 cfu/克可湿性粉剂 100～200 克，或 50 亿

cfu/克可湿性粉剂 30～40 克，对水 30～45 千克均匀喷雾。

黄瓜细菌性角斑病　从病害发生初期开始喷药，7～10 天 1 次，连喷 2～4 次，重点喷洒叶片背面。一般每亩次使用 5 亿 cfu/克悬浮剂 200～300 毫升，或 10 亿 cfu/克可湿性粉剂 150～200 克，或 50 亿 cfu/克可湿性粉剂 30～40 克，对水 45～60 千克均匀喷雾。

柑果细菌性角斑病　从病害发生初期或初见病斑时开始喷药，10 天左右 1 次，连喷 3 次左右。一般使用 5 亿 cfu/克悬浮剂 300～400 倍液，或 10 亿 cfu/克可湿性粉剂 500～700 倍液，或 50 亿 cfu/克可湿性粉剂 2 000～3 000 倍液均匀喷雾。

桃树流胶病　在桃树萌芽期、初花期、果实膨大期分别各施药 1 次，灌根并涂抹枝干病斑处。一般使用 5 亿 cfu/克悬浮剂 200～300 倍液，或 10 亿 cfu/克可湿性粉剂 400～500 倍液，或 50 亿 cfu/克可湿性粉剂 1 000～1 500 倍液灌根或涂抹病斑。

人参立枯病　播种前参床土壤撒施用药。在确保参床土壤湿润前提下，按照每平方米参床使用 5 亿 cfu/克悬浮剂 20～30 毫升，或 10 亿 cfu/克可湿性粉剂 10～15 克，或 50 亿 cfu/克可湿性粉剂 4～6 克的药量，均匀撒施于参床表面并混土，而后播种。

小麦赤霉病　在齐穗初期和扬花初期各喷药 1 次。一般每亩次使用 5 亿 cfu/克悬浮剂 400～600 毫升，或 10 亿 cfu/克可湿性粉剂 200～300 克，或 50 亿 cfu/克可湿性粉剂 50～70 克，对水 30～45 千克均匀喷雾。

注意事项　多黏类芽孢杆菌不能与铜制剂及杀细菌的化学药剂直接混用或同时使用，以避免影响对病害的防控效果。本剂属微生物农药，使用前须先用 10 倍左右清水浸泡 2～6 小时，充分搅拌均匀后再稀释至所需倍数。土壤处理用药时，若土壤潮湿，可适当减少稀释倍数，以确保药液全部被植物根区土壤吸附。

噁霉灵 hymexazol

主要含量与剂型　0.1%、1% 颗粒剂，1%、8%、15%、30% 水剂，70% 可溶粉剂，70% 可湿性粉剂。

产品特点　噁霉灵是一种杂环类内吸性低毒杀菌剂，主要用于防控土传病害，常作为土壤消毒剂使用。在土壤中可与土壤中的铁、铝离子结合，抑制土传病菌（腐霉菌、镰刀菌等）的孢子萌发。在土壤中能被植物的根吸收并在根系内移动，在植株体内代谢产生两种糖苷，对作物有提高生理活性的效果，进而能够促进植株生长、根的分蘖、根毛增加和根活性提高等。噁霉灵对土壤中的非靶标微生物没有影响，在土壤中分解为毒性很低的化合物，对环境安全。

适用作物防控对象及使用技术

水稻恶苗病、立枯病　先使用 1% 水剂 80～100 倍液，或 8% 水剂 600～800 倍液，或 15% 水剂 1 000～1 500 倍液，或 30% 水剂 2 000～3 000 倍液，或 70% 可溶粉剂或 70% 可湿性粉剂 5 000～7 000 倍液浸种，东北地区在室内常温下浸种 5～7 天，南方根据当地浸种时间而定，浸完后的种子用清水清洗后进行催芽处理；然后再于播种前每平方米使用 1% 水剂 120～150 毫升，或 8% 水剂 15～20 毫升，或 15% 水剂 8～10 毫升，或 30% 水剂 4～5 毫升，或 70% 可溶粉剂或 70% 可湿性粉剂 2～2.5 克，对水 3 千克喷淋苗床或育秧盘，浇透为止。待秧苗 1 叶 1 心至 2 叶 1 心时，使用同样药量再喷淋浇灌 1 次。

西瓜、甜瓜、黄瓜、苦瓜等瓜类枯萎病 先在移栽定植前用药，每亩使用 0.1％颗粒剂 30～40 千克，或 1％颗粒剂 3～4 千克，均匀撒施于定植沟内，与土混匀后定植、浇水。然后从定植后 30～45 天开始灌根，15～20 天 1 次，连灌 2～3 次，一般使用 8％水剂 150～200 倍液，或 15％水剂 300～400 倍液，或 30％水剂 600～800 倍液，或 70％可溶粉剂或 70％可湿性粉剂 1 500～2 000 倍液灌根，每株浇灌药液 200～300 毫升。

黄瓜、番茄、辣椒、茄子等瓜果蔬菜苗期的立枯病、猝倒病 播种或育秧前，每平方米使用 8％水剂 12～15 毫升，或 15％水剂 6～8 毫升，或 30％水剂 3～4 毫升，或 70％可溶粉剂或 70％可湿性粉剂 1.5～2 克处理苗床土壤，也可对水 3 千克苗床喷雾或喷淋；出苗后，两片子叶至 1 片真叶期，再使用 8％水剂 150～200 倍液，或 15％水剂 300～400 倍液，或 30％水剂 600～800 倍液，或 70％可溶粉剂或 70％可湿性粉剂 1 500～2 000 倍液喷淋 1 次苗床。

草坪雪腐病 从病害发生初期开始喷药，10～15 天 1 次，连喷 2 次左右，喷淋效果更好。一般使用 8％水剂 150～250 倍液，或 15％水剂 300～500 倍液，或 30％水剂 500～1 000 倍液，或 70％可溶粉剂或 70％可湿性粉剂 1 500～2 000 倍液，均匀喷雾或喷淋。

人参根腐病 从病害发生初期或参床上初见病株时立即开始用药，10 天左右 1 次，连用 2 次。一般每平方米使用 8％水剂 35～70 毫升，或 15％水剂 20～35 毫升，或 30％水剂 9～18 毫升，或 70％可溶粉剂或 70％可湿性粉剂 4～8 克，对水 3 千克均匀喷淋或浇灌参床。

甜菜立枯病 主要为拌种处理。每 100 千克种子，使用 70％可湿性粉剂 400～700 克与 50％福美双可湿性粉剂 400～600 克混合均匀后干法拌种；或每 100 千克种子与 50％福美双可湿性粉剂 600 克加水 10 千克湿法拌种，闷种 24 小时后再用 70％可湿性粉剂 40～70 克湿法拌种。

大豆立枯病 种子包衣处理。每 100 千克种子使用 70％可湿性粉剂或 70％可溶粉剂 100～200 克，或 30％水剂 300～400 毫升，或 15％水剂 500～800 毫升，对适量水稀释后均匀包衣，而后晾干、播种。

棉花立枯病 种子包衣处理。每 100 千克种子使用 70％可湿性粉剂或 70％可溶粉剂 100～140 克，或 30％水剂 250～300 毫升，或 15％水剂 500～650 毫升，对适量水稀释后均匀包衣，而后晾干、播种。

油菜立枯病 种子包衣处理。每 100 千克种子使用 70％可湿性粉剂或 70％可溶粉剂 100～200 克，或 30％水剂 300～400 毫升，或 15％水剂 500～800 毫升，对适量水稀释后均匀包衣，而后晾干、播种。

注意事项 噁霉灵不能与碱性药剂及强酸性药剂或肥料混用。种子处理时宜选用干拌方法，湿拌和闷种时易出现药害。应严格控制用药量，以防抑制作物生长。连续使用时，最好与其他不同作用机理的药剂交替使用。

二氰蒽醌 dithianon

主要含量与剂型 22.7％、40％、50％悬浮剂，50％可湿性粉剂，66％、70％水分散粒剂。

产品特点　二氰蒽醌是一种蒽醌类广谱低毒杀菌剂，具有很好的保护活性，并兼有一定的治疗作用。按推荐剂量使用对大多数作物安全，但对某些苹果树品种（金冠等）有药害表现。其杀菌活性具有多个作用位点，通过与硫醇基团反应、干扰细胞呼吸作用，而影响病菌一些酶的活性，最终导致病菌死亡。

适用作物防控对象及使用技术

苹果轮纹病、炭疽病　从苹果落花后 7～10 天开始喷药，10 天左右 1 次，连喷 3 次药后套袋；不套袋苹果仍需继续喷药，10～15 天 1 次，与不同类型药剂交替使用，连喷 4～6 次。二氰蒽醌一般使用 50％可湿性粉剂或 50％悬浮剂 800～1 000 倍液，或 66％水分散粒剂 1 000～1 200 倍液，或 70％水分散粒剂 1 200～1 500 倍液，或 40％悬浮剂 600～800 倍液，或 22.7％悬浮剂 400～500 倍液，均匀喷雾。

梨炭疽病、轮纹病　从梨树落花后 10 天左右开始喷药，10 天左右 1 次，连喷 3 次药后套袋；不套袋梨仍需继续喷药，10～15 天 1 次，与不同类型药剂交替使用，连喷 4～6 次。二氰蒽醌喷施倍数同"苹果轮纹病"。

葡萄炭疽病、锈病　防控炭疽病时，从果粒膨大中期开始喷药，10～15 天 1 次，套袋葡萄至套袋后结束，不套袋葡萄注意与其他不同类型药剂交替使用，直到采收前一周结束；防控锈病时，从病害发生初期或初见病斑时开始喷药，10～15 天 1 次，连喷 2～3 次。二氰蒽醌喷施倍数同"苹果轮纹病"。

桃树缩叶病、锈病、褐腐病　防控缩叶病时，在花芽膨大露红期和落花后各喷药 1 次；防控锈病时，从病害发生初期或初见病斑时开始喷药，10～15 天 1 次，连喷 2 次左右；防控褐腐病时，从果实采收前 1～1.5 个月或初见病果时开始喷药，10 天左右 1 次，连喷 2 次左右。二氰蒽醌喷施倍数同"苹果轮纹病"。

杏褐腐病　从果实采收前 1 个月左右或初见病果时开始喷药，10 天左右 1 次，连喷 2 次左右。二氰蒽醌喷施倍数同"苹果轮纹病"。

草莓蛇眼病、炭疽病　从病害发生初期或初见病叶时开始喷药，10～15 天 1 次，连喷 2～3 次。二氰蒽醌喷施倍数同"苹果轮纹病"。

柑橘疮痂病、炭疽病　春梢萌发 1/3 厘米、落花 2/3 时及幼果期、果实膨大期、果实转色期各喷施 1 次，连续喷药时注意与不同类型药剂交替使用。二氰蒽醌喷施倍数同"苹果轮纹病"。

辣椒炭疽病　从病害发生初期开始喷药，10 天左右 1 次，连喷 3～4 次。一般每亩次使用 22.7％悬浮剂 70～100 毫升，或 40％悬浮剂 35～40 毫升，或 50％悬浮剂 30～35 毫升，或 50％可湿性粉剂 35～40 克，或 66％水分散粒剂 25～30 克，或 70％水分散粒剂 20～25 克，对水 45～60 千克均匀喷雾。

黄瓜炭疽病　从病害发生初期开始喷药，10 天左右 1 次，连喷 3～4 次，注意与不同类型药剂交替使用。二氰蒽醌喷施剂量同"辣椒炭疽病"。

西瓜炭疽病　从病害发生初期开始喷药，10 天左右 1 次，连喷 2～4 次，注意与不同类型药剂交替使用。二氰蒽醌喷施剂量同"辣椒炭疽病"。

十字花科蔬菜霜霉病　从病害发生初期开始喷药，7～10 天 1 次，连喷 2～3 次，注意喷洒叶片背面。一般每亩次使用 22.7％悬浮剂 60～80 毫升，或 40％悬浮剂 35～45 毫升，或 50％悬浮剂 30～40 毫升，或 50％可湿性粉剂 30～40 克，或 66％水分散粒剂 23～28 克，或 70％水分散粒剂 20～25 克，对水 30～45 千克均匀喷雾。

注意事项 二氰蒽醌不能与铜制剂、碱性农药及矿物油混用，连续喷药时注意与不同类型药剂交替使用或混用。金冠品种苹果上需慎重使用。

粉唑醇 flutriafol

主要含量与剂型 12.5％、25％、40％、50％、250 克/升悬浮剂，50％、80％可湿性粉剂。

产品特点 粉唑醇是一种三唑类内吸性广谱低毒杀菌剂，具有保护和治疗作用，内吸性强，通过植物的根、茎、叶吸收，再由维管束向上转移，但不能在韧皮部作横向输导，也不能向基传导。对麦类锈病、白粉病的孢子堆具有铲除作用，施药后 5～10 天，原病斑可基本消失。其杀菌机理是通过抑制病菌体内麦角甾醇的生物合成，使细胞形成受阻而导致病菌死亡。

适用作物防控对象及使用技术

麦类白粉病、锈病 从病害发生初期开始喷药，10～15 天 1 次，连喷 2 次左右。一般每亩次使用 12.5％悬浮剂 45～60 毫升，或 25％悬浮剂或 250 克/升悬浮剂 25～30 毫升，或 40％悬浮剂 15～20 毫升，或 50％悬浮剂 12～15 毫升，或 50％可湿性粉剂 13～18 克，或 80％可湿性粉剂 8～10 克，对水 30～45 千克均匀喷雾，注意喷洒植株中下部。

麦类赤霉病 在麦类齐穗初期和扬花初期各喷药 1 次。粉唑醇喷施剂量同"麦类白粉病"。

草莓白粉病 从病害发生初期开始喷药，10～15 天 1 次，连喷 2～3 次。一般每亩次使用 12.5％悬浮剂 40～60 毫升，或 25％悬浮剂或 250 克/升悬浮剂 20～40 毫升，或 40％悬浮剂 15～25 毫升，或 50％悬浮剂 10～20 毫升，或 50％可湿性粉剂 15～20 克，或 80％可湿性粉剂 10～12 克，对水 30～45 千克均匀喷雾。

烟草白粉病 从病害发生初期开始喷药，10～15 天 1 次，连喷 2 次左右。一般每亩次使用 12.5％悬浮剂 40～60 毫升，或 25％悬浮剂或 250 克/升悬浮剂 20～30 毫升，或 40％悬浮剂 15～20 毫升，或 50％悬浮剂 10～15 毫升，或 50％可湿性粉剂 10～15 克，或 80％可湿性粉剂 7～10 克，对水 45～60 千克均匀喷雾。

注意事项 粉唑醇不能与碱性药剂及强酸性药剂或肥料混用。连续喷药时，注意与不同类型药剂交替使用或混用。

氟吡菌酰胺 fluopyram

主要含量与剂型 41.7％悬浮剂。

产品特点 氟吡菌酰胺是一种吡啶乙基苯酰胺类新型低毒杀线虫剂、杀菌剂，属线粒体呼吸抑制剂类。其活性机理是作用于线粒体的呼吸链系统，通过抑制琥珀酸脱氢酶（复合物Ⅱ）的活性而阻断电子传递，导致不能提供机体组织的能量需求，进而杀死防控对象或抑制其生长发育。

适用作物防控对象及使用技术

香蕉根结线虫病 从根结线虫病发生为害初期开始药液灌根，15 天左右 1 次，与不同类型药剂交替使用，连灌 2～3 次。一般每株次使用 41.7％悬浮剂 0.3～0.4 毫升，对水 2～4 千克灌根。

烟草根结线虫病 从移栽定植后 15～20 天或根结线虫病发生为害初期开始用药液灌根，15 天左右 1 次，与不同类型药剂交替使用，连灌 2～3 次。一般每株次使用 41.7％悬浮剂 0.04～0.05 毫升，对水 200～250 毫升灌根。

西瓜根结线虫病 从移栽定植后 15～20 天或根结线虫病发生为害初期开始用药液灌根，15 天左右 1 次，与不同类型药剂交替使用，连灌 2～3 次。一般每株次使用 41.7％悬浮剂 0.05～0.06 毫升，对水 200～250 毫升灌根。

番茄、黄瓜的根结线虫病 从移栽定植后 15 天左右或根结线虫病发生为害初期开始用药液灌根，15 天左右 1 次，与不同类型药剂交替使用，连灌 2～3 次。一般每株次使用 41.7％悬浮剂 0.024～0.03 毫升，对水 200～300 毫升灌根。

黄瓜白粉病 从白粉病发生为害初期开始喷药，7～10 天 1 次，连喷 2～3 次。一般每亩次使用 41.7％悬浮剂 5～10 毫升，对水 45～60 千克均匀喷雾。

注意事项 氟吡菌酰胺不能与碱性药剂及肥料混用。连续使用时，注意与不同类型药剂交替使用。本剂为悬浮剂型，最好采用二次稀释法配制药液。

氟啶胺 fluazinam

主要含量与剂型 40％、50％、500 克/升悬浮剂，70％水分散粒剂。

产品特点 氟啶胺是一种二硝基苯胺类高效低毒杀菌剂，属线粒体氧化磷酸化解偶联剂，以保护作用为主，兼有一定的治疗活性和内吸性，速效性较好，耐雨水冲刷，持效期较长，药效稳定。其作用机理是通过抑制病菌线粒体氧化磷酸化过程，影响菌体呼吸，而抑制孢子萌发、菌丝生长和侵入、孢子形成等，对病害发生的各个发育阶段都有较好的抑制作用，病菌不易产生抗药性，且与其他药剂无交互抗性。

适用作物防控对象及使用技术

大白菜根肿病 大白菜移栽定植前，每亩使用 40％悬浮剂 380～420 毫升，或 50％悬浮剂或 500 克/升悬浮剂 280～340 毫升，或 70％水分散粒剂 220～240 克，对水 60～70 千克均匀喷施于土壤表面，然后均匀混土 10～15 厘米深，施药后当天立即进行移栽；或在大白菜定植前每亩使用上述药液量均匀浇灌定植穴后当天立即进行移栽。土壤表面喷雾或浇灌定植穴前，应先将大块土壤打碎以保证药效，且不能在大白菜苗床上施药。

马铃薯晚疫病、早疫病 多从病害发生初期或马铃薯现蕾期开始喷药，7～10 天 1 次，与不同类型药剂交替使用，直到生长后期。氟啶胺一般每亩次使用 40％悬浮剂 35～40 毫升，或 50％悬浮剂或 500 克/升悬浮剂 30～40 毫升，或 70％水分散粒剂 20～28 克，对水 45～75 千克均匀喷雾。

番茄晚疫病、灰霉病 防控晚疫病时，从病害发生初期开始喷药，7～10 天 1 次，连喷 3～5 次，注意与不同类型药剂交替使用；防控灰霉病时，从病害发生初期或连续阴天 2 天时开始喷药，7 天左右 1 次，每期连喷 2 次。氟啶胺一般每亩次使用 40％悬浮剂 35～

45 毫升，或 50%悬浮剂或 500 克/升悬浮剂 25～35 毫升，或 70%水分散粒剂 18～25 克，对水 45～60 千克均匀喷雾。

辣椒炭疽病、疫病　防控炭疽病时，从病害发生初期开始喷药，7～10 天 1 次，连喷 2～3 次；防控疫病时，从田间初见病株时开始用药，7～10 天 1 次，连续 2 次，重点喷淋植株中下部的茎部。氟啶胺一般每亩次使用 40%悬浮剂 40～45 毫升，或 50%悬浮剂或 500 克/升悬浮剂 30～35 毫升，或 70%水分散粒剂 22～25 克，对水 45～60 千克均匀喷雾或喷淋。

苹果树褐斑病、黑星病　防控褐斑病时，多从苹果树落花后 30 天左右开始喷药，10～15 天 1 次，与不同类型药剂交替使用，连喷 4～6 次，兼防黑星病；防控黑星病时，从病害发生初期或田间初见病叶或病果时开始喷药，10～15 天 1 次，每期连喷 2～3 次，兼防褐斑病。氟啶胺一般使用 40%悬浮剂 1 600～2 000 倍液，或 50%悬浮剂或 500 克/升悬浮剂 2 000～2 500 倍液，或 70%水分散粒剂 3 000～3 500 倍液，均匀喷雾。

葡萄灰霉病、霜霉病　先在葡萄幼穗期（开花前）、落花后各喷药 1 次，有效防控幼穗受害；然后从田间初见霜霉病病斑时立即开始连续喷药，7～10 天 1 次，与不同类型药剂交替使用，直到生长后期。氟啶胺喷施倍数同"苹果树褐斑病"。

柑橘树树脂病（砂皮病）、炭疽病、锈壁虱　防控树脂病时，在春梢萌发前、果实膨大初期及果实转色期各喷药 1 次；防控炭疽病时，在开花前喷药 1 次、幼果膨大期喷药 2～3 次（间隔期 10～15 天）、果实转色期喷药 1～2 次（间隔期 10～15 天）；防控锈壁虱时，多从果实膨大期开始喷药，10～15 天 1 次，连喷 2～4 次。连续喷药时，注意与不同类型药剂交替使用。氟啶胺一般使用 40%悬浮剂 1 200～1 500 倍液，或 50%悬浮剂或 500 克/升悬浮剂 1 500～2 000 倍液，或 70%水分散粒剂 2 500～3 000 倍液，均匀喷雾。

人参疫病　从病害发生初期开始喷药，7～10 天 1 次，连喷 2～3 次。一般每亩次使用 40%悬浮剂 35～45 毫升，或 50%悬浮剂或 500 克/升悬浮剂 25～35 毫升，或 70%水分散粒剂 18～25 克，对水 45～60 千克均匀喷雾或喷淋。

注意事项　氟啶胺不能与强酸性及碱性药剂或肥料混用，不宜在温室内使用。连续用药时，注意与不同类型药剂交替使用，以延缓抗性产生。本剂对瓜类作物有药害，瓜田禁止使用，且施药时注意不要将药液飞散到瓜田。悬浮剂型使用前要充分摇匀，并最好采用二次稀释法配制药液。

氟硅唑 flusilazole

主要含量与剂型　10%、20%、25%水乳剂，8%、20%微乳剂，40%、400 克/升乳油，20%可湿性粉剂。

产品特点　氟硅唑是一种三唑类内吸性高效广谱低毒杀菌剂，具有预防保护和内吸治疗双重作用，喷施后药剂能随降雨和蒸汽进行再分配，药效发挥充分，耐雨水冲刷，持效期较长。其杀菌机理是通过破坏和阻止病菌代谢过程中麦角甾醇的生物合成，使细胞膜不能形成，而导致病菌死亡。该药对高等真菌性病害效果好，对卵菌病害无效。

适用作物防控对象及使用技术

苹果树和梨树的腐烂病、干腐病　主要应用于清园灭菌，即在早春发芽前，使用

40％乳油或 400 克/升乳油 3 000～4 000 倍液，或 25％水乳剂 2 000～2 500 倍液，或 20％水乳剂或 20％微乳剂或 20％可湿性粉剂 1 500～2 000 倍液，或 10％水乳剂或 8％微乳剂 800～1 000 倍液均匀喷洒枝干 1 次。

梨树黑星病、锈病、白粉病、炭疽病、轮纹病、黑斑病　先在花序分离期、落花后各喷药 1 次，有效防控锈病发生和控制黑星病病梢形成；然后从初见黑星病病梢或病叶或病果时开始继续喷药，10～15 天 1 次，与不同类型药剂交替使用，连喷 5～7 次，防控黑星病，兼防黑斑病、炭疽病、轮纹病、白粉病；白粉病较重果园，后期从白粉病发生初期开始再次继续喷药，10～15 天 1 次，连喷 2 次左右。氟硅唑一般使用 40％乳油或 400 克/升乳油 6 000～8 000 倍液，或 25％水乳剂 4 000～5 000 倍液，或 20％水乳剂或 20％微乳剂或 20％可湿性粉剂 3 500～4 000 倍液，或 10％水乳剂 1 500～2 000 倍液，或 8％微乳剂 1 200～1 500 倍液，均匀喷雾。需要指出，酥梨系品种幼果期慎用，以免导致果面产生果锈。

苹果树锈病、白粉病、黑星病、褐斑病、斑点落叶病　先在花序分离期、落花后和落花后 10～15 天各喷药 1 次，有效防控锈病、白粉病及黑星病的早期为害，兼防斑点落叶病；然后从落花后 1 个月左右开始继续喷药，10～15 天 1 次，与不同类型药剂交替使用，连喷 4～6 次，有效防控褐斑病的发生为害，兼防斑点落叶病；斑点落叶病发生较重的地区或果园，在春梢生长期内和秋梢生长期内各喷药 2 次左右，间隔期 10～15 天；黑星病发生较重果园，在苹果生长中后期的病害发生初期开始再次喷药，10～15 天 1 次，连喷 2 次左右。氟硅唑喷施倍数同"梨树黑星病"。

葡萄黑痘病、穗轴褐枯病、白粉病、褐斑病、白腐病、炭疽病　先在花蕾期、落花 80％和落花后 10 天各喷药 1 次，有效防控黑痘病、穗轴褐枯病；防控白粉病、褐斑病时，从初见病斑时开始喷药，10～15 天 1 次，连喷 2～4 次；防控炭疽病、白腐病时，从果粒膨大中后期开始喷药，10 天左右 1 次，到果实采收前一周结束，兼防褐斑病、白粉病。连续喷药时，注意与不同类型药剂交替使用。氟硅唑喷施倍数同"梨树黑星病"。葡萄采收前一个半月内，不套袋葡萄避免使用乳油剂型，以免影响果面蜡粉。

桃树、李树、杏树的黑星病、褐腐病、白粉病　防控黑星病时，从落花后 20 天左右开始喷药，10～15 天 1 次，连喷 2～4 次，兼防白粉病；防控褐腐病时，从果实采收前 1～1.5 个月开始喷药，10～15 天 1 次，连喷 1～2 次，兼防白粉病。氟硅唑喷施倍数同"梨树黑星病"。

枣树锈病、轮纹病、炭疽病　从初见锈病病叶时或（一茬花）落花后 10～15 天开始喷药，10～15 天 1 次，与不同类型药剂交替使用，连喷 4～6 次。氟硅唑喷施倍数同"梨树黑星病"。

柑橘树黑星病、炭疽病、树脂病　防控黑星病时，从病害发生初期开始喷药，10～15 天 1 次，连喷 2～3 次，兼防炭疽病；防控炭疽病时，在开花前喷药 1 次、谢花 2/3 时喷药 1 次、幼果膨大期喷药 2～3 次（间隔期 10～15 天）、果实转色期喷药 1～2 次（间隔期 10～15 天），注意与不同类型药剂交替使用，兼防树脂病；防控树脂病时，在防控炭疽病基础上再于春梢抽发前增加 1 次喷药即可。氟硅唑喷施倍数同"梨树黑星病"。

枸杞白粉病　从病害发生初期开始喷药，10～15 天 1 次，每期喷药 1～2 次。氟硅唑喷施倍数同"梨树黑星病"。

黄瓜黑星病、白粉病　从病害发生初期开始喷药，7～10天1次，连喷2～3次。一般每亩次使用40％乳油或400克/升乳油8～12毫升，或25％水乳剂15～20毫升，或20％水乳剂或20％微乳剂23～30毫升，或20％可湿性粉剂25～30克，或10％水乳剂40～50毫升，或8％微乳剂50～70毫升，对水45～75千克均匀喷雾。

甜瓜、西瓜、南瓜、苦瓜的白粉病　从病害发生初期开始喷药，7～10天1次，连喷2～3次。氟硅唑喷施剂量同"黄瓜黑星病"。

番茄叶霉病　从病害发生初期开始喷药，10天左右1次，连喷2～3次，注意喷洒叶片背面。氟硅唑喷施剂量同"黄瓜黑星病"。

芸豆、豇豆等豆类蔬菜的白粉病、锈病、炭疽病　从病害发生初期开始喷药，10天左右1次，连喷2～4次。氟硅唑喷施剂量同"黄瓜黑星病"。

花生锈病、叶斑病、疮痂病　从病害发生初期或开花下针期开始喷药，10～15天1次，连喷2～3次。一般每亩次使用40％乳油或400克/升乳油6～8毫升，或25％水乳剂10～12毫升，或20％水乳剂或20％微乳剂12～15毫升，或20％可湿性粉剂12～15克，或10％水乳剂25～30毫升，或8％微乳剂30～40毫升，对水30～45千克均匀喷雾。

麦类作物的锈病、白粉病　多在拔节初期、孕穗至抽穗期各喷药1次即可。氟硅唑喷施剂量同"花生锈病"。

玉米叶斑病（大斑病、小斑病、灰斑病、圆斑病）、锈病　从病害发生初期开始喷药，10天左右1次，连喷2次左右。氟硅唑喷施剂量同"花生叶斑病"。

人参白粉病　从病害发生初期开始喷药，10天左右1次，连喷2～3次。氟硅唑喷施剂量同"花生叶斑病"。

草坪褐斑病　从病害发生初期开始喷药，10～15天1次，连喷2～3次。一般每亩次使用40％乳油或400克/升乳油15～20毫升，或25％水乳剂25～30毫升，或20％水乳剂或20％微乳剂30～40毫升，或20％可湿性粉剂30～40克，或10％水乳剂60～80毫升，或8％微乳剂80～100毫升，对水30～45千克均匀喷雾。

橡胶树白粉病　在白粉病发生初期，按照每亩次使用8％微乳剂100～150毫升剂量，直接将药剂装入热雾机的药桶中（不必加水稀释），借助热雾机的高温、高速气流作用，将药剂弥散在橡胶林中即可。

注意事项　氟硅唑不能与碱性药剂及肥料混用。连续喷药时，注意与其他不同类型杀菌剂交替使用，以延缓病菌产生抗药性。水果的幼果期尽量避免使用乳油剂型，以免对幼果表面造成伤害。酥梨系列品种的幼果期对本药敏感，应慎重使用。

氟环唑 epoxiconazole

主要含量与剂型　75克/升乳油，12.5％、25％、30％、50％、125克/升悬浮剂，50％、70％水分散粒剂。

产品特点　氟环唑是一种含氟的三唑类内吸性广谱低毒杀菌剂，兼有预防保护和内吸治疗双重功效。其作用机理是通过抑制病菌甾醇生物合成中C-14脱甲基化酶的活性，阻碍病菌细胞膜形成，进而抑制和杀灭病菌；另外，其还可提高作物几丁质酶活性，进而抑制病菌侵染。喷施后，药剂能被植物的茎、叶吸收，并向上、向下传导。正常使用对作物安全、无药害，持效期较长。

适用作物防控对象及使用技术

苹果树褐斑病、斑点落叶病 防控褐斑病时，一般从苹果落花后 1 个月左右开始喷药，10～15 天 1 次，与不同类型药剂交替使用，连喷 4～5 次；防控斑点落叶病时，在春梢生长期内喷药 1～2 次、秋梢生长期内喷药 2～3 次，间隔期 10～15 天。氟环唑一般使用 75 克/升乳油 600～800 倍液，或 12.5％悬浮剂或 125 克/升悬浮剂 1 000～1 200 倍液，或 25％悬浮剂 2 000～2 500 倍液，或 30％悬浮剂 2 500～3 000 倍液，或 50％悬浮剂或 50％水分散粒剂 4 000～5 000 倍液，或 70％水分散粒剂 6 000～7 000 倍液，均匀喷雾。

葡萄炭疽病、褐斑病、白粉病 防控炭疽病时，从葡萄果粒膨大中后期开始喷药，10～15 天 1 次，直到采收前一周左右（套袋葡萄套袋后不再喷药）；防控褐斑病、白粉病时，从病害发生初期或初见病斑时开始喷药，10～15 天 1 次，连喷 3 次左右。氟环唑喷施倍数同"苹果树褐斑病"。

香蕉叶斑病、黑星病 从病害发生初期开始喷药，15～20 天 1 次，与不同类型药剂交替使用，连喷 3～5 次。氟环唑一般使用 75 克/升乳油 500～600 倍液，或 12.5％悬浮剂或 125 克/升悬浮剂 700～1 000 倍液，或 25％悬浮剂 1 500～2 000 倍液，或 30％悬浮剂 1 800～2 400 倍液，或 50％悬浮剂或 50％水分散粒剂 3 000～4 000 倍液，或 70％水分散粒剂 4 000～5 000 倍液，均匀喷雾。

柑橘树疮痂病、炭疽病 防控疮痂病时，在春梢生长期喷药 1～2 次、落花后至幼果生长期喷药 2～4 次、秋梢生长期喷药 1～2 次，间隔期 10～15 天，兼防炭疽病；防控炭疽病时，从生理落果后开始喷药，10～15 天 1 次，连喷 2～4 次。连续喷药时，注意与不同类型药剂交替使用。氟环唑一般使用 75 克/升乳油 900～1 200 倍液，或 12.5％悬浮剂或 125 克/升悬浮剂 1 500～2 000 倍液，或 25％悬浮剂 3 000～4 000 倍液，或 30％悬浮剂 3 500～4 500 倍液，或 50％悬浮剂或 50％水分散粒剂 6 000～8 000 倍液，或 70％水分散粒剂 8 000～10 000 倍液，均匀喷雾。

小麦纹枯病、白粉病、锈病 从病害发生初期开始喷药，10 天左右 1 次，连喷 2 次左右，重点喷洒植株中下部；或在小麦返青至拔节初期喷药 1 次、孕穗至抽穗期喷药 1～2 次。氟环唑一般每亩次使用 75 克/升乳油 75～100 毫升，或 12.5％悬浮剂或 125 克/升悬浮剂 45～60 毫升，或 25％悬浮剂 22～30 毫升，或 30％悬浮剂 20～25 毫升，或 50％悬浮剂 12～15 毫升，或 50％水分散粒剂 12～15 克，或 70％水分散粒剂 8～10 克，对水 30～45 千克均匀喷雾。

水稻纹枯病、稻瘟病、稻曲病 防控纹枯病时，在分蘖至拔节初期和齐穗初期各喷药 1 次；防控苗期稻瘟病和叶瘟时，在田间出现发病中心或出现急性病斑时进行喷药；防控穗颈瘟时，在破口初期和齐穗初期各喷药 1 次；防控稻曲病时，在破口前 5～7 天和齐穗初期各喷药 1 次。氟环唑喷施剂量同"小麦纹枯病"。

番茄、辣椒、茄子的炭疽病、叶霉病 从病害发生初期开始喷药，10 天左右 1 次，连喷 2～3 次。一般每亩次使用 75 克/升乳油 60～80 毫升，或 12.5％悬浮剂或 125 克/升悬浮剂 40～50 毫升，或 25％悬浮剂 20～25 毫升，或 30％悬浮剂 17～20 毫升，或 50％悬浮剂 10～13 毫升，或 50％水分散粒剂 10～13 克，或 70％水分散粒剂 8～10 克，对水

45～60 千克均匀喷雾。

黄瓜、甜瓜等瓜类的炭疽病、褐斑病 从病害发生初期开始喷药，10 天左右 1 次，连喷 2～3 次。氟环唑喷施剂量同"番茄炭疽病"。

注意事项 氟环唑不能与碱性或强酸性药剂及肥料混用。连续喷药时，注意与不同类型药剂交替使用或混用。使用剂量偏高时对瓜类等作物苗期有一定抑制生长作用，用药过程中需要注意。在香蕉的蕉仔期施药，应尽量避免药剂喷洒到蕉仔表面，以防产生药害。

氟吗啉 flumorph

主要含量与剂型 30％悬浮剂，20％、25％可湿性粉剂，60％水分散粒剂。

产品特点 氟吗啉是一种丙烯酰胺类内吸治疗性低毒杀菌剂，专用于防控低等真菌性病害（卵菌病害），具有预防保护和内吸治疗双重作用，药效高，残留低，持效期较长，使用安全，可混用性好。其杀菌机理是通过抑制病菌磷脂的生物合成及细胞壁的形成，而导致病菌死亡。该药能明显抑制休止孢萌发、芽管伸长、附着胞和吸器的形成、菌丝生长、孢囊梗的形成和孢子囊的产生，但对游动孢子的释放、游动及休止孢形成没有影响。另外，其含有的氟原子还具有模拟效应、电子效应、阻碍效应、渗透效应，使其防病效果明显高于同类产品。

适用作物防控对象及使用技术

葡萄霜霉病 先在葡萄花蕾期和落花后各喷药 1 次，有效防控霜霉病为害幼果穗；然后从叶片上初见霜霉病病斑时开始连续喷药，10 天左右 1 次，与不同类型药剂交替使用，直到生长后期。氟吗啉一般使用 20％可湿性粉剂 1 000～1 200 倍液，或 25％可湿性粉剂 1 200～1 500 倍液，或 30％悬浮剂 1 500～2 000 倍液，或 60％水分散粒剂 3 000～4 000 倍液，均匀喷雾。防控叶片受害时注意喷洒叶片背面。

苹果、梨果实疫腐病 主要是防控不套袋的果实受害，从病害发生初期或初见病果时开始喷药，10 天左右 1 次，连喷 2 次左右，重点喷洒树体中下部果实。氟吗啉喷施倍数同"葡萄霜霉病"。

柑橘褐腐病（疫腐病） 从果园内初见病果时开始喷药，10 天左右喷药 1 次，连喷 1～2 次，重点喷洒树体中下部及内膛果实。氟吗啉喷施倍数同"葡萄霜霉病"。

荔枝霜疫霉病 在荔枝花蕾期、幼果期、转色初期、转色中后期各喷药 1 次。氟吗啉喷施倍数同"葡萄霜霉病"。

黄瓜霜霉病 从病害发生初期或田间初见病斑时开始喷药，7～10 天 1 次，与不同类型药剂交替使用，直到生长后期，重点喷洒叶片背面。氟吗啉一般每亩次使用 20％可湿性粉剂 30～50 克，或 25％可湿性粉剂 25～40 克，或 30％悬浮剂 20～30 毫升，或 60％水分散粒剂 10～15 克，对水 45～75 千克均匀喷雾。

番茄晚疫病 从病害发生初期或田间初见病斑时开始喷药，7～10 天 1 次，与不同类型药剂交替使用，连喷 3～4 次。氟吗啉一般每亩次使用 20％可湿性粉剂 50～75 克，或 25％可湿性粉剂 40～60 克，或 30％悬浮剂 30～50 毫升，或 60％水分散粒剂 15～25 克，对水 45～75 千克均匀喷雾。

马铃薯晚疫病 从病害发生初期或植株现蕾期开始喷药，7～10 天 1 次，与不同类型药剂交替使用，直到生长后期。氟吗啉喷施剂量同"番茄晚疫病"。

注意事项 氟吗啉不能与碱性药剂及肥料混用。连续喷药时，注意与其他不同类型药剂交替使用或混用，以延缓病菌产生抗药性。

氟噻唑吡乙酮 oxathiapiprolin

主要含量与剂型 10％可分散油悬浮剂。

产品特点 氟噻唑吡乙酮是一种哌啶基噻唑异噁唑啉类新型高效微毒杀菌剂，专用于防控低等真菌性病害，具有保护、治疗和抑制病菌产孢等多重功效，与常规防控低等真菌性病害的药剂无交互抗性。药剂喷施后在植物表面能快速被蜡质层吸收，并在植株体内输导，跨层传导和向顶传导能力较强，对新生组织保护作用更佳。适用于病害发生的各阶段，药效稳定，耐雨水冲刷，持效期较长，使用安全。其作用机理是通过强力抑制氧化固醇结合蛋白（OSBP）而达到杀菌作用。由于作用位点单一，故抗性风险较大，需注意与其他不同作用机理的药剂交替使用或混用。

适用作物防控对象及使用技术

葡萄霜霉病 先在幼穗开花前和落花后各喷药 1 次，有效防控霜霉病为害幼穗；然后从叶片上初见霜霉病病斑时开始连续喷药，10 天左右 1 次，与不同类型药剂交替使用，直到生长后期（雨、雾、露等高湿环境结束时）。氟噻唑吡乙酮一般使用 10％可分散油悬浮剂 2 000～3 000 倍液均匀喷雾，注意喷洒叶片背面。

苹果、梨的果实疫腐病 从病害发生初期或初见病果时开始喷药，10 天左右 1 次，连喷 1～2 次，重点喷洒树冠中下部果实。一般使用 10％可分散油悬浮剂 2 000～3 000 倍液喷雾。

荔枝霜疫霉病 在花蕾期、幼果期、果实转色初期、果实转色中后期各喷药 1 次。一般使用 10％可分散油悬浮剂 2 000～3 000 倍液均匀喷雾。

黄瓜霜霉病 从病害发生初期或田间初见病斑时开始喷药，10 天左右 1 次，与不同类型药剂交替使用或混用，直到生长后期。氟噻唑吡乙酮一般每亩次使用 10％可分散油悬浮剂 13～20 毫升，对水 45～75 千克均匀喷雾，注意喷洒叶片背面。

辣椒疫病 从病害发生初期或田间初见病株时，或辣椒移栽定植缓苗后开始喷药，10 天左右 1 次，连喷 2～3 次，注意喷洒植株茎基部。氟噻唑吡乙酮一般每亩次使用 10％可分散油悬浮剂 13～20 毫升，对水 45～60 千克均匀喷雾。

番茄晚疫病 从病害发生初期或田间初见病斑时立即开始喷药，10 天左右 1 次，连喷 2～3 次。氟噻唑吡乙酮一般每亩次使用 10％可分散油悬浮剂 13～20 毫升，对水 45～60 千克均匀喷雾。

马铃薯晚疫病 从病害发生初期或植株现蕾期开始喷药，10 天左右 1 次，与不同类型药剂交替使用，直到生长后期。氟噻唑吡乙酮一般每亩次使用 10％可分散油悬浮剂 13～20 毫升，对水 45～75 千克均匀喷雾。

注意事项 氟噻唑吡乙酮不能与碱性药剂及强酸性药剂或肥料混用。连续喷药时，注意与不同类型药剂交替使用或混用，以延缓病菌产生抗药性。

腐霉利 procymidone

主要含量与剂型 10％、15％烟剂，43％悬浮剂，50％、80％可湿性粉剂，80％水分散粒剂。

产品特点 腐霉利是一种二甲酰亚胺类内吸治疗性低毒杀菌剂，具有保护和治疗双重作用，使用安全，持效期较长，在发病前使用或发病初期使用均可获得较好防控效果。该药应用适期长，耐雨水冲刷，内吸作用突出，可渗透到病原菌的内部，对病菌菌丝生长和孢子萌发均有很强的抑制作用。其杀菌机理主要是抑制病菌体内甘油三酯的生物合成，使病菌细胞分裂异常，而导致病菌死亡。

适用作物防控对象及使用技术

棚室内熏烟 适用于防控保护地内的各种瓜果蔬菜及果树的灰霉病、菌核病及花腐病、褐腐病，特别适合于连阴天时用药。多从连续阴天2天时或发病初期开始用药，7～10天1次，连用2～3次。一般棚室内每亩次使用10％烟剂300～600克，或15％烟剂250～350克，在傍晚均匀分多点由内向外依次点燃，而后密闭熏烟一夜，第二天通风后方可进入进行农事操作。

黄瓜、西瓜、甜瓜、西葫芦、苦瓜、番茄、辣椒、茄子、芸豆等瓜果豆类蔬菜的灰霉病、菌核病 棚室内除熏烟用药外还可进行喷雾，多在连续阴天2天后或病害发生初期开始喷药，7天左右1次，每期连喷2～3次。一般每亩次使用43％悬浮剂80～120毫升，或50％可湿性粉剂80～120克，或80％可湿性粉剂或80％水分散粒剂50～70克，对水45～60千克均匀喷雾。

韭菜、莴苣、葱类等叶菜类蔬菜的灰霉病、菌核病 棚室内除熏烟用药外也可进行喷雾，多在连续阴天2天后或病害发生初期开始喷药，7天左右1次，每期连喷2～3次。一般每亩次使用43％悬浮剂40～60毫升，或50％可湿性粉剂40～60克，或80％可湿性粉剂或80％水分散粒剂25～35克，对水30～45千克均匀喷雾。

油菜菌核病 多在油菜初花期、盛花期各喷药1次，重点喷洒植株中下部。一般每亩次使用43％悬浮剂40～80毫升，或50％可湿性粉剂50～80克，或80％可湿性粉剂或80％水分散粒剂35～50克，对水30～45千克均匀喷雾。

人参灰霉病 从病害发生初期开始喷药，7天左右1次，每期连喷2～3次。腐霉利喷施剂量同"油菜菌核病"。

葡萄、桃、杏、樱桃、草莓等棚室栽培果树的灰霉病 既可喷雾预防，又可密闭熏烟防控。喷雾防控病害时，多在开花前至幼果期遭遇持续阴天2天后立即开始喷药，7天左右1次，连喷2次。一般使用50％可湿性粉剂或43％悬浮剂1 000～1 500倍液，或80％可湿性粉剂或80％水分散粒剂2 000～2 500倍液均匀喷雾。密闭熏烟防控病害时，在阴天不能正常放风的傍晚密闭放烟熏蒸，一般每亩棚室每次使用15％烟剂300～400克，或10％烟剂500～600克，从内向外均匀分多点依次点燃，而后密闭熏烟一夜，第二天通风后才能进入棚室内开展农事活动。

葡萄灰霉病、白腐病 先在花蕾期（开花前）和落花后各喷药1次，有效防控灰霉病为害幼穗；然后于套袋前喷药1次，有效防控灰霉病、白腐病；不套袋葡萄从果粒长成基本大小时或增糖转色期开始继续喷药，7～10天1次，直到采收前1周。一般使用50％可湿性粉剂或43％悬浮剂1 000～1 500倍液，或80％可湿性粉剂或80％水分散粒剂1 500～2 000倍液喷雾，重点喷洒果穗即可。

桃、杏、李的灰霉病、花腐病、褐腐病　开花前（花芽露红期）、落花后各喷药1次，有效防控灰霉病、花腐病；防控褐腐病时，从初见病果时或果实采收前1～1.5个月开始喷药，7～10天1次，连喷2次左右。腐霉利喷施倍数同"葡萄灰霉病"。

樱桃褐腐病　开花前、落花后、成熟前10天左右各喷药1次即可。腐霉利喷施倍数同"葡萄灰霉病"。

苹果花腐病、褐腐病、斑点落叶病　花序分离期、落花后各喷药1次，有效防控花腐病；春梢生长期内、秋梢生长期内各喷药2次左右（间隔期10～15天），防控斑点落叶病；防控褐腐病时，从初见病果时开始喷药，7～10天1次，连喷1～2次。腐霉利喷施倍数同"葡萄灰霉病"。

梨褐腐病　从病害发生初期或初见病果时开始喷药，7～10天1次，连喷2次左右。腐霉利喷施倍数同"葡萄灰霉病"。

柑橘灰霉病　开花前、落花后各喷药1次即可，腐霉利喷施倍数同"葡萄灰霉病"。

枇杷花腐病　开花前、落花后各喷药1次即可，腐霉利喷施倍数同"葡萄灰霉病"。

花卉植物的灰霉病　从病害发生初期开始喷药，7～10天1次，每期连喷2次。腐霉利喷施倍数同"葡萄灰霉病"。

草莓灰霉病　初花期、盛花期、末花期各喷药1次。一般使用50％可湿性粉剂或43％悬浮剂800～1 000倍液，或80％可湿性粉剂或80％水分散粒剂1 200～1 500倍液，均匀喷雾。

玉米大斑病、小斑病　从病害发生初期开始喷药，7～10天1次，连喷1～2次。一般每亩次使用43％悬浮剂70～100毫升，或50％可湿性粉剂70～100克，或80％可湿性粉剂或80％水分散粒剂40～60克，对水30～45千克均匀喷雾。

向日葵菌核病　从病害发生初期开始喷药，7～10天1次，连喷2次，重点喷洒植株茎基部及其周边土壤。一般每亩次使用43％悬浮剂60～80毫升，或50％可湿性粉剂60～80克，或80％可湿性粉剂或80％水分散粒剂40～50克，对水30～45千克均匀喷雾。

注意事项　腐霉利不能与石硫合剂、波尔多液等碱性农药及肥料混用，也不宜与有机磷类农药混配。连续使用时病菌易产生抗药性，注意与其他不同类型杀菌剂交替使用。

哈茨木霉菌 trichoderma harzianum

主要含量与剂型　3亿cfu/克可湿性粉剂，1亿cfu/克水分散粒剂。

产品特点　哈茨木霉菌是一种微生物类杀菌剂，有效成分为抗逆性强的厚垣孢子，具有保护和治疗双重功效。其主要作用方式是竞争作用，哈茨木霉菌侵染后，迅速进行生长，与病原菌相比具有明显的生长优势，能有效抑制病原菌的侵染生长，进而起到防控病害的目的。同时，该木霉菌还能增强作物抗病性，促进作物生长，提高产品品质，增产增收。

适用作物防控对象及使用技术

葡萄灰霉病　先在花蕾期（开花前）、落花后各喷药 1 次，有效防控幼穗受害；然后再于套袋前均匀喷洒果穗 1 次；不套袋葡萄在近成熟期的病害发生初期开始喷药，5 天左右 1 次，连喷 2 次，重点喷洒果穗。一般使用 1 亿 cfu/克水分散粒剂 300～400 倍液，或 3 亿 cfu/克可湿性粉剂 500～700 倍液均匀喷雾。

番茄灰霉病　从病害发生初期或连续阴天 2 天时开始喷药，5 天左右 1 次，每期连喷 2～3 次。一般每亩次使用 1 亿 cfu/克水分散粒剂 120～160 克，或 3 亿 cfu/克可湿性粉剂 80～100 克，对水 45～60 千克均匀喷雾。

番茄苗期猝倒病、立枯病　从病害发生初期或初见病苗时立即开始用药，5 天左右 1 次，连用 2 次。一般每平方米苗床每次使用 3 亿 cfu/克可湿性粉剂 4～6 克，或 1 亿 cfu/克水分散粒剂 8～10 克，对适量水向苗床喷淋或灌根。

温室观赏百合根腐病　使用 3 亿 cfu/克可湿性粉剂 60～70 克/升药液，或 1 亿 cfu/克水分散粒剂 80～100 克/升药液浸泡种球，浸种 10 分钟后播种。

人参灰霉病　从病害发生初期开始喷药，5～7 天 1 次，连喷 2～3 次。一般每亩次使用 3 亿 cfu/克可湿性粉剂 100～140 克，或 1 亿 cfu/克水分散粒剂 150～200 克，对水 45～60 千克均匀喷雾。

人参立枯病　从病害发生初期或播种前开始用药，对参床土壤浇灌处理。一般每平方米使用 3 亿 cfu/克可湿性粉剂 5～6 克，或 1 亿 cfu/克水分散粒剂 8～10 克，对适量水浇灌参床土壤。

注意事项　哈茨木霉菌属微生物制剂，不能与杀菌剂及碱性药剂或肥料混用。使用时最好采用二次稀释法。应用本剂前、后各 7 天内最好不要使用广谱类杀菌剂及铜制剂，以免影响哈茨木霉菌活性。

己唑醇 hexaconazole

主要含量与剂型　5％、10％、25％、30％、40％悬浮剂，5％、10％微乳剂，10％乳油，50％可湿性粉剂，50％、70％水分散粒剂。

产品特点　己唑醇是一种三唑类内吸治疗性广谱高效低毒杀菌剂，具有预防、保护及治疗多重作用。其杀菌机理是通过抑制病菌麦角甾醇的生物合成，使病菌细胞膜功能受到破坏，进而阻止菌丝生长和孢子形成，最终导致病菌死亡。该药内吸渗透性好，在植物体内能上下传导，起效较快，持效期较长，但连续使用易诱使病菌产生抗药性。

适用作物防控对象及使用技术

苹果树白粉病、斑点落叶病、褐斑病、黑星病　防控白粉病时，先在花序分离期、落花后及落花后 10～15 天各喷药 1 次，控制病梢形成及病菌扩散，兼防斑点落叶病、黑星病；白粉病较重果园再于 8、9 月喷药 1～2 次（间隔期 10～15 天），防控病菌侵染芽。防控斑点落叶病时，在春梢生长期和秋梢生长期各喷药 2 次左右，间隔期 10～15 天，兼防褐斑病、黑星病。防控褐斑病时，从苹果落花后 1 个月左右开始喷药，10～15 天 1 次，连喷 4～6 次，兼防斑点落叶病、黑星病。防控黑星病时，从病害发生初期或初见病果或病叶时开始喷药，10～15 天 1 次，连喷 2～3 次。己唑醇一般使用 5％悬浮剂或 5％微乳剂 800～1 000 倍液，或 10％悬浮剂或 10％乳油或 10％微乳剂 1 500～2 000 倍液，或 25％悬浮剂 4 000～5 000 倍液，或 30％悬浮剂 5 000～6 000 倍液，或 40％悬浮剂 6 000～8 000 倍液，或 50％水分散粒剂或 50％可湿性粉剂 8 000～10 000 倍液，或 70％水分散粒剂 11 000～14 000 倍液，均匀喷雾。连续喷药时注意与不同类型药剂交替使用。

葡萄白粉病、褐斑病、锈病　从病害发生初期或初见病斑时开始喷药，10～15 天 1 次，连喷 2～4 次。己唑醇喷施倍数同"苹果树白粉病"。

梨树黑星病、白粉病　防控黑星病时，先在花序分离期和落花后各喷药 1 次；然后从果园内初见黑星病病梢或病叶或病果时开始连续喷药，15 天左右 1 次，与不同类型药剂交替使用，连喷 4～6 次，兼防白粉病发生。防控白粉病时，在果园内初见病叶时开始喷药，10～15 天 1 次，连喷 2 次左右，重点喷洒叶片背面，兼防后期黑星病为害。己唑醇喷施倍数同"苹果树白粉病"。

桃树锈病、白粉病　从病害发生初期或初见病叶时开始喷药，10～15 天 1 次，连喷 2 次左右。己唑醇喷施倍数同"苹果树白粉病"。

枣树锈病　从病害发生初期或初见病叶时开始喷药，10～15 天 1 次，与不同类型药剂交替使用，连喷 3～5 次。己唑醇喷施倍数同"苹果树白粉病"。

核桃白粉病　从病害发生初期或初见病斑时开始喷药，10～15 天 1 次，连喷 2 次左右。己唑醇喷施倍数同"苹果树白粉病"。

花椒锈病　从病害发生初期或初见病叶时开始喷药，10～15 天 1 次，与不同类型药剂交替使用，连喷 2～4 次。己唑醇喷施倍数同"苹果树白粉病"。

香蕉叶斑病、黑星病　从病害发生初期开始喷药，10～15 天 1 次，与不同类型药剂交替使用，连喷 3～5 次。己唑醇一般使用 5％悬浮剂或 5％微乳剂 500～600 倍液，或 10％悬浮剂或 10％乳油或 10％微乳剂 1 000～1 200 倍液，或 25％悬浮剂 2 500～3 000 倍液，或 30％悬浮剂 3 000～4 000 倍液，或 40％悬浮剂 4 000～5 000 倍液，或 50％水分散粒剂或 50％可湿性粉剂 5 000～6 000 倍液，或 70％水分散粒剂 7 000～8 000 倍液，均匀喷雾。

水稻纹枯病、稻曲病　防控纹枯病时，在分蘖期至拔节初期、拔节后期至孕穗期各喷药 1 次；防控稻曲病时，在破口前 5～7 天、齐穗初期各喷药 1 次。一般每亩次使用 5％悬浮剂或 5％微乳剂 70～100 毫升，或 10％悬浮剂或 10％乳油或 10％微乳剂 35～50 毫升，或 25％悬浮剂 15～25 毫升，或 30％悬浮剂 13～20 毫升，或 40％悬浮剂 10～14 毫升，或 50％水分散粒剂或 50％可湿性粉剂 8～10 克，或 70％水分散粒剂 6～8 克，对水 30～45 千克均匀喷雾。

小麦纹枯病、白粉病、锈病、赤霉病　先在小麦返青至拔节初期、孕穗期各喷药 1 次，有效防控纹枯病、白粉病、锈病的发生为害；然后再于齐穗初期和扬花初期各喷药 1 次，有效防控赤霉病，兼防其他病害。己唑醇喷施剂量同"水稻纹枯病"。

玉米叶斑病、锈病　从病害发生初期开始喷药，10～15 天 1 次，连喷 1～2 次。己唑醇喷施剂量同"水稻纹枯病"。

花生叶斑病、锈病　从病害发生初期或开花下针期开始喷药，10～15 天 1 次，连喷 2～3 次。一般每亩次使用 5％悬浮剂或 5％微乳剂 30～50 毫升，或 10％悬浮剂或 10％乳油或 10％微乳剂 15～25 毫升，或 25％悬浮剂 8～12 毫升，或 30％悬浮剂 7～10 毫升，或

40%悬浮剂 5～7 毫升，或 50%水分散粒剂或 50%可湿性粉剂 4～5 克，或 70%水分散粒剂 3～4 克，对水 30～45 千克均匀喷雾。

黄瓜白粉病　从病害发生初期开始喷药，10 天左右 1 次，连喷 2～3 次。一般每亩次使用 5%悬浮剂或 5%微乳剂 30～50 毫升，或 10%悬浮剂或 10%乳油或 10%微乳剂 15～25 毫升，或 25%悬浮剂 8～12 毫升，或 30%悬浮剂 7～10 毫升，或 40%悬浮剂 5～7 毫升，或 50%水分散粒剂或 50%可湿性粉剂 4～5 克，或 70%水分散粒剂 3～4 克，对水 45～60 千克均匀喷雾。

烟草白粉病　从病害发生初期开始喷药，10～15 天 1 次，连喷 2 次左右。一般每亩次使用 5%悬浮剂或 5%微乳剂 60～75 毫升，或 10%悬浮剂或 10%乳油或 10%微乳剂 30～40 毫升，或 25%悬浮剂 12～15 毫升，或 30%悬浮剂 10～12 毫升，或 40%悬浮剂 8～10 毫升，或 50%水分散粒剂或 50%可湿性粉剂 6～8 克，或 70%水分散粒剂 4～5 克，对水 45～60 千克均匀喷雾。

注意事项　己唑醇不能与碱性药剂或肥料混用。连续喷药时，注意与不同类型杀菌剂交替使用或混用，以延缓病菌产生抗药性。在阔叶作物上应用时不要随意增加用量，以避免产生药害，抑制作物正常生长。

甲基硫菌灵 thiophanate-methyl

主要含量与剂型　3%糊剂，36%、50%、500 克/升悬浮剂，50%、70%、80%可湿性粉剂，70%、80%水分散粒剂。

产品特点　甲基硫菌灵是一种取代苯类内吸治疗性广谱低毒杀菌剂，具有预防、治疗及内吸传导多种作用方式，对多种高等真菌性病害均有较好的防控效果。其杀菌机理有两个：一是在植物体内部分转化为多菌灵，干扰病菌有丝分裂中纺锤体的形成，影响细胞分裂，导致病菌死亡；二是甲基硫菌灵直接作用于病菌，阻碍其呼吸过程，影响病菌孢子的产生、萌发及菌丝体生长，而导致病菌死亡。该药可混用性好，使用方便，安全性高，残留低。悬浮剂型相对加工颗粒微细、黏着性好、耐雨水冲刷、药效利用率高，使用方便、环保。

适用作物防控对象及使用技术

果树类真菌性根部病害　在清除或刮除病根组织的基础上，于树盘下用土培埂浇灌，每年早春施药效果最好。一般使用 70%可湿性粉剂或 80%可湿性粉剂或 70%水分散粒剂或 80%水分散粒剂 800～1 000 倍液，或 50%可湿性粉剂或 50%悬浮剂或 500 克/升悬浮剂 500～600 倍液，或 36%悬浮剂 300～400 倍液浇灌。浇灌药液量因树体大小而异，以药液将树体大部分根区土壤渗透为宜。1 个月后使用相同药量再浇灌 1 次效果更好。

苹果树和梨树的腐烂病、干腐病　在刮除病斑的基础上，使用 3%糊剂原液，或 36%悬浮剂 10～15 倍液，或 50%可湿性粉剂或 50%悬浮剂或 500 克/升悬浮剂 20～30 倍液，或 70%可湿性粉剂或 80%可湿性粉剂或 70%水分散粒剂或 80%水分散粒剂 30～50 倍液在病斑表面涂抹。1 个月后再涂药 1 次效果更好。

苹果树和梨树的枝干轮纹病　春季轻刮病瘤后涂药。一般使用 70%可湿性粉剂与植物油按 1∶(20～25)，或 80%可湿性粉剂与植物油按 1∶(25～30)，或 50%可湿性粉剂与植物油按 1：（15～20）的比例，充分搅拌均匀后涂抹枝干，1 年内只涂抹 1 次。

苹果和梨的轮纹烂果病、炭疽病　从落花后 7～10 天开始喷药，10 天左右 1 次，连喷 3 次药后套袋；不套袋果仍需继续喷药，10～15 天 1 次，需再喷 4～7 次。具体喷药间隔期根据降雨情况而定，多雨潮湿时间隔期宜短，少雨干旱时间隔期宜长；不套袋苹果或梨的具体喷药结束期因品种成熟早晚而有一些差异，需根据品种特性、病害防控水平及果实生长后期的降雨情况而灵活掌握；连续喷药时，注意与其他不同类型药剂交替使用或混用，特别是临近套袋前的药剂最好与不同类型药剂混合使用。甲基硫菌灵一般使用 70％可湿性粉剂或 80％可湿性粉剂或 70％水分散粒剂或 80％水分散粒剂 800～1 000 倍液，或 50％悬浮剂或 500 克/升悬浮剂 700～800 倍液，或 50％可湿性粉剂 500～600 倍液，或 36％悬浮剂 400～500 倍液，均匀喷雾。

苹果树和梨树的锈病　萌芽后开花前（花序分离期）、落花后各喷药 1 次，严重果园或风景绿化区内的果园落花后 10 天左右需再喷药 1 次。甲基硫菌灵喷施倍数同"苹果轮纹烂果病"。

苹果树白粉病　萌芽后开花前（花序分离期）、落花后及落花后 10～15 天为药剂防控关键期，需各喷药 1 次；白粉病严重果园，在 7～9 月的花芽分化期再喷药 2 次左右（间隔期 10～15 天）。甲基硫菌灵喷施倍数同"苹果轮纹烂果病"，最好与戊唑醇、烯唑醇、腈菌唑、苯醚甲环唑等药剂交替使用或混用。

苹果树和梨树的花腐病　春季多雨潮湿地区果园，在花序分离期和落花后各喷药 1 次；一般果园只需在花序分离期至开花前喷药 1 次即可。甲基硫菌灵喷施倍数同"苹果轮纹烂果病"。

苹果和梨的霉心病　盛花末期喷药 1 次即可，落花后用药基本无效。一般使用 70％可湿性粉剂或 80％可湿性粉剂或 70％水分散粒剂或 80％水分散粒剂 700～800 倍液，或 50％可湿性粉剂 400～500 倍液，或 50％悬浮剂或 500 克/升悬浮剂 500～600 倍液，或 36％悬浮剂 350～400 倍液，均匀喷雾。与多抗霉素或代森锰锌（全络合态）或克菌丹，或吡唑醚菌酯混用效果更好。

苹果和梨的套袋果斑（黑）点病　套袋前 5 天内喷药效果最好，套袋持续时间较长时需及时再次喷药。一般使用 70％可湿性粉剂或 80％可湿性粉剂或 70％水分散粒剂或 80％水分散粒剂 700～800 倍液，或 50％可湿性粉剂 400～500 倍液，或 50％悬浮剂或 500 克/升悬浮剂 500～600 倍液，或 36％悬浮剂 400～500 倍液，均匀喷雾。与多抗霉素或代森锰锌（全络合态）、克菌丹、吡唑醚菌酯混用效果更好。

苹果树褐斑病　从历年初见病斑前 10 天左右的降雨后（多为 5 月下旬至 6 月上旬）或落花后 1 个月左右开始第一次喷药，以后视降雨情况 10～15 天喷药 1 次，与不同类型药剂交替使用，连喷 4～6 次。甲基硫菌灵喷施倍数同"苹果轮纹烂果病"。

苹果和梨的褐腐病　不套袋果褐腐病发生较重的果园，从采收前 1 个月（中熟品种）至 1.5 个月（晚熟品种）开始喷药，10～15 天 1 次，连喷 2 次。甲基硫菌灵喷施倍数同"苹果轮纹烂果病"。

苹果树黑星病　从病害发生初期或初见病果或病叶时开始喷药，10～15 天 1 次，连喷 2～4 次；病害较重果园，秋梢期再喷药 1～2 次。甲基硫菌灵喷施倍数同"苹果轮纹烂果病"。

　　苹果和梨的霉污病　往年病害发生较重的不套袋果园，多从进入雨季初期开始喷药，10～15 天 1 次，连喷 2～4 次。甲基硫菌灵喷施倍数同"苹果轮纹烂果病"，与克菌丹混合使用效果更好。

　　苹果和梨的采后烂果病　采后包装贮运前，一般使用 70％可湿性粉剂或 80％可湿性粉剂或 70％水分散粒剂或 80％水分散粒剂 800～1 000 倍液，或 50％可湿性粉剂 500～600 倍液，或 50％悬浮剂或 500 克/升悬浮剂 600～700 倍液，或 36％悬浮剂 400～500 倍液浸果，0.5～1 分钟后捞出晾干即可。

　　梨树黑星病　多从初见病梢（乌码）或病叶、病果时开始喷药，往年黑星病较重果园需从落花后即开始喷药，以后每隔 10～15 天喷药 1 次，与不同类型药剂交替使用或混用，幼果期需喷药 2～3 次，果实膨大至成熟期需喷药 4～6 次。具体喷药间隔期视降雨情况而定，多雨潮湿时间隔期应适当缩短。甲基硫菌灵一般使用 70％可湿性粉剂或 80％可湿性粉剂或 70％水分散粒剂或 80％水分散粒剂 800～1 000 倍液，或 50％可湿性粉剂 500～600 倍液，或 50％悬浮剂或 500 克/升悬浮剂 600～700 倍液，或 36％悬浮剂 400～500 倍液均匀喷雾。与苯醚甲环唑、腈菌唑、戊唑醇、烯唑醇、氟硅唑、吡唑醚菌酯等杀菌剂交替使用或混用效果更好。

　　梨树白粉病　从病害发生初期或初见病斑时开始喷药，10～15 天 1 次，连喷 2～3 次，注意喷洒叶片背面。甲基硫菌灵喷施倍数同"梨树黑星病"。

　　梨树褐斑病　从病害发生初期或初见病斑时开始喷药，10～15 天 1 次，连喷 2～3 次。甲基硫菌灵喷施倍数同"梨树黑星病"。

　　葡萄黑痘病　葡萄开花前（花蕾期）、落花 70％～80％及落花后 10 天左右是防控黑痘病的关键时期，各喷药 1 次即可。甲基硫菌灵喷施倍数同"梨树黑星病"。

　　葡萄炭疽病、房枯病、溃疡病　多从葡萄果粒膨大中期开始喷药，10 天左右 1 次，与其他不同类型药剂交替使用，连喷 4～6 次。套袋葡萄，套袋后不再喷药。甲基硫菌灵喷施倍数同"梨树黑星病"。

　　葡萄褐斑病　从病害发生初期或初见病斑时开始喷药，10 天左右 1 次，连喷 2～4 次。甲基硫菌灵喷施倍数同"梨树黑星病"。

　　葡萄灰霉病　葡萄开花前（幼穗期）、落花后各喷药 1 次，有效防控幼果穗受害；套袋葡萄套袋前 5 天内喷药 1 次，防控套袋后果穗受害；不套袋葡萄在果粒膨大后期至采收前的发病初期继续开始喷药，7～10 天 1 次，连喷 2 次左右。甲基硫菌灵喷施倍数同"梨树黑星病"，与腐霉利、异菌脲、嘧霉胺、嘧菌环胺等药剂交替使用或混用效果更好。

　　葡萄白粉病、锈病　从病害发生初期或初见病斑时开始喷药，7～10 天 1 次，连喷 2～3 次。甲基硫菌灵喷施倍数同"梨树黑星病"，注意与其他不同类型药剂交替使用或混用。

　　桃炭疽病　多从落花后 20～30 天开始喷药，10～15 天 1 次，与不同类型药剂交替使用或混用，连喷 3～5 次，套袋桃套袋后不再喷药。甲基硫菌灵一般使用 70％可湿性粉剂或 80％可湿性粉剂或 70％水分散粒剂或 80％水分散粒剂 800～1 000 倍液，或 50％可湿性粉剂 500～600 倍液，或 50％悬浮剂或 500 克/升悬浮剂 600～700 倍液，或 36％悬浮剂 400～500 倍液均匀喷雾。

　　桃树黑星病（疮痂病）　油桃系列从落花后 15 天左右开始喷药，毛桃系列从落花后

20～30 天开始喷药，10～15 天 1 次，直到采收前 1 个月结束（套袋桃套袋后不再喷药）。甲基硫菌灵喷施倍数同"桃炭疽病"，连续喷药时注意与不同类型药剂交替使用。

桃树褐腐病 防控花腐及幼果褐腐时，在初花期、落花后及落花后 15 天各喷药 1 次；防控近成熟果褐腐时（不套袋果），一般从果实成熟前 1 个月左右开始喷药，7～10 天 1 次，连喷 2～3 次。甲基硫菌灵喷施倍数同"桃炭疽病"，连续喷药时注意与不同类型药剂交替使用。

桃树缩叶病 在桃芽露红但尚未展开时进行喷药，一般桃园喷药 1 次即可，往年缩叶病严重桃园落花后再喷药 1 次。桃芽露红期一般使用 70％可湿性粉剂或 80％可湿性粉剂或 70％水分散粒剂或 80％水分散粒剂 500～600 倍液，或 50％可湿性粉剂 300～400 倍液，或 50％悬浮剂或 500 克/升悬浮剂 400～500 倍液，或 36％悬浮剂 250～300 倍液均匀喷雾，落花后甲基硫菌灵喷施倍数同"桃炭疽病"。

桃树真菌性穿孔病 多从病害发生初期开始喷药，10～15 天 1 次，连喷 2～4 次。甲基硫菌灵喷施倍数同"桃炭疽病"，注意与不同类型药剂交替使用。

桃树锈病、白粉病 从病害发生初期或初见病斑时开始喷药，10～15 天 1 次，连喷 2 次左右。甲基硫菌灵喷施倍数同"桃炭疽病"。

李红点病 从落花后 10 天左右开始喷药，10～15 天 1 次，与不同类型药剂交替使用或混用，连喷 2～4 次。甲基硫菌灵喷施倍数同"桃炭疽病"。

李袋果病 萌芽后开花前、落花后各喷药 1 次，即可有效防控袋果病的发生为害。甲基硫菌灵喷施倍数同"桃炭疽病"。

李炭疽病、真菌性穿孔病 从落花后 20 天左右或真菌性穿孔病发生初期开始喷药，10～15 天 1 次，连喷 2～4 次。甲基硫菌灵喷施倍数同"桃炭疽病"。

李褐腐病 从果实成熟前 45 天左右开始喷药，10～15 天 1 次，连喷 2 次左右。甲基硫菌灵喷施倍数同"桃炭疽病"。

杏疔病 从杏树落花后 5～7 天开始喷药，10～15 天 1 次，连喷 2～3 次。甲基硫菌灵喷施倍数同"桃炭疽病"。

杏黑星病、真菌性穿孔病 从杏树落花后 20 天左右或真菌性穿孔病发生初期开始喷药，10～15 天 1 次，与不同类型药剂交替使用，连喷 2～4 次。甲基硫菌灵喷施倍数同"桃炭疽病"。

樱桃炭疽病、褐腐病 从樱桃落花后 20 天左右开始喷药，10～15 天 1 次，连喷 2～3 次。甲基硫菌灵喷施倍数同"桃炭疽病"。

樱桃真菌性穿孔病 从病害发生初期或初见病斑时开始喷药，10～15 天 1 次，连喷 2～3 次。甲基硫菌灵喷施倍数同"桃炭疽病"。

核桃树腐烂病、干腐病、溃疡病 先对病斑进行划道割治，然后在割治病斑表面涂抹药剂治疗。一般使用 3％糊剂原液，或 36％悬浮剂 10～15 倍液，或 50％可湿性粉剂或 50％悬浮剂或 500 克/升悬浮剂 20～30 倍液，或 70％可湿性粉剂或 80％可湿性粉剂或 70％水分散粒剂或 80％水分散粒剂 30～50 倍液在病斑表面涂抹。1 个月后再涂药 1 次效果更好。

核桃炭疽病、真菌性叶斑病、枝枯病 多从幼果膨大中期或初见病斑时开始喷药，10～15 天 1 次，与不同类型药剂交替使用，连喷 2～4 次，防控炭疽病前期喷药最为关键。甲基硫菌灵一般使用 70％可湿性粉剂或 80％可湿性粉剂或 70％水分散粒剂或 80％水分散粒剂 800～1 000 倍液，或 50％可湿性粉剂 500～600 倍液，或 50％悬浮剂或 500 克/升悬浮剂 600～700 倍液，或 36％悬浮剂 400～500 倍液，均匀喷雾。

枣树褐斑病、轮纹病、炭疽病、锈病　先在（一茬花）开花前喷药 1 次，有效防控褐斑病的早期发生；然后从（一茬花）落花后 10～15 天开始连续喷药，10～15 天 1 次，与不同类型药剂交替使用，连喷 5～7 次。具体喷药间隔期及次数视降雨情况灵活掌握，阴雨潮湿多喷、无雨干旱少喷。甲基硫菌灵一般使用 70％可湿性粉剂或 80％可湿性粉剂或 70％水分散粒剂或 80％水分散粒剂 800～1 000 倍液，或 50％可湿性粉剂 500～600 倍液，或 50％悬浮剂或 500 克/升悬浮剂 600～700 倍液，或 36％悬浮剂 400～500 倍液，均匀喷雾。

柿树角斑病、圆斑病、炭疽病、白粉病　多从柿树落花后 15 天左右开始喷药，15 天左右 1 次，一般柿园连喷 2～3 次即可有效控制角斑病、圆斑病及炭疽病的发生为害；但在南方甜柿产区，开花前需增加喷药 1～2 次，中后期还需继续喷药 2～4 次；防控白粉病时，从病害发生初期开始喷药，10～15 天 1 次，连喷 1～2 次即可。甲基硫菌灵喷施倍数同"枣树褐斑病"，连续喷药时注意与不同类型药剂交替使用。

板栗炭疽病、叶斑病　从病害发生初期或栗蓬膨大中期开始喷药，10～15 天 1 次，连喷 2～3 次。甲基硫菌灵喷施倍数同"枣树褐斑病"。

猕猴桃炭疽病、叶斑病　先在开花前喷药 1 次，然后从落花后 15 天左右开始连续喷药，10～15 天 1 次，与不同类型药剂交替使用，连喷 3～5 次。甲基硫菌灵喷施倍数同"枣树褐斑病"。

石榴炭疽病、麻皮病、叶斑病　先在开花初期喷药 1 次，然后从（一茬花）坐住果后开始连续喷药，10～15 天 1 次，与不同类型药剂交替使用，连喷 3～5 次。甲基硫菌灵喷施倍数同"枣树褐斑病"。

山楂锈病、叶斑病、黑星病、轮纹病、炭疽病　在山楂展叶期、初花期和落花后 10 天各喷药 1 次，有效防控锈病，兼防叶斑病；防控黑星病时，从初见病斑时开始喷药，10～15 天 1 次，连喷 2～3 次，兼防炭疽病、叶斑病；防控轮纹病、炭疽病时，从落花后半月左右开始喷药，10～15 天 1 次，连喷 3～4 次，兼防叶斑病。甲基硫菌灵喷施倍数同"枣树褐斑病"，连续喷药时注意与不同类型药剂交替使用。

草莓病害　从花蕾期开始，使用甲基硫菌灵药液灌根，10～15 天后再浇灌 1 次，对根腐病具有较好的防控效果，药剂灌根浓度同"果树类真菌性根部病害"。防控褐斑病、炭疽病时，从病害发生初期或初见病斑时开始喷药，10～15 天 1 次，与不同类型药剂交替使用，连喷 2～4 次。甲基硫菌灵喷施倍数同"枣树褐斑病"。

花椒病害　以防控锈病为主，兼防黑斑病、炭疽病即可。多从锈病发生初期或初见病斑时开始喷药，10～15 天 1 次，与不同类型药剂交替使用，连喷 2～4 次。甲基硫菌灵喷施倍数同"枣树褐斑病"。

桑树白粉病、锈病　从病害发生初期开始喷药，10～15 天 1 次，连喷 2～3 次。甲基硫菌灵喷施倍数同"枣树褐斑病"。

枸杞炭疽病、白粉病、叶斑病　从病害发生初期或初见病斑时开始喷药，10 天左右 1 次，连喷 2～3 次。甲基硫菌灵喷施倍数同"枣树褐斑病"。

蓝莓炭疽病、叶斑病 从病害发生初期或初见病斑时开始喷药，10～15 天 1 次，连喷 2～3 次。甲基硫菌灵喷施倍数同"枣树褐斑病"。

香蕉炭疽病、轴腐病 香蕉采收后药液浸果，一般使用 70％可湿性粉剂或 80％可湿性粉剂或 70％水分散粒剂或 80％水分散粒剂 600～800 倍液，或 50％可湿性粉剂 400～500 倍液，或 50％悬浮剂或 500 克/升悬浮剂 500～600 倍液，或 36％悬浮剂 300～400 倍液浸泡果实，与咪鲜胺混用效果更好。浸泡 1 分钟后捞出、晾干，而后包装贮运。

香蕉叶斑病、黑星病 从病害发生初期开始喷药，10 天左右 1 次，与不同类型药剂交替使用或混用，连喷 3～5 次。甲基硫菌灵一般使用 70％可湿性粉剂或 80％可湿性粉剂或 70％水分散粒剂或 80％水分散粒剂 700～800 倍液，或 50％可湿性粉剂 400～500 倍液，或 50％悬浮剂或 500 克/升悬浮剂 500～600 倍液，或 36％悬浮剂 300～400 倍液，均匀喷雾。

杧果炭疽病、白粉病、叶斑病 先在杧果开花初期、开花末期及谢花后 20 天各喷药 1 次，有效防控白粉病及早期炭疽病；然后从果实膨大期开始继续喷药，10～15 天 1 次，连喷 2～4 次，防控叶斑病及中后期炭疽病。甲基硫菌灵喷施倍数同"香蕉叶斑病"，连续喷药时注意与不同类型药剂交替使用或混用。

柑橘类炭疽病、疮痂病、黑星病、黄斑病 萌芽 1/3 厘米、谢花 2/3 是防控疮痂病的关键期，兼防前期叶片炭疽病；谢花 2/3、幼果期是防控炭疽病并保果的关键期，兼防疮痂病、黄斑病；果实膨大期至转色期是防控黑星病、黄斑病的关键期，兼防炭疽病；椪柑类果实转色期是防控急性炭疽病的关键期。连续喷药时，注意与不同类型药剂交替使用或混用。甲基硫菌灵一般使用 70％可湿性粉剂或 80％可湿性粉剂或 70％水分散粒剂或 80％水分散粒剂 700～800 倍液，或 50％可湿性粉剂 400～500 倍液，或 50％悬浮剂或 500 克/升悬浮剂 500～600 倍液，或 36％悬浮剂 400～500 倍液，均匀喷雾。

柑橘类青霉病、绿霉病、蒂腐病、黑腐病 采收后当天药剂浸果，0.5～1 分钟后捞出、晾干，而后包装贮运，与咪鲜胺、抑霉唑等药剂混用效果更好。甲基硫菌灵一般使用 70％可湿性粉剂或 80％可湿性粉剂或 70％水分散粒剂或 80％水分散粒剂 700～800 倍液，或 50％可湿性粉剂 400～500 倍液，或 50％悬浮剂或 500 克/升悬浮剂 500～600 倍液，或 36％悬浮剂 350～400 倍液浸泡。

水稻稻瘟病、纹枯病、稻曲病、鞘腐病、褐变穗 防控苗瘟、叶瘟时，田间出现中心病株或急性病斑时喷药 1 次；防控穗颈瘟、褐变穗时，破口期、齐穗初期各喷药 1 次；防控纹枯病和鞘腐病时，拔节期、孕穗期各喷药 1 次；防控稻曲病时，破口前 5～7 天、齐穗初期各喷药 1 次。连续喷药时，注意与不同类型药剂交替使用或混用。甲基硫菌灵一般每亩次使用 70％可湿性粉剂或 80％可湿性粉剂或 70％水分散粒剂或 80％水分散粒剂 120～150 克，或 50％可湿性粉剂 170～200 克，或 50％悬浮剂或 500 克/升悬浮剂 150～180 毫升，或 36％悬浮剂 180～220 毫升，对水 30～45 千克均匀喷雾。

麦类作物及玉米黑穗病 一般使用 70％可湿性粉剂或 80％可湿性粉剂或 70％水分散粒剂或 80％水分散粒剂 130～150 克，或 50％可湿性粉剂 200 克，或 50％悬浮剂或 500 克/升悬浮剂 200 毫升，或 36％悬浮剂 250 毫升，对水 4 千克搅拌均匀，而后均匀拌种 100 千克，闷种 6 小时后播种；或使用 70％可湿性粉剂或 80％可湿性粉剂或 70％水分散粒剂或 80％水分散粒剂 200～220 克，或 50％可湿性粉剂 300 克，或 50％悬浮剂或 500 克/升悬浮剂 300 毫升，或 36％悬浮剂 400 毫升，对水 150 千克搅拌均匀，而后浸种 100 千克 36～48 小时，捞出晾干后播种。

麦类纹枯病、白粉病、锈病、赤霉病　防控纹枯病、白粉病、锈病时，从病害发生初期或返青至拔节期开始喷药，10 天左右 1 次，连喷 2 次左右；防控赤霉病时，在齐穗初期和扬花初期各喷药 1 次，兼防锈病、白粉病。甲基硫菌灵喷施剂量同"水稻稻瘟病"。

玉米大斑病、小斑病、灰斑病、黄斑病、纹枯病、锈病　从病害发生初期开始喷药，10 天左右 1 次，连喷 2 次左右。甲基硫菌灵喷施剂量同"水稻稻瘟病"。

高粱炭疽病、叶斑病　从病害发生初期开始喷药，10 天左右 1 次，连喷 1～2 次。甲基硫菌灵喷施剂量同"水稻稻瘟病"。

棉花炭疽病、褐斑病、轮斑病　棉花结铃后，从病害发生初期开始喷药，10～15 天 1 次，连喷 1～2 次。甲基硫菌灵喷施剂量同"水稻稻瘟病"。

甘薯黑斑病　育秧前浸泡种薯、栽种前浸泡薯秧基部、种薯贮存前药液浸泡薯块。一般使用 70％可湿性粉剂或 80％可湿性粉剂或 70％水分散粒剂或 80％水分散粒剂 800～1 000 倍液，或 50％可湿性粉剂 600～700 倍液，或 50％悬浮剂或 500 克/升悬浮剂 700～800 倍液，或 36％悬浮剂 400～500 倍液浸泡，浸泡 5 分钟即可。

马铃薯干腐病　播种前拌种、贮运前药液浸泡薯块。拌种时每 100 千克种薯使用 70％或 80％可湿性粉剂 80～100 克，或 50％可湿性粉剂 120～150 克，混加 1～1.5 千克滑石粉拌匀，而后均匀混拌种薯。贮运前使用 70％可湿性粉剂或 80％可湿性粉剂或 70％水分散粒剂或 80％水分散粒剂 600～800 倍液，或 50％可湿性粉剂 400～500 倍液，或 50％悬浮剂或 500 克/升悬浮剂 500～600 倍液，或 36％悬浮剂 300～400 倍液浸泡薯块，浸泡 1 分钟后捞出、晾干，而后包装贮运。

花生叶斑病、锈病、疮痂病　多从花生封垄后或生长中期的病害发生初期开始喷药，10～15 天 1 次，连喷 2～3 次。一般每亩次使用 70％可湿性粉剂或 80％可湿性粉剂或 70％水分散粒剂或 80％水分散粒剂 80～100 克，或 50％可湿性粉剂 120～140 克，或 50％悬浮剂或 500 克/升悬浮剂 80～100 毫升，或 36％悬浮剂 120～150 毫升，对水 30～45 千克均匀喷雾。

大豆、绿豆等豆类的根腐病　根腐病发生较重的地块，播种前按每亩使用 70％或 80％可湿性粉剂 0.5～1 千克，或 50％可湿性粉剂 0.7～1.4 千克，于播种垄内均匀撒施，而后播种，可有效防控根腐病的发生为害。

大豆、绿豆等豆类的炭疽病、叶斑病、锈病、白粉病　进入结荚期后，从病害发生初期开始喷药，10～15 天 1 次，连喷 2 次左右。甲基硫菌灵喷施剂量同"花生叶斑病"。

油菜菌核病　从油菜初花期开始喷药，10～15 天 1 次，连喷 2 次左右，重点喷洒植株中下部及地面。甲基硫菌灵喷施剂量同"花生叶斑病"。

黄瓜炭疽病、白粉病　从病害发生初期开始喷药，10 天左右 1 次，连喷 2～3 次，与三唑类杀菌剂混用效果更好。甲基硫菌灵一般每亩次使用 70％可湿性粉剂或 80％可湿性粉剂或 70％水分散粒剂或 80％水分散粒剂 100～120 克，或 50％可湿性粉剂 140～170 克，或 50％悬浮剂或 500 克/升悬浮剂 120～150 毫升，或 36％悬浮剂 160～200 毫升，对水 45～60 千克均匀喷雾。

黄瓜、西瓜、甜瓜等瓜类的枯萎病　既可于播种前或定植前土壤处理，也可于定植后或生长期灌根。播种前或定植前土壤处理时，按每亩使用 70％或 80％可湿性粉剂 0.5～1 千克，或 50％可湿性粉剂 0.7～1.4 千克，混适量细土后在播种或定植垄内均匀撒施，而后播种或定植。灌根用药时，既可浇灌定植药水，也可从田间初见病株时开始灌根，一般使用 70％可湿性粉剂或 80％可湿性粉剂或 70％水分散粒剂或 80％水分散粒剂 700～800 倍液，或 50％可湿性粉剂 400～500 倍液，或 50％悬浮剂或 500 克/升悬浮剂 500～600 倍液，或 36％悬浮剂 300～400 倍液，按照每株 200～300 毫升药液量灌根。

茄子、辣椒、番茄等茄果类蔬菜的根腐病　具体措施及药剂使用量同"瓜类枯萎病"。

西瓜、甜瓜的炭疽病、蔓枯病、白粉病　从病害发生初期开始喷药，10 天左右 1 次，每期连喷 2～3 次。一般每亩次使用 70％可湿性粉剂或 80％可湿性粉剂或 70％水分散粒剂或 80％水分散粒剂 100～120 克，或 50％可湿性粉剂 120～150 克，或 50％悬浮剂或 500 克/升悬浮剂 100～120 毫升，或 36％悬浮剂 120～150 毫升，对水 45～60 千克均匀喷雾。连续喷药时，注意与不同类型药剂交替使用或混用。

茄子、辣椒、番茄等茄果类蔬菜的炭疽病、叶斑病、菌核病　从病害发生初期开始喷药，7～10 天 1 次，连喷 3 次左右，注意与不同类型药剂交替使用。甲基硫菌灵喷施剂量同"西瓜炭疽病"。

番茄叶霉病　从病害发生初期开始喷药，7～10 天 1 次，连喷 2～3 次，重点喷洒叶片背面。甲基硫菌灵喷施剂量同"西瓜炭疽病"。

芹菜叶斑病　从病害发生初期开始喷药，7～10 天 1 次，连喷 3 次左右。甲基硫菌灵喷施剂量同"西瓜炭疽病"。

芦笋茎枯病、锈病　从病害发生初期开始喷药，10 天左右 1 次，连喷 3 次左右，注意喷洒植株中下部的茎部。甲基硫菌灵喷施剂量同"西瓜炭疽病"。

姜叶枯病　从病害发生初期开始喷药，10～15 天 1 次，连喷 2～3 次。甲基硫菌灵喷施剂量同"西瓜炭疽病"。

甜菜褐斑病　从病害发生初期开始喷药，10～15 天 1 次，连喷 2 次左右。甲基硫菌灵喷施剂量同"西瓜炭疽病"。

烟草白粉病　从病害发生初期开始喷药，10～15 天 1 次，连喷 2～3 次。一般使用 70％可湿性粉剂或 80％可湿性粉剂或 70％水分散粒剂或 80％水分散粒剂 700～800 倍液，或 50％可湿性粉剂 400～500 倍液，或 50％悬浮剂或 500 克/升悬浮剂 500～600 倍液，或 36％悬浮剂 350～400 倍液，均匀喷雾。

毛竹枯梢病　从病害发生初期开始喷药，10 天左右 1 次，连喷 1～2 次。甲基硫菌灵喷施倍数同"烟草白粉病"。

蔷薇科观赏花卉炭疽病、褐斑病　从病害发生初期开始喷药，10～15 天 1 次，连喷 2 次左右。甲基硫菌灵喷施倍数同"烟草白粉病"。

药用植物的叶斑病、白粉病、锈病　从病害发生初期开始喷药，10 天左右 1 次，连喷 2～3 次。甲基硫菌灵喷施倍数同"烟草白粉病"。

药用植物的真菌性根腐病　从病害发生初期或田间出现病株时开始用药液灌根，15 天左右 1 次，连灌 1～2 次。一般使用 70％可湿性粉剂或 80％可湿性粉剂或 70％水分散粒剂或 80％水分散粒剂 700～800 倍液，或 50％可湿性粉剂 400～500 倍液，或 50％悬浮剂或 500 克/升悬浮剂 500～600 倍液，或 36％悬浮剂 300～400 倍液进行浇灌，浇灌药液量以药液渗透至主要根区范围为宜。

注意事项 甲基硫菌灵不能与铜制剂及碱性农药或肥料混用。连续多次用药时，注意与不同类型药剂交替使用或混用。悬浮剂型可能会有一些沉淀，摇匀后使用不影响药效。

腈菌唑 myclobutanil

主要含量与剂型 5%、12%、12.5%、25%乳油，12.5%微乳剂，40%悬浮剂，40%可湿性粉剂，40%水分散粒剂。

产品特点 腈菌唑是一种三唑类内吸治疗性高效广谱低毒杀菌剂，具有预防保护和内吸治疗双重作用，既可抑制病菌菌丝生长蔓延、有效阻止病斑扩展，又可抑制病菌孢子产生与萌发、防止病害蔓延。其杀菌机理是通过抑制病菌麦角甾醇的生物合成，使病菌细胞膜不正常，而最终导致病菌死亡。该药内吸性强，药效高，持效期长，对作物安全，并具有一定刺激生长作用。

适用作物防控对象及使用技术

梨树黑星病、锈病、白粉病、黑斑病、炭疽病、轮纹病　先在花序分离期和落花后各喷药1次，有效防控锈病发生及黑星病病梢形成；而后从出现黑星病病梢或病叶或病果时开始继续喷药，10～15天1次，与其他不同类型药剂交替使用，连喷6～8次，有效防控黑星病，兼防黑斑病、炭疽病、轮纹病、白粉病；防控白粉病时，从病害发生初期开始喷药，10～15天1次，连喷2～3次，重点喷洒叶片背面。腈菌唑一般使用5%乳油800～1 000倍液，或12%乳油或12.5%乳油或12.5%微乳剂2 000～2 500倍液，或25%乳油4 000～5 000倍液，或40%悬浮剂或40%可湿性粉剂或40%水分散粒剂6 000～8 000倍液均匀喷雾。

苹果树锈病、白粉病、黑星病、炭疽病、轮纹病、褐斑病、斑点落叶病　在花序分离期和落花后各喷药1次，有效防控锈病、白粉病；往年白粉病严重果园，落花后10～15天再喷药1次，花芽分化的8、9月再喷药2次左右（间隔期10～15天）。防控黑星病时，从初见病叶或病果时开始喷药，10～15天1次，早期连喷2～3次，秋梢期连喷2次左右，兼防斑点落叶病、褐斑病及炭疽病、轮纹病。防控炭疽病、轮纹病时，从落花后10天左右开始喷药，10～15天1次，连喷5～7次（套袋苹果套袋后不再喷药），兼防斑点落叶病、褐斑病。防控褐斑病时，多从落花后1个月左右开始喷药，10～15天1次，连喷4～6次。防控斑点落叶病时，在春梢生长期和秋梢生长期各喷药2次左右，间隔期10～15天。连续喷药时，注意与不同类型药剂交替使用或混用。腈菌唑喷施倍数同"梨树黑星病"。

桃树黑星病、炭疽病、白粉病、锈病　防控黑星病、炭疽病时，多从落花后20天左右开始喷药，10～15天1次，连喷2～4次；防控白粉病、锈病时，从病害发生初期开始喷药，10～15天1次，连喷1～2次。腈菌唑喷施倍数同"梨树黑星病"。

杏树杏疔病、黑星病　防控杏疔病时，从杏树展叶期开始喷药，10～15天1次，连喷2次；防控黑星病时，从落花后20天左右开始喷药，10～15天1次，连喷2～3次。腈菌唑喷施倍数同"梨树黑星病"。

李树红点病、炭疽病　从落花后15天左右开始喷药，10～15天1次，与不同类型药剂交替使用，连喷 3～4 次。腈菌唑喷施倍数同"梨树黑星病"。

葡萄黑痘病、穗轴褐枯病、白粉病、褐斑病、炭疽病、白腐病　先在葡萄花蕾期、落花后及落花后 10～15 天各喷药 1 次，有效防控黑痘病、穗轴褐枯病；然后从果粒膨大中后期开始继续喷药，10 天左右 1 次，连喷 3～5 次，防控炭疽病、白腐病，兼防白粉病、褐斑病；若白粉病或褐斑病发生较早，则从白粉病或褐斑病发生初期开始喷药，10 天左右 1 次，连喷 2 次。连续喷药时，注意与不同类型药剂交替使用。腈菌唑喷施倍数同"梨树黑星病"。

山楂白粉病、锈病、黑星病　先在山楂花序分离期、落花后及落花后 10～15 天各喷药 1 次，有效防控锈病、白粉病；然后从黑星病发生初期开始继续喷药，10～15 天 1 次，连喷 2 次左右。腈菌唑喷施倍数同"梨树黑星病"。

核桃白粉病、炭疽病　防控白粉病时，从病害发生初期或初见病斑时开始喷药，10～15 天 1 次，连喷 2 次左右；防控炭疽病时，多从幼果膨大期开始喷药，10～15 天 1 次，连喷 2～4 次。腈菌唑喷施倍数同"梨树黑星病"。

板栗白粉病、叶斑病、炭疽病　防控白粉病、叶斑病时，从病害发生初期开始喷药，10～15 天 1 次，连喷 2 次左右；防控炭疽病时，多从栗蓬膨大中期开始喷药，10～15 天 1 次，连喷 2 次左右。腈菌唑喷施倍数同"梨树黑星病"。

柿树圆斑病、角斑病、黑星病、炭疽病　北方柿产区多从柿树落花后 15 天左右开始喷药，10～15 天 1 次，连喷 2～3 次，即可有效防控柿树病害；南方或甜柿产区炭疽病发生严重果区，先在开花前喷药 1 次，然后从落花后 15 天左右开始连续喷药，10～15 天 1 次，与不同类型药剂交替使用，连喷 4～6 次。腈菌唑喷施倍数同"梨树黑星病"。

枣树褐斑病、锈病、炭疽病　先在枣树开花前喷药 1 次，防控褐斑病的早期为害；然后从锈病发生初期或幼果期开始继续喷药，10～15 天 1 次，与不同类型药剂交替使用，连喷 4～6 次。腈菌唑喷施倍数同"梨树黑星病"。

草莓白粉病、炭疽病　从病害发生初期或初见病斑时开始喷药，10～15 天 1 次，连喷 2～4 次。腈菌唑喷施倍数同"梨树黑星病"。

石榴褐斑病、黑斑病、炭疽病、麻皮病　一般果园先于开花前喷药 1 次，然后从（一茬花）坐住果后 10 天左右继续喷药，10～15 天 1 次，与不同类型药剂交替使用，连喷 4～6 次。腈菌唑喷施倍数同"梨树黑星病"。

花椒锈病　从病害发生初期或初见病斑时开始喷药，10～15 天 1 次，与不同类型药剂交替使用，连喷 3～5 次。腈菌唑喷施倍数同"梨树黑星病"。

枸杞白粉病、炭疽病　防控白粉病时，从病害发生初期开始喷药，10～15 天 1 次，连喷 2 次左右；防控炭疽病时，在每茬果的落花后 10～15 天开始喷药，10～15 天 1 次，每茬连喷 1～2 次。腈菌唑喷施倍数同"梨树黑星病"。

柑橘树疮痂病、炭疽病、黑星病　在春梢生长期、夏梢生长期、秋梢生长期各喷药 2～3 次，可基本控制疮痂病、炭疽病及黑星病的发生为害。腈菌唑一般使用 5% 乳油 500～600 倍液，或 12% 乳油或 12.5% 乳油或 12.5% 微乳剂 1 200～1 500 倍液，或 25% 乳油 2 500～3 000 倍液，或 40% 悬浮剂或 40% 可湿性粉剂或 40% 水分散粒剂 4 000～5 000 倍液，均匀喷雾。

荔枝树炭疽病　从果实膨大中期开始喷药，10～15 天 1 次，连喷 2～3 次。腈菌唑喷施倍数同"柑橘疮痂病"。

香蕉叶斑病、黑星病　从病害发生初期或果穗套袋后开始喷药，10～15天1次，连喷2～4次。腈菌唑一般使用5％乳油400～500倍液，或12％乳油或12.5％乳油或12.5％微乳剂1 000～1 200倍液，或25％乳油2 000～2 500倍液，或40％悬浮剂或40％可湿性粉剂或40％水分散粒剂3 500～4 000倍液均匀喷雾。

麦类作物黑穗病　通过药剂拌种进行防控，一般每100千克种子使用5％乳油200～400毫升，或12％乳油或12.5％乳油或12.5％微乳剂80～150毫升，或25％乳油40～80毫升，或40％悬浮剂25～50毫升，或40％可湿性粉剂25～50克，对适量水均匀拌种，拌种后立即晾干。

麦类作物锈病、白粉病　在返青至拔节初期和孕穗后期至抽穗初期各喷药1次，一般每亩次使用5％乳油60～80毫升，或12％乳油或12.5％乳油或12.5％微乳剂25～40毫升，或25％乳油15～20毫升，或40％悬浮剂10～15毫升，或40％可湿性粉剂或40％水分散粒剂10～15克，对水30～45千克均匀喷雾。

玉米丝黑穗病　通过药剂拌种进行防控，一般每100千克种子使用5％乳油400～600毫升，或12％乳油或12.5％乳油或12.5％微乳剂200～250毫升，或25％乳油100～150毫升，或40％悬浮剂50～80毫升，或40％可湿性粉剂50～80克，对适量水均匀拌种，后立即晾干。

花生叶斑病、锈病　从病害发生初期或开花下针期开始喷药，10～15天1次，连喷2～3次。一般每亩次使用5％乳油50～60毫升，或12％乳油或12.5％乳油或12.5％微乳剂20～30毫升，或25％乳油10～15毫升，或40％悬浮剂6～8毫升，或40％可湿性粉剂或40％水分散粒剂6～8克，对水30～45千克均匀喷雾。

大豆、豌豆、绿豆的白粉病、锈病　从病害发生初期开始喷药，10～15天1次，连喷2次左右。腈菌唑喷施剂量同"花生叶斑病"。

豇豆、芸豆等豆类蔬菜的锈病、白粉病、炭疽病　从病害发生初期开始喷药，10天左右1次，连喷2～4次。一般每亩次使用5％乳油100～150毫升，或12％乳油或12.5％乳油或12.5％微乳剂40～60毫升，或25％乳油20～30毫升，或40％悬浮剂15～20毫升，或40％可湿性粉剂或40％水分散粒剂15～20克，对水45～60千克均匀喷雾。

黄瓜黑星病、白粉病、炭疽病　从病害发生初期开始喷药，10天左右1次，连喷2～4次。一般每亩次使用5％乳油80～100毫升，或12％乳油或12.5％乳油或12.5％微乳剂30～40毫升，或25％乳油15～20毫升，或40％悬浮剂10～12.5毫升，或40％可湿性粉剂或40％水分散粒剂10～12.5克，对水45～75千克均匀喷雾。

西瓜、甜瓜、南瓜的白粉病、炭疽病　从病害发生初期开始喷药，10天左右1次，连喷2～4次。腈菌唑喷施剂量同"黄瓜黑星病"。

烟草白粉病、赤星病　从病害发生初期开始喷药，10～15天1次，连喷2～3次。腈菌唑喷施剂量同"黄瓜黑星病"。

观赏植物的锈病、白粉病　从病害发生初期开始喷药，10～15天1次，连喷2～3次。腈菌唑喷施剂量同"黄瓜黑星病"。

芦笋茎枯病　从病害发生初期开始喷药，10天左右1次，连喷3～4次。腈菌唑喷施剂量同"花生叶斑病"。

草坪锈病　从病害发生初期开始喷药，10 天左右 1 次，每期连喷 2 次。腈菌唑喷施剂量同"花生叶斑病"。

注意事项　腈菌唑不能与铜制剂、碱性农药及肥料混用。连续喷药时，注意与不同类型杀菌剂交替使用或混用，以延缓病菌产生抗药性。有些瓜类品种对本剂较敏感，具体使用时需要慎重。

克菌丹 captan

主要含量与剂型　40％悬浮剂，50％可湿性粉剂，80％水分散粒剂。

产品特点　克菌丹是一种邻苯二甲酰亚胺类广谱低毒杀菌剂，以保护作用为主，兼有一定的治疗效果，使用较安全，对许多种真菌性病害均有良好的预防效果，特别适用于对铜制剂农药敏感的作物，喷施后在植物表面快速形成保护药膜，黏着性强，耐雨水冲刷。在水果上使用具有美容、去斑、促进果面光洁靓丽的作用。克菌丹能渗透至病菌的细胞膜，通过影响丙酮酸的脱羧作用，使之不能进入三羧酸循环；释放的硫光气与蛋白质中的相关基团反应，抑制酶或辅酶的活性；干扰病菌呼吸过程中电子传递，阻断三羧酸循环，使病菌难以获得正常代谢所需能量；还可干扰病菌细胞膜的形成及细胞分裂。具有多个杀菌作用位点，连续多次使用很难诱使病菌产生抗药性。连续喷施防病效果更加明显，并可显著提高水果采收后的保水性能。

适用作物防控对象及使用技术

落叶果树真菌性根部病害　防控苗期病害时，育苗前按照每亩使用 50％可湿性粉剂 1 000～2 000 克的药量，混适量细干土后均匀撒施在苗圃地内，浅混土后播种。果园内发现病树后，及时在树盘内灌药治疗，一般使用 50％可湿性粉剂或 40％悬浮剂 500～600 倍液，或 80％水分散粒剂 800～1 000 倍液浇灌树盘，将病树主要根区范围灌透。防控紫纹羽病、白纹羽病时还要注意对病树根颈部用药。

苹果病害　从落花后 10 天左右开始喷药，10～15 天 1 次，与相应治疗性杀菌剂交替使用或混用，连续喷施至生长中后期，对轮纹烂果病、炭疽病、褐斑病、斑点落叶病、煤污病、黑星病均有较好的预防效果。特别是在雨季等高湿环境下喷施，对煤污病（霉污病）具有独特防效。克菌丹一般使用 50％可湿性粉剂或 40％悬浮剂 500～600 倍液，或 80％水分散粒剂 800～1 000 倍液均匀喷雾。

梨树病害　从落花后 10 天左右开始喷药，10～15 天 1 次，与相应治疗性杀菌剂交替使用或混用，连续喷施至生长中后期，对黑星病、黑斑病、褐斑病、煤污病（霉污病）、轮纹病、炭疽病、白粉病均有较好的预防效果。特别在阴雨等高湿环境下喷施，对果实煤污病（霉污病）防控效果良好，并可显著提高果面外观质量和采收后的保水性能。克菌丹一般使用 50％可湿性粉剂或 40％悬浮剂 500～700 倍液，或 80％水分散粒剂 800～1 000 倍液均匀喷雾。

葡萄病害　开花前（幼穗期）、落花后各喷药 1 次，有效防控穗轴褐枯病、黑痘病和霜霉病为害幼果穗；以后从叶片上初见霜霉病病斑时开始继续喷药，10 天左右 1 次，与相应治疗性杀菌剂交替使用或混用，连续喷施至生长后期，对霜霉病、褐斑病、炭疽病、白腐病、白粉病均有较好的预防效果。克菌丹一般使用 50％可湿性粉剂或 40％悬浮剂

500～600 倍液，或 80％水分散粒剂 800～1 000 倍液均匀喷雾。注意不要在红提和薄皮品种的果穗上使用，也不要与有机磷类药剂、乳油类药剂及含有游离金属离子的药剂混用。

桃树、杏树、李树病害　防控炭疽病时，从落花后 15～20 天开始喷药，10～15 天 1 次，与相应治疗性杀菌剂交替使用或混用，连喷 3～5 次，兼防黑星病、真菌性穿孔病；防控黑星病时，从落花后 20 天左右开始喷药，10～15 天 1 次，与相应治疗性杀菌剂交替使用或混用，连喷 3～4 次，兼防炭疽病、真菌性穿孔病；防控褐腐病时，从果实成熟前 1～1.5 个月开始喷药，10 天左右 1 次，连喷 2～3 次，兼防炭疽病、黑星病、真菌性穿孔病。桃树上防控缩叶病时，在花芽膨大期和落花后各喷药 1 次；李树上防控红点病时，从落花后 15～20 天开始喷药，10～15 天 1 次，连喷 2～4 次。克菌丹一般使用 50％可湿性粉剂或 40％悬浮剂 500～600 倍液，或 80％水分散粒剂 800～1 000 倍液均匀喷雾。

枣树褐斑病、锈病、轮纹病、炭疽病　枣树开花前喷药 1 次，防控褐斑病的早期发生；以后从坐住枣果后开始连续喷药，10～15 天 1 次，与相应治疗性杀菌剂交替使用或混用，连喷 4～6 次。克菌丹一般使用 50％可湿性粉剂或 40％悬浮剂 600～800 倍液，或 80％水分散粒剂 1 000～1 200 倍液均匀喷雾。高温干旱季节慎重使用，或提高用药稀释倍数，以防刺激果面产生果锈。

石榴褐斑病、炭疽病、麻皮病　多从石榴幼果期开始喷药，10～15 天 1 次，连喷 4～6 次，与相应治疗性药剂交替使用或混用效果更好。克菌丹一般使用 50％可湿性粉剂或 40％悬浮剂 500～600 倍液，或 80％水分散粒剂 800～1 000 倍液均匀喷雾。

山楂轮纹病、炭疽病、叶斑病　防控轮纹病、炭疽病时，从落花后 15 天左右开始喷药，10～15 天 1 次，连喷 3～5 次；防控叶斑病时，从病害发生初期或初见病斑时开始喷药，10～15 天 1 次，连喷 2～3 次。克菌丹喷施倍数同"石榴褐斑病"。

草莓病害　在花蕾期、初花期、中花期、末花期各喷药 1 次，对灰霉病、白粉病、叶斑病均有较好的防控效果；防控繁苗田炭疽病及叶斑病时，多从病害发生初期或初见病斑时开始喷药，10 天左右 1 次，连喷 2～4 次。克菌丹喷施倍数同"石榴褐斑病"。

柑橘炭疽病、疮痂病、黑星病、树脂病、黄斑病　先在春梢抽生 0.5～1 厘米时、开花前、落花 2/3 时各喷药 1 次；然后从落花后 15 天左右开始继续喷药，10～15 天 1 次，连喷 2～4 次；最后再于果实转色期喷药 1～2 次（间隔期 10～15 天）。连续喷药时，注意与相应治疗性杀菌剂交替使用或混用。克菌丹一般使用 50％可湿性粉剂或 40％悬浮剂 500～700 倍液，或 80％水分散粒剂 800～1 000 倍液均匀喷雾。

杧果病害　先在花蕾初期、开花期及幼果期各喷药 1 次，对白粉病及幼果期炭疽病具有良好的防控效果；然后再于果实膨大期喷药 2 次左右（间隔期 10～15 天），有效防控中后期果实炭疽病；防控煤烟病、叶斑病时，从病害发生初期开始喷药，10～15 天 1 次，连喷 2 次左右。连续喷药时，注意与相应治疗性杀菌剂交替使用或混用。克菌丹一般使用 50％可湿性粉剂或 40％悬浮剂 500～600 倍液，或 80％水分散粒剂 800～1 000 倍液均匀喷雾。

马铃薯黑痣病　播种沟用药或药剂拌种。播种沟用药即在播种时每亩使用 50％可湿性粉剂 200～250 克，或 40％悬浮剂 200～250 毫升，或 80％水分散粒剂 120～150 克，对水 30～60 千克于播种时喷洒播种沟。药剂拌种时，每 100 千克种薯使用 50％可湿性粉剂 100～120 克，与适量滑石粉混匀后均匀拌种，阴干后装袋备播。

马铃薯晚疫病、早疫病、炭疽病　从植株现蕾期或初见病斑时开始喷药，10天左右1次，与相应治疗性杀菌剂交替使用或混用，直到生长后期。克菌丹一般每亩次使用40%悬浮剂120～150毫升，或50%可湿性粉剂120～150克，或80%水分散粒剂80～100克，对水45～75千克均匀喷雾。

黄瓜霜霉病、白粉病、炭疽病　以防控霜霉病为主，兼防白粉病、炭疽病。多从初见霜霉病病斑时立即开始喷药，7～10天1次，与相应治疗性杀菌剂交替使用或混用，连续喷施，直到生长后期。克菌丹一般每亩次使用40%悬浮剂150～200毫升，或50%可湿性粉剂120～180克，或80%水分散粒剂80～120克，对水45～75千克均匀喷雾。

西瓜、甜瓜及西葫芦的霜霉病、白粉病、炭疽病、叶斑病　从病害发生初期开始喷药，7～10天1次，连喷3～5次。克菌丹一般每亩次使用40%悬浮剂120～150毫升，或50%可湿性粉剂120～150克，或80%水分散粒剂80～100克，对水45～60千克均匀喷雾。

番茄晚疫病、早疫病、叶霉病、叶斑病　以防控晚疫病为主，兼防早疫病、叶斑病、叶霉病。多从田间初见晚疫病病斑时开始喷药，7～10天1次，与相应治疗性杀菌剂交替使用或混用，连喷5～7次。克菌丹一般每亩次使用40%悬浮剂120～150毫升，或50%可湿性粉剂130～180克，或80%水分散粒剂80～110克，对水45～60千克均匀喷雾。

辣椒炭疽病、白粉病、叶斑病　从病害发生初期开始喷药，7～10天1次，连喷3～5次。克菌丹喷施剂量同"番茄晚疫病"。

茄子轮斑病、褐纹病、白粉病　从病害发生初期开始喷药，7～10天1次，连喷2～4次。克菌丹喷施剂量同"番茄晚疫病"。

芹菜叶斑病　从病害发生初期或初见病斑时开始喷药，7～10天1次，连喷2～4次。克菌丹一般每亩次使用40%悬浮剂80～100毫升，或50%可湿性粉剂80～100克，或80%水分散粒剂50～60克，对水30～45千克均匀喷雾。

芦笋茎枯病　从病害发生初期或初见病斑时开始喷药，10～15天1次，连喷3～5次。克菌丹喷施剂量同"芹菜叶斑病"。

花生叶斑病、疮痂病　从病害发生初期或开花下针期开始喷药，10～15天1次，连喷2～3次。克菌丹喷施剂量同"芹菜叶斑病"。

观赏植物的炭疽病、叶斑病、霜霉病　从病害发生初期开始喷药，10天左右1次，连喷2～4次。克菌丹一般使用40%悬浮剂或50%可湿性粉剂500～600倍液，或80%水分散粒剂800～1 000倍液均匀喷雾。

花生、荷兰豆、三七拌种　防控花生、荷兰豆、三七等种传及土传病害时，按每10千克种子使用50%可湿性粉剂30～50克的药量均匀拌种。

根颈部浇灌　防控瓜果蔬菜近地面处根颈部病害（疫病、茎基腐病）及根部病害（根腐病、枯萎病、黄萎病）时，常采用顺茎基部向下灌药或淋灌的方式进行防控，一般使用40%悬浮剂或50%可湿性粉剂500～600倍液，或80%水分散粒剂800～1 000倍液浇灌，每株需浇灌药液250～400毫升。

土壤消毒　防控苗床病害时，育苗前每立方米苗床土均匀拌施50%可湿性粉剂50克，而后播种。田间防控瓜果蔬菜土传病害时，定植前按每亩次使用50%可湿性粉剂1～1.5千克药量均匀撒施于定植沟或穴内，混土后定植；或生长期使用40%悬浮剂或

50%可湿性粉剂 500~600 倍液，或 80%水分散粒剂 800~1 000 倍液浇灌植株根颈部及其周围土壤。

注意事项 克菌丹不能与碱性农药或肥料混用，也不能与机油混用；与含锌离子的叶面肥混用时，部分作物较敏感，应先试验、后使用。红提葡萄果穗及有些薄皮品种葡萄的果穗对克菌丹较敏感，不能直接对果穗用药。葡萄上不能与有机磷类杀虫剂及乳油类药剂混用，也不能与植物生长调节剂及含植物生长调节剂叶面肥混用。喷药时必须及时、均匀、周到，以保证防控效果。连续用药时，尽量与相应治疗性杀菌剂交替使用或混用。

枯草芽孢杆菌 bacillus subtilis

主要含量与剂型 10 亿 cfu/克、100 亿 cfu/克、1 000 亿 cfu/克、10 亿孢子/克、100 亿孢子/克、200 亿孢子/克、1 000 亿孢子/克、10 亿个/克、100 亿个/克、1 000 亿个/克、10 亿芽孢/克、100 亿芽孢/克、1 000 亿芽孢/克、1 000 亿活芽孢/克可湿性粉剂。

产品特点 枯草芽孢杆菌是一种微生物类杀菌剂，既能防控作物根部病害，又可有效防控叶部及果实病害，使用安全。该剂使用后，其活芽孢利用周围环境的营养和水分快速繁衍、定植，迅速占领整个生存环境（植物根际周围、体表、叶片及果实表面等），同时分泌具有杀菌作用的枯草菌素、多黏菌素、制霉菌素、短杆菌肽等活性物质，通过营养与空间竞争、有效排斥、抗生作用（溶解细胞壁或细胞膜，造成原生质泄漏使菌丝断裂或畸形，抑制孢子萌发等）等，起到抑制和杀灭病菌的作用。其综合作用机理较复杂，主要包括竞争作用、拮抗作用、诱导植物产生自身抗性等。

适用作物防控对象及使用技术

大白菜根肿病 对于大白菜直播田，分别于播种覆土后，出苗后 5 天、10 天、15 天各用药液浇灌 1 次；对于大白菜移栽田，先于移栽前用药液蘸根，而后再用相同浓度药液浇定根水，以后再用相同浓度药液于定植后连续灌根 3 次，间隔期 5~7 天。一般使用 100 亿 cfu/克或 100 亿孢子/克或 100 亿个/克或 100 亿芽孢/克可湿性粉剂 500~600 倍液，或 1 000 亿 cfu/克或 1 000 亿孢子/克或 1 000 亿个/克或 1 000 亿芽孢/克或 1 000 亿活芽孢/克可湿性粉剂 800~1 000 倍液蘸根或灌根。

大白菜软腐病 从病害发生初期或田间初见病株时开始喷药，7 天左右 1 次，连喷 2~3 次，重点喷洒植株基部的叶片背面。一般每亩次使用 100 亿 cfu/克或 100 亿孢子/克或 100 亿个/克或 100 亿芽孢/克可湿性粉剂 50~60 克，或 1 000 亿 cfu/克或 1 000 亿孢子/克或 1 000 亿个/克或 1 000 亿芽孢/克或 1 000 亿活芽孢/克可湿性粉剂 30~40 克，对水 30~45 千克喷雾。

番茄灰霉病 从病害发生初期或连续阴天 2 天时立即开始喷药，7 天左右 1 次，每期连喷 2~3 次。一般每亩次使用 100 亿 cfu/克或 100 亿孢子/克或 100 亿个/克或 100 亿芽孢/克可湿性粉剂 100~120 克，或 1 000 亿 cfu/克或 1 000 亿孢子/克或 1 000 亿个/克或 1 000 亿芽孢/克或 1 000 亿活芽孢/克可湿性粉剂 60~80 克，对水 45~60 千克均匀喷雾。

黄瓜根腐病 移栽定植时穴施用药，一般每株（穴）使用 10 亿 cfu/克或 10 亿孢子/克或 10 亿个/克或 10 亿芽孢/克可湿性粉剂 2~3 克。生长期从病害发生初期或田间初见病株时立即开始用药液灌根，7 天左右 1 次，连灌 2~3 次；或从定植缓苗后开始灌根，

15～20 天 1 次，连灌 2～4 次。一般使用 10 亿 cfu/克或 10 亿孢子/克或 10 亿个/克或 10 亿芽孢/克可湿性粉剂 300～400 倍液灌根，每株（穴）浇灌药液 250～400 毫升。

番茄、茄子黄萎病　用药方法及用药量同"黄瓜根腐病"。

西瓜枯萎病　用药方法及用药量同"黄瓜根腐病"。

辣椒枯萎病　先在移栽定植时浇灌定植药水，然后从定植缓苗后开始灌根，15～20 天 1 次，连灌 2～4 次；或从病害发生初期或田间初见病株时立即开始用药液灌根，7～10 天 1 次，连灌 2～3 次。一般每亩次使用 10 亿 cfu/克或 10 亿孢子/克或 10 亿个/克或 10 亿芽孢/克可湿性粉剂 200～300 克，或 100 亿 cfu/克或 100 亿孢子/克或 100 亿个/克或 100 亿芽孢/克可湿性粉剂 250～300 克，或 1 000 亿 cfu/克或 1 000 亿孢子/克或 1 000 亿个/克或 1 000 亿芽孢/克或 1 000 亿活芽孢/克可湿性粉剂 200～250 克，对适量水均匀浇灌或灌根。

棉花黄萎病　先在播种前，按照每 100 千克种子使用 1 000 亿 cfu/克或 1 000 亿孢子/克或 1 000 亿个/克或 1 000 亿芽孢/克或 1 000 亿活芽孢/克可湿性粉剂 200 克，稀释 500 倍液浸种，而后晾干、播种；或使用 10 亿 cfu/克或 10 亿孢子/克或 10 亿个/克或 10 亿芽孢/克可湿性粉剂按 1:（10～15）的药种比对适量水均匀拌种，晾干后播种。再于棉花 3～6 叶期或田间初见黄萎病病株时立即开始喷药，7～10 天 1 次，连喷 2～3 次。一般每亩次使用 10 亿 cfu/克或 10 亿孢子/克或 10 亿个/克或 10 亿芽孢/克可湿性粉剂 75～100 克，或 1 000 亿 cfu/克或 1 000 亿孢子/克或 1 000 亿个/克或 1 000 亿芽孢/克或 1 000 亿活芽孢/克可湿性粉剂 20～30 克，对水 30～45 千克均匀喷雾。

甜瓜白粉病　从病害发生初期开始喷药，7 天左右 1 次，连喷 2～3 次。一般每亩次使用 1 000 亿 cfu/克或 1 000 亿孢子/克或 1 000 亿个/克或 1 000 亿芽孢/克或 1 000 亿活芽孢/克可湿性粉剂 120～160 克，对水 45～60 千克均匀喷雾。

黄瓜灰霉病、白粉病　防控灰霉病时，从病害发生初期或连续阴天 2 天时立即开始喷药，5～7 天 1 次，每期连喷 2 次；防控白粉病时，从病害发生初期开始喷药，7 天左右 1 次，连喷 2～3 次。一般使用 10 亿 cfu/克或 10 亿孢子/克或 10 亿个/克或 10 亿芽孢/克可湿性粉剂 400～600 倍液均匀喷雾；或每亩次使用 100 亿 cfu/克或 100 亿孢子/克或 100 亿个/克或 100 亿芽孢/克可湿性粉剂 250～300 克，或 200 亿孢子/克可湿性粉剂 100～150 克，或 1 000 亿 cfu/克或 1 000 亿孢子/克或 1 000 亿个/克或 1 000 亿芽孢/克或 1 000 亿活芽孢/克可湿性粉剂 50～80 克，对水 45～75 千克均匀喷雾。

烟草赤星病、黑胫病　防控赤星病时，从病害发生初期开始喷药，7～10 天 1 次，连喷 2～3 次；防控黑胫病时，从田间初见病株时立即开始喷药，重点喷洒植株中下部的茎部。一般每亩次使用 10 亿 cfu/克或 10 亿孢子/克或 10 亿个/克或 10 亿芽孢/克可湿性粉剂 100～125 克，或 1 000 亿 cfu/克或 1 000 亿孢子/克或 1 000 亿个/克或 1 000 亿芽孢/克或 1 000 亿活芽孢/克可湿性粉剂 50～75 克，对水 45～60 千克均匀喷雾。

烟草青枯病、野火病　防控青枯病时，从田间初见病株时立即开始喷淋茎基部，7 天左右 1 次，连续 2～3 次；防控野火病时，从病害发生初期开始喷药，7 天左右 1 次，连喷 2～3 次。一般每亩次使用 100 亿 cfu/克或 100 亿孢子/克或 100 亿个/克或 100 亿芽孢/克可湿性粉剂 50～60 克，对水 45～60 千克均匀喷雾或喷淋。

水稻苗期立枯病　从苗床或秧田内初见病苗时立即开始用药，7～10 天 1 次，连用 2 次。一般每平方米苗床或秧田使用 100 亿 cfu/克或 100 亿孢子/克或 100 亿个/克或

100亿芽孢/克可湿性粉剂2~4克，对适量水均匀喷雾（洒）苗床或秧田。

水稻稻曲病、稻瘟病、纹枯病　防控稻曲病时，在水稻破口前5~7天和齐穗初期各喷药1次；防控叶瘟病时，在病害发生初期或田间初见急性病斑时开始喷药，7天左右1次，连喷2次；防控穗颈瘟时，在破口期和齐穗初期各喷药1次；防控纹枯病时，在分蘖至拔节初期和孕穗期各喷药1次。一般每亩次使用10亿cfu/克或10亿孢子/克或10亿个/克或10亿芽孢/克可湿性粉剂100~125克，或100亿cfu/克或100亿孢子/克或100亿个/克或100亿芽孢/克可湿性粉剂75~100克，或200亿孢子/克可湿性粉剂80~100克，或1 000亿cfu/克或1 000亿孢子/克或1 000亿个/克或1 000亿芽孢/克或1 000亿活芽孢/克可湿性粉剂30~50克，对水30~45千克均匀喷雾。

水稻白叶枯病　从病害发生初期开始喷药，7天左右1次，连喷2~3次。一般每亩次使用100亿cfu/克或100亿孢子/克或100亿个/克或100亿芽孢/克可湿性粉剂50~60克，对水30~45千克均匀喷雾。

小麦白粉病、锈病、赤霉病　防控白粉病、锈病时，从病害发生初期开始喷药，7~10天1次，连喷2次左右；防控赤霉病时，在齐穗初期和扬花初期各喷药1次。一般每亩次使用10亿cfu/克或10亿孢子/克或10亿个/克或10亿芽孢/克可湿性粉剂200~250克，或1 000亿cfu/克或1 000亿孢子/克或1 000亿个/克或1 000亿芽孢/克，或1 000亿活芽孢/克可湿性粉剂15~20克，对水30~45千克均匀喷雾。

玉米大斑病　从病害发生初期或喇叭口期开始喷药，7~10天1次，连喷2次。一般每亩次使用200亿孢子/克可湿性粉剂70~80克，对水30~45千克均匀喷雾。

苹果轮纹病　多从苹果落花后7~10天开始喷药，10天左右1次，连喷3次药后套袋；不套袋苹果继续喷药，与其他类型药剂交替使用，再需喷药4~6次。枯草芽孢杆菌一般使用100亿cfu/克或100亿孢子/克或100亿个/克或100亿芽孢/克可湿性粉剂600~800倍液均匀喷雾。

草莓灰霉病、白粉病　防控灰霉病时，多从病害发生初期或连续阴天2天时开始喷药，7~天左右1次，每期连喷2次；防控白粉病时，从病害发生初期开始喷药，7~10天1次，连喷2~3次。一般使用10亿cfu/克或10亿孢子/克或10亿个/克或10亿芽孢/克可湿性粉剂500~700倍液均匀喷雾；或每亩次使用100亿cfu/克或100亿孢子/克或100亿个/克或100亿芽孢/克可湿性粉剂60~90克，或1 000亿cfu/克或1 000亿孢子/克或1 000亿个/克或1 000亿芽孢/克或1 000亿活芽孢/克可湿性粉剂40~60克，对水30~45千克均匀喷雾。

柑橘树溃疡病　在春梢抽生0.5~1厘米、春梢转绿期、落花2/3、（小）幼果期、生理落果后及秋梢抽生初期、秋梢转绿期各喷药1次，注意与不同类型药剂交替使用。枯草芽孢杆菌一般使用100亿cfu/克或100亿孢子/克或100亿个/克或100亿芽孢/克可湿性粉剂600~800倍液，或1 000亿cfu/克或1 000亿孢子/克或1 000亿个/克或1 000亿芽孢/克或1 000亿活芽孢/克可湿性粉剂1 500~2 000倍液均匀喷雾。

柑橘青霉病、绿霉病　采收后当天药液浸果，1~2分钟后捞出、晾干、贮运。一般使用1 000亿cfu/克或1 000亿孢子/克或1 000亿个/克或1 000亿芽孢/克或1 000亿活芽孢/克可湿性粉剂3 000~5 000倍液浸果。

香蕉枯萎病　从病害发生初期开始用药液灌根，10~15天1次，连灌2~3次。一般使用 10 亿 cfu/克或 10 亿孢子/克或 10 亿个/克或 10 亿芽孢/克可湿性粉剂 50～60 倍液灌根，每株浇灌药液量以将主要根区渗透为宜。

马铃薯晚疫病　多从马铃薯现蕾期或病害发生初期开始喷药，7～10 天 1 次，与其他类型药剂交替使用，直到生长后期。枯草芽孢杆菌一般每亩次使用 1 000 亿 cfu/克或 1 000 亿孢子/克或 1 000 亿个/克或 1 000 亿芽孢/克或 1 000 亿活芽孢/克可湿性粉剂 10～14 克，对水 45～75 千克均匀喷雾。

人参黑斑病、灰霉病　从病害发生初期开始喷药，7～10 天 1 次，连喷 2～3 次。一般使用 1 000 亿 cfu/克或 1 000 亿孢子/克或 1 000 亿个/克或 1 000 亿芽孢/克或 1 000 亿活芽孢/克可湿性粉剂 60～80 克，对水 45～60 千克均匀喷雾。

人参根腐病、立枯病　从参床上初见病株时开始用药液浇灌，7～10 天 1 次，连灌 2 次。一般每平方米参床使用 10 亿 cfu/克或 10 亿孢子/克或 10 亿个/克或 10 亿芽孢/克可湿性粉剂 2～3 克，对适量水浇灌参床。

三七根腐病　从田间初见病株时开始用药，10 天左右 1 次，连续 2～3 次。一般每亩次使用 10 亿 cfu/克或 10 亿孢子/克或 10 亿个/克或 10 亿芽孢/克可湿性粉剂 150～200 克，或 1 000 亿 cfu/克或 1 000 亿孢子/克或 1 000 亿个/克或 1 000 亿芽孢/克或 1 000 亿活芽孢/克可湿性粉剂 20～25 克，对水 45～75 千克均匀喷淋茎基部。

地黄枯萎病　从田间初见病株时开始喷淋用药，10 天左右 1 次，连续 2～3 次。一般每亩次使用 10 亿 cfu/克或 10 亿孢子/克或 10 亿个/克或 10 亿芽孢/克可湿性粉剂 100～125 克，对水 45～75 千克均匀喷淋。

注意事项　枯草芽孢杆菌是一种细菌类微生物农药，不能与防控细菌性病害的药剂（如铜制剂、乙蒜素、抗生素类等）混用，也不能与碱性药剂或肥料混用。喷雾时不要在强光下使用，晴天傍晚或阴天用药效果最佳。不同企业生产的产品菌株存在差异，具体使用时建议以产品包装说明为准。

喹啉铜 oxine–copper

主要含量与剂型　2% 膏剂，33.5%、40% 悬浮剂，50% 可湿性粉剂，50% 水分散粒剂。

产品特点　喹啉铜是一种螯合态广谱低毒铜制剂，以保护作用为主，兼有一定的内吸治疗效果，喷施后在植物表面形成一层严密的保护药膜，与植物亲和力强，耐雨水冲刷，使用安全；铜离子缓控释放，药效稳定，持效期较长。不仅铜离子具有广谱杀菌功效，其结构中的喹啉基团也有广泛的杀菌活性。该药杀菌作用位点多，连续多次使用不易诱使病菌产生抗药性。释放出的铜离子一方面导致病菌细胞膜上的蛋白质变性凝固，另一方面进入细胞内的铜离子可与一些酶结合而影响其活性，最终导致病菌死亡。

在果树枝干病疤上涂抹用药后，能够促使伤口快速愈合，并能有效阻隔病菌的再侵染。

适用作物防控对象及使用技术

苹果树、梨树的腐烂病、干腐病、枝干轮纹病　先在早春树体发芽前喷洒 1 次枝干进行清园，一般使用 50% 可湿性粉剂或 50% 水分散粒剂 1 000～1 200 倍液，或 40% 悬浮剂

800～1 000 倍液，或 33.5％悬浮剂 600～700 倍液均匀喷雾；或在治疗病斑后药剂涂抹病斑伤口，杀灭残余病菌并促进伤口愈合时，一般使用 2％膏剂按照每平方米 250～300 克剂量直接涂抹病疤及伤口周围，或使用 50％可湿性粉剂或 50％水分散粒剂 200～300 倍液，或 40％悬浮剂 150～200 倍液，或 33.5％悬浮剂 120～150 倍液涂抹病疤及伤口周围。

苹果果实及叶部病害 防控轮纹病、炭疽病等果实病害时，多从落花后 10 天左右开始喷药，10 天左右 1 次，连喷 3 次后套袋。不套袋苹果需继续喷药 4～6 次，兼防褐斑病、斑点落叶病、黑星病；套袋苹果套袋后继续喷药 4 次左右，间隔期 10～15 天，有效防控褐斑病、斑点落叶病、黑星病。一般使用 50％可湿性粉剂，或 50％水分散粒剂 2 500～3 000 倍液，或 40％悬浮剂 2 000～2 500 倍液，或 33.5％悬浮剂 1 500～2 000 倍液均匀喷雾。连续喷药时，注意与相应治疗性杀菌剂交替使用或混用。

梨树果实及叶部病害 防控黑星病、轮纹病、炭疽病、褐斑病、黑斑病、白粉病时，从梨树落花后 10 天左右开始喷药，10～15 天 1 次，连续喷施，直到生长后期，注意与相应治疗性杀菌剂交替使用或混用。喹啉铜一般使用 50％可湿性粉剂或 50％水分散粒剂 2 500～3 000 倍液，或 40％悬浮剂 2 000～2 500 倍液，或 33.5％悬浮剂 1 500～2 000 倍液均匀喷雾。

葡萄病害 先在幼穗开花前、落花后及落花后 10 天左右各喷药 1 次，有效防控黑痘病，兼防霜霉病为害幼穗；然后从叶片上初见霜霉病病斑时开始连续喷药，10 天左右 1 次，与相应治疗性杀菌剂交替使用或混用，直到生长后期，有效防控霜霉病、炭疽病、褐斑病、白粉病。喹啉铜一般使用 50％可湿性粉剂或 50％水分散粒剂 1 500～2 000 倍液，或 40％悬浮剂 1 000～1 500 倍液，或 33.5％悬浮剂 800～1 000 倍液均匀喷雾。

核桃、山核桃病害 防控干腐病、腐烂病、溃疡病、轮纹病等枝干病害时，先在早春树体发芽前喷洒 1 次枝干进行清园，一般使用 50％可湿性粉剂或 50％水分散粒剂 1 000～1 200 倍液，或 40％悬浮剂 800～1 000 倍液，或 33.5％悬浮剂 600～700 倍液均匀喷雾；然后在病斑划道切割后表面涂药，对病斑进行治疗，一般使用 50％可湿性粉剂或 50％水分散粒剂 500～600 倍液，或 40％悬浮剂 300～400 倍液，或 33.5％悬浮剂 250～300 倍液涂抹病疤及其周围，或使用 2％膏剂直接涂抹病疤及其周围。防控黑斑病、炭疽病、褐斑病时，从病害发生初期或初见病斑时开始喷药，10～15 天 1 次，连喷 2～4 次，注意与相应治疗性杀菌剂交替使用或混用。喹啉铜一般使用 50％可湿性粉剂或 50％水分散粒剂 3 000～4 000 倍液，或 40％悬浮剂 2 500～3 000 倍液，或 33.5％悬浮剂 2 000～2 500 倍液均匀喷雾。

柑橘树溃疡病 在春梢抽生 0.5～1 厘米、春梢转绿期、落花 2/3、小幼果期、生理落果后及秋梢抽生初期、秋梢转绿期各喷药 1 次，注意与不同类型药剂交替使用或混用。喹啉铜一般使用 50％可湿性粉剂或 50％水分散粒剂 1 500～1 800 倍液，或 40％悬浮剂 1 200～1 400 倍液，或 33.5％悬浮剂 1 000～1 200 倍液均匀喷雾。

荔枝霜疫霉病 在花蕾期、幼果期、转色期各喷药 1 次，喹啉铜喷施倍数同"柑橘树溃疡病"。

杨梅树褐斑病 从病害发生初期开始喷药，10 天左右 1 次，连喷 2～3 次。喹啉铜喷施倍数同"柑橘树溃疡病"。

黄瓜霜霉病、细菌性角斑病 从病害发生初期或初见病斑时开始喷药，7～10 天 1 次，与不同类型药剂交替使用，直到生长后期。喹啉铜一般每亩次使用 33.5％悬浮剂 70～80 毫升，或 40％悬浮剂 50～70 毫升，或 50％可湿性粉剂或 50％水分散粒剂 40～55 克，对水 45～60 千克喷雾，注意喷洒叶片背面。

番茄晚疫病 从病害发生初期开始喷药，7～10 天 1 次，连喷 3～5 次，注意与不同类型药剂交替使用。喹啉铜一般每亩次使用 33.5％悬浮剂 60～75 毫升，或 40％悬浮剂 50～60 毫升，或 50％可湿性粉剂或 50％水分散粒剂 40～50 克，对水 45～60 千克均匀喷雾。

马铃薯早疫病 从病害发生初期开始喷药，7～10 天 1 次，连喷 3～4 次，注意与不同类型药剂交替使用。喹啉铜喷施剂量同"番茄晚疫病"。

铁皮石斛软腐病 从病害发生初期开始喷药，7 天左右 1 次，连喷 2～3 次。一般使用 33.5％悬浮剂 500～700 倍液，或 40％悬浮剂 600～800 倍液，或 50％可湿性粉剂或 50％水分散粒剂 800～1 000 倍液均匀喷雾。

注意事项 喹啉铜不能与碱性药剂及肥料混用，也不能与强酸性药剂混用。连续喷药时，注意与不同类型药剂交替使用。

硫黄 sulfur

主要含量与剂型 10％膏剂，45％、50％悬浮剂，80％水分散粒剂。

产品特点 硫黄是一种矿物源无机硫保护性低毒杀菌剂，具有触杀和熏蒸作用，无内吸性，兼有一定的杀螨活性；颗粒细微制剂能均匀附着在作物表面形成致密保护药膜，黏附性较好，较耐雨水冲刷。硫黄具有多个活性作用位点，其活性机理是作用于氧化还原过程中细胞色素 b 和 c 之间的电子传递过程，夺取电子，干扰正常的氧化—还原反应，而导致病菌或害螨死亡。硫黄的杀菌及杀螨活性因温度升高而逐渐增强，但安全性却逐渐降低，用药时应特别注意气温变化。另外，硫黄燃烧时产生有刺激性臭味的二氧化硫气体，多用于密闭空间消毒。其水悬浮液呈微酸性，与碱性物质反应生成多硫化物。

适用作物防控对象及使用技术 硫黄主要通过喷雾方式进行用药，也可用于枝干涂抹等。喷雾用药时，随温度升高应逐渐降低用药量，并注意观察对作物的安全性。

苹果树、梨树、山楂树及核桃树的腐烂病、干腐病 在刮治病斑后于伤口上涂药，以保护伤口。一般使用 45％悬浮剂或 50％悬浮剂 20～30 倍液，或 80％水分散粒剂 30～50 倍液涂抹伤口，或使用 10％膏剂直接涂抹伤口。

苹果树白粉病 花芽露红期喷第 1 次药，落花后立即喷第 2 次药，往年病害严重果园落花后 15 天左右再喷药 1 次，即可基本控制白粉病的发生为害。一般使用 45％悬浮剂或 50％悬浮剂 400～500 倍液，或 80％水分散粒剂 600～1 000 倍液均匀喷雾。

梨树白粉病 从初见病斑时开始喷药，10 天左右 1 次，连喷 2 次左右，重点喷洒叶片背面。一般使用 45％悬浮剂或 50％悬浮剂 500～600 倍液，或 80％水分散粒剂 800～1 000 倍液均匀喷雾。

桃树缩叶病、瘿螨畸果病 在花芽露红期喷第 1 次药，落花后立即喷第 2 次药，7～10 天后再喷 1 次，即可有效防控缩叶病及瘿螨畸果病的为害。一般使用 45％悬浮剂或

50％悬浮剂 400～600 倍液，或 80％水分散粒剂 600～1 000 倍液均匀喷雾。

桃褐腐病　从果实采收前 1.5 个月开始喷药，10 天左右 1 次，连喷 2 次左右。一般使用 45％悬浮剂或 50％悬浮剂 500～600 倍液，或 80％水分散粒剂 800～1 000 倍液均匀喷雾。

桃炭疽病　从桃果实硬核期前开始喷药，7～10 天 1 次，连喷 3～4 次。硫黄喷施倍数同"桃褐腐病"。

桃树、杏树、李树、樱桃树的褐斑病　从病害发生初期或初见病斑时立即开始喷药预防，10 天左右 1 次，连喷 2～3 次。硫黄喷施倍数同"桃褐腐病"。

葡萄白粉病　从病害发生初期或初见病斑时开始喷药，10 天左右 1 次，连喷 2～3 次。一般使用 45％悬浮剂或 50％悬浮剂 500～600 倍液，或 80％水分散粒剂 800～1 000 倍液均匀喷雾，重点喷洒叶片正面。

葡萄毛毡病　从新梢长至 10～15 厘米时开始喷药，10 天左右 1 次，连喷 2～3 次。一般使用 45％悬浮剂或 50％悬浮剂 400～500 倍液，或 80％水分散粒剂 600～800 倍液均匀喷雾。

山楂白粉病　在花序分离期和落花后各喷药 1 次，即可有效控制白粉病的发生为害。一般使用 45％悬浮剂或 50％悬浮剂 500～600 倍液，或 80％水分散粒剂 800～1 000 倍液均匀喷雾。

核桃白粉病　从病害发生初期或初见病斑时开始喷药，10～15 天 1 次，连喷 1～2 次。硫黄喷施倍数同"山楂白粉病"。

草莓白粉病　从病害发生初期或初见病斑时开始喷药，10 天左右 1 次，连喷 2～4 次。一般使用 45％悬浮剂或 50％悬浮剂 400～500 倍液，或 80％水分散粒剂 600～800 倍液均匀喷雾。

枸杞锈蜘蛛　从害螨发生为害初期开始喷药，10～15 天 1 次，全生长季节需喷药 4～6 次。一般使用 45％悬浮剂或 50％悬浮剂 300～500 倍液，或 80％水分散粒剂 600～800 倍液均匀喷雾。

柑橘疮痂病、炭疽病　在春梢抽生初期、春梢转绿期、落花 2/3 时、（小）幼果期、果实膨大初期及果实转色期各喷药 1 次，注意与相应治疗性药剂交替使用。一般使用 45％悬浮剂或 50％悬浮剂 300～500 倍液，或 80％水分散粒剂 500～800 倍液均匀喷雾。

柑橘锈蜘蛛　当个别果有少数锈蜘蛛为害状出现时立即开始喷药（一般果区为 7 月上旬），7～10 天 1 次，连喷 2～3 次。一般使用 45％悬浮剂或 50％悬浮剂 300～500 倍液，或 80％水分散粒剂 500～600 倍液均匀喷雾。

杧果白粉病　花序生长期、开花初期、落花后各喷药 1 次。一般使用 45％悬浮剂或 50％悬浮剂 300～500 倍液，或 80％水分散粒剂 500～700 倍液均匀喷雾。

麦类作物白粉病　从病害发生初期开始喷药，10 天左右 1 次，连喷 2 次左右。一般每亩次使用 45％悬浮剂或 50％悬浮剂 300～400 毫升，或 80％水分散粒剂 150～200 克，对水 30～45 千克均匀喷雾，注意喷洒植株下部。

黄瓜、西瓜、哈密瓜等瓜类白粉病、炭疽病　从病害发生初期或初见病斑时开始喷药，7～10 天 1 次，连喷 3～4 次。一般每亩次使用 45％悬浮剂或 50％悬浮剂 150～200 毫升，或 80％水分散粒剂 150～200 克，对水 45～60 千克均匀喷雾。

芦笋茎枯病　从病害发生初期开始喷药，7～10 天 1 次，连喷 3～4 次，重点喷洒植株中下部。一般每亩次使用 45％悬浮剂或 50％悬浮剂 120～150 毫升，或 80％水分散粒剂 80～100 克，对水 30～45 千克均匀喷雾。

花生叶斑病、疮痂病　从病害发生初期或初见病斑时开始喷药，10 天左右 1 次，连喷 2～3 次。一般使用 45％悬浮剂或 50％悬浮剂 400～500 倍液，或 80％水分散粒剂 600～800 倍液均匀喷雾。

烟草白粉病　从病害发生初期开始喷药，10 天左右 1 次，连喷 2 次左右。一般每亩次使用 45％悬浮剂或 50％悬浮剂 250～350 毫升，或 80％水分散粒剂 200～240 克，对水 45～60 千克均匀喷雾。

观赏植物的白粉病、叶斑病　从病害发生初期开始喷药，7～10 天 1 次，连喷 2～3 次。一般使用 45％悬浮剂或 50％悬浮剂 400～600 倍液，或 80％水分散粒剂 600～1 000 倍液均匀喷雾。

橡胶树白粉病　从病害发生初期开始喷药，7～10 天 1 次，连喷 2 次。一般每亩次使用 45％悬浮剂或 50％悬浮剂 250～400 毫升，或 80％水分散粒剂 150～250 克，对适量水均匀喷雾。注意选择无风天气用药。

密闭环境熏蒸消毒　果窖、菜窖、大棚、菇棚等密闭环境消毒时，在贮放或栽植前进行。一般每立方米空间使用硫黄块或硫黄粉 20～25 克，分几点均匀放置，点燃（硫黄粉先伴少量锯末或木屑）后封闭熏蒸一昼夜，开窗通风后再行进入作业。

注意事项　硫黄不宜与硫酸铜等金属盐类药剂混用，也不能与强碱性物质混用。硫黄药效及造成药害的可能性均与环境温度成正相关，气温较高季节或环境应在早、晚施药，避免中午用药，并适当降低用药浓度。连续使用时，最好与相应治疗性药剂交替使用。黄瓜、大豆、马铃薯、桃、李、杏、梨、葡萄等对硫黄较敏感，在该类作物上使用时应适当降低浓度及使用次数；甜瓜对硫黄类杀菌剂高度敏感，禁止在甜瓜上使用。

硫酸铜钙 copper calcium sulphate

主要含量与剂型　77％可湿性粉剂，77％水分散粒剂。

产品特点　硫酸铜钙是一种矿物源广谱保护性低毒杀菌剂，通过释放的铜离子而起杀菌作用，相当于工业化生产的"波尔多粉"，但喷施后对叶面没有明显药斑污染。其杀菌机理是通过释放的铜离子与病原真菌或细菌体内的多种生物基团结合，形成铜的络合物等物质，使蛋白质变性，进而阻碍和抑制代谢过程，导致病菌死亡。独特的"铜""钙"大分子络合物，遇水或水膜时缓慢释放出杀菌的铜离子，杀菌、防病及时彻底，持效期较长，并对真菌性和细菌性病害同时有效。硫酸铜钙与普通波尔多液不同，药液呈微酸性，可与不含金属离子的非碱性农药混用，使用方便。制剂颗粒微细，呈绒毛状结构，喷施后能均匀分布并紧密黏附在植物的叶片、果实及枝干表面，耐雨水冲刷能力强。另外，硫酸铜钙富含 12％的硫酸钙，在有效防控病害的同时，还具有一定的补钙功效。

适用作物防控对象及使用技术　硫酸铜钙主要用于喷雾，有时也可用于灌根及土壤消毒处理，喷雾时必须在病菌侵染前均匀喷洒才能获得较好的防控效果。

苹果树、梨树等落叶果树的枝干病害　果树萌芽期（发芽前），喷施 1 次 77％可湿性粉剂 200～400 倍液，可有效铲除树体表面带菌（清园），防控枝干病害。

苹果树、梨树、葡萄的根部病害 清除病组织后，使用 77％可湿性粉剂或 77％水分散粒剂 500～600 倍液浇灌病树主要根区范围，杀死残余病菌，促进根系恢复生长。

苹果树褐斑病、黑星病 从果实全套袋后开始喷施，10～15 天 1 次，连喷 4 次左右。一般使用 77％可湿性粉剂或 77％水分散粒剂 500～700 倍液均匀喷雾，重点喷洒树冠下部及内膛。不是全套袋的苹果树慎重使用，或使用 800～1 000 倍液喷雾。

梨树黑星病、炭疽病、褐斑病、白粉病 从果实全套袋后开始喷施，10～15 天 1 次，连喷 4～5 次。一般使用 77％可湿性粉剂或 77％水分散粒剂 600～800 倍液均匀喷雾。在酥梨系统品种上，建议喷施 1 000～1 200 倍液。

葡萄霜霉病、炭疽病、褐斑病、黑痘病 开花前的幼穗期、落花后、落花后 10～15 天各喷药 1 次，有效防控黑痘病及幼穗霜霉病；以后从叶片上初见霜霉病病斑时开始继续喷药，7～10 天 1 次，与相应治疗性杀菌剂交替使用，直到生长后期，对霜霉病、炭疽病、褐斑病均有很好的防控效果。硫酸铜钙一般使用 77％可湿性粉剂或 77％水分散粒剂 500～600 倍液均匀喷雾。已有霜霉病发生时，建议与相应治疗性杀菌剂交替使用或混用。

枣树锈病、轮纹病、炭疽病、褐斑病 从 6 月下旬（华北枣区）或落花后（一茬花）20 天左右开始喷药，10～15 天 1 次，与其他类型药剂交替使用，连喷 5～7 次。硫酸铜钙一般使用 77％可湿性粉剂或 77％水分散粒剂 600～800 倍液均匀喷雾，高温干旱季节用药时适当提高喷施倍数。

核桃黑斑病、褐斑病、炭疽病 防控黑斑病、褐斑病时，从叶片上初见病斑时开始喷药，10～15 天 1 次，连喷 3 次左右，兼防炭疽病；防控炭疽病时，从幼果膨大初期开始喷药，10～15 天 1 次，连喷 2～4 次，兼防黑斑病、褐斑病。一般使用 77％可湿性粉剂或 77％水分散粒剂 700～800 倍液均匀喷雾。

柿树角斑病、圆斑病 一般柿园从落花后 20～30 天开始喷药，10～15 天 1 次，连喷 2～3 次。一般使用 77％可湿性粉剂或 77％水分散粒剂 800～1 000 倍液均匀喷雾。

山楂叶斑病、黑星病 从病害发生初期或初见病斑时开始喷药，10～15 天 1 次，连喷 2～4 次。一般使用 77％可湿性粉剂或 77％水分散粒剂 600～700 倍液均匀喷雾。

柑橘树溃疡病、疮痂病、炭疽病、黄斑病 春梢萌生初期、春梢转绿期、谢花 2/3 时、夏梢萌生初期、夏梢转绿期、秋梢萌生初期、秋梢转绿期各喷药 1 次，注意与不同类型药剂交替使用。硫酸铜钙一般使用 77％可湿性粉剂或 77％水分散粒剂 400～600 倍液均匀喷雾。

香蕉叶鞘腐败病 在台风发生前、后各喷药 1 次，或 7～10 天 1 次，每期连喷 2 次，重点喷洒叶片基部及叶鞘上部。一般使用 77％可湿性粉剂或 77％水分散粒剂 400～600 倍液喷雾。

烟草野火病、赤星病 从病害发生初期开始喷药，10～15 天 1 次，连喷 2～4 次。一般使用 77％可湿性粉剂或 77％水分散粒剂 400～600 倍液均匀喷雾。

姜姜瘟病、腐霉茎基腐病（烂脖子病） 先于栽种前使用硫酸铜钙土壤消毒，一般每亩次使用 77％可湿性粉剂 1～2 千克均匀撒施于栽种沟内，混土后摆种；然后再于生长期使用 600～800 倍液喷淋或浇灌植株根茎基部及其周围土壤（顺水浇灌种植沟），每亩次浇灌 77％可湿性粉剂或 77％水分散粒剂 1 千克左右。此外，也可使用 400～500 倍液浸泡种姜 1 分钟，而后在种植沟内摆种。

大蒜根腐病、软腐病　按 0.1％～0.2％药种量使用 77％可湿性粉剂拌种；或每亩次使用 77％可湿性粉剂 1 千克在种植前撒施于种植沟内；也可在生长期使用 77％可湿性粉剂或 77％水分散粒剂 600～700 倍液浇灌蒜田，每亩次使用 77％可湿性粉剂 1 千克左右。

黄瓜霜霉病、细菌性叶斑病　从病害发生初期开始喷药，7～10 天 1 次，与不同类型药剂交替使用，连续喷施到生长后期，重点喷洒叶片背面。硫酸铜钙一般每亩次使用 77％可湿性粉剂或 77％水分散粒剂 120～175 克，对水 60～75 千克均匀喷雾。

番茄晚疫病、溃疡病　从病害发生初期开始喷药，7～10 天 1 次，连喷 4～6 次；或每次整枝打杈后及时喷药 1 次（主要防控溃疡病）。硫酸铜钙喷施剂量同"黄瓜霜霉病"。

辣椒疫病、疮痂病、炭疽病　从病害发生初期开始喷药，7～10 天 1 次，连喷 3～4 次。硫酸铜钙喷施剂量同"黄瓜霜霉病"。

甜瓜霜霉病、细菌性叶斑病、细菌性果腐病　从病害发生初期开始喷药，7～10 天 1 次，连喷 3～4 次，重点喷洒叶片背面及果实表面。一般每亩次使用 77％可湿性粉剂或 77％水分散粒剂 100～150 克，对水 45～60 千克均匀喷雾。

西瓜炭疽病、细菌性果斑病　从病害发生初期开始喷药，7～10 天 1 次，连喷 3～5 次，喷药必须均匀周到。硫酸铜钙喷施剂量同"甜瓜霜霉病"。

马铃薯晚疫病、青枯病　防控晚疫病时，从病害发生初期（初见病斑时）或植株现蕾期开始喷药，7～10 天 1 次，与相应治疗性杀菌剂交替使用或混用，直到生长后期。一般每亩次使用 77％可湿性粉剂或 77％水分散粒剂 120～150 克，对水 45～75 千克均匀喷雾。防控青枯病时，从马铃薯长到 10～15 厘米高时或田间初见病株时开始灌药，15 天左右 1 次，连灌 2～3 次。一般使用 77％可湿性粉剂或 77％水分散粒剂 600～800 倍液浇灌。

芹菜叶斑病　从病害发生初期开始喷药，7～10 天 1 次，连喷 2～4 次。一般每亩次使用 77％可湿性粉剂或 77％水分散粒剂 80～100 克，对水 30～45 千克均匀喷雾。

花生叶斑病　从病害发生初期开始喷药，10 天左右 1 次，连喷 2～3 次。硫酸铜钙喷施剂量同"芹菜叶斑病"。

瓜果蔬菜的土传病害、根部病害及苗期病害　防控苗床的土传病害及根部病害时，按照每立方米苗床土使用 77％可湿性粉剂 30～50 克均匀拌土；防控苗期病害时，在病害发生初期使用 77％可湿性粉剂或 77％水分散粒剂 600～700 倍液喷淋苗床。防控田间土传病害时，在栽植前于栽植沟内撒药，每亩次使用 77％可湿性粉剂 1～1.5 千克。防控根部病害时，使用 77％可湿性粉剂或 77％水分散粒剂 600～700 倍液浇灌植株基部及周围土壤，栽植后的植株于 10～15 天后再浇灌 1 次。

人参土传病害　栽植前，每亩次使用 77％可湿性粉剂 2～3 千克均匀撒施；生长期使用 77％可湿性粉剂或 77％水分散粒剂 500～600 倍液浇灌参畦（床）。

注意事项　硫酸铜钙可与大多数杀虫剂、杀螨剂混合使用，但不能与含有其他金属离子的药剂或微肥混合使用，也不宜与强碱性或强酸性物质混用。桃树、李树、杏树、梅树、樱桃树、大白菜、菜豆、莴苣、荸荠等对铜离子敏感，在生长期不宜使用；苹果树、梨树的花期、幼果期对铜离子敏感，应当慎用。阴雨连绵季节或地区慎用，高温干旱时应适当提高喷施倍数，以免发生药害。连续喷药时，注意与相应治疗性杀菌剂交替使用或混用。

氯溴异氰尿酸 chloroisobromine cyanuric acid

主要含量与剂型 50%可湿性粉剂，50%可溶粉剂。

产品特点 氯溴异氰尿酸是一种氯溴尿酸类广谱低毒杀菌剂，具有内吸、保护双重功效，对许多病原真菌、细菌及病毒均有强烈的杀灭作用。该药剂喷施在作物表面后，能缓慢释放出 Cl 和 Br，形成次氯酸（HClO）和次溴酸（HBrO），进而发挥强烈的杀菌活性。

适用作物防控对象及使用技术

水稻细菌性条斑病、条纹叶枯病、白叶枯病 从病害发生初期开始喷药，7 天左右 1 次，连喷 2~3 次。一般每亩次使用 50%可湿性粉剂或 50%可溶粉剂 50~70 克，对水 30~45 千克均匀喷雾。

黄瓜霜霉病 从病害发生初期或初见病斑时开始喷药，7 天左右 1 次，与不同类型药剂交替使用，直到生长后期。氯溴异氰尿酸一般每亩次使用 50%可湿性粉剂或 50%可溶粉剂 60~70 克，对水 45~60 千克均匀喷雾，重点喷洒叶片背面。

番茄茎腐病 从田间初见病株时立即开始用药，7~10 天 1 次，连用 2~3 次。一般使用 50%可湿性粉剂或 50%可溶粉剂 500~700 倍液喷淋茎基部。

辣椒病毒病 从病害发生初期或田间初见症状时开始喷药，7~10 天 1 次，连喷 2~3 次。一般每亩次使用 50%可湿性粉剂或 50%可溶粉剂 60~70 克，对水 30~45 千克均匀喷雾。

大白菜软腐病 从田间初见病株时立即开始喷药，7~10 天 1 次，连喷 2 次，重点喷洒植株基部的叶片背面。一般每亩次使用 50%可湿性粉剂或 50%可溶粉剂 50~60 克，对水 30~45 千克喷雾。

烟草赤星病、野火病 从病害发生初期开始喷药，7~10 天 1 次，连喷 2~3 次。一般每亩次使用 50%可湿性粉剂或 50%可溶粉剂 50~80 克，对水 45~60 千克均匀喷雾。

烟草病毒病 从田间初见病株时立即开始喷药，7 天左右 1 次，连喷 2~3 次。一般每亩次使用 50%可湿性粉剂或 50%可溶粉剂 45~60 克，对水 30~45 千克均匀喷雾。

注意事项 氯溴异氰尿酸不能与有机磷类及碱性药剂混用。连续喷药时，注意与不同类型药剂交替使用，以延缓病菌产生抗药性。

咪鲜胺 prochloraz

主要含量与剂型 10%悬浮剂，10%、25%、40%、45%、250 克/升、450 克/升水乳剂，10%、15%、25%、45%微乳剂，25%、45%、250 克/升、450 克/升乳油。

产品特点 咪鲜胺是一种咪唑类广谱低毒杀菌剂，属甾醇脱甲基化抑制剂，具有保护和触杀活性，无内吸作用，但有一定的渗透传导性能，黏着性好，对许多种高等真菌性病害均有很好的防控效果。其杀菌机理主要是通过抑制麦角甾醇的生物合成，进而影响细胞膜形成，最终导致病菌死亡。

适用作物防控对象及使用技术

水果的采后防腐保鲜 主要用于防控柑橘（青霉病、绿霉病、黑腐病、蒂腐病、炭疽病）、香蕉（轴腐病、冠腐病、炭疽病）、杧果（炭疽病、黑腐病）、荔枝（黑腐病）、苹果（青霉病、绿霉病、褐腐病）、梨（青霉病、绿霉病、褐腐病）及桃（褐腐病）等水果的采后病害，当天采收当天药剂处理。一般使用10%悬浮剂或10%水乳剂或10%微乳剂200～400倍液，或15%微乳剂300～600倍液，或25%水乳剂或25%微乳剂或25%乳油或250克/升水乳剂或250克/升乳油600～800倍液，或40%水乳剂900～1 200倍液，或45%水乳剂或45%微乳剂或45%乳油或450克/升水乳剂或450克/升乳油1 000～1 500倍液浸果，浸果1分钟后捞出晾干、包装、贮存。在杧果上，白象牙、古巴杧、红花杧不推荐使用。

苹果炭疽病、炭疽叶枯病 防控炭疽病时，从落花后半月左右开始喷药，10～15天1次，与不同类型药剂交替使用，连喷5～7次（套袋苹果套袋后停止喷药）；防控炭疽叶枯病时，一般在雨季到来前及时喷药，10～15天1次，连喷2～3次。咪鲜胺一般使用10%悬浮剂或10%水乳剂或10%微乳剂300～400倍液，或15%微乳剂500～600倍液，或25%水乳剂或25%微乳剂或25%乳油或250克/升水乳剂或250克/升乳油800～1 000倍液，或40%水乳剂1 000～1 500倍液，或45%水乳剂或45%微乳剂或45%乳油或450克/升水乳剂或450克/升乳油1 500～2 000倍液均匀喷雾。

梨炭疽病 从落花后20天左右开始喷药，10～15天1次，与不同类型药剂交替使用，连喷5～7次（套袋梨果套袋后停止喷药）。咪鲜胺喷施倍数同"苹果炭疽病"。

桃褐腐病、炭疽病 主要适用于不套袋桃。多从采收前2个月开始喷药，10～15天1次，连喷3～4次。咪鲜胺喷施倍数同"苹果炭疽病"。

葡萄黑痘病、炭疽病 先在葡萄花蕾期、落花后及落花后10～15天各喷药1次，有效防控黑痘病；然后从果粒膨大中期开始喷药防控炭疽病，10天左右1次，与不同类型药剂交替使用，到采收前一周结束（套袋葡萄套袋后结束）。咪鲜胺喷施倍数同"苹果炭疽病"。需要指出，不套袋葡萄采收前1个多月内喷施咪鲜胺可能会对葡萄风味有一定影响，且乳油类产品还会影响果粒表面蜡粉形成，所以具体应用时需要慎重。

冬枣炭疽病 从坐住果后半月左右开始喷药，10～15天1次，与不同类型药剂交替使用，连喷4～6次。咪鲜胺喷施倍数同"苹果炭疽病"。

核桃炭疽病 从果实膨大初期开始喷药，10～15天1次，连喷2～3次。咪鲜胺喷施倍数同"苹果炭疽病"。

柑橘树炭疽病、树脂病 防控炭疽病时，在落花2/3时、小幼果期、幼果膨大期、秋梢生长期及果实转色期各喷药1次，兼防树脂病；防控树脂病时，在春梢抽生期、落花2/3时、小幼果期及幼果膨大期各喷药1次，兼防炭疽病。连续喷药时，注意与其他类型药剂交替使用。咪鲜胺喷施倍数同"苹果炭疽病"。

杧果炭疽病 花序生长期、初花期、落花后各喷药1次，采收前1个月连续喷药2次（间隔10天左右），注意与不同类型药剂交替使用。咪鲜胺喷施倍数同"苹果炭疽病"。白象牙、古巴杧、红花杧上不推荐使用。

荔枝炭疽病 在小幼果期、果实膨大期、果实转色初期各喷药1次。一般使用10%悬浮剂或10%水乳剂或10%微乳剂400～500倍液，或15%微乳剂600～700倍液，或

25%水乳剂或 25%微乳剂或 25%乳油或 250 克/升水乳剂或 250 克/升乳油 1 000～1 200 倍液，或 40%水乳剂 1 500～1 800 倍液，或 45%水乳剂或 45%微乳剂或 45%乳油或 450 克/升水乳剂或 450 克/升乳油 1 800～2 000 倍液均匀喷雾。

龙眼炭疽病　在小幼果期、中果期、果实膨大中后期各喷药 1 次。咪鲜胺喷施倍数同"荔枝炭疽病"。

杨梅褐斑病、白腐病　从病害发生初期开始喷药，10～15 天 1 次，连喷 2～3 次。咪鲜胺喷施倍数同"荔枝炭疽病"。

水稻恶苗病　通过药液浸种防病。一般使用 10%悬浮剂或 10%水乳剂或 10%微乳剂 1 000～1 500 倍液，或 15%微乳剂 1 500～2 000 倍液，或 25%水乳剂或 25%微乳剂或 25%乳油或 250 克/升水乳剂或 250 克/升乳油 2 500～3 000 倍液，或 40%水乳剂 4 000～6 000 倍液，或 45%水乳剂或 45%微乳剂或 45%乳油或 450 克/升水乳剂或 450 克/升乳油 5 000～8 000 倍液浸种。浸种时间长短因温度高低而定，温度低时间长，温度高时间短；长江流域及其以南地区，一般浸种 1～2 天；黄河流域及华北地区，一般浸种 3～5 天；东北地区，一般浸种 5～7 天。药液使用倍数南方较低、北方较高。浸种后取出，用清水冲洗后进行催芽。

水稻稻瘟病、稻曲病　破口前 5～7 天、齐穗初期各喷药 1 次。一般每亩次使用 10%悬浮剂或 10%水乳剂或 10%微乳剂 200～250 毫升，或 15%微乳剂 130～160 毫升，或 25%水乳剂或 25%微乳剂或 25%乳油或 250 克/升水乳剂或 250 克/升乳油 80～100 毫升，或 40%水乳剂 45～60 毫升，或 45%水乳剂或 45%微乳剂或 45%乳油或 450 克/升水乳剂或 450 克/升乳油 40～55 毫升，对水 30～45 千克均匀喷雾。

小麦白粉病、赤霉病　防控白粉病时，从病害发生初期开始喷药，10 天左右 1 次，连喷 2 次；防控赤霉病时，在齐穗初期和扬花初期各喷药 1 次。咪鲜胺喷施剂量同"水稻稻瘟病"。

甜菜褐斑病　从病害发生初期开始喷药，10 天左右 1 次，连喷 2～3 次。一般每亩次使用 10%悬浮剂或 10%水乳剂或 10%微乳剂 180～220 毫升，或 15%微乳剂 120～150 毫升，或 25%水乳剂或 25%微乳剂或 25%乳油或 250 克/升水乳剂或 250 克/升乳油 70～90 毫升，或 40%水乳剂 45～55 毫升，或 45%水乳剂或 45%微乳剂或 45%乳油或 450 克/升水乳剂或 450 克/升乳油 40～50 毫升，对水 45～60 千克均匀喷雾。

烟草赤星病　从病害发生初期或初见病斑时开始喷药，10～15 天 1 次，连喷 2～3 次。咪鲜胺喷施剂量同"甜菜褐斑病"。

油菜菌核病　从油菜初花期或封垄前或病害发生初期开始喷药，10 天左右 1 次，连喷 2 次左右，重点喷洒植株中下部及地面。咪鲜胺喷施剂量同"甜菜褐斑病"。

辣椒炭疽病、白粉病　从病害发生初期开始喷药，10 天左右 1 次，连喷 2～3 次。一般每亩次使用 10%悬浮剂或 10%水乳剂或 10%微乳剂 200～250 毫升，或 15%微乳剂 120～150 毫升，或 25%水乳剂或 25%微乳剂或 25%乳油或 250 克/升水乳剂或 250 克/升乳油 80～100 毫升，或 40%水乳剂 50～60 毫升，或 45%水乳剂或 45%微乳剂或 45%乳油或 450 克/升水乳剂或 450 克/升乳油 45～55 毫升，对水 45～60 千克均匀喷雾。

西瓜枯萎病　在瓜苗定植时、缓苗后及坐瓜初期各灌根 1 次，每次每株浇灌药液量 200～300 毫升。一般使用 10%悬浮剂或 10%水乳剂或 10%微乳剂 200～250 倍液，或

15％微乳剂 300～400 倍液，或 25％水乳剂或 25％微乳剂或 25％乳油或 250 克/升水乳剂或 250 克/升乳油 500～700 倍液，或 40％水乳剂 800～1 000 倍液，或 45％水乳剂或 45％微乳剂或 45％乳油或 450 克/升水乳剂或 450 克/升乳油 1 000～1 200 倍液灌根。

西瓜炭疽病 从病害发生初期开始喷药，10 天左右 1 次，连喷 3～4 次。一般每亩次使用 10％悬浮剂或 10％水乳剂或 10％微乳剂 250～300 毫升，或 15％微乳剂 150～200 毫升，或 25％水乳剂或 25％微乳剂或 25％乳油或 250 克/升水乳剂或 250 克/升乳油 100～130 毫升，或 40％水乳剂 70～90 毫升，或 45％水乳剂或 45％微乳剂或 45％乳油或 450 克/升水乳剂或 450 克/升乳油 60～80 毫升，对水 45～60 千克均匀喷雾，苗期用药酌情减量使用。

菜豆炭疽病 从病害发生初期开始喷药，10～15 天 1 次，连喷 2～4 次。一般每亩次使用 10％悬浮剂或 10％水乳剂或 10％微乳剂 125～170 毫升，或 15％微乳剂 80～110 毫升，或 25％水乳剂或 25％微乳剂或 25％乳油或 250 克/升水乳剂或 250 克/升乳油 50～70 毫升，或 40％水乳剂 35～40 毫升，或 45％水乳剂或 45％微乳剂或 45％乳油或 450 克/升水乳剂或 450 克/升乳油 30～36 毫升，对水 45～60 千克均匀喷雾。

芹菜叶斑病 从病害发生初期开始喷药，10 天左右 1 次，连喷 2～3 次。一般每亩次使用 10％悬浮剂或 10％水乳剂或 10％微乳剂 120～160 毫升，或 15％微乳剂 80～100 毫升，或 25％水乳剂或 25％微乳剂或 25％乳油或 250 克/升水乳剂或 250 克/升乳油 50～70 毫升，或 40％水乳剂 35～40 毫升，或 45％水乳剂或 45％微乳剂或 45％乳油或 450 克/升水乳剂或 450 克/升乳油 30～35 毫升，对水 30～45 千克均匀喷雾。

大蒜叶枯病 多从蒜头迅速膨大期或病害发生初期开始喷药，10 天左右 1 次，连喷 1～2 次。一般每亩次使用 10％悬浮剂或 10％水乳剂或 10％微乳剂 250～300 毫升，或 15％微乳剂 150～200 毫升，或 25％水乳剂或 25％微乳剂或 25％乳油或 250 克/升水乳剂或 250 克/升乳油 100～120 毫升，或 40％水乳剂 60～75 毫升，或 45％水乳剂或 45％微乳剂或 45％乳油或 450 克/升水乳剂或 450 克/升乳油 55～65 毫升，对水 45～60 千克均匀喷雾。

葱、洋葱紫斑病 从病害发生初期开始喷药，10～15 天 1 次，连喷 1～2 次。咪鲜胺喷施剂量同"大蒜叶枯病"。

姜炭疽病 从病害发生初期开始喷药，10～15 天 1 次，连喷 2 次左右。一般每亩次使用 10％悬浮剂或 10％水乳剂或 10％微乳剂 150～200 毫升，或 15％微乳剂 100～130 毫升，或 25％水乳剂或 25％微乳剂或 25％乳油或 250 克/升水乳剂或 250 克/升乳油 60～80 毫升，或 40％水乳剂 40～50 毫升，或 45％水乳剂或 45％微乳剂或 45％乳油或 450 克/升水乳剂或 450 克/升乳油 35～45 毫升，对水 45～60 千克均匀喷雾。

山药炭疽病 从病害发生初期开始喷药，10～15 天 1 次，与不同类型药剂交替使用，连喷 4～6 次。咪鲜胺喷施剂量同"姜炭疽病"。

茭白胡麻叶斑病 从病害发生初期开始喷药，10～15 天 1 次，连喷 2～3 次。咪鲜胺喷施剂量同"姜炭疽病"。

草坪枯萎病 从病害发生初期开始喷药，15 天左右 1 次，连喷 2 次左右。一般每亩次使用 10％悬浮剂或 10％水乳剂或 10％微乳剂 400～600 毫升，或 15％微乳剂 250～400 毫升，或 25％水乳剂或 25％微乳剂或 25％乳油或 250 克/升水乳剂或 250 克/升乳油 150～250 毫升，或 40％水乳剂 100～150 毫升，或 45％水乳剂或 45％微乳剂或 45％乳油或 450 克/升水乳剂或 450 克/升乳油 80～120 毫升，对水 75～100 千克均匀喷雾（淋）。

铁皮石斛炭疽病、黑斑病　从病害发生初期开始喷药，10～15 天 1 次，连喷 2 次左右。一般使用 10%悬浮剂或 10%水乳剂或 10%微乳剂 250～300 倍液，或 15%微乳剂 400～500 倍液，或 25%水乳剂或 25%微乳剂或 25%乳油或 250 克/升水乳剂或 250 克/升乳油 600～700 倍液，或 40%水乳剂 800～1 000 倍液，或 45%水乳剂或 45%微乳剂或 45%乳油或 450 克/升水乳剂或 450 克/升乳油 1 000～1 200 倍液均匀喷雾。

蒜薹贮藏期病害　蒜薹收获并挑选后，使用 10%悬浮剂或 10%水乳剂或 10%微乳剂 80～120 倍液，或 15%微乳剂 150～180 倍液，或 25%水乳剂或 25%微乳剂或 25%乳油或 250 克/升水乳剂或 250 克/升乳油 200～300 倍液，或 40%水乳剂 350～450 倍液，或 45%水乳剂或 45%微乳剂或 45%乳油或 450 克/升水乳剂或 450 克/升乳油 400～500 倍液浸蘸蒜薹薹梢，浸渍薹梢 1 分钟后取出，晾干后贮藏。室温（25℃）贮藏条件下，处理后的蒜薹贮存 21 天后才能上市；冷藏（0～4℃）时，处理后的蒜薹需贮存 60 天后才能上市。

注意事项　咪鲜胺不能与强酸性及碱性药剂或肥料混用。用于水果防腐保鲜时，当天采收的果实应在当天用药处理完毕；且浸果前必须将药剂搅拌均匀，并剔除病虫伤果。生长期连续喷用时，注意与不同类型药剂交替使用。

醚菌酯 kresoxim‑methyl

主要含量与剂型　10%、30%、40%悬浮剂，30%、50%可湿性粉剂，50%、60%、80%水分散粒剂。

产品特点　醚菌酯是一种甲氧基丙烯酸酯类高效广谱低毒杀菌剂，属醌外抑制剂类，以预防保护作用为主，兼有治疗、铲除作用，并可在一定程度上诱导植物表达其潜在抗病性。作用于病害发生的各个阶段，通过抑制孢子萌发、阻止病菌芽管侵入、抑制菌丝生长、抑制产孢等作用，有效控制病害。其杀菌机理主要是通过阻碍细胞色素 b 向 c1 的电子传递而干扰线粒体的呼吸作用，阻止能量形成，最终导致病菌死亡。该药具有渗透层移活性，药剂分布均匀，药效稳定；亲脂性好，易被叶片和果实的表面蜡质层吸附，并呈气态扩散，可长时间缓慢释放，耐雨水冲刷，持效期较长，使用安全。

适用作物防控对象及使用技术

苹果树白粉病、斑点落叶病、黑星病、套袋果斑点病　先在花序分离期、落花 80%时和落花后 10～15 天各喷药 1 次，有效防控白粉病的早期发生，兼防黑星病、斑点落叶病；春梢生长期内和秋梢生长期内各喷药 2 次，有效防控斑点落叶病，兼防其他病害；苹果套袋前喷施 1 次，有效防控套袋果斑点病，兼防其他病害；8～9 月再喷药 1～2 次，防控白粉病菌侵害芽，兼防斑点落叶病、黑星病。连续喷药时，注意与不同类型药剂交替使用。醚菌酯一般使用 10%悬浮剂 600～700 倍液，或 30%悬浮剂或 30%可湿性粉剂 1 500～2 000 倍液，或 40%悬浮剂 2 000～3 000 倍液，或 50%可湿性粉剂或 50%水分散粒剂 3 000～4 000 倍液，或 60%水分散粒剂 4 000～5 000 倍液，或 80%水分散粒剂 5 000～6 000 倍液均匀喷雾。

梨树黑星病、黑斑病、炭疽病、套袋果黑点病、白粉病　以防控黑星病为主，兼防其他病害。多从初见黑星病病梢或病叶或病果时立即开始喷药，15 天左右 1 次，与不同类型药剂交替使用，连喷 5～7 次。防控套袋果黑点病时，在套袋前 5～7 天内喷施 1 次即可；防控白粉病时，从病害发生初期开始喷药，10～15 天 1 次，连喷 1～2 次。醚菌酯喷施倍数同"苹果树白粉病"。

葡萄炭疽病、黑痘病、白粉病、霜霉病　先在葡萄花蕾期、落花后及落花后 15 天左右各喷药 1 次，有效防控黑痘病、幼穗霜霉病，兼防白粉病；然后从叶片上初见霜霉病病斑时立即开始继续喷药，10 天左右 1 次，与其他类型药剂交替使用或混用，直到生长后期，有效防控霜霉病、炭疽病，兼防白粉病。醚菌酯喷施倍数同"苹果树白粉病"。

草莓白粉病　从病害发生初期开始喷药，10～15 天 1 次，连喷 2～4 次。一般每亩次使用 10％悬浮剂 100～120 毫升，或 30％悬浮剂 30～40 毫升，或 30％可湿性粉剂 30～40 克，或 40％悬浮剂 25～30 毫升，或 50％可湿性粉剂或 50％水分散粒剂 20～25 克，或 60％水分散粒剂 15～20 克，或 80％水分散粒剂 12～15 克，对水 45～60 千克均匀喷雾。

香蕉叶斑病、黑星病　从病害发生初期开始喷药，15～20 天 1 次，连喷 2～3 次。一般使用 10％悬浮剂 200～300 倍液，或 30％悬浮剂或 30％可湿性粉剂 600～800 倍液，或 40％悬浮剂 800～1 200 倍液，或 50％可湿性粉剂或 50％水分散粒剂 1 000～1 500 倍液，或 60％水分散粒剂 1 200～1 800 倍液，或 80％水分散粒剂 1 600～2 400 倍液均匀喷雾。

黄瓜、西瓜、甜瓜、苦瓜等瓜类的白粉病、炭疽病　从病害发生初期开始喷药，10～15 天 1 次，连喷 3～4 次，注意与不同类型药剂交替使用。醚菌酯一般每亩次使用 10％悬浮剂 90～120 毫升，或 30％悬浮剂 30～40 毫升，或 30％可湿性粉剂 40～50 克，或 40％悬浮剂 25～30 毫升，或 50％可湿性粉剂或 50％水分散粒剂 20～25 克，或 60％水分散粒剂 15～20 克，或 80％水分散粒剂 9～12 克，对水 45～60 千克均匀喷雾。

辣椒炭疽病、白粉病　从病害发生初期开始喷药，10～15 天 1 次，连喷 2～3 次。醚菌酯喷施剂量同"黄瓜白粉病"。

番茄早疫病、叶霉病　从病害发生初期开始喷药，10～15 天 1 次，连喷 2～4 次。醚菌酯喷施剂量同"黄瓜白粉病"。

豇豆、芸豆等豆类蔬菜的白粉病、锈病　从病害发生初期开始喷药，10～15 天 1 次，连喷 2～4 次。醚菌酯喷施剂量同"黄瓜白粉病"。

十字花科蔬菜叶斑病　从病害发生初期开始喷药，10～15 天 1 次，连喷 1～2 次。一般每亩次使用 10％悬浮剂 70～90 毫升，或 30％悬浮剂 25～30 毫升，或 30％可湿性粉剂 25～30 克，或 40％悬浮剂 20～25 毫升，或 50％可湿性粉剂或 50％水分散粒剂 18～22 克，或 60％水分散粒剂 15～20 克，或 80％水分散粒剂 12～15 克，对水 30～45 千克均匀喷雾。

葱、洋葱及蒜的锈病　从病害发生初期开始喷药，10～15 天 1 次，连喷 2 次左右。醚菌酯喷施剂量同"十字花科蔬菜叶斑病"。

小麦锈病、白粉病　从病害发生初期开始喷药，10 天左右 1 次，连喷 1～2 次。一般每亩次使用 10％悬浮剂 150～200 毫升，或 30％悬浮剂 50～70 毫升，或 30％可湿性粉剂 60～80 克，或 40％悬浮剂 40～50 毫升，或 50％可湿性粉剂或 50％水分散粒剂 30～40 克，或 60％水分散粒剂 25～35 克，或 80％水分散粒剂 20～25 克，对水 30～45 千克均匀喷雾。

水稻纹枯病　从病害发生初期开始喷药，10～15 天 1 次，连喷 1～2 次。一般每亩次使用 10%悬浮剂 80～100 毫升，或 30%悬浮剂 30～40 毫升，或 30%可湿性粉剂 40～50 克，或 40%悬浮剂 25～30 毫升，或 50%可湿性粉剂或 50%水分散粒剂 25～30 克，或 60%水分散粒剂 20～25 克，或 80%水分散粒剂 15～20 克，对水 30～45 千克均匀喷雾。

烟草白粉病　从病害发生初期开始喷药，10～15 天 1 次，连喷 1～2 次。一般使用 10%悬浮剂 500～700 倍液，或 30%悬浮剂或 30%可湿性粉剂 1 500～2 000 倍液，或 40%悬浮剂 2 000～2 500 倍液，或 50%可湿性粉剂或 50%水分散粒剂 2 500～3 000 倍液，或 60%水分散粒剂 3 000～3 500 倍液，或 80%水分散粒剂 4 000～5 000 倍液均匀喷雾。

人参黑斑病、灰霉病、炭疽病　从病害发生初期开始喷药，10～15 天 1 次，与不同类型药剂交替使用，连喷 3～4 次。醚菌酯一般每亩次使用 10%悬浮剂 100～150 毫升，或 30%悬浮剂 40～50 毫升，或 30%可湿性粉剂 40～60 克，或 40%悬浮剂 30～40 毫升，或 50%可湿性粉剂或 50%水分散粒剂 30～35 克，或 60%水分散粒剂 20～30 克，或 80%水分散粒剂 15～20 克，对水 30～45 千克均匀喷雾。

注意事项　醚菌酯不能与碱性农药及肥料混用，连续喷药时注意与不同类型杀菌剂交替使用。本品相当于保护性杀菌剂，在病害发生前或发生初期开始用药效果较好。醚菌酯在樱桃上使用易产生药害，田间用药时需要注意。

嘧菌环胺 cyprodinil

主要含量与剂型　30%、40%悬浮剂，50%可湿性粉剂，50%水分散粒剂。

产品特点　嘧菌环胺是一种苯胺基嘧啶类内吸治疗性广谱低毒杀菌剂，具有预防保护和内吸治疗双重活性，既可用于病菌侵入期，又能用于菌丝生长期，且持效期较长。其杀菌机理是通过抑制病菌细胞中蛋氨酸的生物合成和水解酶活性，而干扰病菌细胞的蛋白质正常代谢，最终导致病菌死亡。

适用作物防控对象及使用技术

葡萄灰霉病、穗轴褐枯病、白粉病　先在葡萄花蕾期和落花后各喷药 1 次，有效防控穗轴褐枯病及灰霉病为害幼穗；然后在葡萄套袋前喷药 1 次，或不套袋葡萄近成熟期的灰霉病发生初期开始喷药，10 天左右 1 次，连喷 2 次左右，有效防控灰霉病为害近成熟期果穗；防控白粉病时，从病害发生初期开始喷药，10 天左右 1 次，连喷 2～3 次。嘧菌环胺一般使用 50%水分散粒剂或 50%可湿性粉剂 800～1 000 倍液，或 40%悬浮剂 600～800 倍液，或 30%悬浮剂 500～600 倍液均匀喷雾。

草莓灰霉病、白粉病　从病害发生初期或初花期开始喷药，10～15 天 1 次，与不同类型药剂交替使用，连喷 3～5 次。嘧菌环胺喷施倍数同"葡萄灰霉病"。

苹果树斑点落叶病、黑星病、褐腐病　防控斑点落叶病时，在春梢生长期内和秋梢生长期内各喷药 2 次左右，间隔期 10～15 天；防控黑星病时，从病害发生初期或初见病叶或病果时开始喷药，10～15 天 1 次，连喷 2～3 次；防控褐腐病时（不套袋苹果），从病害发生初期或采收前 1～1.5 个月开始喷药，10～15 天 1 次，连喷 2 次左右。嘧菌环胺一般使用 50%水分散粒剂或 50%可湿性粉剂 2 000～2 500 倍液，或 40%悬浮剂 1 500～2 000 倍液，或 30%悬浮剂 1 200～1 500 倍液均匀喷雾。

桃树黑星病、褐腐病　防控黑星病时，多从落花后 20 天左右（油桃类 15～20 天、毛桃类 20～30 天）开始喷药，10～15 天 1 次，连喷 2～4 次（或到果实采收前 1 个月结束；套袋桃全套袋后结束）；防控不套袋果的褐腐病时，从果实采收前 1～1.5 个月开始喷药，10～15 天 1 次，连喷 2 次左右。嘧菌环胺喷施倍数同"苹果树斑点落叶病"。

番茄、茄子、辣椒及黄瓜、苦瓜、西葫芦等瓜果蔬菜的灰霉病　从病害发生初期或连续阴天 2 天时开始喷药，7～10 天 1 次，每期连喷 2 次。一般每亩次使用 30％悬浮剂 100～150 毫升，或 40％悬浮剂 75～100 毫升，或 50％可湿性粉剂或 50％水分散粒剂 60～90 克，对水 45～60 千克均匀喷雾。

黄瓜、苦瓜、西葫芦等瓜类蔬菜的白粉病　从病害发生初期开始喷药，10～15 天 1 次，连喷 2～3 次。嘧菌环胺喷施剂量同"番茄灰霉病"。

人参灰霉病　从病害发生初期开始喷药，7～10 天 1 次，连喷 2～3 次。一般每亩次使用 30％悬浮剂 70～100 毫升，或 40％悬浮剂 50～70 毫升，或 50％可湿性粉剂或 50％水分散粒剂 40～60 克，对水 30～45 千克均匀喷雾。

观赏百合灰霉病　从病害发生初期开始喷药，7～10 天 1 次，连喷 2 次左右。一般每亩次使用 30％悬浮剂 100～150 毫升，或 40％悬浮剂 75～100 毫升，或 50％可湿性粉剂或 50％水分散粒剂 60～90 克，对水 45～60 千克均匀喷雾。

注意事项　嘧菌环胺不能与碱性药剂混用，发病前或发病初期用药效果最好。连续喷药时，注意与不同类型药剂交替使用。本剂耐雨水冲刷，施药后 2 小时遇雨基本不影响药效。

嘧菌酯 azoxystrobin

主要含量与剂型　0.1％、1％颗粒剂，25％、30％、50％、250 克/升、500 克/升悬浮剂，20％、50％、60％、80％水分散粒剂，10％悬浮种衣剂。

产品特点　嘧菌酯是一种甲氧基丙烯酸酯类内吸性高效广谱低毒杀菌剂，具有保护、治疗、铲除、渗透、内吸及缓慢向顶移动活性，属线粒体呼吸抑制剂。其杀菌机理是通过抑制细胞色素 b 向 c1 间的电子转移，进而抑制线粒体的呼吸，破坏病菌的能量形成，最终使病菌因饥饿而死亡。通过抑制孢子萌发、菌丝生长及孢子产生而发挥防病作用。对 14-脱甲基化酶抑制剂、苯甲酰胺类、二羧酰胺类和苯并咪唑类产生抗性的菌株有效，并可在一定程度上诱导植物表现出其潜在抗性，防止病菌侵染。

适用作物防控对象及使用技术

葡萄霜霉病、黑痘病、白腐病、炭疽病、白粉病　以防控霜霉病为主，兼防其他病害。先在葡萄花蕾期、落花 80％和落花后 10～15 天各喷药 1 次，有效防控黑痘病及霜霉病为害幼穗；然后从叶片上初见霜霉病病斑时立即开始连续喷药，10 天左右 1 次，与不同类型药剂交替使用，直到生长后期。嘧菌酯一般使用 20％水分散粒剂 700～1 000 倍液，或 25％悬浮剂或 250 克/升悬浮剂 1 000～1 200 倍液，或 30％悬浮剂 1 000～1 500 倍液，或 50％水分散粒剂或 50％悬浮剂或 500 克/升悬浮剂 2 000～2 500 倍液，或 60％水分散粒剂 2 500～3 000 倍液，或 80％水分散粒剂 3 500～4 000 倍液均匀喷雾。防控叶片霜霉病时注意喷洒叶片背面。

梨炭疽病、套袋果黑点病　从梨树落花后 15 天左右开始喷药，10～15 天 1 次，连喷 2～3 次，药后套袋（套袋后不再喷药）；不套袋果实需继续喷药 3～5 次，间隔期 10～15 天，与其他不同类型药剂交替使用。需要指出，嘧菌酯在梨树上使用应当单独喷洒，不能与其他药剂混用（特别是乳油类产品），以防有些品种出现药害。嘧菌酯喷施倍数同"葡萄霜霉病"。

桃褐腐病、黑星病　防控黑星病时，从桃树落花后 20 天左右（油桃类 15～20 天、毛桃类 20～30 天）开始喷药，10～15 天 1 次，连喷 2～4 次；防控褐腐病时（不套袋果），从果实采收前 1～1.5 个月开始喷药，10 天左右 1 次，连喷 2 次左右。嘧菌酯喷施倍数同"葡萄霜霉病"。

枣树炭疽病、轮纹病、锈病　多从一茬花坐住果后 15 天左右或初见锈病病叶时开始喷药，15 天左右 1 次，与不同类型药剂交替使用，连喷 5～7 次。嘧菌酯一般使用 20％水分散粒剂 1 200～1 500 倍液，或 25％悬浮剂或 250 克/升悬浮剂 1 500～2 000 倍液，或 30％悬浮剂 2 000～2 400 倍液，或 50％水分散粒剂或 50％悬浮剂或 500 克/升悬浮剂 3 000～4 000 倍液，或 60％水分散粒剂 4 000～5 000 倍液，或 80％水分散粒剂 5 000～6 000 倍液均匀喷雾。

枸杞白粉病　从病害发生初期开始喷药，10～15 天 1 次，连喷 2～3 次。嘧菌酯喷施倍数同"枣树炭疽病"。

草莓炭疽病　主要应用于育苗田。从病害发生初期开始喷药，10～15 天 1 次，与不同类型药剂交替使用，连喷 3～5 次。嘧菌酯一般每亩次使用 20％水分散粒剂 50～75 克，或 25％悬浮剂或 250 克/升悬浮剂 40～60 毫升，或 30％悬浮剂 35～50 毫升，或 50％悬浮剂或 500 克/升悬浮剂 20～30 毫升，或 50％水分散粒剂 20～30 克，或 60％水分散粒剂 20～25 克，或 80％水分散粒剂 15～20 克，对水 45～60 千克均匀喷雾。

柑橘树疮痂病、炭疽病　在春梢生长期、落花期至幼果期、秋梢生长期、果实转色期各喷药 1～2 次，注意与不同类型药剂交替使用。嘧菌酯一般使用 20％水分散粒剂 600～800 倍液，或 25％悬浮剂或 250 克/升悬浮剂 800～1 200 倍液，或 30％悬浮剂 1 000～1 400 倍液，或 50％水分散粒剂或 50％悬浮剂或 500 克/升悬浮剂 1 600～2 400 倍液，或 60％水分散粒剂 2 000～2 500 倍液，或 80％水分散粒剂 2 500～3 500 倍液均匀喷雾。

香蕉叶斑病、黑星病　从病害发生初期开始喷药，15 天左右 1 次，与不同类型药剂交替使用，连喷 3～5 次。嘧菌酯一般使用 20％水分散粒剂 800～1 200 倍液，或 25％悬浮剂或 250 克/升悬浮剂 1 000～1 500 倍液，或 30％悬浮剂 1 200～1 500 倍液，或 50％水分散粒剂或 50％悬浮剂或 500 克/升悬浮剂 2 000～2 500 倍液，或 60％水分散粒剂 2 500～3 000 倍液，或 80％水分散粒剂 4 000～5 000 倍液均匀喷雾。

荔枝霜疫霉病　在花蕾期、幼果期、果实转色期、近成熟期各喷药 1 次。嘧菌酯一般使用 20％水分散粒剂 1 000～1 200 倍液，或 25％悬浮剂或 250 克/升悬浮剂 1 200～1 500 倍液，或 30％悬浮剂 1 500～1 800 倍液，或 50％水分散粒剂或 50％悬浮剂或 500 克/升悬浮剂 2 500～3 000 倍液，或 60％水分散粒剂 3 000～3 500 倍液，或 80％水分散粒剂 4 000～5 000 倍液均匀喷雾。

杧果炭疽病、白粉病　先在花蕾期、落花后、落花后 15 天左右各喷药 1 次，然后再于成熟前 1 个月内间隔 10～15 天再喷药 2 次。嘧菌酯喷施倍数同"荔枝霜疫霉病"。

杨梅树褐斑病　从病害发生初期开始喷药，10～15 天 1 次，连喷 2～3 次。嘧菌酯喷施倍数同"荔枝霜疫霉病"。

枇杷角斑病　从病害发生初期开始喷药，10～15 天 1 次，连喷 2～3 次。嘧菌酯一般使用 20％水分散粒剂 600～800 倍液，或 25％悬浮剂或 250 克/升悬浮剂 800～1 000 倍液，或 30％悬浮剂 1 000～1 200 倍液，或 50％水分散粒剂或 50％悬浮剂或 500 克/升悬浮剂 1 500～2 000 倍液，或 60％水分散粒剂 2 000～2 500 倍液，或 80％水分散粒剂 2 500～3 000 倍液均匀喷雾。

黄瓜霜霉病、白粉病、黑星病、炭疽病、蔓枯病　以防控霜霉病为主，从定植后 3～5 天或初见霜霉病病斑时立即开始喷药，7～10 天 1 次，与不同类型药剂交替使用，直到生长后期，兼防其他病害。嘧菌酯一般每亩次使用 20％水分散粒剂 75～100 克，或 25％悬浮剂或 250 克/升悬浮剂 60～80 毫升，或 30％悬浮剂 50～70 毫升，或 50％悬浮剂或 500 克/升悬浮剂 30～40 毫升，或 50％水分散粒剂 30～40 克，或 60％水分散粒剂 25～35 克，或 80％水分散粒剂 20～25 克，对水 60～75 千克均匀喷雾，注意喷洒叶片背面。

丝瓜霜霉病、炭疽病　从病害发生初期开始喷药，7～10 天 1 次，连喷 2～4 次。嘧菌酯喷施剂量同"黄瓜霜霉病"。

冬瓜霜霉病、疫病、炭疽病　从病害发生初期开始喷药，7～10 天 1 次，连喷 2～4 次。嘧菌酯喷施剂量同"黄瓜霜霉病"。

番茄晚疫病、早疫病、叶霉病　前期以防控晚疫病为主，兼防早疫病，从初见晚疫病病斑时开始喷药，10 天左右 1 次，与不同类型药剂交替使用，连喷 3～5 次；后期以防控叶霉病为主，兼防其他病害，从初见叶霉病病斑时开始喷药，10 天左右 1 次，连喷 2～3 次。嘧菌酯喷施剂量同"黄瓜霜霉病"。

西瓜炭疽病、蔓枯病、白粉病　从病害发生初期或初见病斑时开始喷药，10～15 天 1 次，连喷 3～4 次。嘧菌酯一般每亩次使用 20％水分散粒剂 60～80 克，或 25％悬浮剂或 250 克/升悬浮剂 50～70 毫升，或 30％悬浮剂 40～60 毫升，或 50％悬浮剂或 500 克/升悬浮剂 25～35 毫升，或 50％水分散粒剂 30～35 克，或 60％水分散粒剂 20～30 克，或 80％水分散粒剂 15～20 克，对水 45～60 千克均匀喷雾。

西瓜、黄瓜的枯萎病　既可在瓜苗定植前土壤撒施用药，也可于定植后病害发生初期药液灌根。定植前用药时，每亩使用 0.1％颗粒剂 20～30 千克或 1％颗粒剂 2～3 千克，均匀撒施于定植沟内，混土均匀后定植瓜苗，每季施用 1 次。生长期灌根时，多从田间初见病株时或定植后 1 个月左右开始灌药，15 天左右 1 次，连灌 2 次。一般使用 20％水分散粒剂 800～1 200 倍液，或 25％悬浮剂或 250 克/升悬浮剂 1 000～1 500 倍液，或 30％悬浮剂 1 200～1 800 倍液，或 50％水分散粒剂或 50％悬浮剂或 500 克/升悬浮剂 2 000～3 000 倍液，或 60％水分散粒剂 2 500～3 500 倍液，或 80％水分散粒剂 3 500～4 500 倍液灌根，每株次浇灌药液 200～300 毫升。

辣椒炭疽病、疫病　从病害发生初期开始喷药，10～15 天 1 次，连喷 3～4 次。嘧菌酯每亩次使用 20％水分散粒剂 50～85 克，或 25％悬浮剂或 250 克/升悬浮剂 40～70 毫升，或 30％悬浮剂 35～55 毫升，或 50％水分散粒剂 25～35 克，或 50％悬浮剂或 500 克/升悬浮剂 20～35 毫升，或 60％水分散粒剂 20～30 克，或 80％水分散粒剂 15～20 克，对水 45～75 千克均匀喷雾。

　　十字花科蔬菜霜霉病、黑斑病　从病害发生初期或初见病斑时开始喷药，10天左右1次，连喷2次左右，注意喷洒叶片背面。嘧菌酯每亩次使用20％水分散粒剂50～80克，或25％悬浮剂或250克/升悬浮剂40～70毫升，或30％悬浮剂35～50毫升，或50％水分散粒剂25～35克，或50％悬浮剂或500克/升悬浮剂20～35毫升，或60％水分散粒剂20～30克，或80％水分散粒剂15～20克，对水30～60千克均匀喷雾。

　　花椰菜霜霉病　从病害发生初期开始喷药，10天左右1次，连喷2次左右。嘧菌酯喷施剂量同"十字花科蔬菜霜霉病"。

　　蕹菜白锈病　从病害发生初期开始喷药，10～15天1次，连喷2次左右。嘧菌酯喷施剂量同"十字花科蔬菜霜霉病"。

　　大豆锈病、紫斑病　从病害发生初期开始喷药，10～15天1次，连喷2次左右。一般每亩次使用20％水分散粒剂50～75克，或25％悬浮剂或250克/升悬浮剂40～60毫升，或30％悬浮剂35～50毫升，或50％水分散粒剂25～30克，或50％悬浮剂或500克/升悬浮剂20～30毫升，或60％水分散粒剂20～25克，或80％水分散粒剂15～18克，对水30～60千克均匀喷雾。

　　人参黑斑病　从病害发生初期开始喷药，10～15天1次，连喷2～3次。嘧菌酯喷施剂量同"大豆锈病"。

　　姜炭疽病　从病害发生初期开始喷药，10～15天1次，连喷2次左右。嘧菌酯喷施剂量同"大豆锈病"。

　　芋头疫病　从病害发生初期开始喷药，10～15天1次，连喷2～3次。嘧菌酯喷施剂量同"大豆锈病"。

　　莲藕叶斑病　从病害发生初期开始喷药，10～15天1次，连喷2～3次。一般使用20％水分散粒剂1 200～1 500倍液，或25％悬浮剂或250克/升悬浮剂1 500～2 000倍液，或30％悬浮剂2 000～2 500倍液，或50％水分散粒剂或50％悬浮剂或500克/升悬浮剂3 000～4 000倍液，或60％水分散粒剂4 000～5 000倍液，或80％水分散粒剂5 000～6 000倍液均匀喷雾。

　　马铃薯黑痣病　播种时药液喷洒播种沟，即在马铃薯开沟下种后，向种薯及种薯两侧沟面喷药，最好覆土一半后再喷洒1次，最后覆土，每季最多使用1次。一般每亩次使用20％水分散粒剂60～75克，或25％悬浮剂或250克/升悬浮剂50～60毫升，或30％悬浮剂40～50毫升，或50％水分散粒剂25～30克，或50％悬浮剂或500克/升悬浮剂25～30毫升，或60％水分散粒剂20～25克，或80％水分散粒剂15～18克，对水45～60千克均匀喷洒播种沟。

　　马铃薯晚疫病、早疫病　多从植株现蕾期或初见病斑时开始喷药，10天左右1次，与不同类型药剂交替使用，直到生长后期。嘧菌酯一般每亩次使用20％水分散粒剂75～110克，或25％悬浮剂或250克/升悬浮剂60～90毫升，或30％悬浮剂50～75毫升，或50％水分散粒剂35～45克，或50％悬浮剂或500克/升悬浮剂30～45毫升，或60％水分散粒剂25～35克，或80％水分散粒剂20～25克，对水60～75千克均匀喷雾。

　　麦类锈病、白粉病、纹枯病、赤霉病　防控锈病、白粉病时，从病害发生初期开始喷药，10～15天1次，连喷2次左右，兼防纹枯病；防控纹枯病时，在拔节初期、孕穗至破口期各喷药1次，兼防锈病、白粉病；防控赤霉病时，在齐穗初期和扬花初期各喷药

1 次。一般每亩次使用 20％水分散粒剂 75～100 克，或 25％悬浮剂或 250 克/升悬浮剂 60～80 毫升，或 30％悬浮剂 50～65 毫升，或 50％水分散粒剂 35～40 克，或 50％悬浮剂或 500 克/升悬浮剂 30～40 毫升，或 60％水分散粒剂 25～30 克，或 80％水分散粒剂 20～25 克，对水 30～45 千克均匀喷雾。

水稻纹枯病、稻瘟病、稻曲病　防控纹枯病时，在分蘖末期至拔节初期和孕穗期至破口初期各喷药 1 次；防控叶瘟时，在田间出现发病中心时或有急性病斑时喷药 1 次；防控穗颈瘟时，在破口初期和齐穗期各喷药 1 次；防控稻曲病时，在破口前 5～7 天和齐穗初期各喷药 1 次。嘧菌酯喷施剂量同"麦类锈病"。

花生叶斑病、锈病、疮痂病　从病害发生初期或开花下针期开始喷药，10～15 天 1 次，连喷 2～3 次。一般每亩次使用 20％水分散粒剂 60～80 克，或 25％悬浮剂或 250 克/升悬浮剂 50～60 毫升，或 30％悬浮剂 40～50 毫升，或 50％悬浮剂或 500 克/升悬浮剂 25～30 毫升，或 50％水分散粒剂 25～30 克，或 60％水分散粒剂 20～25 克，或 80％水分散粒剂 15～20 克，对水 30～45 千克均匀喷雾。

菊科、蔷薇科观赏植物白粉病　从病害发生初期开始喷药，10～15 天 1 次，连喷 2～3 次。一般使用 20％水分散粒剂 800～1 000 倍液，或 25％悬浮剂或 250 克/升悬浮剂 1 000～1 200 倍液，或 30％悬浮剂 1 200～1 500 倍液，或 50％悬浮剂或 500 克/升悬浮剂或 50％水分散粒剂 2 000～2 500 倍液，或 60％水分散粒剂 2 500～3 000 倍液，或 80％水分散粒剂 3 500～4 000 倍液均匀喷雾。

牡丹红斑病　从病害发生初期开始喷药，10～15 天 1 次，连喷 2 次左右。一般每亩次使用 20％水分散粒剂 75～110 克，或 25％悬浮剂或 250 克/升悬浮剂 60～90 毫升，或 30％悬浮剂 50～75 毫升，或 50％悬浮剂或 500 克/升悬浮剂 30～45 毫升，或 50％水分散粒剂 30～45 克，或 60％水分散粒剂 25～35 克，或 80％水分散粒剂 20～28 克，对水 45～60 千克均匀喷雾。

草坪枯萎病、褐斑病　从病害发生初期开始喷药，10 天左右 1 次，每期连喷 2～3 次。一般每亩次使用 20％水分散粒剂 90～120 克，或 25％悬浮剂或 250 克/升悬浮剂 80～100 毫升，或 30％悬浮剂 70～90 毫升，或 50％水分散粒剂 40～50 克，或 60％水分散粒剂 35～45 克，或 80％水分散粒剂 25～30 克，对水 45～60 千克淋洗式均匀喷雾。

小麦全蚀病　种子包衣用药。每 100 千克种子使用 10％悬浮种衣剂 250～350 毫升，对适量水均匀拌种，晾干后播种或存放。

玉米丝黑穗病　种子包衣用药。每 100 千克种子使用 10％悬浮种衣剂 250～350 毫升，对适量水均匀拌种，晾干后播种或存放。

棉花立枯病　种子包衣用药。每 100 千克种子使用 10％悬浮种衣剂 300～500 毫升，对适量水均匀拌种，晾干后播种或存放。

注意事项　嘧菌酯不能与碱性药剂或肥料混用，并避免与乳油类药剂及有机硅助剂混用。连续喷药时，注意与不同类型药剂交替使用，以延缓病菌产生抗药性。苹果、樱桃对本剂较敏感，请勿在苹果树和樱桃树上使用，并避免药剂雾滴飘移。种子处理用药时，避免药液接触皮肤、眼睛和污染衣物，且避免吸入；处理过的种子必须存放在有明显标签的容器内，勿与食物、饲料堆放一起，不得饲喂禽畜，更不能用来加工饲料或食品。

嘧霉胺 pyrimethanil

主要含量与剂型　20％、30％、40％、400 克/升悬浮剂，20％、40％可湿性粉剂，40％、70％、80％水分散粒剂。

产品特点　嘧霉胺是一种苯氨基嘧啶类低毒杀菌剂，以触杀作用为主，兼有较好的治疗和铲除作用，专用于防控灰霉类真菌病害。其杀菌机理是通过抑制病菌细胞中蛋氨酸的生物合成，进而抑制病菌侵染酶的分泌，阻止病菌侵染，并能迅速渗透至植物组织内杀死病菌，抑制病害扩展蔓延。与苯并咪唑类、二羧酰亚胺类、乙霉威等杀菌剂没有交互抗性。该药具有内吸传导和熏蒸活性，施药后可迅速到达植株的花、幼果等新鲜幼嫩组织而杀死病菌，药效快而稳定，黏着性好，持效期较长。嘧霉胺对温度不敏感，低温时也能充分发挥药效。

适用作物防控对象及使用技术

草莓灰霉病　初花期、盛花期、末花期、幼果期各喷药 1 次；或在连续阴天 2 天后开始喷药，7～10 天 1 次，每期连喷 2 次左右。嘧霉胺一般每亩次使用 20％悬浮剂 100～130 毫升，或 20％可湿性粉剂 120～150 克，或 30％悬浮剂 70～90 毫升，或 40％悬浮剂或 400 克/升悬浮剂 50～65 毫升，或 40％可湿性粉剂或 40％水分散粒剂 60～75 克，或 70％水分散粒剂 35～40 克，或 80％水分散粒剂 30～37 克，对水 45～60 千克均匀喷雾。连续用药时，注意与不同类型药剂交替使用。

葡萄灰霉病　先在花蕾期和落花后各喷药 1 次，有效防控灰霉病为害幼穗；然后套袋葡萄于套袋前喷药 1 次，不套袋葡萄于果粒转色期至采收前喷药 1～2 次（间隔期 10 天左右），有效防控近成熟穗受害。嘧霉胺一般使用 20％悬浮剂或 20％可湿性粉剂 500～700 倍液，或 30％悬浮剂 800～1 000 倍液，或 400 克/升悬浮剂或 40％悬浮剂或 40％可湿性粉剂或 40％水分散粒剂 1 000～1 500 倍液，或 70％水分散粒剂 2 000～2 500 倍液，或 80％水分散粒剂 2 000～3 000 倍液均匀喷雾，重点喷洒果穗即可。

桃、李、樱桃的灰霉病　从病害发生初期开始喷药，7 天左右 1 次，连喷 1～2 次。嘧霉胺喷施倍数同"葡萄灰霉病"。

桃、李的褐腐病　从病害发生初期或果实采收前 1 个月开始喷药，10 天左右 1 次，连喷 2 次左右。嘧霉胺喷施倍数同"葡萄灰霉病"。

苹果花腐病、黑星病　苹果花序分离期、落花后各喷药 1 次，有效防控花腐病，兼防黑星病；然后从黑星病发生初期或初见病叶或病果时开始喷药，10～15 天 1 次，连喷 2～3 次。嘧霉胺喷施倍数同"葡萄灰霉病"。

梨树黑星病、褐腐病　防控黑星病时，从病害发生初期或田间初见黑星病病梢、病叶、病果时开始喷药，10～15 天 1 次，与不同类型药剂交替使用，连喷 5～7 次；防控褐腐病（不套袋果）时，从病害发生初期开始喷药，10 天左右 1 次，连喷 2 次左右。嘧霉胺喷施倍数同"葡萄灰霉病"。

柿灰霉病　南方柿树开花期遇多雨潮湿天气时，在开花前、落花后各喷药 1 次，即可有效防控灰霉病的为害。嘧霉胺喷施倍数同"葡萄灰霉病"。

蓝莓灰霉病　从病害发生初期开始喷药，10 天左右 1 次，连喷 2 次左右。嘧霉胺喷施倍数同"葡萄灰霉病"。

番茄、辣椒、茄子、黄瓜、西葫芦、苦瓜、芸豆、韭菜、莴笋等瓜果蔬菜及豆类的灰霉病、菌核病　多在连续阴天2天后或初见病斑时立即开始喷药，7～10天1次，每期连喷2～3次。一般每亩次使用20%悬浮剂100～180毫升，或20%可湿性粉剂120～200克，或30%悬浮剂80～120毫升，或40%悬浮剂或400克/升悬浮剂60～90毫升，或40%可湿性粉剂或40%水分散粒剂70～100克，或70%水分散粒剂40～55克，或80%水分散粒剂30～45克，对水45～60千克均匀喷雾。

人参灰霉病　从病害发生初期开始喷药，7～10天1次，每期连喷2～3次。一般每亩次使用20%悬浮剂60～100毫升，或20%可湿性粉剂70～100克，或30%悬浮剂40～65毫升，或40%悬浮剂或400克/升悬浮剂30～50毫升，或40%可湿性粉剂或40%水分散粒剂40～60克，或70%水分散粒剂25～35克，或80%水分散粒剂20～30克，对水30～45千克均匀喷雾。

元胡菌核病　从病害发生初期开始喷药，7～10天1次，连喷2次左右。一般每亩次使用20%悬浮剂90～140毫升，或20%可湿性粉剂100～150克，或30%悬浮剂60～90毫升，或40%悬浮剂或400克/升悬浮剂50～70毫升，或40%可湿性粉剂或40%水分散粒剂50～75克，或70%水分散粒剂30～45克，或80%水分散粒剂25～38克，对水45～60千克均匀喷雾。

观赏植物灰霉病　从病害发生初期开始喷药，7～10天1次，每期连喷2次左右。一般使用20%悬浮剂或20%可湿性粉剂300～500倍液，或30%悬浮剂500～700倍液，或400克/升悬浮剂或40%悬浮剂或40%可湿性粉剂或40%水分散粒剂700～1 000倍液，或70%水分散粒剂1 200～1 500倍液，或80%水分散粒剂1 500～2 000倍液均匀喷雾。

注意事项　嘧霉胺不能与强酸性药剂或碱性药剂及肥料混用。连续喷药时，注意与不同类型药剂交替使用。在通风不良的棚室中使用时，避免高温时段用药，且浓度过高可能会导致有些作物的叶片上出现褐色斑点。

木霉菌 trichoderma sp.

主要含量与剂型　2亿孢子/克、10亿孢子/克可湿性粉剂，1亿孢子/克、3亿孢子/克水分散粒剂。

产品特点　木霉菌是一种微生物类杀菌剂，具有保护和治疗双重功效。通过寄生和营养竞争作用，消耗侵染位点的营养物质，使相应病菌停止生长和侵染。

适用作物防控对象及使用技术

葡萄灰霉病、霜霉病　先在幼穗开花前、落花后各喷药1次，有效防控幼穗受害；然后以防控霜霉病为主，兼防灰霉病，多从田间初见霜霉病病斑时立即开始喷药，7～10天1次，连续喷施到生长后期。木霉菌一般每亩次使用1亿孢子/克水分散粒剂300～400克，或2亿孢子/克可湿性粉剂200～300克，或3亿孢子/克水分散粒剂150～200克，或10亿孢子/克可湿性粉剂70～100克，对水60～90千克均匀喷雾。

草莓枯萎病　多从草莓开花初期开始用药液灌根，7～10天1次，连灌3次。一般使用1亿孢子/克水分散粒剂200～300倍液，或2亿孢子/克可湿性粉剂350～500倍液，或

3 亿孢子/克水分散粒剂 500～700 倍液，或 10 亿孢子/克可湿性粉剂 1 000～1 500 倍液灌根，每株浇灌药液 100～150 毫升。

黄瓜、番茄灰霉病 从病害发生初期或连续阴天 2 天后立即开始喷药，7～10 天 1 次，连喷 3 次左右。一般每亩次使用 1 亿孢子/克水分散粒剂 300～500 克，或 2 亿孢子/克可湿性粉剂 200～300 克，或 3 亿孢子/克水分散粒剂 130～170 克，或 10 亿孢子/克可湿性粉剂 30～50 克，对水 45～60 千克均匀喷雾。

番茄、辣椒苗期猝倒病 从苗床上初见病株时立即开始用药，或播种后出苗前开始用药，3～5 天 1 次，连用 1～2 次。一般每平方米苗床使用 1 亿孢子/克水分散粒剂 8～10 克，或 2 亿孢子/克可湿性粉剂 4～6 克，或 3 亿孢子/克水分散粒剂 6～8 克，或 10 亿孢子/克可湿性粉剂 1～1.2 克，对水 1.5～2 千克均匀喷淋苗床。

小麦纹枯病 药剂拌种用药。一般每 100 千克种子使用 1 亿孢子/克水分散粒剂 2 500～5 000 克，或 2 亿孢子/克可湿性粉剂 1 500～2 500 克，或 3 亿孢子/克水分散粒剂 900～1 600 克，或 10 亿孢子/克可湿性粉剂 300～500 克，对适量水均匀拌种，待种子阴干后播种。

注意事项 木霉菌属真菌类微生物制剂，严禁与防控真菌性病害的药剂混用，也不能与碱性药剂或强酸性药剂及肥料混用。本剂宜存放在阴凉、干燥、避光处，严禁在高温或阳光暴晒下存放。不同企业所用菌株存在不同，药效也有差异，具体应用时还应以其标签说明为主要参考。

氢氧化铜 copper hydroxide

主要含量与剂型 37.5％悬浮剂，77％可湿性粉剂，46％、53.8％水分散粒剂。

产品特点 氢氧化铜是一种矿物源类无机铜素广谱保护性低毒杀菌剂，对真菌性和细菌性病害均有很好的防控效果。其杀菌机理是通过释放的铜离子与病菌体内或芽管内蛋白质中的—SH、—NH_2、—COOH、—OH 等基团结合，形成铜的络合物，使蛋白质变性，进而阻碍和抑制病菌代谢，最终导致病菌死亡。该药杀菌防病范围广，渗透性好，但没有内吸作用，且使用不当易发生药害。喷施在植物表面后没有明显药斑残留。

适用作物防控对象及使用技术 氢氧化铜主要应用于喷雾，有时也可灌根用药、涂抹用药等。喷雾时必须及时均匀周到，但不要在高温、高湿环境下使用。

葡萄霜霉病、黑痘病、穗轴褐枯病、褐斑病、炭疽病 先在幼穗开花前、落花后、落花后 15 天左右各喷药 1 次，有效防控穗轴褐枯病、黑痘病及幼穗霜霉病；然后从叶片上初见霜霉病病斑时开始继续喷药，10 天左右 1 次，与不同类型药剂交替使用，连喷 5～7 次，有效防控霜霉病、褐斑病、炭疽病。氢氧化铜一般使用 37.5％悬浮剂 400～600 倍液，或 46％水分散粒剂 800～1 000 倍液，或 53.8％水分散粒剂 1 200～1 500 倍液，或 77％可湿性粉剂 600～800 倍液均匀喷雾。

苹果树、梨树、山楂树的烂根病、腐烂病、干腐病、枝干轮纹病 治疗烂根病时，将病残组织清除后直接灌药治疗，浇灌药液量要求将病树的主要根区渗透。一般使用 37.5％悬浮剂 500～600 倍液，或 46％水分散粒剂 800～1 000 倍液，或 53.8％水分散粒剂 1 000～1 200 倍液，或 77％可湿性粉剂 1 200～1 500 倍液浇灌。预防腐烂病等枝干病害时，在树体发芽前喷药清园，一般使用 37.5％悬浮剂 300～400 倍液，或 46％水分散粒剂 400～500 倍液，或 53.8％水分散粒剂 500～600 倍液，或 77％可湿性粉剂 600～800 倍液喷洒枝干。腐烂病及干腐病病斑刮除后，也可在病斑表面涂抹用药，一般使用 37.5％悬浮剂 80～100 倍液，或 46％水分散粒剂 100～150 倍液，或 53.8％水分散粒剂 150～200 倍液，或 77％可湿性粉剂 200～300 倍液涂抹。

桃树、杏树、李树及樱桃树的流胶病　在树体发芽前对枝干喷药 1 次，生长期严禁使用。一般使用 37.5％悬浮剂 400～500 倍液，或 46％水分散粒剂 500～600 倍液，或 53.8％水分散粒剂 600～700 倍液，或 77％可湿性粉剂 700～800 倍液喷洒枝干。

柑橘树溃疡病、疮痂病　在春梢生长初期、春梢转绿期、小幼果期、幼果膨大初期、夏梢生长初期、夏梢转绿期、秋梢生长初期、秋梢转绿期各喷药 1 次，注意与不同类型药剂交替使用。氢氧化铜一般使用 37.5％悬浮剂 400～500 倍液，或 46％水分散粒剂 700～900 倍液，或 53.8％水分散粒剂 800～1 000 倍液，或 77％可湿性粉剂 600～800 倍液均匀喷雾。

荔枝霜疫霉病　在花蕾期、幼果期、中果期、果实转色期各喷药 1 次。氢氧化铜喷施倍数同"柑橘树溃疡病"。

杧果细菌性黑斑病　从病害发生初期开始喷药，7～10 天 1 次，连喷 2～3 次。一般使用 37.5％悬浮剂 500～600 倍液，或 46％水分散粒剂 1 000～1 200 倍液，或 53.8％水分散粒剂 1 200～1 500 倍液，或 77％可湿性粉剂 1 000～1 500 倍液均匀喷雾。

香蕉叶鞘腐败病　从病害发生初期或台风过后立即开始喷药，7～10 天 1 次，连喷 1～2 次。一般使用 37.5％悬浮剂 400～500 倍液，或 46％水分散粒剂 800～1 000 倍液，或 53.8％水分散粒剂 1 200～1 500 倍液，或 77％可湿性粉剂 600～800 倍液均匀喷雾。

茶树炭疽病　从病害发生初期开始喷药，7～10 天 1 次，连喷 2～3 次。一般使用 37.5％悬浮剂 400～500 倍液，或 46％水分散粒剂 800～1 000 倍液，或 53.8％水分散粒剂 1 000～1 200 倍液，或 77％可湿性粉剂 600～800 倍液均匀喷雾。

西瓜、甜瓜的炭疽病、细菌性果斑病、枯萎病　防控炭疽病、细菌性果斑病时，从病害发生初期开始喷药，7～10 天 1 次，连喷 3～4 次。一般每亩次使用 37.5％悬浮剂 100～120 毫升，或 46％水分散粒剂 60～80 克，或 53.8％水分散粒剂 70～100 克，或 77％可湿性粉剂 80～100 克，对水 45～60 千克均匀喷雾。防控枯萎病时，从坐瓜后开始灌根，每株浇灌药液 200～250 毫升，15 天后再浇灌 1 次，一般使用 37.5％悬浮剂 400～500 倍液，或 46％水分散粒剂 600～800 倍液，或 53.8％水分散粒剂 700～900 倍液，或 77％可湿性粉剂 600～700 倍液。

番茄溃疡病、早疫病、晚疫病　防控溃疡病时，在每次整枝打杈后及时喷药 1 次；或从病害发生初期开始喷药，7～10 天 1 次，连喷 2～3 次。防控早疫病、晚疫病时，从病害发生初期或田间初见病叶时立即开始喷药，7～10 天 1 次，与不同类型药剂交替使用，连喷 4～6 次。氢氧化铜一般每亩次使用 37.5％悬浮剂 100～120 毫升，或 46％水分散粒剂 60～80 克，或 53.8％水分散粒剂 150～200 克，或 77％可湿性粉剂 100～150 克，对水 45～75 千克均匀喷雾。

马铃薯晚疫病、早疫病　从病害发生初期或植株现蕾期开始喷药，10 天左右 1 次，与不同类型药剂交替使用，直到生长后期。氢氧化铜喷施剂量同"番茄溃疡病"。

　　黄瓜霜霉病、细菌性叶斑病　从病害发生初期开始喷药，7～10天1次，与不同类型药剂交替使用，连喷喷施，直到生长后期，重点喷洒叶片背面。氢氧化铜喷施剂量同"番茄溃疡病"。

　　辣椒疫病、疮痂病、炭疽病　从病害发生初期开始喷药，7～10天1次，连喷3～4次，防控疫病时注意喷洒植株茎基部。氢氧化铜一般每亩次使用37.5％悬浮剂100～120毫升，或46％水分散粒剂60～80克，或53.8％水分散粒剂80～100克，或77％可湿性粉剂100～120克，对水45～75千克均匀喷雾。

　　白菜软腐病　多从莲座期或田间初见病株时开始喷药，7～10天1次，连喷2～3次，重点喷洒植株基部的叶片背面。一般每亩次使用37.5％悬浮剂50～75毫升，或46％水分散粒剂30～45克，或53.8％水分散粒剂40～50克，或77％可湿性粉剂40～60克，对水30～45千克均匀喷雾。

　　芹菜叶斑病　从病害发生初期开始喷药，7～10天1次，连喷2～4次。一般每亩次使用37.5％悬浮剂60～80毫升，或46％水分散粒剂40～50克，或53.8％水分散粒剂50～60克，或77％可湿性粉剂60～80克，对水30～45千克均匀喷雾。

　　花生叶斑病、疮痂病　从病害发生初期或开花下针期开始喷药，10天左右1次，连喷2～3次。氢氧化铜喷施剂量同"芹菜叶斑病"。

　　水稻稻曲病　在破口前5～7天和齐穗初期各喷药1次。一般每亩次使用37.5％悬浮剂60～80毫升，或46％水分散粒剂30～45克，或53.8％水分散粒剂35～50克，或77％可湿性粉剂50～75克，对水30～45千克均匀喷雾。

　　人参叶斑病、锈腐病　人参出苗前，使用37.5％悬浮剂400～500倍液，或46％水分散粒剂600～700倍液，或53.8％水分散粒剂600～800倍液，或77％可湿性粉剂800～1 000倍液喷淋参床，消毒灭菌；生长期从叶片上初见病斑时开始喷雾，10天左右1次，连喷3～4次，喷雾浓度同前。锈腐病严重畦块，也可使用37.5％悬浮剂400～500倍液，或46％水分散粒剂500～600倍液，或53.8％水分散粒剂600～700倍液，或77％可湿性粉剂600～800倍液灌根。

　　姜腐烂病、姜瘟病　栽种时，在摆种沟内均匀撒施药剂，而后摆种，每亩使用77％可湿性粉剂1～1.5千克，或53.8％水分散粒剂1～1.2千克，或46％水分散粒剂0.8～1千克。生长期，从病害发生初期开始灌药，10～15天后再浇灌1次，一般每亩次随水浇灌37.5％悬浮剂1 000～1 500毫升，或46％水分散粒剂0.6～0.8千克，或53.8％水分散粒剂0.5～0.7千克，或77％可湿性粉剂0.5～0.8千克。

　　烟草野火病　从病害发生初期开始喷药，10天左右1次，连喷2～3次。一般每亩次使用37.5％悬浮剂80～100毫升，或46％水分散粒剂40～50克，或53.8％水分散粒剂50～70克，或77％可湿性粉剂100～120克，对水45～60千克均匀喷雾。

　　注意事项　氢氧化铜不能与碱性药剂、强酸性药剂、三乙膦酸铝、多硫化钙及怕铜农药混用。在桃树、杏树、李树、樱桃树等核果类果树上仅限于发芽前喷施，发芽后的生长期禁止使用。苹果树、梨树的花期和幼果期禁用。阴雨天、多雾天及露水未干时不要施药，高温、高湿天气应当慎用。

氰霜唑 cyazofamid

主要含量与剂型　20％、35％、50％、100克/升悬浮剂，50％水分散粒剂。

产品特点　氰霜唑是一种磺胺咪唑类低毒杀菌剂，属线粒体呼吸抑制剂，以保护作用为主，专用于防控卵菌类真菌病害，对卵菌的各生长阶段均有杀灭活性，用药时期灵活，持效期较长，尤其对甲霜灵等产生抗药性的病菌仍有很高的防控效果。其杀菌机理是通过阻断卵菌线粒体内细胞色素bc1复合体的电子传递，干扰能量供应，而导致病菌死亡。其结合部位是酶的Q中心，因此与其他类型杀菌剂无交互抗性。因其作用点对靶标酶的差异性表现高度敏感，所以其对病菌具有显著选择活性。该药剂杀菌活性高，耐雨水冲刷，正常使用对作物安全。

适用作物防控对象及使用技术

葡萄霜霉病　先在葡萄花蕾期（开花前）、落花后各喷药1次，有效防控霜霉病为害幼果穗；然后从霜霉病发生初期或叶片上初见病斑时立即开始连续喷药，10天左右1次，与不同类型药剂交替使用，直到生长后期。氰霜唑一般使用100克/升悬浮剂2 000～2 500倍液，或20％悬浮剂4 000～5 000倍液，或35％悬浮剂7 000～8 000倍液，或50％悬浮剂或50％水分散粒剂10 000～12 000倍液均匀喷雾，注意喷洒叶片背面。

荔枝霜疫霉病　在花蕾期、幼果期、中果期、果实转色期各喷药1次。氰霜唑喷施倍数同"葡萄霜霉病"。

黄瓜霜霉病　从病害发生初期或田间初见病斑时立即开始喷药，7～10天1次，与不同类型药剂交替使用，直到生长后期。氰霜唑一般每亩次使用100克/升悬浮剂55～65毫升，或20％悬浮剂30～40毫升，或35％悬浮剂16～20毫升，或50％悬浮剂11～13毫升，或50％水分散粒剂12～15克，对水45～75千克均匀喷雾，重点喷洒叶片背面。

西瓜、甜瓜等瓜类的疫病　从病害发生初期开始喷药，7天左右1次，连喷2次左右，重点喷洒植株近地面处。氰霜唑喷施剂量同"黄瓜霜霉病"。

番茄晚疫病　从病害发生初期或初见病斑时立即开始喷药，7～10天1次，与不同类型药剂交替使用，连喷3～5次。氰霜唑喷施剂量同"黄瓜霜霉病"。

马铃薯晚疫病　从病害发生初期或植株现蕾期开始喷药，7～10天1次，与不同类型药剂交替使用，直到生长后期。氰霜唑一般每亩次使用100克/升悬浮剂55～70毫升，或20％悬浮剂30～35毫升，或35％悬浮剂15～20毫升，或50％悬浮剂10～15毫升，或50％水分散粒剂10～15克，对水60～75千克均匀喷雾。

白菜等十字花科蔬菜根肿病　育苗时，每立方米苗床土使用100克/升悬浮剂80～100毫升，或20％悬浮剂40～50毫升，或35％悬浮剂25～30毫升，或50％悬浮剂16～20毫升，或50％水分散粒剂16～20克，对适量水后均匀混土，防控幼苗受害。移栽时用药液灌根或浇灌定植药水，生长期田间初见病苗后及时浇灌药液进行治疗。灌根或浇灌时，一般使用100克/升悬浮剂800～1 200倍液，或20％悬浮剂2 000～2 500倍液，或35％悬浮剂3 000～4 000倍液，或50％悬浮剂或50％水分散粒剂5 000～7 000倍液灌根。

注意事项　氰霜唑不能与碱性药剂及强酸性药剂或肥料混用。连续用药时，注意与不同类型药剂交替使用，以避免或延缓病菌产生抗药性。本剂仅对低等真菌性病害有效，若有高等真菌性病害同时发生时，应注意与其他有效药剂配合使用。

噻呋酰胺 thifluzamide

主要含量与剂型　0.5％、4％颗粒剂，30％、35％、40％、240克/升悬浮剂，40％、50％水分散粒剂，19％干拌种剂。

产品特点　噻呋酰胺是一种噻唑酰胺类低毒杀菌剂，具有预防、治疗双重功效，内吸传导性强，可被作物根或叶片迅速内吸并传导到植株各部位，杀菌作用稳定，持效期较长。其杀菌机理主要是通过抑制病菌三羧酸循环中琥珀酸脱氢酶的活性，而致病菌死亡。由于其结构中含有氟，且在生化过程中竞争力很强，与底物或酶结合后很难恢复，所以药效非常稳定。

适用作物防控对象及使用技术

水稻纹枯病　既可药剂拌种，又可育秧盘撒施颗粒剂用药，还可生长期喷雾。拌种时，按照每100千克种子使用19％干拌种剂1 000～1 600克剂量，于浸种后播种前进行拌种，使药剂均匀包裹在种子表面。育秧盘用药时，以每亩大田所需秧苗盘（育秧盘）数量为基础，按照每亩大田使用4％颗粒剂500～700克剂量，于插秧当日或前一天均匀撒施在育秧盘上，撒施后掸落黏附在叶片上的颗粒，然后喷洒适量清水使颗粒黏附在育秧盘土上。撒施前如果叶片潮湿或有露水，需先掸落叶片上的露水使叶片干爽后再撒施颗粒剂。喷雾用药时，在水稻封垄前和孕穗期至齐穗初期各喷药1次；或在病害发生初期开始喷药，15～20天后再喷药1次。一般每亩次使用240克/升悬浮剂20～30毫升，或30％悬浮剂15～20毫升，或35％悬浮剂13～18毫升，或40％悬浮剂12～15毫升，或40％水分散粒剂10～15克，或50％水分散粒剂8～12克，对水30～45千克均匀喷雾，注意喷洒植株中下部。

小麦纹枯病　从病害发生初期开始喷药，15～20天1次，连喷1～2次；或在小麦分蘖中后期至拔节期和抽穗期各喷药1次。一般每亩次使用240克/升悬浮剂20～25毫升，或30％悬浮剂18～22毫升，或35％悬浮剂15～18毫升，或40％悬浮剂13～16毫升，或40％水分散粒剂14～17克，或50％水分散粒剂11～14克，对水30～45千克均匀喷雾，注意喷洒植株中下部。

马铃薯黑痣病　多为播种沟喷药，即在种薯播种到垄沟内后覆土前喷洒垄沟内的种薯及其周围土壤，然后覆土合垄，一般每亩次使用240克/升悬浮剂90～120毫升，或30％悬浮剂80～100毫升，或35％悬浮剂70～90毫升，或40％悬浮剂60～75毫升，或40％水分散粒剂60～80克，或50％水分散粒剂50～65克，对水45～60千克均匀喷洒播种沟，每季用药1次。

花生白绢病　既可播种时撒施颗粒药剂，又可生长期喷雾。播种时用药，每亩使用0.5％颗粒剂3 000～4 000克，在花生播种前或播种时将药剂与细土、肥料拌匀后开沟均匀撒施，每季使用1次。生长期喷药时，多从花生下针期开始喷药，10～15天1次，连喷1～2次。一般每亩次使用240克/升悬浮剂40～60毫升，或30％悬浮剂35～50毫升，或35％悬浮剂30～45毫升，或40％悬浮剂26～40毫升，或40％水分散粒剂30～45克，或50％水分散粒剂25～35克，对水30～45千克均匀喷洒花生茎基部。

花生锈病　从病害发生初期开始喷药，15～20 天 1 次，连喷 1～2 次。一般每亩次使用 240 克/升悬浮剂 30～40 毫升，或 30％悬浮剂 28～35 毫升，或 35％悬浮剂 25～30 毫升，或 40％悬浮剂 23～27 毫升，或 40％水分散粒剂 25～30 克，或 50％水分散粒剂 20～25 克，对水 30～45 千克均匀喷雾。

茭白纹枯病　从病害发生初期开始喷药，15～20 天 1 次，连喷 1～2 次。一般使用 240 克/升悬浮剂 1 800～2 200 倍液，或 30％悬浮剂 2 000～2 500 倍液，或 35％悬浮剂 2 300～2 800 倍液，或 40％悬浮剂 2 800～3 200 倍液，或 40％水分散粒剂 2 500～3 000 倍液，或 50％水分散粒剂 3 000～3 500 倍液均匀喷雾。

注意事项　噻呋酰胺不能与强酸性及碱性药剂或肥料混用。连续喷药时，注意与不同类型药剂交替使用或混用，以延缓病菌产生抗药性。水稻育秧盘用药时，软弱徒长苗、立枯苗、生长不良或错过移栽时间的秧苗上容易发生药害，需要慎重。

噻霉酮 benziothiazolinone

主要含量与剂型　5％悬浮剂，1.5％水乳剂，3％微乳剂，3％可湿性粉剂，3％水分散粒剂，1.6％涂抹剂。

产品特点　噻霉酮是一种噻唑类广谱低毒杀菌剂，对多种真菌性和细菌性病害均有预防保护和治疗作用。耐雨水冲刷，使用安全。其杀菌作用机理具有两种，一是破坏病菌细胞核结构，使其失去"心脏"部位而衰竭死亡；二是干扰病菌细胞的新陈代谢，使病菌出现生理活动紊乱，最终导致其死亡。

适用作物防控对象及使用技术

苹果树、梨树的腐烂病、干腐病　在病斑手术治疗的基础上于病疤表面涂药，使用 1.6％涂抹剂直接涂抹病疤表面，一般每平方米使用制剂 80～120 克。

苹果轮纹病、炭疽病、黑星病　防控轮纹病、炭疽病时，从苹果落花后 10 天左右开始喷药，10 天左右 1 次，连喷 3 次药后套袋，不套袋苹果需继续喷药 4～6 次（间隔期 10～15 天），兼防黑星病；防控黑星病时，一般果园从初见黑星病病斑时开始喷药，10～15 天 1 次，连喷 2～3 次。噻霉酮一般使用 1.5％水乳剂 500～600 倍液，或 3％可湿性粉剂或 3％水分散粒剂或 3％微乳剂 1 000～1 200 倍液，或 5％悬浮剂 1 500～2 000 倍液均匀喷雾，连续喷药时最好与不同类型药剂交替使用或混用。

梨树火疫病、黑星病、轮纹病、炭疽病　防控火疫病时，先在早春发芽前喷施 1 次清园药剂，一般使用 1.5％水乳剂 200～300 倍液，或 3％可湿性粉剂或 3％水分散粒剂或 3％微乳剂 400～600 倍液，或 5％悬浮剂 800～1 000 倍液均匀喷洒枝干；然后再于发芽后开花前、落花后及落花后 10～15 天各喷药 1 次。防控黑星病、轮纹病、炭疽病时，从黑星病发生初期或落花后 10 天左右开始喷药，10～15 天 1 次，与不同类型药剂交替使用或混用，直到采收前期。梨树生长期噻霉酮一般使用 1.5％水乳剂 500～600 倍液，或 3％可湿性粉剂或 3％水分散粒剂或 3％微乳剂 1 000～1 200 倍液，或 5％悬浮剂 1 500～2 000 倍液均匀喷雾。

桃树黑星病、炭疽病、穿孔病　一般桃园多从桃树落花后 15～20 天开始喷药，10～15 天 1 次，与不同类型药剂交替使用或混用，连喷 3～5 次。噻霉酮一般使用 1.5％水乳剂 500～600 倍液，或 3％可湿性粉剂或 3％水分散粒剂或 3％微乳剂 1 000～1 200 倍液，或 5％悬浮剂 1 500～2 000 倍液均匀喷雾。

葡萄黑痘病、炭疽病　防控黑痘病时，在幼穗开花前、落花后及落花后 10～15 天各喷药 1 次；防控炭疽病时，从葡萄果粒膨大中期开始喷药，10 天左右 1 次，连喷 3～4 次（或至套袋后结束）。噻霉酮喷施倍数同"桃树黑星病"。

黄瓜霜霉病、细菌性角斑病　从病害发生初期或田间初见病斑时开始喷药，7～10 天 1 次，与相应不同类型药剂交替使用或混用，直到生长后期。噻霉酮一般每亩次使用 1.5％水乳剂 120～175 毫升，或 3％微乳剂 70～90 毫升，或 3％可湿性粉剂或 3％水分散粒剂 75～100 克，或 5％悬浮剂 40～50 毫升，对水 45～75 千克均匀喷雾，注意喷洒叶片背面。

水稻细菌性条斑病　从病害发生初期开始喷药，10 天左右 1 次，连喷 2 次左右。一般每亩次使用 1.5％水乳剂 120～200 毫升，或 3％微乳剂 60～100 毫升，或 3％可湿性粉剂或 3％水分散粒剂 80～100 克，或 5％悬浮剂 35～50 毫升，对水 30～45 千克均匀喷雾。

小麦赤霉病　在齐穗初期和扬花初期各喷药 1 次。一般每亩次使用 1.5％水乳剂 80～100 毫升，或 3％微乳剂 40～50 毫升，或 3％可湿性粉剂或 3％水分散粒剂 40～50 克，或 5％悬浮剂 25～30 毫升，对水 30～45 千克均匀喷雾。

烟草野火病　从病害发生初期开始喷药，7～10 天 1 次，连喷 2～3 次。一般每亩次使用 1.5％水乳剂 120～200 毫升，或 3％微乳剂 60～100 毫升，或 3％可湿性粉剂或 3％水分散粒剂 80～100 克，或 5％悬浮剂 35～50 毫升，对水 45～60 千克均匀喷雾。

注意事项　噻霉酮不能与碱性药剂及强酸性药剂或肥料混用。连续喷药时，注意与不同类型药剂交替使用或混用。

噻唑锌 zinc-thiazole

主要含量与剂型　20％、30％、40％悬浮剂。

产品特点　噻唑锌是一种噻唑类有机锌广谱低毒杀菌剂，具有很好的保护作用和一定的治疗功效，内吸性好，使用安全，对多种真菌性病害和细菌性病害均有较好的防控效果。

适用作物防控对象及使用技术

桃树、李树、杏树及樱桃树的细菌性穿孔病　先在早春发芽前喷施 1 次药剂清园，杀灭枝条上的越冬病菌，一般使用 20％悬浮剂 70～100 倍液，或 30％悬浮剂 100～150 倍液，或 40％悬浮剂 150～200 倍液均匀喷洒枝干；然后生长期从病害发生初期或叶片上初见病斑时开始继续喷药，10～15 天 1 次，连喷 2～4 次。一般使用 20％悬浮剂 300～500 倍液，或 30％悬浮剂 500～700 倍液，或 40％悬浮剂 700～1 000 倍液均匀喷雾。

苹果泡斑病　从落花后 10 天左右开始喷药，10 天左右 1 次，连喷 2 次左右。一般使用 20％悬浮剂 300～400 倍液，或 30％悬浮剂 500～600 倍液，或 40％悬浮剂 600～800 倍液均匀喷雾。

核桃黑斑病　从病害发生初期或叶片上初见病斑时开始喷药，10 天左右 1 次，连喷 2～4 次。一般使用 20％悬浮剂 300～400 倍液，或 30％悬浮剂 500～600 倍液，或 40％悬浮剂 600～800 倍液均匀喷雾。

猕猴桃溃疡病　先在早春发芽前喷施 1 次药剂清园（春清园），铲除枝蔓带菌，一般使用 20％悬浮剂 70～100 倍液，或 30％悬浮剂 100～150 倍液，或 40％悬浮剂 150～200 倍液均匀喷洒枝蔓；然后再于果实采收后均匀喷药 1 次清园（秋清园），防控病菌侵染等。一般使用 20％悬浮剂 200～300 倍液，或 30％悬浮剂 300～400 倍液，或 40％悬浮剂 400～600 倍液均匀喷雾。

柑橘树溃疡病　在春梢萌发初期、春梢转绿期、小幼果期、幼果膨大初期、夏梢抽生初期、夏梢转绿期、秋梢抽生初期、秋梢转绿期各喷药 1 次，注意与不同类型药剂交替使用。噻唑锌一般使用 20％悬浮剂 300～500 倍液，或 30％悬浮剂 500～700 倍液，或 40％悬浮剂 700～1 000 倍液均匀喷雾。

黄瓜细菌性角斑病　从病害发生初期或叶片上初见病斑时立即开始喷药，7～10 天 1 次，连喷 2～4 次。一般每亩次使用 20％悬浮剂 100～150 毫升，或 30％悬浮剂 80～100 毫升，或 40％悬浮剂 50～75 毫升，对水 45～60 千克均匀喷雾，注意喷洒叶片背面。

辣椒细菌性叶斑病　从病害发生初期开始喷药，7～10 天 1 次，连喷 2～3 次。噻唑锌喷施剂量同"黄瓜细菌性角斑病"。

大白菜软腐病　从病害发生初期或田间初见病株时立即开始喷药，7～10 天 1 次，连喷 1～2 次，重点喷洒基部叶片背面。一般每亩次使用 20％悬浮剂 100～150 毫升，或 30％悬浮剂 70～100 毫升，或 40％悬浮剂 50～75 毫升，对水 30～45 千克喷雾。

水稻细菌性条斑病　从病害发生初期开始喷药，7～10 天 1 次，连喷 2 次左右。一般每亩次使用 20％悬浮剂 100～125 毫升，或 30％悬浮剂 70～100 毫升，或 40％悬浮剂 50～70 毫升，对水 30～45 千克均匀喷雾。

烟草青枯病　从病害发生初期或田间初见病株时开始用药，10 天左右 1 次，连用 1～2 次。一般使用 20％悬浮剂 300～400 倍液，或 30％悬浮剂 500～600 倍液，或 40％悬浮剂 600～800 倍液喷淋或浇灌植株基部。

烟草野火病　从病害发生初期开始喷药，7～10 天 1 次，连喷 1～2 次。一般每亩次使用 20％悬浮剂 120～160 毫升，或 30％悬浮剂 100～120 毫升，或 40％悬浮剂 60～80 毫升，对水 45～60 千克均匀喷雾。

芋头软腐病　从病害发生初期开始喷药，7～10 天 1 次，连喷 2 次左右。一般使用 20％悬浮剂 300～400 倍液，或 30％悬浮剂 500～600 倍液，或 40％悬浮剂 600～800 倍液均匀喷雾或喷淋。

注意事项　噻唑锌不能与碱性药剂、强酸性药剂及肥料混用。连续喷药时，注意与不同类型药剂交替使用或混用。

三环唑 tricyclazole

主要含量与剂型　20％、30％、40％悬浮剂，20％、75％可湿性粉剂，75％水分散粒剂。

产品特点　三环唑是一种三唑类保护性杀菌剂，低毒至中等毒性，具有较强内吸性，能迅速被水稻根、茎、叶吸收，并输送到植株各部位，对稻瘟病具有独特防效。其杀菌机理主要是通过抑制还原酶活性而抑制附着胞黑色素形成，进而抑制孢子萌发和附着胞形成，最终有效阻止病菌侵入和减少病菌孢子产生。三环唑耐雨水冲刷能力强，喷药1小时后遇雨不需要补喷，且持效期较长。

适用作物防控对象及使用技术　三环唑主要用于防控水稻稻瘟病。防控叶瘟时，从病害发生初期或田间有急性病斑出现时立即开始喷药，10天左右1次，连喷1～2次；防控穗颈瘟时，在孕穗末期至破口前和齐穗初期各喷药1次，第1次喷药最迟不能晚于破口后3天。一般每亩次使用20％可湿性粉剂100～120克，或20％悬浮剂80～100毫升，或30％悬浮剂55～70毫升，或40％悬浮剂40～50毫升，或75％可湿性粉剂或75％水分散粒剂30～35克，对水30～45千克均匀喷雾。

注意事项　三环唑不能与碱性药剂及肥料混用，也不能与含铜制剂混用。连续喷药时，注意与不同类型药剂交替使用。本剂对梨树、瓜类及蔬菜幼苗较敏感，用药时应避免药液飘移到上述作物上。

三乙膦酸铝 fosetyl‑aluminium

主要含量与剂型　40％、80％可湿性粉剂，80％水分散粒剂，90％可溶粉剂。

产品特点　三乙膦酸铝是一种有机磷类内吸治疗性广谱低毒杀菌剂，具有保护和治疗双重作用，在植物体内可以上、下双向传导，对低等真菌性病害和高等真菌性病害均有很好的防控效果。通过有效阻止孢子萌发、抑制菌丝体生长和孢子的形成而达到杀菌防病作用。该药水溶性好，内吸渗透性强，持效期较长，使用较安全，但喷施浓度过高时对黄瓜、白菜有轻微药害。

适用作物防控对象及使用技术

葡萄霜霉病、疫腐病　防控霜霉病时，先在葡萄花蕾期和落花后各喷药1次，有效防控霜霉病为害幼果穗；然后从叶片上初见病斑时立即开始喷药，10天左右1次，与不同类型药剂交替使用，直到生长后期。一般使用40％可湿性粉剂300～400倍液，或80％可湿性粉剂或80％水分散粒剂600～700倍液，或90％可溶粉剂700～800倍液均匀喷雾。防控疫腐病时，从植株初显症状时开始用药液浇灌植株基部（从病斑上部向下淋灌），10～15天1次，连灌2次。淋灌药液浓度同上述。

苹果疫腐病、轮纹病、炭疽病　从落花后7～10天开始喷药，10天左右1次，连喷3次药后套袋。不套袋苹果以后每10～15天喷药1次，与不同类型药剂交替使用，需继续喷药3～5次。三乙膦酸铝喷施倍数同"葡萄霜霉病"。

梨树疫腐病、黑星病、轮纹病、炭疽病、白粉病　以防控黑星病为主，兼防其他病害。从初见黑星病病梢或病叶或病果时开始喷药，10～15天1次，与不同类型药剂交替使用，连喷6～8次。三乙膦酸铝喷施倍数同"葡萄霜霉病"。

草莓疫腐病　从病害发生初期开始用药液灌根，10～15天1次，连灌2次。三乙膦酸铝浇灌药液浓度同"葡萄霜霉病"。

荔枝霜疫霉病　在花蕾期、幼果期、中果期、果实转色期各喷药1次，三乙膦酸铝喷施倍数同"葡萄霜霉病"。

菠萝心腐病　在苗期、初花期各喷药1次或使用相同浓度药液灌根。一般使用90％

可溶粉剂 400～600 倍液，或 80％可湿性粉剂或 80％水分散粒剂 300～500 倍液，或 40％可湿性粉剂 150～250 倍液喷雾或灌根。

胡椒瘟病　从病害发生初期开始灌根，10～15 天 1 次，连灌 2 次。每株使用 90％可溶粉剂 1.1～1.6 克，或 80％可湿性粉剂或 80％水分散粒剂 1.3～2 克，或 40％可湿性粉剂 2.5～3 克，对水 300～500 克灌根。

黄瓜霜霉病、疫病、白粉病　以防控霜霉病为主，兼防白粉病，从初见霜霉病病斑时立即开始喷药，7 天左右 1 次，与不同类型药剂交替使用，直到生长后期。防控疫病时，从田间初见病株时开始用药液浇灌根颈部及其周围土壤，7～10 天 1 次，连灌 2 次，每株浇灌药液 150～200 毫升。一般使用 90％可溶粉剂 600～800 倍液，或 80％可湿性粉剂或 80％水分散粒剂 500～700 倍液，或 40％可湿性粉剂 200～300 倍液均匀喷雾或灌根。

甜瓜、西瓜、西葫芦、南瓜、冬瓜的白粉病、霜霉病、疫病或疫腐病　从病害发生初期开始喷药，7 天左右 1 次，连喷 3～4 次。喷药必须均匀周到，使叶片两面、果实表面及植株根颈部均要着药。三乙膦酸铝喷施倍数同"黄瓜霜霉病"。

番茄晚疫病、褐腐病　从病害发生初期开始喷药，7～10 天 1 次，连喷 3～5 次，注意与不同类型药剂交替使用。三乙膦酸铝喷施倍数同"黄瓜霜霉病"。

辣椒、茄子的疫病、霜霉病、绵疫病　防控疫病时，从田间初见病株时开始用药液喷淋植株根颈部及其周围土壤，7～10 天 1 次，连喷 2 次。防控霜霉病、绵疫病时，从初见病斑时开始喷药，7 天左右 1 次，连喷 2～4 次。三乙膦酸铝喷施倍数同"黄瓜霜霉病"。

瓜果蔬菜的苗疫病、猝倒病　从病害发生初期或初见病苗时开始用药液喷淋苗床，5～7 天 1 次，连续喷淋 1～2 次。一般使用 90％可溶粉剂 600～700 倍液，或 80％可湿性粉剂或 80％水分散粒剂 500～600 倍液，或 40％可湿性粉剂 200～300 倍液喷淋苗床。

十字花科蔬菜霜霉病　从病害发生初期开始喷药，7～10 天 1 次，连喷 2 次左右，重点喷洒叶片背面。一般使用 90％可溶粉剂 500～600 倍液，或 80％可湿性粉剂或 80％水分散粒剂 400～500 倍液，或 40％可湿性粉剂 200～250 倍液喷雾，每亩次喷洒药液 30～45 千克。

菠菜霜霉病　从病害发生初期开始喷药，7～10 天 1 次，连喷 2 次左右，重点喷洒叶片背面。三乙膦酸铝喷施剂量同"十字花科蔬菜霜霉病"。

莴笋霜霉病　从病害发生初期开始喷药，7～10 天 1 次，连喷 2～3 次，重点喷洒叶片背面。三乙膦酸铝喷施剂量同"十字花科蔬菜霜霉病"。

芹菜叶斑病　从病害发生初期开始喷药，7～10 天 1 次，连喷 2～4 次。三乙膦酸铝喷施剂量同"十字花科蔬菜霜霉病"。

芦笋茎枯病　从病害发生初期开始喷药，7～10 天 1 次，连喷 3～4 次。三乙膦酸铝喷施倍数同"十字花科蔬菜霜霉病"。

马铃薯晚疫病　从田间初见病斑时或植株现蕾期开始喷药，7～10 天 1 次，与不同类型药剂交替使用，直到生长后期。三乙膦酸铝一般每亩次使用 90％可溶粉剂 150～200 克，或 80％可湿性粉剂或 80％水分散粒剂 200～225 克，或 40％可湿性粉剂 400～450 克，对水 60～75 千克均匀喷雾。

水稻纹枯病、鞘腐病、稻瘟病　在拔节期、孕穗末期至破口初期、齐穗初期各喷药 1 次。一般每亩次使用 90％可溶粉剂 100～150 克，或 80％可湿性粉剂或 80％水分散粒剂

120～180 克，或 40％可湿性粉剂 250～300 克，对水 30～45 千克均匀喷雾。

烟草黑胫病　从病害发生初期或田间初见病株时开始喷药，重点喷洒植株茎部，使药液沿植株茎部向下流淌，湿润茎基部及其周围土壤。一般使用 90％可溶粉剂 500～700 倍液，或 80％可湿性粉剂或 80％水分散粒剂 400～600 倍液，或 40％可湿性粉剂 200～300 倍液均匀喷洒。

棉花疫病　从病害发生初期开始喷药，7～10 天 1 次，连喷 2 次左右。三乙膦酸铝喷施倍数同"烟草黑胫病"。

啤酒花霜霉病　从病害发生初期开始喷药，10 天左右 1 次，连喷 2～4 次。三乙膦酸铝喷施倍数同"烟草黑胫病"。

橡胶树切割面溃疡病　使用 90％可溶粉剂 150～250 倍液，或 80％可湿性粉剂或 80％水分散粒剂 100～200 倍液，或 40％可湿性粉剂 50～100 倍液涂抹或喷雾切口。

注意事项　三乙膦酸铝不能与强酸性及碱性药剂或肥料混用；与多菌灵、代森锰锌等药剂混用，可显著提高防控效果、扩大防病范围。连续用药时，注意与不同类型药剂交替使用或混用。本剂易吸潮结块，贮运中应注意密封干燥保存，如遇结块，不影响药效。

三唑酮 triadimefon

主要含量与剂型　44％悬浮剂，20％乳油，15％、25％可湿性粉剂。

产品特点　三唑酮是一种三唑类内吸治疗性高效低毒杀菌剂，使用安全，持效期较长，残留低，易被植物吸收，并可在植物体内传导，药剂被根吸收后向顶部传导能力较强，对锈病和白粉病具有预防、治疗、铲除和熏蒸等多种作用。其杀菌机理主要是通过抑制病菌体内麦角甾醇的生物合成，进而影响病菌附着胞及吸器的发育、菌丝体生长和孢子形成，最终导致病菌死亡。该药目前在一些地区表现抗药性较强，因此抗性较严重的地区用药时应适当加大药量，或与其他类型杀菌剂交替或混合使用。

适用作物防控对象及使用技术

苹果树白粉病、锈病、黑星病　防控白粉病、锈病时，一般果园在花序分离期和落花后各喷药 1 次，严重果园落花后 10～15 天再喷药 1 次；防控黑星病时，从病害发生初期或初见病叶或病果时开始喷药，10～15 天 1 次，连喷 2～3 次。一般使用 15％可湿性粉剂 1 200～1 500 倍液，或 20％乳油 1 500～2 000 倍液，或 25％可湿性粉剂 2 000～2 500 倍液，或 44％悬浮剂 4 000～5 000 倍液均匀喷雾。连续喷药时，注意与不同类型药剂交替使用或混用。

山楂树白粉病、锈病　在花序分离期、落花后及落花后 10～15 天各喷药 1 次。三唑酮喷施倍数同"苹果树白粉病"。

梨树白粉病、锈病、黑星病　先在花序分离期和落花后各喷药 1 次，防控锈病，兼防黑星病；然后从落花后或初见黑星病病梢或病叶或病果时开始连续喷药，10～15 天 1 次，与不同类型药剂交替使用，连喷 5～7 次，有效防控黑星病，兼防白粉病；单独防控白粉病时，从初见病斑时或病害发生初期开始喷药，10～15 天 1 次，连喷 2 次左右，兼防黑星病。三唑酮喷施倍数同"苹果树白粉病"。

葡萄白粉病、锈病　从病害发生初期或初见病斑时开始喷药，10～15 天 1 次，连喷

2～3 次。三唑酮喷施倍数同"苹果树白粉病"。

桃树白粉病、锈病、黑星病　防控白粉病、锈病时，从病害发生初期或初见病斑时开始喷药，10～15 天 1 次，连喷 2 次左右；防控黑星病时，一般桃园从桃树落花后 20 天左右开始喷药，10～15 天 1 次，连喷 2～4 次。三唑酮喷施倍数同"苹果树白粉病"，注意与不同类型药剂交替使用。

板栗白粉病　从病害发生初期或初见病斑时开始喷药，10～15 天 1 次，连喷 1～2 次。三唑酮喷施倍数同"苹果树白粉病"。

核桃白粉病　从病害发生初期或初见病斑时开始喷药，10～15 天 1 次，连喷 2 次左右。三唑酮喷施倍数同"苹果树白粉病"。

枣树锈病　从病害发生初期或初见病叶时或枣果坐住后 15 天左右开始喷药，10～15 天 1 次，连喷 3～5 次，注意与不同类型药剂交替使用。三唑酮喷施倍数同"苹果树白粉病"。

草莓白粉病　从病害发生初期开始喷药，10～15 天 1 次，连喷 2～4 次；或在花蕾期、盛花期、末花期、幼果期各喷药 1 次。三唑酮喷施倍数同"苹果树白粉病"。

桑树锈病、白粉病　从病害发生初期开始喷药，10～15 天 1 次，连喷 2 次左右。三唑酮喷施倍数同"苹果树白粉病"。

枸杞白粉病　从病害发生初期或初见病斑时开始喷药，10～15 天 1 次，连喷 2 次左右。三唑酮喷施倍数同"苹果树白粉病"。

花椒锈病　从病害发生初期或初见病斑时开始喷药，10～15 天 1 次，连喷 2～4 次。三唑酮喷施倍数同"苹果树白粉病"。

麦类作物黑穗病、锈病、白粉病、纹枯病　防控黑穗病时，主要为药剂拌种，每 100 千克种子使用 15％可湿性粉剂 200 克，或 20％乳油 150 毫升，或 25％可湿性粉剂 120 克，或 44％悬浮剂 65 毫升，对适量水均匀拌种，拌种后立即晾干。防控锈病、白粉病、纹枯病时，在拔节期和抽穗前各喷药 1 次，一般每亩次使用 15％可湿性粉剂 60～80 克，或 20％乳油 45～60 毫升，或 25％可湿性粉剂 35～50 克，或 44％悬浮剂 20～25 毫升，对水 30～45 千克均匀喷雾。

玉米丝黑穗病、纹枯病、叶斑病　防控丝黑穗病时，主要为药剂拌种，每 100 千克种子使用 15％可湿性粉剂 400～600 克，或 20％乳油 300～450 毫升，或 25％可湿性粉剂 250～350 克，或 44％悬浮剂 150～200 毫升，对适量水均匀拌种，拌种后立即晾干。防控纹枯病、叶斑病时，从病害发生初期开始喷药，10 天左右 1 次，连喷 1～2 次。一般使用 15％可湿性粉剂 600～900 倍液，或 20％乳油 800～1 200 倍液，或 25％可湿性粉剂 1 000～1 500 倍液，或 44％悬浮剂 2 000～2 500 倍液均匀喷雾。

水稻纹枯病、鞘腐病、叶黑粉病　在拔节期、孕穗期各喷药 1 次，即可基本控制这三种病害的发生为害，严重年份或地块破口初期再增加喷药 1 次。一般每亩次使用 15％可湿性粉剂 60～80 克，或 20％乳油 45～60 毫升，或 25％可湿性粉剂 35～50 克，或 44％悬浮剂 20～25 毫升，对水 30～45 千克均匀喷雾。

高粱黑穗病　主要为药剂拌种，每 100 千克种子使用 15％可湿性粉剂 300～400 克，或 20％乳油 250～300 毫升，或 25％可湿性粉剂 180～240 克，或 44％悬浮剂 100～130 毫升，对适量水均匀拌种，拌种后立即晾干。

黄瓜、甜瓜、南瓜等瓜类的白粉病　从病害发生初期开始喷药，7～10 天 1 次，每期连喷 2～3 次。一般使用 15％可湿性粉剂 1 000～1 500 倍液，或 20％乳油 1 500～2 000 倍液，或 25％可湿性粉剂 2 000～2 500 倍液，或 44％悬浮剂 3 000～4 000 倍液均匀喷雾。

豇豆、豌豆、绿豆等豆类的白粉病、锈病　从病害发生初期开始喷药，7～10 天 1 次，每期连喷 2～3 次。三唑酮喷施倍数同"黄瓜白粉病"。

烟草、甜菜、啤酒花的白粉病　从病害发生初期开始喷药，10 天左右 1 次，连喷 2～3 次。三唑酮喷施倍数同"瓜类白粉病"。

观赏植物白粉病、锈病　从病害发生初期开始喷药，10 天左右 1 次，连喷 2～3 次。一般使用 15％可湿性粉剂 1 000～1 200 倍液，或 20％乳油 1 400～1 600 倍液，或 25％可湿性粉剂 1 800～2 000 倍液，或 44％悬浮剂 3 000～3 500 倍液均匀喷雾。

草坪锈病、白粉病　从病害发生初期开始喷药，10～15 天 1 次，每期连喷 2 次。一般使用 15％可湿性粉剂 800～1 000 倍液，或 20％乳油 1 200～1 500 倍液，或 25％可湿性粉剂 1 500～2 000 倍液，或 44％悬浮剂 2 500～3 000 倍液均匀喷雾。

注意事项　三唑酮不能与碱性药剂及肥料混用，连续喷药时注意与不同类型药剂交替使用。本剂已使用多年，有些地区抗药性较重，用药时不要随意加大药量，以免发生药害。药量过大时的主要药害表现为：叶片小而紧簇、厚而脆、颜色深绿，植株生长缓慢、株型矮化等。

蛇床子素 cnidiadin

主要含量与剂型　0.4％、1％可溶液剂，1％水乳剂，1％微乳剂。

产品特点　蛇床子素是从蛇床子种子内提取的一种具有杀菌活性的植物源低毒杀菌剂，以保护作用为主，使用安全，在自然界中易分解。其作用机理是通过抑制真菌细胞壁上几丁质的沉积，使菌丝大量断裂，而导致病菌死亡。既可抑制菌丝体生长，又可抑制病菌孢子产生、萌发、芽管伸长及侵染。

适用作物防控对象及使用技术

草莓白粉病　从病害发生初期开始喷药，7～10 天 1 次，连喷 2～3 次。一般每亩次使用 0.4％可溶液剂 100～125 毫升，或 1％可溶液剂或 1％水乳剂或 1％微乳剂 40～50 毫升，对水 30～45 千克均匀喷雾。

葡萄白粉病　从病害发生初期开始喷药，7～10 天 1 次，连喷 2～3 次。一般使用 0.4％可溶液剂 400～600 倍液，或 1％可溶液剂或 1％水乳剂或 1％微乳剂 1 000～1 500 倍液均匀喷雾。

枸杞白粉病　从病害发生初期开始喷药，7～10 天 1 次，连喷 2～3 次。一般每亩次使用 0.4％可溶液剂 375～450 毫升，或 1％可溶液剂或 1％微乳剂或 1％水乳剂 150～180 毫升，对水 60～75 千克均匀喷雾。

黄瓜白粉病、霜霉病　从病害发生初期或初见病斑时开始喷药，7～10 天 1 次，连喷 2～4 次。一般每亩次使用 0.4％可溶液剂 400～500 毫升，或 1％可溶液剂或 1％微乳剂或 1％水乳剂 150～200 毫升，对水 45～60 千克均匀喷雾。

西葫芦白粉病　从病害发生初期开始喷药，7～10 天 1 次，连喷 2～3 次。蛇床子素喷施剂量同"黄瓜白粉病"。

豇豆白粉病　从病害发生初期开始喷药，7～10 天 1 次，连喷 2～3 次。一般使用 0.4％可溶液剂 600～800 倍液，或 1％可溶液剂或 1％微乳剂或 1％水乳剂 1 500～2 000 倍液均匀喷雾。

水稻纹枯病、稻曲病　防控纹枯病时，在水稻分蘖期至拔节期和孕穗期至破口初期各喷药 1 次，注意喷洒植株中下部；防控稻曲病时，在破口前 5～7 天和齐穗初期各喷药 1 次。一般每亩次使用 0.4％可溶液剂 360～420 毫升，或 1％可溶液剂或 1％微乳剂或 1％水乳剂 120～170 毫升，对水 30～45 千克均匀喷雾。

小麦白粉病　从病害发生初期开始喷药，10 天左右 1 次，连喷 2 次左右。一般每亩次使用 0.4％可溶液剂 400～500 毫升，或 1％可溶液剂或 1％微乳剂或 1％水乳剂 150～200 毫升，对水 30～45 千克均匀喷雾，注意喷洒植株中下部。

注意事项　蛇床子素不能与碱性药剂及肥料混用，也不能使用碱性水配制药液。本剂为植物源杀菌剂，与相应化学药剂混用效果更好。

双胍三辛烷基苯磺酸盐 iminoctadine tris（albesilate）

主要含量与剂型　40％可湿性粉剂。

产品特点　双胍三辛烷基苯磺酸盐是一种双胍盐类广谱保护性低毒杀菌剂，具有触杀和预防作用，局部渗透性较强。其杀菌机理主要是影响病菌类脂化合物的生物合成和细胞膜机能，具有两个作用位点，表现为抑制孢子萌发、芽管伸长、附着胞和菌丝的形成，可作用于病害发生的整个过程。

适用作物防控对象及使用技术

柑橘类果实防腐（青霉病、绿霉病、蒂腐病、酸腐病等）保鲜　当天采收的新鲜果实剔除病虫伤果后，使用 40％可湿性粉剂 1 000～1 500 倍液浸果 0.5～1 分钟，捞出后晾干，包装贮运。与咪鲜胺、抑霉唑混用防腐保鲜效果更好。

苹果树斑点落叶病、褐腐病、霉污病、蝇粪病、炭疽病　防控斑点落叶病时，在春梢生长期内和秋梢生长期内各喷药 2 次左右，间隔期 10～15 天；防控不套袋苹果的褐腐病时，从采收前 1.5 个月开始喷药，10～15 天 1 次，连喷 2 次左右，兼防炭疽病、霉污病、蝇粪病；防控不套袋苹果的霉污病、蝇粪病时，多从 8 月中下旬开始喷药，10～15 天 1 次，连喷 2 次左右，兼防炭疽病。一般使用 40％可湿性粉剂 1 500～2 000 倍液均匀喷雾。

葡萄灰霉病、白粉病、炭疽病、酸腐病　先在葡萄花蕾期和落花后各喷药 1 次，有效防控灰霉病为害幼穗；防控白粉病时，从病害发生初期开始喷药，10 天左右 1 次，连喷 2～3 次；果穗套袋葡萄，在套袋前重点喷洒 1 次果穗，有效控制灰霉病、炭疽病及酸腐病的发生为害；不套袋葡萄从果粒膨大中期开始喷药，10～15 天 1 次，与不同类型药剂交替使用，连喷 3～5 次，有效防控炭疽病，兼防灰霉病、酸腐病。双胍三辛烷基苯磺酸盐一般使用 40％可湿性粉剂 1 500～2 000 倍液均匀喷雾。

梨树黑星病、褐腐病、白粉病、炭疽病　以防控黑星病为主，兼防炭疽病、白粉病、褐腐病。从初见黑星病病梢或病叶或病果时开始喷药，10～15 天 1 次，与不同类型药剂交替使用，连喷 5～7 次。双胍三辛烷基苯磺酸盐一般使用 40％可湿性粉剂 1 500～2 000 倍液均匀喷雾。

桃、杏、李的黑星病、褐腐病　防控黑星病时，多从落花后 20～30 天开始喷药，10～15 天 1 次，连喷 2～3 次；防控褐腐病时，从果实采收前 1～1.5 个月开始喷药，10 天左右 1 次，连喷 2 次左右。一般使用 40％可湿性粉剂 1 500～2 000 倍液均匀喷雾。

柿树黑星病、炭疽病、白粉病　防控黑星病、白粉病时，从病害发生初期开始喷药，10～15 天 1 次，连喷 2～3 次；防控炭疽病时，一般柿园从落花后 10 天左右开始喷药，10～15 天 1 次，连喷 2～5 次（南方甜柿产区喷药次数较多，且最好于开花前增加 1 次喷药）。一般使用 40％可湿性粉剂 1 500～2 000 倍液均匀喷雾。

猕猴桃灰霉病　从病害发生初期或初见病斑时开始喷药，10 天左右 1 次，连喷 2～3 次。一般使用 40％可湿性粉剂 1 500～2 000 倍液均匀喷雾。

草莓灰霉病、白粉病　在初花期、盛花期、末花期及幼果期各喷药 1 次；或从病害发生初期开始喷药，10 天左右 1 次，连喷 3～5 次。一般使用 40％可湿性粉剂 1 200～1 500 倍液均匀喷雾。

番茄灰霉病、叶霉病　从连续阴天 2 天时或初见病斑时开始喷药，7～10 天 1 次，连喷 3～4 次。一般每亩次使用 40％可湿性粉剂 30～50 克，对水 45～60 千克均匀喷雾。

黄瓜、西瓜、甜瓜、哈密瓜等瓜类蔓枯病　从病害发生初期或初见病斑时开始喷药，7～10 天 1 次，连喷 2 次，重点喷洒植株中下部的茎部，一般使用 40％可湿性粉剂 1 000～1 500 倍液。也可使用 40％可湿性粉剂 500～600 倍液直接涂抹病斑。

黄瓜、西瓜、甜瓜、哈密瓜、南瓜等瓜类炭疽病、白粉病　从病害发生初期开始喷药，7～10 天 1 次，连喷 3～4 次。一般使用 40％可湿性粉剂 1 000～1 500 倍液均匀喷雾。

黄瓜、苦瓜、西葫芦的灰霉病　从连续阴天 2 天时或初见病斑时开始喷药，7～10 天 1 次，连喷 2～3 次。一般使用 40％可湿性粉剂 1 000～1 500 倍液均匀喷雾。

茄子灰霉病、白粉病　进入开花期后，从连续阴天 2 天时或初见病斑时开始喷药，7～10 天 1 次，连喷 2～4 次。一般使用 40％可湿性粉剂 1 000～1 500 倍液均匀喷雾。

芦笋茎枯病　从地上茎嫩枝开始伸展时或初见病斑时开始喷药，7～10 天 1 次，连喷 2～4 次。一般使用 40％可湿性粉剂 1 000～1 200 倍液均匀喷雾。

三七、人参、番茄保护伤口　在三七、人参掐花后或番茄打杈后，当天喷药保护伤口，促进伤口愈合。一般使用 40％可湿性粉剂 1 000～1 500 倍液均匀喷雾。

注意事项　双胍三辛烷基苯磺酸盐不能与强酸性及碱性药剂或肥料混用。喷雾用药时应均匀周到，在发病前或初期开始喷药效果较好。苹果、梨落花后 20 天内喷雾会造成果锈，应当慎用。有些葡萄品种对本剂较敏感，具体应用时需要注意。该药会造成芦笋嫩茎轻微弯曲，但不影响母茎生长。

双炔酰菌胺 mandipropamid

主要含量与剂型　23.4％悬浮剂。

产品特点　双炔酰菌胺是一种酰胺类微毒专用杀菌剂，具有预防保护和内吸治疗双重功效，对地上部的绝大多数卵菌纲真菌病害均有很好的防控效果。既对处于萌发阶段的病菌孢子具有很高活性，又可抑制菌丝生长和孢子形成，还对处于潜伏期的病害有较强的治疗作用。其杀菌机理是通过抑制病菌细胞磷脂的生物合成和细胞壁的生物合成，而导致病菌死亡。喷施后药剂与植物表面的蜡质层亲和力较强，耐雨水冲刷，持效期较长。

适用作物防控对象及使用技术

葡萄霜霉病　先在葡萄花蕾期（开花前）和落花后各喷药1次，有效防控霜霉病为害幼穗；然后从叶片上初见霜霉病病斑时开始连续喷药，10天左右1次，与不同类型药剂交替使用或混用，直到生长后期。双炔酰菌胺一般使用23.4%悬浮剂1 500~2 000倍液喷雾，防控叶片受害时注意喷洒叶片背面。

梨疫腐病　主要适用于不套袋梨。多从病害发生初期或初见病果时开始喷药，10天左右1次，连喷1~2次。一般使用23.4%悬浮剂1 500~2 000倍液均匀喷雾。

荔枝霜疫霉病　在花蕾期、幼果期、中果期、果实转色期各喷药1次。一般使用23.4%悬浮剂1 000~2 000倍液均匀喷雾。

柑橘褐腐病（疫腐病）　从病害发生初期或初见病果时开始喷药，10天左右1次，连喷1~2次，重点喷洒植株中下部果实。一般使用23.4%悬浮剂1 000~2 000倍液喷雾。

番茄晚疫病　从病害发生初期或初见病斑时开始喷药，10天左右1次，与不同类型药剂交替使用，连喷3~5次。双炔酰菌胺每亩次使用23.4%悬浮剂30~40毫升，对水45~60千克均匀喷雾。

辣椒疫病　从病害发生初期开始喷药，10天左右1次，与不同类型药剂交替使用，连喷2~4次，重点喷洒植株中下部的茎部及其周围土壤。双炔酰菌胺喷施剂量同"番茄晚疫病"。

西瓜疫病　从病害发生初期或田间初见病果时开始喷药，10天左右1次，连喷2次左右。双炔酰菌胺喷施剂量同"番茄晚疫病"。

马铃薯晚疫病　从病害发生初期或植株现蕾期开始喷药，10天左右1次，与不同类型药剂交替使用，直到生长后期。双炔酰菌胺每亩次使用23.4%悬浮剂30~50毫升，对水60~75千克均匀喷雾。

人参疫病　从病害发生初期或参床上初见病株时开始喷药，10天左右1次，与不同类型药剂交替使用，连喷2~3次。双炔酰菌胺每亩次使用23.4%悬浮剂40~60毫升，对水30~45千克均匀喷雾。

注意事项　双炔酰菌胺不能与强酸性及碱性药剂或肥料混用。连续喷药时，注意与不同类型药剂交替使用或混用。在连续阴雨或湿度较大的环境中，或病情较重时，建议使用较高剂量。

霜霉威盐酸盐 propamocarb hydrochloride

主要含量与剂型　35%、66.5%、722克/升水剂。

产品特点　霜霉威盐酸盐是一种氨基甲酸酯类内吸治疗性低毒杀菌剂，专用于防控低等真菌性病害，具有预防保护和内吸治疗双重作用，与其他类型杀菌剂无交互抗性。通过植物的根和叶片吸收，向顶传导，使用安全，并对根、茎、叶有明显的刺激生长作用。其杀菌机理是通过抑制病菌细胞膜成分的磷脂和脂肪酸的生物合成，而影响细胞膜透性，进而抑制菌丝生长、孢子囊形成和萌发等。

适用作物防控对象及使用技术

葡萄霜霉病 先在葡萄花蕾期和落花后各喷药 1 次，有效防控霜霉病为害幼果穗；然后从叶片上初见霜霉病病斑时立即继续喷药，10 天左右 1 次，与不同类型药剂交替使用，直到生长后期（雨雾露等高湿条件不再出现时）。霜霉威盐酸盐一般使用 35％水剂 300～400 倍液，或 66.5％水剂或 722 克/升水剂 600～800 倍液喷雾，防控叶片受害时重点喷洒叶片背面。

荔枝霜疫霉病 在花蕾期、幼果期、果实膨大期、果实转色期各喷药 1 次。霜霉威盐酸盐喷施倍数同"葡萄霜霉病"。

黄瓜、甜瓜、哈密瓜等瓜类霜霉病 从病害发生初期或初见病斑时开始喷药，7～10 天 1 次，与不同类型药剂交替使用。霜霉威盐酸盐一般每亩次使用 722 克/升水剂或 66.5％水剂 80～110 毫升，或 35％水剂 150～200 毫升，对水 45～60 千克均匀喷雾，重点喷洒叶片背面。

番茄晚疫病 从病害发生初期开始喷药，7～10 天 1 次，与不同类型药剂交替使用，连喷 3～5 次。霜霉威盐酸盐喷施剂量同"黄瓜霜霉病"。

辣椒（含甜椒）疫病 从病害发生初期或田间初见病株时开始喷药，7～10 天 1 次，连喷 2 次左右，注意喷洒植株茎基部及其周围土壤。霜霉威盐酸盐喷施剂量同"黄瓜霜霉病"。

十字花科蔬菜霜霉病 从病害发生初期开始喷药，7～10 天 1 次，连喷 2 次左右，重点喷洒叶片背面。一般每亩次使用 722 克/升水剂或 66.5％水剂 80～100 毫升，或 35％水剂 150～200 毫升，对水 30～45 千克均匀喷雾。

莴苣、菠菜、花椰菜霜霉病 从病害发生初期开始喷药，7～10 天 1 次，连喷 2 次左右。霜霉威盐酸盐喷施剂量同"十字花科蔬菜霜霉病"。

瓜果蔬菜的猝倒病、苗疫病 从病害发生初期或苗床上初见病株时开始用药液浇灌苗床，5～7 天 1 次，连灌 1～2 次。一般每平方米苗床使用 722 克/升水剂或 66.5％水剂 5～8 毫升，或 35％水剂 10～15 毫升，对水 2～3 千克均匀浇灌。

马铃薯晚疫病 从病害发生初期或植株现蕾期开始喷药，7～10 天 1 次，与不同类型药剂交替使用，直到生长后期。霜霉威盐酸盐一般每亩次使用 722 克/升水剂或 66.5％水剂 80～120 毫升，或 35％水剂 150～200 毫升，对水 60～75 千克均匀喷雾。

烟草黑胫病 从病害发生初期或田间初见病株时开始喷药，7～10 天 1 次，连喷 2～3 次，重点喷洒植株中下部的茎部。一般使用 722 克/升水剂或 66.5％水剂 600～800 倍液，或 35％水剂 300～400 倍液喷雾或喷淋。

观赏植物的霜霉病、疫病 从病害发生初期开始喷药，7～10 天 1 次，连喷 2～3 次。霜霉威盐酸盐喷施倍数同"烟草黑胫病"。

元胡霜霉病 从病害发生初期开始喷药，7～10 天 1 次，连喷 2 次左右。一般每亩次使用 722 克/升水剂或 66.5％水剂 100～120 毫升，或 35％水剂 200～250 毫升，对水 45～60 千克均匀喷雾。

注意事项 霜霉威盐酸盐不能与碱性药剂混用，也不能与液体化肥及植物生长调节剂混用。连续喷药时，注意与其他不同类型药剂交替使用或混用，以延缓病菌产生抗药性。

松脂酸铜 copper abietate

主要含量与剂型 12%、18%、30%乳油，20%水乳剂，12%悬浮剂。

产品特点 松脂酸铜是一种有机铜类广谱保护性低毒杀菌剂，兼有预防保护、治疗、铲除多重功效，喷施后在植物表面黏附力强，成膜性好，耐雨水冲刷，铜离子释放均匀，受气候环境影响较小，药效稳定，安全性相对较好。其杀菌机理是药剂中缓慢释放出的铜离子一方面具有较强的氧化性，可使病菌细胞膜上的蛋白质变性凝固，另一方面进入细胞内的铜离子可与某些酶结合进而影响酶的活性，最终导致病菌死亡。

适用作物防控对象及使用技术

柑橘树溃疡病、炭疽病 在春梢萌发初期、春梢转绿期、落花 2/3 时、落花后 15 天左右、夏梢抽生初期、夏梢转绿期、秋梢抽生初期、秋梢转绿期各喷药 1 次，注意与不同类型药剂交替使用。松脂酸铜一般使用 12%乳油或 12%悬浮剂 300～400 倍液，或 18%乳油 450～600 倍液，或 20%水乳剂 500～700 倍液，或 30%乳油 800～1 200 倍液均匀喷雾。

葡萄黑痘病、霜霉病、褐斑病、炭疽病 先在花蕾期、落花后、落花后 15 天左右各喷药 1 次，有效防控黑痘病及幼穗霜霉病；然后从叶片上初见霜霉病病斑时开始继续喷药，10 天左右 1 次，与不同类型药剂交替使用，连喷 5～7 次，有效防控霜霉病、褐斑病、炭疽病。松脂酸铜喷施倍数同"柑橘树溃疡病"。

苹果树、梨树的根部腐烂病 将病残组织清除后直接灌药治疗，浇灌药液量要求将病树的主要根区渗透。一般使用 12%乳油或 12%悬浮剂 300～400 倍液，或 18%乳油或 20%水乳剂 500～600 倍液，或 30%乳油 800～1 000 倍液灌根。

苹果树、梨树的腐烂病、干腐病、枝干轮纹病 预防腐烂病等枝干病害时，在树体发芽前喷药清园，一般使用 12%乳油或 12%悬浮剂 100～150 倍液，或 18%乳油或 20%水乳剂 200～300 倍液，或 30%乳油 300～400 倍液喷洒枝干。腐烂病及干腐病病斑刮除后，也可在病斑表面涂抹用药，一般使用 12%乳油或 12%悬浮剂 50～70 倍液，或 18%乳油或 20%水乳剂 100～120 倍液，或 30%乳油 120～150 倍液涂抹病疤。

桃树、杏树、李树及樱桃树的流胶病 在树体发芽前对枝干喷药 1 次，生长期严禁使用。一般使用 12%乳油或 12%悬浮剂 150～200 倍液，或 18%乳油或 20%水乳剂 250～300 倍液，或 30%乳油 400～500 倍液喷洒枝干。

黄瓜霜霉病、细菌性角斑病 从病害发生初期开始喷药，7～10 天 1 次，与不同类型药剂交替使用，直到生长后期。松脂酸铜一般每亩次使用 12%乳油或 12%悬浮剂 180～230 毫升，或 18%乳油或 20%水乳剂 120～150 毫升，或 30%乳油 70～90 毫升，对水 45～60 千克均匀喷雾，重点喷洒叶片背面。

番茄溃疡病 每次整枝打杈后的当天喷药 1 次；或从病害发生初期开始喷药，7～10 天 1 次，连喷 2～3 次。松脂酸铜喷施剂量同"黄瓜霜霉病"。

烟草野火病 从病害发生初期开始喷药，7～10 天 1 次，连喷 2 次左右。一般每亩次使用 12%乳油或 12%悬浮剂 150～200 毫升，或 18%乳油或 20%水乳剂 80～120 毫升，或 30%乳油 60～80 毫升，对水 45～60 千克均匀喷雾。

注意事项　松脂酸铜不能与强酸性或碱性药剂及肥料混用。喷雾时必须及时均匀周到，但不能在高温、高湿环境下使用，也不能在阴雨天及露水未干时用药。对铜离子敏感的作物上严禁使用。

王铜　copper oxychloride

主要含量与剂型　30%悬浮剂，47%、50%、70%可湿性粉剂，84%水分散粒剂。

产品特点　王铜是一种无机铜类广谱保护性低毒杀菌剂，有效成分为氧氯化铜，喷施后黏附在作物表面形成一层保护药膜，耐雨水冲刷，通过释放出的铜离子而起杀菌防病作用。其杀菌机理是释放的铜离子与病菌体内的多种生物基团结合，形成铜的络合物等物质，使蛋白质变性，进而阻碍和抑制生物代谢，最终导致病菌死亡。

适用作物防控对象及使用技术

葡萄霜霉病　先在葡萄花蕾期、落花后各喷药 1 次，有效防控霜霉病为害幼穗；然后从叶片上初见霜霉病病斑时开始连续喷药，10 天左右 1 次，与不同类型药剂交替使用，直到生长后期。王铜一般使用 30%悬浮剂 500～600 倍液，或 47%可湿性粉剂或 50%可湿性粉剂 700～800 倍液，或 70%可湿性粉剂 1 000～1 200 倍液，或 84%水分散粒剂 1 200～1 500 倍液均匀喷雾，注意喷洒叶片背面。

柑橘树溃疡病　在春梢萌发初期、春梢转绿期、落花 2/3 时、落花后 15 天左右、夏梢抽生初期、夏梢转绿期、秋梢抽生初期、秋梢转绿期各喷药 1 次，注意与不同类型药剂交替使用。王铜喷施倍数同"葡萄霜霉病"。

荔枝霜疫霉病　在花蕾期、小幼果期、果实中期、果实转色期各喷药 1 次。王铜喷施倍数同"葡萄霜霉病"。

杧果树炭疽病　在花序伸长期、落花 2/3 时、落花后 15 天左右及果实膨大中期、果实近成熟期各喷药 1 次，注意与不同类型药剂交替使用。王铜喷施倍数同"葡萄霜霉病"。

猕猴桃树溃疡病　先在树体发芽前喷洒 1 次枝蔓清园，一般使用 30%悬浮剂 200～300 倍液，或 47%可湿性粉剂或 50%可湿性粉剂 350～400 倍液，或 70%可湿性粉剂 500～600 倍液，或 84%水分散粒剂 600～700 倍液淋洗式喷雾；然后再于果实采收后喷药 1～2 次，间隔期 10～15 天，一般使用 30%悬浮剂 400～500 倍液，或 47%可湿性粉剂或 50%可湿性粉剂 600～700 倍液，或 70%可湿性粉剂 800～1 000 倍液，或 84%水分散粒剂 1 000～1 200 倍液均匀喷雾。

黄瓜细菌性角斑病　从病害发生初期开始喷药，7～10 天 1 次，连喷 2～3 次。一般每亩次使用 30%悬浮剂 200～250 毫升，或 47%可湿性粉剂或 50%可湿性粉剂 130～180 克，或 70%可湿性粉剂 90～120 克，或 84%水分散粒剂 80～100 克，对水 45～60 千克喷雾，重点喷洒叶片背面。

番茄晚疫病、早疫病　从病害发生初期开始喷药，7～10 天 1 次，与不同类型药剂交替使用，连喷 3～5 次。王铜喷施剂量同"黄瓜细菌性角斑病"。

烟草赤星病　从病害发生初期开始喷药，7～10 天 1 次，连喷 2 次左右。王铜喷施剂量同"黄瓜细菌性角斑病"。

人参黑斑病　从病害发生初期开始喷药，7～10 天 1 次，连喷 2～3 次。一般使用 30%悬浮剂 600～700 倍液，或 47%可湿性粉剂或 50%可湿性粉剂 1 000～1 200 倍液，或 70%可湿性粉剂 1 300～1 600 倍液，或 84%水分散粒剂 1 600～2 000 倍液均匀喷雾。

注意事项　王铜不能与碱性药剂、强酸性药剂及肥料混用，避免在连阴雨、阴湿天气或露水未干前喷药。连续喷药时，注意与不同类型药剂交替使用。对铜敏感的作物（桃、李、梅、杏、柿、大白菜、菜豆、莴苣、荸荠等）上慎用，并避免喷药时飘移至上述作物上。

肟菌酯 trifloxystrobin

主要含量与剂型　25%、30%、40%、50%悬浮剂，50%、60%水分散粒剂。

产品特点　肟菌酯是一种含氟原子的甲氧基丙烯酸酯类高效广谱低毒杀菌剂，以保护作用为主，兼有一定的治疗活性，使用安全，对环境友好。喷施后能被植物蜡质层较强吸附，药剂渗透性好、分布快，并可内吸向顶传导，耐雨水冲刷，持效期较长，对多种真菌性病害均有较好的防控效果。其杀菌机理是通过抑制病菌线粒体中细胞色素 b 与 c1 间的电子传递，阻止细胞三磷酸腺苷 ATP 酶合成，进而抑制线粒体的呼吸作用，使细胞无法获得正常萌发及生长代谢所需的能量，而导致病菌死亡。但其作用位点相对单一，易诱使病菌产生抗性，故不宜单独使用，最好与不同作用机理的药剂复配或混合使用。

适用作物防控对象及使用技术

苹果树褐斑病、斑点落叶病、炭疽叶枯病、白粉病　先在花序分离期、落花 80%和落花后 10～15 天各喷药 1 次，有效防控白粉病的早期为害，兼防斑点落叶病；往年白粉病发生较重果园，再于 8～9 月的花芽分化期喷药 1～2 次（间隔期 10～15 天），有效防控病菌侵害芽，控制越冬菌量。防控褐斑病时，从落花后 1 个月左右开始喷药，10～15 天 1 次，与不同类型药剂交替使用，连喷 4～6 次，兼防斑点落叶病、炭疽叶枯病；防控斑点落叶病时，在春梢生长期内和秋梢生长期内各喷药 2 次左右（间隔期 10～15 天）；防控炭疽叶枯病时，在 7、8 月份的降雨前 2～3 天及时喷药，最好每次有效降雨前喷药 1 次。肟菌酯一般使用 25%悬浮剂 2 500～3 000 倍液，或 30%悬浮剂 3 000～3 500 倍液，或 40%悬浮剂 4 000～5 000 倍液，或 50%悬浮剂或 50%水分散粒剂 5 000～6 000 倍液，或 60%水分散粒剂 6 000～7 000 倍液均匀喷雾。连续喷药时，注意与不同类型药剂交替使用或混用。

梨树褐斑病、白粉病　从病害发生初期开始喷药，10～15 天 1 次，连喷 2～3 次。肟菌酯喷施倍数同"苹果树褐斑病"。

葡萄黑痘病、穗轴褐枯病、霜霉病、白粉病、炭疽病、白腐病　先在葡萄花蕾期、落花后及落花后 10～15 天各喷药 1 次，有效防控黑痘病、穗轴褐枯病及霜霉病为害幼果穗；然后从叶片上初见霜霉病病斑时立即开始继续喷药，10 天左右 1 次，与相应不同类型药剂交替使用或混用，直到生长后期，有效防控霜霉病为害叶片，兼防白粉病、炭疽病、白腐病。肟菌酯一般使用 25%悬浮剂 1 500～2 000 倍液，或 30%悬浮剂 2 000～2 500 倍液，或 40%悬浮剂 2 500～3 000 倍液，或 50%悬浮剂或 50%水分散粒剂 3 000～4 000 倍液，或 60%水分散粒剂 4 000～5 000 倍液均匀喷雾，防控叶片霜霉病时注意喷洒叶片背面。

桃树白粉病　从病害发生初期开始喷药，10～15 天 1 次，连喷 2 次左右。肟菌酯喷施倍数同"葡萄黑痘病"。

枣炭疽病　从幼果膨大中期开始喷药，10～15 天 1 次，与不同类型药剂交替使用或混用，连喷 3～5 次。肟菌酯喷施倍数同"葡萄黑痘病"。

草莓白粉病　从病害发生初期开始喷药，10 天左右 1 次，与不同类型药剂交替使用或混用，连喷 3～5 次。肟菌酯喷施倍数同"葡萄黑痘病"。

柑橘树炭疽病　一般品种在开花前、落花 2/3、落花后 15 天左右及落花后 1 个月左右各喷药 1 次，椪柑类品种再于果实转色期喷药 1～2 次（间隔期 10～15 天），注意与不同类型药剂交替使用或混用。肟菌酯一般使用 25％悬浮剂 1 200～1 500 倍液，或 30％悬浮剂 1 500～1 800 倍液，或 40％悬浮剂 2 000～2 500 倍液，或 50％悬浮剂或 50％水分散粒剂 2 500～3 000 倍液，或 60％水分散粒剂 3 000～3 500 倍液均匀喷雾。

香蕉叶斑病、黑星病　从病害发生初期开始喷药，15～20 天 1 次，与不同类型药剂交替使用或混用，连喷 3～5 次。肟菌酯一般使用 25％悬浮剂 2 500～3 000 倍液，或 30％悬浮剂 3 000～3 500 倍液，或 40％悬浮剂 4 000～5 000 倍液，或 50％悬浮剂或 50％水分散粒剂 5 000～6 000 倍液，或 60％水分散粒剂 6 000～7 000 倍液均匀喷雾。

辣椒炭疽病　从病害发生初期开始喷药，10～15 天 1 次，连喷 2～4 次。一般每亩次使用 25％悬浮剂 30～40 毫升，或 30％悬浮剂 25～35 毫升，或 40％悬浮剂 20～25 毫升，或 50％悬浮剂 15～20 毫升，或 50％水分散粒剂 15～20 克，或 60％水分散粒剂 13～18 克，对水 45～60 千克均匀喷雾。

番茄早疫病　从病害发生初期开始喷药，10～15 天 1 次，连喷 2～4 次。一般每亩次使用 25％悬浮剂 20～25 毫升，或 30％悬浮剂 15～20 毫升，或 40％悬浮剂 12～15 毫升，或 50％悬浮剂 9～12 毫升，或 50％水分散粒剂 9～12 克，或 60％水分散粒剂 8～10 克，对水 45～60 千克均匀喷雾。

马铃薯晚疫病　从病害发生初期或初花期开始喷药，10 天左右 1 次，与不同类型药剂交替使用或混用，直到生长后期。肟菌酯一般每亩次使用 25％悬浮剂 40～50 毫升，或 30％悬浮剂 30～40 毫升，或 40％悬浮剂 25～30 毫升，或 50％悬浮剂 20～25 毫升，或 50％水分散粒剂 20～25 克，或 60％水分散粒剂 15～20 克，对水 60～75 千克均匀喷雾。

小麦白粉病、锈病　从病害发生初期开始喷药，10～15 天 1 次，连喷 1～2 次。一般每亩次使用 25％悬浮剂 25～40 毫升，或 30％悬浮剂 20～30 毫升，或 40％悬浮剂 18～25 毫升，或 50％悬浮剂 15～20 毫升，或 50％水分散粒剂 15～20 克，或 60％水分散粒剂 10～15 克，对水 30～45 千克均匀喷雾。

玉米叶斑病、锈病　从病害发生初期开始喷药，10～15 天 1 次，连喷 1～2 次。肟菌酯喷施剂量同"小麦白粉病"。

水稻稻瘟病、稻曲病、纹枯病　防控叶瘟时，从病害发生初期或出现急性病斑时开始喷药，10 天左右 1 次，连喷 1～2 次；防控穗颈瘟时，在破口初期和齐穗初期各喷药 1 次；防控稻曲病时，在破口前 5～7 天和齐穗初期各喷药 1 次；防控纹枯病时，在拔节期和破口至齐穗初期各喷药 1 次。肟菌酯喷施剂量同"小麦白粉病"。

花生叶斑病、锈病　从病害发生初期或初花期开始喷药，10～15 天 1 次，连喷 2～3 次。一般每亩次使用 25％悬浮剂 25～35 毫升，或 30％悬浮剂 23～30 毫升，或 40％悬浮剂 20～25 毫升，或 50％悬浮剂 13～18 毫升，或 50％水分散粒剂 15～20 克，或 60％水分散粒剂 12～15 克，对水 30～45 千克均匀喷雾。

玫瑰白粉病 从病害发生初期开始喷药，10～15 天 1 次，连喷 2～3 次。一般每亩次使用 25％悬浮剂 30～40 毫升，或 30％悬浮剂 25～35 毫升，或 40％悬浮剂 20～25 毫升，或 50％悬浮剂 15～20 毫升，或 50％水分散粒剂 15～20 克，或 60％水分散粒剂 13～18 克，对水 45～60 千克均匀喷雾。

注意事项 肟菌酯不能与碱性药剂及肥料混用，也不能与乳油类产品及有机硅类助剂混用。连续喷药时，注意与不同类型药剂交替使用或混用。本剂以保护作用为主，尽量在发病前或发病初期使用。

戊唑醇 tebuconazole

主要含量与剂型 1％糊剂，12.5％、25％、250 克/升水乳剂，12.5％微乳剂，12.5％、25％、30％、43％、50％、430 克/升悬浮剂，25％、250 克/升乳油，25％、80％可湿性粉剂，80％、85％水分散粒剂，0.2％、0.25％、2％、6％、60 克/升、80 克/升悬浮种衣剂，6％、60 克/升种子处理悬浮剂，2％湿拌种剂。

产品特点 戊唑醇是一种三唑类内吸治疗性广谱低毒杀菌剂，杀菌活性高，持效期长，使用较安全，可混用性好。使用后，既可杀灭植物表面或附着在种子表面的病菌，也可在植物体内向顶（上）传导，进而杀死植物体内的病菌。其杀菌机理是通过抑制病菌细胞膜上麦角甾醇的去甲基化，使病菌无法形成细胞膜，进而杀死病原菌。该药不仅能有效防控多种真菌性病害，还可促进作物生长、根系发达、叶色浓绿、植株健壮、提高产量等。

适用作物防控对象及使用技术

苹果树、梨树的腐烂病、干腐病 在手术治疗病斑的基础上，使用 1％糊剂直接涂抹病疤，杀灭残余病菌，并促进伤口愈合，1 个月后再涂药 1 次效果更好。

苹果树白粉病、锈病、花腐病、黑星病、炭疽病、轮纹病、褐斑病、斑点落叶病 先在花序分离期和落花后各喷药 1 次，有效防控锈病、白粉病及花腐病，兼防黑星病；然后从落花后 10 天左右开始连续喷药，10～15 天 1 次，与不同类型药剂交替使用，连喷 6～8 次，有效防控炭疽病、轮纹病、黑星病、斑点落叶病及褐斑病的发生为害。斑点落叶病的防控关键为春梢生长期和秋梢生长期及时喷药，褐斑病的防控关键一般为落花后 1 个月左右及时开始喷药，往年白粉病较重果园在 8、9 月份的花芽分化期再追加喷药 1～2 次。戊唑醇一般使用 12.5％水乳剂或 12.5％微乳剂或 12.5％悬浮剂 1 000～1 200 倍液，或 25％悬浮剂或 25％乳油或 25％水乳剂或 250 克/升水乳剂或 250 克/升乳油或 25％可湿性粉剂 2 000～2 500 倍液，或 30％悬浮剂 2 500～3 000 倍液，或 43％悬浮剂或 430 克/升悬浮剂 3 000～4 000 倍液，或 50％悬浮剂 4 000～5 000 倍液，或 80％可湿性粉剂或 80％水分散粒剂或 85％水分散粒剂 7 000～8 000 倍液均匀喷雾。

梨树黑星病、锈病、黑斑病、炭疽病、轮纹病、白粉病、褐斑病 先在花序分离期和落花后各喷药 1 次，有效防控锈病为害及黑星病病梢形成；然后从落花后 10 天左右开始连续喷药，10～15 天 1 次，与不同类型药剂交替使用，连喷 6～8 次，对炭疽病、轮纹病、黑星病及黑斑病均有很好的防控效果，兼防白粉病、褐斑病。戊唑醇喷施倍数同"苹果树白粉病"。

葡萄黑痘病、穗轴褐枯病、炭疽病、白腐病、溃疡病、房枯病、白粉病、褐斑病　先在开花前（花蕾期）、落花后各喷药1次，有效防控黑痘病、穗轴褐枯病，往年黑痘病严重果园，落花后10～15天再喷药1次。防控套袋葡萄炭疽病、白腐病、溃疡病时，在套袋前5天内喷药1次即可；防控不套袋葡萄炭疽病、白腐病、溃疡病时，从果粒膨大中后期开始喷药，10天左右1次，与不同类型药剂交替喷施，直到果实采收前一周，兼防房枯病。防控褐斑病、白粉病时，从病害发生初期或初见病斑时开始喷药，10～15天1次，连喷2～4次。戊唑醇喷施倍数同"苹果树白粉病"。

桃树黑星病、炭疽病、褐腐病、真菌性穿孔病、锈病、白粉病　防控黑星病（疮痂病）时，多从桃树落花后20天左右开始喷药，10～15天1次，直到采收前1个月结束（套袋果套袋后不再喷药），兼防炭疽病、真菌性穿孔病；防控不套袋果褐腐病时，从果实采收前1～1.5个月开始喷药，10～15天1次，连喷2次左右，兼防炭疽病、真菌性穿孔病、锈病；防控真菌性穿孔病、锈病、白粉病等叶部病害时，从病害发生初期开始喷药，10～15天1次，连喷2～3次。戊唑醇喷施倍数同"苹果树白粉病"。

杏树杏疔病、黑星病、褐腐病、真菌性穿孔病　防控杏疔病时，从杏树落花后5～7天开始喷药，10～15天1次，连喷1～2次；防控黑星病时，从杏树落花后20天左右开始喷药，10～15天1次，连喷2次左右，兼防真菌性穿孔病；防控褐腐病时，从果实采收前1个月开始喷药，10天左右1次，连喷2次左右，兼防真菌性穿孔病。戊唑醇喷施倍数同"苹果树白粉病"。

李树袋果病、红点病、炭疽病、褐腐病、真菌性穿孔病、白粉病　防控袋果病时，在花芽露红期和落花后各喷药1次；防控红点病时，从落花后15天左右开始喷药，10～15天1次，连喷2～4次，兼防炭疽病、真菌性穿孔病；防控白粉病时，从病害发生初期开始喷药，10～15天1次，连喷1～2次；防控褐腐病时，从果实采收前1～1.5个月开始喷药，10～15天1次，连喷2次左右，兼防真菌性穿孔病、炭疽病。戊唑醇喷施倍数同"苹果树白粉病"。

枣树褐斑病、锈病、炭疽病、轮纹病、果实斑点病　先在（一茬花）开花前、落花后各喷药1次，有效防控褐斑病的早期发生；然后从（一茬花）落花后20天左右开始继续喷药，10～15天1次，与不同类型药剂交替使用，连喷4～7次，有效防控锈病、炭疽病、轮纹病、果实斑点病及褐斑病。戊唑醇喷施倍数同"苹果树白粉病"。

核桃树腐烂病、干腐病、溃疡病　先对病斑进行划道切割，然后使用1%糊剂在病斑表面涂药，1个月后再涂药1次效果更好。

核桃树白粉病、褐斑病、炭疽病　防控白粉病、褐斑病时，从病害发生初期或初见病斑时开始喷药，10～15天1次，连喷2～3次；防控炭疽病时，多从果实膨大初期开始喷药，10～15天1次，连喷2～4次。戊唑醇喷施倍数同"苹果树白粉病"。

柿树角斑病、圆斑病、白粉病、炭疽病　防控角斑病、圆斑病时，从落花后15～20天开始喷药，15～20天1次，连喷2次，兼防白粉病、炭疽病；主要防控白粉病时，在初见病斑时喷药1次即可；主要防控炭疽病时，多从落花后15天左右开始喷药，10～15天1次，连喷2～3次（南方甜柿产区需喷药4～6次，并在开花前增加1次喷药）。戊唑醇喷施倍数同"苹果树白粉病"。

山楂树白粉病、锈病、炭疽病、轮纹病、叶斑病　先在花序分离期和落花后各喷药1次，有效防控白粉病、锈病的发生为害；防控炭疽病、轮纹病时，从果实膨大初期开始喷药，10～15天1次，连喷2～3次；防控叶斑病时，从病害发生初期开始喷药，10～15天1次，连喷2次左右。戊唑醇喷施倍数同"苹果树白粉病"。

石榴树褐斑病、炭疽病、麻皮病　先在（一茬花）开花前喷药1次，兼防三种病害；然后从（一茬花）落花后10～15天开始连续喷药，10～15天1次，连喷3～5次。戊唑醇喷施倍数同"苹果树白粉病"。

草莓白粉病、褐斑病、炭疽病　从病害发生初期或初见病斑时开始喷药，10～15天1次，连喷2～4次。戊唑醇喷施倍数同"苹果树白粉病"。

猕猴桃叶斑病　从病害发生初期或初见病斑时开始喷药，10～15天1次，连喷2～3次。戊唑醇喷施倍数同"苹果树白粉病"。

花椒树锈病　从病害发生初期或初见病斑时开始喷药，10～15天1次，连喷2～4次。戊唑醇喷施倍数同"苹果树白粉病"。

蓝莓叶斑病　从病害发生初期或初见病斑时开始喷药，10～15天1次，连喷2次左右。戊唑醇喷施倍数同"苹果树白粉病"。

枸杞白粉病、黑斑病、灰斑病　从病害发生初期或初见病斑时开始喷药，10～15天1次，连喷2～4次。戊唑醇喷施倍数同"苹果树白粉病"。

香蕉叶斑病、黑星病　从病害发生初期开始喷药，10～15天1次，与不同类型药剂交替使用，连喷3～5次。戊唑醇一般使用12.5%水乳剂或12.5%微乳剂或12.5%悬浮剂500～700倍液，或25%悬浮剂或25%乳油或25%水乳剂或250克/升水乳剂或250克/升乳油或25%可湿性粉剂1 000～1 500倍液，或30%悬浮剂1 200～1 500倍液，或43%悬浮剂或430克/升悬浮剂2 000～2 500倍液，或50%悬浮剂2 500～3 000倍液，或80%可湿性粉剂或80%水分散粒剂或85%水分散粒剂3 500～4 000倍液均匀喷雾。蕉仔期尽量不要用药，以免蕉仔出现药害。

杧果炭疽病　在花序伸长期、落花2/3、落花后15天左右及果实膨大期、果实转色期各喷药1次，注意与不同类型药剂交替使用。戊唑醇一般使用12.5%水乳剂或12.5%微乳剂或12.5%悬浮剂800～1 000倍液，或25%悬浮剂或25%乳油或25%水乳剂或250克/升水乳剂或250克/升乳油或25%可湿性粉剂1 500～2 000倍液，或30%悬浮剂2 000～2 400倍液，或43%悬浮剂或430克/升悬浮剂2 500～3 000倍液，或50%悬浮剂3 000～4 000倍液，或80%可湿性粉剂或80%水分散粒剂或85%水分散粒剂5 000～6 000倍液均匀喷雾。

柑橘树疮痂病、炭疽病、黑星病、黄斑病、砂皮病　在春梢萌发初期、春梢转绿期、落花2/3时、落花后15天左右、夏梢抽生初期、夏梢转绿期、秋梢抽生初期、秋梢转绿期各喷药1次，注意与不同类型药剂交替使用。戊唑醇喷施倍数同"杧果炭疽病"。

茶树炭疽病、茶饼病　从病害发生初期开始喷药，10～15天1次，连喷2～3次。戊唑醇喷施倍数同"杧果炭疽病"。

枇杷炭疽病　从病害发生初期开始喷药，10～15天1次，连喷2次左右。一般使用12.5%水乳剂或12.5%微乳剂或12.5%悬浮剂1 500～2 000倍液，或25%悬浮剂或25%

乳油或 25％水乳剂或 250 克/升水乳剂或 250 克/升乳油或 25％可湿性粉剂 3 000～4 000 倍液，或 30％悬浮剂 4 000～4 500 倍液，或 43％悬浮剂或 430 克/升悬浮剂 5 000～6 000 倍液，或 50％悬浮剂 6 000～7 000 倍液，或 80％可湿性粉剂或 80％水分散粒剂或 85％水分散粒剂 8 000～10 000 倍液均匀喷雾。

麦类作物黑穗病、全蚀病　通过药剂拌种或包衣进行用药。一般每 100 千克种子使用 0.2％悬浮种衣剂 1 000～1 500 毫升，或 0.25％悬浮种衣剂 800～1 200 毫升，或 2％悬浮种衣剂 100～150 毫升，或 2％湿拌种剂 120～180 克，或 6％悬浮种衣剂或 60 克/升悬浮种衣剂或 6％种子处理悬浮剂或 60 克/升种子处理悬浮剂 40～60 毫升，或 80 克/升悬浮种衣剂 25～35 毫升，对适量水均匀拌种或包衣，而后晾干待播。

小麦纹枯病、白粉病、锈病、赤霉病　防控纹枯病、白粉病、锈病时，在分蘖期至拔节初期和拔节至孕穗期各喷药 1 次；或从病害发生初期开始喷药，10～15 天 1 次，连喷 2 次左右。防控赤霉病时，在齐穗初期和扬花初期各喷药 1 次。一般每亩次使用 12.5％水乳剂或 12.5％微乳剂或 12.5％悬浮剂 50～70 毫升，或 25％悬浮剂或 25％乳油或 25％水乳剂或 250 克/升水乳剂或 250 克/升乳油 25～35 毫升，或 25％可湿性粉剂 25～35 克，或 30％悬浮剂 20～30 毫升，或 43％悬浮剂或 430 克/升悬浮剂 15～20 毫升，或 50％悬浮剂 13～18 毫升，或 80％可湿性粉剂或 80％水分散粒剂或 85％水分散粒剂 8～10 克，对水 30～45 千克均匀喷雾。

水稻纹枯病、稻瘟病、稻曲病　防控纹枯病时，从病害发生初期开始喷药，10～15 天 1 次，连喷 2 次左右；或在分蘖期至拔节初期和拔节期至破口初期各喷药 1 次。防控叶瘟病时，在田间出现发病中心时或出现急性病斑时开始喷药，7～10 天 1 次，连喷 1～2 次；防控穗颈瘟时，在破口初期和齐穗初期各喷药 1 次。防控稻曲病时，在破口前 5～7 天和齐穗初期各喷药 1 次。戊唑醇喷施剂量同"小麦纹枯病"。

水稻恶苗病、立枯病　通过种子包衣进行用药。一般每 100 千克种子使用 0.2％悬浮种衣剂 2 500～3 000 毫升，或 0.25％悬浮种衣剂 2 000～2 500 毫升，或 2％悬浮种衣剂 250～300 毫升，或 2％湿拌种剂 250～300 克，或 6％悬浮种衣剂或 60 克/升悬浮种衣剂或 6％种子处理悬浮剂或 60 克/升种子处理悬浮剂 80～100 毫升，或 80 克/升悬浮种衣剂 60～75 毫升，加适量水均匀拌种包衣，包衣种子阴干 3 天后再浸种催芽。

玉米大斑病、小斑病、灰斑病、锈病　从病害发生初期开始喷药，10～15 天 1 次，连喷 2 次左右。戊唑醇喷施剂量同"小麦纹枯病"。

玉米丝黑穗病　通过药剂拌种或包衣进行用药。一般每 100 千克种子使用 0.2％悬浮种衣剂 3 000～5 000 毫升，或 0.25％悬浮种衣剂 2 500～4 000 毫升，或 2％悬浮种衣剂 300～500 毫升，或 2％湿拌种剂 400～600 克，或 6％悬浮种衣剂或 60 克/升悬浮种衣剂或 6％种子处理悬浮剂或 60 克/升种子处理悬浮剂 150～200 毫升，或 80 克/升悬浮种衣剂 110～140 毫升，对适量水均匀拌种或包衣，晾干后待播。

高粱黑穗病　通过药剂拌种或包衣进行用药。一般每 100 千克种子使用 0.2％悬浮种衣剂 3 000～4 500 毫升，或 0.25％悬浮种衣剂 2 500～3 500 毫升，或 2％悬浮种衣剂 300～450 毫升，或 2％湿拌种剂 300～450 克，或 6％悬浮种衣剂或 60 克/升悬浮种衣剂或 6％种子处理悬浮剂或 60 克/升种子处理悬浮剂 100～150 毫升，或 80 克/升悬浮种衣剂 75～100 毫升，对适量水均匀拌种或包衣，晾干后待播。

花生叶斑病、疮痂病、锈病　从病害发生初期或开花下针期开始喷药，10～15 天 1 次，连喷 2～3 次。一般每亩次使用 12.5％水乳剂或 12.5％微乳剂或 12.5％悬浮剂 50～60 毫升，或 25％悬浮剂或 25％乳油或 25％水乳剂或 250 克/升水乳剂或 250 克/升乳油 25～30 毫升，或 25％可湿性粉剂 25～30 克，或 30％悬浮剂 20～25 毫升，或 43％悬浮剂或 430 克/升悬浮剂 15～18 毫升，或 50％悬浮剂 13～15 毫升，或 80％可湿性粉剂或 80％水分散粒剂或 85％水分散粒剂 8～10 克，对水 30～45 千克均匀喷雾。

大豆、绿豆的锈病、白粉病　从病害发生初期开始喷药，10～15 天 1 次，连喷 1～2 次。戊唑醇喷施剂量同"花生叶斑病"。

油菜菌核病　多从初花期或封垄前开始喷药，10～15 天 1 次，连喷 2 次左右，重点喷洒植株中下部。戊唑醇喷施剂量同"花生叶斑病"。

芦笋茎枯病　从病害发生初期开始喷药，10 天左右 1 次，连喷 2～4 次，重点喷洒植株中下部。一般使用 12.5％水乳剂或 12.5％微乳剂或 12.5％悬浮剂 800～1 000 倍液，或 25％悬浮剂或 25％乳油或 25％水乳剂或 250 克/升水乳剂或 250 克/升乳油或 25％可湿性粉剂 1 500～2 000 倍液，或 30％悬浮剂 1 800～2 400 倍液，或 43％悬浮剂或 430 克/升悬浮剂 2 500～3 500 倍液，或 50％悬浮剂 3 000～4 000 倍液，或 80％可湿性粉剂或 80％水分散粒剂或 85％水分散粒剂 5 000～6 000 倍液均匀喷雾。

黄瓜白粉病、黑星病、炭疽病　从病害发生初期开始喷药，10 天左右 1 次，连喷 2～3 次。一般每亩次使用 12.5％水乳剂或 12.5％微乳剂或 12.5％悬浮剂 40～60 毫升，或 25％悬浮剂或 25％乳油或 25％水乳剂或 250 克/升水乳剂或 250 克/升乳油 20～30 毫升，或 25％可湿性粉剂 25～30 克，或 30％悬浮剂 18～25 毫升，或 43％悬浮剂或 430 克/升悬浮剂 15～20 毫升，或 50％悬浮剂 13～18 毫升，或 80％可湿性粉剂或 80％水分散粒剂或 85％水分散粒剂 7～10 克，对水 45～60 千克均匀喷雾。

西瓜、甜瓜、苦瓜、南瓜的白粉病、炭疽病　从病害发生初期开始喷药，10 天左右 1 次，连喷 2～4 次。戊唑醇喷施剂量同"黄瓜白粉病"。

芸豆、豇豆的锈病、炭疽病　从病害发生初期开始喷药，10 天左右 1 次，连喷 2～3 次。戊唑醇喷施剂量同"黄瓜白粉病"。

十字花科蔬菜黑斑病　从病害发生初期开始喷药，10 天左右 1 次，连喷 1～2 次。一般每亩次使用 12.5％水乳剂或 12.5％微乳剂或 12.5％悬浮剂 50～60 毫升，或 25％悬浮剂或 25％乳油或 25％水乳剂或 250 克/升水乳剂或 250 克/升乳油 25～30 毫升，或 25％可湿性粉剂 25～30 克，或 30％悬浮剂 20～25 毫升，或 43％悬浮剂或 430 克/升悬浮剂 15～20 毫升，或 50％悬浮剂 13～15 毫升，或 80％可湿性粉剂或 80％水分散粒剂或 85％水分散粒剂 8～10 克，对水 30～45 千克均匀喷雾。

注意事项　戊唑醇可混用性好，但不能与碱性药剂及肥料混用。连续喷药时，注意与不同类型药剂交替使用或混用，以延缓病菌产生抗药性。本剂在一定浓度下具有刺激植物生长作用，但用量过大时则显著抑制植物生长。种子处理用药时只能使用 1 次，且药剂处理过的种子严禁用作饲料或食用。

烯肟菌胺 fenaminstrobin

主要含量与剂型 5％乳油。

产品特点 烯肟菌胺是一种甲氧基丙烯酸酯类广谱低毒杀菌剂，对多种真菌性病害均有预防和治疗效果，杀菌活性高，使用安全。其杀菌机理是作用于病菌的线粒体呼吸系统，通过与线粒体电子传递链中复合物Ⅲ（细胞色素 bc1 复合物）的结合，阻断电子传递，破坏病菌的能量（ATP）合成，进而达到抑制或杀死病菌的作用。同时对作物生长性状和品质有明显的改善功效，并能提高作物产量。

适用作物防控对象及使用技术

苹果树白粉病、锈病、斑点落叶病 先在花序分离期（干花前一周左右）、落花80％和落花后 10 天左右各喷药 1 次，有效防控白粉病、锈病，兼防斑点落叶病；往年白粉病发生较重果园，在 8、9 月份再喷药 1～2 次，防控病菌侵染芽，减少病菌越冬数量；防控斑点落叶病时，在春梢生长期内和秋梢生长期内各喷药 2 次左右（间隔期 10～15 天）。一般使用 5％乳油 800～1 000 倍液均匀喷雾，并注意与不同类型药剂交替使用。

梨树黑星病、锈病、白粉病 先在花序分离期、落花后及落花后 10 天左右各喷药 1 次，有效防控锈病及早期黑星病发生；然后从初见黑星病病梢或病叶或病果时开始连续喷药，15 天左右 1 次，与不同类型药剂交替使用，连喷 5～7 次，有效防控黑星病的中后期为害；防控白粉病时，从白粉病发生初期或初见白粉病病叶时开始喷药，10～15 天 1 次，连喷 2 次左右，重点喷洒叶片背面。烯肟菌胺一般使用 5％乳油 800～1 000 倍液均匀喷雾。

葡萄白粉病、锈病 从病害发生初期开始喷药，10～15 天 1 次，连喷 2～3 次。一般使用 5％乳油 800～1 000 倍液均匀喷雾。

草莓白粉病 从病害发生初期或初见病叶或病果时开始喷药，10 天左右 1 次，与不同类型药剂交替使用，连喷 3～5 次。烯肟菌胺一般使用 5％乳油 600～800 倍液均匀喷雾。

香蕉叶斑病 从病害发生初期开始喷药，15～20 天 1 次，连喷 3～5 次，注意与不同类型药剂交替使用。烯肟菌胺一般使用 5％乳油 600～800 倍液均匀喷雾。

黄瓜白粉病、炭疽病、霜霉病 在病害发生初期开始喷药，7～10 天 1 次，与不同类型药剂交替使用，直到生长后期。烯肟菌胺一般每亩次使用 5％乳油 60～110 毫升，对水 45～75 千克均匀喷雾。

番茄早疫病、晚疫病 从病害发生初期开始喷药，10 天左右 1 次，与不同类型药剂交替使用或混用，连喷 3～5 次。烯肟菌胺喷施剂量同"黄瓜白粉病"。

小麦锈病、白粉病、纹枯病 从病害发生初期开始喷药，10～15 天 1 次，连喷 1～2 次；或在小麦拔节期和孕穗至扬花前各喷药 1 次。一般每亩次使用 5％乳油 60～100 毫升，对水 30～45 千克均匀喷雾。

水稻纹枯病 在水稻封行前后或病害发生初期开始喷药，10～15 天 1 次，连喷 1～2 次。一般每亩次使用 5％乳油 100～150 毫升，对水 30～45 千克均匀喷雾。

注意事项 烯肟菌胺不能与碱性药剂及肥料混用。连续喷药时，注意与不同类型药剂交替使用或混用。具体用药时最好适当提前喷施，以充分发挥本剂的"增产提质"作用。

烯酰吗啉 dimethomorph

主要含量与剂型 10%水乳剂，10%、20%、25%、40%、50%悬浮剂，25%、50%可湿性粉剂，40%、50%、80%水分散粒剂。

产品特点 烯酰吗啉是一种肉桂酰胺类内吸治疗性低毒杀菌剂，属有机杂环吗啉类，专用于防控卵菌类植物病害，具有内吸治疗和预防保护双重作用，内吸性强，耐雨水冲刷，持效期较长。其作用机理是通过抑制磷脂的生物合成和细胞壁的形成而导致病菌死亡。在卵菌生活史中除游动孢子形成和孢子游动期外，对其余各个阶段均有作用，尤其对孢囊梗、孢子囊和卵孢子的形成阶段更敏感，若在孢子囊和卵孢子形成前用药，则可完全抑制孢子的产生。烯酰吗啉与甲霜灵等苯基酰胺类杀菌剂没有交互抗性，但单一使用易诱使病菌产生抗药性。该药内吸性强，能通过根、叶等部位吸收进入植物体内，并传导到各部位发挥作用。

适用作物防控对象及使用技术

葡萄霜霉病 先在葡萄花蕾期和落花后各喷药1次，有效防控霜霉病为害幼果穗；然后从叶片上初见霜霉病病斑时开始连续喷药，10天左右1次，与不同类型药剂交替使用，直到生长后期。烯酰吗啉一般使用10%水乳剂或10%悬浮剂400～500倍液，或20%悬浮剂800～1 000倍液，或25%悬浮剂或25%可湿性粉剂1 000～1 200倍液，或40%悬浮剂或40%水分散粒剂1 500～2 000倍液，或50%悬浮剂或50%可湿性粉剂或50%水分散粒剂2 000～2 500倍液，或80%水分散粒剂3 000～4 000倍液均匀喷雾，防控叶片受害时注意喷洒叶片背面。

苹果疫腐病 主要是防控不套袋果实的受害，从病害发生初期或初见病果时开始喷药，10天左右1次，连喷1～2次，重点喷洒树冠中下部。烯酰吗啉喷施倍数同"葡萄霜霉病"。

梨疫腐病 主要是防控不套袋果实的受害，从病害发生初期或初见病果时开始喷药，10天左右1次，连喷1～2次，重点喷洒树冠中下部。烯酰吗啉喷施倍数同"葡萄霜霉病"。

荔枝霜疫霉病 在花蕾期、幼果期、果实膨大期及果实转色期各喷药1次，注意与不同类型药剂交替使用。烯酰吗啉喷施倍数同"葡萄霜霉病"。

黄瓜、甜瓜、苦瓜等瓜类的霜霉病 从田间初见病斑时开始喷药，7～10天1次，与不同类型药剂交替使用，直到生长后期，重点喷洒叶片背面。烯酰吗啉一般每亩次使用10%水乳剂或10%悬浮剂150～200毫升，或20%悬浮剂80～100毫升，或25%悬浮剂60～80毫升，或25%可湿性粉剂60～80克，或40%悬浮剂40～50毫升，或40%水分散粒剂40～50克，或50%悬浮剂30～40毫升，或50%可湿性粉剂或50%水分散粒剂30～40克，或80%水分散粒剂20～25克，对水45～75千克均匀喷雾。

番茄晚疫病、褐腐病 从病害发生初期开始喷药，7～10天1次，与不同类型药剂交替使用，连喷3～5次。烯酰吗啉喷施剂量同"黄瓜霜霉病"。

辣椒、茄子疫病 从病害发生初期开始喷药，7～10天1次，与不同类型药剂交替使用，连喷 2~4 次，重点喷洒植株中下部及茎基部周围土壤。烯酰吗啉喷施剂量同"黄瓜霜霉病"。

菠菜霜霉病　从病害发生初期开始喷药，7~10 天 1 次，连喷 2 次左右。烯酰吗啉一般每亩次使用 10%水乳剂或 10%悬浮剂 120~150 毫升，或 20%悬浮剂 60~80 毫升，或 25%悬浮剂 50~60 毫升，或 25%可湿性粉剂 60~70 克，或 40%悬浮剂 30~40 毫升，或 40%水分散粒剂 35~45 克，或 50%悬浮剂 25~30 毫升，或 50%可湿性粉剂或 50%水分散粒剂 30~35 克，或 80%水分散粒剂 18~20 克，对水 30~45 千克均匀喷雾。

十字花科蔬菜霜霉病　从病害发生初期开始喷药，7~10 天 1 次，连喷 2 次左右，重点喷洒叶片背面。烯酰吗啉喷施剂量同"菠菜霜霉病"。

花椰菜、叶用莴苣霜霉病　从病害发生初期开始喷药，7~10 天 1 次，连喷 2 次左右。烯酰吗啉喷施剂量同"菠菜霜霉病"。

马铃薯晚疫病　从病害发生初期或初花期开始喷药，7~10 天 1 次，与不同类型药剂交替使用，直到生长后期。烯酰吗啉一般每亩次使用 10%水乳剂或 10%悬浮剂 150~200 毫升，或 20%悬浮剂 80~100 毫升，或 25%悬浮剂 60~80 毫升，或 25%可湿性粉剂 70~90 克，或 40%悬浮剂 40~50 毫升，或 40%水分散粒剂 45~55 克，或 50%悬浮剂 30~40 毫升，或 50%可湿性粉剂或 50%水分散粒剂 35~45 克，或 80%水分散粒剂 20~25 克，对水 60~75 千克均匀喷雾。

烟草黑胫病　从病害发生初期或田间初见病株时开始喷药，7~10 天 1 次，连喷 2~3 次，重点喷洒植株中下部的茎部。烯酰吗啉一般每亩次使用 10%水乳剂或 10%悬浮剂 150~200 毫升，或 20%悬浮剂 80~100 毫升，或 25%悬浮剂 60~80 毫升，或 25%可湿性粉剂 60~80 克，或 40%悬浮剂 40~50 毫升，或 40%水分散粒剂 40~50 克，或 50%悬浮剂 30~40 毫升，或 50%可湿性粉剂或 50%水分散粒剂 30~40 克，或 80%水分散粒剂 20~25 克，对水 45~60 千克均匀喷雾或喷淋。

瓜果蔬菜的苗疫病、猝倒病、茎基部疫病　从初见病株时开始用药液喷淋苗床或植株茎基部，7~10 天 1 次，连续用药 1~2 次。一般使用 10%水乳剂或 10%悬浮剂 250~350 倍液，或 20%悬浮剂 500~700 倍液，或 25%悬浮剂或 25%可湿性粉剂 600~900 倍液，或 40%悬浮剂或 40%水分散粒剂 1 000~1 500 倍液，或 50%悬浮剂或 50%可湿性粉剂或 50%水分散粒剂 1 500~1 800 倍液，或 80%水分散粒剂 2 000~3 000 倍液均匀喷淋。

人参疫病　从病害发生初期或参床上初见病株时开始喷药，7~10 天 1 次，连喷 2 次左右。一般每亩次使用 10%水乳剂或 10%悬浮剂 120~150 毫升，或 20%悬浮剂 60~80 毫升，或 25%悬浮剂 50~60 毫升，或 25%可湿性粉剂 50~60 克，或 40%悬浮剂 30~40 毫升，或 40%水分散粒剂 30~40 克，或 50%悬浮剂 25~30 毫升，或 50%可湿性粉剂或 50%水分散粒剂 25~30 克，或 80%水分散粒剂 15~20 克，对水 45~60 千克均匀喷雾或喷淋。

铁皮石斛霜霉病　从病害发生初期开始喷药，7~10 天 1 次，连喷 2 次左右。一般使用 10%水乳剂或 10%悬浮剂 400~500 倍液，或 20%悬浮剂 800~1 000 倍液，或 25%悬浮剂或 25%可湿性粉剂 1 000~1 200 倍液，或 40%悬浮剂或 40%水分散粒剂 1 500~2 000 倍液，或 50%悬浮剂或 50%可湿性粉剂或 50%水分散粒剂 2 000~2 500 倍液，或 80%水分散粒剂 3 000~4 000 倍液均匀喷雾。

观赏牡丹霜霉病　从病害发生初期开始喷药，7～10 天 1 次，连喷 2 次左右。一般每亩次使用 10％水乳剂或 10％悬浮剂 80～100 毫升，或 20％悬浮剂 40～50 毫升，或 25％悬浮剂 30～40 毫升，或 25％可湿性粉剂 30～40 克，或 40％悬浮剂 20～25 毫升，或 40％水分散粒剂 20～25 克，或 50％悬浮剂 15～20 毫升，或 50％可湿性粉剂或 50％水分散粒剂 16～20 克，或 80％水分散粒剂 10～12 克，对水 45～60 千克均匀喷雾。

注意事项　烯酰吗啉不能与强酸性或碱性药剂及肥料混用。连续喷药时，注意与其他不同类型药剂交替使用或混用，以延缓病菌产生抗药性。本剂虽有内吸治疗作用，但具体用药时还应尽量早喷，并喷洒均匀周到。

香菇多糖 fungous proteoglycan

主要含量与剂型　0.5％、1％、2％水剂。

产品特点　香菇多糖是一种多糖类预防型抗病毒剂，相当于植物诱抗剂，主要活性成分为蛋白多糖，对病毒具有抑制作用。其通过抑制病毒核酸和蛋白质的合成，干扰病毒 RNA 的转录和翻译 DNA 的合成与复制，进而控制病毒增殖；并能在植物体内形成一层"致密的保护膜"，阻止病毒二次侵染。制剂中富含一定量的氨基酸，喷施后不仅抗病毒，还具有增强植物抗病能力和提高作物产量的功效。

适用作物防控对象及使用技术

药液浸种　多种瓜果蔬菜类种子可以携带病毒，催芽播种前使用 0.5％水剂 100 倍液，或 1％水剂 200 倍液，或 2％水剂 400 倍液浸种 20～30 分钟，而后洗净、播种，对控制种传病毒病的为害效果较好。

番茄、辣椒、茄子、黄瓜、西瓜、甜瓜、西葫芦、苦瓜、豇豆、芸豆等瓜果蔬菜的病毒病　从病害发生初期开始喷药，10～15 天 1 次，连喷 2～4 次。一般每亩次使用 0.5％水剂 200～300 毫升，或 1％水剂 100～150 毫升，或 2％水剂 60～80 毫升，对水 45～60 千克均匀喷雾；或使用 0.5％水剂 150～200 倍液，或 1％水剂 300～400 倍液，或 2％水剂 600～800 倍液均匀喷雾。

芹菜及十字花科蔬菜的病毒病　从病害发生初期开始喷药，10～15 天 1 次，连喷 2～3 次。一般使用 0.5％水剂 200～300 倍液，或 1％水剂 400～600 倍液，或 2％水剂 800～1 000 倍液均匀喷雾。

烟草病毒病　从病害发生初期开始喷药，10～15 天 1 次，连喷 2～4 次。一般每亩次使用 0.5％水剂 160～200 毫升，或 1％水剂 80～100 毫升，或 2％水剂 40～50 毫升，对水 30～45 千克均匀喷雾。

水稻黑条矮缩病、条纹叶枯病　从植株初显症状时立即开始喷药，10 天左右 1 次，连喷 2 次左右。一般每亩次使用 0.5％水剂 200～250 毫升，或 1％水剂 100～120 毫升，或 2％水剂 50～60 毫升，对水 30～45 千克均匀喷雾。

注意事项　香菇多糖不能与强酸性及碱性药剂或肥料混用；配药时必须选用清水，且应现配现用。喷药时，在药液中加入一定比例的营养成分（如糖、叶面肥等），可显著提高本剂对病毒病的控制效果。

盐酸吗啉胍 moroxydine hydrochloride

主要含量与剂型 5％、30％可溶粉剂，20％、80％可湿性粉剂，80％水分散粒剂。

产品特点 盐酸吗啉胍是一种吗啉类广谱性病毒病防控剂，对植物病毒病具有较好的控制作用和保护作用。稀释药液喷施到植物叶面后，药剂可通过水孔、气孔进入植物体内，抑制或破坏病毒核酸和脂蛋白的形成，阻止病毒的复制或增殖过程，起到控制病毒病的作用。

适用作物防控对象及使用技术

黄瓜、西瓜、甜瓜、西葫芦、番茄、辣椒等瓜果蔬菜病毒病 从病害发生初期开始喷药，10天左右1次，连喷2～4次。一般每亩次使用5％可溶粉剂300～500克，或20％可湿性粉剂150～250克，或30％可溶粉剂100～150克，或80％可湿性粉剂或80％水分散粒剂40～60克，对水45～60千克均匀喷雾。

水稻条纹叶枯病 从病害发生初期（初显症状时）开始喷药，7～10天1次，连喷2～3次。一般每亩次使用5％可溶粉剂400～500克，或20％可湿性粉剂100～120克，或30％可溶粉剂70～80克，或80％可湿性粉剂或80％水分散粒剂25～30克，对水30～45千克均匀喷雾。

烟草病毒病 从病害发生初期开始喷药，10天左右1次，连喷2～3次。一般每亩次使用5％可溶粉剂400～500克，或20％可湿性粉剂100～125克，或30％可溶粉剂70～80克，或80％可湿性粉剂或80％水分散粒剂25～30克，对水30～60千克均匀喷雾。

马铃薯、花生及豆类病毒病 从病害发生初期开始喷药，10天左右1次，连喷2次。盐酸吗啉胍喷施剂量同"烟草病毒病"。

注意事项 盐酸吗啉胍不能与碱性药剂及肥料混用。本剂只能控制病毒病的发生及为害程度，并不能将病毒彻底根除。

乙蒜素 ethylicin

主要含量与剂型 30％、41％、80％乳油。

产品特点 乙蒜素是一种有机硫类广谱杀菌剂，系大蒜素的乙基同系物，低毒至中等毒性，对植物病害具有保护和治疗作用，并有刺激植物生长的功效。其杀菌机理是药剂结构中的S—S＝O＝O基团与病菌所含—SH基的物质发生反应，干扰蛋白质的生物合成，进而抑制病菌正常生理代谢，导致病菌死亡。该药在防控病害的同时，还对植物生长具有刺激作用，经药剂处理过的种子出苗快且幼苗生长健壮。

适用作物防控对象及使用技术

苹果树褐斑病 从苹果落花后1个月左右或病害发生初期开始喷药，10～15天1次，与不同类型药剂交替使用，连喷4～6次。乙蒜素一般使用30％乳油300～400倍液，或41％乳油400～500倍液，或80％乳油800～1 000倍液均匀喷雾。

苹果树腐烂病、根腐病 防控腐烂病时，先彻底刮除病斑组织，然后使用30％乳油20～30倍液，或41％乳油30～50倍液，或80％乳油50～100倍液涂抹病斑，1个月后再涂抹 1 次。防控根腐病时，先找到病根部位，然后将病根及病变组织彻底清除，再用涂抹腐烂病斑的药剂涂抹根部伤口，对伤口消毒保护并促进伤口愈合。

梨树腐烂病　先将腐烂病斑组织刮除，然后伤口表面涂药消毒并保护伤口；当树势强壮时，也可轻刮病斑或病斑划道后直接涂药。一般使用 30％乳油 20～30 倍液，或 41％乳油 30～50 倍液，或 80％乳油 50～100 倍液涂抹，1 个月后再涂药 1 次。

葡萄根癌病　先彻底刮除病组织，然后用药剂涂抹病斑处及伤口，1 个月后再涂抹 1 次。乙蒜素涂药浓度同"梨树腐烂病"。

桃树、杏树、李树及樱桃树的根癌病、流胶病　防控根癌病时，发现病树后，先彻底刮除病瘤组织，然后用药剂涂抹病斑处及伤口，1 个月后再涂药 1 次，乙蒜素涂药浓度同"梨树腐烂病"。防控流胶病时，在树体发芽前喷洒 1 次药剂清园，一般使用 30％乳油 150～200 倍液，或 41％乳油 200～250 倍液，或 80％乳油 400～500 倍液均匀喷洒枝干。

板栗干枯病　防控病斑时，先彻底刮除病斑组织，然后用药剂涂抹病斑处及伤口，1 个月后再涂抹 1 次，乙蒜素涂药浓度同"梨树腐烂病"。预防干枯病发生时，主要是在板栗发芽前喷洒枝干清园，清园用药浓度同"桃树流胶病发芽前清园"。

猕猴桃溃疡病　预防溃疡病发生时，分别在猕猴桃冬剪后和发芽前喷洒枝蔓清园，清园用药浓度同"桃树流胶病发芽前清园"。防控溃疡病病斑时，先彻底刮除病斑组织，然后用药剂涂抹病斑处及伤口，1 个月后再涂抹 1 次，涂抹用药浓度同"梨树腐烂病"。

柑橘树树脂病　先彻底刮除病斑组织，然后用药剂涂抹病斑处及伤口，1 个月后再涂抹 1 次。乙蒜素涂药浓度同"梨树腐烂病"。

柑橘树青苔（绿藻）　柑橘树上青苔较多时，喷洒 1 次 80％乳油 1 000～1 200 倍液，或 41％乳油 500～600 倍液，或 30％乳油 400～450 倍液。高温季节慎用，以防造成药害。

黄瓜霜霉病　从病害发生初期或田间初见病斑时开始喷药，7 天左右 1 次，与不同类型药剂交替使用，直到生长后期。乙蒜素一般每亩次使用 30％乳油 50～60 毫升，或 41％乳油 35～45 毫升，或 80％乳油 20～25 毫升，对水 45～60 千克均匀喷雾，重点喷洒叶片背面。

黄瓜、甜瓜的细菌性叶斑病　从病害发生初期开始喷药，7～10 天 1 次，连喷 2～4 次。乙蒜素喷施剂量同"黄瓜霜霉病"。

番茄、辣椒青枯病　从植株坐果后或田间初见病株时开始用药液灌根，10～15 天 1 次，连灌 2～3 次。一般使用 30％乳油 400～500 倍液，或 41％乳油 500～600 倍液，或 80％乳油 1 000～1 200 倍液浇灌植株根部，每株（穴）浇灌药液 250～300 毫升。

茄子黄萎病　从门茄似鸡蛋大小时或田间初见病株时开始用药液灌根，10～15 天 1 次，连灌 2～3 次。乙蒜素灌根使用剂量同"番茄青枯病"。

水稻烂秧病、恶苗病　稻种晒种后，先用清水预浸 12 小时，然后再用 30％乳油 2 500～3 000 倍液，或 41％乳油 3 000～4 000 倍液，或 80％乳油 6 000～8 000 倍液浸种 24 小时，而后捞出催芽、播种。

水稻稻瘟病　防控叶瘟时，在田间出现发病中心时或出现急性病斑时开始喷药，7～10 天 1 次，连喷 1～2 次；防控穗颈瘟时，在破口期和齐穗初期各喷药 1 次。一般每亩次使用 30％乳油 60～80 毫升，或 41％乳油 45～60 毫升，或 80％乳油 25～30 毫升，对水 30～45 千克均匀喷雾。

大麦条纹病 使用80％乳油2 000倍液，或41％乳油1 000倍液，或30％乳油750倍液浸种24小时，而后捞出、晾干、播种。

棉花苗期病害 使用80％乳油5 000～6 000倍液，或41％乳油2 500～3 000倍液，或30％乳油1 800～2 200倍液浸种16～20小时，而后捞出、催芽、播种。

棉花枯萎病、黄萎病 从蕾铃期开始，使用30％乳油450～550倍液，或41％乳油600～700倍液，或80％乳油1 200～1 500倍液喷雾，10～15天1次，连喷2～3次，对枯萎病、黄萎病有一定控制作用。

甘薯黑斑病 育秧前，使用30％乳油750～900倍液，或41％乳油1 000～1 200倍液，或80％乳油2 000～2 500倍液浸泡种薯10分钟，而后上炕摆薯育秧。栽植前，使用30％乳油1 500～1 800倍液，或41％乳油2 000～2 500倍液，或80％乳油4 000～5 000倍液浸泡成捆薯苗基部7～10厘米处10分钟，而后栽植。

大豆紫斑病 使用30％乳油2 000倍液，或41％乳油2 500倍液，或80％乳油5 000倍液浸泡种子1小时，而后捞出、晾干、播种。

油菜霜霉病 从病害发生初期开始喷药，7～10天1次，连喷2～3次，重点喷洒叶片背面。一般使用30％乳油2 000～2 200倍液，或41％乳油2 500～3 000倍液，或80％乳油5 000～6 000倍液均匀喷雾。

苜蓿炭疽病、茎斑病 播种前，使用30％乳油3 000倍液，或41％乳油4 000倍液，或80％乳油8 000倍液浸泡种子24小时，捞出后晾干、播种。生长期，从病害发生初期开始喷药，10天左右1次，连喷2～3次。一般使用30％乳油1 500倍液，或41％乳油2 000倍液，或80％乳油4 000倍液均匀喷雾。

注意事项 乙蒜素不能与碱性药剂及肥料混用。本剂对铁质容器有腐蚀作用，不能使用铁器存放。药剂处理过的种子不能食用或作饲料。

异菌脲 iprodione

主要含量与剂型 25％、45％、255克/升、500克/升悬浮剂，50％可湿性粉剂。

产品特点 异菌脲是一种二羧甲酰亚胺类触杀型广谱保护性低毒杀菌剂，能够渗透到植物体内，具有一定的治疗作用，使用安全。其杀菌机理是抑制病菌蛋白激酶，干扰细胞内信号和碳水化合物正常进入细胞组分等，而导致病菌死亡。该机理作用于病菌生长为害的各个发育阶段，既可抑制病菌孢子萌发，又可抑制菌丝生长，还可抑制病菌孢子的产生。

适用作物防控对象及使用技术

水果防腐保鲜 主要用于防控柑橘的蒂腐病、青霉病、绿霉病、灰霉病，香蕉的冠腐病、轴腐病，苹果的青霉病、绿霉病、褐腐病，桃、杏、李的褐腐病、软腐病等。一般使用25％悬浮剂或255克/升悬浮剂200～250倍液，或45％悬浮剂或500克/升悬浮剂或50％可湿性粉剂400～500倍液浸果0.5～1分钟，捞出晾干后包装贮运。当天采收果实最好当天处理。

苹果树花腐病、褐斑病、斑点落叶病、轮纹病、炭疽病、褐腐病 先在花序分离期和落花后各喷药1次，有效防控花腐病；然后从苹果落花后10天左右开始继续喷药，10～

15 天 1 次，连喷 3 次药后套袋，套袋后继续喷药 3～4 次，有效防控轮纹病、炭疽病及褐斑病，兼防斑点落叶病。斑点落叶病发生较重的果园或品种，注重在春梢生长期内和秋梢生长期内各喷药 2 次，间隔期 10～15 天；不套袋果采收前 1 个半月和 1 个月各喷药 1 次，有效防控褐腐病，兼防其他病害。异菌脲一般使用 25%悬浮剂或 255 克/升悬浮剂 600～800 倍液，或 45%悬浮剂或 500 克/升悬浮剂或 50%可湿性粉剂 1 200～1 500 倍液均匀喷雾。连续喷药时，注意与不同类型药剂交替使用。

梨树黑斑病、褐腐病　防控黑斑病时，从病害发生初期或初见病斑时开始喷药，10～15 天 1 次，连喷 2～4 次；防控不套袋果的褐腐病时，从病害发生初期开始喷药，10～15 天 1 次，连喷 2 次左右。异菌脲喷施倍数同"苹果树花腐病"。

桃、杏、李、樱桃的花腐病、褐腐病、灰霉病　先在开花前、落花后各喷药 1 次，有效防控花腐病，兼防灰霉病；然后于果实近成熟采收期，从初见病果时立即开始喷药，10 天左右 1 次，连喷 1～2 次，有效防控果实近成熟期的褐腐病、灰霉病。异菌脲喷施倍数同"苹果树花腐病"。

葡萄穗轴褐枯病、灰霉病　先在花蕾期（开花前）、落花后各喷药 1 次，有效防控穗轴褐枯病及幼穗灰霉病；而后套袋葡萄再于果穗套袋前喷洒 1 次果穗，防控灰霉病为害果穗；不套袋葡萄在果穗近成熟期，从初见灰霉病病果时开始喷药，10 天左右 1 次，连喷 1～2 次，重点喷洒果穗即可。异菌脲一般使用 25%悬浮剂或 255 克/升悬浮剂 500～600 倍液，或 45%悬浮剂或 500 克/升悬浮剂或 50%可湿性粉剂 1 000～1 200 倍液均匀喷雾。

草莓灰霉病　在初花期、盛花期、末花期各喷药 1 次。一般每亩次使用 25%悬浮剂或 225 克/升悬浮剂 100～120 毫升，或 45%悬浮剂或 500 克/升悬浮剂 50～60 毫升，或 50%可湿性粉剂 60～70 克，对水 45～60 千克均匀喷雾。

黄瓜、西葫芦、苦瓜、冬瓜、西瓜、甜瓜、番茄、茄子、辣椒、豇豆、芸豆等瓜果及豆类蔬菜的灰霉病、菌核病　在连续阴天 2 天后或病害发生初期开始喷药，7 天左右 1 次，每期连喷 2～3 次。一般每亩次使用 25%悬浮剂或 255 克/升悬浮剂 100～150 毫升，或 45%悬浮剂或 500 克/升悬浮剂 60～80 毫升，或 50%可湿性粉剂 80～100 克，对水 45～60 千克均匀喷雾。

番茄早疫病　从病害发生初期开始喷药，7～10 天 1 次，连喷 2～3 次。异菌脲喷施剂量同"黄瓜灰霉病"。

西瓜炭疽病、叶斑病　从病害发生初期开始喷药，7～10 天 1 次，连喷 2～3 次。异菌脲喷施剂量同"黄瓜灰霉病"。

辣椒、番茄苗期立枯病　从病害发生初期或苗床上初见病株时立即开始用药，5～7 天 1 次，连续 1～2 次。一般每平方米苗床使用 25%悬浮剂或 255 克/升悬浮剂 4～8 毫升，或 45%悬浮剂或 500 克/升悬浮剂 2～4 毫升，或 50%可湿性粉剂 2～4 克，对水 2 千克左右泼浇或喷淋苗床。

油菜菌核病　从油菜初花期或封垄前开始喷药，10～15 天 1 次，连喷 2 次左右，重点喷洒植株中下部及地面。一般每亩次使用 25%悬浮剂或 255 克/升悬浮剂 150～200 毫升，或 45%悬浮剂或 500 克/升悬浮剂 80～100 毫升，或 50%可湿性粉剂 100～120 克，对水 45～60 千克均匀喷雾。

花生叶斑病 从病害发生初期或开花下针期开始喷药，10～15 天 1 次，连喷 2～3 次。一般每亩次使用 25％悬浮剂或 255 克/升悬浮剂 100～120 毫升，或 45％悬浮剂或 500 克/升悬浮剂 50～60 毫升，或 50％可湿性粉剂 60～70 克，对水 30～45 千克均匀喷雾。

烟草赤星病 从病害发生初期开始喷药，10～15 天 1 次，连喷 2 次左右。一般每亩次使用 25％悬浮剂或 255 克/升悬浮剂 150～200 毫升，或 45％悬浮剂或 500 克/升悬浮剂 80～100 毫升，或 50％可湿性粉剂 80～100 克，对水 45～60 千克均匀喷雾。

马铃薯早疫病 从病害发生初期开始喷药，10～15 天 1 次，连喷 2～4 次。一般每亩次使用 25％悬浮剂或 255 克/升悬浮剂 150～200 毫升，或 45％悬浮剂或 500 克/升悬浮剂 80～100 毫升，或 50％可湿性粉剂 90～110 克，对水 60～75 千克均匀喷雾。

水稻纹枯病、菌核病 在拔节期至孕穗期、破口初期至齐穗初期各喷药 1 次，重点喷洒植株中下部。一般每亩次使用 25％悬浮剂或 255 克/升悬浮剂 100～150 毫升，或 45％悬浮剂或 500 克/升悬浮剂 60～80 毫升，或 50％可湿性粉剂 80～100 克，对水 30～45 千克均匀喷雾。

人参黑斑病、灰霉病 从病害发生初期开始喷药，10 天左右 1 次，连喷 2～4 次。一般每亩次使用 25％悬浮剂或 255 克/升悬浮剂 250～300 毫升，或 45％悬浮剂或 500 克/升悬浮剂 120～150 毫升，或 50％可湿性粉剂 130～160 克，对水 45～60 千克均匀喷雾。

三七黑斑病 从病害发生初期开始喷药，10 天左右 1 次，连喷 2～4 次。异菌脲喷施剂量同"人参黑斑病"。

观赏植物的灰霉病、菌核病、叶斑病 从病害发生初期开始喷药，10 天左右 1 次，每期连喷 2 次左右。一般使用 25％悬浮剂或 255 克/升悬浮剂 600～800 倍液，或 45％悬浮剂或 500 克/升悬浮剂或 50％可湿性粉剂 1 200～1 500 倍液均匀喷雾。

注意事项 异菌脲不能与强酸性药剂或碱性药剂及肥料混用，也不能与腐霉利、乙烯菌核利、乙霉威等杀菌机制相同的药剂混用或交替使用。本剂以保护作用为主，最好在病害发生初期用药，以获得最佳防控效果。

抑霉唑 imazalil

主要含量与剂型 3％膏剂，20％水乳剂，22.2％、50％、500 克/升乳油。

产品特点 抑霉唑是一种咪唑类内吸性广谱低毒杀菌剂，具有预防保护和内吸治疗双重作用，广泛用于水果采后的防腐保鲜处理，能显著延长果品的货架期；生长期用药，使用安全，持效期较长。其杀菌机理主要是通过抑制麦角甾醇脱甲基酶的活性，使麦角甾醇生物合成受阻，进而影响病菌细胞膜的渗透性、生理功能和脂类合成代谢，最终导致病菌死亡。

适用作物防控对象及使用技术

柑橘青霉病、绿霉病、黑腐病、蒂腐病、炭疽病 果实采后浸果用药，当天采收当天处理，浸果前剔除病、虫、伤果及脱蒂果。一般使用 20％水乳剂 400～500 倍液，或 22.2％乳油 400～600 倍液，或 50％乳油或 500 克/升乳油 1 000～1 500 倍液浸果，0.5～1 分钟后捞起晾干，而后包装、贮运。

苹果、梨果实的青霉病、绿霉病　果实采摘并初步挑选后（剔除病虫伤果），使用20％水乳剂或22.2％乳油400～600倍液，或50％乳油或500克/升乳油1 000～1 500倍液浸泡果实，浸果0.5～1分钟后捞起、晾干，而后包装、贮运。

苹果树腐烂病　刮治病斑后伤口涂药。一般使用3％膏剂直接涂抹刮治后的病斑伤口，每平方米涂抹药剂200～300克。

苹果炭疽病　从苹果落花后10天左右开始喷药，10天左右1次，连喷3次药后套袋；不套袋苹果需继续喷药，15天左右1次，再需喷3～5次。注意与不同类型药剂交替使用。抑霉唑一般使用20％水乳剂或22.2％乳油800～1 000倍液，或50％乳油或500克/升乳油1 500～2 000倍液均匀喷雾。

梨炭疽病　从梨树落花后10～15天开始喷药，10天左右1次，连喷3次药后套袋；不套袋梨需继续喷药3～5次，间隔期15天左右。注意与不同类型药剂交替使用。抑霉唑喷施倍数同"苹果炭疽病"。

葡萄炭疽病、灰霉病　防控炭疽病时，从果粒膨大中期开始喷药，10～15天1次，连喷3～5次（套袋葡萄套袋后不再喷药），注意与不同类型药剂交替使用；防控灰霉病时，一般在花蕾期（开花前）、落花后及果穗套袋前各喷药1次，不套袋葡萄近成熟期的发病初期需再喷药1～2次（间隔期10天左右）。抑霉唑喷施倍数同"苹果炭疽病"。

草莓炭疽病　主要应用于育秧田。从炭疽病发生初期开始喷药，10～15天1次，连喷3～4次。抑霉唑喷施倍数同"苹果炭疽病"。

柿炭疽病　主要应用于南方甜柿产区。一般先在开花前喷药1次，然后从落花后10天左右开始连续喷药，15天左右1次，连喷4～6次，与不同类型药剂交替使用。抑霉唑喷施倍数同"苹果炭疽病"。

杨梅树褐斑病　从病害发生初期开始喷药，10～15天1次，连喷2次左右。抑霉唑喷施倍数同"苹果炭疽病"。

番茄叶霉病　从病害发生初期开始喷药，10天左右1次，连喷2～4次。一般使用20％水乳剂或22.2％乳油600～800倍液，或50％乳油或500克/升乳油1 200～1 500倍液均匀喷雾。

烟草炭疽病　从病害发生初期开始喷药，10～15天1次，连喷2次左右。一般每亩次使用20％水乳剂或22.2％乳油80～100毫升，或50％乳油或500克/升乳油40～50毫升，对水45～60千克均匀喷雾。

注意事项　抑霉唑不能与碱性药剂及肥料混用，用药浓度也不能随意加大。连续喷药时，注意与不同类型药剂交替使用。处理水果后的残余药液，严禁倒入河流、湖泊、池塘等水域，避免污染水源。

中生菌素 zhongshengmycin

主要含量与剂型　0.5％颗粒剂，3％水剂，3％可溶液剂，3％、5％、12％可湿性粉剂。

产品特点　中生菌素是由淡紫灰链霉菌海南变种发酵产生的一种N-糖苷类高效广谱低毒杀菌剂，属农用抗生素类，具有触杀和渗透作用，保护效果明显，对多种真菌性病害均有较好的防控效果，对部分细菌性病害也有一定的抑制作用。其杀菌机理主要是抑制病菌菌体蛋白质的合成，并能使丝状真菌畸形，抑制孢子萌发和杀死孢子。该药残留低、无污染，喷施后能够刺激植物体内植保素和木质素前体物质的生成，进而提高植株的抗病能力。

适用作物防控对象及使用技术

苹果霉心病、轮纹病、炭疽病、斑点落叶病　先在花序分离后开花前和盛花末期各喷药1次，有效防控霉心病，兼防斑点落叶病；然后从落花后7~10天开始继续喷药，10天左右1次，连喷3次药后套袋，有效防控轮纹病、炭疽病及春梢期的斑点落叶病；秋梢生长期，间隔10~15天再喷药2次左右，防控秋梢期的斑点落叶病。中生菌素一般使用3%可湿性粉剂或3%水剂或3%可溶液剂600~800倍液，或5%可湿性粉剂1 000~1 200倍液，或12%可湿性粉剂2 500~3 000倍液均匀喷雾。连续喷药时，注意与不同类型药剂交替使用。

桃树、李树、杏树的黑星病、细菌性穿孔病　多从落花后20~30天开始喷药，10~15天1次，连喷2~4次，注意与不同类型药剂交替使用。中生菌素一般使用3%可湿性粉剂或3%水剂或3%可溶液剂600~700倍液，或5%可湿性粉剂1 000~1 200倍液，或12%可湿性粉剂2 500~3 000倍液均匀喷雾。

核桃黑斑病　从病害发生初期开始喷药，10~15天1次，连喷2~4次。中生菌素喷施倍数同"桃树黑星病"。

柑橘树溃疡病、疮痂病　在春梢萌发初期、春梢转绿期、落花2/3时、落花后15天左右、夏梢抽生初期、夏梢转绿期、秋梢抽生初期、秋梢转绿期各喷药1次，注意与不同类型药剂交替使用。中生菌素一般使用3%可湿性粉剂或3%水剂或3%可溶液剂500~600倍液，或5%可湿性粉剂800~1 000倍液，或12%可湿性粉剂2 000~2 500倍液均匀喷雾。

黄瓜、甜瓜、哈密瓜的细菌性叶斑病　从病害发生初期开始喷药，7~10天1次，连喷2~4次，重点喷洒叶片背面。一般每亩次使用3%可湿性粉剂100~120克，或3%水剂或3%可溶液剂100~120毫升，或5%可湿性粉剂50~70克，或12%可湿性粉剂25~30克，对水45~60千克均匀喷雾。

番茄、辣椒、烟草的青枯病　先于移栽时定植穴施药，一般每亩使用0.5%颗粒剂2 500~3 000克于移栽时均匀穴施。然后从定植后1个月或田间出现病株时开始用药液灌根，10~15天1次，连灌2~3次。一般使用3%可湿性粉剂或3%水剂或3%可溶液剂600~800倍液，或5%可湿性粉剂1 000~1 300倍液，或12%可湿性粉剂2 500~3 000倍液浇灌，每株（穴）次浇灌药液250~300毫升。

辣椒疮痂病　从病害发生初期开始喷药，7~10天1次，连喷2~4次。一般每亩次使用3%可湿性粉剂80~100克，或3%水剂或3%可溶液剂80~100毫升，或5%可湿性粉剂50~60克，或12%可湿性粉剂20~25克，对水45~60千克均匀喷雾。

芦笋茎枯病　从病害发生初期或初见病斑时开始喷药，10天左右1次，连喷2~4次。中生菌素喷施剂量同"辣椒疮痂病"。

豇豆细菌性疫病　先使用3%可湿性粉剂或3%水剂或3%可溶液剂300~500倍液，或5%可湿性粉剂500~800倍液，或12%可湿性粉剂1 200~2 000倍液浸种1~2小时，而后捞出、晾干、播种。然后从生长期病害发生初期开始喷药，7～10 天 1 次，连喷 2～4 次。每亩次使用 3％可湿性粉剂 60～80 克，或 3％水剂或 3％可溶液剂 60～80 毫升，或 5％可湿性粉剂 40～50 克，或 12％可湿性粉剂 15～20 克，对水 45～60 千克均匀喷雾。

黄瓜、西瓜、甜瓜、哈密瓜等瓜类的枯萎病 从定植后 1 个月或田间初见病株时开始用药液灌根，10～15 天 1 次，连灌 2～3 次。一般使用 3％可湿性粉剂或 3％水剂或 3％可溶液剂 600～800 倍液，或 5％可湿性粉剂 1 000～1 200 倍液，或 12％可湿性粉剂 2 500～3 000 倍液灌根，每株（穴）次浇灌药液 250～300 毫升。

姜瘟病 从病害发生初期开始用药液灌根，顺种植沟灌药。中生菌素浇灌药液量同"黄瓜枯萎病"。

白菜软腐病 从田间出现病株时或白菜莲座期开始喷药，10～15 天 1 次，连喷 2～3 次，重点喷洒植株基部的叶片背面。一般使用 3％可湿性粉剂或 3％水剂或 3％可溶液剂 600～800 倍液，或 5％可湿性粉剂 1 000～1 200 倍液，或 12％可湿性粉剂 2 500～3 000 倍液喷雾。

水稻白叶枯病、细菌性条斑病 先使用 3％可湿性粉剂或 3％水剂或 3％可溶液剂 300 倍液，或 5％可湿性粉剂 500 倍液，或 12％可湿性粉剂 1 200 倍液浸泡种子，浸种 1～2 小时后捞出、催芽、播种。而后生长期从病害发生初期开始喷药，7～10 天 1 次，连喷 2～3 次。一般每亩次使用 3％可湿性粉剂 120～180 克，或 3％水剂或 3％可溶液剂 120～180 毫升，或 5％可湿性粉剂 70～100 克，或 12％可湿性粉剂 30～40 克，对水 30～45 千克均匀喷雾。

小麦赤霉病 在小麦齐穗初期和扬花期各喷药 1 次。中生菌素喷施剂量同"水稻白叶枯病"。

注意事项 中生菌素不能与碱性药剂及肥料混用。喷药时需现配现用，不能久存。可湿性粉剂容易吸潮，开过包装的药剂应及时封口保存。

第二节　混配制剂

苯甲·吡唑酯

有效成分 苯醚甲环唑（difenoconazole）＋吡唑醚菌酯（pyraclostrobin）。

主要含量与剂型 25％（12.5％＋12.5％；10％＋15％）、30％（22％＋8％；20％＋10％；15％＋15％）、35％（17.5％＋17.5％；10％＋25％）、40％（15％＋25％；25％＋15％；30％＋10％）悬浮剂，30％（10％＋20％；20％＋10％）、40％（20％＋20％；25％＋15％）、50％（30％＋20％）乳油，30％（10％＋20％）可湿性粉剂，25％（10％＋15％）、50％（25％＋25％）水分散粒剂。括号内有效成分含量均为苯醚甲环唑的含量加吡唑醚菌酯的含量。

产品特点 苯甲·吡唑酯是由苯醚甲环唑（三唑类）与吡唑醚菌酯（甲氧基丙烯酸酯类）按一定比例科学混配的一种内吸治疗性高效广谱低毒复合杀菌剂，具有预防保护、内吸治疗和一定的诱抗作用。混剂使用安全方便，防病范围广，两种有效成分，协同增效，既可抑制病菌细胞膜形成，又能抑制病菌呼吸作用，使病菌不易产生抗药性，适用于病害的综合治理。

适用作物防控对象及使用技术

苹果树轮纹病、炭疽病、套袋果斑点病、斑点落叶病、褐斑病　防控轮纹病、炭疽病及套袋果斑点病时，从苹果落花后 7～10 天开始喷药，10 天左右 1 次，连喷 3 次药后套袋；不套袋苹果需继续喷药 4～6 次，间隔期 10～15 天。防控斑点落叶病时，在春梢生长期内和秋梢生长期内各喷药 2 次左右，间隔期 10～15 天。防控褐斑病时，一般果园从落花后 1 个月左右或苹果套袋前或初见褐斑病病叶时开始喷药，10～15 天 1 次，连喷 4～6 次。连续喷药时，注意与不同类型药剂交替使用。苯甲·吡唑酯一般使用 25％悬浮剂或 25％水分散粒剂 1 200～1 500 倍液，或 30％可湿性粉剂 1 500～2 000 倍液，或 30％悬浮剂或 30％乳油 2 000～3 000 倍液，或 35％悬浮剂 2 000～2 500 倍液，或 40％悬浮剂 2 000～4 000 倍液，或 40％乳油 3 000～4 000 倍液，或 50％乳油 4 000～5 000 倍液，或 50％水分散粒剂 3 500～4 000 倍液均匀喷雾。

梨树黑星病、黑斑病、炭疽病、轮纹病、褐斑病、白粉病　以防控黑星病为主导，兼防其他病害即可。一般梨园从梨树落花后即开始喷药，10～15 天 1 次，与不同类型药剂交替使用，直到生长后期；白粉病发生较重果园，中后期喷药时注意喷洒叶片背面。苯甲·吡唑酯喷施倍数同"苹果树轮纹病"。

葡萄穗轴褐枯病、黑痘病、炭疽病、白腐病、溃疡病、白粉病、褐斑病　先于葡萄花蕾期、落花后及落花后 10 天各喷药 1 次，有效防控穗轴褐枯病和黑痘病的发生为害；然后套袋葡萄于套袋前喷药 1 次，有效防控炭疽病、白腐病、溃疡病；不套袋葡萄则从果粒膨大中期开始连续喷药，10～15 天 1 次，与不同类型药剂交替使用，直到采收前 1 周左右，有效防控不套袋葡萄的炭疽病、白腐病、溃疡病，兼防白粉病、褐斑病。防控白粉病、褐斑病时，从病害发生初期开始喷药，10～15 天 1 次，连喷 2～3 次。苯甲·吡唑酯喷施倍数同"苹果树轮纹病"。不套袋葡萄采收前 1 个月内尽量避免选用乳油制剂，以免影响果粉。

枣树褐斑病、炭疽病、轮纹病、锈病　先于（一茬花）开花前喷药 1 次，有效防控褐斑病的早期为害；然后从（一茬花）坐住果后 10 天左右开始连续喷药，10～15 天 1 次，与不同类型药剂交替使用，连喷 4～6 次。苯甲·吡唑酯喷施倍数同"苹果树轮纹病"。吡唑醚菌酯对冬枣果实较敏感，特别是在棚室内，用药时需要注意。

草莓炭疽病、白粉病　防控育秧田炭疽病时，从病害发生初期开始喷药，10～15 天 1 次，连喷 3～5 次，注意与不同类型药剂交替使用；防控白粉病时，从病害发生初期开始喷药，10～15 天 1 次，连喷 2～4 次。苯甲·吡唑酯喷施倍数同"苹果树轮纹病"。

柑橘树炭疽病、疮痂病、脂点黄斑病　一般果园先于春梢萌发初期、落花 2/3 时、落花后 15 天左右、落花后 1 个月左右各喷药 1 次，然后再于果实转色初期及转色中期各喷药 1 次，注意与不同类型药剂交替使用。苯甲·吡唑酯喷施倍数同"苹果树轮纹病"。

香蕉黑星病、叶斑病　从病害发生初期开始喷药，15～20 天 1 次，与不同类型药剂交替使用，连喷 3～5 次。苯甲·吡唑酯一般使用 25％悬浮剂或 25％水分散粒剂 1 200～1 500 倍液，或 30％可湿性粉剂 1 500～2 000 倍液，或 30％悬浮剂或 30％乳油或 35％悬浮剂 2 000～2 500 倍液，或 40％悬浮剂 2 000～4 000 倍液，或 40％乳油 2 000～3 000 倍液，或50％乳油3 000～4 000倍液，或50％水分散粒剂3 000～3 500倍液均匀喷雾。

辣椒炭疽病　从病害发生初期开始喷药，10天左右1次，连喷2～3次。一般每亩次使用25％悬浮剂30～35毫升，或25％水分散粒剂或30％可湿性粉剂30～35克，或30％悬浮剂或30％乳油或35％悬浮剂25～30毫升，或40％悬浮剂或40％乳油20～25毫升，或50％乳油15～20毫升，或50％水分散粒剂15～20克，对水45～60千克均匀喷雾。

黄瓜白粉病、炭疽病　从病害发生初期开始喷药，10天左右1次，连喷2～4次。苯甲·吡唑酯喷施剂量同"辣椒炭疽病"。

西瓜白粉病、炭疽病、蔓枯病　从病害发生初期开始喷药，10天左右1次，连喷2～3次。苯甲·吡唑酯喷施剂量同"辣椒炭疽病"。

蔷薇科观赏花卉白粉病、炭疽病　从病害发生初期开始喷药，10～15天1次，连喷2～3次。一般使用25％悬浮剂或25％水分散粒剂1 200～1 500倍液，或30％可湿性粉剂1 500～2 000倍液，或30％悬浮剂或30％乳油或35％悬浮剂2 000～2 500倍液，或40％悬浮剂2 000～4 000倍液，或40％乳油3 000～4 000倍液，或50％乳油3 500～4 000倍液，或50％水分散粒剂3 000～3 500倍液均匀喷雾。

注意事项　苯甲·吡唑酯不能与碱性药剂及肥料混用。连续喷药时，注意与不同类型药剂交替使用。本剂生产企业较多，配方比例差异较大，具体选用时应以其标签说明为准。

苯甲·丙环唑

有效成分　苯醚甲环唑（difenoconazole）＋丙环唑（propiconazol）。

主要含量与剂型　30％（15％＋15％）悬浮剂，30％（15％＋15％）、50％（25％＋25％）、60％（30％＋30％）、300克/升（150克/升＋150克/升）水乳剂，30％（15％＋15％）、40％（20％＋20％）、50％（25％＋25％）、300克/升（150克/升＋150克/升）微乳剂，30％（15％＋15％）、50％（25％＋25％）、60％（30％＋30％）、300克/升（150克/升＋150克/升）、500克/升（250克/升＋250克/升）乳油。括号内有效成分含量均为苯醚甲环唑的含量加丙环唑的含量。

产品特点　苯甲·丙环唑又称苯醚·丙环唑，是由苯醚甲环唑与丙环唑按科学比例混配的一种内吸治疗性广谱低毒复合杀菌剂，对多种高等真菌性病害均具有保护、治疗和内吸传导作用，与丙环唑单剂相比使用较安全。两种三唑类杀菌成分混配，虽然均是抑制病菌细胞膜形成，但作用位点不同，协同增效作用明显，防病范围更广，施药后能快速被叶片吸收，耐雨水冲刷能力更强。混剂速效性好，持效期较长，并对禾本科作物具有调节生长、促使叶片浓绿的功效。

适用作物防控对象及使用技术

苹果树褐斑病、斑点落叶病、黑星病　防控褐斑病时，多从苹果落花后1个月左右或初见褐斑病病叶时开始喷药，10～15天1次，连喷4～6次；防控斑点落叶病时，在春梢生长期内和秋梢生长期内各喷药2次左右，间隔期10～15天；防控黑星病时，从病害发生初期开始喷药，10～15天1次，连喷2～3次。连续喷药时，注意与不同类型药剂交替使用。苯甲·丙环唑一般使用30％乳油或30％悬浮剂或30％微乳剂或30％水乳剂或

300 克/升乳油或 300 克/升微乳剂或 300 克/升水乳剂 2 000～3 000 倍液，或 40％微乳剂 3 000～4 000 倍液，或 50％乳油或 50％微乳剂或 50％水乳剂或 500 克/升乳油 4 000～5 000 倍液，或 60％乳油或 60％水乳剂 5 000～6 000 倍液均匀喷雾。苹果幼果期或套袋前尽量避免使用乳油制剂。

冬枣褐斑病　从病害发生初期开始喷药，10～15 天 1 次，连喷 2～3 次。棚室内高温时用药尽量避免使用乳油类制剂，且应适当降低喷药浓度。苯甲·丙环唑喷施倍数同"苹果树褐斑病"。

葡萄白粉病、褐斑病、炭疽病、黑痘病　防控白粉病、褐斑病时，从病害发生初期开始喷药，10～15 天 1 次，连喷 2～3 次。防控炭疽病时，从葡萄果粒膨大中期开始喷药，10～15 天 1 次，到套袋后结束或采收前 1 周（不套袋葡萄）结束。防控黑痘病时，在葡萄花蕾期、落花 80％时及落花后 10 天左右各喷药 1 次。苯甲·丙环唑喷施倍数同"苹果树褐斑病"。不套袋葡萄采收前 1 个月内尽量避免使用乳油类制剂。

核桃树白粉病　从病害发生初期开始喷药，10～15 天 1 次，连喷 2 次左右。苯甲·丙环唑喷施倍数同"苹果树褐斑病"。

榛子树白粉病　从病害发生初期开始喷药，10～15 天 1 次，连喷 2 次左右。苯甲·丙环唑喷施倍数同"苹果树褐斑病"。

香蕉叶斑病、黑星病　从病害发生初期开始喷药，15～20 天 1 次，连喷 3～5 次。一般使用 30％悬浮剂或 30％水乳剂或 30％微乳剂或 30％乳油或 300 克/升水乳剂或 300 克/升微乳剂或 300 克/升乳油 1 500～2 000 倍液，或 40％微乳剂 2 000～2 500 倍液，或 50％水乳剂或 50％微乳剂或 50％乳油或 500 克/升乳油 3 000～3 500 倍液，或 60％水乳剂或 60％乳油 3 500～4 000 倍液均匀喷雾。

辣椒、茄子、黄瓜、西瓜、甜瓜等瓜果蔬菜的白粉病、炭疽病、叶斑病　从病害发生初期开始喷药，10～15 天 1 次，连喷 2～4 次。一般每亩次使用 30％悬浮剂或 30％水乳剂或 30％微乳剂或 30％乳油或 300 克/升水乳剂或 300 克/升微乳剂或 300 克/升乳油 20～25 毫升，或 40％微乳剂 15～20 毫升，或 50％水乳剂或 50％微乳剂或 50％乳油或 500 克/升乳油 12～15 毫升，或 60％水乳剂或 60％乳油 10～12 毫升，对水 45～60 千克均匀喷雾。

水稻纹枯病、稻曲病、稻瘟病　防控纹枯病时，从病害发生初期开始喷药，10～15 天 1 次，连喷 2 次左右；或在分蘖期至拔节期、孕穗期至破口初期各喷药 1 次。防控稻曲病时，在破口前 5～7 天和齐穗初期各喷药 1 次。防控叶瘟病时，在田间出现发病中心时或出现急性病斑时开始喷药，10 天左右 1 次，连喷 1～2 次；防控穗颈瘟时，在破口初期和齐穗初期各喷药 1 次。一般每亩次使用 30％悬浮剂或 30％水乳剂或 30％微乳剂或 30％乳油或 300 克/升水乳剂或 300 克/升微乳剂或 300 克/升乳油 25～30 毫升，或 40％微乳剂 20～25 毫升，或 50％水乳剂或 50％微乳剂或 50％乳油或 500 克/升乳油 15～20 毫升，或 60％水乳剂或 60％乳油 12～15 毫升，对水 30～45 千克均匀喷雾。

小麦、大麦等麦类作物的纹枯病、白粉病、锈病、赤霉病　防控纹枯病、白粉病、锈病时，多从病害发生初期开始喷药，10～15 天 1 次，连喷 2 次左右；或在分蘖后期至拔节初期和孕穗期至齐穗初期各喷药 1 次。防控赤霉病时，在齐穗初期和扬花初期各喷药 1 次。苯甲·丙环唑喷施剂量同"水稻纹枯病"。

玉米纹枯病、叶斑病　从病害发生初期开始喷药，10～15天1次，连喷2次左右。苯甲·丙环唑喷施剂量同"水稻纹枯病"；若玉米生长中后期用药，应适当增加用药量，以保证药剂分布均匀。

马铃薯早疫病、炭疽病　从病害发生初期开始喷药，10天左右1次，连喷2～3次。一般每亩次使用30%悬浮剂或30%水乳剂或30%微乳剂或30%乳油或300克/升水乳剂或300克/升微乳剂或300克/升乳油25～30毫升，或40%微乳剂20～25毫升，或50%水乳剂或50%微乳剂或50%乳油或500克/升乳油15～20毫升，或60%水乳剂或60%乳油12～15毫升，对水60～75千克均匀喷雾。

花生叶斑病、锈病　从病害发生初期或初花期开始喷药，10～15天1次，连喷2～3次。一般每亩次使用30%悬浮剂或30%水乳剂或30%微乳剂或30%乳油或300克/升水乳剂或300克/升微乳剂或300克/升乳油20～30毫升，或40%微乳剂15～22毫升，或50%水乳剂或50%微乳剂或50%乳油或500克/升乳油12～18毫升，或60%水乳剂或60%乳油10～15毫升，对水30～45千克均匀喷雾。

大豆锈病、紫斑病　从病害发生初期开始喷药，10～15天1次，连喷2次左右。苯甲·丙环唑喷施剂量同"花生叶斑病"。

草坪币斑病　从病害发生初期开始喷药，10～15天1次，连喷2次左右。一般每亩次使用30%悬浮剂或30%水乳剂或30%微乳剂或30%乳油或300克/升水乳剂或300克/升微乳剂或300克/升乳油45～65毫升，或40%微乳剂40～50毫升，或50%水乳剂或50%微乳剂或50%乳油或500克/升乳油30～40毫升，或60%水乳剂或60%乳油25～30毫升，对水30～60千克均匀喷雾或喷淋。

注意事项　苯甲·丙环唑不能与碱性药剂及肥料混用，也不能与铜制剂混用。连续喷药时，注意与不同类型药剂交替使用。瓜果类蔬菜上用药量偏高时会对植株生长有一定抑制作用，实际应用时需要慎重。

苯甲·氟酰胺

有效成分　苯醚甲环唑（difenoconazole）＋氟唑菌酰胺（fluxapyroxad）。

主要含量与剂型　12%（5%苯醚甲环唑＋7%氟唑菌酰胺）悬浮剂。

产品特点　苯甲·氟酰胺是由苯醚甲环唑（三唑类）与氟唑菌酰胺（吡唑酰胺类）按科学比例混配的一种内吸治疗性广谱低毒复合杀菌剂，对多种高等真菌性病害具有保护、治疗及铲除功效。混剂配比科学合理，既能抑制病菌细胞膜形成，又能阻碍线粒体呼吸，互补增效作用明显，使用适期广，持效期长，安全性高。

适用作物防控对象及使用技术

苹果树斑点落叶病　在春梢生长期内和秋梢生长期内各喷药2次左右，多从病害发生初期开始喷药，间隔期10～15天。一般使用12%悬浮剂1 500～2 000倍液均匀喷雾。

梨树黑星病、黑斑病、白粉病　以防控黑星病为主导，兼防黑斑病、白粉病即可。一般梨园从落花后即开始喷药，10～15天1次，与不同类型药剂交替使用，直到生长后期；防控白粉病时注意喷洒叶片背面。苯甲·氟酰胺一般使用12%悬浮剂1 500～2 000倍液均匀喷雾。

葡萄穗轴褐枯病 在葡萄花蕾期、落花后各喷药1次。一般使用12%悬浮剂1 200～1 500倍液均匀喷雾。

香蕉叶斑病、黑星病 从病害发生初期开始喷药，半月左右1次，连喷3～4次。一般使用12%悬浮剂1 000～1 500倍液均匀喷雾。

柑橘树疮痂病、炭疽病、黑星病 在春梢萌发初期、春梢转绿期、落花2/3、落花后半月左右、落花后1个月左右、夏梢抽生初期、夏梢转绿期、秋梢抽生初期、秋梢转绿期各喷药1次，注意与不同类型药剂交替使用。苯甲·氟酰胺一般使用12%悬浮剂1 200～1 500倍液均匀喷雾。

黄瓜靶斑病、白粉病 从病害发生初期开始喷药，7～10天1次，连喷2～4次。一般每亩次使用12%悬浮剂55～70毫升，对水45～60千克均匀喷雾。

西瓜叶枯病、炭疽病 从病害发生初期开始喷药，7～10天1次，连喷2～3次。一般每亩次使用12%悬浮剂40～65毫升，对水45～60千克均匀喷雾。

番茄叶斑病、叶霉病、早疫病 从病害发生初期开始喷药，7～10天1次，与不同类型药剂交替使用，连喷3～4次。苯甲·氟酰胺一般每亩次使用12%悬浮剂50～65毫升，对水45～60千克均匀喷雾。

辣椒白粉病 从病害发生初期开始喷药，7～10天1次，连喷2～3次。一般每亩次使用12%悬浮剂40～65毫升，对水45～60千克均匀喷雾。

菜豆锈病、炭疽病 从病害发生初期开始喷药，7～10天1次，连喷2～4次。一般每亩次使用12%悬浮剂40～65毫升，对水45～60千克均匀喷雾。

马铃薯早疫病 从病害发生初期开始喷药，10天左右1次，与不同类型药剂交替使用，连喷3～4次。苯甲·氟酰胺一般每亩次使用12%悬浮剂56～70毫升，对水45～75千克均匀喷雾。

花生叶斑病 从病害发生初期或开花下针期开始喷药，10天左右1次，连喷2～3次。一般每亩次使用12%悬浮剂30～50毫升，对水30～45千克均匀喷雾。

注意事项 苯甲·氟酰胺不能与波尔多液等碱性药剂及肥料混用。连续喷药时，注意与不同类型药剂交替使用。

苯甲·嘧菌酯

有效成分 苯醚甲环唑（difenoconazole）＋嘧菌酯（azoxystrobin）。

主要含量与剂型 30%（11%＋19%；11.5%＋18.5%；12%＋18%；15%＋15%；18%＋12%；18.5%＋11.5%）、32.5%（12.5%＋20%）、35%（10%＋25%；15%＋20%；20%＋15%）、40%（15%＋25%）、48%（18%＋30%）、325克/升（125克/升＋200克/升；200克/升＋125克/升）悬浮剂，60%（20%＋40%）水分散粒剂。括号内有效成分含量均为苯醚甲环唑的含量加嘧菌酯的含量。

产品特点 苯甲·嘧菌酯是由苯醚甲环唑（三唑类）与嘧菌酯（甲氧基丙烯酸酯类）按一定比例混配的一种预防兼治疗性高效广谱低毒复合杀菌剂。混剂使用方便，既能抑制病菌细胞膜形成，又能抑制线粒体的呼吸作用，两种杀菌作用机理，协同增效，优势互补，防病范围更广，预防、治疗效果更好，病菌不易产生抗药性，适用于多种高等真菌性病害的综合治理。

适用作物防控对象及使用技术

葡萄白腐病、炭疽病、白粉病、褐斑病 防控白腐病、炭疽病时，套袋葡萄在套袋前喷药1次即可，不套袋葡萄则需从果粒膨大中期开始连续喷药，10天左右1次，与不同类型药剂交替使用，连喷3～5次；防控白粉病、褐斑病时，从病害发生初期开始喷药，10天左右1次，连喷2～3次。苯甲·嘧菌酯一般使用30%悬浮剂或32.5%悬浮剂或325克/升悬浮剂2 000～2 500倍液，或35%悬浮剂2 500～3 000倍液，或40%悬浮剂2 000～2 500倍液，或48%悬浮剂3 000～3 500倍液，或60%水分散粒剂3 500～4 000倍液均匀喷雾。需要指出，不同企业产品配方比例差异较大，具体应用时还应以产品标签说明为准。

梨树黑星病、炭疽病、白粉病、黑斑病 以防控黑星病为主导，兼防炭疽病、白粉病、黑斑病即可。一般梨园从落花后即开始喷药，10～15天1次，与不同类型药剂交替使用，直到生长后期（中早熟品种果实采收后还应喷药1～2次）。白粉病发生较重果园，中后期喷药时注意喷洒叶片背面。苯甲·嘧菌酯喷施倍数同"葡萄白腐病"。

桃树黑星病、炭疽病、真菌性穿孔病 一般桃园从落花后20天左右开始喷药，10～15天1次，与不同类型药剂交替使用，连喷3～5次。苯甲·嘧菌酯喷施倍数同"葡萄白腐病"。

石榴炭疽病、褐斑病 在（一茬花）开花前、落花后、幼果期、套袋前及套袋后各喷药1次，即可有效防控该病的发生为害。苯甲·嘧菌酯喷施倍数同"葡萄白腐病"，注意与不同类型药剂交替使用。

枣树轮纹病、炭疽病、褐斑病 先于（一茬花）开花前喷药1次，防控褐斑病的早期为害；然后从枣果坐住后10天左右开始继续喷药，10～15天1次，与不同类型药剂交替使用，连喷4～6次。苯甲·嘧菌酯喷施倍数同"葡萄白腐病"。

柑橘树炭疽病、疮痂病 在春梢萌发初期、春梢转绿期、落花2/3、落花后半月左右、落花后1个月左右、夏梢抽生初期、夏梢转绿期、秋梢抽生初期、秋梢转绿期各喷药1次，注意与不同类型药剂交替使用。苯甲·嘧菌酯一般使用30%悬浮剂或32.5%悬浮剂或325克/升悬浮剂1 500～2 000倍液，或35%悬浮剂或40%悬浮剂2 000～2 500倍液，或48%悬浮剂2 500～3 000倍液，或60%水分散粒剂3 000～4 000倍液均匀喷雾。

香蕉叶斑病、黑星病 从病害发生初期开始喷药，半月左右1次，与不同类型药剂交替使用，连喷3～4次。苯甲·嘧菌酯喷施倍数同"柑橘树炭疽病"。

杧果炭疽病 在花序伸长期、落花2/3时、落花后半月左右、落花后1个月左右及果实转色期各喷药1次，注意与不同类型药剂交替使用。苯甲·嘧菌酯喷施倍数同"柑橘树炭疽病"。

草莓炭疽病、白粉病 从病害发生初期开始喷药，10～15天1次，与不同类型药剂交替使用，连喷3～4次。苯甲·嘧菌酯一般每亩次使用30%悬浮剂或32.5%悬浮剂或325克/升悬浮剂30～40毫升，或35%悬浮剂或40%悬浮剂25～30毫升，或48%悬浮剂20～25毫升，或60%水分散粒剂15～20克，对水30～45千克均匀喷雾。

番茄早疫病 从病害发生初期开始喷药，10～15天1次，与不同类型药剂交替使用，连喷2～4次。苯甲·嘧菌酯一般每亩次使用30%悬浮剂或32.5%悬浮剂或325克/升悬浮剂 30～50 毫升，或 35％悬浮剂 25～35 毫升，或 40％悬浮剂或 48％悬浮剂 20～30 毫升，或 60％水分散粒剂 15～25 克，对水 45～60 千克均匀喷雾。

辣椒炭疽病　从病害发生初期开始喷药，10～15 天 1 次，连喷 2～3 次。苯甲·嘧菌酯喷施剂量同"番茄早疫病"。

黄瓜炭疽病、靶斑病、白粉病　从病害发生初期开始喷药，10 天左右 1 次，与不同类型药剂交替使用，连喷 3～4 次。苯甲·嘧菌酯喷施剂量同"番茄早疫病"。

西瓜蔓枯病、炭疽病、白粉病　从病害发生初期开始喷药，10 天左右 1 次，与不同类型药剂交替使用，连喷 2～4 次。苯甲·嘧菌酯喷施剂量同"番茄早疫病"。

豇豆炭疽病、锈病、白粉病　从病害发生初期开始喷药，10～15 天 1 次，与不同类型药剂交替使用，连喷 3～4 次。苯甲·嘧菌酯喷施剂量同"番茄早疫病"。

姜炭疽病、叶枯病　从病害发生初期开始喷药，10～15 天 1 次，连喷 2～3 次。苯甲·嘧菌酯一般每亩次使用 30％悬浮剂或 32.5％悬浮剂或 325 克/升悬浮剂或 35％悬浮剂 40～60 毫升，或 40％悬浮剂或 48％悬浮剂 30～45 毫升，或 60％水分散粒剂 20～40 克，对水 30～45 千克均匀喷雾。

花生叶斑病、锈病、疮痂病　从病害发生初期或开花下针期开始喷药，10～15 天 1 次，连喷 2～3 次。苯甲·嘧菌酯一般每亩次使用 30％悬浮剂或 32.5％悬浮剂或 325 克/升悬浮剂或 35％悬浮剂 30～40 毫升，或 40％悬浮剂或 48％悬浮剂 25～30 毫升，或 60％水分散粒剂 15～20 克，对水 30～45 千克均匀喷雾。

马铃薯早疫病、炭疽病　从病害发生初期开始喷药，10 天左右 1 次，与不同类型药剂交替使用，连喷 3～4 次。苯甲·嘧菌酯一般每亩次使用 30％悬浮剂或 32.5％悬浮剂或 325 克/升悬浮剂或 35％悬浮剂 30～50 毫升，或 40％悬浮剂或 48％悬浮剂 25～35 毫升，或 60％水分散粒剂 20～25 克，对水 60～75 千克均匀喷雾。

马铃薯黑痣病　播种时药液喷洒播种沟，即在播种马铃薯种薯后覆土前播种沟喷药 1 次。一般每亩使用 30％悬浮剂或 32.5％悬浮剂或 325 克/升悬浮剂或 35％悬浮剂 70～100 毫升，或 40％悬浮剂或 48％悬浮剂 55～80 毫升，或 60％水分散粒剂 40～55 克，对水 60～75 千克均匀喷洒播种沟。

水稻稻瘟病、纹枯病　防控叶瘟病时，在田间出现发病中心时或出现急性病斑时开始喷药，7～10 天 1 次，连喷 1～2 次；防控穗颈瘟时，在破口初期和齐穗初期各喷药 1 次。防控纹枯病时，从病害发生初期开始喷药，10～15 天 1 次，连喷 2 次左右；或在分蘖后期至拔节初期和孕穗期至破口前各喷药 1 次。苯甲·嘧菌酯一般每亩次使用 30％悬浮剂或 32.5％悬浮剂或 325 克/升悬浮剂或 35％悬浮剂 30～50 毫升，或 40％悬浮剂或 48％悬浮剂 25～40 毫升，或 60％水分散粒剂 20～25 克，对水 30～45 千克均匀喷雾。

小麦白粉病　从病害发生初期开始喷药，10～15 天 1 次，连喷 2 次左右。一般每亩次使用 30％悬浮剂或 32.5％悬浮剂或 325 克/升悬浮剂或 35％悬浮剂 20～40 毫升，或 40％悬浮剂或 48％悬浮剂 15～30 毫升，或 60％水分散粒剂 10～20 克，对水 30～45 千克均匀喷雾。

蔷薇科观赏花卉白粉病　从病害发生初期开始喷药，10 天左右 1 次，连喷 2～3 次。一般使用 30％悬浮剂或 32.5％悬浮剂或 325 克/升悬浮剂或 35％悬浮剂 2 000～3 000 倍液，或 40％悬浮剂或 48％悬浮剂 3 000～3 500 倍液，或 60％水分散粒剂 4 000～5 000 倍液均匀喷雾。

草坪枯萎病 从病害发生初期开始喷药，7～10 天 1 次，连喷 2～3 次。一般每亩次使用 30％悬浮剂或 32.5％悬浮剂或 325 克/升悬浮剂或 35％悬浮剂 50～100 毫升，或 40％悬浮剂或 48％悬浮剂 40～70 毫升，或 60％水分散粒剂 30～50 克，对水 60～75 千克均匀喷雾或喷淋。

注意事项 苯甲·嘧菌酯不能与碱性药剂及肥料混合使用，也不建议与乳油类药剂及有机硅类助剂混用。连续喷药时，注意与不同类型药剂交替使用。苹果树和樱桃树的许多品种对嘧菌酯较敏感，不建议在苹果树和樱桃树上使用本剂。本品生产企业较多，配方比例也有较大差异，具体选用时应以标签说明为准。

苯醚·甲硫

有效成分 苯醚甲环唑（difenoconazole）＋甲基硫菌灵（thiophanate - methyl）。

主要含量与剂型 34％（4.2％＋29.8％）、40％（5％＋35％）、50％（8％＋42％）悬浮剂，40％（5％＋35％）、45％（3％＋42％；5％＋40％）、50％（6％＋44％）、55％（5％＋50％）、70％（8.4％＋61.6％）可湿性粉剂。括号内有效成分含量均为苯醚甲环唑的含量加甲基硫菌灵的含量。

产品特点 苯醚·甲硫是由苯醚甲环唑（三唑类）与甲基硫菌灵（取代苯类）按一定比例混配的一种内吸治疗性高效广谱低毒复合杀菌剂，具有预防保护和内吸治疗作用。混剂具有多种杀菌作用机理，既能抑制病菌细胞膜形成，又能阻碍病菌的呼吸过程，还可影响细胞分裂，防病治病效果更好、范围更广，使用安全，病菌不易产生抗药性。

适用作物防控对象及使用技术

苹果树炭疽病、轮纹病、斑点落叶病、褐斑病、黑星病、白粉病 防控炭疽病、轮纹病时，从苹果落花后 7～10 天开始喷药，10 天左右 1 次，连喷 3 次药后套袋（套袋后不再喷药）；不套袋苹果需继续喷药 4～6 次，间隔期 10～15 天。防控斑点落叶病时，在春梢生长期内和秋梢生长期内各喷药 2 次左右，间隔期 10～15 天。防控褐斑病时，一般果园从落花后 1 个月左右或套袋前或初见褐斑病病叶时开始喷药，10～15 天 1 次，连喷 4～6 次。防控黑星病时，从病害发生初期开始喷药，10～15 天 1 次，连喷 2～3 次。防控白粉病时，在花序分离期、落花 80％及落花后 10 天左右各喷药 1 次；往年病害严重果园，再于 8、9 月份花芽分化期增加喷药 1～2 次，防控病菌侵染芽。具体喷药时，注意与不同类型药剂交替使用。苯醚·甲硫一般使用 34％悬浮剂或 40％悬浮剂或 40％可湿性粉剂或 45％可湿性粉剂 800～1 000 倍液，或 50％可湿性粉剂或 55％可湿性粉剂 1 000～1 200 倍液，或 50％悬浮剂或 70％可湿性粉剂 1 200～1 500 倍液均匀喷雾。

梨树黑星病、轮纹病、炭疽病、褐斑病、白粉病 以防控黑星病为主导，兼防其他病害即可。一般梨园从落花后即开始喷药，10～15 天 1 次，与不同类型药剂交替使用，直到生长后期，中早熟品种果实采收后还需喷药 1～2 次。中后期喷药防控白粉病时，注意喷洒叶片背面。苯醚·甲硫喷施倍数同"苹果树炭疽病"。

桃树黑星病、炭疽病、真菌性穿孔病 一般桃园从落花后 20 天左右开始喷药，10～15 天 1 次，连喷 2～3 次；往年病害发生较重桃园，再增加喷药 1～2 次。苯醚·甲硫喷施倍数同"苹果树炭疽病"。

李树红点病、炭疽病、真菌性穿孔病　防控红点病时，从展叶期开始喷药，10～15 天 1 次，连喷 2～4 次，兼防炭疽病；防控炭疽病时，一般从落花后 15 天左右开始喷药，10～15 天 1 次，连喷 3～5 次，兼防真菌性穿孔病；防控真菌性穿孔病时，从病害发生初期开始喷药，10～15 天 1 次，连喷 2～3 次。连续喷药时，注意与不同类型药剂交替使用。苯醚·甲硫喷施倍数同"苹果树炭疽病"。

葡萄黑痘病、炭疽病、褐斑病　防控黑痘病时，在葡萄花蕾期、落花 80％和落花后 10～15 天各喷药 1 次。防控炭疽病时，套袋葡萄套袋前喷药 1 次即可；不套袋葡萄需从果粒膨大中后期开始喷药，10 天左右 1 次，与不同类型药剂交替使用，直到采收前 1 周左右，兼防褐斑病。防控褐斑病时，从病害发生初期开始喷药，10～15 天 1 次，连喷 2～4 次。苯醚·甲硫喷施倍数同"苹果树炭疽病"。

柿树炭疽病、角斑病、圆斑病、黑星病　南方甜柿产区，先于柿树开花前喷药 1 次，然后从落花后 10 天左右开始连续喷药，10～15 天 1 次，与不同类型药剂交替使用，直到生长后期；北方柿产区，一般从落花后 20 天左右开始喷药，15 天左右 1 次，连喷 2～3 次。苯醚·甲硫喷施倍数同"苹果树炭疽病"。

枣树炭疽病、轮纹病、锈病　一般枣园从枣果坐住后 10 天左右开始喷药，10～15 天 1 次，与不同类型药剂交替使用，连喷 5～7 次。苯醚·甲硫喷施倍数同"苹果树炭疽病"。

核桃炭疽病、褐斑病、白粉病　防控炭疽病时，一般果园从果实膨大中期开始喷药，10～15 天 1 次，连喷 2～4 次，兼防褐斑病；防控褐斑病时，从病害发生初期开始喷药，10～15 天 1 次，连喷 2 次左右；防控白粉病时，从病害发生初期开始喷药，10～15 天 1 次，连喷 1～2 次。苯醚·甲硫喷施倍数同"苹果树炭疽病"。

山楂炭疽病、轮纹病、叶斑病　从落花后半月左右开始喷药，10～15 天 1 次，连喷 2～4 次即可。苯醚·甲硫喷施倍数同"苹果树炭疽病"。

石榴褐斑病、黑斑病、炭疽病、麻皮病　一般果园在开花前、落花后、幼果期、套袋前及套袋后各喷药 1 次即可，注意与不同类型药剂交替使用。苯醚·甲硫喷施倍数同"苹果树炭疽病"。

花椒锈病　从病害发生初期开始喷药，10～15 天 1 次，与不同类型药剂交替使用，连喷 2～5 次。苯醚·甲硫喷施倍数同"苹果树炭疽病"。

草莓炭疽病　主要应用于育秧田。从炭疽病发生初期开始喷药，10～15 天 1 次，与不同类型药剂交替使用，连喷 3～5 次。苯醚·甲硫喷施倍数同"苹果树炭疽病"。

柑橘树疮痂病、炭疽病、砂皮病、黑星病　在春梢萌发初期、春梢转绿期、落花 2/3 时、落花后半月左右、落花后 1 个月左右、夏梢抽生初期、夏梢转绿期、秋梢抽生初期、秋梢转绿期各喷药 1 次，注意与不同类型药剂交替使用。苯醚·甲硫一般使用 34％悬浮剂或 40％悬浮剂或 40％可湿性粉剂或 45％可湿性粉剂 600～800 倍液，或 50％可湿性粉剂或 55％可湿性粉剂 800～1 000 倍液，或 50％悬浮剂或 70％可湿性粉剂 1 000～1 200 倍液均匀喷雾。

香蕉叶斑病、黑星病　从病害发生初期开始喷药，10～15 天 1 次，与不同类型药剂交替使用，连喷 4～5 次。苯醚·甲硫喷施倍数同"柑橘树疮痂病"。

杧果炭疽病、白粉病　在花序分离期、落花 2/3 时、落花后半月左右及果实转色期各喷药 1 次，注意与不同类型药剂交替使用。苯醚·甲硫喷施倍数同"柑橘树疮痂病"。

荔枝炭疽病　在果实膨大期、转色期各喷药 1 次。苯醚·甲硫喷施倍数同"柑橘树疮痂病"。

黄瓜、苦瓜、西瓜、甜瓜、哈密瓜等瓜类炭疽病、白粉病　从病害发生初期开始喷药，7～10 天 1 次，与不同类型药剂交替使用，连喷 2～4 次。苯醚·甲硫一般每亩次使用 34%悬浮剂或 40%悬浮剂 100～150 毫升，或 40%可湿性粉剂或 45%可湿性粉剂 100～150 克，或 50%可湿性粉剂或 55%可湿性粉剂 80～120 克，或 50%悬浮剂 70～100 毫升，或 70%可湿性粉剂 70～100 克，对水 45～60 千克均匀喷雾。

辣椒炭疽病　从病害发生初期开始喷药，7～10 天 1 次，连喷 2～3 次。苯醚·甲硫喷施剂量同"黄瓜炭疽病"。

茄子褐纹病　从病害发生初期开始喷药，7～10 天 1 次，连喷 2～4 次，重点喷洒植株中下部果实。苯醚·甲硫喷施剂量同"黄瓜炭疽病"。

番茄早疫病、芝麻斑病　从病害发生初期开始喷药，7～10 天 1 次，与不同类型药剂交替使用，连喷 2～4 次。苯醚·甲硫喷施剂量同"黄瓜炭疽病"。

豇豆、芸豆炭疽病、白粉病、锈病　从病害发生初期开始喷药，7～10 天 1 次，与不同类型药剂交替使用，连喷 2～4 次。苯醚·甲硫喷施剂量同"黄瓜炭疽病"。

小麦赤霉病　在齐穗初期和扬花初期各喷药 1 次。一般每亩次使用 34%悬浮剂或 40%悬浮剂 50～65 毫升，或 40%可湿性粉剂或 45%可湿性粉剂 45～55 克，或 50%可湿性粉剂或 55%可湿性粉剂 35～45 克，或 50%悬浮剂 30～40 毫升，或 70%可湿性粉剂 25～35 克，对水 30～45 千克均匀喷雾。

玉米叶斑病、锈病　从病害发生初期开始喷药，10～15 天 1 次，连喷 2 次左右。苯醚·甲硫喷施剂量同"小麦赤霉病"。

花生叶斑病、锈病、疮痂病　从病害发生初期或开花下针期开始喷药，10～15 天 1 次，连喷 2～3 次。苯醚·甲硫喷施剂量同"小麦赤霉病"。

马铃薯早疫病、炭疽病　从病害发生初期开始喷药，10 天左右 1 次，与不同类型药剂交替使用，连喷 2～4 次。苯醚·甲硫一般每亩次使用 34%悬浮剂或 40%悬浮剂 100～150 毫升，或 40%可湿性粉剂或 45%可湿性粉剂 100～150 克，或 50%可湿性粉剂或 55%可湿性粉剂 80～120 克，或 50%悬浮剂 70～100 毫升，或 70%可湿性粉剂 70～100 克，对水 60～75 千克均匀喷雾。

蔷薇科观赏花卉炭疽病　从病害发生初期开始喷药，10～15 天 1 次，连喷 2 次左右。一般使用 34%悬浮剂或 40%悬浮剂或 40%可湿性粉剂或 45%可湿性粉剂 1 000～1 200 倍液，或 50%可湿性粉剂或 55%可湿性粉剂 1 200～1 500 倍液，或 50%悬浮剂或 70%可湿性粉剂 1 500～2 000 倍液均匀喷雾。

注意事项　苯醚·甲硫不能与碱性药剂及强酸性药剂或肥料混用，也不建议与铜制剂混用。连续喷药时，注意与不同类型药剂交替使用。

苯醚·戊唑醇

有效成分 苯醚甲环唑（difenoconazole）＋戊唑醇（tebuconazole）。

主要含量与剂型 40％（20％＋20％）、45％（20％＋25％）悬浮剂，20％（2％＋18％）可湿性粉剂，20％（2％＋18％）水分散粒剂。括号内有效成分含量均为苯醚甲环唑的含量加戊唑醇的含量。

产品特点 苯醚·戊唑醇又称苯甲·戊唑醇，是由苯醚甲环唑（三唑类）与戊唑醇（三唑类）按一定比例混配的一种内吸治疗性高效广谱低毒复合杀菌剂，对多种高等真菌性病害具有保护和治疗作用。两种有效成分的杀菌作用机理虽然均是抑制病菌细胞膜形成，但作用位点不同，优势互补，协同增效，防病范围更广，用药时期更宽，使用更方便。

适用作物防控对象及使用技术

苹果树轮纹病、炭疽病、斑点落叶病、褐斑病、黑星病、白粉病、锈病 先于花序分离期、落花80％和落花后10天左右各喷药1次，有效防控白粉病、锈病，兼防轮纹病、炭疽病及斑点落叶病；然后从落花后20天左右开始继续喷药，10～15天1次，与不同类型药剂交替使用，连喷5～7次，有效防控轮纹病、炭疽病、褐斑病、斑点落叶病。往年白粉病较重果园，在8、9月份花芽分化期再增加喷药1～2次。苯醚·戊唑醇一般使用20％可湿性粉剂或20％水分散粒剂1 000～1 200倍液，或40％悬浮剂或45％悬浮剂3 000～4 000倍液均匀喷雾。

梨树黑星病、轮纹病、炭疽病、黑斑病、褐斑病、白粉病、锈病 先于花序分离期、落花80％和落花后10天左右各喷药1次，有效防控锈病及黑星病的早期为害；然后从落花后20天左右开始连续喷药，10～15天1次，与不同类型药剂交替使用，直到生长后期，中早熟品种果实采收后仍需喷药1～2次。白粉病较重果园，中后期喷药时注意喷洒叶片背面。苯醚·戊唑醇喷施倍数同"苹果树轮纹病"。

葡萄炭疽病、褐斑病、白粉病 套袋葡萄在套袋前喷药1次，即可有效防控炭疽病；不套袋葡萄从果粒膨大中期开始喷药，10～15天1次，与不同类型药剂交替使用，直到采收前1周左右，有效防控炭疽病，兼防褐斑病、白粉病；后期白粉病较重果园，葡萄采收后再喷药1～2次。苯醚·戊唑醇喷施倍数同"苹果树轮纹病"。

桃树黑星病、炭疽病、真菌性穿孔病、锈病 一般桃园从落花后20天左右开始喷药，10～15天1次，与不同类型药剂交替使用，连喷3～5次；后期锈病较重果园，从病害发生初期开始喷药，10～15天1次，连喷2～3次。苯醚·戊唑醇喷施倍数同"苹果树轮纹病"。

李树红点病、炭疽病、真菌性穿孔病 从叶片展开期开始喷药，10～15天1次，连喷2～4次；晚熟品种或中后期真菌性穿孔病较重果园，中后期再增加喷药2次左右。苯醚·戊唑醇喷施倍数同"苹果树轮纹病"。

杏树黑星病、真菌性穿孔病 一般果园从落花后20天左右开始喷药，10～15天1次，连喷2次左右；中后期真菌性穿孔病较重果园，需再增加喷药1～2次。苯醚·戊唑醇喷施倍数同"苹果树轮纹病"。

核桃炭疽病、褐斑病、白粉病 一般果园从果实膨大中期开始喷药，10～15 天 1 次，连喷 2～3 次；中后期褐斑病、白粉病较重果园，需再增加喷药 1～2 次。苯醚·戊唑醇喷施倍数同"苹果树轮纹病"。

板栗炭疽病、叶斑病 从病害发生初期开始喷药，10～15 天 1 次，连喷 2 次左右。苯醚·戊唑醇喷施倍数同"苹果树轮纹病"。

柿树炭疽病、圆斑病、角斑病、白粉病、黑星病 一般柿园从落花后 20 天左右开始喷药，15 天左右 1 次，连喷 2～3 次即可。南方甜柿产区病害较重果园，先于开花前喷药 1 次，然后从落花后 10 天左右开始连续喷药，10～15 天 1 次，连喷 4～6 次。苯醚·戊唑醇喷施倍数同"苹果树轮纹病"。

枣树褐斑病、锈病、轮纹病、炭疽病 先于（一茬花）开花前喷药 1 次，有效防控褐斑病的早期为害；然后从枣果坐住后 10 天左右或初见锈病病叶时开始继续喷药，10～15 天 1 次，连喷 4～6 次。苯醚·戊唑醇喷施倍数同"苹果树轮纹病"。

山楂白粉病、锈病、叶斑病、炭疽病、轮纹病 先于花序分离期、落花后和落花后 10～15 天各喷药 1 次，有效防控白粉病、锈病；然后从落花后 20 天左右开始继续喷药，10～15 天 1 次，连喷 2～5 次，有效防控叶斑病、炭疽病及轮纹病。苯醚·戊唑醇喷施倍数同"苹果树轮纹病"。

石榴褐斑病、黑斑病、炭疽病、麻皮病 一般果园于（一茬花）开花前、落花后、幼果期、套袋前及套袋后各喷药 1 次即可；后期雨水较多时，再增加喷药 1～2 次，间隔期 10～15 天。苯醚·戊唑醇喷施倍数同"苹果树轮纹病"。

花椒锈病 从病害发生初期开始喷药，10～15 天 1 次，与不同类型药剂交替使用，连喷 2～5 次。苯醚·戊唑醇喷施倍数同"苹果树轮纹病"。

柑橘树疮痂病、炭疽病、砂皮病、黑星病 在春梢萌发初期、春梢转绿期、落花 2/3 时、落花后半月左右、落花后 1 个月左右、夏梢抽生初期、夏梢转绿期、秋梢抽生初期、秋梢转绿期各喷药 1 次，注意与不同类型药剂交替使用。苯醚·戊唑醇一般使用 20％可湿性粉剂或 20％水分散粒剂 800～1 000 倍液，或 40％悬浮剂或 45％悬浮剂 2 500～3 000 倍液均匀喷雾。

香蕉叶斑病、黑星病 从病害发生初期开始喷药，10～15 天 1 次，与不同类型药剂交替使用，连喷 4～5 次。苯醚·戊唑醇喷施倍数同"柑橘树疮痂病"。

杧果炭疽病、白粉病 在花序分离期、落花 2/3 时、落花后半月左右及果实转色期各喷药 1 次，注意与不同类型药剂交替使用。苯醚·戊唑醇喷施倍数同"柑橘树疮痂病"。

荔枝炭疽病 在果实膨大期、转色期各喷药 1 次。苯醚·戊唑醇喷施倍数同"柑橘树疮痂病"。

小麦纹枯病、锈病、白粉病、赤霉病 防控纹枯病、锈病、白粉病时，从病害发生初期开始喷药，10 天左右 1 次，连喷 2 次左右；防控赤霉病时，在齐穗初期和扬花初期各喷药 1 次。苯醚·戊唑醇一般每亩次使用 20％可湿性粉剂或 20％水分散粒剂 40～50 克，或 40％悬浮剂或 45％悬浮剂 20～25 毫升，对水 30～45 千克均匀喷雾。

水稻纹枯病 从病害发生初期开始喷药，10～15 天 1 次，连喷 2～3 次；或在分蘖期至拔节期和孕穗期至破口期各喷药 1 次。苯醚·戊唑醇喷施剂量同"小麦纹枯病"。

玉米叶斑病、锈病 从病害发生初期开始喷药，10～15 天 1 次，连喷 2 次左右。苯醚·戊唑醇喷施剂量同"小麦纹枯病"。

花生叶斑病、锈病、疮痂病　从病害发生初期或开花下针期开始喷药，10～15 天1 次，连喷 2～3 次。苯醚·戊唑醇喷施剂量同"小麦纹枯病"。

注意事项　苯醚·戊唑醇不能与碱性药剂及肥料混用。连续喷药时，注意与不同类型药剂交替使用。瓜果类蔬菜在苗期不建议使用，以免抑制幼苗生长。

丙环·嘧菌酯

有效成分　丙环唑（propiconazol）＋嘧菌酯（azoxystrobin）。

主要含量与剂型　18.7%（11.7%＋7%）、19%（11.8%＋7.2%）、28%（17.5%＋10.5%）、30%（18%＋12%）、32%（12%＋20%）、40%（24%＋16%）悬浮剂。括号内有效成分含量均为丙环唑的含量加嘧菌酯的含量。

产品特点　丙环·嘧菌酯是由丙环唑（三唑类）与嘧菌酯（甲氧基丙烯酸酯类）按一定比例科学混配的一种内吸治疗性高效广谱低毒复合杀菌剂，具有诱导抗性、预防保护和治疗多重功效，内吸渗透性好，耐雨水冲刷。混剂具有两种杀菌作用机理，既能抑制病菌细胞膜形成，又可抑制线粒体的呼吸作用，使病菌不易产生抗药性，使用方便。

适用作物防控对象及使用技术

葡萄白粉病、炭疽病　防控白粉病时，从病害发生初期开始喷药，10～15 天1 次，连喷 2～3 次。防控炭疽病时，套袋葡萄于套袋前喷药 1 次即可；不套袋葡萄从果粒膨大中期开始喷药，10～15 天1 次，与不同类型药剂交替使用，直到采收前 1 周左右。丙环·嘧菌酯一般使用 18.7%悬浮剂或 19%悬浮剂 800～1 000 倍液，或 28%悬浮剂或 30%悬浮剂或 32%悬浮剂 1 200～1 500 倍液，或 40%悬浮剂 1 500～2 000 倍液均匀喷雾。

核桃树白粉病　从病害发生初期开始喷药，10～15 天1 次，连喷 2 次左右。丙环·嘧菌酯喷施倍数同"葡萄白粉病"。

香蕉叶斑病、黑星病　从病害发生初期开始喷药，10～15 天1 次，与不同类型药剂交替使用，连喷 3～5 次。丙环·嘧菌酯一般使用 18.7%悬浮剂或 19%悬浮剂 700～800 倍液，或 28%悬浮剂或 30%悬浮剂或 32%悬浮剂 1 000～1 200 倍液，或 40%悬浮剂 1 200～1 500 倍液均匀喷雾。

水稻纹枯病　从病害发生初期开始喷药，7～10 天1 次，连喷 2 次左右。一般每亩次使用 18.7%悬浮剂或 19%悬浮剂 40～60 毫升，或 28%悬浮剂或 30%悬浮剂或 32%悬浮剂 35～45 毫升，或 40%悬浮剂 20～30 毫升，对水 30～45 千克均匀喷雾。

小麦纹枯病、白粉病　从病害发生初期开始喷药，7～10 天1 次，连喷 2 次左右。丙环·嘧菌酯喷施剂量同"水稻纹枯病"。

玉米大斑病、小斑病、圆斑病　从病害发生初期开始喷药，7～10 天1 次，连喷 1～2 次。一般每亩次使用 18.7%悬浮剂或 19%悬浮剂 50～70 毫升，或 28%悬浮剂或 30%悬浮剂或 32%悬浮剂 40～50 毫升，或 40%悬浮剂 25～35 毫升，对水 45～60 千克均匀喷雾。

草坪褐斑病　从病害发生初期开始喷药，7～10 天1 次，连喷 2 次左右。一般每亩次使用 18.7%悬浮剂或 19%悬浮剂 150～180 毫升，或 28%悬浮剂或 30%悬浮剂或 32%悬浮剂 100~120 毫升，或 40％悬浮剂 70~90 毫升，对水 60~75 千克均匀喷洒或喷淋。

注意事项 丙环·嘧菌酯不能与碱性药剂及强酸性药剂或肥料混用，也不能与乳油类药剂及有机硅类助剂混用。连续喷药时，注意与不同类型药剂交替使用。苹果及樱桃的某些品种对嘧菌酯较敏感，用药时避免药液飘移到上述作物上。

波尔·甲霜灵

有效成分 波尔多液（bordeaux mixture）＋甲霜灵（metalaxyl）。

主要含量与剂型 85％（77％波尔多液＋8％甲霜灵）可湿性粉剂。

产品特点 波尔·甲霜灵是由工业化生产的波尔多粉（铜制剂）与甲霜灵（苯基酰胺类）按科学比例混配的一种低毒复合杀菌剂，主要用于防控低等真菌性病害，兼防多种高等真菌性病害和细菌性病害，具有保护和治疗双重作用。混剂既具有铜制剂杀菌谱广、杀菌作用位点多、病菌不易产生抗药性等特点，又具有甲霜灵内吸传导性好、杀菌迅速彻底的优势。喷施后在植物表面形成一层黏着力较强的保护药膜，耐雨水冲刷，持效期较长。

适用作物防控对象及使用技术

葡萄霜霉病 先于葡萄花蕾期和落花后各喷药 1 次，有效预防幼穗受害；然后从落花后半月左右或叶片上初见霜霉病病斑时立即开始连续喷药，10 天左右 1 次，与不同类型药剂交替使用，直到生长后期，中早熟品种采收后仍需喷药 2~3 次。波尔·甲霜灵一般使用 85％可湿性粉剂 500~700 倍液均匀喷雾，尤其注意喷洒叶片背面。

苹果树、梨树疫腐病 防控茎基部受害时，使用 85％可湿性粉剂 300~400 倍液喷淋茎基部；茎基部发病后，先将病组织刮除，然后再进行药液喷淋或涂抹。防控不套袋的果实受害时，从病害发生初期开始喷药，10 天左右 1 次，连喷 1~2 次，重点喷洒树冠中下部果实，一般使用 85％可湿性粉剂 600~800 倍液均匀喷雾。

柑橘疫霉褐腐病 从病害发生初期或田间初见病果时开始喷药，10 天左右 1 次，连喷 1~2 次，重点喷洒树冠中下部果实。一般使用 85％可湿性粉剂 500~700 倍液均匀喷雾。

荔枝霜疫霉病 在花蕾期、幼果期、果实膨大期、果实转色期各喷药 1 次，注意与不同类型药剂交替使用。波尔·甲霜灵一般使用 85％可湿性粉剂 600~800 倍液均匀喷雾。

香蕉叶鞘腐败病 在每次暴风雨或台风前、后各喷药 1 次，重点喷洒叶片基部及叶鞘。一般使用 85％可湿性粉剂 500~700 倍液喷雾。

黄瓜、甜瓜、哈密瓜、南瓜等瓜类的霜霉病、细菌性叶斑病 从田间初见病斑时开始喷药，7~10 天 1 次，与不同类型药剂交替使用，连喷 3~5 次。波尔·甲霜灵一般每亩次使用 85％可湿性粉剂 80~120 克，对水 45~60 千克均匀喷雾，重点喷洒叶片背面。

甜瓜、南瓜、冬瓜的疫腐病 从病害发生初期开始喷药，7~10 天 1 次，连喷 2~3 次，重点喷洒瓜果的整个表面。波尔·甲霜灵喷施剂量同"黄瓜霜霉病"。

番茄晚疫病 从病害发生初期开始喷药，7~10 天 1 次，与不同类型药剂交替使用，连喷 3~5 次。波尔·甲霜灵喷施剂量同"黄瓜霜霉病"。

辣椒疫病、疮痂病 从病害发生初期开始喷药，7~10 天 1 次，与不同类型药剂交替使用，连喷 2~4 次。波尔·甲霜灵喷施剂量同"黄瓜霜霉病"。

茄子绵疫病　在雨季或高湿条件下喷药，7 天左右 1 次，每期连喷 1～2 次，重点喷洒植株中下部果实。一般使用 85％可湿性粉剂 600～800 倍液喷雾。

马铃薯晚疫病　从田间初见病株时或植株现蕾期开始喷药，10 天左右 1 次，与不同类型药剂交替使用，直到生长后期。波尔·甲霜灵一般每亩次使用 85％可湿性粉剂 100～150 克，对水 60～75 千克均匀喷雾。

瓜果蔬菜的苗疫病、猝倒病、立枯病　播种后出苗期或苗床上初见病苗时开始用药，5～7 天 1 次，连用 1～2 次。一般使用 85％可湿性粉剂 600～700 倍液喷淋苗床。

瓜果类蔬菜茎基部疫病　从田间初见病株时开始用药，使用 85％可湿性粉剂 500～600 倍液浇灌或喷淋植株茎基部及周围土壤，每株浇灌药液 200～300 毫升。

三七疫腐病　从田间初见病株时开始用药，10 天左右 1 次，连用 2～3 次。一般使用 85％可湿性粉剂 500～700 倍液喷淋或较大水量喷雾。

注意事项　波尔·甲霜灵不能与碱性药剂及强酸性药剂或肥料混用，也不能与含有其他金属离子的药剂混用。连续喷药时，注意与不同类型药剂交替使用。禁止在对铜离子敏感的作物上使用，如桃树、杏树、李树、梅树、柿树、梨幼果期、白菜等。

波尔·霜脲氰

有效成分　波尔多液（bordeaux mixture）＋ 霜脲氰（cymoxanil）。

主要含量与剂型　85％（77％波尔多液＋8％霜脲氰）可湿性粉剂。

产品特点　波尔·霜脲氰是由工业化生产的波尔多粉（铜制剂）与霜脲氰（酰胺脲类）按科学比例混配的一种低毒复合杀菌剂，具有预防保护和内吸治疗双重作用，主要用于防控低等真菌性病害，兼防多种高等真菌性病害和细菌性病害。多种杀菌机理优势互补，可显著延缓病菌产生抗药性。喷施后药剂黏着力强，耐雨水冲刷，并迅速渗透内吸，持效期较长，既可阻止病菌孢子萌发，又对进入植物体内的病菌具有一定杀伤作用。该药既具有铜素杀菌剂杀菌谱广、杀菌作用位点多、病菌很难产生抗药性等特点，又具有霜脲氰内吸传导性好、杀菌迅速彻底的优势。

适用作物防控对象及使用技术

葡萄霜霉病　先于葡萄花蕾期和落花后各喷药 1 次，有效预防幼穗受害；然后从落花后半月左右或叶片上初见霜霉病病斑时立即开始连续喷药，10 天左右 1 次，与不同类型药剂交替使用，直到生长后期，中早熟品种葡萄采收后仍需喷药 2～3 次。波尔·霜脲氰一般使用 85％可湿性粉剂 600～800 倍液均匀喷雾，尤其注意喷洒叶片背面。

苹果树、梨树疫腐病　防控茎基部受害时，使用 85％可湿性粉剂 300～400 倍液喷淋茎基部；茎基部发病后，先将病组织刮除，然后再进行药液喷淋或涂抹。防控不套袋的果实受害时，从病害发生初期开始喷药，10 天左右 1 次，连喷 1～2 次，重点喷洒树冠中下部果实，一般使用 85％可湿性粉剂 600～800 倍液喷雾。

柑橘疫霉褐腐病　从病害发生初期开始喷药，7～10 天 1 次，连喷 1～2 次，重点喷洒树冠中下部果实。一般使用 85％可湿性粉剂 500～700 倍液喷雾。

荔枝霜疫霉病　在花蕾期、幼果期、果实膨大期、果实转色期各喷药 1 次，注意与不同类型药剂交替使用。波尔·霜脲氰一般使用 85％可湿性粉剂 600～700 倍液均匀喷雾。

香蕉叶鞘腐败病　　在每次暴风雨或台风前、后各喷药 1 次，重点喷洒叶片基部至叶鞘部。一般使用 85％可湿性粉剂 500～700 倍液喷雾。

黄瓜、甜瓜、哈密瓜、南瓜等瓜类的霜霉病、细菌性叶斑病　　从病害发生初期开始喷药，7～10 天 1 次，与不同类型药剂交替使用，连喷 3～5 次，重点喷洒叶片背面。波尔·霜脲氰一般每亩次使用 85％可湿性粉剂 100～120 克，对水 45～60 千克均匀喷雾。

甜瓜、冬瓜、南瓜等瓜类的疫腐病　　从病害发生初期开始喷药，7～10 天 1 次，连喷 2～4 次，重点喷洒瓜果的整个表面，特别是中下部。波尔·霜脲氰喷施剂量同"黄瓜霜霉病"。

番茄晚疫病、褐腐病　　从病害发生初期开始喷药，7～10 天 1 次，与不同类型药剂交替使用，连喷 3～5 次。波尔·霜脲氰喷施剂量同"黄瓜霜霉病"。

辣椒疫病、疮痂病　　从病害发生初期开始喷药，7～10 天 1 次，与不同类型药剂交替使用，连喷 2～4 次。波尔·霜脲氰喷施剂量同"黄瓜霜霉病"。

茄子疫腐病、绵疫病　　从雨季或高湿环境到来时开始喷药，7～10 天 1 次，连喷 2～3 次，重点喷洒中下部果实。波尔·霜脲氰喷施剂量同"黄瓜霜霉病"。

马铃薯晚疫病　　从田间出现病株时或植株现蕾时开始喷药，10 天左右 1 次，与不同类型药剂交替使用，直到生长后期。波尔·霜脲氰一般每亩次使用 85％可湿性粉剂 100～150 克，对水 60～75 千克均匀喷雾。

瓜果蔬菜的苗疫病、猝倒病、立枯病　　播种后出苗前或苗床上出现病株时开始用药，5～7 天 1 次，连用 1～2 次。一般使用 85％可湿性粉剂 600～800 倍液喷淋苗床或畦面。

瓜果蔬菜的茎基部疫病　　从田间出现病株时开始用药，一般使用 85％可湿性粉剂 500～600 倍液喷淋植株茎基部及周围土壤，每株淋灌药液 200～300 毫升。

三七疫腐病　　从病害发生初期开始用药，7～10 天 1 次，连续 2～3 次。一般使用 85％可湿性粉剂 500～700 倍液均匀喷淋或较大水量喷雾。

注意事项　　波尔·霜脲氰不能与碱性药剂及强酸性药剂或肥料混用，也不能与含有其他金属离子的药剂混用。连续喷药时，注意与不同类型药剂交替使用。桃树、杏树、李树、梅树、柿树、白菜对铜离子敏感，禁止在上述作物上使用，也不能在梨的幼果期使用，以免发生药害。

春雷·王铜

有效成分　　春雷霉素（kasugamycin）＋王铜（copper oxychloride）。

主要含量与剂型　　47％（2％＋45％）、50％（5％＋45％）可湿性粉剂。括号内有效成分含量均为春雷霉素的含量加王铜的含量。

产品特点　　春雷·王铜是由春雷霉素（农用抗生素类）与王铜（无机铜类）按一定比例混配的一种高效低毒复合杀菌剂，具有保护和治疗双重作用。混剂黏着性好，药效快、耐雨水冲刷，持效期较长；多种杀菌作用机理，既能通过抑制信使 RNA 的形成而抑制病菌蛋白质合成，又有铜离子与多种生物活性基团结合而阻碍和抑制病菌生理代谢的作用，优势互补，协同增效，病菌不易产生抗药性。

适用作物防控对象及使用技术

柑橘树溃疡病　在春梢萌发初期、春梢转绿期、落花 2/3 时、落花后 1 个月左右、夏梢抽生初期、夏梢转绿期、秋梢抽生初期、秋梢转绿期各喷药 1 次，注意与不同类型药剂交替使用。春雷·王铜一般使用 47% 可湿性粉剂 500～700 倍液，或 50% 可湿性粉剂 600～800 倍液均匀喷雾。

柑橘树脂点黄斑病　多从落花后 25～30 天开始喷施本剂，10～15 天 1 次，连喷 2 次。春雷·王铜喷施倍数同"柑橘树溃疡病"。

荔枝霜疫霉病　在花蕾期、幼果期、果实膨大期、果实转色期各喷药 1 次，注意与不同类型药剂交替使用。春雷·王铜一般使用 47% 可湿性粉剂 500～700 倍液，或 50% 可湿性粉剂 600～800 倍液均匀喷雾。

番茄叶霉病　从病害发生初期开始喷药，7～10 天 1 次，与不同类型药剂交替使用，连喷 2～4 次。春雷·王铜一般每亩次使用 47% 可湿性粉剂 100～125 克，或 50% 可湿性粉剂 80～110 克，对水 45～60 千克均匀喷雾。

黄瓜霜霉病、细菌性角斑病　从病害发生初期开始喷药，7～10 天 1 次，与不同类型药剂交替使用，直到生长后期。春雷·王铜一般每亩次使用 47% 可湿性粉剂 90～100 克，或 50% 可湿性粉剂 60～80 克，对水 45～60 千克均匀喷雾。

辣椒细菌性疮痂病　从病害发生初期开始喷药，7～10 天 1 次，连喷 2～3 次。春雷·王铜喷施剂量同"黄瓜霜霉病"。

水稻稻曲病　在破口前 5～7 天和齐穗初期各喷药 1 次。一般每亩次使用 47% 可湿性粉剂 50～60 克，或 50% 可湿性粉剂 40～50 克，对水 30～45 千克均匀喷雾。

观赏菊花软腐病　从病害发生初期开始喷药，7～10 天 1 次，连喷 1～2 次。一般使用 47% 可湿性粉剂 500～600 倍液，或 50% 可湿性粉剂 600～800 倍液均匀喷雾。

注意事项　春雷·王铜不能与碱性药剂及强酸性药剂或肥料混用，也不能与乳油类药剂及有机硅类助剂混用。夏季高温期（35℃以上）在柑橘上使用浓度较高时，有些品种上会引起轻微褐点状药害。黄瓜上使用时，不要在幼苗期和高温时期喷药。用药时不要把药液喷洒到或飘移到杉树（特别是幼苗）、葡萄、苹果、核果类、藕、白菜及大豆上。

春雷·三环唑

有效成分　春雷霉素（kasugamycin）＋三环唑（tricyclazole）。

主要含量与剂型　22%（2%＋20%）悬浮剂，10%（1%＋9%）、13%（3%＋10%）、22%（2%＋20%）、28%（3.6%＋24.4%）、39%（9%＋30%）可湿性粉剂。括号内有效成分含量均为春雷霉素的含量加三环唑的含量。

产品特点　春雷·三环唑是由春雷霉素（农用抗生素类）与三环唑（三唑类）按一定比例科学混配的一种高效低毒复合杀菌剂，专用于防控水稻稻瘟病，内吸渗透性较强，具有治疗、预防双重作用，既可抑制蛋白质合成，又能通过抑制还原酶活性而抑制孢子萌发及附着胞形成，病菌不易产生抗药性。

适用作物防控对象及使用技术　春雷·三环唑主要用于防控水稻稻瘟病。防控叶瘟时，从田间出现中心病株时或出现急性病斑时开始喷药，7～10 天 1 次，连喷 1～2 次；

防控穗颈瘟时，在破口初期和齐穗初期各喷药 1 次。一般每亩次使用 10％可湿性粉剂或 13％可湿性粉剂 110～130 克，或 22％可湿性粉剂 50～70 克，或 22％悬浮剂 50～60 毫升，或 28％可湿性粉剂 40～50 克，或 39％可湿性粉剂 20～30 克，对水 30～45 千克均匀喷雾。

注意事项　春雷·三环唑不能与碱性药剂及肥料混用。大豆、葡萄、柑橘、苹果、藕及瓜类等作物对本剂较敏感，用药时避免药液飘移到上述作物上。

稻瘟·三环唑

有效成分　稻瘟酰胺（fenoxanil）＋ 三环唑（tricyclazole）。

主要含量与剂型　30％（10％＋20％）、40％（15％＋25％；20％＋20％）悬浮剂。括号内有效成分含量均为稻瘟酰胺的含量加三环唑的含量。

产品特点　稻瘟·三环唑是由稻瘟酰胺（苯氧酰胺类）与三环唑（三唑类）按一定比例科学混配的一种高效低毒复合杀菌剂，专用于防控水稻稻瘟病，内吸性强，耐雨水冲刷，持效期较长。两种有效成分杀菌作用位点不同，协同增效，优势互补，防控稻瘟病效果更优异。

适用作物防控对象及使用技术　稻瘟·三环唑专用于防控水稻稻瘟病。防控叶瘟时，在田间出现中心病株时或出现急性病斑时开始喷药，7～10 天 1 次，连喷 1～2 次；防控穗颈瘟时，在破口初期和齐穗初期各喷药 1 次。一般每亩次使用 30％悬浮剂 75～100 毫升，或 40％悬浮剂 60～80 毫升，对水 30～45 千克均匀喷雾。

注意事项　稻瘟·三环唑不能与碱性药剂及肥料混用。尽量避开高温时段喷药，以免产生药害。瓜类作物对本剂较敏感，用药时避免药液飘移到瓜类作物上。

啶酰·咯菌腈

有效成分　啶酰菌胺（boscalid）＋ 咯菌腈（fludioxonil）。

主要含量与剂型　25％（24.5％＋0.5％）、30％（24％＋6％）、40％（30％＋10％）悬浮剂，50％（20％＋30％）水分散粒剂。括号内有效成分含量均为啶酰菌胺的含量加咯菌腈的含量。

产品特点　啶酰·咯菌腈是由啶酰菌胺（吡啶甲酰胺类）与咯菌腈（吡咯类）按一定比例科学混配的一种高效低毒复合杀菌剂，对灰霉类真菌性病害防控效果较好，既有保护作用又有治疗效果；双重杀菌作用机理，杀菌活性更高，内吸性较强，持效期较长。

适用作物防控对象及使用技术

葡萄灰霉病　先于葡萄花蕾期和落花后各喷药 1 次，有效防控葡萄幼穗受害；然后套袋葡萄在套袋前喷洒 1 次果穗，不套袋葡萄从果粒转色期的病害发生初期开始喷药，7～10 天 1 次，连喷 1～2 次。一般使用 25％悬浮剂 600～800 倍液，或 30％悬浮剂 1 000～1 200 倍液，或 40％悬浮剂 1 000～1 500 倍液，或 50％水分散粒剂 2 000～2 500 倍液均匀喷雾。

黄瓜、苦瓜、西葫芦、番茄、茄子等瓜果类蔬菜灰霉病　从病害发生初期或连续阴天

2 天后立即开始喷药，7～10 天 1 次，每期连喷 2 次左右。一般每亩次使用 25％悬浮剂 80～100 毫升，或 30％悬浮剂 60～80 毫升，或 40％悬浮剂 50～70 毫升，或 50％水分散粒剂 40～50 克，对水 45～60 千克均匀喷雾。

注意事项 啶酰·咯菌腈不能与碱性药剂及肥料混用。连续喷药时，注意与不同类型药剂交替使用。

噁霜·锰锌

有效成分 噁霜灵（hymexazol）＋ 代森锰锌（mancozeb）。

主要含量与剂型 64％（8％噁霜灵＋56％代森锰锌）可湿性粉剂。

产品特点 噁霜·锰锌是由噁霜灵（苯基酰胺类）与代森锰锌（硫代氨基甲酸酯类）按一定比例科学混配的一种低毒复合杀菌剂，专用于防控低等真菌性病害，具有预防保护、内吸治疗及铲除作用。混剂使用安全方便，持效期较长，多种杀菌活性机理，既能通过抑制 RNA 聚合酶活性而影响蛋白质合成，又能干扰脂质代谢、呼吸作用及能量的供应，具有显著增效作用，病菌不易产生抗药性。

适用作物防控对象及使用技术

葡萄霜霉病 先于葡萄花蕾期和落花后各喷药 1 次，有效防控幼果穗受害；然后从叶片上初见霜霉病病斑时立即开始继续喷药，10 天左右 1 次，与不同类型药剂交替使用，直到生长后期，中早熟品种果实采收后仍需喷药 1～2 次。噁霜·锰锌一般使用 64％可湿性粉剂 600～800 倍液均匀喷雾。

苹果树、梨树的疫腐病 防控树干茎基部受害时，一般使用 64％可湿性粉剂 300～400 倍液喷淋用药，或使用 64％可湿性粉剂 100～150 倍液喷涂茎基部。防控不套袋的果实受害时，多从果园内初见病果时立即开始喷药，10 天左右 1 次，连喷 1～2 次，重点喷洒树冠中下部果实及地面，一般使用 64％可湿性粉剂 600～800 倍液喷雾。

荔枝霜疫霉病 在花蕾期、幼果期、果实膨大期、果实转色期各喷药 1 次。一般使用 64％可湿性粉剂 500～700 倍液均匀喷雾。

黄瓜、甜瓜、哈密瓜等瓜类霜霉病 从田间初见霜霉病病斑时开始喷药，10 天左右 1 次，与不同类型药剂交替使用，连续喷施到生长后期，重点喷洒叶片背面。噁霜·锰锌一般每亩次使用 64％可湿性粉剂 150～200 克，对水 60～75 千克均匀喷雾。

黄瓜、甜瓜、哈密瓜、西瓜等瓜类疫腐病 防控茎基部受害时，从田间初见病株时开始用药液浇灌或喷淋植株茎基部及其周围土壤，10～15 天后再用药 1 次，一般使用 64％可湿性粉剂 500～600 倍液浇灌或喷淋，每株淋灌药液 150～200 毫升。防控瓜果受害时，从田间初见病瓜时开始喷药，7～10 天 1 次，连喷 1～2 次，一般使用 64％可湿性粉剂 600～700 倍液喷雾。

番茄晚疫病、褐腐病 从病害发生初期或田间初见病斑时开始喷药，7～10 天 1 次，与不同类型药剂交替使用，连喷 3～5 次。噁霜·锰锌一般每亩次使用 64％可湿性粉剂 120～150 克，对水 45～60 千克均匀喷雾。

辣椒、茄子的绵疫病、疫病 防控绵疫病时，从病害发生初期或处雨露潮湿等高湿环境下开始喷药，7～10 天 1 次，连喷 1～2 次，重点喷洒植株中下部，一般使用 64％可湿性粉剂 600～800 倍液喷雾。防控茎基部疫病时，从田间初见病株时开始用药液浇灌或喷淋植株茎基部及其周围土壤，10～15 天后再用药 1 次，一般使用 64％可湿性粉剂 500～600 倍液浇灌或喷淋，每株淋灌药液 150～200 毫升。

马铃薯晚疫病　从田间初见病斑时或植株现蕾期开始喷药，10 天左右 1 次，与不同类型药剂交替使用，直到生长后期。噁霜・锰锌一般每亩次使用 64％可湿性粉剂 120～150 克，对水 60～75 千克均匀喷雾。

十字花科蔬菜霜霉病　从病害发生初期开始喷药，7～10 天 1 次，连喷 2 次左右，重点喷洒叶片背面。一般每亩次使用 64％可湿性粉剂 70～100 克，对水 30～45 千克均匀喷雾。

瓜果蔬菜苗期的苗疫病、猝倒病　播种后出苗前或苗床上初见病株时开始用药，5～7 天 1 次，连用 1～2 次。一般使用 64％可湿性粉剂 500～600 倍液喷淋苗床。

烟草黑胫病　从田间初见病株时开始喷药，10 天左右 1 次，连喷 2～3 次，重点喷洒植株茎部的中下部及茎基部周围土壤。一般每亩次使用 64％可湿性粉剂 150～200 克，对水 45～60 千克均匀喷雾或喷淋。

注意事项　噁霜・锰锌不能与碱性药剂、强酸性药剂及含铜药剂混用。连续喷药时，注意与不同类型药剂交替使用。

噁酮・吡唑酯

有效成分　噁唑菌酮（famoxadone）＋吡唑醚菌酯（pyraclostrobin）。

主要含量与剂型　40％（20％＋20％）悬浮剂，30％（15％＋15％）水分散粒剂。括号内有效成分含量均为噁唑菌酮的含量加吡唑醚菌酯的含量。

产品特点　噁酮・吡唑酯是由噁唑菌酮（噁唑烷酮类）与吡唑醚菌酯（甲氧基丙烯酸酯类）按科学比例混配的一种低毒复合杀菌剂，对多种真菌性病害具有预防保护和一定的治疗作用，黏着性好，耐雨水冲刷，使用安全。两种杀菌作用机理，虽然均为影响病菌能量代谢，但作用位点不同，协同增效，优势互补，病菌不易产生抗药性。

适用作物防控对象及使用技术

葡萄霜霉病、炭疽病、白腐病　防控霜霉病时，先于葡萄花蕾期和落花后各喷药 1 次，有效预防幼穗受害；然后从叶片上初见霜霉病病斑时立即开始连续喷药，10 天左右 1 次，与不同类型药剂交替使用，直到生长后期，中早熟品种葡萄采收后仍需喷药 1～2 次。防控炭疽病、白腐病时，套袋葡萄在套袋前喷药 1 次即可；不套袋葡萄多从果粒膨大中期开始喷药，10～15 天 1 次，与不同类型药剂交替使用，直到采收前 1 周左右。噁酮・吡唑酯一般使用 40％悬浮剂 2 500～3 000 倍液，或 30％水分散粒剂 2 000～2 500 倍液均匀喷雾。

苹果树斑点落叶病、褐斑病、套袋果斑点病　防控斑点落叶病时，在春梢生长期内和秋梢生长期内各喷药 2 次左右，间隔期 10～15 天；防控褐斑病时，多从落花后 1 个月左右或初见褐斑病病叶时或套袋前开始喷药，10～15 天 1 次，与不同类型药剂交替使用，连喷 4～6 次；防控套袋果斑点病时，在套袋前 5 天内喷药 1 次即可。噁酮・吡唑酯喷施倍数同"葡萄霜霉病"。

荔枝霜疫霉病　在花蕾期、幼果期、果实膨大期、果实转色期各喷药1次，注意与不同类型药剂交替使用。噁酮·吡唑酯喷施倍数同"葡萄霜霉病"。

黄瓜霜霉病　从病害发生初期或田间初见病斑时立即开始喷药，7～10天1次，与不同类型药剂交替使用，直到生长后期。噁酮·吡唑酯一般每亩次使用40％悬浮剂30～50毫升，或30％水分散粒剂40～65克，对水45～60千克均匀喷雾。

番茄晚疫病　从病害发生初期开始喷药，7～10天1次，与不同类型药剂交替使用，连喷3～5次。噁酮·吡唑酯喷施剂量同"黄瓜霜霉病"。

马铃薯晚疫病　从病害发生初期或植株现蕾期开始喷药，10天左右1次，与不同类型药剂交替使用，直到生长后期。噁酮·吡唑酯一般每亩次使用40％悬浮剂30～50毫升，或30％水分散粒剂40～65克，对水60～75千克均匀喷雾。

观赏菊花霜霉病　从病害发生初期开始喷药，7～10天1次，连喷2次左右。一般使用40％悬浮剂3 000～4 000倍液，或30％水分散粒剂2 500～3 000倍液均匀喷雾。

注意事项　噁酮·吡唑酯不能与碱性药剂及肥料混用。连续喷药时，注意与不同类型药剂交替使用。

噁酮·锰锌

有效成分　噁唑菌酮（famoxadone）＋代森锰锌（mancozeb）。

主要含量与剂型　68.75％（6.25％噁唑菌酮＋62.5％代森锰锌）水分散粒剂。

产品特点　噁酮·锰锌是由噁唑菌酮（噁唑烷酮类）与代森锰锌（硫代氨基甲酸酯类）按科学比例混配的一种广谱保护性低毒复合杀菌剂，防病范围广，黏着性强，耐雨水冲刷，持效期较长。多种杀菌作用机理，既可通过抑制线粒体的电子传递及氧化磷酸化作用而阻碍能量代谢，又能通过影响病菌氨基酸的巯基及相关酶反应而干扰脂质代谢、呼吸作用和能量的供应，故病菌不易产生抗药性。

适用作物防控对象及使用技术

苹果树轮纹病、炭疽病、斑点落叶病、褐斑病　从苹果落花后7～10天开始喷药，10天左右1次，连喷3次药后套袋，有效防控套袋苹果的轮纹病、炭疽病和春梢期斑点落叶病，兼防褐斑病；套袋后继续喷药，10～15天1次，连喷4～6次，有效防控褐斑病、秋梢期斑点落叶病及不套袋苹果的轮纹病、炭疽病。连续喷药时，注意与相应治疗性药剂交替使用。噁酮·锰锌一般使用68.75％水分散粒剂1 000～1 500倍液均匀喷雾。

梨树炭疽病、轮纹病、黑斑病　从梨树落花后10天左右开始喷药，10天左右1次，连喷2～3次药后套袋，有效防控套袋梨的炭疽病、轮纹病，兼防黑斑病；套袋后，从黑斑病发生初期开始继续喷药，10～15天1次，连喷2～3次，有效防控套袋梨的黑斑病；不套袋梨，幼果期2～3次药后仍需继续喷药4～6次，间隔期10～15天，有效防控不套袋梨的炭疽病、轮纹病、黑斑病等。连续喷药时，注意与相应治疗性药剂交替使用。噁酮·锰锌一般使用68.75％水分散粒剂1 000～1 200倍液均匀喷雾。

葡萄霜霉病、黑痘病、炭疽病　先于葡萄花蕾期、落花后及落花后10～15天各喷药1次，有效防控黑痘病与幼穗期霜霉病；然后从叶片上初显霜霉病病斑时立即开始喷药，10天左右1次，与相应治疗性药剂交替使用，直到生长后期，有效防控霜霉病、炭疽病。

噁酮·锰锌一般使用 68.75％水分散粒剂 800～1 000 倍液均匀喷雾。

枣树轮纹病、炭疽病 从枣果坐住后半月左右开始喷药，10～15 天 1 次，与不同类型药剂交替使用，连喷 4～6 次。噁酮·锰锌一般使用 68.75％水分散粒剂 1 000～1 200 倍液均匀喷雾。

石榴炭疽病、褐斑病 一般果园在开花前、落花后、幼果期、套袋前、套袋后及套袋后 10～15 天各喷药 1 次即可；中后期多雨潮湿或病害发生较重时，再增加喷药 1～2 次。注意与不同类型药剂交替使用。噁酮·锰锌一般使用 68.75％水分散粒剂 1 000～1 200 倍液均匀喷雾。

柑橘树疮痂病、炭疽病、黑星病 在春梢萌发初期、春梢转绿期、落花 2/3 时、落花后半月左右、落花后 1 个月左右、夏梢抽生初期、夏梢转绿期、秋梢抽生初期、秋梢转绿期各喷药 1 次，注意与不同类型药剂交替使用。噁酮·锰锌一般使用 68.75％水分散粒剂 1 000～1 200 倍液均匀喷雾。

荔枝霜疫霉病 在花蕾期、幼果期、果实膨大期、果实转色期各喷药 1 次，注意与不同类型药剂交替使用。噁酮·锰锌喷施倍数同"柑橘树疮痂病"。

黄瓜霜霉病、炭疽病 以防控霜霉病为主，兼防炭疽病。从叶片上初见霜霉病病斑时立即开始喷药，7～10 天 1 次，与不同类型药剂交替使用，直到生长后期，重点喷洒叶片背面。噁酮·锰锌一般每亩次使用 68.75％水分散粒剂 75～100 克，对水 45～75 千克均匀喷雾。

西瓜、甜瓜、南瓜的炭疽病、黑斑病、霜霉病 从病害发生初期开始喷药，7～10 天 1 次，与不同类型药剂交替使用，连喷 3～5 次，注意喷洒叶片背面。噁酮·锰锌一般每亩次使用 68.75％水分散粒剂 50～75 克，对水 45～60 千克均匀喷雾。

番茄早疫病、晚疫病、叶霉病、叶斑病 从病害发生初期开始喷药，7～10 天 1 次，与不同类型药剂交替使用，连喷 4～6 次。噁酮·锰锌一般每亩次使用 68.75％水分散粒剂 75～100 克，对水 45～60 千克均匀喷雾。

白菜黑斑病 从病害发生初期开始喷药，7～10 天 1 次，连喷 2 次左右。一般每亩次使用 68.75％水分散粒剂 50～75 克，对水 30～45 千克均匀喷雾。

莴苣霜霉病 从病害发生初期或初见病斑时开始喷药，7～10 天 1 次，连喷 2 次左右，重点喷洒叶片背面。噁酮·锰锌喷施剂量同"白菜黑斑病"。

芹菜叶斑病 从病害发生初期开始喷药，7～10 天 1 次，连喷 3～4 次。噁酮·锰锌喷施剂量同"白菜黑斑病"。

芦笋茎枯病 从病害发生初期开始喷药，10 天左右 1 次，连喷 2～4 次，重点喷洒植株中下部。噁酮·锰锌喷施剂量同"白菜黑斑病"。

马铃薯晚疫病、早疫病、炭疽病 从病害发生初期或植株现蕾期开始喷药，10 天左右 1 次，与不同类型药剂交替使用，直到生长后期。噁酮·锰锌一般每亩次使用 68.75％水分散粒剂 80～120 克，对水 60～75 千克均匀喷雾。

烟草赤星病 从病害发生初期或初见病斑时开始喷药，10 天左右 1 次，连喷 2～3 次。一般每亩次使用 68.75％水分散粒剂 70～100 克，对水 45～60 千克均匀喷雾。

注意事项 噁酮·锰锌不能与碱性药剂及含铜药剂或肥料混用。本剂为保护性药剂，在病害发生前（病菌侵染前）喷施效果最好。连续喷药时，注意与相应治疗性杀菌剂交替使用。

噁酮·霜脲氰

有效成分　噁唑菌酮（famoxadone）＋霜脲氰（cymoxanil）。

主要含量与剂型　40％（17％＋23％）悬浮剂，52.5％（22.5％＋30％）水分散粒剂。括号内有效成分含量均为噁唑菌酮的含量加霜脲氰的含量。

产品特点　噁酮·霜脲氰是由噁唑菌酮（噁唑烷酮类）与霜脲氰（酰胺脲类）按一定比例混配的一种内吸治疗性低毒复合杀菌剂，专用于防控低等真菌性病害，兼有保护和治疗作用，对病害发生的全过程均有很好的防控效果。混剂耐雨水冲刷，持效期较长，使用安全，喷施后植物表面没有明显药斑残留；既能通过抑制线粒体的电子传递而阻碍能量供应，又能抑制病菌细胞膜形成，所以病菌不易产生抗药性。

适用作物防控对象及使用技术

葡萄霜霉病　先于葡萄花蕾期和落花后各喷药1次，有效预防幼果穗受害；然后从叶片上初见霜霉病病斑时立即开始连续喷药，10天左右1次，与不同类型药剂交替使用，直到生长后期或雨露雾高湿环境不再出现时。噁酮·霜脲氰一般使用52.5％水分散粒剂2 000～2 500倍液，或40％悬浮剂1 500～2 000倍液喷雾，防控叶片受害时重点喷洒叶片背面。

苹果、梨的疫腐病　适用于不套袋的苹果或梨。从果园内初见病果时立即开始喷药，10天左右1次，连喷1～2次，重点喷洒树冠中下部果实及地面。噁酮·霜脲氰喷施倍数同"葡萄霜霉病"。

荔枝霜疫霉病　在花蕾期、幼果期、果实膨大期、果实转色期各喷药1次，注意与不同类型药剂交替使用。噁酮·霜脲氰一般使用52.5％水分散粒剂1 500～2 500倍液，或40％悬浮剂1 200～1 800倍液均匀喷雾。

柑橘疫霉褐腐病　从果园内初见病果时开始喷药，7～10天1次，连喷1～2次，重点喷洒树冠中下部。噁酮·霜脲氰喷施倍数同"荔枝霜疫霉病"。

黄瓜、甜瓜、哈密瓜、苦瓜等瓜类霜霉病　从初见霜霉病病斑时立即开始喷药，7～10天1次，与不同类型药剂交替使用，直到生长后期。噁酮·霜脲氰一般每亩次使用52.5％水分散粒剂30～40克或40％悬浮剂40～50毫升，对水45～60千克均匀喷雾，注意喷洒叶片背面。

番茄晚疫病、早疫病　从病害发生初期开始喷药，7～10天1次，与不同类型药剂交替使用，连喷4～6次。噁酮·霜脲氰喷施剂量同"黄瓜霜霉病"。

辣椒疫病　从病害发生初期开始喷药，7～10天1次，与不同类型药剂交替使用，连喷2～4次，重点喷洒植株茎基部及其周围土壤。噁酮·霜脲氰喷施剂量同"黄瓜霜霉病"。

十字花科蔬菜霜霉病　从病害发生初期或田间初见病斑时开始喷药，7～10天1次，连喷2次左右，重点喷洒叶片背面。一般每亩次使用52.5％水分散粒剂20～30克或40％悬浮剂30～40毫升，对水30～45千克均匀喷雾。

烟草黑胫病　从田间初见病株时开始喷药，7～10天1次，连喷2～3次，重点喷洒植株中下部的茎部及其周围土壤。一般每亩次使用52.5％水分散粒剂30～40克或40％悬浮剂 40～50 毫升，对水 45～60 千克喷雾或喷淋。

马铃薯晚疫病　从田间初见病斑时或植株现蕾期开始喷药，10 天左右 1 次，与不同类型药剂交替使用，直到生长后期。噁酮·霜脲氰一般每亩次使用 52.5% 水分散粒剂 30～40 克或 40% 悬浮剂 40～50 毫升，对水 60～75 千克均匀喷雾。

注意事项　噁酮·霜脲氰不能与碱性药剂及肥料混用。连续喷药时，注意与不同类型药剂交替使用。喷药时应均匀周到，从发病前或发病初期开始喷药效果最好。

氟胺·氰霜唑

有效成分　氟啶胺（fluazinam）＋氰霜唑（cyazofamid）。

主要含量与剂型　30%（25%＋5%）、40%（30%＋10%）悬浮剂。括号内有效成分含量均为氟啶胺的含量加氰霜唑的含量。

产品特点　氟胺·氰霜唑是由氟啶胺（二硝基苯胺类）与氰霜唑（氰基咪唑类）按一定比例科学混配的一种高效低毒复合杀菌剂，专用于防控低等真菌性病害，具有良好的保护作用和一定的内吸治疗活性，耐雨水冲刷，正常使用对作物安全。两种不同杀菌作用机理，既能抑制病菌线粒体的氧化磷酸化过程，又能通过阻断线粒体的电子传递而干扰能量供应，协同增效，用药量减少，杀菌活性提高，持效期较长。

适用作物防控对象及使用技术

葡萄霜霉病　先于葡萄花蕾期、落花后各喷药 1 次，防控霜霉病为害幼穗；然后从叶片上初显霜霉病病斑时立即开始连续喷药，10 天左右 1 次，与不同类型药剂交替使用，直到生长后期，中早熟品种葡萄采收后仍需喷药 1～2 次。氟胺·氰霜唑一般使用 30% 悬浮剂 1 200～1 500 倍液，或 40% 悬浮剂 2 000～2 500 倍液均匀喷雾。

荔枝霜疫霉病　在花蕾期、幼果期、果实膨大期、果实转色期各喷药 1 次，注意与不同类型药剂交替使用。氟胺·氰霜唑喷施倍数同"葡萄霜霉病"。

番茄晚疫病　从病害发生初期开始喷药，7～10 天 1 次，与不同类型药剂交替使用，连喷 3～5 次。氟胺·氰霜唑一般每亩次使用 30% 悬浮剂 30～50 毫升或 40% 悬浮剂 20～30 毫升，对水 45～60 千克均匀喷雾。

辣椒疫病　从病害发生初期或田间初见病株时开始用药液喷淋植株茎基部及其周围土壤，10～15 天 1 次，连喷 2 次左右。氟胺·氰霜唑喷施剂量同"番茄晚疫病"。

马铃薯晚疫病　从病害发生初期或植株现蕾期开始喷药，10 天左右 1 次，与不同类型药剂交替使用，直到生长后期。氟胺·氰霜唑一般每亩次使用 30% 悬浮剂 30～50 毫升或 40% 悬浮剂 20～30 毫升，对水 60～75 千克均匀喷雾。

大白菜根肿病　在大白菜移栽前，每亩使用 40% 悬浮剂 200～250 毫升或 30% 悬浮剂 300～350 毫升，对水 30～45 千克均匀喷施于土壤表面，然后用锄头等工具将药剂与土壤充分混合，混土深度 10～15 厘米，后再移栽定植。

注意事项　氟胺·氰霜唑不能与碱性药剂或肥料混合使用。连续用药时，注意与不同类型药剂交替使用。许多瓜类作物对本剂敏感，易发生药害，严禁在瓜类作物上使用，且用药时避免药液飞散飘移到瓜田内。本剂亦不宜在温室内使用。

氟吡菌胺·烯酰吗啉

有效成分　氟吡菌胺（fluopicolide）＋烯酰吗啉（dimethomorph）。

主要含量与剂型　36％（6％＋30％）、40％（10％＋30％）悬浮剂。括号内有效成分含量均为氟吡菌胺的含量加烯酰吗啉的含量。

产品特点　氟吡菌胺·烯酰吗啉又称烯酰·氟吡菌，是由氟吡菌胺（苯甲酰胺类）与烯酰吗啉（肉桂酰胺类）按一定比例科学混配的一种内吸治疗性高效低毒复合杀菌剂，专用于防控卵菌类真菌病害，具有保护和治疗双重作用。药剂渗透内吸性强，耐雨水冲刷，杀菌活性高，持效期较长，对卵菌类病菌各生活史形态均有较好的抑制作用，施药适期长。两种杀菌作用机理，既能作用于病菌细胞膜与细胞间的特异性蛋白，又能抑制磷脂生物合成及细胞壁形成，病菌不易产生抗药性。

适用作物防控对象及使用技术

葡萄霜霉病　先于花蕾期、落花后各喷药 1 次，有效防控葡萄幼穗受害；然后从叶片上初显霜霉病病斑时立即开始连续喷药，10 天左右 1 次，与不同类型药剂交替使用，直到生长后期，中早熟品种葡萄采收后仍需喷药 1～2 次。氟吡菌胺·烯酰吗啉一般使用 36％悬浮剂 1 200～1 500 倍液，或 40％悬浮剂 1 500～2 000 倍液均匀喷雾。

荔枝霜疫霉病　在花蕾期、幼果期、果实膨大期、果实转色期各喷药 1 次，注意与不同类型药剂交替使用。氟吡菌胺·烯酰吗啉喷施倍数同"葡萄霜霉病"。

番茄晚疫病　从病害发生初期开始喷药，7～10 天 1 次，与不同类型药剂交替使用，连喷 3～5 次。氟吡菌胺·烯酰吗啉一般每亩次使用 36％悬浮剂 50～70 毫升或 40％悬浮剂 40～50 毫升，对水 45～60 千克均匀喷雾。

辣椒疫病　从病害发生初期或田间初见病株时开始喷淋用药，重点喷洒植株茎基部及其周围土壤，10～15 天 1 次，连喷 1～2 次。氟吡菌胺·烯酰吗啉喷施剂量同"番茄晚疫病"。

黄瓜霜霉病　从病害发生初期或叶片上初见霜霉病病斑时立即开始喷药，7～10 天 1 次，与不同类型药剂交替使用，直到生长后期。氟吡菌胺·烯酰吗啉一般每亩次使用 36％悬浮剂 40～70 毫升或 40％悬浮剂 30～50 毫升，对水 45～60 千克均匀喷雾，注意喷洒叶片背面。

甜瓜、哈密瓜霜霉病　从病害发生初期开始喷药，7～10 天 1 次，与不同类型药剂交替使用，连喷 3～5 次。氟吡菌胺·烯酰吗啉喷施剂量同"黄瓜霜霉病"。

西瓜疫病　从病害发生初期开始喷药，7～10 天 1 次，连喷 2～3 次。氟吡菌胺·烯酰吗啉喷施剂量同"黄瓜霜霉病"。

大白菜霜霉病　从病害发生初期开始喷药，7～10 天 1 次，连喷 1～2 次，注意喷洒叶片背面。氟吡菌胺·烯酰吗啉一般每亩次使用 36％悬浮剂 30～40 毫升或 40％悬浮剂 25～30 毫升，对水 30～45 千克均匀喷雾。

洋葱疫病　从病害发生初期开始喷药，7～10 天 1 次，连喷 2 次左右。氟吡菌胺·烯酰吗啉喷施剂量同"大白菜霜霉病"。

马铃薯晚疫病　从病害发生初期或植株现蕾期开始喷药，7～10 天 1 次，与不同类型药剂交替使用，直到生长后期。氟吡菌胺·烯酰吗啉一般每亩次使用 36％悬浮剂 50～70 毫升或 40％悬浮剂 40～60 毫升，对水 60～75 千克均匀喷雾。

注意事项 氟吡菌胺·烯酰吗啉不能与碱性药剂或肥料混用。连续喷药时，注意与不同类型药剂交替使用。

氟环·嘧菌酯

有效成分 氟环唑（epoxiconazole）＋嘧菌酯（azoxystrobin）。

主要含量与剂型 28％（8％＋20％）、30％（15％＋15％）、32％（12％＋20％）、35％（15％＋20％；30％＋5％）、45％（15％＋30％）、50％（25％＋25％）悬浮剂，70％（35％＋35％）水分散粒剂。括号内有效成分含量均为氟环唑的含量加嘧菌酯的含量。

产品特点 氟环·嘧菌酯是由氟环唑（三唑类）与嘧菌酯（甲氧基丙烯酸酯类）按一定比例科学混配的一种高效广谱低毒复合杀菌剂，兼具保护和治疗双重作用，杀菌活性较高，持效期较长，耐雨水冲刷。两种杀菌作用机理，既能抑制病菌细胞膜形成，又能抑制线粒体呼吸、阻碍病菌能量供应，是病害综合治理的一种有效方法。

适用作物防控对象及使用技术

葡萄白粉病、褐斑病、炭疽病 防控白粉病、褐斑病时，从病害发生初期开始喷药，10～15 天 1 次，连喷 2～3 次；防控炭疽病时，套袋葡萄套袋前喷药 1 次即可，不套袋葡萄从果粒膨大中期开始喷药，10～15 天 1 次，与不同类型药剂交替使用，连喷 2～4 次。氟环·嘧菌酯一般使用 28％悬浮剂 1 000～1 200 倍液，或 30％悬浮剂或 32％悬浮剂或 35％（15％＋20％）悬浮剂 1 500～2 000 倍液，或 35％（30％＋5％）悬浮剂 2 500～3 000 倍液，或 45％悬浮剂 2 000～2 500 倍液，或 50％悬浮剂 2 000～3 000 倍液，或 70％水分散粒剂 3 500～4 000 倍液均匀喷雾。

香蕉叶斑病、黑星病 从病害发生初期开始喷药，半月左右 1 次，与不同类型药剂交替使用，连喷 3～5 次。氟环·嘧菌酯一般使用 28％悬浮剂 1 000～1 200 倍液，或 30％悬浮剂或 32％悬浮剂或 35％（15％＋20％）悬浮剂 1 200～1 500 倍液，或 35％（30％＋5％）悬浮剂 1 500～2 000 倍液，或 45％悬浮剂 2 000～2 500 倍液，或 50％悬浮剂 2 500～3 000 倍液，或 70％水分散粒剂 3 000～3 500 倍液均匀喷雾。

水稻纹枯病、稻曲病、稻瘟病 防控纹枯病时，从病害发生初期开始喷药，10～15 天 1 次，连喷 2～3 次，或在分蘖末期至拔节期、孕穗期至破口期各喷药 1 次；防控稻曲病时，在破口前 5～7 天和齐穗初期各喷药 1 次；防控叶瘟时，在田间出现中心病株时或出现急性病斑时开始喷药，7～10 天 1 次，连喷 1～2 次；防控穗颈瘟时，在破口期和齐穗初期各喷药 1 次。连续喷药时，注意与不同类型药剂交替使用。氟环·嘧菌酯一般每亩次使用 28％悬浮剂 45～60 毫升，或 30％悬浮剂或 32％悬浮剂或 35％（15％＋20％）悬浮剂 35～45 毫升，或 35％（30％＋5％）悬浮剂 25～30 毫升，或 45％悬浮剂 30～40 毫升，或 50％悬浮剂 25～35 毫升，或 70％水分散粒剂 20～25 克，对水 30～45 千克均匀喷雾。

小麦锈病 从病害发生初期开始喷药，10～15 天 1 次，连喷 2 次左右。氟环·嘧菌酯喷施剂量同"水稻纹枯病"。

玉米叶斑病、锈病 从病害发生初期开始喷药，10～15 天 1 次，连喷 2 次左右。氟环·嘧菌酯喷施剂量同"水稻纹枯病"，当植株较高时应适当增加喷药剂量。

注意事项 氟环·嘧菌酯不能与碱性药剂及肥料混用，也不能与乳油类药剂及有机硅类助剂混用。苹果树、樱桃树对本剂较敏感，切勿在上述树体上使用；在邻近苹果树和樱桃树的作物上喷施时，应避免药液飘移至上述树体上。本剂生产企业较多，配方比例差异较大，具体选用时应以其标签说明为准。

氟菌·霜霉威

有效成分 氟吡菌胺（fluopicolide）＋ 霜霉威盐酸盐（propamocarb hydrochloride）。

主要含量与剂型 70%（7%＋63%）、687.5 克/升（62.5 克/升＋625 克/升）悬浮剂。括号内有效成分含量均为氟吡菌胺的含量加霜霉威盐酸盐的含量。

产品特点 氟菌·霜霉威是由氟吡菌胺（苯甲酰胺类）与霜霉威盐酸盐（氨基甲酸酯类）按科学比例混配的一种内吸治疗性低毒复合杀菌剂，专用于防控低等真菌性病害，具有预防保护和内吸治疗作用，耐雨水冲刷，使用安全，持效期较长，并具有刺激生长、增强作物活力、促进生根和开花的作用。特别适合在阴雨季节用药，施药后 1 小时下雨，基本不影响药效。该药渗透传导性好，叶基用药，能迅速传导到叶尖，有利于对新叶的保护；叶片正面用药，快速向背面穿透，并迅速形成药膜；植株下部用药，可迅速向上传导扩散，有利于植株的全面保护。在卵菌病害发生的各个阶段用药都能获得较好的防控效果，既能有效抑制孢子囊的产生与萌发，又可抑制游动孢子的释放、移动及萌发，还可抑制菌丝生长及有性交配等。两种杀菌作用机理，既作用于病菌细胞膜与细胞间的特异性蛋白，又能通过抑制磷脂和脂肪酸的生物合成而阻碍细胞膜形成，使病菌不易产生抗药性。

适用作物防控对象及使用技术

葡萄霜霉病 先于葡萄花蕾期和落花后各喷药 1 次，有效防控霜霉病为害幼穗；然后从叶片上初见霜霉病病斑时立即开始连续喷药，10 天左右 1 次，与不同类型药剂交替使用，直到生长后期（中早熟葡萄品种采收后仍需喷药 1～2 次）。氟菌·霜霉威一般使用687.5 克/升悬浮剂或 70%悬浮剂 600～800 倍液均匀喷雾。

黄瓜、甜瓜、哈密瓜、苦瓜等瓜类霜霉病 从病害发生初期或叶片上初见霜霉病病斑时立即开始喷药，7～10 天 1 次，与不同类型药剂交替使用，直到生长后期，重点喷洒叶片背面。氟菌·霜霉威一般每亩次使用 687.5 克/升悬浮剂或 70%悬浮剂 60～80 毫升，对水 45～60 千克均匀喷雾。

西瓜、甜瓜疫病 从病害发生初期或田间初见病瓜时立即开始喷药，7～10 天 1 次，连喷 1～2 次，重点喷洒瓜果。氟菌·霜霉威喷施剂量同"黄瓜霜霉病"。

番茄晚疫病 从病害发生初期开始喷药，7～10 天 1 次，与不同类型药剂交替使用，连喷 3～5 次。氟菌·霜霉威喷施剂量同"黄瓜霜霉病"。

黄瓜、甜瓜、哈密瓜、苦瓜、西葫芦、番茄、辣椒、茄子等瓜果类蔬菜的茎基部疫病从田间初见病株时立即开始喷药，7～10 天 1 次，连喷 1～2 次，重点喷洒植株中下部的茎部及茎基部周围土壤。氟菌·霜霉威一般使用 687.5 克/升悬浮剂或 70%悬浮剂 500～

600 倍液喷淋植株茎基部及其周围土壤，适当加大喷洒药液量效果较好。

瓜果类蔬菜苗床的苗疫病、猝倒病　播种后出苗前或苗床上初见病株时立即开始用药，5～7 天 1 次，连续 1～2 次。一般使用 687.5 克/升悬浮剂或 70％悬浮剂 500～600 倍液均匀喷淋苗床。

十字花科蔬菜霜霉病　从病害发生初期开始喷药，7～10 天 1 次，连喷 2 次左右，重点喷洒叶片背面。氟菌·霜霉威一般每亩次使用 687.5 克/升悬浮剂或 70％悬浮剂 50～60 毫升，对水 30～45 千克均匀喷雾。

洋葱疫病　从病害发生初期开始喷药，7～10 天 1 次，连喷 2 次左右。一般每亩次使用 687.5 克/升悬浮剂或 70％悬浮剂 80～100 毫升，对水 60～75 千克均匀喷雾或喷淋。

马铃薯晚疫病　从病害发生初期或植株现蕾期开始喷药，10 天左右 1 次，与不同类型药剂交替使用，直到生长后期。氟菌·霜霉威一般每亩次使用 687.5 克/升悬浮剂或 70％悬浮剂 75～100 毫升，对水 60～75 千克均匀喷雾。

烟草黑胫病　从田间初见病株时立即开始喷药，7～10 天 1 次，连喷 2～3 次，重点喷洒植株中下部的茎部及茎基部周围土壤。一般使用 687.5 克/升悬浮剂或 70％悬浮剂 500～700 倍液喷雾或喷淋。

人参疫病　从病害发生初期开始喷药，7～10 天 1 次，连喷 2～3 次。一般每亩次使用 687.5 克/升悬浮剂或 70％悬浮剂 80～100 毫升，对水 45～60 千克均匀喷淋参床。

蔷薇科观赏花卉霜霉病　从病害发生初期开始喷药，7～10 天 1 次，连喷 2 次左右。一般使用 687.5 克/升悬浮剂或 70％悬浮剂 800～1 000 倍液均匀喷雾。

注意事项　氟菌·霜霉威不能与碱性药剂及肥料混用，也不要与液体肥料或植物生长调节剂混用。连续喷药时，注意与不同类型药剂交替使用，以延缓病菌产生抗药性。

氟菌·肟菌酯

有效成分　氟吡菌酰胺（fluopyram）＋肟菌酯（trifloxystrobin）。

主要含量与剂型　43％（21.5％氟吡菌酰胺＋21.5％肟菌酯）悬浮剂。

产品特点　氟菌·肟菌酯是由氟吡菌酰胺（吡啶乙基苯酰胺类）与肟菌酯（甲氧基丙烯酸酯类）按科学比例混配的一种广谱高效低毒复合杀菌剂，具有较强的保护作用和一定的治疗作用，杀菌活性高，内吸性较强，持效期较长，使用安全。两种有效成分虽然均影响病菌能量代谢，但作用位点及过程不同，优势互补，协同增效，病菌不易产生抗药性。

适用作物防控对象及使用技术

草莓白粉病、灰霉病　从病害发生初期开始喷药，10 天左右 1 次，与不同类型药剂交替使用，连喷 3～5 次。氟菌·肟菌酯一般每亩次使用 43％悬浮剂 20～30 毫升，对水 30～45 千克均匀喷雾。

葡萄黑痘病、灰霉病、白腐病　防控黑痘病时，在葡萄花蕾期、落花 80％和落花后 10 天左右各喷药 1 次，兼防灰霉病为害幼穗。防控灰霉病为害成穗时，套袋葡萄在套袋前喷药 1 次即可，兼防白腐病；不套袋葡萄在近成熟期果穗上初见灰霉病发生时立即开始喷药，10 天左右 1 次，连喷 1～2 次。防控不套袋葡萄白腐病时，多从果粒膨大后期或转色初期开始喷药，10 天左右 1 次，与不同类型药剂交替使用，直到采收前 1 周左右。氟菌·肟菌酯一般使用43%悬浮剂2 000～3 000倍液均匀喷雾。

黄瓜靶斑病、白粉病、炭疽病 从病害发生初期开始喷药，7～10天1次，与相应治疗性药剂交替使用，连喷2～4次。氟菌·肟菌酯一般每亩次使用43%悬浮剂15～25毫升，对水45～60千克均匀喷雾。

西瓜、黄瓜、甜瓜的蔓枯病 从病害发生初期或田间初见病株时立即开始喷药，7～10天1次，连喷2次左右。一般每亩次使用43%悬浮剂15～25毫升，对水30～45千克喷洒枝蔓及病斑处。

番茄灰霉病、叶霉病、早疫病 从病害发生初期开始喷药，7～10天1次，与相应不同类型药剂交替使用，连喷2～4次。氟菌·肟菌酯一般每亩次使用43%悬浮剂30～45毫升，对水45～60千克均匀喷雾。

辣椒炭疽病 从病害发生初期开始喷药，7～10天1次，与不同类型药剂交替使用，连喷2～3次。氟菌·肟菌酯一般每亩次使用43%悬浮剂20～30毫升，对水45～60千克均匀喷雾。

洋葱、大葱的紫斑病 从病害发生初期开始喷药，7～10天1次，连喷2次左右。一般每亩次使用43%悬浮剂20～30毫升，对水30～45千克均匀喷雾。

人参灰霉病 从病害发生初期开始喷药，7～10天1次，连喷2次左右。一般每亩次使用43%悬浮剂25～30毫升，对水30～45千克均匀喷雾。

注意事项 氟菌·肟菌酯不能与碱性药剂及肥料混用。连续喷药时，注意与不同类型药剂交替使用。

腐霉·百菌清

有效成分 腐霉利（procymidone）＋百菌清（chlorothalonil）。

主要含量与剂型 10%（5%＋5%）、15%（3%＋12%）、20%（5%＋15%；10%＋10%）、25%（5%＋20%）烟剂，50%（16.7%＋33.3%）可湿性粉剂。括号内有效成分含量均为腐霉利的含量加百菌清的含量。

产品特点 腐霉·百菌清是由腐霉利（二甲酰亚胺类）与百菌清（有机氯类）按一定比例混配的一种高效低毒复合杀菌剂，专用于防控灰霉病类真菌性病害，具有保护和治疗双重作用，使用安全。混剂两种杀菌作用机理，既能通过抑制甘油三酯的生物合成而影响病菌细胞分裂，又能破坏细胞新陈代谢过程，使病菌不易产生抗药性。

适用作物防控对象及使用技术

保护地番茄、茄子、辣椒、黄瓜、芸豆等瓜果豆类蔬菜灰霉病 既可用烟剂熏蒸，又可喷雾用药。多从病害发生初期或连续阴天2天时开始用药，7天左右1次，每期连续用药2～3次。烟剂熏蒸时，一般每亩次使用腐霉·百菌清10%烟剂300～400克，或15%烟剂200～300克，或20%烟剂150～200克，或25%烟剂120～150克，均匀分布多点，由里向外依次逐个点燃，而后密闭熏蒸一夜，第二天通风后方可进入棚室内劳作。喷雾用药时，一般每亩次使用腐霉·百菌清50%可湿性粉剂100～150克，对水45～60千克均匀喷雾。

草莓灰霉病 从病害发生初期开始喷药，7～10天1次，与不同类型药剂交替使用，连喷 2～4 次。腐霉·百菌清一般每亩次使用 50％可湿性粉剂 100～120 克，对水 30～45 千克均匀喷雾。

葡萄灰霉病　先于葡萄花蕾期和落花后各喷药 1 次，有效防控葡萄幼穗受害；然后套袋葡萄再于套袋前喷药 1 次即可，不套袋葡萄则在葡萄近成熟期初见果粒受害时及时开始喷药，7～10 天 1 次，连喷 1～2 次。腐霉·百菌清一般使用 50％可湿性粉剂 400～500 倍液喷雾，重点喷洒果穗。连续喷药时，注意与不同类型药剂交替使用。红提葡萄及有些薄皮葡萄品种对本剂较敏感，不能使用。

注意事项　腐霉·百菌清不能与碱性药剂及肥料混用。连续用药时，注意与不同类型药剂交替使用。棚室内秧苗小或秧苗弱时，避免烟熏用药；棚室高度低于 50 厘米、宽小于 150 厘米时，不要熏烟用药。

腐酸·硫酸铜

有效成分　腐殖酸（humic acids）＋ 硫酸铜（copper sulfate）。

主要含量与剂型　2.12％（2％＋0.12％）、2.4％（2.07％＋0.33％）、3.3％（2.7％＋0.6％）、4.5％（4.4％＋0.1％）水剂。括号内有效成分含量均为腐殖酸的含量加硫酸铜的含量。

产品特点　腐酸·硫酸铜又称腐殖酸·铜、腐殖·硫酸铜，是由腐殖酸与硫酸铜按一定比例科学混配的一种高效低毒复合杀菌剂，呈螯合态亲水胶体，涂抹在植物表面后逐渐释放出铜离子起杀菌作用，以保护作用为主。耐雨水冲刷性能好，持效期长，使用安全，残留低，不污染环境。制剂呈弱碱性，在碱性溶液中化学性质较稳定。其杀菌机理是铜离子一方面使病菌细胞膜上的蛋白质变性凝固，另一方面进入细胞内的铜离子能与某些酶结合而影响其活性，最终导致病菌死亡。此外，腐殖酸能够刺激组织生长，具有促进伤口愈合作用。

适用作物防控对象及使用技术　腐酸·硫酸铜主要用于涂抹果树枝干病斑，有时也用于果树修剪后剪锯口的保护（封口剂），伤口涂抹本剂后愈合快，有利于树势恢复。

苹果树、梨树、枣树、山楂树及板栗树的腐烂病、干腐病等枝干病害　先将病斑刮除干净，刮至病斑边缘光滑无刺，然后用毛刷将药液（制剂原液）均匀涂抹在病斑表面，涂药超出病斑边缘 2～4 厘米，涂抹药量一般为每平方米使用 2.12％水剂或 2.4％水剂或 3.3％水剂或 4.5％水剂 200 毫升，1 个月后再涂抹 1 次效果更好。

桃树、杏树、李树及樱桃树的流胶病　用刀轻刮流胶部位，然后在病斑表面均匀涂药。涂药方法及用药量同"苹果树枝干病害"。

核桃树腐烂病　先用刀在病斑表面均匀划道，刀口间距 0.5 厘米，深达木质部，然后在病斑表面均匀涂药。涂药方法及用药量同"苹果树枝干病害"。

柑橘树树脂病、脚腐病　先用刀将病组织全部刮除干净，使病斑周围圆滑无毛刺，然后将药液均匀涂抹在病斑表面，一般每平方米使用 2.12％水剂或 2.4％水剂或 3.3％水剂或 4.5％水剂 200～300 毫升，1 个月后再涂抹 1 次效果更好。

保护伤口　果树修剪后，用药剂涂抹修剪伤口（剪口、锯口），促进伤口愈合。

注意事项　腐酸·硫酸铜只适用于直接涂抹枝干用药，不用加水稀释，更不能与强酸性药剂混用。使用前需将药剂搅拌均匀，用药时避免接触新生组织（嫩梢、叶片、果实等）。

寡糖·链蛋白

有效成分 氨基寡糖素（oligosaccharins）＋极细链格孢激活蛋白（plant activator protein）。

主要含量与剂型 6％（3％氨基寡糖素＋3％极细链格孢激活蛋白）可湿性粉剂。

产品特点 寡糖·链蛋白是由氨基寡糖素与极细链格孢激活蛋白按科学比例混配的一种高效低毒复合药剂，属病毒钝化剂型，使用安全。喷施后能够诱导植物产生抗性蛋白，提高植物免疫能力，促进植物健壮生长，从而减轻或降低病毒病为害。

适用作物防控对象及使用技术

番茄、辣椒、黄瓜、甜瓜、西葫芦病毒病　从病害发生初期或初见病毒病症状时开始喷药，7天左右1次，连喷2～3次。一般每亩次使用6％可湿性粉剂75～100克，对水30～45千克均匀喷雾。

水稻病毒病　从病害发生初期开始喷药，7～10天1次，连喷2次左右。一般每亩次使用6％可湿性粉剂75～100克，对水15～30千克均匀喷雾。

烟草病毒病　从病害发生初期或初见病毒病症状时开始喷药，7～10天1次，连喷2～3次。一般每亩次使用6％可湿性粉剂75～100克，对水30～45千克均匀喷雾。

十字花科蔬菜病毒病　从病害发生初期开始喷药，7～10天1次，连喷2次左右。一般每亩次使用6％可湿性粉剂75～100克，对水15～30千克均匀喷雾。

芹菜病毒病　从病害发生初期开始喷药，7～10天1次，连喷2次左右。寡糖·链蛋白喷施剂量同"十字花科蔬菜病毒病"。

注意事项 寡糖·链蛋白不能与碱性药剂及肥料混用，以免降低药效。本剂对一年生草本植物的病毒病防控效果较好，对多年生及木本植物的病毒病防控效果不明显。

硅唑·多菌灵

有效成分 氟硅唑（flusilazole）＋多菌灵（carbendazim）。

主要含量与剂型 21％（5％＋16％）、40％（12.5％＋27.5％）悬浮剂，37％（12％＋25％）、50％（5％＋45％）、55％（5％＋50％）可湿性粉剂。括号内有效成分含量均为氟硅唑的含量加多菌灵的含量。

产品特点 硅唑·多菌灵是由氟硅唑（三唑类）与多菌灵（苯并咪唑类）按一定比例混配的一种内吸治疗性广谱低毒复合杀菌剂，具有预防保护和内吸治疗作用，使用较安全。两种杀菌作用机理，既能破坏和阻止病菌细胞膜形成，又能干扰真菌细胞分裂，优势互补、协同增效，病菌不易产生抗药性。

适用作物防控对象及使用技术

苹果树轮纹病、炭疽病、套袋果斑点病、褐斑病、黑星病　防控轮纹病、炭疽病、套袋果斑点病时，从苹果落花后7～10天开始喷药，10天左右1次，连喷3次药后套袋

（套袋后停止喷药）；不套袋苹果需继续喷药 4～6 次，间隔期 10～15 天。防控褐斑病时，多从落花后 1 个月左右或初见褐斑病病叶时或套袋前开始喷药，10～15 天 1 次，连喷 4～6 次。防控黑星病时，从病害发生初期或初见病叶或病果时开始喷药，10～15 天 1 次，连喷 2～3 次。连续喷药时，注意与不同类型药剂交替使用。硅唑·多菌灵一般使用 21％悬浮剂 800～1 000 倍液，或 40％悬浮剂 2 000～2 500 倍液，或 37％可湿性粉剂 1 500～2 000 倍液，或 50％可湿性粉剂或 55％可湿性粉剂 1 000～1 200 倍液均匀喷雾。

梨树黑星病、黑斑病、白粉病、炭疽病、轮纹病　以防控黑星病为主导，兼防其他病害即可。多从落花后即开始喷药，10～15 天 1 次，与不同类型药剂交替使用，直到生长后期。喷药时必须及时均匀周到，特别要喷洒到叶片背面。硅唑·多菌灵喷施倍数同"苹果树轮纹病"。

葡萄褐斑病、炭疽病、白腐病　防控褐斑病时，从病害发生初期开始喷药，10～15 天 1 次，连喷 2～4 次。防控炭疽病、白腐病时，套袋葡萄在果穗套袋前喷药 1 次即可；不套袋葡萄多从果粒膨大中期开始喷药，10 天左右 1 次，与不同类型药剂交替使用，直到采收前 1 周左右。硅唑·多菌灵喷施倍数同"苹果树轮纹病"。

枣树锈病、轮纹病、炭疽病　多从枣果坐住后 10 天左右开始喷药，10～15 天 1 次，连喷 4～6 次，注意与不同类型药剂交替使用。硅唑·多菌灵喷施倍数同"苹果树轮纹病"。

核桃炭疽病、白粉病　防控炭疽病时，多从核桃果实膨大中期开始喷药，10～15 天 1 次，连喷 2～3 次；防控白粉病时，从病害发生初期开始喷药，10～15 天 1 次，连喷 2 次左右。硅唑·多菌灵喷施倍数同"苹果树轮纹病"。

石榴褐斑病、炭疽病、麻皮病　一般果园在（一茬花）开花前、落花后、幼果期、套袋前及套袋后各喷药 1 次即可，中后期多雨潮湿时再增加喷药 1～2 次。硅唑·多菌灵喷施倍数同"苹果树轮纹病"。

枸杞白粉病　从病害发生初期开始喷药，10～15 天 1 次，连喷 2 次左右。硅唑·多菌灵喷施倍数同"苹果树轮纹病"。

柑橘树炭疽病、疮痂病　在柑橘春梢萌发初期、春梢转绿期、落花 2/3 时、落花后半月左右、落花后 1 个月左右、夏梢抽生初期、夏梢转绿期、秋梢抽生初期、秋梢转绿期各喷药 1 次，注意与不同类型药剂交替使用。硅唑·多菌灵一般使用 21％悬浮剂 600～800 倍液，或 40％悬浮剂 1 500～2 000 倍液，或 37％可湿性粉剂 1 200～1 500 倍液，或 50％可湿性粉剂或 55％可湿性粉剂 800～1 000 倍液均匀喷雾。

香蕉叶斑病、黑星病　从病害发生初期开始喷药，10～15 天 1 次，与不同类型药剂交替使用，连喷 3～5 次。硅唑·多菌灵喷施倍数同"柑橘树炭疽病"。

黄瓜、甜瓜、哈密瓜、西葫芦等瓜类白粉病　从病害发生初期开始喷药，7～10 天 1 次，连喷 2～3 次。硅唑·多菌灵一般每亩次使用 21％悬浮剂 80～100 毫升，或 40％悬浮剂 30～40 毫升，或 37％可湿性粉剂 35～50 克，或 50％可湿性粉剂或 55％可湿性粉剂 60～80 克，对水 45～60 千克均匀喷雾。

番茄叶霉病　从病害发生初期开始喷药，7～10 天 1 次，连喷 2～3 次，注意喷洒叶片背面。硅唑·多菌灵喷施剂量同"黄瓜白粉病"。

小麦白粉病、锈病、赤霉病　防控白粉病、锈病时，多从病害发生初期开始喷药，

10 天左右 1 次，连喷 2 次左右；防控赤霉病时，在齐穗初期和扬花初期各喷药 1 次。一般每亩次使用 21％悬浮剂 40～50 毫升，或 40％悬浮剂 15～20 毫升，或 37％可湿性粉剂 20～25 克，或 50％可湿性粉剂或 55％可湿性粉剂 40～50 克，对水 30～45 千克均匀喷雾。

玉米叶斑病、锈病　从病害发生初期开始喷药，10 天左右 1 次，连喷 2 次左右。硅唑·多菌灵喷施剂量同"小麦白粉病"。

花生叶斑病、锈病　从病害发生初期或开花下针期开始喷药，10～15 天 1 次，连喷 2～3 次。硅唑·多菌灵喷施剂量同"小麦白粉病"。

注意事项　硅唑·多菌灵不能与碱性药剂及肥料混用，也不能与硫酸铜等金属盐类药剂混用。连续喷药时，注意与不同类型药剂交替使用。酥梨幼果期对氟硅唑较敏感，需要慎重使用。

己唑·醚菌酯

有效成分　己唑醇（hexaconazole）＋醚菌酯（kresoxim-methyl）。

主要含量与剂型　30％（5％＋25％）、32％（8％＋24％）、35％（10％＋25％）、40％（25％＋15％）悬浮剂。括号内有效成分含量均为己唑醇的含量加醚菌酯的含量。

产品特点　己唑·醚菌酯是由己唑醇（三唑类）与醚菌酯（甲氧基丙烯酸酯类）按一定比例科学混配的一种高效低毒复合杀菌剂，具有预防保护和内吸治疗作用，持效期较长，正常使用对作物安全。两种杀菌机理，既能抑制病菌细胞膜形成，又能阻碍病菌能量代谢过程，作用互补，协同增效，能有效延缓病菌产生抗药性。

适用作物防控对象及使用技术

苹果树斑点落叶病、褐斑病、白粉病、锈病、黑星病　防控斑点落叶病时，在春梢生长期内和秋梢生长期内各喷药 2 次，间隔期 10～15 天；防控褐斑病时，多从落花后 1 个月左右或病害发生初期或套袋前开始喷药，10～15 天 1 次，连喷 4～6 次；防控白粉病、锈病时，在花序分离期、落花 80％时、落花后 10～15 天各喷药 1 次，往年白粉病较重果园，再于 8、9 月份的花芽分化期增加喷药 1～2 次（防控白粉病菌侵染芽）；防控黑星病时，从病害发生初期或初见病叶或病果时开始喷药，10～15 天 1 次，连喷 2～3 次。连续喷药时，注意与不同类型药剂交替使用。己唑·醚菌酯一般使用 30％悬浮剂 1 200～1 500 倍液，或 32％悬浮剂 1 500～2 000 倍液，或 35％悬浮剂 2 000～2 500 倍液，或 40％悬浮剂 5 000～6 000 倍液均匀喷雾。

梨树黑星病、黑斑病、白粉病、锈病　先于花序分离期和落花后各喷药 1 次，有效防控锈病，兼防黑星病早期发生；然后从落花后 10～15 天或初见黑星病病叶或病果时开始连续喷药，10～15 天 1 次，与不同类型药剂交替使用，直到生长后期。己唑·醚菌酯喷施倍数同"苹果树斑点落叶病"。

葡萄白粉病、褐斑病　从病害发生初期开始喷药，10～15 天 1 次，连喷 2～3 次。己唑·醚菌酯喷施倍数同"苹果树斑点落叶病"。

香蕉叶斑病、黑星病　从病害发生初期开始喷药，10～15 天 1 次，与不同类型药剂交替使用，连喷 3～5 次。己唑·醚菌酯喷施倍数同"苹果树斑点落叶病"。

黄瓜白粉病、炭疽病　从病害发生初期开始喷药，7～10天1次，与不同类型药剂交替使用，连喷2～4次。己唑·醚菌酯一般每亩次使用30％悬浮剂30～40毫升，或32％悬浮剂25～35毫升，或35％悬浮剂15～20毫升，或40％悬浮剂8～10毫升，对水45～60千克均匀喷雾。

番茄早疫病　从病害发生初期开始喷药，10～15天1次，连喷2～3次。己唑·醚菌酯喷施剂量同"黄瓜白粉病"。

小麦白粉病、锈病　从病害发生初期开始喷药，10～15天1次，连喷2次左右。一般每亩次使用30％悬浮剂25～30毫升，或32％悬浮剂15～20毫升，或35％悬浮剂10～15毫升，或40％悬浮剂6～8毫升，对水30～45千克均匀喷雾。

玉米锈病、叶斑病　从病害发生初期开始喷药，10～15天1次，连喷1～2次。己唑·醚菌酯喷施剂量同"小麦白粉病"。

花生叶斑病、锈病　从病害发生初期或开花下针期开始喷药，10～15天1次，连喷2～3次。己唑·醚菌酯喷施剂量同"小麦白粉病"。

蔷薇科观赏花卉白粉病　从病害发生初期开始喷药，10天左右1次，连喷2次左右。一般使用30％悬浮剂1 200～1 500倍液，或32％悬浮剂1 500～2 000倍液，或35％悬浮剂2 000～2 500倍液，或40％悬浮剂5 000～6 000倍液均匀喷雾。

注意事项　己唑·醚菌酯不能与碱性药剂及肥料混用。连续喷药时，注意与不同类型药剂交替使用。具体用药时，不要随意加大药量，以免造成药害。

甲硫·噁霉灵

有效成分　甲基硫菌灵（thiophanate‑methyl）＋噁霉灵（hymexazol）。

主要含量与剂型　56％（40％甲基硫菌灵＋16％噁霉灵）可湿性粉剂。

产品特点　甲硫·噁霉灵是由甲基硫菌灵（取代苯类）与噁霉灵（有机杂环类）按一定比例科学混配的一种广谱低毒复合杀菌剂，专用于土壤消毒处理，具有内吸作用，消毒杀菌效果好，持效期较长。多种杀菌作用机理，既能阻碍病菌呼吸代谢过程，又能抑制病菌细胞分裂，还可抑制土传病菌（腐霉菌、镰刀菌等）的孢子萌发，使病菌不易产生抗药性。

适用作物防控对象及使用技术

西瓜、黄瓜、甜瓜、苦瓜等瓜类枯萎病　先于移栽定植时浇灌定植药水，然后再从田间初见病株时或瓜膨大期开始用药液灌根，10～15天1次，连灌1～2次。一般使用56％可湿性粉剂600～800倍液浇灌或灌根，每株次浇灌药液200～300毫升。

茄子黄萎病　先于移栽定植时浇灌定植药水，然后从门茄坐住后或田间初见病株时立即开始用药液灌根，15天左右1次，连灌2～3次。甲硫·噁霉灵使用浓度及浇灌药液量同"西瓜枯萎病"。

番茄根腐病　先于移栽定植时浇灌定植药水，然后从田间初见病株时立即开始用药液灌根，15天左右1次，连灌2～3次。甲硫·噁霉灵使用浓度及浇灌药液量同"西瓜枯萎病"。

黄瓜、番茄、辣椒、茄子等瓜果蔬菜苗期的立枯病、猝倒病　播种后出苗前或苗床上初见病株时开始用药，5～7 天 1 次，连续 1～2 次。一般使用 56％可湿性粉剂 600～800 倍液喷淋苗床。

人参根腐病　从病害发生初期或参床上初见病株时立即开始用药，10 天左右 1 次，连用 2 次。一般使用 56％可湿性粉剂 500～600 倍液喷淋或浇灌参床。

注意事项　甲硫·噁霉灵不能与碱性药剂及肥料混用，也不能与铜制剂混用。

甲硫·氟环唑

有效成分　甲基硫菌灵（thiophanate-methyl）＋氟环唑（epoxiconazole）。

主要含量与剂型　35％（32％＋3％）、40％（32％＋8％）、50％（40％＋10％）悬浮剂。括号内有效成分含量均为甲基硫菌灵的含量加氟环唑的含量。

产品特点　甲硫·氟环唑是由甲基硫菌灵（取代苯类）与氟环唑（三唑类）按一定比例混配的一种广谱低毒复合杀菌剂，具有预防保护和内吸治疗双重作用，能被作物的根、茎、叶快速吸收，并向上、向顶传导，耐雨水冲刷，持效期较长，还对增强作物抗病性有一定功效。多种杀菌作用机理，既能阻碍病菌呼吸代谢过程，又能抑制病菌细胞分裂，还可阻碍病菌细胞膜形成，作用互补，病菌不易产生抗药性。

适用作物防控对象及使用技术

苹果树褐斑病、斑点落叶病、黑星病　防控褐斑病时，多从苹果落花后 1 个月左右或病害发生初期或套袋前开始喷药，10～15 天 1 次，连喷 4～6 次；防控斑点落叶病时，在春梢生长期内和秋梢生长期内各喷药 2 次，间隔期 10～15 天；防控黑星病时，从病害发生初期或初见病叶或病果时开始喷药，10～15 天 1 次，连喷 2～3 次。连续喷药时，注意与不同类型药剂交替使用。甲硫·氟环唑一般使用 35％悬浮剂 400～500 倍液，或 40％悬浮剂 800～1 000 倍液，或 50％悬浮剂 1 000～1 200 倍液均匀喷雾。

葡萄白粉病、褐斑病　从病害发生初期开始喷药，10～15 天 1 次，连喷 2～3 次。甲硫·氟环唑喷施倍数同"苹果树褐斑病"。

柑橘树炭疽病、疮痂病　在春梢萌发初期、春梢转绿期、落花 2/3 时、落花后 15 天左右、落花后 1 个月左右、夏梢抽生初期、夏梢转绿期、秋梢抽生初期、秋梢转绿期各喷药 1 次，注意与不同类型药剂交替使用。甲硫·氟环唑一般使用 35％悬浮剂 500～600 倍液，或 40％悬浮剂 1 000～1 200 倍液，或 50％悬浮剂 1 200～1 500 倍液均匀喷雾。

香蕉叶斑病、黑星病　从病害发生初期开始喷药，10～15 天 1 次，与不同类型药剂交替使用，连喷 3～5 次。甲硫·氟环唑一般使用 35％悬浮剂 300～400 倍液，或 40％悬浮剂 600～800 倍液，或 50％悬浮剂 800～1 000 倍液均匀喷雾。

小麦白粉病、锈病、赤霉病　防控白粉病、锈病时，从病害发生初期开始喷药，10～15 天 1 次，连喷 1～2 次；防控赤霉病时，在齐穗初期和扬花初期各喷药 1 次。一般每亩次使用 35％悬浮剂 100～120 毫升，或 40％悬浮剂 75～85 毫升，或 50％悬浮剂 65～70 毫升，对水 30～45 千克均匀喷雾。

玉米叶斑病、锈病　从病害发生初期开始喷药，10～15 天 1 次，连喷 1～2 次。甲硫·氟环唑喷施剂量同"小麦白粉病"。

注意事项　甲硫·氟环唑不能与碱性药剂及肥料混用，也不能与铜制剂混用。连续喷药时，注意与不同类型药剂交替使用。

甲硫·戊唑醇

有效成分　甲基硫菌灵（thiophanate‐methyl）＋戊唑醇（tebuconazole）。

主要含量与剂型　25％（20％＋5％）、30％（25％＋5％）、35％（25％＋10％）、41％（34.2％＋6.8％）、43％（30％＋13％）、48％（36％＋12％）、50％（40％＋10％）悬浮剂，48％（38％＋10％）、55％（45％＋10％）、60％（50％＋10％）、80％（72％＋8％）可湿性粉剂，60％（50％＋10％）、80％（72％＋8％）水分散粒剂。括号内有效成分含量均为甲基硫菌灵的含量加戊唑醇的含量。

产品特点　甲硫·戊唑醇是由甲基硫菌灵（取代苯类）与戊唑醇（三唑类）按一定比例混配的一种内吸性广谱低毒复合杀菌剂，对多种高等真菌性病害均有预防保护和内吸治疗双重活性，持效期较长；两种有效成分协同增效，优势互补，既能阻碍病菌呼吸代谢过程，又能抑制病菌细胞分裂，还可抑制病菌细胞膜形成，防病范围更广，防效更好，且病菌不宜产生抗药性。

适用作物防控对象及使用技术

苹果树、梨树的腐烂病、枝干轮纹病　预防病害发生时，一般果园在早春发芽前喷洒1次干枝；病害发生较严重果区，还可在7～9月用药剂喷涂枝干1次。治疗腐烂病病斑时，刮治病斑后于病疤表面涂药，1个月后再涂1次效果更好；治疗枝干轮纹病时，轻刮病瘤后表面涂药。早春喷洒枝干时，一般使用25％悬浮剂100～150倍液，或30％悬浮剂150～200倍液，或35％悬浮剂350～400倍液，或41％悬浮剂300～400倍液，或43％悬浮剂或48％悬浮剂或50％悬浮剂500～600倍液，或48％可湿性粉剂400～500倍液，或55％可湿性粉剂或60％可湿性粉剂或60％水分散粒剂或80％可湿性粉剂或80％水分散粒剂500～600倍液均匀喷雾；生长期喷涂枝干时，药剂喷涂倍数同上述。刮治病斑后涂药时，一般使用25％悬浮剂10～15倍液，或30％悬浮剂15～20倍液，或35％悬浮剂或41％悬浮剂30～40倍液，或43％悬浮剂或48％悬浮剂或50％悬浮剂60～70倍液，或48％可湿性粉剂50～60倍液，或55％可湿性粉剂或60％可湿性粉剂或60％水分散粒剂或80％可湿性粉剂或80％水分散粒剂60～80倍液涂抹病疤。

苹果树轮纹病、炭疽病、套袋果斑点病、斑点落叶病、褐斑病、黑星病、白粉病　防控轮纹病、炭疽病、套袋果斑点病时，多从苹果落花后7～10天开始喷药，10天左右1次，连喷3次药后套袋（套袋后停止喷药）；不套袋苹果需继续喷药4～6次，间隔期10～15天。防控斑点落叶病时，在春梢生长期内和秋梢生长期内各喷药2次左右，间隔期10～15天。防控褐斑病时，多从落花后1个月左右或初见褐斑病病叶时或套袋前开始喷药，10～15天1次，连喷4～6次。防控黑星病时，从病害发生初期或初见病叶或病果时开始喷药，10～15天1次，连喷2～3次。防控白粉病时，一般果园在花序分离期、落花80％和落花后10天左右各喷药1次即可；往年病害发生严重果园，在8、9月份的花芽分化期再增加喷药1～2次。具体喷药时，注意与不同类型药剂交替使用。甲硫·戊唑醇一般使用25％悬浮剂350～400倍液，或30％悬浮剂400～500倍液，或35％悬浮剂或48％可湿性粉剂800～1 000倍液，或41％悬浮剂700～800倍液，或43％悬浮剂或 48%悬浮剂或 50%悬浮剂或 55%可湿性粉剂或 60%可湿性粉剂或 60%水分散粒剂或 80%可湿性粉剂或 80%水分散粒剂 1 000～1 200 倍液均匀喷雾。

梨树黑星病、轮纹病、炭疽病、套袋果黑点病、黑斑病、褐斑病、白粉病 以防控黑星病为主导，兼防其他病害即可。一般果园从梨树落花后即开始喷药，10～15 天 1 次，与不同类型药剂交替使用，直到生长后期；中早熟品种果实采收后仍需喷药 1～2 次。防控套袋果黑点病时，套袋前 5～7 天内喷药是该病的防控关键；防控白粉病时，应重点喷洒叶片背面。甲硫·戊唑醇喷施倍数同"苹果树轮纹病"。

葡萄黑痘病、炭疽病、白腐病、溃疡病、褐斑病、白粉病 防控黑痘病时，在葡萄花蕾期、落花 80%及落花后 10 天左右各喷药 1 次。防控炭疽病、白腐病、溃疡病时，套袋葡萄在套袋前喷药 1 次即可；不套袋葡萄需从果粒膨大中期开始喷药，10 天左右 1 次，直到采收前 1 周左右。防控褐斑病、白粉病时，从病害发生初期开始喷药，10～15 天 1 次，连喷 2～4 次。连续喷药时，注意与不同类型药剂交替使用。甲硫·戊唑醇喷施倍数同"苹果树轮纹病"。

枣树褐斑病、轮纹病、炭疽病、锈病 先于开花前喷药 1 次，有效防控褐斑病的早期为害；然后从枣果坐住后半月左右开始连续喷药，10～15 天 1 次，与不同类型药剂交替使用，连喷 5～7 次。甲硫·戊唑醇喷施倍数同"苹果树轮纹病"。

桃树缩叶病、黑星病、炭疽病、真菌性穿孔病、锈病 防控缩叶病时，在花芽露红期和落花后各喷药 1 次即可。防控黑星病时，毛桃类从落花后 20 天左右开始喷药，油桃类从落花后 10 天左右开始喷药，10～15 天 1 次，连喷 2～4 次；如往年黑星病发生较重，需连续喷药到采收前 1 个月（套袋桃套袋后停止喷药）。防控炭疽病时，在防控黑星病的基础上继续喷药，到采收前 1 周左右结束（套袋桃套袋后停止喷药）。防控真菌性穿孔病时，从病害发生初期开始喷药，10～15 天 1 次，连喷 2～4 次。防控锈病时，从病害发生初期开始喷药，10～15 天 1 次，连喷 2 次左右。连续喷药时，注意与不同类型药剂交替使用。甲硫·戊唑醇喷施倍数同"苹果树轮纹病"。

李树红点病、炭疽病、真菌性穿孔病 防控红点病时，从叶片展开期开始喷药，10～15 天 1 次，连喷 3～5 次；防控炭疽病时，从落花后半月左右开始喷药，10～15 天 1 次，连喷 2～4 次；防控真菌性穿孔病时，从病害发生初期开始喷药，10～15 天 1 次，连喷 2～3 次。连续喷药时，注意与不同类型药剂交替使用。甲硫·戊唑醇喷施倍数同"苹果树轮纹病"。

柿树炭疽病、圆斑病、角斑病、黑星病 北方柿产区，多从落花后 20 天左右开始喷药，10～15 天 1 次，连喷 2～3 次；南方柿产区病害发生较重果园，先于开花前喷药 1 次，然后从落花后 10 天左右开始连续喷药，10～15 天 1 次，与不同类型药剂交替使用，连喷 4～6 次。甲硫·戊唑醇喷施倍数同"苹果树轮纹病"。

核桃炭疽病 多从核桃果实膨大中期开始喷药，10～15 天 1 次，连喷 2～4 次。甲硫·戊唑醇喷施倍数同"苹果树轮纹病"。

板栗炭疽病 多从栗蓬膨大中期或病害发生初期开始喷药，10～15 天 1 次，连喷 1～2 次。甲硫·戊唑醇喷施倍数同"苹果树轮纹病"。

山楂锈病、白粉病、叶斑病 防控锈病、白粉病时，在花序分离期、落花后及落花后 10～15 天各喷药 1 次即可；防控叶斑病时，从病害发生初期开始喷药，10～15 天 1 次，连喷 2～4 次。连续喷药时，注意与不同类型药剂交替使用。甲硫·戊唑醇喷施倍数同"苹果树轮纹病"。

草莓炭疽病、蛇眼病　主要应用于育秧田。从病害发生初期开始喷药，10～15 天 1 次，与不同类型药剂交替使用，连喷 3～5 次。甲硫·戊唑醇喷施倍数同"苹果树轮纹病"。

石榴炭疽病、褐斑病、麻皮病　一般果园在开花前、落花后、幼果期、套袋前、套袋后及套袋后 10～15 天各喷药 1 次即可；中后期多雨潮湿时，需增加喷药 1～2 次。甲硫·戊唑醇喷施倍数同"苹果树轮纹病"。连续喷药时，注意与不同类型药剂交替使用。

花椒锈病　从病害发生初期开始喷药，10～15 天 1 次，与不同类型药剂交替使用，连喷 2～5 次。甲硫·戊唑醇喷施倍数同"苹果树轮纹病"。

柑橘树疮痂病、炭疽病、黑星病　在春梢萌发初期、春梢转绿期、落花 2/3、落花后15 天左右、落花 1 个月左右、夏梢抽生初期、夏梢转绿期、秋梢抽生初期、秋梢转绿期各喷药 1 次，连续喷药时注意与不同类型药剂交替使用。甲硫·戊唑醇喷施倍数同"苹果树轮纹病"。

杧果炭疽病、白粉病　在花序伸长期、开花初期及小幼果期各喷药 1 次；往年成果炭疽病较重的果园果实膨大期再喷药 2～3 次，间隔期 10～15 天。甲硫·戊唑醇喷施倍数同"苹果树轮纹病"。

香蕉叶斑病、黑星病　从病害发生初期开始喷药，10～15 天 1 次，与不同类型药剂交替使用，连喷 4～5 次。甲硫·戊唑醇一般使用 25％悬浮剂 250～300 倍液或 30％悬浮剂 300～400 倍液，或 35％悬浮剂或 41％悬浮剂或 48％可湿性粉剂 500～600 倍液，或43％悬浮剂或 48％悬浮剂或 50％悬浮剂 800～1 000 倍液，或 55％可湿性粉剂或 60％可湿性粉剂或 60％水分散粒剂或 80％可湿性粉剂或 80％水分散粒剂 600～800 倍液均匀喷雾。

黄瓜、西瓜、甜瓜、苦瓜等瓜类炭疽病、叶斑病　在开始坐瓜后或坐住瓜后的病害发生初期开始喷用本剂，10 天左右 1 次，与不同类型药剂交替使用，连喷 2～4 次。甲硫·戊唑醇一般每亩次使用 25％悬浮剂或 30％悬浮剂 120～150 毫升，或 35％悬浮剂 80～100 毫升，或 41％悬浮剂 100～120 毫升，或 43％悬浮剂或 48％悬浮剂或 50％悬浮剂60～80 毫升，或 48％可湿性粉剂 70～90 克，或 55％可湿性粉剂或 60％可湿性粉剂或60％水分散粒剂或 80％可湿性粉剂或 80％水分散粒剂 60～80 克，对水 45～60 千克均匀喷雾。

辣椒炭疽病　从病害发生初期开始喷药，7～10 天 1 次，连喷 2～3 次。甲硫·戊唑醇喷施剂量同"黄瓜炭疽病"。门椒坐住前慎用。

番茄早疫病、叶斑病　从病害发生初期开始喷药，7～10 天 1 次，与不同类型药剂交替使用，连喷 2～4 次。甲硫·戊唑醇喷施剂量同"黄瓜炭疽病"。第一穗果坐住前慎用。

黄瓜、西瓜、甜瓜、苦瓜等瓜类枯萎病　从田间初见病株时开始用药液灌根，10～15 天 1 次，连灌 2 次左右，每次每株浇灌药液 250～300 毫升。一般使用 25％悬浮剂300～350 倍液，或 30％悬浮剂 350～400 倍液，或 35％悬浮剂 600～800 倍液，或 41％悬浮剂 500～700 倍液，或 43％悬浮剂或 48％悬浮剂或 50％悬浮剂 1 000～1 200 倍液，或48％可湿性粉剂 700～800 倍液，或 55％可湿性粉剂或 60％可湿性粉剂或 60％水分散粒剂或 80％可湿性粉剂或 80％水分散粒剂 800～1 000 倍液灌根。

水稻纹枯病、稻瘟病、稻曲病　防控纹枯病时，在封行前喷药 1 次，孕穗期至齐穗期喷药 1～2 次。防控叶瘟病时，在田间出现发病中心时或出现急性病斑时开始喷药，7～10 天 1 次，连喷 1～2 次。防控穗颈瘟时，在破口期和齐穗初期各喷药 1 次。防控稻曲病时，在破口前 5～7 天和齐穗初期各喷药 1 次。甲硫·戊唑醇一般每亩次使用 25％悬浮剂 100～120 毫升，或 30％悬浮剂 80～100 毫升，或 35％悬浮剂或 41％悬浮剂 50～70 毫升，或 43％悬浮剂或 48％悬浮剂或 50％悬浮剂 40～50 毫升，或 48％可湿性粉剂 50～60 克，或 55％可湿性粉剂或 60％可湿性粉剂或 60％水分散粒剂或 80％可湿性粉剂或 80％水分散粒剂 40～50 克，对水 30～45 千克均匀喷雾。

小麦纹枯病、锈病、赤霉病　防控纹枯病时，拔节中期至抽穗期是用药关键期，从病害发生初期开始喷药，10～15 天 1 次，连喷 1～2 次；防控锈病时，从病害发生初期开始喷药，10 天左右 1 次，连喷 1～2 次；防控赤霉病时，在齐穗初期和扬花初期各喷药 1 次，往年病害严重田块扬花后再喷药 1 次。甲硫·戊唑醇喷施剂量同"水稻纹枯病"。

玉米大斑病、小斑病、黄斑病、灰斑病、纹枯病　从病害发生初期开始喷药，10～15 天 1 次，连喷 2 次左右。甲硫·戊唑醇喷施剂量同"水稻纹枯病"。玉米中后期植株高大时用药适当增加药量。

花生叶斑病、锈病　从病害发生初期或初花期开始喷药，10～15 天 1 次，连喷 2～3 次。一般每亩次使用 25％悬浮剂 100～120 毫升，或 30％悬浮剂 80～100 毫升，或 35％悬浮剂 40～50 毫升，或 41％悬浮剂 50～60 毫升，或 43％悬浮剂或 48％悬浮剂或 50％悬浮剂 30～40 毫升，或 48％可湿性粉剂或 55％可湿性粉剂或 60％可湿性粉剂或 60％水分散粒剂或 80％可湿性粉剂或 80％水分散粒剂 40～50 克，对水 30～45 千克均匀喷雾。

注意事项　甲硫·戊唑醇不能与碱性药剂及肥料混用，也不能与含铜药剂混用。连续喷药时，注意与不同类型药剂交替使用。本剂生产企业较多，且不同企业生产的混剂配方比例多有不同，具体选用时应以相应标签说明为准。瓜果类作物上用药过量可能会抑制生长，实际使用时建议在中后期合理选择。

甲霜·百菌清

有效成分　甲霜灵（metalaxyl）＋ 百菌清（chlorothalonil）。

主要含量与剂型　12.5％（2.5％＋10％）烟剂，72％（8％＋64％）、81％（9％＋72％）可湿性粉剂。括号内有效成分含量均为甲霜灵的含量加百菌清的含量。

产品特点　甲霜·百菌清是由甲霜灵（苯基酰胺类）与百菌清（有机氯类）按一定比例混配的一种低毒复合杀菌剂，专用于防控低等真菌性病害，具有保护和治疗双重作用。施药后在植物表面形成致密保护药膜，黏着性好，耐雨水冲刷，可有效阻止病菌孢子的萌发和侵入。两种有效成分作用机理互补，既能通过影响病菌 RNA 的生物合成而抑制蛋白质合成，又能破坏病菌细胞的新陈代谢，使病菌不易产生抗药性。

适用作物防控对象及使用技术

葡萄霜霉病　先于葡萄花蕾期和落花后各喷药 1 次，有效预防幼果穗受害；然后从叶片上初见病斑时立即开始连续喷药，10 天左右 1 次，与不同类型药剂交替使用，直到生长后期，重点喷洒叶片背面，中早熟品种葡萄采收后仍需喷药 1～2 次。甲霜·百菌清一般使用 81％可湿性粉剂 600～800 倍液，或 72％可湿性粉剂 500～700 倍液均匀喷雾。对于棚室栽培的保护地葡萄，除喷雾用药外，还可熏烟用药，每亩次使用 12.5％烟剂 350～400 克，于傍晚从内向外均匀分布多点，依次点燃后密闭熏烟一整夜，第二天放风后方可进入棚室农事操作。

苹果疫腐病　仅适用于不套袋苹果。在果实膨大后期的多雨季节，从果园内初见病果时立即开始喷药，10 天左右 1 次，连喷 1～2 次，重点喷洒树冠中下部果实及地面。一般使用 81％可湿性粉剂 600～800 倍液，或 72％可湿性粉剂 500～700 倍液均匀喷雾。

梨疫腐病　仅适用于不套袋梨。在果实膨大后期的多雨季节，从果园内初见病果时立即开始喷药，10 天左右 1 次，连喷 1～2 次，重点喷洒树冠中下部果实及地面。甲霜·百菌清喷施倍数同"苹果疫腐病"。

荔枝霜疫霉病　在花蕾期、幼果期、果实膨大期、果实转色期各喷药 1 次，注意与不同类型药剂交替使用。甲霜·百菌清喷施倍数同"苹果疫腐病"。

黄瓜、西瓜、甜瓜、哈密瓜等瓜类的霜霉病、疫病　以防控霜霉病为主，兼防疫病即可。从叶片上初见霜霉病病斑时立即开始喷药，7～10 天 1 次，与不同类型药剂交替使用，直到生长后期。甲霜·百菌清一般每亩次使用 81％可湿性粉剂 100～120 克或 72％可湿性粉剂 110～150 克，对水 60～75 千克均匀喷雾。防控茎基部疫病时，还应适当喷淋周围土表。

番茄、茄子、辣椒等茄果类蔬菜的晚疫病、疫病　从病害发生初期或初见病斑时开始喷药，7～10 天 1 次，与不同类型药剂交替使用，连喷 3～5 次。甲霜·百菌清一般每亩次使用 81％可湿性粉剂 100～120 克或 72％可湿性粉剂 120～150 克，对水 60～75 千克均匀喷雾。

莴苣、莴笋、菠菜、白菜、甘蓝等叶菜类蔬菜的霜霉病　从病害发生初期开始喷药，7～10 天 1 次，连喷 2～3 次。一般每亩次使用 81％可湿性粉剂 80～100 克或 72％可湿性粉剂 100～120 克，对水 45～60 千克均匀喷雾。

马铃薯晚疫病　从田间初见病斑时或植株现蕾期开始喷药，10 天左右 1 次，与不同类型药剂交替使用，直到生长后期。甲霜·百菌清喷施剂量同"番茄晚疫病"。

烟草黑胫病　从病害发生初期或田间初见病株时开始喷药，7～10 天 1 次，连喷 2 次左右，重点喷洒植株中下部及茎基部周围土壤。一般每亩次使用 81％可湿性粉剂 100～120 克或 72％可湿性粉剂 110～140 克，对水 45～60 千克均匀喷雾或喷淋。

保护地瓜果蔬菜的霜霉病、疫病　除上述喷雾用药外，保护地内栽培的瓜果蔬菜还可通过熏烟进行用药。在持续阴雨天棚内湿度较高时开始熏烟，5～7 天 1 次，连续 2～3 次。一般每亩次使用 12.5％烟剂 350～400 克，在棚内均匀分布多点，于傍晚从内向外依次点燃，而后密闭熏烟一夜，第二天放风后方可进棚。

注意事项　甲霜·百菌清不能与强酸性及碱性药剂或肥料混用。连续喷药时，注意与不同类型药剂交替使用。熏烟用药时，弱苗或刚定植的小苗慎用；棚室高度低于 50 厘米或宽小于 150 厘米时不宜使用。红提葡萄套袋前禁止使用，避免造成果实药害。苹果和梨的有些品种对百菌清较敏感，具体用药时需先进行小范围试验。

甲霜·锰锌

有效成分 甲霜灵（metalaxyl）＋代森锰锌（mancozeb）。

主要含量与剂型 36％（4％＋32％）悬浮剂，58％（10％＋48％）、72％（8％＋64％）可湿性粉剂。括号内有效成分含量均为甲霜灵的含量加代森锰锌的含量。

产品特点 甲霜·锰锌是由甲霜灵（苯基酰胺类）与代森锰锌（硫代氨基甲酸酯类）按科学比例混配的一种广谱低毒复合杀菌剂，专用于防控低等真菌性病害，具有保护和治疗双重活性，使用方便；多种杀菌机理优势互补、协同增效，既能通过影响病菌 RNA 的生物合成而抑制蛋白质合成，又能干扰病菌的脂质代谢、呼吸作用及能量供应，有效延缓了病菌抗药性的产生。

适用作物防控对象及使用技术

葡萄霜霉病 先于葡萄花蕾期和落花后各喷药1次，有效预防幼穗受害；然后从叶片上初见霜霉病病斑时立即开始连续喷药，10天左右1次，与不同类型药剂交替使用，直到生长后期，中早熟品种葡萄采收后仍需喷药1～2次。甲霜·锰锌一般使用72％可湿性粉剂600～700倍液，或58％可湿性粉剂500～700倍液，或36％悬浮剂300～400倍液均匀喷雾。

苹果疫腐病 仅适用于不套袋苹果。在果实膨大后期的多雨季节，从果园内初见病果时立即开始喷药，10天左右1次，连喷1～2次，重点喷洒树冠中下部果实及地面。甲霜·锰锌喷施倍数同"葡萄霜霉病"。

梨疫腐病 仅适用于不套袋梨。在果实膨大后期的多雨季节，从果园内初见病果时立即开始喷药，10天左右1次，连喷1～2次，重点喷洒树冠中下部果实及地面。甲霜·锰锌喷施倍数同"葡萄霜霉病"。

荔枝霜疫霉病 在花蕾期、幼果期、果实膨大期、果实转色期各喷药1次，注意与不同类型药剂交替使用。甲霜·锰锌喷施倍数同"葡萄霜霉病"。

黄瓜、西瓜、甜瓜、哈密瓜、苦瓜等瓜类霜霉病、果实疫腐病 从病害发生初期开始喷药，7～10天1次，与不同类型药剂交替使用，连续喷药至生长后期，重点喷洒叶片背面及果实整个表面。甲霜·锰锌一般每亩次使用58％可湿性粉剂120～150克，或72％可湿性粉剂100～150克，或36％悬浮剂200～250毫升，对水45～75千克均匀喷雾。

番茄晚疫病 从病害发生初期开始喷药，7～10天1次，与不同类型药剂交替使用，连喷4～6次。甲霜·锰锌喷施剂量同"黄瓜霜霉病"。

辣椒疫病 从病害发生初期开始喷药，7～10天1次，连喷2～3次，重点喷洒植株中下部及茎基部周围土壤。甲霜·锰锌喷施剂量同"黄瓜霜霉病"。

茄子绵疫病 主要适用于露地茄子。从雨季到来前或初见病果时开始喷药，10天左右1次，连喷2～3次，重点喷洒植株中下部果实。一般每亩次使用58％可湿性粉剂80～100克，或72％可湿性粉剂70～100克，或36％悬浮剂150～200毫升，对水45～60千克均匀喷雾。

十字花科蔬菜霜霉病 从病害发生初期或初见病斑时开始喷药，7～10天1次，连喷2次左右，重点喷洒叶片背面。一般每亩次使用36％悬浮剂120～150毫升，或58％可湿性粉剂 70～100 克，或 72％可湿性粉剂 80～100 克，对水 30～45 千克均匀喷雾。

瓜果类蔬菜的茎基部疫病　从田间初见病株时开始用药，7～10 天 1 次，连续 1～2 次。一般使用 58％可湿性粉剂 500～600 倍液，或 72％可湿性粉剂 600～800 倍液，或 36％悬浮剂 300～400 倍液喷淋植株茎基部及其周围土壤，每株喷淋药液 30～50 毫升。

瓜果类蔬菜苗床的猝倒病、苗疫病　播种后出苗前或苗床上出现病株时开始用药，5～7 天 1 次，连用 1～2 次。一般使用 58％可湿性粉剂 500～600 倍液，或 72％可湿性粉剂 600～800 倍液，或 36％悬浮剂 300～400 倍液喷淋苗床。

马铃薯晚疫病　从田间出现病斑时或植株现蕾期开始喷药，10 天左右 1 次，与不同类型药剂交替使用，直到生长后期。甲霜·锰锌一般每亩次使用 58％可湿性粉剂 120～150 克，或 72％可湿性粉剂 100～150 克，或 36％悬浮剂 200～250 毫升，对水 60～75 千克均匀喷雾。

烟草黑胫病　从田间初见病株时开始喷药，10 天左右 1 次，连喷 2～3 次，重点喷洒植株中下部的茎部及其周围土壤。一般每亩次使用 58％可湿性粉剂 100～150 克，或 72％可湿性粉剂 100～120 克，或 36％悬浮剂 150～200 毫升，对水 45～60 千克均匀喷雾或喷淋。

注意事项　甲霜·锰锌不能与碱性药剂及肥料混用，也不能与铜制剂混用，喷过铜制剂或碱性药剂后需间隔 1 周后才能喷用本剂。连续喷药时，注意与不同类型药剂交替使用。尽量在发病前或发病初期开始用药，且喷药应均匀周到。

精甲霜·锰锌

有效成分　精甲霜灵（metalaxyl - M）＋代森锰锌（mancozeb）。

主要含量与剂型　53％（5％＋48％）可湿性粉剂，68％（4％＋64％）水分散粒剂。括号内有效成分含量均为精甲霜灵的含量加代森锰锌的含量。

产品特点　精甲霜·锰锌是由精甲霜灵（苯基酰胺类）与代森锰锌（硫代氨基甲酸酯类）按科学比例混配的一种广谱低毒复合杀菌剂，专用于防控低等真菌性病害，具有保护和治疗双重活性，使用方便；多种杀菌机理优势互补、协同增效，既能通过影响病菌 RNA 的生物合成而抑制蛋白质合成，又能干扰病菌的脂质代谢、呼吸作用及能量供应，有效延缓了病菌的抗药性产生。

适用作物防控对象及使用技术

葡萄霜霉病　先于葡萄花蕾期和落花后各喷药 1 次，有效预防幼穗受害；然后从叶片上初见霜霉病病斑时立即开始连续喷药，10 天左右 1 次，与不同类型药剂交替使用，直到生长后期，中早熟品种葡萄采收后仍需喷药 1～2 次。精甲霜·锰锌一般使用 53％可湿性粉剂 700～800 倍液或 68％水分散粒剂 500～700 倍液均匀喷雾。

苹果疫腐病　仅适用于不套袋苹果。在果实膨大后期的多雨季节，从果园内初见病果时立即开始喷药，10 天左右 1 次，连喷 1～2 次，重点喷洒树冠中下部果实及地面。精甲霜·锰锌喷施倍数同"葡萄霜霉病"。

梨疫腐病　仅适用于不套袋梨。在果实膨大后期的多雨季节，从果园内初见病果时立即开始喷药，10 天左右 1 次，连喷 1～2 次，重点喷洒树冠中下部果实及地面，精甲霜·

锰锌喷施倍数同"葡萄霜霉病"。

柑橘疫霉褐腐病 在果实转色前后的多雨季节，从果园内初见病果时开始喷药，7～10天1次，连喷1～2次，重点喷洒树冠中下部果实及地面。精甲霜·锰锌喷施倍数同"葡萄霜霉病"。

荔枝霜疫霉病 在花蕾期、幼果期、果实膨大期、果实转色期各喷药1次，注意与不同类型药剂交替使用。精甲霜·锰锌喷施倍数同"葡萄霜霉病"。

黄瓜、西瓜、甜瓜、哈密瓜、苦瓜等瓜类霜霉病、果实疫腐病 从病害发生初期开始喷药，7～10天1次，与不同类型药剂交替使用，连续喷药到生长后期，重点喷洒叶片背面及果实整个表面。精甲霜·锰锌一般每亩次使用53％可湿性粉剂100～120克或68％水分散粒剂120～150克，对水45～75千克均匀喷雾。

番茄晚疫病 从病害发生初期开始喷药，7～10天1次，与不同类型药剂交替使用，连喷4～6次。精甲霜·锰锌喷施剂量同"黄瓜霜霉病"。

辣椒疫病 从病害发生初期开始喷药，7～10天1次，连喷2～3次，重点喷洒植株中下部及茎基部周围土壤。精甲霜·锰锌喷施剂量同"黄瓜霜霉病"。

茄子绵疫病 主要适用于露地茄子。从雨季到来前或初见病果时开始喷药，7～10天1次，连喷2～3次，重点喷洒植株中下部果实。一般每亩次使用53％可湿性粉剂80～100克或68％水分散粒剂100～120克，对水45～60千克均匀喷雾。

十字花科蔬菜霜霉病 从病害发生初期开始喷药，7～10天1次，连喷2次左右，重点喷洒叶片背面。一般每亩次使用53％可湿性粉剂70～90克或68％水分散粒剂80～100克，对水30～45千克均匀喷雾。

花椰菜、菠菜、莴苣霜霉病 从病害发生初期开始喷药，7～10天1次，连喷2～3次。一般每亩次使用53％可湿性粉剂80～100克或68％水分散粒剂100～120克，对水30～45千克均匀喷雾。

瓜果类蔬菜的茎基部疫病 从田间初见病株时开始用药，7～10天1次，连续1～2次。一般使用53％可湿性粉剂600～800倍液或68％水分散粒剂500～700倍液喷淋植株茎基部及其周围土壤。

瓜果类蔬菜苗床的猝倒病、苗疫病 播种后出苗前或苗床上出现病株时开始用药，5～7天1次，连用1～2次。一般使用53％可湿性粉剂600～700倍液或68％水分散粒剂500～600倍液喷淋苗床。

马铃薯晚疫病 从田间出现病斑时或植株现蕾期开始喷药，10天左右1次，与不同类型药剂交替使用，直到生长后期。精甲霜·锰锌一般每亩次使用53％可湿性粉剂100～120克或68％水分散粒剂100～150克，对水60～75千克均匀喷雾。

烟草黑胫病 从田间初见病株时开始喷药，10天左右1次，连喷2～3次，重点喷洒植株中下部的茎部及其周围土壤。一般每亩次使用53％可湿性粉剂80～100克或68％水分散粒剂100～120克，对水45～60千克均匀喷雾或喷淋。

铁皮石斛疫病 从病害发生初期开始喷药，5～7天1次，连喷2次左右。一般使用53％可湿性粉剂600～700倍液或68％水分散粒剂500～600倍液均匀喷雾。

注意事项 精甲霜·锰锌不能与碱性药剂及肥料混用，也不能与铜制剂混用。连续喷药时，注意与不同类型药剂交替使用。

克菌·戊唑醇

有效成分 克菌丹（captan）＋戊唑醇（tebuconazole）。

主要含量与剂型 40%（32%＋8%）、400 克/升（320 克/升＋80 克/升）悬浮剂，80%（64%＋16%）水分散粒剂。括号内有效成分含量均为克菌丹的含量加戊唑醇的含量。

产品特点 克菌·戊唑醇是由克菌丹（邻苯二甲酰亚胺类）与戊唑醇（三唑类）按科学比例混配的一种广谱低毒复合杀菌剂，具有预防保护和内吸治疗作用，使用较安全，按规范使用不污染果面、不伤害果霜，并对果面有一定的美容、去斑、促进果面光洁靓丽的效果，特别适用于对铜制剂农药敏感的作物。两种有效成分，多种作用机理，既影响三羧酸代谢循环，又干扰病菌呼吸过程，还对病菌细胞膜形成有抑制作用，故病菌不易产生抗药性。

适用作物防控对象及使用技术

苹果树褐斑病、斑点落叶病、轮纹病、炭疽病、霉污病 防控褐斑病时，多从苹果落花后 1 个月左右或初见褐斑病病叶时或套袋前开始喷药，10～15 天 1 次，连喷 4～6 次。防控斑点落叶病时，在春梢生长期内和秋梢生长期内各喷药 2 次左右，间隔期 10～15 天。防控轮纹病、炭疽病时，从苹果落花后 7～10 天开始喷药，10 天左右 1 次，连喷 3 次药后套袋（套袋后不再喷药）；不套袋苹果需继续喷药 4～6 次，间隔期 10～15 天，兼防霉污病。连续喷药时，注意与不同类型药剂交替使用。克菌·戊唑醇一般使用 40%悬浮剂或 400 克/升悬浮剂 800～1 000 倍液，或 80%水分散粒剂 1 500～2 000 倍液均匀喷雾。

梨树黑星病、轮纹病、炭疽病、黑斑病、霉污病、白粉病 以防控黑星病为主导，兼防其他病害即可。多从梨树落花后开始喷药，10～15 天 1 次，与不同类型药剂交替使用，直到生长后期（中早熟品种果实采收后仍需喷药 1～2 次）。克菌·戊唑醇喷施倍数同"苹果树褐斑病"。

葡萄褐斑病、炭疽病、白腐病 防控褐斑病时，从病害发生初期开始喷药，10～15 天 1 次，连喷 3～4 次。防控炭疽病、白腐病时，套袋葡萄在套袋前喷药 1 次即可；不套袋葡萄多从果粒膨大中期开始喷药，10 天左右 1 次，直到采收前 1 周左右。连续喷药时，注意与不同类型药剂交替使用。克菌·戊唑醇喷施倍数同"苹果树褐斑病"。需要指出，红提葡萄果实对克菌丹较敏感，其果穗裸露期（套袋前）避免使用。

桃树黑星病、炭疽病、真菌性穿孔病 多从桃树落花后 20 天左右开始喷药（油桃类品种需从落花后 10～15 天开始喷药），10～15 天 1 次，与不同类型药剂交替使用，连喷 3～5 次。克菌·戊唑醇喷施倍数同"苹果树褐斑病"。

番茄叶霉病、早疫病 从病害发生初期开始喷药，10 天左右 1 次，与不同类型药剂交替使用，连喷 3～4 次。克菌·戊唑醇一般每亩次使用 40%悬浮剂或 400 克/升悬浮剂 50～70 毫升，或 80%水分散粒剂 30～40 克，对水 45～60 千克均匀喷雾。

花生叶斑病 从病害发生初期或开花下针期开始喷药，10～15 天 1 次，连喷 2～3 次。一般每亩次使用 40%悬浮剂或 400 克/升悬浮剂 40～50 毫升，或 80%水分散粒剂 20～25 克，对水 30～45 千克均匀喷雾。

注意事项 克菌·戊唑醇不能与碱性药剂或肥料混用，也不能与氯吡脲、赤霉酸及乳油类药剂混用（尤其在葡萄上）。连续喷药时，注意与不同类型药剂交替使用。

吗胍·乙酸铜

有效成分 盐酸吗啉胍（moroxydine hydrochloride）＋乙酸铜（copper acetate）。

主要含量与剂型 20%（15%＋5%；18%＋2%）可溶粉剂，20%（10%＋10%；15%＋5%；16%＋4%）可湿性粉剂，60%（30%＋30%）可溶片剂，60%（30%＋30%）水分散粒剂。括号内有效成分含量均为盐酸吗啉胍的含量加乙酸铜的含量。

产品特点 吗胍·乙酸铜是由盐酸吗啉胍（吗啉类）与乙酸铜（有机铜类）按一定比例科学混配的一种高效低毒复合杀菌剂，属病毒钝化剂类，内吸渗透性较好，对病毒类病害具有较好的预防和控制效果。药剂进入植物体后，通过抑制和破坏植物体内病毒核酸及脂蛋白的形成，有效阻止病毒在植物体内的增殖，而对病毒起到钝化作用；同时，本剂还能激活植物细胞活性，提高植物免疫力及组织修复力，进而有效防控病毒病的发生发展。

适用作物防控对象及使用技术

水稻条纹叶枯病　从病害发生初期开始喷药，7～10天1次，连喷1～2次。一般每亩次使用20%可溶粉剂或20%可湿性粉剂120～150克，或60%可溶片剂或60%水分散粒剂30～40克，对水30～45千克均匀喷雾。

番茄病毒病　从病害发生初期开始喷药，7～10天1次，与不同类型药剂交替使用，连喷2～4次。吗胍·乙酸铜一般每亩次使用20%可溶粉剂或20%可湿性粉剂150～200克，或60%可溶片剂或60%水分散粒剂50～60克，对水45～60千克均匀喷雾。

辣椒病毒病　从病害发生初期开始喷药，7～10天1次，连喷2～3次。吗胍·乙酸铜喷施剂量同"番茄病毒病"。

黄瓜、甜瓜、西瓜、西葫芦等瓜类病毒病　从病害发生初期开始喷药，7～10天1次，与不同类型药剂交替使用，连喷2～4次。吗胍·乙酸铜喷施剂量同"番茄病毒病"。

烟草病毒病　从病害发生初期开始喷药，7～10天1次，与不同类型药剂交替使用，连喷2～4次。吗胍·乙酸铜一般每亩次使用20%可溶粉剂或20%可湿性粉剂200～300克，或60%可溶片剂或60%水分散粒剂60～80克，对水45～60千克均匀喷雾。

注意事项 吗胍·乙酸铜不能与碱性药剂及肥料混用。连续喷药时，注意与不同类型药剂交替使用。

锰锌·腈菌唑

有效成分 代森锰锌（mancozeb）＋腈菌唑（myclobutanil）。

主要含量与剂型 50%（48%＋2%）、60%（58%＋2%）、62.25%（60%＋2.25%）、62.5%（60%＋2.5%）可湿性粉剂。括号内有效成分含量均为代森锰锌的含量加腈菌唑的含量。

产品特点 锰锌·腈菌唑是由代森锰锌（硫代氨基甲酸酯类）与腈菌唑（三唑类）按

一定比例混配的一种广谱低毒复合杀菌剂，具有保护和治疗双重作用，制剂黏着性好，耐雨水冲刷，持效期较长，使用方便、安全。两种有效成分，既能干扰病菌的脂质代谢、呼吸作用及能量供应，又能抑制病菌细胞膜形成，使病菌不易产生抗药性。

适用作物防控对象及使用技术

梨树黑星病、白粉病、锈病　先于花序分离期和落花后各喷药 1 次，有效防控锈病，兼防黑星病；以后以防控黑星病为主导，兼防白粉病，多从初见黑星病病梢或病果或病叶时开始连续喷药，10～15 天 1 次，与不同类型药剂交替使用，连喷 6～8 次，后期防控白粉病时注意喷洒叶片背面。锰锌·腈菌唑一般使用 50％可湿性粉剂或 60％可湿性粉剂或 62.25％可湿性粉剂或 62.5％可湿性粉剂 500～700 倍液均匀喷雾。

苹果树黑星病、锈病、轮纹病、炭疽病　先于花序分离期和落花后各喷药 1 次，有效防控锈病，兼防黑星病；防控黑星病时，从初见病叶或病果时开始喷药，10～15 天 1 次，连喷 2～3 次；防控轮纹病、炭疽病时，从落花后 7～10 天开始喷药，10 天左右 1 次，连喷 3 次药后套袋（套袋后不再喷药），不套袋苹果需继续喷药 4～6 次（间隔期 10～15 天）。连续喷药时，注意与不同类型药剂交替使用。锰锌·腈菌唑喷施倍数同"梨树黑星病"。

葡萄白粉病　从白粉病发生初期开始喷药，10 天左右 1 次，连喷 2～4 次。锰锌·腈菌唑喷施倍数同"梨树黑星病"。

桃树黑星病、白粉病、锈病　防控黑星病时，毛桃类品种多从落花后 20～30 天开始喷药，油桃类品种多从落花后 10～15 天开始喷药，10～15 天 1 次，连喷 2～3 次，往年病害严重桃园需连续喷药至采收前 1 个月；套袋桃园，套袋后不再喷药。防控白粉病、锈病时，从相应病害发生初期开始喷药，10～15 天 1 次，连喷 1～2 次。连续喷药时，注意与不同类型药剂交替使用。锰锌·腈菌唑喷施倍数同"梨树黑星病"。

柿树白粉病　从病害发生初期开始喷药，10～15 天 1 次，连喷 1～2 次。锰锌·腈菌唑喷施倍数同"梨树黑星病"。

核桃白粉病　从病害发生初期开始喷药，10～15 天 1 次，连喷 1～2 次。锰锌·腈菌唑喷施倍数同"梨树黑星病"。

枣树锈病　从枣果坐住后半月左右或初见锈病病叶时开始喷药，10～15 天 1 次，与不同类型药剂交替使用，连喷 5～7 次。锰锌·腈菌唑喷施倍数同"梨树黑星病"。

花椒锈病　从病害发生初期或初见病叶时开始喷药，10～15 天 1 次，与不同类型药剂交替使用，连喷 2～4 次。锰锌·腈菌唑喷施倍数同"梨树黑星病"。

柑橘树疮痂病、黑星病、炭疽病　在春梢萌发初期、春梢转绿期、落花 2/3 时、落花后 15 天左右、落花后 30 天左右、夏梢抽生初期、夏梢转绿期、秋梢抽生初期、秋梢转绿期各喷药 1 次。连续喷药时，注意与不同类型药剂交替使用。锰锌·腈菌唑喷施倍数同"梨树黑星病"。

香蕉叶斑病、黑星病　从病害发生初期开始喷药，10～15 天 1 次，连喷 3～4 次。一般使用 50％可湿性粉剂或 60％可湿性粉剂或 62.25％可湿性粉剂或 62.5％可湿性粉剂 400～600 倍液均匀喷雾。

黄瓜、甜瓜、哈密瓜、西葫芦、苦瓜等瓜类白粉病、黑星病　从病害发生初期开始喷药，7～10 天 1 次，连喷 2～4 次。一般每亩次使用 50％可湿性粉剂或 60％可湿性粉剂或

62.25％可湿性粉剂或 62.5％可湿性粉剂 150～200 克，对水 45～60 千克均匀喷雾。植株较小时适当减少用药量。

番茄叶霉病　从病害发生初期开始喷药，7～10 天 1 次，连喷 2～4 次，重点喷洒叶片背面。锰锌·腈菌唑喷施剂量同"黄瓜白粉病"。

芸豆、豇豆等豆类蔬菜白粉病、锈病　从病害发生初期开始喷药，7～10 天 1 次，连喷 2～3 次。一般每亩次使用 50％可湿性粉剂或 60％可湿性粉剂或 62.25％可湿性粉剂或 62.5％可湿性粉剂 130～180 克，对水 45～60 千克均匀喷雾。

芹菜叶斑病　从病害发生初期开始喷药，10 天左右 1 次，连喷 2～4 次。一般每亩次使用 50％可湿性粉剂或 60％可湿性粉剂或 62.25％可湿性粉剂或 62.5％可湿性粉剂 100～150 克，对水 30～45 千克均匀喷雾。

花卉植物白粉病、锈病　从病害发生初期开始喷药，10～15 天 1 次，连喷 2～3 次。一般使用 50％可湿性粉剂或 60％可湿性粉剂或 62.25％可湿性粉剂或 62.5％可湿性粉剂 500～600 倍液均匀喷雾。

注意事项　锰锌·腈菌唑不能与碱性药剂及肥料混用，也不能与含铜药剂混用。混剂中选用非全络合态代森锰锌的产品，喷药时应适当提高稀释倍数，避免出现药害。

醚菌·啶酰菌

有效成分　醚菌酯（kresoxim-methyl）＋啶酰菌胺（boscalid）。

主要含量与剂型　30％（10％＋20％）、300 克/升（100 克/升＋200 克/升）悬浮剂。括号内有效成分含量均为醚菌酯的含量加啶酰菌胺的含量。

产品特点　醚菌·啶酰菌是由醚菌酯（甲氧基丙烯酸酯类）与啶酰菌胺（吡啶甲酰胺类）按科学比例混配的一种广谱低毒复合杀菌剂，对许多真菌性病害均有较好的预防与治疗效果，药剂可通过植物茎叶和根部吸收发挥作用，并有一定的向顶传导性和较好的跨膜传导性，耐雨水冲刷，使用方便。虽然两种有效成分均为呼吸作用抑制剂，但作用位点不同，能有效延缓病菌产生抗药性。

适用作物防控对象及使用技术

苹果树白粉病、斑点落叶病　防控白粉病时，一般果园在花序分离期、落花后和落花后 10～15 天各喷药 1 次即可；往年病害较重果园，再于 8、9 月份的花芽分化期增加喷药 1～2 次。防控斑点落叶病时，在春梢生长期内和秋梢生长期内各喷药 2 次左右，间隔期 10 天左右。连续喷药时，注意与不同类型药剂交替使用。醚菌·啶酰菌一般使用 30％悬浮剂或 300 克/升悬浮剂 1 200～1 500 倍液均匀喷雾。

葡萄穗轴褐枯病、白粉病　防控穗轴褐枯病时，在葡萄花蕾期和落花后各喷药 1 次；防控白粉病时，从病害发生初期开始喷药，10 天左右 1 次，与不同类型药剂交替使用，连喷 2～4 次。醚菌·啶酰菌一般使用 30％悬浮剂或 300 克/升悬浮剂 1 000～1 500 倍液均匀喷雾。

草莓白粉病　从病害发生初期开始喷药，10 天左右 1 次，与不同类型药剂交替使用，连喷 2～4 次。醚菌·啶酰菌一般每亩次使用 30％悬浮剂或 300 克/升悬浮剂 30～50 毫升，对水 30～45 千克均匀喷雾。

黄瓜、甜瓜、哈密瓜、西葫芦等瓜类白粉病　从病害发生初期开始喷药，7～10 天1 次，与不同类型药剂交替使用，连喷 2～4 次。醚菌·啶酰菌一般每亩次使用 30%悬浮剂或 300 克/升悬浮剂 45～60 毫升，对水 45～60 千克均匀喷雾。

注意事项　醚菌·啶酰菌不能与碱性药剂及肥料混用。连续喷药时，注意与不同类型药剂交替使用，以延缓病菌产生抗药性。

醚菌·氟环唑

有效成分　醚菌酯（kresoxim - methyl）＋氟环唑（epoxiconazole）。

主要含量与剂型　23%（11.5%＋11.5%）、30%（20%＋10%）、40%（25%＋15%）悬浮剂，50%（20%＋30%）、75%（50%＋25%）水分散粒剂。括号内有效成分含量均为醚菌酯的含量加氟环唑的含量。

产品特点　醚菌·氟环唑是由醚菌酯（甲氧基丙烯酸酯类）与氟环唑（三唑类）按一定比例科学混配的一种高效低毒复合杀菌剂，兼具预防保护和内吸治疗作用，杀菌活性较高，速效性较好，持效期较长，耐雨水冲刷，正常使用对作物安全。两种杀菌作用机理，既能通过抑制线粒体的呼吸作用而影响病菌能量供应，又能阻碍病菌细胞膜形成，使病菌不易产生抗药性，早期使用防病效果更好。

适用作物防控对象及使用技术

苹果树斑点落叶病　在春梢生长期内和秋梢生长期内各喷药 2 次左右，间隔期 10～15 天。连续喷药时，注意与不同类型药剂交替使用。醚菌·氟环唑一般使用 23%悬浮剂1 000～1 200 倍液，或 30%悬浮剂 1 200～1 500 倍液，或 40%悬浮剂 1 500～2 000 倍液，或 50%水分散粒剂 3 000～4 000 倍液，或 75%水分散粒剂 4 000～5 000 倍液均匀喷雾。

柑橘树疮痂病　在春梢萌发初期、春梢转绿期、落花 2/3 时、落花后 15 天左右、落花后 30 天左右、夏梢抽生初期、夏梢转绿期、秋梢抽生初期、秋梢转绿期各喷药 1 次。连续喷药时，注意与不同类型药剂交替使用。醚菌·氟环唑喷施倍数同"苹果树斑点落叶病"。

香蕉叶斑病、黑星病　从病害发生初期开始喷药，10～15 天 1 次，与不同类型药剂交替使用，连喷 3～5 次。醚菌·氟环唑一般使用 23%悬浮剂或 30%悬浮剂 800～1 000 倍液，或 40%悬浮剂 1 000～1 500 倍液，或 50%水分散粒剂 2 000～3 000 倍液，或75%水分散粒剂 3 000～4 000 倍液均匀喷雾。

水稻稻瘟病、纹枯病、稻曲病　防控叶瘟时，在田间出现中心病株时或出现急性病斑时开始喷药，7～10 天 1 次，连喷 1～2 次；防控穗颈瘟时，在破口期和齐穗初期各喷药1 次。防控纹枯病时，从病害发生初期开始喷药，10～15 天 1 次，连喷 2 次；或在分蘖末期至拔节初期和孕穗后期至抽穗期各喷药 1 次。防控稻曲病时，在破口前 5～7 天和齐穗初期各喷药 1 次。醚菌·氟环唑一般每亩次使用 23%悬浮剂 40～60 毫升，或 30%悬浮剂35～50 毫升，或 40%悬浮剂 30～40 毫升，或 50%水分散粒剂 20～25 克，或 75%水分散粒剂 15～20 克，对水 30～45 千克均匀喷雾。

小麦白粉病　从病害发生初期开始喷药，10～15 天 1 次，连喷 1～2 次。醚菌·氟环唑喷施剂量同"水稻稻瘟病"。

注意事项 醚菌·氟环唑不能与碱性药剂及肥料混用。连续喷药时，注意与不同类型药剂交替使用，以延缓病菌产生抗药性。

嘧胺·乙霉威

有效成分 嘧霉胺（pyrimethanil）＋乙霉威（diethofencarb）。

主要含量与剂型 26％（10％嘧霉胺＋16％乙霉威）水分散粒剂。

产品特点 嘧胺·乙霉威是由嘧霉胺（苯氨基嘧啶类）与乙霉威（氨基甲酸酯类）按一定比例科学混配的一种高效低毒复合杀菌剂，具有预防保护和一定的治疗作用，专用于防控灰霉病类病害，使用安全。两种杀菌作用机理协同增效，既能抑制病菌侵染酶分泌而阻碍病菌侵染，又能抑制病菌芽孢纺锤体形成，使病菌不易产生抗药性。

适用作物防控对象及使用技术

葡萄灰霉病 先于葡萄花蕾期和落花后各喷药1次，有效防控幼穗受害；然后套袋葡萄再于套袋前喷药1次，不套袋葡萄于果实近成熟期初见病果粒时开始喷药，7～10天1次，连喷1～2次，重点喷洒果穗。嘧胺·乙霉威一般使用26％水分散粒剂600～800倍液均匀喷雾。

草莓灰霉病 从病害发生初期开始喷药，7～10天1次，连喷2～4次。嘧胺·乙霉威一般使用26％水分散粒剂500～700倍液均匀喷雾。

棚室桃树灰霉病 棚室桃树开花前后遇连阴天时开始喷药，7～10天1次，连喷1～2次；或在桃树开花前、落花后各喷药1次。嘧胺·乙霉威一般使用26％水分散粒剂600～800倍液均匀喷雾。

桃、李、杏褐腐病 仅适用于不套袋果实。从田间初见病果时或果实采收前1个月左右开始喷药，10天左右1次，连喷1～2次。嘧胺·乙霉威一般使用26％水分散粒剂600～800倍液均匀喷雾。

黄瓜、西葫芦、番茄、茄子等瓜果类蔬菜灰霉病 从病害发生初期开始喷药，或在持续阴天2天后立即开始喷药，7～10天1次，每期连喷2次左右。嘧胺·乙霉威一般每亩次使用26％水分散粒剂100～150克，对水45～60千克均匀喷雾。

莴苣灰霉病 从病害发生初期开始喷药，7～10天1次，连喷2次左右。一般每亩次使用26％水分散粒剂80～100克，对水30～45千克均匀喷雾。

注意事项 嘧胺·乙霉威不能与碱性药剂及肥料混用。连续喷药时，注意与不同类型药剂交替使用，以延缓病菌产生抗药性。

嘧霉·啶酰菌

有效成分 嘧霉胺（pyrimethanil）＋啶酰菌胺（boscalid）。

主要含量与剂型 40％（20％＋20％）悬浮剂，50％（27.5％＋22.5％）、70％（40％＋30％）水分散粒剂。括号内有效成分含量均为嘧霉胺的含量加啶酰菌胺的含量。

产品特点 嘧霉·啶酰菌是由嘧霉胺（苯氨基嘧啶类）与啶酰菌胺（吡啶甲酰胺类）按一定比例科学混配的一种高效低毒复合杀菌剂，具有预防保护、内吸传导和熏蒸作用，专用于防控灰霉病类病害，黏着性好，耐雨水冲刷，使用安全。双重杀菌作用机理，既能抑制病菌侵染酶分泌而阻止病菌侵染，又能阻碍病菌三羧酸代谢循环而影响能量供应，使病菌不易产生抗药性。

适用作物防控对象及使用技术

葡萄灰霉病　先于葡萄花蕾期和落花后各喷药1次，有效防控幼穗受害；然后套袋葡萄再于套袋前喷药1次，不套袋葡萄于果实近成熟期初见病果粒时开始喷药，7～10天1次，连喷1～2次，重点喷洒果穗。连续喷药时，注意与不同类型药剂交替使用。嘧霉·啶酰菌一般使用40%悬浮剂700～800倍液，或50%水分散粒剂800～1 000倍液，或70%水分散粒剂1 200～1 500倍液均匀喷雾。

草莓灰霉病　从病害发生初期开始喷药，7～10天1次，与不同类型药剂交替使用，连喷2～4次。嘧霉·啶酰菌喷施倍数同"葡萄灰霉病"。

棚室桃树灰霉病　棚室桃树开花前后遇连阴天时开始喷药，7～10天1次，连喷1～2次；或在桃树开花前、落花后各喷药1次。嘧霉·啶酰菌喷施倍数同"葡萄灰霉病"。

黄瓜、甜瓜、西葫芦、番茄、辣椒、茄子、芸豆等瓜果豆类蔬菜灰霉病　从病害发生初期开始喷药，或在持续阴天2天后立即开始喷药，7～10天1次，每期连喷2次左右。嘧霉·啶酰菌一般每亩次使用40%悬浮剂110～130毫升，或50%水分散粒剂60～80克，或70%水分散粒剂40～60克，对水45～60千克均匀喷雾。

观赏菊花灰霉病　从病害发生初期开始喷药，7～10天1次，连喷2～3次。嘧霉·啶酰菌喷施剂量同"黄瓜灰霉病"。

注意事项　嘧霉·啶酰菌不能与碱性药剂及肥料混用。连续喷药时，注意与不同类型药剂交替使用，以延缓病菌产生抗药性。

氰霜·嘧菌酯

有效成分　氰霜唑（cyazofamid）＋嘧菌酯（azoxystrobin）。

主要含量与剂型　24%（4%＋20%）、26%（7.4%＋18.6%）、30%（10%＋20%）、35%（10%＋25%）、40%（15%＋25%）悬浮剂。括号内有效成分含量均为氰霜唑的含量加嘧菌酯的含量。

产品特点　氰霜·嘧菌酯是由氰霜唑（磺胺咪唑类）与嘧菌酯（甲氧基丙烯酸酯类）按一定比例科学混配的一种高效低毒复合杀菌剂，专用于防控低等真菌性病害，兼有预防保护和治疗活性，内吸性强，耐雨水冲刷，对病菌生活史的各个阶段均有防控作用，施药适期长。两种有效成分虽然均通过干扰线粒体的电子传递而影响能量供应，但作用位点不同，协同增效，使病菌不易产生抗药性。

适用作物防控对象及使用技术

葡萄霜霉病　先于葡萄花蕾期和落花后各喷药1次，有效防控幼穗受害；然后从葡萄叶片上初见霜霉病病斑时立即开始连续喷药，10天左右1次，与不同类型药剂交替使用，直到生长后期，中早熟品种葡萄采摘后仍需喷药1～2次。氰霜·嘧菌酯一般使用24%悬浮剂1 000～1 500倍液，或26%悬浮剂1 500～2 000倍液，或30%悬浮剂或35%悬浮剂2 000～2 500倍液，或40%悬浮剂3 000～4 000倍液均匀喷雾。

荔枝霜疫霉病　在花蕾期、幼果期、果实膨大期、果实转色期各喷药 1 次，注意与不同类型药剂交替使用。氰霜·嘧菌酯喷施倍数同"葡萄霜霉病"。

黄瓜、甜瓜霜霉病　从病害发生初期或叶片上初见霜霉病病斑时立即开始喷药，7～10 天 1 次，与不同类型药剂交替使用，直到生长后期。氰霜·嘧菌酯一般每亩次使用 24％悬浮剂 45～60 毫升，或 26％悬浮剂 40～50 毫升，或 30％悬浮剂或 35％悬浮剂 30～40 毫升，或 40％悬浮剂 25～35 毫升，对水 45～60 千克均匀喷雾。

西瓜疫病　从病害发生初期开始喷药，7～10 天 1 次，连喷 2～3 次。氰霜·嘧菌酯喷施剂量同"黄瓜霜霉病"。

番茄晚疫病　从病害发生初期开始喷药，7～10 天 1 次，与不同类型药剂交替使用，连喷 3～5 次。氰霜·嘧菌酯喷施剂量同"黄瓜霜霉病"。

马铃薯晚疫病　从病害发生初期或植株现蕾期开始喷药，10 天左右 1 次，与不同类型药剂交替使用，直到生长后期。氰霜·嘧菌酯一般每亩次使用 24％悬浮剂 50～70 毫升，或 26％悬浮剂 40～60 毫升，或 30％悬浮剂或 35％悬浮剂 35～50 毫升，或 40％悬浮剂 30～40 毫升，对水 60～75 千克均匀喷雾。

注意事项　氰霜·嘧菌酯不能与碱性药剂及肥料混用，也不能与乳油类药剂及有机硅类助剂混用。连续喷药时，注意与不同类型药剂交替使用。苹果树、樱桃树对本剂敏感，用药时避免药液飘移到上述果树上。

噻呋·嘧菌酯

有效成分　噻呋酰胺（thifluzamide）＋ 嘧菌酯（azoxystrobin）。

主要含量与剂型　25％（5％＋20％）、30％（10％＋20％；20％＋10％）、36％（24％＋12％）、45％（20％＋25％）悬浮剂，25％（5％＋20％）可湿性粉剂。括号内有效成分含量均为噻呋酰胺的含量加嘧菌酯的含量。

产品特点　噻呋·嘧菌酯是由噻呋酰胺（噻唑酰胺类）与嘧菌酯（甲氧基丙烯酸酯类）按一定比例科学混配的一种高效低毒复合杀菌剂，具有强内吸传导性和长持效性，叶面喷雾耐雨水冲刷，药效稳定，持效期较长，并刺激叶片光合效率提高。两种有效成分，既能抑制病菌的三羧酸代谢循环，又能抑制线粒体的呼吸作用而影响能量供应，作用互补，病菌不易产生抗药性。

适用作物防控对象及使用技术

水稻纹枯病、稻曲病、稻瘟病　防控纹枯病时，从病害发生初期开始喷药，半月左右 1 次，连喷 2 次左右；或在分蘖末期至拔节期和孕穗期至破口期各喷药 1 次。防控稻曲病时，在破口前 5～7 天和齐穗初期各喷药 1 次。防控叶瘟时，在田间出现中心病株时或出现急性病斑时开始喷药，7～10 天 1 次，连喷 1～2 次；防控穗颈瘟时，在破口期和齐穗初期各喷药 1 次。连续喷药时，注意与不同类型药剂交替使用。噻呋·嘧菌酯一般每亩次使用 25％悬浮剂 40～50 毫升，或 25％可湿性粉剂 40～50 克，或 30％悬浮剂 25～40 毫升，或 36％悬浮剂或 45％悬浮剂 20～25 毫升，对水 30～45 千克均匀喷雾。

马铃薯黑痣病　在马铃薯播种时喷洒播种沟用药。一般每亩使用 25％悬浮剂 80～100 毫升，或 25％可湿性粉剂 80～100 克，或 30％悬浮剂 50～70 毫升，或 36％悬浮剂或

45％悬浮剂 40～60 毫升，对水 45～60 千克均匀喷洒播种沟。

蔷薇科观赏花卉白粉病　从病害发生初期开始喷药，10～15 天 1 次，连喷 2 次左右。一般使用 25％悬浮剂或 25％可湿性粉剂 1 000～1 200 倍液，或 30％悬浮剂 1 200～1 500 倍液，或 36％悬浮剂或 45％悬浮剂 2 000～2 500 倍液均匀喷雾。

注意事项　噻呋·嘧菌酯不能与碱性药剂及肥料混用，也不能与乳油类药剂及有机硅类助剂混用。本剂对苹果树、樱桃树较敏感，喷药时避免药液飘移到上述果树上。

噻呋·戊唑醇

有效成分　噻呋酰胺（thifluzamide）＋ 戊唑醇（tebuconazole）。

主要含量与剂型　15％（3％＋12％）、27％（9％＋18％）、30％（10％＋20％；25％＋5％）、32％（10％＋22％）、40％（15％＋25％）、45％（15％＋30％）、52％（20％＋32％）悬浮剂，30％（20％＋10％）水分散粒剂。括号内有效成分含量均为噻呋酰胺的含量加戊唑醇的含量。

产品特点　噻呋·戊唑醇是由噻呋酰胺（噻唑酰胺类）与戊唑醇（三唑类）按一定比例科学混配的一种高效低毒复合杀菌剂，内吸传导性强，治疗活性高，预防持效期较长。两种杀菌作用机理，既能影响病菌三羧酸代谢循环，又能抑制病菌细胞膜形成，优势互补，病菌不易产生抗药性。

适用作物防控对象及使用技术

苹果树褐斑病　仅适用于套袋苹果，从苹果套袋后开始喷施本剂，10～15 天 1 次，与不同类型药剂交替使用，连喷 3～4 次。噻呋·戊唑醇一般使用 15％悬浮剂 600～800 倍液，或 27％悬浮剂 1 200～1 500 倍液，或 30％（10％＋20％）悬浮剂或 32％悬浮剂 1 300～1 600 倍液，或 30％（25％＋5％）悬浮剂或 52％悬浮剂 3 000～3 500 倍液，或 40％悬浮剂或 45％悬浮剂 2 000～2 500 倍液，或 30％水分散粒剂 2 500～3 000 倍液均匀喷雾。

梨树锈病　在花序分离期和落花后各喷药 1 次。一般使用 15％悬浮剂 1 000～1 200 倍液，或 27％悬浮剂 2 500～3 000 倍液，或 30％（10％＋20％）悬浮剂或 32％悬浮剂 2 600～3 200 倍液，或 30％（25％＋5％）悬浮剂或 52％悬浮剂 6 000～7 000 倍液，或 40％悬浮剂或 45％悬浮剂 4 000～5 000 倍液，或 30％水分散粒剂 5 000～6 000 倍液均匀喷雾。

水稻纹枯病、稻曲病　防控纹枯病时，从病害发生初期开始喷药 10～15 天 1 次，连喷 2 次左右；或在分蘖中后期至拔节初期和孕穗期至破口期各喷药 1 次。防控稻曲病时，在破口前 5～7 天和齐穗初期各喷药 1 次。一般每亩次使用 15％悬浮剂 80～100 毫升，或 27％悬浮剂 30～45 毫升，或 30％（10％＋20％）悬浮剂或 32％悬浮剂 30～40 毫升，或 30％（25％＋5％）悬浮剂或 52％悬浮剂 12～15 毫升，或 40％悬浮剂或 45％悬浮剂 25～30 毫升，或 30％水分散粒剂 15～18 克，对水 30～45 千克均匀喷雾。

小麦纹枯病、白粉病、锈病　从病害发生初期开始喷药，10～15 天 1 次，连喷 2 次左右；或在小麦拔节初期和孕穗期各喷药 1 次。噻呋·戊唑醇喷施剂量同"水稻纹枯病"。

玉米叶斑病、锈病　从病害发生初期开始喷药，10～15 天 1 次，连喷 2 次左右。噻呋·戊唑醇喷施剂量同"水稻纹枯病"，植株较高大时适当增加喷药量。

花生叶斑病、白绢病　防控叶斑病时，从病害发生初期或初花期开始喷药，10～15 天 1 次，连喷 2～3 次；防控白绢病时，从病害发生初期或封垄前开始喷药，7～10 天 1 次，连喷 2 次，重点喷洒植株茎基部及其周围地面。噻呋·戊唑醇一般每亩次使用 15% 悬浮剂 80～100 毫升，或 27% 悬浮剂 35～45 毫升，或 30%（10%＋20%）悬浮剂或 32% 悬浮剂 30～40 毫升，或 30%（25%＋5%）悬浮剂或 52% 悬浮剂 15～20 毫升，或 40% 悬浮剂或 45% 悬浮剂 25～30 毫升，或 30% 水分散粒剂 15～20 克，对水 30～45 千克均匀喷雾。

注意事项　噻呋·戊唑醇不能与碱性药剂及肥料混用。本剂生产企业较多，配方比例差异较大，具体选用时应以其标签说明为准。

三环·氟环唑

有效成分　三环唑（tricyclazole）＋氟环唑（epoxiconazole）。

主要含量与剂型　30%（22.5%＋7.5%；25%＋5%）、40%（30%＋10%）悬浮剂，60%（45%＋15%）可湿性粉剂。括号内有效成分含量均为三环唑的含量加氟环唑的含量。

产品特点　三环·氟环唑是由三环唑与氟环唑按一定比例科学混配的一种高效低毒复合杀菌剂，具有预防保护、内吸治疗多重作用，耐雨水冲刷，持效期较长，药效稳定；两种成分虽然均为三唑类，但作用位点不同，既可影响还原酶活性而阻止病菌侵染，又能阻碍病菌细胞膜形成，故病菌不易产生抗药性。

适用作物防控对象及使用技术　三环·氟环唑主要用于防控水稻的稻瘟病、纹枯病、稻曲病。防控叶瘟病时，从病害发生初期或田间出现中心病株时或有急性病斑时开始喷药，10～15 天 1 次，连喷 1～2 次；防控穗颈瘟时，在破口初期和齐穗初期各喷药 1 次。防控纹枯病时，从病害发生初期开始喷药 10～15 天 1 次，连喷 2 次左右；或在分蘖中后期至拔节初期和孕穗期至破口期各喷药 1 次。防控稻曲病时，在破口前 5～7 天和齐穗初期各喷药 1 次。一般每亩次使用 30% 悬浮剂 60～90 毫升，或 40% 悬浮剂 40～60 毫升，或 60% 可湿性粉剂 35～40 克，对水 30～45 千克均匀喷雾。

注意事项　三环·氟环唑不能与碱性药剂及肥料混用。连续喷药时，注意与不同类型药剂交替使用。

霜脲·锰锌

有效成分　霜脲氰（cymoxanil）＋代森锰锌（mancozeb）。

主要含量与剂型　36%（4%＋32%）悬浮剂，36%（4%＋32%）、72%（8%＋64%）可湿性粉剂，44%（4%＋40%）水分散粒剂。括号内有效成分含量均为霜脲氰的含量加代森锰锌的含量。

产品特点　霜脲·锰锌是由霜脲氰（酰胺脲类）与代森锰锌（硫代氨基甲酸酯类）按科学比例混配的一种低毒复合杀菌剂，专用于防控低等真菌性病害，具有预防保护和内吸治疗双重作用，使用方便安全，持效期较长。两种有效成分，多种杀菌机理，既能阻止病菌孢子萌发，又能干扰病菌脂质代谢、呼吸作用及能量供应等，作用互补，病菌不易产生抗药性，有效延缓了病菌对霜脲氰的抗药性产生。

适用作物防控对象及使用技术

葡萄霜霉病　先于葡萄花蕾期和落花后各喷药 1 次，有效防控幼果穗受害；然后从叶片上初见霜霉病病斑时立即开始连续喷药，10 天左右 1 次，与不同类型药剂交替使用，直到生长后期，中早熟品种葡萄采收后仍需喷药 1~2 次。霜脲·锰锌一般使用 72％可湿性粉剂 600~800 倍液，或 44％水分散粒剂 350~450 倍液，或 36％可湿性粉剂或 36％悬浮剂 300~400 倍液均匀喷雾。

苹果、梨疫腐病　适用于不套袋苹果或梨。在果实膨大后期的多雨季节，从果园内初见病果时立即开始喷药，10 天左右 1 次，连喷 1~2 次，重点喷洒树冠中下部果实及地面。霜脲·锰锌喷施倍数同"葡萄霜霉病"。

柑橘疫霉褐腐病　在果实转色期前后的多雨季节，从果园内初见病果时立即开始喷药，10 天左右 1 次，连喷 1~2 次，重点喷洒树冠中下部果实及地面。霜脲·锰锌喷施倍数同"葡萄霜霉病"。

荔枝霜疫霉病　在花蕾期、幼果期、果实膨大期、果实转色期各喷药 1 次。霜脲·锰锌一般使用 72％可湿性粉剂 500~600 倍液，或 44％水分散粒剂 300~400 倍液，或 36％可湿性粉剂或 36％悬浮剂 250~300 倍液均匀喷雾。

黄瓜、甜瓜、哈密瓜、西瓜、西葫芦等瓜类霜霉病　从叶片上初显霜霉病病斑时立即开始喷药，7~10 天 1 次，与不同类型药剂交替使用，直到生长后期，重点喷洒叶片背面。霜脲·锰锌一般每亩次使用 72％可湿性粉剂 120~150 克，或 44％水分散粒剂 200~250 克，或 36％可湿性粉剂 250~300 克，或 36％悬浮剂 200~250 毫升，对水 45~60 千克均匀喷雾。

黄瓜、甜瓜、哈密瓜、西瓜、西葫芦等瓜类疫腐病、绵疫病　从病害发生初期或田间初见病瓜时立即开始喷药，7~10 天 1 次，连喷 2~3 次。霜脲·锰锌喷施剂量同"黄瓜霜霉病"。

番茄晚疫病、疫霉褐腐病　从病害发生初期开始喷药，7~10 天 1 次，与不同类型药剂交替使用，连喷 4~6 次。霜脲·锰锌喷施剂量同"黄瓜霜霉病"。

辣椒疫病　从病害发生初期开始喷药，7~10 天 1 次，与不同类型药剂交替使用，连喷 3~4 次。霜脲·锰锌一般每亩次使用 72％可湿性粉剂 100~130 克，或 44％水分散粒剂 180~200 克，或 36％可湿性粉剂 200~250 克，或 36％悬浮剂 180~200 毫升，对水 45~60 千克均匀喷雾。

茄子绵疫病　在雨季到来初期，从田间初见病果时开始喷药，10 天左右 1 次，与不同类型药剂交替使用，连喷 2~4 次，重点喷洒中下部果实。霜脲·锰锌喷施剂量同"辣椒疫病"。

十字花科蔬菜霜霉病　从病害发生初期开始喷药，7~10 天 1 次，连喷 2 次左右，重点喷洒叶片背面。一般每亩次使用 72％可湿性粉剂 60~80 克，或 44％水分散粒剂 100~120 克，或 36％可湿性粉剂 120~150 克，或 36％悬浮剂 100~120 毫升，对水 30~45 千克均匀喷雾。

　　莴苣、菠菜霜霉病　从病害发生初期开始喷药，7～10 天 1 次，连喷 2～3 次。霜脲·锰锌喷施剂量同"十字花科蔬菜霜霉病"。

　　瓜果蔬菜的茎基部疫病　从田间初见病株时开始用药，10 天左右 1 次，连用 2 次，重点喷洒植株茎基部及周围土壤，每株次喷洒药液 30～50 毫升。一般使用 72％可湿性粉剂 500～600 倍液，或 44％水分散粒剂或 36％悬浮剂 300～400 倍液，或 36％可湿性粉剂 250～300 倍液喷雾或喷淋。

　　瓜果蔬菜苗床的猝倒病、苗疫病　播种后出苗前或苗床上出现病株时开始用药液喷淋苗床，5～7 天后再喷淋 1 次。霜脲·锰锌喷施倍数同"瓜果蔬菜的茎基部疫病"。

　　马铃薯晚疫病　从病害发生初期或植株现蕾期开始喷药，10 天左右 1 次，与不同类型药剂交替使用，直到生长后期。霜脲·锰锌一般每亩次使用 72％可湿性粉剂 120～150 克，或 44％水分散粒剂 200～250 克，或 36％可湿性粉剂 250～300 克，或 36％悬浮剂 200～250 毫升，对水 60～75 千克均匀喷雾。

　　人参、三七疫病　从病害发生初期开始喷药，7～10 天 1 次，连喷 2～3 次。一般每亩次使用 72％可湿性粉剂 120～170 克，或 44％水分散粒剂 200～250 克，或 36％可湿性粉剂 250～300 克，或 36％悬浮剂 200～250 毫升，对水 30～45 千克均匀喷雾。

　　注意事项　霜脲·锰锌不能与碱性药剂及强酸性药剂或肥料混用，也不能与含铜药剂混用。悬浮剂型可能会有一些沉降，摇匀后使用不影响药效。

霜脲·氰霜唑

　　有效成分　霜脲氰（cymoxanil）＋氰霜唑（cyazofamid）。

　　主要含量与剂型　24％（16％＋8％）悬浮剂，40％（30％＋10％）可湿性粉剂，40％（32％＋8％）、60％（50％＋10％）、70％（56％＋14％）水分散粒剂。括号内有效成分含量均为霜脲氰的含量加氰霜唑的含量。

　　产品特点　霜脲·氰霜唑是由霜脲氰（酰胺脲类）与氰霜唑（磺胺咪唑类）按一定比例科学混配的一种高效低毒复合杀菌剂，专用于防控低等真菌性病害，具有良好的治疗和保护活性，叶片渗透性强，耐雨水冲刷，效果稳定，使用安全。两种有效成分，作用机理优势互补，既能阻止病菌孢子萌发而抑制病菌侵染，又能干扰病菌能量供应，使病菌不易产生抗药性。

　　适用作物防控对象及使用技术

　　葡萄霜霉病　先于葡萄花蕾期和落花后各喷药 1 次，有效防控幼穗受害；然后从叶片上初见霜霉病病斑时立即开始连续喷药，10 天左右 1 次，与不同类型药剂交替使用，直到生长后期，中早熟品种葡萄采收后仍需喷药 1～2 次。霜脲·氰霜唑一般使用 24％悬浮剂 1 500～2 000 倍液，或 40％可湿性粉剂或 40％水分散粒剂 2 000～2 500 倍液，或 60％水分散粒剂 3 500～4 000 倍液，或 70％水分散粒剂 4 000～5 000 倍液均匀喷雾。

　　荔枝霜疫霉病　在花蕾期、幼果期、果实膨大期、果实转色期各喷药 1 次，注意与不同类型药剂交替使用。霜脲·氰霜唑喷施倍数同"葡萄霜霉病"。

　　黄瓜霜霉病　从病害发生初期或叶片上初见霜霉病病斑时立即开始喷药，7～10 天 1 次，与不同类型药剂交替使用，直到生长后期。霜脲·氰霜唑一般每亩次使用 24％悬浮剂 60～80 毫升，或 40％可湿性粉剂或 40％水分散粒剂 50～65 克，或 60％水分散粒剂 30～40 克，或 70％水分散粒剂 28～35 克，对水 45～60 千克均匀喷雾。

番茄晚疫病　从病害发生初期开始喷药，7～10 天 1 次，与不同类型药剂交替使用，连喷 3～5 次。霜脲·氰霜唑喷施剂量同"黄瓜霜霉病"。

马铃薯晚疫病　从病害发生初期或植株现蕾期开始喷药，10 天左右 1 次，与不同类型药剂交替使用，直到生长后期。霜脲·氰霜唑一般每亩次使用 24％悬浮剂 50～60 毫升，或 40％可湿性粉剂或 40％水分散粒剂 30～40 克，或 60％水分散粒剂 20～25 克，或 70％水分散粒剂 18～23 克，对水 60～75 千克均匀喷雾。

观赏菊花霜霉病　从病害发生初期开始喷药，7～10 天 1 次，连喷 2 次左右。霜脲·氰霜唑一般每亩次使用 24％悬浮剂 30～40 毫升，或 40％可湿性粉剂或 40％水分散粒剂 28～33 克，或 60％水分散粒剂 16～20 克，或 70％水分散粒剂 14～18 克，对水 30～45 千克均匀喷雾。

注意事项　霜脲·氰霜唑不能与碱性药剂及肥料混用，也不能用碱性水或浊水稀释药液。连续喷药时，注意与不同类型药剂交替使用。

肟菌·戊唑醇

有效成分　肟菌酯（trifloxystrobin）＋戊唑醇（tebuconazole）。

主要含量与剂型　30％（10％＋20％）、36％（12％＋24％）、42％（14％＋28％）、45％（15％＋30％）、48％（16％＋32％）悬浮剂，75％（25％＋50％）可湿性粉剂，70％（20％＋50％）、75％（25％＋50％）、80％（25％＋55％）水分散粒剂。括号内有效成分含量均为肟菌酯的含量加戊唑醇的含量。

产品特点　肟菌·戊唑醇是由肟菌酯（甲氧基丙烯酸酯类）与戊唑醇（三唑类）按一定比例混配的一种广谱低毒复合杀菌剂，具有治疗、铲除及保护多重防病活性。在病菌侵染前、侵染初期及侵染后使用均可获得良好的防病效果，杀菌活性较高，内吸性较强，持效期较长，耐雨水冲刷，使用安全。两种有效成分，既能阻止线粒体的电子传递而影响能量供应，又能抑制病菌细胞膜形成，作用互补，协同增效，病菌不易产生抗药性。

适用作物防控对象及使用技术

苹果树褐斑病、斑点落叶病、轮纹病、炭疽病、套袋果斑点病　防控褐斑病时，多从苹果落花后 1 个月左右或初见褐斑病病叶时或套袋前开始喷药，10～15 天 1 次，连喷 4～6 次。防控斑点落叶病时，在春梢生长期内和秋梢生长期内各喷药 2 次左右，间隔期 10～15 天。防控轮纹病、炭疽病及套袋果斑点病时，从苹果落花后 7～10 天开始喷药，10 天左右 1 次，连喷 3 次药后套袋（套袋后停止喷药）；不套袋苹果需继续喷药 4～6 次，间隔期 10～15 天。连续喷药时，注意与不同类型药剂交替使用。肟菌·戊唑醇一般使用 30％悬浮剂 1 500～2 000 倍液，或 36％悬浮剂 2 000～2 500 倍液，或 42％悬浮剂 2 500～3 000 倍液，或 45％悬浮剂 3 000～3 500 倍液，或 48％悬浮剂 3 000～4 000 倍液，或 70％水分散粒剂 3 500～4 000 倍液，或 75％水分散粒剂或 75％可湿性粉剂 4 000～5 000 倍液，或 80％水分散粒剂 4 000～6 000 倍液均匀喷雾。

梨树轮纹病、炭疽病、套袋果黑点病、黑斑病　防控轮纹病、炭疽病、套袋果黑点病时，从梨树落花后 10 天左右开始喷药，10 天左右 1 次，连喷 2～3 次药后套袋（套袋后停止喷药）；不套袋梨需继续喷药 4～6 次，间隔期 10～15 天。防控黑斑病时，从病害发生初期或初见病叶时开始喷药，10～15 天 1 次，连喷 2～4 次。连续喷药时，注意与不同类型药剂交替使用。肟菌·戊唑醇喷施倍数同"苹果树褐斑病"。

葡萄黑痘病、白腐病、炭疽病　防控黑痘病时，在葡萄花蕾期、落花 80％和落花后 10 天左右各喷药 1 次。防控白腐病、炭疽病时，套袋葡萄在果穗套袋前喷药 1 次即可；不套袋葡萄多从果粒膨大中期开始喷药，10 天左右 1 次，与不同类型药剂交替使用，直到采收前 1 周左右。肟菌·戊唑醇喷施倍数同"苹果树褐斑病"。

桃树真菌性穿孔病、黑星病、炭疽病　毛桃类品种多从桃树落花后 20～25 天开始喷药，油桃类品种多从桃树落花后 10～15 天开始喷药，10～15 天 1 次，连喷 2～4 次；往年病害发生较重果园，后期增加喷药 1～2 次。肟菌·戊唑醇喷施倍数同"苹果树褐斑病"。

草莓白粉病　从病害发生初期开始喷药，10 天左右 1 次，与不同类型药剂交替使用，连喷 3～5 次。肟菌·戊唑醇喷施倍数同"苹果树褐斑病"。

柑橘树疮痂病、炭疽病、脂点黄斑病　在春梢萌发初期、春梢转绿期、落花 2/3 时、落花后 15 天左右、落花后 30 天左右、夏梢抽生初期、夏梢转绿期、秋梢抽生初期、秋梢转绿期各喷药 1 次，注意与不同类型药剂交替使用。肟菌·戊唑醇喷施倍数同"苹果树褐斑病"。

香蕉叶斑病、黑星病　从病害发生初期开始喷药，10～15 天 1 次，与不同类型药剂交替使用，连喷 3～5 次，避免将药液喷到幼果（蕉仔）上。肟菌·戊唑醇一般使用 30％悬浮剂或 36％悬浮剂 1 000～1 500 倍液，或 42％悬浮剂或 45％悬浮剂或 48％悬浮剂 1 500～2 000 倍液，或 70％水分散粒剂 2 500～3 000 倍液，或 75％水分散粒剂或 75％可湿性粉剂 3 000～3 500 倍液，或 80％水分散粒剂 3 000～4 000 倍液均匀喷雾。

黄瓜、甜瓜、西瓜的炭疽病、白粉病　从病害发生初期开始喷药，10 天左右 1 次，与不同类型药剂交替使用，连喷 2～4 次。肟菌·戊唑醇一般每亩次使用 30％悬浮剂或 36％悬浮剂 30～35 毫升，或 42％悬浮剂或 45％悬浮剂或 48％悬浮剂 25～30 毫升，或 70％水分散粒剂 12～17 克，或 75％水分散粒剂或 75％可湿性粉剂 10～15 克，或 80％水分散粒剂 10～14 克，对水 45～60 千克均匀喷雾。

辣椒炭疽病　从病害发生初期开始喷药，10 天左右 1 次，连喷 2～3 次。肟菌·戊唑醇喷施剂量同"黄瓜炭疽病"。

番茄早疫病、芝麻斑病　从病害发生初期开始喷药，10 天左右 1 次，与不同类型药剂交替使用，连喷 2～4 次。肟菌·戊唑醇喷施剂量同"黄瓜炭疽病"。

马铃薯早疫病、炭疽病　从病害发生初期开始喷药，10 天左右 1 次，与不同类型药剂交替使用，连喷 2～4 次。肟菌·戊唑醇一般每亩次使用 30％悬浮剂或 36％悬浮剂 40～50 毫升，或 42％悬浮剂或 45％悬浮剂或 48％悬浮剂 30～35 毫升，或 70％水分散粒剂 20～25 克，或 75％水分散粒剂或 75％可湿性粉剂 16～20 克，或 80％水分散粒剂 13～17 克，对水 60～75 千克均匀喷雾。

水稻稻瘟病、稻曲病、纹枯病　防控叶瘟病时，在田间出现中心病株时或出现急性病斑时开始喷药，7～10 天 1 次，连喷 1～2 次；防控穗颈瘟时，在破口初期和齐穗初期各喷药 1 次。防控稻曲病时，在破口前 5～7 天和齐穗初期各喷药 1 次。防控纹枯病时，从病害发生初期开始喷药，10～15 天 1 次，连喷 2 次；或在分蘖末期至拔节初期和孕穗期至破口初期各喷药 1 次。肟菌·戊唑醇一般每亩次使用 30％悬浮剂或 36％悬浮剂 35～40 毫升，或 42％悬浮剂或 45％悬浮剂或 48％悬浮剂 20～25 毫升，或 70％水分散粒剂 17～22 克，或 75％水分散粒剂或 75％可湿性粉剂 15～20 克，或 80％水分散粒剂 14～18 克，对水 30～45 千克均匀喷雾。

小麦纹枯病、白粉病、锈病、赤霉病　防控纹枯病、白粉病、锈病时，从病害发生初期开始喷药，10～15 天 1 次，连喷 1～2 次；防控赤霉病时，在齐穗初期和扬花初期各喷药 1 次。肟菌·戊唑醇喷施剂量同"水稻稻瘟病"。

玉米大斑病、小斑病、圆斑病、灰斑病、锈病　从病害发生初期开始喷药，10～15 天 1 次，连喷 2 次左右。肟菌·戊唑醇喷施剂量同"水稻稻瘟病"，植株高大时适当提高用药量。

花生叶斑病、锈病　从病害发生初期或开花下针期开始喷药，10～15 天 1 次，连喷 2～3 次。肟菌·戊唑醇一般每亩次使用 30％悬浮剂或 36％悬浮剂 25～30 毫升，或 42％悬浮剂或 45％悬浮剂或 48％悬浮剂 20～25 毫升，或 70％水分散粒剂 12～15 克，或 75％水分散粒剂或 75％可湿性粉剂 10～12 克，或 80％水分散粒剂 8～10 克，对水 30～45 千克均匀喷雾。

草坪褐斑病　从病害发生初期开始喷药，10 天左右 1 次，连喷 2 次左右。肟菌·戊唑醇一般每亩次使用 30％悬浮剂或 36％悬浮剂 100～120 毫升，或 42％悬浮剂或 45％悬浮剂或 48％悬浮剂 80～100 毫升，或 70％水分散粒剂 50～70 克，或 75％水分散粒剂或 75％可湿性粉剂 40～60 克，或 80％水分散粒剂 35～50 克，对水 60～75 千克均匀喷雾或喷淋。

蔷薇科观赏花卉褐斑病　从病害发生初期开始喷药，10～15 天 1 次，连喷 2～3 次。肟菌·戊唑醇一般使用 30％悬浮剂或 36％悬浮剂 1 500～2 000 倍液，或 42％悬浮剂或 45％悬浮剂或 48％悬浮剂 2 500～3 000 倍液，或 70％水分散粒剂 3 500～4 000 倍液，或 75％水分散粒剂或 75％可湿性粉剂 4 000～5 000 倍液，或 80％水分散粒剂 4 500～5 000 倍液均匀喷雾。

注意事项　肟菌·戊唑醇不能与碱性药剂及肥料混用，也不要与乳油类产品及有机硅类助剂混用。连续喷药时，注意与不同类型药剂交替使用。本剂生产企业较多，配方比例有较大差异，具体选用时应以其标签说明为准。

戊唑·多菌灵

有效成分　戊唑醇（tebuconazole）＋多菌灵（carbendazim）。

主要含量与剂型　24％（12％＋12％）、30％（8％＋22％）、32％（8％＋24％）、40％（5％＋35％）、42％（12％＋30％）、48％（8％＋40％）、50％（22％＋28％）悬浮剂，20％（10％＋10％）、30％（8％＋22％）、45％（6％＋39％）、55％（25％＋30％）、80％（12％＋68％；16％＋64％；30％＋50％）可湿性粉剂，45％（6％＋39％）、60％（15％＋45％）水分散粒剂。括号内有效成分含量均为戊唑醇的含量加多菌灵的含量。

产品特点 戊唑・多菌灵是由戊唑醇（三唑类）与多菌灵（苯并咪唑类）按一定比例混配的一种广谱低毒复合杀菌剂，具有保护和治疗双重作用。两种有效成分，既能抑制病菌细胞膜形成，又能干扰病菌细胞分裂，优势互补，协同增效，防病范围更广，杀菌治病更彻底，病菌较难产生抗药性。优质悬浮剂型颗粒微细，性能稳定，黏着性好，渗透性强，耐雨水冲刷，使用安全，连续喷施后果面光洁靓丽，外观质量显著提高。

适用作物防控对象及使用技术

苹果树、梨树的腐烂病、干腐病、枝干轮纹病　预防病害发生时，先在树体萌芽前喷洒 1 次枝干清园，铲除树体上的潜伏携带病菌，一般使用 24％悬浮剂 500～600 倍液，或 30％悬浮剂或 32％悬浮剂或 48％悬浮剂 400～600 倍液，或 40％悬浮剂或 20％可湿性粉剂或 30％可湿性粉剂或 45％可湿性粉剂或 45％水分散粒剂 400～500 倍液，或 42％悬浮剂 600～800 倍液，或 50％悬浮剂或 55％可湿性粉剂或 80％（16％＋64％）可湿性粉剂 1 000～1 200 倍液，或 60％水分散粒剂 800～1 000 倍液，或 80％（12％＋68％）可湿性粉剂 700～800 倍液，或 80％（30％＋50％）可湿性粉剂 1 200～1 500 倍液均匀喷洒；病害发生严重地区或果园，再于果实套袋后或 7～9 月，进行 1 次枝干喷涂用药，预防病菌侵染并杀灭枝干表面附带病菌，一般使用 24％悬浮剂或 42％悬浮剂 200～250 倍液，或 30％悬浮剂或 32％悬浮剂或 40％悬浮剂或 48％悬浮剂或 20％可湿性粉剂或 30％可湿性粉剂或 45％可湿性粉剂或 45％水分散粒剂 150～200 倍液，或 50％悬浮剂或 55％可湿性粉剂或 80％（16％＋64％）可湿性粉剂 400～500 倍液，或 60％水分散粒剂或 80％（12％＋68％）可湿性粉剂 300～350 倍液，或 80％（30％＋50％）可湿性粉剂 500～600 倍液喷涂主干及较大主侧枝。治疗相应病斑时，在刮治病斑的基础上于病疤表面涂药，1 个月后再涂抹 1 次效果更好，一般使用 24％悬浮剂或 42％悬浮剂 100～120 倍液，或 30％悬浮剂或 32％悬浮剂或 40％悬浮剂或 48％悬浮剂或 20％可湿性粉剂或 30％可湿性粉剂或 45％可湿性粉剂或 45％水分散粒剂 80～100 倍液，或 50％悬浮剂或 55％可湿性粉剂或 80％（16％＋64％）可湿性粉剂 200～250 倍液，或 60％水分散粒剂或 80％（12％＋68％）可湿性粉剂 150～200 倍液，或 80％（30％＋50％）可湿性粉剂 250～300 倍液涂抹病疤。

苹果树炭疽病、果实轮纹病、套袋果斑点病、褐斑病、斑点落叶病、锈病、白粉病、黑星病、花腐病　先于花序分离期和落花后各喷药 1 次，有效防控锈病、白粉病、花腐病，兼防斑点落叶病、黑星病；然后从落花后 10 天左右开始连续喷药，10 天左右 1 次，连喷 3 次药后套袋，有效防控炭疽病、果实轮纹病、套袋果斑点病，兼防锈病、白粉病、黑星病、褐斑病及斑点落叶病；苹果套袋后或不套袋苹果的 3 次药后继续喷药，10～15 天 1 次，连喷 4～6 次，有效防控褐斑病、斑点落叶病及不套袋苹果的炭疽病、果实轮纹病，兼防黑星病、白粉病。连续喷药时，注意与不同类型药剂交替使用。戊唑・多菌灵一般使用 24％悬浮剂或 48％悬浮剂 800～1 000 倍液，或 30％悬浮剂或 32％悬浮剂或 20％可湿性粉剂 700～900 倍液，或 40％悬浮剂或 30％可湿性粉剂或 45％可湿性粉剂或 45％水分散粒剂 600～800 倍液，或 42％悬浮剂或 80％（12％＋68％）可湿性粉剂 1 000～1 200 倍液，或 50％悬浮剂或 55％可湿性粉剂 2 000～2 500 倍液，或 60％水分散粒剂 1 200～1 500 倍液，或 80％（16％＋64％）可湿性粉剂 1 500～1 800 倍液，或 80％（30％＋50％）可湿性粉剂 2 500～3 000 倍液均匀喷雾。

梨树黑星病、黑斑病、轮纹病、炭疽病、套袋果黑点病、锈病、白粉病、褐斑病　先于花序分离期和落花后各喷药 1 次，有效防控锈病，兼防黑星病；然后从落花后 10 天左右开始继续喷药，10 天左右 1 次，连喷 2～3 次药后套袋，有效防控黑星病、轮纹病、炭疽病、套袋果黑点病，兼防锈病、黑斑病、褐斑病；果实套袋后或不套袋果的 2～3 次药后继续喷药，10～15 天 1 次，直到生长后期，有效防控黑星病、黑斑病、褐斑病及不套袋果的轮纹病、炭疽病，兼防白粉病。连续喷药时，注意与不同类型药剂交替使用。戊唑·多菌灵喷施倍数同"苹果树炭疽病"。

山楂锈病、白粉病、炭疽病、轮纹病、叶斑病　先于花序分离期、落花 80％ 和落花后 10 天左右各喷药 1 次，有效防控锈病、白粉病；然后从落花后 20～30 天开始连续喷药，10～15 天 1 次，连喷 2～4 次，有效防控炭疽病、轮纹病、叶斑病。连续喷药时，注意与不同类型药剂交替使用。戊唑·多菌灵喷施倍数同"苹果树炭疽病"。

葡萄黑痘病、穗轴褐枯病、白腐病、炭疽病、房枯病、溃疡病、黑腐病、褐斑病、白粉病　先于葡萄发芽前喷药 1 次清园，铲除枝蔓表面携带病菌，戊唑·多菌灵喷施倍数同"苹果树腐烂病枝干清园喷药"。其次在葡萄花蕾期、落花后和落花后 10～15 天各喷药 1 次，有效防控穗轴褐枯病、黑痘病；然后从葡萄果粒膨大中期开始继续喷药，10 天左右 1 次，与不同类型药剂交替使用，连喷 4～6 次，有效防控白腐病、炭疽病、褐斑病、白粉病、房枯病、溃疡病、黑腐病。葡萄生长期戊唑·多菌灵喷施倍数同"苹果树炭疽病"。

桃树、杏树的黑星病、炭疽病、褐腐病、真菌性流胶病、真菌性穿孔病　先于树体萌芽前喷药 1 次清园，铲除树体携带带菌，戊唑·多菌灵喷施倍数同"苹果树腐烂病枝干清园喷药"。然后从落花后 20 天左右开始继续喷药，10～15 天 1 次，连喷 2～4 次，有效防控黑星病、炭疽病、真菌性流胶病、真菌性穿孔病，兼防褐腐病；不套袋果在果实成熟前 1 个月内再喷药 1～2 次，有效防控褐腐病，兼防真菌性流胶病、炭疽病、真菌性穿孔病。连续喷药时，注意与不同类型药剂交替使用。落花后用药戊唑·多菌灵喷施倍数同"苹果树炭疽病"。

李树红点病、真菌性流胶病　先于萌芽前喷药 1 次清园，铲除树体携带病菌，戊唑·多菌灵喷施倍数同"苹果树腐烂病枝干清园喷药"。然后从落花后叶片展开时继续喷药，10～15 天 1 次，与不同类型药剂交替使用，连喷 3～5 次，戊唑·多菌灵喷施倍数同"苹果树炭疽病"。

枣树锈病、轮纹病、炭疽病、黑斑病、褐斑病　先于枣树开花前喷药 1 次，有效防控褐斑病的早期为害；然后从枣果坐住后 10～15 天开始连续喷药，10～15 天 1 次，与不同类型药剂交替使用，连喷 5～7 次。戊唑·多菌灵喷施倍数同"苹果树炭疽病"。

核桃炭疽病、白粉病　防控炭疽病时，多从果实膨大中期开始喷药，10～15 天 1 次，连喷 2～4 次；防控白粉病时，从病害发生初期开始喷药，10～15 天 1 次，连喷 2 次左右。连续喷药时，注意与不同类型药剂交替使用。戊唑·多菌灵喷施倍数同"苹果树炭疽病"。

柿树炭疽病、黑星病、角斑病、圆斑病　南方甜柿产区病害发生较重果园，先于柿树开花前喷药 1 次，然后从落花后 10 天左右开始连续喷药，10～15 天 1 次，连喷 5～7 次；北方柿产区多从落花后 20 天左右开始喷药，10～15 天 1 次，连喷 2～3 次。连续喷药时，注意与不同类型药剂交替使用。戊唑·多菌灵喷施倍数同"苹果树炭疽病"。

石榴炭疽病、褐斑病、麻皮病　一般果园在开花前、落花后、幼果期、套袋前及套袋后各喷药 1 次即可；中后期病害较重时，需酌情增加喷药 1～2 次，间隔期 10～15 天。连续喷药时，注意与不同类型药剂交替使用。戊唑·多菌灵喷施倍数同"苹果树炭疽病"。

花椒炭疽病、锈病　防控炭疽病时，多从果实转色初期开始喷药，10～15 天 1 次，连喷 2 次左右；防控锈病时，从病害发生初期开始喷药，10～15 天 1 次，连喷 2～4 次。连续喷药时，注意与不同类型药剂交替使用。戊唑·多菌灵喷施倍数同"苹果树炭疽病"。

草莓蛇眼病、炭疽病　多应用于育秧田。从病害发生初期开始喷药，10 天左右 1 次，与不同类型药剂交替使用，连喷 3～5 次。戊唑·多菌灵喷施倍数同"苹果树炭疽病"。

枸杞白粉病　从病害发生初期开始喷药，10～15 天 1 次，连喷 2 次左右。戊唑·多菌灵喷施倍数同"苹果树炭疽病"。

柑橘树炭疽病、疮痂病、脂点黄斑病、黑点病、黑星病　在春梢萌发期、春梢转绿期、落花 2/3 时、落花后 15 天左右、落花后 30 天左右、夏梢抽生初期、夏梢转绿期、秋梢抽生初期、秋梢转绿期各喷药 1 次，注意与不同类型药剂交替使用。戊唑·多菌灵喷施倍数同"苹果树炭疽病"。

杧果炭疽病、白粉病、叶斑病　先于花蕾期、落花 2/3 时及落花后半月左右各喷药 1 次，有效防控白粉病及幼穗期炭疽病；然后再于果实近成熟期喷药 1～2 次，有效防控果实炭疽病，兼防叶斑病。戊唑·多菌灵喷施倍数同"苹果树炭疽病"。

荔枝炭疽病、叶斑病　从病害发生初期开始喷药，10 天左右 1 次，连喷 2～3 次。戊唑·多菌灵喷施倍数同"苹果树炭疽病"。

香蕉叶斑病、黑星病　从病害发生初期开始喷药，10～15 天 1 次，与不同类型药剂交替使用，连喷 3～5 次。戊唑·多菌灵喷施倍数同"苹果树炭疽病"。在香蕉抽蕾期和蕉仔期适当提高喷药倍数，并尽量不要喷洒到蕉仔上。

水稻纹枯病、稻瘟病、稻曲病、鞘腐病、褐变穗　防控纹枯病时，在分蘖末期至拔节期和孕穗期至破口前各喷药 1 次，兼防鞘腐病；防控苗瘟、叶瘟时，在田间出现中心病株时或出现急性病斑时开始喷药，7～10 天 1 次，连喷 1～2 次；防控穗颈瘟时，在破口期和齐穗初期各喷药 1 次，兼防褐变穗；防控稻曲病时，在破口前 5～7 天和齐穗初期各喷药 1 次。连续喷药时，注意与不同类型药剂交替使用。戊唑·多菌灵一般每亩次使用 24%悬浮剂或 48%悬浮剂 70～90 毫升，或 30%悬浮剂或 32%悬浮剂 75～100 毫升，或 40%悬浮剂 80～100 毫升，或 42%悬浮剂 60～80 毫升，或 50%悬浮剂 30～40 毫升，或 20%可湿性粉剂或 30%可湿性粉剂或 45%可湿性粉剂或 45%水分散粒剂 80～100 克，或 55%可湿性粉剂 35～45 克，或 80%（12%＋68%）可湿性粉剂 60～80 克，或 80%（16%＋64%）可湿性粉剂或 60%水分散粒剂 40～50 克，或 80%（30%＋50%）可湿性粉剂 20～25 克，对水 30～45 千克均匀喷雾。

小麦纹枯病、白粉病、锈病、赤霉病　防控纹枯病、白粉病、锈病时，从病害发生初期（一般病株率 10%～20%时）开始喷药，10～15 天 1 次，连喷 2 次左右；或在拔节中早期和孕穗期至抽穗前各喷药 1 次。防控赤霉病时，在齐穗初期和扬花初期各喷药 1 次，往年病害严重地块扬花后立即再喷药 1 次。戊唑·多菌灵喷施剂量同"水稻纹枯病"，孕穗前喷药可酌情减少药量。

玉米纹枯病、大斑病、小斑病、灰斑病、圆斑病、锈病　从病害发生初期开始喷药，

10～15 天 1 次，连喷 2 次左右。戊唑·多菌灵喷施剂量同"水稻纹枯病"。玉米生长前期用药量可酌情减少，玉米生长中后期用药量应适当增加。

花生叶斑病、锈病 从病害发生初期或开花下针期开始喷药，10～15 天 1 次，连喷 2～3 次。戊唑·多菌灵一般每亩次使用 24%悬浮剂或 30%悬浮剂或 32%悬浮剂或 48%悬浮剂 50～60 毫升，或 40%悬浮剂 60～80 毫升，或 42%悬浮剂 40～50 毫升，或 50%悬浮剂 20～25 毫升，或 20%可湿性粉剂或 30%可湿性粉剂或 45%可湿性粉剂或 45%水分散粒剂 55～70 克，或 55%可湿性粉剂 25～30 克，或 80%（12%＋68%）可湿性粉剂 40～50 克，或 80%（16%＋64%）可湿性粉剂或 60%水分散粒剂 27～33 克，或 80%（30%＋50%）可湿性粉剂 15～20 克，对水 30～45 千克均匀喷雾。

大豆菌核病 在大豆封垄前喷药防控，重点喷洒植株中下部及土壤表面，一般需喷药 1～2 次。戊唑·多菌灵喷施剂量同"花生叶斑病"。

绿豆白粉病、叶斑病 从病害发生初期开始喷药，10～15 天 1 次，连喷 2 次左右。戊唑·多菌灵喷施剂量同"花生叶斑病"。

油菜菌核病 从病害发生初期或初花期开始喷药，10 天左右 1 次，连喷 2 次左右，重点喷洒植株中下部。戊唑·多菌灵喷施剂量同"花生叶斑病"。

甜菜褐斑病 从病害发生初期开始喷药，10～15 天 1 次，连喷 2 次左右。戊唑·多菌灵喷施剂量同"花生叶斑病"。

麻山药炭疽病 从病害发生初期开始喷药，10 天左右 1 次，与不同类型药剂交替使用，连喷 4～6 次。戊唑·多菌灵一般使用 24%悬浮剂或 30%悬浮剂或 32%悬浮剂或 48%悬浮剂或 20%可湿性粉剂 800～1 000 倍液，或 40%悬浮剂或 30%可湿性粉剂或 45%可湿性粉剂或 45%水分散粒剂 600～800 倍液，或 42%悬浮剂或 80%（12%＋68%）可湿性粉剂 1 000～1 200 倍液，或 50%悬浮剂或 55%可湿性粉剂 2 000～2 500 倍液，或 60%水分散粒剂 1 200～1 500 倍液，或 80%（16%＋64%）可湿性粉剂 1 500～1 800 倍液，或 80%（30%＋50%）可湿性粉剂 2 500～3 000 倍液均匀喷雾。

黄瓜、甜瓜、西瓜等瓜类炭疽病、白粉病、叶斑病、蔓枯病 从坐住瓜后的病害发生初期开始喷药，10 天左右 1 次，连喷 3～4 次。戊唑·多菌灵一般每亩次使用 24%悬浮剂或 30%悬浮剂或 32%悬浮剂或 48%悬浮剂 50～70 毫升，或 40%悬浮剂 60～80 毫升，或 42%悬浮剂 40～50 毫升，或 50%悬浮剂 25～30 毫升，或 20%可湿性粉剂或 30%可湿性粉剂或 45%可湿性粉剂或 45%水分散粒剂 60～80 克，或 55%可湿性粉剂 30～35 克，或 80%（12%＋68%）可湿性粉剂 50～60 克，或 80%（16%＋64%）可湿性粉剂或 60%水分散粒剂 30～40 克，或 80%（30%＋50%）可湿性粉剂 15～20 克，对水 45～60 千克均匀喷雾。

番茄早疫病、叶霉病、叶斑病 从坐住果后的病害发生初期开始喷药，7～10 天 1 次，与不同类型药剂交替使用，连喷 3～4 次。戊唑·多菌灵喷施剂量同"黄瓜炭疽病"。

辣椒炭疽病、叶斑病 从坐住果后的病害发生初期开始喷药，10 天左右 1 次，连喷 2～4 次。戊唑·多菌灵喷施剂量同"黄瓜炭疽病"。

芦笋茎枯病 从病害发生初期开始喷药，7～10 天 1 次，与不同类型药剂交替使用，连喷 3～4 次，重点喷洒植株中下部。戊唑·多菌灵一般使用 24%悬浮剂或 48%悬浮剂

800～1 000 倍液，或 30％悬浮剂或 32％悬浮剂或 20％可湿性粉剂 600～800 倍液，或 40％悬浮剂或 30％可湿性粉剂或 45％可湿性粉剂或 45％水分散粒剂 500～700 倍液，或 42％悬浮剂或 80％（12％＋68％）可湿性粉剂 1 000～1 200 倍液，或 50％悬浮剂或 55％可湿性粉剂 2 000～2 500 倍液，或 60％水分散粒剂 1 200～1 500 倍液，或 80％（16％＋64％）可湿性粉剂 1 500～1 800 倍液，或 80％（30％＋50％）可湿性粉剂 2 500～3 000 倍液均匀喷雾。

花卉植物的白粉病、炭疽病、锈病、叶斑病　从病害发生初期开始喷药，10 天左右 1 次，连喷 2～4 次。戊唑·多菌灵喷施倍数同"芦笋茎枯病"。

注意事项　戊唑·多菌灵不能与碱性药剂及肥料混用。连续喷药时，注意与不同类型药剂交替使用。本剂生产企业较多，配方比例也差异较大，具体选用时应以其标签说明为准。

戊唑·咪鲜胺

有效成分　戊唑醇（tebuconazole）＋ 咪鲜胺（prochloraz）。

主要含量与剂型　30％（15％＋15％）、40％（26.7％＋13.3％）悬浮剂，37％（12.5％＋24.5％）、40％（26.7％＋13.3％）、45％（15％＋30％）、400 克/升（133 克/升＋267 克/升）水乳剂。括号内有效成分含量均为戊唑醇的含量加咪鲜胺的含量。

产品特点　戊唑·咪鲜胺是由戊唑醇（三唑类）与咪鲜胺（咪唑类）按一定比例科学混配的一种高效低毒复合杀菌剂，对多种高等真菌性病害均有保护和治疗作用，内吸性较好，耐雨水冲刷，持效期较长，正常使用对作物安全。两种有效成分虽然都是病菌细胞膜形成抑制剂类，但作用位点不同，具有协同增效活性，且病菌不易产生抗药性。

适用作物防控对象及使用技术

苹果树褐斑病、斑点落叶病、炭疽病、炭疽叶枯病　防控褐斑病时，多从苹果落花后 1 个月左右或病害发生初期或苹果套袋前开始喷药，10～15 天 1 次，与不同类型药剂交替使用，连喷 4～6 次，兼防斑点落叶病、炭疽病、炭疽叶枯病；防控斑点落叶病时，在春梢生长期内和秋梢生长期内各喷药 2 次，间隔期 10～15 天；防控炭疽病时，多从苹果落花后 7～10 天开始喷药，10 天左右 1 次，连喷 3 次药后套袋（套袋后停止喷药），不套袋苹果需继续喷药 4～6 次（注意与不同类型药剂交替使用），间隔期 10～15 天；防控炭疽叶枯病时，在多雨季节降雨前 2 天进行喷药，每次降雨喷药 1 次。戊唑·咪鲜胺一般使用 30％悬浮剂或 400 克/升水乳剂 1 000～1 500 倍液，或 40％悬浮剂或 40％水乳剂 2 000～2 500 倍液，或 37％水乳剂 1 200～1 500 倍液，或 45％水乳剂 1 500～1 800 倍液均匀喷雾。

梨树炭疽病、褐斑病　防控炭疽病时，多从梨树落花后 10～15 天开始喷药，10～15 天 1 次，与不同类型药剂交替使用，连喷 5～7 次，兼防褐斑病；防控褐斑病时，从病害发生初期开始喷药，10～15 天 1 次，连喷 2～3 次。戊唑·咪鲜胺喷施倍数同"苹果树褐斑病"。

核桃炭疽病　多从核桃果实膨大中期开始喷药，10～15 天 1 次，连喷 2 次左右。戊唑·咪鲜胺喷施倍数同"苹果树褐斑病"。

柿树炭疽病、角斑病、圆斑病　南方甜柿产区先于开花前喷药 1 次，然后从落花后 10～15 天开始连续喷药，10～15 天 1 次，与不同类型药剂交替使用，连喷 4～7 次；北方柿树产区，多从落花后 15～20 天开始喷药，10～15 天 1 次，连喷 2～3 次。戊唑·咪鲜胺喷施倍数同"苹果树褐斑病"。

杧果炭疽病　先于花序伸长期、落花 2/3 时、落花后 15 天左右、落花后 30 天左右各喷药 1 次，然后再于果实成熟前 1 个月内喷药 1～2 次，间隔期 10～15 天。戊唑·咪鲜胺喷施倍数同"苹果树褐斑病"。

香蕉叶斑病、黑星病　从病害发生初期开始喷药，10～15 天 1 次，与不同类型药剂交替使用，连喷 3～5 次。戊唑·咪鲜胺一般使用 30% 悬浮剂或 400 克/升水乳剂 1 000～1 500 倍液，或 40% 悬浮剂或 40% 水乳剂 1 500～2 000 倍液，或 37% 水乳剂 1 200～1 500 倍液，或 45% 水乳剂 1 300～1 600 倍液均匀喷雾，注意不要将药液喷到蕉果上。

水稻纹枯病、稻瘟病、稻曲病　防控纹枯病时，从病害发生初期开始喷药，10～15 天 1 次，连喷 2 次左右，或在分蘖末期至拔节期和孕穗期至破口期各喷药 1 次。防控稻曲病时，在破口前 5～7 天和齐穗初期各喷药 1 次。防控叶瘟时，在田间出现中心病株时或出现急性病斑时立即开始喷药，7～10 天 1 次，连喷 1～2 次；防控穗颈瘟时，在破口期和齐穗初期各喷药 1 次。连续喷药时，注意与不同类型药剂交替使用。戊唑·咪鲜胺一般每亩次使用 30% 悬浮剂或 400 克/升水乳剂 50～60 毫升，或 40% 悬浮剂或 40% 水乳剂 25～35 毫升，或 37% 水乳剂 40～50 毫升，或 45% 水乳剂 30～40 毫升，对水 30～45 千克均匀喷雾。

小麦纹枯病、赤霉病　防控纹枯病时，从病害发生初期开始喷药，10～15 天 1 次，连喷 2 次左右，或在拔节初期和孕穗期至抽穗前各喷药 1 次；防控赤霉病时，在齐穗初期和扬花初期各喷药 1 次。戊唑·咪鲜胺喷施剂量同"水稻纹枯病"。

花生叶斑病　从病害发生初期或开花下针期开始喷药，10 天左右 1 次，连喷 2～3 次。戊唑·咪鲜胺一般每亩次使用 30% 悬浮剂或 400 克/升水乳剂 40～50 毫升，或 40% 悬浮剂或 40% 水乳剂 25～35 毫升，或 37% 水乳剂 30～40 毫升，或 45% 水乳剂 30～35 毫升，对水 30～45 千克均匀喷雾。

注意事项　戊唑·咪鲜胺不能与碱性药剂及肥料混用。连续喷药时，注意与不同类型药剂交替使用，以延缓病菌产生抗药性。在香蕉上使用时避免将药液喷洒到蕉果上，若不慎喷到蕉果上后，应立即用清水喷洗蕉果。

戊唑·嘧菌酯

有效成分　戊唑醇（tebuconazole）＋嘧菌酯（azoxystrobin）。

主要含量与剂型　30%（20%＋10%）、32%（20%＋12%）、36%（24%＋12%）、40%（25%＋15%；30%＋10%）、45%（30%＋15%；15%＋30%）、50%（30%＋20%）悬浮剂，75%（50%＋25%）可湿性粉剂，45%（35%＋10%）、70%（35%＋35%）、75%（50%＋25%）、80%（56%＋24%）水分散粒剂。括号内有效成分含量均为戊唑醇的含量加嘧菌酯的含量。

产品特点　戊唑·嘧菌酯又称嘧菌·戊唑醇，是由戊唑醇（三唑类）与嘧菌酯（甲氧基丙烯酸酯类）按一定比例科学混配的一种高效低毒复合杀菌剂，具有良好的预防、治疗和诱抗作用，杀菌活性高，内吸性强，持效期较长，并有一定刺激作物增产功效。两种有效成分，既能抑制病菌细胞膜形成，又能阻止病菌能量代谢与供应，优势互补，协同增效，病菌不易产生抗药性，有利于病害的综合治理。

适用作物防控对象及使用技术

葡萄白腐病、炭疽病、白粉病　防控白腐病、炭疽病时，套袋葡萄在套袋前喷药1次即可；不套袋葡萄，从果粒膨大中期开始喷药，10天左右1次，与不同类型药剂交替使用，直到采收前1周左右。防控白粉病时，从病害发生初期开始喷药，10～15天1次，连喷2次左右。戊唑·嘧菌酯一般使用30%悬浮剂或32%悬浮剂1 500～1 800倍液，或36%悬浮剂1 800～2 000倍液，或40%悬浮剂2 000～3 000倍液，或45%悬浮剂或45%水分散粒剂2 500～3 000倍液，或50%悬浮剂3 000～3 500倍液，或70%水分散粒剂3 500～4 000倍液，或75%可湿性粉剂或75%水分散粒剂4 000～5 000倍液，或80%水分散粒剂5 000～6 000倍液均匀喷雾。

枣树锈病、轮纹病、炭疽病　多从枣果坐住后半月左右或初见锈病病叶时开始喷药，10～15天1次，与不同类型药剂交替使用，连喷4～6次。戊唑·嘧菌酯喷施倍数同"葡萄白腐病"。

香蕉黑星病、叶斑病　从病害发生初期开始喷药，10～15天1次，与不同类型药剂交替使用，连喷3～5次。戊唑·嘧菌酯一般使用30%悬浮剂或32%悬浮剂1 000～1 200倍液，或36%悬浮剂1 200～1 500倍液，或40%悬浮剂1 500～1 800倍液，或45%悬浮剂或45%水分散粒剂1 800～2 000倍液，或50%悬浮剂或70%水分散粒剂2 000～2 500倍液，或75%可湿性粉剂或75%水分散粒剂2 500～3 000倍液，或80%水分散粒剂3 000～3 500倍液均匀喷雾。

黄瓜白粉病、炭疽病、黑星病、靶斑病　从病害发生初期或田间初见病斑时开始喷药，7～10天1次，与不同类型药剂交替使用，连喷3～5次。戊唑·嘧菌酯一般每亩次使用30%悬浮剂或32%悬浮剂35～45毫升，或36%悬浮剂30～40毫升，或40%悬浮剂20～30毫升，或45%悬浮剂或50%悬浮剂18～25毫升，或45%水分散粒剂20～25克，或70%水分散粒剂16～20克，或75%可湿性粉剂或75%水分散粒剂12～16克，或80%水分散粒剂10～15克，对水45～60千克均匀喷雾。

西瓜、甜瓜、哈密瓜的蔓枯病、炭疽病、叶斑病　从病害发生初期或初见病斑时开始喷药，10天左右1次，与不同类型药剂交替使用，连喷2～4次。戊唑·嘧菌酯喷施剂量同"黄瓜白粉病"。

番茄早疫病、芝麻斑病　从病害发生初期开始喷药，10天左右1次，与不同类型药剂交替使用，连喷2～4次。戊唑·嘧菌酯喷施剂量同"黄瓜白粉病"。

辣椒炭疽病　从病害发生初期开始喷药，7～10天1次，连喷2～3次。戊唑·嘧菌酯喷施剂量同"黄瓜白粉病"。

豇豆炭疽病、白粉病　从病害发生初期开始喷药，7～10天1次，与不同类型药剂交替使用，连喷3～4次。戊唑·嘧菌酯喷施剂量同"黄瓜白粉病"。

大白菜炭疽病、黑斑病　从病害发生初期开始喷药，7～10天1次，连喷2次左右。戊唑·嘧菌酯一般每亩次使用30%悬浮剂或32%悬浮剂25～30毫升，或36%悬浮剂

15～20 毫升，或 40％悬浮剂 14～18 毫升，或 45％悬浮剂或 50％悬浮剂 12～15 毫升，或 45％水分散粒剂 12～15 克，或 70％水分散粒剂 10～12 克，或 75％可湿性粉剂或 75％水分散粒剂 8～9 克，或 80％水分散粒剂 7～8 克，对水 30～45 千克均匀喷雾。

葱、洋葱的紫斑病　从病害发生初期开始喷药，10 天左右 1 次，连喷 2～3 次。戊唑·嘧菌酯喷施剂量同"大白菜炭疽病"。

草莓白粉病　从病害发生初期或田间初见病斑时开始喷药，7～10 天 1 次，与不同类型药剂交替使用，连喷 2～4 次。戊唑·嘧菌酯喷施剂量同"大白菜炭疽病"。

马铃薯早疫病、炭疽病　从病害发生初期开始喷药，10 天左右 1 次，与不同类型药剂交替使用，连喷 2～4 次。戊唑·嘧菌酯一般每亩次使用 30％悬浮剂或 32％悬浮剂 40～50 毫升，或 36％悬浮剂 35～45 毫升，或 40％悬浮剂 30～40 毫升，或 45％悬浮剂或 50％悬浮剂 20～30 毫升，或 45％水分散粒剂 25～30 克，或 70％水分散粒剂 20～25 克，或 75％可湿性粉剂或 75％水分散粒剂 15～20 克，或 80％水分散粒剂 13～16 克，对水 60～75 千克均匀喷雾。

水稻纹枯病、稻曲病　防控纹枯病时，从病害发生初期开始喷药，10～15 天 1 次，连喷 2 次左右，或在分蘖末期至拔节初期和孕穗期至破口前各喷药 1 次；防控稻曲病时，在破口前 5～7 天和齐穗初期各喷药 1 次。戊唑·嘧菌酯一般每亩次使用 30％悬浮剂或 32％悬浮剂 30～40 毫升，或 36％悬浮剂 28～35 毫升，或 40％悬浮剂 20～30 毫升，或 45％悬浮剂或 50％悬浮剂 20～35 毫升，或 45％水分散粒剂 30～40 克，或 70％水分散粒剂 17～22 克，或 75％可湿性粉剂或 75％水分散粒剂 15～20 克，或 80％水分散粒剂 12～15 克，对水 30～45 千克均匀喷雾。

小麦纹枯病、白粉病、赤霉病　防控纹枯病、白粉病时，从病害发生初期开始喷药，10～15 天 1 次，连喷 2 次左右，或在拔节中早期和孕穗期至抽穗期各喷药 1 次；防控赤霉病时，在齐穗初期和扬花初期各喷药 1 次。戊唑·嘧菌酯喷施剂量同"水稻纹枯病"。

玉米纹枯病、大斑病、小斑病　从病害发生初期开始喷药，10～15 天 1 次，连喷 2 次左右。戊唑·嘧菌酯喷施剂量同"水稻纹枯病"。植株较小时适当减少用药量，植株较大时酌情增加用药量。

蔷薇科观赏花卉褐斑病、白粉病　从病害发生初期开始喷药，10～15 天 1 次，与不同类型药剂交替使用，连喷 2～4 次。戊唑·嘧菌酯一般使用 30％悬浮剂或 32％悬浮剂 1 500～1 800 倍液，或 36％悬浮剂 1 800～2 000 倍液，或 40％悬浮剂 2 000～2 500 倍液，或 45％悬浮剂或 45％水分散粒剂 2 200～2 500 倍液，或 50％悬浮剂 2 500～3 000 倍液，或 70％水分散粒剂 3 000～3 500 倍液，或 75％可湿性粉剂或 75％水分散粒剂 3 500～4 000 倍液，或 80％水分散粒剂 4 000～5 000 倍液均匀喷雾。

注意事项　戊唑·嘧菌酯不能与碱性药剂及肥料混用，也不能与乳油类药剂及有机硅类助剂混用。连续喷药时，注意与不同类型药剂交替使用。嘎拉、夏红、美八、藤木等多个苹果品种及有些樱桃对嘧菌酯较敏感，不要在苹果树和樱桃树上使用，并避免药液飘移到上述果树上。在香蕉上使用时，避免将药液喷洒到蕉果上。戊唑醇使用剂量较高时，可能会对番茄等茄果类蔬菜及瓜类产生不同程度药害，用药时需要注意。

烯酰·吡唑酯

有效成分　烯酰吗啉（dimethomorph）＋吡唑醚菌酯（pyraclostrobin）。

主要含量与剂型　22%（14%＋8%）、37%（24%＋13%）、40%（25%＋15%）、45%（30%＋15%）、47%（35%＋12%）悬浮剂，18.7%（12%＋6.7%）、19%（12.3%＋6.7%）、27%（17.5%＋9.5%）、45%（30%＋15%）、48%（32%＋16%；38%＋10%）、56%（36%＋20%）、60%（45%＋15%）、66%（60%＋6%）、78%（50%＋28%）水分散粒剂。括号内有效成分含量均为烯酰吗啉的含量加吡唑醚菌酯的含量。

产品特点　烯酰·吡唑酯是由烯酰吗啉（肉桂酰胺类）与吡唑醚菌酯（甲氧基丙烯酸酯类）按一定比例混配的一种低毒复合杀菌剂，专用于防控低等真菌性病害。作用迅速，使用安全，持效期较长，既可有效阻止病菌侵染，又能抑制病菌扩展和杀死体内病菌，早期使用还能提高寄主抗病性能，降低发病程度、减少用药次数。两种有效成分，作用互补，既能抑制磷脂生物合成而影响细胞壁形成，又能阻止线粒体的电子传递而影响能量供应，病菌不易产生抗药性。

适用作物防控对象及使用技术

葡萄霜霉病　先于葡萄花蕾期和落花后各喷药1次，有效防控霜霉病为害幼穗；然后从叶片上初见霜霉病病斑时立即开始连续喷药，10天左右1次，与不同类型药剂交替使用，直到生长后期或雨露雾高湿环境不再出现时，中早熟品种葡萄采收后仍需喷药1～2次。烯酰·吡唑酯一般使用18.7%水分散粒剂或19%水分散粒剂600～800倍液，或22%悬浮剂800～1 000倍液，或27%水分散粒剂1 000～1 200倍液，或37%悬浮剂或40%悬浮剂1 200～1 500倍液，或45%悬浮剂或45%水分散粒剂1 500～2 000倍液，或47%悬浮剂或48%水分散粒剂2 000～2 500倍液，或56%水分散粒剂2 500～3 000倍液，或60%水分散粒剂3 000～3 500倍液，或66%水分散粒剂或78%水分散粒剂3 500～4 000倍液喷雾，防控叶片受害时注意喷洒叶片背面。

苹果、梨疫腐病　应用于不套袋的苹果或梨。在果实膨大后期的多雨季节，从果园内初见病果时立即开始喷药，10天左右1次，连喷1～2次，重点喷洒树冠中下部果实及地面。烯酰·吡唑酯喷施倍数同"葡萄霜霉病"。

荔枝霜疫霉病　在花蕾期、幼果期、果实膨大期、果实转色期各喷药1次，注意与不同类型药剂交替使用。烯酰·吡唑酯喷施倍数同"葡萄霜霉病"。

黄瓜、西瓜、甜瓜、冬瓜等瓜类霜霉病、疫病　以防控霜霉病为主，兼防疫病。从田间初见霜霉病病斑时立即开始喷药，7～10天1次，与不同类型药剂交替使用，直到生长后期。烯酰·吡唑酯一般每亩次使用18.7%水分散粒剂或19%水分散粒剂100～125克，或27%水分散粒剂70～90克，或45%水分散粒剂60～70克，或48%水分散粒剂50～60克，或56%水分散粒剂35～40克，或60%水分散粒剂30～35克，或66%水分散粒剂或78%水分散粒剂25～30克，或22%悬浮剂100～120毫升，或37%悬浮剂或40%悬浮剂70～80毫升，或45%悬浮剂60～70毫升，或47%悬浮剂50～60毫升，对水45～75千克均匀喷雾。重点喷洒叶片背面及茎基部，植株较小时可适当降低用药量。

番茄晚疫病　从病害发生初期开始喷药，7～10 天 1 次，与不同类型药剂交替使用，连喷 4～5 次。烯酰·吡唑酯喷施剂量同"黄瓜霜霉病"。

辣椒疫病　从病害发生初期开始喷药，7～10 天 1 次，与不同类型药剂交替使用，连喷 2～4 次，注意喷洒叶片背面及植株茎基部。烯酰·吡唑酯喷施剂量同"黄瓜霜霉病"。

十字花科蔬菜霜霉病　从病害发生初期开始喷药，7～10 天 1 次，连喷 2 次左右。一般每亩次使用 18.7% 水分散粒剂或 19% 水分散粒剂 60～80 克，或 27% 水分散粒剂 50～60 克，或 45% 水分散粒剂 40～45 克，或 48% 水分散粒剂 35～40 克，或 56% 水分散粒剂 25～35 克，或 60% 水分散粒剂 20～25 克，或 66% 水分散粒剂或 78% 水分散粒剂 17～20 克，或 22% 悬浮剂 60～80 毫升，或 37% 悬浮剂或 40% 悬浮剂 50～60 毫升，或 45% 悬浮剂 40～50 毫升，或 47% 悬浮剂 35～40 毫升，对水 30～45 千克均匀喷雾，重点喷洒叶片背面。

菠菜霜霉病　从病害发生初期开始喷药，10 天左右 1 次，连喷 2 次左右，注意喷洒叶片背面。烯酰·吡唑酯喷施剂量同"十字花科蔬菜霜霉病"。

马铃薯晚疫病　从田间初见病株时或植株现蕾期开始喷药，10 天左右 1 次，与不同类型药剂交替使用，直到生长后期。烯酰·吡唑酯一般每亩次使用 18.7% 水分散粒剂或 19% 水分散粒剂 100～125 克，或 27% 水分散粒剂 70～90 克，或 45% 水分散粒剂 60～70 克，或 48% 水分散粒剂 50～60 克，或 56% 水分散粒剂 35～40 克，或 60% 水分散粒剂 30～35 克，或 66% 水分散粒剂或 78% 水分散粒剂 25～30 克，或 22% 悬浮剂 100～120 毫升，或 37% 悬浮剂或 40% 悬浮剂 70～80 毫升，或 45% 悬浮剂 60～70 毫升，或 47% 悬浮剂 50～60 毫升，对水 60～75 千克均匀喷雾。

三七霜霉病　从病害发生初期开始喷药，7～10 天 1 次，与不同类型药剂交替使用，连喷 2～4 次。烯酰·吡唑酯一般每亩次使用 18.7% 水分散粒剂或 19% 水分散粒剂 50～60 克，或 27% 水分散粒剂 35～45 克，或 45% 水分散粒剂 30～35 克，或 48% 水分散粒剂 25～30 克，或 56% 水分散粒剂 17～20 克，或 60% 水分散粒剂 15～18 克，或 66% 水分散粒剂或 78% 水分散粒剂 12～15 克，或 22% 悬浮剂 50～60 毫升，或 37% 悬浮剂或 40% 悬浮剂 35～40 毫升，或 45% 悬浮剂 30～35 毫升，或 47% 悬浮剂 25～30 毫升，对水 30～45 千克均匀喷雾。

注意事项　烯酰·吡唑酯不能与碱性药剂及肥料混用。连续喷药时，注意与不同类型药剂交替使用，以延缓病菌产生抗药性。本剂生产企业较多，配方比例差异较大，具体选用时应注意参考其标签说明。

烯酰·氟啶胺

有效成分　烯酰吗啉（dimethomorph）＋氟啶胺（fluazinam）。

主要含量与剂型　35%（17.5%＋17.5%）、40%（15%＋25%；20%＋20%；25%＋15%）、50%（30%＋20%）悬浮剂。括号内有效成分含量均为烯酰吗啉的含量加氟啶胺的含量。

产品特点　烯酰·氟啶胺是由烯酰吗啉（肉桂酰胺类）与氟啶胺（二硝基苯胺类）按一定比例科学混配的一种高效低毒复合杀菌剂，专用于防控低等真菌性病害，具有保护和治疗双重作用，对病菌生活史的各发育阶段均有活性，速效性好，持效期较长，耐雨水冲刷，药效稳定。两种有效成分，既能通过抑制磷脂生物合成而影响细胞壁形成，又能通过抑制病菌的氧化磷酸化过程而干扰其呼吸作用，使病菌不易产生抗药性。

适用作物防控对象及使用技术

葡萄霜霉病　先于葡萄花蕾期和落花后各喷药1次，有效防控幼穗受害；然后从叶片上初见霜霉病病斑时立即开始连续喷药，10天左右1次，与不同类型药剂交替使用，直到生长后期，中早熟品种葡萄采收后仍需喷药1～2次。烯酰·氟啶胺一般使用35％悬浮剂1 200～1 500倍液，或40％悬浮剂2 000～2 500倍液，或50％悬浮剂2 500～3 000倍液均匀喷雾。

辣椒疫病　从病害发生初期或田间初见病株时开始喷药，7～10天1次，与不同类型药剂交替使用，连喷2～3次。烯酰·氟啶胺一般每亩次使用35％悬浮剂60～70毫升，或40％悬浮剂40～60毫升，或50％悬浮剂30～40毫升，对水45～60千克均匀喷雾，注意喷洒叶片背面及植株茎基部。

番茄晚疫病　从病害发生初期开始喷药，10天左右1次，与不同类型药剂交替使用，连喷3～5次。烯酰·氟啶胺喷施剂量同"辣椒疫病"。

马铃薯晚疫病　从病害发生初期或植株现蕾期开始喷药，10天左右1次，与不同类型药剂交替使用，直到生长后期。烯酰·氟啶胺一般每亩次使用35％悬浮剂60～70毫升，或40％悬浮剂40～60毫升，或50％悬浮剂25～35毫升，对水60～75千克均匀喷雾。

人参疫病　从病害发生初期开始喷药，7～10天1次，与不同类型药剂交替使用，连喷2～3次。烯酰·氟啶胺一般每亩次使用35％悬浮剂50～60毫升，或40％悬浮剂30～50毫升，或50％悬浮剂25～30毫升，对水30～45千克均匀喷雾。

注意事项　烯酰·氟啶胺不能与碱性药剂及肥料混用。连续喷药时，注意与不同类型药剂交替使用，以延缓病菌产生抗药性。

烯酰·锰锌

有效成分　烯酰吗啉（dimethomorph）＋代森锰锌（mancozeb）。

主要含量与剂型　50％（6％＋44％）、69％（9％＋60％）、72％（12％＋60％）、80％（10％＋70％）可湿性粉剂，69％（9％＋60％）水分散粒剂。括号内有效成分含量均为烯酰吗啉的含量加代森锰锌的含量。

产品特点　烯酰·锰锌是由烯酰吗啉（肉桂酰胺类）与代森锰锌（硫代氨基甲酸酯类）按一定比例混配的一种低毒复合杀菌剂，主要用于防控低等真菌性病害，具有内吸治疗和预防保护双重活性。两种有效成分，多种杀菌机理，既能通过抑制磷脂生物合成而影响细胞壁形成，又能干扰病菌脂质代谢、呼吸作用和能量供应，作用互补，能显著延缓病菌产生抗药性，使用方便。

适用作物防控对象及使用技术

葡萄霜霉病　先于葡萄花蕾期和落花后各喷药1次，有效防控幼果穗受害；然后从叶片上初见霜霉病病斑时开始连续喷药，10天左右1次，与不同类型药剂交替使用，直到生长后期或雨露雾高湿环境不再出现时，中早熟品种葡萄采收后仍需喷药 1～2 次。烯酰·锰锌一般使用 50％可湿性粉剂 400～500 倍液，或 69％可湿性粉剂或 69％水分散粒剂 600～800 倍液，或 72％可湿性粉剂或 80％可湿性粉剂 800～1 000 倍液均匀喷雾，注意喷洒叶片背面。

苹果、梨疫腐病　应用于不套袋的苹果或梨。在果实膨大后期的多雨季节，从果园内初见病果时立即开始喷药，10 天左右 1 次，连喷 1～2 次，重点喷洒树冠中下部果实及地面。烯酰·锰锌喷施倍数同"葡萄霜霉病"。

柑橘疫霉褐腐病　在果实生长后期的多雨季节，从果园内初见病果时立即开始喷药，7～10 天 1 次，连喷 1～2 次，重点喷洒树冠中下部果实及地面。烯酰·锰锌喷施倍数同"葡萄霜霉病"。

荔枝霜疫霉病　在花蕾期、幼果期、果实膨大期、果实转色期各喷药 1 次，注意与不同类型药剂交替使用。烯酰·锰锌一般使用 50％可湿性粉剂 300～400 倍液，或 69％可湿性粉剂或 69％水分散粒剂 500～600 倍液，或 72％可湿性粉剂或 80％可湿性粉剂 700～800 倍液均匀喷雾。

黄瓜、甜瓜、西瓜、苦瓜等瓜类霜霉病、疫腐病　从病害发生初期或初见病叶或病果时开始喷药，7～10 天 1 次，与不同类型药剂交替使用，直到生长后期。烯酰·锰锌一般每亩次使用 50％可湿性粉剂 150～200 克，或 69％可湿性粉剂或 69％水分散粒剂 110～150 克，或 72％可湿性粉剂或 80％可湿性粉剂 80～120 克，对水 45～75 千克均匀喷雾，使叶片背面及果实表面均要着药，植株较小时酌情减少用药量。

番茄晚疫病　从病害发生初期开始喷药，7～10 天 1 次，与不同类型药剂交替使用，连喷 4～6 次。烯酰·锰锌一般每亩次使用 50％可湿性粉剂 150～180 克，或 69％可湿性粉剂或 69％水分散粒剂 120～150 克，或 72％可湿性粉剂或 80％可湿性粉剂 90～120 克，对水 45～60 千克均匀喷雾。

茄子绵疫病　适用于露地栽培。从雨季到来前或病害发生初期开始喷药，7～10 天 1 次，连喷 2～4 次，重点喷洒植株中下部果实。烯酰·锰锌喷施剂量同"番茄晚疫病"。

辣椒疫病　从病害发生初期或田间初见病株时开始喷药，7～10 天 1 次，与不同类型药剂交替使用，连喷 3～4 次。烯酰·锰锌一般每亩次使用 50％可湿性粉剂 150～200 克，或 69％可湿性粉剂或 69％水分散粒剂 110～150 克，或 72％可湿性粉剂或 80％可湿性粉剂 100～120 克，对水 45～60 千克均匀喷雾或喷淋（植株茎基部）。

马铃薯晚疫病　从病害发生初期或田间初见病斑时或植株现蕾期开始喷药，10 天左右 1 次，与不同类型药剂交替使用，直到生长后期。烯酰·锰锌一般每亩次使用 50％可湿性粉剂 150～200 克，或 69％可湿性粉剂或 69％水分散粒剂 120～150 克，或 72％可湿性粉剂或 80％可湿性粉剂 90～110 克，对水 60～75 千克均匀喷雾。

十字花科蔬菜霜霉病　从病害发生初期开始喷药，7～10 天 1 次，连喷 2 次左右，重点喷洒叶片背面。一般每亩次使用 50％可湿性粉剂 100～140 克，或 69％可湿性粉剂或 69％水分散粒剂 70～100 克，或 72％可湿性粉剂或 80％可湿性粉剂 60～80 克，对水 30～45 千克均匀喷雾。

菠菜霜霉病　从病害发生初期开始喷药，7～10 天 1 次，连喷 2 次左右，重点喷洒叶片背面。烯酰·锰锌喷施剂量同"十字花科蔬菜霜霉病"。

莴苣霜霉病 从病害发生初期开始喷药，7～10天1次，连喷2次左右，注意喷洒叶片背面。烯酰·锰锌喷施剂量同"十字花科蔬菜霜霉病"。

黄瓜、甜瓜、辣椒、茄子等瓜果蔬菜的茎基部疫病 从田间出现病株时开始喷药，10天左右1次，连喷2～3次，重点喷洒植株茎基部及其周围土壤，每株喷洒药液30～50毫升。一般使用50%可湿性粉剂350～400倍液，或69%可湿性粉剂或69%水分散粒剂500～700倍液，或72%可湿性粉剂或80%可湿性粉剂600～800倍液喷雾或喷淋。

瓜果蔬菜苗床的猝倒病、苗疫病 播种后出苗前或苗床上出现病株时开始用药液喷淋苗床，5～7天1次，连喷1～2次。烯酰·锰锌喷施倍数同"黄瓜茎基部疫病"。

烟草黑胫病 从田间出现病株时开始喷药，7～10天1次，与不同类型药剂交替使用，连喷2～4次，重点喷洒植株中下部的茎部及其周围土壤。烯酰·锰锌一般使用50%可湿性粉剂350～400倍液，或69%可湿性粉剂或69%水分散粒剂500～700倍液，或72%可湿性粉剂或80%可湿性粉剂600～800倍液喷雾或喷淋。

注意事项 烯酰·锰锌不能与碱性药剂及肥料混用，也不能与含有金属离子的药剂混用。喷药应均匀周到，特别注意植株下部及内部叶片，使叶片背面一定着药。瓜果蔬菜喷雾用药时，植株较小时应酌情减少用药量，使叶、果表面均匀覆盖药液即可。

烯酰·氰霜唑

有效成分 烯酰吗啉（dimethomorph）＋氰霜唑（cyazofamid）。

主要含量与剂型 30%（25%＋5%）、40%（30%＋10%；32%＋8%）、48%（40%＋8%）悬浮剂。括号内有效成分含量均为烯酰吗啉的含量加氰霜唑的含量。

产品特点 烯酰·氰霜唑是由烯酰吗啉（肉桂酰胺类）与氰霜唑（咪唑酰胺类）按一定比例混配的一种内吸治疗性低毒复合杀菌剂，专用于防控低等真菌性病害，速效性好，杀菌活性高，持效期较长，使用安全。两种杀菌作用机理，既能通过抑制磷脂生物合成而影响细胞壁形成，又能干扰病菌能量形成及供应，优势互补，协同增效，病菌不易产生抗药性。

适用作物防控对象及使用技术

葡萄霜霉病 先于葡萄花蕾期和落花后各喷药1次，有效防控霜霉病为害幼穗；然后从叶片上初见霜霉病病斑时立即开始连续喷药，10天左右1次，与不同类型药剂交替使用，直到生长后期或雨雾露等高湿环境不再出现时，中早熟品种葡萄采收后仍需喷药1～2次。烯酰·氰霜唑一般使用30%悬浮剂1 500～2 000倍液，或40%悬浮剂2 000～2 500倍液，或48%悬浮剂2 500～3 000倍液喷雾，防控叶片受害时注意喷洒叶片背面。

荔枝霜疫霉病 在花蕾期、幼果期、果实膨大期、果实转色期各喷药1次，注意与不同类型药剂交替使用。烯酰·氰霜唑喷施倍数同"葡萄霜霉病"。

黄瓜霜霉病 从病害发生初期或叶片上初见霜霉病病斑时立即开始喷药，7～10天1次，与不同类型药剂交替使用，直到生长后期。烯酰·氰霜唑一般每亩次使用30%悬浮剂50～60毫升，或40%悬浮剂40～50毫升，或48%悬浮剂30～40毫升，对水45～60千克均匀喷雾，重点喷洒叶片背面。

番茄晚疫病　从病害发生初期开始喷药，7～10 天 1 次，与不同类型药剂交替使用，连喷 3～5 次。烯酰·氰霜唑喷施剂量同"黄瓜霜霉病"。

马铃薯晚疫病　从病害发生初期或田间初见病斑时或植株现蕾期开始喷药，10 天左右 1 次，与不同类型药剂交替使用，直到生长后期。烯酰·氰霜唑一般每亩次使用 30％悬浮剂 35～45 毫升，或 40％悬浮剂 25～35 毫升，或 48％悬浮剂 20～30 毫升，对水 60～75 千克均匀喷雾。

观赏玫瑰霜霉病　从病害发生初期开始喷药，7～10 天 1 次，与不同类型药剂交替使用，连喷 2～4 次。烯酰·氰霜唑一般每亩次使用 30％悬浮剂 40～50 毫升，或 40％悬浮剂 30～40 毫升，或 48％悬浮剂 25～30 毫升，对水 45～60 千克均匀喷雾。

注意事项　烯酰·氰霜唑不能与碱性药剂及肥料混用。连续喷药时，注意与不同类型药剂交替使用，以延缓病菌产生抗药性。

烯酰·霜脲氰

有效成分　烯酰吗啉（dimethomorph）＋ 霜脲氰（cymoxanil）。

主要含量与剂型　35％（30％＋5％）、40％（30％＋10％；25％＋15％）、48％（40％＋8％）悬浮剂，25％（20％＋5％）、50％（40％＋10％）可湿性粉剂，70％（50％＋20％）水分散粒剂。括号内有效成分含量均为烯酰吗啉的含量加霜脲氰的含量。

产品特点　烯酰·霜脲氰是由烯酰吗啉（肉桂酰胺类）与霜脲氰（酰胺脲类）按一定比例混配的一种低毒复合杀菌剂，专用于防控低等真菌性病害，具有预防、治疗及铲除三重功效，内吸性较强，杀菌较迅速，持效期较长，并可抑制病菌孢子产生。两种杀菌作用机理，既能通过抑制磷脂生物合成而影响细胞壁形成，又能阻止病菌孢子萌发及侵染，协同增效，可显著延缓病菌产生抗药性，使用方便。

适用作物防控对象及使用技术

葡萄霜霉病　先于葡萄花蕾期和落花后各喷药 1 次，有效防控幼果穗受害；然后从叶片上初见霜霉病病斑时立即开始连续喷药，10 天左右 1 次，与不同类型药剂交替使用，直到生长后期或雨露雾高湿环境不再出现时，中早熟品种葡萄采收后仍需喷药 1～2 次。烯酰·霜脲氰一般使用 25％可湿性粉剂 1 200～1 500 倍液，或 35％悬浮剂 1 500～1 800 倍液，或 40％悬浮剂 1 500～2 000 倍液，或 48％悬浮剂或 50％可湿性粉剂 2 000～2 500 倍液，或 70％水分散粒剂 3 000～4 000 倍液均匀喷雾，防控叶片受害时注意喷洒叶片背面。

苹果、梨疫腐病　应用于不套袋的苹果或梨。在果实膨大后期的多雨季节，从果园内初见病果时立即开始喷药，10 天左右 1 次，连喷 1～2 次，重点喷洒树冠中下部果实及地面。烯酰·霜脲氰喷施倍数同"葡萄霜霉病"。

柑橘疫霉褐腐病　在柑橘果实生长后期的多雨季节，从果园内初见病果时立即开始喷药，7～10 天 1 次，连喷 1～2 次，重点喷洒树冠中下部果实及地面。烯酰·霜脲氰喷施倍数同"葡萄霜霉病"。

荔枝霜疫霉病　在花蕾期、幼果期、果实膨大期、果实转色期各喷药 1 次，注意与不同类型药剂交替使用。烯酰·霜脲氰喷施倍数同"葡萄霜霉病"。

黄瓜、甜瓜、哈密瓜、苦瓜等瓜类霜霉病　从病害发生初期或初见病斑时开始喷药，7～10天1次，与不同类型药剂交替使用，直到生长后期。烯酰·霜脲氰一般每亩次使用35%悬浮剂40～60毫升，或40%悬浮剂40～50毫升，或48%悬浮剂30～40毫升，或25%可湿性粉剂60～80克，或50%可湿性粉剂30～40克，或70%水分散粒剂25～35克，对水45～60千克均匀喷雾，注意喷洒叶片背面。

辣椒疫病　从病害发生初期开始喷药，7～10天1次，与不同类型药剂交替使用，连喷2～4次，注意喷洒叶片背面及植株茎基部。烯酰·霜脲氰喷施剂量同"黄瓜霜霉病"。

番茄晚疫病　从病害发生初期开始喷药，7～10天1次，与不同类型药剂交替使用，连喷3～5次。烯酰·霜脲氰喷施剂量同"黄瓜霜霉病"。

马铃薯晚疫病　从病害发生初期或田间初见病株时或植株现蕾期开始喷药，10天左右1次，与不同类型药剂交替使用，直到生长后期。烯酰·霜脲氰一般每亩次使用35%悬浮剂40～60毫升，或40%悬浮剂40～50毫升，或48%悬浮剂30～40毫升，或25%可湿性粉剂60～80克，或50%可湿性粉剂30～40克，或70%水分散粒剂25～35克，对水60～75千克均匀喷雾。

烟草黑胫病　从病害发生初期或田间初见病株时开始喷药，7～10天1次，与不同类型药剂交替使用，连喷2～4次，重点喷洒植株中下部的茎部及茎基部周围土壤。烯酰·霜脲氰一般使用25%可湿性粉剂1 000～1 200倍液，或35%悬浮剂1 200～1 500倍液，或40%悬浮剂1 500～2 000倍液，或48%悬浮剂或50%可湿性粉剂2 000～2 500倍液，或70%水分散粒剂3 000～3 500倍液均匀喷雾或喷淋。

注意事项　烯酰·霜脲氰不能与碱性药剂及肥料混用。连续喷药时，注意与不同类型药剂交替使用，以延缓病菌产生抗药性。本剂生产企业较多，配方比例有较大差异，具体选用时应以其标签说明为准。

烯酰·铜钙

有效成分　烯酰吗啉（dimethomorph）＋硫酸铜钙（copper calcium sulphate）。

主要含量与剂型　75%（10%烯酰吗啉＋65%硫酸铜钙）可湿性粉剂。

产品特点　烯酰·铜钙是由烯酰吗啉（肉桂酰胺类）与硫酸铜钙（无机铜类）按科学比例混配的一种低毒复合杀菌剂，主要用于防控低等真菌性病害，具有预防保护和内吸治疗双重作用，黏着性好，耐雨水冲刷，持效期较长。两种杀菌作用机理，既能通过抑制磷脂生物合成而影响细胞壁形成，又能与病菌多种生物基团结合而阻碍和抑制新陈代谢，协同增效，病菌不易产生抗药性。

适用作物防控对象及使用技术

葡萄霜霉病　先于葡萄花蕾期和落花后各喷药1次，有效防控霜霉病为害幼穗；然后从叶片上初显霜霉病病斑时立即开始连续喷药，10天左右1次，与不同类型药剂交替使用，直到生长后期或雨雾露高湿环境不再出现时，中早熟品种葡萄采收后仍需喷药1～2次。烯酰·铜钙一般使用75%可湿性粉剂600～800倍液均匀喷雾，中后期注意喷洒叶片背面。

柑橘疫霉褐腐病　在柑橘果实生长后期的多雨季节，从果园内初见病果时立即开始喷药，7～10 天 1 次，连喷 1～2 次，重点喷洒树冠中下部果实及地面。一般使用 75％可湿性粉剂 600～700 倍液均匀喷雾。

荔枝霜疫霉病　在花蕾期、幼果期、果实膨大期、果实转色期各喷药 1 次，注意与不同类型药剂交替使用。烯酰·铜钙一般使用 75％可湿性粉剂 600～700 倍液均匀喷雾。

黄瓜霜霉病　从病害发生初期开始喷药，7～10 天 1 次，与不同类型药剂交替使用，直到生长后期。烯酰·铜钙一般每亩次使用 75％可湿性粉剂 80～100 克，对水 45～60 千克均匀喷雾，重点喷洒叶片背面。

番茄晚疫病　从病害发生初期开始喷药，7～10 天 1 次，与不同类型药剂交替使用，连喷 3～5 次。烯酰·铜钙一般每亩次使用 75％可湿性粉剂 100～120 克，对水 45～60 千克均匀喷雾。

马铃薯晚疫病　从病害发生初期或田间初见病株时或植株现蕾期开始喷药，10 天左右 1 次，与不同类型药剂交替使用，直到生长后期。烯酰·铜钙一般每亩次使用 75％可湿性粉剂 100～140 克，对水 60～75 千克均匀喷雾。

烟草黑胫病　从病害发生初期或田间初见病株时开始喷药，7～10 天 1 次，与不同类型药剂交替使用，连喷 2～4 次。烯酰·铜钙一般使用 75％可湿性粉剂 500～600 倍液均匀喷雾，重点喷洒植株中下部的茎部及茎基部周围土壤。

注意事项　烯酰·铜钙不能与碱性药剂及肥料混用，也不能与含有游离态金属离子的药剂混用。桃树、李树、梅树、杏树、柿树、白菜、菜豆、莴苣、荸荠等作物对铜离子较敏感，施药时避免药液飘移到上述作物上。

烯酰·唑嘧菌

有效成分　烯酰吗啉（dimethomorph）＋唑嘧菌胺（initium）。

主要含量与剂型　47％（20％烯酰吗啉＋27％唑嘧菌胺）悬浮剂。

产品特点　烯酰·唑嘧菌是由烯酰吗啉（肉桂酰胺类）与唑嘧菌胺（三唑嘧啶类）按一定比例科学混配的一种高效低毒复合杀菌剂，专用于防控低等真菌性病害，具有预防保护和内吸治疗双重作用，杀菌活性高。两种杀菌作用机理优势互补，协同增效，既能通过抑制磷脂生物合成而影响细胞壁形成，又能抑制线粒体呼吸而阻碍病菌能量供应，使病菌不易产生抗药性。

适用作物防控对象及使用技术

葡萄霜霉病　先于葡萄花蕾期和落花后各喷药 1 次，有效防控霜霉病为害幼穗；然后从叶片上初显霜霉病病斑时立即开始连续喷药，7～10 天 1 次，与不同类型药剂交替使用，直到生长后期或雨雾露高湿环境不再出现时，中早熟品种葡萄采收后仍需喷药 1～2 次。烯酰·唑嘧菌一般使用 47％悬浮剂 1 000～1 500 倍液均匀喷雾。

荔枝霜疫霉病　在花蕾期、幼果期、果实膨大期、果实转色期各喷药 1 次，注意与不同类型药剂交替使用。烯酰·唑嘧菌一般使用 47％悬浮剂 1 000～1 500 倍液均匀喷雾。

黄瓜霜霉病　从病害发生初期开始喷药，7～10 天 1 次，与不同类型药剂交替使用，直到生长后期。烯酰·唑嘧菌一般每亩次使用 47％悬浮剂 40～60 毫升，对水 45～60 千克均匀喷雾。

辣椒疫病　从病害发生初期开始喷药，7～10 天 1 次，连喷 2～3 次。一般每亩次使用 47％悬浮剂 60～80 毫升，对水 45～75 千克均匀喷雾。

番茄晚疫病　从病害发生初期开始喷药，7～10 天 1 次，与不同类型药剂交替使用，连喷 3～5 次。烯酰·唑嘧菌一般每亩次使用 47％悬浮剂 40～60 毫升，对水 45～60 千克均匀喷雾。

马铃薯晚疫病　从病害发生初期或田间初见病株时或植株现蕾期开始喷药，10 天左右 1 次，与不同类型药剂交替使用，直到生长后期。烯酰·唑嘧菌一般每亩次使用 47％悬浮剂 50～60 毫升，对水 60～75 千克均匀喷雾。

注意事项　烯酰·唑嘧菌不能与碱性药剂及肥料混用。连续喷药时，注意与不同类型药剂交替使用，以延缓病菌产生抗药性。

唑醚·代森联

有效成分　吡唑醚菌酯（pyraclostrobin）＋代森联（metiram）。

主要含量与剂型　60％（5％＋55％）、72％（6％＋66％）水分散粒剂。括号内有效成分含量均为吡唑醚菌酯的含量加代森联的含量。

产品特点　唑醚·代森联是由吡唑醚菌酯（甲氧基丙烯酸酯类）与代森联（有机硫类）按一定比例混配的一种广谱低毒复合杀菌剂，以预防保护作用为主，耐雨水冲刷，持效期较长，使用安全，并有提高植物生理活性、激发免疫力和抗病性、提高产品质量等功效。两种有效成分，既能抑制病菌呼吸作用而阻碍能量供应，又能抑制病菌多种酶活性而阻止孢子萌发、干扰芽管伸长等，作用互补，协同增效，病菌不易产生抗药性。

适用作物防控对象及使用技术

苹果树轮纹病、炭疽病、套袋果斑点病、褐斑病、斑点落叶病、黑星病、霉心病　先于花序分离期和落花 80％左右时各喷药 1 次，有效防控霉心病；然后从苹果落花后 7～10 天开始喷药，10 天左右 1 次，连喷 3 次药后套袋，有效防控套袋苹果的轮纹病、炭疽病及套袋果斑点病，兼防春梢期斑点落叶病和褐斑病、黑星病；苹果套袋后（不套袋苹果连续喷药即可）继续喷药 4～6 次，间隔期 10～15 天，有效防控褐斑病、秋梢期斑点落叶病及不套袋苹果的轮纹病、炭疽病，兼防黑星病。连续喷药时，注意与不同类型药剂交替使用。唑醚·代森联一般使用 60％水分散粒剂 800～1 000 倍液或 72％水分散粒剂 1 000～1 200 倍液均匀喷雾。

梨树炭疽病、轮纹病、套袋果黑点病、黑斑病、白粉病　多从梨树落花后 10 天左右开始喷药，10 天左右 1 次，连喷 2～3 次药后套袋，有效防控套袋梨的炭疽病、轮纹病及套袋果黑点病，兼防黑斑病；套袋后（不套袋梨连续喷药即可）继续喷药 4～6 次，间隔期 10～15 天，有效防控黑斑病、白粉病及不套袋梨的炭疽病、轮纹病。连续喷药时，注意与不同类型药剂交替使用。唑醚·代森联喷施倍数同"苹果树轮纹病"。

葡萄霜霉病、白腐病、炭疽病、褐斑病、穗轴褐枯病　先于葡萄花蕾期和落花后各喷药 1 次，有效防控穗轴褐枯病及霜霉病为害幼穗；然后以防控霜霉病为主，兼防白腐病、炭疽病、褐斑病即可，即从叶片上初见霜霉病病斑时立即开始连续喷药，10 天左右 1 次，与不同类型药剂交替使用，直到生长后期或雨露雾等高湿气候不再出现时，中早熟品种葡萄采收后仍需喷药 1～2 次。唑醚·代森联喷施倍数同"苹果树轮纹病"。

桃树黑星病、炭疽病、真菌性穿孔病 毛桃类多从桃树落花后 20～30 天开始喷药，油桃类多从桃树落花后 10～15 天开始喷药，10～15 天 1 次，与不同类型药剂交替使用，连喷 2～4 次，往年病害发生较重果园，再增加喷药 1～2 次。唑醚·代森联喷施倍数同"苹果树轮纹病"。

枣树炭疽病、轮纹病 多从枣果坐住后半月左右开始喷药，10～15 天 1 次，与不同类型药剂交替使用，连喷 4～6 次。唑醚·代森联喷施倍数同"苹果树轮纹病"。

核桃炭疽病 多从果实膨大中期开始喷药，10～15 天 1 次，连喷 2～3 次。唑醚·代森联喷施倍数同"苹果树轮纹病"。

柿树炭疽病、圆斑病、角斑病 南方甜柿病害发生较重果园或产区，先于柿树开花前喷药 1 次，然后从落花后 10 天左右开始连续喷药，10～15 天 1 次，与不同类型药剂交替使用，连喷 5～7 次；北方柿树产区，多从落花后 20 天左右开始喷药，10～15 天 1 次，连喷 2～3 次即可。唑醚·代森联喷施倍数同"苹果树轮纹病"。

石榴炭疽病、褐斑病、麻皮病 一般果园在开花前、落花后、幼果期、套袋前及套袋后各喷药 1 次即可，中后期多雨潮湿时需增加喷药 1～2 次，注意与不同类型药剂交替使用。唑醚·代森联喷施倍数同"苹果树轮纹病"。

柑橘树疮痂病、炭疽病、黑星病、黄斑病 在春梢萌发初期、春梢转绿期、落花 2/3 时、落花后 15 天左右、落花后 30 天左右、夏梢抽生初期、夏梢转绿期、秋梢抽生初期、秋梢转绿期各喷药 1 次，注意与不同类型药剂交替使用。唑醚·代森联喷施倍数同"苹果树轮纹病"。

香蕉黑星病、叶斑病 从病害发生初期开始喷药，10～15 天 1 次，与不同类型药剂交替使用，连喷 3～5 次。唑醚·代森联一般使用 60% 水分散粒剂 600～800 倍液或 72% 水分散粒剂 800～1 000 倍液均匀喷雾。

荔枝霜疫霉病 在花蕾期、幼果期、果实膨大期、果实转色期各喷药 1 次，注意与不同类型药剂交替使用。唑醚·代森联喷施倍数同"香蕉黑星病"。

黄瓜霜霉病、疫病、炭疽病、黑星病、靶斑病 以防控霜霉病为主，兼防其他病害即可。从定植缓苗后或初见霜霉病病斑时立即开始喷药，7～10 天 1 次，与不同类型药剂交替使用，直到生长后期。唑醚·代森联一般每亩次使用 60% 水分散粒剂 80～120 克或 72% 水分散粒剂 60～80 克，对水 45～60 千克均匀喷雾，植株较小时适当降低用药量。

西瓜疫病、炭疽病、蔓枯病 从相应病害发生初期开始喷药，7～10 天 1 次，与相应不同类型药剂交替使用，连喷 3～4 次。唑醚·代森联喷施剂量同"黄瓜霜霉病"。

甜瓜霜霉病、炭疽病 从相应病害发生初期开始喷药，7～10 天 1 次，与相应不同类型药剂交替使用，连喷 3～4 次。唑醚·代森联喷施剂量同"黄瓜霜霉病"。

辣椒疫病、炭疽病 从相应病害发生初期开始喷药，7～10 天 1 次，与相应不同类型药剂交替使用，连喷 2～4 次。唑醚·代森联喷施剂量同"黄瓜霜霉病"，防控疫病时注意喷洒植株中下部的茎部及茎基部周围土壤。

番茄晚疫病、早疫病、叶霉病 从相应病害发生初期开始喷药，7～10 天 1 次，与相应不同类型药剂交替使用，连喷 3～5 次。唑醚·代森联喷施剂量同"黄瓜霜霉病"。

白菜、甘蓝等十字花科蔬菜的炭疽病、霜霉病、黑斑病 从相应病害发生初期开始喷药，7～10 天 1 次，连喷 2 次左右。唑醚·代森联一般每亩次使用 60％水分散粒剂 40～60 克或 72％水分散粒剂 35～50 克，对水 30～45 千克均匀喷雾。

马铃薯早疫病、晚疫病、炭疽病　从病害发生初期或田间初见病斑时或植株现蕾期开始喷药，7～10 天 1 次，与相应不同类型药剂交替使用，直到生长后期。唑醚·代森联一般每亩次使用 60％水分散粒剂 100～120 克或 72％水分散粒剂 80～100 克，对水 60～75 千克均匀喷雾。

花生叶斑病　从病害发生初期或开花下针期开始喷药，10～15 天 1 次，连喷 2～3 次。一般每亩次使用 60％水分散粒剂 60～100 克或 72％水分散粒剂 50～70 克，对水 30～45 千克均匀喷雾。

洋葱、大葱紫斑病　从病害发生初期开始喷药，10 天左右 1 次，连喷 2 次左右。唑醚·代森联喷施剂量同"花生叶斑病"。

大蒜叶枯病　从病害发生初期开始喷药，7～10 天 1 次，连喷 2 次左右。唑醚·代森联喷施剂量同"花生叶斑病"。

姜叶斑病　从病害发生初期开始喷药，7～10 天 1 次，连喷 2 次左右。唑醚·代森联喷施剂量同"花生叶斑病"。

棉花立枯病　多在棉花出苗期至第一真叶展开期，遇阴雨天之前及时进行喷药，以后根据气候因素和田间病情安排喷药次数。一般每亩次使用 60％水分散粒剂 60～100 克或 72％水分散粒剂 50～70 克，对水 30～45 千克均匀喷雾，并连同苗垄周围的地表一同喷洒。

玉米大斑病、小斑病、圆斑病、灰斑病、黄斑病　从病害发生初期开始喷药，10～15 天 1 次，连喷 1～2 次。一般每亩次使用 60％水分散粒剂 60～100 克或 72％水分散粒剂 50～70 克，对水 30～45 千克均匀喷雾；当植株较高大时（玉米生长中后期），适当增加用药量。

小麦赤霉病　在小麦齐穗初期和扬花初期各喷药 1 次，往年赤霉病严重地区且遇扬花期多雨潮湿时，7～10 天后再喷药 1 次。一般每亩次使用 60％水分散粒剂 60～90 克或 72％水分散粒剂 50～70 克，对水 30～45 千克均匀喷雾。

烟草赤星病　从病害发生初期开始喷药，10 天左右 1 次，连喷 2～3 次。一般每亩次使用 60％水分散粒剂 80～100 克或 72％水分散粒剂 70～80 克，对水 45～60 千克均匀喷雾。

注意事项　唑醚·代森联不能与碱性药剂及肥料混用，也不能与含铜药剂混用。在病害发生前或病菌侵染前开始喷药效果最好，且喷药应均匀周到。吡唑醚菌酯对冬枣果实较敏感，特别是棚室内，用药时需要注意。

唑醚·啶酰菌

有效成分　吡唑醚菌酯（pyraclostrobin）＋ 啶酰菌胺（boscalid）。

主要含量与剂型　30％（10％＋20％）、33％（6.5％＋26.5％）、35％（10％＋25％）、38％（12.8％＋25.2％）悬浮剂，38％（12.7％＋25.3％；12.8％＋25.2％；13％＋25％）、40％（13％＋27％；13.3％＋26.7％）水分散粒剂。括号内有效成分含量

均为吡唑醚菌酯的含量加啶酰菌胺的含量。

产品特点　唑醚·啶酰菌是由吡唑醚菌酯（甲氧基丙烯酸酯类）与啶酰菌胺（吡啶甲酰胺类）按一定比例混配的一种广谱低毒复合杀菌剂，具有保护和治疗双重作用，速效性较好，内吸渗透性较强，耐雨水冲刷，持效期较长；两种有效成分虽然均是通过抑制线粒体呼吸而影响病菌能量供应，但作用位点不同，协同增效显著。

适用作物防控对象及使用技术

葡萄灰霉病、白腐病、白粉病　防控灰霉病时，先于葡萄花蕾期和落花后各喷药1次，有效防控幼穗受害；套袋葡萄，在套袋前喷药1次，防控袋内果穗受害；不套袋葡萄，于葡萄近成熟期果穗上初见灰霉病病粒时立即开始喷药，7～10天1次，连喷1～2次。防控白腐病时，套袋葡萄于套袋前喷药1次即可，不套袋葡萄多从果粒膨大后期开始喷药，7～10天1次，与不同类型药剂交替使用，直到采收前1周左右。防控白粉病时，从病害发生初期开始喷药，10天左右1次，连喷2～3次。唑醚·啶酰菌一般使用30%悬浮剂或35%悬浮剂或38%悬浮剂或38%水分散粒剂1 000～1 500倍液，或33%悬浮剂800～1 000倍液，或40%水分散粒剂1 500～2 000倍液均匀喷雾。

桃树灰霉病、褐腐病　防控灰霉病时，适用于棚室内桃树，在开花前、落花后各喷药1次。防控褐腐病时，套袋桃在套袋前喷药1次即可；不套袋桃多从果实采收前1个月左右或初见病果时开始喷药，7～10天1次，连喷2次左右。唑醚·啶酰菌喷施倍数同"葡萄灰霉病"。

草莓灰霉病、白粉病　多从草莓初花期或病害发生初期开始喷药，10天左右1次，与不同类型药剂交替使用，直到果实采收后期。唑醚·啶酰菌一般每亩次使用30%悬浮剂或33%悬浮剂或35%悬浮剂或38%悬浮剂40～60毫升，或38%水分散粒剂或40%水分散粒剂40～60克，对水30～45千克均匀喷雾。

香蕉叶斑病　从病害发生初期开始喷药，10～15天1次，与不同类型药剂交替使用，连喷3～5次。唑醚·啶酰菌一般使用30%悬浮剂或35%悬浮剂或38%悬浮剂或38%水分散粒剂800～1 000倍液，或33%悬浮剂600～700倍液，或40%水分散粒剂1 000～1 200倍液均匀喷雾。

黄瓜灰霉病、白粉病　从病害发生初期开始喷药，7～10天1次，与不同类型药剂交替使用，连喷3～5次。唑醚·啶酰菌一般每亩次使用33%悬浮剂50～70毫升，或30%悬浮剂或35%悬浮剂或38%悬浮剂40～60毫升，或38%水分散粒剂50～70克，或40%水分散粒剂40～60克，对水45～60千克均匀喷雾。

西瓜灰霉病　从病害发生初期开始喷药，7～10天1次，连喷2次左右。唑醚·啶酰菌喷施剂量同"黄瓜灰霉病"。

番茄灰霉病　从病害发生初期或连续阴天2天时开始喷药，7～10天1次，连喷2次左右。唑醚·啶酰菌喷施剂量同"黄瓜灰霉病"。

观赏玫瑰白粉病　从病害发生初期开始喷药，7～10天1次，连喷2～3次。一般使用30%悬浮剂或35%悬浮剂或38%悬浮剂或38%水分散粒剂2 000～2 500倍液，或33%悬浮剂1 500～2 000倍液，或40%水分散粒剂2 500～3 000倍液均匀喷雾。

观赏菊花灰霉病　从病害发生初期开始喷药，7～10天1次，连喷2～3次。一般使用30%悬浮剂或35%悬浮剂或38%悬浮剂或38%水分散粒剂1 500～1 800倍液，或33%

悬浮剂 1 200～1 500 倍液，或 40％水分散粒剂 2 000～2 500 倍液均匀喷雾。

注意事项 唑醚·啶酰菌不能与碱性药剂及肥料混用。连续喷药时，注意与不同类型药剂交替使用，以延缓病菌产生抗药性。

唑醚·氟环唑

有效成分 吡唑醚菌酯（pyraclostrobin）＋氟环唑（epoxiconazole）。

主要含量与剂型 17％（12.3％+4.7％；12.5％+4.5％）、20％（8％+12％；15％+5％）、30％（10％+20％；22.5％+7.5％）、35％（20％+15％；25％+10％）、38％（23.7％+14.3％）、40％（20％+20％）悬浮剂。括号内有效成分含量均为吡唑醚菌酯的含量加氟环唑的含量。

产品特点 唑醚·氟环唑又称吡醚·氟环唑，是由吡唑醚菌酯（甲氧基丙烯酸酯类）与氟环唑（三唑类）按一定比例科学混配的一种高效低毒复合杀菌剂，具有预防保护和内吸治疗作用，渗透传导性好，耐雨水冲刷，持效期较长，并能在一定程度上诱使植物产生其潜在抗病性能，提高产品质量。两种有效成分作用互补，既能抑制病菌呼吸作用而影响能量供应，又能阻碍病菌细胞膜形成，使病菌不易产生抗药性。

适用作物防控对象及使用技术

苹果树斑点落叶病、褐斑病 防控斑点落叶病时，在春梢生长期内和秋梢生长期内各喷药 2 次左右，间隔期 10～15 天；防控褐斑病时，多从苹果落花后 1 个月左右或病害发生初期或套袋前开始喷药，10～15 天 1 次，连喷 4～6 次。连续喷药时，注意与不同类型药剂交替使用。唑醚·氟环唑一般使用 17％悬浮剂 800～1 200 倍液，或 20％悬浮剂 1 000～1 500 倍液，或 30％悬浮剂或 35％悬浮剂 2 000～2 500 倍液，或 38％悬浮剂或 40％悬浮剂 2 300～2 800 倍液均匀喷雾。

葡萄炭疽病 套袋葡萄在套袋前喷药 1 次即可；不套袋葡萄从果粒膨大中后期开始喷药，10～15 天 1 次，与不同类型药剂交替使用，直到采收前 1 周左右。唑醚·氟环唑喷施倍数同"苹果树斑点落叶病"。

香蕉叶斑病、黑星病 从病害发生初期开始喷药，10～15 天 1 次，与不同类型药剂交替使用，连喷 3～5 次。唑醚·氟环唑一般使用 17％悬浮剂 700～800 倍液，或 20％悬浮剂 800～1 000 倍液，或 30％悬浮剂或 35％悬浮剂 1 200～1 500 倍液，或 38％悬浮剂或 40％悬浮剂 1 500～2 000 倍液均匀喷雾。

柑橘树炭疽病、砂皮病 在春梢萌发初期、春梢转绿期、落花 2/3 时、落花后 15 天左右、落花后 30 天左右、夏梢抽生初期、夏梢转绿期、秋梢抽生初期、秋梢转绿期各喷药 1 次，注意与不同类型药剂交替使用。唑醚·氟环唑一般使用 17％悬浮剂 1 000～1 200 倍液，或 20％悬浮剂 1 200～1 500 倍液，或 30％悬浮剂或 35％悬浮剂 2 000～2 500 倍液，或 38％悬浮剂或 40％悬浮剂 2 300～2 800 倍液均匀喷雾。

小麦纹枯病、白粉病、赤霉病 防控纹枯病、白粉病时，从病害发生初期开始喷药，10～15 天 1 次，连喷 2 次左右；或在拔节期和孕穗期至抽穗初期各喷药 1 次。防控赤霉病时，在齐穗初期和扬花期各喷药 1 次。唑醚·氟环唑一般每亩次使用 17％悬浮剂 50～70 毫升，或 20％悬浮剂 40～50 毫升，或 30％悬浮剂或 35％悬浮剂 30～40 毫升，或 38％

悬浮剂或 40％悬浮剂 20～25 毫升，对水 30～45 千克均匀喷雾。

玉米大斑病、小斑病、圆斑病　从病害发生初期开始喷药，10～15 天 1 次，连喷 2 次左右。唑醚·氟环唑喷施剂量同"小麦纹枯病"。植株较高大时适当增加喷药量。

花生叶斑病　从病害发生初期或开花下针期开始喷药，10～15 天 1 次，连喷 2～3 次。唑醚·氟环唑喷施剂量同"小麦纹枯病"。

大豆叶斑病　从病害发生初期开始喷药，10～15 天 1 次，连喷 1～2 次。唑醚·氟环唑喷施剂量同"小麦纹枯病"。

注意事项　唑醚·氟环唑不能与碱性药剂及肥料混用。本剂生产企业较多，配方比例有较大差异，具体选用时应以其标签说明为准。

唑醚·氟酰胺

有效成分　吡唑醚菌酯（pyraclostrobin）＋氟唑菌酰胺（fluxapyroxad）。

主要含量与剂型　42.4％（21.2％＋21.2％）、43％（29％＋14％）悬浮剂。括号内有效成分含量均为吡唑醚菌酯的含量加氟唑菌酰胺的含量。

产品特点　唑醚·氟酰胺是由吡唑醚菌酯（甲氧基丙烯酸酯类）与氟唑菌酰胺（吡唑酰胺类）按科学比例混配的一种高效广谱低毒复合杀菌剂，具有保护和治疗作用，内吸传导性好，耐雨水冲刷，持效期较长，使用安全，并可诱使植物表现出其潜在抗逆能力，促进植株生长健壮，提高产品质量。两种有效成分作用机理虽然均为通过抑制病菌呼吸作用而阻碍能量供应，但作用位点不同，具有互补及协同增效作用，使病菌不易产生抗药性。

适用作物防控对象及使用技术

葡萄白粉病、灰霉病　防控白粉病时，从病害发生初期开始喷药，10 天左右 1 次，连喷 2～3 次。防控灰霉病时，在葡萄花蕾期和落花后各喷药 1 次，有效防控幼穗受害；套袋葡萄在套袋前喷药 1 次，防控袋内果穗受害；不套袋葡萄于葡萄近成熟期果穗上初见灰霉病病粒时立即开始喷药，7～10 天 1 次，连喷 1～2 次。唑醚·氟酰胺一般使用 42.4％悬浮剂 2 500～3 000 倍液或 43％悬浮剂 2 000～2 500 倍液均匀喷雾。

草莓白粉病、灰霉病　多从草莓初花期或相应病害发生初期开始喷药，10 天左右 1 次，与不同类型药剂交替使用，直到果实采收中后期。唑醚·氟酰胺一般每亩次使用 42.4％悬浮剂 25～30 毫升或 43％悬浮剂 30～35 毫升，对水 30～45 千克均匀喷雾。

香蕉叶斑病、黑星病　从病害发生初期开始喷药，10～15 天 1 次，与不同类型药剂交替使用，连喷 3～5 次。唑醚·氟酰胺一般使用 42.4％悬浮剂 2 000～3 000 倍液或 43％悬浮剂 1 500～2 000 倍液均匀喷雾。

杧果炭疽病、白粉病　在花序伸长期、落花 2/3 时、落花后 15 天左右、落花后 30 天左右及果实近成熟期各喷药 1 次，注意与不同类型药剂交替使用。唑醚·氟酰胺一般使用 42.4％悬浮剂 2 500～3 500 倍液或 43％悬浮剂 2 000～2 500 倍液均匀喷雾。

番茄灰霉病、叶霉病　防控灰霉病时，从病害发生初期或连续阴天 2 天时立即开始喷药，7～10 天 1 次，每期连喷 2 次左右；防控叶霉病时，从病害发生初期开始喷药，10～15 天 1 次，连喷 2～3 次。唑醚·氟酰胺一般每亩次使用 42.4％悬浮剂或 43％悬浮剂 20～30 毫升，对水 45～60 千克均匀喷雾。

辣椒炭疽病　从病害发生初期开始喷药，10～15 天 1 次，连喷 2～3 次。一般每亩次使用 42.4% 悬浮剂 20～26 毫升或 43% 悬浮剂 25～30 毫升，对水 45～60 千克均匀喷雾。

黄瓜白粉病、灰霉病　防控白粉病时，从病害发生初期开始喷药，7～10 天 1 次，连喷 2～3 次；防控灰霉病时，从病害发生初期或连续阴天 2 天时开始喷药，7～10 天 1 次，连喷 2 次左右。唑醚·氟酰胺一般每亩次使用 42.4% 悬浮剂 20～30 毫升或 43% 悬浮剂 25～35 毫升，对水 45～60 千克均匀喷雾。

西瓜白粉病　从病害发生初期开始喷药，7～10 天 1 次，连喷 2～3 次。唑醚·氟酰胺一般每亩次使用 42.4% 悬浮剂 15～20 毫升或 43% 悬浮剂 20～25 毫升，对水 45～60 千克均匀喷雾。

马铃薯黑痣病　播种沟用药。即在马铃薯播种时，每亩使用 42.4% 悬浮剂或 43% 悬浮剂 30～40 毫升，对水 45～60 千克均匀喷洒播种沟及已播种薯，而后覆土。

马铃薯早疫病　从病害发生初期开始喷药，10 天左右 1 次，连喷 2～3 次。唑醚·氟酰胺一般每亩次使用 42.4% 悬浮剂 20～30 毫升或 43% 悬浮剂 30～35 毫升，对水 60～75 千克均匀喷雾。

玉米大斑病、小斑病　从病害发生初期开始喷药，10～15 天 1 次，连喷 2 次左右。一般每亩次使用 42.4% 悬浮剂 30～40 毫升或 43% 悬浮剂 20～25 毫升，对水 30～45 千克均匀喷雾。

注意事项　唑醚·氟酰胺不能与碱性药剂及肥料混用。连续喷药时，注意与不同类型药剂交替使用，以延缓病菌产生抗药性。

唑醚·甲硫灵

有效成分　吡唑醚菌酯（pyraclostrobin）＋甲基硫菌灵（thiophanate‐methyl）。

主要含量与剂型　30%（4%＋26%；5%＋25%）、40%（5%＋35%；8%＋32%）、45%（5%＋40%）、50%（10%＋40%）悬浮剂，75%（15%＋60%）可湿性粉剂，41%（4.1%＋36.9%）悬浮种衣剂。括号内有效成分含量均为吡唑醚菌酯的含量加甲基硫菌灵的含量。

产品特点　唑醚·甲硫灵又称吡唑·甲硫灵，是由吡唑醚菌酯（甲氧基丙烯酸酯类）与甲基硫菌灵（取代苯类）按一定比例混配的一种内吸治疗性广谱低毒复合杀菌剂，具有预防保护和内吸治疗作用，叶片渗透性好，耐雨水冲刷，持效期较长，使用安全，早期使用防病效果更好。多种杀菌作用机理，既能通过抑制病菌呼吸作用而阻碍能量供应，又能影响细胞分裂，防病效果更好，且病菌不易产生抗药性。

适用作物防控对象及使用技术

苹果树轮纹病、炭疽病、套袋果斑点病、斑点落叶病、褐斑病、黑星病　防控轮纹病、炭疽病时，从苹果落花后 7～10 天开始喷药，10 天左右 1 次，连喷 3 次药后套袋（套袋后停止喷药）；不套袋苹果需继续喷药 4～6 次，间隔期 10～15 天。防控套袋果斑点病时，在套袋前 5～7 天内喷药 1 次即可。防控斑点落叶病时，在春梢生长期内和秋梢生长期内各喷药 2 次左右，间隔期 10～15 天。防控褐斑病时，多从苹果落花后 1 个月左右或初见褐斑病病叶时或套袋前开始喷药，10～15 天 1 次，连喷 4～6 次。防控黑星病时，从病害发生初期或初见病叶或病果时开始喷药，10～15 天 1 次，连喷 2～4 次。连续喷药时，注意与不同类型药剂交替使用。唑醚·甲硫灵一般使用 30％悬浮剂或 40％悬浮剂或 45％悬浮剂 600～800 倍液，或 50％悬浮剂 800～1 000 倍液，或 75％可湿性粉剂 1 200～1 500 倍液均匀喷雾。

梨树轮纹病、炭疽病、套袋果黑点病、褐斑病　防控轮纹病、炭疽病时，从梨树落花后 10 天左右开始喷药，10 天左右 1 次，连喷 2～3 次药后套袋（套袋后停止喷药）；不套袋梨需继续喷药 5～7 次，间隔期 10～15 天。防控套袋果黑点病时，在套袋前 5～7 天内喷药 1 次即可。防控褐斑病时，从病害发生初期开始喷药，10～15 天 1 次，连喷 2～3 次。连续喷药时，注意与不同类型药剂交替使用。唑醚·甲硫灵喷施倍数同"苹果树轮纹病"。

葡萄褐斑病、炭疽病、白腐病　防控褐斑病时，从病害发生初期开始喷药，10～15 天 1 次，连喷 2～4 次。防控炭疽病、白腐病时，套袋葡萄在套袋前喷药 1 次即可，不套袋葡萄从果粒膨大中期开始喷药，10 天左右 1 次，与不同类型药剂交替使用，直到采收前 1 周左右。唑醚·甲硫灵喷施倍数同"苹果树轮纹病"。

桃树黑星病、炭疽病、真菌性穿孔病　毛桃类多从桃树落花后 20 天左右开始喷药，油桃类多从桃树落花后 10～15 天开始喷药，10～15 天 1 次，与不同类型药剂交替使用，连喷 3～5 次。唑醚·甲硫灵喷施倍数同"苹果树轮纹病"。

李树红点病、炭疽病、真菌性穿孔病　防控红点病时，从叶片展开期开始喷药，10～15 天 1 次，连喷 3～4 次；防控炭疽病时，多从落花后 20 天左右开始喷药，10～15 天 1 次，连喷 3～5 次；防控真菌性穿孔病时，从病害发生初期开始喷药，10～15 天 1 次，连喷 2～4 次。连续喷药时，注意与不同类型药剂交替使用。唑醚·甲硫灵喷施倍数同"苹果树轮纹病"。

核桃炭疽病　多从果实膨大中期开始喷药，10～15 天 1 次，连喷 2～3 次。唑醚·甲硫灵喷施倍数同"苹果树轮纹病"。

柿树炭疽病、角斑病、圆斑病　南方甜柿产区病害发生较重果园，先于柿树开花前喷药 1 次，然后从落花后 10 天左右开始连续喷药，10～15 天 1 次，与不同类型药剂交替使用，连喷 4～6 次；北方柿树产区，多从落花后 20 天左右开始喷药，10～15 天 1 次，连喷 2～3 次。唑醚·甲硫灵喷施倍数同"苹果树轮纹病"。

枣树炭疽病、轮纹病　多从枣果坐住后半月左右开始喷药，10～15 天 1 次，与不同类型药剂交替使用，连喷 4～6 次。唑醚·甲硫灵喷施倍数同"苹果树轮纹病"。

山楂炭疽病、轮纹病、叶斑病　防控炭疽病、轮纹病时，多从山楂落花后 20 天左右开始喷药，10～15 天 1 次，连喷 2～4 次；防控叶斑病时，从病害发生初期开始喷药，10～15 天 1 次，连喷 2～3 次。连续喷药时，注意与不同类型药剂交替使用。唑醚·甲硫灵喷施倍数同"苹果树轮纹病"。

石榴炭疽病、褐斑病、麻皮病　一般果园在开花前、落花后、幼果期、套袋前及套袋后各喷药 1 次即可，中后期多雨潮湿时需增加喷药 1～2 次，注意与不同类型药剂交替使用。唑醚·甲硫灵喷施倍数同"苹果树轮纹病"。

草莓炭疽病、蛇眼病　主要应用于育秧田。从病害发生初期开始喷药，10 天左右

1 次，与不同类型药剂交替使用，连喷 3～5 次。唑醚·甲硫灵喷施倍数同"苹果树轮纹病"。

柑橘树炭疽病　一般果园从落花 2/3 时开始喷药，15 天左右 1 次，连喷 3～4 次；椪柑类炭疽病较重品种，果实开始着色时需再次开始喷药，10～15 天 1 次，连喷 2 次左右。连续喷药时，注意与不同类型药剂交替使用。唑醚·甲硫灵一般使用 30％悬浮剂或 40％悬浮剂或 45％悬浮剂 800～1 000 倍液，或 50％悬浮剂 1 000～1 200 倍液，或 75％可湿性粉剂 1 200～1 500 倍液均匀喷雾。

杧果炭疽病　多从落花 2/3 时开始喷药，10～15 天 1 次，与不同类型药剂交替使用，连喷 3～5 次。唑醚·甲硫灵喷施倍数同"柑橘树炭疽病"。

黄瓜炭疽病、靶斑病　从病害发生初期开始喷药，7～10 天 1 次，与不同类型药剂交替使用，连喷 2～4 次。唑醚·甲硫灵一般每亩次使用 30％悬浮剂或 40％悬浮剂或 45％悬浮剂 80～100 毫升，或 50％悬浮剂 60～80 毫升，或 75％可湿性粉剂 50～70 克，对水 45～60 千克均匀喷雾。

西瓜炭疽病　从病害发生初期开始喷药，7～10 天 1 次，连喷 2～3 次。唑醚·甲硫灵喷施剂量同"黄瓜炭疽病"。

番茄早疫病、灰斑病　从病害发生初期开始喷药，7～10 天 1 次，与不同类型药剂交替使用，连喷 3～4 次。唑醚·甲硫灵喷施剂量同"黄瓜炭疽病"。

茄子褐纹病、叶斑病　从病害发生初期开始喷药，7～10 天 1 次，与不同类型药剂交替使用，连喷 2～4 次。唑醚·甲硫灵喷施剂量同"黄瓜炭疽病"。

豇豆炭疽病、紫斑病　从病害发生初期开始喷药，7～10 天 1 次，与不同类型药剂交替使用，连喷 3～4 次。唑醚·甲硫灵喷施剂量同"黄瓜炭疽病"。

玉米叶斑病　从病害发生初期开始喷药，10～15 天 1 次，连喷 2 次左右。一般每亩次使用 30％悬浮剂或 40％悬浮剂或 45％悬浮剂 80～120 毫升，或 50％悬浮剂 60～90 毫升，或 75％可湿性粉剂 50～70 克，对水 30～45 千克均匀喷雾，植株较高大时适当增加喷药量。

花生叶斑病、锈病　从病害发生初期或开花下针期开始喷药，10～15 天 1 次，连喷 2～3 次。一般每亩次使用 30％悬浮剂或 40％悬浮剂或 45％悬浮剂 70～100 毫升，或 50％悬浮剂 60～80 毫升，或 75％可湿性粉剂 50～70 克，对水 30～45 千克均匀喷雾。

花生根腐病　种子包衣用药。每 100 千克种子使用 41％悬浮种衣剂 100～300 毫升，配成 1 500～2 500 毫升均匀药液，将药液缓慢倒洒在种子上，边倒边迅速搅拌，直到拌种均匀，而后晾干至种子不沾手时即可播种。播种时应注意土壤墒情，不宜过湿。

棉花立枯病　种子包衣用药。每 100 千克种子使用 41％悬浮种衣剂 100～150 毫升，配成 1 500～2 500 毫升均匀药液，将药液缓缓倒洒在种子上，边倒边迅速搅拌，直到拌种均匀，而后晾干至种子不沾手时即可播种。播种时应注意土壤墒情，不宜过湿。

注意事项　唑醚·甲硫灵不能与碱性药剂及肥料混用，也不能与铜制剂混用。吡唑醚菌酯对冬枣果实较敏感，特别是棚室内，用药时需要注意。本剂生产企业较多，配方比例差异较大，具体选用时应以其标签说明为准。拌种后的种子只能用于播种，不能用作饲料、食用等。

唑醚·氰霜唑

有效成分 吡唑醚菌酯（pyraclostrobin）＋氰霜唑（cyazofamid）。

主要含量与剂型 24％（20％＋4％）、25％（20％＋5％）、30％（8％＋22％；20％＋10％）、32％（14％＋18％）、35％（25％＋10％）、36％（28％＋8％）悬浮剂，40％（28％＋12％）水分散粒剂。括号内有效成分含量均为吡唑醚菌酯的含量加氰霜唑的含量。

产品特点 唑醚·氰霜唑是由吡唑醚菌酯（甲氧基丙烯酸酯类）与氰霜唑（磺胺咪唑类）按一定比例科学混配的一种高效低毒复合杀菌剂，主要用于防控低等真菌性病害，以保护作用为主，兼有一定治疗效果，内吸渗透性好，持效期较长。两种有效成分虽然均是通过抑制呼吸作用，影响病菌能量供应而杀菌，但作用位点不同，具有互补增效作用，防病效果更好，且病菌不易产生抗药性。

适用作物防控对象及使用技术

葡萄霜霉病 先于花蕾期和落花后各喷药1次，有效防控葡萄幼穗受害；然后从叶片上初见霜霉病病斑时立即开始连续喷药，10天左右1次，与不同类型药剂交替使用，直到生长后期，中早熟品种葡萄采收后仍需喷药1～2次。唑醚·氰霜唑一般使用24％悬浮剂或25％悬浮剂1 000～1 200倍液，或30％（20％＋10％）悬浮剂2 000～2 500倍液，或30％（8％＋22％）悬浮剂4 000～5 000倍液，或32％悬浮剂3 500～4 000倍液，或35％悬浮剂或36％悬浮剂2 500～3 000倍液，或40％水分散粒剂3 000～3 500倍液均匀喷雾。

荔枝霜疫霉病 在花蕾期、幼果期、果实膨大期、果实转色期各喷药1次，注意与不同类型药剂交替使用。唑醚·氰霜唑喷施倍数同"葡萄霜霉病"。

黄瓜霜霉病 从病害发生初期或叶片上初见霜霉病病斑时立即开始喷药，7～10天1次，与不同类型药剂交替使用，直到生长后期。唑醚·氰霜唑一般每亩次使用24％悬浮剂或25％悬浮剂40～50毫升，或30％（20％＋10％）悬浮剂35～40毫升，或30％（8％＋22％）悬浮剂25～30毫升，或32％悬浮剂30～40毫升，或35％悬浮剂或36％悬浮剂25～35毫升，或40％水分散粒剂30～40克，对水45～60千克均匀喷雾。

番茄晚疫病 从病害发生初期开始喷药，7～10天1次，与不同类型药剂交替使用，连喷3～5次。唑醚·氰霜唑喷施剂量同"黄瓜霜霉病"。

马铃薯晚疫病 从病害发生初期或田间初见病株时或植株现蕾期开始喷药，10天左右1次，与不同类型药剂交替使用，直到生长后期。唑醚·氰霜唑一般每亩次使用24％悬浮剂或25％悬浮剂35～45毫升，或30％（20％＋10％）悬浮剂30～40毫升，或30％（8％＋22％）悬浮剂18～20毫升，或32％悬浮剂20～25毫升，或35％悬浮剂或36％悬浮剂20～30毫升，或40％水分散粒剂25～35克，对水60～75千克均匀喷雾。

蔷薇科观赏花卉霜霉病 从病害发生初期开始喷药，7～10天1次，与不同类型药剂交替使用，连喷2～4次。唑醚·氰霜唑一般使用24％悬浮剂或25％悬浮剂800～1 000倍液，或30％（20％＋10％）悬浮剂1 500～1 800倍液，或30％（8％＋22％）悬浮剂3 500～4 000倍液，或32％悬浮剂2 500～3 000倍液，或35％悬浮剂或36％悬浮剂1 800～2 000倍液，或40％水分散粒剂2 000～2 500倍液均匀喷雾。

注意事项 唑醚·氰霜唑不能与碱性药剂及肥料混用。连续喷药时，注意与不同类型药剂交替使用。本剂生产企业较多，配方比例差异较大，具体选用时应以其标签说明为准。

唑醚·戊唑醇

有效成分 吡唑醚菌酯（pyraclostrobin）＋戊唑醇（tebuconazole）。

主要含量与剂型 30%（10%＋20%；18%＋12%）、35%（7%＋28%）、38%（7%＋31%）、40%（10%＋30%；13.3%＋26.7%）、42%（10%＋32%）、45%（15%＋30%）、48%（16%＋32%）悬浮剂，42%（28%＋14%）乳油，45%（8%＋37%）可湿性粉剂，40%（10%＋30%）、60%（20%＋40%）水分散粒剂。括号内有效成分含量均为吡唑醚菌酯的含量加戊唑醇的含量。

产品特点 唑醚·戊唑醇又称吡唑·戊唑醇，是由吡唑醚菌酯（甲氧基丙烯酸酯类）与戊唑醇（三唑类）按一定比例科学混配的一种高效低毒复合杀菌剂，具有预防保护和内吸治疗双重作用，杀菌活性高，渗透、内吸性强，耐雨水冲刷，药效稳定，持效期较长。两种杀菌作用机理优势互补，既能通过抑制呼吸作用而影响病菌能量供应，又能抑制病菌细胞膜形成，防病范围更广，且病菌不易产生抗药性。

适用作物防控对象及使用技术

苹果树轮纹病、炭疽病、套袋果斑点病、斑点落叶病、褐斑病、炭疽叶枯病、黑星病、锈病、白粉病　防控轮纹病、炭疽病、套袋果斑点病时，从苹果落花后7～10天开始喷药，10天左右1次，连喷3次药后套袋（套袋后停止喷药）；不套袋苹果需继续喷药4～6次，间隔期10～15天。防控斑点落叶病时，在春梢生长期内和秋梢生长期内各喷药2次左右，间隔期10～15天。防控褐斑病时，多从落花后1个月左右或初见褐斑病病叶时或套袋前开始喷药，10～15天1次，连喷4～6次。防控炭疽叶枯病时，在雨季（7、8月份）降雨前2天开始喷药，10天左右1次，连喷2～3次。防控黑星病时，从病害发生初期开始喷药，10～15天1次，连喷2～4次。防控锈病、白粉病时，在花序分离期、落花80%及落花后10天左右各喷药1次；往年白粉病发生较重果园，再于花芽分化期（8、9月份）增加喷药1～2次。连续喷药时，注意与不同类型药剂交替使用，并根据具体防控病害综合考虑。唑醚·戊唑醇一般使用30%悬浮剂1 500～2 000倍液，或35%悬浮剂2 000～2 500倍液，或38%悬浮剂或40%悬浮剂或42%悬浮剂或40%水分散粒剂2 000～3 000倍液，或45%悬浮剂或48%悬浮剂3 000～3 500倍液，或42%乳油或45%可湿性粉剂2 500～3 000倍液，或60%水分散粒剂3 500～4 000倍液均匀喷雾。

梨树黑星病、轮纹病、炭疽病、套袋果黑点病、黑斑病、褐斑病、锈病、白粉病　先于花序分离期和落花后各喷药1次，有效防控锈病，兼防黑星病。然后以防控黑星病为主导，兼防其他病害即可，多从梨树落花后10～15天开始继续喷药，10～15天1次，连喷2～3次药后套袋。套袋后继续喷药4～6次，间隔期10～15天。连续喷药时，注意与不同类型药剂交替使用。唑醚·戊唑醇喷施倍数同"苹果树轮纹病"。

山楂白粉病、锈病、炭疽病、轮纹病、叶斑病　防控白粉病、锈病时，在新梢抽生期、花序分离期、落花后和落花后10～15天各喷药1次；防控炭疽病、轮纹病、叶斑病时，多从落花后 20 天左右开始喷药，10～15 天 1 次，连喷 3～5 次。连续喷药时，注意与不同类型药剂交替使用。唑醚·戊唑醇喷施倍数同"苹果树轮纹病"。

葡萄炭疽病、褐斑病、白粉病　防控炭疽病时，套袋葡萄在套袋前喷药 1 次即可，不套袋葡萄多从果粒膨大中期开始喷药，10 天左右 1 次，与不同类型药剂交替使用，直到采收前 1 周左右；防控褐斑病、白粉病时，从相应病害发生初期开始喷药，10 天左右 1 次，连喷 2～4 次。唑醚·戊唑醇喷施倍数同"苹果树轮纹病"。

桃树黑星病、炭疽病、真菌性穿孔病、锈病、白粉病　防控黑星病、炭疽病时，毛桃类多从桃树落花后 20 天左右开始喷药，油桃类多从桃树落花后 10～15 天开始喷药，10～15 天 1 次，连喷 3～5 次（套袋桃套袋后结束）；防控真菌性穿孔病、锈病、白粉病时，从相应病害发生初期开始喷药，10～15 天 1 次，连喷 2～4 次。连续喷药时，注意与不同类型药剂交替使用。唑醚·戊唑醇喷施倍数同"苹果树轮纹病"。

李树红点病、炭疽病、真菌性穿孔病　防控红点病时，从叶片展开期开始喷药，10～15 天 1 次，连喷 3～4 次；防控炭疽病、真菌性穿孔病时，多从落花后 20 天左右开始喷药，10～15 天 1 次，连喷 3～5 次。连续喷药时，注意与不同类型药剂交替使用。唑醚·戊唑醇喷施倍数同"苹果树轮纹病"。

核桃炭疽病、褐斑病　多从果实膨大中期开始喷药，10～15 天 1 次，连喷 2～4 次。唑醚·戊唑醇喷施倍数同"苹果树轮纹病"。

柿树炭疽病、角斑病、圆斑病、黑星病　北方柿树产区，多从落花后 20 天左右开始喷药，15 天左右 1 次，连喷 2～3 次；南方甜柿产区病害发生较重果园，先于开花前喷药 1 次，然后从落花后 10 天左右开始连续喷药，10～15 天 1 次，与不同类型药剂交替使用，连喷 5～7 次。唑醚·戊唑醇喷施倍数同"苹果树轮纹病"。

枣树锈病、炭疽病、轮纹病　多从枣果坐住后 10～15 天或初见锈病病叶时开始喷药，10～15 天 1 次，与不同类型药剂交替使用，连喷 4～6 次。唑醚·戊唑醇喷施倍数同"苹果树轮纹病"。

石榴炭疽病、褐斑病、麻皮病　一般果园在开花前、落花后、幼果期、套袋前、套袋后各喷药 1 次即可。中后期多雨潮湿时或病害发生较重时，需增加喷药 1～2 次。注意与不同类型药剂交替使用。唑醚·戊唑醇喷施倍数同"苹果树轮纹病"。

花椒锈病　从病害发生初期开始喷药，10～15 天 1 次，与不同类型药剂交替使用，连喷 2～4 次。唑醚·戊唑醇喷施倍数同"苹果树轮纹病"。

枸杞白粉病　从病害发生初期开始喷药，10～15 天 1 次，连喷 2 次左右。唑醚·戊唑醇喷施倍数同"苹果树轮纹病"。

柑橘树炭疽病、疮痂病、砂皮病、黑星病、黄斑病　在春梢萌发初期、春梢转绿期、落花 2/3 时、落花后 15 天左右、落花后 30 天左右、夏梢抽生初期、夏梢转绿期、秋梢抽生初期、秋梢转绿期各喷药 1 次，注意与不同类型药剂交替使用。唑醚·戊唑醇喷施倍数同"苹果树轮纹病"。

香蕉叶斑病、黑星病　从病害发生初期开始喷药，10～15 天 1 次，与不同类型药剂交替使用，连喷 3～5 次。唑醚·戊唑醇一般使用 30％悬浮剂 1 000～1 200 倍液，或 35％悬浮剂 1 200～1 500 倍液，或 38％悬浮剂或 40％悬浮剂或 42％悬浮剂或 40％水分散粒剂 1 600～2 000 倍液，或 45％悬浮剂或 48％悬浮剂 1 800～2 000 倍液，或 42％乳油或 45％

可湿性粉剂 1 500~1 800 倍液，或 60%水分散粒剂 2 000~2 500 倍液均匀喷雾。

黄瓜白粉病、黑星病、炭疽病　从病害发生初期开始喷药，7~10 天 1 次，与不同类型药剂交替使用，连喷 2~4 次。唑醚·戊唑醇一般每亩次使用 30%悬浮剂 30~40 毫升，或 35%悬浮剂 30~35 毫升，或 38%悬浮剂或 40%悬浮剂或 42%悬浮剂或 45%悬浮剂或 48%悬浮剂 26~30 毫升，或 42%乳油 25~30 毫升，或 40%水分散粒剂 30~35 克，或 45%可湿性粉剂 25~30 克，或 60%水分散粒剂 16~20 克，对水 45~60 千克均匀喷雾。

西瓜炭疽病　从坐住瓜后的病害发生初期开始喷药，10 天左右 1 次，连喷 2~4 次。唑醚·戊唑醇喷施剂量同“黄瓜白粉病”。

辣椒炭疽病　从病害发生初期开始喷药，7~10 天 1 次，与不同类型药剂交替使用，连喷 2~4 次。唑醚·戊唑醇一般每亩次使用 30%悬浮剂 50~70 毫升，或 35%悬浮剂 50~60 毫升，或 38%悬浮剂或 40%悬浮剂或 42%悬浮剂或 45%悬浮剂或 48%悬浮剂 40~50 毫升，或 42%乳油 30~40 毫升，或 40%水分散粒剂 50~60 克，或 45%可湿性粉剂 40~50 克，或 60%水分散粒剂 25~30 克，对水 45~60 千克均匀喷雾。

小麦白粉病、锈病、赤霉病　防控白粉病、锈病时，从病害发生初期开始喷药，10~15 天 1 次，连喷 2 次左右；或在拔节期和孕穗期至抽穗期各喷药 1 次。防控赤霉病时，在齐穗初期和扬花期各喷药 1 次。唑醚·戊唑醇一般每亩次使用 30%悬浮剂 40~50 毫升，或 35%悬浮剂 25~30 毫升，或 38%悬浮剂或 40%悬浮剂或 42%悬浮剂或 45%悬浮剂或 48%悬浮剂 20~25 毫升，或 42%乳油 18~25 毫升，或 40%水分散粒剂 25~30 克，或 45%可湿性粉剂 20~25 克，或 60%水分散粒剂 12~15 克，对水 30~45 千克均匀喷雾。

玉米大斑病、小斑病、灰斑病、圆斑病　从病害发生初期开始喷药，10~15 天 1 次，连喷 2 次左右。唑醚·戊唑醇喷施剂量同“小麦白粉病”。

花生叶斑病　从病害发生初期或开花下针期开始喷药，10~15 天 1 次，连喷 2~3 次。唑醚·戊唑醇喷施剂量同“小麦白粉病”。

草坪褐斑病　从病害发生初期开始喷药，7~10 天 1 次，连喷 2~3 次。一般每亩次使用 30%悬浮剂 75~100 毫升，或 35%悬浮剂 70~90 毫升，或 38%悬浮剂或 40%悬浮剂或 42%悬浮剂或 45%悬浮剂或 48%悬浮剂 60~80 毫升，或 42%乳油 55~70 毫升，或 40%水分散粒剂 70~80 克，或 45%可湿性粉剂 60~70 克，或 60%水分散粒剂 40~50 克，对水 60~75 千克均匀喷雾或喷淋。

蔷薇科观赏花卉褐斑病　从病害发生初期开始喷药，10 天左右 1 次，连喷 2~3 次。唑醚·戊唑醇一般使用 30%悬浮剂 1 500~2 000 倍液，或 35%悬浮剂 2 000~2 500 倍液，或 38%悬浮剂或 40%悬浮剂或 42%悬浮剂或 40%水分散粒剂 2 000~3 000 倍液，或 45%悬浮剂或 48%悬浮剂 3 000~3 500 倍液，或 42%乳油或 45%可湿性粉剂 2 500~3 000 倍液，或 60%水分散粒剂 3 000~4 000 倍液均匀喷雾。

注意事项　唑醚·戊唑醇不能与碱性药剂及肥料混用。吡唑醚菌酯对冬枣果实较敏感，特别是棚室内，用药时需要注意。苹果和梨的幼果期尽量避免选用乳油制剂，不套袋葡萄的近成熟期亦尽量避免选用乳油制剂。本剂生产企业较多，配方比例差异较大，具体选用时应以其标签说明为准。

第二章 杀虫剂

第一节 单 剂

S-氰戊菊酯 esfenvalerate

主要含量与剂型　5%、50克/升乳油，5%、50克/升水乳剂。

产品特点　S-氰戊菊酯是一种拟除虫菊酯类高效广谱中毒杀虫剂，仅含有氰戊菊酯中的高活性异构体，以触杀和胃毒作用为主，无内吸和熏蒸作用，活性比普通氰戊菊酯高约4倍。其杀虫机理是作用于害虫神经系统中的钠离子通道，通过破坏神经系统的正常功能，使害虫过度兴奋、麻痹而死亡。该药对鳞翅目幼虫及双翅目、直翅目、半翅目等害虫均有较好的防控效果，且速效性好，但对螨类无效。

适用作物防控对象及使用技术　S-氰戊菊酯广泛应用于果树、蔬菜、粮棉油糖烟茶、林木、草原等多种植物，主要用于防控蚜虫类、叶蝉类、蓟马类、叶甲类、跳甲类、食叶类鳞翅目害虫（含卷叶蛾类、潜叶蛾类）、蛀食类鳞翅目害虫（含食心虫类）、椿象类、蝗虫类等多种害虫，但对螨类无效。

苹果树、梨树、桃树、栗树、石榴树、柑橘树等果树的蚜虫类　防控苹果瘤蚜时，在苹果花序分离期和落花后各喷药1次；防控苹果树、梨树的绣线菊蚜时，在苹果树或梨树嫩梢上蚜虫数量较多时，或蚜虫开始向幼果转移为害时及时喷药，10天左右1次，连喷1~2次；防控梨二叉蚜时，在蚜虫发生为害初期或初显卷叶时立即开始喷药，10天左右1次，连喷2次左右；防控桃树、杏树及李树蚜虫时，先于萌芽后开花前喷药1次，然后从落花后开始连续喷药，10天左右1次，连喷2~3次；防控栗树的栗大蚜、栗花斑蚜时，多从蚜虫数量较多时开始喷药，10天左右1次，连喷2次左右；防控柑橘树、石榴树、花椒树、枸杞上的蚜虫时，多从蚜虫发生为害初期开始喷药，7~10天1次，连喷2~3次。S-氰戊菊酯一般使用5%或50克/升乳油，或5%或50克/升水乳剂1 500~2 000倍液均匀喷雾，注意与不同类型药剂交替使用或混用。

苹果、梨、桃、枣等果实的食心虫类　根据虫情测报，在食心虫的卵盛期至初孵幼虫蛀果前及时进行喷药，7天左右1次，每代喷药1~2次。一般使用5%或50克/升乳油，或5%或50克/升水乳剂1 500~2 000倍液均匀喷雾。

苹果树、梨树、桃树、核桃树等果树的卷叶蛾类　在卷叶蛾发生为害初期或初见卷叶为害时及时进行喷药，7天左右1次，每代喷药1~2次。一般使用5%或50克/升乳油，或5%或50克/升水乳剂1 200~1 500倍液均匀喷雾。

苹果树、梨树、桃树、枣树、核桃树、柑橘树等果树的刺蛾类、食叶毛虫类等鳞翅目食叶害虫　在害虫发生为害初期或卵孵化盛期至低龄幼虫期及时进行喷药，7 天左右 1 次，每代喷药 1～2 次。一般使用 5% 或 50 克/升乳油，或 5% 或 50 克/升水乳剂 1 500～2 000 倍液均匀喷雾。

苹果、梨、桃、枣等果树的棉铃虫、斜纹夜蛾　在害虫卵孵化盛期至低龄幼虫期或初见蛀果为害时及时进行喷药，7 天左右 1 次，每代喷药 1～2 次。一般使用 5% 或 50 克/升乳油，或 5% 或 50 克/升水乳剂 1 200～1 500 倍液均匀喷雾。

苹果树、梨树、桃树、枣树、柿树、葡萄等果树的绿盲蝽　在果树萌芽后或绿盲蝽发生为害初期开始喷药，10 天左右 1 次，与不同类型药剂交替使用或混用，连喷 2～4 次。S-氰戊菊酯一般使用 5% 或 50 克/升乳油，或 5% 或 50 克/升水乳剂 1 500～2 000 倍液均匀喷雾。

苹果树、梨树、山楂树、柿树等果树的梨冠网蝽　在叶片正面初显黄白色褪绿小点时开始喷药，10 天左右 1 次，连喷 2 次左右，注意喷洒叶片背面。一般使用 5% 或 50 克/升乳油，或 5% 或 50 克/升水乳剂 1 500～2 000 倍液均匀喷雾。

梨树梨木虱（成虫）　防控越冬代梨木虱成虫时，在早春晴朗无风天进行喷药，7 天左右 1 次，连喷 1～2 次；防控当年梨木虱成虫时，在各代成虫发生期内进行喷药，每代喷药 1～2 次。早春时多使用 5% 或 50 克/升乳油，或 5% 或 50 克/升水乳剂 1 000～1 200 倍液均匀喷雾；梨树生长期多使用 5% 或 50 克/升乳油，或 5% 或 50 克/升水乳剂 1 500～2 000 倍液均匀喷雾。

梨树梨茎蜂、梨瘿蚊　防控梨茎蜂时，在梨树外围嫩梢长 10～15 厘米时或果园内初见受害嫩梢时及时开始喷药，7～10 天 1 次，连喷 2 次，以上午 10 时前喷药防控效果最好；防控梨瘿蚊时，在新梢生长期内从梨瘿蚊发生为害初期（叶缘初显卷曲时）开始喷药，7～10 天 1 次，连喷 2 次。一般使用 5% 或 50 克/升乳油，或 5% 或 50 克/升水乳剂 1 500～2 000 倍液均匀喷雾。

枣瘿蚊　从害虫发生为害初期开始喷药，7～10 天 1 次，连喷 2～3 次，重点防控期为萌芽后至开花期。一般使用 5% 或 50 克/升乳油，或 5% 或 50 克/升水乳剂 1 500～2 000 倍液均匀喷雾。

梨、桃、杏等果实的椿象类　多从小麦蜡黄期（麦穗开始变黄时）或椿象类刺吸果实为害初期开始在果园内喷药，7～10 天 1 次，连喷 2 次左右；较大果园也可重点喷洒果园外围的几行树，阻止椿象进入园内。一般使用 5% 或 50 克/升乳油，或 5% 或 50 克/升水乳剂 1 200～1 500 倍液均匀喷雾。

桃树、李树、杏树的桃小绿叶蝉　在害虫发生为害初期或叶片正面显出黄白色褪绿小点时及时开始喷药，10 天左右 1 次，连喷 2～3 次，重点喷洒叶片背面。上午 10 时前或下午 4 时后喷药防控效果较好。一般使用 5% 或 50 克/升乳油，或 5% 或 50 克/升水乳剂 1 500～2 000 倍液均匀喷雾。

柿树血斑叶蝉、柿广翅蜡蝉　防控血斑叶蝉时，在害虫发生为害初期或叶片正面显出黄白色褪绿小点时及时开始喷药，10 天左右 1 次，连喷 2 次左右，重点喷洒叶片背面；防控广翅蜡蝉时，在害虫发生为害初期开始喷药，10 天左右 1 次，连喷 2 次左右。一般使用 5% 或 50 克/升乳油，或 5% 或 50 克/升水乳剂 1 500～2 000 倍液均匀喷雾。

柑橘树潜叶蛾　在各季新梢抽生 2~3 厘米时开始喷药，7~10 天 1 次，每季新梢连喷 1~2 次。一般使用 5％或 50 克/升乳油，或 5％或 50 克/升水乳剂 1 500~2 000 倍液均匀喷雾。

十字花科蔬菜等叶菜类蔬菜的菜青虫、甜菜夜蛾、小菜蛾等鳞翅目食叶害虫　在害虫卵盛期至低龄幼虫期，或害虫发生为害初期及时进行喷药，7~10 天 1 次，连喷 2 次。一般每亩次使用 5％或 50 克/升乳油，或 5％或 50 克/升水乳剂 50~80 毫升，对水 30~60 千克均匀叶面喷雾。

十字花科蔬菜等叶菜类蔬菜的叶甲类、跳甲类等鞘翅目食叶害虫　从害虫发生为害初期开始喷药，7~10 天 1 次，连喷 2~3 次，以上午 10 时前或下午 4 时后喷药效果较好。一般每亩次使用 5％或 50 克/升乳油，或 5％或 50 克/升水乳剂 50~80 毫升，对水 30~60 千克均匀喷雾。

茄子、番茄、辣椒等茄果类蛀果鳞翅目害虫　在害虫卵盛期至初孵幼虫蛀果前及时进行喷药，7 天左右 1 次，连喷 1~2 次。一般每亩次使用 5％或 50 克/升乳油，或 5％或 50 克/升水乳剂 50~100 毫升，对水 45~60 千克均匀喷雾。

豇豆害虫　防控蚜虫、蓟马时，在害虫发生为害初期及时进行喷药，重点喷洒花器及嫩梢部位；防控豆荚螟时，在害虫卵盛期及时进行喷药。一般每亩次使用 5％或 50 克/升乳油，或 5％或 50 克/升水乳剂 50~80 毫升，对水 30~60 千克均匀喷雾。

麦类害虫　防控蚜虫时，在蚜虫发生为害初期或孕穗至抽穗期及时进行喷药；防控黏虫时，在幼虫发生初期及时进行喷药。一般每亩次使用 5％或 50 克/升乳油，或 5％或 50 克/升水乳剂 40~60 毫升，对水 30~45 千克均匀喷雾。

水稻蝗虫　在稻蝗发生为害初期开始喷药，10 天左右 1 次，连喷 1~2 次。S-氰戊菊酯喷施剂量同"麦类害虫"。

玉米的玉米螟、棉铃虫、黏虫　在害虫发生为害初期进行喷药，喇叭口期用药注意将药液喷洒到喇叭口内，抽雄或吐丝后喷药重点喷洒雌穗部位。一般每亩次使用 5％或 50 克/升乳油，或 5％或 50 克/升水乳剂 40~50 毫升，对水 30~45 千克均匀喷雾。

棉花害虫　防控蚜虫、绿盲蝽、造桥虫时，在害虫发生初期至初盛期开始喷药，7~10 天 1 次，连喷 2~3 次；防控棉铃虫、红铃虫时，在卵孵化盛期至钻蛀前及时喷药。一般每亩次使用 5％或 50 克/升乳油，或 5％或 50 克/升水乳剂 50~80 毫升，对水 45~60 千克均匀喷雾。

大豆害虫　防控蚜虫时，从害虫发生初盛期开始喷药，10 天左右 1 次，连喷 2 次左右；防控食心虫、豆荚螟时，在大豆开花期或害虫卵孵化期至钻蛀前及时进行喷药；防控草地螟等食叶害虫时，在幼虫低龄期进行喷药。S-氰戊菊酯喷施剂量同"棉花害虫"。

花生、甜菜的鳞翅目食叶害虫　从害虫发生为害初期开始喷药，10 天左右 1 次，连喷 1~2 次。一般每亩次使用 5％或 50 克/升乳油，或 5％或 50 克/升水乳剂 40~60 毫升，对水 30~45 千克均匀喷雾。

烟草害虫　防控烟青虫时，在卵孵化期至低龄幼虫期进行喷药；防控蚜虫时，在蚜虫发生初盛期开始喷药，7~10 天 1 次，连喷 2 次左右。一般每亩次使用 5％或 50 克/升乳油，或 5％或 50 克/升水乳剂 50~100 毫升，对水 30~60 千克均匀喷雾。

林木的松毛虫、美国白蛾等食叶鳞翅目害虫　在害虫卵孵化盛期至低龄幼虫期及时喷药防控，一般使用5%或50克/升乳油，或5%或50克/升水乳剂1 500～2 000倍液均匀喷雾。

草原害虫　主要用于防控草地螟及蝗虫的为害，在害虫卵孵化盛期至低龄（1～3龄）幼虫期或发生为害初期进行喷药。一般每亩次使用5%或50克/升乳油，或5%或50克/升水乳剂40～60毫升，对水30～45千克均匀喷雾。

注意事项　S-氰戊菊酯不能与碱性药剂及肥料混用。具体用药时，尽量与其他不同类型杀虫剂混用，既提高杀虫效果，又延缓害虫产生抗药性。果树开花期禁止使用，桑园内禁止使用，养蜂区域内禁止使用。

阿维菌素 abamectin

主要含量与剂型　0.5%、0.9%、1%、1.8%、2%、3%、3.2%、5%、18克/升乳油，0.5%、1%、1.8%、3%、3.2%、5%微乳剂，3%、5%、18克/升水乳剂，0.5%、5%可溶液剂，3%、5%、10%悬浮剂，2%、5%、10%微囊悬浮剂，1.5%超低容量液剂，1.8%可湿性粉剂，3%、5%、6%、10%水分散粒剂，0.5%、1%、1.5%、2.5%、3%颗粒剂，1%缓释粒，0.1%浓饵剂。

产品特点　阿维菌素是一种农用抗生素类（大环内酯双糖类）高效广谱杀虫、杀螨剂，属昆虫神经毒剂，制剂低毒或中毒。对昆虫和螨类以触杀和胃毒作用为主，并有微弱的熏蒸作用，无内吸作用，但对叶片有较强的渗透性，并能在植物体内横向传导，可杀死表皮下的害虫，且持效期较长。制剂杀虫（螨）活性高，对胚胎已发育的后期卵有较强的杀卵活性，但对胚胎未发育的初产卵无毒杀作用。其作用机理是干扰害虫（螨）神经生理活动，刺激释放γ-氨基丁酸，抑制害虫（螨）神经信息传导，使氯离子通道活化，导致害虫（螨）在几小时内迅速麻痹、拒食、缓动或不动，2～4天后死亡。阿维菌素具有强烈杀虫、杀螨、杀线虫活性，杀虫谱广，使用安全，害虫（螨）不易产生抗药性，但对蜜蜂和水生生物高毒。

适用作物防控对象及使用技术　阿维菌素广泛应用于果树及林木、瓜果蔬菜、粮棉油及糖烟茶、观赏植物、药用植物等多种植物上，主要用于防控害螨类、鳞翅目食叶及蛀果害虫、跳甲及叶甲类、木虱类、果食蝇类、潜叶蝇类、线虫类等多种害虫。

苹果树叶螨类（红蜘蛛、白蜘蛛）　先于苹果花序分离期喷药1次，然后从害螨发生初盛期（树冠内膛下部叶片平均每叶有螨3～4头时）开始继续喷药，1～1.5个月1次，连喷3次左右。一般使用0.5%乳油或0.5%微乳剂或0.5%可溶液剂600～700倍液，或0.9%乳油或1%乳油或1%微乳剂1 200～1 500倍液，或1.8%乳油或1.8%微乳剂或1.8%可湿性粉剂或18克/升乳油或18克/升水乳剂2 000～2 500倍液，或2%乳油或2%微囊悬浮剂2 000～3 000倍液，或3%乳油或3%水乳剂或3%微乳剂或3%悬浮剂或3%水分散粒剂3 000～4 000倍液，或3.2%乳油或3.2%微乳剂3 500～4 000倍液，或5%乳油或5%水乳剂或5%微乳剂或5%可溶液剂或5%悬浮剂或5%微囊悬浮剂或5%水分散粒剂5 000～6 000倍液，或6%水分散粒剂6 000～6 500倍液，或10%悬浮剂或10%微囊悬浮剂或10%水分散粒剂10 000～12 000倍液均匀喷雾。需要注意，不同区域该药已使用年数或次数不同，耐药性或抗药性存在一定差异，具体用药时还应根据当地实际情况酌情增减用药浓度，以确保防控效果。

梨树叶螨类　先于梨树花序分离期喷药 1 次，然后再从叶螨发生初盛期开始继续喷药，1～1.5 个月 1 次，连喷 3 次左右。阿维菌素喷施倍数同"苹果树叶螨类"。

枣树叶螨类　先于枣树萌芽期喷药 1 次，连同地面一起喷洒；然后再从害螨发生初盛期开始继续喷药，1 个月左右 1 次，连喷 3 次左右。阿维菌素喷施倍数同"苹果树叶螨类"。

桃树、杏树、山楂树等其他落叶果树的叶螨类　多从害螨发生为害初期开始喷药，1 个月左右 1 次，连喷 2～3 次。阿维菌素喷施倍数同"苹果树叶螨类"。

葡萄瘿螨　多从葡萄嫩梢长至 15 厘米左右时开始喷药，15～20 天 1 次，连喷 1～2 次。阿维菌素喷施倍数同"苹果树叶螨类"。

枸杞瘿螨　多从嫩叶上初显瘿螨虫瘿时开始喷药，15～20 天 1 次，连喷 2 次左右。阿维菌素喷施倍数同"苹果树叶螨类"。

苹果树金纹细蛾　先于苹果落花后和落花后 40 天左右各喷药 1 次，有效防控金纹细蛾的第 1、2 代幼虫；然后每 30～35 天喷药 1 次，连喷 2～3 次，有效防控第 3、4 代甚至第 5 代金纹细蛾幼虫。总体而言，以每代初见新鲜虫斑时即进行喷药效果最好。阿维菌素喷施倍数同"苹果树叶螨类"。

苹果、梨、桃、山楂、枣等果实的食心虫类（桃小食心虫、梨小食心虫、桃蛀螟等）于害虫卵孵化盛期至初孵幼虫蛀果前及时喷药，每代喷药 1 次即可。阿维菌素喷施倍数同"苹果树叶螨类"。

苹果树、梨树、山楂树、桃树、枣树、核桃树等落叶果树的卷叶蛾类、鳞翅目食叶害虫　防控卷叶蛾类时，在害虫发生为害初期至卷叶前及时喷药防控；防控鳞翅目食叶害虫时，在害虫发生为害初期或卵孵化盛期至低龄幼虫期及时喷药防控。每代喷药 1～2 次。阿维菌素喷施倍数同"苹果树叶螨类"。

梨树梨木虱　先于梨树落花 80％和落花后 30 天左右喷药 1 次，有效防控第 1、2 代梨木虱若虫；然后每 30 天左右喷药 1 次，有效防控第 3 代及以后各代若虫。即每代若虫发生初期至未被黏液完全覆盖前及时喷药防控，一般果园每代均匀喷药 1 次即可。若成虫、若虫出现世代重叠，最好用阿维菌素与菊酯类杀虫剂混合喷洒，以兼防成虫。阿维菌素喷施倍数同"苹果树叶螨类"。

梨树缩叶壁虱、叶肿壁虱　在叶片（嫩叶）上初显受害状（叶疹或叶缘卷曲）时立即开始喷药，15 天左右 1 次，连喷 1～2 次。阿维菌素喷施倍数同"苹果树叶螨类"。

桃潜叶蛾　在害虫发生为害初期或叶片上初见"虫道"时及时喷药防控，1 个月左右 1 次，连喷 2～4 次。阿维菌素喷施倍数同"苹果树叶螨类"。

樱桃果实蝇　在果实蝇发生前（果实转色前），每亩使用 0.1％浓饵剂 200～300 毫升，稀释成 2～3 倍液后均匀分到 10～15 个诱罐内，而后将诱罐均匀悬挂在樱桃树背阴面高约 1.5 米处，诱杀果实蝇成虫。7～10 天更换 1 次诱罐内药液，直到果实采收完毕。

柑橘树红蜘蛛、黄蜘蛛、锈壁虱、潜叶蛾、柑橘木虱　防控红蜘蛛、黄蜘蛛时，在害螨发生为害初期开始喷药，1 个月左右 1 次，早春至初夏需喷药 3 次左右，初秋至初冬需喷药 2～3 次。防控锈壁虱时，多从田间初显瘿螨为害状时立即开始喷药，15～20 天 1 次，连喷 3 次左右。防控潜叶蛾时，在每代新梢抽生 1 厘米左右时开始喷药，7～10 天

1次，每代新梢喷药2～3次，兼防柑橘木虱。一般使用0.5％乳油或0.5％微乳剂或0.5％可溶液剂500～700倍液，或0.9％乳油或1％乳油或1％微乳剂1 000～1 500倍液，或1.8％乳油或1.8％微乳剂或1.8％可湿性粉剂或18克/升乳油或18克/升水乳剂2 000～2 500倍液，或2％乳油或2％微囊悬浮剂2 000～3 000倍液，或3％乳油或3％水乳剂或3％微乳剂或3％悬浮剂或3％水分散粒剂3 000～4 000倍液，或3.2％乳油或3.2％微乳剂3 500～4 000倍液，或5％乳油或5％水乳剂或5％微乳剂或5％可溶液剂或5％悬浮剂或5％微囊悬浮剂或5％水分散粒剂5 000～6 000倍液，或6％水分散粒剂6 000～6 500倍液，或10％悬浮剂或10％微囊悬浮剂或10％水分散粒剂10 000～12 000倍液均匀喷雾。

柑橘果实蝇（橘大实蝇、橘小实蝇）　在果实蝇发生前（柑橘果实转色前），每亩使用0.1％浓饵剂200～300毫升，稀释成2～3倍液后均匀分到10个诱罐内，而后将诱罐均匀悬挂在柑橘树背阴面高约1.5米处，诱杀果实蝇成虫。7～10天更换1次诱罐内药液。

杨梅果实蝇　在果实蝇发生前（杨梅果实转色前），每亩使用0.1％浓饵剂200～300毫升，稀释成2～3倍液后均匀分到15～20个诱罐内，而后将诱罐均匀悬挂在杨梅树背阴面的高约1.5米处，诱杀果实蝇成虫。7～10天更换1次诱罐内药液。

甘蓝、白菜、萝卜等十字花科蔬菜的菜青虫、小菜蛾、甜菜夜蛾、甘蓝夜蛾、斜纹夜蛾等鳞翅目食叶害虫及叶甲和跳甲类食叶害虫　多从害虫发生初期或卵孵化盛期至低龄幼虫期（2～3龄）开始喷药，7～10天1次，连喷2次左右。一般每亩次使用0.5％乳油或0.5％微乳剂或0.5％可溶液剂100～150毫升，或0.9％乳油60～80毫升，或1％乳油或1％微乳剂55～70毫升，或1.5％超低容量液剂35～50毫升，或1.8％乳油或1.8％微乳剂或18克/升乳油或18克/升水乳剂30～40毫升，或2％乳油或2％微囊悬浮剂20～30毫升，或3％乳油或3％微乳剂或3％水乳剂或3％悬浮剂18～24毫升，或3.2％乳油或3.2％微乳剂16～22毫升，或5％乳油或5％微乳剂或5％水乳剂或5％可溶液剂或5％悬浮剂或5％微囊悬浮剂12～15毫升，或10％悬浮剂或10％微囊悬浮剂6～8毫升，或1.8％可湿性粉剂30～40克，或3％水分散粒剂18～25克，或5％水分散粒剂15～20克，或6％水分散粒剂12～15克，或10％水分散粒剂7～9克，对水30～45千克均匀喷雾。

瓜类、茄果类及豆类蔬菜的斑潜蝇类　从害虫发生为害初期即叶片上初见虫道时开始喷药，7～10天1次，连喷2次左右。一般每亩次使用0.5％乳油或0.5％微乳剂或0.5％可溶液剂200～250毫升，或0.9％乳油100～160毫升，或1％乳油或1％微乳剂80～150毫升，或1.5％超低容量液剂60～90毫升，或1.8％乳油或1.8％微乳剂或18克/升乳油或18克/升水乳剂50～80毫升，或2％乳油或2％微囊悬浮剂40～70毫升，或3％乳油或3％微乳剂或3％水乳剂或3％悬浮剂30～45毫升，或3.2％乳油或3.2％微乳剂25～40毫升，或5％乳油或5％微乳剂或5％水乳剂或5％可溶液剂或5％悬浮剂或5％微囊悬浮剂20～30毫升，或10％悬浮剂或10％微囊悬浮剂10～15毫升，或1.8％可湿性粉剂50～80克，或3％水分散粒剂30～45克，或5％水分散粒剂20～30克，或6％水分散粒剂15～22克，或10％水分散粒剂10～15克，对水45～60千克均匀喷雾。

瓜类、茄果类及豆类蔬菜的叶螨类　从害螨发生为害初盛期开始喷药，10～15天1次，连喷2次左右。阿维菌素喷施剂量同"瓜类蔬菜的斑潜蝇类"。

苦瓜瓜实蝇　在瓜实蝇发生前，每亩使用 0.1％浓饵剂 200～300 毫升，稀释成 2～3 倍液后均匀分到 10 个诱罐内，而后将诱罐均匀悬挂在苦瓜架下高约 1.5 米处，诱杀果实蝇成虫。7～10 天更换 1 次诱罐内药液。

黄瓜、西瓜、番茄等瓜果蔬菜的根结线虫病　既可移栽定植时用药，也可移栽定植缓苗后或田间初见病株时用药。移栽定植时，一般每亩使用 0.5％颗粒剂 3 000～4 000 克，或 1％颗粒剂 1 500～2 000 克，或 1.5％颗粒剂 1 000～1 400 克，或 2.5％颗粒剂 600～800 克，或 3％颗粒剂 500～700 克，或 1％缓释粒 2 000～2 500 克，与适量干细土混匀后均匀撒施于定植沟内或定植穴内；后定植，可随浇灌定植水施药，即浇灌定植药水，一般每亩使用 0.5％乳油或 0.5％微乳剂或 0.5％可溶液剂 3 000～3 600 毫升，或 0.9％乳油 1 600～2 000 毫升，或 1％乳油或 1％微乳剂 1 500～1 800 毫升，或 1.8％乳油或 1.8％微乳剂或 18 克/升乳油或 18 克/升水乳剂 800～1 000 毫升，或 2％乳油或 2％微囊悬浮剂 750～900 毫升，或 3％乳油或 3.2％乳油或 3％微乳剂或 3.2 微乳剂或 3％水乳剂或 3％悬浮剂 500～600 毫升，或 5％乳油或 5％微乳剂或 5％水乳剂或 5％可溶液剂或 5％悬浮剂或 5％微囊悬浮剂 300～350 毫升，或 10％悬浮剂或 10％微囊悬浮剂 150～200 毫升，或 1.8％可湿性粉剂 800～1 000 克，或 3％水分散粒剂 500～600 克，或 5％水分散粒剂 300～350 克，或 6％水分散粒剂 250～300 克，或 10％水分散粒剂 150～200 克，对适量水稀释后浇灌，每株浇灌药水 200～250 毫升。定植缓苗后或田间初见病株时用药，既可使用上述颗粒剂（药量相同）与适量干细土混匀后均匀撒施在植株周围而后覆土、浇水，又可使用上述药剂（药量相同）对适量水稀释后均匀浇灌植株根部（灌根）。每季最多用药 1 次。

花生根结线虫　播种时或播种前在播种沟内或播种穴内撒施药剂。一般每亩使用 0.5％颗粒剂 1 500～2 000 克，或 1％颗粒剂 800～1 000 克，或 1.5％颗粒剂 500～700 克，或 2.5％颗粒剂 300～400 克，或 3％颗粒剂 250～350 克，或 1％缓释粒 1 000～1 200 克，与适量干细土混匀后均匀撒施在播种沟内或播种穴内，而后覆土或播种后覆土。每季最多使用 1 次。

水稻二化螟、三化螟、稻纵卷叶螟　在害虫卵孵化盛期至钻蛀前或卷叶前，或田间初见受害虫株时开始喷药，7～10 天 1 次，连喷 2 次左右，防控二化螟、三化螟时注意喷洒植株中下部。一般每亩次使用 0.5％乳油或 0.5％微乳剂或 0.5％可溶液剂 100～150 毫升，或 0.9％乳油 60～90 毫升，或 1％乳油或 1％微乳剂 50～70 毫升，或 1.5％超低容量液剂 40～60 毫升，或 1.8％乳油或 1.8％微乳剂或 18 克/升乳油或 18 克/升水乳剂 30～45 毫升，或 2％乳油或 2％微囊悬浮剂 30～40 毫升，或 3％乳油或 3％微乳剂或 3％水乳剂或 3％悬浮剂 20～30 毫升，或 3.2％乳油或 3.2％微乳剂 18～25 毫升，或 5％乳油或 5％微乳剂或 5％水乳剂或 5％可溶液剂或 5％悬浮剂或 5％微囊悬浮剂 10～15 毫升，或 10％悬浮剂或 10％微囊悬浮剂 5～7 毫升，或 1.8％可湿性粉剂 30～45 克，或 3％水分散粒剂 20～30 克，或 5％水分散粒剂 10～15 克，或 6％水分散粒剂 8～12 克，或 10％水分散粒剂 5～7 克，对水 30～60 千克均匀喷雾。

茭白二化螟　从害虫发生为害初期或田间初见受害虫株时开始喷药，7～10 天 1 次，连喷 2 次左右。阿维菌素喷施剂量同"水稻二化螟"。

姜玉米螟　从害虫发生为害初期或田间初见虫株时开始喷药，7～10 天 1 次，连喷

2～3 次。阿维菌素喷施剂量同"水稻二化螟"。

小麦红蜘蛛　从害螨发生为害初期或田间初见害螨为害状时开始喷药，10～15 天1 次，连喷1～2 次。阿维菌素喷施剂量同"水稻二化螟"。

玉米棉铃虫、玉米螟、草地贪夜蛾　从害虫发生为害初期或田间初见受害虫株时开始喷药，7～10 天1 次，连喷1～2 次。喇叭口期喷药注意将药液喷洒到喇叭口内，抽穗吐丝后喷药重点喷洒雌穗部位。阿维菌素喷施剂量同"水稻二化螟"。

棉花叶螨类、棉铃虫　防控叶螨（红蜘蛛、白蜘蛛）时，在害螨发生为害初期开始喷药，10～15 天1 次，连喷2 次左右；防控棉铃虫时，在害虫卵孵化盛期至低龄幼虫期及时进行喷药，7～10 天1 次，连喷1～2 次。一般每亩次使用 0.5％乳油或 0.5％微乳剂或 0.5％可溶液剂 200～250 毫升，或 0.9％乳油 100～160 毫升，或 1％乳油或 1％微乳剂 90～140 毫升，或 1.5％超低容量液剂 60～100 毫升，或 1.8％乳油或 1.8％微乳剂或 18 克/升乳油或 18 克/升水乳剂 50～80 毫升，或 2％乳油或 2％微囊悬浮剂 45～70 毫升，或 3％乳油或 3％微乳剂或 3％水乳剂或 3％悬浮剂 30～45 毫升，或 3.2％乳油或 3.2％微乳剂 25～40 毫升，或 5％乳油或 5％微乳剂或 5％水乳剂或 5％可溶液剂或 5％悬浮剂或 5％微囊悬浮剂 20～30 毫升，或 10％悬浮剂或 10％微囊悬浮剂 10～15 毫升，或 1.8％可湿性粉剂 50～80 克，或 3％水分散粒剂 30～45 克，或 5％水分散粒剂 20～30 克，或 6％水分散粒剂 15～22 克，或 10％水分散粒剂 10～15 克，对水 45～60 千克均匀喷雾。

烟草烟青虫　在害虫卵孵化盛期至低龄幼虫期（2～3 龄）开始喷药，7～10 天1 次，连喷1～2 次。一般每亩次使用 0.5％乳油或 0.5％微乳剂或 0.5％可溶液剂 100～150 毫升，或 0.9％乳油 60～80 毫升，或 1％乳油或 1％微乳剂 55～70 毫升，或 1.5％超低容量液剂 35～50 毫升，或 1.8％乳油或 1.8％微乳剂或 18 克/升乳油或 18 克/升水乳剂 30～40 毫升，或 2％乳油或 2％微囊悬浮剂 20～30 毫升，或 3％乳油或 3％微乳剂或 3％水乳剂或 3％悬浮剂 18～24 毫升，或 3.2％乳油或 3.2％微乳剂 16～22 毫升，或 5％乳油或 5％微乳剂或 5％水乳剂或 5％可溶液剂或 5％悬浮剂或 5％微囊悬浮剂 12～15 毫升，或 10％悬浮剂或 10％微囊悬浮剂 6～8 毫升，或 1.8％可湿性粉剂 30～40 克，或 3％水分散粒剂 18～25 克，或 5％水分散粒剂 15～20 克，或 6％水分散粒剂 12～15 克，或 10％水分散粒剂 7～9 克，对水 30～45 千克均匀喷雾。

烟草根结线虫　多在移栽定植时于定植沟内或穴内撒施药剂。一般每亩使用 0.5％颗粒剂 3 500～4 000 克，或 1％颗粒剂 1 500～2 000 克，或 1.5％颗粒剂 1 000～1 300 克，或 2.5％颗粒剂 700～800 克，或 3％颗粒剂 600～700 克，或 1％缓释粒 2 000～2 500 克，与适量干细土混匀后均匀撒施在定植沟内或穴内，而后定植、覆土。每季最多使用1 次。

蔷薇科观赏花卉根结线虫　在根结线虫发生为害初期开始用药。一般每亩使用 0.5％颗粒剂 2 500～3 000 克，或 1％颗粒剂 1 300～2 000 克，或 1.5％颗粒剂 800～1 200 克，或 2.5％颗粒剂 500～800 克，或 3％颗粒剂 400～600 克，或 1％缓释粒 1 500～2 000 克，与适量干细土混匀后均匀撒施在植株根部，而后浇水、覆土。每季最多使用1 次。

蔷薇科观赏花卉叶螨类　从害螨发生为害初期开始喷药，15～20 天1 次，连喷2 次左右。一般使用 0.5％乳油或 0.5％微乳剂或 0.5％可溶液剂 400～500 倍液，或 0.9％乳油或 1％乳油或 1％微乳剂 800～1 000 倍液，或 1.8％乳油或 1.8％微乳剂或 1.8％可湿性粉剂或 18 克/升乳油或 18 克/升水乳剂 1 500～1 800 倍液，或 2％乳油或 2％微囊悬浮剂

1 500～2 000 倍液，或 3％乳油或 3％水乳剂或 3％微乳剂或 3％悬浮剂或 3％水分散粒剂 2 000～3 000 倍液，或 3.2％乳油或 3.2％微乳剂 2 500～3 000 倍液，或 5％乳油或 5％水乳剂或 5％微乳剂或 5％可溶液剂或 5％悬浮剂或 5％微囊悬浮剂或 5％水分散粒剂 4 000～5 000 倍液，或 6％水分散粒剂 5 000～6 000 倍液，或 10％悬浮剂或 10％微囊悬浮剂或 10％水分散粒剂 8 000～10 000 倍液均匀喷雾。

松树线虫病　在松褐天牛羽化前（多为每年 1～3 月份）用药。于距离地面约 1 米高处的松树树干上打眼注射药剂，注射孔直径 6～7 毫米、深 5～8 厘米，注射药量一般为每厘米树干直径使用 1％乳油 13.5～18 毫升，或 1.8％乳油 7.5～10 毫升，或 3％或 3.2％乳油 4.5～5.6 毫升，或 5％乳油 2.6～3.6 毫升。注射完成后注孔用愈合剂或木塞封闭，每季用药 1 次。

松树松毛虫　在害虫发生为害初期及时进行喷药，10～15 天 1 次，连喷 1～2 次。一般使用 0.5％乳油或 0.5％微乳剂或 0.5％可溶液剂 800～1 200 倍液，或 0.9％乳油或 1％乳油或 1％微乳剂 1 500～2 000 倍液，或 1.8％乳油或 1.8％微乳剂或 1.8％可湿性粉剂或 18 克/升乳油或 18 克/升水乳剂 3 000～4 000 倍液，或 2％乳油或 2％微囊悬浮剂 3 500～5 000 倍液，或 3％乳油或 3％水乳剂或 3％微乳剂或 3％悬浮剂或 3％水分散粒剂或 3.2％乳油或 3.2％微乳剂 5 000～6 000 倍液，或 5％乳油或 5％水乳剂或 5％微乳剂或 5％可溶液剂或 5％悬浮剂或 5％微囊悬浮剂或 5％水分散粒剂 8 000～10 000 倍液，或 6％水分散粒剂 10 000～12 000 倍液，或 10％悬浮剂或 10％微囊悬浮剂或 10％水分散粒剂 15 000～20 000 倍液均匀喷雾。

杨树、柳树等林木的美国白蛾、尺蠖类等鳞翅目食叶害虫　在害虫发生为害初期及时进行喷药，10～15 天 1 次，连喷 1～2 次。阿维菌素喷施倍数同"松树松毛虫"。

注意事项　阿维菌素不能与碱性药剂及肥料混用，连续喷药时注意与不同杀虫机理药剂交替使用或混用。果树开花期禁止使用，严禁在蚕室附近及桑园内使用。本剂生产企业众多，剂型、含量等彼此间差异较大，具体使用时请以其标签说明为准。

吡虫啉 imidacloprid

主要含量与剂型　5％、10％、20％、25％、50％、70％可湿性粉剂，40％、65％、70％水分散粒剂，10％、20％、350 克/升、480 克/升、600 克/升悬浮剂，15％微囊悬浮剂，10％、30％微乳剂，5％、10％、20％、200 克/升可溶液剂，5％、10％、20％乳油，5％片剂，15％泡腾片剂，1％、30％、350 克/升、600 克/升悬浮种衣剂，10％种子处理微囊悬浮剂，70％湿拌种剂，70％种子处理可分散粉剂，0.2％、2.5％缓释粒剂，2％缓释粒，0.1％、2％、5％颗粒剂。

产品特点　吡虫啉是一种烟碱类内吸性低毒杀虫剂，专用于防控刺吸式口器害虫，具有胃毒、触杀、拒食及驱避作用，内吸传导性强，药效高、持效期长、残留低，使用安全。其杀虫机理是作用于昆虫的烟酸乙酰胆碱酯酶受体，干扰昆虫运动神经系统，使中枢神经信息传导受阻，而导致其麻痹死亡。该药速效性好，施药后 1 天即有较高防效，且药效和温度呈正相关，温度高，杀虫效果快而稳定，但对蜜蜂高毒。

适用作物防控对象及使用技术　吡虫啉广泛应用于果树、瓜果蔬菜、粮棉油作物、甜菜、茶树、马铃薯及观赏植物等，主要用于防控刺吸式口器害虫，如蚜虫类、叶蝉类、粉虱类、飞虱类、木虱类、盲蝽类、蓟马类、介壳虫类等，并对鞘翅目甲虫、双翅目斑潜蝇及鳞翅目潜叶蛾等害虫也有较好防控效果。

苹果树绣线菊蚜、苹果绵蚜、苹果瘤蚜、绿盲蝽、烟粉虱　防控绣线菊蚜，在嫩梢上蚜虫数量较多或开始向幼果上转移时开始喷药，10天左右1次，连喷2次左右，兼防苹果绵蚜；防控苹果绵蚜，在绵蚜从越冬场所向树上幼嫩组织扩散为害期及时喷药，10～15天1次，连喷1～2次，兼防绣线菊蚜；防控苹果瘤蚜，在苹果花序分离期喷药1次即可，兼防绿盲蝽、苹果绵蚜；防控绿盲蝽，在苹果发芽后至花序分离期和落花后各喷药1次，兼防苹果瘤蚜、苹果绵蚜；防控烟粉虱，在烟粉虱发生初盛期及时喷药，10～15天1次，连喷1～2次，重点喷洒叶片背面。一般使用5%乳油或5%可溶液剂或5%可湿性粉剂500～700倍液，或10%乳油或10%微乳剂或10%可溶液剂或10%悬浮剂或10%可湿性粉剂1 000～1 500倍液，或15%微囊悬浮剂或15%泡腾片剂1 500～2 000倍液，或20%乳油或20%可溶液剂或200克/升可溶液剂或20%悬浮剂或20%可湿性粉剂2 000～3 000倍液，或25%可湿性粉剂3 000～3 500倍液，或30%微乳剂3 500～4 000倍液，或350克/升悬浮剂4 000～5 000倍液，或40%水分散粒剂或480克/升悬浮剂5 000～6 000倍液，或50%可湿性粉剂或600克/升悬浮剂6 000～7 000倍液，或65%水分散粒剂7 000～8 000倍液，或70%可湿性粉剂或70%水分散粒剂8 000～10 000倍液均匀喷雾，连续喷药时注意与不同类型药剂交替使用或混用。

梨树梨木虱、黄粉蚜、梨二叉蚜、绿盲蝽　防控梨木虱，在每代梨木虱卵孵化盛期至若虫被黏液完全覆盖前及时喷药，第1、2代每代喷药1次，第3代及其以后各代每代喷药1～2次；防控黄粉蚜，在黄粉蚜从树皮缝隙中向树上幼嫩组织转移期及时喷药，10天左右1次，连喷2～3次；防控梨二叉蚜，在嫩梢上蚜虫数量较多时或有卷叶为害时及时喷药，10天左右1次，连喷1～2次，兼防梨木虱、黄粉蚜；防控绿盲蝽，在梨树花序分离期（铃铛球期）和落花后各喷药1次，兼防梨木虱。连续喷药时，注意与不同类型药剂交替使用或混用。吡虫啉喷施倍数同"苹果树绣线菊蚜"。

桃树、李树、杏树的蚜虫　发芽后开花前第1次喷药，落花后及时进行第2次喷药，以后10～15天喷药1次，需再喷药2次左右。吡虫啉喷施倍数同"苹果树绣线菊蚜"。

葡萄绿盲蝽、二星叶蝉　防控绿盲蝽，在葡萄萌芽后或绿盲蝽发生为害初期开始喷药，7～10天1次，连喷2～3次；防控二星叶蝉，从叶片正面出现受害黄点时开始喷药，10天左右1次，连喷2次左右，重点喷洒叶片背面。吡虫啉喷施倍数同"苹果树绣线菊蚜"，与触杀性药剂混喷效果更好。

枣树绿盲蝽、日本龟蜡蚧　防控绿盲蝽，从枣树萌芽后或绿盲蝽发生为害初期开始喷药，7～10天1次，连喷2～4次；防控日本龟蜡蚧，在初孵若虫从母体介壳下爬出向幼嫩组织扩散为害至若虫被蜡粉覆盖前及时喷药，7～10天1次，连喷1～2次。吡虫啉喷施倍数同"苹果树绣线菊蚜"，与触杀性药剂混喷效果更好。

柿树血斑叶蝉、绿盲蝽、柿绵蚧　防控血斑叶蝉，从害虫发生为害初盛期（叶片正面出现较多黄白色小点时）开始喷药，10天左右1次，连喷2次左右，重点喷洒叶片背面；防控绿盲蝽，在柿树发芽后或绿盲蝽发生为害初期及时喷药，10天左右1次，连喷2次左右；防控柿绵蚧，在初孵若虫开始扩散为害至若虫被蜡粉覆盖前及时喷药，与触杀性药剂混喷效果更好。吡虫啉喷施倍数同"苹果树绣线菊蚜"。

核桃树蚜虫 从蚜虫为害初盛期（嫩叶上蚜虫数量较多时）开始喷药，10 天左右 1 次，连喷 2 次左右。吡虫啉喷施倍数同"苹果树绣线菊蚜"。

粟树粟大蚜、粟花斑蚜 从蚜虫为害初盛期开始喷药，10 天左右 1 次，连喷 2 次左右。吡虫啉喷施倍数同"苹果树绣线菊蚜"。

石榴树绿盲蝽、棉蚜 防控绿盲蝽，从石榴发芽后或绿盲蝽发生为害初期开始喷药，10 天左右 1 次，连喷 2 次左右，与触杀性药剂混喷效果更好；防控棉蚜，从嫩梢上或花蕾上或幼果上蚜虫数量较多时开始喷药，10 天左右 1 次，连喷 2～3 次。吡虫啉喷施倍数同"苹果树绣线菊蚜"。

樱桃瘤头蚜 从瘤头蚜发生为害初期开始喷药，10 天左右 1 次，连喷 2 次左右，与触杀性药剂混喷效果更好。吡虫啉喷施倍数同"苹果树绣线菊蚜"。

山楂树梨冠网蝽 从梨冠网蝽发生为害初盛期（叶片正面显出黄白色小点时）开始喷药，10 天左右 1 次，连喷 2 次左右，重点喷洒叶片背面，与触杀性药剂混喷效果更好。吡虫啉喷施倍数同"苹果树绣线菊蚜"。

草莓蚜虫、白粉虱 从害虫发生为害初期开始喷药，7～10 天 1 次，连喷 2 次左右。吡虫啉喷施倍数同"苹果树绣线菊蚜"。

花椒树蚜虫 从蚜虫发生为害初盛期（嫩梢上或嫩芽上蚜虫数量较多时）开始喷药，7～10 天 1 次，连喷 2～3 次，与触杀性药剂混喷效果更好。吡虫啉喷施倍数同"苹果绣线菊蚜"。

枸杞蚜虫 从蚜虫发生为害初盛期（嫩梢上蚜虫数量较多时）开始喷药，10 天左右 1 次，连喷 2 次左右，与触杀性药剂混喷效果更好。吡虫啉喷施倍数同"苹果树绣线菊蚜"。

蓝莓蚜虫 从蚜虫发生为害初盛期（嫩梢上蚜虫数量较多时）开始喷药，10 天左右 1 次，连喷 2 次左右，与触杀性药剂混喷效果更好。吡虫啉喷施倍数同"苹果树绣线菊蚜"。

柑橘树潜叶蛾、柑橘木虱、蚜虫 在每代嫩梢萌发或抽生初期（嫩芽长 1 厘米左右时）开始喷药，10 天左右 1 次，每代喷药 2 次左右；柑橘木虱或蚜虫发生较多时，与触杀性药剂混喷效果更好。吡虫啉喷施倍数同"苹果树绣线菊蚜"。

香蕉冠网蝽 在害虫发生为害初盛期（叶片正面集中显出黄白色褪绿小点时）开始喷药，10～15 天 1 次，连喷 2 次左右，重点喷洒叶片背面，与触杀性药剂混喷效果更好。吡虫啉喷施倍数同"苹果树绣线菊蚜"。

茶树茶小绿叶蝉 从害虫发生初期或虫量开始迅速增加时开始喷药，7～10 天 1 次，连喷 2～3 次，与触杀性药剂混喷效果更好。吡虫啉喷施倍数同"苹果树绣线菊蚜"。

甘蓝、白菜、萝卜等十字花科蔬菜蚜虫 从害虫发生为害初期或虫量开始较快增多时开始喷药，10～15 天 1 次，连喷 2 次左右。一般每亩次使用 5％乳油或 5％可溶液剂 40～60 毫升，或 5％可湿性粉剂或 5％片剂 40～60 克，或 10％乳油或 10％微乳剂或 10％可溶液剂或 10％悬浮剂 20～30 毫升，或 10％可湿性粉剂 20～30 克，或 15％微囊悬浮剂 15～20 毫升，或 15％泡腾片剂 15～20 克，或 20％乳油或 20％可溶液剂或 200 克/升可溶液剂或 20％悬浮剂 10～15 毫升，或 20％可湿性粉剂 10～15 克，或 25％可湿性粉剂 8～12 克，或 30％微乳剂或 350 克/升悬浮剂 7～10 毫升，或 40％水分散粒剂 5～8 克，或 480 克/升悬浮剂 5～7 毫升，或 50％可湿性粉剂 4～6 克，或 600 克/升悬浮剂 4～6 毫升，或 65％水分散粒剂 3～4.5 克，或 70％可湿性粉剂或 70％水分散粒剂 3～4 克，对水 30～45 千克均匀喷雾。

番茄、茄子、黄瓜、西瓜、甜瓜等瓜果类的蚜虫、粉虱、蓟马、斑潜蝇　从害虫发生为害初期或虫量开始较快增多时开始喷药，10～15 天 1 次，连喷 2 次左右。一般每亩次使用 5％乳油或 5％可溶液剂 60～80 毫升，或 5％可湿性粉剂或 5％片剂 60～80 克，或 10％乳油或 10％微乳剂或 10％可溶液剂或 10％悬浮剂 30～40 毫升，或 10％可湿性粉剂 30～40 克，或 15％微囊悬浮剂 20～27 毫升，或 15％泡腾片剂 20～27 克，或 20％乳油或 20％悬浮剂或 20％可溶液剂或 200 克/升可溶液剂 15～20 毫升，或 20％可湿性粉剂 15～20 克，或 25％可湿性粉剂 12～16 克，或 30％微乳剂或 350 克/升悬浮剂 8～12 毫升，或 40％水分散粒剂 7～10 克，或 480 克/升悬浮剂 7～10 毫升，或 50％可湿性粉剂 6～8 克，或 600 克/升悬浮剂 5～7 毫升，或 65％水分散粒剂 5～7 克，或 70％可湿性粉剂或 70％水分散粒剂 4～6 克，对水 45～60 千克均匀喷雾。也可在害虫发生为害初期，每株使用 5％片剂 1～1.5 片穴施。

保护地蔬菜的白粉虱、斑潜蝇等　从害虫发生为害初期开始喷药，10～15 天 1 次，连喷 2～3 次。一般每亩次使用 5％乳油或 5％可溶液剂 80～100 毫升，或 5％可湿性粉剂或 5％片剂 80～100 克，或 10％乳油或 10％微乳剂或 10％可溶液剂或 10％悬浮剂 40～50 毫升，或 10％可湿性粉剂 40～60 克，或 15％微囊悬浮剂 30～35 毫升，或 15％泡腾片剂 30～40 克，或 20％乳油或 20％悬浮剂或 20％可溶液剂或 200 克/升可溶液剂 20～25 毫升，或 20％可湿性粉剂 20～30 克，或 25％可湿性粉剂 20～25 克，或 30％微乳剂或 350 克/升悬浮剂 12～15 毫升，或 40％水分散粒剂 10～15 克，或 480 克/升悬浮剂 10～15 毫升，或 50％可湿性粉剂 8～12 克，或 600 克/升悬浮剂 7～10 毫升，或 65％水分散粒剂 6～8 克，或 70％可湿性粉剂或 70％水分散粒剂 5～7 克，对水 45～60 千克均匀喷雾。

芹菜蚜虫、斑潜蝇　从害虫发生为害初期开始喷药，10～15 天 1 次，连喷 2 次左右。一般每亩次使用 5％乳油或 5％可溶液剂 30～40 毫升，或 5％可湿性粉剂或 5％片剂 30～40 克，或 10％乳油或 10％微乳剂或 10％可溶液剂或 10％悬浮剂 15～20 毫升，或 10％可湿性粉剂 15～20 克，或 15％微囊悬浮剂 10～13 毫升，或 15％泡腾片剂 10～13 克，或 20％乳油或 20％悬浮剂或 20％可溶液剂或 200 克/升可溶液剂 7～10 毫升，或 20％可湿性粉剂 7～10 克，或 25％可湿性粉剂 6～8 克，或 30％微乳剂或 350 克/升悬浮剂 4～6 毫升，或 40％水分散粒剂 4～5 克，或 480 克/升悬浮剂 4～5 毫升，或 50％可湿性粉剂 3～4 克，或 600 克/升悬浮剂 3～4 毫升，或 65％水分散粒剂 2.5～3.5 克，或 70％可湿性粉剂或 70％水分散粒剂 2～3 克，对水 20～30 千克均匀喷雾。

菠菜蚜虫　从害虫发生为害初期开始喷药，10～15 天 1 次，连喷 2 次左右。一般每亩次使用 5％乳油或 5％可溶液剂 40～60 毫升，或 5％可湿性粉剂或 5％片剂 40～60 克，或 10％乳油或 10％微乳剂或 10％可溶液剂或 10％悬浮剂 20～30 毫升，或 10％可湿性粉剂 20～30 克，或 15％微囊悬浮剂 15～20 毫升，或 15％泡腾片剂 15～20 克，或 20％乳油或 20％悬浮剂或 20％可溶液剂或 200 克/升可溶液剂 10～15 毫升，或 20％可湿性粉剂

10～15 克，或 25％可湿性粉剂 8～12 克，或 30％微乳剂或 350 克/升悬浮剂 7～10 毫升，或 40％水分散粒剂 5～8 克，或 480 克/升悬浮剂 5～7 毫升，或 50％可湿性粉剂 4～6 克，或 600 克/升悬浮剂 4～5 毫升，或 65％水分散粒剂 3～5 克，或 70％可湿性粉剂或 70％水分散粒剂 3～4 克，对水 20～30 千克均匀喷雾。

韭菜根蛆（韭蛆） 多于韭菜收割后第 2 天撒施用药，或在韭蛆发生初期撒施用药。一般每亩施用 2％颗粒剂 1 000～1 500 克，或 5％颗粒剂或 5％可湿性粉剂 400～600 克，或 10％可湿性粉剂 200～300 克，或 20％可湿性粉剂 100～150 克，或 25％可湿性粉剂 80～120 克，或 50％可湿性粉剂 40～60 克，或 70％可湿性粉剂 30～40 克，与适量干细土混匀后均匀撒施，而后浇水。

葱、蒜根蛆 播种时或种植时土壤均匀撒施用药，或大葱栽植时种植沟均匀撒施用药。吡虫啉用药量及施用方法同"韭菜根蛆"。

水稻秧田蓟马、稻飞虱 种子包衣或药剂拌种。一般每 100 千克种子使用 1％悬浮种衣剂 2 500～3 300 毫升，直接均匀拌种或种子包衣，晾干后播种；也可每 100 千克种子使用 30％悬浮种衣剂或 350 克/升悬浮种衣剂 500～800 毫升，或 600 克/升悬浮种衣剂 300～500 毫升，或 70％湿拌种剂或 70％种子处理可分散粉剂 400～600 克，加适量水均匀稀释至 2 000～3 000 毫升药浆，而后均匀拌种或种子包衣，晾干后播种。

水稻稻飞虱、叶蝉 在若虫孵化盛期至 3 龄前喷药防控，或分蘖期至拔节期平均每丛有虫 0.5～1 头时、孕穗至抽穗期平均每丛有虫 10 头时、灌浆乳熟期平均每丛有虫 10～15 头时、蜡熟期平均每丛有虫 15～20 头时及时进行喷药，注意喷洒植株中下部。一般每亩次使用 5％乳油或 5％可溶液剂 60～80 毫升，或 5％可湿性粉剂或 5％片剂 60～80 克，或 10％乳油或 10％微乳剂或 10％可溶液剂或 10％悬浮剂 30～40 毫升，或 10％可湿性粉剂 30～40 克，或 15％微囊悬浮剂 20～27 毫升，或 15％泡腾片剂 20～27 克，或 20％乳油或 20％悬浮剂或 20％可溶液剂或 200 克/升可溶液剂 15～20 毫升，或 20％可湿性粉剂 15～20 克，或 25％可湿性粉剂 12～16 克，或 30％微乳剂或 350 克/升悬浮剂 8～12 毫升，或 40％水分散粒剂 7～10 克，或 480 克/升悬浮剂 7～10 毫升，或 50％可湿性粉剂 6～8 克，或 600 克/升悬浮剂 5～7 毫升，或 65％水分散粒剂 5～7 克，或 70％可湿性粉剂或 70％水分散粒剂 4～6 克，对水 45～60 千克均匀喷雾。喷药时要将药液喷洒到植株中下部。在飞虱抗药性较重地区，与噻嗪酮、异丙威等不同类型药剂混配使用效果较好。

小麦蚜虫 既可土壤用药，又可种子处理（拌种或包衣），还可生长期喷雾防控。土壤用药时，多为播种时播种沟均匀撒施药剂，一般每亩施用 0.1％颗粒剂 40～50 千克，或 0.2％缓释粒剂 20～25 千克，或 2％缓释粒或 2％颗粒剂 2 000～2 500 克，或 2.5％缓释粒剂 1 500～2 000 克，或 5％颗粒剂 800～1 000 克。种子处理时，一般每 100 千克种子使用 10％种子处理微囊悬浮剂 1 500～1 800 毫升，或 30％悬浮种衣剂或 350 克/升悬浮种衣剂 700～800 毫升，或 600 克/升悬浮种衣剂 400～500 毫升，或 70％种子处理可分散粉剂或 70％湿拌种剂 300～500 克，加适量水均匀稀释至 1 500～2 500 毫升药浆，而后均匀拌种或种子包衣，晾干后待播。生长期喷药时，多从蚜虫发生为害初盛期或抽穗前开始喷药，10 天左右 1 次，连喷 1～2 次。一般每亩次使用 5％乳油或 5％可溶液剂 60～100 毫升，或 5％可湿性粉剂或 5％片剂 60～100 克，或 10％乳油或 10％微乳剂或 10％可溶液剂或 10％悬浮剂 30～50 毫升，或 10％可湿性粉剂 30～50 克，或 15％微囊悬浮剂 20～30 毫升，或15%泡腾片剂20～30克，或20%乳油或20%悬浮剂或20%可溶液剂或200克/升可溶液剂15～25毫升，或20%可湿性粉剂15～25克，或25%可湿性粉剂12～20克，或30%微乳剂或350克/升悬浮剂10～15毫升，或40%水分散粒剂8～12克，或480克/升悬浮剂7～10毫升，或50%可湿性粉剂6～10克，或600克/升悬浮剂5～7毫升，或65%水分散粒剂5～8克，或70%可湿性粉剂或70%水分散粒剂4～7克，对水20～30千克均匀喷雾。

玉米蛴螬、地老虎、蚜虫　多为种子包衣或药剂拌种，即每100千克种子使用30%悬浮种衣剂或350克/升悬浮种衣剂700～900毫升，或600克/升悬浮种衣剂400～600毫升，或70%种子处理可分散粉剂或70%湿拌种剂500～700克，加适量水均匀稀释至2 000～2 500毫升药浆，而后均匀拌种或种子包衣，晾干后待播。当蚜虫发生较重时，也可生长期喷药，多从蚜虫发生为害初盛期开始喷药，10～15天1次，连喷1～2次，吡虫啉喷施剂量同"小麦蚜虫"生长期喷药。

甘蔗蚜虫　既可土壤用药，也可生长期喷药。土壤用药时，于种植时种植沟均匀撒施药剂，一般每亩施用0.1%颗粒剂40～50千克，或0.2%缓释粒剂20～25千克，或2%颗粒剂或2%缓释粒2 000～2 500克，或2.5%缓释粒1 500～2 000克，或5%颗粒剂800～1 000克。生长期喷药，多从蚜虫发生为害初盛期或蚜虫数量开始较快增多时开始喷药，10～15天1次，连喷2次左右，吡虫啉喷施剂量同"小麦蚜虫"生长期喷药。

花生蛴螬、金针虫等地下害虫　既可播种时沟施或穴施用药，也可药剂拌种或种子包衣。沟施或穴施用药时，一般每亩施用0.1%颗粒剂40～50千克，或0.2%缓释粒剂20～25千克，或2%颗粒剂1 500～2 500克，或5%颗粒剂500～1 000克。种子处理时，一般每100千克种子使用10%种子处理微囊悬浮剂2 000～2 500毫升，直接均匀拌种或种子包衣，晾干后待播；或每100千克种子使用30%悬浮种衣剂或350克/升悬浮种衣剂500～650毫升，或600克/升悬浮种衣剂300～400毫升，或70%湿拌种剂或70%种子处理可分散粉剂230～280克，加适量水均匀稀释至1 500～2 000毫升药浆，而后均匀拌种或种子包衣，晾干后待播。

马铃薯蛴螬、金针虫、蝼蛄、地老虎等地下害虫　微型薯或种薯切块后药剂拌种或包衣。一般每100千克种薯使用30%悬浮种衣剂或350克/升悬浮种衣剂65～80毫升，或600克/升悬浮种衣剂40～50毫升，加适量水稀释后均匀喷洒在种薯上，边喷边翻动种薯，直到药剂均匀黏附在种薯表面，而后晾干待播，或用适量滑石粉吸干后待播。

棉花蚜虫、绿盲蝽　既可种子处理用药（防控早期为害），也可生长期喷雾。种子处理时，一般每100千克种子使用30%悬浮种衣剂或350克/升悬浮种衣剂900～1 200毫升，或600克/升悬浮种衣剂600～800毫升，或70%湿拌种剂或70%种子处理可分散粉剂580～700克，加适量水均匀稀释至1 500～2 000毫升药浆，而后均匀拌种或种子包衣，晾干后待播。生长期喷药，在害虫发生为害初盛期或虫口数量开始迅速增多时及时进行喷药，10～15天1次，连喷2次左右。一般每亩次使用5%乳油或5%可溶液剂50～100毫升，或5%可湿性粉剂或5%片剂50～100克，或10%乳油或10%微乳剂或10%可溶液剂或10%悬浮剂30～50毫升，或10%可湿性粉剂30～50克，或15%微囊悬浮剂20～30毫升，或15%泡腾片剂20～30克，或20%乳油或20%悬浮剂或20%可溶液剂或200克/升可溶液剂15～25毫升，或20%可湿性粉剂15～25克，或25%可湿性粉剂10～20克，或

30％微乳剂或 350 克/升悬浮剂 10～15 毫升，或 40％水分散粒剂 7～12 克，或 480 克/升悬浮剂 7～10 毫升，或 50％可湿性粉剂 5～10 克，或 600 克/升悬浮剂 5～8 毫升，或 65％水分散粒剂 4～7 克，或 70％可湿性粉剂或 70％水分散粒剂 3～6 克，对水 45～75 千克均匀喷雾。植株较小时适当降低用药量，植株较大时尽量选用高剂量。

烟草蚜虫　既可土壤用药，又可生长期喷药。土壤用药时，多为移栽时定植穴撒施药剂，一般每亩施用 2％缓释粒 1 000～1 500 克，或 2％颗粒剂 450～650 克，或 2.5％缓释粒剂 360～520 克，或 5％颗粒剂 200～250 克，与适量干细土混匀后均匀撒施在定植穴内；也可生长期在蚜虫发生初期用毒土法根部穴施用药，药剂施用量同定植穴用量。生长期喷药，多从蚜虫发生为害初盛期或蚜虫数量开始较快增多时开始喷药，10～15 天 1 次，连喷 2～3 次，吡虫啉喷施剂量同"棉花蚜虫"生长期喷药。

莲藕蚜虫　多从蚜虫发生为害初盛期或蚜虫数量开始较快增多时开始喷药，10～15 天 1 次，连喷 2 次左右。一般每亩次使用 5％乳油或 5％可溶液剂 40～60 毫升，或 5％可湿性粉剂或 5％片剂 40～60 克，或 10％乳油或 10％微乳剂或 10％可溶液剂或 10％悬浮剂 20～30 毫升，或 10％可湿性粉剂 20～30 克，或 15％微囊悬浮剂 15～20 毫升，或 15％泡腾片剂 15～20 克，或 20％乳油或 20％悬浮剂或 20％可溶液剂或 200 克/升可溶液剂 10～15 毫升，或 20％可湿性粉剂 10～15 克，或 25％可湿性粉剂 8～12 克，或 30％微乳剂或 350 克/升悬浮剂 7～10 毫升，或 40％水分散粒剂 5～7.5 克，或 480 克/升悬浮剂 5～7 毫升，或 50％可湿性粉剂 4～6 克，或 600 克/升悬浮剂 3～5 毫升，或 65％水分散粒剂 3～4.5 克，或 70％可湿性粉剂或 70％水分散粒剂 3～4 克，对水 30～45 千克均匀喷雾。

甜菜潜叶甲虫、蚜虫　从害虫发生为害初期开始喷药，10～15 天 1 次，连喷 1～2 次。一般每亩次使用 5％乳油或 5％可溶液剂 60～80 毫升，或 5％可湿性粉剂或 5％片剂 60～80 克，或 10％乳油或 10％微乳剂或 10％可溶液剂或 10％悬浮剂 30～40 毫升，或 10％可湿性粉剂 30～40 克，或 15％微囊悬浮剂 20～27 毫升，或 15％泡腾片剂 20～27 克，或 20％乳油或 20％悬浮剂或 20％可溶液剂或 200 克/升可溶液剂 15～20 毫升，或 20％可湿性粉剂 15～20 克，或 25％可湿性粉剂 12～16 克，或 30％微乳剂或 350 克/升悬浮剂 8～12 毫升，或 40％水分散粒剂 7～10 克，或 480 克/升悬浮剂 7～10 毫升，或 50％可湿性粉剂 6～8 克，或 600 克/升悬浮剂 5～7 毫升，或 65％水分散粒剂 5～7 克，或 70％可湿性粉剂或 70％水分散粒剂 4～6 克，对水 45～60 千克均匀喷雾。害虫发生较重时，与拟除虫菊酯类杀虫剂混用效果更好。

松树松褐天牛　在害虫发生初期进行喷药，一般使用 5％乳油或 5％可溶液剂或 5％可湿性粉剂 800～1 000 倍液，或 10％乳油或 10％微乳剂或 10％可溶液剂或 10％悬浮剂或 10％可湿性粉剂 1 500～2 000 倍液，或 15％微囊悬浮剂 2 500～3 000 倍液，或 20％乳油或 20％悬浮剂或 20％可溶液剂或 200 克/升可溶液剂或 20％可湿性粉剂 3 000～4 000 倍液，或 25％可湿性粉剂 4 000～5 000 倍液，或 30％微乳剂或 350 克/升悬浮剂 5 000～6 000 倍液，或 40％水分散粒剂或 480 克/升悬浮剂 6 000～7 000 倍液，或 50％可湿性粉剂，或 600 克/升悬浮剂 8 000～10 000 倍液，或 65％水分散粒剂 10 000～12 000 倍液，或 70％可湿性粉剂或 70％水分散粒剂 12 000～14 000 倍液均匀喷雾。

林木天牛　在害虫发生初期进行喷药，吡虫啉喷施倍数同"松树松褐天牛"。

注意事项 吡虫啉不能与碱性药剂及肥料混用。连续喷药时，注意与不同杀虫机理的药剂交替使用或混用，以延缓害虫产生抗药性。该药在许多地区已使用多年，许多害虫均产生了不同程度的抗药性，具体用药时需根据当地实际情况适当增减用药量，或交替用药。本剂对蜜蜂有毒，禁止在果树花期和养蜂场所使用。吡虫啉生产企业较多，剂型、含量较复杂，具体用药时应以其标签说明为准。

吡蚜酮 pymetrozine

主要含量与剂型 25％悬浮剂，25％、30％、40％、50％、70％可湿性粉剂，50％、60％、70％水分散粒剂，50％泡腾片剂，6％颗粒剂，30％悬浮种衣剂，50％、70％种子处理可分散粉剂。

产品特点 吡蚜酮是一种吡啶三嗪酮类高效低毒杀虫剂，专用于防控刺吸式口器害虫，具有触杀作用和内吸活性，防效高，选择性强，对环境及生态安全。在植物体内具有良好的输导特性，木质部和韧皮部均可输导，茎叶喷雾后新长出的枝叶也能得到有效保护。其作用机理是害虫接触药剂后立即产生不可逆转的口针阻塞效应，停止取食，最终因饥饿而死亡，所以该药还同时具有阻断刺吸式昆虫传毒功效。

适用作物防控对象及使用技术 吡蚜酮广泛适用于果树、蔬菜及粮棉油等多种作物，对蚜虫、粉虱、飞虱、叶蝉等多种刺吸式口器害虫均有较好的防控效果。

水稻稻飞虱、叶蝉 既可种子处理（包衣或拌种），又可秧田撒施颗粒剂，还可生长期喷药。种子处理时，一般每100千克种子使用30％悬浮种衣剂700～1 000毫升，或50％种子处理可分散粉剂450～600克，或70％种子处理可分散粉剂600～800克，对适量水稀释后均匀拌种或种子包衣，晾干后待播。秧田撒施颗粒剂时，多在插秧前一天或当天用药，每亩（本田）施用6％颗粒剂560～700克均匀撒施于所需秧苗的秧盘内，并掸落黏附在叶片上的颗粒，而后喷洒适量清水，使药剂颗粒黏附在育秧盘土上；若稻叶上湿润或有露水时，应先掸落露水并待叶片表面干后再撒施药剂。生长期喷药，多在害虫发生初期至盛发前期及时喷药，一般每亩次使用25％悬浮剂22～30毫升，或25％可湿性粉剂23～33克，或30％可湿性粉剂20～28克，或40％可湿性粉剂15～20克，或50％可湿性粉剂或50％水分散粒剂或50％泡腾片剂11～16克，或60％水分散粒剂10～14克，或70％可湿性粉剂或70％水分散粒剂8～12克，对水45～60千克均匀喷雾，重点喷洒植株中下部。

小麦蚜虫 在蚜虫发生初期至始盛期及时喷药，或在小麦孕穗期至齐穗期及时喷药，10天左右1次，连喷1～2次。一般每亩次使用25％悬浮剂20～25毫升，或25％可湿性粉剂20～25克，或30％可湿性粉剂15～20克，或40％可湿性粉剂10～15克，或50％可湿性粉剂或50％水分散粒剂或50％泡腾片剂9～12克，或60％水分散粒剂7～10克，或70％可湿性粉剂或70％水分散粒剂6～9克，对水15～30千克均匀喷雾。

玉米灰飞虱、蚜虫 既可种子处理（包衣或拌种），又可生长期喷药。种子处理时，一般每100千克种子使用50％种子处理可分散粉剂400～500克，或70％种子处理可分散粉剂300～350克，对适量水稀释后均匀拌种或种子包衣，而后晾干待播。生长期喷药，在害虫发生初期及时进行，吡蚜酮喷施剂量同"小麦蚜虫"。

棉花蚜虫　从蚜虫发生初盛期开始喷药，10～15 天 1 次，与不同类型药剂交替使用，连喷 2～4 次。吡蚜酮一般每亩次使用 25％悬浮剂 20～30 毫升，或 25％可湿性粉剂 20～30 克，或 30％可湿性粉剂 15～25 克，或 40％可湿性粉剂 15～18 克，或 50％可湿性粉剂或 50％水分散粒剂或 50％泡腾片剂 10～15 克，或 60％水分散粒剂 8～12 克，或 70％可湿性粉剂或 70％水分散粒剂 7～10 克，对水 30～60 千克均匀喷雾。

烟草蚜虫　从蚜虫发生为害初期或蚜虫数量开始较快增多时开始喷药，10～15 天 1 次，连喷 2～3 次。一般每亩次使用 25％悬浮剂 20～40 毫升，或 25％可湿性粉剂 20～40 克，或 30％可湿性粉剂 17～30 克，或 40％可湿性粉剂 15～25 克，或 50％可湿性粉剂或 50％水分散粒剂或 50％泡腾片剂 10～20 克，或 60％水分散粒剂 8～16 克，或 70％可湿性粉剂或 70％水分散粒剂 7～14 克，对水 30～45 千克均匀喷雾。

苹果树绣线菊蚜、苹果瘤蚜　防控绣线菊蚜时，在嫩梢上蚜虫发生初盛期或蚜虫开始向幼果转移为害时及时喷药，10 天左右 1 次，连喷 2 次左右；防控苹果瘤蚜时，在苹果花序分离期和落花后各喷药 1 次即可。一般使用 25％悬浮剂或 25％可湿性粉剂 1 500～2 000 倍液，或 30％可湿性粉剂 2 000～2 500 倍液，或 40％可湿性粉剂 2 500～3 000 倍液，或 50％可湿性粉剂或 50％水分散粒剂或 50％泡腾片剂 3 000～4 000 倍液，或 60％水分散粒剂 4 000～5 000 倍液，或 70％可湿性粉剂或 70％水分散粒剂 5 000～6 000 倍液均匀喷雾。

梨树梨木虱　一般梨园在梨树落花 80％和落花后 35 天左右各喷药 1 次，有效防控第 1、2 代梨木虱若虫；然后每 30 天左右各喷药 1 次，有效防控第 3 代及以后各代若虫。即在每代梨木虱卵孵化盛期至若虫被黏液完全覆盖前及时喷药，第 1、2 代每代喷药 1 次，第 3 代及其以后各代每代喷药 1～2 次，注意与不同类型药剂交替使用。吡蚜酮喷施倍数同“苹果树绣线菊蚜”。

桃树蚜虫　首先在桃芽露红期喷药 1 次，然后从桃树落花后开始连续喷药，10～15 天 1 次，连喷 2～3 次。吡蚜酮喷施倍数同“苹果树绣线菊蚜”。

葡萄绿盲蝽、蚜虫　在葡萄萌芽后或害虫发生为害初期开始喷药，10 天左右 1 次，连喷 2～4 次，与触杀性杀虫剂混合喷施效果最好。吡蚜酮喷施倍数同“苹果树绣线菊蚜”。

枣树绿盲蝽　在枣树萌芽后或绿盲蝽发生为害初期开始喷药，10 天左右 1 次，连喷 2～4 次，与触杀性杀虫剂混合喷施效果最好。吡蚜酮喷施倍数同“苹果树绣线菊蚜”。

柑橘树蚜虫、柑橘木虱　在每代新梢萌发初期（嫩梢长 0.5～1 厘米时）开始喷药，10 天左右 1 次，每代连喷 2 次左右；连续喷药时，注意与不同类型药剂交替使用或混用。吡蚜酮喷施倍数同“苹果树绣线菊蚜”。

茶树茶小绿叶蝉　从害虫发生为害初期开始喷药，10 天左右 1 次，与不同类型药剂交替使用，连喷 2～4 次。吡蚜酮一般使用 25％悬浮剂或 25％可湿性粉剂 1 200～1 500 倍液，或 30％可湿性粉剂 1 500～2 000 倍液，或 40％可湿性粉剂 2 000～2 500 倍液，或 50％可湿性粉剂或 50％水分散粒剂或 50％泡腾片剂 2 500～3 000 倍液，或 60％水分散粒剂 3 000～4 000 倍液，或 70％可湿性粉剂或 70％水分散粒剂 3 500～4 500 倍液均匀喷雾。

观赏菊花、观赏月季蚜虫　从蚜虫发生为害初盛期或蚜虫数量开始较快增多时开始喷药，10 天左右 1 次，连喷 2 次左右。吡蚜酮喷施倍数同“茶树茶小绿叶蝉”。

甘蓝、白菜等十字花科蔬菜蚜虫　在蚜虫发生为害初期至初盛期及时开始喷药，10 天左右 1 次，连喷 2 次左右。一般每亩次使用 25％悬浮剂 25～30 毫升，或 25％可湿性粉剂 25～33 克，或 30％可湿性粉剂 20～28 克，或 40％可湿性粉剂 15～20 克，或 50％可湿性粉剂或 50％水分散粒剂或 50％泡腾片剂 12～17 克，或 60％水分散粒剂 10～14 克，或 70％可湿性粉剂或 70％水分散粒剂 8～12 克，对水 30～45 千克均匀喷雾。

番茄、辣椒、茄子、黄瓜、芸豆等瓜果蔬菜类的温室白粉虱、烟粉虱　从害虫发生为害初期开始喷药，7～10 天 1 次，连喷 2～3 次。一般每亩次使用 25％悬浮剂 30～40 毫升，或 25％可湿性粉剂 30～45 克，或 30％可湿性粉剂 25～35 克，或 40％可湿性粉剂 20～28 克，或 50％可湿性粉剂或 50％水分散粒剂或 50％泡腾片剂 15～20 克，或 60％水分散粒剂 13～18 克，或 70％可湿性粉剂或 70％水分散粒剂 10～15 克，对水 45～60 千克喷雾，重点喷洒叶片背面。

菠菜蚜虫　从蚜虫发生为害初期开始喷药，10 天左右 1 次，连喷 1～2 次。一般每亩次使用 25％悬浮剂 20～25 毫升，或 25％可湿性粉剂 20～25 克，或 30％可湿性粉剂 17～20 克，或 40％可湿性粉剂 13～16 克，或 50％可湿性粉剂或 50％水分散粒剂或 50％泡腾片剂 10～13 克，或 60％水分散粒剂 8～10 克，或 70％可湿性粉剂或 70％水分散粒剂 7～9 克，对水 20～30 千克均匀喷雾。

芹菜蚜虫　从蚜虫发生为害初期开始喷药，7～10 天 1 次，连喷 2 次左右。吡蚜酮喷施剂量同"菠菜蚜虫"。

莲藕蚜虫　从蚜虫发生为害初期开始喷药，10 天左右 1 次，连喷 2～3 次。吡蚜酮喷施剂量同"菠菜蚜虫"。

马铃薯蚜虫　从蚜虫发生为害初期开始喷药，7～10 天 1 次，连喷 2～3 次。一般每亩次使用 25％悬浮剂 40～55 毫升，或 25％可湿性粉剂 40～60 克，或 30％可湿性粉剂 35～50 克，或 40％可湿性粉剂 25～35 克，或 50％可湿性粉剂或 50％水分散粒剂或 50％泡腾片剂 20～30 克，或 60％水分散粒剂 18～25 克，或 70％可湿性粉剂或 70％水分散粒剂 15～20 克，对水 45～75 千克均匀喷雾。

注意事项　吡蚜酮不能与碱性药剂及肥料混用。连续喷药时，注意与不同杀虫机理药剂交替使用或混用，以延缓害虫产生抗药性。喷药应及时均匀周到，尤其要喷洒到害虫为害部位。本剂对蜜蜂有毒，果树花期及养蜂场所禁止使用。

虫螨腈 chlorfenapyr

主要含量与剂型　10％、21％、30％、100 克/升、240 克/升、360 克/升悬浮剂，5％、8％、10％、20％微乳剂，50％水分散粒剂。

产品特点　虫螨腈是一种芳基吡咯类高效低毒杀虫剂，以胃毒作用为主，兼有触杀作用，无内吸性，但渗透性好，耐雨水冲刷，持效期较长，使用安全。虫螨腈本身无杀虫活性，但害虫取食或接触药剂后，能在其体内转化为具有杀虫活性的物质而发挥药效。其杀虫机理是活性物质通过对线粒体的解偶联作用，而干扰昆虫呼吸系统的能量代谢，最终导致其死亡。

适用作物防控对象及使用技术　虫螨腈广泛适用于果树、蔬菜、粮棉油茶等多种作物，对多种鳞翅目和同翅目害虫及一些螨类具有较好的防控效果。

梨树梨木虱　在每代梨木虱卵孵化盛期至若虫被黏液完全覆盖前及时喷药，第1、2代每代喷药1次，第3代及其以后各代因世代重叠每代喷药1～2次（间隔期7～10天）。或一般梨园在梨树落花80％和落花后30天左右喷药1次，有效防控第1、2代梨木虱若虫；然后每30天左右喷药1～2次（间隔期7～10天），有效防控第3代及以后各代若虫。连续喷药时，注意与不同类型药剂交替使用。虫螨腈一般使用10％微乳剂或10％悬浮剂或100克/升悬浮剂800～1 000倍液，或20％微乳剂或21％悬浮剂或240克/升悬浮剂1 500～2 000倍液，或30％悬浮剂或360克/升悬浮剂2 000～3 000倍液，或50％水分散粒剂3 500～4 000倍液，或5％微乳剂400～500倍液，或8％微乳剂700～800倍液均匀喷雾。

苹果树金纹细蛾　在每代幼虫卵孵化盛期或每代初见新鲜虫斑时及时喷药，每代喷药1～2次；或在苹果落花后和落花后40天左右喷药1次（有效防控第1、2代幼虫），以后每35天左右喷药1～2次（有效防控第3代及以后各代幼虫，间隔期7～10天）。连续喷药时，注意与不同类型药剂交替使用。虫螨腈一般使用10％微乳剂或10％悬浮剂或100克/升悬浮剂1 000～1 200倍液，或20％微乳剂或21％悬浮剂或240克/升悬浮剂2 000～2 500倍液，或30％悬浮剂或360克/升悬浮剂3 000～3 500倍液，或50％水分散粒剂5 000～6 000倍液，或5％微乳剂500～600倍液，或8％微乳剂800～1 000倍液均匀喷雾。

苹果树、桃树、枣树等果树的卷叶蛾类　从害虫发生为害初期或初见卷叶时立即开始喷药，每代喷药1次即可。虫螨腈喷施倍数同"苹果树金纹细蛾"。

桃树小绿叶蝉　从叶片正面初见黄白色褪绿小点时开始喷药，10天左右1次，与不同类型药剂交替使用，连喷2～4次。虫螨腈喷施倍数同"梨树梨木虱"。

葡萄树二星斑叶蝉、柿树血斑叶蝉　从叶片正面初见黄白色褪绿小点时开始喷药，10天左右1次，连喷2次左右。虫螨腈喷施倍数同"梨树梨木虱"。

柑橘树潜叶蛾　在各季新梢抽生初期（嫩梢长1～3厘米时）或田间初见虫道时开始喷药，7～10天1次，每季喷药1～2次。一般使用10％微乳剂或10％悬浮剂或100克/升悬浮剂1 000～1 500倍液，或20％微乳剂或21％悬浮剂或240克/升悬浮剂2 000～3 000倍液，或30％悬浮剂或360克/升悬浮剂3 000～4 000倍液，或50％水分散粒剂5 000～6 000倍液，或5％微乳剂500～600倍液，或8％微乳剂800～1 000倍液均匀喷雾。

甘蓝、白菜等十字花科蔬菜的小菜蛾、甜菜夜蛾、菜青虫、斜纹夜蛾　在害虫卵孵化盛期至低龄（1～2龄）幼虫期及时喷药，7天左右1次，连喷2次。一般每亩次使用10％微乳剂或10％悬浮剂或100克/升悬浮剂60～80毫升，或20％微乳剂或21％悬浮剂或240克/升悬浮剂30～40毫升，或30％悬浮剂或360克/升悬浮剂20～25毫升，或50％水分散粒剂12～16克，或5％微乳剂100～150毫升，或8％微乳剂75～100毫升，对水30～45千克均匀喷雾。

黄瓜斜纹夜蛾　在卵孵化盛期至低龄幼虫期开始喷药，7～10天1次，连喷2次。一般每亩次使用10％微乳剂或10％悬浮剂或100克/升悬浮剂80～100毫升，或20％微乳剂或21％悬浮剂或240克/升悬浮剂40～50毫升，或30％悬浮剂或360克/升悬浮剂30～

35 毫升，或 50％水分散粒剂 16～20 克，或 5％微乳剂 150～200 毫升，或 8％微乳剂 100～125 毫升，对水 45～60 千克均匀喷雾。

茄子朱砂叶螨、蓟马 从害虫发生为害初期开始喷药，7 天左右 1 次，连喷 2 次左右。一般每亩次使用 10％微乳剂或 10％悬浮剂或 100 克/升悬浮剂 40～60 毫升，或 20％微乳剂或 21％悬浮剂或 240 克/升悬浮剂 20～30 毫升，或 30％悬浮剂或 360 克/升悬浮剂 15～20 毫升，或 50％水分散粒剂 8～12 克，或 5％微乳剂 80～120 毫升，或 8％微乳剂 50～75 毫升，对水 45～60 千克均匀喷雾。

姜甜菜夜蛾 在卵孵化盛期至低龄幼虫期开始喷药，7～10 天 1 次，连喷 2 次。一般每亩次使用 10％微乳剂或 10％悬浮剂或 100 克/升悬浮剂 40～50 毫升，或 20％微乳剂或 21％悬浮剂或 240 克/升悬浮剂 20～25 毫升，或 30％悬浮剂或 360 克/升悬浮剂 13～17 毫升，或 50％水分散粒剂 8～10 克，或 5％微乳剂 80～100 毫升，或 8％微乳剂 50～60 毫升，对水 30～45 千克均匀喷雾。

棉花棉铃虫 在卵孵化盛期至幼虫钻蛀蕾铃前及时喷药，一般每亩次使用 10％微乳剂或 10％悬浮剂或 100 克/升悬浮剂 80～100 毫升，或 20％微乳剂或 21％悬浮剂或 240 克/升悬浮剂 40～50 毫升，或 30％悬浮剂或 360 克/升悬浮剂 30～35 毫升，或 50％水分散粒剂 16～20 克，或 5％微乳剂 150～200 毫升，或 8％微乳剂 100～125 毫升，对水 45～60 千克均匀喷雾。

茶树茶尺蠖、茶小绿叶蝉 从害虫发生为害初期开始喷药，7～10 天 1 次，连喷 2～3 次。一般每亩次使用 10％微乳剂或 10％悬浮剂或 100 克/升悬浮剂 60～80 毫升，或 20％微乳剂或 21％悬浮剂或 240 克/升悬浮剂 30～40 毫升，或 30％悬浮剂或 360 克/升悬浮剂 20～25 毫升，或 50％水分散粒剂 12～16 克，或 5％微乳剂 100～150 毫升，或 8％微乳剂 75～100 毫升，对水 45～60 千克均匀喷雾。

注意事项 虫螨腈不能与碱性药剂及肥料混用，连续喷药时注意与不同杀虫机理药剂交替使用。具体喷药时，尽量在害虫发生早期用药，且虫口密度高时尽量选用高剂量。本剂对温度敏感，最高气温高于 25℃时防效较好，低于 25℃时效果较差。

哒螨灵 pyridaben

主要含量与剂型 15％乳油，10％、15％微乳剂，10％、15％水乳剂，20％、30％、40％、45％、50％悬浮剂，20％、40％可湿性粉剂。

产品特点 哒螨灵是一种哒嗪酮类广谱速效杀螨剂，低毒至中等毒性，触杀性强，无内吸、传导和熏蒸作用，对螨卵、幼螨、若螨、成螨都有很好的杀灭效果，对活动态螨作用迅速，持效期较长，可达 1 个月左右。其作用机理是通过抑制害螨复合物 I 的线粒体电子传递，阻碍能量形成，而影响害螨的生长发育，最终导致其死亡。对害螨的所有发育阶段均有活性，尤其是幼螨和若螨阶段效果突出。其药效受温度影响小，无论早春或秋季使用均可获得满意效果。

适用作物防控对象及使用技术 哒螨灵广泛适用于果树、蔬菜、粮棉油茶等多种作物，对多种叶螨类、锈螨类均有较好的防控效果。

苹果树红蜘蛛（山楂叶螨、苹果全爪螨等）、白蜘蛛（二斑叶螨） 多从害螨发生初期至始盛期（树冠内膛下部平均每叶有螨 3～4 头时）开始喷药，1 个月左右 1 次，与不同类型药剂交替使用，连喷 2～3 次。一般使用 10％微乳剂或 10％水乳剂 800～1 000 倍液，或 15％乳油或 15％微乳剂或 15％水乳剂 1 200～1 500 倍液，或 20％悬浮剂或 20％可湿性粉剂 1 500～2 000 倍液，或 30％悬浮剂 2 500～3 000 倍液，或 40％悬浮剂或 40％可湿性粉剂 3 000～4 000 倍液，或 45％悬浮剂 4 000～4 500 倍液，或 50％悬浮剂 4 500～5 000 倍液均匀叶面喷雾。

梨树、桃树、樱桃树、枣树、栗树红蜘蛛　从害螨发生为害初期至初盛期开始喷药，1 个月左右 1 次，连喷 2～3 次。哒螨灵喷施倍数同"苹果树红蜘蛛"。

柑橘树红蜘蛛（柑橘全爪螨）、黄蜘蛛（柑橘始叶螨）　从害螨发生为害初期至初盛期开始喷药，1 个月左右 1 次，连喷 2～3 次。哒螨灵喷施倍数同"苹果树红蜘蛛。"

枸杞瘿螨　从瘿螨发生初期或叶片上初显为害状（叶疹状虫瘿）时开始喷药，20～30 天 1 次，连喷 1～2 次。哒螨灵喷施倍数同"苹果树红蜘蛛"。

棉花红蜘蛛、白蜘蛛　从害螨发生为害初期开始喷药，30 天左右 1 次，连喷 2～3 次，重点喷洒叶片背面。一般每亩次使用 10％微乳剂或 10％水乳剂 60～100 毫升，或 15％乳油或 15％微乳剂或 15％水乳剂 40～65 毫升，或 20％悬浮剂 30～50 毫升，或 30％悬浮剂 20～35 毫升，或 40％悬浮剂 15～25 毫升，或 45％悬浮剂 13～22 毫升，或 50％悬浮剂 12～20 毫升，或 20％可湿性粉剂 30～50 克，或 40％可湿性粉剂 15～25 克，对水 30～60 千克均匀喷雾。

甘蓝、萝卜等蔬菜的黄条跳甲　从害虫发生为害初期开始喷药，10～15 天 1 次，连喷 2 次左右。一般每亩次使用 10％微乳剂或 10％水乳剂 100～150 毫升，或 15％乳油或 15％微乳剂或 15％水乳剂 80～100 毫升，或 20％悬浮剂 60～75 毫升，或 30％悬浮剂 40～50 毫升，或 40％悬浮剂 30～37 毫升，或 45％悬浮剂 25～33 毫升，或 50％悬浮剂 20～30 毫升，或 20％可湿性粉剂 60～75 克，或 40％可湿性粉剂 30～38 克，对水 30～45 千克均匀喷雾。

水稻稻水象甲　从害虫发生为害初期开始喷药，10～15 天 1 次，连喷 1～2 次，注意喷洒植株下部。一般每亩次使用 10％微乳剂或 10％水乳剂 100～120 毫升，或 15％乳油或 15％微乳剂或 15％水乳剂 65～80 毫升，或 20％悬浮剂 50～60 毫升，或 30％悬浮剂 35～40 毫升，或 40％悬浮剂 25～30 毫升，或 45％悬浮剂 22～27 毫升，或 50％悬浮剂 20～25 毫升，或 20％可湿性粉剂 50～60 克，或 40％可湿性粉剂 25～30 克，对水 30～45 千克均匀喷雾。

注意事项　哒螨灵可与大多数杀虫剂混用，但不能与石硫合剂、波尔多液等强碱性药剂混用。连续喷药时，注意与不同杀虫机理药剂交替使用。本剂无内吸作用，喷雾应尽量均匀周到。哒螨灵对茄子有轻微药害，喷药时应避免药液飘移到茄子上。

淡紫拟青霉 paecilomyces lilacinus

主要含量与剂型　2 亿孢子/克粉剂，5 亿孢子/克颗粒剂。

产品特点　淡紫拟青霉是一种拟青霉属真菌，属微生物类低毒杀线虫剂，对根结线虫具有很好的防控作用，使用安全，不污染环境。制剂施入土壤中后，孢子萌发长出许多菌丝，菌丝触到线虫卵或虫体后分泌几丁质酶，溶解破坏线虫卵壳或线虫体壁的几丁质层，使菌丝进入到卵壳内或线虫体内，进而以卵内或线虫体内物质为营养生长繁殖，导致卵内细胞及早期胚胎受到破坏不能孵出幼虫，或导致线虫正常生理代谢受到破坏，最终杀死虫卵及线虫。因本剂对根结线虫卵有杀灭作用，所以用药应尽量在早期进行。

适用作物防控对象及使用技术 淡紫拟青霉适用于番茄、辣椒、茄子、黄瓜、甜瓜、苦瓜、西瓜、冬瓜等多种瓜果蔬菜，主要用于土壤处理，对根结线虫具有很好的防控效果。不同瓜果蔬菜的用药方法及剂量基本相同，分为直播田用药、育苗苗床用药和定植大田用药三种。

直播田用药 播种前于播种沟内均匀撒药。一般每亩使用2亿孢子/克粉剂3～4千克或5亿孢子/克颗粒剂2.5～3千克，均匀撒施于播种沟内后混土10～15厘米厚，混土后播种。

育苗苗床用药 先于苗床土上撒药，混匀后播种，混土层厚10～15厘米。一般每平方米苗床使用2亿孢子/克粉剂4～5克或5亿孢子/克颗粒剂2.5～3克。

定植大田用药 在定植沟（穴）内撒药，使药剂均匀分散在根系附近，然后定植幼苗、覆土、浇水。一般每亩使用2亿孢子/克粉剂3～4千克或5亿孢子/克颗粒剂2.5～3千克。

注意事项 淡紫拟青霉不能与含有铜离子、镁离子的药剂混用，也不能与杀菌剂混用。撒施药剂尽量均匀，使作物根系周围都分散有药剂效果最好。

敌敌畏 dichlorvos

主要含量与剂型 2％、15％、22％、30％烟剂，22.5％油剂，30％、48％、50％、77.5％、80％乳油，90％可溶液剂。

产品特点 敌敌畏是一种有机磷类广谱中毒杀虫剂，具有强烈的触杀、胃毒和熏蒸作用，对咀嚼式口器和刺吸式口器害虫均有很强的防控效果。触杀作用比敌百虫效果好，对害虫击倒力强而快。其杀虫机理是通过抑制害虫体内乙酰胆碱酯酶的活性，使害虫过度兴奋麻痹而死亡。该药施用后降解快，持效期较短，残留很低，使用较安全。

适用作物防控对象及使用技术 敌敌畏适用范围非常广泛，生产中常用于果树、林木、瓜果蔬菜、粮棉油作物、烟草、茶树及粮食贮存和卫生用药，对咀嚼式口器害虫和刺吸式口器害虫均有较好的防控效果。主要为喷雾用药，也常用于熏蒸、熏烟等。

苹果树绣线菊蚜、苹果瘤蚜、卷叶蛾类及其他鳞翅目食叶害虫 防控绣线菊蚜，在嫩梢上蚜虫数量较多时或蚜虫开始向幼果转移为害时及时喷药，7～10天1次，连喷2次左右；防控苹果瘤蚜，在苹果花序分离期和落花后各喷药1次；防控卷叶蛾，在花序分离期（开花前）或落花后喷药1次，或在害虫卵孵化期至卷叶前及时喷药，每代喷药1～2次；防控其他鳞翅目食叶害虫，在害虫卵孵化盛期至低龄幼虫期及时喷药，每代喷药1～2次。一般使用30％乳油500～600倍液，或48％乳油或50％乳油800～1 000倍液，或77.5％乳油或80％乳油1 200～1 500倍液，或90％可溶液剂1 500～2 000倍液均匀喷雾。

葡萄十星叶甲 从害虫发生为害初期开始喷药，7～10天1次，连喷2次左右。敌敌畏喷施倍数同"苹果树绣线菊蚜"。

桑树尺蠖 在害虫发生为害初期或卵孵化盛期至低龄幼虫期及时喷药,7~10天1次,每代喷药1~2次。敌敌畏喷施倍数同"苹果树绣线菊蚜"。

十字花科蔬菜害虫 防控菜青虫、烟青虫、斜纹夜蛾时,在卵孵化盛期至低龄幼虫期喷药;防控蚜虫、叶甲、跳甲、斑潜蝇时,在害虫发生为害初期或虫量开始较快增加时喷药。一般每亩次使用30%乳油180~250毫升,或48%乳油或50%乳油100~150毫升,或77.5%乳油或80%乳油60~90毫升,或90%可溶液剂50~70毫升,对水30~45千克均匀喷雾。

黄瓜、番茄等保护地蔬菜蚜虫、白粉虱、斑潜蝇 从害虫发生初期开始用药,每亩次使用15%烟剂500~600克,或22%烟剂300~400克,或30%烟剂250~300克,均匀分多点点燃密闭熏烟。

棉花棉铃虫、红铃虫、造桥虫、蚜虫 防控棉铃虫及生长期的红铃虫时,在卵孵化盛期至幼虫钻蛀蕾铃前及时喷药;防控造桥虫时,在卵孵化盛期至低龄幼虫期及时喷药;防控蚜虫时,在虫量开始较快增加时或发生为害初期进行喷药。一般每亩次使用48%乳油或50%乳油120~200毫升,或77.5%乳油或80%乳油80~150毫升,或90%可溶液剂90~120毫升,对水30~60千克均匀喷雾。防控仓库内越冬红铃虫时,一般使用77.5%乳油或80%乳油200倍液,或50%乳油或48%乳油150倍液喷洒墙壁,密闭熏蒸3~4天。

麦类蚜虫、黏虫 防控蚜虫时,在孕穗期至齐穗期进行喷药,或从蚜虫发生初盛期开始喷药,7~10天1次,连喷1~2次;防控黏虫时,在低龄幼虫期及时喷药。一般每亩次使用30%乳油250~300毫升,或48%乳油或50%乳油150~200毫升,或77.5%乳油或80%乳油100~120毫升,或90%可溶液剂80~100毫升,对水15~30千克均匀喷雾。

水稻稻飞虱 从害虫发生为害初期开始喷药,7~10天1次,连喷2次左右,重点喷洒植株中下部。一般每亩次使用30%乳油250~300毫升,或48%乳油或50%乳油150~200毫升,或77.5%乳油或80%乳油100~120毫升,或90%可溶液剂80~100毫升,对水45~60千克均匀喷雾。

茶树茶尺蠖、茶毛虫等食叶害虫 从害虫发生为害初期或卵孵化盛期至低龄幼虫期开始喷药,7~10天1次,连喷2~3次。一般每亩次使用30%乳油180~250毫升,或48%乳油或50%乳油100~150毫升,或77.5%乳油或80%乳油70~100毫升,或90%可溶液剂60~85毫升,对水45~60千克均匀喷雾。

烟草烟青虫、蚜虫 从害虫发生为害初期开始喷药,7~10天1次,连喷2次左右。敌敌畏喷施剂量同"茶树茶尺蠖"。

贮粮害虫 一般使用48%乳油或50%乳油200~250倍液,或77.5%乳油或80%乳油300~400倍液,或90%可溶液剂400~500倍液喷洒贮粮空间,进行密闭熏蒸;或按照每立方米空间使用48%乳油或50%乳油0.8~1毫升,或77.5%乳油或80%乳油0.5~0.6毫升的药量,在储粮库内用布条蘸药悬挂密闭熏蒸。

卫生害虫(蟑螂、臭虫、蝇蛆等) 一般使用48%乳油或50%乳油250~300倍液,或77.5%乳油或80%乳油400~500倍液,或90%可溶液剂500~600倍液喷洒害虫经常出没的地方;或按照每立方米空间使用48%乳油或50%乳油0.8毫升,或77.5%乳油或80%乳油0.5毫升,或90%可溶液剂0.4毫升药量,在空间内用布条蘸药悬挂密闭熏蒸。

林木的松毛虫、天幕毛虫等鳞翅目食叶害虫　在害虫发生为害初期开始用药，7～10天1次，连续1～2次。一般每亩次使用22.5％油剂400～700毫升超低容量喷雾；或每亩次使用2％烟剂500～1 000克，均匀分多点点燃熏烟。

观赏菊花蚜虫　从蚜虫发生为害初期开始喷药，7～10天1次，连喷2次左右。一般使用48％乳油或50％乳油400～600倍液，或77.5％乳油或80％乳油700～900倍液，或90％可溶液剂800～1 000倍液均匀喷雾。

注意事项　敌敌畏与不同作用机理杀虫剂混用效果更好，但不能与碱性农药或肥料混用。本剂对桃树、李树、杏树等核果类果树较敏感，易产生药害，用药时需要注意；对豆类和瓜类的幼苗易产生药害，对高粱、月季易产生药害，对玉米、柳树也较敏感，用药时均需特别注意。

丁硫克百威 carbosulfan

主要含量与剂型　5％、20％、200克/升乳油，40％悬浮剂，40％水乳剂，20％悬浮种衣剂，35％种子处理干粉剂，47％种子处理乳剂，5％、10％颗粒剂。

产品特点　丁硫克百威是一种氨基甲酸酯类内吸性广谱中毒杀虫剂，属克百威的低毒化品种，在昆虫体内代谢为高毒的克百威起杀虫活性，具有触杀和胃毒作用，持效期长，杀虫谱广，内吸渗透性强。其杀虫机理是抑制昆虫体内乙酰胆碱酯酶的活性，使昆虫的肌肉及腺体持续兴奋，而导致其死亡。

适用作物防控对象及使用技术　丁硫克百威广泛适用于多种作物，对多种害虫均有很好的防控效果，因其毒性与残留问题目前主要应用于粮棉油糖等作物。

甘蔗蔗螟、蔗龟　既可种植时用药，也可苗期用药。种植时，多为种植沟施药，即将药剂与细干土拌匀后均匀撒施于种植沟内，而后盖细土3～5厘米厚后摆种甘蔗，一般每亩施用5％颗粒剂3～5千克或10％颗粒剂1.5～2.5千克。苗期用药时，多为在幼苗一侧开沟撒施药剂，而后覆土，药剂施用量同前述。施药后要在施药区设立警示标志，24小时内禁止人畜进入施药区域。每季最多使用1次。

水稻蓟马、稻瘿蚊　药剂拌种或种子包衣。一般每100千克种子使用35％种子处理干粉剂1 500～2 000克，在稻种浸种、催芽后均匀拌种，而后播种；或每100千克种子使用47％种子处理乳剂500～1 000毫升，对适量水稀释后均匀拌种或包衣，晾干后待播。

水稻稻飞虱、三化螟　在害虫发生为害初期进行喷药。一般每亩次使用5％乳油200～300毫升，或20％乳油或200克/升乳油200～250毫升，或40％悬浮剂100～125毫升，对水45～60千克均匀喷雾，注意喷洒植株中下部。

水稻稻水象甲　在害虫发生初期撒施用药，即每亩使用5％颗粒剂2～3千克或10％颗粒剂1～1.5千克，与适量干细土混匀后均匀撒施于田内。每季最多使用1次。

玉米地老虎、金针虫、蛴螬、蝼蛄等地下害虫及苗期蚜虫　药剂拌种或种子包衣。一般每100千克种子使用20％悬浮种衣剂600～700毫升，或40％水乳剂300～400毫升，或47％种子处理乳剂230～280毫升，对适量水稀释后均匀拌种或种子包衣，而后晾干待播。

小麦金针虫、地老虎、蝼蛄、蛴螬等地下害虫及苗期蚜虫　药剂拌种或种子包衣。一般每 100 千克种子使用 47％种子处理乳剂 150～200 毫升或 20％悬浮种衣剂 350～450 毫升，对适量水稀释后均匀拌种或种子包衣，而后晾干待播。

棉花金针虫、地老虎、蝼蛄、蛴螬等地下害虫及苗期蚜虫　药剂拌种或种子包衣。一般每 100 千克种子使用 47％种子处理乳剂 600～800 毫升或 20％悬浮种衣剂 1 500～2 000 毫升，对适量水稀释后均匀拌种或种子包衣，而后晾干待播。

棉花蚜虫　从蚜虫发生为害初期或蚜虫数量开始较快增多时开始喷药，7～10 天 1 次，连喷 1～2 次。一般每亩次使用 5％乳油 150～250 毫升，或 20％乳油或 200 克/升乳油 40～60 毫升，或 40％悬浮剂 20～30 毫升，对水 30～60 千克均匀喷雾。

注意事项　丁硫克百威不能与碱性药剂及肥料混用，最好与不同杀虫机理药剂交替使用或混用。在稻田喷雾用药时，不能同时使用敌稗和灭草灵，以防产生药害。本剂禁止在果树、蔬菜、瓜果、茶叶、菌类和药用植物上使用。

丁醚脲 diafenthiuron

主要含量与剂型　25％乳油，25％、43.5％、50％、500 克/升悬浮剂，50％可湿性粉剂，70％水分散粒剂。

产品特点　丁醚脲是一种硫脲类高效低毒杀虫、杀螨剂，具有触杀、胃毒和熏蒸作用，并能内吸传导，在紫外光下转化为杀虫活性物质，有效杀灭幼虫、若虫和成虫，并有一定杀卵活性，对氨基甲酸酯、有机磷和拟除虫菊酯类产生抗性的害虫效果更好。其作用机理是破坏害虫（螨）细胞线粒体功能，抑制能量转换和呼吸作用，而导致其死亡。丁醚脲同时具有一定杀螨活性，对成螨、幼螨、若螨和卵都有效果，但药效较慢，药后 3 天初显防效，5 天后达杀螨高峰。

适用作物防控对象及使用技术　丁醚脲广泛适用于果树、瓜果蔬菜、粮棉油茶等作物，对多种害虫、害螨均具有较好的防控效果。

甘蓝、小白菜等十字花科蔬菜的小菜蛾、菜青虫、斜纹夜蛾等鳞翅目食叶害虫　在害虫卵孵化盛期至低龄幼虫期开始喷药，7～10 天 1 次，连喷 2 次。一般每亩次使用 25％乳油或 25％悬浮剂 100～150 毫升，或 43.5％悬浮剂或 50％悬浮剂或 500 克/升悬浮剂 60～80 毫升，或 50％可湿性粉剂 60～80 克，或 70％水分散粒剂 40～50 克，对水 30～45 千克叶面喷雾，注意将药液喷洒到叶片背面。

十字花科蔬菜蚜虫　在蚜虫发生为害初期或蚜虫数量盛发初期开始喷药，7～10 天 1 次，连喷 1～2 次。丁醚脲喷施剂量同"甘蓝小菜蛾"。

瓜类、茄果类及豆类蔬菜的红蜘蛛、蚜虫　在害虫（螨）发生为害初期或虫（螨）量开始较快增多时开始喷药，7～10 天 1 次，连喷 2 次左右。一般使用 25％乳油或 25％悬浮剂 500～800 倍液，或 43.5％悬浮剂或 50％悬浮剂或 500 克/升悬浮剂或 50％可湿性粉剂 1 000～1 500 倍液，或 70％水分散粒剂 1 500～2 500 倍液均匀喷雾，注意喷洒叶片背面及幼嫩组织。

柑橘树红蜘蛛、黄蜘蛛　在害螨发生为害初期开始喷药，10 天左右 1 次，连喷 2 次；当害螨发生较重时，与其他不同类型杀螨剂混用效果更好。丁醚脲一般使用 25％乳油或 25％悬浮剂 500～800 倍液，或 43.5％悬浮剂或 50％悬浮剂或 500 克/升悬浮剂或 50％可湿性粉剂 1 000～1 500 倍液，或 70％水分散粒剂 1 500～2 000 倍液均匀喷雾。

茶树茶小绿叶蝉 从害虫发生为害初期开始喷药，7～10 天 1 次，连喷 2 次左右。一般每亩次使用 25％乳油或 25％悬浮剂 200～250 毫升，或 43.5％悬浮剂或 50％悬浮剂或 500 克/升悬浮剂 100～120 毫升，或 50％可湿性粉剂 100～150 克，或 70％水分散粒剂 80～100 克，对水 45～60 千克均匀喷雾。

观赏月季二斑叶螨 从害螨发生为害初期开始喷药，7～10 天 1 次，连喷 2 次左右。一般每亩次使用 25％乳油或 25％悬浮剂 100～120 毫升，或 43.5％悬浮剂或 50％悬浮剂或 500 克/升悬浮剂 40～60 毫升，或 50％可湿性粉剂 40～60 克，或 70％水分散粒剂 30～40 克，对水 45～60 千克均匀喷雾。

注意事项 丁醚脲可与大多数杀虫（螨）剂、杀菌剂混用，但不能与碱性药剂及肥料混用。连续喷药时，注意与不同作用机理杀虫（螨）剂交替使用或混用。本剂在十字花科蔬菜的幼苗期易发生药害，蔬菜幼苗期慎用。

啶虫脒 acetamiprid

主要含量与剂型 5％、10％、15％乳油，5％、10％微乳剂，10％、20％、30％可溶液剂，5％、10％、20％、60％、70％可湿性粉剂，20％、40％可溶粉剂，36％、40％、50％、70％水分散粒剂，60％泡腾片剂。

产品特点 啶虫脒是一种氯代烟碱类低毒杀虫剂，专用于防控刺吸式口器害虫，以触杀和胃毒作用为主，兼有卓越的内吸活性和较强的渗透传导作用，杀虫活性高，击倒速度较快，持效期较长。其杀虫机理主要是作用于昆虫中枢神经系统突触部位，通过与乙酰胆碱受体结合使昆虫异常兴奋，全身痉挛、麻痹而死亡。对有机磷类、氨基甲酸酯类及拟除虫菊酯类有抗性的害虫也具有较好的防控效果，特别对半翅目害虫效果好。其药效和温度呈正相关，温度高，杀虫活性强。

适用作物防控对象及使用技术 啶虫脒广泛适用于多种果树、蔬菜、粮棉油茶糖及烟草、花卉、药用植物等，对刺吸式口器害虫具有很好的防控效果。

苹果树绣线菊蚜、苹果绵蚜 防控绣线菊蚜，在新梢上蚜虫数量较多时或蚜虫开始向幼果扩散为害时及时喷药，10 天左右 1 次，连喷 2 次左右；防控苹果绵蚜，在绵蚜从越冬场所向幼嫩组织扩散为害时开始喷药，10 天左右 1 次，连喷 2 次。一般使用 5％乳油或 5％微乳剂或 5％可湿性粉剂 1 200～1 500 倍液，或 10％乳油或 10％微乳剂或 10％可溶液剂或 10％可湿性粉剂 2 500～3 000 倍液，或 15％乳油 3 500～4 000 倍液，或 20％可溶液剂或 20％可溶粉剂或 20％可湿性粉剂 4 000～6 000 倍液，或 30％可溶液剂 6 000～8 000 倍液，或 36％水分散粒剂 8 000～10 000 倍液，或 40％可溶粉剂或 40％水分散粒剂 10 000～12 000 倍液，或 50％水分散粒剂 12 000～14 000 倍液，或 60％可湿性粉剂或 60％泡腾片剂 14 000～15 000 倍液，或 70％可湿性粉剂或 70％水分散粒剂 16 000～20 000 倍液均匀喷雾。

桃树、李树、杏树的蚜虫 先于萌芽后开花前（花露红期）喷药 1 次，然后从落花后开始连续喷药，10 天左右 1 次，与不同类型药剂交替使用或混用，连喷 2～3 次。啶虫脒喷施倍数同"苹果树绣线菊蚜"。

梨树梨木虱、梨二叉蚜、黄粉蚜 防控梨木虱，在各代若虫孵化盛期至虫体被黏液全部覆盖前及时喷药，第 1、2 代若虫每代喷药 1 次，第 3 代及以后各代若虫因世代重叠每代需喷药 1~2 次；防控梨二叉蚜，在蚜虫为害初期或初见卷叶时及时喷药，7~10 天 1 次，连喷 2 次左右；防控黄粉蚜，在黄粉蚜从越冬场所向幼嫩组织转移时及时喷药，7~10 天 1 次，连喷 2 次左右。连续喷药时，注意与不同类型药剂交替使用或混用。啶虫脒喷施倍数同"苹果树绣线菊蚜"。

葡萄绿盲蝽、蓟马 防控绿盲蝽，从葡萄萌芽期开始喷药，10 天左右 1 次，与不同类型药剂交替使用或混用，连喷 2~4 次；防控蓟马，在葡萄开花前、落花后及落花后 10 天左右各喷药 1 次。啶虫脒喷施倍数同"苹果树绣线菊蚜"。

枣树绿盲蝽 从枣树萌芽期开始喷药，10 天左右 1 次，与不同类型药剂交替使用或混用，连喷 2~4 次。啶虫脒喷施倍数同"苹果树绣线菊蚜"。

石榴树蚜虫 从蚜虫发生为害初盛期或嫩梢上或花蕾上或幼果上蚜虫数量较多时开始喷药，10 天左右 1 次，连喷 2~3 次。啶虫脒喷施倍数同"苹果树绣线菊蚜"。

花椒树蚜虫 从蚜虫发生为害初盛期或嫩梢上蚜虫数量较多时开始喷药，10 天左右 1 次，连喷 2~3 次。啶虫脒喷施倍数同"苹果树绣线菊蚜"。

枸杞蚜虫 从蚜虫发生为害初盛期或嫩枝上蚜虫数量较多时开始喷药，10 天左右 1 次，连喷 2~3 次。啶虫脒喷施倍数同"苹果树绣线菊蚜"。

柑橘树蚜虫、潜叶蛾 从害虫发生为害初期开始喷药，10 天左右 1 次，连喷 2~3 次；或在每季新梢抽生初期（嫩梢长 1 厘米左右）开始喷药，10 天左右 1 次，每季梢连喷 2~3 次。连续喷药时，注意与不同类型药剂交替使用或混用。啶虫脒喷施倍数同"苹果树绣线菊蚜"。

桃树、杏树的桑白蚧、球坚蚧及柿树柿绒蚧等介壳虫 在初孵若虫从母体介壳下爬出向周边扩散时开始喷药，7~10 天 1 次，连喷 2 次。一般使用 5% 乳油或 5% 微乳剂或 5% 可湿性粉剂 800~1 000 倍液，或 10% 乳油或 10% 微乳剂或 10% 可溶液剂或 10% 可湿性粉剂 1 500~2 000 倍液，或 15% 乳油 2 500~3 000 倍液，或 20% 可溶液剂或 20% 可溶粉剂或 20% 可湿性粉剂 3 000~4 000 倍液，或 30% 可溶液剂 4 000~6 000 倍液，或 36% 水分散粒剂 5 000~7 000 倍液，或 40% 可溶粉剂或 40% 水分散粒剂 6 000~8 000 倍液，或 50% 水分散粒剂 8 000~10 000 倍液，或 60% 可湿性粉剂或 60% 泡腾片剂 10 000~12 000 倍液，或 70% 可湿性粉剂或 70% 水分散粒剂 12 000~15 000 倍液均匀喷雾。

甘蓝、白菜、萝卜等十字花科蔬菜黄条跳甲 从害虫发生为害初期开始喷药，7~10 天 1 次，连喷 2~3 次。一般每亩次使用 5% 乳油或 5% 微乳剂 80~120 毫升，或 10% 乳油或 10% 微乳剂或 10% 可溶液剂 40~60 毫升，或 15% 乳油 30~40 毫升，或 20% 可溶液剂 20~30 毫升，或 30% 可溶液剂 15~20 毫升，或 5% 可湿性粉剂 80~120 克，或 10% 可湿性粉剂 40~60 克，或 20% 可溶粉剂或 20% 可湿性粉剂 20~30 克，或 36% 水分散粒剂 12~16 克，或 40% 可溶粉剂或 40% 水分散粒剂 10~15 克，或 50% 水分散粒剂 8~12 克，或 60% 可湿性粉剂或 60% 泡腾片剂 7~10 克，或 70% 可湿性粉剂或 70% 水分散粒剂 6~8.5 克，对水 30~45 千克均匀叶面喷雾。

甘蓝、白菜、萝卜等十字花科蔬菜蚜虫 从蚜虫发生为害初期或蚜虫数量开始较快增多时开始喷药，7~10 天 1 次，连喷 2 次左右。一般每亩次使用 5% 乳油或 5% 微乳剂

30～40 毫升，或 10％乳油或 10％微乳剂或 10％可溶液剂 15～20 毫升，或 15％乳油 10～13 毫升，或 20％可溶液剂 8～10 毫升，或 30％可溶液剂 5～7 毫升，或 5％可湿性粉剂 30～40 克，或 10％可湿性粉剂 15～20 克，或 20％可溶粉剂或 20％可湿性粉剂 8～10 克，或 36％水分散粒剂 4.5～6 克，或 40％可溶粉剂或 40％水分散粒剂 4～5 克，或 50％水分散粒剂 3～4.5 克，或 60％可湿性粉剂或 60％泡腾片剂 2.5～3.5 克，或 70％可湿性粉剂或 70％水分散粒剂 2～3 克，对水 30～45 千克均匀喷雾，注意喷洒叶片背面。

芹菜蚜虫、菠菜蚜虫　从蚜虫发生为害初期或蚜虫数量开始较快增多时开始喷药，7～10 天 1 次，连喷 2 次左右。啶虫脒喷施剂量同"甘蓝蚜虫"。

莲藕蚜虫　在蚜虫发生为害初盛期及时进行喷药。啶虫脒喷施剂量同"甘蓝蚜虫"。

黄瓜、番茄的蚜虫、白粉虱　在害虫发生初期至始盛期开始喷药，7～10 天 1 次，连喷 2～3 次，重点喷洒叶片背面及幼嫩组织。一般每亩次使用 5％乳油或 5％微乳剂 40～60 毫升，或 10％乳油或 10％微乳剂或 10％可溶液剂 20～30 毫升，或 15％乳油 16～20 毫升，或 20％可溶液剂 10～15 毫升，或 30％可溶液剂 8～10 毫升，或 5％可湿性粉剂 40～60 克，或 10％可湿性粉剂 20～30 克，或 20％可溶粉剂或 20％可湿性粉剂 10～15 克，或 36％水分散粒剂 6～9 克，或 40％可溶粉剂或 40％水分散粒剂 6～8 克，或 50％水分散粒剂 4.5～6 克，或 60％可湿性粉剂或 60％泡腾片剂 4～5 克，或 70％可湿性粉剂或 70％水分散粒剂 3.5～4.5 克，对水 45～60 千克均匀喷雾。

豇豆蓟马　从蓟马发生为害初期或豇豆开花期开始喷药，7～10 天 1 次，与不同类型药剂交替使用。啶虫脒喷施剂量同"黄瓜蚜虫"。

大葱蓟马　从蓟马发生为害初期或葱叶上显出黄白色小点时开始喷药，7～10 天 1 次，连喷 2～3 次。一般每亩次使用 5％乳油或 5％微乳剂 40～60 毫升，或 10％乳油或 10％微乳剂或 10％可溶液剂 20～30 毫升，或 15％乳油 15～20 毫升，或 20％可溶液剂 10～15 毫升，或 30％可溶液剂 7～10 毫升，或 5％可湿性粉剂 40～60 克，或 10％可湿性粉剂 20～30 克，或 20％可溶粉剂或 20％可湿性粉剂 10～15 克，或 36％水分散粒剂 6～8 克，或 40％可溶粉剂或 40％水分散粒剂 5～7.5 克，或 50％水分散粒剂 4～6 克，或 60％可湿性粉剂或 60％泡腾片剂 3.5～5 克，或 70％可湿性粉剂或 70％水分散粒剂 3～4.5 克，对水 30～45 千克均匀喷雾。

水稻稻飞虱　在飞虱若虫孵化盛期至 3 龄前及时进行喷药，7～10 天 1 次，连喷 1～2 次，重点喷洒植株中下部。一般每亩次使用 5％乳油或 5％微乳剂 60～90 毫升，或 10％乳油或 10％微乳剂或 10％可溶液剂 30～45 毫升，或 15％乳油 20～30 毫升，或 20％可溶液剂 15～20 毫升，或 30％可溶液剂 10～15 毫升，或 5％可湿性粉剂 60～90 克，或 10％可湿性粉剂 30～45 克，或 20％可溶粉剂或 20％可湿性粉剂 15～20 克，或 36％水分散粒剂 9～12 克，或 40％可溶粉剂或 40％水分散粒剂 8～10 克，或 50％水分散粒剂 6～9 克，或 60％可湿性粉剂或 60％泡腾片剂 5～7.5 克，或 70％可湿性粉剂或 70％水分散粒剂 4.5～6 克，对水 45～60 千克均匀喷雾。因啶虫脒与吡虫啉杀虫机理相同，防治对吡虫啉产生抗性的飞虱时应谨慎使用。

棉花蚜虫、绿盲蝽　在害虫发生初期至始盛期开始喷药，10～15 天 1 次，连喷 2～3 次，重点喷洒幼嫩叶片及其背面。啶虫脒喷施剂量同"水稻稻飞虱"。

小麦蚜虫　在蚜虫发生为害初期开始喷药，10～15 天 1 次，连喷 1～2 次；或在小麦孕穗至抽穗期和齐穗期各喷药1次。一般每亩次使用5%乳油或5%微乳剂40～60毫升，或10%乳油或10%微乳剂或10%可溶液剂20～30毫升，或15%乳油15～20毫升，或20%可溶液剂10～15毫升，或30%可溶液剂7～10毫升，或5%可湿性粉剂40～60克，或10%可湿性粉剂20～30克，或20%可溶粉剂或20%可湿性粉剂10～15克，或36%水分散粒剂6～8克，或40%可溶粉剂或40%水分散粒剂5～7.5克，或50%水分散粒剂4～6克，或60%可湿性粉剂或60%泡腾片剂3.5～5克，或70%可湿性粉剂或70%水分散粒剂3～4克，对水30～45千克均匀喷雾。

烟草蚜虫　在蚜虫发生初期至始盛期开始喷药，10～15天1次，连喷2次左右。啶虫脒喷施剂量同"小麦蚜虫"。

茶树茶小绿叶蝉　从害虫发生为害初期开始喷药，7～10天1次，连喷2～3次。一般每亩次使用5%乳油或5%微乳剂40～60毫升，或10%乳油或10%微乳剂或10%可溶液剂20～30毫升，或15%乳油15～20毫升，或20%可溶液剂10～15毫升，或30%可溶液剂7～10毫升，或5%可湿性粉剂40～60克，或10%可湿性粉剂20～30克，或20%可溶粉剂或20%可湿性粉剂10～15克，或36%水分散粒剂6～8克，或40%可溶粉剂或40%水分散粒剂5～7.5克，或50%水分散粒剂4～6克，或60%可湿性粉剂或60%泡腾片剂3.5～5克，或70%可湿性粉剂或70%水分散粒剂3～4克，对水45～60千克均匀喷雾。

金银花蚜虫　从害虫发生为害初期开始喷药，7～10天1次，连喷2～3次。一般每亩次使用5%乳油或5%微乳剂40～80毫升，或10%乳油或10%微乳剂或10%可溶液剂20～40毫升，或15%乳油15～30毫升，或20%可溶液剂10～20毫升，或30%可溶液剂7～15毫升，或5%可湿性粉剂40～80克，或10%可湿性粉剂20～40克，或20%可溶粉剂或20%可湿性粉剂10～20克，或36%水分散粒剂6～12克，或40%可溶粉剂或40%水分散粒剂5～10克，或50%水分散粒剂4～8克，或60%可湿性粉剂或60%泡腾片剂3.5～7克，或70%可湿性粉剂或70%水分散粒剂3～6克，对水45～75千克均匀喷雾。

注意事项　啶虫脒不能与碱性药剂及强酸性药剂或肥料混用。连续喷药时，注意与不同杀虫机理药剂交替使用或混用，与触杀性杀虫剂混用效果更好。啶虫脒与吡虫啉同属烟碱类药剂，两者不宜混合使用或交替使用。

毒死蜱 chlorpyrifos

主要含量与剂型　0.5%、3%、5%、10%、15%、20%颗粒剂，40%、45%、50%、400克/升、480克/升乳油，25%、30%、40%微乳剂，20%、30%、40%水乳剂，30%、36%微囊悬浮剂，30%种子处理微囊悬浮剂，15%烟雾剂。

产品特点　毒死蜱是一种有机磷类高效广谱中毒杀虫剂，具有触杀、胃毒和一定的熏蒸作用，无内吸作用，可混用性好，使用安全。其杀虫机理是作用于昆虫的乙酰胆碱酯酶，使昆虫神经系统紊乱，导致其持续兴奋、麻痹而死亡。该药在叶片上持效期较短，在土壤中持效期较长，因此对地下害虫具有很好的防控效果。

适用作物防控对象及使用技术　毒死蜱广泛适用于多种作物，对多种害虫均有很好的防控效果，但由于其毒性和残留问题，目前主要用于防控地下害虫和粮棉油糖等作物上的叶面喷雾，以及一些果树上的限制性喷雾使用。

花生、大豆的蛴螬、蝼蛄、地老虎、金针虫等地下害虫　主要是播种时在播种沟内撒施药剂，每亩使用0.5%颗粒剂30～36千克，或3%颗粒剂4～5千克，或5%颗粒剂2.5～3.5千克，或10%颗粒剂1.2～1.8千克，或15%颗粒剂1～1.5千克，或20%颗粒剂0.7～1千克，在播种时均匀撒施于播种沟内，而后播种、覆土；也可每亩使用30%微囊悬浮剂350～500毫升，或36%微囊悬浮剂300～420毫升，用适量水稀释后于播种时均匀喷洒在播种沟内，而后播种、覆土。另外，花生还可进行药剂拌种或种子包衣，即每100千克种子使用30%种子处理微囊悬浮剂2 000～3 000毫升均匀拌种或种子包衣，而后晾干待播。

玉米蛴螬、蝼蛄、地老虎等地下害虫　播种时播种沟内撒施药剂。一般每亩使用0.5%颗粒剂20～25千克，或3%颗粒剂3.5～4.5千克，或5%颗粒剂2～2.5千克，或10%颗粒剂1～1.3千克，或15%颗粒剂0.7～0.9千克，或20%颗粒剂0.5～0.7千克，在播种时均匀撒施于播种沟内，而后播种、覆土。

甘蔗蔗龟、蔗螟等地下害虫　既可种植时在种植沟内均匀撒施药剂，也可在甘蔗苗期于幼苗一侧开沟后均匀撒施。一般每亩施用3%颗粒剂4～5千克，或5%颗粒剂2.5～3千克，或10%颗粒剂1.2～1.5千克，或15%颗粒剂0.8～1千克，或20%颗粒剂0.6～0.8千克，用药后及时覆土，保持土壤湿润效果更佳。

甘蔗蚜虫　在蚜虫盛发初期，每亩次使用15%烟雾剂100～150克，用烟雾机均匀喷施（选用1～1.5毫米烟雾机喷嘴），15～20天1次，连喷2次。安全间隔期为35天，每季最多使用2次。

苹果树、梨树开花期的金龟子类　在苹果树或梨树发芽后金龟子发生初期地面用药，既可地面喷雾，将表层土壤喷湿，然后耙松土表；又可在土壤有一定湿度的果园内于树冠下撒施颗粒剂，然后浅锄混土。地面喷雾用药，一般使用20%水乳剂或25%微乳剂300～400倍液，或30%微乳剂或30%水乳剂或30%微囊悬浮剂或36%微囊悬浮剂400～500倍液，或40%乳油或400克/升乳油或40%水乳剂或40%微乳剂500～600倍液，或45%乳油或480克/升乳油600～700倍液，或50%乳油700～800倍液喷洒地面，将表层土壤喷湿，然后耙松土表。土壤撒施颗粒药剂时，一般每亩使用3%颗粒剂2～2.5千克，或5%颗粒剂1～1.5千克，或10%颗粒剂0.6～0.8千克，或15%颗粒剂0.4～0.5千克，或20%颗粒剂0.3～0.4千克，均匀撒施于树冠下，然后浅锄混土。

苹果树苹果绵蚜　先于苹果萌芽期淋洗式喷雾1次，重点喷洒树干基部、枝干伤疤等部位，杀灭已经活动的越冬绵蚜；然后在苹果落花后半月左右再全树淋洗式喷药1～2次，杀灭从越冬场所向新梢等幼嫩组织转移扩散的绵蚜。一般使用20%水乳剂600～800倍液，或25%微乳剂800～1 000倍液，或30%微乳剂或30%水乳剂1 000～1 200倍液，或40%乳油或40%微乳剂或40%水乳剂或400克/升乳油1 200～1 500倍液，或45%乳油或480克/升乳油1 500～1 800倍液，或50%乳油1 800～2 000倍液均匀喷雾。

桃树、李树、杏树的桑白蚧、朝鲜球坚蚧　先于树体发芽前喷药清园1次，然后再于生长期初孵若虫从母体介壳下向外扩散转移期（1龄若虫）喷药1次。树体萌芽期一般使用20%水乳剂或25%微乳剂400～500倍液，或40%乳油或400克/升乳油或40%微乳剂或 40％水乳剂 600～800 倍液，45％乳油或 480 克/升乳油 800～1 000 倍液，或 50％乳油 1 000～1 200 倍液对树体淋洗式喷雾。落花后喷药一般使用 20％水乳剂 800～1 000 倍液，或 25％微乳剂 1 000～1 200 倍液，或 30％微乳剂或 30％水乳剂 1 200～1 500 倍液，或 40％乳油或 40％微乳剂或 40％水乳剂或 400 克/升乳油 1 500～1 800 倍液，或 45％乳油或 480 克/升乳油 1 800～2 000 倍液，或 50％乳油 2 000～2 500 倍液均匀喷雾。

柑橘树矢尖蚧等介壳虫　在若虫孵化盛期至初孵若虫扩散为害初期及时进行喷药。一般使用 20％水乳剂 500～600 倍液，或 25％微乳剂 600～800 倍液，或 30％微乳剂或 30％水乳剂 800～1 000 倍液，或 40％乳油或 40％微乳剂或 40％水乳剂或 400 克/升乳油 1 000～1 200 倍液，或 45％乳油或 480 克/升乳油 1 200～1 500 倍液，或 50％乳油 1 500～2 000 倍液均匀喷雾。

水稻害虫　防控二化螟、三化螟、稻纵卷叶螟时，在卵孵化期至幼虫钻蛀前或卷叶前及时喷药；防控稻飞虱、蓟马、叶蝉时，在害虫发生为害初期或害虫数量开始较快增多时及时喷药；防治稻瘿蚊时，在秧田 1 叶 1 心期或本田分蘖期进行喷药。一般每亩次使用 20％水乳剂 150～250 毫升，或 25％微乳剂 120～200 毫升，或 30％微乳剂或 30％水乳剂 100～150 毫升，或 40％乳油或 40％微乳剂或 40％水乳剂或 400 克/升乳油 80～120 毫升，或 45％乳油或 480 克/升乳油 70～110 毫升，或 50％乳油 60～100 毫升，对水 30～60 千克均匀喷雾，注意喷洒植株中下部。

小麦蚜虫、黏虫　防控蚜虫时，在蚜虫发生为害初盛期开始喷药，7～10 天 1 次，连喷 1～2 次；或在孕穗至抽穗期和齐穗初期各喷药 1 次。防控黏虫时，在卵孵化盛期至低龄幼虫期及时喷药。一般每亩次使用 20％水乳剂 120～150 毫升，或 25％微乳剂 100～120 毫升，或 30％微乳剂或 30％水乳剂 80～100 毫升，或 40％乳油或 40％微乳剂或 40％水乳剂或 400 克/升乳油 60～80 毫升，或 45％乳油或 480 克/升乳油 50～70 毫升，或 50％乳油 45～60 毫升，对水 30～45 千克均匀喷雾。

玉米棉铃虫、玉米螟　在玉米大喇叭口期，使用颗粒剂向心叶撒施。一般每亩使用 3％颗粒剂 400～500 克，或 5％颗粒剂 250～300 克，或 10％颗粒剂 120～150 克，或 15％颗粒剂 80～100 克，或 20％颗粒剂 60～80 克，均匀丢施心叶。

棉花害虫　防控蚜虫、盲椿象、蓟马时，在害虫发生为害初期或害虫数量开始较快增多时开始喷药，7～10 天 1 次，连喷 2 次左右；防控斜纹夜蛾、造桥虫时，在害虫卵孵化盛期至低龄幼虫期及时进行喷药；防控棉铃虫、红铃虫时，在卵孵化盛期至幼虫钻蛀蕾铃前及时喷药。一般每亩次使用 20％水乳剂 200～300 毫升，或 25％微乳剂 180～250 毫升，或 30％微乳剂或 30％水乳剂 150～200 毫升，或 40％乳油或 40％微乳剂或 40％水乳剂或 400 克/升乳油 100～150 毫升，或 45％乳油或 480 克/升乳油 90～130 毫升，或 50％乳油 80～120 毫升，对水 45～60 千克均匀喷雾。

注意事项　毒死蜱不能与碱性药剂及肥料混用，也不建议与铜制剂混用。害虫发生较重时，最好与相应不同杀虫机理药剂混合使用。本剂对烟草、瓜类作物、菜豆、高粱较敏感，应避免药剂接触上述作物。许多地区对毒死蜱采取了限制使用措施，具体用药时应遵守当地法规。

多杀霉素 spinosad

主要含量与剂型　5％、10％、20％、25 克/升、480 克/升悬浮剂，3％、8％水乳剂，10％、20％水分散粒剂。

产品特点　多杀霉素属微生物源低毒杀虫剂，是从放线菌刺糖多孢有氧发酵代谢产物中提取的一种大环内酯类化合物，毒性低，药效快，以触杀和胃毒作用为主，兼有一定杀卵活性，对作物叶片有良好的渗透性，但无内吸作用，持效期较长。其主要杀虫机理是作用于昆虫的神经系统，持续激活昆虫乙酰胆碱烟碱型受体（结合位点不同于烟碱和吡虫啉），阻碍昆虫运动神经信息传递，使昆虫迅速麻痹、死亡。该药残留低，施药后第 2 天即可采收，特别适合在达标合格瓜果蔬菜上使用。

适用作物防控对象及使用技术　多杀霉素适用于多种作物，对部分鳞翅目害虫和蓟马类害虫具有很好的防控效果。目前生产中主要应用于瓜果蔬菜上和少数重要经济作物上。

甘蓝、白菜、花椰菜等十字花科蔬菜的小菜蛾、菜青虫、甜菜夜蛾等鳞翅目害虫　在害虫卵盛期至低龄幼虫期及时喷药，7 天左右 1 次，连喷 2 次左右。一般每亩次使用25 克/升悬浮剂 50～70 毫升，或 3％水乳剂 45～60 毫升，或 5％悬浮剂 25～35 毫升，或8％水乳剂 20～25 毫升，或 10％悬浮剂 15～20 毫升，或 20％悬浮剂 7～10 毫升，或480 克/升悬浮剂 3～4 毫升，或 10％水分散粒剂 15～20 克，或 20％水分散粒剂 7～10 克，对水 30～60 千克喷雾。喷药应及时、均匀周到，特别要喷洒到叶片背面，且傍晚喷药效果最好。

瓜类及茄果类蔬菜的蓟马、甜菜夜蛾、棉铃虫　防控蓟马时，在害虫发生初盛期开始喷药，重点喷洒幼嫩组织（花、幼果、顶尖、嫩梢等），5～7 天 1 次，连喷 1～2 次；防控甜菜夜蛾、棉铃虫时，在害虫卵盛期至低龄幼虫期（钻蛀为害前）开始喷药，7 天左右1 次，连喷 1～2 次。一般每亩次使用 25 克/升悬浮剂 70～100 毫升，或 3％水乳剂 60～80 毫升，或 5％悬浮剂 35～50 毫升，或 8％水乳剂 20～30 毫升，或 10％悬浮剂 18～25 毫升，或 20％悬浮剂 9～13 毫升，或 480 克/升悬浮剂 4～5.5 毫升，或 10％水分散粒剂 18～25 克，或 20％水分散粒剂 9～13 克，对水 45～60 千克均匀喷雾。

豇豆等豆类蔬菜的蓟马、甜菜夜蛾、棉铃虫　防控蓟马时，在害虫发生初盛期开始喷药，5～7 天 1 次，连喷 2 次左右；防控甜菜夜蛾、棉铃虫时，在害虫卵盛期至低龄幼虫期开始喷药，7 天左右 1 次，连喷 1～2 次。多杀霉素喷施剂量同"瓜类及茄果类蔬菜的蓟马"。

棉花棉铃虫　在害虫卵盛期至低龄幼虫钻蛀前开始喷药，7 天左右 1 次，连喷 1～2 次。一般每亩次使用 25 克/升悬浮剂 80～120 毫升，或 3％水乳剂 70～100 毫升，或 5％悬浮剂 40～60 毫升，或 8％水乳剂 25～40 毫升，或 10％悬浮剂 20～30 毫升，或 20％悬浮剂 10～15 毫升，或 480 克/升悬浮剂 5～6 毫升，或 10％水分散粒剂 20～30 克，或20％水分散粒剂 10～15 克，对水 45～60 千克均匀喷雾。

水稻蓟马、稻纵卷叶螟　防控蓟马时，在蓟马发生为害初期开始喷药，7 天左右1 次，连喷 1～2 次；防控稻纵卷叶螟时，在害虫卵盛期至卷叶为害前及时喷药，7 天左右1 次，连喷 1～2 次。一般每亩次使用 25 克/升悬浮剂 120～170 毫升，或 3％水乳剂 100～

140 毫升，或 5%悬浮剂 60～90 毫升，或 8%水乳剂 40～50 毫升，或 10%悬浮剂 30～40 毫升，或 20%悬浮剂 15～20 毫升，或 480 克/升悬浮剂 7～9 毫升，或 10%水分散粒剂 30～45 克，或 20%水分散粒剂 15～22 克，对水 30～45 千克均匀喷雾。

注意事项　多杀霉素不能与碱性药剂及肥料混用。连续喷药时，注意与不同杀虫机理的药剂交替使用，以延缓害虫产生抗药性。该药见光分解快，需在避光处存放。

呋虫胺 dinotefuran

主要含量与剂型　0.025%、0.05%、0.1%、0.4%、1%、3%颗粒剂，20%、30%悬浮剂，25%可分散油悬浮剂，20%可溶粉剂，50%可溶粒剂，25%、50%可湿性粉剂，20%、25%、40%、50%、60%、70%水分散粒剂，8%悬浮种衣剂，10%干拌种剂。

产品特点　呋虫胺是一种第三代烟碱类内吸性低毒杀虫剂，专用于防控刺吸式口器害虫，具有触杀和胃毒作用，对卵、若虫、成虫均有较好的杀灭效果，层间传导性强，易被植物吸收并向顶传导，耐雨水冲刷，持效期较长，使用安全。其杀虫机理是作用于昆虫的乙酰胆碱受体，影响昆虫中枢神经系统的突触，阻断神经信息传导，使昆虫麻痹瘫痪而死亡。

适用作物防控对象及使用技术　呋虫胺广泛适用于多种瓜果蔬菜、粮棉油茶及果树作物，主要用于防控刺吸式口器害虫，并对蓟马类、跳甲类及地下害虫也有较好的防控效果。

水稻稻飞虱、二化螟　既可药剂拌种，又可生长期撒施药剂或喷施药剂。药剂拌种时，将浸种催芽至露白的稻种自然晾至种子表面稍干燥后拌药，一般每 100 千克种子使用 10%干拌种剂 1 500～2 200 克或 8%悬浮种衣剂 1 000～1 250 毫升均匀拌种，使药剂均匀包裹在种子表面。生长期撒施药剂时，需在移栽 5～7 后或直播田播种 35～40 天后施药，施药时田间保持 3～5 厘米深水层，施药后保水 5～7 天；防控稻飞虱时在低龄若虫始盛期撒施，防控二化螟时在卵孵化高峰期至低龄幼虫期撒施，每季只能撒施 1 次。一般每亩施用 0.025%颗粒剂 30～45 千克，或 0.05%颗粒剂 15～25 千克，0.1%颗粒剂 10～15 千克，0.4%颗粒剂 3.5～4.5 千克，1%颗粒剂 1.3～1.8 千克，或 3%颗粒剂 600～900 克均匀撒施。生长期喷施药剂时，在害虫发生为害初期（稻飞虱低龄若虫始盛期、二化螟卵孵化始盛期）及时喷药，7 天左右 1 次，连喷 1～2 次。一般每亩次使用 20%悬浮剂 30～50 毫升，或 25%可分散油悬浮剂 25～40 毫升，或 30%悬浮剂 20～30 毫升，或 20%可溶粉剂或 20%水分散粒剂 30～50 克，或 25%可湿性粉剂或 25%水分散粒剂 25～40 克，或 40%水分散粒剂 15～25 克，或 50%可溶粒剂或 50%可湿性粉剂或 50%水分散粒剂 13～20 克，或 60%水分散粒剂 10～15 克，或 70%水分散粒剂 9～14 克，对水 45～60 千克均匀喷雾，注意喷洒植株中下部。

小麦蚜虫　既可药剂拌种或种子包衣，又可生长期喷药。种子处理时，一般每 100 千克种子使用 8%悬浮种衣剂 1 500～2 500 克均匀拌种或种子包衣，晾干后待播。生长期喷药时，在蚜虫发生初盛期开始喷药，7～10 天 1 次，连喷 1～2 次，或在孕穗期至抽穗期和齐穗期各喷药 1 次。一般每亩次使用 20%悬浮剂 25～40 毫升，或 25%可分散油悬浮剂 20～30 毫升，或 30%悬浮剂 20～26 毫升，或 20%可溶粉剂或 20%水分散粒剂 25～

40 克，或 25％可湿性粉剂或 25％水分散粒剂 20～30 克，或 40％水分散粒剂 13～20 克，或 50％可溶粒剂或 50％可湿性粉剂或 50％水分散粒剂 10～15 克，或 60％水分散粒剂 10～13 克，或 70％水分散粒剂 7～11 克，对水 15～30 千克均匀喷雾。

玉米蚜虫　种子包衣或药剂拌种。一般每 100 千克种子使用 8％悬浮种衣剂 1 500～2 500 克均匀拌种或种子包衣，晾干后待播。

花生蛴螬、金针虫　种子包衣或药剂拌种。一般每 100 千克种子使用 8％悬浮种衣剂 1 500～2 500 克均匀拌种或种子包衣，晾干后待播。

马铃薯蛴螬、金针虫　种薯药剂拌种。一般每 100 千克种薯使用 8％悬浮种衣剂 400～500 克，对适量水稀释后均匀拌种，而后晾干、待播。

马铃薯甲虫　在害虫发生为害初期或低龄若虫盛发初期开始喷药，7～10 天 1 次，连喷 1～2 次。一般每亩次使用 20％悬浮剂 20～30 毫升，或 25％可分散油悬浮剂 16～24 毫升，或 30％悬浮剂 14～20 毫升，或 20％可溶粉剂或 20％水分散粒剂 20～30 克，或 25％可湿性粉剂或 25％水分散粒剂 16～24 克，或 40％水分散粒剂 10～15 克，或 50％可溶粒剂或 50％可湿性粉剂或 50％水分散粒剂 8～12 克，或 60％水分散粒剂 7～10 克，或 70％水分散粒剂 6～9 克，对水 45～60 千克均匀喷雾。

甘蓝黄条跳甲　移栽时沟施或穴施药剂，即在甘蓝移栽定植前于定植沟或定植穴内撒施药剂。一般每亩施用 0.05％颗粒剂 72～84 千克，或 0.1％颗粒剂 35～40 千克，或 0.4％颗粒剂 6～8 千克，或 1％颗粒剂 3.5～4 千克，或 3％颗粒剂 1～1.5 千克，直接均匀撒施或与适量细干土混匀后均匀撒施于定植穴或定植沟内，再与土壤混拌后移栽定植，而后覆土、浇水。

甘蓝蚜虫　在蚜虫发生为害初盛期或蚜虫数量开始较快增多时开始喷药，7～10 天 1 次，连喷 1～2 次。一般每亩次使用 20％悬浮剂 20～40 毫升，或 25％可分散油悬浮剂 16～30 毫升，或 30％悬浮剂 15～25 毫升，或 20％可溶粉剂或 20％水分散粒剂 20～40 克，或 25％可湿性粉剂或 25％水分散粒剂 16～30 克，或 40％水分散粒剂 10～20 克，或 50％可溶粒剂或 50％可湿性粉剂或 50％水分散粒剂 10～15 克，或 60％水分散粒剂 8～12 克，或 70％水分散粒剂 6～12 克，对水 30～45 千克均匀喷雾。

黄瓜、番茄的白粉虱、烟粉虱、蓟马　从害虫发生为害初期开始喷药，7～10 天 1 次，连喷 2～3 次，防控白粉虱或烟粉虱时注意喷洒叶片背面。一般每亩次使用 20％悬浮剂 30～50 毫升，或 25％可分散油悬浮剂 25～40 毫升，或 30％悬浮剂 20～30 毫升，或 20％可溶粉剂或 20％水分散粒剂 30～50 克，或 25％可湿性粉剂或 25％水分散粒剂 25～40 克，或 40％水分散粒剂 15～25 克，或 50％可溶粒剂或 50％可湿性粉剂或 50％水分散粒剂 13～20 克，或 60％水分散粒剂 10～17 克，或 70％水分散粒剂 9～14 克，对水 45～60 千克均匀喷雾。

西瓜蚜虫　从蚜虫发生为害初盛期或蚜虫数量开始较快增多时开始喷药，7～10 天 1 次，连喷 1～2 次，注意喷洒叶片背面及幼嫩组织。一般每亩次使用 20％悬浮剂 15～20 毫升，或 25％可分散油悬浮剂 12～16 毫升，或 30％悬浮剂 10～15 毫升，或 20％可溶粉剂或 20％水分散粒剂 15～20 克，或 25％可湿性粉剂或 25％水分散粒剂 12～16 克，或 40％水分散粒剂 8～10 克，或 50％可溶粒剂或 50％可湿性粉剂或 50％水分散粒剂 6～8 克，或 60％水分散粒剂 5～7 克，或 70％水分散粒剂 4.5～6 克，对水 30～45 千克均匀喷雾。

韭菜根蛆 在根蛆发生初期或割韭菜的次日用药液喷淋土壤表面，一般每亩次使用20%悬浮剂250～300毫升，或25%可分散油悬浮剂200～240毫升，或30%悬浮剂170～200毫升，或20%可溶粉剂或20%水分散粒剂250～300克，或25%可湿性粉剂或25%水分散粒剂200～240克，或40%水分散粒剂125～150克，或50%可溶粒剂或50%可湿性粉剂或50%水分散粒剂100～120克，或60%水分散粒剂85～100克，或70%水分散粒剂60～85克，对水90～150千克均匀喷淋畦面。

苹果树绣线菊蚜 多从嫩梢上蚜虫数量较多时或蚜虫开始向幼果上转移为害时开始喷药，10天左右1次，连喷2次左右。一般使用20%悬浮剂或20%可溶粉剂或20%水分散粒剂2 000～2 500倍液，或25%可湿性粉剂或25%水分散粒剂2 500～3 000倍液，或30%悬浮剂3 000～4 000倍液，或40%水分散粒剂4 000～5 000倍液，或50%可溶粒剂或50%可湿性粉剂或50%水分散粒剂5 000～6 000倍液，或60%水分散粒剂6 000～7 000倍液，或70%水分散粒剂7 000～8 000倍液均匀喷雾。

葡萄绿盲蝽 在葡萄萌芽后或绿盲蝽发生为害初期开始喷药，10天左右1次，与不同类型药剂交替使用或混用，连喷2～4次。呋虫胺喷施倍数同"苹果树绣线菊蚜"。

枣树绿盲蝽 在枣树萌芽后或绿盲蝽发生为害初期开始喷药，10天左右1次，与不同类型药剂交替使用或混用，连喷2～4次。呋虫胺喷施倍数同"苹果树绣线菊蚜"。

桃树、杏树、李树的蚜虫、小绿叶蝉 防控蚜虫时，先于花芽露红期喷药1次，然后从落花后继续喷药，10天左右1次，与不同类型药剂交替使用或混用，连喷2～3次；防控小绿叶蝉时，从叶片正面显出黄白色褪绿小点时开始喷药，10天左右1次，连喷2次左右，重点喷洒叶片背面。呋虫胺喷施倍数同"苹果树绣线菊蚜"。

柿树血斑叶蝉 从叶片正面显出黄白色褪绿小点时开始喷药，10天左右1次，连喷2次左右，重点喷洒叶片背面。呋虫胺喷施倍数同"苹果树绣线菊蚜"。

柑橘树蚜虫 在每季新梢抽生期的蚜虫发生初期开始喷药，7～10天1次，每季梢连喷2次左右。连续喷药时，注意与不同类型药剂交替使用。呋虫胺喷施倍数同"苹果树绣线菊蚜"。

草莓白粉虱 从白粉虱发生为害初期开始喷药，7～10天1次，与不同类型药剂交替使用或混用，连喷2～4次，重点喷洒叶片背面。呋虫胺每亩次使用20%悬浮剂30～40毫升，或30%悬浮剂20～25毫升，或20%可溶粉剂或20%水分散粒剂30～40克，或25%可湿性粉剂或25%水分散粒剂25～30克，或40%水分散粒剂15～20克，或50%可溶粒剂或50%可湿性粉剂或50%水分散粒剂12～15克，或60%水分散粒剂10～13克，或70%水分散粒剂9～11克，对水30～45千克均匀喷雾。

茶树茶小绿叶蝉 从害虫发生为害初期开始喷药，7～10天1次，与不同类型药剂交替使用，连喷2～3次。呋虫胺每亩次使用20%悬浮剂30～50毫升，或30%悬浮剂20～30毫升，或20%可溶粉剂或20%水分散粒剂30～50克，或25%可湿性粉剂或25%水分散粒剂25～40克，或40%水分散粒剂15～25克，或50%可溶粒剂或50%可湿性粉剂或50%水分散粒剂13～20克，或60%水分散粒剂10～15克，或70%水分散粒剂9～14克，对水45～60千克均匀喷雾。

观赏菊花蚜虫 从蚜虫发生为害初期或蚜虫数量开始较快增多时开始喷药，7～10天1次，连喷2次左右。呋虫胺喷施剂量同"茶树茶小绿叶蝉"。

兰花蓟马　栽培基质拌药。一般每立方米基质使用 3% 颗粒剂 300～500 克，或 1% 颗粒剂 1 000～1 500 克，或 0.4% 颗粒剂 2 000～3 500 克，或 0.1% 颗粒剂 10～15 千克，或 0.05% 颗粒剂 20～30 千克，将药剂与基质充分拌匀，而后栽植、浇水。

月季白粉虱　栽培基质拌药，呋虫胺使用剂量及拌施方法同"兰花蓟马"。

注意事项　呋虫胺不能与强酸性药剂及碱性药剂或肥料混用。连续喷药时，注意与不同杀虫机理药剂交替使用或混用。果树上开花期禁止使用，避免对传粉昆虫造成伤害。

氟苯虫酰胺 flubendiamide

主要含量与剂型　10%、20% 悬浮剂，20% 水分散粒剂。

产品特点　氟苯虫酰胺是一种邻苯二甲酰胺类高效低毒杀虫剂，以胃毒作用为主，兼有触杀作用，药剂渗透植物体后通过木质部稍有传导，耐雨水冲刷，使用安全。其杀虫机理是作用于昆虫细胞兰尼碱受体，通过激活依赖兰尼碱受体的细胞内钙释放通道，使细胞内钙离子呈失控性释放，导致害虫身体活动放缓、不能取食、逐渐萎缩，最终饥饿而死亡。该药作用速度快、持效期长，对鳞翅目害虫的幼虫具有良好防效，但没有杀卵作用，与常规杀虫剂无交互抗性。

适用作物防控对象及使用技术　氟苯虫酰胺适用于除水田外的多种作物，对鳞翅目害虫具有良好的防控效果，但以低龄幼虫期用药效果较好。

甘蓝、白菜、花椰菜等十字花科蔬菜的小菜蛾、甜菜夜蛾、菜青虫、斜纹夜蛾等鳞翅目食叶害虫　从害虫发生为害初期或卵孵化盛期至低龄幼虫期开始喷药，7～10 天 1 次，连喷 2～3 次。一般每亩次使用 10% 悬浮剂 30～35 毫升，或 20% 悬浮剂 15～18 毫升，或 20% 水分散粒剂 15～20 克，对水 30～45 千克均匀喷雾。

玉米草地贪夜蛾、棉铃虫、玉米螟　防控害虫钻心（心叶）为害时，在玉米喇叭口期或害虫钻心为害初期向玉米喇叭口内喷药；防控害虫为害雌穗（玉米棒）时，在玉米雌穗花丝期或害虫为害雌穗初期重点向雌穗喷药。一般每亩次使用 10% 悬浮剂 20～30 毫升，或 20% 悬浮剂 10～15 毫升，或 20% 水分散粒剂 12～17 克，对水 30～45 千克均匀喷雾。

甘蔗蔗螟、草地贪夜蛾　在害虫卵孵化盛期至低龄幼虫期及时喷药，15～20 天 1 次，连喷 1～2 次。一般每亩次使用 10% 悬浮剂 30～40 毫升，或 20% 悬浮剂 15～20 毫升，或 20% 水分散粒剂 15～20 克，对水 30～60 千克均匀喷雾。

棉花棉铃虫　在害虫卵孵化盛期至幼虫钻蛀蕾铃前及时喷药，一般每亩次使用 10% 悬浮剂 30～35 毫升，或 20% 悬浮剂 15～18 毫升，或 20% 水分散粒剂 15～20 克，对水 45～60 千克均匀喷雾。

苹果棉铃虫、斜纹夜蛾　在害虫卵孵化盛期至低龄幼虫期或初见幼虫蛀果为害时及时喷药，每代喷药 1 次。一般使用 10% 悬浮剂 1 500～2 000 倍液，或 20% 悬浮剂或 20% 水分散粒剂 3 000～4 000 倍液均匀喷雾。

苹果树、山楂树、桃树的卷叶蛾类　先于开花前或落花后喷药 1 次，杀灭越冬代幼虫；然后生长期再于每代幼虫发生初期（初见卷叶时）及时喷药，每代喷药 1 次。氟苯虫酰胺喷施倍数同"苹果棉铃虫"。

苹果树、山楂树、桃树、枣树的鳞翅目食叶害虫　在每代害虫卵孵化盛期至低龄幼虫期进行喷药，每代喷药 1 次。氟苯虫酰胺喷施倍数同"苹果棉铃虫"。

桃树桃潜叶蛾　在害虫发生为害初期或叶片上初显为害虫道时开始喷药，1 个月左右 1 次（即每代 1 次），连喷 2~4 次。氟苯虫酰胺喷施倍数同"苹果棉铃虫"。

核桃树核桃缀叶螟　在害虫卵孵化盛期至低龄幼虫期进行喷药，每代喷药 1 次。氟苯虫酰胺喷施倍数同"苹果棉铃虫"。

柑橘树潜叶蛾　在每季新梢抽生初期（嫩梢长 1 厘米左右）或新梢上初见为害"虫道"时开始喷药，10 天左右 1 次，每季梢喷药 1~2 次。氟苯虫酰胺喷施倍数同"苹果棉铃虫"。

注意事项　氟苯虫酰胺不能与碱性药剂及肥料混用，连续喷药时注意与其他不同杀虫机理药剂交替使用。本剂对家蚕高毒，桑蚕养殖区禁止使用；对一些水生生物毒性高，禁止在水稻上使用。

氟啶虫胺腈 sulfoxaflor

主要含量与剂型　22%悬浮剂，50%水分散粒剂。

产品特点　氟啶虫胺腈是一种新型砜亚胺类高效低毒杀虫剂，具有胃毒和触杀作用，专用于防控刺吸式口器害虫，药效迅速、稳定，持效期较长，喷施后内吸传导性较强，耐雨水冲刷。其杀虫机理是作用于昆虫的神经系统，与乙酰胆碱受体内独特位点结合，扰乱昆虫正常的神经生理活动而导致其死亡。

适用作物防控对象及使用技术　氟啶虫胺腈广泛适用于瓜果蔬菜、粮棉油茶及果树等多种作物，对多种刺吸式口器害虫均有很好的防控效果。

苹果树绣线菊蚜、烟粉虱　防控绣线菊蚜时，在嫩梢上蚜虫数量增长较快时或蚜虫开始向幼果上扩散为害时开始喷药，10~15 天 1 次，连喷 2 次左右；防控烟粉虱时，在果园内烟粉虱发生初盛期开始喷药，10 天左右 1 次，连喷 1~2 次，重点喷洒叶片背面。一般使用 22%悬浮剂 4 000~6 000 倍液或 50%水分散粒剂 10 000~12 000 倍液均匀喷雾。

桃树、杏树、李树的蚜虫　先于树体发芽后开花前喷药 1 次，然后再从落花后开始连续喷药，10~15 天 1 次，连喷 2~3 次。氟啶虫胺腈喷施倍数同"苹果树绣线菊蚜"。

梨树梨木虱　在每代梨木虱卵孵化盛期至初孵若虫被黏液完全覆盖前及时喷药，每代喷药 1 次。一般使用 22%悬浮剂 4 000~5 000 倍液或 50%水分散粒剂 8 000~10 000 倍液均匀喷雾。

葡萄绿盲蝽、烟蓟马　防控绿盲蝽时，多从葡萄萌芽期或绿盲蝽发生为害初期开始喷药，10 天左右 1 次，连喷 2~3 次；防控烟蓟马时，在葡萄花蕾期和落花后各喷药 1 次即可。一般使用 22%悬浮剂 1 000~1 500 倍液或 50%水分散粒剂 2 500~3 000 倍液均匀喷雾。

枣树绿盲蝽　多从枣树萌芽期或绿盲蝽发生为害初期开始喷药，10 天左右 1 次，连喷 2~4 次。氟啶虫胺腈喷施倍数同"葡萄绿盲蝽"。

柑橘树蚜虫、柑橘木虱及矢尖蚧等介壳虫　防控蚜虫、柑橘木虱时，多在每季新梢抽生初期（嫩梢长 1 厘米左右）或害虫发生为害初期开始喷药，10 天左右 1 次，每季梢喷药 1~2 次；防控矢尖蚧等介壳虫时，在初孵若虫开始转移扩散时进行喷药，每代喷药

1 次。一般使用 22%悬浮剂 4 000~5 000 倍液或 50%水分散粒剂 8 000~10 000 倍液均匀喷雾。

白菜、甘蓝等十字花科蔬菜蚜虫 从蚜虫发生为害初期或蚜虫数量开始较快增多时开始喷药，7~10 天 1 次，连喷 2 次左右，注意喷洒叶片背面。一般每亩次使用 22%悬浮剂 8~15 毫升或 50%水分散粒剂 4~7 克，对水 30~45 千克均匀喷雾。

黄瓜、甜瓜蚜虫 从蚜虫发生为害初期或蚜虫数量开始较快增多时开始喷药，7~10 天 1 次，连喷 2 次左右，注意喷洒叶片背面及幼嫩组织。一般每亩次使用 22%悬浮剂 8~15 毫升或 50%水分散粒剂 4~7 克，对水 45~60 千克均匀喷雾。

黄瓜、甜瓜、番茄、辣椒、茄子等瓜果蔬菜的烟粉虱、白粉虱 从害虫发生为害初期或害虫数量开始较快增多时开始喷药，7~10 天 1 次，连喷 2~3 次，重点喷洒叶片背面。一般每亩次使用 22%悬浮剂 15~25 毫升或 50%水分散粒剂 10~15 克，对水 45~60 千克均匀喷雾。

西瓜蚜虫 从蚜虫发生为害初期或蚜虫数量开始较快增多时开始喷药，7~10 天 1 次，连喷 2 次左右，重点喷洒叶片背面及幼嫩组织。一般每亩次使用 22%悬浮剂 8~12 毫升或 50%水分散粒剂 4~6 克，对水 45~60 千克均匀喷雾。

水稻稻飞虱 在稻飞虱发生为害初期或飞虱低龄若虫期及时进行喷药，注意喷洒植株中下部。一般每亩次使用 22%悬浮剂 15~20 毫升或 50%水分散粒剂 8~10 克，对水 45~60 千克均匀喷雾。

小麦蚜虫 从蚜虫发生为害初期或蚜虫数量开始较快增多时开始喷药，7~10 天 1 次，连喷 1~2 次；或在孕穗期至抽穗期和齐穗初期各喷药 1 次。一般每亩次使用 22%悬浮剂 5~8 毫升或 50%水分散粒剂 3~4 克，对水 20~30 千克均匀喷雾。

马铃薯蚜虫 从蚜虫发生为害初期或蚜虫数量开始较快增多时开始喷药，7~10 天 1 次，连喷 2 次左右。一般每亩次使用 22%悬浮剂 10~15 毫升或 50%水分散粒剂 5~6 克，对水 45~60 千克均匀喷雾。

棉花蚜虫 从蚜虫发生为害初期或蚜虫数量开始较快增多时开始喷药，10~15 天 1 次，连喷 2~3 次，重点喷洒幼嫩组织。一般每亩次使用 22%悬浮剂 6~10 毫升或 50%水分散粒剂 3~5 克，对水 45~60 千克均匀喷雾。

棉花盲椿象、烟粉虱 在害虫发生为害初期开始喷药，7~10 天 1 次，连喷 2~3 次，注意喷洒幼嫩组织及叶片背面。一般每亩次使用 22%悬浮剂 20~25 毫升或 50%水分散粒剂 10~13 克，对水 45~60 千克均匀喷雾。

注意事项 氟啶虫胺腈不能与碱性药剂及肥料混用。连续喷药时，注意与不同杀虫机理药剂交替使用或混用，以延缓害虫产生抗药性。本剂对蜜蜂有毒，禁止在果树开花期和蜜源植物花期使用。

氟啶虫酰胺 flonicamid

主要含量与剂型 20%、25%悬浮剂，30%可分散油悬浮剂，10%、20%、50%水分散粒剂。

产品特点 氟啶虫酰胺是一种新型吡啶酰胺类昆虫生长调节剂类低毒杀虫剂，属选择性进食阻滞剂，专用于防控刺吸式口器害虫，具有触杀和胃毒作用，在植物体上渗透性较强，具有内吸及层间传导活性，耐雨水冲刷，持效期较长，使用安全。该药为很好的神经毒剂，通过阻碍害虫吮吸作用，使害虫摄入药剂后很快停止吮吸（刺吸式口器害虫的口针无法插入植物组织内），最后因饥饿而死亡（施药后 2～3 天才能肉眼看到蚜虫死亡）。

适用作物防控对象及使用技术 氟啶虫酰胺适用于果树、蔬菜、谷物、棉花、马铃薯等多种作物，对多种刺吸式口器害虫均有很好的防控效果。

苹果树绣线菊蚜 在新梢上蚜虫数量较多时或蚜虫开始向幼果上扩散转移时开始喷药，10～15 天 1 次，连喷 2 次左右。一般使用 10％水分散粒剂 2 500～3 000 倍液，或 20％悬浮剂或 20％水分散粒剂 5 000～6 000 倍液，或 25％悬浮剂 6 000～7 000 倍液，或 30％可分散油悬浮剂 7 000～8 000 倍液，或 50％水分散粒剂 10 000～12 000 倍液均匀喷雾。

桃树、杏树、李树的蚜虫 先于花芽膨大后开花前喷药 1 次，然后从落花后开始连续喷药，10～15 天 1 次，连喷 2～3 次。一般使用 10％水分散粒剂 1 500～2 000 倍液，或 20％悬浮剂或 20％水分散粒剂 3 000～4 000 倍液，或 25％悬浮剂 4 000～5 000 倍液，或 30％可分散油悬浮剂 5 000～6 000 倍液，或 50％水分散粒剂 8 000～10 000 倍液均匀喷雾。

梨树梨木虱 先于梨树落花后和落花后 30～35 天各喷药 1 次，有效防控第 1、2 代梨木虱若虫；然后再于以后各代若虫发生初期至虫体被黏液完全覆盖前各喷药 1～2 次，间隔期 7～10 天。连续喷药时，注意与不同杀虫机理药剂交替使用。氟啶虫酰胺喷施倍数同"桃树蚜虫"。

柑橘树蚜虫、柑橘木虱 在每季新梢上的蚜虫或木虱发生为害初期，或嫩梢上蚜虫为害初盛期或蚜虫数量开始较快增多时开始喷药，10 天左右 1 次，每季新梢喷药 1～2 次。氟啶虫酰胺喷施倍数同"桃树蚜虫"。

甘蓝、白菜等十字花科蔬菜蚜虫 在蚜虫发生为害初期或蚜虫数量开始较快增多时开始喷药，7～10 天 1 次，连喷 1～2 次，注意喷洒叶片背面。一般每亩次使用 20％悬浮剂 20～25 毫升，或 25％悬浮剂 15～20 毫升，或 30％可分散油悬浮剂 13～17 毫升，或 10％水分散粒剂 40～50 克，或 20％水分散粒剂 20～25 克，或 50％水分散粒剂 8～10 克，对水 30～45 千克均匀喷雾。

黄瓜蚜虫 在蚜虫发生为害初期或蚜虫数量开始较快增多时开始喷药，7～10 天 1 次，连喷 2～3 次，注意喷洒叶片背面及幼嫩组织。一般每亩次使用 20％悬浮剂 15～25 毫升，或 25％悬浮剂 12～20 毫升，或 30％可分散油悬浮剂 10～17 毫升，或 10％水分散粒剂 30～50 克，或 20％水分散粒剂 15～25 克，或 50％水分散粒剂 6～10 克，对水 45～60 千克均匀喷雾。

水稻稻飞虱 在稻飞虱发生为害初期或飞虱低龄若虫初盛期开始喷药，10 天左右 1 次，连喷 1～2 次，重点喷洒植株中下部。一般每亩次使用 20％悬浮剂 20～25 毫升，或 25％悬浮剂 16～20 毫升，或 30％可分散油悬浮剂 20～30 毫升，或 10％水分散粒剂 40～50 克，或 20％水分散粒剂 20～25 克，或 50％水分散粒剂 8～10 克，对水 45～60 千克均匀喷雾。

马铃薯蚜虫 在蚜虫发生为害初期或蚜虫数量开始较快增多时开始喷药，7～10 天

1 次，连喷 2~3 次。一般每亩次使用 20％悬浮剂 18~25 毫升，或 25％悬浮剂 15~20 毫升，或 30％可分散油悬浮剂 12~17 毫升，或 10％水分散粒剂 35~50 克，或 20％水分散粒剂 18~25 克，或 50％水分散粒剂 7~10 克，对水 45~60 千克均匀喷雾。

注意事项 氟啶虫酰胺不能与碱性药剂及肥料混用。连续喷药时，注意与不同杀虫机理药剂交替使用，以延缓害虫产生抗药性。稻田内套养鱼或虾蟹的水稻上禁止使用。

氟铃脲 hexaflumuron

主要含量与剂型 5％乳油，10％、20％悬浮剂，15％、20％水分散粒剂。

产品特点 氟铃脲是一种苯甲酰脲类昆虫激素型低毒杀虫剂，以胃毒作用为主，兼有触杀和拒食作用，无内吸渗透性，持效期长达 20 天，使用安全。其杀虫机理是通过抑制昆虫几丁质的生物合成，使昆虫不能正常蜕皮、变态而死亡。该药主要作用于鳞翅目害虫的幼虫，也具有较强的杀卵活性，与同类杀虫剂相比，杀虫谱广，击倒力强，杀虫迅速，但对蚜虫、螨类无效。

适用作物防控对象及使用技术 氟铃脲广泛适用于瓜果蔬菜、粮棉油糖茶及多种果树作物，专用于防控鳞翅目害虫。

甘蓝、白菜等十字花科蔬菜的小菜蛾、甜菜夜蛾、菜青虫、甘蓝夜蛾、斜纹夜蛾、造桥虫等鳞翅目害虫　在害虫卵盛期至低龄幼虫期及时进行喷药，7~10 天 1 次，连喷 2 次左右，注意喷洒叶片背面。一般每亩次使用 5％乳油 60~80 毫升，或 10％悬浮剂 30~40 毫升，或 20％悬浮剂 15~20 毫升，或 15％水分散粒剂 20~27 克，或 20％水分散粒剂 15~20 克，对水 30~45 千克均匀喷雾。

茄果类及瓜类蔬菜的棉铃虫、甜菜夜蛾、斜纹夜蛾等鳞翅目害虫　在害虫卵盛期至低龄幼虫期或幼虫钻蛀为害前及时进行喷药，7~10 天 1 次，连喷 2 次左右，以早、晚喷药效果较好。一般每亩次使用 5％乳油 100~150 毫升，或 10％悬浮剂 50~75 毫升，或 20％悬浮剂 25~38 毫升，或 15％水分散粒剂 40~60 克，或 20％水分散粒剂 30~40 克，对水 30~60 千克均匀喷雾。

豇豆、芸豆等豆类蔬菜的豆荚螟、豆野螟、豆天蛾等鳞翅目害虫　在害虫卵盛期至幼虫钻蛀为害前及时进行喷药，7~10 天 1 次，连喷 2 次左右，重点喷洒花蕾、嫩荚等幼嫩部位，以早、晚喷药效果较好。氟铃脲喷施剂量同"茄果类蔬菜鳞翅目害虫"。

韭菜韭蛆　在韭蛆发生初期或收割后第 2 天喷淋用药或药剂灌根，一般每亩次使用 5％乳油 300~400 毫升，或 10％悬浮剂 200~300 毫升，或 20％悬浮剂 100~150 毫升，或 15％水分散粒剂 120~150 克，或 20％水分散粒剂 100~120 克，对水 60~90 千克喷淋或随灌溉水灌根。

棉花棉铃虫　在害虫卵盛期至低龄幼虫钻蛀蕾铃前及时进行喷药，7~10 天 1 次，连喷 2 次左右。一般每亩次使用 5％乳油 150~200 毫升，或 10％悬浮剂 75~100 毫升，或 20％悬浮剂 40~50 毫升，或 15％水分散粒剂 50~65 克，或 20％水分散粒剂 40~50 克，对水 45~60 千克均匀喷雾，以早、晚喷药效果较好。

玉米草地贪夜蛾、玉米螟、棉铃虫　在玉米喇叭口期，从害虫发生初期或田间初见害虫为害时进行喷药，将药液喷洒到喇叭口内；或在雌穗花丝期至灌浆期，在卵盛期至低龄幼虫期及时喷药,重点喷洒雌穗顶部。一般每亩次使用5%乳油70～100毫升,或10%悬浮剂40～50毫升,或20%悬浮剂20～25毫升,或15%水分散粒剂25～35克,或20%水分散粒剂20～30克,对水30～45千克均匀喷雾。

马铃薯草地螟 在害虫卵盛期至低龄幼虫期及时进行喷药,7～10天1次,连喷1～2次。一般每亩次使用5%乳油50～70毫升,或10%悬浮剂25～35毫升,或20%悬浮剂15～20毫升,或15%水分散粒剂20～25克,或20%水分散粒剂15～20克,对水30～60千克均匀喷雾。

苹果、梨、桃、枣等果实的桃小食心虫、梨小食心虫、桃蛀螟 在害虫卵盛期至初孵幼虫蛀果前及时进行喷药,7天左右1次,每代喷药1～2次。一般使用5%乳油800～1 000倍液,或10%悬浮剂1 500～2 000倍液,或15%水分散粒剂2 000～3 000倍液,或20%悬浮剂或20%水分散粒剂3 000～4 000倍液均匀喷雾。

苹果树、梨树、桃树、枣树、柑橘树等果树的鳞翅目食叶害虫 在害虫发生为害初期或卵盛期至低龄幼虫期及时进行喷药,10天左右1次,连喷1～2次。一般使用5%乳油1 000～1 500倍液,或10%悬浮剂2 000～3 000倍液,或15%水分散粒剂3 000～4 000倍液,或20%悬浮剂或20%水分散粒剂4 000～5 000倍液均匀喷雾。

注意事项 氟铃脲不能与碱性药剂及肥料混用。喷药应均匀周到,害虫发生较重时与速效性杀虫剂混用效果更好;连续喷药时,注意与其他不同杀虫机理药剂交替使用。严禁在桑园内及其附近使用本剂。

甘蓝夜蛾核型多角体病毒 mamestra brassicae multiple NPV

主要含量与剂型 10亿PIB/毫升、20亿PIB/毫升、30亿PIB/毫升悬浮剂,10亿PIB/克可湿性粉剂,5亿PIB/克颗粒剂。

产品特点 甘蓝夜蛾核型多角体病毒是一种昆虫病毒类微生物型低毒杀虫剂,以胃毒作用为主,无内吸、熏蒸作用,专用于防控鳞翅目害虫,杀虫效果显著,持效期较长,害虫不易产生抗药性,对人、畜和环境安全无害,相当于有机农药。鳞翅目害虫取食该病毒后,病毒在虫体内增殖,并扩散感染至害虫全身,最终导致害虫死亡。同时,病毒还能够通过受害害虫的体液、粪便等传染给其他害虫,使病毒在害虫种群中传播,进而有效控制害虫的种群发展。

适用作物防控对象及使用技术 甘蓝夜蛾核型多角体病毒广泛适用于瓜果蔬菜、粮棉油、烟糖茶及果树等多种作物,主要用于防控鳞翅目害虫。

甘蓝、白菜、花椰菜等十字花科蔬菜的小菜蛾、甜菜夜蛾、甘蓝夜蛾、菜青虫、斜纹夜蛾等鳞翅目害虫 在害虫卵孵化盛期至低龄幼虫期及时进行喷药,7～10天1次,连喷1～2次,注意喷洒叶片背面。一般每亩次使用10亿PIB/毫升悬浮剂200～250毫升,或20亿PIB/毫升悬浮剂90～120毫升,或30亿PIB/毫升悬浮剂60～80毫升,或10亿PIB/克可湿性粉剂200～250克,对水30～45千克均匀喷雾。

番茄、辣椒、茄子等茄果类蔬菜的甜菜夜蛾、斜纹夜蛾、棉铃虫 在害虫卵孵化盛期至低龄幼虫期或幼虫钻蛀为害前及时进行喷药,7～10天1次,连喷1～2次。一般每亩次使用10亿PIB/毫升悬浮剂150～200毫升,或20亿PIB/毫升悬浮剂70～100毫升,或

30 亿 PIB/毫升悬浮剂 50～70 毫升，或 10 亿 PIB/克可湿性粉剂 150～200 克，对水 45～60 千克均匀喷雾。

水稻稻纵卷叶螟 在害虫卵盛期至初孵幼虫卷叶前及时进行喷药，7～10 天 1 次，连喷 1～2 次。一般每亩次使用 10 亿 PIB/毫升悬浮剂 100～150 毫升，或 20 亿 PIB/毫升悬浮剂 50～75 毫升，或 30 亿 PIB/毫升悬浮剂 30～50 毫升，或 10 亿 PIB/克可湿性粉剂 100～150 克，对水 30～45 千克均匀喷雾。

玉米棉铃虫、玉米螟、草地贪夜蛾 防控害虫钻心为害时，在玉米喇叭口期的害虫发生初期或卵盛期至低龄幼虫期及时向心叶内喷药；防控雌穗受害时，在雌穗受害初期或卵盛期至低龄幼虫期及时喷洒雌穗顶部。一般每亩次使用 10 亿 PIB/毫升悬浮剂 80～100 毫升，或 20 亿 PIB/毫升悬浮剂 40～50 毫升，或 30 亿 PIB/毫升悬浮剂 25～35 毫升，或 10 亿PIB/克可湿性粉剂 80～100 克，对水 30～45 千克均匀喷雾。

玉米田、花生田地老虎 播种时在播种沟内或穴内撒施药剂。每亩使用 5 亿 PIB/克颗粒剂 800～1 200 克，与适量干细土混匀后均匀撒施于播种沟内或穴内，播种后覆土。

棉花棉铃虫 在害虫卵孵化盛期至初孵幼虫钻蛀蕾铃前及时进行喷药，7～10 天 1 次，连喷 1～2 次。一般每亩次使用 10 亿 PIB/毫升悬浮剂 100～120 毫升，或 20 亿 PIB/毫升悬浮剂 50～60 毫升，或 30 亿 PIB/毫升悬浮剂 35～40 毫升，或 10 亿 PIB/克可湿性粉剂 100～120 克，对水 45～60 千克均匀喷雾。

茶树茶尺蠖 在害虫卵孵化盛期至低龄幼虫期及时进行喷药，7～10 天 1 次，连喷 1～2 次。甘蓝夜蛾核型多角体病毒喷施剂量同"棉花棉铃虫"。

烟草斜纹夜蛾、烟青虫 在害虫卵孵化盛期至低龄幼虫期及时进行喷药，7～10 天 1 次，连喷 1～2 次。一般每亩次使用 10 亿 PIB/毫升悬浮剂 80～100 毫升，或 20 亿 PIB/毫升悬浮剂 40～50 毫升，或 30 亿 PIB/毫升悬浮剂 30～35 毫升，或 10 亿 PIB/克可湿性粉剂 80～100 克，对水 30～60 千克均匀喷雾。

注意事项 甘蓝夜蛾核型多角体病毒不能与强酸性和碱性药剂及肥料混用，也不能与化学杀菌剂特别是病毒钝化剂混用。尽量在傍晚或阴天喷药，避免在高温、强光照射下用药。严禁在桑园内及蚕室附近使用，也不能使药液飘移到桑园内。

高效氯氟氰菊酯 lambda-cyhalothrin

主要含量与剂型 2.5%、25 克/升、50 克/升乳油，2.5%、5%、8%、15%、25 克/升微乳剂，2.5%、5%、10%、20%水乳剂，2.5%、5%、10%悬浮剂，2.5%、10%、23%微囊悬浮剂，2.5%、10%、25%可湿性粉剂，10%种子处理微囊悬浮剂。

产品特点 高效氯氟氰菊酯是一种含氟原子的拟除虫菊酯类高效广谱中毒杀虫剂，对害虫具有强烈的触杀和胃毒作用及一定的驱避作用，无内吸、熏蒸作用，速效性好，击倒力强，耐雨水冲刷。其杀虫机理是作用于昆虫的神经系统，通过与钠离子通道相互作用，阻断中枢神经系统的正常传导，使昆虫过度兴奋、麻痹而死亡。与其他拟除虫菊酯类药剂相比，该药杀虫谱更广、杀虫活性更高、药效更迅速，并具有强烈的渗透作用，耐雨水冲刷能力更强；具有用量少、药效快、击倒力强、害虫产生抗药性缓慢、残留低、使用安全等优点。

适用作物防控对象及使用技术 高效氯氟氰菊酯广泛适用于粮棉油糖茶、薯类、瓜果蔬菜、果树、林木、烟草、药用植物、花卉等多种作物，对鳞翅目、鞘翅目、同翅目、双翅目、膜翅目、缨翅目等多种农业害虫均具有较好的防控效果。

甘蓝、白菜、花椰菜等十字花科蔬菜的小菜蛾、甜菜夜蛾、菜青虫、斜纹夜蛾、甘蓝夜蛾、黄条跳甲、蚜虫 防控鳞翅目食叶害虫时，在害虫卵盛期至低龄幼虫期及时进行喷药，7～10天1次，连喷2次左右；防控黄条跳甲时，在害虫发生为害初期开始喷药，7～10天1次，连喷2次左右；防控蚜虫时，在蚜虫发生为害初盛期或蚜虫数量开始较快增多时进行喷药，7～10天1次，连喷1～2次。一般每亩次使用2.5％乳油或2.5％微乳剂或2.5％水乳剂或2.5％悬浮剂或2.5％微囊悬浮剂或25克/升乳油或25克/升微乳剂40～80毫升，或5％微乳剂或5％水乳剂或5％悬浮剂或50克/升乳油20～40毫升，或8％微乳剂15～25毫升，或10％水乳剂或10％悬浮剂或10％微囊悬浮剂10～20毫升，或15％微乳剂7～15毫升，或20％水乳剂5～10毫升，或23％微囊悬浮剂5～9毫升，或2.5％可湿性粉剂40～80克，或10％可湿性粉剂10～20克，或25％可湿性粉剂4～8克，对水30～45千克均匀喷雾。防控小菜蛾、甜菜夜蛾、菜青虫、黄条跳甲时选用较高剂量，防控其他害虫时选用较低剂量，除黄条跳甲外均需注意喷洒叶片背面。

黄瓜、番茄、辣椒、茄子等瓜果类蔬菜的蚜虫、蓟马、白粉虱、烟粉虱、潜叶蝇、棉铃虫 防控蚜虫、蓟马、白粉虱、烟粉虱时，在害虫发生为害初期或虫量开始较快增多时开始喷药，7～10天1次，连喷2次左右，注意喷洒幼嫩组织及叶片背面；防控潜叶蝇时，在叶片上显出为害虫道时开始喷药，7～10天1次，连喷1～2次；防控棉铃虫时，在卵盛期至幼虫钻蛀为害前或卵盛期至低龄幼虫期及时进行喷药，7天左右1次，连喷1～2次。一般每亩次使用2.5％乳油或2.5％微乳剂或2.5％水乳剂或2.5％悬浮剂或2.5％微囊悬浮剂或25克/升乳油或25克/升微乳剂50～100毫升，或5％微乳剂或5％水乳剂或5％悬浮剂或50克/升乳油30～50毫升，或8％微乳剂20～30毫升，或10％水乳剂或10％悬浮剂或10％微囊悬浮剂10～25毫升，或15％微乳剂10～17毫升，或20％水乳剂7～13毫升，或23％微囊悬浮剂6～10毫升，或2.5％可湿性粉剂60～100克，或10％可湿性粉剂10～25克，或25％可湿性粉剂6～10克，对水45～60千克均匀喷雾。

棉花蚜虫、棉铃虫、地老虎、造桥虫 防控蚜虫时，在蚜虫为害初期或蚜虫数量开始较快增多时进行喷药，7～10天1次，连喷2～3次；防控棉铃虫时，在卵盛期至幼虫钻蛀蕾铃前或卵盛期至低龄幼虫期进行喷药，7～10天1次，每代喷药1～2次；防控地老虎、造桥虫时，在卵盛期至幼虫发生为害初期进行喷药。高效氯氟氰菊酯喷施剂量同"黄瓜蚜虫"。

玉米黏虫、玉米螟、棉铃虫、草地贪夜蛾 防控黏虫时，在卵盛期至低龄幼虫期进行喷药，每代喷药1～2次，间隔期7～10天；防控玉米螟、棉铃虫、草地贪夜蛾为害心叶时，在玉米喇叭口期的害虫发生为害初期，向喇叭口内进行喷药；防控玉米螟、棉铃虫为害雌穗时，在雌穗受害初期向雌穗顶部定向喷药。一般每亩次使用2.5％乳油或2.5％微乳剂或2.5％水乳剂或2.5％悬浮剂或2.5％微囊悬浮剂或25克/升乳油或25克/升微乳剂50～80毫升，或5％微乳剂或5％水乳剂或5％悬浮剂或50克/升乳油30～40毫升，或8％微乳剂20～25毫升，或10％水乳剂或10％悬浮剂或10％微囊悬浮剂15～20毫升，或15％微乳剂10～14毫升，或20％水乳剂8～10毫升，或23％微囊悬浮剂7～9毫升，或

2.5%可湿性粉剂 60～80 克，或 10%可湿性粉剂 15～20 克，或 25%可湿性粉剂 6～8 克，对水 30～45 千克均匀喷雾。

玉米金针虫　药剂拌种或种子包衣。一般每 100 千克种子使用 10%种子处理微囊悬浮剂 375～450 毫升，对适量水混匀稀释至 2 000 毫升左右，均匀拌种或种子包衣，而后晾干、待播。

小麦蚜虫、黏虫　防控蚜虫时，在蚜虫发生为害初盛期开始喷药，10 天左右 1 次，连喷 1～2 次，或在小麦孕穗期至抽穗期和齐穗期各喷药 1 次；防控黏虫时，在害虫卵盛期至低龄幼虫期进行喷药。一般每亩次使用 2.5%乳油或 2.5%微乳剂或 2.5%水乳剂或 2.5%悬浮剂或 2.5%微囊悬浮剂或 25 克/升乳油或 25 克/升微乳剂 40～60 毫升，或 5%微乳剂或 5%水乳剂或 5%悬浮剂或 50 克/升乳油 20～30 毫升，或 8%微乳剂 15～20 毫升，或 10%水乳剂或 10%悬浮剂或 10%微囊悬浮剂 10～15 毫升，或 15%微乳剂 7～10 毫升，或 20%水乳剂 6～8 毫升，或 23%微囊悬浮剂 5～7 毫升，或 2.5%可湿性粉剂 40～60 克，或 10%可湿性粉剂 10～15 克，或 25%可湿性粉剂 4～6 克，对水 30～45 千克均匀喷雾。

大豆食心虫、豆荚螟、双斑萤叶甲、草地螟　防控食心虫、豆荚螟时，在害虫卵盛期至初孵幼虫钻蛀豆荚前及时进行喷药，7～10 天 1 次，连喷 1～2 次；防控双斑萤叶甲、草地螟时，在害虫发生为害初期或虫量开始较快增多时进行喷药。高效氯氟氰菊酯喷施剂量同"小麦蚜虫"。

马铃薯蚜虫、二十八星瓢虫　从害虫发生为害初期开始喷药，7～10 天 1 次，连喷 2 次左右。一般每亩次使用 2.5%乳油或 2.5%微乳剂或 2.5%水乳剂或 2.5%悬浮剂或 2.5%微囊悬浮剂或 25 克/升乳油或 25 克/升微乳剂 40～70 毫升，或 5%微乳剂或 5%水乳剂或 5%悬浮剂或 50 克/升乳油 20～35 毫升，或 8%微乳剂 15～20 毫升，或 10%水乳剂或 10%悬浮剂或 10%微囊悬浮剂 10～20 毫升，或 15%微乳剂 7～12 毫升，或 20%水乳剂 6～10 毫升，或 23%微囊悬浮剂 5～8 毫升，或 2.5%可湿性粉剂 40～70 克，或 10%可湿性粉剂 10～20 克，或 25%可湿性粉剂 5～8 克，对水 45～75 千克均匀喷雾。

苹果的桃小食心虫、梨小食心虫、苹果蠹蛾等食心虫类　根据虫情测报，在害虫卵盛期至初孵幼虫蛀果为害前及时喷药，7～10 天 1 次，每代喷药 1～2 次。一般使用 2.5%乳油或 2.5%微乳剂或 2.5%水乳剂或 2.5%悬浮剂或 2.5%微囊悬浮剂或 25 克/升乳油或 25 克/升微乳剂或 2.5%可湿性粉剂 1 200～1 500 倍液，或 5%微乳剂或 5%水乳剂或 5%悬浮剂或 50 克/升乳油 2 500～3 000 倍液，或 8%微乳剂 3 500～4 000 倍液，或 10%水乳剂或 10%悬浮剂或 10%微囊悬浮剂或 10%可湿性粉剂 5 000～6 000 倍液，或 15%微乳剂 7 000～8 000 倍液，或 20%水乳剂 8 000～10 000 倍液，或 23%微囊悬浮剂或 25%可湿性粉剂 10 000～12 000 倍液均匀喷雾。连续喷药时，注意与不同类型药剂交替使用或混用，以延缓害虫产生抗药性。

梨树梨小食心虫　根据虫情测报，在害虫卵盛期至初孵幼虫蛀果前及时进行喷药，7～10 天 1 次，每代喷药 1～2 次。高效氯氟氰菊酯喷施倍数同"苹果桃小食心虫"。

桃、杏、枣等果实的桃小食心虫、梨小食心虫、桃蛀螟　根据虫情测报，在害虫卵盛期至初孵幼虫蛀果前及时进行喷药，7～10 天 1 次，每代喷药 1～2 次。高效氯氟氰菊酯喷施倍数同"苹果的桃小食心虫"。

苹果树苹果瘤蚜、绣线菊蚜　防控苹果瘤蚜，在苹果花序分离期和落花后各喷药1次；防控绣线菊蚜，在嫩梢上蚜虫数量较多时或蚜虫开始向幼果转移扩散时及时进行喷药，10天左右1次，连喷2次左右。高效氯氟氰菊酯喷施倍数同"苹果的桃小食心虫"。

桃树、杏树、李树的蚜虫（桃蚜、桃粉蚜、桃瘤蚜）　先于花芽膨大后至开花前喷药1次，然后从落花后开始继续喷药，10天左右1次，连喷2～3次。高效氯氟氰菊酯喷施倍数同"苹果桃小食心虫"。

苹果树、梨树、桃树、枣树、葡萄等果树的卷叶蛾类　在害虫发生为害初期或初显卷叶为害时及时进行喷药，7～10天1次，每代喷药1～2次。高效氯氟氰菊酯喷施倍数同"苹果桃小食心虫"。

苹果树、梨树、桃树、枣树、葡萄等果树的刺蛾类、食叶毛虫类等鳞翅目食叶害虫　在害虫卵盛期至低龄幼虫期及时进行喷药，7～10天1次，连喷1～2次。高效氯氟氰菊酯喷施倍数同"苹果桃小食心虫"。

苹果棉铃虫、斜纹夜蛾　在害虫卵盛期至低龄幼虫期或初显幼虫蛀果为害时及时进行喷药，7～10天1次，每代喷药1～2次。高效氯氟氰菊酯喷施倍数同"苹果桃小食心虫"。

葡萄、枣树的绿盲蝽　于果树发芽后至嫩梢生长期的绿盲蝽发生为害初期及时开始喷药，7～10天1次，与不同类型药剂交替使用，连喷2～4次，以早、晚喷药效果较好。高效氯氟氰菊酯喷施倍数同"苹果桃小食心虫"。

梨树梨二叉蚜、梨木虱（成虫）　防控梨二叉蚜时，在蚜虫发生为害初期或受害叶片初显卷曲时开始喷药，10天左右1次，连喷1～2次。防控越冬代梨木虱成虫时，在梨树萌芽期的晴朗无风天进行喷药，连喷1～2次；防控当年生梨木虱成虫时，从每代成虫发生初期及时开始喷药，7天左右1次，每代喷药1～2次。高效氯氟氰菊酯喷施倍数同"苹果桃小食心虫"，防控梨木虱越冬代成虫时可适当增加喷药浓度。

梨树、苹果树、山楂树等落叶果树的梨冠网蝽　从叶片正面显出黄白色褪绿小点时开始喷药，10天左右1次，连喷2次左右，重点喷洒叶片背面。高效氯氟氰菊酯喷施倍数同"苹果桃小食心虫"。

梨树的梨茎蜂、梨瘿蚊　防控梨茎蜂时，在梨树外围嫩梢长10～15厘米时或果园内初见受害嫩梢时开始喷药，7～10天1次，连喷2次，以上午10时前喷药防控效果较好。防控梨瘿蚊时，在新梢生长期内，从梨瘿蚊发生为害初期（初显叶缘卷曲时）开始喷药，7～10天1次，连喷2次。高效氯氟氰菊酯喷施倍数同"苹果桃小食心虫"。

枣树枣瘿蚊　在枣树萌芽后至开花期，从害虫发生为害初期（嫩叶卷曲或变淡粉红色）开始喷药，7～10天1次，连喷2～3次。高效氯氟氰菊酯喷施倍数同"苹果桃小食心虫"。

梨、桃、杏等果实的茶翅蝽、麻皮蝽　多从小麦蜡黄期（麦穗变黄后）或椿象刺吸果实为害初期开始在果园内喷药，7～10天1次，连喷2次左右；较大果园也可重点喷洒果园外围的几行树，阻止椿象进入园内。高效氯氟氰菊酯喷施倍数同"苹果桃小食心虫"。

桃树、李树、杏树的桃小绿叶蝉、桃潜叶蛾、桑白蚧　防控桃小绿叶蝉时，在害虫发生为害初期或叶片正面显出黄白色褪绿小点时开始喷药，7～10天1次，连喷2次左右，重点喷洒叶片背面，以上午10时前或下午4时后喷药防控效果较好；防控桃潜叶蛾时，从叶片上初见为害虫道时开始喷药，10～15天1次，连喷2～4次；防控桑白蚧时，在1龄若虫从母体介壳下爬出向周围扩散为害时及时进行喷药，7天左右1次，每代喷药1～2次。高效氯氟氰菊酯喷施倍数同"苹果桃小食心虫"。

葡萄二星叶蝉、十星叶甲 防控二星叶蝉时，从叶片正面显出黄白色褪绿小点时开始喷药，7～10天1次，连喷2次左右；防控十星叶甲时，从害虫发生为害初期开始喷药，7～10天1次，连喷2次左右。高效氯氟氰菊酯喷施倍数同"苹果桃小食心虫"。

柿树血斑叶蝉、柿蒂虫 防控血斑叶蝉时，在害虫发生为害初期或叶片正面显出黄白色褪绿小点时开始喷药，7～10天1次，连喷2次左右，重点喷洒叶片背面；防控柿蒂虫时，在害虫产卵盛期及时进行喷药，每代喷药1～2次，间隔期7天左右。高效氯氟氰菊酯喷施倍数同"苹果桃小食心虫"。

核桃树核桃缀叶螟、核桃举肢蛾 防控缀叶螟时，在害虫卵盛期至低龄幼虫期或害虫发生为害初期及时进行喷药，每代喷药1次；防控举肢蛾时，在害虫产卵盛期至初孵幼虫钻蛀前及时进行喷药，每代喷药1～2次，间隔期7天左右。高效氯氟氰菊酯喷施倍数同"苹果桃小食心虫"。

樱桃瘤头蚜 从瘤头蚜发生为害初期或叶片上初显凹凸受害状时开始喷药，7～10天1次，连喷2次左右。高效氯氟氰菊酯喷施倍数同"苹果桃小食心虫"。

枸杞负泥虫、枸杞木虱 从相应害虫发生为害初期开始喷药，7～10天1次，连喷2次左右。高效氯氟氰菊酯喷施倍数同"苹果桃小食心虫"。

石榴、花椒、枸杞的蚜虫 从嫩梢上蚜虫发生为害初期或蚜虫数量开始较快增多时开始喷药，7～10天1次，连喷2～3次。高效氯氟氰菊酯喷施倍数同"苹果桃小食心虫"。

柑橘树蚜虫、潜叶蛾、柑橘木虱、食叶象甲及介壳虫类 防控蚜虫、潜叶蛾、柑橘木虱时，在各季新梢上相应害虫发生为害初期或嫩梢上蚜虫数量开始较快增多时（或嫩梢叶片上显出潜叶蛾为害虫道时）开始喷药，7～10天1次，每季梢喷药1～2次，三种害虫相互兼治；防控食叶象甲时，在害虫发生为害初期开始喷药，7～10天1次，连喷1～2次；防控介壳虫类时，在相应介壳虫的1龄若虫扩散为害时开始喷药，7～10天1次，每代喷药1～2次。高效氯氟氰菊酯一般使用2.5%乳油或2.5%微乳剂或2.5%水乳剂或2.5%悬浮剂或2.5%微囊悬浮剂或25克/升乳油或25克/升微乳剂或2.5%可湿性粉剂800～1 200倍液，或5%微乳剂或5%水乳剂或5%悬浮剂或50克/升乳油1 600～2 000倍液，或8%微乳剂2 500～3 000倍液，或10%水乳剂或10%悬浮剂或10%微囊悬浮剂或10%可湿性粉剂3 500～4 000倍液，或15%微乳剂5 000～6 000倍液，或20%水乳剂7 000～8 000倍液，或23%微囊悬浮剂或25%可湿性粉剂8 000～10 000倍液均匀喷雾。连续喷药时，注意与不同类型药剂交替使用或混用，以延缓害虫产生抗药性。

荔枝树蒂蛀虫、荔枝蝽 防控蒂蛀虫时，在害虫卵盛期开始喷药，7天左右1次，连喷1～2次；防控荔枝蝽时，在害虫卵盛期至低龄若虫期及时进行喷药，7～10天1次，连喷2次。一般使用2.5%乳油或2.5%微乳剂或2.5%水乳剂或2.5%悬浮剂或2.5%微囊悬浮剂或25克/升乳油或25克/升微乳剂或2.5%可湿性粉剂1 000～1 500倍液，或5%微乳剂或5%水乳剂或5%悬浮剂或50克/升乳油2 000～3 000倍液，或8%微乳剂3 000～4 000倍液，或10%水乳剂或10%悬浮剂或10%微囊悬浮剂或10%可湿性粉剂5 000～6 000倍液，或15%微乳剂6 000～7 000倍液，或20%水乳剂8 000～10 000倍液，或 23％微囊悬浮剂或 25％可湿性粉剂 10 000～12 000 倍液均匀喷雾。

枇杷树黄毛虫　在枇杷采收后的害虫卵盛期至低龄幼虫期及时进行喷药，7～10 天 1 次，每代喷药 1～2 次。高效氯氟氰菊酯喷施倍数同"荔枝树蒂蛀虫"。

榛子树榛实象甲　在成虫产卵期至卵孵化盛期及时进行喷药，7 天左右 1 次，连喷 1～2 次。一般使用 2.5％乳油或 2.5％微乳剂或 2.5％水乳剂或 2.5％悬浮剂或 2.5％微囊悬浮剂或 25 克/升乳油或 25 克/升微乳剂或 2.5％可湿性粉剂 600～800 倍液，或 5％微乳剂或 5％水乳剂或 5％悬浮剂或 50 克/升乳油 1 200～1 500 倍液，或 8％微乳剂 2 000～2 500 倍液，或 10％水乳剂或 10％悬浮剂或 10％微囊悬浮剂或 10％可湿性粉剂 2 500～3 000 倍液，或 15％微乳剂 3 500～4 000 倍液，或 20％水乳剂 5 000～6 000 倍液，或 23％微囊悬浮剂或 25％可湿性粉剂 6 000～7 000 倍液均匀喷雾。

烟草蚜虫、烟青虫、地老虎　防控蚜虫时，在蚜虫发生为害初期或蚜虫数量开始较快增多时开始喷药，7～10 天 1 次，连喷 2～3 次；防控烟青虫、地老虎时，在害虫卵盛期至低龄幼虫期进行喷药，7 天左右 1 次，每代喷药 1～2 次。一般每亩次使用 2.5％乳油或 2.5％微乳剂或 2.5％水乳剂或 2.5％悬浮剂或 2.5％微囊悬浮剂或 25 克/升乳油或 25 克/升微乳剂 50～80 毫升，或 5％微乳剂或 5％水乳剂或 5％悬浮剂或 50 克/升乳油 30～40 毫升，或 8％微乳剂 17～25 毫升，或 10％水乳剂或 10％悬浮剂或 10％微囊悬浮剂 15～20 毫升，或 15％微乳剂 10～15 毫升，或 20％水乳剂 8～10 毫升，或 23％微囊悬浮剂 6～9 毫升，或 2.5％可湿性粉剂 50～80 克，或 10％可湿性粉剂 15～20 克，或 25％可湿性粉剂 5～8 克，对水 30～60 千克均匀喷雾。

茶树茶尺蠖、茶毛虫、茶小绿叶蝉　防控茶尺蠖、茶毛虫时，在害虫卵盛期至低龄幼虫期进行喷药，7～10 天 1 次，连喷 1～2 次；防控茶小绿叶蝉时，在害虫发生为害初期或虫量开始较快增多时开始喷药，7～10 天 1 次，连喷 2～3 次。一般每亩次使用 2.5％乳油或 2.5％微乳剂或 2.5％水乳剂或 2.5％悬浮剂或 2.5％微囊悬浮剂或 25 克/升乳油或 25 克/升微乳剂 80～120 毫升，或 5％微乳剂或 5％水乳剂或 5％悬浮剂或 50 克/升乳油 40～60 毫升，或 8％微乳剂 25～35 毫升，或 10％水乳剂或 10％悬浮剂或 10％微囊悬浮剂 20～30 毫升，或 15％微乳剂 15～20 毫升，或 20％水乳剂 10～15 毫升，或 23％微囊悬浮剂 9～13 毫升，或 2.5％可湿性粉剂 80～120 克，或 10％可湿性粉剂 20～30 克，或 25％可湿性粉剂 8～12 克，对水 45～60 千克均匀喷雾。

林木松毛虫、美国白蛾、杨尺蠖等鳞翅目害虫　在害虫发生为害初期或卵盛期至低龄幼虫期及时喷药，每代喷药 1 次即可。一般使用 2.5％乳油或 2.5％微乳剂或 2.5％水乳剂或 2.5％悬浮剂或 2.5％微囊悬浮剂或 25 克/升乳油或 25 克/升微乳剂或 2.5％可湿性粉剂 2 000～3 000 倍液，或 5％微乳剂或 5％水乳剂或 5％悬浮剂或 50 克/升乳油 4 000～6 000 倍液，或 8％微乳剂 6 000～8 000 倍液，或 10％水乳剂或 10％悬浮剂或 10％微囊悬浮剂或 10％可湿性粉剂 8 000～10 000 倍液，或 15％微乳剂 12 000～15 000 倍液，或 20％水乳剂或 23％微囊悬浮剂或 25％可湿性粉剂 15 000～20 000 倍液均匀喷雾。

草坪地老虎　在害虫发生为害初期或卵孵化盛期至低龄幼虫期及时喷淋用药。一般每亩次使用 2.5％乳油或 2.5％微乳剂或 2.5％水乳剂或 2.5％悬浮剂或 2.5％微囊悬浮剂或 25 克/升乳油或 25 克/升微乳剂 150～200 毫升，或 5％微乳剂或 5％水乳剂或 5％悬浮剂或 50 克/升乳油 70～100 毫升，或 8％微乳剂 45～60 毫升，或 10％水乳剂或 10％悬浮剂或 10％微囊悬浮剂 35～50 毫升，或 15％微乳剂 25～30 毫升，或 20％水乳剂 18～25 毫升，或 23％微囊悬浮剂 15～20 毫升，或 2.5％可湿性粉剂 150～200 克，或 10％可湿性粉剂 35～50 克，或 25％可湿性粉剂 15～20 克，对水 60～100 千克均匀喷淋。

南星、半夏等根茎类药用植物地下害虫　在害虫发生为害初期浇灌药剂或冲施药剂。一般每亩次使用 2.5％乳油或 2.5％微乳剂或 2.5％水乳剂或 2.5％悬浮剂或 2.5％微囊悬浮剂或 25 克/升乳油或 25 克/升微乳剂 400～600 毫升，或 5％微乳剂或 5％水乳剂或 5％悬浮剂或 50 克/升乳油 200～300 毫升，或 8％微乳剂 130～190 毫升，或 10％水乳剂或 10％悬浮剂或 10％微囊悬浮剂 100～150 毫升，或 15％微乳剂 70～100 毫升，或 20％水乳剂 50～75 毫升，或 23％微囊悬浮剂 45～65 毫升，或 2.5％可湿性粉剂 400～600 克，或 10％可湿性粉剂 100～150 克，或 25％可湿性粉剂 40～60 克，随灌溉水均匀浇灌或冲施。

注意事项　高效氯氟氰菊酯不能与碱性药剂及肥料混用，喷药应及时均匀周到。连续喷药时，注意与不同杀虫机理药剂交替使用或混用。本剂对蜜蜂、家蚕剧毒，禁止在果树开花期和蜜源植物上使用，也不能在桑蚕养殖场所及其附近使用。本剂已使用多年，各地不同作物上的害虫抗药性表现不同，具体用药时还应灵活掌握。

高效氯氰菊酯 beta-cypermethrin

主要含量与剂型　2.5％、4.5％、10％、100 克/升乳油，4.5％、10％微乳剂，4.5％、10％水乳剂。

产品特点　高效氯氰菊酯是一种拟除虫菊酯类高效广谱中毒杀虫剂，为氯氰菊酯的高效异构体，具有良好的触杀和胃毒作用，无内吸性和熏蒸作用，但有一定的渗透性，耐雨水冲刷，击倒速度快，杀虫活性高，持效期较长。其杀虫机理是通过与害虫神经系统的钠离子通道相互作用，破坏其功能，使害虫过度兴奋、麻痹而死亡。

适用作物防控对象及使用技术　高效氯氰菊酯广泛适用于瓜果蔬菜、粮棉油糖烟茶、果树、林木、花卉等多种作物，对咀嚼式口器害虫、刺吸式口器害虫均具有良好的防控效果。

苹果桃小食心虫、梨小食心虫、苹果蠹蛾　根据虫情测报，在害虫卵盛期至初孵幼虫蛀果前及时喷药，7 天左右 1 次，每代喷药 1～2 次。一般使用 2.5％乳油 600～800 倍液，或 4.5％乳油或 4.5％微乳剂或 4.5％水乳剂 1 200～1 500 倍液，或 10％乳油或 10％微乳剂或 10％水乳剂或 100 克/升乳油 2 500～3 000 倍液均匀喷雾。

梨、桃、杏、枣等果实的梨小食心虫、桃小食心虫、桃蛀螟　根据虫情测报，在害虫卵盛期至初孵幼虫蛀果前及时喷药，7 天左右 1 次，每代喷药 1～2 次。高效氯氰菊酯喷施倍数同"苹果桃小食心虫"。

苹果树、梨树、山楂树、桃树、杏树、枣树等落叶果树的卷叶蛾类　在害虫发生为害初期或初显卷叶为害时及时进行喷药，每代喷药 1～2 次，间隔期 7～10 天。高效氯氰菊酯喷施倍数同"苹果桃小食心虫"。

苹果树、梨树、山楂树、桃树、枣树、柿树等落叶果树的刺蛾类、食叶毛虫类等鳞翅目食叶害虫　在害虫发生为害初期或卵盛期至低龄幼虫期及时进行喷药，7～10 天 1 次，每代喷药 1～2 次。高效氯氰菊酯喷施倍数同"苹果桃小食心虫"。

核桃树核桃缀叶螟、核桃举肢蛾　防控核桃缀叶螟时，在害虫卵盛期至低龄幼虫期进行喷药，每代喷药 1 次即可；防控核桃举肢蛾时，在害虫产卵盛期至初孵幼虫蛀果前及时喷药，7 天左右 1 次，每代喷药 1～2 次。高效氯氰菊酯喷施倍数同"苹果桃小食心虫"。

苹果树绣线菊蚜、苹果瘤蚜　防控绣线菊蚜时，在新梢上蚜虫数量较多时或蚜虫开始向幼果上转移扩散时开始喷药，7～10 天 1 次，连喷 2 次左右；防控苹果瘤蚜时，在苹果花序分离期和落花后各喷药 1 次。一般使用 2.5% 乳油 800～1 000 倍液，或 4.5% 乳油或 4.5% 微乳剂或 4.5% 水乳剂 1 500～2 000 倍液，或 10% 乳油或 10% 微乳剂或 10% 水乳剂或 100 克/升乳油 3 000～4 000 倍液均匀喷雾。

桃树、杏树、李树的蚜虫（桃蚜、桃粉蚜、桃瘤蚜）　先于萌芽后开花前喷药 1 次，然后从落花后开始继续喷药，10 天左右 1 次，连喷 2～3 次。高效氯氰菊酯喷施倍数同"苹果树绣线菊蚜"。

枣树、葡萄等落叶果树的绿盲蝽　在果树萌芽后至嫩梢生长期内，从绿盲蝽发生为害初期开始喷药，7～10 天 1 次，与不同类型药剂交替使用，连喷 2～4 次，以早、晚喷药效果较好。高效氯氰菊酯喷施倍数同"苹果树绣线菊蚜"。

梨树、苹果树、山楂树等落叶果树的梨冠网蝽　在害虫发生为害初期即叶片正面初显黄白色褪绿小点时开始喷药，7～10 天 1 次，连喷 2 次左右。高效氯氰菊酯喷施倍数同"苹果树绣线菊蚜"。

梨树的梨木虱（成虫）、梨茎蜂、梨瘿蚊、梨二叉蚜　防控越冬代梨木虱成虫时，在梨树萌芽后期的晴朗无风天进行喷药，7 天左右 1 次，连喷 1～2 次。一般使用 2.5% 乳油 500～600 倍液，或 4.5% 乳油或 4.5% 微乳剂或 4.5% 水乳剂 1 000～1 200 倍液，或 10% 乳油或 10% 微乳剂或 10% 水乳剂或 100 克/升乳油 2 000～2 500 倍液均匀喷雾。防控当年生梨木虱成虫时，在每代成虫发生初盛期及时进行喷药，7 天左右 1 次，每代喷药 1～2 次；防控梨茎蜂时，在梨树外围嫩梢长 10～15 厘米时或果园内初见受害嫩梢时及时开始喷药，7～10 天 1 次，连喷 2 次，以上午 10 时前喷药防控效果最好；防控梨瘿蚊时，在新梢生长期内，于梨瘿蚊发生为害初期（叶缘初显卷曲时）开始喷药，7～10 天 1 次，连喷 1～2 次；防控梨二叉蚜时，在蚜虫为害初盛期或受害叶片初显卷曲时及时喷药，7～10 天 1 次，连喷 1～2 次。梨树落花后高效氯氰菊酯喷施倍数同"苹果树绣线菊蚜"。

枣树枣瘿蚊　在枣树萌芽后至开花期，从害虫发生为害初期（嫩叶边缘卷曲或变淡红色）开始喷药，7～10 天 1 次，连喷 2 次左右。高效氯氰菊酯喷施倍数同"苹果树绣线菊蚜"。

梨、桃、杏等果实的茶翅蝽、麻皮蝽　多从小麦蜡熟期（麦穗变黄后）或椿象刺吸为害果实初期开始在果园内喷药，7～10 天 1 次，连喷 2 次左右。较大果园也可重点喷洒果园外围的几行树，阻止椿象进入园内。高效氯氰菊酯喷施倍数同"苹果树绣线菊蚜"。

桃树、李树、杏树的桃小绿叶蝉　在害虫发生为害初期或叶片正面显出黄白色褪绿小点时开始喷药，7～10 天 1 次，连喷 2 次左右，重点喷洒叶片背面，上午 10 时前或下午 4 时后喷药防控效果较好。高效氯氰菊酯喷施倍数同"苹果树绣线菊蚜"。

柿树柿血斑叶蝉、柿蒂虫　防控柿血斑叶蝉时，在害虫发生为害初期或叶片正面显出黄白色褪绿小点时开始喷药，7～10 天 1 次，连喷 2 次左右，重点喷洒叶片背面；防控柿蒂虫时，在害虫产卵盛期至初孵幼虫蛀果前及时进行喷药，7 天左右 1 次，每代喷药 1～

2次。高效氯氰菊酯喷施倍数同"苹果树绣线菊蚜"。

樱桃瘤头蚜 从蚜虫发生为害初期或叶片上初显凹凸为害状时开始喷药，7～10天1次，连喷2次左右。高效氯氰菊酯喷施倍数同"苹果树绣线菊蚜"。

石榴、花椒、枸杞的蚜虫 从蚜虫发生为害初期或嫩梢上或花蕾上蚜虫数量较多时开始喷药，7～10天1次，连喷2～3次。高效氯氰菊酯喷施倍数同"苹果树绣线菊蚜"。

枸杞木虱、枸杞负泥虫 从害虫发生为害初期开始喷药，10天左右1次，连喷2次左右。高效氯氰菊酯喷施倍数同"苹果树绣线菊蚜"。

柑橘树潜叶蛾、蚜虫、柑橘木虱、食叶象甲、介壳虫类 防控潜叶蛾、蚜虫及柑橘木虱时，在每季新梢生长初期（嫩梢长出4～6天时）或相应害虫发生为害初期开始喷药，7～10天1次，每季梢喷药2次左右；防控食叶象甲时，在害虫发生为害初期（叶片上初显受害状时）开始喷药，7～10天1次，连喷2次左右；防控介壳虫时，在1龄若虫从母体介壳下爬出向周边扩散时进行喷药，5～7天1次，每代喷药1～2次。一般使用2.5%乳油500～700倍液，或4.5%乳油或4.5%微乳剂或4.5%水乳剂1 000～1 500倍液，或10%乳油或10%微乳剂或10%水乳剂或100克/升乳油2 000～3 000倍液均匀喷雾。

荔枝树蒂蛀虫、荔枝蝽 防控蒂蛀虫时，在害虫产卵盛期至初孵幼虫蛀果前及时喷药，7天左右1次，每代喷药1～2次；防控荔枝蝽时，在害虫卵盛期至低龄若虫期或害虫发生为害初期开始喷药，7～10天1次，连喷2次左右。高效氯氰菊酯喷施倍数同"柑橘树潜叶蛾"。

茶树茶尺蠖、茶小绿叶蝉 防控茶尺蠖时，在害虫卵盛期至低龄幼虫期进行喷药，7～10天1次，连喷1～2次；防控茶小绿叶蝉时，在害虫发生为害初期或低龄幼虫期开始喷药，7～10天1次，连喷2～3次。一般每亩次使用2.5%乳油150～200毫升，或4.5%乳油或4.5%微乳剂或4.5%水乳剂80～100毫升，或10%乳油或10%微乳剂或10%水乳剂或100克/升乳油40～50毫升，对水45～75千克均匀喷雾。

甘蓝、白菜、萝卜等十字花科蔬菜的小菜蛾、菜青虫、斜纹夜蛾、甜菜夜蛾等鳞翅目食叶害虫及黄条跳甲、蚜虫 防控鳞翅目食叶害虫时，在害虫卵盛期至低龄幼虫期进行喷药，7～10天1次，连喷2次左右；防控黄条跳甲、蚜虫时，从害虫发生为害初期开始喷药，7～10天1次，连喷1～2次。一般每亩次使用2.5%乳油120～200毫升，或4.5%乳油或4.5%微乳剂或4.5%水乳剂60～100毫升，或10%乳油或10%微乳剂或10%水乳剂或100克/升乳油30～50毫升，对水30～60千克均匀喷雾。

瓜类、茄果类及豆类蔬菜的蚜虫、粉虱、潜叶蝇 防控蚜虫、粉虱时，从害虫发生为害初期或虫量开始较快增多时进行喷药，7天左右1次，连喷2～3次，注意喷洒叶片背面及幼嫩组织；防控潜叶蝇时，从叶片上初显为害虫道时开始喷药，7天左右1次，连喷1～2次。一般每亩次使用2.5%乳油150～200毫升，或4.5%乳油或4.5%微乳剂或4.5%水乳剂80～100毫升，或10%乳油或10%微乳剂或10%水乳剂或100克/升乳油40～50毫升，对水45～60千克均匀喷雾。

番茄、辣椒的棉铃虫、烟青虫 在害虫卵盛期至低龄幼虫期或卵盛期至幼虫蛀果为害前进行喷药，7天左右1次，每代喷药1～2次。一般每亩次使用2.5%乳油150～200毫升，或4.5%乳油或4.5%微乳剂或4.5%水乳剂70～100毫升，或10%乳油或10%微乳剂或10%水乳剂或100克/升乳油35～50毫升，对水45～60千克均匀喷雾。

豇豆豆荚螟　在害虫产卵盛期至初孵幼虫钻蛀前及时喷药，7天左右1次，连喷2次左右。高效氯氰菊酯喷施倍数同"番茄棉铃虫"。

韭菜蚜虫、葱须鳞蛾、迟眼蕈蚊（根蛆）　防控蚜虫、葱须鳞蛾时，在害虫发生为害初期开始喷药，7～10天1次，连喷1～2次；防控迟眼蕈蚊时，从迟眼蕈蚊成虫发生始盛期开始喷药，5～7天1次，连喷2次。一般每亩次使用2.5%乳油80～100毫升，或4.5%乳油或4.5%微乳剂或4.5%水乳剂40～50毫升，或10%乳油或10%微乳剂或10%水乳剂或100克/升乳油20～25毫升，对水30～45千克均匀喷雾。

棉花蚜虫、盲椿象、棉铃虫、红铃虫　防控蚜虫、盲椿象时，在害虫发生为害初期或害虫数量开始较快增多时进行喷药，7～10天1次，连喷2～3次；防控棉铃虫、红铃虫时，在害虫卵盛期至低龄幼虫钻蛀蕾铃前及时喷药，7～10天1次，每代喷药1～2次。一般每亩次使用2.5%乳油150～250毫升，或4.5%乳油或4.5%微乳剂或4.5%水乳剂80～120毫升，或10%乳油或10%微乳剂或10%水乳剂或100克/升乳油40～60毫升，对水45～60千克均匀喷雾。

小麦蚜虫、黏虫　防控蚜虫时，在蚜虫发生为害初期或蚜虫数量开始较快增多时进行喷药，10天左右1次，连喷1～2次；或在小麦孕穗期至抽穗初期和齐穗期各喷药1次。防控黏虫时，在害虫发生为害初期开始喷药，7天左右1次，连喷1～2次。一般每亩次使用2.5%乳油80～120毫升，或4.5%乳油或4.5%微乳剂或4.5%水乳剂40～60毫升，或10%乳油或10%微乳剂或10%水乳剂或100克/升乳油20～30毫升，对水30～45千克均匀喷雾。

玉米草地贪夜蛾、玉米螟、棉铃虫　防控害虫为害心叶时，在心叶受害初期向喇叭口内喷药；防控雌穗受害时，在害虫为害雌穗初期及时向雌穗定向喷药。高效氯氰菊酯喷施剂量同"小麦蚜虫"。

水稻稻飞虱、稻叶蝉、稻纵卷叶螟　防控稻飞虱、稻叶蝉时，在害虫发生为害初期或低龄若虫盛发初期开始喷药，7天左右1次，连喷1～2次，注意喷洒植株中下部；防控稻纵卷叶螟时，在害虫卵盛期至初孵幼虫卷叶为害前或田间出现卷叶受害状时开始喷药，7天左右1次，连喷1～2次。一般每亩次使用2.5%乳油80～120毫升，或4.5%乳油或4.5%微乳剂或4.5%水乳剂40～60毫升，或10%乳油或10%微乳剂或10%水乳剂或100克/升乳油20～30毫升，对水45～60千克均匀喷雾。

花生蚜虫、双斑萤叶甲及斜纹夜蛾等鳞翅目食叶害虫　防控蚜虫、双斑萤叶甲时，在害虫发生为害初盛期开始喷药，7天左右1次，连喷1～2次；防控鳞翅目食叶害虫时，在害虫卵盛期至低龄幼虫期进行喷药。一般每亩次使用2.5%乳油100～150毫升，或4.5%乳油或4.5%微乳剂或4.5%水乳剂50～75毫升，或10%乳油或10%微乳剂或10%水乳剂或100克/升乳油25～40毫升，对水30～45千克均匀喷雾。

马铃薯蚜虫、二十八星瓢虫、草地螟　从害虫发生为害初期开始喷药，7～10天1次，连喷2次左右。一般每亩次使用2.5%乳油150～200毫升，或4.5%乳油或4.5%微乳剂或4.5%水乳剂70～100毫升，或10%乳油或10%微乳剂或10%水乳剂或100克/升乳油35～50毫升，对水45～60千克均匀喷雾。

烟草蚜虫、烟青虫　防控蚜虫时，在蚜虫发生为害初期开始喷药，7～10天1次，连喷2～3次；防控烟青虫时，在害虫卵盛期至低龄幼虫期进行喷药，每代喷药1次。高效氯氰菊酯喷施剂量同"马铃薯蚜虫"。

观赏玫瑰、月季蚜虫 从蚜虫发生为害初期开始喷药，7～10 天 1 次，连喷 2～3 次。一般使用 2.5％乳油 600～800 倍液，或 4.5％乳油或 4.5％微乳剂或 4.5％水乳剂 1 200～1 500 倍液，或 10％乳油或 10％微乳剂或 10％水乳剂或 100 克/升乳油 2 500～3 000 倍液均匀喷雾。

林木松毛虫、美国白蛾、杨尺蠖等鳞翅目食叶害虫 在害虫卵盛期至低龄幼虫期进行喷药，7～10 天 1 次，连喷 1～2 次。高效氯氰菊酯喷施倍数同"观赏玫瑰蚜虫"。

草场、滩涂的蝗虫类、草地螟 在害虫发生为害初期开始喷药，10 天左右 1 次，连喷 1～2 次。一般每亩次使用 2.5％乳油 120～150 毫升，或 4.5％乳油或 4.5％微乳剂或 4.5％水乳剂 60～80 毫升，或 10％乳油或 10％微乳剂或 10％水乳剂或 100 克/升乳油 30～40 毫升，对水 30～60 千克均匀喷雾。

注意事项 高效氯氰菊酯不能与碱性药剂及肥料混用。连续喷药时，注意与不同杀虫机理药剂交替使用或混用，以延缓害虫产生抗药性，且喷药应均匀周到。高效氯氰菊酯已使用多年，许多害虫均产生了不同程度抗药性，具体使用时还应根据当地害虫抗性情况灵活掌握。

甲氨基阿维菌素苯甲酸盐 emamectin benzoate

主要含量与剂型 0.5％、1％、5％乳油，0.5％、1％、2％、3％、5％微乳剂，0.5％、1％、2％、3％、5％水乳剂，3％、5％悬浮剂，2％、5.7％微囊悬浮剂，2％、5％可溶粒剂，2％、3％、5％、5.7％、8％水分散粒剂。

产品特点 甲氨基阿维菌素苯甲酸盐是以甲氨基阿维菌素（abamectin - aminomethyl）为有效成分的一种半合成大环内酯类高效广谱低毒杀虫剂，以胃毒作用为主，兼有触杀活性，在作物上无内吸性能，但能有效渗入植物表皮组织，耐雨水冲刷，杀虫活性高，持效期较长。其作用机理是通过激发 γ-氨基丁酸释放，活化氯化物通道，使大量氯离子进入神经细胞，导致细胞功能丧失，运动神经信息传递受阻，使虫体麻痹、死亡；幼虫接触药剂后很快停止取食，产生不可逆转麻痹，2～4 天达到死亡高峰。该药对鳞翅目昆虫的幼虫和其他许多害虫具有极高活性，与其他类型杀虫剂无交互抗性。

适用作物防控对象及使用技术 甲氨基阿维菌素苯甲酸盐广泛适用于瓜果蔬菜、粮棉油糖茶、烟草、果树及观赏植物等多种作物，对鳞翅目害虫及蓟马等多种害虫均有较好的防控效果。

甘蓝、白菜、花椰菜等十字花科蔬菜的小菜蛾、菜青虫、甜菜夜蛾、斜纹夜蛾 在害虫卵孵化盛期至低龄幼虫期进行喷药，7～10 天 1 次，连喷 2 次左右。一般每亩次使用 0.5％乳油或 0.5％微乳剂或 0.5％水乳剂 100～150 毫升，或 1％乳油或 1％微乳剂或 1％水乳剂 50～75 毫升，或 2％微乳剂或 2％水乳剂或 2％微囊悬浮剂 25～35 毫升，或 3％微乳剂或 3％水乳剂或 3％悬浮剂 15～25 毫升，或 5％乳油或 5％微乳剂或 5％水乳剂或 5％悬浮剂 9～15 毫升，或 5.7％微囊悬浮剂 8～13 毫升，或 2％可溶粒剂或 2％水分散粒剂 25～35 克，或 3％水分散粒剂 15～25 克，或 5％可溶粒剂或 5％水分散粒剂 10～15 克，或 5.7％水分散粒剂 8～13 克，或 8％水分散粒剂 6～10 克，对水 30～45 千克均匀喷雾。

番茄、茄子的棉铃虫、甜菜夜蛾 在害虫卵孵化盛期至低龄幼虫期或幼虫蛀果前进行喷药，7天左右1次，每代喷药1~2次。一般每亩次使用0.5%乳油或0.5%微乳剂或0.5%水乳剂120~150毫升，或1%乳油或1%微乳剂或1%水乳剂60~80毫升，或2%微乳剂或2%水乳剂或2%微囊悬浮剂30~40毫升，或3%微乳剂或3%水乳剂或3%悬浮剂20~27毫升，或5%乳油或5%微乳剂或5%水乳剂或5%悬浮剂12~16毫升，或5.7%微囊悬浮剂10~14毫升，或2%可溶粒剂或2%水分散粒剂30~40克，或3%水分散粒剂20~27克，或5%可溶粒剂或5%水分散粒剂12~16克，或5.7%水分散粒剂10~14克，或8%水分散粒剂7.5~10克，对水45~60千克均匀喷雾。

辣椒烟青虫、斜纹夜蛾 在害虫卵孵化盛期至低龄幼虫期或幼虫蛀果前进行喷药，7天左右1次，每代喷药1~2次。一般每亩次使用0.5%乳油或0.5%微乳剂或0.5%水乳剂40~60毫升，或1%乳油或1%微乳剂或1%水乳剂20~30毫升，或2%微乳剂或2%水乳剂或2%微囊悬浮剂10~15毫升，或3%微乳剂或3%水乳剂或3%悬浮剂7~10毫升，或5%乳油或5%微乳剂或5%水乳剂或5%悬浮剂4~6毫升，或5.7%微囊悬浮剂3.5~5毫升，或2%可溶粒剂或2%水分散粒剂10~15克，或3%水分散粒剂7~10克，或5%可溶粒剂或5%水分散粒剂4~6克，或5.7%水分散粒剂3.5~5克，或8%水分散粒剂2.5~4克，对水45~60千克均匀喷雾。

豇豆豆荚螟、蓟马 防控豆荚螟时，在产卵盛期至初孵幼虫钻蛀前及时喷药，7天左右1次，连喷2~3次；防控蓟马时，在蓟马发生为害初期开始喷药，7天左右1次，连喷2~3次。一般每亩次使用0.5%乳油或0.5%微乳剂或0.5%水乳剂60~80毫升，或1%乳油或1%微乳剂或1%水乳剂30~40毫升，或2%微乳剂或2%水乳剂或2%微囊悬浮剂15~20毫升，或3%微乳剂或3%水乳剂或3%悬浮剂10~14毫升，或5%乳油或5%微乳剂或5%水乳剂或5%悬浮剂6~8毫升，或5.7%微囊悬浮剂5~7毫升，或2%可溶粒剂或2%水分散粒剂15~20克，或3%水分散粒剂10~14克，或5%可溶粒剂或5%水分散粒剂6~8克，或5.7%水分散粒剂5~7克，或8%水分散粒剂4~5克，对水45~60千克均匀喷雾。

大葱甜菜夜蛾 在害虫卵孵化盛期至低龄幼虫期或害虫发生为害初期开始喷药，7~10天1次，连喷1~2次。一般每亩次使用0.5%乳油或0.5%微乳剂或0.5%水乳剂60~80毫升，或1%乳油或1%微乳剂或1%水乳剂30~40毫升，或2%微乳剂或2%水乳剂或2%微囊悬浮剂15~20毫升，或3%微乳剂或3%水乳剂或3%悬浮剂10~13毫升，或5%乳油或5%微乳剂或5%水乳剂或5%悬浮剂6~8毫升，或5.7%微囊悬浮剂5~7毫升，或2%可溶粒剂或2%水分散粒剂15~20克，或3%水分散粒剂10~14克，或5%可溶粒剂或5%水分散粒剂6~8克，或5.7%水分散粒剂5~7克，或8%水分散粒剂4~5克，对水30~45千克均匀喷雾。

韭菜葱须鳞蛾 从害虫发生为害初期或田间初显受害状时开始喷药，7~10天1次，连喷1~2次。甲氨基阿维菌素苯甲酸盐喷施剂量同"大葱甜菜夜蛾"。

姜甜菜夜蛾、玉米螟 在害虫发生为害初期（田间初显受害状时）或害虫卵孵化盛期至初孵幼虫钻蛀前及时喷药，7~10天1次，连喷1~2次。一般每亩次使用0.5%乳油或0.5%微乳剂或0.5%水乳剂80~100毫升，或1%乳油或1%微乳剂或1%水乳剂40~50毫升，或2%微乳剂或2%水乳剂或2%微囊悬浮剂20~25毫升，或3%微乳剂或3%

水乳剂或 3％悬浮剂 13～17 毫升，或 5％乳油或 5％微乳剂或 5％水乳剂或 5％悬浮剂 8～10 毫升，或 5.7％微囊悬浮剂 7～9 毫升，或 2％可溶粒剂或 2％水分散粒剂 20～25 克，或 3％水分散粒剂 13～17 克，或 5％可溶粒剂或 5％水分散粒剂 8～10 克，或 5.7％水分散粒剂 7～9 克，或 8％水分散粒剂 5～6 克，对水 45～60 千克均匀喷雾。

水稻二化螟、三化螟、稻纵卷叶螟　防控二化螟、三化螟时，在害虫卵孵化盛期至初孵幼虫钻蛀前及时喷药，7 天左右 1 次，每代喷药 1～2 次，重点喷洒植株中下部；防控稻纵卷叶螟时，在害虫卵孵化盛期至初孵幼虫卷叶前及时喷药，7 天左右 1 次，每代喷药 1～2 次。一般每亩次使用 0.5％乳油或 0.5％微乳剂或 0.5％水乳剂 200～300 毫升，或 1％乳油或 1％微乳剂或 1％水乳剂 100～150 毫升，或 2％微乳剂或 2％水乳剂或 2％微囊悬浮剂 50～75 毫升，或 3％微乳剂或 3％水乳剂或 3％悬浮剂 35～50 毫升，或 5％乳油或 5％微乳剂或 5％水乳剂或 5％悬浮剂 20～30 毫升，或 5.7％微囊悬浮剂 18～27 毫升，或 2％可溶粒剂或 2％水分散粒剂 50～75 克，或 3％水分散粒剂 35～50 克，或 5％可溶粒剂或 5％水分散粒剂 20～30 克，或 5.7％水分散粒剂 18～27 克，或 8％水分散粒剂 13～20 克，对水 45～60 千克均匀喷雾。

茭白二化螟　在害虫卵孵化盛期至初孵幼虫钻蛀前及时喷药，7 天左右 1 次，每代喷药 1～2 次。甲氨基阿维菌素苯甲酸盐喷施剂量同"水稻二化螟"。

芋头斜纹夜蛾　在害虫卵孵化盛期至低龄幼虫期进行喷药，7～10 天 1 次，连喷 1～2 次。一般每亩次使用 0.5％乳油或 0.5％微乳剂或 0.5％水乳剂 200～250 毫升，或 1％乳油或 1％微乳剂或 1％水乳剂 100～125 毫升，或 2％微乳剂或 2％水乳剂或 2％微囊悬浮剂 50～60 毫升，或 3％微乳剂或 3％水乳剂或 3％悬浮剂 30～40 毫升，或 5％乳油或 5％微乳剂或 5％水乳剂或 5％悬浮剂 20～25 毫升，或 5.7％微囊悬浮剂 18～22 毫升，或 2％可溶粒剂或 2％水分散粒剂 50～60 克，或 3％水分散粒剂 30～40 克，或 5％可溶粒剂或 5％水分散粒剂 20～25 克，或 5.7％水分散粒剂 18～22 克，或 8％水分散粒剂 13～15 克，对水 45～60 千克均匀喷雾。

棉花棉铃虫　在害虫卵孵化盛期至幼虫钻蛀蕾铃前进行喷药，7～10 天 1 次，每代喷药 1～2 次。一般每亩次使用 0.5％乳油或 0.5％微乳剂或 0.5％水乳剂 150～250 毫升，或 1％乳油或 1％微乳剂或 1％水乳剂 80～130 毫升，或 2％微乳剂或 2％水乳剂或 2％微囊悬浮剂 40～65 毫升，或 3％微乳剂或 3％水乳剂或 3％悬浮剂 30～40 毫升，或 5％乳油或 5％微乳剂或 5％水乳剂或 5％悬浮剂 15～25 毫升，或 5.7％微囊悬浮剂 14～23 毫升，或 2％可溶粒剂或 2％水分散粒剂 40～65 克，或 3％水分散粒剂 30～40 克，或 5％可溶粒剂或 5％水分散粒剂 15～25 克，或 5.7％水分散粒剂 14～23 克，或 8％水分散粒剂 10～16 克，对水 45～60 千克均匀喷雾。

烟草烟青虫、斜纹夜蛾　在害虫卵孵化盛期至低龄幼虫期（1～3 龄）进行喷药，7～10 天 1 次，每代喷药 1～2 次。一般每亩次使用 0.5％乳油或 0.5％微乳剂或 0.5％水乳剂 40～60 毫升，或 1％乳油或 1％微乳剂或 1％水乳剂 20～30 毫升，或 2％微乳剂或 2％水乳剂或 2％微囊悬浮剂 10～15 毫升，或 3％微乳剂或 3％水乳剂或 3％悬浮剂 7～10 毫升，或 5％乳油或 5％微乳剂或 5％水乳剂或 5％悬浮剂 4～6 毫升，或 5.7％微囊悬浮剂 3.5～5 毫升，或 2％可溶粒剂或 2％水分散粒剂 10～15 克，或 3％水分散粒剂 7～10 克，或 5％可溶粒剂或 5％水分散粒剂 4～6 克，或 5.7％水分散粒剂 3.5～5 克，或 8％水分散粒剂

2.5～4 克，对水 45～60 千克均匀喷雾。

苹果树金纹细蛾　先于苹果落花后和落花后 40 天左右各喷药 1 次，有效防控金纹细蛾的第 1、2 代幼虫；然后每 30～35 天喷药 1 次，连喷 2～3 次，有效防控第 3、4 代甚至第 5 代金纹细蛾幼虫。总体而言，以每代发生期初见新鲜虫斑时即进行喷药效果最好。一般使用 0.5％乳油或 0.5％微乳剂或 0.5％水乳剂 600～800 倍液，或 1％乳油或 1％微乳剂或 1％水乳剂 1 000～1 500 倍液，或 2％微乳剂或 2％水乳剂或 2％微囊悬浮剂或 2％可溶粒剂或 2％水分散粒剂 2 000～3 000 倍液，或 3％微乳剂或 3％水乳剂或 3％悬浮剂或 3％水分散粒剂 3 000～4 000 倍液，或 5％乳油或 5％微乳剂或 5％水乳剂或 5％悬浮剂或 5％可溶粒剂或 5％水分散粒剂或 5.7％微囊悬浮剂或 5.7％水分散粒剂 5 000～6 000 倍液，或 8％水分散粒剂 8 000～10 000 倍液均匀喷雾。

苹果树、梨树、桃树、枣树等落叶果树的卷叶蛾类　先于果树发芽后开花前或落花后及时喷药 1 次，然后再于果园内初见卷叶为害时喷药 1 次。甲氨基阿维菌素苯甲酸盐喷施倍数同"苹果树金纹细蛾"。

苹果、梨、桃、枣等果实的食心虫类　根据虫情测报，在害虫卵盛期至初孵幼虫蛀果前及时喷药，7 天左右 1 次，每代喷药 1～2 次。甲氨基阿维菌素苯甲酸盐喷施倍数同"苹果树金纹细蛾"。

苹果树、桃树、枣树、梨树、柑橘树等果树的刺蛾类、食叶毛虫类等鳞翅目食叶害虫　在害虫发生为害初期或害虫卵孵化盛期至低龄幼虫期及时喷药，7～10 天 1 次，每代喷药 1～2 次。甲氨基阿维菌素苯甲酸盐喷施倍数同"苹果树金纹细蛾"。

桃树、杏树的桃潜叶蛾　从叶片上初见潜叶蛾为害虫道时开始喷药，1 个月左右1次，连喷 2～4 次。甲氨基阿维菌素苯甲酸盐喷施倍数同"苹果树金纹细蛾"。

梨树梨木虱（若虫）　先于梨树落花 80％和落花后 35 天左右各喷药 1 次，有效防控第 1、2 代梨木虱若虫；然后每 30 天左右喷药 1 次，有效防控第 3 代及以后各代若虫。即每代若虫发生初期至被黏液完全覆盖前及时喷药防控，一般果园每代均匀喷药 1 次即可。若成虫、若虫出现世代重叠，最好与菊酯类杀虫剂混合喷雾，以兼防成虫。甲氨基阿维菌素苯甲酸盐喷施倍数同"苹果树金纹细蛾"。

柑橘树潜叶蛾、食叶象甲　防控潜叶蛾时，在每季新梢抽生初期（嫩梢长 1 厘米左右）或嫩叶上初见为害虫道时开始喷药，10 天左右 1 次，每季梢喷药 1～2 次；防控食叶象甲时，在害虫发生为害初期开始喷药，7～10 天 1 次，连喷 1～2 次。甲氨基阿维菌素苯甲酸盐喷施倍数同"苹果树金纹细蛾"。

杨梅树卷叶蛾　在害虫卵盛期至初孵幼虫卷叶前或果园内初见卷叶为害状时开始喷药，7～10 天 1 次，每代喷药 1～2 次。甲氨基阿维菌素苯甲酸盐喷施倍数同"苹果树金纹细蛾"。

枇杷树食叶毛虫　在害虫卵孵化盛期至低龄幼虫期或果园内初见害虫为害时开始喷药，10 天左右 1 次，每代喷药 1～2 次。甲氨基阿维菌素苯甲酸盐喷施倍数同"苹果树金纹细蛾"。

草莓斜纹夜蛾　在害虫卵孵化盛期至低龄幼虫期进行喷药，7 天左右 1 次，每代喷药 1～2 次。一般每亩次使用 0.5％乳油或 0.5％微乳剂或 0.5％水乳剂 40～60 毫升，或 1％乳油或 1％微乳剂或 1％水乳剂 20～30 毫升，或 2％微乳剂或 2％水乳剂或 2％微囊悬浮剂

10~15毫升，或3%微乳剂或3%水乳剂或3%悬浮剂14~20毫升，或5%乳油或5%微乳剂或5%水乳剂或5%悬浮剂4~6毫升，或5.7%微囊悬浮剂3.5~5毫升，或2%可溶粒剂或2%水分散粒剂10~15克，或3%水分散粒剂14~20克，或5%可溶粒剂或5%水分散粒剂4~6克，或5.7%水分散粒剂3.5~5克，或8%水分散粒剂2.5~4克，对水30~45千克均匀喷雾。

金银花尺蠖、棉铃虫 在害虫卵孵化盛期至低龄幼虫期开始喷药，7~10天1次，每代喷药1~2次。一般每亩次使用0.5%乳油或0.5%微乳剂或0.5%水乳剂120~160毫升，或1%乳油或1%微乳剂或1%水乳剂60~80毫升，或2%微乳剂或2%水乳剂或2%微囊悬浮剂30~40毫升，或3%微乳剂或3%水乳剂或3%悬浮剂20~27毫升，或5%乳油或5%微乳剂或5%水乳剂或5%悬浮剂12~16毫升，或5.7%微囊悬浮剂10~14毫升，或2%可溶粒剂或2%水分散粒剂30~40克，或3%水分散粒剂20~27克，或5%可溶粒剂或5%水分散粒剂12~16克，或5.7%水分散粒剂10~14克，或8%水分散粒剂7.5~10克，对水60~75千克均匀喷雾。

元胡白毛球象 从害虫发生为害初期开始喷药，7~10天1次，连喷2次左右。一般使用0.5%乳油或0.5%微乳剂或0.5%水乳剂400~500倍液，或1%乳油或1%微乳剂或1%水乳剂800~1 000倍液，或2%微乳剂或2%水乳剂或2%微囊悬浮剂或2%可溶粒剂或2%水分散粒剂1 500~2 000倍液，或3%微乳剂或3%水乳剂或3%悬浮剂或3%水分散粒剂2 500~3 000倍液，或5%乳油或5%微乳剂或5%水乳剂或5%悬浮剂或5%可溶粒剂或5%水分散粒剂4 000~5 000倍液，或5.7%微囊悬浮剂或5.7%水分散粒剂4 500~5 500倍液，或8%水分散粒剂7 000~8 000倍液均匀喷雾。

铁皮石斛、杭白菊、观赏月季、观赏牡丹的刺蛾、斜纹夜蛾 在害虫卵孵化盛期至低龄幼虫期进行喷药，7~10天1次，连喷1~2次。甲氨基阿维菌素苯甲酸盐喷施倍数同"元胡白毛球象"。

菊科观赏花卉烟粉虱 从害虫发生为害初期或烟粉虱数量较多时开始喷药，7~10天1次，连喷2~3次，注意喷洒叶片背面。甲氨基阿维菌素苯甲酸盐喷施倍数同"元胡白毛球象"。

注意事项 甲氨基阿维菌素苯甲酸盐不能与碱性药剂及肥料混用，连续喷药时注意与不同杀虫机理药剂交替使用或混用，以延缓害虫产生抗药性。本剂对蜜蜂有毒，对家蚕高毒，禁止在果树花期和蜜源植物花期使用，严禁在桑树上及蚕室附近使用。

甲氰菊酯 fenpropathrin

主要含量与剂型 10%、20%乳油，20%水乳剂。

产品特点 甲氰菊酯是一种拟除虫菊酯类高效广谱中毒杀虫、杀螨剂，具有触杀、胃毒和一定的驱避作用，无内吸、熏蒸作用，持效期较长，使用安全；对鳞翅目幼虫高效，对双翅目和半翅目害虫也有很好的防控效果，并对多种叶螨的成螨、若螨均有较好防效，具有虫、螨兼防特性。其杀虫机理是作用于昆虫的神经系统，使钠离子通道受到破坏，导致害虫过度兴奋、麻痹而死亡。

适用作物防控对象及使用技术 甲氰菊酯广泛适用于粮棉油糖茶、瓜果蔬菜、果树、花卉等多种作物，对多种咀嚼式口器害虫、刺吸式口器害虫及叶螨类均有较好的防控效果，特别适合于虫螨混发的初期喷施。

苹果树、梨树、山楂树、桃树、枣树等落叶果树的叶螨类　从害螨发生为害初盛期或树冠内膛叶片上的活动态螨数量增多较快时开始喷药，15～20 天 1 次，连喷 2～3 次。若害螨发生为害较重或螨量增长速度较快，建议与专性杀螨剂混合使用，以增加防控效果。甲氰菊酯一般使用 10％乳油 600～700 倍液，或 20％乳油或 20％水乳剂 1 200～1 500 倍液均匀喷雾。

苹果、梨、桃、枣等果实的桃小食心虫、梨小食心虫等食心虫类　根据虫情测报，在害虫卵盛期至初孵幼虫蛀果前进行喷药，7 天左右 1 次，每代喷药 1～2 次。一般使用 10％乳油 600～800 倍液，或 20％乳油或 20％水乳剂 1 200～1 500 倍液均匀喷雾。

苹果、桃、枣等果实的棉铃虫、斜纹夜蛾　在害虫卵孵化盛期至低龄幼虫期或初显蛀果为害时开始喷药，7 天左右 1 次，每代喷药 1～2 次。甲氰菊酯喷施倍数同"苹果桃小食心虫"。

苹果树绣线菊蚜、苹果瘤蚜　防控绣线菊蚜时，在嫩梢上蚜虫数量较多时或蚜虫开始向果实转移扩散时开始喷药，10 天左右 1 次，连喷 2～3 次；防控苹果瘤蚜时，在苹果花序分离期和落花后各喷药 1 次。甲氰菊酯一般使用 10％乳油 800～1 000 倍液，或 20％乳油或 20％水乳剂 1 500～2 000 倍液均匀喷雾。

桃树、杏树、李树的桃蚜、桃粉蚜、桃瘤蚜　先于花芽膨大后开花前喷药 1 次，然后再从落花后开始连续喷药，10 天左右 1 次，连喷 2～3 次。甲氰菊酯喷施倍数同"苹果树绣线菊蚜"。

苹果树、梨树、桃树、山楂树、枣树等落叶果树的卷叶蛾类　先于果树发芽后开花前或落花后喷药 1 次，防控越冬代卷叶蛾为害；然后再于卷叶蛾发生为害初期或初显卷叶为害时开始喷药，7～10 天 1 次，每代喷药 1～2 次。甲氰菊酯喷施倍数同"苹果树绣线菊蚜"。

苹果树、梨树、桃树、枣树、柿树、核桃树等落叶果树的鳞翅目食叶害虫　在害虫卵孵化盛期至低龄幼虫期或害虫发生为害初期开始喷药，7～10 天 1 次，每代喷药 1～2 次。甲氰菊酯喷施倍数同"苹果树绣线菊蚜"。

葡萄、枣树等落叶果树的绿盲蝽　多从果树萌芽后或绿盲蝽发生为害初期开始喷药，7～10 天 1 次，与不同类型药剂交替使用，连喷 2～4 次，以早、晚喷药效果较好。甲氰菊酯喷施倍数同"苹果树绣线菊蚜"。

苹果树、梨树、山楂树等落叶果树的梨冠网蝽　从害虫发生为害初期或叶片正面显出黄白色褪绿小点时开始喷药，10 天左右 1 次，连喷 2～3 次，重点喷洒叶片背面。甲氰菊酯喷施倍数同"苹果树绣线菊蚜"。

梨树梨木虱（成虫）　防控越冬代梨木虱成虫时，在花芽膨大期的晴朗无风天进行喷药，7～10 天 1 次，连喷 1～2 次；防控当年生梨木虱成虫时，在各代成虫发生期内进行喷药，每代喷药 1～2 次，间隔期 7 天左右。开花前喷药时一般使用 10％乳油 500～600 倍液，或 20％乳油或 20％水乳剂 1 000～1 200 倍液均匀喷雾；梨树生长期甲氰菊酯喷施倍数同"苹果树绣线菊蚜"。

梨树梨茎蜂、梨瘿蚊、梨二叉蚜　防控梨茎蜂时，在梨树外围新梢长 10～15 厘米时或果园内初见受害嫩梢时开始喷药，7～10 天 1 次，连喷 2 次，以上午 10 时前喷药防控效果最好；防控梨瘿蚊时，在新梢生长期内梨瘿蚊发生为害初期（叶缘开始卷曲时）开始喷药，7～10 天 1 次，连喷 1～2 次；防控梨二叉蚜时，在蚜虫发生为害初期或果园内出现受害卷曲叶片时开始喷药，7～10 天 1 次，连喷 1～2 次。甲氰菊酯喷施倍数同"苹果树绣线菊蚜"。

枣树枣瘿蚊　在枣树萌芽后至开花期，从枣瘿蚊发生为害初期开始喷药，7～10 天 1 次，连喷 2 次左右。甲氰菊酯喷施倍数同"苹果树绣线菊蚜"。

桃树、李树、杏树的桃小绿叶蝉　在害虫发生为害初期或叶片正面显出黄白色褪绿小点时开始喷药，10 天左右 1 次，连喷 2～3 次，重点喷洒叶片背面，上午 10 时前或下午 4 时后喷药防控效果较好。甲氰菊酯喷施倍数同"苹果树绣线菊蚜"。

柿树柿血斑叶蝉　在叶蝉发生为害初期或叶片正面显出黄白色褪绿小点时开始喷药，10 天左右 1 次，连喷 1～2 次，重点喷洒叶片背面。甲氰菊酯喷施倍数同"苹果树绣线菊蚜"。

石榴、花椒、枸杞的蚜虫　从嫩梢上或花蕾上蚜虫数量较多时开始喷药，10 天左右 1 次，连喷 2～3 次。甲氰菊酯喷施倍数同"苹果树绣线菊蚜"。

梨树、桃树、杏树等果实的茶翅蝽、麻皮蝽　多从小麦蜡熟期（麦穗变黄后）或椿象刺吸为害果实初期开始在果园内喷药，7～10 天 1 次，连喷 2 次左右；较大果园也可重点喷洒果园外围的几行树，阻止椿象进入果园内。一般使用 10%乳油 600～800 倍液，或 20%乳油或 20%水乳剂 1 200～1 500 倍液均匀喷雾。

葡萄瘿螨　从葡萄嫩叶上显出瘿螨为害状时或新梢长 15～20 厘米时开始喷药，10 天左右 1 次，连喷 1～2 次。甲氰菊酯喷施倍数同"梨树茶翅蝽"。

柑橘树红蜘蛛、潜叶蛾、蚜虫、柑橘木虱、食叶象甲　防控红蜘蛛时，在红蜘蛛发生为害初期开始喷药，15～20 天 1 次，连喷 2～3 次；若红蜘蛛已发生较重，建议改喷红蜘蛛专用药剂或混合喷施。防控潜叶蛾、蚜虫、柑橘木虱时，在每季新梢生长初期（新梢长 1 厘米时）或害虫发生为害初期开始喷药，7～10 天 1 次，每季梢喷药 1～2 次。防控食叶象甲时，在害虫发生为害初期开始喷药，7～10 天 1 次，连喷 1～2 次。一般使用 10%乳油 600～800 倍液，或 20%乳油或 20%水乳剂 1 200～1 500 倍液均匀喷雾。

荔枝树荔枝椿象　从害虫发生为害初期或卵孵化盛期至低龄若虫期开始喷药，7～10 天 1 次，连喷 2 次左右。甲氰菊酯喷施倍数同"柑橘树红蜘蛛"。

甘蓝、白菜、花椰菜等十字花科蔬菜的小菜蛾、菜青虫、甜菜夜蛾、斜纹夜蛾等鳞翅目食叶害虫　从害虫发生为害初期或卵孵化盛期至低龄幼虫期开始喷药，7～10 天 1 次，连喷 2 次左右。一般每亩次使用 10%乳油 100～150 毫升，或 20%乳油或 20%水乳剂 50～80 毫升，对水 30～45 千克均匀喷雾。

甘蓝、白菜、花椰菜等十字花科蔬菜的黄条跳甲　从害虫发生为害初期开始喷药，7～10 天 1 次，连喷 2 次左右。甲氰菊酯喷施剂量同"甘蓝小菜蛾"。

棉花棉铃虫、红铃虫、蚜虫、盲椿象、红蜘蛛　防控棉铃虫、红铃虫时，在卵盛期至低龄幼虫钻蛀蕾铃前开始喷药，7～10 天 1 次，每代喷药 1～2 次；防控蚜虫、盲椿象时，在害虫发生为害初期开始喷药，7～10 天 1 次，连喷 2 次左右，防控盲椿象以早、晚喷药效果较好；防控红蜘蛛时，在害螨发生为害初期开始喷药，10 天左右 1 次，连喷 2 次左右，重点喷洒叶片背面。一般每亩次使用 10％乳油 150～200 毫升，或 20％乳油或 20％水乳剂 70～100 毫升，对水 45～60 千克均匀喷雾。

小麦蚜虫、黏虫　防控蚜虫时，在蚜虫发生为害初期开始喷药，10 天左右 1 次，连喷 1～2 次，或在小麦孕穗期至抽穗初期和齐穗期各喷药 1 次；防控黏虫时，在害虫卵孵化盛期至低龄幼虫期及时喷药。一般每亩次使用 10％乳油 60～100 毫升，或 20％乳油或 20％水乳剂 30～50 毫升，对水 30～45 千克均匀喷雾。

茶树茶尺蠖、茶毛虫、茶小绿叶蝉　防控茶尺蠖、茶毛虫时，在害虫卵孵化盛期至低龄幼虫期进行喷药，7～10 天 1 次，连喷 1～2 次；防控茶小绿叶蝉时，在害虫发生为害初期开始喷药，7 天左右 1 次，连喷 2～3 次。一般使用 10％乳油 600～800 倍液，或 20％乳油或 20％水乳剂 1 200～1 500 倍液均匀喷雾。

观赏花卉的鳞翅目食叶害虫　在害虫卵孵化盛期至低龄幼虫期进行喷药，7～10 天 1 次，每代喷药 1～2 次。一般使用 10％乳油 800～1 000 倍液，或 20％乳油或 20％水乳剂 1 500～2 000 倍液均匀喷雾。

注意事项　甲氰菊酯不能与碱性药剂或肥料混用。连续喷药时，注意与不同杀虫机理药剂交替使用或混用，且喷药应均匀周到。本剂药效不受低温环境影响，低温下使用更能发挥药效，特别适合早春和秋季使用。

甲氧虫酰肼 methoxyfenozide

主要含量与剂型　24％、240 克/升悬浮剂。

产品特点　甲氧虫酰肼是一种双酰肼类特异性低毒杀虫剂，属昆虫生长调节剂促蜕皮激素类，为虫酰肼的高效结构，具有胃毒作用和一定内吸性，专用于防控鳞翅目害虫，对低龄幼虫和高龄幼虫均有很好的防控效果，持效期较长，使用安全。其杀虫机理是通过干扰鳞翅目幼虫的正常生长发育，使其在非蜕皮期即进入蜕皮状态，停止取食，因不能完全蜕皮而导致幼虫脱水、饥饿、死亡。鳞翅目幼虫取食药剂后 6～8 小时停止取食，不再进行为害，使作物得到良好保护。该药选择性强，只对鳞翅目幼虫有效，对益虫、益螨安全。

适用作物防控对象及使用技术　甲氧虫酰肼适用于瓜果蔬菜、粮棉油糖烟茶、果树、花卉等多种作物，对多种鳞翅目食叶害虫均有良好的防控效果。

甘蓝、白菜、花椰菜等十字花科蔬菜菜青虫、甜菜夜蛾、斜纹夜蛾、造桥虫、小菜蛾等鳞翅目食叶害虫　在害虫卵孵化盛期至低龄幼虫期开始喷药，7～10 天 1 次，每代喷药 1～2 次，注意喷洒叶片背面。一般每亩次使用 24％悬浮剂或 240 克/升悬浮剂 20～30 毫升，对水 30～45 千克均匀喷雾。

番茄、茄子、辣椒的斜纹夜蛾、烟青虫、棉铃虫　在害虫卵孵化盛期至低龄幼虫期开始喷药，7～10 天 1 次，每代喷药 1～2 次。一般每亩次使用 24％悬浮剂或 240 克/升悬浮剂 30～50 毫升，对水 45～60 千克均匀喷雾。

黄瓜、西瓜、甜瓜等瓜类的瓜绢螟、棉铃虫　在害虫卵孵化盛期至低龄幼虫期开始喷药，7～10 天 1 次，每代喷药 1～2 次。甲氧虫酰肼喷施剂量同"番茄斜纹夜蛾"。

水稻二化螟、三化螟、稻纵卷叶螟　防控二化螟、三化螟时，在害虫卵盛期至初孵幼虫钻蛀前及时喷药，7 天左右 1 次，每代喷药 1～2 次，重点喷洒植株中下部；防控稻纵卷叶螟时，在害虫卵盛期至低龄幼虫卷叶前及时喷药，7 天左右 1 次，每代喷药 1～2 次。一般每亩次使用 24％悬浮剂或 240 克/升悬浮剂 25～40 毫升，对水 30～60 千克均匀喷雾。

玉米棉铃虫、玉米螟、草地贪夜蛾　防控玉米心叶受害时，在害虫发生为害初期或卵孵化盛期至低龄幼虫期向喇叭口内喷药，每代喷药 1 次；防控雌穗受害时，在害虫为害雌穗初期向雌穗顶部定向喷药。甲氧虫酰肼喷施剂量同"水稻二化螟"。

苹果树金纹细蛾　在每代金纹细蛾幼虫发生为害初期或叶片上初见新鲜虫斑时及时进行喷药，每代喷药 1 次；或在苹果落花后、落花后 40 天左右及以后每 35 天左右各喷药 1 次，与不同类型药剂交替使用，连喷 4～5 次。一般使用 24％悬浮剂或 240 克/升悬浮剂 1 500～2 000 倍液均匀喷雾。

苹果树、梨树、山楂树、桃树、枣树等落叶果树的卷叶蛾类　先于发芽后开花前或落花后喷药 1 次，防控越冬代幼虫；然后再于害虫发生为害初期或初见卷叶时及时喷药，10 天左右 1 次，连喷 1～2 次。一般使用 24％悬浮剂或 240 克/升悬浮剂 2 000～3 000 倍液均匀喷雾。

苹果树、梨树、山楂树、桃树、枣树等落叶果树的刺蛾类、尺蛾类、美国白蛾、天幕毛虫等鳞翅目食叶害虫　在害虫发生为害初期或卵孵化盛期至低龄幼虫期进行喷药，10 天左右 1 次，连喷 1～2 次。一般使用 24％悬浮剂或 240 克/升悬浮剂 2 000～3 000 倍液均匀喷雾。

核桃树核桃缀叶螟、核桃细蛾　在害虫卵孵化盛期至低龄幼虫期或幼虫发生为害初期进行喷药，10 天左右 1 次，连喷 1～2 次。一般使用 24％悬浮剂或 240 克/升悬浮剂 2 000～3 000 倍液均匀喷雾。

烟草烟青虫　在害虫卵孵化盛期至低龄幼虫期进行喷药，7～10 天 1 次，每代喷药 1～2 次。一般每亩次使用 24％悬浮剂或 240 克/升悬浮剂 20～30 毫升，对水 45～60 千克均匀喷雾。

茶树茶尺蠖、茶毛虫　在害虫卵孵化盛期至低龄幼虫期进行喷药，7～10 天 1 次，连喷 1～2 次。一般每亩次使用 24％悬浮剂或 240 克/升悬浮剂 30～50 毫升，对水 45～75 千克均匀喷雾。

注意事项　甲氧虫酰肼不能与碱性药剂及肥料混用，也不能与抑制鳞翅目幼虫蜕皮的药剂混用。连续喷药时，注意与不同杀虫机理药剂交替使用。本剂对家蚕高毒，严禁在桑蚕养殖区及桑树上使用。

苦参碱 matrine

主要含量与剂型　0.3％、0.5％、0.6％、1％、1.3％、2％、5％水剂，0.3％、0.5％、1％、1.5％可溶液剂，0.3％可湿性粉剂。

产品特点　苦参碱是从药用植物苦参中提取的一种生物碱，属天然植物源广谱低毒杀虫剂，具有触杀、胃毒、拒食、麻醉和抑制害虫生长繁殖的作用，使用安全，为绿色农药产品之一。其杀虫机理是害虫接触药剂后，神经中枢即被麻痹（作用于钠离子通道），蛋白质出现凝固，堵死虫体气孔，害虫呼吸受到抑制，导致害虫窒息而死亡。该药作用速度较慢，施药后 3 天药效才显现高峰。

适用作物防控对象及使用技术　苦参碱适用于瓜果蔬菜、粮棉油糖烟茶、果树等多种作物，对鳞翅目害虫、刺吸式口器害虫及叶螨类均有较好的防控效果。

甘蓝、白菜等十字花科蔬菜的菜青虫、小菜蛾、甜菜夜蛾、蚜虫　防控菜青虫、小菜蛾、甜菜夜蛾时，在害虫卵孵化盛期至低龄幼虫期（1～3 龄）进行喷药，7 天左右 1 次，每代喷药 1～2 次；防控蚜虫时，在蚜虫发生为害初期或蚜虫数量开始较快增多时开始喷药，7～10 天 1 次，连喷 2 次左右。一般每亩次使用 0.3％水剂或 0.3％可溶液剂 150～250 毫升，或 0.5％水剂或 0.6％水剂或 0.5％可溶液剂 90～120 毫升，或 1％水剂或 1％可溶液剂 50～70 毫升，或 1.3％水剂或 1.5％可溶液剂 35～50 毫升，或 2％水剂 25～35 毫升，或 5％水剂 10～15 毫升，对水 30～45 千克均匀喷雾，并注意喷洒叶片背面。

番茄、辣椒、茄子、黄瓜、苦瓜、西葫芦、豇豆、芹菜蚜虫　在蚜虫发生为害初期或蚜虫数量开始较快增多时进行喷药，7～10 天 1 次，连喷 2～3 次，注意喷洒幼嫩组织及叶片背面。一般每亩次使用 0.3％水剂或 0.3％可溶液剂 150～200 毫升，或 0.5％水剂或 0.6％水剂或 0.5％可溶液剂 90～120 毫升，或 1％水剂或 1％可溶液剂 45～60 毫升，或 1.3％水剂或 1.5％可溶液剂 30～40 毫升，或 2％水剂 25～30 毫升，或 5％水剂 9～12 毫升，对水 30～60 千克均匀喷雾。

大葱甜菜夜蛾　在害虫发生为害初期或卵盛期至低龄幼虫期开始喷药，7～10 天 1 次，连喷 1～2 次。一般每亩次使用 0.3％水剂或 0.3％可溶液剂 150～180 毫升，或 0.5％水剂或 0.6％水剂或 0.5％可溶液剂 80～100 毫升，或 1％水剂或 1％可溶液剂 40～50 毫升，或 1.3％水剂或 1.5％可溶液剂 30～40 毫升，或 2％水剂 20～25 毫升，或 5％水剂 8～10 毫升，对水 30～45 千克均匀喷雾。

韭菜蚜虫　在蚜虫发生为害初期开始喷药，7～10 天 1 次，连喷 1～2 次。一般每亩次使用 0.3％水剂或 0.3％可溶液剂 250～350 毫升，或 0.5％水剂或 0.6％水剂或 0.5％可溶液剂 150～200 毫升，或 1％水剂或 1％可溶液剂 75～100 毫升，或 1.3％水剂或 1.5％可溶液剂 50～70 毫升，或 2％水剂 40～50 毫升，或 5％水剂 15～20 毫升，对水 30～45 千克均匀喷雾。

韭菜韭蛆　韭蛆发生较重地块，在韭菜收割后 2～3 天用药液喷淋或灌根。一般每亩次使用 0.3％水剂或 0.3％可溶液剂 2 000～3 000 毫升，或 0.5％水剂或 0.6％水剂或 0.5％可溶液剂 1 000～2 000 毫升，或 1％水剂或 1％可溶液剂 500～1 000 毫升，或 1.3％水剂或 1.5％可溶液剂 400～700 毫升，或 2％水剂 300～500 毫升，或 5％水剂 100～200 毫升，对水 60～90 千克均匀喷淋。

苹果树、梨树、桃树、山楂树的叶螨类　在害螨发生为害初期（内膛叶片平均每叶有螨 3～4 头时）开始喷药，15～20 天 1 次，连喷 2～3 次。一般使用 0.3％水剂或 0.3％可溶液剂 300～400 倍液，或 0.5％水剂或 0.6％水剂或 0.5％可溶液剂 500～600 倍液，或 1％水剂或 1％可溶液剂 1 000～1 200 倍液，或 1.3％水剂 1 200～1 500 倍液，或 1.5％可溶液剂 1 500～1 800 倍液，或 2％水剂 2 000～2 500 倍液，或 5％水剂 4 000～5 000 倍液均匀喷雾。

苹果树、梨树、桃树、山楂树的鳞翅目食叶害虫　在害虫发生为害初期或卵孵化盛期至低龄幼虫期进行喷药，10天左右1次，每代喷药1～2次。一般使用0.3%水剂或0.3%可溶液剂400～500倍液，或0.5%水剂或0.6%水剂或0.5%可溶液剂600～800倍液，或1%水剂或1%可溶液剂1 200～1 500倍液，或1.3%水剂1 500～2 000倍液，或1.5%可溶液剂2 000～2 500倍液，或2%水剂2 500～3 000倍液，或5%水剂5 000～7 000倍液均匀喷雾。

梨树梨木虱　在每代梨木虱卵孵化盛期至低龄若虫被黏液完全覆盖前及时喷药，7～10天1次，每代喷药1～2次。苦参碱喷施倍数同"苹果树鳞翅目食叶害虫"。

苹果树绣线菊蚜　在新梢上蚜虫数量较多时或新梢上蚜虫开始向幼果转移扩散时开始喷药，10天左右1次，连喷2～3次。苦参碱喷施倍数同"苹果树鳞翅目食叶害虫"。

桃树蚜虫（桃蚜、桃粉蚜、桃瘤蚜）　先于花芽膨大后开花前喷药1次，然后再于落花后开始继续喷药，10天左右1次，连喷2～3次。苦参碱喷施倍数同"苹果树鳞翅目食叶害虫"。

葡萄、石榴、猕猴桃、枸杞蚜虫　在蚜虫发生为害初期或嫩梢上蚜虫数量较多时开始喷药，7～10天1次，连喷2～3次。苦参碱喷施倍数同"苹果树鳞翅目食叶害虫"。

柑橘树红蜘蛛、矢尖蚧、蚜虫　防控红蜘蛛时，在害螨发生为害初期开始喷药，10～15天1次，连喷2～3次；防控矢尖蚧时，在初孵若虫从母体介壳下爬出向周边扩散时及时喷药，7天左右1次，每代喷药1～2次；防控蚜虫时，在每季新梢上的蚜虫发生为害初期或蚜虫数量开始较快增多时进行喷药，7～10天1次，每季梢喷药1～2次。一般使用0.3%水剂或0.3%可溶液剂300～400倍液，或0.5%水剂或0.6%水剂或0.5%可溶液剂500～600倍液，或1%水剂或1%可溶液剂1 000～1 200倍液，或1.3%水剂1 200～1 500倍液，或1.5%可溶液剂1 500～1 800倍液，或2%水剂2 000～2 500倍液，或5%水剂4 000～5 000倍液均匀喷雾。

草莓蚜虫　从蚜虫发生为害初期开始喷药，10天左右1次，连喷2次左右。一般每亩次使用0.3%水剂或0.3%可溶液剂200～250毫升，或0.5%水剂或0.6%水剂或0.5%可溶液剂120～150毫升，或1%水剂或1%可溶液剂60～75毫升，或1.3%水剂50～60毫升，或1.5%可溶液剂40～50毫升，或2%水剂30～40毫升，或5%水剂12～15毫升，对水30～45千克均匀喷雾。

水稻大螟、稻飞虱　防控大螟时，在害虫卵盛期至初孵幼虫钻蛀前及时喷药，7天左右1次，每代喷药1～2次；防控稻飞虱时，在飞虱低龄若虫发生初盛期及时喷药，7天左右1次，连喷2次左右。一般每亩次使用0.3%水剂或0.3%可溶液剂150～200毫升，或0.5%水剂或0.6%水剂或0.5%可溶液剂90～120毫升，或1%水剂或1%可溶液剂45～60毫升，或1.3%水剂35～45毫升，或1.5%可溶液剂30～40毫升，或2%水剂23～30毫升，或5%水剂10～13毫升，对水45～60千克均匀喷雾，注意将药液喷洒到植株中下部。

小麦蚜虫　在蚜虫发生为害初期或蚜虫数量增多较快时开始喷药，10天左右1次，连喷2次左右；或在小麦孕穗期至抽穗初期和齐穗期各喷药1次。苦参碱喷施剂量同"水稻大螟"。

棉花红蜘蛛　在害螨发生为害初盛期开始喷药，10～15天1次，连喷2～3次。一般使用0.3%水剂或0.3%可溶液剂250～300倍液，或0.5%水剂或0.6%水剂或0.5%可溶液剂 400～500 倍液，或 1％水剂或 1％可溶液剂 800～1 000 倍液，或 1.3％水剂 1 000～1 200 倍液，或 1.5％可溶液剂 1 200～1 500 倍液，或 2％水剂 1 500～2 000 倍液，或 5％水剂 4 000～5 000 倍液均匀喷雾，注意喷洒叶片背面。

烟草蚜虫、烟青虫　防控蚜虫时，在蚜虫发生为害初盛期或蚜虫数量增多较快时开始喷药，7～10 天 1 次，连喷 2～3 次；防控烟青虫时，在害虫卵孵化盛期至低龄幼虫期进行喷药，7～10 天 1 次，每代喷药 1～2 次。一般每亩次使用 0.3％水剂或 0.3％可溶液剂 150～200 毫升，或 0.5％水剂或 0.6％水剂或 0.5％可溶液剂 80～120 毫升，或 1％水剂或 1％可溶液剂 40～60 毫升，或 1.3％水剂 30～45 毫升，或 1.5％可溶液剂 26～40 毫升，或 2％水剂 20～30 毫升，或 5％水剂 8～12 毫升，对水 45～60 千克均匀喷雾。

烟草小地老虎　移栽时定植穴撒施药剂。一般每亩使用 0.3％可湿性粉剂 5 000～7 000 克，先将药剂与一定量细干土混拌均匀，然后于烟草定植时均匀撒施在定植穴内，每株撒施药剂 3～5 克，随后定植、覆土。

茶树茶小绿叶蝉、茶尺蠖、茶毛虫　防控茶小绿叶蝉时，在若虫发生初盛期开始喷药，7～10 天 1 次，连喷 2～3 次；防控茶尺蠖、茶毛虫时，在害虫卵孵化盛期至低龄幼虫期进行喷药，7～10 天 1 次，每代喷药 1～2 次。一般每亩次使用 0.3％水剂或 0.3％可溶液剂 200～250 毫升，或 0.5％水剂或 0.6％水剂或 0.5％可溶液剂 120～150 毫升，或 1％水剂或 1％可溶液剂 60～80 毫升，或 1.3％水剂 46～60 毫升，或 1.5％可溶液剂 40～50 毫升，或 2％水剂 30～40 毫升，或 5％水剂 12～16 毫升，对水 45～75 千克均匀喷雾。

金银花蚜虫　从蚜虫发生为害初盛期或蚜虫数量增多较快时开始喷药，7～10 天 1 次，连喷 2～3 次。苦参碱喷施剂量同"茶树茶小绿叶蝉"。

观赏花卉蚜虫　在蚜虫发生为害初盛期或蚜虫数量增多较快时开始喷药，7～10 天 1 次，连喷 2～3 次。苦参碱喷施剂量同"茶树茶小绿叶蝉"。

三七蓟马　从蓟马发生为害初盛期开始喷药，7～10 天 1 次，连喷 2～3 次。一般每亩次使用 0.3％水剂或 0.3％可溶液剂 150～200 毫升，或 0.5％水剂或 0.6％水剂或 0.5％可溶液剂 90～120 毫升，或 1％水剂或 1％可溶液剂 45～60 毫升，或 1.3％水剂 35～45 毫升，或 1.5％可溶液剂 30～40 毫升，或 2％水剂 23～30 毫升，或 5％水剂 9～12 毫升，对水 45～60 千克均匀喷雾。

杨树等林木的美国白蛾、杨尺蠖等鳞翅目食叶害虫　在害虫卵孵化盛期至低龄幼虫期进行喷药，7～10 天 1 次，每代喷药 1～2 次。一般使用 0.3％水剂或 0.3％可溶液剂 300～400 倍液，或 0.5％水剂或 0.6％水剂或 0.5％可溶液剂 500～700 倍液，或 1％水剂或 1％可溶液剂 1 000～1 500 倍液，或 1.3％水剂 1 300～1 800 倍液，或 1.5％可溶液剂 1 500～2 000 倍液，或 2％水剂 2 000～2 500 倍液，或 5％水剂 5 000～6 000 倍液均匀喷雾。

松树松毛虫　在害虫卵孵化盛期至低龄幼虫期进行喷药，7～10 天 1 次，每代喷药 1～2 次。苦参碱喷施倍数同"杨树美国白蛾"。

草原蝗虫　在蝗虫若虫发生为害初盛期及时喷药，7～10 天 1 次，连喷 1～2 次。一般每亩次使用 0.3％水剂或 0.3％可溶液剂 200～250 毫升，或 0.5％水剂或 0.6％水剂或 0.5％可溶液剂 120～150 毫升，或 1％水剂或 1％可溶液剂 60～75 毫升，或 1.3％水剂 46～60 毫升，或 1.5％可溶液剂 40～50 毫升，或 2％水剂 30～40 毫升，或 5％水剂 12～

15 毫升，对水 30～60 千克均匀喷雾。

注意事项　苦参碱不能与化学农药或药剂混用，如果已使用过化学农药，则 5 天后才能使用本剂。连续喷药时，注意与不同杀虫机理药剂交替使用。本剂作用速度较慢，尽量早期使用。

矿物油 petroleum oil

主要含量与剂型　80％油乳剂，94％、95％、97％、99％乳油。

产品特点　矿物油是一种从石油中提炼的矿物源高效微毒杀虫杀螨剂，以触杀作用为主，兼有渗透作用，对成螨、若螨及螨卵都有较好防效，持效期较长，残留低，对人畜安全，不伤害天敌。喷施后能在虫体表面形成一层致密的特殊油膜，封闭害虫、害螨及其卵的气孔，或通过毛细管作用进入气孔，使其窒息而死亡；也能快速渗透害虫（螨）体表的蜡质层，破坏其中枢神经系统，杀死害虫（螨）。同时，矿物油形成的油膜还能改变害虫（螨）寻觅寄主的能力，影响其取食、产卵等。此外，矿物油还能作为杀虫、杀螨剂的助剂使用，能显著提高对害虫、害螨的杀灭效果。

适用作物防控对象及使用技术　矿物油适用于多种果树、瓜果蔬菜及木本观赏植物，对小型害虫及害螨类具有较好的杀灭效果。

柑橘树介壳虫、红蜘蛛　在果实采收后春梢萌发前，喷施 1 次 80％油乳剂或 94％乳油或 95％乳油或 97％乳油或 99％乳油 80～120 倍液清园；春梢萌发后，在介壳虫初孵若虫从母体介壳下爬出向周边扩散时，或红蜘蛛发生为害初期或始盛期，喷施 80％油乳剂或 94％乳油或 95％乳油或 97％乳油或 99％乳油 150～250 倍液，7 天左右 1 次，连喷 1～2 次。喷药必须均匀周到，使树体表面、叶片两面均能着药。

柑橘树潜叶蛾、蚜虫、柑橘木虱、锈壁虱　防控潜叶蛾、蚜虫、柑橘木虱时，在每季新梢抽生初期（新梢长 1 厘米时）或害虫发生为害初期开始喷药，7～10 天 1 次，每季梢喷药 2 次左右；防控锈壁虱时，在锈壁虱发生为害初盛期开始喷药，7～10 天 1 次，连喷 2 次左右。一般使用 80％油乳剂或 94％乳油或 95％乳油或 97％乳油或 99％乳油 150～250 倍液均匀喷雾。

香蕉树红蜘蛛　从害螨发生为害初盛期开始喷药，7 天左右 1 次，连喷 1～2 次。一般使用 80％油乳剂或 94％乳油或 95％乳油或 97％乳油或 99％乳油 150～200 倍液均匀喷雾。

枇杷树、杨梅树介壳虫　在介壳虫初孵若虫从母体介壳下爬出向周边转移扩散时开始喷药，7 天左右 1 次，连喷 1～2 次。一般使用 80％油乳剂或 94％乳油或 95％乳油或 97％乳油或 99％乳油 100～200 倍液均匀喷雾。

苹果树、梨树红蜘蛛　主要用于春季萌芽期清园，一般使用 80％油乳剂或 94％乳油或 95％乳油或 97％乳油或 99％乳油 150～200 倍液均匀喷雾。在气温较低时或炎热夏季前，也可在越冬代害螨卵孵化盛期或成虫、若虫混发始盛期开始喷施，7～10 天 1 次，连喷 1～2 次。一般使用 80％油乳剂或 94％乳油或 95％乳油或 97％乳油或 99％乳油 200～300 倍液均匀喷雾。

苹果树、梨树介壳虫　先于萌芽初期喷施 1 次 80％油乳剂或 94％乳油或 95％乳油或

97％乳油或99％乳油100～200倍液清园，杀灭越冬代害虫；然后也可在炎热夏季到来前或气温较低时的初孵若虫发生初期（初孵若虫从母体介壳下爬出向周边转移扩散时）进行喷施，7～10天1次，连喷1～2次，一般使用80％油乳剂或94％乳油或95％乳油或97％乳油或99％乳油200～300倍液均匀喷雾。

苹果树绣线菊蚜　在新梢上蚜虫发生为害初盛期或蚜虫开始向幼果上转移扩散时开始喷药，7～10天1次，连喷1～2次。一般使用80％油乳剂或94％乳油或95％乳油或97％乳油或99％乳油200～300倍液均匀喷雾。

茶树茶橙瘿螨　从若虫发生为害初盛期开始喷药，7天左右1次，连喷1～2次。一般使用80％油乳剂或94％乳油或95％乳油或97％乳油或99％乳油150～250倍液均匀喷雾，叶片正反两面均应着药。

番茄、黄瓜的烟粉虱、白粉虱　在害虫发生为害初盛期开始喷药，7～10天1次，连喷2次左右。一般每亩次使用80％油乳剂或94％乳油或95％乳油或97％乳油或99％乳油300～450毫升，对水45～60千克均匀喷雾，注意喷洒叶片背面。

观赏月季、玫瑰的红蜘蛛　在害螨发生为害初盛期开始喷药，7～10天1次，连喷1～2次。一般使用80％油乳剂或94％乳油或95％乳油或97％乳油或99％乳油150～250倍液均匀喷雾。

注意事项　矿物油不能与碱性药剂及离子化叶面肥混用，也不能与百菌清、硫黄及部分含硫药剂等不相容农药混用。与其他药剂混用时，应先配好其他药剂后再加入本剂。用药时应避开花蕾期、开花期和幼果生理脱落期。有些桃树品种对本剂敏感，用药时避免将药液飘移到敏感桃树上。当气温高于35℃或低于5℃时，或土壤干旱和作物极度缺水时，不能使用本剂。温度较高季节，最好在上午10时前和下午5时后喷施。喷药必须均匀周到，使药膜完全覆盖植株表面和所有靶标害虫（螨）及其卵，以确保获得良好防效。

藜芦碱 vertrine

主要含量与剂型　0.5％可溶液剂。

产品特点　藜芦碱是一种从中药植物藜芦中提取出来的生物碱类植物源低毒杀虫剂，属昆虫神经毒剂，具有触杀和胃毒作用，杀卵效果显著，并能迅速渗透虫体，持效期较长。其杀虫机理是药剂经虫体表皮或取食进入害虫消化系统后，造成局部刺激，引起反射性虫体兴奋，继之抑制虫体神经末梢，进而抑制中枢神经系统，最终导致害虫死亡。杀虫机理复杂，害虫难以产生抗性。藜芦碱见光易分解，不污染环境，但对家蚕高毒。

适用作物防控对象及使用技术　藜芦碱适用于多种瓜果蔬菜、粮棉油烟茶及果树等多种作物，对多种害虫、害螨均有较好的防控效果。

甘蓝、白菜等十字花科蔬菜的菜青虫、甜菜夜蛾、蚜虫　防控菜青虫、甜菜夜蛾时，在卵盛期至低龄幼虫期进行喷药，7～10天1次，每代喷药1～2次；防控蚜虫时，在害虫发生为害初盛期开始喷药，7～10天1次，连喷2次左右。一般每亩次使用0.5％可溶液剂100～125毫升，对水30～45千克均匀喷雾。喷药时应均匀周到，特别注意喷洒心叶及叶片背面。

茄子、辣椒的红蜘蛛、蓟马、蚜虫　从害虫或害螨发生为害初盛期开始喷药，7～

10 天 1 次，连喷 2 次左右。一般每亩次使用 0.5％ 可溶液剂 120～150 毫升，对水 45～60 千克均匀喷雾。

黄瓜、茄子、辣椒的白粉虱、烟粉虱 在害虫发生为害初盛期开始喷药，7～10 天 1 次，连喷 2～3 次。一般每亩次使用 0.5％ 可溶液剂 100～150 毫升，对水 45～60 千克均匀喷雾，特别注意喷洒叶片背面及幼嫩组织。

棉花棉铃虫、蚜虫 防控棉铃虫时，在害虫卵盛期至低龄幼虫钻蛀蕾铃前进行喷药，7～10 天 1 次，每代喷药 1～2 次；防控蚜虫时，在蚜虫发生为害初盛期开始喷药，7～10 天 1 次，连喷 2～3 次。一般每亩次使用 0.5％ 可溶液剂 100～150 毫升，对水 30～60 千克均匀喷雾。

烟草烟青虫、蚜虫 防控烟青虫时，在害虫卵盛期至低龄幼虫期进行喷药，7～10 天 1 次，每代喷药 1～2 次；防控蚜虫时，在蚜虫发生为害初盛期开始喷药，7～10 天 1 次，连喷 2～3 次。一般每亩次使用 0.5％ 可溶液剂 80～120 毫升，对水 45～60 千克均匀喷雾。

草莓红蜘蛛 从害螨发生为害初盛期开始喷药，7～10 天 1 次，连喷 2 次左右。一般每亩次使用 0.5％ 可溶液剂 120～140 毫升，对水 30～45 千克均匀喷雾。

柑橘树红蜘蛛 从害螨发生为害初盛期开始喷药，10 天左右 1 次，连喷 2～3 次。一般使用 0.5％ 可溶液剂 600～800 倍液均匀喷雾。

猕猴桃红蜘蛛 从害螨发生为害初盛期开始喷药，10 天左右 1 次，连喷 2～3 次。一般使用 0.5％ 可溶液剂 600～700 倍液均匀喷雾。

枣树红蜘蛛 从害螨发生为害初盛期开始喷药，10 天左右 1 次，连喷 2～3 次。一般使用 0.5％ 可溶液剂 600～800 倍液均匀喷雾。

小麦蚜虫 从蚜虫发生为害初盛期开始喷药，7～10 天 1 次，连喷 2 次左右；或在小麦孕穗期至抽穗初期和齐穗期各喷药 1 次。一般每亩次使用 0.5％ 可溶液剂 100～140 毫升，对水 30～45 千克均匀喷雾。

茶树茶小绿叶蝉、茶黄螨 防控茶小绿叶蝉时，在若虫发生为害初盛期开始喷药，7～10 天 1 次，连喷 2～3 次；防控茶黄螨时，在初见害螨为害状时及时进行喷药，7 天左右 1 次，连喷 1～2 次。一般使用 0.5％ 可溶液剂 600～800 倍液均匀喷雾。

注意事项 藜芦碱不能与强酸或碱性药剂及肥料混用。连续喷药时，注意与不同杀虫机理药剂交替使用。本剂为可溶液剂，配药前必须充分摇匀后再对水稀释，在黄昏前或无雨的阴天喷药效果更好。

联苯肼酯 bifenazate

主要含量与剂型 24％、43％、50％ 悬浮剂，50％ 水分散粒剂。

产品特点 联苯肼酯是一种肼酯类选择性低毒专用杀螨剂，以触杀作用为主，无内吸性，具有杀卵活性和对成螨的击倒活性，对害螨的各生长发育阶段均有防效。害螨接触药剂后很快停止取食、运动及产卵，48～72 小时内死亡，持效期约为 14 天。其杀螨机理是通过对螨类中枢神经传导系统的氨基丁酸受体的独特作用，使害螨麻痹而死亡。本剂对作物安全，可在作物各生长阶段使用。

适用作物防控对象及使用技术 联苯肼酯适用于果树、蔬菜、粮棉油茶及观赏植物等多种植物，对多种叶螨类均有良好的防控效果。

柑橘树红蜘蛛、黄蜘蛛 在害螨发生为害初期或低龄若螨盛发初期开始喷药，15～20 天 1 次，连喷 2 次左右。一般使用 24％悬浮剂 1 000～1 500 倍液，或 43％悬浮剂 1 800～2 200 倍液，或 50％悬浮剂或 50％水分散粒剂 2 000～3 000 倍液均匀喷雾。

苹果树、梨树、山楂树及桃树的红蜘蛛、白蜘蛛 在害螨发生为害初期（开花前或落花后），或螨卵孵化盛期至幼螨及低龄若螨盛发初期，或树冠内膛叶片上螨量开始较快增多时（平均每叶有螨 3～4 头时）开始喷药，15～20 天 1 次，连喷 2 次左右。一般使用 24％悬浮剂 1 000～1 500 倍液，或 43％悬浮剂 2 000～2 500 倍液，或 50％悬浮剂或 50％水分散粒剂 2 500～3 000 倍液均匀喷雾。

枣树红蜘蛛、白蜘蛛 在害螨发生为害初期（发芽前后），或螨卵孵化盛期至幼螨及低龄若螨盛发初期，或树冠内膛下部叶片上螨量开始较快增多时开始喷药，15～20 天 1 次，连喷 2 次左右。联苯肼酯喷施倍数同 "苹果树红蜘蛛"。

木瓜二斑叶螨 在害螨发生为害初期或螨卵孵化盛期至幼螨及低龄若螨盛发初期开始喷药，15 天左右 1 次，连喷 2 次左右。一般使用 24％悬浮剂 1 200～1 500 倍液，或 43％悬浮剂 2 000～2 500 倍液，或 50％悬浮剂或 50％水分散粒剂 2 500～3 000 倍液均匀喷雾。

草莓红蜘蛛 在害螨发生为害初期、或害螨卵孵化盛期至幼螨及低龄若螨盛发初期开始喷药，15～20 天 1 次，连喷 2 次左右。一般每亩次使用 24％悬浮剂 35～50 毫升，或 43％悬浮剂 20～30 毫升，或 50％悬浮剂 18～25 毫升，或 50％水分散粒剂 18～25 克，对水 30～45 千克均匀喷雾。

辣椒、茄子、番茄的茶黄螨、红蜘蛛 防控茶黄螨，在害螨发生为害初期或幼嫩组织初见受害状时开始喷药，15～20 天 1 次，连喷 2 次左右；防控红蜘蛛，在害螨发生为害初期或螨卵孵化盛期至幼螨及低龄若螨盛发初期开始喷药，15～20 天 1 次，连喷 2 次左右。一般每亩次使用 24％悬浮剂 35～50 毫升，或 43％悬浮剂 20～30 毫升，或 50％悬浮剂 18～25 毫升，或 50％水分散粒剂 18～25 克，对水 45～60 千克均匀喷雾。

棉花红蜘蛛、白蜘蛛 在害螨发生为害初期或螨卵孵化盛期至幼螨及若螨盛发初期开始喷药，15 天左右 1 次，连喷 2 次左右。一般每亩次使用 24％悬浮剂 50～70 毫升，或 43％悬浮剂 30～40 毫升，或 50％悬浮剂 25～35 毫升，或 50％水分散粒剂 25～35 克，对水 45～60 千克均匀喷雾。

观赏玫瑰茶黄螨 从害螨发生为害初期或田间初显受害状时开始喷药，15～20 天 1 次，连喷 2 次左右。一般每亩次使用 24％悬浮剂 35～50 毫升，或 43％悬浮剂 20～30 毫升，或 50％悬浮剂 18～25 毫升，或 50％水分散粒剂 18～25 克，对水 45～75 千克均匀喷雾。

注意事项 联苯肼酯不能与碱性药剂及肥料混用。连续喷药时，注意与不同作用机理的杀螨剂交替使用。本剂没有内吸性，喷药时必须均匀周到。

联苯菊酯 bifenthrin

主要含量与剂型 2.5％、25 克/升、100 克/升乳油，2.5％、4％、25 克/升微乳剂，

2.5%、4.5%、10%、20%、100 克/升水乳剂，0.2%、0.5%颗粒剂。

产品特点 联苯菊酯是一种拟除虫菊酯类高效广谱中毒杀虫、杀螨剂，以触杀和胃毒作用为主，无内吸、熏蒸作用，具有击倒能力强、速度快、持效期较长、使用安全等特点。其杀虫机理是作用于昆虫的神经系统，破坏钠离子通道，使神经功能紊乱，导致昆虫过度兴奋、麻痹而死亡。本剂在气温较低条件下更能发挥药效，特别适用于虫、螨混合发生时使用，具有一药多治、省工、省时、省药等特点。

适用作物防控对象及使用技术 联苯菊酯适用于果树、瓜果蔬菜、粮棉油茶等多种作物，对多种害虫、害螨均有较好的防控效果，特别适合于虫、螨混合发生的初期使用。

茶树害虫 防控茶尺蠖、茶毛虫时，在卵孵化盛期至低龄幼虫期及时喷药，10 天左右 1 次，每代喷药 1～2 次；防治茶小绿叶蝉、茶粉虱、黑刺粉虱时，在害虫发生为害初期或若虫盛发初期开始喷药，7～10 天 1 次，连喷 2 次左右；防控茶象甲时，在害虫发生为害初期开始喷药，7～10 天 1 次，连喷 1～2 次。一般每亩次使用 2.5%乳油或 2.5%水乳剂或 2.5%微乳剂或 25 克/升微乳剂或 25 克/升乳油 100～150 毫升，或 4%微乳剂或 4.5%水乳剂 55～80 毫升，或 10%水乳剂或 100 克/升水乳剂或 100 克/升乳油 25～35 毫升，或 20%水乳剂 13～18 毫升，对水 45～75 千克均匀喷雾。

苹果、梨、桃、枣等果实的桃小食心虫、梨小食心虫、桃蛀螟 根据虫情测报，在害虫产卵盛期至初孵幼虫蛀果前及时喷药，7 天左右 1 次，每代喷药 1～2 次。一般使用 2.5%乳油或 2.5%水乳剂或 2.5%微乳剂或 25 克/升微乳剂或 25 克/升乳油 600～800 倍液，或 4%微乳剂或 4.5%水乳剂 1 000～1 500 倍液，或 10%水乳剂或 100 克/升水乳剂或 100 克/升乳油 2 000～3 000 倍液，或 20%水乳剂 4 000～5 000 倍液均匀喷雾。

苹果树、梨树、山楂树、桃树、枣树等落叶果树的叶螨类 在害螨发生为害初盛期或卵孵化高峰至若螨盛发初期开始喷药，10～15 天 1 次，连喷 2～3 次。联苯菊酯喷施倍数同"苹果桃小食心虫"。

苹果树、梨树、山楂树、桃树、枣树、核桃树、柑橘树、枇杷树等果树的鳞翅目食叶害虫 在害虫卵盛期至低龄幼虫期进行喷药，7～10 天 1 次，每代喷药 1～2 次。一般使用 2.5%乳油或 2.5%水乳剂或 2.5%微乳剂或 25 克/升微乳剂或 25 克/升乳油 800～1 000 倍液，或 4%微乳剂或 4.5%水乳剂 1 300～1 800 倍液，或 10%水乳剂或 100 克/升水乳剂或 100 克/升乳油 3 000～4 000 倍液，或 20%水乳剂 5 000～7 000 倍液均匀喷雾。

梨树、苹果树、山楂树等落叶果树的梨冠网蝽 在害虫发生为害初期或叶片正面显出黄白色褪绿小点时开始喷药，10 天左右 1 次，连喷 1～2 次，注意喷洒叶片背面。联苯菊酯喷施倍数同"苹果树鳞翅目食叶害虫"。

梨树梨木虱（成虫） 防控越冬代梨木虱成虫时，在花芽膨大后的晴朗无风天进行喷药，7 天左右 1 次，连喷 1～2 次；防控当年生梨木虱成虫时，在各代成虫发生初期开始喷药，7～10 天 1 次，每代喷药 1～2 次。早春喷药时，一般使用 2.5%乳油或 2.5%水乳剂或 2.5%微乳剂或 25 克/升微乳剂或 25 克/升乳油 500～600 倍液，或 4%微乳剂或 4.5%水乳剂 800～1 000 倍液，或 10%水乳剂或 100 克/升水乳剂或 100 克/升乳油 2 000～2 500 倍液，或 20%水乳剂 4 000～5 000 倍液均匀喷雾；梨树生长期喷药时，联苯菊酯喷施倍数同"苹果树鳞翅目食叶害虫"。

梨树梨茎蜂 在梨树外围新梢长 10～15 厘米时或果园内初见受害嫩梢时及时开始喷

药，7～10天1次，连喷2次，以上午10时前喷药防控效果最好。联苯菊酯喷施倍数同"苹果树鳞翅目食叶害虫"。

桃树、杏树、李树的桃小绿叶蝉、桃潜叶蛾 防控桃小绿叶蝉时，在叶片正面初见黄白色褪绿小点时或害虫发生为害初盛期开始喷药，10天左右1次，连喷2次左右；防控桃潜叶蛾时，在叶片上初见害虫为害虫道时开始喷药，10～15天1次，连喷2～4次。联苯菊酯喷施倍数同"苹果树鳞翅目食叶害虫"。

葡萄、枣树绿盲蝽 多从葡萄或枣树萌芽后或萌芽后至新梢生长期绿盲蝽为害初期开始喷药，7～10天1次，与不同杀虫机理药剂交替使用或混用，连喷2～4次。联苯菊酯喷施倍数同"苹果树鳞翅目食叶害虫"。

柿树柿血斑叶蝉 从叶片正面初见黄白色褪绿小点时开始喷药，10天左右1次，连喷2次左右。联苯菊酯喷施倍数同"苹果树鳞翅目食叶害虫"。

枸杞木虱 从害虫发生为害初期开始喷药，10天左右1次，与不同杀虫机理药剂交替使用或混用，连喷2～4次。联苯菊酯喷施倍数同"苹果树鳞翅目食叶害虫"。

柑橘树红蜘蛛、柑橘木虱、潜叶蛾 防控红蜘蛛时，在害螨发生为害初盛期或若螨发生始盛期开始喷药，10～15天1次，连喷2～3次；防控柑橘木虱、潜叶蛾时，在每季新梢抽生初期（新梢长1厘米）开始喷药，7～10天1次，每季梢喷药1～2次。一般使用2.5%乳油或2.5%水乳剂或2.5%微乳剂或25克/升微乳剂或25克/升乳油600～800倍液，或4%微乳剂或4.5%水乳剂1 200～1 500倍液，或10%水乳剂或100克/升水乳剂或100克/升乳油2 500～3 000倍液，或20%水乳剂5 000～6 000倍液均匀喷雾。

小麦蚜虫 在蚜虫发生为害初盛期开始喷药，10天左右1次，连喷2次左右；或在小麦孕穗期至抽穗初期和齐穗期各喷药1次。一般每亩次使用2.5%乳油或2.5%水乳剂或2.5%微乳剂或25克/升微乳剂或25克/升乳油60～80毫升，或4%微乳剂或4.5%水乳剂35～45毫升，或10%水乳剂或100克/升水乳剂或100克/升乳油15～20毫升，或20%水乳剂8～10毫升，对水30～45千克均匀喷雾。

棉花害虫 防控棉铃虫、红铃虫时，在害虫卵孵化盛期至幼虫钻蛀蕾铃前及时喷药，7～10天1次，每代喷药1～2次；防控蚜虫、蓟马、盲椿象及叶螨类时，在害虫（螨）发生为害初盛期开始喷药，7～10天1次，连喷2～3次。一般每亩次使用2.5%乳油或2.5%水乳剂或2.5%微乳剂或25克/升微乳剂或25克/升乳油120～200毫升，或4%微乳剂或4.5%水乳剂70～110毫升，或10%水乳剂或100克/升水乳剂或100克/升乳油30～50毫升，或20%水乳剂15～25毫升，对水45～75千克均匀喷雾。

甘蓝、花椰菜等十字花科蔬菜菜青虫、甜菜夜蛾、小菜蛾 在害虫卵孵化盛期至低龄幼虫期进行喷药，7～10天1次，每代喷药1～2次，注意喷洒叶片背面。一般每亩次使用2.5%乳油或2.5%水乳剂或2.5%微乳剂或25克/升微乳剂或25克/升乳油50～70毫升，或4%微乳剂或4.5%水乳剂30～40毫升，或10%水乳剂或100克/升水乳剂或100克/升乳油15～20毫升，或20%水乳剂8～10毫升，对水30～45千克均匀喷雾。

番茄、茄子、辣椒、黄瓜、西葫芦等瓜果类蔬菜的白粉虱、烟粉虱 在害虫发生为害初期或卵孵化盛期至若虫发生初盛期开始喷药，7天左右1次，连喷2～3次，注意喷洒叶片背面。一般每亩次使用2.5%乳油或2.5%水乳剂或2.5%微乳剂或25克/升微乳剂或25克/升乳油100～150毫升，或4%微乳剂或4.5%水乳剂60～80毫升，或10%水乳剂或 100 克/升水乳剂或 100 克/升乳油 30～40 毫升，或 20％水乳剂 15～20 毫升，对水 45～60 千克均匀喷雾。

甘蓝、花椰菜小地老虎　直播田在播种前全田撒施药剂，然后均匀混土 10～30 厘米深，而后播种；移栽田在移栽前沟施或穴施药剂，施药后将药剂与土混匀，然后移栽定植、浇水。一般每亩使用 0.2％颗粒剂 3 000～5 000 克或 0.5％颗粒剂 1 200～2 000 克。为便于施药均匀，每亩药剂可与 40 千克左右细干土混匀后再均匀撒施。

金银花蚜虫　在蚜虫发生为害初盛期开始喷药，7～10 天 1 次，连喷 2～3 次。一般每亩次使用 2.5％乳油或 2.5％水乳剂或 2.5％微乳剂或 25 克/升微乳剂或 25 克/升乳油 120～200 毫升，或 4％微乳剂或 4.5％水乳剂 70～110 毫升，或 10％水乳剂或 100 克/升水乳剂或 100 克/升乳油 30～50 毫升，或 20％水乳剂 15～25 毫升，对水 45～75 千克均匀喷雾。

月季红蜘蛛　从害螨发生为害初期开始喷药，10～15 天 1 次，连喷 2 次左右。联苯菊酯喷施剂量同"金银花蚜虫"。

注意事项　联苯菊酯不能与碱性药剂及肥料混用。连续喷药时，注意与不同杀虫机理药剂交替使用或混用。叶螨类发生较重时，最好与专性杀螨剂混用。禁止在果树花期使用。

螺虫乙酯 spirotetramat

主要含量与剂型　22.4％、30％、40％、50％悬浮剂，50％水分散粒剂。

产品特点　螺虫乙酯是一种季酮酸衍生物类内吸性低毒杀虫剂，专用于防控刺吸式口器害虫，以内吸胃毒作用为主，触杀效果较差，内吸性较强，可在植物木质部和韧皮部双向传导，在整个植物体内向上向下移动，能有效防控隐藏为害害虫并保护新生幼嫩组织及根部，耐雨水冲刷，持效期较长。其杀虫机理是通过抑制害虫体内脂肪合成过程中乙酰辅酶 A 羧化酶的活性，进而抑制脂肪生物合成，阻断害虫正常能量代谢，而导致害虫死亡。害虫幼虫或若虫取食药剂后不能正常蜕皮，2～5 天内死亡；雌成虫取食药剂后繁殖能力降低，进而有效压低害虫种群数量。

适用作物防控对象及使用技术　螺虫乙酯适用于果树、蔬菜、粮棉油茶及观赏植物等多种作物，主要用于防控刺吸式口器害虫。

柑橘树介壳虫、红蜘蛛、柑橘木虱　防控介壳虫时，在介壳虫卵孵化盛期至低龄若虫期或初孵若虫开始从母体介壳下向周边扩散时进行喷药；防控红蜘蛛时，在害螨发生为害初期或若螨发生初盛期进行喷药；防控柑橘木虱时，在每季新梢抽生期的木虱发生初期进行喷药。一般使用 22.4％悬浮剂 3 000～4 000 倍液，或 30％悬浮剂 4 000～5 000 倍液，或 40％悬浮剂 5 000～6 000 倍液，或 50％悬浮剂或 50％水分散粒剂 6 000～7 000 倍液均匀喷雾。

苹果树苹果绵蚜、绣线菊蚜　防控苹果绵蚜，先于苹果落花后半月左右或绵蚜开始从越冬场所向幼嫩枝条转移扩散时喷药 1 次，然后在新生幼嫩枝条上看到绵蚜为害时再喷药 1 次；防控绣线菊蚜，在新梢上蚜虫数量增长较快时或有蚜虫开始向幼果转移为害时及时喷药。螺虫乙酯喷施倍数同"柑橘树介壳虫"。

梨树梨木虱　在各代梨木虱若虫发生初期至低龄若虫虫体被黏液全部覆盖前进行喷药，每代喷药1次。螺虫乙酯喷施倍数同"柑橘树介壳虫"。

桃树、杏树、李树的桑白介壳虫、蚜虫类　防控介壳虫时，在介壳虫若虫发生初期（初孵若虫从母体介壳下爬出向周围扩散转移期）进行喷药，每代喷药1次；防控蚜虫类时，多从落花后开始喷药，半月左右1次，连喷2～3次。螺虫乙酯喷施倍数同"柑橘介壳虫"。

葡萄康氏粉蚧　在若虫发生初期或果穗套袋前或果穗上初见介壳虫时进行喷药，螺虫乙酯喷施倍数同"柑橘树介壳虫"。

柿树柿绵蚧　在各代若虫发生初期进行喷药，每代喷药1次。螺虫乙酯喷施倍数同"柑橘树介壳虫"。

草莓温室白粉虱、烟粉虱　从害虫发生为害初期或若虫发生初盛期开始喷药，半月左右1次，连喷2次左右。一般每亩次使用22.4%悬浮剂25～30毫升，或30%悬浮剂20～23毫升，或40%悬浮剂14～17毫升，或50%悬浮剂11～13毫升，或50%水分散粒剂11～13克，对水30～45千克均匀喷雾。

番茄、茄子、辣椒等茄果类蔬菜的蚜虫、粉虱、蓟马　在害虫发生为害初期或若虫发生始盛期开始喷药，15～20天1次，连喷1～2次。一般每亩次使用22.4%悬浮剂25～35毫升，或30%悬浮剂20～26毫升，或40%悬浮剂14～20毫升，或50%悬浮剂11～16毫升，或50%水分散粒剂11～16克，对水45～60千克均匀喷雾。

甘蓝、花椰菜等十字花科蔬菜的蚜虫　在蚜虫发生为害初期或发生为害始盛期进行喷药。一般每亩次使用22.4%悬浮剂23～27毫升，或30%悬浮剂17～20毫升，或40%悬浮剂13～15毫升，或50%悬浮剂10～12毫升，或50%水分散粒剂10～12克，对水30～45千克均匀喷雾。

马铃薯蚜虫、粉虱　在害虫发生为害初期或若虫发生始盛期开始喷药，15～20天1次，连喷1～2次。一般每亩次使用22.4%悬浮剂25～35毫升，或30%悬浮剂20～26毫升，或40%悬浮剂14～20毫升，或50%悬浮剂11～16毫升，或50%水分散粒剂11～16克，对水45～75千克均匀喷雾。

棉花蚜虫、蓟马　在害虫发生为害初期或若虫发生始盛期开始喷药，15～20天1次，连喷2～3次。螺虫乙酯喷施剂量同"马铃薯蚜虫"。

注意事项　螺虫乙酯不能与碱性药剂及肥料混用，连续喷药时注意与不同杀虫机理药剂交替使用。超低容量喷雾时，混加有机硅类或矿物油类农药助剂可显著提高防控效果。

螺螨酯 spirodiclofen

主要含量与剂型　24%、29%、34%、40%、50%、240克/升悬浮剂。

产品特点　螺螨酯是一种季酮酸类广谱低毒杀螨剂，以触杀和胃毒作用为主，无内吸性，耐雨水冲刷，持效期长，一般可达40～50天，对螨卵、幼螨、若螨均有良好的杀灭效果，但不能较快杀死雌成螨，对雌成螨表现为绝育作用，雌成螨接触药剂后所产的卵绝大多数不能孵化。其作用机理是通过抑制害螨体内脂肪的生物合成，阻止能量代谢，而导致害螨死亡。与常规杀螨剂无交互抗性。

适用作物防控对象及使用技术 螺螨酯适用于果树、蔬菜、粮棉油茶及观赏作物等多种作物，对多种害螨类均有良好的防控效果。

柑橘树红蜘蛛、黄蜘蛛、锈壁虱 防控红蜘蛛、黄蜘蛛时，在害螨发生为害初期或卵盛期至幼螨发生始盛期进行喷药；防控锈壁虱时，在锈壁虱发生为害初期或果实初显受害状时进行喷药。一般使用24%悬浮剂或240克/升悬浮剂3 500～4 000倍液，或29%悬浮剂4 000～5 000倍液，或34%悬浮剂5 000～6 000倍液，或40%悬浮剂6 000～7 000倍液，或50%悬浮剂7 000～8 000倍液均匀喷雾。

苹果树、梨树、山楂树、桃树的红蜘蛛、白蜘蛛 在害螨发生为害初期或树冠内膛叶片上螨量开始较快增多时（平均每叶有螨3～4头时）进行喷药。螺螨酯喷施倍数同"柑橘树红蜘蛛"。

枣树红蜘蛛、白蜘蛛 在害螨发生为害初期或树冠内膛下部叶片上螨量开始较快增多时进行喷药。螺螨酯喷施倍数同"柑橘树红蜘蛛"。

樱桃树红蜘蛛 在害螨发生为害初期或螨卵盛期至低龄若螨发生初盛期进行喷药。一般使用24%悬浮剂或240克/升悬浮剂4 000～5 000倍液，或29%悬浮剂5 000～6 000倍液，或34%悬浮剂6 000～7 000倍液，或40%悬浮剂7 000～8 000倍液，或50%悬浮剂8 000～10 000倍液均匀喷雾。

栗树红蜘蛛 在树冠内膛叶片上螨量开始较快增多时或叶螨开始向周围叶片扩散为害时进行喷药。螺螨酯喷施倍数同"樱桃树红蜘蛛"。

葡萄叶螨 在葡萄发芽期或害螨发生为害初期或害螨开始扩散为害初期进行喷药，螺螨酯喷施倍数同"樱桃树红蜘蛛"。

草莓红蜘蛛 在害螨发生为害初期进行喷药。一般使用24%悬浮剂或240克/升悬浮剂3 000～4 000倍液，或29%悬浮剂4 000～4 500倍液，或34%悬浮剂4 500～5 500倍液，或40%悬浮剂5 000～6 000倍液，或50%悬浮剂6 000～8 000倍液均匀喷雾。

茄子、辣椒、番茄等茄果类蔬菜红蜘蛛 在害螨发生为害初期或低龄若螨发生初盛期进行喷药，一般每亩次使用24%悬浮剂或240克/升悬浮剂20～25毫升，或29%悬浮剂17～20毫升，或34%悬浮剂14～18毫升，或40%悬浮剂12～15毫升，或50%悬浮剂10～12毫升，对水45～60千克均匀喷雾。

棉花红蜘蛛、白蜘蛛 在害螨发生为害初期或低龄若螨发生初盛期进行喷药，一般每亩次使用24%悬浮剂或240克/升悬浮剂20～30毫升，或29%悬浮剂17～25毫升，或34%悬浮剂14～21毫升，或40%悬浮剂12～18毫升，或50%悬浮剂10～15毫升，对水45～75千克均匀喷雾。

玉米红蜘蛛 在害螨发生为害初期进行喷药，一般每亩次使用24%悬浮剂或240克/升悬浮剂12～15毫升，或29%悬浮剂10～12.5毫升，或34%悬浮剂8.5～10.5毫升，或40%悬浮剂7～9毫升，或50%悬浮剂6～7.5毫升，对水30～45千克均匀喷雾。

观赏月季二斑叶螨 在害螨发生为害初期或低龄若螨发生始盛期进行喷药，一般每亩次使用24%悬浮剂或240克/升悬浮剂15～20毫升，或29%悬浮剂13～17毫升，或34%悬浮剂11～14毫升，或40%悬浮剂9～12毫升，或50%悬浮剂7～10毫升，对水45～60千克均匀喷雾。

注意事项 螺螨酯不能与铜制剂及碱性药剂混用。连续喷药时，注意与其他不同作用机理杀螨剂交替使用。禁止在果树开花期用药。本剂药效对温度敏感，温度越高、效果越好，低于 20℃时防效不佳。

氯虫苯甲酰胺 chlorantraniliprole

主要含量与剂型 5％、200 克/升悬浮剂，35％水分散粒剂，5％超低容量液剂，50％种子处理悬浮剂，0.01％、0.03％、0.4％、1％颗粒剂。

产品特点 氯虫苯甲酰胺是一种双酰胺类高效低毒杀虫剂，专用于防控鳞翅目害虫，以胃毒作用为主，兼有触杀作用，并有较强的渗透性和内吸传导性，药剂喷施后易被植物内吸并均匀分布在植物体内，耐雨水冲刷，持效期较长，使用安全；害虫取食或接触药剂后很快停止取食，慢慢死亡。其杀虫机理是通过激活昆虫体内鱼尼丁受体，使钙离子通道长时间非正常开放，导致钙离子无限制流失，引起钙库衰竭，致使肌肉调节衰弱、麻痹，直至最后害虫死亡。该药对初孵幼虫具有强力杀伤性，初孵幼虫咬破卵壳接触卵面药剂后即会中毒死亡。

适用作物防控对象及使用技术 氯虫苯甲酰胺适用于粮棉油糖烟茶、蔬菜、果树、草坪等多种作物，对鳞翅目害虫具有很好的防控效果，并可有效控制鞘翅目、双翅目的多种害虫。

水稻二化螟、三化螟、稻纵卷叶螟、大螟、稻水象甲 既可种子处理用药，又可撒施颗粒药剂，还可生长期喷雾。种子处理时，多用于防控二化螟、三化螟的中早期为害，一般每 100 千克种子使用 50％种子处理悬浮剂 600～1 200 毫升，对水稀释成 2 500～3 000 毫升均匀药浆，干种子为均匀拌种后晾干 24 小时再浸种、催芽、播种，湿种子为浸种后均匀拌种、催芽、播种。

防控螟虫类害虫撒施颗粒剂，既可苗床用药，也可本田用药。苗床用药时，每平方米育秧盘使用 1％颗粒剂 160～200 克，于插秧当天或前一天均匀撒施在育秧盘上，撒药时要求叶面干燥不能有露水，且撒药后抖落附在叶面上的药剂，并喷洒少量清水使药剂黏附在育秧盘的基质土上；本田用药时，在害虫产卵盛期或水稻移栽（插秧）至本田后 7～10 天或水稻直播田 3 叶 1 心后 15～20 天进行用药，一般每亩使用 0.01％颗粒剂 20～40 千克，或 0.03％颗粒剂 7～13 千克，或 0.4％颗粒剂 700～1 000 克均匀撒施。防控稻水象甲撒施颗粒剂时，在水稻分蘖期至孕穗期结合虫情发生情况于成虫羽化高峰期至 1～2 龄幼虫期撒施药剂，药剂使用量同螟虫类。撒施颗粒剂时应保持水层 3～5 厘米深，且施药后保水 5～7 天，每季最多撒施 1 次。

生长期喷雾防控螟虫类害虫时，在害虫产卵高峰期进行喷药，产卵不整齐时，7～10 天再喷药 1 次；生长期喷雾防控稻水象甲时，于成虫初发期开始喷药，7～10 天 1 次，连喷 1～2 次。一般每亩次使用 5％悬浮剂 40～50 毫升，或 200 克/升悬浮剂 10～15 毫升，或 35％水分散粒剂 6～8 克，对水 45～60 千克均匀喷雾；或每亩使用 5％超低容量液剂 40～50 毫升超低容量喷雾。喷药时及喷药后田间应保持 3～5 厘米深水层 5～7 天。

玉米蛴螬、黏虫、小地老虎 种子处理用药。一般每 100 千克种子使用 50％种子处理悬浮剂 400～500 毫升，对水稀释至 2 000～2 500 毫升均匀药浆，均匀拌种或种子包衣，而后晾干、待播。

玉米玉米螟、棉铃虫、草地贪夜蛾、斜纹夜蛾　主要防控喇叭口期心叶受害。在害虫发生为害初期（田间初见受害新叶时）或卵孵化盛期进行用药，一般每亩使用5%悬浮剂40～60毫升，或200克/升悬浮剂10～15毫升，或35%水分散粒剂6～8克，对水30～45千克向喇叭口内均匀喷雾或喷淋；或每亩使用0.4%颗粒剂350～450克向喇叭口内均匀撒施（丢心）。

玉米二点委夜蛾、小地老虎　在害虫发生为害初期或玉米2～3叶期，每亩使用5%悬浮剂40～60毫升，或200克/升悬浮剂10～15毫升，或35%水分散粒剂6～8克，对水30～45千克均匀喷淋幼苗茎基部。

玉米黏虫　在害虫卵孵化盛期至低龄幼虫期进行喷药，一般每亩使用5%悬浮剂30～40毫升，或200克/升悬浮剂7～10毫升，或35%水分散粒剂5～7克，对水30～45千克均匀喷雾；或每亩使用5%超低容量液剂30～40毫升超低容量喷雾。

甘蔗小地老虎、蔗螟　既可土壤撒施药剂，也可喷雾用药。撒施用药时，新种甘蔗需先于垄沟内撒施药剂，然后种植、覆土、浇水；或在宿根蔗的苗期或害虫卵盛期于垄旁开沟撒施药剂，然后覆土。一般每亩均匀撒施0.01%颗粒剂60～75千克，或0.03%颗粒剂20～25千克，或0.4%颗粒剂1 500～2 000克，每季最多使用1次，施药后应保持一定的土壤湿度以利于药效发挥。喷雾用药时，在害虫发生为害初期或卵孵化盛期至低龄幼虫期进行喷药，一般每亩次使用5%悬浮剂60～80毫升，或200克/升悬浮剂15～20毫升，或35%水分散粒剂9～12克，对水45～60千克喷淋甘蔗茎基部。

苹果树金纹细蛾、桃小食心虫、苹果蠹蛾　防控金纹细蛾时，在每代卵孵化期至初见新鲜虫斑时进行喷药，每代喷药1次；或第1代于苹果落花后立即喷药，第2代多于苹果落花后40天左右喷药，以后约每35天左右喷药1次。防控桃小食心虫、苹果蠹蛾时，根据虫情测报在卵盛期至初孵幼虫蛀果前及时喷药，每代喷药1次。一般使用5%悬浮剂1 000～1 500倍液，或200克/升悬浮剂4 000～5 000倍液，或35%水分散粒剂7 000～8 000倍液均匀喷雾。

梨、桃、枣等水果的梨小食心虫、桃小食心虫　根据虫情测报，在每代卵盛期至初孵幼虫钻蛀为害前及时喷药，每代喷药1次。氯虫苯甲酰胺喷施倍数同"苹果树金纹细蛾"。

苹果树、梨树、桃树、山楂树的卷叶蛾类及其他鳞翅目食叶害虫　防控卷叶蛾类时，先于开花前或落花后喷药1次，防控越冬代幼虫，然后再于每代幼虫发生初期（初显卷叶时）及时喷药1次；防控其他鳞翅目食叶害虫时，在害虫卵孵化盛期至低龄幼虫期进行喷药，每代喷药1次。氯虫苯甲酰胺喷施倍数同"苹果树金纹细蛾"。

桃树、杏树的桃潜叶蛾　在叶片上初显害虫为害虫道时开始喷药，1个月左右1次（即每代喷药1次），连喷3～5次。氯虫苯甲酰胺喷施倍数同"苹果树金纹细蛾"。

枣树鳞翅目食叶害虫　在害虫卵孵化盛期至低龄幼虫期进行喷药，每代喷药1次。氯虫苯甲酰胺喷施倍数同"苹果树金纹细蛾"。

核桃树核桃缀叶螟　在害虫卵孵化盛期至低龄幼虫期进行喷药，每代喷药1次。氯虫苯甲酰胺喷施倍数同"苹果树金纹细蛾"。

柑橘树潜叶蛾　在每季新梢生长初期（新梢长1厘米）或新梢叶片上初见为害虫道时开始喷药，10天左右1次，每季梢喷药1～2次。氯虫苯甲酰胺喷施倍数同"苹果树金纹细蛾"。

甘蓝、花椰菜、白菜等十字花科蔬菜的斜纹夜蛾、甜菜夜蛾、小菜蛾、菜青虫等鳞翅目食叶害虫　在害虫卵孵化盛期至低龄幼虫期开始喷药，7～10天1次，每代喷药1～2次。一般每亩次使用5％悬浮剂40～60毫升，或200克/升悬浮剂10～15毫升，或35％水分散粒剂6～9克，对水30～45千克均匀喷雾。

辣椒、茄子、番茄等茄果类蔬菜的甜菜夜蛾、斜纹夜蛾、棉铃虫、烟青虫等鳞翅目害虫　在害虫卵孵化盛期至低龄幼虫期开始喷药，7～10天1次，连喷1～2次。一般每亩次使用5％悬浮剂40～60毫升，或200克/升悬浮剂10～15毫升，或35％水分散粒剂6～9克，对水45～60千克均匀喷雾。

西瓜甜菜夜蛾、棉铃虫、瓜绢螟　在害虫卵孵化盛期至低龄幼虫期（钻蛀为害前）开始喷药，7～10天1次，连喷1～2次。氯虫苯甲酰胺喷施剂量同"辣椒甜菜夜蛾"。

豇豆、菜用大豆的豆荚螟　在害虫产卵盛期至初孵幼虫蛀荚前及时喷药，7～10天1次，连喷1～2次。氯虫苯甲酰胺喷施剂量同"辣椒甜菜夜蛾"。

棉花棉铃虫、斜纹夜蛾　在害虫卵孵化盛期至低龄幼虫钻蛀蕾铃前及时喷药，7～10天1次，每代喷药1～2次。氯虫苯甲酰胺喷施剂量同"辣椒甜菜夜蛾"。

甘薯斜纹夜蛾、甘薯麦蛾　在害虫发生为害初期或卵孵化盛期至低龄幼虫期进行喷药，每代喷药1次。一般每亩次使用5％悬浮剂30～50毫升，或200克/升悬浮剂8～13毫升，或35％水分散粒剂4.5～7克，对水45～60千克均匀喷雾。

草坪黏虫　在害虫发生为害初期进行喷药，每代喷药1次即可。一般每亩次使用5％悬浮剂20～30毫升，或200克/升悬浮剂5～8毫升，或35％水分散粒剂3～5克，对水30～45千克均匀喷雾。

注意事项　氯虫苯甲酰胺不能与碱性药剂及肥料混用，连续喷药时注意与其他不同杀虫机理药剂交替使用。本剂虽有一定内吸传导性，喷药时还应均匀周到。该药对家蚕高毒，桑蚕养殖区域禁止使用。

氯氰菊酯 cypermethrin

主要含量与剂型　5％、10％、25％、50克/升、100克/升乳油，10％、25％水乳剂，300克/升悬浮种衣剂。

产品特点　氯氰菊酯是一种拟除虫菊酯类高效广谱杀虫剂，低毒至中等毒性，以触杀和胃毒作用为主，兼有一定忌避效果，无内吸和熏蒸作用，击倒力强，作用迅速，对多种害虫的成虫、幼虫及卵均有较好的杀灭效果，持效期较长，耐雨水冲刷，使用安全，对光、热稳定。其杀虫机理是作用于昆虫的神经系统，使昆虫过度兴奋、麻痹而死亡。

适用作物防控对象及使用技术　氯氰菊酯广泛适用于粮棉油糖烟茶、蔬菜、果树、花卉等多种作物，对咀嚼式口器害虫和刺吸式口器害虫均有较好的防控效果。

甘蓝、白菜、花椰菜等十字花科蔬菜的菜青虫、小菜蛾、甜菜夜蛾、斜纹夜蛾、蚜虫、黄条跳甲　防控菜青虫等鳞翅目害虫时，在害虫发生为害初期或卵孵化盛期至低龄幼虫期开始喷药，7～10天1次，每代喷药1～2次；防控蚜虫、黄条跳甲时，在害虫发生为害初期开始喷药，7～10天1次，连喷2次左右。一般每亩次使用5％乳油或50克/升乳油120～150毫升，或10％乳油或10％水乳剂或100克/升乳油60～80毫升，或25％乳油或 25%水乳剂 25～30 毫升，对水 30～45 千克均匀喷雾，注意喷洒叶片背面。

苹果、梨、桃等果实的桃小食心虫、梨小食心虫　根据虫情测报，在害虫卵盛期至初孵幼虫蛀果前及时喷药，7 天左右 1 次，每代喷药 1～2 次。一般使用 5%乳油或 50 克/升乳油 500～700 倍液，或 10%乳油或 10%水乳剂或 100 克/升乳油 1 000～1 500 倍液，或 25%乳油或 25%水乳剂 2 000～3 000 倍液均匀喷雾。

苹果树、梨树、桃树等落叶果树的卷叶蛾类及其他鳞翅目食叶害虫　防控卷叶蛾时，在果园内初见卷叶为害时或害虫卵盛期至低龄幼虫卷叶为害前及时喷药，7～10 天 1 次，每代喷药 1～2 次；防控其他鳞翅目食叶害虫时，在害虫卵盛期至低龄幼虫期进行喷药，7～10 天 1 次，每代喷药 1～2 次。一般使用 5%乳油或 50 克/升乳油 600～800 倍液，或 10%乳油或 10%水乳剂或 100 克/升乳油 1 200～1 500 倍液，或 25%乳油或 25%水乳剂 3 000～4 000 倍液均匀喷雾。

梨树梨木虱（成虫）　先于花芽膨大后至花序分离期选择晴朗无风天气喷药，7～10 天 1 次，连喷 1～2 次，杀灭越冬代成虫；然后从落花后的各代成虫发生初期继续喷药，7～10 天 1 次，每代喷药 1～2 次。氯氰菊酯喷施倍数同"苹果树卷叶蛾类"。

柑橘树潜叶蛾、柑橘木虱、蚜虫、食叶象甲　防控潜叶蛾、柑橘木虱、蚜虫时，在每季新梢抽生初期（新梢长 1 厘米）或嫩梢上初见害虫为害时开始喷药，7～10 天 1 次，每季梢喷药 1～2 次；防控食叶象甲时，在害虫发生为害初期开始喷药，7～10 天 1 次，连喷 1～2 次。氯氰菊酯喷施倍数同"苹果树卷叶蛾类"。

荔枝树荔枝蝽　在荔枝蝽发生为害初期或若虫发生初盛期开始喷药，7～10 天 1 次，连喷 2 次左右。氯氰菊酯喷施倍数同"苹果树卷叶蛾类"。

小麦蚜虫　从蚜虫发生为害初盛期开始喷药，10 天左右 1 次，连喷 2 次左右，或在小麦孕穗期至抽穗初期和齐穗期各喷药 1 次。一般每亩次使用 5%乳油或 50 克/升乳油 120～200 毫升，或 10%乳油或 10%水乳剂或 100 克/升乳油 60～100 毫升，或 25%乳油或 25%水乳剂 25～40 毫升，对水 30～45 千克均匀喷雾。

小麦金针虫、蝼蛄　种子包衣或药剂拌种，一般每 100 千克种子使用 300 克/升悬浮种衣剂 150～200 毫升，对适量水稀释后均匀拌种或种子包衣，而后晾干、待播。

玉米蚜虫、灰飞虱　从害虫发生为害初期开始喷药，7～10 天 1 次，连喷 1～2 次。氯氰菊酯喷施剂量同"小麦蚜虫"。

玉米地下害虫　种子包衣或药剂拌种，一般使用 300 克/升悬浮种衣剂按照 1 :（500～600）的药种比进行种子包衣或药剂拌种。

棉花棉铃虫、蚜虫　防控棉铃虫，在害虫卵盛期至低龄幼虫钻蛀蕾铃前进行喷药，7～10 天 1 次，每代喷药 1～2 次；防控蚜虫，在蚜虫发生为害初盛期或蚜虫数量开始较快增多时开始喷药，7～10 天 1 次，连喷 2～3 次。一般每亩次使用 5%乳油或 50 克/升乳油 150～200 毫升，或 10%乳油或 10%水乳剂或 100 克/升乳油 70～100 毫升，或 25%乳油或 25%水乳剂 30～40 毫升，对水 45～60 千克均匀喷雾。

花生、大豆的蚜虫、斜纹夜蛾　防控蚜虫时，在蚜虫发生为害初盛期开始喷药，7～10 天 1 次，连喷 1～2 次；防控斜纹夜蛾时，在害虫卵盛期至低龄幼虫期进行喷药，7～10 天 1 次，连喷 1～2 次。一般每亩次使用 5%乳油或 50 克/升乳油 120～160 毫升，或 10%乳油或 10%水乳剂或 100 克/升乳油 60～80 毫升，或 25%乳油或 25%水乳剂 25～

35 毫升, 对水 30～45 千克均匀喷雾。

烟草烟青虫、小地老虎 从害虫发生为害初期或害虫卵盛期至低龄幼虫期开始喷药, 7～10 天 1 次, 连喷 1～2 次, 防控小地老虎时注意喷淋植株茎基部周围土壤。一般每亩次使用 5％乳油或 50 克/升乳油 150～200 毫升, 或 10％乳油或 10％水乳剂或 100 克/升乳油 75～100 毫升, 或 25％乳油或 25％水乳剂 30～40 毫升, 对水 45～60 千克均匀喷雾或喷淋。

茶树茶尺蠖、茶毛虫、茶小绿叶蝉 防控茶尺蠖、茶毛虫时, 在害虫卵盛期至低龄幼虫期进行喷药, 7～10 天 1 次, 连喷 1～2 次; 防控茶小绿叶蝉时, 在害虫发生为害初期或若虫发生初盛期开始喷药, 7 天左右 1 次, 连喷 2 次左右。氯氰菊酯喷施剂量同"烟草烟青虫"。

观赏花卉蚜虫、鳞翅目食叶害虫 防控蚜虫, 在蚜虫发生为害初期开始喷药, 7～10 天 1 次, 连喷 2 次左右; 防控鳞翅目食叶害虫, 在害虫卵盛期至低龄幼虫期进行喷药, 7～10 天 1 次, 每代喷药 1～2 次。一般使用 5％乳油或 50 克/升乳油 600～800 倍液, 或 10％乳油或 10％水乳剂或 100 克/升乳油 1 200～1 500 倍液, 或 25％乳油或 25％水乳剂 3 000～4 000 倍液均匀喷雾。

注意事项 氯氰菊酯不能与碱性药剂及肥料混用。连续喷药时, 注意与其他不同杀虫机理药剂交替使用或混用, 以延缓害虫产生抗药性。

马拉硫磷 malathion

主要含量与剂型 45％、70％乳油, 1.2％、1.8％粉剂。

产品特点 马拉硫磷是一种有机磷类广谱低毒杀虫剂, 具有触杀、胃毒和较好的熏蒸作用, 无内吸性, 击倒力强, 速效性好, 但持效期较短（多为 7 天左右）, 喷雾用药时应均匀周到。其杀虫机理是马拉硫磷进入昆虫体内后, 氧化成马拉氧磷而发挥毒杀作用, 使神经信息传导受到抑制, 导致昆虫兴奋、麻痹而死亡。本剂对刺吸式口器和咀嚼式口器害虫都有较好的防控效果。

适用作物防控对象及使用技术 马拉硫磷适用于粮棉油糖烟茶、果树、蔬菜、牧草、林木、园林植物等多种作物, 对咀嚼式口器和刺吸式口器害虫均有较好的防控效果。

苹果树、梨树的金龟子类 从金龟子发生为害初期开始喷药, 7 天左右 1 次, 连喷 2 次左右, 以傍晚或清晨喷药效果较好。一般使用 45％乳油 1 000～1 500 倍液或 70％乳油 1 500～2 000 倍液均匀喷雾。

梨、苹果等果实的椿象类 多从小麦蜡熟期（麦穗变黄后）或椿象刺吸为害果实初期开始在果园内喷药, 7 天左右 1 次, 连喷 2 次左右; 较大果园也可重点喷洒果园外围的几行树, 阻止椿象迁飞进入园内。一般使用 45％乳油 1 000～1 500 倍液或 70％乳油 1 500～2 000 倍液均匀喷雾。

苹果树绣线菊蚜、苹果瘤蚜 防控绣线菊蚜, 在新梢上蚜虫数量较多时或蚜虫开始向幼果上转移扩散时开始喷药, 7 天左右 1 次, 连喷 2 次左右; 防控苹果瘤蚜, 在花序分离期和落花后各喷药 1 次。一般使用 45％乳油 1 000～1 500 倍液或 70％乳油 1 500～2 000 倍液均匀喷雾。

梨树绿盲蝽、梨瘿蚊　防控绿盲蝽，从害虫发生为害初期开始喷药，7 天左右 1 次，连喷 2 次左右；防控梨瘿蚊，在新梢生长期内嫩叶上初显受害状时（叶缘卷曲）开始喷药，7 天左右 1 次，连喷 2 次左右。一般使用 45％乳油 1 000～1 500 倍液或 70％乳油 1 500～2 000 倍液均匀喷雾。

枣树绿盲蝽、枣瘿蚊　防控绿盲蝽，多从枣树萌芽后或绿盲蝽发生为害初期开始喷药，7 天左右 1 次，连喷 2～3 次；防控枣瘿蚊，在发芽后至开花前嫩梢上初显受害状时开始喷药，7 天左右 1 次，连喷 2 次左右。一般使用 45％乳油 1 000～1 500 倍液或 70％乳油 1 500～2 000 倍液均匀喷雾。

柑橘树蚜虫、柑橘木虱　在每季新梢抽生初期（新梢长 1 厘米）或嫩梢上初见害虫为害时开始喷药，7～10 天 1 次，每季梢喷药 1～2 次。一般使用 45％乳油 1 000～1 500 倍液或 70％乳油 1 500～2 000 倍液均匀喷雾。

甘蓝、萝卜、白菜等十字花科蔬菜蚜虫、黄条跳甲、菜青虫、造桥虫、小菜蛾、甜菜夜蛾、斜纹夜蛾、甘蓝夜蛾　防控蚜虫、黄条跳甲时，在害虫发生为害初期开始喷药，5～7 天 1 次，连喷 1～2 次；防控菜青虫等鳞翅目食叶害虫时，在害虫卵孵化盛期至低龄幼虫期进行喷药，5～7 天 1 次，连喷 1～2 次。一般每亩次使用 45％乳油 100～140 毫升或 70％乳油 65～90 毫升，对水 30～45 千克均匀喷雾。

水稻稻飞虱、蓟马、叶蝉　在害虫发生为害初期或若虫发生为害初盛期开始喷药，5～7 天 1 次，连喷 2 次左右，注意喷洒植株中下部。一般每亩次使用 45％乳油 100～120 毫升或 70％乳油 60～80 毫升，对水 30～60 千克均匀喷雾。

小麦蚜虫、黏虫　防控蚜虫时，在蚜虫发生为害初期开始喷药，7～10 天 1 次，连喷 2 次左右，或在小麦孕穗期至抽穗初期和齐穗期各喷药 1 次；防控黏虫时，在害虫卵孵化盛期至低龄幼虫期开始喷药，7 天左右 1 次，连喷 1～2 次。一般每亩次使用 45％乳油 80～110 毫升或 70％乳油 50～70 毫升，对水 30～45 千克均匀喷雾。

棉花盲椿象、蚜虫　从害虫发生为害初期开始喷药，7 天左右 1 次，连喷 2～3 次，防控盲椿象时以早上或傍晚喷药效果较好。一般每亩次使用 45％乳油 120～150 毫升或 70％乳油 80～100 毫升，对水 45～60 千克均匀喷雾。植株较小时，适当减少用药量。

大豆食心虫、造桥虫、双斑萤叶甲　防控食心虫，在害虫卵盛期至初孵幼虫钻蛀前及时喷药，5～7 天 1 次，每代喷药 1～2 次；防控造桥虫，在害虫卵孵化盛期至低龄幼虫期进行喷药，每代 1 次即可；防控双斑萤叶甲，在害虫发生为害初期开始喷药，7～10 天 1 次，连喷 1～2 次。一般每亩次使用 45％乳油 100～120 毫升或 70％乳油 60～80 毫升，对水 45～60 千克均匀喷雾。

茶树象甲、茶小绿叶蝉、长白蚧、茶绵蚧　防控象甲、茶小绿叶蝉时，在害虫发生为害初期开始喷药，7～10 天 1 次，连喷 1～2 次；防控长白蚧、茶绵蚧时，在初孵若虫发生初盛期进行喷药。一般使用 45％乳油 500～700 倍液或 70％乳油 800～1 000 倍液均匀喷雾。

牧草蝗虫、草地螟　从害虫发生为害初期，或蝗虫若虫或草地螟低龄幼虫发生初盛期开始喷药，7～10 天 1 次，连喷 1～2 次。一般每亩次使用 45％乳油 70～100 毫升或 70％乳油 50～60 毫升，对水 30～45 千克均匀喷雾。

注意事项　马拉硫磷不能与碱性药剂及肥料混用，连续喷药时注意与不同杀虫机理药剂交替使用或混用，喷药应尽量均匀周到。果树开花期及蜜源植物上禁止使用，以避免对蜜蜂造成伤害。苹果树、梨树的有些品种可能对本剂较敏感，具体使用时需要慎重；葡萄、樱桃、桃树、高粱、瓜类、豇豆、甘薯等对马拉硫磷敏感，易发生药害，用药时应避免药液飘移到上述作物上；番茄幼苗对本剂亦较敏感，用药时需要慎重。

棉铃虫核型多角体病毒 helicoverpa armigera nuclear polyhedrosis virus

主要含量与剂型　10 亿 PIB/克可湿性粉剂，20 亿 PIB/毫升、50 亿 PIB/毫升悬浮剂，600 亿 PIB/克水分散粒剂。

产品特点　棉铃虫核型多角体病毒（HaNPV）是一种昆虫病毒类微生物源低毒杀虫剂，专用于杀灭棉铃虫等鳞翅目幼虫，以胃毒作用为主，药效持久，具有种群传染、降低害虫群体基数的功效，对人、畜及天敌安全，不污染环境，是生产绿色农产品的理想杀虫剂之一。药剂喷施到植物表面被棉铃虫等鳞翅目害虫取食后，病毒在害虫细胞内增殖并扩散蔓延，不断侵害其健康细胞，直至导致害虫死亡；且有病害虫的粪便和虫尸还能再侵染其他害虫，形成重复侵染，使杀虫效果不断扩大。

适用作物防控对象及使用技术　棉铃虫核型多角体病毒适用于粮棉油烟、蔬菜、果树等多种作物，主要用于防控棉铃虫等鳞翅目害虫。

棉花棉铃虫　从害虫卵孵化盛期开始喷药，10 天左右 1 次，每代喷药 1～2 次。一般每亩次使用 10 亿 PIB/克可湿性粉剂 100～150 克，或 20 亿 PIB/毫升悬浮剂 50～75 毫升，或 50 亿 PIB/毫升悬浮剂 20～30 毫升，或 600 亿 PIB/克水分散粒剂 2～3 克，对水 45～75 千克均匀喷雾。

番茄、茄子、辣椒的棉铃虫、烟青虫　从害虫卵孵化盛期开始喷药，7～10 天 1 次，每代喷药 1～2 次。棉铃虫核型多角体病毒喷施剂量同"棉花棉铃虫"。

芝麻棉铃虫　在害虫卵孵化盛期至低龄幼虫期开始喷药，7～10 天 1 次，每代喷药 1～2 次。一般每亩次使用 10 亿 PIB/克可湿性粉剂 80～120 克，或 20 亿 PIB/毫升悬浮剂 40～60 毫升，或 50 亿 PIB/毫升悬浮剂 16～25 毫升，或 600 亿 PIB/克水分散粒剂 2～3 克，对水 45～60 千克均匀喷雾。

烟草烟青虫　在害虫卵孵化盛期至低龄幼虫期开始喷药，7～10 天 1 次，每代喷药 1～2 次。一般每亩次使用 10 亿 PIB/克可湿性粉剂 150～200 克，或 20 亿 PIB/毫升悬浮剂 80～100 毫升，或 50 亿 PIB/毫升悬浮剂 35～45 毫升，或 600 亿 PIB/克水分散粒剂 3～4 克，对水 45～60 千克均匀喷雾。

苹果树棉铃虫　在害虫卵孵化盛期至低龄幼虫期开始喷药，10 天左右 1 次，每代喷药 1～2 次。一般使用 10 亿 PIB/克可湿性粉剂 400～500 倍液，或 20 亿 PIB/毫升悬浮剂 800～1 000 倍液，或 50 亿 PIB/毫升悬浮剂 2 000～2 500 倍液，或 600 亿 PIB/克水分散粒剂 25 000～30 000 倍液均匀喷雾。

注意事项　棉铃虫核型多角体病毒不能与碱性药剂及杀菌剂、病毒钝化剂混用，也不能与含铜药剂混用。本剂属微生物源杀虫剂，作用速度较慢，适于害虫发生早期使用。另外，本剂不耐高温，且对紫外线敏感，阳光照射容易失效，所以应尽量选择傍晚或阴天施药，雨后空气潮湿时用药效果最好。

灭蝇胺 cyromazine

主要含量与剂型　10％、20％、30％悬浮剂，10％可溶液剂，20％、50％、75％可溶粉剂，30％、50％、70％、75％、80％可湿性粉剂，60％、70％、80％水分散粒剂。

产品特点　灭蝇胺是一种三嗪类昆虫生长调节剂型低毒杀虫剂，具有触杀、胃毒和内吸传导作用，选择性强，主要对双翅目昆虫有杀灭活性，对蝇类卵、幼虫、蛹整个发育过程都有较强的抑制和杀伤作用，持效期较长，但作用速度较慢，使用安全。其杀虫机理是通过抑制昆虫几丁质合成，使双翅目昆虫幼虫和蛹在形态上发生畸变，成虫羽化不全或受抑制，而导致昆虫死亡。

适用作物防控对象及使用技术　灭蝇胺适用于多种瓜果蔬菜、观赏植物及食用菌类，主要对"蝇类"害虫（蝇类幼虫）具有良好的防控效果。

黄瓜、番茄、菜豆、芸豆等瓜果及豆类蔬菜的斑潜蝇　在害虫发生为害初期（虫道2～3毫米长时最佳）或叶片上初见为害虫道时开始喷药，7～10天1次，连喷2次。一般每亩次使用10％悬浮剂或10％可溶液剂120～150毫升，或20％悬浮剂60～75毫升，或20％可溶粉剂60～80克，或30％悬浮剂40～50毫升，或30％可湿性粉剂40～50克，或50％可溶粉剂或50％可湿性粉剂25～30克，或60％水分散粒剂22～27克，或70％可湿性粉剂或70％水分散粒剂20～25克，或75％可溶粉剂或75％可湿性粉剂18～22克，或80％可湿性粉剂或80％水分散粒剂15～20克，对水45～60千克均匀喷雾，植株较小时适当降低用药量。

大葱斑潜蝇　在害虫发生为害初期或葱叶上初见为害虫道时开始喷药，7～10天1次，连喷1～2次。一般每亩次使用10％悬浮剂或10％可溶液剂100～150毫升，或20％悬浮剂50～75毫升，或20％可溶粉剂50～75克，或30％悬浮剂35～50毫升，或30％可湿性粉剂35～50克，或50％可溶粉剂或50％可湿性粉剂20～30克，或60％水分散粒剂17～25克，或70％可湿性粉剂或70％水分散粒剂15～21克，或75％可溶粉剂或75％可湿性粉剂14～20克，或80％可湿性粉剂或80％水分散粒剂13～19克，对水30～45千克均匀喷雾。

韭菜韭蛆　在韭蛆发生为害初期或收割后第2天，每亩使用10％悬浮剂或10％可溶液剂1 000～1 500毫升，或20％悬浮剂500～750毫升，或20％可溶粉剂500～750克，或30％悬浮剂350～500毫升，或30％可湿性粉剂350～500克，或50％可溶粉剂或50％可湿性粉剂200～300克，或60％水分散粒剂180～250克，或70％可湿性粉剂或70％水分散粒剂150～210克，或75％可溶粉剂或75％可湿性粉剂140～200克，或80％可湿性粉剂或80％水分散粒剂130～190克，对水250千克淋浇韭菜根茎处或整个畦田，而后浇足透水。

葱、蒜根蛆　在害虫发生为害初期，用药液浇灌或顺垄淋根，灭蝇胺使用剂量同"韭菜根蛆"。淋根用药时，药液量应尽量充足，以保证药液充分淋渗到植株根部。

生姜姜蛆　姜块入窖时，在姜块上撒施药剂。一般每1 000千克姜块使用20％可溶粉剂50～75克，或30％可湿性粉剂35～50克，或50％可溶粉剂或50％可湿性粉剂20～30克，或70％可湿性粉剂或75％可湿性粉剂或80％可湿性粉剂或75％可溶粉剂15～

20 克，均匀拌 100 千克细沙后撒施。

观赏花卉美洲斑潜蝇　在害虫发生为害初期或初见为害虫道时开始喷药，7～10 天 1 次，连喷 2 次左右。一般每亩次使用 10％悬浮剂或 10％可溶液剂 100～150 毫升，或 20％悬浮剂 50～75 毫升，或 20％可溶粉剂 50～75 克，或 30％悬浮剂 35～50 毫升，或 30％可湿性粉剂 35～50 克，或 50％可溶粉剂或 50％可湿性粉剂 20～30 克，或 60％水分散粒剂 17～25 克，或 70％可湿性粉剂或 75％可湿性粉剂或 80％可湿性粉剂或 75％可溶粉剂或 70％水分散粒剂或 80％水分散粒剂 15～20 克，对水 30～60 千克均匀喷雾，植株较小时适当减少用药量。

蘑菇蝇蛆　通过药剂拌料进行用药。一般每吨基料使用 10％悬浮剂 300～500 毫升，或 20％悬浮剂 150～250 毫升，或 20％可溶粉剂 150～250 克，或 30％悬浮剂 100～160 毫升，或 50％可溶粉剂或 50％可湿性粉剂 60～100 克，或 60％水分散粒剂 50～80 克，或 70％可湿性粉剂或 70％水分散粒剂 45～70 克，或 75％可溶粉剂或 75％可湿性粉剂 40～65 克，或 80％可湿性粉剂或 80％水分散粒剂 40～60 克，配成一定量母液后均匀拌料，腐熟后接种。

注意事项　灭蝇胺不能与碱性药剂及肥料混用。连续喷药时，注意与不同杀虫机理药剂交替使用，以延缓害虫产生抗药性。喷药时，若在药液中混加 0.03％有机硅助剂可显著提高药剂防效。

灭幼脲 chlorbenzuron

主要含量与剂型　20％、25％悬浮剂，25％可湿性粉剂。

产品特点　灭幼脲是一种苯甲酰脲类特异性低毒杀虫剂，属昆虫生长调节剂类，专用于防控鳞翅目幼虫，以胃毒作用为主，兼有触杀作用，无内吸传导作用，但有一定渗透性，使用安全。其作用机理是通过抑制昆虫表皮几丁质合成，阻碍幼虫蜕皮，使虫体发育不正常、畸形、脱水、饥饿而死亡。该药黏着性好，耐雨水冲刷，降解速度慢，持效期 15～20 天。幼虫接触药液后很快产生拒食反应，停止取食（为害），2 天后开始死亡，3～4 天达到死亡高峰，死虫速度较慢。

适用作物防控对象及使用技术　灭幼脲适用于果树、蔬菜、粮棉油糖烟茶、观赏植物等多种作物，对鳞翅目幼虫具有很好的杀灭效果。

苹果树金纹细蛾　在各代幼虫发生初期或初见新鲜虫斑时进行喷药，每代喷药 1 次；或在落花后、落花后 40 天左右及以后每 35 天左右各喷药 1 次，连喷 4～5 次。一般使用 20％悬浮剂 1 200～1 500 倍液，或 25％悬浮剂或 25％可湿性粉剂 1 500～2 000 倍液均匀喷雾。

桃树、杏树的桃潜叶蛾　从害虫发生为害初期或叶片上初见为害虫道时开始喷药，20～30 天 1 次，与不同类型药剂交替使用，连喷 3～5 次。灭幼脲喷施倍数同"苹果树金纹细蛾"。

苹果树、梨树、桃树、李树、杏树、枣树等落叶果树的卷叶蛾类及其他鳞翅目食叶害虫　防控卷叶蛾时，在害虫卷叶前至卷叶初期及时喷药，每代喷药 1 次；防控其他鳞翅目食叶害虫时，在害虫发生为害初期或卵孵化盛期至低龄幼虫期及时喷药，每代喷药 1 次。

灭幼脲喷施倍数同"苹果树金纹细蛾"。

葡萄的葡萄虎蛾、葡萄天蛾　在害虫发生为害初期或卵孵化盛期至低龄幼虫期进行喷药，每代喷药 1 次。灭幼脲喷施倍数同"苹果树金纹细蛾"。

核桃树核桃缀叶螟、核桃瘤蛾　在害虫发生为害初期或卵孵化盛期至低龄幼虫期进行喷药，每代喷药 1 次。灭幼脲喷施倍数同"苹果树金纹细蛾"。

柑橘树潜叶蛾、柑橘凤蝶　防控潜叶蛾时，在各季新梢嫩叶上初见受害虫道时开始喷药，10～15 天 1 次，每季梢喷药 1～2 次；防控柑橘凤蝶时，在害虫卵孵化盛期至低龄幼虫期进行喷药，每代喷药 1 次。一般使用 20％悬浮剂 1 000～1 200 倍液，或 25％悬浮剂或 25％可湿性粉剂 1 200～1 500 倍液均匀喷雾。

甘蓝、白菜、花椰菜、萝卜等十字花科蔬菜菜青虫、甜菜夜蛾、甘蓝夜蛾、斜纹夜蛾、小菜蛾等鳞翅目食叶害虫　在害虫卵孵化盛期至低龄幼虫期进行喷药，每代喷药 1 次。一般每亩次使用 20％悬浮剂 30～40 毫升，或 25％悬浮剂 24～32 毫升，或 25％可湿性粉剂 24～32 克，对水 30～45 千克均匀喷雾，注意喷洒叶片背面。

西瓜瓜绢螟、斜纹夜蛾　在害虫卵孵化盛期至低龄幼虫期进行喷药，每代喷药 1 次。灭幼脲喷施剂量同"甘蓝菜青虫"。

小麦、玉米黏虫　在害虫卵孵化盛期至低龄幼虫期进行喷药，每代喷药 1 次。灭幼脲喷施剂量同"甘蓝菜青虫"。

水稻稻纵卷叶螟　在害虫卵盛期至初孵幼虫卷叶前及时喷药，每代喷药 1 次。一般每亩次使用 20％悬浮剂 30～50 毫升，或 25％悬浮剂 25～40 毫升，或 25％可湿性粉剂 25～40 克，对水 30～45 千克均匀喷雾。

马铃薯草地螟　在害虫发生为害初期或卵孵化盛期至低龄幼虫期进行喷药，每代喷药 1 次。一般每亩次使用 20％悬浮剂 40～50 毫升，或 25％悬浮剂 30～40 毫升，或 25％可湿性粉剂 30～40 克，对水 45～60 千克均匀喷雾。

山药甜菜夜蛾　在害虫发生为害初期或卵孵化盛期至低龄幼虫期进行喷药，每代喷药 1 次。灭幼脲喷施剂量同"马铃薯草地螟"。

观赏牡丹刺蛾　在害虫发生为害初期或卵孵化盛期至低龄幼虫期进行喷药，每代喷药 1 次。灭幼脲喷施剂量同"马铃薯草地螟"。

杨树等林木的美国白蛾、杨尺蠖　在害虫发生为害初期或卵孵化盛期至低龄幼虫期进行喷药，每代喷药 1 次。一般使用 20％悬浮剂 1 500～2 000 倍液，或 25％悬浮剂或 25％可湿性粉剂 2 000～2 500 倍液均匀喷雾。

松树松毛虫　在害虫发生为害初期或卵孵化盛期至低龄幼虫期进行喷药，每代喷药 1 次。灭幼脲喷施倍数同"杨树美国白蛾"。

注意事项　灭幼脲不能与强酸性药剂及碱性药剂或肥料混用，也不能与促进昆虫蜕皮激素类药剂混用。连续喷药时，注意与不同杀虫机理药剂交替使用。桑园内及其附近区域禁止使用。

苜蓿银纹夜蛾核型多角体病毒 autographa californica NPV

主要含量与剂型　10 亿 PIB/毫升、20 亿 PIB/克悬浮剂。

产品特点　苜蓿银纹夜蛾核型多角体病毒是一种昆虫病毒类微生物源低毒杀虫剂，专用于防控甜菜夜蛾等鳞翅目害虫，以胃毒作用为主，无内吸、熏蒸作用，药效持久，害虫不易产生抗性，并有种群传染功效，对人、畜及天敌安全，不污染环境，是生产绿色无公害农产品的理想杀虫剂之一。甜菜夜蛾等鳞翅目害虫取食药剂后，病毒侵染害虫细胞并在害虫细胞内增殖，并不断扩散蔓延侵害其他健康细胞，最终导致害虫细胞崩解破坏、体液流失而死亡。另外，有病害虫的粪便和虫尸还能再侵染其他害虫，形成重复侵染，使杀虫效果不断扩大。

适用作物防控对象及使用技术　苜蓿银纹夜蛾核型多角体病毒适用于瓜果蔬菜等多种作物，主要用于防控甜菜夜蛾等鳞翅目害虫。

甘蓝、白菜、花椰菜等十字花科蔬菜甜菜夜蛾　在害虫卵孵化盛期至低龄幼虫期进行喷药，7天左右1次，连喷2次。一般每亩次使用10亿PIB/毫升悬浮剂150~200毫升或20亿PIB/克悬浮剂100~130克，对水30~45千克均匀喷雾，注意喷洒叶片背面。

番茄、辣椒、茄子的甜菜夜蛾　在害虫卵孵化盛期至低龄幼虫期进行喷药，7天左右1次，连喷2次。一般每亩次使用10亿PIB/毫升悬浮剂180~250毫升或20亿PIB/克悬浮剂120~150克，对水45~60千克均匀喷雾。

注意事项　苜蓿银纹夜蛾核型多角体病毒不能与强酸性、碱性物质及铜制剂混用，也不能与杀菌剂及病毒钝化剂混用。本剂杀虫速度较慢，应尽量在害虫发生早期使用，且喷药均匀周到；对家蚕高毒，严禁在桑园附近及养蚕场所使用。

氰氟虫腙 metaflumizone

主要含量与剂型　22％、33％悬浮剂。

产品特点　氰氟虫腙是一种缩氨基脲类高效广谱低毒杀虫剂，以胃毒作用为主，兼有触杀作用，无内吸性，杀虫活性较高，对各龄期的靶标害虫或幼虫都有较好的防控效果，持效期较长（7~10天），使用安全。害虫取食药剂后很快停止取食为害，1~3天内死亡。其作用机理主要是通过阻断害虫神经系统的钠离子通道，使虫体过度放松、麻痹，导致其最终死亡。

适用作物防控对象及使用技术　氰氟虫腙适用于瓜果蔬菜、果树、粮棉油烟茶、观赏花卉等多种作物，对鳞翅目等多种咀嚼式口器害虫具有较好的防控效果。

甘蓝、白菜、花椰菜、萝卜等十字花科蔬菜的甜菜夜蛾、斜纹夜蛾、甘蓝夜蛾、菜青虫、小菜蛾　在害虫卵孵化盛期至低龄幼虫期进行喷药，7~10天1次，每代喷药1~2次。一般每亩次使用22％悬浮剂70~100毫升或33％悬浮剂45~65毫升，对水30~45千克均匀喷雾。根据害虫发生严重程度，也可适当提高药剂使用量。

番茄、茄子、辣椒等茄果类蔬菜的斜纹夜蛾、甜菜夜蛾　在害虫卵孵化盛期至低龄幼虫期进行喷药，7~10天1次，每代喷药1~2次。一般每亩次使用22％悬浮剂80~120毫升或33％悬浮剂50~80毫升，对水45~60千克均匀喷雾。

水稻二化螟、稻纵卷叶螟　在害虫卵盛期至初孵幼虫钻蛀前或包叶前及时进行喷药，7~10天1次，每代喷药1~2次。一般每亩次使用22％悬浮剂45~75毫升或33％悬浮剂30~50毫升，对水45~60千克均匀喷雾。防控二化螟时注意将药液喷洒到植株中下部，若在药液中混加有机硅类农药助剂可显著提高防控效果。

玉米斜纹夜蛾、玉米螟、棉铃虫、草地贪夜蛾　在害虫发生为害初期或卵孵化盛期至低龄幼虫期或田间初见为害状时及时进行喷药，注意喷洒喇叭口内。氰氟虫腙喷施剂量同"水稻二化螟"。

棉花棉铃虫、红铃虫　在害虫卵孵化盛期至低龄幼虫钻蛀蕾铃前及时进行喷药。一般每亩次使用22%悬浮剂80～120毫升或33%悬浮剂55～80毫升，对水45～60千克均匀喷雾。

苹果树斜纹夜蛾、棉铃虫　在害虫卵孵化盛期至低龄幼虫期或初见幼虫蛀果为害时进行喷药，每代喷药1次。一般使用22%悬浮剂1 200～1 500倍液或33%悬浮剂1 800～2 200倍液均匀喷雾。

苹果树、山楂树、桃树、枣树的卷叶蛾类及其他鳞翅目食叶害虫　防控卷叶蛾时，在害虫发生为害初期（初见卷叶时）及时进行喷药，每代喷药1次；防控其他鳞翅目食叶害虫时，在害虫卵孵化盛期至低龄幼虫期进行喷药，每代喷药1次。氰氟虫腙喷施倍数同"苹果树斜纹夜蛾"。

观赏菊花斜纹夜蛾　在害虫发生为害初期或卵孵化盛期至低龄幼虫期进行喷药。一般每亩次使用22%悬浮剂75～85毫升或33%悬浮剂50～57毫升，对水45～60千克均匀喷雾。

注意事项　氰氟虫腙不能与碱性药剂及肥料混用。连续喷药时，注意与不同杀虫机理药剂交替使用或混用。本剂对家蚕高毒，蚕室周边和桑园内及其附近区域禁止使用。

球孢白僵菌 beauveria bassiana

主要含量与剂型　50亿孢子/克、150亿孢子/克悬浮剂，100亿孢子/毫升、100亿孢子/克、200亿孢子/克、300亿孢子/克可分散油悬浮剂，150亿孢子/克、300亿孢子/克、400亿孢子/克可湿性粉剂，400亿孢子/克水分散粒剂，150亿孢子/克颗粒剂。

产品特点　球孢白僵菌是一种真菌类微生物源广谱低毒杀虫剂，以触杀和胃毒作用为主，使用安全，但杀虫速度较慢。其作用方式是球孢白僵菌通过穿透昆虫体壁、呼吸道和消化道侵入到昆虫体内，进而降解体壁、破坏虫体组织，最终导致昆虫死亡。

适用作物防控对象及使用技术　球孢白僵菌广泛适用于粮棉油糖烟茶、蔬菜、果树、林木等多种作物，对咀嚼式口器、刺吸式口器等多种害虫均有较好的防控效果。

水稻二化螟　在害虫卵盛期至低龄幼虫期进行用药，7～10天1次，连用2次。一般每亩次使用150亿孢子/克颗粒剂500～600克均匀撒施。

水稻稻飞虱、蓟马、稻纵卷叶螟　防控稻飞虱、蓟马时，在害虫发生为害初期或若虫发生初盛期开始喷药，7～10天1次，连喷2次，防控稻飞虱时注意喷洒植株中下部；防控稻纵卷叶螟时，在害虫卵孵化盛期至初孵幼虫包叶前进行喷药，7～10天1次，连喷1～2次。一般每亩次使用50亿孢子/克悬浮剂200～300毫升，或100亿孢子/毫升或100亿孢子/克可分散油悬浮剂100～140毫升，或150亿孢子/克悬浮剂70～95毫升，或150亿孢子/克可湿性粉剂80～100克，或200亿孢子/克可分散油悬浮剂50～70毫升，或300亿孢子/克可分散油悬浮剂35～47毫升，或300亿孢子/克可湿性粉剂40～50克，或 400 亿孢子/克可湿性粉剂或 400 亿孢子/克水分散粒剂 30～35 克，对水 30～60 千克均匀喷雾。

小麦蚜虫　在蚜虫发生为害初期开始喷药，7～10 天 1 次，连喷 2～3 次；或在小麦孕穗期至抽穗初期和齐穗期各喷药 1 次。一般每亩次使用 50 亿孢子/克悬浮剂 60～90 毫升，或 100 亿孢子/毫升或 100 亿孢子/克可分散油悬浮剂 30～45 毫升，或 150 亿孢子/克悬浮剂 20～30 毫升，或 150 亿孢子/克可湿性粉剂 20～30 克，或 200 亿孢子/克可分散油悬浮剂 15～22 毫升，或 300 亿孢子/克可分散油悬浮剂 10～15 毫升，或 300 亿孢子/克可湿性粉剂 10～15 克，或 400 亿孢子/克可湿性粉剂或 400 亿孢子/克水分散粒剂 8～11 克，对水 30～45 千克均匀喷雾。

玉米玉米螟、草地贪夜蛾、黏虫　在害虫发生为害初期或田间初见为害状时开始喷药，7～10 天 1 次，连喷 1～2 次，注意向喇叭口内喷药。一般每亩次使用 50 亿孢子/克悬浮剂 800～1 000 毫升，或 100 亿孢子/毫升或 100 亿孢子/克可分散油悬浮剂 500～600 毫升，或 150 亿孢子/克悬浮剂 250～300 毫升，或 150 亿孢子/克可湿性粉剂 250～300 克，或 200 亿孢子/克可分散油悬浮剂 200～250 毫升，或 300 亿孢子/克可分散油悬浮剂 120～150 毫升，或 300 亿孢子/克可湿性粉剂 120～150 克，或 400 亿孢子/克可湿性粉剂或 400 亿孢子/克水分散粒剂 100～120 克，对水 30～45 千克均匀喷雾。

棉花斜纹夜蛾　在害虫发生为害初期或卵孵化盛期至低龄幼虫期进行喷药，7～10 天 1 次，连喷 1～2 次。一般每亩次使用 50 亿孢子/克悬浮剂 200～250 毫升，或 100 亿孢子/毫升或 100 亿孢子/克可分散油悬浮剂 100～120 毫升，或 150 亿孢子/克悬浮剂 70～90 毫升，或 150 亿孢子/克可湿性粉剂 70～90 克，或 200 亿孢子/克可分散油悬浮剂 50～60 毫升，或 300 亿孢子/克可分散油悬浮剂 35～45 毫升，或 300 亿孢子/克可湿性粉剂 35～45 克，或 400 亿孢子/克可湿性粉剂或 400 亿孢子/克水分散粒剂 25～30 克，对水 45～60 千克均匀喷雾。

花生蛴螬　在花生播种时穴施药剂或在花生开花下针期于花生墩周围撒施药剂。一般每亩使用 150 亿孢子/克可湿性粉剂 250～300 克，或 300 亿孢子/克可湿性粉剂 150～200 克，或 400 亿孢子/克可湿性粉剂 100～150 克，均匀拌细土或细沙 15～20 千克后均匀撒施。

马铃薯甲虫　在害虫发生为害初期或若虫发生初盛期开始喷药，7～10 天 1 次，连喷 1～2 次。一般每亩次使用 50 亿孢子/克悬浮剂 400～600 毫升，或 100 亿孢子/毫升或 100 亿孢子/克可分散油悬浮剂 200～300 毫升，或 150 亿孢子/克悬浮剂 140～200 毫升，或 150 亿孢子/克可湿性粉剂 140～200 克，或 200 亿孢子/克可分散油悬浮剂 100～150 毫升，或 300 亿孢子/克可分散油悬浮剂 70～100 毫升，或 300 亿孢子/克可湿性粉剂 70～100 克，或 400 亿孢子/克可湿性粉剂或 400 亿孢子/克水分散粒剂 50～75 克，对水 45～60 千克均匀喷雾。

甘蓝、小白菜等十字花科蔬菜的小菜蛾、菜青虫、甜菜夜蛾　在害虫卵孵化盛期至低龄幼虫期进行喷药，7～10 天 1 次，连喷 1～2 次。一般每亩次使用 50 亿孢子/克悬浮剂 400～600 毫升，或 100 亿孢子/毫升或 100 亿孢子/克可分散油悬浮剂 250～350 毫升，或 150 亿孢子/克悬浮剂 200～250 毫升，或 150 亿孢子/克可湿性粉剂 200～250 克，或 200 亿孢子/克可分散油悬浮剂 100～150 毫升，或 300 亿孢子/克可分散油悬浮剂 60～

80 毫升，或 300 亿孢子/克可湿性粉剂 60～80 克，或 400 亿孢子/克可湿性粉剂或 400 亿孢子/克水分散粒剂 30～40 克，对水 30～45 千克均匀喷雾。

辣椒蓟马　在蓟马发生为害初期开始喷药，7～10 天 1 次，连喷 2～3 次。一般每亩次使用 50 亿孢子/克悬浮剂 400～500 毫升，或 100 亿孢子/毫升或 100 亿孢子/克可分散油悬浮剂 250～300 毫升，或 150 亿孢子/克悬浮剂 160～200 毫升，或 150 亿孢子/克可湿性粉剂 160～200 克，或 200 亿孢子/克可分散油悬浮剂 120～150 毫升，或 300 亿孢子/克可分散油悬浮剂 80～100 毫升，或 300 亿孢子/克可湿性粉剂 80～100 克，或 400 亿孢子/克可湿性粉剂或 400 亿孢子/克水分散粒剂 60～75 克，对水 45～60 千克均匀喷雾。

韭菜韭蛆　在田间初见韭蛆为害状时或韭菜收割后第 2 天进行用药，一般每亩使用 150 亿孢子/克颗粒剂 250～300 克拌少量细土均匀撒施；或每亩使用 100 亿孢子/毫升或 100 亿孢子/克可分散油悬浮剂 800～1 000 毫升，或 150 亿孢子/克悬浮剂 500～600 毫升，或 200 亿孢子/克可分散油悬浮剂 400～500 毫升，或 300 亿孢子/克可分散油悬浮剂 250～300 毫升拌少量细土均匀撒施；或每亩使用 150 亿孢子/克可湿性粉剂 200～250 克，或 300 亿孢子/克可湿性粉剂 90～120 克，或 400 亿孢子/克可湿性粉剂 70～90 克拌少量细土均匀撒施。撒施药剂后浇水。

茶树茶小绿叶蝉　在小绿叶蝉若虫发生初期开始喷药，7～10 天 1 次，连喷 1～2 次。一般每亩次使用 50 亿孢子/克悬浮剂 150～250 毫升，或 100 亿孢子/毫升或 100 亿孢子/克可分散油悬浮剂 300～400 毫升，或 150 亿孢子/克悬浮剂 50～90 毫升，或 150 亿孢子/克可湿性粉剂 70～90 克，或 200 亿孢子/克可分散油悬浮剂 160～200 毫升，或 300 亿孢子/克可分散油悬浮剂 100～140 毫升，或 300 亿孢子/克可湿性粉剂 35～45 克，或 400 亿孢子/克可湿性粉剂或 400 亿孢子/克水分散粒剂 25～30 克，对水 45～75 千克均匀喷雾。

杨树等林木的美国白蛾、杨小舟蛾、舞毒蛾　在害虫发生为害初期或卵孵化盛期至低龄幼虫期进行喷药，7～10 天 1 次，连喷 1～2 次。一般使用 100 亿孢子/毫升或 100 亿孢子/克可分散油悬浮剂 400～500 倍液，或 150 亿孢子/克悬浮剂或 150 亿孢子/克可湿性粉剂 600～800 倍液，或 200 亿孢子/克可分散油悬浮剂 800～1 000 倍液，或 300 亿孢子/克可分散油悬浮剂或 300 亿孢子/克可湿性粉剂 1 200～2 000 倍液，或 400 亿孢子/克可湿性粉剂或 400 亿孢子/克水分散粒剂 1 500～2 500 倍液均匀喷雾。

松树松毛虫　在害虫发生为害初期或卵孵化盛期至低龄幼虫期进行喷药，7～10 天 1 次，连喷 1～2 次。球孢白僵菌喷施倍数同"杨树美国白蛾"。

林木光肩星天牛　防控成虫时，在成虫发生期至产卵期进行喷药，7～10 天 1 次，连喷 1～2 次；防控幼虫时，从排泄孔向内注射药剂。球孢白僵菌喷施倍数及注射倍数均同"杨树美国白蛾"。

竹子竹蝗　在害虫发生为害初期或若虫发生初盛期进行喷药，7～10 天 1 次，连喷 1～2 次。球孢白僵菌喷施倍数同"杨树美国白蛾"。

草原蝗虫　在蝗虫发生为害初期或卵孵化盛期至蝗蝻发生初盛期开始喷药，7～10 天 1 次，连喷 2～3 次。一般每亩次使用 50 亿孢子/克悬浮剂 300～400 毫升，或 100 亿孢子/毫升或 100 亿孢子/克可分散油悬浮剂 150～200 毫升，或 150 亿孢子/克悬浮剂 130～160 毫升，或 150 亿孢子/克可湿性粉剂 130～160 克，或 200 亿孢子/克可分散油悬浮剂 100～120 毫升，或 300 亿孢子/克可分散油悬浮剂 65～80 毫升，或 300 亿孢子/克可湿性粉剂 65～80 克，或 400 亿孢子/克可湿性粉剂或 400 亿孢子/克水分散粒剂 50～60 克，对水 45～75 千克均匀喷雾。

注意事项 球孢白僵菌不能与强酸性及碱性药剂或肥料混用，也不能与杀菌剂、铜制剂混用，使用杀菌剂或铜制剂前后也不能使用本剂。桑园内、蚕室内及其附近禁止使用。

炔螨特 propargite

主要含量与剂型 40%、57%、73%、570 克/升、730 克/升乳油，40% 微乳剂，40%、50% 水乳剂。

产品特点 炔螨特是一种有机硫类高效广谱专性杀螨剂，低毒至中等毒性，具有触杀和胃毒作用，无内吸和渗透传导作用。能杀灭多种害螨，对成螨、若螨、幼螨效果较好，对螨卵效果较差，连续使用不易产生抗药性，且与其他类型杀螨剂没有交互抗性。害螨接触有效剂量药剂后立即停止进食和减少产卵，48～96 小时死亡。27℃ 以上施用具有触杀和熏蒸作用，杀螨效果好，20℃ 以下使用效果较差。其作用机理是通过抑制线粒体 ATP 酶活性，使害螨正常代谢和呼吸作用中断，导致其死亡。该药持效期较长，药效稳定，残留低，但在较高浓度和高温下使用对有些作物可能会产生药害。

适用作物防控对象及使用技术 炔螨特适用于柑橘、苹果、桃、棉花、茄子、桑树等多种作物，对多种叶螨类均有较好的防控效果。

柑橘树红蜘蛛、黄蜘蛛、锈壁虱 防控红蜘蛛、黄蜘蛛时，从害螨发生为害初期（春、秋季平均每叶有螨 2～3 头，夏季平均 3～4 头时）开始喷药，10～15 天 1 次，连喷 2～3 次；防控锈壁虱时，在果实上初显为害状时开始喷药，10～15 天 1 次，连喷 1～2 次。一般使用 73% 乳油或 730 克/升乳油 2 000～3 000 倍液，或 57% 乳油或 570 克/升乳油 1 500～2 000 倍液，或 50% 水乳剂 1 300～1 800 倍液，或 40% 乳油或 40% 水乳剂或 40% 微乳剂 1 000～1 300 倍液均匀喷雾。炔螨特浓度大时，对柑、橙新梢及幼嫩果有药害，尤其在甜橙上较重，且高温时在果实上易产生日灼斑，用药时需要注意。

苹果树红蜘蛛、白蜘蛛 在树冠下部内膛叶片上害螨数量较多时（平均每叶有螨 3～4 头时）或螨量开始较快增多时开始喷药，半月左右 1 次，连喷 1～2 次。一般使用 40% 乳油或 40% 水乳剂或 40% 微乳剂 1 000～1 500 倍液，或 50% 水乳剂 1 200～1 600 倍液，或 57% 乳油或 570 克/升乳油 1 500～2 000 倍液，或 73% 乳油或 730 克/升乳油 2 000～3 000 倍液均匀喷雾。

桃树、樱桃树红蜘蛛 从害螨发生为害初盛期开始喷药，半月左右 1 次，连喷 1～2 次。炔螨特喷施倍数同"苹果树红蜘蛛"。

葡萄瘿螨 在葡萄新梢长 15～20 厘米时开始喷药，10～15 天 1 次，连喷 1～2 次。炔螨特喷施倍数同"苹果树红蜘蛛"。

棉花红蜘蛛、白蜘蛛 从害螨发生为害初期（低龄若螨发生初盛期）开始喷药，10～15 天 1 次，连喷 2 次左右。一般每亩次使用 40% 乳油或 40% 微乳剂或 40% 水乳剂 70～100 毫升，或 50% 水乳剂 60～85 毫升，或 57% 乳油或 570 克/升乳油 50～75 毫升，或 73% 乳油或 730 克/升乳油 40～60 毫升，对水 45～60 千克均匀喷雾。

茄子、豇豆红蜘蛛 在害螨发生为害初期开始喷药，10～15 天 1 次，连喷 2 次左右，注意喷洒叶片背面。炔螨特喷施剂量同"棉花红蜘蛛"。

桑树红蜘蛛　在害螨发生为害初期开始喷药，10～15天1次，连喷1～2次。一般使用40%乳油或40%水乳剂或40%微乳剂1 200～1 500倍液，或50%水乳剂1 500～1 800倍液，或57%乳油或570克/升乳油1 800～2 000倍液，或73%乳油或730克/升乳油2 500～3 000倍液均匀喷雾。喷药后10天才能采摘桑叶。

注意事项　炔螨特不能与强酸性药剂及碱性药剂或肥料混用。连续喷药时，注意与不同杀螨机理药剂交替使用。本剂对梨树的有些品种较敏感，易造成叶片药害，梨树上应当慎用；对草莓、玫瑰、茶树、食用菌较敏感，用药时避免药液飘移到上述作物上。

噻虫胺 clothianidin

主要含量与剂型　20%、30%、48%悬浮剂，30%、50%、75%水分散粒剂，0.06%、0.1%、0.2%、0.5%、1%、5%颗粒剂，30%悬浮种衣剂，8%、10%、18%、48%种子处理悬浮剂，10%种子处理微囊悬浮剂，10%干拌种剂。

产品特点　噻虫胺是一种新烟碱类内吸性高效低毒杀虫剂，属乙酰胆碱受体激动剂，具有触杀、胃毒和内吸传导作用，土壤用药被根部吸收后可传导至全株，对刺吸式口器害虫等防控效果较好，杀虫活性高，速效性好，持效期较长，使用安全。其杀虫机理是作用于昆虫中枢神经系统的突触，使昆虫持续兴奋、麻痹、瘫痪而死亡。

适用作物防控对象及使用技术　噻虫胺适用于果树、蔬菜、粮棉油糖烟茶、观赏及绿化作物等多种作物，对多种刺吸式口器害虫及部分双翅目、鞘翅目、鳞翅目害虫等均有较好的防控效果。

梨树梨木虱、梨二叉蚜　防控梨木虱时，在各代梨木虱卵孵化盛期至初孵若虫被黏液完全覆盖前进行喷药（落花后立即喷药防控第1代若虫，落花后35天左右喷药防控第2代若虫），第1、2代若虫每代喷药1次，第3代及以后各代若虫因世代重叠每代需喷药1～2次；防控梨二叉蚜时，在蚜虫发生为害初期或受害叶片初显卷叶时开始喷药，10天左右1次，连喷1～2次。一般使用20%悬浮剂1 500～2 000倍液，或30%悬浮剂或30%水分散粒剂2 500～3 000倍液，或48%悬浮剂或50%水分散粒剂4 000～5 000倍液，或75%水分散粒剂6 000～7 000倍液均匀喷雾。

苹果树绣线菊蚜　多从嫩梢上蚜虫数量较多时或新梢上蚜虫开始向幼果上转移扩散时开始喷药，10天左右1次，连喷2次左右。噻虫胺喷施倍数同"梨树梨木虱"。

梨树、苹果树、山楂树的梨冠网蝽　从叶片正面出现黄白色褪绿小点时开始喷药，10～15天1次，连喷1～2次，重点喷洒叶片背面。噻虫胺喷施倍数同"梨树梨木虱"。

葡萄绿盲蝽　在葡萄萌芽后或绿盲蝽发生为害初期开始喷药，10天左右1次，连喷2～3次，与触杀性药剂混用效果更好。噻虫胺喷施倍数同"梨树梨木虱"。

枣树绿盲蝽　在枣树萌芽后或绿盲蝽发生为害初期开始喷药，10天左右1次，连喷2～3次，与触杀性药剂混用效果更好。噻虫胺喷施倍数同"梨树梨木虱"。

桃树、杏树、李树的蚜虫、桃小绿叶蝉　防控蚜虫时，先于花芽膨大后开花前喷药1次，然后从落花后开始继续喷药，10天左右1次，连喷2～3次；防控桃小绿叶蝉时，从叶片正面出现黄白色褪绿小点时开始喷药，10天左右1次，连喷2次左右，重点喷洒叶片背面。噻虫胺喷施倍数同"梨树梨木虱"。

草莓白粉虱　从白粉虱发生为害初期开始喷药，10天左右1次，连喷2～3次，注意喷洒叶片背面。一般每亩次使用20%悬浮剂15～20毫升，或30%悬浮剂10～15毫升，或48%悬浮剂6～8毫升，或30%水分散粒剂10～15克，或50%水分散粒剂6～8克，或75%水分散粒剂4～5克，对水30～45千克均匀喷雾。

柑橘树蚜虫　在每季新梢抽生期的蚜虫发生为害初期或蚜虫发生初盛期开始喷药，10天左右1次，每季梢喷药1～2次。一般使用20%悬浮剂1000～1500倍液，或30%悬浮剂或30%水分散粒剂1500～2000倍液，或48%悬浮剂或50%水分散粒剂2000～3000倍液，或75%水分散粒剂4000～5000倍液均匀喷雾。

黄瓜、番茄、茄子的斑潜蝇　在秧苗移栽定植时定植穴用药。一般每亩使用0.2%颗粒剂14～17千克，或0.5%颗粒剂5.6～7千克，或1%颗粒剂2.8～3.5千克，或5%颗粒剂560～700克，与适量干细土混拌均匀，于秧苗移栽定植时均匀撒施在定植穴内，而后定植、覆土、浇水。

甘蓝、花椰菜的黄条跳甲　在秧苗移栽定植时于定植沟或定植穴内用药。一般每亩使用0.1%颗粒剂20～25千克，或0.2%颗粒剂10～12.5千克，或0.5%颗粒剂4～5千克，或1%颗粒剂2～2.5千克，或5%颗粒剂400～500克，与适量干细土混拌均匀，于秧苗移栽定植时均匀撒施在定植沟或定植穴内，而后定植、覆土、浇水。

番茄、茄子、辣椒、芸豆、黄瓜等瓜果豆类蔬菜的烟粉虱、白粉虱　从害虫发生为害初期或若虫发生始盛期开始喷药，7～10天1次，连喷1～2次，注意喷洒幼嫩叶片的背面。一般每亩次使用20%悬浮剂25～30毫升，或30%悬浮剂17～20毫升，或48%悬浮剂10～12毫升，或30%水分散粒剂17～20克，或50%水分散粒剂10～12克，或75%水分散粒剂7～8克，对水45～60千克均匀喷雾。

韭菜韭蛆　在韭蛆发生为害初期或韭菜收割后第2天或韭菜定植时用药。一般每亩使用0.1%颗粒剂15～20千克，或0.2%颗粒剂7.5～10千克，或0.5%颗粒剂3～4.2千克，或1%颗粒剂1.5～2.1千克，或5%颗粒剂300～420克，直接或均匀混拌细干土后均匀撒施，而后浇水；也可每亩使用20%悬浮剂120～150毫升，或30%悬浮剂80～100毫升，或48%悬浮剂50～60毫升，或30%水分散粒剂80～100克，或50%水分散粒剂50～60克，或75%水分散粒剂30～40克，对水75～150千克灌根或喷淋。

大蒜蒜蛆　在蒜蛆发生为害初期或田间初见蒜蛆为害状时撒施用药。一般每亩使用0.06%颗粒剂35～40千克，或0.1%颗粒剂20～24千克，或0.2%颗粒剂10～12千克，或0.5%颗粒剂4～5千克，或1%颗粒剂2～2.5千克，或5%颗粒剂400～500克，直接或均匀混拌细干土后均匀撒施，而后浇水。

水稻稻飞虱　既可撒施颗粒药剂，又可喷雾用药。撒施颗粒剂时，直播田和秧田在播种前均匀混肥或混土后全田均匀撒施，或移栽田移栽7～10天后均匀混肥或混土后全田均匀撒施，施药后应保持一定的土壤墒情；也可插秧前育秧盘撒施药剂，每盘撒施药剂量为亩用药量除以每亩需用秧苗盘数，在插秧当天或前一天均匀撒施在育秧盘上，掸落黏附在叶片上的颗粒后喷洒适量清水，使药剂颗粒黏附在育秧盘土上。若秧苗叶片潮湿或有露水，则先掸落叶片上的露水并待叶片干燥后再撒施药剂。一般每亩使用0.1%颗粒剂20～25千克，或0.2%颗粒剂10～12.5千克，或0.5%颗粒剂4～5千克，或1%颗粒剂2～

2.5 千克，或 5％颗粒剂 400～500 克，每季最多使用 1 次。喷雾用药时，在飞虱发生为害初期或若虫发生初盛期开始喷药，7～10 天 1 次，连喷 1～2 次。一般每亩次使用 20％悬浮剂 40～50 毫升，或 30％悬浮剂 25～30 毫升，或 48％悬浮剂 15～20 毫升，或 30％水分散粒剂 25～30 克，或 50％水分散粒剂 16～20 克，或 75％水分散粒剂 10～14 克，对水 45～60 千克均匀喷雾，注意喷洒植株中下部。

水稻稻蓟马　浸种催芽后药剂拌种，每 100 千克种子使用 8％种子处理悬浮剂 1 400～2 000毫升，或 10％种子处理悬浮剂 1 000～1 600 毫升，或 18％种子处理悬浮剂 600～900 毫升，或 48％种子处理悬浮剂 230～330 毫升，对水稀释配成 2 000 毫升左右药浆，而后均匀拌种，摊晾 25 分钟后播种。

小麦蛴螬、蚜虫　播种时撒施药剂。每亩使用 0.1％颗粒剂 40～50 千克，或 0.2％颗粒剂 20～25 千克，或 0.5％颗粒剂 8～10 千克，或 1％颗粒剂 4～5 千克，或 5％颗粒剂 0.8～1 千克，在播种时均匀撒施，而后覆土。

小麦蚜虫　既可种子药剂处理，又可生长期喷药。种子处理时，每 100 千克种子使用 8％种子处理悬浮剂 1 250～1 430 毫升，或 10％种子处理悬浮剂 1 000～1 200 毫升，或 18％种子处理悬浮剂 560～660 毫升，或 48％种子处理悬浮剂 200～250 毫升，或 30％悬浮种衣剂 470～700 毫升，对适量水配成均匀药浆，均匀拌种或种子包衣，晾干后待播。生长期喷药时，在蚜虫发生为害初期开始喷药，7～10 天 1 次。连喷 2 次左右，或在小麦孕穗期至抽穗初期和齐穗期各喷药 1 次。一般每亩次使用 20％悬浮剂 15～25 毫升，或 30％悬浮剂 10～16 毫升，或 48％悬浮剂 6～10 毫升，或 30％水分散粒剂 10～17 克，或 50％水分散粒剂 5～10 克，或 75％水分散粒剂 3～5 克，对水 30～45 千克均匀喷雾。

玉米灰飞虱　种子药剂处理。一般每 100 千克种子使用 8％种子处理悬浮剂 1 500～2 500 毫升，或 10％种子处理悬浮剂 1 200～2 000 毫升，或 18％种子处理悬浮剂 700～1 100毫升，或 48％种子处理悬浮剂 250～400 毫升，或 30％悬浮种衣剂 400～650 毫升，对适量水配成均匀药浆，均匀拌种或种子包衣，晾干后待播。

玉米蛴螬　播种前撒施药剂。每亩使用 0.1％颗粒剂 40～50 千克，或 0.2％颗粒剂 20～25 千克，或 0.5％颗粒剂 8～10 千克，或 1％颗粒剂 4～5 千克，或 5％颗粒剂 0.8～1 千克，在播种前均匀撒施，耕地耙匀后播种。

花生蛴螬　既可土壤撒施药剂，又可种子药剂处理。土壤撒施用药剂量及方法同"玉米蛴螬"。种子处理时，每 100 千克种子使用 8％种子处理悬浮剂 1 500～2 500 毫升，或 10％种子处理悬浮剂或 10％种子处理微囊悬浮剂 800～1 000 毫升，或 18％种子处理悬浮剂 700～1 100 毫升，或 48％种子处理悬浮剂 250～500 毫升，或 10％干拌种剂 2 100～2 600 克，对适量水配成均匀药浆，均匀拌种或包衣，晾干后待播。

马铃薯蛴螬、金针虫　既可土壤撒施药剂，又可种薯药剂处理。土壤撒施药剂时，每亩使用 0.1％颗粒剂 40～50 千克，或 0.2％颗粒剂 20～25 千克，或 0.5％颗粒剂 8～10 千克，或 1％颗粒剂 4～5 千克，或 5％颗粒剂 0.8～1 千克，于马铃薯开沟播种后均匀撒施在种薯周围，而后覆土。种薯处理时，每 100 千克种薯使用 8％种子处理悬浮剂 340～380 毫升，或 10％种子处理悬浮剂或 10％种子处理微囊悬浮剂 270～300 毫升，或 18％种子处理悬浮剂 150～170 毫升，或 48％种子处理悬浮剂 55～65 毫升，对适量水配成均匀药浆后均匀拌种（湿拌），晾干后待播；或每 100 千克种薯使用 10％干拌种剂 300～

400克，与适量滑石粉混拌均匀后均匀拌种（干拌），而后晾干待播。

马铃薯甲虫、蚜虫　从害虫发生为害初期或若虫发生初盛期开始喷药，7～10天1次，连喷1～2次。一般每亩次使用20%悬浮剂15～20毫升，或30%悬浮剂10～15毫升，或48%悬浮剂6～8毫升，或30%水分散粒剂10～15克，或50%水分散粒剂6～8克，或75%水分散粒剂4～5.5克，对水45～75千克均匀喷雾。

甘蔗蔗螟、蔗龟、蛴螬　新种甘蔗时，摆种后将药剂均匀撒施在甘蔗垄沟内，然后覆土；宿根蔗则在培土时，将药剂均匀撒施在甘蔗垄旁，然后覆土。一般每亩使用0.06%颗粒剂30～35千克，或0.1%颗粒剂20～30千克，或0.2%颗粒剂10～15千克，或0.5%颗粒剂4～5千克，或1%颗粒剂1.5～2千克，或5%颗粒剂400～500克均匀撒施。施药后需保持一定的土壤湿度，以利药效充分发挥。

观赏月季白粉虱　在害虫发生为害初期或若虫发生初盛期开始喷药，7～10天1次，连喷1～2次。一般使用20%悬浮剂1 500～2 000倍液，或30%悬浮剂或30%水分散粒剂2 000～3 000倍液，或48%悬浮剂或50%水分散粒剂3 000～5 000倍液，或75%水分散粒剂5 000～7 000倍液均匀喷雾，注意喷洒叶片背面。

兰花蚜虫　从蚜虫发生为害初期开始喷药，7～10天1次，连喷1～2次。噻虫胺喷施倍数同"观赏月季白粉虱"。

草坪蛴螬　从草坪上初见蛴螬为害状时开始用药，每亩使用0.1%颗粒剂20～25千克，或0.2%颗粒剂10～12千克，或0.5%颗粒剂4～5千克，或1%颗粒剂2～2.5千克，或5%颗粒剂400～500克均匀撒施，而后浇水。

注意事项　噻虫胺不能与碱性药剂及肥料混用。连续喷药时，注意与不同杀虫机理药剂交替使用或混用，以延缓害虫产生抗药性。

噻虫嗪 thiamethoxam

主要含量与剂型　21%、25%、30%悬浮剂，10%微囊悬浮剂，25%可湿性粉剂，10%、25%、30%、50%、70%水分散粒剂，25%、35%片剂，0.08%、0.12%、0.5%、2%、3%、5%颗粒剂，10%泡腾粒剂，16%、30%、35%、40%悬浮种衣剂，30%、40%、46%种子处理悬浮剂，10%、20%种子处理微囊悬浮剂，50%种子处理干粉剂，50%、70%种子处理可分散粉剂。

产品特点　噻虫嗪是一种第二代烟碱类高效低毒杀虫剂，对刺吸式口器害虫和潜叶害虫具有良好的胃毒和触杀活性，内吸传导性强，根部或叶片吸收后迅速传导到各部位。其作用机理是抑制昆虫的乙酰胆碱酯酶受体，阻断昆虫中枢神经系统的信号传导，使昆虫迅速停止取食，活动受到抑制，持续兴奋直到死亡。害虫吸食药剂后2～3天达到死亡高峰，持效期可达1个月左右。与其他烟碱类杀虫剂相比，噻虫嗪活性更高，安全性更好，杀虫谱较广。

适用作物防控对象及使用技术　噻虫嗪广泛适用于粮棉油糖烟茶、果树、蔬菜、花卉等多种作物，对刺吸式口器害虫及部分咀嚼式口器害虫具有良好的防控效果。

水稻蓟马　种子浸泡后药剂拌种。一般每100千克种子使用30%种子处理悬浮剂或30%悬浮种衣剂240～350毫升，或35%悬浮种衣剂200～400毫升，或40%种子处理悬浮剂或 40％悬浮种衣剂 150～260 毫升，或 50％种子处理可分散粉剂 140～210 克，或 70％种子处理可分散粉剂 100～150 克，对水稀释至 2 000～2 500 毫升均匀拌种，稍干燥后催芽播种。

水稻稻飞虱　在稻飞虱发生为害初期或若虫发生初盛期进行用药，既可撒施颗粒药剂或泡腾粒剂，又可喷雾用药。撒施药剂时，一般每亩使用 0.08％颗粒剂 30～40 千克，或 0.12％颗粒剂 20～25 千克，或 0.5％颗粒剂 4～6 千克，或 2％颗粒剂 1～1.5 千克，或 3％颗粒剂 600～1 000 克，或 5％颗粒剂 400～600 克，或 10％泡腾粒剂 150～200 克均匀撒施。用药时要求稻田水深 4～6 厘米，用药后保水 10 天以上，每季最多使用 1 次。喷雾用药时，一般每亩次使用 10％水分散粒剂 25～35 克，或 21％悬浮剂 10～15 毫升，或 25％悬浮剂 9～14 毫升，或 30％悬浮剂 8～12 毫升，或 25％可湿性粉剂或 25％水分散粒剂 10～15 克，或 30％水分散粒剂 8～12 克，或 50％水分散粒剂 5～7 克，或 70％水分散粒剂 3～5 克，对水 45～60 千克均匀喷雾，注意喷洒植株中下部。有些地区稻飞虱对噻虫嗪产生了一定耐药性，注意与其他不同作用机理的药剂交替使用，以保证防控效果。

小麦蛴螬、蚜虫　播种前撒施药剂，然后整地播种；或播种时顺垄撒施药剂，而后覆土。一般每亩使用 0.08％颗粒剂 40～50 千克，或 0.12％颗粒剂 30～40 千克，或 0.5％颗粒剂 9～12 千克，或 2％颗粒剂 2～3 千克，或 3％颗粒剂 1.5～2 千克，或 5％颗粒剂 1～1.2 千克均匀撒施。

小麦蚜虫、金针虫　药剂处理种子。一般每 100 千克种子使用 10％微囊悬浮剂或 10％种子处理微囊悬浮剂 2 000～3 000 毫升直接拌种或种子包衣；或每 100 千克种子使用 16％悬浮种衣剂 1 000～1 500 毫升，或 30％种子处理悬浮剂或 30％悬浮种衣剂 500～800 毫升，或 35％悬浮种衣剂 400～600 毫升，或 40％悬浮种衣剂或 40％种子处理悬浮剂 300～450 毫升，或 70％种子处理可分散粉剂 250～300 克，对水稀释至 2 000～2 500 毫升药浆均匀拌种或种子包衣，晾干后待播。

小麦蚜虫　在蚜虫发生为害初期开始喷药，15～20 天 1 次，连喷 2 次左右；或在小麦孕穗期至抽穗初期和齐穗期各喷药 1 次。一般每亩次使用 21％悬浮剂 10～14 毫升，或 25％悬浮剂 9～12 毫升，或 30％悬浮剂 7～10 毫升，或 25％可湿性粉剂或 25％水分散粒剂 10～15 克，或 30％水分散粒剂 8～10 克，或 50％水分散粒剂 5～7 克，或 70％水分散粒剂 3～5 克，对水 30～45 千克均匀喷雾。

玉米蛴螬、金针虫　播种时播种穴旁撒施药剂，而后覆土。一般每亩使用 0.08％颗粒剂 40～50 千克，或 0.12％颗粒剂 25～30 千克，或 0.5％颗粒剂 6～8 千克，或 2％颗粒剂 1.5～2 千克，或 3％颗粒剂 1～1.4 千克，或 5％颗粒剂 0.6～0.8 千克均匀撒施。

玉米灰飞虱、蚜虫、金针虫　种子药剂处理。一般每 100 千克种子使用 10％微囊悬浮剂或 10％种子处理微囊悬浮剂 1 400～2 000 毫升，或 16％悬浮种衣剂 900～1 200 毫升，或 20％种子处理微囊悬浮剂 700～1 000 毫升，或 30％种子处理悬浮剂或 30％悬浮种衣剂 500～700 毫升，或 35％悬浮种衣剂 400～600 毫升，或 40％悬浮种衣剂 350～500 毫升，或 46％种子处理悬浮剂 400～450 毫升，或 50％种子处理可分散粉剂 300～400 克，或 70％种子处理可分散粉剂 200～300 克，对水稀释成 2 000～3 000 毫升均匀药浆，而后均匀拌种或种子包衣，晾干后待播；或每 100 千克种子使用 50％种子处理干粉剂 250～

400克，将玉米种浸种湿润后均匀拌种，使药剂均匀附着在种子表面，放置半小时后播种。

棉花蚜虫、白粉虱、蓟马　先进行种子包衣，一般每100千克种子使用30％种子处理悬浮剂或30％悬浮种衣剂600～1 200毫升，或35％悬浮种衣剂550～1 000毫升，或40％种子处理悬浮剂或40％悬浮种衣剂450～800毫升，或50％种子处理可分散粉剂400～700克，或70％种子处理可分散粉剂300～500克，对适量水稀释后均匀种子包衣，晾干后待播；后为生长期喷药，即从害虫发生为害初期开始喷药，15～20天1次，连喷2～3次。一般每亩次使用21％悬浮剂18～24毫升，或25％悬浮剂15～20毫升，或30％悬浮剂13～17毫升，或10％水分散粒剂35～50克，或25％可湿性粉剂或25％水分散粒剂15～20克，或30％水分散粒剂13～17克，或50％水分散粒剂7.5～10克，或70％水分散粒剂5～7克，对水45～75千克均匀喷雾。

花生蛴螬、蚜虫　既可种子包衣处理，也可播种时播种沟内施药。种子处理时，一般每100千克种子使用10％微囊悬浮剂1 800～2 400毫升，或16％悬浮种衣剂700～1 000毫升，或30％悬浮种衣剂或30％种子处理悬浮剂200～400毫升，或40％悬浮种衣剂或40％种子处理悬浮剂300～500毫升，或50％种子处理可分散粉剂360～500克，或70％种子处理可分散粉剂200～300克，对适量水稀释成2 000～2 500毫升均匀药浆，均匀种子包衣，晾干后播种；或每亩施用0.5％颗粒剂8～10千克，或2％颗粒剂2～2.5千克，或3％颗粒剂1.3～1.7千克，或5％颗粒剂750～1 000克，在播种时均匀撒施于播种沟内，而后覆土。

油菜黄条跳甲、蚜虫　既可种子药剂处理，也可生长期喷雾。种子处理时，一般每100千克种子使用30％悬浮种衣剂或30％种子处理悬浮剂1 200～1 600毫升，或35％悬浮种衣剂1 000～1 300毫升，或40％悬浮种衣剂或40％种子处理悬浮剂900～1 200毫升，或46％种子处理悬浮剂800～1 000毫升，或50％种子处理可分散粉剂600～800克，或70％种子处理可分散粉剂400～600克，对适量水稀释成均匀药浆，均匀拌种或种子包衣，晾干后待播。生长期喷雾时，多从害虫发生为害初期开始喷药，15～20天1次，连喷1～2次，一般每亩次使用21％悬浮剂12～24毫升，或25％悬浮剂10～20毫升，或30％悬浮剂9～17毫升，或25％可湿性粉剂或25％水分散粒剂10～20克，或30％水分散粒剂9～17克，或50％水分散粒剂5～10克，或70％水分散粒剂4～7克，对水45～75千克均匀喷雾。

向日葵蚜虫　种子药剂处理。一般每100千克种子使用30％悬浮种衣剂或30％种子处理悬浮剂500～800毫升，或40％悬浮种衣剂或40％种子处理悬浮剂400～600毫升，或46％种子处理悬浮剂350～500毫升，对适量水稀释成均匀药浆，均匀拌种或种子包衣，晾干后待播。

马铃薯蛴螬、蚜虫　既可种薯药剂处理，也可播种时播种沟撒施药剂。种薯处理时，一般每100千克种薯使用10％种子处理微囊悬浮剂170～230毫升，或20％种子处理微囊悬浮剂90～120毫升，或30％悬浮种衣剂或30％种子处理悬浮剂60～80毫升，或40％悬浮种衣剂或40％种子处理悬浮剂45～70毫升，或50％种子处理可分散粉剂35～50克，或70％种子处理可分散粉剂25～40克，对适量水配成均匀药浆，均匀喷洒在种薯上并翻拌均匀，晾干后待播。播种沟撒施药剂时，一般每亩使用0.5％颗粒剂12～15千克，或

2%颗粒剂3~3.5千克，或3%颗粒剂2~2.5千克，或5%颗粒剂1.2~1.5千克，于播种时均匀撒施在种薯周围，而后覆土。

马铃薯白粉虱、蚜虫　从害虫发生为害初期或若虫发生初盛期开始喷药，15~20天1次，连喷1~2次。一般每亩次使用21%悬浮剂18~24毫升，或25%悬浮剂15~20毫升，或30%悬浮剂13~17毫升，或25%可湿性粉剂或25%水分散粒剂15~20克，或30%水分散粒剂13~17克，或50%水分散粒剂8~10克，或70%水分散粒剂5~7克，对水45~75千克均匀喷雾，注意喷洒叶片背面。

黄瓜、丝瓜、节瓜、番茄、辣椒、茄子等瓜果类蔬菜的白粉虱、烟粉虱、蓟马、潜叶蝇　既可移栽定植时撒施药剂，也可于生长期用药防控。移栽定植时撒施药剂，每亩使用0.5%颗粒剂3 000~4 000克，或2%颗粒剂750~1 000克，或3%颗粒剂500~650克，或5%颗粒剂300~400克，均匀撒施在定植穴内，而后定植、覆土、浇水。生长期喷药时，从害虫发生为害初期或初见为害状时开始喷药，10~15天1次，连喷2~3次，注意喷洒叶片背面及幼嫩组织。一般每亩次使用21%悬浮剂25~35毫升，或25%悬浮剂20~30毫升，或30%悬浮剂17~25毫升，或10%水分散粒剂50~75克，或25%可湿性粉剂或25%水分散粒剂20~30克，或30%水分散粒剂18~25克，或50%水分散粒剂10~15克，或70%水分散粒剂7~10克，对水45~60千克均匀喷雾。此外，生长期也可在害虫发生为害初期用药液灌根，一般使用21%悬浮剂1 700~2 500倍液，或25%悬浮剂或25%可湿性粉剂或25%水分散粒剂2 000~3 000倍液，或30%悬浮剂或30%水分散粒剂2 500~3 500倍液，或50%水分散粒剂4 000~6 000倍液，或70%水分散粒剂6 000~8 000倍液灌根，每株浇灌药液200~300毫升。定植时撒施药剂及生长期用药液灌根，每季最多用药1次。

西瓜、甜瓜的蚜虫　从蚜虫发生为害初期开始喷药，10~15天1次，连喷2次左右。一般每亩次使用21%悬浮剂13~17毫升，或25%悬浮剂10~15毫升，或30%悬浮剂8~12毫升，或10%水分散粒剂25~35克，或25%可湿性粉剂或25%水分散粒剂10~15克，或30%水分散粒剂9~13克，或50%水分散粒剂5~8克，或70%水分散粒剂3~5克，对水45~60千克均匀喷雾。此外，也可在移栽定植时用药，每穴施用25%片剂0.5~1.5片，覆少量土后定植、覆土、浇水。

豇豆蓟马　从害虫发生为害初期或田间初见为害状时开始喷药，10~15天1次，连喷1~2次。一般每亩次使用21%悬浮剂18~24毫升，或25%悬浮剂15~20毫升，或30%悬浮剂13~17毫升，或10%水分散粒剂40~50克，或25%可湿性粉剂或25%水分散粒剂15~20克，或30%水分散粒剂13~17克，或50%水分散粒剂7.5~10克，或70%水分散粒剂5~7克，对水45~60千克均匀喷雾。

甘蓝、花椰菜的蚜虫、粉虱、黄条跳甲　既可移栽定植时穴施用药，也可生长期用药防控。移栽定植时用药，一般每亩使用0.5%颗粒剂5~6千克，或2%颗粒剂1 300~1 500克，或3%颗粒剂800~1 000克，或5%颗粒剂500~600克，于移栽定植时均匀撒施在定植穴内，而后移栽、覆土、浇水。生长期喷药时，多从害虫发生为害初期开始喷药，10~15天1次，连喷1~2次，一般每亩次使用21%悬浮剂13~18毫升，或25%悬浮剂10~15毫升，或30%悬浮剂8~13毫升，或25%可湿性粉剂或25%水分散粒剂10~15克，或30%水分散粒剂9~13克，或50%水分散粒剂5~8克，或70%水分散粒剂 3.5~5 克，对水 30~45 千克均匀喷雾。此外，生长期还可在害虫发生为害初期用药液灌根，一般使用 21%悬浮剂 1 700~2 500 倍液，或 25%悬浮剂或 25%可湿性粉剂或 25%水分散粒剂 2 000~3 000 倍液，或 30%悬浮剂或 30%水分散粒剂 2 500~3 500 倍液，或 50%水分散粒剂 4 000~6 000 倍液，或 70%水分散粒剂 6 000~8 000 倍液灌根，每株浇灌药液 200~250 毫升。定植时撒施药剂及生长期用药液灌根，每季最多用药 1 次。

芹菜蚜虫　从蚜虫发生为害初期开始喷药，10~15 天 1 次，连喷 1~2 次。一般每亩次使用 21%悬浮剂 7~12 毫升，或 25%悬浮剂 6~10 毫升，或 30%悬浮剂 5~8 毫升，或 25%可湿性粉剂或 25%水分散粒剂 6~10 克，或 30%水分散粒剂 5~8 克，或 50%水分散粒剂 3~5 克，或 70%水分散粒剂 2~3.5 克，对水 30~45 千克均匀喷雾。

菠菜蚜虫　从蚜虫发生为害初期开始喷药，10~15 天 1 次，连喷 1~2 次。噻虫嗪喷施剂量同"芹菜蚜虫"。

韭菜韭蛆　在韭蛆发生为害初期或韭菜收割后第 2 天，每亩使用 21%悬浮剂 450~550 毫升，或 25%悬浮剂 180~240 毫升，或 30%悬浮剂 150~200 毫升，或 25%可湿性粉剂或 25%水分散粒剂 180~240 克，或 30%水分散粒剂 150~200 克，或 50%水分散粒剂 90~120 克，或 70%水分散粒剂 65~85 克，对水 75~150 千克均匀淋灌。

韭菜蓟马　在蓟马发生为害初期进行喷药，每茬喷药 1 次。一般每亩次使用 21%悬浮剂 12~24 毫升，或 25%悬浮剂 10~20 毫升，或 30%悬浮剂 8~16 毫升，或 25%可湿性粉剂或 25%水分散粒剂 10~20 克，或 30%水分散粒剂 9~17 克，或 50%水分散粒剂 5~10 克，或 70%水分散粒剂 4~7 克，对水 30~45 千克均匀喷雾。

大葱蓟马　既可移栽定植时沟施药剂，也可生长期喷雾。移栽定植时，每亩使用 0.5%颗粒剂 5~7 千克，或 2%颗粒剂 1 200~1 800 克，或 3%颗粒剂 800~1 200 克，或 5%颗粒剂 500~700 克，均匀撒施在定植沟内，而后移栽、覆土、浇水。生长期喷雾时，多从蓟马发生为害初期（叶片上显出黄白色褪绿小点时）开始喷药，10~15 天 1 次，连喷 1~2 次。噻虫嗪喷施剂量同"韭菜蓟马"。

茭白长绿飞虱　在长绿飞虱发生为害初期或若虫发生初盛期开始喷药，10~15 天 1 次，连喷 1~2 次。一般使用 21%悬浮剂 2 500~3 000 倍液，或 25%悬浮剂或 25%可湿性粉剂或 25%水分散粒剂 3 000~4 000 倍液，或 30%悬浮剂或 30%水分散粒剂 3 500~4 500 倍液，或 50%水分散粒剂 6 000~7 000 倍液，或 70%水分散粒剂 8 000~10 000 倍液均匀喷雾，注意喷洒植株中下部。

苹果树绣线菊蚜　在嫩梢上蚜虫数量较多时或蚜虫开始向幼果上转移时开始喷药，10~15 天 1 次，连喷 2 次左右。一般使用 10%水分散粒剂 1 500~2 000 倍液，或 21%悬浮剂 3 000~4 000 倍液，或 25%悬浮剂或 25%可湿性粉剂或 25%水分散粒剂 4 000~5 000 倍液，或 30%悬浮剂或 30%水分散粒剂 5 000~6 000 倍液，或 50%水分散粒剂 8 000~10 000 倍液，或 70%水分散粒剂 12 000~14 000 倍液均匀喷雾。

梨树梨木虱　在各代梨木虱卵孵化盛期至若虫被黏液完全覆盖前及时喷药，第 1、2 代若虫每代喷药 1 次，第 3 代及其以后各代若虫因世代重叠每代喷药 1~2 次。噻虫嗪喷施倍数同"苹果树绣线菊蚜"。

葡萄绿盲蝽、烟蓟马、介壳虫　防控绿盲蝽时，在葡萄萌芽后或绿盲蝽发生为害初期开始喷药，10~15 天 1 次，连喷 2~3 次；防控烟蓟马时，在开花前（花蕾期）、落花后及落花后半月左右各喷药 1 次；防控介壳虫时，在初孵若虫从母体介壳下爬出向周边扩散时至低龄若虫期及时喷药，每代喷药 1 次即可。噻虫嗪喷施倍数同"苹果树绣线菊蚜"。

桃树、李树、杏树的蚜虫、桃小绿叶蝉、介壳虫 防控蚜虫时，先于花芽膨大后开花前喷药 1 次，然后从落花后开始继续喷药，10～15 天 1 次，连喷 2～3 次；防控桃小绿叶蝉时，在叶片正面初显黄白色褪绿小点时开始喷药，10～15 天 1 次，连喷 2 次左右；防控介壳虫时，在初孵若虫从母体介壳下爬出向周边扩散时至低龄若虫期（若虫固定为害前）及时喷药，每代喷药 1 次即可。噻虫嗪喷施倍数同"苹果树绣线菊蚜"。

枣树绿盲蝽、日本龟蜡蚧 防控绿盲蝽时，在枣树萌芽后或绿盲蝽发生为害初期开始喷药，10～15 天 1 次，连喷 2～4 次；防控日本龟蜡蚧时，在初孵若虫从母体介壳下爬出向周边扩散时至低龄若虫期（若虫被蜡质完全覆盖前）及时喷药，每代喷药 1 次即可。噻虫嗪喷施倍数同"苹果树绣线菊蚜"。

花椒、枸杞蚜虫 在蚜虫发生为害初期或嫩梢上蚜虫数量较多时开始喷药，10～15 天 1 次，连喷 2～3 次。噻虫嗪喷施倍数同"苹果树绣线菊蚜"。

柑橘树蚜虫、柑橘木虱、潜叶蛾、介壳虫 防控蚜虫、木虱、潜叶蛾时，在每季新梢抽生初期（新梢长 1 厘米）或害虫发生为害初期开始喷药，10～15 天 1 次，每季梢喷药 1～2 次；防控介壳虫时，在若虫发生为害初期或初孵若虫从母体介壳下爬出向周边扩散时进行喷药，每代喷药 1 次。噻虫嗪喷施倍数同"苹果树绣线菊蚜"。

火龙果介壳虫 在每代若虫发生为害初期或初孵若虫从母体介壳下爬出向周边扩散时进行喷药。噻虫嗪喷施倍数同"苹果树绣线菊蚜"。

草莓白粉虱、烟粉虱 从害虫发生为害初期或若虫发生初盛期开始喷药，10～15 天 1 次，与不同类型药剂交替使用或混用，连喷 2～4 次。噻虫嗪一般每亩次使用 21%悬浮剂 15～20 毫升，或 25%悬浮剂 12～15 毫升，或 30%悬浮剂 10～13 毫升，或 10%水分散粒剂 30～40 克，或 25%水分散粒剂或 25%可湿性粉剂 12～15 克，或 30%水分散粒剂 10～14 克，或 50%水分散粒剂 6～8 克，或 70%水分散粒剂 5～6 克，对水 30～45 千克均匀喷雾。

甘蔗蚜虫、蔗螟 既可撒施颗粒药剂防控蚜虫、蔗螟，又可喷雾用药防控蚜虫。撒施药剂时，新种蔗将药剂均匀撒施在种植沟内，然后覆土；宿根蔗在培土时或害虫发生初期均匀撒施在甘蔗垄旁，然后覆土。一般每亩使用 0.08%颗粒剂 50～60 千克，或 0.12%颗粒剂 20～25 千克，或 0.5%颗粒剂 6～8 千克，或 2%颗粒剂 1 150～1 250 克，或 3%颗粒剂 750～800 克，或 5%颗粒剂 450～500 克均匀撒施。施药后需保持一定的土壤湿度，以利于药效发挥，每季最多使用 1 次。喷雾用药时，在蚜虫发生为害初期进行喷药，10～15 天 1 次，连喷 1～2 次。一般使用 21%悬浮剂 4 000～5 000 倍液，或 25%悬浮剂或 25%可湿性粉剂或 25%水分散粒剂 5 000～6 000 倍液，或 30%悬浮剂或 30%水分散粒剂 6 000～7 000 倍液，或 50%水分散粒剂 10 000～12 000 倍液，或 70%水分散粒剂 13 000～15 000 倍液均匀喷雾。

烟草根结线虫 移栽定植时在定植穴内撒施药剂，然后定植、覆土、浇水。一般每亩施用 0.5%颗粒剂 2 000～2 600 克，或 2%颗粒剂 500～650 克，或 3%颗粒剂 350～430 克，或 5%颗粒剂 200～260 克均匀撒施。

烟草蚜虫 从蚜虫发生为害初盛期开始喷药，10～15 天 1 次，连喷 2 次。一般每亩次使用21%悬浮剂12～18毫升，或25%悬浮剂10～15毫升，或30%悬浮剂8～13毫升，或25%水分散粒剂或25%可湿性粉剂10～15克，或30%水分散粒剂9～13克，或50%水分散粒剂5～7.5克，或70%水分散粒剂3.5～5克，对水45～60千克均匀喷雾。

茶树茶小绿叶蝉 在害虫发生为害初期或若虫发生初盛期进行喷药，一般使用21%悬浮剂2 500～3 000倍液，或25%悬浮剂或25%可湿性粉剂或25%水分散粒剂3 000～4 000倍液，或30%悬浮剂或30%水分散粒剂3 500～4 500倍液，或50%水分散粒剂6 000～7 000倍液，或70%水分散粒剂8 000～10 000倍液均匀喷雾。

人参金针虫 种子药剂处理。一般每100千克种子使用30%悬浮种衣剂或30%种子处理悬浮剂240～300毫升，或40%悬浮种衣剂或40%种子处理悬浮剂180～240毫升，或50%种子处理可分散粉剂140～200克，或70%种子处理可分散粉剂100～140克，对适量水稀释后均匀拌种或种子包衣，晾干后播种。

观赏玫瑰、菊花等花卉的蚜虫、蓟马 多从害虫发生为害初期开始喷药，10～15天1次，连喷1～2次。一般使用21%悬浮剂2 000～3 000倍液，或25%悬浮剂或25%可湿性粉剂或25%水分散粒剂2 500～3 500倍液，或30%悬浮剂或30%水分散粒剂3 000～4 000倍液，或50%水分散粒剂5 000～6 000倍液，或70%水分散粒剂7 000～9 000倍液均匀喷雾。此外，在观赏菊花上，也可于害虫发生为害初期使用上述药液灌根，每株浇灌药液30～50毫升。

草坪蛴螬 在金龟子发生盛期至产卵盛期茎叶喷雾。一般每亩使用21%悬浮剂80～110毫升，或25%悬浮剂70～90毫升，或30%悬浮剂60～75毫升，或25%水分散粒剂或25%可湿性粉剂70～90克，或30%水分散粒剂60～75克，或50%水分散粒剂35～45克，或70%水分散粒剂24～32克，对水60～120千克均匀喷淋。

注意事项 噻虫嗪不能与碱性药剂或肥料混用。连续用药时，注意与不同杀虫机理药剂交替使用或混用，以延缓害虫产生抗药性。害虫接触药剂后很快停止取食，但死亡速度较慢，死虫高峰常在施药后2～3天出现。本剂对蜜蜂有毒，不要在果树花期和养蜂场所使用。

噻螨酮 hexythiazox

主要含量与剂型 5%乳油，5%可湿性粉剂。

产品特点 噻螨酮是一种噻唑烷酮类广谱低毒杀螨剂，以触杀和胃毒作用为主，对植物表皮层有较好的穿透性，但无内吸传导作用，耐雨水冲刷，持效期较长。对多种叶螨均有强烈的杀卵、杀幼螨、杀若螨特性，对成螨无效，但对接触到药液的雌成螨所产的卵具有抑制孵化作用，而对锈螨、瘿螨防效较差。因没有杀成螨活性，故药效显现较迟缓，一般施药后3～7天才能看出效果。其作用机理是通过抑制螨类几丁质合成和干扰新陈代谢，使幼螨、若螨不能蜕皮，或蜕皮畸形，而导致害螨缓慢死亡。本剂对环境温度不敏感，无论高温或低温时使用均能表现出良好的防控效果。

适用作物防控对象及使用技术 噻螨酮主要应用于苹果树、山楂树、板栗树、柑橘树、棉花等作物，用于防控叶螨类的发生为害。

苹果树、山楂树的红蜘蛛、白蜘蛛 在害螨卵盛期至孵化盛期，或苹果树（或山楂树）开花前或落花后（幼螨、低龄若螨盛发初期），平均每叶有螨 2～3 头时或内膛叶片上螨量开始较快增多时进行喷药，1 个月左右 1 次，与不同类型杀螨剂交替使用，连喷 2～3 次。噻螨酮一般使用 5％乳油或 5％可湿性粉剂 1 200～1 500 倍液均匀喷雾。

板栗树红蜘蛛　在栗树内膛叶片上螨量开始较快增多时或叶螨开始向周围叶片扩散为害时进行喷药，20～30 天 1 次，连喷 1～2 次。一般使用 5％乳油或 5％可湿性粉剂 1 000～1 500 倍液均匀喷雾。

柑橘树红蜘蛛、黄蜘蛛　在春季害螨发生始盛期，平均每叶有螨 2～3 头时开始喷药，20～30 天 1 次，连喷 1～2 次。一般使用 5％乳油或 5％可湿性粉剂 1 000～1 500 倍液均匀喷雾。

棉花红蜘蛛、白蜘蛛　从害螨发生为害初期开始喷药，20～30 天 1 次，连喷 1～2 次。一般每亩次使用 5％乳油 60～100 毫升或 5％可湿性粉剂 60～100 克，对水 45～60 千克均匀喷雾。

注意事项　噻螨酮可与波尔多液、石硫合剂等多种药剂现混现用，但不宜与菊酯类药剂及其他碱性药剂混用。本剂对成螨无杀伤作用，用药时应比其他杀螨剂要稍早些，或与其他杀成螨药剂混合使用，且喷药应均匀周到。枣树及梨树的有些品种对本剂敏感，易造成药害，用药时需要慎重；茶树上不宜使用。

噻嗪酮 buprofezin

主要含量与剂型　25％、50％、65％、75％、80％可湿性粉剂，40％、70％水分散粒剂，25％、37％、40％、50％悬浮剂。

产品特点　噻嗪酮是一种抑制昆虫生长发育的噻二嗪类选择性低毒仿生杀虫剂，属几丁质合成抑制剂，以触杀作用为主，兼有一定的胃毒作用，具有杀虫活性高、选择性强、持效期长等特点。其作用机理是通过抑制昆虫几丁质合成和干扰新陈代谢，使昆虫不能正常蜕皮和变态而逐渐死亡。该药作用较慢，一般施药后 3～7 天才能看出效果，对若虫和卵表现为直接作用，对成虫没有直接杀伤力，但可缩短成虫寿命，减少产卵量，且所产卵多为不育卵，即使孵化出若虫也很快死亡。对飞虱类、叶蝉类、粉虱类有特效，对介壳虫类也有较好效果，持效期长达 30 天以上。

适用作物防控对象及使用技术　噻嗪酮适用于粮棉油茶、果树、蔬菜等多种作物，对飞虱类、粉虱类、叶蝉类、介壳虫类等刺吸式口器害虫具有很好的杀灭效果。

水稻稻飞虱　在飞虱发生为害初期或飞虱卵孵化盛期至低龄若虫盛发初期开始喷药，10～15 天 1 次，连喷 1～2 次。一般每亩次使用 25％悬浮剂 50～70 毫升，或 37％悬浮剂 34～47 毫升，或 40％悬浮剂 35～45 毫升，或 50％悬浮剂 25～35 毫升，或 25％可湿性粉剂 50～70 克，或 40％水分散粒剂 35～45 克，或 50％可湿性粉剂 25～35 克，或 65％可湿性粉剂 20～27 克，或 70％水分散粒剂 18～25 克，或 75％可湿性粉剂 17～23 克，或 80％可湿性粉剂 16～22 克，对水 45～60 千克均匀喷雾，重点喷洒植株中下部。

柑橘树矢尖蚧等介壳虫　在害虫初孵若虫发生初盛期或初孵若虫从母体介壳下爬出向周边扩散时进行喷药，每代喷药 1 次。一般使用 25％悬浮剂或 25％可湿性粉剂 1 000～1 200 倍液，或 37％悬浮剂或 40％悬浮剂或 40％水分散粒剂 1 500～1 800 倍液，或 50％

悬浮剂或 50％可湿性粉剂 2 000～2 500 倍液，或 65％可湿性粉剂或 70％水分散粒剂 2 500～3 000 倍液，或 75％可湿性粉剂或 80％可湿性粉剂 3 000～3 500 倍液均匀喷雾。

杨梅树介壳虫　在初孵若虫发生初盛期或初孵若虫从母体介壳下爬出向周边扩散时进行喷药，每代喷药 1 次。噻嗪酮喷施倍数同"柑橘树矢尖蚧"。

火龙果介壳虫　在初孵若虫发生初盛期或初孵若虫从母体介壳下爬出向周边扩散时进行喷药，每代喷药 1 次。噻嗪酮喷施倍数同"柑橘树矢尖蚧"。

桃树、李树、杏树的桑白介壳虫、朝鲜球坚蚧、桃小绿叶蝉　防控介壳虫时，在初孵若虫发生初盛期或初孵若虫从母体介壳下爬出向周边扩散时进行喷药，10 天左右 1 次，每代喷药 1～2 次；防控桃小绿叶蝉时，在叶片正面显出黄白色褪绿小点时进行喷药，10～15 天 1 次，连喷 2 次左右，重点喷洒叶片背面。噻嗪酮喷施倍数同"柑橘树矢尖蚧"。

梨树、葡萄康氏粉蚧　在初孵若虫发生初盛期或初孵若虫从母体介壳下爬出向周边扩散时进行喷药，10 天左右 1 次，每代喷药 1～2 次，套袋梨或葡萄特别注意套袋前喷药。噻嗪酮喷施倍数同"柑橘树矢尖蚧"。

枣树日本龟蜡蚧　在初孵若虫发生初盛期或初孵若虫从母体介壳下爬出向周边扩散时进行喷药，每代喷药 1 次。噻嗪酮喷施倍数同"柑橘树矢尖蚧"。

草莓白粉虱、烟粉虱　从害虫发生为害初期开始喷药，半月左右 1 次，与不同类型药剂交替使用，连喷 2～3 次，注意喷洒叶片背面。噻嗪酮一般每亩次使用 25％悬浮剂 30～40 毫升，或 37％悬浮剂 20～30 毫升，或 40％悬浮剂 20～25 毫升，或 50％悬浮剂 15～20 毫升，或 25％可湿性粉剂 30～40 克，或 40％水分散粒剂 20～25 克，或 50％可湿性粉剂 15～20 克，或 65％可湿性粉剂 12～15 克，或 70％水分散粒剂 11～14 克，或 75％可湿性粉剂 10～13 克，或 80％可湿性粉剂 9～12 克，对水 30～45 千克均匀喷雾。

茶树茶小绿叶蝉、黑刺粉虱　在害虫发生为害初期或低龄若虫发生初盛期进行喷药。一般使用 25％可湿性粉剂或 25％悬浮剂 800～1 000 倍液，或 37％悬浮剂或 40％悬浮剂或 40％水分散粒剂 1 200～1 500 倍液，或 50％悬浮剂或 50％可湿性粉剂 1 500～2 000 倍液，或 65％可湿性粉剂或 70％水分散粒剂 2 000～2 500 倍液，或 75％可湿性粉剂或 80％可湿性粉剂 2 500～3 000 倍液均匀喷雾。

番茄白粉虱、烟粉虱　在害虫发生为害初期或卵盛期至初孵若虫发生初盛期开始喷药，10～15 天 1 次，连喷 2 次左右，重点喷洒植株中上部特别是幼嫩叶片的背面。一般每亩次使用 25％悬浮剂 50～60 毫升，或 37％悬浮剂或 40％悬浮剂 30～40 毫升，或 50％悬浮剂 25～30 毫升，或 25％可湿性粉剂 50～60 克，或 40％水分散粒剂 30～40 克，或 50％可湿性粉剂 25～30 克，或 65％可湿性粉剂 18～25 克，或 70％水分散粒剂 17～23 克，或 75％可湿性粉剂 16～21 克，或 80％可湿性粉剂 15～20 克，对水 45～60 千克均匀喷雾。

茭白长绿飞虱　在害虫发生为害初期或卵盛期至初孵若虫盛发初期开始喷药，10～15 天 1 次，连喷 1～2 次。一般每亩次使用 25％悬浮剂 40～50 毫升，或 37％悬浮剂或 40％悬浮剂 25～32 毫升，或 50％悬浮剂 20～26 毫升，或 25％可湿性粉剂 40～50 克，或 40％水分散粒剂 25～32 克，或 50％可湿性粉剂 20～26 克，或 65％可湿性粉剂 15～20 克，或 70％水分散粒剂 14～19 克，或 75％可湿性粉剂 13～18 克，或 80％可湿性粉剂

12～17 克，对水 30～60 千克均匀喷雾。

注意事项 噻嗪酮不能与碱性药剂及肥料混用。连续喷药时，注意与不同杀虫机理药剂交替使用或混用。本剂对白菜、萝卜比较敏感，接触后会出现褐色斑及绿叶白化等药害表现，用药时应特别注意。有些日本柿也较敏感，果顶易发生药害。

噻唑膦 fosthiazate

主要含量与剂型 5％、10％、15％、20％颗粒剂，10％、20％、30％微囊悬浮剂，20％、40％水乳剂，5％、960 克/升可溶液剂，75％乳油。

产品特点 噻唑膦是一种新型有机磷类杀线虫剂，低毒至中等毒性，具有触杀和内吸作用，低剂量就能阻碍线虫活动，防止线虫侵入植物根部，既可直接杀死线虫的二龄幼虫，还可阻碍线虫在根内的运动和交配繁殖，持效期较长，且杀线虫效果不受土壤条件（湿度、温度、酸碱度）影响，正常使用对作物安全。其杀虫机理主要是通过抑制乙酰胆碱酯酶的活性，使神经递质乙酰胆碱累积，造成线虫神经过度兴奋，而导致线虫死亡。

适用作物防控对象及使用技术 噻唑膦广泛适用于瓜果类蔬菜、马铃薯、香蕉、甘蔗、烟草、中药植物等，主要用于防控根结线虫、根腐线虫等地下害虫。

黄瓜、苦瓜、西葫芦、番茄、辣椒、茄子等瓜果类蔬菜的根结线虫 整地时、移栽定植时、移栽缓苗后及线虫发生初期均可用药。整地时，每亩使用 5％颗粒剂 3 000～4 000 克，或 10％颗粒剂 1 500～2 000 克，或 15％颗粒剂 1 000～1 400 克，或 20％颗粒剂 750～1 000 克，与少量细干土混匀，均匀撒施于土壤表面，然后翻耕土壤 15～20 厘米，使药剂与土壤混匀，而后移栽定植；移栽定植时，使用上述药剂量均匀撒施于定植穴内，而后定植、覆土、浇水；移栽缓苗后或线虫发生初期，每亩使用 5％可溶液剂 3 000～4 000 毫升，或 10％微囊悬浮剂 1 750～2 000 毫升，或 20％微囊悬浮剂或 20％水乳剂 750～1 000 毫升，或 30％微囊悬浮剂 600～750 毫升，或 40％水乳剂 400～500 毫升，或 75％乳油 200～260 毫升，或 960 克/升可溶液剂 160～200 毫升，对水 300～500 千克均匀灌根，每株浇灌药液 200～300 毫升。每季作物最多只能用药 1 次。

西瓜、甜瓜、草莓的根结线虫、根腐线虫 移栽定植时、移栽缓苗后及线虫发生初期均可用药。噻唑膦使用方法及使用剂量同"黄瓜根结线虫"。

姜根结线虫 种植前栽种沟内用药。每亩使用 5％颗粒剂 3 000～4 000 克，或 10％颗粒剂 1 500～2 000 克，或 15％颗粒剂 1 000～1 400 克，或 20％颗粒剂 750～1 000 克，与少量细干土混匀后均匀撒施于栽种沟内，然后用工具将沟内土壤与药剂混匀，而后摆放姜种、覆土、浇水。

马铃薯根结线虫 播种时种植沟内用药，而后覆土。噻唑膦施用剂量同"姜根结线虫"。

香蕉根结线虫、根腐线虫 在香蕉移栽定植后或线虫发生初期用药。既可每亩使用 5％颗粒剂 3 000～4 000 克，或 10％颗粒剂 1 500～2 000 克，或 15％颗粒剂 1 000～1 400 克，或 20％颗粒剂 750～1 000 克，与少量细干土混匀后均匀撒施在假茎周围土壤表面；也可每亩使用 5％可溶液剂 1 250～1 500 毫升，或 10％微囊悬浮剂 750～1 000 毫升，或 20％微囊悬浮剂或 20％水乳剂 400～500 毫升，或 30％微囊悬浮剂 250～300 毫升，或 40％水乳剂 200～230 毫升，或 75％乳油 100～120 毫升，或 960 克/升可溶液剂 85～100 毫升，对水 150～200 千克均匀喷淋假茎周围土表。

甘蔗根结线虫　新植蔗在种植时种植沟撒施药剂，而后种植、覆土；宿根蔗在线虫发生初期于垄旁撒施药剂，而后覆土。一般每亩施用 5％颗粒剂 3 000～4 000 克，或 10％颗粒剂 1 500～2 000 克，或 15％颗粒剂 1 000～1 400 克，或 20％颗粒剂 750～1 000 克，与少量细干土混匀后均匀撒施。

烟草根结线虫　移栽定植时定植穴内撒施药剂，而后定植、覆土、浇水。噻唑膦施用剂量及方法同"甘蔗根结线虫"。

山药根结线虫　种植时种植沟内撒施药剂。每亩使用 5％颗粒剂 3 000～4 000 克，或 10％颗粒剂 1 500～2 000 克，或 15％颗粒剂 1 000～1 400 克，或 20％颗粒剂 750～1 000 克，或 5％可溶液剂 3 000～4 000 毫升，或 10％微囊悬浮剂 1 500～2 000 毫升，或 20％微囊悬浮剂或 20％水乳剂 750～1 000 毫升，或 30％微囊悬浮剂 500～650 毫升，或 40％水乳剂 400～500 毫升，或 75％乳油 200～260 毫升，或 960 克/升可溶液剂 160～200 毫升，与适量细干土混匀后均匀撒施在种植沟内，而后摆种、覆土。

注意事项　噻唑膦不能与碱性药剂及肥料混用，施药前应将大块土壤打碎以保证药效。在黄瓜、番茄、西瓜、姜、马铃薯、山药、烟草、香蕉等作物上每季最多使用 1 次。

三唑磷 triazophos

主要含量与剂型　20％、30％、40％、60％乳油，20％微囊悬浮剂。

产品特点　三唑磷是一种有机磷类广谱中毒杀虫剂，具有触杀和胃毒作用，无内吸作用，渗透性较强，杀卵作用明显，持效期较长，对鳞翅目害虫有较好的防控效果。其杀虫机理是作用于昆虫的乙酰胆碱酯酶，使昆虫神经系统出现异常，导致昆虫持续兴奋、麻痹而死亡。

适用作物防控对象及使用技术　三唑磷主要应用于水稻、小麦、棉花、甘薯、苹果及草地等，用于防控多种咀嚼式口器害虫及刺吸式口器害虫。

水稻二化螟、三化螟、稻纵卷叶螟、稻水象甲　防控二化螟、三化螟时，在害虫卵盛期至低龄幼虫钻蛀前及时喷药，7～10 天 1 次，每代喷药 1～2 次，重点喷洒植株中下部；防控稻纵卷叶螟时，在害虫卵盛期至初孵幼虫卷叶前及时喷药，7～10 天 1 次，每代喷药 1～2 次；防控稻水象甲时，在害虫发生为害初期开始喷药，7～10 天 1 次，每代喷药 1～2 次。一般每亩次使用 20％乳油 150～200 毫升，或 30％乳油 100～140 毫升，或 40％乳油 75～100 毫升，或 60％乳油 50～70 毫升，对水 30～60 千克均匀喷雾。

小麦蚜虫　从蚜虫发生为害初期开始喷药，10 天左右 1 次，连喷 2～3 次；或在小麦孕穗期至抽穗初期和齐穗期各喷药 1 次。一般每亩次使用 20％乳油 80～120 毫升，或 30％乳油 60～80 毫升，或 40％乳油 40～60 毫升，或 60％乳油 30～40 毫升，对水 30～45 千克均匀喷雾。

棉花棉铃虫、红铃虫、蚜虫、蓟马、盲椿象　防控棉铃虫、红铃虫时，在害虫卵盛期至低龄幼虫钻蛀蕾铃前及时喷药，7～10 天 1 次，每代喷药 1～2 次；防控蚜虫、蓟马、盲椿象时，在害虫发生为害初期开始喷药，7～10 天 1 次，连喷 2～3 次。一般每亩次使用 20％乳油 200～300 毫升，或 30％乳油 140～200 毫升，或 40％乳油 100～150 毫升，或 60％乳油 70～100 毫升，对水 45～75 千克均匀喷雾。

苹果树绣线菊蚜 在嫩梢上蚜虫数量较多时或新梢上蚜虫开始向幼果上转移扩散时开始喷药，7～10 天 1 次，连喷 2 次左右。一般使用 20％乳油 500～700 倍液，或 30％乳油 800～1 000 倍液，或 40％乳油 1 000～1 500 倍液，或 60％乳油 1 500～2 000 倍液均匀喷雾。

苹果桃小食心虫、梨小食心虫 根据虫情测报，在害虫卵盛期至初孵幼虫蛀果前及时喷药，7～10 天 1 次，每代喷药 1～2 次。三唑磷喷施倍数同"苹果树绣线菊蚜"。

苹果树棉铃虫、斜纹夜蛾 在害虫卵盛期至低龄幼虫期或初见幼虫蛀果为害时开始喷药，7～10 天 1 次，每代喷药 1～2 次。三唑磷喷施倍数同"苹果树绣线菊蚜"。

苹果树卷叶蛾类及其他鳞翅目食叶害虫 防控卷叶蛾时，先于花序分离期或落花后喷药 1 次，杀灭越冬代幼虫；然后再于每代卷叶蛾卵盛期至低龄幼虫卷叶为害前进行喷药，每代喷药 1 次。防控其他鳞翅目食叶害虫时，在害虫卵盛期至低龄幼虫期进行喷药，每代喷药 1 次。三唑磷喷施倍数同"苹果树绣线菊蚜"。

甘薯茎线虫 在甘薯秧移栽定植前，每亩薯秧使用 20％微囊悬浮剂 1 000～1 500 毫升，对水 3～5 倍液浸蘸薯秧基部 10 厘米，10 分钟后拿出、晾干、栽植，剩余药液与一定量水混匀后用作定植水浇灌。

草地草地螟、蝗虫 在害虫发生为害初期或虫量较多时进行喷药。一般每亩次使用 20％乳油 100～150 毫升，或 30％乳油 70～100 毫升，或 40％乳油 50～75 毫升，或 60％乳油 35～50 毫升，对水 30～45 千克均匀喷雾。

注意事项 三唑磷不能与碱性药剂及肥料混用，连续喷药时注意与不同杀虫机理药剂交替使用或混用。本剂对蜜蜂、家蚕及鱼类等水生生物有毒，禁止在蜜源植物花期和果树开花期使用，禁止在蚕室周边和桑园内及其附近使用，并禁止在蔬菜上使用。三唑磷对甘蔗、玉米、高粱敏感，用药时应避免药液飘移而产生药害。

杀螺胺乙醇胺盐 niclosamide ethanolamine

主要含量与剂型 0.6％颗粒剂，25％、50％、70％可湿性粉剂。

产品特点 杀螺胺乙醇胺盐是一种酰胺类低毒杀螺剂，具有较强的胃毒作用，既可杀灭成螺，也能杀死螺卵，杀灭速度快，对人、畜低毒，但对鱼类有毒。其作用机理是通过阻止有害螺对氧的摄入和糖类的代谢来降低其呼吸作用，使有害螺窒息死亡。本剂使用方便，既可施用于不流动的水中，又可在流动的水中施用。

适用作物防控对象及使用技术 杀螺胺乙醇胺盐主要应用于水稻田防控福寿螺的为害。直播稻和移栽稻（移栽后 7～10 天）均在第一次降雨后或灌水后用药，或在福寿螺发生初期用药。一般每亩使用 0.6％颗粒剂 4.5～7.5 千克均匀撒施，或每亩使用 25％可湿性粉剂 100～150 克，或 50％可湿性粉剂 60～80 克，或 70％可湿性粉剂 40～60 克与适量细干土混匀后均匀撒施，或使用上述可湿性粉剂对水 30～45 千克均匀喷雾。用药时应保持田间水深 3～5 厘米，但不淹没秧苗，用药后保水 7 天以上，2 天内暂不灌水，且 3 天内不能将稻田水排入河流或池塘。若施药后恰遇大雨，应视具体情况适当补充药剂。

注意事项 杀螺胺乙醇胺盐不能与碱性药剂及肥料混用。在含盐量较高的水体中使用时，应适当提高用药量，以保证杀螺效果。本剂为水田专用杀螺剂，对十字花科蔬菜、棉花有药害，不能在蔬菜田和棉田施用，也不能将本品药液喷施到果树的花蕾及幼果上。

虱螨脲 lufenuron

主要含量与剂型 5％、20％、50克/升乳油，5％微乳剂，5％水乳剂，5％、10％、50克/升悬浮剂，10％水分散粒剂。

产品特点 虱螨脲是一种苯甲酰脲类高效广谱低毒杀虫剂，属昆虫蜕皮抑制剂类，以胃毒作用为主，兼有一定的触杀作用，没有内吸性，但有较好的渗透性及较好的杀卵效果。其作用机理是通过抑制幼虫几丁质合成酶的形成而干扰几丁质在表皮的沉积，导致昆虫不能正常蜕皮变态而死亡，适用于防控对菊酯类和有机磷类药剂产生抗性的害虫。虱螨脲对低龄幼虫效果优异，害虫取食药剂后2小时停止为害，2～3天进入死虫高峰。药剂喷施后耐雨水冲刷，持效期较长，使用安全。

适用作物防控对象及使用技术 虱螨脲适用于蔬菜、果树、粮棉油及林木等多种植物，对多种鳞翅目害虫等均有很好防控效果。

甘蓝、花椰菜等十字花科蔬菜的甜菜夜蛾、菜青虫、小菜蛾 在害虫发生为害初期或害虫卵盛期至低龄幼虫期进行喷药，7～10天1次，连喷1～2次。一般每亩次使用5％乳油或5％微乳剂或5％水乳剂或5％悬浮剂或50克/升乳油或50克/升悬浮剂60～80毫升，或10％悬浮剂30～40毫升，或20％乳油15～20毫升，或10％水分散粒剂30～40克，对水30～45千克均匀喷雾。

番茄、辣椒、茄子等茄果类蔬菜的棉铃虫、甜菜夜蛾、斜纹夜蛾 在害虫发生为害初期或害虫卵盛期至低龄幼虫期进行喷药，7～10天1次，连喷1～2次。一般每亩次使用5％乳油或5％微乳剂或5％水乳剂或5％悬浮剂或50克/升乳油或50克/升悬浮剂60～80毫升，或10％悬浮剂30～40毫升，或20％乳油15～20毫升，或10％水分散粒剂30～40克，对水45～60千克均匀喷雾。

菜豆、芸豆等豆类蔬菜的豆荚螟、甜菜夜蛾 在害虫卵盛期至初孵幼虫钻蛀前及时进行喷药，7～10天1次，每代喷药1～2次。虱螨脲喷施剂量同"番茄棉铃虫"。

韭菜韭蛆 在韭蛆发生为害初期或韭菜收割后第2～3天，每亩使用5％乳油或5％微乳剂或5％水乳剂或5％悬浮剂或50克/升乳油或50克/升悬浮剂300～500毫升，或10％悬浮剂150～250毫升，或20％乳油80～120毫升，或10％水分散粒剂150～250克，对水75～150千克均匀喷淋或灌根。

棉花棉铃虫、红铃虫 在害虫卵盛期至低龄幼虫钻蛀蕾铃前及时进行喷药，7～10天1次，每代喷药1～2次。一般每亩次使用5％乳油或5％微乳剂或5％水乳剂或5％悬浮剂或50克/升乳油或50克/升悬浮剂60～100毫升，或10％悬浮剂30～50毫升，或20％乳油15～25毫升，或10％水分散粒剂30～50克，对水45～75千克均匀喷雾。

苹果树、山楂树、桃树、枣树的卷叶蛾类及其他鳞翅目食叶害虫 防控卷叶蛾时，在果园内初见卷叶时或害虫卵盛期至低龄幼虫卷叶为害前及时喷药，每代喷药1次；防控其他鳞翅目食叶害虫时，在害虫卵盛期至低龄幼虫期进行喷药，每代喷药1次。一般使用

5％乳油或5％悬浮剂或5％水乳剂或5％微乳剂或50克/升乳油或50克/升悬浮剂1 000～1 500倍液，或10％悬浮剂或10％水分散粒剂2 000～2 500倍液，或20％乳油4 000～5 000倍液均匀喷雾。

核桃树核桃缀叶螟、核桃细蛾 在害虫发生为害初期或卵盛期至低龄幼虫期及时进行喷药，每代喷药1次。虱螨脲喷施倍数同"苹果树卷叶蛾类"。

柑橘树柑橘木虱、潜叶蛾、锈壁虱 防控柑橘木虱、潜叶蛾时，在每季新梢抽生初期（嫩梢长1厘米时）或初见害虫发生时开始喷药，10～15天1次，每季梢喷药1～2次；防控锈壁虱时，在害虫发生为害初期或初见受害果时开始喷药，10～15天1次，连喷2～3次。虱螨脲喷施倍数同"苹果树卷叶蛾类"。

马铃薯块茎蛾 在害虫发生为害初期或田间初见受害叶片时开始喷药，10～15天1次，连喷1～2次。一般每亩次使用5％乳油或5％微乳剂或5％水乳剂或5％悬浮剂或50克/升乳油或50克/升悬浮剂40～60毫升，或10％悬浮剂20～30毫升，或20％乳油10～15毫升，或10％水分散粒剂20～30克，对水45～75千克均匀喷雾。

杨树美国白蛾 在害虫发生为害初期或初见网幕时进行喷药，每代喷药1次。一般使用5％乳油或5％微乳剂或5％水乳剂或5％悬浮剂或50克/升乳油或50克/升悬浮剂600～800倍液，或10％悬浮剂或10％水分散粒剂1 200～1 500倍液，或20％乳油2 500～3 000倍液均匀喷雾。

注意事项 虱螨脲不能与碱性药剂及肥料混用，也不能与促蜕皮激素类药剂混用。连续喷药时，注意与不同杀虫机理药剂交替使用或混用。本剂对甲壳类动物高毒，残余药液及洗涤药械的废液严禁污染河流、湖泊、池塘等水域。

石硫合剂 lime sulfur

主要含量与剂型 45％结晶（粉），29％水剂。

产品特点 石硫合剂是一种"古老的"兼有杀虫、杀螨和杀菌作用的矿物源（无机硫类）低毒农药，有效成分为多硫化钙。喷施于植物表面遇空气后发生一系列化学反应，形成微细的单体硫和少量硫化氢而发挥药效。该药为碱性，具有腐蚀昆虫表皮蜡质层的作用，对有较厚蜡质层的介壳虫和一些螨类及其卵都有很好的杀灭效果。

石硫合剂既有工业化生产的商品制剂，也可以自己熬制。工业化生产的分为水剂和结晶两种，结晶粉外观为淡黄色柱状，易溶于水。普通石硫合剂是用生石灰和硫黄粉为原料加水熬制而成，原料配比为生石灰1份、硫黄粉2份、水12～15份。其熬制方法是先将生石灰放入铁锅中加少量水将其化开，制成石灰乳，再加入足量的水煮开，然后加入事先用少量水调成糊状的硫黄粉浆，边加入边搅拌，同时记下水位线。加完后用大火烧沸40～60分钟，并不断搅拌，及时补足水量（最好是沸水），等药液呈红褐色、残渣成黄绿色时停火，冷却后，滤去沉渣，即为石硫合剂原液。原液为深红褐色透明液体，可溶于水，有强烈的臭鸡蛋味，呈碱性，遇酸和二氧化碳易分解，遇空气易被氧化，对人的皮肤有强烈的腐蚀性，对眼睛有刺激作用。

适用作物防控对象及使用技术 石硫合剂主要应用于果树、茶树及木本观赏植物等，用于清园防控叶螨类、介壳虫类等多种越冬害虫（螨）。

自制的石硫合剂原液一般为 20～26 波美度，使用前先用波美比重计测量原液波美度，再根据需要加水稀释使用。苹果树、梨树、山楂树、桃树、杏树、李树、枣树、柿树等落叶果树发芽前，作为果园的清园药剂铲除树体上越冬存活的害虫（螨）及病菌时，喷施浓度一般为 3～5 波美度；柑橘树上早春（春梢萌发前）清园时一般喷施 1～3 波美度，晚秋清园时一般喷施 0.3～0.5 波美度。

石硫合剂的商品制剂使用技术如下：

苹果树、梨树、山楂树、桃树、杏树、李树、枣树、柿树等落叶果树的叶螨类、介壳虫类等越冬害虫（螨）　春季树体萌芽初期，一般使用 45％结晶（粉）30～60 倍液或 29％水剂 20～40 倍液淋洗式喷洒树体。

柑橘树叶螨类、介壳虫、锈壁虱　主要于果实采收后至春梢萌发前清园使用。采果后晚秋季节，使用 45％结晶（粉）200～300 倍液或 29％水剂 130～180 倍液均匀喷雾；早春萌芽前，使用 45％结晶（粉）80～100 倍液或 29％水剂 50～70 倍液均匀喷雾。

茶树叶螨　早春萌芽前或晚秋无芽期喷施。早春季节一般使用 45％结晶（粉）80～100 倍液或 29％水剂 50～70 倍液均匀喷雾；晚秋季节一般使用 45％结晶（粉）150～200 倍液或 29％水剂 100～130 倍液均匀喷雾。

木本观赏植物介壳虫　树体萌芽前，使用 45％结晶（粉）50～70 倍液或 29％水剂 30～45 倍液均匀喷雾。

注意事项　石硫合剂不能与其他药剂混用，在波尔多液使用后 2～3 周才能使用本剂，使用本剂 10 天后才可使用波尔多液。石硫合剂的药效及发生药害的可能性与温度呈正相关，特别在生长期应避免高温施药；气温达 32℃以上时应当慎用，气温达 38℃以上时禁止使用。另外，气温低于 4℃时也不宜使用。

双丙环虫酯 afidopyropen

主要含量与剂型　50 克/升可分散液剂。

产品特点　双丙环虫酯是一种全新结构及全新作用机理的丙烯类生物源高效低毒杀虫剂，属同翅目昆虫摄食阻滞剂，具有胃毒和触杀作用，对叶片渗透力强，耐雨水冲刷，持效期较长，使用安全。其杀虫机理是通过作用于昆虫神经系统的一种或多种蛋白质，干扰靶标昆虫香草酸瞬时受体通道复合物的调控，使昆虫丧失协调性和方向感，不能正常取食，最终导致昆虫饥饿而死亡。与常规杀虫剂无交互抗性。害虫接触或摄食药剂后数小时即停止取食，对成虫、若虫均有效果，除直接防控害虫为害外，还可有效降低一些昆虫对病毒及细菌性病害的传播，但击倒作用较慢，且对卵无效。

适用作物防控对象及使用技术　双丙环虫酯适用于瓜果蔬菜、果树、粮棉油烟等多种作物，对刺吸式口器害虫具有很好的防控效果。

番茄、辣椒、茄子、黄瓜等瓜果类蔬菜的烟粉虱、白粉虱　在害虫发生为害初期或害虫卵孵化盛期至初孵若虫初盛期开始喷药，10 天左右 1 次，连喷 2～3 次。一般每亩次使用 50 克/升可分散液剂 55～65 毫升，对水 45～60 千克均匀喷雾，注意喷洒幼嫩组织及叶片背面。

黄瓜、西瓜蚜虫　在蚜虫发生为害初期开始喷药，10～15 天 1 次，连喷 1～2 次。一般每亩次使用 50 克/升可分散液剂 10～20 毫升，对水 45～60 千克均匀喷雾。

甘蓝、花椰菜等十字花科蔬菜蚜虫　在蚜虫发生为害初期开始喷药，10 天左右 1 次，连喷 1～2 次。一般每亩次使用 50 克/升可分散液剂 10～16 毫升，对水 30～45 千克均匀喷雾。

棉花蚜虫　在蚜虫发生为害初期开始喷药，10 天左右 1 次，连喷 2～3 次。一般每亩次使用 50 克/升可分散液剂 10～20 毫升，对水 45～60 千克均匀喷雾。

小麦蚜虫　在蚜虫发生为害初期开始喷药，10～15 天 1 次，连喷 2 次左右；或在小麦孕穗期至抽穗初期和齐穗期各喷药 1 次。一般每亩次使用 50 克/升可分散液剂 10～16 毫升，对水 30～45 千克均匀喷雾。

苹果树苹果瘤蚜、绣线菊蚜　防控瘤蚜时，在发芽后开花前和落花后各喷药 1 次；防控绣线菊蚜时，在新梢上蚜虫数量较多时或嫩梢上蚜虫开始向幼果上转移扩散时开始喷药，10～15 天 1 次，连喷 2 次。一般使用 50 克/升可分散液剂 8 000～10 000 倍液均匀喷雾。

桃树、杏树蚜虫　先于花芽膨大后开花前喷药 1 次，然后从落花后开始继续喷药，10～15 天 1 次，连喷 2～3 次。一般使用 50 克/升可分散液剂 8 000～10 000 倍液均匀喷雾。

石榴、花椒、枸杞蚜虫　在蚜虫发生为害初期或嫩梢上蚜虫数量较多时开始喷药，10～15 天 1 次，连喷 2 次左右。一般使用 50 克/升可分散液剂 8 000～10 000 倍液均匀喷雾。

梨树梨木虱　在各代梨木虱若虫发生为害初期或卵孵化盛期至初孵若虫被黏液完全覆盖前及时喷药，第 1、2 代每代喷药 1 次，第 3 代及其以后各代因世代重叠每代需喷药 1～2 次（间隔期 10 天左右）；或在梨树落花后和落花后 40 天左右各喷药 1 次防控第 1、2 代若虫，以后每 30～35 天喷药 1 次防控以后几代若虫。一般使用 50 克/升可分散液剂 4 000～5 000 倍液均匀喷雾。

柑橘树柑橘木虱、蚜虫　在每季新梢抽生初期（嫩梢长 1 厘米）开始喷药，10～15 天 1 次，每季梢喷药 1～2 次。一般使用 50 克/升可分散液剂 4 000～5 000 倍液均匀喷雾。

烟草蚜虫　在蚜虫发生为害初期开始喷药，10～15 天 1 次，连喷 2～3 次。一般每亩次使用 50 克/升可分散液剂 10～20 毫升，对水 45～60 千克均匀喷雾。

注意事项　双丙环虫酯不能与碱性药剂及肥料混用。连续喷药时，注意与不同杀虫机理药剂交替使用，以延缓害虫产生抗药性。

四聚乙醛 metaldehyde

主要含量与剂型　6％、10％、15％颗粒剂，20％、40％悬浮剂，60％水分散粒剂，80％可湿性粉剂。

产品特点　四聚乙醛是一种选择性较强的杂环类杀软体动物药剂，低毒至中等毒性，具有触杀和胃毒作用及一定的引诱作用，持效期较长，使用安全。软体动物吸食或接触药剂后，其消化系统受到破坏，体内乙酰胆碱酯酶大量释放，使黏液细胞分泌出大量黏液，导致受害动物因脱水而死亡。

适用作物防控对象及使用技术 四聚乙醛主要应用于水稻、蔬菜、烟草、棉花、草坪等作物及滩涂，用于防控福寿螺、蜗牛、蛞蝓、钉螺等软体动物。

甘蓝、白菜、花椰菜等叶菜类蔬菜的蜗牛、蛞蝓 在蔬菜播种后或移栽后，或蜗牛或蛞蝓发生初期在田间撒施药剂，也可条施或点施（间隔40~50厘米）用药，或全田喷雾，以傍晚或雨后施药效果最好，且用药后应保持土壤一定湿度。一般每亩使用6%颗粒剂400~600克，或10%颗粒剂300~400克，或15%颗粒剂200~250克均匀撒施；或每亩使用20%悬浮剂120~180毫升，或40%悬浮剂60~90毫升，或60%水分散粒剂50~70克，或80%可湿性粉剂40~50克，对水30~45千克于害虫发生初期均匀喷雾。

水稻福寿螺 在水稻插秧后或福寿螺发生初期用药。一般每亩使用6%颗粒剂400~600克，或10%颗粒剂300~400克，或15%颗粒剂200~300克均匀撒施；或每亩使用20%悬浮剂300~400毫升，或40%悬浮剂150~200毫升，或60%水分散粒剂100~130克，或80%可湿性粉剂80~100克，对水30~45千克均匀喷雾。用药后保持田间3~5厘米深水层7天。

棉花蜗牛、蛞蝓 在蜗牛或蛞蝓发生初期用药，以傍晚施药效果较好。一般每亩使用6%颗粒剂400~600克，或10%颗粒剂300~400克，或15%颗粒剂200~250克均匀撒施；或每亩使用20%悬浮剂150~200毫升，或40%悬浮剂70~100毫升，或60%水分散粒剂50~70克，或80%可湿性粉剂40~50克，对水30~60千克均匀喷雾。

烟草蜗牛、蛞蝓 烟草移栽定植后，从蜗牛或蛞蝓发生初期开始用药，以傍晚施药效果较好。四聚乙醛使用剂量及方法同"棉花蜗牛"。

桃树蜗牛、蛞蝓 在桃树生长季节的蜗牛或蛞蝓发生为害初期用药，一般每亩使用20%悬浮剂200~300毫升，或40%悬浮剂100~150毫升，或60%水分散粒剂70~100克，或80%可湿性粉剂50~75克，对水45~60千克均匀喷洒树干和树冠下地面及杂草。

铁皮石斛蜗牛、蛞蝓 在蜗牛或蛞蝓发生初期，每亩使用6%颗粒剂600~800克，或10%颗粒剂400~500克，或15%颗粒剂250~300克均匀撒施；或每亩使用20%悬浮剂200~250毫升，或40%悬浮剂100~120毫升，或60%水分散粒剂70~80克，或80%可湿性粉剂50~60克，对水45~60千克均匀喷雾。

草坪蜗牛、蛞蝓 从蜗牛或蛞蝓发生为害初期开始用药。一般每亩使用6%颗粒剂500~600克，或10%颗粒剂300~360克，或15%颗粒剂200~250克均匀撒施；或每亩使用20%悬浮剂150~200毫升，或40%悬浮剂75~100毫升，或60%水分散粒剂50~70克，或80%可湿性粉剂40~50克，对水30~45千克均匀喷雾。

滩涂钉螺 在钉螺发生初期施药。按照每平方米使用20%悬浮剂6~10克，或40%悬浮剂3~5克，或60%水分散粒剂2~3克，或80%可湿性粉剂2~2.5克的药量，对适量水稀释后均匀喷洒地面。

注意事项 四聚乙醛不宜与化肥混用，更不能与碱性药剂混用，并避免在35℃以上用药，且用药后不宜在田中践踏。连续用药时，注意与不同作用机理药剂交替使用。本剂对瓜类作物敏感，易产生药害。养鱼、蟹稻田需慎用。

四螨嗪 clofentezine

主要含量与剂型 20％、40％、50％、200 克/升、500 克/升悬浮剂，10％、20％可湿性粉剂，75％、80％水分散粒剂。

产品特点 四螨嗪是一种有机氮杂环类专用特效低毒杀螨剂，属叶螨生长抑制剂类，以触杀作用为主，无内吸活性，对螨卵有较好防效，对幼螨、若螨也有一定活性，对成螨防效差，但能降低雌成螨的产卵量和卵孵化率。其作用机理主要是干扰胚胎和幼螨早期阶段的细胞生长和分化，使胚胎发育受到抑制，螨卵不能孵化，幼螨、若螨蜕皮受到抑制，不能正常生长发育而死亡。本剂作用速度较慢，通常用药后 2 周才能达到最佳药效高峰，但持效期长，一般可达 50～60 天。四螨嗪对温度不敏感，低温不影响药效，更适用于早春使用。

适用作物防控对象及使用技术 四螨嗪主要应用于果树、棉花及瓜类，对叶螨类（红蜘蛛、白蜘蛛等）有较好的防控效果。但该药作用速度慢，用药后 2 周才能达到防效高峰，所以应在做好预测预报的基础上尽量早期使用。

柑橘树红蜘蛛、黄蜘蛛 在害螨卵盛期至初孵幼螨始盛期及时喷药，以春梢萌发前喷施或晚秋清园用药效果较好。一般使用 10％可湿性粉剂 500～600 倍液，或 20％可湿性粉剂或 20％悬浮剂或 200 克/升悬浮剂 1 000～1 200 倍液，或 40％悬浮剂 2 000～2 500 倍液，或 50％悬浮剂或 500 克/升悬浮剂 2 500～3 000 倍液，或 75％水分散粒剂或 80％水分散粒剂 3 500～4 500 倍液均匀喷雾。

苹果树、梨树的红蜘蛛、白蜘蛛 在害螨发生为害初期或花序分离期或落花后及时喷药。四螨嗪喷施倍数同"柑橘树红蜘蛛"。

山楂树红蜘蛛、白蜘蛛 在害螨发生为害初期或花序分离期及时喷药。四螨嗪喷施倍数同"柑橘树红蜘蛛"。

桃树、杏树、李树的红蜘蛛、白蜘蛛 在害螨发生为害初期或害螨卵盛期至初孵幼螨盛发初期及时喷药。四螨嗪喷施倍数同"柑橘树红蜘蛛"。

草莓红蜘蛛、白蜘蛛 在害螨发生为害初期及时喷药。四螨嗪喷施倍数同"柑橘树红蜘蛛"。

棉花红蜘蛛、白蜘蛛 在害螨发生为害初期及时喷药，注意喷洒叶片背面。四螨嗪喷施倍数同"柑橘树红蜘蛛"。

黄瓜、西瓜等瓜类的红蜘蛛 在害螨发生为害初期及时喷药，注意喷洒叶片背面。四螨嗪喷施倍数同"柑橘树红蜘蛛"。

注意事项 四螨嗪不能与碱性药剂及肥料混用。连续喷药时，注意与不同杀螨机理药剂交替使用或混用，但不能与噻螨酮（有交互抗性）交替使用或混用。本剂主要杀螨卵和幼螨，对成螨无效，于螨卵孵化初期用药效果最佳；当成螨数量较大或温度较高时，最好与杀成螨药剂进行混用。

苏云金杆菌 bacillus thuringiensis

主要含量与剂型 4 000IU/微升、6 000IU/微升、8 000IU/微升、8 000IU/毫克、100 亿活芽孢/毫升悬浮剂，8 000IU/毫克、16 000IU/毫克、32 000IU/毫克、50 000IU/毫克、100 亿活芽孢/克可湿性粉剂，4 000IU/毫克悬浮种衣剂，0.2%颗粒剂。

产品特点 苏云金杆菌是一种可产晶体芽孢的细菌性广谱低毒杀虫剂，主要杀虫成分为内毒素（伴胞晶体）和外毒素，以内毒素为主，具有胃毒作用，无触杀、内吸作用，害虫取食细菌后在虫体内繁殖，亦可产生毒素。鳞翅目幼虫摄入伴胞晶体后，很快停止取食，几分钟内引起肠道上皮细胞麻痹、损伤，并破坏肠道内膜，导致细菌营养细胞易于侵袭和穿透肠道底膜进入昆虫血淋巴，最终使昆虫因饥饿和败血症而死亡。外毒素作用缓慢，通过抑制依赖于 DNA 的 RNA 聚合酶而影响 RNA 合成，在昆虫蜕皮和变态时具有明显作用。本剂药效较缓慢，害虫取食后 1～2 天才见死亡，持效期 10 天左右。其防控效果与虫龄大小、温度、害虫取食程度有关，温度愈高、取食愈多、防效愈好。

适用作物防控对象及使用技术 苏云金杆菌适用于蔬菜、果树、粮棉油烟茶及林木等多种植物，主要用于防控鳞翅目害虫。

甘蓝、白菜、萝卜、青菜、花椰菜等十字花科蔬菜的菜青虫、小菜蛾、甜菜夜蛾、斜纹夜蛾、甘蓝夜蛾　在害虫卵孵化盛期至低龄幼虫期开始喷药，7～10 天 1 次，连喷 1～2 次。一般每亩次使用 100 亿活芽孢/毫升悬浮剂 100～150 毫升，或 100 亿活芽孢/克可湿性粉剂 200～300 克，或 4 000IU/微升悬浮剂 300～400 毫升，或 6 000IU/微升悬浮剂 200～300 毫升，或 8 000IU/微升悬浮剂 150～200 毫升，或 8 000IU/毫克可湿性粉剂 200～300 克，或 16 000IU/毫克可湿性粉剂 150～200 克，或 32 000IU/毫克可湿性粉剂 80～120 克，或 50 000IU/毫克可湿性粉剂 30～50 克，对水 30～45 千克均匀喷雾。

番茄棉铃虫　在害虫卵孵化盛期至低龄幼虫期或卵孵化盛期至低龄幼虫钻蛀为害前及时喷药。一般每亩次使用 8 000IU/毫克可湿性粉剂 300～400 克，或 16 000IU/毫克可湿性粉剂 150～200 克，或 32 000IU/毫克可湿性粉剂 125～150 克，或 50 000IU/毫克可湿性粉剂 80～100 克，对水 45～60 千克均匀喷雾。

辣椒烟青虫　在害虫卵孵化盛期至低龄幼虫期及时喷药。一般每亩次使用 8 000IU/毫克可湿性粉剂 200～300 克，或 16 000IU/毫克可湿性粉剂 100～150 克，或 32 000IU/毫克可湿性粉剂 50～75 克，或 50 000IU/毫克可湿性粉剂 35～50 克，对水 45～60 千克均匀喷雾。

豇豆豆荚螟　在害虫卵孵化盛期至低龄幼虫蛀荚前及时喷药，苏云金杆菌喷施剂量同"辣椒烟青虫"。

大葱甜菜夜蛾　在害虫卵孵化盛期至低龄幼虫期或卵孵化盛期至低龄幼虫蛀叶前及时喷药。一般每亩次使用 8 000IU/毫克可湿性粉剂 150～200 克，或 16 000IU/毫克可湿性粉剂 75～100 克，或 32 000IU/毫克可湿性粉剂 40～50 克，或 50 000IU/毫克可湿性粉剂 25～30 克，对水 30～45 千克均匀喷雾。

茭白二化螟　在害虫卵孵化盛期至低龄幼虫钻蛀为害前及时喷药。一般每亩次使用 8 000IU/毫克可湿性粉剂 100～150 倍液，或 16 000IU/毫克可湿性粉剂 200～300 倍液，或 32 000IU/毫克可湿性粉剂 300～500 倍液，或 50 000IU/毫克可湿性粉剂 500～700 倍液均匀喷雾。

水稻稻苞虫、稻纵卷叶螟　在害虫卵孵化盛期至低龄幼虫苞叶或卷叶前及时喷药。一般每亩次使用 100 亿活芽孢/毫升悬浮剂 300～400 毫升，或 100 亿活芽孢/克可湿性粉剂 300～400 克，或 4 000IU/微升悬浮剂 400～500 毫升，或 6 000IU/微升悬浮剂 300～400 毫升，或 8 000IU/微升悬浮剂 200～250 毫升，或 8 000IU/毫克可湿性粉剂 300～400 克，或 16 000IU/毫克可湿性粉剂 200～300 克，或 32 000IU/毫克可湿性粉剂 120～180 克，或 50 000IU/毫克可湿性粉剂 80～100 克，对水 30～45 千克均匀喷雾。

玉米、高粱的玉米螟、草地贪夜蛾　在害虫发生为害初期或田间初见为害状时及时用药。既可每亩使用 0.2% 颗粒剂 400～500 克与适量干细沙混匀后向喇叭口内（心叶）均匀撒施；也可每亩使用 100 亿活芽孢/毫升悬浮剂 150～200 毫升，或 100 亿活芽孢/克可湿性粉剂 250～300 克，或 4 000IU/微升悬浮剂 300～400 毫升，或 6 000IU/微升悬浮剂 200～300 毫升，或 8 000IU/微升悬浮剂 170～200 毫升，或 8 000IU/毫克可湿性粉剂 300～400 克，或 16 000IU/毫克可湿性粉剂 200～250 克，或 32 000IU/毫克可湿性粉剂 150～200 克，或 50 000IU/毫克可湿性粉剂 65～80 克，对水 45～60 千克向喇叭口内均匀喷淋，或与适量干细沙混匀后向喇叭口内均匀撒施。

棉花棉铃虫、造桥虫　在害虫卵孵化盛期至低龄幼虫期或低龄幼虫钻蛀蕾铃前及时喷药。一般每亩次使用 100 亿活芽孢/毫升悬浮剂 250～400 毫升，或 100 亿活芽孢/克可湿性粉剂 300～500 克，或 4 000IU/微升悬浮剂 400～500 毫升，或 6 000IU/微升悬浮剂 300～400 毫升，或 8 000IU/微升悬浮剂 250～350 毫升，或 8 000IU/毫克可湿性粉剂 400～500 克，或 16 000IU/毫克可湿性粉剂 300～400 克，或 32 000IU/毫克可湿性粉剂 200～300 克，或 50 000IU/毫克可湿性粉剂 120～150 克，对水 45～75 千克均匀喷雾。

大豆孢囊线虫　种子药剂处理。一般使用 4 000IU/毫克悬浮种衣剂按照 1∶(60～80) 的药种比进行均匀种子包衣或拌种，阴干后播种。

大豆天蛾、甘薯天蛾　在害虫发生为害初期或卵孵化盛期至低龄幼虫期进行喷药。一般每亩次使用 100 亿活芽孢/毫升悬浮剂 150～200 毫升，或 4 000IU/微升悬浮剂 300～500 毫升，或 8 000IU/微升悬浮剂 150～200 毫升，或 100 亿活芽孢/克可湿性粉剂 200～300 克，或 8 000IU/毫克可湿性粉剂 200～300 克，或 16 000IU/毫克可湿性粉剂 100～150 克，或 32 000IU/毫克可湿性粉剂 50～80 克，或 50 000IU/毫克可湿性粉剂 35～50 克，对水 30～60 千克均匀喷雾。

烟草烟青虫　在害虫发生为害初期或害虫卵盛期至低龄幼虫期进行喷药。一般每亩次使用 100 亿活芽孢/毫升悬浮剂 200～300 毫升，或 100 亿活芽孢/克可湿性粉剂 300～500 克，或 4 000IU/微升悬浮剂 400～500 毫升，或 6 000IU/微升悬浮剂 300～400 毫升，或 8 000IU/微升悬浮剂 200～300 毫升，或 8 000IU/毫克可湿性粉剂 300～500 克，或 16 000IU/毫克可湿性粉剂 200～300 克，或 32 000IU/毫克可湿性粉剂 100～200 克，或 50 000IU/毫克可湿性粉剂 70～100 克，对水 45～60 千克均匀喷雾。

苹果树、梨树、桃树、枣树的食心虫类及鳞翅目食叶害虫　防控食心虫时，根据虫情测报，在害虫卵盛期至初孵幼虫钻蛀为害前及时喷药；防控鳞翅目食叶害虫时，在害虫发生为害初期或害虫卵孵化盛期至低龄幼虫期进行喷药。一般使用 100 亿活芽孢/毫升悬浮剂 200～400 倍液，100 亿活芽孢/克可湿性粉剂 200～300 倍液，4 000IU/微升悬浮剂 200～400 倍液，或 6 000IU/微升悬浮剂 300～600 倍液，或 8 000IU/微升悬浮剂 400～800 倍液，或 8 000IU/毫克可湿性粉剂 400～800 倍液，或 16 000IU/毫克可湿性粉剂 600～1 200 倍液，或 32 000IU/毫克可湿性粉剂 1 000～1 500 倍液，或 50 000IU/毫克可湿性粉剂 1 500～2 000 倍液均匀喷雾，防控食心虫用药尽量选择较高剂量。

柑橘树柑橘凤蝶 在害虫发生为害初期或卵孵化盛期至低龄幼虫期进行喷药，苏云金杆菌喷施倍数同"苹果树鳞翅目食叶害虫"。

枇杷树黄毛虫 在害虫发生为害初期或卵孵化盛期至低龄幼虫期进行喷药，苏云金杆菌喷施倍数同"苹果树鳞翅目食叶害虫"。

茶树茶毛虫、茶尺蠖 在害虫发生为害初期或害虫卵孵化盛期至低龄幼虫期进行喷药，苏云金杆菌喷施倍数同"苹果树鳞翅目食叶害虫"。

金银花尺蠖等鳞翅目食叶害虫 在害虫发生为害初期或卵孵化盛期至低龄幼虫期进行喷药，苏云金杆菌喷施倍数同"苹果树鳞翅目食叶害虫"。

草坪黏虫、草地螟 在害虫发生为害初期或初孵幼虫至低龄幼虫期进行喷药，一般每亩次使用 100 亿活芽孢/毫升悬浮剂 100～200 毫升，或 100 亿活芽孢/克可湿性粉剂 150～200 克，或 4 000IU/微升悬浮剂 200～300 毫升，或 6 000IU/微升悬浮剂 150～250 毫升，或 8 000IU/微升悬浮剂 100～200 毫升，或 8 000IU/毫克可湿性粉剂 150～200 克，或 16 000IU/毫克可湿性粉剂 100～150 克，或 32 000IU/毫克可湿性粉剂 60～100 克，或 50 000IU/毫克可湿性粉剂 30～50 克，对水 30～45 千克均匀喷雾。

注意事项 苏云金杆菌不能与碱性药剂及肥料混用，也不能与内吸性有机磷杀虫剂或杀菌剂及铜制剂混用。本剂对家蚕高毒，桑蚕养殖区及其附近禁止使用。制剂应保存在低于 25℃的干燥阴凉环境中，防止暴晒和潮湿。该药生产企业较多，计量标准繁杂，具体使用时应以其标签说明为准。

甜菜夜蛾核型多角体病毒 spodoptera exigua nucleopolyhedrovirus

主要含量与剂型 5 亿 PIB/克、10 亿 PIB/毫升、30 亿 PIB/毫升悬浮剂，300 亿 PIB/克水分散粒剂。

产品特点 甜菜夜蛾核型多角体病毒（SeNPV）是一种昆虫病毒类微生物源专用低毒杀虫剂，以胃毒作用为主，对甜菜夜蛾具有强烈的致病作用，使用安全。病毒被摄入虫体后在虫体内大量增殖，逐渐感染其全身，最终导致害虫死亡。同时，病毒能够通过被感染甜菜夜蛾的体液、粪便等传染给其他害虫，并可通过卵传给下一代，使病毒在昆虫种群中流行，进而有效控制甜菜夜蛾的种群发展。该药持效期较长，对甜菜夜蛾有专一性，对家蚕高毒。

适用作物防控对象及使用技术 甜菜夜蛾核型多角体病毒适用于多种瓜果、豆类及叶菜类蔬菜，对甜菜夜蛾具有很好的防控效果。

甘蓝、白菜、花椰菜等十字花科蔬菜的甜菜夜蛾 在甜菜夜蛾卵孵化盛期至低龄幼虫期进行喷药，7～10 天 1 次，连喷 1～2 次，注意喷洒叶片背面。一般每亩次使用 5 亿 PIB/克悬浮剂 120～160 毫升，或 10 亿 PIB/毫升悬浮剂 70～100 毫升，或 30 亿 PIB/毫升悬浮剂 20～30 毫升，或 300 亿 PIB/克水分散粒剂 3～5 克，对水 30～45 千克均匀喷雾。

番茄、茄子、辣椒、黄瓜等瓜果类蔬菜的甜菜夜蛾　在甜菜夜蛾卵孵化盛期至低龄幼虫期进行喷药，7～10 天 1 次，连喷 1～2 次。一般每亩次使用 5 亿 PIB/克悬浮剂 120～200 毫升，或 10 亿 PIB/毫升悬浮剂 70～100 毫升，或 30 亿 PIB/毫升悬浮剂 20～35 毫升，或 300 亿 PIB/克水分散粒剂 3～5 克，对水 45～60 千克均匀喷雾。

扁豆、芸豆、豇豆等豆类蔬菜的甜菜夜蛾　在甜菜夜蛾卵孵化盛期至低龄幼虫期进行喷药，7～10 天 1 次，连喷 1～2 次。甜菜夜蛾核型多角体病毒喷施剂量同"番茄甜菜夜蛾"。

地黄甜菜夜蛾　在甜菜夜蛾卵孵化盛期至低龄幼虫期进行喷药，7～10 天 1 次，连喷 1～2 次。甜菜夜蛾核型多角体病毒喷施剂量同"甘蓝甜菜夜蛾"。

注意事项　甜菜夜蛾核型多角体病毒不能与碱性药剂及肥料混用，也不能与含铜制剂及病毒钝化剂混用。高温及阳光中的紫外线对病毒有杀伤作用，不能在强光照射及高温时段喷药，以傍晚或阴天喷药效果最佳。

烯啶虫胺 nitenpyram

主要含量与剂型　10％、20％水剂，10％、20％、30％可溶液剂，25％、50％可溶粉剂，50％、60％可溶粒剂，20％、50％、60％可湿性粉剂，20％、30％、50％水分散粒剂。

产品特点　烯啶虫胺是一种新型烟碱类高效低毒杀虫剂，具有触杀和胃毒作用，并有良好的渗透性和内吸性，专用于防控刺吸式口器害虫，杀虫活性高，持效期较长，可混用性好，残留低，使用安全。其杀虫机理是作用于害虫的神经系统，通过抑制乙酰胆碱酯酶活性，阻断害虫神经信息传导，使害虫麻痹而死亡。

适用作物防控对象及使用技术　烯啶虫胺适用于粮棉油烟茶、蔬菜、果树等多种作物，对刺吸式口器害虫具有良好的防控效果。

水稻稻飞虱　在稻飞虱发生为害初期或卵孵化盛期至低龄若虫期进行喷药，7～10 天 1 次，连喷 1～2 次。一般每亩次使用 10％水剂或 10％可溶液剂 40～50 毫升，或 20％水剂或 20％可溶液剂 20～25 毫升，或 30％可溶液剂 14～17 毫升，或 20％可湿性粉剂或 20％水分散粒剂 20～25 克，或 25％可溶粉剂 16～20 克，或 30％水分散粒剂 14～18 克，或 50％可溶粉剂或 50％可溶粒剂或 50％可湿性粉剂或 50％水分散粒剂 8～10 克，或 60％可溶粒剂或 60％可湿性粉剂 7～9 克，对水 45～60 千克均匀喷雾，重点喷洒植株中下部。

棉花蚜虫　在蚜虫发生为害初期开始喷药，7～10 天 1 次，连喷 2 次。一般每亩次使用 10％水剂或 10％可溶液剂 30～40 毫升，或 20％水剂或 20％可溶液剂 15～20 毫升，或 30％可溶液剂 10～14 毫升，或 20％可湿性粉剂或 20％水分散粒剂 15～20 克，或 25％可溶粉剂 12～16 克，或 30％水分散粒剂 10～14 克，或 50％可溶粉剂或 50％可溶粒剂或 50％可湿性粉剂或 50％水分散粒剂 6～8 克，或 60％可溶粒剂或 60％可湿性粉剂 5～7 克，对水 45～75 千克均匀喷雾，重点喷洒幼嫩组织。

甘蓝、白菜、花椰菜等十字花科蔬菜的蚜虫　在蚜虫发生为害初期开始喷药，7～10 天 1 次，连喷 1～2 次。一般每亩次使用 10％水剂或 10％可溶液剂 20～30 毫升，或

20％水剂或20％可溶液剂10～15毫升，或30％可溶液剂7～10毫升，或20％可湿性粉剂或20％水分散粒剂10～15克，或25％可溶粉剂8～12克，或30％水分散粒剂7～10克，或50％可溶粉剂或50％可溶粒剂或50％可湿性粉剂或50％水分散粒剂4～6克，或60％可溶粒剂或60％可湿性粉剂3～5克，对水30～45千克均匀喷雾，注意喷洒叶片背面。

番茄、茄子、辣椒、芸豆、黄瓜等瓜果及豆类蔬菜的烟粉虱、白粉虱　在害虫发生为害初期或卵盛期至初孵若虫初盛期进行喷药，7～10天1次，连喷2～3次，重点喷洒幼嫩组织的叶片背面。一般每亩次使用10％水剂或10％可溶液剂40～50毫升，或20％水剂或20％可溶液剂20～25毫升，或30％可溶液剂14～17毫升，或20％可湿性粉剂或20％水分散粒剂20～25克，或25％可溶粉剂16～20克，或30％水分散粒剂14～18克，或50％可溶粉剂或50％可溶粒剂或50％可湿性粉剂或50％水分散粒剂8～10克，或60％可溶粒剂或60％可湿性粉剂7～9克，对水45～60千克均匀喷雾。

柑橘树蚜虫、柑橘木虱　在每季新梢抽生初期（嫩梢长1厘米）或害虫发生为害初期开始喷药，10～15天1次，每季梢喷药1～2次。一般使用10％水剂或10％可溶液剂1 000～1 500倍液，或20％水剂或20％可溶液剂或20％可湿性粉剂或20％水分散粒剂2 000～3 000倍液，或25％可溶粉剂2 500～3 500倍液，或30％可溶液剂或30％水分散粒剂3 000～4 000倍液，或50％可溶粉剂或50％可溶粒剂或50％可湿性粉剂或50％水分散粒剂5 000～7 000倍液，或60％可溶粒剂或60％可湿性粉剂6 000～8 000倍液均匀喷雾。

茶树茶小绿叶蝉　从害虫发生为害初期或初孵若虫盛发初期开始喷药，7～10天1次，与不同类型药剂交替使用，连喷2～3次。烯啶虫胺喷施倍数同"柑橘树蚜虫"。

苹果树绣线菊蚜、苹果绵蚜　防控绣线菊蚜时，在新梢上蚜虫数量较多时或嫩梢上蚜虫开始向幼果上转移扩散时开始喷药，10天左右1次，连喷2次左右；防控苹果绵蚜时，在绵蚜从越冬场所向树上幼嫩组织转移扩散时开始喷药，10天左右1次，连喷1～2次。一般使用10％水剂或10％可溶液剂1 500～2 000倍液，或20％水剂或20％可溶液剂或20％可湿性粉剂或20％水分散粒剂3 000～4 000倍液，或25％可溶粉剂4 000～5 000倍液，或30％可溶液剂或30％水分散粒剂5 000～6 000倍液，或50％可溶粉剂或50％可溶粒剂或50％可湿性粉剂或50％水分散粒剂8 000～10 000倍液，或60％可溶粒剂或60％可湿性粉剂10 000～12 000倍液均匀喷雾。

梨树梨木虱、梨二叉蚜　防控梨木虱时，在各代梨木虱卵孵化盛期至初孵若虫被黏液完全覆盖前及时喷药，第1、2代若虫每代喷药1次，第3代及以后各代若虫因世代重叠每代需喷药1～2次（间隔期7～10天）；防控梨二叉蚜时，在蚜虫发生为害初盛期或初见受害叶片卷曲时开始喷药，10天左右1次，连喷1～2次。烯啶虫胺喷施倍数同"苹果树绣线菊蚜"。

桃树、李树、杏树的蚜虫　先于花芽膨大后开花前喷药1次，然后从落花后开始继续喷药，10天左右1次，与不同类型药剂交替使用或混用，连喷2～3次。烯啶虫胺喷施倍数同"苹果树绣线菊蚜"。

葡萄绿盲蝽　在葡萄萌芽后或绿盲蝽发生为害初期开始喷药，7～10天1次，与不同类型药剂交替使用或混用（与触杀性杀虫剂混用效果最好），连喷2～4次。烯啶虫胺喷施倍数同"苹果树绣线菊蚜"。

　　枣树绿盲蝽　在枣树萌芽后或绿盲蝽发生为害初期开始喷药，7～10天1次，与不同类型药剂交替使用或混用（与触杀性杀虫剂混用效果最好），连喷2～4次。烯啶虫胺喷施倍数同"苹果树绣线菊蚜"。

　　石榴树、枸杞、花椒树的蚜虫　从蚜虫发生为害初盛期，或嫩梢上或花蕾上或幼果上蚜虫数量较多时开始喷药，7～10天1次，与不同类型药剂交替使用或混用（与触杀性杀虫剂混用效果最好），连喷2～3次。烯啶虫胺喷施倍数同"苹果树绣线菊蚜"。

　　柿树柿血斑叶蝉　从叶片正面显出黄白色褪绿小点时开始喷药，10天左右1次，连喷2次左右，重点喷洒叶片背面。烯啶虫胺喷施倍数同"苹果树绣线菊蚜"。

　　草莓蚜虫、白粉虱、烟粉虱　从害虫发生为害初期开始喷药，7～10天1次，与不同类型药剂交替使用或混用，连喷2～3次。烯啶虫胺喷施倍数同"苹果树绣线菊蚜"。

　　观赏菊花烟粉虱、蚜虫　从害虫发生为害初期开始喷药，7～10天1次，连喷2次左右。烯啶虫胺喷施倍数同"苹果树绣线菊蚜"。

　　注意事项　烯啶虫胺不能与碱性药剂及强酸性药剂或肥料混用。连续喷药时，注意与其他不同杀虫机理药剂交替使用或混用，以延缓害虫产生抗药性。

斜纹夜蛾核型多角体病毒 spodoptera litura NPV

　　主要含量与剂型　10亿PIB/毫升悬浮剂，10亿PIB/克可湿性粉剂，200亿PIB/克水分散粒剂。

　　产品特点　斜纹夜蛾核型多角体病毒（SpltNPV）是一种昆虫病毒类微生物源低毒杀虫剂，专用于防控斜纹夜蛾，以胃毒作用为主，无内吸、熏蒸活性，持效期较长，使用安全。斜纹夜蛾摄食药剂后，病毒在虫体内大量增殖，使害虫停止取食，染病而死亡；同时，染病虫体的体液及排泄物还可导致病毒在害虫种群内传播，使种群受到控制。

　　适用作物防控对象及使用技术　斜纹夜蛾核型多角体病毒主要应用于蔬菜及经济作物，专用于防控斜纹夜蛾的发生为害。

　　甘蓝、白菜、花椰菜等十字花科蔬菜的斜纹夜蛾　在害虫卵孵化盛期至低龄幼虫期进行喷药，7天左右1次，连喷1～2次。一般每亩次使用10亿PIB/毫升悬浮剂50～75毫升，或10亿PIB/克可湿性粉剂50～80克，或200亿PIB/克水分散粒剂3～4克，对水30～45千克均匀喷雾。

　　番茄、辣椒、茄子等茄果类蔬菜的斜纹夜蛾　在害虫卵孵化盛期至低龄幼虫期进行喷药，7天左右1次，连喷1～2次。一般每亩次使用10亿PIB/毫升悬浮剂80～100毫升，或10亿PIB/克可湿性粉剂80～100克，或200亿PIB/克水分散粒剂4～5克，对水45～60千克均匀喷雾。

　　烟草斜纹夜蛾　在害虫发生为害初期或卵孵化盛期至低龄幼虫期进行喷药，7～10天1次，连喷1～2次。一般使用10亿PIB/毫升悬浮剂或10亿PIB/克可湿性粉剂150～250倍液，或200亿PIB/克水分散粒剂3 000～5 000倍液均匀喷雾。

　　注意事项　斜纹夜蛾核型多角体病毒不能与强酸性及碱性药剂或肥料混用，也不能与铜制剂及病毒钝化剂混用。为避免阳光直射，在傍晚或阴天喷药效果较好。喷药后遇雨需要补喷。

辛硫磷 phoxim

主要含量与剂型　40％、56％、70％、600克/升乳油，20％微乳剂，30％、35％微囊悬浮剂，0.3％、1.5％、3％、5％、10％颗粒剂。

产品特点　辛硫磷是一种有机磷类广谱低毒杀虫剂，以触杀和胃毒作用为主，无内吸作用，但有一定熏蒸作用和渗透性，击倒力强，速效性高，对咀嚼式口器害虫和刺吸式口器害虫均有很好的防控效果。其杀虫机理是通过抑制昆虫体内乙酰胆碱酯酶的活性，扰乱昆虫神经系统，使昆虫过度兴奋、麻痹而死亡。该成分对光不稳定，见光很快分解，叶面喷雾持效期短，残留风险小，但药剂施入土壤中持效期较长，适用于防控地下害虫。

适用作物防控对象及使用技术　辛硫磷适用于粮棉油糖茶、蔬菜、果树、林木、花卉等多种植物，对多种咀嚼式口器害虫、刺吸式口器害虫等均有较好的防控效果，既可叶面喷雾，又可土壤用药。

甘蔗蔗螟、蔗龟　新植蔗在种植时于种植沟内撒施药剂，而后种植、覆土、浇水；宿根蔗在培土前或害虫发生初期于垄旁撒施药剂，而后培土覆盖。一般每亩施用0.3％颗粒剂80～100千克，或1.5％颗粒剂12～15千克，或3％颗粒剂6～8千克，或5％颗粒剂4～5千克，或10％颗粒剂2～2.5千克均匀撒施。

水稻三化螟、稻纵卷叶螟　在害虫卵盛期至初孵幼虫钻蛀前或卷叶前及时喷药，5～7天1次，连喷2次，防控三化螟时注意喷洒植株中下部。一般每亩次使用20％微乳剂250～300毫升，或40％乳油120～150毫升，或56％乳油或600克/升乳油80～100毫升，或70％乳油70～90毫升，对水30～60千克均匀喷雾。

小麦蝼蛄、蛴螬、地老虎等地下害虫　在小麦播种整地前均匀撒施药剂，施药后及时耕地、耙地、播种。一般每亩使用0.3％颗粒剂40～50千克，或1.5％颗粒剂8～10千克，或3％颗粒剂4～5千克，或5％颗粒剂2.5～3千克，或10％颗粒剂1.2～1.5千克均匀撒施。

玉米蛴螬、蝼蛄、地老虎、金针虫等地下害虫　在玉米播种时于播种沟内沟施或播种穴内穴施药剂，而后覆土。一般每亩使用0.3％颗粒剂40～50千克，或1.5％颗粒剂8～10千克，或3％颗粒剂4～5千克，或5％颗粒剂2.5～3千克，或10％颗粒剂1.2～1.5千克均匀撒施。

玉米玉米螟、草地贪夜蛾　在害虫发生为害初期或田间初见为害状时于喇叭口内撒施药剂。一般每亩使用1.5％颗粒剂500～750克，或3％颗粒剂300～400克，或5％颗粒剂200～250克，或10％颗粒剂80～120克，与适量细干沙土混匀后向喇叭口内均匀撒施；或每亩使用40％乳油75～100毫升，或56％乳油或600克/升乳油50～70毫升，与适量细干沙土混匀后向喇叭口内均匀撒施。

棉花棉铃虫、造桥虫、蚜虫　防控棉铃虫、造桥虫时，在害虫卵孵化盛期至低龄幼虫期或低龄幼虫钻蛀蕾铃前及时喷药，5～7天1次，每代喷药1～2次；防控蚜虫时，在蚜虫发生为害初期开始喷药，5～7天1次，连喷2～3次。一般每亩次使用20％微乳剂200～300毫升，或30％微囊悬浮剂150～200毫升，或35％微囊悬浮剂120～180毫升，或40％乳油100～150毫升，或56％乳油或600克/升乳油80～120毫升，或70％乳油

60～90 毫升，对水 45～60 千克均匀喷雾。

花生地老虎、金针虫、蝼蛄、蛴螬等地下害虫　既可在花生播种时于播种穴内撒施药剂，而后覆土；也可在花生播种时于播种穴内喷淋药剂，而后覆土；还可在生长期地下害虫发生初期或花生团棵期用药液灌根，而后覆土。撒施药剂时，每亩施用 1.5％颗粒剂 12～15 千克，或 3％颗粒剂 6～8 千克，或 5％颗粒剂 4～5 千克，或 10％颗粒剂 2～2.5 千克均匀撒施；喷淋用药或灌根用药时，每亩使用 30％微囊悬浮剂 800～1 200 克，或 35％微囊悬浮剂 700～1 000 克，对水 60～120 千克均匀喷淋播种穴或灌根。

油菜蛴螬、蝼蛄、金针虫、地老虎等地下害虫　播种时播种沟内撒施药剂，而后覆土。一般每亩使用 1.5％颗粒剂 12～15 千克，或 3％颗粒剂 6～8 千克，或 5％颗粒剂 4～5 千克，或 10％颗粒剂 2～2.5 千克，在播种沟内均匀撒施。

甘蓝、白菜、花椰菜、萝卜等十字花科蔬菜的菜青虫、甜菜夜蛾、斜纹夜蛾、蚜虫防控鳞翅目食叶害虫时，在害虫卵孵化盛期至低龄幼虫期进行喷药，5～7 天 1 次，连喷 2 次；防控蚜虫时，在蚜虫发生为害初期开始喷药，5～7 天 1 次，连喷 2 次。一般每亩次使用 20％微乳剂 150～250 毫升，或 30％微囊悬浮剂 100～160 毫升，或 35％微囊悬浮剂 90～140 毫升，或 40％乳油 80～120 毫升，或 56％乳油或 600 克/升乳油 60～80 毫升，或 70％乳油 50～70 毫升，对水 30～45 千克均匀喷雾。

韭菜韭蛆　在韭蛆发生初期或韭菜收割后第 2～3 天，每亩使用 30％微囊悬浮剂 600～800 毫升，或 35％微囊悬浮剂 520～700 毫升，或 40％乳油 600～1 000 毫升，或 56％乳油或 600 克/升乳油 450～700 毫升，或 70％乳油 350～570 毫升，随灌溉水均匀灌根。

大蒜蒜蛆　在蒜蛆发生为害初期，随灌溉水用药均匀灌根。辛硫磷使用剂量同"韭菜韭蛆"。

山药蛴螬、地老虎等地下害虫　种植时于种植沟内撒施药剂，而后覆土。一般每亩施用 1.5％颗粒剂 12～15 千克，或 3％颗粒剂 6～8 千克，或 5％颗粒剂 4～5 千克，或 10％颗粒剂 2～2.5 千克，在种植沟内均匀撒施。

萝卜等根菜类蔬菜地下害虫　播种时于播种沟内均匀撒施药剂，而后覆土。辛硫磷使用剂量同"山药地下害虫"。

苹果树绣线菊蚜　在新梢上蚜虫数量较多时或嫩梢上蚜虫开始向幼果上转移扩散时开始喷药，7～10 天 1 次，连喷 2 次左右。一般使用 20％微乳剂 500～700 倍液，或 40％乳油 1 000～1 500 倍液，或 56％乳油或 600 克/升乳油 1 500～2 000 倍液，或 70％乳油 2 000～2 500 倍液均匀喷雾，以傍晚喷药效果较好。

苹果树、山楂树的卷叶蛾类及其他鳞翅目食叶害虫　防控卷叶蛾时，先于花序分离期或落花后喷药 1 次，有效防控越冬代幼虫；然后再于卷叶蛾发生为害初期或园内新见卷叶为害时进行喷药，7～10 天 1 次，每代喷药 1～2 次。防控其他鳞翅目食叶害虫时，在害虫发生为害初期或卵孵化盛期至低龄幼虫期进行喷药，7～10 天 1 次，每代喷药 1～2 次。辛硫磷喷施倍数同"苹果树绣线菊蚜"。

苹果树、梨树、核桃树的大青叶蝉　在深秋害虫开始向果树上转移并产卵为害时开始喷药，5～7 天 1 次，连喷 2 次左右，幼树上尤为重要。辛硫磷喷施倍数同"苹果树绣线菊蚜"。

梨、桃、杏等果实的茶翅蝽、麻皮蝽　多从小麦黄熟期（麦穗变黄后）或椿象类为害果实初期开始在果园内喷药，7天左右1次，连喷2次左右；较大果园也可重点喷洒果园外围的几行树，阻止椿象进入园内。辛硫磷喷施倍数同"苹果树绣线菊蚜"。

梨树梨二叉蚜、梨瘿蚊、梨星毛虫　防控梨二叉蚜时，在受害叶片初显卷曲时开始喷药，7～10天1次，连喷1～2次；防控梨瘿蚊时，在嫩叶上初显受害状时（叶缘卷曲）开始喷药，7～10天1次，连喷1～2次；防控梨星毛虫时，在梨园内初见卷叶虫苞时开始喷药，7～10天1次，连喷1～2次。辛硫磷喷施倍数同"苹果树绣线菊蚜"。

枣树枣瘿蚊、枣尺蠖、造桥虫、刺蛾类　防控枣瘿蚊时，在萌芽后至开花期的嫩梢上出现受害状时开始喷药，7～10天1次，连喷1～2次；防控枣尺蠖、造桥虫及刺蛾类食叶害虫时，在害虫发生为害初期或卵孵化盛期至低龄幼虫期进行喷药，7～10天1次，每代喷药1～2次。辛硫磷喷施倍数同"苹果树绣线菊蚜"。

苹果、梨、桃、枣、山楂的桃小食心虫　主要为地面用药，防控越冬幼虫出土。即在越冬幼虫出土初期地面用药，地表喷药或撒施颗粒剂均可。地表喷药时，一般使用40％乳油300～400倍液，或56％乳油或600克/升乳油400～500倍液，或70％乳油500～700倍液，或30％微囊悬浮剂200～250倍液，或35％微囊悬浮剂250～300倍液喷洒树冠下地面，将土壤表层喷湿，然后耙松土表；撒施颗粒剂时，一般每亩使用1.5％颗粒剂5～6千克，或3％颗粒剂2.5～3千克，或5％颗粒剂1.5～2千克，或10％颗粒剂0.8～1千克，均匀撒施于树冠下地面，然后耙松表层土壤，使药剂与土壤混合。

苹果树、梨树、山楂树、葡萄等落叶果树的金龟子类　果树萌芽至开花期金龟子为害较重果园，于金龟子发生初期地面用药，地表喷药或撒施颗粒剂均可。具体用药方法及用药量同"苹果桃小食心虫"。

茶树茶尺蠖、茶毛虫　在害虫发生为害初期开始喷药，7天左右1次，连喷1～2次。辛硫磷喷施倍数同"苹果树绣线菊蚜"。

观赏牡丹蛴螬　在蛴螬低龄幼虫盛发初期，于植株下穴施药剂，而后覆土、浇水。一般每亩施用1.5％颗粒剂2 000～4 000克，或3％颗粒剂1 000～2 000克，或5％颗粒剂600～1 200克，或10％颗粒剂300～600克均匀穴施。

注意事项　辛硫磷不能与碱性药剂及肥料混用，与相应不同杀虫机理药剂混用效果较好。本剂对高粱、豆类、瓜类、莴苣、甜菜及某些樱桃品种较敏感，易造成药害，用药时需要注意。

溴氰虫酰胺 cyantraniliprole

主要含量与剂型　10％、19％悬浮剂，10％可分散油悬浮剂，48％种子处理悬浮剂。

产品特点　溴氰虫酰胺是一种双酰胺类高效广谱微毒杀虫剂，属鱼尼丁受体抑制剂类，以胃毒作用为主，兼有触杀活性，且内吸传导性好，用作种子处理后能被作物根部吸收，并通过木质部传导到植株各部位，耐雨水冲刷，持效期较长，使用安全。其杀虫机理是作用于昆虫肌肉细胞的鱼尼丁受体，引起内源性钙离子流失，导致昆虫肌肉运动失调，使其麻痹、瘫痪而死亡。

适用作物防控对象及使用技术　溴氰虫酰胺目前主要应用于瓜果蔬菜及粮棉油作物，

对咀嚼式口器害虫及刺吸式、锉吸式和舐吸式害虫均有很好的防控效果。

甘蓝、白菜、花椰菜、萝卜等十字花科蔬菜的甜菜夜蛾、菜青虫、小菜蛾、斜纹夜蛾、蚜虫、黄条跳甲　防控鳞翅目食叶害虫时，在害虫卵孵化盛期至低龄幼虫期进行喷药，7~10天1次，每代喷药1~2次；防控蚜虫时，在蚜虫发生为害初期开始喷药，7~10天1次，连喷1~2次；防控黄条跳甲时，在跳甲发生为害初期开始喷药，7~10天1次，连喷2~3次。一般每亩次使用10%悬浮剂或10%可分散油悬浮剂30~40毫升，或19%悬浮剂15~20毫升，对水30~45千克均匀喷雾，注意喷洒叶片背面。

黄瓜苗期蓟马、烟粉虱、瓜绢螟、美洲斑潜蝇　秧苗移栽前2天苗床喷淋用药，用药前适当晾干苗床。每平方米苗床一般使用10%悬浮剂7~10毫升，或19%悬浮剂4~5毫升，对水2~4千克均匀喷淋苗床，将营养钵基质土壤渗透，湿而不滴。

番茄、辣椒苗期蓟马、烟粉虱、甜菜夜蛾、美洲斑潜蝇　秧苗移栽前2天苗床喷淋用药，用药前适当晾干苗床。溴氰虫酰胺用药方法和剂量同"黄瓜苗期蓟马"。

番茄、辣椒、茄子等茄果类蔬菜的白粉虱、烟粉虱、蓟马、蚜虫、棉铃虫、美洲斑潜蝇　防控白粉虱、烟粉虱时，在粉虱发生为害初期或若虫发生初盛期开始喷药，7~10天1次，连喷2次左右，注意喷洒幼嫩组织的叶片背面；防控蓟马、蚜虫时，在害虫发生为害初期开始喷药，7~10天1次，连喷2次左右，重点喷洒幼嫩组织；防控棉铃虫时，在卵孵化盛期至低龄幼虫期进行喷药，7~10天1次，每代喷药1~2次；防控美洲斑潜蝇时，在害虫发生为害初期或叶片上初见为害虫道时开始喷药，7~10天1次，连喷1~2次。一般每亩次使用10%悬浮剂或10%可分散油悬浮剂40~60毫升，或19%悬浮剂20~30毫升，对水45~60千克均匀喷雾。

黄瓜白粉虱、烟粉虱、蓟马、蚜虫、美洲斑潜蝇　防控白粉虱、烟粉虱时，在粉虱发生为害初期或若虫发生初盛期开始喷药，7~10天1次，连喷2次左右，注意喷洒幼嫩组织的叶片背面；防控蓟马、蚜虫时，在害虫发生为害初期开始喷药，7~10天1次，连喷2次左右，重点喷洒幼嫩组织；防控美洲斑潜蝇时，在害虫发生为害初期或叶片上初见为害虫道时开始喷药，7~10天1次，连喷1~2次。溴氰虫酰胺喷施剂量同"番茄白粉虱"。

西瓜白粉虱、烟粉虱、蓟马、蚜虫、棉铃虫、甜菜夜蛾　防控白粉虱、烟粉虱时，在粉虱发生为害初期或若虫发生初盛期开始喷药，7~10天1次，连喷2次左右，注意喷洒叶片背面；防控蓟马、蚜虫时，在害虫发生为害初期开始喷药，7~10天1次，连喷2次左右，重点喷洒幼嫩组织；防控棉铃虫、甜菜夜蛾时，在害虫卵孵化盛期至低龄幼虫期进行喷药，7~10天1次，每代喷药1~2次。一般每亩次使用10%悬浮剂或10%可分散油悬浮剂33~40毫升，或19%悬浮剂17~20毫升，对水30~60千克均匀喷雾。

豇豆、芸豆的白粉虱、烟粉虱、蓟马、蚜虫、豆荚螟、美洲斑潜蝇　防控白粉虱、烟粉虱时，在粉虱发生为害初期或若虫发生初盛期开始喷药，7~10天1次，连喷2次左右，注意喷洒叶片背面；防控蓟马、蚜虫时，在害虫发生为害初期或始花期开始喷药，7~10天1次，连喷2次左右，重点喷洒幼嫩组织；防控豆荚螟时，在卵孵化盛期至初孵幼虫蛀荚前或始花期开始喷药，7~10天1次，连喷2~3次；防控美洲斑潜蝇时，在害虫发生为害初期或叶片上初见为害虫道时开始喷药，7~10天1次，连喷1~2次。溴氰虫酰胺喷施剂量同"西瓜白粉虱"。

大葱甜菜夜蛾、蓟马、美洲斑潜蝇　防控甜菜夜蛾时，在害虫卵孵化盛期至低龄幼虫期或低龄幼虫蛀叶前进行喷药，7～10 天 1 次，每代喷药 1～2 次；防控蓟马时，在叶片上初见黄白色褪绿小点时开始喷药，7～10 天 1 次，连喷 2 次左右；防控美洲斑潜蝇时，在叶片上初见为害虫道时开始喷药，7～10 天 1 次，连喷 1～2 次。一般每亩次使用 10%悬浮剂或 10%可分散油悬浮剂 18～24 毫升，或 19%悬浮剂 9～12 毫升，对水 30～45 千克均匀喷雾。

水稻蓟马、二化螟、三化螟、稻纵卷叶螟　防控蓟马时，在害虫发生为害初期开始喷药，7～10 天 1 次，连喷 1～2 次；防控螟虫时，在害虫卵孵化盛期至初孵幼虫钻蛀前或卷叶前进行喷药，7～10 天 1 次，每代喷药 1～2 次，重点喷洒植株中下部。一般每亩次使用 10%悬浮剂或 10%可分散油悬浮剂 30～40 毫升，或 19%悬浮剂 15～20 毫升，对水 30～60 千克均匀喷雾。

玉米小地老虎　种子药剂处理。一般每 100 千克种子使用 48%种子处理悬浮剂 60～120 毫升，对水稀释成 2 升左右的均匀药浆，然后均匀拌种或种子包衣，晾干后待播。

棉花棉铃虫、蚜虫、烟粉虱　防控棉铃虫时，在卵孵化盛期至低龄幼虫钻蛀蕾铃前及时喷药，7～10 天 1 次，每代喷药 1～2 次；防控蚜虫、烟粉虱时，在害虫发生为害初期开始喷药，7～10 天 1 次，连喷 2～3 次，注意喷洒叶片背面。一般每亩次使用 10%悬浮剂或 10%可分散油悬浮剂 40～60 毫升，或 19%悬浮剂 20～30 毫升，对水 45～60 千克均匀喷雾。

注意事项　溴氰虫酰胺不能与碱性药剂及肥料混用，也不建议与乳油类药剂混用，且用药时需将药液 pH 值调节至 4～6。连续喷药时，注意与不同杀虫机理药剂交替使用，以延缓害虫产生抗药性。可分散油悬浮剂不建议在苗床上使用。

溴氰菊酯 deltamethrin

主要含量与剂型　2.5%、25 克/升、50 克/升乳油，2.5%、5%可湿性粉剂。

产品特点　溴氰菊酯是一种拟除虫菊酯类高效广谱中毒杀虫剂，以触杀和胃毒作用为主，对害虫有一定的驱避与拒食作用，无内吸和熏蒸作用，击倒速度快，可混用性好，使用安全。其作用机理是通过阻止昆虫神经系统中的钠离子通道，影响神经冲动传输，使昆虫过度兴奋、麻痹而死亡。该药主要用于防控鳞翅目、半翅目、直翅目和蚜虫类害虫。

适用作物防控对象及使用技术　溴氰菊酯适用于粮棉油烟茶、蔬菜、果树、林木等多种植物，对咀嚼式口器害虫及蚜虫类、椿象类、叶蝉类、木虱类等多种害虫均有较好的防控效果。

甘蓝、白菜、萝卜、花椰菜等十字花科蔬菜的菜青虫、小菜蛾、甜菜夜蛾、斜纹夜蛾、甘蓝夜蛾、蚜虫、黄条跳甲　防控菜青虫等鳞翅目食叶害虫时，在害虫卵孵化盛期至低龄幼虫期进行喷药，7～10 天 1 次，连喷 1～2 次，注意喷洒叶片背面；防控蚜虫时，在蚜虫发生为害初期开始喷药，7～10 天 1 次，连喷 1～2 次；防控黄条跳甲时，在害虫发生为害初期开始喷药，7～10 天 1 次，连喷 2 次左右。一般每亩次使用 2.5%乳油或 25 克/升乳油 60～100 毫升，或 50 克/升乳油 30～50 毫升，或 2.5%可湿性粉剂 60～100 克，或 5%可湿性粉剂 30～50 克，对水 30～45 千克均匀喷雾。

番茄、辣椒、茄子等茄果类蔬菜的棉铃虫、斜纹夜蛾、烟青虫、蚜虫 防控棉铃虫、斜纹夜蛾、烟青虫时，在害虫卵孵化盛期至低龄幼虫期或低龄幼虫蛀果为害前进行喷药，7～10天1次，每代喷药1～2次；防控蚜虫时，在蚜虫发生为害初期开始喷药，7～10天1次，连喷2次左右。一般每亩次使用2.5%乳油或25克/升乳油80～120毫升，或50克/升乳油40～60毫升，或2.5%可湿性粉剂80～120克，或5%可湿性粉剂40～60克，对水45～60千克均匀喷雾。

西瓜蚜虫、瓜绢螟、棉铃虫 防控蚜虫时，在蚜虫发生为害初期开始喷药，7～10天1次，连喷2次左右；防控瓜绢螟、棉铃虫时，在害虫卵盛期至低龄幼虫期进行喷药，7～10天1次，每代喷药1～2次。溴氰菊酯喷施剂量同"番茄棉铃虫"。

苹果树绣线菊蚜、苹果瘤蚜 防控绣线菊蚜时，在新梢上蚜虫数量较多时或嫩梢上蚜虫开始向幼果上转移扩散时开始喷药，10天左右1次，连喷2～3次；防控苹果瘤蚜时，在苹果花序分离期和落花后各喷药1次。一般使用2.5%乳油或25克/升乳油或2.5%可湿性粉剂1 000～1 500倍液，或50克/升乳油或5%可湿性粉剂2 000～3 000倍液均匀喷雾。

苹果桃小食心虫、苹果蠹蛾 根据虫情测报，在害虫卵盛期至初孵幼虫蛀果前及时喷药，7～10天1次，每代喷药1～2次。溴氰菊酯喷施倍数同"苹果树绣线菊蚜"。

梨、桃、枣等果实的梨小食心虫、桃小食心虫、桃蛀螟 根据虫情测报，在害虫卵盛期至初孵幼虫蛀果前及时喷药，7～10天1次，每代喷药1～2次。溴氰菊酯喷施倍数同"苹果树绣线菊蚜"。

苹果树、梨树、山楂树、枣树、桃树、樱桃树、核桃树等落叶果树的卷叶蛾类及其他鳞翅目食叶害虫 防控卷叶蛾时，在害虫发生为害初期或果园内初见卷叶为害时开始喷药，7～10天1次，每代喷药1～2次；防控其他鳞翅目食叶害虫时，在害虫发生为害初期或卵盛期至低龄幼虫期进行喷药，7～10天1次，每代喷药1～2次。溴氰菊酯喷施倍数同"苹果树绣线菊蚜"。

桃树、杏树、李树的蚜虫 先于花芽膨大后开花前喷药1次，然后从落花后开始连续喷药，10天左右1次，与不同类型药剂交替使用，连喷2～4次。溴氰菊酯喷施倍数同"苹果树绣线菊蚜"。

栗树栗大蚜、栗花斑蚜 在蚜虫发生为害初期开始喷药，10天左右1次，连喷2次左右。溴氰菊酯喷施倍数同"苹果树绣线菊蚜"。

石榴树、花椒树、枸杞的蚜虫 在蚜虫发生为害初期，或嫩梢上或花蕾上蚜虫数量较多时开始喷药，10天左右1次，连喷2次左右。溴氰菊酯喷施倍数同"苹果树绣线菊蚜"。

梨树、苹果树、山楂树等落叶果树的梨冠网蝽 在害虫发生为害初期或叶片正面显出黄白色褪绿小点时开始喷药，7～10天1次，连喷1～2次，重点喷洒叶片背面。溴氰菊酯喷施倍数同"苹果树绣线菊蚜"。

葡萄绿盲蝽 在葡萄萌芽后至开花期绿盲蝽发生为害初期开始喷药，7～10天1次，与不同类型药剂交替使用，连喷2～4次，以早、晚喷药效果较好。溴氰菊酯喷施倍数同"苹果树绣线菊蚜"。

枣树绿盲蝽 在枣树萌芽后至开花期绿盲蝽发生为害初期开始喷药，7～10天1次，与不同类型药剂交替使用，连喷 2～4 次，以早、晚喷药效果较好。溴氰菊酯喷施倍数同"苹果树绣线菊蚜"。

梨树梨木虱　主要用于防控梨木虱的成虫。防控越冬代梨木虱成虫时，在花芽膨大期的晴朗无风天进行喷药，7 天左右 1 次，连喷 1～2 次；防控当年生梨木虱成虫时，在各代成虫发生初期开始喷药，5～7 天 1 次，每代喷药 1～2 次。花芽膨大期一般使用 2.5％乳油或 25 克/升乳油或 2.5％可湿性粉剂 800～1 000 倍液，或 50 克/升乳油或 5％可湿性粉剂 1 500～2 000 倍液均匀喷雾；梨树生长期溴氰菊酯喷施倍数同"苹果树绣线菊蚜"。

梨树梨茎蜂　在梨茎蜂产卵为害初期或梨树外围嫩梢长 10～15 厘米时，或果园内初见受害嫩梢时开始喷药，7～10 天 1 次，连喷 2 次，以上午 10 时前喷药防控效果最好。溴氰菊酯喷施倍数同"苹果树绣线菊蚜"。

桃树、李树、杏树的桃小绿叶蝉　在害虫发生为害初期或叶片正面显出黄白色褪绿小点时开始喷药，7～10 天 1 次，连喷 2 次左右，重点喷洒叶片背面，上午 10 时前或下午 4 时后喷药防控效果较好。溴氰菊酯喷施倍数同"苹果树绣线菊蚜"。

柿树柿血斑叶蝉　在害虫发生为害初期或叶片正面显出黄白色褪绿小点时开始喷药，10 天左右 1 次，连喷 1～2 次，重点喷洒叶片背面。溴氰菊酯喷施倍数同"苹果树绣线菊蚜"。

柑橘树蚜虫、潜叶蛾、柑橘木虱　在每季新梢抽生初期（嫩梢长 1 厘米）或新梢上初见害虫为害时开始喷药，10 天左右 1 次，每季梢喷药 1～2 次。一般使用 2.5％乳油或 25 克/升乳油或 2.5％可湿性粉剂 1 200～1 500 倍液，或 50 克/升乳油或 5％可湿性粉剂 2 500～3 000 倍液均匀喷雾。

荔枝树荔枝蝽　在荔枝蝽发生为害初期或初孵若虫发生盛期开始喷药，7～10 天 1 次，连喷 2 次左右。溴氰菊酯喷施倍数同"柑橘树蚜虫"。

小麦蚜虫、黏虫　防控蚜虫时，在蚜虫发生为害初期开始喷药，7～10 天 1 次，连喷 2 次左右；或在小麦孕穗期至抽穗初期和齐穗期各喷药 1 次。防控黏虫时，在卵孵化盛期至低龄幼虫期进行喷药。一般每亩次使用 2.5％乳油或 25 克/升乳油 60～80 毫升，或 50 克/升乳油 30～40 毫升，或 2.5％可湿性粉剂 60～80 克，或 5％可湿性粉剂 30～40 克，对水 30～45 千克均匀喷雾。

玉米玉米螟、草地贪夜蛾　在害虫发生为害初期或田间初见为害状时进行用药。一般每亩使用 2.5％乳油或 25 克/升乳油 50～70 毫升，或 50 克/升乳油 25～35 毫升，或 2.5％可湿性粉剂 50～70 克或 5％可湿性粉剂 25～35 克，与适量细干沙土混匀后向喇叭口内均匀撒施。每季最多使用 1 次。

马铃薯蚜虫、甲虫、草地螟　防控蚜虫、甲虫时，在害虫发生为害初期开始喷药，10 天左右 1 次，连喷 2 次左右；防控草地螟时，在害虫发生为害初期或初孵幼虫初盛期进行喷药，每代喷药 1 次。一般每亩次使用 2.5％乳油或 25 克/升乳油 70～100 毫升，或 50 克/升乳油 35～50 毫升，或 2.5％可湿性粉剂 70～100 克，或 5％可湿性粉剂 35～50 克，对水 45～75 千克均匀喷雾。

棉花棉铃虫、造桥虫、蚜虫、盲椿象　防控棉铃虫、造桥虫时，在害虫卵孵化盛期至低龄幼虫期或低龄幼虫钻蛀蕾铃前进行喷药，7～10 天 1 次，每代喷药 1～2 次；防控蚜虫、盲椿象时，在害虫发生为害初期开始喷药，7～10 天 1 次，连喷 2～3 次。一般每亩次使用 2.5％乳油或 25 克/升乳油 100～150 毫升，或 50 克/升乳油 50～75 毫升，或 2.5％可湿性粉剂 100～150 克，或 5％可湿性粉剂 50～75 克，对水 45～75 千克均匀喷雾。

花生棉铃虫、斜纹夜蛾、蚜虫　防控棉铃虫、斜纹夜蛾时，在害虫卵孵化盛期至低龄幼虫期进行喷药，7～10 天 1 次，每代喷药 1～2 次；防控蚜虫时，在蚜虫发生为害初期开始喷药，7～10 天 1 次，连喷 1～2 次。一般每亩次使用 2.5％乳油或 25 克/升乳油 50～80 毫升，或 50 克/升乳油 25～40 毫升，或 2.5％可湿性粉剂 50～80 克，或 5％可湿性粉剂 25～40 克，对水 30～45 千克均匀喷雾。

大豆蚜虫、双斑萤叶甲、食心虫、草地螟　防控蚜虫、双斑萤叶甲时，在害虫发生为害初期开始喷药，7～10 天 1 次，连喷 1～2 次；防控食心虫时，在害虫卵盛期至初孵幼虫蛀荚前及时喷药，5～7 天 1 次，每代喷药 1～2 次；防控草地螟时，在害虫卵孵化盛期至低龄幼虫期进行喷药，1 次即可。溴氰菊酯喷施剂量同"花生棉铃虫"。

油菜蚜虫　在蚜虫发生为害初期开始喷药，7～10 天 1 次，连喷 2 次左右。溴氰菊酯喷施剂量同"花生棉铃虫"。

烟草烟青虫、蚜虫　防控烟青虫时，在害虫卵孵化盛期至低龄幼虫期进行喷药，7～10 天 1 次，每代喷药 1～2 次；防控蚜虫时，在蚜虫发生为害初期开始喷药，7～10 天 1 次，连喷 2 次左右。溴氰菊酯喷施剂量同"花生棉铃虫"。

茶树茶尺蠖、茶毛虫、茶小绿叶蝉、蚜虫　防控茶尺蠖、茶毛虫时，在害虫卵孵化盛期至低龄幼虫期进行喷药，7～10 天 1 次，连喷 1～2 次；防控茶小绿叶蝉、蚜虫时，在害虫发生为害初期开始喷药，7～10 天 1 次，与不同类型药剂交替使用，连喷 2～3 次。一般使用 2.5％乳油或 25 克/升乳油或 2.5％可湿性粉剂 800～1 000 倍液，或 50 克/升乳油或 5％可湿性粉剂 1 500～2 000 倍液均匀喷雾。

首蓿蚜虫、斜纹夜蛾　防控蚜虫时，在蚜虫发生为害初期开始喷药，7～10 天 1 次，连喷 2 次左右；防控斜纹夜蛾时，在害虫卵孵化盛期至低龄幼虫期进行喷药，7～10 天 1 次，每代喷药 1～2 次。一般每亩次使用 2.5％乳油或 25 克/升乳油 50～80 毫升，或 50 克/升乳油 25～40 毫升，或 2.5％可湿性粉剂 50～80 克，或 5％可湿性粉剂 25～40 克，对水 30～60 千克均匀喷雾。

稻谷、小麦原粮的仓储害虫　一般每吨原粮使用 2.5％乳油或 25 克/升乳油 30～50 毫升，或 50 克/升乳油 15～25 毫升喷雾或拌糠用药。喷雾用药时，按照每吨原粮所需药剂稀释成 1 升药液的比例，将相应药液均匀喷洒在入库输送带上的原粮上，边喷边入库；拌糠用药时，按照每吨原粮所需药剂均匀喷洒在 1 千克米糠上的比例，将相应药糠与原粮混匀或每隔 20～30 厘米原粮撒施一层药糠。1 次药剂处理可保护储粮 9～12 个月。稻谷原粮的安全间隔期为 15 天，小麦原粮的安全间隔期为 42 天。

林木的美国白蛾、尺蠖、松毛虫等鳞翅目食叶害虫　在害虫卵孵化盛期至低龄幼虫期进行喷药，每代喷药 1 次。一般使用 2.5％乳油或 25 克/升乳油或 2.5％可湿性粉剂 1 500～2 000 倍液，或 50 克/升乳油或 5％可湿性粉剂 3 000～4 000 倍液均匀喷雾。

荒地蝗虫　在蝗虫发生为害初期或蝗蝻发生初盛期开始喷药，7～10 天 1 次，连喷 1～2 次。一般每亩次使用 2.5％乳油或 25 克/升乳油 40～60 毫升，或 50 克/升乳油 20～30 毫升，或 2.5％可湿性粉剂 40～60 克，或 5％可湿性粉剂 20～30 克，对水 20～40 千克均匀喷雾。

注意事项 溴氰菊酯不能与碱性药剂及肥料混用。连续喷药时，注意与不同杀虫机理药剂交替使用。禁止在蚕室周边、桑园内、养蜂场所及果树花期使用。

乙基多杀菌素 spinetoram

主要含量与剂型 60克/升悬浮剂，25%水分散粒剂。

产品特点 乙基多杀菌素属农用抗生素类广谱高效低毒杀虫剂，具有触杀和胃毒作用，无内吸活性，对鳞翅目、缨翅目及双翅目（蝇类）害虫具有较好的防控效果，杀虫活性高，持效期长，耐雨水冲刷，使用安全。其杀虫机理是作用于昆虫神经系统中烟碱型乙酰胆碱受体和 γ-氨基丁酸受体，使虫体神经信号传递不能正常进行，最终导致害虫死亡。

适用作物防控对象及使用技术 乙基多杀菌素适用于多种作物，目前生产中主要应用于蔬菜、果树、水稻等作物，用于防控鳞翅目害虫、蓟马、潜叶蝇、果实蝇等。

甘蓝、白菜、花椰菜等十字花科蔬菜甜菜夜蛾、小菜蛾、菜青虫 在害虫卵孵化盛期至低龄幼虫期进行用药，7～10天1次，每代喷药1～2次。一般每亩次使用60克/升悬浮剂30～50毫升或25%水分散粒剂7～12克，对水30～45千克均匀喷雾。

茄子、辣椒、番茄等茄果类蔬菜的斜纹夜蛾、甜菜夜蛾、蓟马 防控斜纹夜蛾、甜菜夜蛾时，在害虫卵孵化盛期至低龄幼虫期进行喷药，7～10天1次，每代喷药1～2次；防控蓟马时，在蓟马发生为害初期（每花有虫3～5头时）开始喷药，7～10天1次，连喷2～3次。一般每亩次使用60克/升悬浮剂30～60毫升或25%水分散粒剂8～15克，对水45～60千克均匀喷雾。

黄瓜、冬瓜、番茄、辣椒、茄子等瓜果类蔬菜斑潜蝇 在害虫发生为害初期或叶片上显出为害虫道时开始喷药，7～10天1次，连喷2次左右。一般每亩次使用60克/升悬浮剂50～60毫升或25%水分散粒剂12～15克，对水45～60千克均匀喷雾。

西瓜蓟马 在西瓜雌花初花期开始喷药，7～10天1次，连喷2～3次。一般每亩次使用60克/升悬浮剂40～60毫升或50%水分散粒剂10～15克，对水30～60千克均匀喷雾。

豇豆蓟马、豆荚螟、斑潜蝇 防控蓟马时，在蓟马发生为害初期或豇豆始花期开始喷药，7～10天1次，连喷2～3次；防控豆荚螟时，在害虫卵盛期至初孵幼虫蛀荚前进行喷药，5～7天1次，每代喷药1～2次；防控斑潜蝇时，在叶片上初见受害虫道时开始喷药，7～10天1次，连喷2次左右。一般每亩次使用60克/升悬浮剂50～60毫升或25%水分散粒剂12～15克，对水45～60千克均匀喷雾。

水稻蓟马、二化螟、稻纵卷叶螟 防控蓟马时，在蓟马发生为害初期开始喷药，7天左右1次，连喷1～2次；防控二化螟、稻纵卷叶螟时，在害虫卵盛期至初孵幼虫钻蛀前或卷叶前进行喷药，5～7天1次，每代喷药1～2次。一般每亩次使用60克/升悬浮剂50～60毫升或25%水分散粒剂12～15克，对水30～60千克均匀喷雾，防控二化螟时重点喷洒植株中下部。

杧果蓟马 在蓟马发生为害初期或嫩梢抽生期或杧果开花期开始喷药，7～10天1次，连喷2～3次。一般使用60克/升悬浮剂1 000～1 500倍液或25%水分散粒剂

4 000～5 000 倍液均匀喷雾。

樱桃果实蝇　从樱桃转色期或近成熟期开始喷药，7～10 天 1 次，连喷 1～2 次。一般使用 60 克/升悬浮剂 1 200～1 500 倍液或 25％水分散粒剂 4 000～5 000 倍液均匀喷雾。

杨梅果实蝇　在杨梅采摘前 7～10 天进行喷药。乙基多杀菌素喷施倍数同"樱桃果实蝇"。

葡萄蓟马　先于葡萄花蕾期和落花后各喷药 1 次，蓟马发生较重时于落花后 10 天左右再喷药 1 次。一般使用 60 克/升悬浮剂 1 200～1 500 倍液或 25％水分散粒剂 4 000～6 000 倍液喷雾，重点喷洒果穗。

苹果蠹蛾　在害虫卵盛期至初孵幼虫蛀果前及时喷药，5～7 天 1 次，每代喷药 1～2 次。乙基多杀菌素喷施倍数同"葡萄蓟马"。

注意事项　乙基多杀菌素不能与碱性药剂及肥料混用，且喷药时必须均匀周到。连续喷药时，注意与不同杀虫机理药剂交替使用。

乙螨唑 etoxazole

主要含量与剂型　15％、20％、30％、110 克/升悬浮剂，20％水分散粒剂。

产品特点　乙螨唑是一种二苯基噁唑衍生物类选择性低毒杀螨剂，属几丁质合成抑制剂，以触杀和胃毒作用为主，没有内吸活性，但有一定渗透性，耐雨水冲刷，持效期长，杀卵效果较好，使用安全。其作用机理是通过抑制几丁质合成，影响螨卵的胚胎发育和从幼螨、若螨到成螨的蜕皮过程，对害螨从卵、幼螨、若螨到成螨的不同阶段均有杀伤作用，而对成螨无效，但对雌成螨有很好的不育作用。

适用作物防控对象及使用技术　乙螨唑适用于果树、瓜果蔬菜、棉花、观赏植物等多种植物，对多种害螨类均有很好的防控效果。

柑橘树红蜘蛛、黄蜘蛛　多应用于春季，在害螨卵孵化盛期至幼螨期或低龄若螨始盛期进行喷药。一般使用 110 克/升悬浮剂 3 000～4 000 倍液，或 15％悬浮剂 5 000～6 000 倍液，或 20％悬浮剂或 20％水分散粒剂 6 000～8 000 倍液，或 30％悬浮剂 10 000～12 000 倍液均匀喷雾。

苹果树、山楂树、梨树红蜘蛛、白蜘蛛　在害螨发生为害初期（开花前或落花后），或树冠内膛叶片上螨量开始较快增多时（平均每叶有螨 3～4 头时）进行喷药。一般使用 110 克/升悬浮剂 4 000～5 000 倍液，或 15％悬浮剂 6 000～7 000 倍液，或 20％悬浮剂或 20％水分散粒剂 8 000～10 000 倍液，或 30％悬浮剂 12 000～15 000 倍液均匀喷雾。

枣树红蜘蛛　在害螨发生为害初期或叶片正面初显螨类为害的黄白色褪绿小点时进行喷药。乙螨唑喷施倍数同"苹果树红蜘蛛"。

枸杞瘿螨　在瘿螨发生为害初期或嫩叶上初见瘿疹时进行喷药。乙螨唑喷施倍数同"苹果树红蜘蛛"。

草莓红蜘蛛、白蜘蛛　在害螨发生为害初期或卵盛期至幼螨期或低龄若螨初盛期进行喷药。一般每亩次使用 110 克/升悬浮剂 10～15 毫升，或 15％悬浮剂 7～10 毫升，或 20％悬浮剂 5～7 毫升，或 30％悬浮剂 4～5 毫升，或 20％水分散粒剂 5～7 克，对水 30～45 千克均匀喷雾。

茄子、辣椒、黄瓜、冬瓜等瓜果类蔬菜红蜘蛛、白蜘蛛　在害螨发生为害初期或卵盛期至幼螨期或低龄若螨初盛期进行喷药。一般每亩次使用 110 克/升悬浮剂 10~20 毫升，或 15%悬浮剂 7~14 毫升，或 20%悬浮剂 5~10 毫升，或 30%悬浮剂 4~7 毫升，或 20%水分散粒剂 5~10 克，对水 30~60 千克均匀喷雾。

棉花红蜘蛛、白蜘蛛　在害螨发生为害初期或卵盛期至幼螨期或低龄若螨初盛期进行喷药。一般每亩次使用 110 克/升悬浮剂 15~20 毫升，或 15%悬浮剂 10~15 毫升，或 20%悬浮剂 8~10 毫升，或 30%悬浮剂 5~7 毫升，或 20%水分散粒剂 8~10 克，对水 45~60 千克均匀喷雾。

观赏月季等蔷薇科观赏花卉红蜘蛛、白蜘蛛　在害螨发生为害初期或卵盛期至幼螨期或低龄若螨初盛期进行喷药。乙螨唑喷施剂量同"棉花红蜘蛛"。

注意事项　乙螨唑不能和波尔多液等碱性药剂及肥料混用。配药时最好采用二次稀释法，且喷药应均匀周到。连续喷药时，注意与不同作用机理的杀螨剂交替使用，以延缓害螨产生抗药性。

乙唑螨腈 cyetpyrafen

主要含量与剂型　30%悬浮剂。

产品特点　乙唑螨腈是一种新型丙烯腈类低毒杀螨剂，以触杀作用为主，兼有一定胃毒作用，黏着性好，耐雨水冲刷，渗透性差，无内吸性；速效性好，持效期长（可达 30 天以上），对螨卵、幼螨、若螨、成螨均有较好的防效，螨类生长发育的全生育期均可使用，但以早期使用效果更好，且与阿维菌素、甲氰菊酯等常规杀螨剂无交互抗性。其杀螨机理是通过抑制琥珀酸脱氢酶的作用，而有效抑制线粒体呼吸链中的复合体 II，破坏能量合成，导致害螨死亡。

适用作物防控对象及使用技术　乙唑螨腈适用于果树、蔬菜、粮棉等多种作物，对多种害螨均有较好的防控效果。

柑橘树红蜘蛛、黄蜘蛛　在害螨发生为害初期（平均每叶有活动态螨 2~4 头时）或螨卵孵化盛期至幼螨及低龄若螨盛发初期进行喷药，1 个月左右 1 次，连喷 1~2 次。一般使用 30%悬浮剂 3 000~4 000 倍液均匀喷雾。

苹果树、梨树、枣树红蜘蛛、白蜘蛛　在害螨发生为害初期，或螨卵孵化盛期至幼螨及低龄若螨盛发初期，或树冠内膛叶片上螨量开始较快增多时（平均每叶有螨 3~4 头时）进行喷药，1 个月左右 1 次，连喷 1~2 次。一般使用 30%悬浮剂 3 000~4 000 倍液均匀喷雾。

草莓红蜘蛛、白蜘蛛　在害螨发生为害初期或发生始盛期及时进行喷药，20~30 天 1 次，连喷 1~2 次。一般使用 30%悬浮剂 3 000~4 000 倍液均匀喷雾。

枸杞瘿螨　在害螨发生为害初期或嫩叶上初显瘿疹时及时进行喷药，20~30 天 1 次，连喷 1~2 次。一般使用 30%悬浮剂 3 000~5 000 倍液均匀喷雾。

棉花红蜘蛛、白蜘蛛　在害螨发生为害初期开始喷药，20~30 天 1 次，连喷 1~2 次。一般每亩次使用 30%悬浮剂 10~15 毫升，对水 45~60 千克均匀喷雾。

玉米红蜘蛛　在害螨发生为害初期进行喷药，15~20 天 1 次，连喷 1~2 次。一般每亩次使用30％悬浮剂8～10毫升，对水30～45千克均匀喷雾。

茄子、辣椒等茄果类蔬菜红蜘蛛 在害螨发生为害初期开始喷药，20～30天1次，连喷1～2次。一般每亩次使用30％悬浮剂10～15毫升，对水45～60千克均匀喷雾。

豇豆、芸豆等豆类蔬菜红蜘蛛 在害螨发生为害初期开始喷药，20～30天1次，连喷1～2次。乙唑螨腈喷施剂量同"茄子红蜘蛛"。

注意事项 乙唑螨腈不能与碱性药剂及肥料混用，也不建议与铜制剂混用。连续喷药时，注意与不同作用机理的杀螨剂交替使用，以延缓害螨产生抗药性。本剂无内吸作用，喷药应均匀周到。

异丙威 isoprocarb

主要含量与剂型 20％乳油，20％、30％悬浮剂，40％可湿性粉剂，2％、4％粉剂，10％、15％、20％烟剂。

产品特点 异丙威是一种氨基甲酸酯类广谱中毒杀虫剂，对害虫具有较强的触杀、胃毒和熏蒸作用，速效性好，击倒力强，使用安全，但持效期较短（一般为3～5天）。其杀虫机理是通过抑制害虫体内乙酰胆碱酯酶的活性，使害虫持续兴奋、麻痹而死亡。

适用作物防控对象及使用技术 异丙威主要应用于水稻、甘蔗、烟草及保护地瓜果蔬菜等作物，用于防控飞虱、叶蝉等刺吸式口器害虫。既可用于喷雾，又可进行喷粉、混土撒施及熏烟等。

水稻稻飞虱、叶蝉 从害虫发生为害初期或卵孵化盛期至初孵若虫始盛期开始用药，7天左右1次，连用1～2次。一般每亩次使用20％乳油或20％悬浮剂200～250毫升，或30％悬浮剂140～170毫升，或40％可湿性粉剂100～125克，对水45～60千克均匀喷雾，重点喷洒植株中下部；或每亩次使用2％粉剂2～3千克或4％粉剂1～1.5千克直接均匀喷粉，或与适量细干土混匀后均匀撒施。用药前、后10天内避免使用除草剂敌稗，以免发生药害。

甘蔗叶蝉、飞虱 在害虫发生为害初期或卵孵化盛期至初孵若虫盛发初期开始用药，7天左右1次，连用1～2次。一般每亩次使用2％粉剂2～3千克或4％粉剂1～1.5千克，与20千克左右细干沙土混匀后均匀撒施在甘蔗心叶及叶鞘间，持效期可达1周左右。

烟草蚜虫、叶蝉 从害虫发生为害初期或害虫数量开始较快增多时开始喷药，7～10天1次，连喷2～3次。一般每亩次使用20％乳油或20％悬浮剂200～300毫升，或30％悬浮剂140～200毫升，或40％可湿性粉剂100～150克，对水45～60千克均匀喷雾。

黄瓜、西葫芦、番茄、辣椒等保护地瓜果蔬菜蚜虫、白粉虱、烟粉虱、潜叶蝇 在害虫发生为害初期，于棚室内点燃烟剂熏烟，7～15天1次。一般每亩次使用10％烟剂400～500克，或15％烟剂250～350克，或20％烟剂200～300克，在棚室内均匀分布多点，于傍晚由内向外依次点燃放烟，而后密闭熏烟一夜，次日通风后方可进棚操作。燃烟点应距离作物20厘米以上，且小苗、弱苗酌情减少药量，以免产生药害。

注意事项 异丙威不能与强酸性、强碱性药剂及肥料混用。连续用药时，注意与不同杀虫机理药剂交替使用或混用。本剂对薯芋类作物敏感，易造成药害，用药时防止药剂飘移到这类作物上。

茚虫威 indoxacarb

主要含量与剂型　15％、23％、30％、150 克/升悬浮剂，15％、20％、150 克/升乳油，15％、23％、30％水分散粒剂。

产品特点　茚虫威是一种噁二嗪类广谱高效低毒杀虫剂，具有触杀和胃毒作用，耐雨水冲刷，对害虫毒力强，持效期较长，残留低，使用安全。其作用机理主要是阻断害虫神经细胞中的钠离子通道，使神经系统紊乱，导致靶标害虫运动失调、虫体麻痹而死亡。害虫接触药剂或取食药剂后 0～4 小时停止取食为害，24～60 小时内逐渐死亡，持效期达 14 天左右。

适用作物防控对象及使用技术　茚虫威适用于蔬菜、果树、粮棉油烟茶等多种作物，对鳞翅目等多种害虫具有良好的防控效果。

甘蓝、白菜、花椰菜等十字花科蔬菜菜青虫、小菜蛾、甜菜夜蛾、甘蓝夜蛾、斜纹夜蛾　在害虫卵孵化盛期至低龄幼虫期进行喷药，7～10 天 1 次，每代喷药 1～2 次。一般每亩次使用 15％悬浮剂或 15％乳油或 150 克/升悬浮剂或 150 克/升乳油 20～30 毫升，或 20％乳油 15～23 毫升，或 23％悬浮剂 13～20 毫升，或 30％悬浮剂 10～15 毫升，或 15％水分散粒剂 20～30 克，或 23％水分散粒剂 13～20 克，或 30％水分散粒剂 10～15 克，对水 30～45 千克均匀喷雾，以清晨或傍晚喷药效果较好。

黄瓜、冬瓜、番茄、辣椒、茄子等瓜果类蔬菜甜菜夜蛾、甘蓝夜蛾、斜纹夜蛾　在害虫卵孵化盛期至低龄幼虫期进行喷药，7～10 天 1 次，每代喷药 1～2 次。一般每亩次使用 15％悬浮剂或 15％乳油或 150 克/升悬浮剂或 150 克/升乳油 30～40 毫升，或 20％乳油 23～30 毫升，或 23％悬浮剂 20～26 毫升，或 30％悬浮剂 15～20 毫升，或 15％水分散粒剂 30～40 克，或 23％水分散粒剂 20～26 克，或 30％水分散粒剂 15～20 克，对水 45～60 千克均匀喷雾。

豇豆豆荚螟　在害虫卵孵化盛期至初孵幼虫蛀荚前及时喷药，或从始花期开始喷药，7～10 天 1 次，连喷 2～3 次。茚虫威喷施剂量同"黄瓜甜菜夜蛾"。

大葱甜菜夜蛾　在害虫发生为害初期或卵孵化盛期至低龄幼虫蛀叶前进行喷药，7～10 天 1 次，连喷 1～2 次。一般每亩次使用 15％悬浮剂或 15％乳油或 150 克/升悬浮剂或 150 克/升乳油 15～20 毫升，或 20％乳油 12～15 毫升，或 23％悬浮剂 10～13 毫升，或 30％悬浮剂 8～10 毫升，或 15％水分散粒剂 15～20 克，或 23％水分散粒剂 10～13 克，或 30％水分散粒剂 8～10 克，对水 30～45 千克均匀喷雾。

姜甜菜夜蛾、姜螟　在害虫发生为害初期或卵孵化盛期至低龄幼虫钻蛀前进行喷药，7～10 天 1 次，连喷 1～2 次。一般每亩次使用 15％悬浮剂或 15％乳油或 150 克/升悬浮剂或 150 克/升乳油 25～35 毫升，或 20％乳油 20～26 毫升，或 23％悬浮剂 16～23 毫升，或 30％悬浮剂 13～18 毫升，或 15％水分散粒剂 25～35 克，或 23％水分散粒剂 16～23 克，或 30％水分散粒剂 13～18 克，对水 30～45 千克均匀喷雾。

水稻稻纵卷叶螟、二化螟　在害虫卵孵化盛期至低龄幼虫钻蛀前或卷叶前进行喷药，5～7 天 1 次，每代喷药 1～2 次。一般每亩次使用 15％悬浮剂或 15％乳油或 150 克/升悬浮剂或 150 克/升乳油 20～30 毫升，或 20％乳油 15～23 毫升，或 23％悬浮剂 13～20 毫升，或 30％悬浮剂 10～15 毫升，或 15％水分散粒剂 20～30 克，或 23％水分散粒剂 13～20 克，或 30％水分散粒剂 10～15 克，对水 30～60 千克均匀喷雾，防控二化螟时注意喷洒植株中下部。

棉花棉铃虫、红铃虫　在害虫卵孵化盛期至低龄幼虫钻蛀蕾铃前进行喷药，5～7 天 1 次，每代喷药 1～2 次。一般每亩次使用 15％悬浮剂或 15％乳油或 150 克/升悬浮剂或 150 克/升乳油 20～30 毫升，或 20％乳油 15～23 毫升，或 23％悬浮剂 13～20 毫升，或 30％悬浮剂 10～15 毫升，或 15％水分散粒剂 20～30 克，或 23％水分散粒剂 13～20 克，或 30％水分散粒剂 10～15 克，对水 45～60 千克均匀喷雾。

烟草烟青虫　在害虫发生为害初期或卵孵化盛期至低龄幼虫期进行喷药，7～10 天 1 次，每代喷药 1～2 次。一般每亩次使用 15％悬浮剂或 15％乳油或 150 克/升悬浮剂或 150 克/升乳油 10～15 毫升，或 20％乳油 8～12 毫升，或 23％悬浮剂 7～10 毫升，或 30％悬浮剂 5～8 毫升，或 15％水分散粒剂 10～15 克，或 23％水分散粒剂 7～10 克，或 30％水分散粒剂 5～8 克，对水 45～60 千克均匀喷雾。

苹果树斜纹夜蛾、棉铃虫　在害虫发生为害初期或卵孵化盛期至低龄幼虫期进行喷药，10 天左右 1 次，每代喷药 1～2 次。一般使用 15％悬浮剂或 15％乳油或 150 克/升悬浮剂或 150 克/升乳油或 15％水分散粒剂 2 000～2 500 倍液，或 20％乳油 2 500～3 000 倍液，或 23％悬浮剂或 23％水分散粒剂 3 000～3 500 倍液，或 30％悬浮剂或 30％水分散粒剂 4 000～5 000 倍液均匀喷雾。

苹果树、梨树、桃树、枣树等落叶果树卷叶蛾类及其他鳞翅目食叶害虫　防控卷叶蛾时，在果园内初见卷叶为害时进行喷药，10 天左右 1 次，每代喷药 1～2 次；防控其他鳞翅目食叶害虫时，在害虫发生为害初期或卵孵化盛期至低龄幼虫期进行喷药，每代多喷药 1 次。茚虫威喷施倍数同"苹果树斜纹夜蛾"。

茶树茶小绿叶蝉　在害虫发生为害初期或低龄若虫始盛期开始喷药，7～10 天 1 次，连喷 2～3 次。茚虫威喷施倍数同"苹果树斜纹夜蛾"。

金银花尺蠖、棉铃虫　在害虫发生为害初期或卵孵化盛期至低龄幼虫期进行喷药，7～10 天 1 次，每代喷药 1～2 次。茚虫威喷施倍数同"苹果树斜纹夜蛾"。

观赏牡丹刺蛾　在害虫发生为害初期或卵孵化盛期至低龄幼虫期进行喷药，7～10 天 1 次，每代喷药 1～2 次。茚虫威喷施倍数同"苹果树斜纹夜蛾"。

注意事项　茚虫威不能与碱性药剂及肥料混用。连续喷药时，注意与不同杀虫机理药剂交替使用或混用。果树开花期、蚕室周边及桑园内禁止使用。

鱼藤酮 rotenone

主要含量与剂型　2.5％、4％、7.5％乳油，5％可溶液剂，2.5％悬浮剂，6％微乳剂。

产品特点　鱼藤酮是一种从植物根中萃取获得的植物源选择性中毒杀虫剂，具有强烈的触杀和胃毒作用，无内吸性，见光易氧化分解，持效期短，不污染环境，对天敌安全。其作用机理是通过抑制昆虫体内 C-谷氨酸脱氢酶的活性，影响细胞呼吸代谢作用，使害虫呼吸受阻，而导致害虫麻痹、瘫痪、死亡。

适用作物防控对象及使用技术　鱼藤酮主要应用于十字花科等各类蔬菜，对蚜虫、菜青虫、小菜蛾、黄条跳甲、斑潜蝇等害虫具有较好的防控效果。

甘蓝、白菜等十字花科蔬菜蚜虫　在蚜虫发生为害初期开始喷药，5～7天1次，连喷1～2次。一般每亩次使用2.5％乳油或2.5％悬浮剂100～150毫升，或4％乳油70～90毫升，或5％可溶液剂50～75毫升，或6％微乳剂40～60毫升，或7.5％乳油35～50毫升，对水30～45千克均匀喷雾。

甘蓝、白菜、萝卜等十字花科蔬菜小菜蛾、菜青虫、甜菜夜蛾、黄条跳甲、斑潜蝇　防控小菜蛾、菜青虫、甜菜夜蛾时，在害虫发生为害初期或卵孵化盛期至低龄幼虫期进行喷药，5～7天1次，每代喷药1～2次；防控黄条跳甲时，在害虫发生为害初期开始喷药，7天左右1次，连喷2～3次；防控斑潜蝇时，在叶片上初见为害虫道时开始喷药，5～7天1次，连喷1～2次。一般每亩次使用2.5％乳油或2.5％悬浮剂300～400毫升，或4％乳油200～250毫升，或5％可溶液剂150～200毫升，或6％微乳剂130～170毫升，或7.5％乳油100～130毫升，对水30～45千克均匀喷雾。

注意事项　鱼藤酮不能与碱性农药及肥料混用。连续喷药时，注意与不同杀虫机理药剂交替使用，以延缓害虫产生抗药性。本剂见光易分解，在阴天或傍晚喷药效果较好。

唑虫酰胺 tolfenpyrad

主要含量与剂型　15％、30％悬浮剂。

产品特点　唑虫酰胺是一种新型吡唑杂环类广谱中毒杀虫剂，以触杀作用为主，具有杀卵和抑食效果，并可抑制昆虫产卵，速效性好，持效期较长，但无内吸性，使用安全。其作用机理是阻碍线粒体代谢系统中的电子传递系统复合体I，使电子传递受到阻碍，昆虫不能提供和贮存能量而逐渐死亡。

适用作物防控对象及使用技术　唑虫酰胺主要应用于多种瓜果蔬菜及茶树，用于防控鳞翅目害虫、蓟马类及刺吸式口器害虫等。

茶树茶小绿叶蝉、蓟马　在害虫发生为害初期或低龄若虫始盛期开始用药，7～10天1次，与不同类型药剂交替使用，连喷2次左右。一般使用15％悬浮剂1 000～1 500倍液或30％悬浮剂2 000～3 000倍液均匀喷雾。

甘蓝、白菜、花椰菜、萝卜等十字花科蔬菜菜青虫、小菜蛾、斜纹夜蛾、甜菜夜蛾　在害虫发生为害初期或卵孵化盛期至低龄幼虫期进行喷药，7～10天1次，连喷1～2次，注意喷洒叶片背面。一般每亩次使用15％悬浮剂30～50毫升或30％悬浮剂15～25毫升，对水30～45千克均匀喷雾。

番茄、辣椒、茄子、黄瓜、冬瓜等瓜果类蔬菜蓟马、白粉虱、烟粉虱　防控蓟马时，在害虫发生为害初期开始喷药，7～10天1次，连喷2～3次；防控粉虱时，在害虫发生为害初期或卵孵化盛期至低龄若虫期开始喷药，7天左右1次，连喷2次左右，重点喷洒叶片背面。一般每亩次使用15％悬浮剂50～80毫升或30％悬浮剂25～40毫升，对水45～60千克均匀喷雾。

注意事项　唑虫酰胺不能与碱性药剂及肥料混用。连续喷药时，注意与不同杀虫机理药剂交替使用，以减缓害虫产生抗药性。本剂对黄瓜、茄子、番茄、白菜的幼苗可能有药害，使用时应加注意。

唑螨酯 fenpyroximate

主要含量与剂型 5%、10%、20%、28%悬浮剂，8%微乳剂。

产品特点 唑螨酯是一种苯氧吡唑类杀螨剂，低毒至中等毒性，以触杀作用为主，兼有胃毒作用，无内吸性，速效性好，击倒力强，持效期较长，对害螨的各生长发育阶段均有良好的防控效果。高剂量时可直接杀死螨类，低剂量时能够抑制螨类蜕皮或产卵。其作用机理是通过抑制复合物Ⅰ上的线粒体膜电子转移，使呼吸作用受到阻碍，而导致害螨死亡。

适用作物防控对象及使用技术 唑螨酯主要应用于果树、粮棉等多种作物，对叶螨类、瘿螨类及锈螨等害螨均有较好的防控效果。

柑橘树红蜘蛛、黄蜘蛛 在害螨发生为害初期或螨卵孵化盛期至幼螨、低龄若螨盛发初期开始喷药，或于春、秋季平均每叶有螨2～3头，或夏季平均每叶有螨3～4头时开始喷药，2～3周1次，连喷1～2次。一般使用5%悬浮剂1 000～1 500倍液，或8%微乳剂1 600～2 400倍液，或10%悬浮剂2 000～3 000倍液，或20%悬浮剂4 000～6 000倍液，或28%悬浮剂5 000～7 000倍液均匀喷雾。

柑橘树锈壁虱 在锈壁虱发生为害初期或果实上初见受害状时开始喷药，10～15天1次，连喷2次左右。一般使用5%悬浮剂800～1 000倍液，或8%微乳剂1 200～1 500倍液，或10%悬浮剂1 500～2 000倍液，或20%悬浮剂3 000～4 000倍液，或28%悬浮剂4 000～5 000倍液均匀喷雾。

苹果树、梨树、桃树的红蜘蛛、白蜘蛛 在害螨发生为害初期或螨卵孵化盛期至幼螨及低龄若螨盛发初期（开花前或落花后），或树冠内膛叶片上螨量开始较快增多时（平均每叶有螨3～4头时）进行喷药。一般使用5%悬浮剂1 200～1 500倍液，或8%微乳剂2 000～2 400倍液，或10%悬浮剂2 500～3 000倍液，或20%悬浮剂5 000～6 000倍液，或28%悬浮剂6 000～8 000倍液均匀喷雾。

葡萄瘿螨 在葡萄新梢长15～20厘米时开始喷药，半月左右1次，连喷1～2次。唑螨酯喷施倍数同"苹果树红蜘蛛"。

栗树红蜘蛛、栗瘿螨 防控红蜘蛛时，在害螨发生为害初期或叶片正面显出黄白色褪绿小点时开始喷药，15～20天1次，连喷1～2次；防控栗瘿螨时，往年栗瘿螨发生为害较重栗园，在栗树展叶期或嫩叶上初显虫瘿时开始喷药，半月左右1次，连喷1～2次。唑螨酯喷施倍数同"苹果树红蜘蛛"。

枸杞瘿螨 在瘿螨发生为害初期或嫩叶上初显瘿疹时开始喷药，10～15天1次，连喷1～2次。一般使用5%悬浮剂1 500～2 000倍液，或8%微乳剂2 500～3 000倍液，或10%悬浮剂3 000～4 000倍液，或20%悬浮剂6 000～8 000倍液，或28%悬浮剂8 000～10 000倍液均匀喷雾。

啤酒花叶螨 在害螨发生为害初期开始喷药，2～3周1次，连喷1～2次。唑螨酯喷施倍数同"苹果树红蜘蛛"。

棉花红蜘蛛、白蜘蛛　在害螨发生为害初期或螨卵孵化盛期至幼螨及低龄若螨始盛期开始喷药，10～15 天 1 次，连喷 1～2 次。一般每亩次使用 5％悬浮剂 30～50 毫升，或 8％微乳剂 20～30 毫升，或 10％悬浮剂 15～25 毫升，或 20％悬浮剂 8～13 毫升，或 28％悬浮剂 6～9 毫升，对水 30～60 千克均匀喷雾。

玉米红蜘蛛　在害螨发生为害初期或幼螨及低龄若螨发生始盛期开始喷药，10～15 天 1 次，连喷 1～2 次。一般每亩次使用 5％悬浮剂 30～40 毫升，或 8％微乳剂 20～25 毫升，或 10％悬浮剂 15～20 毫升，或 20％悬浮剂 8～10 毫升，或 28％悬浮剂 6～8 毫升，对水 30～60 千克均匀喷雾。

注意事项　唑螨酯不能与石硫合剂、波尔多液等碱性药剂及肥料混用。连续喷药时，注意与不同作用机理的杀螨剂交替使用。本剂无内吸作用，喷药应均匀周到。

第二节　混配制剂

阿维·哒螨灵

有效成分　阿维菌素（abamectin）＋哒螨灵（pyridaben）。

主要含量与剂型　5％（0.2％＋4.8％）、6％（0.15％＋5.85％）、6.78％（0.11％＋6.67％）、8％（0.2％＋7.8％）、10％（0.2％＋9.8％；0.3％＋9.7％；0.4％＋9.6％）、10.2％（0.2％＋10％）、10.5％（0.3％＋10.2％）、16％（0.4％＋15.6％；1％＋15％）乳油，10％（0.4％＋9.6％；0.5％＋9.5％）、10.5％（0.3％＋10.2％）微乳剂，10.5％（0.3％＋10.2％）水乳剂，21％（1％＋20％）、25％（1.5％＋23.5％）悬浮剂，10.5％（0.5％＋10％）可湿性粉剂。括号内有效成分含量均为阿维菌素的含量加哒螨灵的含量。

产品特点　阿维·哒螨灵是一种由阿维菌素（大环内酯类）与哒螨灵（哒嗪类）按一定比例混配的广谱复合杀螨剂，低毒至中等毒性，以触杀和胃毒作用为主，兼有微弱的熏蒸作用，对成螨、若螨、幼螨及螨卵均有较好的防控效果。喷施后作用速度较快，对叶片渗透性强，持效期较长。两种有效成分优势互补、协同增效，既能抑制害螨神经信息传导，又能抑制线粒体电子传递，可显著延缓害螨产生抗药性。

适用作物防控对象及使用技术　阿维·哒螨灵主要应用于果树、棉花等作物，用于防控叶螨类的发生为害。

柑橘树红蜘蛛、黄蜘蛛　在害螨发生为害初期或螨卵孵化盛期至幼螨及低龄若螨盛发初期开始喷药，1 个月左右 1 次，连喷 1～2 次。一般使用 5％乳油 500～600 倍液，或 6％乳油 600～700 倍液，或 6.78％乳油 700～800 倍液，或 8％乳油 800～1 000 倍液，或 10％乳油或 10.2％乳油或 10％微乳剂 1 000～1 200 倍液，或 10.5％乳油或 10.5％微乳剂或 10.5％水乳剂或 10.5％可湿性粉剂 1 200～1 500 倍液，或 16％乳油 1 500～2 000 倍液，或 21％悬浮剂 2 000～2 500 倍液，或 25％悬浮剂 2 500～3 000 倍液均匀喷雾。

柑橘树锈蜘蛛　在锈蜘蛛发生为害初期或果实上初显受害状时开始喷药，15～20 天 1 次，连喷 1～2 次。一般使用 5％乳油 600～800 倍液，或 6％乳油 700～900 倍液，或 6.78％乳油 800～1 000 倍液，或 8％乳油 1 000～1 200 倍液，或 10％乳油或 10.2％乳油或 10％微乳剂 1 200～1 500 倍液，或 10.5％乳油或 10.5％微乳剂或 10.5％水乳剂或 10.5％可湿性粉剂 1 500～1 800 倍液，或 16％乳油 2 000～2 500 倍液，或 21％悬浮剂 2 500～3 000 倍液，或 25％悬浮剂 3 000～3 500 倍液均匀喷雾。

苹果树、梨树、山楂树、桃树的红蜘蛛、白蜘蛛　在害螨发生为害初期（开花前或落花后）、或害螨卵孵化盛期至幼螨及低龄若螨盛发初期、或树冠内膛叶片上螨量开始较快增多时（平均每叶有螨 3～4 头时）进行喷药，1 个月左右 1 次，连喷 2 次。阿维·哒螨灵喷施倍数同"柑橘树红蜘蛛"。

枣树红蜘蛛、白蜘蛛　在害螨发生为害初期（发芽后），或害螨卵孵化盛期至幼螨及低龄若螨盛发初期、或树体内膛下部叶片上螨量开始较快增多时进行喷药，1 个月左右 1 次，连喷 2 次。阿维·哒螨灵喷施倍数同"柑橘树红蜘蛛"。

栗树红蜘蛛　在害螨发生为害初期，或内膛叶片上螨量开始较快增多时，或受害叶片正面初显黄白色褪绿小点时进行喷药，1 个月左右 1 次，连喷 1～2 次。阿维·哒螨灵喷施倍数同"柑橘树红蜘蛛"。

枸杞瘿螨　在瘿螨发生为害初期或嫩叶上初显受害瘿疹时进行喷药，15～20 天 1 次，连喷 1～2 次。阿维·哒螨灵喷施倍数同"柑橘树锈蜘蛛"。

棉花红蜘蛛、白蜘蛛　在害螨发生为害初期或田间出现受害中心株时开始喷药，15～20 天 1 次，连喷 1～2 次。一般每亩次使用 5％乳油 120～200 毫升，或 6％乳油 100～160 毫升，或 6.78％乳油 90～140 毫升，或 8％乳油 80～120 毫升，或 10％乳油或 10.2％乳油或 10.5％乳油或 10％微乳剂或 10.5％微乳剂或 10.5％水乳剂 60～100 毫升，或 10.5％可湿性粉剂 60～100 克，或 16％乳油 40～60 毫升，或 21％悬浮剂 30～50 毫升，或 25％悬浮剂 25～40 毫升，对水 30～60 千克均匀喷雾。

甘蓝、白菜、萝卜等十字花科蔬菜黄条跳甲　在害虫发生为害初期开始喷药，10～15 天 1 次，连喷 1～2 次。一般每亩次使用 5％乳油 200～300 毫升，或 6％乳油 180～250 毫升，或 6.78％乳油 150～200 毫升，或 8％乳油 130～180 毫升，或 10％乳油或 10.2％乳油或 10.5％乳油或 10％微乳剂或 10.5％微乳剂或 10.5％水乳剂 100～150 毫升，或 10.5％可湿性粉剂 100～150 克，或 16％乳油 70～90 毫升，或 21％悬浮剂 50～75 毫升，或 25％悬浮剂 40～60 毫升，对水 30～45 千克均匀喷雾。

蔷薇科观赏花卉红蜘蛛　在害螨发生为害初盛期进行喷药。阿维·哒螨灵喷施倍数同"柑橘树红蜘蛛"。

注意事项　阿维·哒螨灵不能与石硫合剂、波尔多液等碱性药剂及肥料混用，喷药应均匀周到。连续喷药时，注意与不同作用机理药剂交替使用。本剂生产企业较多，不同企业间产品含量、组分比例及剂型差异较大，具体选用时应以其标签说明为准。

阿维·氟铃脲

有效成分　阿维菌素（abamectin）＋氟铃脲（hexaflumuron）。

主要含量与剂型　2.5％（0.2％＋2.3％；0.4％＋2.1％；0.5％＋2％）、3％（1％＋2％）、5％（2％＋3％）、8％（5％＋3％）乳油，5％（2％＋3％）微乳剂，3％（1％＋2％；0.5％＋2.5％）悬浮剂，3％（0.5％＋2.5％）可湿性粉剂，11％（1％＋10％）水

分散粒剂。括号内有效成分含量均为阿维菌素的含量加氟铃脲的含量。

产品特点 阿维·氟铃脲是一种由阿维菌素（大环内酯类）和氟铃脲（苯甲酰脲类）按一定比例混配的高效低毒复合杀虫剂，以胃毒作用为主，兼有触杀作用和杀卵活性，速效性较好；对叶片有较强的渗透性，耐雨水冲刷，持效期较长；使用安全，但对家蚕高毒。两种有效成分杀虫机理优势互补，协同增效，既能抑制害虫神经信息传导，又能抑制昆虫几丁质合成而影响蜕皮，使害虫不易产生抗药性。

适用作物防控对象及使用技术 阿维·氟铃脲适用于蔬菜、果树、粮棉油烟茶及林木等多种植物，对多种鳞翅目害虫均有较好的防控效果。

甘蓝、白菜、花椰菜、萝卜等十字花科蔬菜菜青虫、小菜蛾、甜菜夜蛾、斜纹夜蛾 在害虫发生为害初期或卵孵化盛期至低龄幼虫期开始喷药，7～10天1次，连喷1～2次，注意喷洒叶片背面。一般每亩次使用2.5%乳油80～120毫升，或3%乳油或3%悬浮剂70～100毫升，或5%乳油或5%微乳剂40～60毫升，或8%乳油20～30毫升，或3%可湿性粉剂60～100克，或11%水分散粒剂20～30克，对水30～45千克均匀喷雾。

番茄、辣椒、茄子等茄果类蔬菜棉铃虫、斜纹夜蛾、烟青虫 在害虫发生为害初期或卵孵化盛期至低龄幼虫期或钻蛀为害前进行喷药，7～10天1次，连喷1～2次。一般每亩次使用2.5%乳油100～150毫升，或3%乳油或3%悬浮剂80～120毫升，或5%乳油或5%微乳剂50～75毫升，或8%乳油25～40毫升，或3%可湿性粉剂80～120克，或11%水分散粒剂30～40克，对水45～60千克均匀喷雾。

棉花棉铃虫、红铃虫、造桥虫 防控棉铃虫、红铃虫时，在害虫卵孵化盛期至低龄幼虫钻蛀蕾铃前及时喷药，7天左右1次，连喷1～2次；防控造桥虫时，在害虫发生为害初期或卵孵化盛期至低龄幼虫期进行喷药。阿维·氟铃脲喷施剂量同"番茄棉铃虫"。

水稻稻纵卷叶螟 在害虫发生为害初期或卵孵化盛期至低龄幼虫卷叶前进行喷药，7天左右1次，连喷1～2次。一般每亩次使用2.5%乳油80～100毫升，或3%乳油或3%悬浮剂65～85毫升，或5%乳油或5%微乳剂40～50毫升，或8%乳油20～25毫升，或3%可湿性粉剂65～85克，或11%水分散粒剂20～30克，对水30～45千克均匀喷雾。

花生斜纹夜蛾 在害虫发生为害初期或低龄幼虫期进行喷药。一般每亩次使用2.5%乳油60～80毫升，或3%乳油或3%悬浮剂50～70毫升，或5%乳油或5%微乳剂30～40毫升，或8%乳油15～20毫升，或3%可湿性粉剂50～70克，或11%水分散粒剂15～25克，对水30～45千克均匀喷雾。

苹果、梨、山楂、桃、枣等果实的食心虫类 根据虫情测报，在害虫卵盛期至初孵幼虫钻蛀前及时喷药，5～7天1次，每代喷药1～2次。一般使用2.5%乳油600～800倍液，或3%乳油或3%悬浮剂或3%可湿性粉剂800～1 000倍液，或5%乳油或5%微乳剂2 000～2 500倍液，或8%乳油4 000～5 000倍液，或11%水分散粒剂2 500～3 000倍液均匀喷雾。

苹果树棉铃虫、斜纹夜蛾 在害虫卵孵化盛期至低龄幼虫期或低龄幼虫蛀果为害前及时喷药，7～10天1次，每代喷药1～2次。阿维·氟铃脲喷施倍数同"苹果食心虫类"。

苹果树、梨树、桃树、枣树的卷叶蛾类及其他鳞翅目食叶害虫 防控卷叶蛾时，在害虫发生为害初期或果园内初见卷叶时进行喷药，7～10天1次，每代喷药1～2次；防控其他鳞翅目食叶害虫时，在害虫卵孵化盛期至低龄幼虫期进行喷药，每代多喷药1次。一般使用 2.5％乳油 600～800 倍液，或 3％乳油或 3％悬浮剂或 3％可湿性粉剂 1 000～1 200 倍液，或 5％乳油或 5％微乳剂 2 000～3 000 倍液，或 8％乳油 5 000～6 000 倍液，或 11％水分散粒剂 2 500～3 000 倍液均匀喷雾。

核桃树核桃缀叶螟 在害虫发生为害初期或卵孵化盛期至低龄幼虫期进行喷药，每代多喷药 1 次。阿维·氟铃脲喷施倍数同"苹果树卷叶蛾类"。

烟草烟青虫 在害虫发生为害初期或卵孵化盛期至低龄幼虫期进行喷药，7 天左右 1 次，每代喷药 1～2 次。阿维·氟铃脲喷施倍数同"苹果树卷叶蛾类"。

茶树茶尺蠖、茶毛虫 在害虫发生为害初期或卵孵化盛期至低龄幼虫期进行喷药，每代喷药 1 次。阿维·氟铃脲喷施倍数同"苹果树卷叶蛾类"。

注意事项 阿维·氟铃脲不能与碱性药剂及肥料混用。连续喷药时，注意与不同杀虫机理药剂交替使用。本剂对家蚕高毒，蚕室附近和桑园内及其周边区域禁止使用。

阿维·高氯

有效成分 阿维菌素（abamectin）＋高效氯氰菊酯（beta‑cypermethrin）。

主要含量与剂型 1％（0.2％＋0.8％；0.3％＋0.7％）、1.2％（0.1％＋1.1％；0.2％＋1％；0.3％＋0.9％）、1.8％（0.1％＋1.7％；0.2％＋1.6％；0.3％＋1.5％；）、2％（0.2％＋1.8％；0.3％＋1.7％；0.4％＋1.6％；0.5％＋1.5％；0.6％＋1.4％）、2.4％（0.2％＋2.2％；0.4％＋2％）、2.8％（0.2％＋2.6％；0.3％＋2.5％）、3％（0.2％＋2.8％；1％＋2％）、5％（0.3％＋4.7％；0.5％＋4.5％）、5.2％（0.4％＋4.8％）、6％（0.4％＋5.6％；1％＋5％）、10％（1％＋9％）乳油，1.8％（0.6％＋1.2％）、2％（0.2％＋1.8％）、7％（1％＋6％）微乳剂，10％（1％＋9％）水乳剂，2.4％（0.2％＋2.2％；0.3％＋2.1％）、3％（0.2％＋2.8％）、6.3％（0.7％＋5.6％）可湿性粉剂。括号内有效成分含量均为阿维菌素的含量加高效氯氰菊酯的含量。

产品特点 阿维·高氯是一种由阿维菌素（大环内酯类）与高效氯氰菊酯（拟除虫菊酯类）按一定比例混配的高效广谱复合杀虫剂，低毒至中等毒性，以触杀和胃毒作用为主，渗透性较强，药效较迅速，持效期较长，使用安全，但对鱼类、蜜蜂高毒。两种不同作用机理成分混配，协同增效，优势互补，既能通过刺激释放 γ‑氨基丁酸而抑制害虫神经信息传导，又能影响害虫神经系统的钠离子通道而使其持续兴奋，故害虫不易产生抗药性。

适用作物防控对象及使用技术 阿维·高氯广泛适用于果树、蔬菜、粮棉油烟茶、观赏植物及林木等多种植物，对多种咀嚼式口器害虫及部分刺吸式口器害虫等具有较好的防控效果。

甘蓝、白菜、花椰菜、萝卜等十字花科蔬菜菜青虫、小菜蛾、甜菜夜蛾、斜纹夜蛾 在害虫发生为害初期或卵孵化盛期至低龄幼虫期进行喷药，7～10 天 1 次，连喷 1～2 次。一般每亩次使用 1％乳油或 1.2％乳油 80～150 毫升，或 1.8％乳油 70～120 毫升，或 2％乳油或 1.8％微乳剂或 2％微乳剂 60～100 毫升，或 2.4％乳油或 2.8％乳油或 3％（0.2％＋2.8％）乳油 50～80 毫升，或 3％（1％＋2％）乳油 30～50 毫升，或 5％乳油或 5.2％乳油 40～60 毫升，或 6％乳油 25～40 毫升，或 7％微乳剂 20～30 毫升，或 10％乳油或

10%水乳剂 15～25 毫升，或 2.4%可湿性粉剂或 3%可湿性粉剂 55～85 克，或 6.3%可湿性粉剂 25～35 克，对水 30～45 千克均匀喷雾。

黄瓜、冬瓜、番茄、辣椒、茄子、豇豆、芸豆等瓜果类及豆类蔬菜甜菜夜蛾、斜纹夜蛾、斑潜蝇　防控甜菜夜蛾、斜纹夜蛾时，在害虫发生为害初期或卵孵化盛期至低龄幼虫期进行喷药，7～10 天 1 次，连喷 1～2 次；防控斑潜蝇时，在害虫发生为害初期或叶片上显出受害虫道时开始喷药，7～10 天 1 次，连喷 2 次左右。一般每亩次使用 1%乳油或 1.2%乳油 100～180 毫升，或 1.8%乳油 80～150 毫升，或 2%乳油或 1.8%微乳剂或 2%微乳剂 70～120 毫升，或 2.4%乳油或 2.8%乳油或 3%（0.2%＋2.8%）乳油 60～100 毫升，或 3%（1%＋2%）乳油 40～60 毫升，或 5%乳油或 5.2%乳油 50～70 毫升，或 6%乳油 30～50 毫升，或 7%微乳剂 25～40 毫升，或 10%乳油或 10%水乳剂 20～30 毫升，或 2.4%可湿性粉剂或 3%可湿性粉剂 60～100 克，或 6.3%可湿性粉剂 30～40 克，对水 45～60 千克均匀喷雾。

梨树梨木虱　主要用于防控若虫，在卵孵化盛期至初孵若虫被黏液完全覆盖前进行喷药，7～10 天 1 次，每代喷药 1～2 次；中后期世代重叠时，在害虫发生初盛期及时进行喷药，10 天左右 1 次。一般使用 1%乳油或 1.2%乳油 300～500 倍液，或 1.8%乳油 500～700 倍液，或 2%乳油或 1.8%微乳剂或 2%微乳剂 700～1 000 倍液，或 2.4%乳油或 2.8%乳油或 3%乳油或 2.4%可湿性粉剂或 3%可湿性粉剂 1 000～1 500 倍液，或 5%乳油或 5.2%乳油 1 500～2 000 倍液，或 6%乳油或 7%微乳剂或 6.3%可湿性粉剂 2 000～3 000 倍液，或 10%乳油或 10%水乳剂 3 000～4 000 倍液均匀喷雾。

苹果树绣线菊蚜　在新梢上蚜虫数量较多时或嫩梢上蚜虫开始向幼果上扩散转移时开始喷药，10 天左右 1 次，连喷 2 次左右。阿维·高氯喷施倍数同"梨树梨木虱"。

苹果树、梨树、桃树、枣树的卷叶蛾类及其他鳞翅目食叶害虫　防控卷叶蛾时，在果园内初见卷叶为害时开始喷药，10 天左右 1 次，每代喷药 1～2 次；防控其他鳞翅目食叶害虫时，在害虫发生为害初期或卵孵化盛期至低龄幼虫期进行喷药，10 天左右 1 次，每代喷药 1～2 次。阿维·高氯喷施倍数同"梨树梨木虱"。

核桃树核桃缀叶螟　在害虫发生为害初期或卵孵化盛期至低龄幼虫期进行喷药，每代喷药 1 次。阿维·高氯喷施倍数同"梨树梨木虱"。

柑橘树柑橘木虱、蚜虫、潜叶蛾　在害虫发生为害初期或每季新梢抽生期初期（嫩梢长 1 厘米）开始喷药，10～15 天 1 次，每季梢喷药 1～2 次。阿维·高氯喷施倍数同"梨树梨木虱"。

火龙果果实蝇　在害虫发生为害初期或果实采摘前半月左右进行喷药。阿维·高氯喷施倍数同"梨树梨木虱"。

棉花棉铃虫、造桥虫　防控棉铃虫时，在害虫卵盛期至低龄幼虫钻蛀蕾铃前进行喷药，7～10 天 1 次，每代喷药 1～2 次；防控造桥虫时，在害虫发生为害初期或卵孵化盛期至低龄幼虫期进行喷药，每代喷药 1 次。一般每亩次使用 1%乳油或 1.2%乳油 150～200 毫升，或 1.8%乳油或 2%乳油或 1.8%微乳剂或 2%微乳剂 120～180 毫升，或 2.4%乳油或 2.8%乳油或 3%（0.2%＋2.8%）乳油 100～150 毫升，或 3%（1%＋2%）乳油 60～90 毫升，或 5%乳油或 5.2%乳油 70～100 毫升，或 6%乳油 50～80 毫升，或 7%微乳剂 40～60 毫升，或 10%乳油或 10%水乳剂 30～50 毫升，或 2.4%可湿性粉剂或 3%可湿性粉剂 100～160 克，或 6.3％可湿性粉剂 50～70 克，对水 45～60 千克均匀喷雾。

注意事项　阿维·高氯不能与碱性药剂及肥料混用，喷药时应均匀周到。连续喷药时，注意与不同作用机理药剂交替使用。果树开花期禁止使用，桑园及蚕室附近禁止使用，养殖虾、蟹及鱼的水稻田禁止使用。本剂含量、组分比例及剂型相对较多，不同企业产品的含量及组分比例多不相同，具体选用时应以该产品的标签说明为准。

阿维·高氯氟

有效成分　阿维菌素（abamectin）＋高效氯氟氰菊酯（lambda - cyhalothrin）。

主要含量与剂型　1.3％（0.3％＋1％）、2％（0.1％＋1.9％；0.2％＋1.8％；0.3％＋1.7％；0.4％＋1.6％）、4％（1％＋3％）乳油，2％（0.4％＋1.6％）、3％（0.6％＋2.4％）微乳剂，2％（0.4％＋1.6％）、3％（0.6％＋2.4％）、5％（1％＋4％）、9％（3％＋6％）水乳剂。括号内有效成分含量均为阿维菌素的含量加高效氯氟氰菊酯的含量。

产品特点　阿维·高氯氟是一种由阿维菌素（大环内酯类）与高效氯氟氰菊酯（拟除虫菊酯类）按一定比例混配的高效广谱复合杀虫剂，低毒至中等毒性，具有触杀、胃毒和一定的驱避作用，速效性好，击倒力强，持效期较长，使用安全。两种不同作用机理有效成分优势互补，协同增效，既能通过刺激释放 γ-氨基丁酸而抑制害虫神经信息传导，又能通过影响钠离子通道而阻断害虫神经信息传导，害虫不易产生抗药性。

适用作物防控对象及使用技术　阿维·高氯氟适用于蔬菜、果树、粮棉油等多种作物，对多种咀嚼式口器害虫及刺吸式口器害虫均有较好的防控效果。

甘蓝、白菜、萝卜等十字花科蔬菜小菜蛾、菜青虫、甜菜夜蛾、斜纹夜蛾、黄条跳甲　防控小菜蛾、菜青虫等鳞翅目害虫时，在害虫发生为害初期或卵孵化盛期至低龄幼虫期进行喷药，7～10 天 1 次，连喷 1～2 次，注意喷洒叶片背面；防控黄条跳甲时，在害虫发生为害初期开始喷药，7～10 天 1 次，连喷 2 次左右。一般每亩次使用 1.3％乳油 80～120 毫升，或 2％乳油或 2％微乳剂或 2％水乳剂 50～80 毫升，或 3％微乳剂或 3％水乳剂 40～50 毫升，或 4％乳油 30～40 毫升，或 5％水乳剂 20～30 毫升，或 9％水乳剂 8～12 毫升，对水 30～45 千克均匀喷雾。

番茄、辣椒、茄子等茄果类蔬菜棉铃虫、甜菜夜蛾、斜纹夜蛾　从害虫发生为害初期或卵孵化盛期至低龄幼虫期或低龄幼虫钻蛀前进行喷药，7～10 天 1 次，每代喷药 1～2 次。一般每亩次使用 1.3％乳油 100～150 毫升，或 2％乳油或 2％微乳剂或 2％水乳剂 70～100 毫升，或 3％微乳剂或 3％水乳剂 45～65 毫升，或 4％乳油 35～50 毫升，或 5％水乳剂 30～40 毫升，或 9％水乳剂 10～15 毫升，对水 45～60 千克均匀喷雾。

棉花棉铃虫　在害虫发生为害初期或卵孵化盛期至低龄幼虫钻蛀蕾铃前进行喷药，7～10 天 1 次，每代喷药 1～2 次。阿维·高氯氟喷施剂量同"番茄棉铃虫"。

烟草烟青虫　在害虫发生为害初期或卵孵化盛期至低龄幼虫期进行喷药，7～10 天 1 次，每代喷药 1～2 次。一般每亩次使用 1.3％乳油 80～120 毫升，或 2％乳油或 2％微乳剂或 2％水乳剂 50～80 毫升，或 3％微乳剂或 3％水乳剂 40～50 毫升，或 4％乳油 30～40 毫升，或 5％水乳剂 20～30 毫升，或 9％水乳剂 8～12 毫升，对水 45～60 千克均匀喷雾。

水稻稻纵卷叶螟　在害虫发生为害初期（田间初见害虫卷叶时）或卵孵化盛期至低龄幼虫卷叶前进行喷药，7～10 天 1 次，连喷 1～2 次。一般每亩次使用 1.3％乳油 80～100 毫升，或 2％乳油或 2％微乳剂或 2％水乳剂 50～70 毫升，或 3％微乳剂或 3％水乳剂 35～45 毫升，或 4％乳油 25～35 毫升，或 5％水乳剂 20～30 毫升，或 9％水乳剂 8～10 毫升，对水 30～45 千克均匀喷雾。

梨树梨木虱　在各代若虫发生初期或卵孵化盛期至初孵若虫盛发初期（虫体被黏液完全覆盖前）开始喷药，7～10 天 1 次，每代喷药 1～2 次。一般使用 1.3％乳油 600～800 倍液，或 2％乳油或 2％微乳剂或 2％水乳剂 1 000～1 500 倍液，或 3％微乳剂或 3％水乳剂 1 500～1 800 倍液，或 4％乳油 1 500～2 000 倍液，或 5％水乳剂 2 000～2 500 倍液，或 9％水乳剂 3 000～4 000 倍液均匀喷雾。

柑橘树柑橘木虱、潜叶蛾　在每季新梢抽生初期（嫩梢长 1 厘米）或每季梢害虫发生初期开始喷药，10～15 天 1 次，每季梢喷药 1～2 次。阿维·高氯氟喷施倍数同"梨树梨木虱"。

注意事项　阿维·高氯氟不能与碱性药剂及肥料混用，且喷药应均匀周到。连续喷药时，注意与不同杀虫机理药剂交替使用。本品对蜜蜂、家蚕高毒，应避免在果树开花期、蜜源植物花期及蚕室和桑园附近使用。

阿维·甲虫肼

有效成分　阿维菌素（abamectin）＋甲氧虫酰肼（methoxyfenozide）。

主要含量与剂型　10％（2％＋8％）、20％（4％＋16％；5％＋15％）悬浮剂。括号内有效成分含量均为阿维菌素的含量加甲氧虫酰肼的含量。

产品特点　阿维·甲虫肼是一种由阿维菌素（大环内酯类）与甲氧虫酰肼（双酰肼类）按一定比例混配的高效低毒复合杀虫剂，具有触杀和胃毒作用，速效性较快，持效期较长，渗透力较强，使用安全，专用于防控鳞翅目害虫，对家蚕高毒。两种不同杀虫机理之有效成分，既能抑制害虫神经信息传导，又能促进幼虫在非蜕皮期即进入蜕皮状态而停止为害，作用互补，害虫不易产生抗药性。

适用作物防控对象及使用技术　阿维·甲虫肼适用于蔬菜、果树、粮棉油烟茶及林木等多种植物，主要用于防控鳞翅目害虫。

水稻二化螟、稻纵卷叶螟　在害虫卵盛期至低龄幼虫钻蛀前或卷叶前进行喷药，7 天左右 1 次，连喷 1～2 次，防控二化螟时重点喷洒植株中下部。一般每亩次使用 10％悬浮剂 50～70 毫升或 20％悬浮剂 25～35 毫升，对水 30～60 千克均匀喷雾。

玉米玉米螟、草地贪夜蛾　在害虫发生为害初期或田间初见为害状时进行喷药。一般每亩次使用 10％悬浮剂 40～60 毫升或 20％悬浮剂 20～30 毫升，对水 30～45 千克向喇叭口内均匀喷淋。

甘蓝、白菜、花椰菜等十字花科蔬菜菜青虫、小菜蛾、甜菜夜蛾、斜纹夜蛾、甘蓝夜蛾　在害虫发生为害初期或卵孵化盛期至低龄幼虫期进行喷药，7 天左右 1 次，连喷 1～2 次。一般每亩次使用 10％悬浮剂 40～60 毫升或 20％悬浮剂 20～30 毫升，对水 30～45 千克均匀喷雾，注意喷洒叶片背面。

番茄、辣椒、茄子等茄果类蔬菜棉铃虫、烟青虫、斜纹夜蛾　在害虫发生为害初期或卵孵化盛期至低龄幼虫期或低龄幼虫钻蛀前进行喷药，7 天左右 1 次，每代喷药 1～2 次。一般每亩次使用 10％悬浮剂 60～80 毫升或 20％悬浮剂 30～40 毫升，对水 45～60 千克均匀喷雾。

棉花棉铃虫、造桥虫　防控棉铃虫时，在害虫发生为害初期或卵孵化盛期至低龄幼虫钻蛀蕾铃前进行喷药，7 天左右 1 次，每代喷药 1～2 次；防控造桥虫时，在害虫发生为害初期或卵孵化盛期至低龄幼虫期进行喷药。阿维·甲虫肼喷施剂量同"番茄棉铃虫"。

花生斜纹夜蛾、甜菜夜蛾、毒蛾　在害虫发生为害初期或卵孵化盛期至低龄幼虫期进行喷药，7～10 天 1 次，连喷 1～2 次。一般每亩次使用 10％悬浮剂 40～50 毫升或 20％悬浮剂 20～25 毫升，对水 30～45 千克均匀喷雾。

烟草斜纹夜蛾、烟青虫　在害虫发生为害初期或卵孵化盛期至低龄幼虫期进行喷药，7～10 天 1 次，连喷 2 次左右。一般每亩次使用 10％悬浮剂 40～60 毫升或 20％悬浮剂 20～30 毫升，对水 45～60 千克均匀喷雾。

茶树茶尺蠖、茶毛虫　在害虫发生为害初期或卵孵化盛期至低龄幼虫期进行喷药，7～10 天 1 次，连喷 1～2 次。阿维·甲虫肼喷施剂量同"烟草斜纹夜蛾"。

苹果树、梨树、桃树、枣树等落叶果树卷叶蛾类及其他鳞翅目食叶害虫　防控卷叶蛾时，在果园内初见害虫卷叶时开始喷药，7～10 天 1 次，连喷 1～2 次；防控其他鳞翅目食叶害虫时，在害虫发生为害初期或卵孵化盛期至低龄幼虫期进行喷药。一般使用 10％悬浮剂 2 000～2 500 倍液或 20％悬浮剂 4 000～5 000 倍液均匀喷雾。

向日葵草地螟　在害虫发生为害初期或卵孵化盛期至低龄幼虫期进行喷药。阿维·甲虫肼喷施倍数同"苹果树卷叶蛾"。

杨树杨尺蠖、美国白蛾　在害虫发生为害初期或卵孵化盛期至低龄幼虫期进行喷药。阿维·甲虫肼喷施倍数同"苹果树卷叶蛾"。

注意事项　阿维·甲虫肼不能与碱性药剂及肥料混用，也不能与抑制蜕皮激素类药剂混用。连续喷药时，注意与不同杀虫机理药剂交替使用。本剂对家蚕高毒，桑园内及其周边禁止使用。

阿维·螺虫酯

有效成分　阿维菌素（abamectin）＋螺虫乙酯（spirotetramat）。

主要含量与剂型　12％（2％＋10％）、15％（3％＋12％）、20％（3％＋17％）、24％（3％＋21％）、25％（3％＋22％）、28％（4％＋24％）悬浮剂。括号内有效成分含量均为阿维菌素的含量加螺虫乙酯的含量。

产品特点　阿维·螺虫酯是一种由阿维菌素（大环内酯类）与螺虫乙酯（季酮酸类）按一定比例混配的低毒复合杀虫（螨）剂，专用于防控刺吸式口器害虫，以胃毒作用为主，对叶片具有较好的渗透性，耐雨水冲刷，持效期较长，使用安全。两种有效成分，既能通过刺激害虫释放 γ-氨基丁酸而抑制其神经信息传导，又能干扰害虫脂肪生物合成而阻断其能量代谢，作用机理互补，害虫不易产生抗药性，杀虫效果更好。

适用作物防控对象及使用技术　阿维·螺虫酯适用于果树、蔬菜等多种作物，主要用于防控刺吸式口器害虫。

梨树梨木虱 在各代梨木虱若虫初发期或卵孵化盛期至初孵若虫被黏液完全覆盖前进行喷药，第1、2代每代喷药1次，第3代及其以后各代因世代重叠每代喷药1～2次，间隔期7～10天。一般使用12%悬浮剂2 000～2 500倍液，或15%悬浮剂2 500～3 000倍液，或20%悬浮剂3 000～3 500倍液，或24%悬浮剂或25%悬浮剂3 500～4 000倍液，或28%悬浮剂4 000～5 000倍液均匀喷雾。

苹果树、山楂树、梨树、桃树等落叶果树红蜘蛛、白蜘蛛 在害螨发生为害初盛期或树冠内膛下部叶片上螨量较多时（平均每叶有螨3～4头时）开始喷药，1个月左右1次，连喷2～3次。阿维·螺虫酯喷施倍数同"梨树梨木虱"。

枣树红蜘蛛 在害螨发生为害初盛期或叶片正面显出黄白色褪绿小点时进行喷药，20～30天1次，连喷1～2次。阿维·螺虫酯喷施倍数同"梨树梨木虱"。

桃树、杏树桑白介壳虫 在初孵若虫从母体介壳下爬出向周边扩散转移时进行喷药，7～10天1次，连喷1～2次。阿维·螺虫酯喷施倍数同"梨树梨木虱"。

柑橘树红蜘蛛、黄蜘蛛、介壳虫、柑橘木虱、白粉虱、烟粉虱 防控害螨时，在害螨发生为害始盛期、或春秋季平均每叶有螨3～5头、或夏季平均每叶有螨2～4头时开始喷药，20～30天1次，连喷2次；防控介壳虫时，在初孵若虫从母体介壳下爬出向周边转移扩散时进行喷药，每代喷药1～2次（间隔期7～10天）；防控柑橘木虱时，在每季新梢抽生初期（嫩梢长1厘米）或每季新梢上木虱发生初期开始喷药，10～15天1次，每季梢喷药1～2次；防控白粉虱、烟粉虱时，在粉虱发生为害初盛期开始喷药，10～15天1次，连喷1～2次，注意喷洒叶片背面。一般使用12%悬浮剂1 500～2 000倍液，或15%悬浮剂2 000～2 500倍液，或20%悬浮剂2 500～3 000倍液，或24%悬浮剂或25%悬浮剂3 000～4 000倍液，或28%悬浮剂4 000～4 500倍液均匀喷雾。

草莓白粉虱、烟粉虱 从害虫发生为害初盛期或卵孵化盛期至初孵若虫始盛期开始喷药，10～15天1次，连喷2～3次，重点喷洒叶片背面。一般每亩次使用12%悬浮剂20～30毫升，或15%悬浮剂15～25毫升，或20%悬浮剂12～17毫升，或24%悬浮剂或25%悬浮剂10～15毫升，或28%悬浮剂8～12毫升，对水30～45千克均匀喷雾。

番茄、辣椒、茄子等茄果类蔬菜烟粉虱、白粉虱 从害虫发生为害初盛期或卵孵化盛期至初孵若虫始盛期开始喷药，10～15天1次，连喷2～3次，重点喷洒叶片背面。一般每亩次使用12%悬浮剂25～50毫升，或15%悬浮剂20～40毫升，或20%悬浮剂15～30毫升，或24%悬浮剂或25%悬浮剂12～25毫升，或28%悬浮剂10～20毫升，对水45～60千克均匀喷雾。

注意事项 阿维·螺虫酯不能与碱性药剂及肥料混用。连续喷药时，注意与不同作用机理药剂交替使用。本剂对蜜蜂、家蚕高毒，果树开花期及蜜源植物花期禁止使用，蚕室周边和桑园内及其附近禁止使用。

阿维·螺螨酯

有效成分 阿维菌素（abamectin）＋螺螨酯（spirodiclofen）。

主要含量与剂型 18%（2%＋16%；3%＋15%）、20%（1%＋19%；2%＋18%）、

22％（2％＋20％）、24％（3％＋21％）、25％（2.5％＋22.5％；3％＋22％；5％＋20％）、30％（3％＋27％）、33％（3％＋30％）、35％（5％＋30％）、45％（5％＋40％）悬浮剂。括号内有效成分含量均为阿维菌素的含量加螺螨酯的含量。

产品特点　阿维·螺螨酯是一种由阿维菌素（大环内酯类）与螺螨酯（季酮酸类）按一定比例混配的高效广谱低毒复合杀螨剂，具有触杀、胃毒和熏蒸作用及一定的叶片渗透作用，可杀灭成螨、若螨、幼螨和夏卵，黏附性好，耐雨水冲刷，持效期长，使用安全。两种杀螨作用机理，既能抑制害螨神经信息传导，又能通过抑制害螨脂肪合成而阻止其能量代谢，作用互补，协同增效，害螨不易产生抗药性。

适用作物防控对象及使用技术　阿维·螺螨酯主要应用于果树，对多种叶螨均有很好的防控效果。

柑橘树红蜘蛛、黄蜘蛛　在害螨发生为害初期、或螨卵孵化盛期至幼螨及低龄若螨盛发初期、或春秋季平均每叶有螨3～5头、夏季平均每叶有螨2～4头时进行喷药。一般使用18％悬浮剂2 500～3 000倍液，或20％悬浮剂或22％悬浮剂3 000～4 000倍液，或24％悬浮剂或25％悬浮剂4 000～5 000倍液，或30％悬浮剂或33％悬浮剂5 000～6 000倍液，或35％悬浮剂5 500～6 500倍液，或45％悬浮剂7 000～8 000倍液均匀喷雾。

苹果树、梨树、山楂树红蜘蛛、白蜘蛛　在害螨发生为害初期（开花前或落花后）、或螨卵孵化盛期至幼螨及低龄若螨盛发初期、或树冠内膛叶片上螨量开始较快增多时（平均每叶有螨3～4头时）进行喷药。阿维·螺螨酯喷施倍数同"柑橘树红蜘蛛"。

桃树、杏树、李树、枣树红蜘蛛、白蜘蛛　在害螨发生为害初期、或螨卵孵化盛期至幼螨及低龄若螨盛发初期、或树冠内膛叶片上螨量开始较快增多时进行喷药。阿维·螺螨酯喷施倍数同"柑橘树红蜘蛛"。

栗树红蜘蛛　在害螨发生为害初期、或树冠内膛叶片上螨量开始较快增多时、或叶片正面初显黄白色褪绿小点时进行喷药。阿维·螺螨酯喷施倍数同"柑橘树红蜘蛛"。

草莓红蜘蛛　在害螨发生为害初期或螨卵孵化盛期至幼螨及低龄若螨发生初盛期进行喷药。阿维·螺螨酯喷施倍数同"柑橘树红蜘蛛"。

蔷薇科观赏花卉红蜘蛛　在害螨发生为害初期或螨卵孵化盛期至幼螨及低龄若螨盛发初期进行喷药。阿维·螺螨酯喷施倍数同"柑橘树红蜘蛛"。

注意事项　阿维·螺螨酯不能与石硫合剂等碱性药剂及肥料混用，且喷药应均匀周到。连续喷药时，注意与不同杀螨机理药剂交替使用。本剂生产企业较多，各企业间产品含量、组分比例差异较大，具体选用时应以该产品的标签说明为准。

阿维·氯苯酰

有效成分　阿维菌素（abamectin）＋氯虫苯甲酰胺（chlorantraniliprole）。

主要含量与剂型　6％（1.7％阿维菌素＋4.3％氯虫苯甲酰胺）悬浮剂。

产品特点　阿维·氯苯酰是一种由阿维菌素（大环内酯类）与氯虫苯甲酰胺（双酰胺类）按科学比例混配的广谱低毒复合杀虫剂，具有胃毒和触杀作用，专用于防控鳞翅目害虫，叶片渗透性好，耐雨水冲刷，持效期较长，使用安全。两种杀虫作用机理，既能通过刺激释放γ-氨基丁酸而抑制害虫神经信息传导，又能破坏钙离子通道导致害虫肌肉麻痹，优势互补，害虫不易产生抗药性。

适用作物防控对象及使用技术　阿维·氯苯酰广泛适用于蔬菜、果树、粮棉油烟茶等多种作物，对多种鳞翅目害虫均有较好的防控效果。

甘蓝、白菜、花椰菜、萝卜等十字花科蔬菜甜菜夜蛾、小菜蛾、菜青虫、斜纹夜蛾　在害虫发生为害初期或卵孵化盛期至低龄幼虫期进行喷雾，7～10天1次，连喷1～2次。一般每亩次使用6%悬浮剂40～60毫升，对水30～45千克均匀喷雾，注意喷洒叶片背面。

番茄、辣椒、茄子等茄果类蔬菜棉铃虫、烟青虫、斜纹夜蛾　在害虫发生为害初期或卵孵化盛期至低龄幼虫期或低龄幼虫钻蛀为害前进行喷药，7～10天1次，每代喷药1～2次。一般每亩次使用6%悬浮剂50～70毫升，对水45～60千克均匀喷雾。

西瓜棉铃虫、瓜绢螟　在害虫发生为害初期或卵孵化盛期至低龄幼虫期进行喷药，7～10天1次，连喷1～2次。阿维·氯苯酰喷施剂量同"番茄棉铃虫"。

大葱、洋葱葱须鳞蛾　在害虫发生为害初期或田间初见为害状时开始喷药，7～10天1次，连喷1～2次。一般每亩次使用6%悬浮剂40～50毫升，对水30～45千克均匀喷雾。

水稻二化螟、三化螟、稻纵卷叶螟　防控二化螟、三化螟时，在害虫发生为害初期（田间初见枯叶、枯鞘、枯心或枯穗时）或卵孵化盛期至低龄幼虫钻蛀为害前进行喷药，7天左右1次，连喷1～2次，注意喷洒植株中下部；防控稻纵卷叶螟时，在害虫发生为害初期（田间初见卷叶虫苞时）或卵孵化盛期至低龄幼虫卷叶为害前进行喷药，7天左右1次，连喷1～2次。一般每亩次使用6%悬浮剂40～60毫升，对水30～60千克均匀喷雾。

玉米草地贪夜蛾、玉米螟、斜纹夜蛾　在害虫发生为害初期或田间初见为害状时进行喷药。一般每亩次使用6%悬浮剂30～50毫升，对水30～45千克向喇叭口内均匀喷淋。

棉花棉铃虫　在害虫发生为害初期或卵孵化盛期至低龄幼虫钻蛀蕾铃前进行喷药，7天左右1次，每代喷药1～2次。一般每亩次使用6%悬浮剂40～60毫升，对水45～60千克均匀喷雾。

花生棉铃虫、斜纹夜蛾、毒蛾　在害虫发生为害初期（田间初见为害状时）或卵孵化盛期至低龄幼虫期进行喷药，7～10天1次，连喷1～2次。一般每亩次使用6%悬浮剂30～50毫升，对水30～45千克均匀喷雾。

苹果、梨、桃、枣等果实的桃小食心虫、梨小食心虫　根据虫情测报，在害虫卵盛期至初孵幼虫蛀果前或钻蛀前进行喷药，7天左右1次，每代喷药1～2次。一般使用6%悬浮剂2 000～2 500倍液均匀喷雾。

苹果树、梨树、山楂树、桃树、枣树等落叶果树卷叶蛾类及其他鳞翅目食叶害虫　防控卷叶蛾时，在果园内初见害虫卷叶时进行喷药，7～10天1次，每代喷药1～2次；防控其他鳞翅目食叶害虫时，在害虫发生为害初期或卵孵化盛期至低龄幼虫期进行喷药，每代喷药1次。一般使用6%悬浮剂2 000～2 500倍液均匀喷雾。

苹果树金纹细蛾　在每代害虫卵孵化盛期或果园内初见新鲜虫斑时进行喷药，第1、2代每代喷药1次，第3代及其以后各代因世代重叠每代喷药1～2次，间隔期7～10天。一般使用6%悬浮剂2 000～2 500倍液均匀喷雾。

桃树、杏树的桃线潜叶蛾　在害虫发生为害初期或叶片上初见为害虫道时开始喷药，1个月左右1次，与不同类型药剂交替使用，连喷3～5次。阿维·氯苯酰一般使用6%悬浮剂2 000～2 500倍液均匀喷雾。

核桃树核桃缀叶螟、核桃细蛾　在害虫发生为害初期（果园内初见缀叶为害状或初见幼虫时）或卵孵化盛期至低龄幼虫期进行喷药，7～10天1次，连喷1～2次。一般使用6%悬浮剂2 000～3 000倍液均匀喷雾。

柑橘树柑橘潜叶蛾　在每季新梢抽生初期（嫩梢长1厘米）或新梢嫩叶上初见为害虫道时开始喷药，10～15天1次，每季梢喷药1～2次。一般使用6%悬浮剂2 000～2 500倍液均匀喷雾。

注意事项　阿维·氯苯酰不能与碱性药剂及肥料混用。连续喷药时，注意与不同杀虫机理药剂交替使用。本剂对家蚕高毒，蚕室周边和桑园内及其附近禁止使用。

阿维·灭蝇胺

有效成分　阿维菌素（abamectin）＋灭蝇胺（cyromazine）。

主要含量与剂型　11%（1%＋10%）、31%（0.7%＋30.3%）、33%（3%＋30%）、35%（1%＋34%）悬浮剂。括号内有效成分含量均为阿维菌素的含量加灭蝇胺的含量。

产品特点　阿维·灭蝇胺是一种由阿维菌素（大环内酯类）与灭蝇胺（三嗪类）按一定比例混配的高效低毒复合杀虫剂，专用于防控双翅目害虫，具有胃毒、触杀和较好的渗透性及一定的内吸传导作用，速效性好，持效期较长，使用安全，喷施后能快速渗入植物叶片，对卵、幼虫、蛹和成虫都有较强的杀灭作用。两种杀虫作用机理，既能通过刺激释放γ-氨基丁酸而抑制害虫神经信息传导，又能通过抑制昆虫几丁质合成而影响虫体变态，优势互补，协同增效，害虫不易产生抗药性。

适用作物防控对象及使用技术　阿维·灭蝇胺主要应用于瓜果蔬菜类作物，对潜叶蝇类害虫具有很好的防控效果。

黄瓜、冬瓜、苦瓜、西葫芦、番茄、辣椒、茄子等瓜果类蔬菜美洲斑潜蝇　在害虫发生为害初期或叶片上初见为害虫道时开始喷药，7～10天1次，连喷2次左右。一般每亩次使用11%悬浮剂60～100毫升，或31%悬浮剂或35%悬浮剂25～40毫升，或33%悬浮剂20～30毫升，对水45～60千克均匀喷雾。

菜豆、芸豆等豆类蔬菜美洲斑潜蝇　在害虫发生为害初期或叶片上初见为害虫道时开始喷药，7～10天1次，连喷2次左右。阿维·灭蝇胺喷施剂量同"黄瓜美洲斑潜蝇"。

西瓜、甜瓜、哈密瓜的潜叶蝇　在害虫发生为害初期或叶片上初见为害虫道时开始喷药，7～10天1次，连喷2次左右。阿维·灭蝇胺喷施剂量同"黄瓜美洲斑潜蝇"。

大葱、韭菜潜叶蝇　从害虫发生为害初期或叶片上初见为害虫道时开始喷药，7～10天1次，连喷1～2次。一般每亩次使用11%悬浮剂50～70毫升，或31%悬浮剂或35%悬浮剂20～30毫升，或33%悬浮剂17～25毫升，对水30～45千克均匀喷雾。

注意事项　阿维·灭蝇胺不能与碱性药剂及肥料混用，且喷药应均匀周到。连续喷药时，注意与不同杀虫机理药剂交替使用。

阿维·灭幼脲

有效成分 阿维菌素（abamectin）＋灭幼脲（chlorbenzuron）。

主要含量与剂型 25%（0.5%＋24.5%）、26%（1%＋25%）、30%（0.3%＋29.7%；1%＋29%）悬浮剂，20%（0.2%＋19.8%）可湿性粉剂。括号内有效成分含量均为阿维菌素的含量加灭幼脲的含量。

产品特点 阿维·灭幼脲是一种由阿维菌素（大环内酯类）与灭幼脲（苯甲酰脲类）按一定比例混配的广谱低毒复合杀虫剂，主要用于防控鳞翅目害虫，以胃毒作用为主，兼有触杀作用，对叶片有一定渗透性，耐雨水冲刷，持效期较长，使用安全。两种有效成分作用机理互补，既能抑制害虫神经信息传导，又能通过抑制昆虫几丁质合成而阻碍幼虫蜕皮，适用于鳞翅目害虫的综合防控。

适用作物防控对象及使用技术 阿维·灭幼脲适用于瓜果蔬菜、粮棉油烟茶、果树及林木等多种植物，对多种鳞翅目害虫均匀很好的防控效果。

甘蓝、白菜、萝卜、花椰菜等十字花科蔬菜甜菜夜蛾、小菜蛾、菜青虫、斜纹夜蛾 在害虫发生为害初期或卵孵化盛期至低龄幼虫期进行喷药，7～10 天 1 次，连喷 1～2 次。一般每亩次使用 20%可湿性粉剂 80～120 克，或 25%悬浮剂 60～80 毫升，或 26%悬浮剂 50～70 毫升，或 30%悬浮剂 30～50 毫升，对水 30～45 千克均匀喷雾，注意喷洒叶片背面。

番茄、辣椒、茄子等茄果类蔬菜甜菜夜蛾、斜纹夜蛾 在害虫发生为害初期、或卵孵化盛期至低龄幼虫期、或低龄幼虫蛀果前进行喷药，7～10 天 1 次，每代喷药 1～2 次。一般每亩次使用 20%可湿性粉剂 100～150 克，或 25%悬浮剂 80～100 毫升，或 26%悬浮剂 60～80 毫升，或 30%悬浮剂 40～60 毫升，对水 45～60 千克均匀喷雾。

苹果、梨、桃、枣等果实的桃小食心虫、梨小食心虫 根据虫情测报，在害虫卵盛期至初孵幼虫蛀果前进行喷药，7 天左右 1 次，每代喷药 1～2 次。一般使用 20%可湿性粉剂 800～1 000 倍液，或 25%悬浮剂或 26%悬浮剂 1 000～1 200 倍液，或 30%悬浮剂 1 200～1 500 倍液均匀喷雾。

苹果树金纹细蛾 先于苹果落花后（第 1 代幼虫初期）和落花后 40 天左右（第 2 代幼虫初期）各喷药 1 次，然后从苹果落花后 2.5 个月左右（约为第 3 代幼虫初期，以后约每月发生 1 代）开始连续喷药，1 个月左右 1 次，连喷 2～3 次。一般使用 20%可湿性粉剂 1 200～1 500 倍液，或 25%悬浮剂或 26%悬浮剂 1 500～2 000 倍液，或 30%悬浮剂 1 800～2 000 倍液均匀喷雾，连续喷药时注意与不同类型药剂交替使用。

桃树、杏树的桃线潜叶蛾 在害虫发生为害初期或叶片上初见为害虫道时开始喷药，1 个月左右 1 次，与不同类型药剂交替使用，连喷 2～4 次。阿维·灭幼脲喷施倍数同"苹果树金纹细蛾"。

苹果树、山楂树、梨树、桃树、枣树卷叶蛾类及其他鳞翅目食叶害虫 防控卷叶蛾时，在幼虫卷叶为害初期或果园内初见卷叶时进行喷药，每代喷药 1～2 次（间隔期 10 天左右）；防控其他鳞翅目食叶害虫时，在害虫卵孵化盛期至低龄幼虫期进行喷药，每代喷药 1 次。阿维·灭幼脲喷施倍数同"苹果树金纹细蛾"。

葡萄的葡萄虎蛾、葡萄天蛾　在害虫发生为害初期或卵孵化盛期至低龄幼虫期进行喷药，每代喷药1次。阿维·灭幼脲喷施倍数同"苹果树金纹细蛾"。

核桃树核桃缀叶螟、核桃细蛾　在害虫发生为害初期或卵孵化盛期至低龄幼虫期进行喷药，每代喷药1次。阿维·灭幼脲喷施倍数同"苹果树金纹细蛾"。

水稻稻纵卷叶螟　在害虫发生为害初期或卵孵化盛期至低龄幼虫卷叶前进行喷药，7～10天1次，每代喷药1～2次。一般每亩次使用20%可湿性粉剂70～100克，或25%悬浮剂50～70毫升，或26%悬浮剂40～60毫升，或30%悬浮剂30～50毫升，对水30～45千克均匀喷雾。

花生甜菜夜蛾、斜纹夜蛾　在害虫发生为害初期或卵孵化盛期至低龄幼虫期进行喷药，每代多喷药1次。阿维·灭幼脲喷施剂量同"水稻稻纵卷叶螟"。

茶树茶尺蠖、茶毛虫　在害虫发生为害初期或卵孵化盛期至低龄幼虫期进行喷药，每代喷药1次。一般使用20%可湿性粉剂800～1 000倍液，或25%悬浮剂或26%悬浮剂1 000～1 200倍液，或30%悬浮剂1 200～1 500倍液均匀喷雾。

杨树美国白蛾、杨尺蠖　在害虫发生为害初期或卵孵化盛期至低龄幼虫期进行喷药，每代喷药1次。一般使用20%可湿性粉剂1 200～1 500倍液，或25%悬浮剂或26%悬浮剂1 500～2 000倍液，或30%悬浮剂2 000～2 500倍液均匀喷雾。

松树松毛虫　在害虫发生为害初期或卵孵化盛期至低龄幼虫期进行喷药，每代喷药1次。阿维·灭幼脲喷施倍数同"杨树美国白蛾"。

注意事项　阿维·灭幼脲不能与碱性药剂及肥料混用，也不能与促进蜕皮激素类药剂混用。连续喷药时，注意与不同杀虫机理药剂交替使用。本剂对家蚕剧毒，蚕室附近和桑园内及其周边区域禁止使用。

阿维·噻唑膦

有效成分　阿维菌素（abamectin）＋噻唑膦（fosthiazate）。

主要含量与剂型　5%（0.45%＋4.55%；0.5%＋4.5%；0.7%＋4.3%）、9%（1%＋8%）、10%（0.2%＋9.8%；0.5%＋9.5%；1%＋9%）、10.5%（0.5%＋10%）、11%（1%＋10%）、15%（2%＋13%）颗粒剂，10%（1%＋9%）乳油，10%（2.5%＋7.5%）、21%（1%＋20%）水乳剂，5%（1%＋4%）悬浮剂，6%（1%＋5%）微囊悬浮剂。括号内有效成分含量均为阿维菌素的含量加噻唑膦的含量。

产品特点　阿维·噻唑膦是一种由阿维菌素（大环内酯类）与噻唑膦（有机磷类）按一定比例混配的专用复合杀线剂，低毒至中等毒性，具有触杀和内吸传导作用，能有效阻碍线虫活动，防止线虫对植物根部的侵入，对线虫防控效果更好，正常使用对作物安全。两种有效成分作用互补，既能抑制线虫神经信息传导，又能通过抑制乙酰胆碱酯酶活性而导致线虫神经过度兴奋。

适用作物防控对象及使用技术　阿维·噻唑膦广泛适用于瓜果蔬菜及烟草、果树等多种作物，对根结线虫类具有较好的防控效果。

黄瓜、甜瓜、番茄、茄子等瓜果蔬菜根结线虫　既可移栽定植时撒施药剂，也可移栽后灌根。移栽时撒施药剂为在定植沟内或定植穴内用药，一般每亩使用5%颗粒剂3 000～

4 000 克，或 9％颗粒剂 2 000～2 500 克，或 10％颗粒剂或 10.5％颗粒剂或 11％颗粒剂 1 500～2 000 克，或 15％颗粒剂 1 000～1 500 克，与适量干细土混匀后均匀撒施在定植沟内或定植穴内，而后将药剂与土壤（15～20 厘米）充分混匀，然后移栽定植、覆土、浇水，当天用药当天定植。移栽后灌根用药，于移栽缓苗后至线虫为害初期均可进行，一般每亩使用 5％悬浮剂 2 000～3 000 毫升，或 10％乳油 1 000～1 500 毫升，或 10％水乳剂 500～1 000 毫升，或 21％水乳剂 1 000～1 500 毫升，对水 500～750 千克灌根，每株浇灌药液 200～300 毫升。

姜根结线虫　既可种植时于种植沟撒施药剂，也可生长期用药液灌根。种植沟撒施药剂时，一般每亩使用 5％颗粒剂 3 000～4 000 克，或 9％颗粒剂 2 000～2 500 克，或 10％颗粒剂或 10.5％颗粒剂或 11％颗粒剂 1 500～2 000 克，或 15％颗粒剂 1 000～1 500 克，与适量细干土混匀后均匀撒施在种植沟内，而后将药剂与土壤充分混匀，然后摆放姜种、覆土、浇水等，当天用药当天种植。生长期灌根时，在姜出苗后第一次小培土前灌根施药，一般每亩使用 5％悬浮剂 2 000～3 000 毫升，或 6％微囊悬浮剂 2 000～2 500 毫升，或 10％乳油 1 000～1 500 毫升，或 10％水乳剂 500～1 000 毫升，或 21％水乳剂 1 000～1 500 毫升，对水 500～750 千克灌根，而后培土。

烟草根结线虫　在线虫发生为害初期或烟草移栽后旺长期用药液灌根，一般每亩使用 5％悬浮剂 1 000～1 500 毫升，或 6％微囊悬浮剂 1 000～1 300 毫升，或 10％乳油 600～800 毫升，或 10％水乳剂 300～500 毫升，或 21％水乳剂 500～700 毫升，对水 400～600 千克灌根，每株浇灌药液 250～300 毫升。

蔷薇科观赏花卉根结线虫　在线虫发生为害初期，每亩使用 5％颗粒剂 3 000～4 000 克，或 9％颗粒剂 2 000～2 500 克，或 10％颗粒剂或 10.5％颗粒剂或 11％颗粒剂 1 500～2 000 克，或 15％颗粒剂 1 000～1 500 克，与适量干细土混匀后均匀撒施，而后翻松土壤使药剂与土壤混匀。

注意事项　阿维·噻唑膦不能与强酸性或强碱性药剂及肥料混用。撒施颗粒剂时，施药前应将大块土壤打碎，并施药后及时浇水，以确保药效。超量使用或土壤水分过多时容易引起药害，请按照产品标签说明正确使用。

阿维·乙螨唑

有效成分　阿维菌素（abamectin）＋乙螨唑（etoxazole）。

主要含量与剂型　12％（2％＋10％）、15％（3％＋12％）、20％（4％＋16％；5％＋15％）、23％（3％＋20％）、25％（5％＋20％）、40％（5％＋35％）悬浮剂。括号内有效成分含量均为阿维菌素的含量加乙螨唑的含量。

产品特点　阿维·乙螨唑是一种由阿维菌素（大环内酯类）与乙螨唑（二苯基噁唑衍生物类）按一定比例混配的高效广谱复合杀螨剂，低毒至中等毒性，具有触杀、胃毒作用及一定的渗透性，对螨卵、幼螨、若螨、成螨各形态均有较好的防控效果，并对抗性害螨防效也较好。本剂喷施后耐雨水冲刷，持效期较长，使用安全；两种杀螨作用机理，既能抑制害螨神经信息传导，又能通过抑制害螨几丁质合成而影响其蜕皮完成，使害螨不易产生抗药性。

适用作物防控对象及使用技术 阿维·乙螨唑适用于果树、瓜果蔬菜、粮棉油等多种作物，对多种害螨均有很好的防控效果。

柑橘树红蜘蛛、黄蜘蛛 在害螨发生为害初期（春、秋季平均每叶有螨3~5头，夏季平均每叶有螨2~4头）或螨卵孵化盛期至幼螨及低龄若螨盛发初期进行喷药。一般使用12%悬浮剂3 000~4 000倍液，或15%悬浮剂4 000~5 000倍液，或20%悬浮剂5 000~6 000倍液，或23%悬浮剂6 000~7 000倍液，或25%悬浮剂6 000~8 000倍液，或40%悬浮剂10 000~12 000倍液均匀喷雾。

苹果树、梨树、山楂树、桃树、杏树红蜘蛛、白蜘蛛 在害螨发生为害初期（苹果树、梨树、山楂树的开花前或落花后）、或螨卵孵化盛期至幼螨及低龄若螨盛发初期、或树冠内膛叶片上螨量开始较快增多时（平均每叶有螨3~4头时）进行喷药。阿维·乙螨唑喷施倍数同"柑橘树红蜘蛛"。

栗树红蜘蛛 在害螨发生为害初期、或树冠内膛叶片上螨量开始较快增多时、或叶片正面初显黄白色褪绿小点时进行喷药。阿维·乙螨唑喷施倍数同"柑橘树红蜘蛛"。

草莓红蜘蛛 在害螨发生为害初期或螨卵孵化盛期至幼螨及低龄若螨盛发初期进行喷药。阿维·乙螨唑喷施倍数同"柑橘树红蜘蛛"。

枸杞瘿螨 在瘿螨发生为害初期或嫩叶上初显瘿疹时进行喷药。阿维·乙螨唑喷施倍数同"柑橘树红蜘蛛"。

茄子、辣椒、黄瓜、豇豆、芸豆等瓜果类及豆类蔬菜红蜘蛛 在害螨发生为害初期或螨卵孵化盛期至幼螨及低龄若螨盛发初期进行喷药。一般每亩次使用12%悬浮剂15~25毫升，或15%悬浮剂12~20毫升，或20%悬浮剂10~12毫升，或23%悬浮剂8~10毫升，或25%悬浮剂7~9毫升，或40%悬浮剂5~7毫升，对水45~60千克均匀喷雾。

棉花红蜘蛛、白蜘蛛 在害螨发生为害初期或螨卵孵化盛期至幼螨及低龄若螨盛发初期进行喷药。阿维·乙螨唑喷施剂量同"茄子红蜘蛛"。

注意事项 阿维·乙螨唑不能与石硫合剂等碱性药剂及肥料混用，喷药应均匀周到。连续喷药时，注意与不同作用机理杀螨剂交替使用。

阿维·茚虫威

有效成分 阿维菌素（abamectin）＋茚虫威（indoxacarb）。

主要含量与剂型 8%（2%＋6%）、10%（2%＋8%）、12%（2%＋10%）、15%（3%＋12%）、25%（10%＋15%）悬浮剂，6%（1.5%＋4.5%）微乳剂，12%（2%＋10%）可湿性粉剂，8%（2%＋6%）水分散粒剂。括号内有效成分含量均为阿维菌素的含量加茚虫威的含量。

产品特点 阿维·茚虫威是一种由阿维菌素（大环内酯类）与茚虫威（噁二嗪类）按一定比例混配的高效低毒复合杀虫剂，具有触杀和胃毒作用，能有效渗入植物表皮组织，作用速度快，杀虫效果好，耐雨水冲刷，使用安全。两种有效成分虽然均是通过破坏昆虫正常神经系统功能而导致其死亡，但作用位点不同，故害虫不易产生抗药性。

适用作物防控对象及使用技术 阿维·茚虫威适用于瓜果蔬菜、粮棉油茶及果树等多种作物，主要用于防控鳞翅目害虫的发生为害。

水稻稻纵卷叶螟 在害虫发生为害初期（田间初见卷叶为害状时）或卵孵化盛期至低龄幼虫卷叶前进行喷药，7～10天1次，每代喷药1～2次。一般每亩次使用6％微乳剂40～60毫升，或8％悬浮剂30～45毫升，或10％悬浮剂25～35毫升，或12％悬浮剂20～30毫升，或15％悬浮剂15～25毫升，或25％悬浮剂10～13毫升，或8％水分散粒剂30～45克，或12％可湿性粉剂20～30克，对水30～45千克均匀喷雾。

甘蓝、白菜、花椰菜等十字花科蔬菜菜青虫、小菜蛾、甜菜夜蛾、甘蓝夜蛾、斜纹夜蛾 在害虫发生为害初期或卵孵化盛期至低龄幼虫期进行喷药，7～10天1次，连喷1～2次。一般每亩次使用6％微乳剂30～50毫升，或8％悬浮剂25～35毫升，或10％悬浮剂20～30毫升，或12％悬浮剂15～25毫升，或15％悬浮剂13～20毫升，或25％悬浮剂8～12毫升，或8％水分散粒剂25～40克，或12％可湿性粉剂15～25克，对水30～45千克均匀喷雾，注意喷洒叶片背面。

番茄、辣椒、茄子等茄果类蔬菜棉铃虫、斜纹夜蛾、烟青虫 在害虫发生为害初期或卵孵化盛期至低龄幼虫期或低龄幼虫钻蛀为害前进行喷药，7～10天1次，每代喷药1～2次。一般每亩次使用6％微乳剂40～60毫升，或8％悬浮剂30～45毫升，或10％悬浮剂25～35毫升，或12％悬浮剂20～30毫升，或15％悬浮剂15～25毫升，或25％悬浮剂10～15毫升，或8％水分散粒剂30～45克，或12％可湿性粉剂20～30克，对水45～60千克均匀喷雾。

黄瓜、冬瓜、西瓜、甜瓜等瓜类蔬菜瓜绢螟 在害虫发生为害初期或卵孵化盛期至低龄幼虫期进行喷药，7～10天1次，每代喷药1～2次。阿维·茚虫威喷施剂量同"番茄棉铃虫"。

棉花棉铃虫、红铃虫 在害虫发生为害初期或卵孵化盛期至低龄幼虫钻蛀蕾铃前进行喷药，7～10天1次，每代喷药1～2次。阿维·茚虫威喷施剂量同"番茄棉铃虫"。

苹果树金纹细蛾 在每代幼虫发生为害初期或果园内初见新鲜虫斑时进行喷药，第1、2代各喷药1次，第3代及其以后各代因世代重叠每代喷药1～2次（间隔期7～10天）；或在苹果落花后（第1代幼虫）和落花后40天左右（第2代幼虫）各喷1次，以后每30天左右喷药1～2次（间隔期7～10天）。一般使用6％微乳剂1 200～1 500倍液，或8％悬浮剂或8％水分散粒剂1 500～2 000倍液，或10％悬浮剂2 000～2 500倍液，或12％悬浮剂、或12％可湿性粉剂2 500～3 000倍液，或15％悬浮剂3 000～3 500倍液，或25％悬浮剂6 000～8 000倍液均匀喷雾。

桃树桃线潜叶蛾 在害虫发生为害初期或叶片上初见为害虫道时开始喷药，1个月左右1次，与不同类型药剂交替使用，连喷2～4次。阿维·茚虫威喷施倍数同"苹果树金纹细蛾"。

苹果树、山楂树、桃树卷叶蛾类及其他鳞翅目食叶害虫 防控卷叶蛾时，在果园内初见卷叶为害时进行喷药，每代喷药1～2次（间隔期7～10天）；防控其他鳞翅目食叶害虫时，在害虫发生为害初期或卵孵化盛期至低龄幼虫期进行喷药，每代喷药1次。阿维·茚虫威喷施倍数同"苹果树金纹细蛾"。

注意事项 阿维·茚虫威不能与碱性药剂及肥料混用，且喷药应均匀周到。连续喷药时，注意与不同杀虫机理药剂交替使用。本剂对家蚕剧毒，蚕室附近和桑园内及其周边禁止使用。

吡虫·噻嗪酮

有效成分　吡虫啉（imidacloprid）＋噻嗪酮（buprofezin）。

主要含量与剂型　10％（1％＋9％；2％＋8％；3.3％＋6.7％）、18％（2％＋16％；4％＋14％）、20％（2％＋18％）、22％（2％＋20％；2.5％＋19.5％）可湿性粉剂，10％（2％＋8％）、11.5％（1％＋10.5％）乳油，18％（2％＋16％）、38％（4％＋34％）、300克/升（50克/升＋250克/升）悬浮剂。括号内有效成分含量均为吡虫啉的含量加噻嗪酮的含量。

产品特点　吡虫·噻嗪酮是一种由吡虫啉（烟碱类）与噻嗪酮（噻二嗪类）按一定比例混配的高效低毒复合杀虫剂，专用于防控刺吸式口器害虫，具有较好的触杀、胃毒及内吸作用，击倒速度快，持效期长，施药时期宽，但对蜜蜂高毒。两种杀虫作用机理，既能干扰害虫运动神经系统，又能通过抑制害虫几丁质合成而干扰新陈代谢，优势互补，协同增效，害虫不易产生抗药性。

适用作物防控对象及使用技术　吡虫·噻嗪酮适用于水稻、果树、茶树等多种作物，主要用于防控刺吸式口器害虫。

水稻稻飞虱　在害虫发生为害初期或卵孵化盛期至低龄若虫期进行喷药，7～10天1次，连喷1～2次，注意喷洒植株中下部。一般每亩次使用10％（1％＋9％；2％＋8％）可湿性粉剂100～150克，或10％（3.3％＋6.7％）可湿性粉剂70～100克，或18％可湿性粉剂60～80克，或20％可湿性粉剂或22％可湿性粉剂50～70克，或10％乳油或11.5％乳油100～150毫升，或18％悬浮剂60～80毫升，或38％悬浮剂30～40毫升，或300克/升悬浮剂35～50毫升，对水45～60千克均匀喷雾。

茶树茶小绿叶蝉　在害虫发生为害初期或卵孵化盛期至低龄若虫盛发初期进行喷药。一般每亩次使用10％（1％＋9％；2％＋8％）可湿性粉剂120～150克，或10％（3.3％＋6.7％）可湿性粉剂80～100克，或18％可湿性粉剂70～90克，或20％可湿性粉剂或22％可湿性粉剂60～80克，或10％乳油或11.5％乳油120～150毫升，或18％悬浮剂70～90毫升，或38％悬浮剂30～45毫升，或300克/升悬浮剂40～50毫升，对水45～60千克均匀喷雾。

柑橘树介壳虫　在介壳虫卵孵化盛期至低龄若虫期或初孵若虫从母体介壳下爬出向周边扩散时进行喷药，7～10天1次，连喷1～2次。一般使用10％（1％＋9％；2％＋8％）可湿性粉剂或10％乳油或11.5％乳油600～800倍液，或10％（3.3％＋6.7％）可湿性粉剂1 200～1 500倍液，或18％可湿性粉剂或18％悬浮剂1 000～1 500倍液，或20％可湿性粉剂或22％可湿性粉剂1 500～1 800倍液，或38％悬浮剂2 000～2 500倍液，或300克/升悬浮剂2 000～3 000倍液均匀喷雾。

杧果树介壳虫　在介壳虫卵孵化盛期至低龄若虫期或初孵若虫从母体介壳下爬出向周边扩散时进行喷药，7～10天1次，连喷1～2次。吡虫·噻嗪酮喷施倍数同"柑橘树介壳虫"。

桃树桑白介壳虫　在介壳虫卵孵化盛期至低龄若虫期或初孵若虫从母体介壳下爬出向

周边扩散时进行喷药，7～10 天 1 次，连喷 1～2 次。吡虫·噻嗪酮喷施倍数同"柑橘树介壳虫"。

注意事项 吡虫·噻嗪酮不能与碱性药剂及肥料混用，且喷药应均匀周到。连续喷药时，注意与不同杀虫机理药剂交替使用。水稻上施用本剂前后 10 天内不能使用敌稗。本剂在白菜、萝卜、瓜类、豆类及薯类作物上会造成褐斑或绿叶白化等药害症状，禁止在上述作物上使用。

吡蚜·呋虫胺

有效成分 吡蚜酮（pymetrozine）＋呋虫胺（dinotefuran）。

主要含量与剂型 30％（10％＋20％）、60％（48％＋12％）、75％（45％＋30％）可湿性粉剂，40％（20％＋20％）、50％（30％＋20％；40％＋10％）、60％（30％＋30％；40％＋20％；50％＋10％）、70％（35％＋35％；42％＋28％；50％＋20％）水分散粒剂。括号内有效成分含量均为吡蚜酮的含量加呋虫胺的含量。

产品特点 吡蚜·呋虫胺是一种由吡蚜酮（吡啶三嗪酮类）与呋虫胺（新烟碱类）按一定比例混配的高效低毒复合杀虫剂，专用于防控刺吸式口器害虫，具有触杀、胃毒和良好的内吸传导活性，速效性好，持效期长，使用安全。两种杀虫作用机理，既能导致害虫产生口针阻塞效应而停止取食，又能阻断害虫神经信息传导，协同增效，防控效果更好，且害虫不易产生抗药性。

适用作物防控对象及使用技术 吡蚜·呋虫胺适用于瓜果蔬菜、粮棉油烟茶、果树等多种作物，对飞虱、粉虱、蚜虫、叶蝉等刺吸式口器害虫均有良好的防控效果。

水稻稻飞虱 在稻飞虱发生为害初期或卵孵化盛期至低龄若虫始盛期进行喷药，7～10 天 1 次，连喷 1～2 次。一般每亩次使用 30％可湿性粉剂 35～50 克，或 40％水分散粒剂 25～35 克，或 50％水分散粒剂 20～30 克，或 60％可湿性粉剂或 60％水分散粒剂 15～25 克，或 70％水分散粒剂 15～22 克，或 75％可湿性粉剂 13～20 克，对水 45～60 千克均匀喷雾，注意喷洒植株中下部。

小麦蚜虫 在蚜虫发生为害初期开始喷药，10～15 天 1 次，连喷 1～2 次；或在小麦孕穗期至抽穗初期和齐穗期各喷药 1 次。一般每亩次使用 30％可湿性粉剂 30～40 克，或 40％水分散粒剂 25～35 克，或 50％水分散粒剂 20～30 克，或 60％可湿性粉剂或 60％水分散粒剂 15～20 克，或 70％水分散粒剂 13～18 克，或 75％可湿性粉剂 12～17 克，对水 30～45 千克均匀喷雾。

棉花蚜虫 在蚜虫发生为害初期开始喷药，10 天左右 1 次，连喷 2～3 次。一般每亩次使用 30％可湿性粉剂 40～60 克，或 40％水分散粒剂 30～50 克，或 50％水分散粒剂 25～35 克，或 60％可湿性粉剂或 60％水分散粒剂 20～30 克，或 70％水分散粒剂 18～25 克，或 75％可湿性粉剂 16～24 克，对水 45～60 千克均匀喷雾。

甘蓝、白菜、花椰菜、萝卜等十字花科蔬菜蚜虫 在蚜虫发生为害初期开始喷药，7～10 天 1 次，连喷 1～2 次，注意喷洒叶片背面。吡蚜·呋虫胺喷施剂量同"小麦蚜虫"。

黄瓜、冬瓜、番茄、辣椒、茄子等瓜果类蔬菜蚜虫 在蚜虫发生为害初期开始喷药，

7～10 天 1 次，连喷 2 次左右，重点喷洒幼嫩组织。吡蚜·呋虫胺喷施剂量同"棉花蚜虫"。

番茄、辣椒、茄子、黄瓜、豇豆、芸豆等瓜果类及豆类蔬菜烟粉虱、白粉虱　在粉虱发生为害初期或卵孵化盛期至低龄若虫盛发初期开始喷药，7～10 天 1 次，连喷 2 次左右，重点喷洒叶片背面。一般每亩次使用 30％可湿性粉剂 50～70 克，或 40％水分散粒剂 40～55 克，或 50％水分散粒剂 30～40 克，或 60％可湿性粉剂或 60％水分散粒剂 25～35 克，或 70％水分散粒剂 22～30 克，或 75％可湿性粉剂 20～28 克，对水 45～60 千克均匀喷雾。

柑橘树蚜虫、柑橘木虱　在每季新梢抽生初期（嫩梢长 1 厘米）或新梢抽生期的害虫发生初期开始喷药，10～15 天 1 次，每季梢喷药 1～2 次。一般使用 30％可湿性粉剂 2 000～2 500 倍液，或 40％水分散粒剂 2 500～3 000 倍液，或 50％水分散粒剂 3 000～3 500 倍液，或 60％可湿性粉剂或 60％水分散粒剂 3 500～4 000 倍液，或 70％水分散粒剂或 75％可湿性粉剂 4 000～5 000 倍液均匀喷雾。

苹果树绣线菊蚜　在新梢上蚜虫数量较多时或新梢上蚜虫开始向幼果上转移扩散时开始喷药，10～15 天 1 次，连喷 2 次左右。吡蚜·呋虫胺喷施倍数同"柑橘树蚜虫"。

桃树、杏树、李树的蚜虫、桃小绿叶蝉　防控蚜虫时，先于花芽膨大后开花前喷药 1 次，然后从落花后开始继续喷药，10～15 天 1 次，与不同类型药剂交替使用，连喷 2～3 次；防控桃小绿叶蝉时，在害虫发生为害初期或叶片正面初显黄白色褪绿小点时开始喷药，10～15 天 1 次，连喷 2 次左右。吡蚜·呋虫胺喷施倍数同"柑橘树蚜虫"。

茶树茶小绿叶蝉　在害虫发生为害初期或卵孵化盛期至低龄若虫盛发初期进行喷药。吡蚜·呋虫胺喷施倍数同"柑橘树蚜虫"。

观赏菊花蚜虫　在蚜虫发生为害初盛期开始喷药，10～15 天 1 次，连喷 1～2 次。吡蚜·呋虫胺喷施倍数同"柑橘树蚜虫"。

注意事项　吡蚜·呋虫胺不能与碱性药剂及肥料混用。连续喷药时，注意与不同杀虫机理药剂交替使用。本剂对蜜蜂高毒，禁止在果树花期及蜜源植物花期使用。

吡蚜·螺虫酯

有效成分　吡蚜酮（pymetrozine）＋螺虫乙酯（spirotetramat）。

主要含量与剂型　50％（35％＋15％）、65％（40％＋25％）、75％（50％＋25％）水分散粒剂。括号内有效成分含量均为吡蚜酮的含量加螺虫乙酯的含量。

产品特点　吡蚜·螺虫酯是一种由吡蚜酮（吡啶三嗪酮类）与螺虫乙酯（季酮酸衍生物类）按一定比例混配的高效低毒复合杀虫剂，专用于防控刺吸式口器害虫，具有触杀和胃毒作用，内吸传导性好，耐雨水冲刷，持效期较长，使用安全。两种不同作用机理有效成分，增效作用明显，既能诱使害虫产生口针阻塞效应而停止取食，又能抑制脂肪合成而阻断害虫能量代谢，防虫效果更好。

适用作物防控对象及使用技术　吡蚜·螺虫酯适用于瓜果蔬菜、果树及粮棉油烟茶等多种作物，对蚜虫类、粉虱类、木虱类等刺吸式口器害虫均有很好的防控效果。

甘蓝、白菜、萝卜等十字花科蔬菜蚜虫　在蚜虫发生为害初期进行喷药，注意喷洒叶片背面。一般每亩使用50%水分散粒剂15～20克，或65%水分散粒剂或75%水分散粒剂10～15克，对水30～45千克均匀喷雾。

黄瓜、番茄、茄子、辣椒等瓜果类蔬菜烟粉虱、白粉虱　在害虫发生为害初期或卵孵化盛期至低龄若虫盛发初期开始喷药，10～15天1次，连喷2次。一般每亩次使用50%水分散粒剂20～25克，或65%水分散粒剂或75%水分散粒剂15～20克，对水45～60千克均匀喷雾，重点喷洒叶片背面。

桃树蚜虫　先于花芽膨大后开花前喷药1次，然后从落花后开始继续喷药，10～15天1次，与不同类型药剂交替使用，连喷2～3次。吡蚜·螺虫酯一般使用50%水分散粒剂2 500～3 000倍液，或65%水分散粒剂或75%水分散粒剂4 000～5 000倍液均匀喷雾。

苹果树绣线菊蚜　在新梢上蚜虫数量较多时或嫩梢上蚜虫开始向幼果转移扩散时开始喷药，10～15天1次，连喷2次左右。吡蚜·螺虫酯喷施倍数同"桃树蚜虫"。

梨树梨木虱　在每代若虫发生初期或每代卵孵化盛期至初孵若虫被黏液完全覆盖前进行喷药，或在梨树落花后（第1代若虫）和落花后40天左右（第2代若虫）及以后每30天左右各喷药1次。连续喷药时注意与不同杀虫机理药剂交替使用。吡蚜·螺虫酯喷施倍数同"桃树蚜虫"。

柑橘树蚜虫、柑橘木虱　在每季新梢抽生初期（嫩梢长1厘米）或每季新梢上害虫发生为害初期开始喷药，10～15天1次，每季梢喷药1～2次。吡蚜·螺虫酯喷施倍数同"桃树蚜虫"。

注意事项　吡蚜·螺虫酯不能与碱性药剂及肥料混用。连续喷药时，注意与不同杀虫机理药剂交替使用。

吡蚜·噻虫胺

有效成分　吡蚜酮（pymetrozine）＋噻虫胺（clothianidin）。

主要含量与剂型　20%（10%＋10%）、30%（25%＋5%）悬浮剂，30%（25%＋5%）、50%（42%＋8%）、60%（35%＋25%；50%＋10%）水分散粒剂，50%（40%＋10%）可湿性粉剂。括号内有效成分含量均为吡蚜酮的含量加噻虫胺的含量。

产品特点　吡蚜·噻虫胺是一种由吡蚜酮（吡啶三嗪酮类）与噻虫胺（烟碱类）按一定比例混配的高效低毒复合杀虫剂，专用于防控刺吸式口器害虫，具有触杀和胃毒作用及较强的内吸传导活性，杀虫活性高，速效性好，持效期较长，使用安全。两种有效成分，既能诱使害虫产生口针阻塞效应而停止取食，又能刺激害虫神经使其持续兴奋、麻痹，作用互补，害虫不易产生抗药性。

适用作物防控对象及使用技术　吡蚜·噻虫胺适用于粮棉油烟茶、瓜果蔬菜、果树等多种作物，对飞虱、粉虱、木虱、蚜虫、叶蝉、盲椿象等刺吸式口器害虫均有较好的防控效果。

水稻稻飞虱　在稻飞虱发生为害初期或卵孵化盛期至低龄若虫盛发初期进行喷药，10天左右1次，连喷1～2次。一般每亩次使用20%悬浮剂50～70毫升，或30%悬浮剂30～40毫升，或30%水分散粒剂30～40克，或50%可湿性粉剂或50%水分散粒剂或

60%（35%＋25%）水分散粒剂 12～20 克，或 60%（50%＋10%）水分散粒剂 10～15 克，对水 45～60 千克均匀喷雾，重点喷洒植株中下部。

小麦蚜虫　在蚜虫发生为害初期开始喷药，10～15 天 1 次，连喷 1～2 次；或在小麦孕穗期至抽穗初期和齐穗期各喷药 1 次。一般每亩次使用 20%悬浮剂 40～50 毫升，或 30%悬浮剂 25～35 毫升，或 30%水分散粒剂 25～35 克，或 50%可湿性粉剂或 50%水分散粒剂或 60%（35%＋25%）水分散粒剂 10～15 克，或 60%（50%＋10%）水分散粒剂 8～10 克，对水 30～45 千克均匀喷雾。

棉花蚜虫　在蚜虫发生为害初期开始喷药，10～15 天 1 次，连喷 2～3 次。一般每亩次使用 20%悬浮剂 50～80 毫升，或 30%悬浮剂 30～50 毫升，或 30%水分散粒剂 30～50 克，或 50%可湿性粉剂或 50%水分散粒剂或 60%（35%＋25%）水分散粒剂 15～25 克，或 60%（50%＋10%）水分散粒剂 10～20 克，对水 30～60 千克均匀喷雾。

甘蓝、白菜、萝卜等十字花科蔬菜蚜虫　在蚜虫发生为害初期开始喷药，7～10 天 1 次，连喷 1～2 次，注意喷洒叶片背面。吡蚜·噻虫胺喷施剂量同"小麦蚜虫"。

黄瓜、番茄、辣椒、茄子、豇豆、芸豆等瓜果类及豆类蔬菜烟粉虱、白粉虱　在粉虱发生为害初期或卵孵化盛期至低龄若虫盛发初期开始喷药，7～10 天 1 次，连喷 2～3 次，重点喷洒叶片背面。一般每亩次使用 20%悬浮剂 60～100 毫升，或 30%悬浮剂 40～60 毫升，或 30%水分散粒剂 40～60 克，或 50%可湿性粉剂或 50%水分散粒剂或 60%（35%＋25%）水分散粒剂 25～40 克，或 60%（50%＋10%）水分散粒剂 15～25 克，对水 45～60 千克均匀喷雾。

苹果树绣线菊蚜　在蚜虫发生为害初盛期、或新梢上蚜虫数量较多时、或嫩梢上蚜虫开始向幼果上扩散转移时开始喷药，10～15 天 1 次，连喷 2 次左右。一般使用 20%悬浮剂 600～800 倍液，或 30%悬浮剂或 30%水分散粒剂 1 500～2 000 倍液，或 50%可湿性粉剂或 50%水分散粒剂或 60%（35%＋25%）水分散粒剂 2 500～3 000 倍液，或 60%（50%＋10%）水分散粒剂 3 000～4 000 倍液均匀喷雾。

桃树、杏树、李树蚜虫、桃小绿叶蝉　防控蚜虫时，先于花芽膨大后开花前喷药 1 次，然后从落花后开始继续喷药，10～15 天 1 次，连喷 2～4 次；防控桃小绿叶蝉时，在害虫发生为害初期或叶片正面初显黄白色褪绿小点时开始喷药，10～15 天 1 次，连喷 2～3 次。连续喷药时，注意与不同杀虫机理药剂交替使用。吡蚜·噻虫胺喷施倍数同"苹果树绣线菊蚜"。

葡萄绿盲蝽　在绿盲蝽发生为害初期或葡萄萌芽后至开花期的绿盲蝽发生为害初期开始喷药，10～15 天 1 次，连喷 2～3 次。吡蚜·噻虫胺喷施倍数同"苹果树绣线菊蚜"。

枣树绿盲蝽　在绿盲蝽发生为害初期或枣树萌芽后至开花坐果期的绿盲蝽发生为害初期开始喷药，10～15 天 1 次，连喷 2～3 次。吡蚜·噻虫胺喷施倍数同"苹果树绣线菊蚜"。

柑橘树蚜虫、柑橘木虱　在每季新梢抽生初期（嫩梢长 1 厘米）或每季新梢生长期内初见害虫发生时开始喷药，10～15 天 1 次，每季梢喷药 1～2 次。吡蚜·噻虫胺喷施倍数同"苹果树绣线菊蚜"。

茶树茶小绿叶蝉　在害虫发生为害初期或卵孵化盛期至低龄若虫盛发初期进行喷药。吡蚜·噻虫胺喷施倍数同"苹果树绣线菊蚜"。

注意事项 吡蚜·噻虫胺不能与碱性药剂及肥料混用。连续喷药时，注意与不同杀虫机理药剂交替使用。本剂对蜜蜂高毒，禁止在果树花期及蜜源植物花期使用。

吡蚜·异丙威

有效成分 吡蚜酮（pymetrozine）＋异丙威（isoprocarb）。

主要含量与剂型 30％（10％＋20％）、40％（5％＋35％）悬浮剂，30％（10％＋20％）、40％（8％＋32％）、45％（5％＋40％；15％＋30％）、50％（10％＋40％；15％＋35％）可湿性粉剂，50％（10％＋40％）、72％（18％＋54％）水分散粒剂。括号内有效成分含量均为吡蚜酮的含量加异丙威的含量。

产品特点 吡蚜·异丙威是一种由吡蚜酮（吡啶三嗪酮类）与异丙威（氨基甲酸酯类）按一定比例混配的高效低毒复合杀虫剂，专用于防控刺吸式口器害虫，以触杀作用为主，速效性好，击倒力强，使用安全。两种有效成分作用互补，协同增效，既能诱使害虫产生口针阻塞效应而停止取食，又能刺激害虫神经系统使其持续兴奋、麻痹，具有较好的速效性和较长的持效期。

适用作物防控对象及使用技术 吡蚜·异丙威主要应用于粮食作物，用于防控飞虱的发生为害。

水稻稻飞虱 在害虫发生为害初期或卵孵化盛期至低龄若虫盛发初期进行喷药，7～10天1次，连喷1～2次，注意喷洒植株中下部。一般每亩次使用30％悬浮剂或40％悬浮剂80～130毫升，或30％可湿性粉剂或40％可湿性粉剂80～130克，或45％可湿性粉剂60～90克，或50％可湿性粉剂或50％水分散粒剂50～80克，或72％水分散粒剂35～55克，对水45～60千克均匀喷雾。

小麦灰飞虱 主要防控灰飞虱的苗期为害，多从害虫发生为害初期开始喷药，7～10天1次，连喷1～2次。一般每亩次使用30％悬浮剂或40％悬浮剂70～100毫升，或30％可湿性粉剂或40％可湿性粉剂70～100克，或45％可湿性粉剂50～70克，或50％可湿性粉剂或50％水分散粒剂40～60克，或72％水分散粒剂30～40克，对水30～45千克均匀喷雾。

玉米灰飞虱 主要防控灰飞虱的苗期为害，多从害虫发生为害初期开始喷药，7～10天1次，连喷1～2次。吡蚜·异丙威喷施剂量同"小麦灰飞虱"。

注意事项 吡蚜·异丙威不能与碱性药剂及肥料混用。连续喷药时，注意与不同杀虫机理药剂交替使用。水稻上使用本剂前后10天内不能使用敌稗。本剂对薯类作物敏感，严禁在薯类作物上使用或使药液飘移到薯类作物上。

虫螨·茚虫威

有效成分 虫螨腈（chlorfenapyr）＋茚虫威（indoxacarb）。

主要含量与剂型 10％（5％＋5％；7.5％＋2.5％）、14％（10％＋4％）、24％（8％＋16％）、28％（20％＋8％）、30％（18％＋12％）、35％（25％＋10％）悬浮剂。括号内有效成分含量均为虫螨腈的含量加茚虫威的含量。

产品特点 虫螨·茚虫威是一种由虫螨腈（芳基吡咯类）与茚虫威（噁二嗪类）按一定比例混配的高效低毒复合杀虫剂，具有触杀、胃毒作用及一定的杀卵活性，速效性好，叶面渗透性强，耐雨水冲刷，持效期较长，使用安全，不仅能快速杀灭害虫，而且药效持续时间较长。两种不同杀虫作用机理，增效显著，既能干扰害虫呼吸系统的能量代谢，又能导致害虫神经系统紊乱、运动失调。

适用作物防控对象及使用技术 虫螨·茚虫威适用于瓜果蔬菜、粮棉油茶、果树等多种作物，主要用于防控鳞翅目害虫等。

甘蓝、大白菜、花椰菜、萝卜等十字花科蔬菜小菜蛾、菜青虫、甜菜夜蛾、斜纹夜蛾 在害虫发生为害初期或卵孵化盛期至低龄幼虫期进行喷药，7～10天1次，连喷1～2次，注意喷洒叶片背面。一般每亩次使用10%悬浮剂60～80毫升，或14%悬浮剂40～60毫升，或24%悬浮剂15～25毫升，或28%悬浮剂或30%悬浮剂25～35毫升，或35%悬浮剂20～30毫升，对水30～45千克均匀喷雾。

番茄、辣椒、茄子等茄果类蔬菜棉铃虫、烟青虫、斜纹夜蛾 在害虫发生为害初期、或卵孵化盛期至低龄幼虫期或低龄幼虫钻蛀为害前进行喷药，7～10天1次，每代喷药1～2次。一般每亩次使用10%悬浮剂70～100毫升，或14%悬浮剂50～75毫升，或24%悬浮剂20～30毫升，或28%悬浮剂或30%悬浮剂30～45毫升，或35%悬浮剂25～35毫升，对水45～60千克均匀喷雾。

水稻稻纵卷叶螟 在害虫发生为害初期（田间初见卷叶为害时）或卵孵化盛期至低龄幼虫卷叶为害前进行喷药，7天左右1次，每代喷药1～2次。虫螨·茚虫威喷施剂量同"甘蓝小菜蛾"。

棉花棉铃虫、造桥虫 防控棉铃虫时，在害虫发生为害初期或卵孵化盛期至低龄幼虫钻蛀蕾铃前进行喷药，7～10天1次，每代喷药1～2次；防控造桥虫时，在害虫发生为害初期或卵孵化盛期至低龄幼虫期进行喷药，每代喷药1次。虫螨·茚虫威喷施剂量同"番茄棉铃虫"。

苹果树、梨树、山楂树、桃树、枣树等落叶果树的卷叶蛾类及其他鳞翅目食叶害虫 防控卷叶蛾时，在果园内初见幼虫卷叶时进行喷药，7～10天1次，每代喷药1～2次；防控其他鳞翅目食叶害虫时，在害虫发生为害初期或卵孵化盛期至低龄幼虫期进行喷药，每代喷药1次。一般使用10%悬浮剂700～1 000倍液，或14%悬浮剂1 200～1 500倍液，或24%悬浮剂2 000～2 500倍液，或28%悬浮剂或30%悬浮剂2 000～3 000倍液，或35%悬浮剂2 500～3 500倍液均匀喷雾。

柑橘树潜叶蛾 在每季新梢抽生初期（嫩梢长1厘米）或每季新梢生长期内初见潜叶虫道时开始喷药，10～15天1次，每季梢喷药1～2次。虫螨·茚虫威喷施倍数同"苹果树卷叶蛾类"。

茶树茶小绿叶蝉、茶毛虫、茶尺蠖 防控茶小绿叶蝉时，在害虫发生为害初期或卵孵化盛期至低龄若虫盛发初期进行喷药；防控茶毛虫、茶尺蠖时，在害虫发生为害初期或卵孵化盛期至低龄幼虫期进行喷药。虫螨·茚虫威喷施倍数同"苹果树卷叶蛾类"。

注意事项 虫螨·茚虫威不能与碱性药剂及肥料混用。连续喷药时，注意与不同杀虫机理药剂交替使用。本剂对家蚕剧毒，蚕室附近和桑园内及其周边禁止使用。

哒螨·螺螨酯

有效成分 哒螨灵（pyridaben）＋螺螨酯（spirodiclofen）。

主要含量与剂型 25%（10%＋15%）、27%（9%＋18%）、30%（18%＋12%）、35%（20%＋15%）、36%（22.5%＋13.5%；24%＋12%）、40%（30%＋10%）、45%（20%＋25%；35%＋10%）悬浮剂。括号内有效成分含量均为哒螨灵的含量加螺螨酯的含量。

产品特点 哒螨·螺螨酯是一种由哒螨灵（哒嗪酮类）与螺螨酯（季酮酸类）按一定比例混配的高效低毒复合杀螨剂，具有触杀和胃毒作用，无内吸性，速效性较好，持效期较长。作用机理是通过抑制害螨脂肪合成，阻断其能量代谢，并抑制螨体的变态过程，从而对螨卵、幼螨、若螨、成螨都有很好的防控效果。

适用作物防控对象及使用技术 哒螨·螺螨酯适用于果树、瓜果蔬菜、粮棉油茶及观赏花卉等多种植物，对多种叶螨类均有很好的防控效果。

柑橘树红蜘蛛、黄蜘蛛　在害螨发生为害初盛期，或春、秋季平均每叶有螨3～5头，或夏季平均每叶有螨2～4头时进行喷药。一般使用25%悬浮剂2 500～3 000倍液，或27%悬浮剂3 000～3 500倍液，或30%悬浮剂2 000～2 500倍液，或35%悬浮剂2 800～3 200倍液，或36%悬浮剂2 000～3 000倍液，或40%悬浮剂3 000～4 000倍液，或45%悬浮剂4 000～5 000倍液均匀喷雾。

苹果树、梨树、山楂树、桃树红蜘蛛、白蜘蛛　在害螨发生为害初盛期或树冠下部内膛叶片上平均每叶有螨2～4头时进行喷药，1个月左右1次，连喷2～3次。哒螨·螺螨酯喷施倍数同"柑橘树红蜘蛛"。

草莓红蜘蛛、白蜘蛛　在害螨发生为害初盛期或螨卵孵化盛期至幼螨及低龄若螨盛发初期进行喷药。哒螨·螺螨酯喷施倍数同"柑橘树红蜘蛛"。

棉花红蜘蛛、白蜘蛛　在害螨发生为害初盛期或螨卵孵化盛期至幼螨及低龄若螨盛发初期、或田间出现为害中心株时进行喷药。哒螨·螺螨酯喷施倍数同"柑橘树红蜘蛛"。

番茄、辣椒、茄子等茄果类蔬菜红蜘蛛　在害螨发生为害初盛期或螨卵孵化盛期至幼螨及低龄若螨盛发初期进行喷药。哒螨·螺螨酯喷施倍数同"柑橘树红蜘蛛"。

注意事项 哒螨·螺螨酯不能与石硫合剂、波尔多液等强碱性药剂或肥料混用，也不建议与铜制剂混用，喷药应及时、均匀周到。连续喷药时，注意与不同杀螨机理药剂交替使用。

哒螨·乙螨唑

有效成分 哒螨灵（pyridaben）＋乙螨唑（etoxazole）。

主要含量与剂型 25%（20%＋5%）、30%（20%＋10%）、40%（30%＋10%）悬浮剂。括号内有效成分含量均为哒螨灵的含量加乙螨唑的含量。

产品特点 哒螨·乙螨唑是一种由哒螨灵（哒嗪酮类）与乙螨唑（二苯基噁唑衍生物类）按一定比例混配的高效低毒复合杀螨剂，以触杀作用为主，无内吸性，但有一定渗透性，耐雨水冲刷，作用迅速，持效期较长，对螨卵、幼螨、若螨、成螨都有很好的防控效果。两种有效成分作用互补，既能通过抑制害螨线粒体的电子传递而阻碍其能量形成，又能通过抑制害螨几丁质合成而影响螨态发育，杀螨效果更好。

适用作物防控对象及使用技术　哒螨·乙螨唑主要应用于果树、棉花及观赏植物，对多种害螨类均有很好的防控效果。

柑橘树红蜘蛛、黄蜘蛛　在害螨发生为害初盛期（幼螨及低龄若螨盛发初期），或春、秋季平均每叶有螨 3～5 头，或夏季平均每叶有螨 2～4 头时进行喷药。一般使用 25％悬浮剂 2 000～2 500 倍液，或 30％悬浮剂 3 500～4 000 倍液，或 40％悬浮剂 4 000～5 000 倍液均匀喷雾。

苹果树、梨树、山楂树、桃树红蜘蛛、白蜘蛛　在害螨发生为害初盛期或树冠下部内膛叶片上平均每叶有螨 2～4 头时进行喷药，1 个月左右 1 次，连喷 2 次左右。哒螨·乙螨唑喷施倍数同"柑橘树红蜘蛛"。

枣树红蜘蛛　在害螨发生为害初盛期或叶片正面初显黄白色褪绿小点时进行喷药，20～30 天 1 次，连喷 1～2 次。哒螨·乙螨唑喷施倍数同"柑橘树红蜘蛛"。

枸杞瘿螨　在瘿螨发生为害初期或嫩叶上初显瘿疹时进行喷药。哒螨·乙螨唑喷施倍数同"柑橘树红蜘蛛"。

棉花红蜘蛛、白蜘蛛　在害螨发生为害初盛期或螨卵孵化盛期至幼螨及低龄若螨盛发初期，或田间出现为害中心株时进行喷药。哒螨·乙螨唑喷施倍数同"柑橘树红蜘蛛"。

蔷薇科观赏花卉红蜘蛛　在害螨发生为害初盛期进行喷药。哒螨·乙螨唑喷施倍数同"柑橘树红蜘蛛"。

注意事项　哒螨·乙螨唑不能与石硫合剂、波尔多液等强碱性药剂或肥料混用，喷药应均匀周到。连续喷药时，注意与不同杀螨机理药剂交替使用。

多杀·甲维盐

有效成分　多杀霉素（spinosad）＋甲氨基阿维菌素苯甲酸盐（emamectin benzoate）。

主要含量与剂型　5％（4％＋1％）、7％（5％＋2％）、20％（16％＋4％）悬浮剂，10％（6％＋4％）水分散粒剂。括号内有效成分含量均为多杀霉素的含量加甲氨基阿维菌素苯甲酸盐的含量。

产品特点　多杀·甲维盐是一种由多杀霉素（农用抗生素类）与甲氨基阿维菌素苯甲酸盐（大环内酯类）按一定比例混配的高效低毒复合杀虫剂，具有触杀和胃毒作用及对叶片较强的渗透作用，速效性较好，杀虫活性高，持效期较长，可杀死表皮下害虫，使用安全。两种有效成分虽然均作用于害虫的运动神经系统，但一是持续激活昆虫乙酰胆碱烟碱型受体，一是通过激发 γ-氨基丁酸释放而活化氯化物通道，两者作用位点不同，具有协同增效作用。

适用作物防控对象及使用技术　多杀·甲维盐适用于瓜果蔬菜、粮棉油烟茶、果树等多种作物，对鳞翅目害虫及蓟马类等多种害虫均有很好的防控效果。

水稻二化螟、三化螟、稻纵卷叶螟　防控二化螟、三化螟时，在害虫发生为害初期或卵孵化盛期至低龄幼虫钻蛀前进行喷药，7天左右1次，每代喷药1～2次，重点喷洒植株中下部；防控稻纵卷叶螟时，在害虫发生为害初期（田间初见卷叶为害时）或卵孵化盛期至低龄幼虫卷叶前进行喷药，7～10天1次，每代喷药1～2次。一般每亩次使用5%悬浮剂60～100毫升，或7%悬浮剂50～80毫升，或20%悬浮剂15～25毫升，或10%水分散粒剂30～40克，对水30～60千克均匀喷雾。

甘蓝、白菜、花椰菜、萝卜等十字花科蔬菜小菜蛾、甜菜夜蛾、菜青虫、斜纹夜蛾在害虫发生为害初期或卵孵化盛期至低龄幼虫期进行喷药，7～10天1次，连喷1～2次，注意喷洒叶片背面。一般每亩次使用5%悬浮剂20～30毫升，或7%悬浮剂15～20毫升，或20%悬浮剂5～7.5毫升，或10%水分散粒剂10～15克，对水30～45千克均匀喷雾。

大葱、韭菜葱须鳞蛾、蓟马 防控葱须鳞蛾时，在害虫发生为害初期或田间初显为害状时开始喷药，7～10天1次，连喷1～2次；防控蓟马时，在害虫发生为害初期或叶片上初显黄白色褪绿小点时开始喷药，7～10天1次，连喷1～2次。多杀·甲维盐喷施剂量同"甘蓝小菜蛾"。

番茄、辣椒、茄子等茄果类蔬菜棉铃虫、烟青虫、斜纹夜蛾、蓟马 防控棉铃虫、烟青虫、斜纹夜蛾时，在害虫发生为害初期，或卵孵化盛期至低龄幼虫期，或低龄幼虫钻蛀前进行喷药，7～10天1次，每代喷药1～2次；防控蓟马时，在害虫发生为害初期开始喷药，10～15天1次，连喷2次左右。一般每亩次使用5%悬浮剂40～60毫升，或7%悬浮剂30～40毫升，或20%悬浮剂10～15毫升，或10%水分散粒剂20～30克，对水45～60千克均匀喷雾。

黄瓜、冬瓜、西瓜、甜瓜等瓜类蔬菜瓜绢螟、蓟马 防控瓜绢螟时，在害虫发生为害初期或卵孵化盛期至低龄幼虫期进行喷药，7～10天1次，每代喷药1～2次；防控蓟马时，在蓟马发生为害初期开始喷药，7～10天1次，连喷2次左右。多杀·甲维盐喷施剂量同"番茄棉铃虫"。

豇豆、芸豆等豆类蔬菜豆荚螟、蓟马 防控豆荚螟时，在害虫发生为害初期或卵盛期至初孵幼虫蛀荚前进行喷药，7天左右1次，每代喷药1～2次；防控蓟马时，在蓟马发生为害初期或初花期开始喷药，7～10天1次，连喷2～3次。多杀·甲维盐喷施剂量同"番茄棉铃虫"。

棉花棉铃虫 在害虫发生为害初期或卵孵化盛期至低龄幼虫钻蛀蕾铃前进行喷药，7～10天1次，每代喷药1～2次。多杀·甲维盐喷施剂量同"番茄棉铃虫"。

柑橘树潜叶蛾 在每季新梢抽生初期（嫩梢长1厘米）或每季新梢生长期内初见潜叶蛾为害虫道时进行喷药，10～15天1次，每季梢喷药1～2次。一般使用5%悬浮剂1 500～2 000倍液，或7%悬浮剂2 000～2 500倍液，或20%悬浮剂6 000～8 000倍液，或10%水分散粒剂4 000～6 000倍液均匀喷雾。

苹果树金纹细蛾 在每代害虫发生为害初期或初见新鲜虫斑时进行喷药，每代喷药1次；或在苹果落花后（第1代幼虫）和苹果落花后40天左右（第2代幼虫）及以后每30天左右各喷药1次，与不同杀虫机理药剂交替使用，连喷3～5次。多杀·甲维盐喷施倍数同"柑橘树潜叶蛾"。

苹果树、梨树、山楂树、桃树、枣树卷叶蛾类及其他鳞翅目食叶害虫 防控卷叶蛾时，在害虫发生为害初期或果园内初见幼虫卷叶时进行喷药，10天左右1次，每代喷药

1～2 次；防控其他鳞翅目食叶害虫时，在害虫发生为害初期或卵孵化盛期至低龄幼虫期进行喷药，每代多喷药 1 次。多杀·甲维盐喷施倍数同"柑橘树潜叶蛾"。

注意事项 多杀·甲维盐不能与强酸性及碱性药剂或肥料混用。连续喷药时，注意与不同杀虫机理药剂交替使用。本剂对家蚕高毒，桑园内及其周边和蚕室附近禁止使用。

氟啶·啶虫脒

有效成分 氟啶虫酰胺（flonicamid）＋啶虫脒（acetamiprid）。

主要含量与剂型 18%（10%＋8%）可分散油悬浮剂，35%（20%＋15%）、46%（34%＋12%）、50%（30%＋20%）水分散粒剂。括号内有效成分含量均为氟啶虫酰胺的含量加啶虫脒的含量。

产品特点 氟啶·啶虫脒是一种由氟啶虫酰胺（吡啶酰胺类）与啶虫脒（氯代烟碱类）按一定比例混配的高效低毒复合杀虫剂，专用于防控刺吸式口器害虫，具有触杀和胃毒作用，杀虫活性高，速效性较好，持效期较长，在植物体内具有良好的内吸传导性，使用安全。两种有效成分杀虫作用机理协同增效，既能通过阻碍害虫吮吸作用使其停止为害，又能作用于害虫中枢神经系统而使其异常兴奋、麻痹。

适用作物防控对象及使用技术 氟啶·啶虫脒适用于瓜果蔬菜、粮棉油烟茶、果树等多种作物，对多种刺吸式口器害虫等具有良好的防控效果。

甘蓝、白菜、花椰菜、萝卜等十字花科蔬菜蚜虫 在蚜虫发生为害初盛期进行喷药，注意喷洒叶片背面。一般每亩使用 18% 可分散油悬浮剂 15～20 毫升，或 35% 水分散粒剂 8～10 克，或 46% 水分散粒剂或 50% 水分散粒剂 7～8 克，对水 30～45 千克均匀喷雾。

黄瓜、西瓜、甜瓜、南瓜等瓜类蚜虫 在蚜虫发生为害初盛期进行喷药，重点喷洒幼嫩组织。一般每亩使用 18% 可分散油悬浮剂 20～25 毫升，或 35% 水分散粒剂 10～15 克，或 46% 水分散粒剂或 50% 水分散粒剂 7～10 克，对水 45～60 千克均匀喷雾。

棉花蚜虫 在蚜虫发生为害初盛期开始喷药，10 天左右 1 次，连喷 2 次左右。氟啶·啶虫脒喷施剂量同"黄瓜蚜虫"。

小麦蚜虫 在蚜虫发生为害初盛期开始喷药，10～15 天 1 次，连喷 2 次左右；或在小麦孕穗期至抽穗初期和齐穗期各喷药 1 次。一般每亩次使用 18% 可分散油悬浮剂 12～20 毫升，或 35% 水分散粒剂 7～12 克，或 46% 水分散粒剂或 50% 水分散粒剂 6～9 克，对水 30～45 千克均匀喷雾。

苹果树绣线菊蚜 在新梢上蚜虫数量较多时（发生为害初盛期）或嫩梢上蚜虫开始向幼果上转移扩散时开始喷药，10～15 天 1 次，连喷 2 次左右。一般使用 18% 可分散油悬浮剂 2 500～3 000 倍液，或 35% 水分散粒剂 5 000～6 000 倍液，或 46% 水分散粒剂或 50% 水分散粒剂 8 000～10 000 倍液均匀喷雾。

桃树、杏树、李树蚜虫 先于花芽膨大后开花前喷药 1 次，然后从落花后开始继续喷药，10～15 天 1 次，与不同类型药剂交替使用，连喷 2～4 次。氟啶·啶虫脒一般使用 18% 可分散油悬浮剂 2 000～2 500 倍液，或 35% 水分散粒剂 4 000～5 000 倍液，或 46% 水分散粒剂或 50% 水分散粒剂 7 000～8 000 倍液均匀喷雾。

梨树梨木虱、梨二叉蚜 防控梨木虱时，在各代初孵若虫发生初盛期或卵孵化盛期至初孵若虫被黏液完全覆盖前进行喷药，第 1、2 代每代喷药 1 次，第 3 代及以后各代因世代重叠每代喷药 1~2 次（间隔期 7~10 天）；防控梨二叉蚜时，在蚜虫发生为害初期或果园内初见受害叶片卷曲时开始喷药，10~15 天 1 次，连喷 1~2 次。氟啶·啶虫脒喷施倍数同"桃树蚜虫"。

柑橘树柑橘蚜虫、柑橘木虱　在每季新梢抽生初期（嫩梢长 1 厘米）或每季新梢生长期内初见害虫为害时开始喷药，10~15 天 1 次，每季梢喷药 1~2 次。氟啶·啶虫脒喷施倍数同"桃树蚜虫"。

注意事项　氟啶·啶虫脒不能与碱性药剂及肥料混用。连续喷药时，注意与不同杀虫机理药剂交替使用。

氟啶虫酰胺·联苯菊酯

有效成分　氟啶虫酰胺（flonicamid）＋联苯菊酯（bifenthrin）。

主要含量与剂型　15%（10%＋5%）、20%（10%＋10%）悬浮剂，25%（10%＋15%）水分散粒剂。括号内有效成分含量均为氟啶虫酰胺的含量加联苯菊酯的含量。

产品特点　氟啶虫酰胺·联苯菊酯是一种由氟啶虫酰胺（吡啶酰胺类）与联苯菊酯（拟除虫菊酯类）按一定比例混配的高效低毒复合杀虫剂，主要用于防控刺吸式口器害虫，具有触杀和胃毒作用，击倒力强，速效性较快，持效期较长，耐雨水冲刷，使用安全。两种有效成分杀虫作用互补，既能通过阻碍害虫吮吸作用而使其停止为害，又能使害虫神经功能紊乱而过度兴奋、麻痹，使害虫不易产生抗药性。

适用作物防控对象及使用技术　氟啶虫酰胺·联苯菊酯适用于瓜果蔬菜、粮棉油烟茶、果树等多种作物，对刺吸式口器害虫具有较好的防控效果。

桃树蚜虫　花芽膨大后开花前、落花后及落花后 10~15 天、落花后 30 天左右是桃树蚜虫的防控关键期，需各喷药 1 次，并注意不同杀虫机理药剂交替使用。氟啶虫酰胺·联苯菊酯一般使用 15%悬浮剂 2 000~2 500 倍液，或 20%悬浮剂 3 000~4 000 倍液，或 25%水分散粒剂 4 000~5 000 倍液均匀喷雾。

苹果树绣线菊蚜　在新梢上蚜虫数量较多时（蚜虫发生为害初盛期）或嫩梢上蚜虫开始向幼果上转移扩散时开始喷药，10~15 天 1 次，连喷 2~3 次。氟啶虫酰胺·联苯菊酯喷施倍数同"桃树蚜虫"。

梨树梨木虱　在各代初孵若虫发生初盛期或卵孵化盛期至初孵若虫被黏液完全覆盖前进行喷药，第 1、2 代每代喷药 1 次，第 3 代及以后各代因世代重叠每代喷药 1~2 次（间隔期 7~10 天）。氟啶虫酰胺·联苯菊酯喷施倍数同"桃树蚜虫"。

柑橘树柑橘木虱、柑橘蚜虫　在每季新梢抽生初期（嫩梢长 1 厘米）或每季新梢生长期内初见害虫为害时开始喷药，10~15 天 1 次，每季梢喷药 1~2 次。氟啶虫酰胺·联苯菊酯喷施倍数同"桃树蚜虫"。

小麦蚜虫　在蚜虫发生为害初盛期开始喷药，10~15 天 1 次，连喷 2 次左右；或在小麦孕穗期至抽穗初期和齐穗期各喷药 1 次。一般每亩次使用 15%悬浮剂 20~30 毫升，或 20%悬浮剂 15~20 毫升，或 25%水分散粒剂 10~15 克，对水 30~45 千克均匀喷雾。

茶树茶小绿叶蝉　在害虫发生为害初盛期或卵孵化盛期至低龄若虫盛发初期进行喷

药。一般每亩使用 15％悬浮剂 25～40 毫升，或 20％悬浮剂 15～25 毫升，或 25％水分散粒剂 12～18 克，对水 45～60 千克均匀喷雾。

注意事项 氟啶虫酰胺·联苯菊酯不能与强酸性及碱性药剂或肥料混用。连续喷药时，注意与不同杀虫机理药剂交替使用。

高氯·吡虫啉

有效成分 高效氯氰菊酯（beta-cypermethrin）＋吡虫啉（imidacloprid）。

主要含量与剂型 3％（1.5％＋1.5％）、5％（2.5％＋2.5％；3％＋2％；4％＋1％）、7.5％（5％＋2.5％）乳油，30％（10％＋20％）悬浮剂。括号内有效成分含量均为高效氯氰菊酯的含量加吡虫啉的含量。

产品特点 高氯·吡虫啉是一种由高效氯氰菊酯（拟除虫菊酯类）与吡虫啉（烟碱类）按一定比例混配的高效复合杀虫剂，低毒至中等毒性，以触杀和胃毒作用为主，兼有一定的内吸性，速效性较好，耐雨水冲刷，使用安全，主要用于防控刺吸式口器害虫。两种杀虫机理虽均作用于害虫神经系统，使其过度兴奋麻痹而死亡，但作用位点不同，一是钠离子通道、一是烟酸乙酰胆碱酯酶受体，两者优势互补、协同增效，能显著延缓害虫产生抗药性。

适用作物防控对象及使用技术 高氯·吡虫啉适用于果树、瓜果蔬菜、粮棉油烟茶等多种作物，主要用于防控刺吸式口器害虫。

甘蓝、白菜、花椰菜、萝卜等十字花科蔬菜蚜虫 在蚜虫发生为害初盛期开始喷药，7～10 天 1 次，连喷 1～2 次，注意喷洒叶片背面。一般每亩次使用 3％乳油 100～150 毫升，或 5％乳油 60～80 毫升，或 7.5％乳油 30～40 毫升，或 30％悬浮剂 15～20 毫升，对水 30～45 千克均匀喷雾。

小麦蚜虫 在蚜虫发生为害初盛期开始喷药，10～15 天 1 次，连喷 2 次左右；或在小麦孕穗期至抽穗初期和齐穗期各喷药 1 次。一般每亩次使用 3％乳油 80～120 毫升，或 5％乳油 50～70 毫升，或 7.5％乳油 25～35 毫升，或 30％悬浮剂 10～15 毫升，对水 30～45 千克均匀喷雾。

大豆蚜虫 在蚜虫发生为害初盛期开始喷药，10～15 天 1 次，连喷 1～2 次。高氯·吡虫啉喷施剂量同"小麦蚜虫"。

苹果树绣线菊蚜 在新梢上蚜虫数量较多时（蚜虫发生为害初盛期）或嫩梢上蚜虫开始向幼果上转移扩散时进行喷药，10～15 天 1 次，连喷 2 次左右。一般使用 3％乳油 500～700 倍液，或 5％乳油 1 000～1 500 倍液，或 7.5％乳油 1 800～2 000 倍液，或 30％悬浮剂 3 000～4 000 倍液均匀喷雾。

梨树梨木虱、梨二叉蚜 防控梨木虱成虫时，在花芽膨大期的晴朗无风天和各代成虫发生期进行喷药，每代喷药 1～2 次；防控梨木虱若虫时，在各代卵孵化盛期至低龄若虫盛发初期（虫体被黏液完全覆盖前）进行喷药，每代喷药 1～2 次。防控梨二叉蚜时，在嫩叶上初显蚜虫为害状（叶片上卷）时进行喷药，10 天左右 1 次，连喷 1～2 次。高氯·吡虫啉喷施倍数同"苹果树绣线菊蚜"。

桃树、杏树、李树蚜虫、桃小绿叶蝉 防控蚜虫时，先于花芽膨大后开花前喷药

1 次，然后从落花后开始继续喷药，10～15 天 1 次，连喷 2～3 次；防控桃小绿叶蝉时，在叶片正面初显黄白色褪绿小点时开始喷药，10～15 天 1 次，连喷 2 次左右，重点喷洒叶片背面。高氯·吡虫啉喷施倍数同"苹果树绣线菊蚜"。

葡萄绿盲蝽　在葡萄萌芽后至开花期的绿盲蝽发生为害初期开始喷药，10～15 天 1 次，连喷 2～4 次。高氯·吡虫啉喷施倍数同"苹果树绣线菊蚜"。

枣树绿盲蝽　在枣树萌芽后至开花期的绿盲蝽发生为害初期开始喷药，10～15 天 1 次，连喷 2～4 次。高氯·吡虫啉喷施倍数同"苹果树绣线菊蚜"。

柿树柿血斑叶蝉　从害虫发生为害初期或叶片正面初显黄白色褪绿小点时开始喷药，10～15 天 1 次，连喷 1～2 次，重点喷洒叶片背面。高氯·吡虫啉喷施倍数同"苹果树绣线菊蚜"。

石榴、花椒、枸杞蚜虫　在蚜虫发生为害初盛期，或嫩梢上（或花蕾上）蚜虫数量较多时，或蚜虫数量增多较快时开始喷药，10～15 天 1 次，连喷 2 次左右。高氯·吡虫啉喷施倍数同"苹果树绣线菊蚜"。

枸杞木虱　从木虱发生为害初期开始喷药，10～15 天 1 次，连喷 2 次左右。高氯·吡虫啉喷施倍数同"苹果树绣线菊蚜"。

观赏菊花蚜虫　在蚜虫发生为害初盛期开始喷药，10～15 天 1 次，连喷 1～2 次。一般每亩次使用 3%乳油 80～120 毫升，或 5%乳油 50～70 毫升，或 7.5%乳油 25～35 毫升，或 30%悬浮剂 12～15 毫升，对水 30～45 千克均匀喷雾。

注意事项　高氯·吡虫啉不能与碱性药剂及肥料混用，喷药应均匀周到。连续喷药时，注意与不同杀虫机理药剂交替使用。本剂对蜜蜂高毒，果树开花期及蜜源植物花期禁止使用。

高氯·啶虫脒

有效成分　高效氯氰菊酯（beta - cypermethrin）＋啶虫脒（acetamiprid）。

主要含量与剂型　5%（3%＋2%；3.5%＋1.5%）、10.5%（3.5%＋7%）乳油，5%（2%＋3%）、7.5%（5%＋2.5%）微乳剂，5%（2%＋3%）可湿性粉剂。括号内有效成分含量均为高效氯氰菊酯的含量加啶虫脒的含量。

产品特点　高氯·啶虫脒是一种由高效氯氰菊酯（拟除虫菊酯类）与啶虫脒（氯代烟碱类）按一定比例混配的高效低毒复合杀虫剂，主要用于防控刺吸式口器害虫，具有触杀、胃毒作用和较强的渗透作用，杀虫活性高，速效性较好，持效期较长，使用安全。两种有效成分虽然均作用于害虫中枢神经系统，但作用位点不同，分别为钠离子通道和神经突触部位，两者互补，杀虫效果更好。

适用作物防控对象及使用技术　高氯·啶虫脒适应于瓜果蔬菜、粮棉油烟茶、果树等多种作物，主要用于防控刺吸式口器害虫。

甘蓝、白菜、萝卜等十字花科蔬菜蚜虫　在蚜虫发生为害初盛期开始喷药，7～10 天 1 次，连喷 1～2 次，注意喷洒叶片背面。一般每亩次使用 5%乳油 60～80 毫升，或 5%微乳剂或 7.5%微乳剂 40～60 毫升，或 10.5%乳油 20～30 毫升，或 5%可湿性粉剂 40～60 克，对水 30～45 千克均匀喷雾。

番茄、辣椒、茄子蚜虫、烟粉虱　在害虫发生为害初盛期或粉虱卵孵化盛期至初孵若虫盛发初期开始喷药，7~10 天 1 次，连喷 2~3 次，重点喷洒幼嫩组织及叶片背面。一般每亩次使用 5% 乳油 70~100 毫升，或 5% 微乳剂或 7.5% 微乳剂 50~70 毫升，或 10.5% 乳油 25~35 毫升，或 5% 可湿性粉剂 50~70 克，对水 45~60 千克均匀喷雾。

豇豆、芸豆蚜虫、烟粉虱　在害虫发生为害初盛期或粉虱卵孵化盛期至初孵若虫盛发初期开始喷药，7~10 天 1 次，连喷 2~3 次，重点喷洒幼嫩组织及叶片背面。高氯·啶虫脒喷施剂量同"番茄蚜虫"。

柑橘树蚜虫、柑橘木虱、矢尖蚧　防控蚜虫、木虱时，在每季新梢抽生初期（嫩梢长 1 厘米）或每季新梢生长期内初见害虫发生为害时开始喷药，10~15 天 1 次，每季梢喷药 1~2 次；防控矢尖蚧时，在初孵若虫盛发初期或初孵若虫从母体介壳下爬出向周边转移扩散时进行喷药，7~10 天 1 次，每代喷药 1~2 次。一般使用 5% 乳油 800~1 000 倍液，或 5% 微乳剂或 7.5% 微乳剂或 5% 可湿性粉剂 1 000~1 500 倍液，或 10.5% 乳油 2 000~3 000 倍液均匀喷雾。

苹果树绣线菊蚜　在蚜虫发生为害初盛期，或新梢上蚜虫数量较多时，或嫩梢上蚜虫开始向幼果上转移扩散时开始喷药，10~15 天 1 次，与不同类型药剂交替使用，连喷 2~3 次。一般使用 5% 乳油 1 000~1 200 倍液，或 5% 微乳剂或 7.5% 微乳剂或 5% 可湿性粉剂 1 500~2 000 倍液，或 10.5% 乳油 3 000~4 000 倍液均匀喷雾。

桃树蚜虫　先于花芽膨大露红后开花前喷药 1 次，然后从落花后开始继续喷药，10~15 天 1 次，与不同类型药剂交替使用，连喷 2~4 次。高氯·啶虫脒喷施倍数同"苹果树绣线菊蚜"。

小麦蚜虫　在蚜虫发生为害初盛期开始喷药，10~15 天 1 次，连喷 2 次左右；或在小麦孕穗期至抽穗初期和齐穗期各喷药 1 次。一般每亩次使用 5% 乳油 40~60 毫升，或 5% 微乳剂或 7.5% 微乳剂 30~50 毫升，或 10.5% 乳油 15~25 毫升，或 5% 可湿性粉剂 30~50 克，对水 30~45 千克均匀喷雾。

棉花蚜虫　在蚜虫发生为害初盛期开始喷药，10~15 天 1 次，与不同类型药剂交替使用，连喷 2~4 次。一般每亩次使用 5% 乳油 70~100 毫升，或 5% 微乳剂或 7.5% 微乳剂 50~70 毫升，或 10.5% 乳油 25~35 毫升，或 5% 可湿性粉剂 50~70 克，对水 30~60 千克均匀喷雾。

烟草蚜虫　在蚜虫发生为害初盛期开始喷药，10~15 天 1 次，连喷 2~3 次。高氯·啶虫脒喷施剂量同"棉花蚜虫"。

注意事项　高氯·啶虫脒不能与强酸性及碱性药剂或肥料混用。连续喷药时，注意与不同杀虫机理药剂交替使用。

高氯·氟铃脲

有效成分　高效氯氰菊酯（beta - cypermethrin）＋氟铃脲（hexaflumuron）。

主要含量与剂型　5%（3%＋2%；3.8%＋1.2%）、5.7%（3.8%＋1.9%）乳油。括号内有效成分含量均为高效氯氰菊酯的含量加氟铃脲的含量。

产品特点　高氯·氟铃脲是一种由高效氯氰菊酯（拟除虫菊酯类）与氟铃脲（苯甲酰

脲类）按一定比例混配的高效低毒复合杀虫剂，专用于防控鳞翅目害虫，具有触杀和胃毒作用及一定的杀卵活性，击倒速度快，持效期较长，使用安全。两种有效成分增效显著，既能作用于害虫神经系统使其过度兴奋、麻痹，又能通过抑制几丁质合成而影响害虫蜕皮、变态。

适用作物防控对象及使用技术　高氯·氟铃脲适用于瓜果蔬菜、粮棉油烟茶、果树等多种作物，主要用于防控鳞翅目害虫。

甘蓝、白菜、花椰菜、萝卜等十字花科蔬菜甜菜夜蛾、斜纹夜蛾、小菜蛾、菜青虫　在害虫发生为害初期或卵孵化盛期至低龄幼虫期进行喷药，7～10 天 1 次，每代喷药 1～2 次，注意喷洒叶片背面。一般每亩次使用 5％乳油 80～120 毫升或 5.7％乳油 70～100 毫升，对水 30～45 千克均匀喷雾。

番茄、辣椒、茄子棉铃虫、烟青虫、斜纹夜蛾　在害虫发生为害初期，或卵孵化盛期至低龄幼虫期，或低龄幼虫钻蛀前进行喷药，7～10 天 1 次，每代喷药 1～2 次。一般每亩次使用 5％乳油 120～180 毫升或 5.7％乳油 100～150 毫升，对水 45～60 千克均匀喷雾。

棉花棉铃虫、造桥虫　防控棉铃虫时，在害虫发生为害初期或卵孵化盛期至低龄幼虫钻蛀蕾铃前进行喷药，7～10 天 1 次，每代喷药 1～2 次；防控造桥虫时，在害虫发生为害初期或卵孵化盛期至低龄幼虫期进行喷药，每代喷药 1 次。高氯·氟铃脲喷施剂量同"番茄棉铃虫"。

苹果树、梨树、桃树、枣树的卷叶蛾类及其他鳞翅目食叶害虫　防控卷叶蛾时，在果园内初见幼虫卷叶时进行喷药，10～15 天 1 次，每代喷药 1～2 次；防控其他鳞翅目食叶害虫时，在害虫发生为害初期或卵孵化盛期至低龄幼虫期进行喷药，每代喷药 1 次。一般使用 5％乳油 800～1 000 倍液或 5.7％乳油 1 000～1 500 倍液均匀喷雾。

注意事项　高氯·氟铃脲不能与碱性药剂及肥料混用。连续喷药时，注意与不同杀虫机理药剂交替使用。本剂对家蚕剧毒，严禁在桑园内及其周边和蚕室附近使用。

高氯·甲维盐

有效成分　高效氯氰菊酯（beta – cypermethrin）＋甲氨基阿维菌素苯甲酸盐（emamectin benzoate）。

主要含量与剂型　2％（1.8％＋0.2％；1.9％＋0.1％）、3％（2.5％＋0.5％）、3.8％（3.7％＋0.1％）、4.2％（4％＋0.2％）乳油，3％（2.7％＋0.3％；2.5％＋0.5％）、3.2％（3％＋0.2％）、4％（3.7％＋0.3％）、4.2％（4％＋0.2％）、5％（4％＋1％；4.5％＋0.5％；4.8％＋0.2％）微乳剂，4.2％（4％＋0.2％）水乳剂。括号内有效成分含量均为高效氯氰菊酯的含量加甲氨基阿维菌素苯甲酸盐的含量。

产品特点　高氯·甲维盐是一种由高效氯氰菊酯（拟除虫菊酯类）与甲氨基阿维菌素苯甲酸盐（大环内酯类）按一定比例混配的高效广谱复合杀虫剂，低毒至中等毒性，以触杀和胃毒作用为主，渗透性较强，击倒速度较快，持效期较长，耐雨水冲刷，使用安全。两种有效成分虽然均作用于害虫神经系统使其过度兴奋、麻痹，但作用位点不同，分别为钠离子通道和刺激释放 γ-氨基丁酸，两者优势互补、协同增效，杀虫更彻底，药效更持久，并能显著延缓害虫产生抗药性。

适用作物防控对象及使用技术 高氯·甲维盐适用于瓜果蔬菜、粮棉油烟茶、果树等多种作物，对鳞翅目害虫等多种害虫均有较好的防控效果。

甘蓝、白菜、花椰菜、萝卜等十字花科蔬菜小菜蛾、菜青虫、甜菜夜蛾、斜纹夜蛾、甘蓝夜蛾、黄条跳甲 防控鳞翅目害虫时，在害虫发生为害初期或卵孵化盛期至低龄幼虫盛发初期开始喷药，7天左右1次，连喷2次左右，注意喷洒叶片背面；防控黄条跳甲时，在害虫发生为害初期开始喷药，7天左右1次，连喷2次左右。一般每亩次使用2%乳油120～150毫升，或3%乳油或3%微乳剂或3.2%微乳剂85～100毫升，或3.8%乳油70～80毫升，或4%微乳剂或4.2%乳油或4.2%水乳剂60～70毫升，或5%微乳剂50～60毫升，对水30～45千克均匀喷雾。

番茄、辣椒、茄子等茄果类蔬菜棉铃虫、斜纹夜蛾 在害虫发生为害初期或卵孵化盛期至低龄幼虫钻蛀为害前进行喷药，7天左右1次，连喷2次左右。一般每亩次使用2%乳油150～200毫升，或3%乳油或3%微乳剂或3.2%微乳剂100～140毫升，或3.8%乳油80～110毫升，或4%微乳剂或4.2%乳油或4.2%水乳剂75～100毫升，或5%微乳剂60～80毫升，对水45～60千克均匀喷雾。

棉花棉铃虫 在棉铃虫发生为害初期或卵孵化盛期至低龄幼虫钻蛀蕾铃前进行喷药，5～7天1次，每代喷药1～2次。高氯·甲维盐喷施剂量同"番茄棉铃虫"。

烟草烟青虫、斜纹夜蛾 在害虫发生为害初期或卵孵化盛期至低龄幼虫盛发初期开始喷药，7天左右1次，连喷2次左右。一般每亩次使用2%乳油90～120毫升，或3%乳油或3%微乳剂或3.2%微乳剂60～80毫升，或3.8%乳油50～65毫升，或4%微乳剂或4.2%乳油或4.2%水乳剂40～60毫升，或5%微乳剂35～50毫升，对水45～60千克均匀喷雾。

苹果、梨、桃、枣等果实的桃小食心虫、梨小食心虫、桃蛀螟等食心虫类 根据虫情测报，在食心虫卵盛期至初孵幼虫钻蛀前及时进行喷药，5～7天1次，每代喷药1～2次。一般使用2%乳油600～800倍液，或3%乳油或3%微乳剂或3.2%微乳剂1 000～1 200倍液，或3.8%乳油1 200～1 500倍液，或4%微乳剂或4.2%乳油或4.2%水乳剂1 500～1 800倍液，或5%微乳剂2 000～2 500倍液均匀喷雾。

苹果树、梨树、桃树、枣树等落叶果树的卷叶蛾类及其他鳞翅目食叶害虫 防控卷叶蛾时，在害虫发生为害初期（果园内初见卷叶为害时）或害虫卵孵化盛期至卷叶为害前进行喷药，7～10天1次，每代喷药1～2次；防控其他鳞翅目食叶害虫时，在害虫发生为害初期或卵孵化盛期至低龄幼虫期进行喷药，每代喷药1次。高氯·甲维盐喷施倍数同"苹果桃小食心虫"。

苹果棉铃虫、斜纹夜蛾 在害虫发生为害初期（果园内初见低龄幼虫蛀果为害时）或卵孵化盛期至低龄幼虫蛀果为害前进行喷药，7～10天1次，每代喷药1～2次。高氯·甲维盐喷施倍数同"苹果桃小食心虫"。

桃树桃潜叶蛾 在害虫发生为害初期或叶片上初见害虫潜叶虫道时开始喷药，约1个月左右1次，与不同类型药剂交替使用，连喷3～5次。高氯·甲维盐喷施倍数同"苹果桃小食心虫"。

核桃树核桃缀叶螟、核桃细蛾、核桃举肢蛾 防控缀叶螟时，在害虫卵孵化盛期至低龄幼虫期或树上初见缀叶为害时进行喷药，每代喷药 1 次；防控核桃细蛾时，在害虫发生为害初期或卵孵化盛期至低龄幼虫期进行喷药，每代喷药 1 次；防控举肢蛾时，在害虫卵盛期至初孵幼虫蛀果前进行喷药，5～7 天 1 次，每代喷药 1～2 次。高氯·甲维盐喷施倍数同"苹果桃小食心虫"。

柑橘树潜叶蛾　在每季新梢抽生初期或每季新梢生长期内初见嫩叶受害时开始喷药，7～10 天 1 次，每季梢喷药 1～2 次。高氯·甲维盐喷施倍数同"苹果桃小食心虫"。

注意事项　高氯·甲维盐不能与碱性药剂及肥料混用，且喷药应均匀周到。连续喷药时，注意与不同杀虫机理药剂交替使用。果树开花期禁止使用，养蜂场所、蚕室周边和桑园内及其附近禁止使用。本剂生产企业较多，各企业间产品配方比例及含量差异较大，具体选用时应以其标签说明为准。

高氯·马

有效成分　高效氯氰菊酯（beta-cypermethrin）＋马拉硫磷（malathion）。

主要含量与剂型　20%（1.5%＋18.5%；2%＋18%）、25%（1%＋24%；3%＋22%）、30%（1%＋29%；1.5%＋28.5%；2%＋28%；2.5%＋27.5%）、37%（0.8%＋36.2%；1%＋36%；2%＋35%）乳油。括号内有效成分含量均为高效氯氰菊酯的含量加马拉硫磷的含量。

产品特点　高氯·马是一种由高效氯氰菊酯（拟除虫菊酯类）与马拉硫磷（有机磷类）按一定比例混配的广谱复合杀虫剂，低毒至中等毒性，以触杀和胃毒作用为主，无内吸和熏蒸作用，击倒力强，作用迅速，持效期较长。两种有效成分虽然均作用于害虫的神经系统，使其过度兴奋、麻痹而死亡，但作用位点不同，分别为钠离子通道和乙酰胆碱酯酶，两者作用互补，杀虫活性更高，并能延缓害虫产生抗药性。

适用作物防控对象及使用技术　高氯·马适用于蔬菜、果树及粮棉油烟茶等多种作物，对多种鳞翅目、鞘翅目及刺吸式口器害虫均有较好的防控效果。

甘蓝、白菜、萝卜等十字花科蔬菜小菜蛾、菜青虫、甜菜夜蛾、蚜虫、黄条跳甲　防控鳞翅目害虫时，在害虫发生为害初期或卵孵化盛期至低龄幼虫盛发初期开始喷药，7 天左右 1 次，连喷 1～2 次；防控蚜虫时，在蚜虫发生为害初盛期开始喷药，7～10 天 1 次，连喷 1～2 次；防控黄条跳甲时，在害虫发生为害初期开始喷药，7 天左右 1 次，连喷 1～2 次。一般每亩次使用 20%乳油 100～150 毫升，或 25%乳油 80～120 毫升，或 30%乳油 70～100 毫升，或 37%乳油 60～80 毫升，对水 30～45 千克均匀喷雾，注意喷洒叶片背面。

菠菜蚜虫　从蚜虫发生为害初盛期开始喷药，7～10 天 1 次，连喷 1～2 次。一般每亩次使用 20%乳油 80～120 毫升，或 25%乳油 70～100 毫升，或 30%乳油 60～80 毫升，或 37%乳油 45～60 毫升，对水 30～45 千克均匀喷雾。

小麦蚜虫　在蚜虫发生为害初盛期开始喷药，10～15 天 1 次，连喷 2 次左右；或在小麦孕穗期至抽穗初期和齐穗期各喷药 1 次。高氯·马喷施剂量同"菠菜蚜虫"。

棉花棉铃虫、蚜虫　防控棉铃虫时，在害虫发生为害初期或卵盛期至低龄幼虫钻蛀蕾铃前进行喷药，7 天左右 1 次，每代喷药 1～2 次；防控蚜虫时，在蚜虫发生为害初盛期开始喷药，7～10 天 1 次，连喷 2～3 次。一般每亩次使用 20％乳油 180～220 毫升，或 25％乳油 150～180 毫升，或 30％乳油 120～150 毫升，或 37％乳油 100～120 毫升，对水 30～60 千克均匀喷雾。

苹果、梨、桃等果实的茶翅蝽、麻皮蝽　多从小麦蜡黄期（麦穗变黄后）开始在果园内喷药或从果园内椿象发生初期开始喷药，7～10 天 1 次，连喷 2～3 次；较大果园也可重点喷洒果园周边的几行树，阻止椿象进入园内。一般使用 20％乳油 600～800 倍液，或 25％乳油 800～1 000 倍液，或 30％乳油 1 000～1 200 倍液，或 37％乳油 1 200～1 500 倍液均匀喷雾。

苹果、梨、桃等果实的桃小食心虫、梨小食心虫　根据虫情测报，在食心虫卵盛期至初孵幼虫蛀果前进行喷药，7 天左右 1 次，每代喷药 1～2 次。高氯·马喷施倍数同"苹果茶翅蝽"。

苹果树绣线菊蚜　在新梢上蚜虫数量较多时或嫩梢上蚜虫开始向幼果上转移扩散时开始喷药，7～10 天 1 次，连喷 2～3 次。高氯·马喷施倍数同"苹果茶翅蝽"。

枣树、葡萄绿盲蝽　多从萌芽期或萌芽后至开花坐果期绿盲蝽发生为害初期开始喷药，7～10 天 1 次，连喷 2～3 次。高氯·马喷施倍数同"苹果茶翅蝽"。

石榴、花椒、枸杞蚜虫　从蚜虫发生为害初盛期或嫩梢上或花蕾上蚜虫数量较多时（或数量增多较快时）开始喷药，7～10 天 1 次，连喷 2～3 次。高氯·马喷施倍数同"苹果茶翅蝽"。

柑橘树蚜虫　在每季新梢上的蚜虫发生为害初盛期开始喷药，7～10 天 1 次，每季梢喷药 1～2 次。一般使用 20％乳油 800～1 000 倍液，或 25％乳油 1 000～1 200 倍液，或 30％乳油 1 200～1 500 倍液，或 37％乳油 1 500～2 000 倍液均匀喷雾。

茶树茶毛虫、茶小绿叶蝉　在害虫发生为害初期进行喷药。一般每亩次使用 20％乳油 80～100 毫升，或 25％乳油 70～80 毫升，或 30％乳油 60～70 毫升，或 37％乳油 50～60 毫升，对水 45～60 千克均匀喷雾。

草地、滩涂的蝗虫　在蝗虫发生为害初盛期或蝗蝻发生初盛期进行喷药。一般每亩次使用 20％乳油 120～150 毫升，或 25％乳油 90～120 毫升，或 30％乳油 75～100 毫升，或 37％乳油 60～80 毫升，对水 30～45 千克均匀喷雾。

注意事项　高氯·马不能与碱性药剂及肥料混用，且喷药应均匀周到。连续喷药时，注意与不同杀虫机理药剂交替使用。本剂对蜜蜂、家蚕高毒，果树开花期禁止使用，蜜源植物、蚕室周边和桑园内及其附近禁止使用。苹果、梨、桃、葡萄的有些品种可能会对马拉硫磷较敏感，具体用药时需要慎重。

甲维·虫螨腈

有效成分　甲氨基阿维菌素苯甲酸盐（emamectin benzoate）＋虫螨腈（chlorfenapyr）。

主要含量与剂型　10％（0.5％＋9.5％）、12％（2％＋10％）、21％（2％＋19％）悬浮剂，6％（1％＋5％）微乳剂，10％（0.5％＋9.5％）可湿性粉剂。括号内有效成分含量均为甲氨基阿维菌素苯甲酸盐的含量加虫螨腈的含量。

产品特点 甲维·虫螨腈是一种由甲氨基阿维菌素苯甲酸盐（大环内酯类）与虫螨腈（芳基吡咯类）按一定比例混配的高效低毒复合杀虫剂，以胃毒和触杀作用为主，使用安全，持效期较长，对鳞翅目害虫具有较好的防控效果。两种有效成分杀虫机理互补，既能通过激发 γ-氨基丁酸释放而影响害虫神经系统，又能作用于害虫线粒体而干扰其能量代谢，增效作用显著，杀虫更彻底，害虫不易产生抗药性。

适用作物防控对象及使用技术 甲维·虫螨腈适用于蔬菜、果树、粮棉油烟茶等多种作物，主要用于防控鳞翅目害虫及茶小绿叶蝉等。

甘蓝、小白菜、萝卜等十字花科蔬菜小菜蛾、甜菜夜蛾、斜纹夜蛾、菜青虫　在害虫发生为害初期或卵孵化盛期至低龄幼虫期进行喷药，7～10 天 1 次，连喷 1～2 次。一般每亩次使用 6％微乳剂 80～100 毫升，或 10％悬浮剂 60～80 毫升，或 12％悬浮剂 40～50 毫升，或 21％悬浮剂 25～30 毫升，或 10％可湿性粉剂 50～70 克，对水 30～45 千克均匀喷雾，注意喷洒叶片背面。

棉花棉铃虫　在棉铃虫发生为害初期或卵孵化盛期至低龄幼虫钻蛀蕾铃前进行喷药，7 天左右 1 次，连喷 1～2 次。一般每亩次使用 6％微乳剂 100～150 毫升，或 10％悬浮剂 80～100 毫升，或 12％悬浮剂 50～70 毫升，或 21％悬浮剂 30～40 毫升，或 10％可湿性粉剂 80～100 克，对水 45～60 千克均匀喷雾。

苹果树金纹细蛾　在每代幼虫发生为害初期或每代幼虫发生期内树上初见新鲜虫斑时进行喷药，第 1、2 代每代喷药 1 次，第 3 代及以后各代因世代重叠每代需喷药 1～2 次（间隔期 7～10 天）。一般使用 6％微乳剂 1 000～1 200 倍液，或 10％悬浮剂或 10％可湿性粉剂 1 000～1 500 倍液，或 12％悬浮剂 2 000～2 500 倍液，或 21％悬浮剂 2 500～3 000 倍液均匀喷雾。

苹果树、山楂树的卷叶蛾类及其他鳞翅目食叶害虫　防控卷叶蛾时，在果园内初见害虫卷叶时进行喷药，每代喷药 1～2 次，间隔期 7～10 天；防控其他鳞翅目食叶害虫时，在害虫发生为害初期或卵孵化盛期至低龄幼虫盛发初期进行喷药，每代喷药 1 次。甲维·虫螨腈喷施倍数同"苹果树金纹细蛾"。

柑橘树潜叶蛾　在每季新梢抽生初期（嫩梢长 1 厘米）或每季新梢生长期内初见潜叶蛾虫道时开始喷药，10～15 天 1 次，每季梢喷药 1～2 次。甲维·虫螨腈喷施倍数同"苹果树金纹细蛾"。

茶树茶毛虫、茶小绿叶蝉　在害虫发生为害初期至初盛期进行喷药。一般每亩次使用 6％微乳剂 80～100 毫升，或 10％悬浮剂 60～80 毫升，或 12％悬浮剂 40～50 毫升，或 21％悬浮剂 25～30 毫升，或 10％可湿性粉剂 60～80 克，对水 45～60 千克均匀喷雾。

注意事项 甲维·虫螨腈不能与碱性药剂及肥料混用，且喷药应均匀周到。连续喷药时，注意与不同杀虫机理药剂交替使用。本剂对家蚕高毒，桑园内、养蚕场所及其周边禁止使用。

甲维·虫酰肼

有效成分 甲氨基阿维菌素苯甲酸盐（emamectin benzoate）＋虫酰肼（tebufenozide）。

主要含量与剂型 20％（1％＋19％）、25％（1％＋24％）悬浮剂，8.2％（0.2％＋

8%)、10.5%（0.5%＋10%）乳油。括号内有效成分含量均为甲氨基阿维菌素苯甲酸盐的含量加虫酰肼的含量。

产品特点 甲维·虫酰肼是一种由甲氨基阿维菌素苯甲酸盐（大环内酯类）与虫酰肼（双酰肼类）按一定比例混配的高效低毒复合杀虫剂，以胃毒作用为主，兼有触杀活性，能有效渗入植物表皮组织，耐雨水冲刷，持效期较长，残留低，使用安全，对鳞翅目害虫具有较高的选择性和防除效果。两种有效成分杀虫机理互补，既能通过刺激释放 γ-氨基丁酸而影响害虫运动神经系统，又能干扰害虫正常生长发育及蜕皮变态，杀虫效果更好。

适用作物防控对象及使用技术 甲维·虫酰肼适用于瓜果蔬菜、粮棉油烟茶、果树等多种作物，专用于防控鳞翅目害虫。

甘蓝、白菜、花椰菜、萝卜等十字花科蔬菜甜菜夜蛾、斜纹夜蛾、甘蓝夜蛾、菜青虫 在害虫发生为害初期或卵孵化盛期至低龄幼虫盛发初期进行喷药，7 天左右 1 次，连喷1～2 次，注意喷洒叶片背面。一般每亩次使用 20%悬浮剂 60～80 毫升，或 25%悬浮剂50～70 毫升，或 8.2%乳油 150～200 毫升，或 10.5%乳油 120～150 毫升，对水 30～45 千克均匀喷雾。

番茄、辣椒、茄子棉铃虫、烟青虫、斜纹夜蛾 从害虫发生为害初期或卵孵化盛期至低龄幼虫期（或低龄幼虫钻蛀为害前）开始喷药，5～7 天 1 次，连喷 1～2 次。一般每亩次使用 20%悬浮剂 75～100 毫升，或 25%悬浮剂 60～80 毫升，或 8.2%乳油 180～240 毫升，或 10.5%乳油 150～200 毫升，对水 45～60 千克均匀喷雾。

西瓜、甜瓜瓜绢螟、棉铃虫 在害虫发生为害初期或卵孵化盛期至低龄幼虫盛发初期进行喷药，每代多喷药 1 次。甲维·虫酰肼喷施剂量同"番茄棉铃虫"。

棉花棉铃虫、红铃虫 在害虫发生为害初期或卵孵化盛期至低龄幼虫钻蛀蕾铃前及时喷药。甲维·虫酰肼喷施剂量同"番茄棉铃虫"。

烟草烟青虫 在害虫发生为害初期或卵孵化盛期至低龄幼虫期及时喷药。甲维·虫酰肼喷施剂量同"番茄棉铃虫"。

苹果树、梨树、山楂树、桃树、枣树的卷叶蛾类及其他鳞翅目食叶害虫 防控卷叶蛾时，在害虫发生为害初期或果园内初见卷叶为害时进行喷药，7～10 天 1 次，每代喷药1～2 次；防控其他鳞翅目食叶害虫时，在害虫发生为害初期或卵孵化盛期至低龄幼虫期进行喷药，每代多喷药 1 次。一般使用 20%悬浮剂 1 500～2 000 倍液，或 25%悬浮剂2 000～2 500 倍液，或 8.2%乳油 700～800 倍液，或 10.5%乳油 800～1 000 倍液均匀喷雾。

苹果树棉铃虫、斜纹夜蛾 在害虫发生为害初期或卵孵化盛期至低龄幼虫蛀果为害前开始喷药，10 天左右 1 次，每代喷药 1～2 次。甲维·虫酰肼喷施倍数同"苹果树卷叶蛾类"。

核桃树核桃缀叶螟 在害虫发生为害初期（果园内初显缀叶为害时）或卵孵化盛期至低龄幼虫盛发初期进行喷药，每代大多喷药 1 次。甲维·虫酰肼喷施倍数同"苹果树卷叶蛾类"。

柑橘树潜叶蛾 在每季新梢抽生初期（嫩梢长 1 厘米）或每季新梢生长期内嫩叶上初见为害虫道时开始喷药，10～15 天 1 次，每季梢喷药 1～2 次。甲维·虫酰肼喷施倍数同"苹果树卷叶蛾类"。

松树松毛虫　在害虫发生为害初期或卵孵化盛期至低龄幼虫盛发初期进行喷药，每代喷药 1 次。一般使用 20％悬浮剂 2 000～2 500 倍液，或 25％悬浮剂 2 500～3 000 倍液，或 8.2％乳油 800～1 000 倍液，或 10.5％乳油 1 000～1 200 倍液均匀喷雾。

注意事项　甲维·虫酰肼不能与碱性药剂及肥料混用，也不能与抑制蜕皮激素类产品混用。连续喷药时，注意与不同杀虫机理药剂交替使用。本剂对家蚕高毒，桑蚕养殖区域禁止使用。

甲维·氟铃脲

有效成分　甲氨基阿维菌素苯甲酸盐（emamectin benzoate）＋氟铃脲（hexaflumuron）。

主要含量与剂型　2.2％（0.2％＋2％）、3％（0.2％＋2.8％）、5％（0.8％＋4.2％；1％＋4％）、6％（1％＋5％）乳油，4％（0.6％＋3.4％）微乳剂，5％（1％＋4％）、10.5％（0.5％＋10％）水分散粒剂。括号内有效成分含量均为甲氨基阿维菌素苯甲酸盐的含量加氟铃脲的含量。

产品特点　甲维·氟铃脲是一种由甲氨基阿维菌素苯甲酸盐（大环内酯类）与氟铃脲（苯甲酰脲类）按一定比例混配的高效低毒复合杀虫剂，具有胃毒和触杀作用，对作物表皮组织渗透性较好，击倒力强，杀虫迅速，耐雨水冲刷，持效期较长，使用安全。害虫接触或取食药剂后，既能抑制害虫的正常蜕皮，扰乱其生长发育，还能阻碍害虫运动神经信息传递，使害虫停止取食，并产生不可逆转的兴奋、麻痹，直到最后死亡。

适用作物防控对象及使用技术　甲维·氟铃脲适用于瓜果蔬菜、粮棉油烟茶、果树、林木等多种植物，对鳞翅目害虫具有较好的防控效果。

甘蓝、白菜、萝卜等十字花科蔬菜小菜蛾、甘蓝夜蛾、甜菜夜蛾、菜青虫、斜纹夜蛾在害虫发生为害初期或卵孵化盛期至低龄幼虫盛发初期开始喷药，7 天左右 1 次，连喷 1～2 次，注意喷洒叶片背面。一般每亩次使用 2.2％乳油 80～100 毫升，或 3％乳油 60～80 毫升，或 5％乳油 30～45 毫升，或 6％乳油 30～40 毫升，或 4％微乳剂 50～60 毫升，或 5％水分散粒剂 30～45 克，或 10.5％水分散粒剂 20～30 克，对水 30～45 千克均匀喷雾。

棉花棉铃虫、斜纹夜蛾　在害虫发生为害初期或卵孵化盛期至低龄幼虫期进行喷药，7～10 天 1 次，每代喷药 1～2 次。一般每亩次使用 2.2％乳油 100～130 毫升，或 3％乳油 70～100 毫升，或 5％乳油 50～70 毫升，或 6％乳油 30～50 毫升，或 4％微乳剂 60～80 毫升，或 5％水分散粒剂 50～70 克，或 10.5％水分散粒剂 30～40 克，对水 45～60 千克均匀喷雾。

花生斜纹夜蛾　在害虫发生为害初期或卵孵化盛期至低龄幼虫盛发初期进行喷药。一般每亩使用 2.2％乳油 60～80 毫升，或 3％乳油 45～60 毫升，或 5％乳油 20～30 毫升，或 6％乳油 15～25 毫升，或 4％微乳剂 30～40 毫升，或 5％水分散粒剂 20～30 克，或 10.5％水分散粒剂 15～20 克，对水 30～45 千克均匀喷雾。

苹果树金纹细蛾　在每代幼虫发生为害初期或每代幼虫发生期内树体上初见新鲜虫斑时进行喷药，或在苹果落花后（第 1 代幼虫）、落花后 40 天左右（第 2 代幼虫）及以后每 30 天左右各喷药 1 次。一般使用 2.2％乳油 500～600 倍液，或 3％乳油 600～800 倍液，或 5％乳油或 5％水分散粒剂 1 200～1 500 倍液，或 6％乳油 1 500～1 800 倍液，或 4％微乳剂 800~1 000 倍液，或 10.5％水分散粒剂 2 000~2 500 倍液均匀喷雾。

苹果树、梨树、山楂树、桃树的鳞翅目食叶害虫　在害虫发生为害初期或卵孵化盛期至低龄幼虫盛发初期进行喷药，每代多喷药 1 次。甲维·氟铃脲喷施倍数同"苹果树金纹细蛾"。

桃树桃潜叶蛾　在害虫发生为害初期或叶片上初见为害虫道时开始喷药，1 个月左右 1 次，与不同类型药剂交替使用，连喷 3~5 次。甲维·氟铃脲喷施倍数同"苹果树金纹细蛾"。

柑橘树潜叶蛾　在每季新梢抽生初期（嫩梢长 1 厘米）或每季新梢生长期内嫩叶上初见为害虫道时开始喷药，10~15 天 1 次，每季梢喷药 1~2 次。甲维·氟铃脲喷施倍数同"苹果树金纹细蛾"。

杨树等林木的美国白蛾　在害虫发生为害初期（初见网幕时）或卵孵化盛期至低龄幼虫盛发初期进行喷药。一般使用 2.2％乳油 800~1 000 倍液，或 3％乳油 1 000~1 200 倍液，或 5％乳油或 5％水分散粒剂 1 500~2 000 倍液，或 6％乳油 2 000~2 500 倍液，或 4％微乳剂 1 200~1 500 倍液，或 10.5％水分散粒剂 3 000~4 000 倍液均匀喷雾。

注意事项　甲维·氟铃脲不能与碱性药剂及肥料混用，也不能与促进蜕皮激素类药剂混用。连续喷药时，注意与不同杀虫机理药剂交替使用。本剂对家蚕高毒，桑蚕养殖场所及其周边禁止使用。

甲维·高氯氟

有效成分　甲氨基阿维菌素苯甲酸盐（emamectin benzoate）＋高效氯氟氰菊酯（lambda-cyhalothrin）。

主要含量与剂型　2.6％（0.6％＋2％）、10％（3％＋7％）微乳剂，3％（0.5％＋2.5％）、5％（0.5％＋4.5％；1％＋4％）、10％（1％＋9％）水乳剂。括号内有效成分含量均为甲氨基阿维菌素苯甲酸盐的含量加高效氯氟氰菊酯的含量。

产品特点　甲维·高氯氟是一种由甲氨基阿维菌素苯甲酸盐（大环内酯类）与高效氯氟氰菊酯（拟除虫菊酯类）按一定比例混配的高效广谱复合杀虫剂，低毒至中等毒性，具有触杀和胃毒作用，击倒速度快，持效期较长。两种有效成分虽然均作用于害虫运动神经系统，使其兴奋麻痹而死亡，但作用位点不同，分别为刺激释放 γ-氨基丁酸和影响钠离子通道，两者增效作用显著，杀虫更彻底，药效更持久。

适用作物防控对象及使用技术　甲维·高氯氟适用于瓜果蔬菜、粮棉油烟茶、果树等多种作物，主要用于防控鳞翅目害虫等。

甘蓝、白菜、萝卜等十字花科蔬菜甜菜夜蛾、菜青虫、斜纹夜蛾　在害虫发生为害初期或卵孵化盛期至低龄幼虫盛发初期开始喷药，7~10 天 1 次，连喷 1~2 次，注意喷洒叶片背面。一般每亩次使用 2.6％微乳剂或 3％水乳剂 40~60 毫升，或 5％水乳剂 20~30 毫升，或 10％水乳剂 10~15 毫升，或 10％微乳剂 8~10 毫升，对水 30~45 千克均匀喷雾。

西瓜、甜瓜瓜绢螟、斜纹夜蛾、棉铃虫　在害虫发生为害初期或卵孵化盛期至低龄幼虫盛发初期开始喷药，7~10 天 1 次，连喷 1~2 次。一般每亩次使用 2.6％微乳剂或 3％

水乳剂 60～80 毫升，或 5％水乳剂 30～45 毫升，或 10％水乳剂 15～25 毫升，或 10％微乳剂 10～15 毫升，对水 45～60 千克均匀喷雾。

玉米玉米螟、斜纹夜蛾、草地贪夜蛾　在害虫发生为害初期或田间初见害虫钻心为害时进行用药。一般每亩使用 2.6％微乳剂或 3％水乳剂 40～60 毫升，或 5％水乳剂 20～30 毫升，或 10％水乳剂 10～15 毫升，或 10％微乳剂 8～10 毫升，对水 40～50 千克均匀向喇叭口内（心叶内）喷淋药液。

烟草烟青虫、斜纹夜蛾　在害虫发生为害初期或卵孵化盛期至低龄幼虫盛发初期开始喷药，7～10 天 1 次，连喷 1～2 次。一般每亩次使用 2.6％微乳剂或 3％水乳剂 50～70 毫升，或 5％水乳剂 30～40 毫升，或 10％水乳剂 15～20 毫升，或 10％微乳剂 8～12 毫升，对水 45～60 千克均匀喷雾。

苹果树、山楂树、桃树、枣树的鳞翅目食叶害虫　在害虫发生为害初期或卵孵化盛期至低龄幼虫盛发初期进行喷药。一般使用 2.6％微乳剂或 3％水乳剂 1 500～2 000 倍液，或 5％水乳剂 3 000～3 500 倍液，或 10％水乳剂 5 000～7 000 倍液，或 10％微乳剂 6 000～8 000 倍液均匀喷雾。

梨树梨星毛虫　在害虫发生为害初期或果园内初见害虫虫苞时进行喷药。甲维·高氯氟喷施倍数同"苹果树鳞翅目食叶害虫"。

柑橘树潜叶蛾、柑橘木虱　在每季新梢抽生初期（嫩梢长 1 厘米）或每季新梢生长期内嫩叶上初见害虫为害时开始喷药，10～15 天 1 次，每季梢喷药 1～2 次。一般使用 2.6％微乳剂或 3％水乳剂 1 200～1 500 倍液，或 5％水乳剂 2 500～3 000 倍液，或 10％水乳剂 5 000～6 000 倍液，或 10％微乳剂 6 000～7 000 倍液均匀喷雾。

注意事项　甲维·高氯氟不能与碱性药剂及肥料混用，且喷药应均匀周到。连续喷药时，注意与不同杀虫机理药剂交替使用。

甲维·虱螨脲

有效成分　甲氨基阿维菌素苯甲酸盐（emamectin benzoate）＋虱螨脲（lufenuron）。

主要含量与剂型　3％（1％＋2％）、5％（1％＋4％）、8％（3％＋5％）、10％（2％＋8％）悬浮剂，45％（5％＋40％）水分散粒剂。括号内有效成分含量均为甲氨基阿维菌素苯甲酸盐的含量加虱螨脲的含量。

产品特点　甲维·虱螨脲是一种由甲氨基阿维菌素苯甲酸盐（大环内酯类）与虱螨脲（苯甲酰脲类）按一定比例混配的广谱低毒复合杀虫剂，具有触杀和胃毒作用，专用于防控鳞翅目害虫，杀虫活性高，可同时杀灭幼虫和卵，持效期较长，使用安全。两种作用机理协同增效，既能通过刺激释放 γ-氨基丁酸而影响害虫神经系统，又能干扰几丁质合成而阻碍害虫蜕皮变态，可有效延缓害虫产生抗药性。

适用作物防控对象及使用技术　甲维·虱螨脲适用于瓜果蔬菜、粮棉油烟茶、果树、林木等多种植物，主要用于防控鳞翅目害虫。

甘蓝、白菜、萝卜等十字花科蔬菜甜菜夜蛾、小菜蛾、菜青虫、斜纹夜蛾、甘蓝夜蛾在害虫发生为害初期或卵盛期至低龄幼虫盛发初期进行喷药，7～10 天 1 次，连喷 1～2 次，注意喷洒叶片背面。一般每亩次使用 3％悬浮剂 60～80 毫升，或 5％悬浮剂 50～

70 毫升，或 8％悬浮剂或 10％悬浮剂 30～40 毫升，或 45％水分散粒剂 7～10 克，对水 30～45 千克均匀喷雾。

苹果、梨、桃、枣等果实的桃小食心虫、梨小食心虫、桃蛀螟　根据虫情测报，在害虫卵盛期至初孵幼虫钻蛀前进行喷药，7 天左右 1 次，每代喷药 1～2 次。一般使用 3％悬浮剂 800～1 000 倍液，或 5％悬浮剂 1 000～1 200 倍液，或 8％悬浮剂或 10％悬浮剂 2 000～2 500 倍液，或 45％水分散粒剂 7 000～8 000 倍液均匀喷雾。

苹果棉铃虫、斜纹夜蛾　在害虫卵盛期至初孵幼虫蛀果为害前，或初见低龄幼虫蛀果为害时，或害虫发生为害初期及时进行喷药。甲维·虱螨脲喷施倍数同"苹果桃小食心虫"。

苹果树、梨树、桃树、枣树等落叶果树的卷叶蛾类及其他鳞翅目食叶害虫　防控卷叶蛾时，在害虫发生为害初期，或害虫卵盛期至卷叶为害前，或果园内初见卷叶时进行喷药，每代喷药 1～2 次，间隔期 7～10 天；防控其他鳞翅目食叶害虫时，在害虫发生为害初期或卵盛期至低龄幼虫期进行喷药，每代多喷药 1 次。甲维·虱螨脲喷施倍数同"苹果桃小食心虫"。

葡萄虎蛾、葡萄天蛾　在害虫发生为害初期或卵盛期至低龄幼虫期进行喷药，每代多喷药 1 次。甲维·虱螨脲喷施倍数同"苹果桃小食心虫"。

核桃树核桃缀叶螟　在害虫卵盛期至低龄幼虫期或果园内初见缀叶为害时进行喷药，每代喷药 1 次。甲维·虱螨脲喷施倍数同"苹果桃小食心虫"。

杨树等林木的美国白蛾　在害虫发生为害初期（初见害虫网幕时）或卵孵化盛期至低龄幼虫期进行喷药，每代喷药 1 次。一般使用 3％悬浮剂 1 000～1 500 倍液，或 5％悬浮剂 1 500～2 000 倍液，或 8％悬浮剂或 10％悬浮剂 3 000～4 000 倍液，或 45％水分散粒剂 10 000～12 000 倍液均匀喷雾。

注意事项　甲维·虱螨脲不能与碱性药剂及肥料混用，也不能与促进幼虫蜕皮类药剂混用。连续喷药时，注意与不同杀虫机理药剂交替使用。本剂对家蚕高毒，桑蚕养殖区域内禁止使用。

甲维·茚虫威

有效成分　甲氨基阿维菌素苯甲酸盐（emamectin benzoate）＋茚虫威（indoxacarb）。

主要含量与剂型　9％（1.5％＋7.5％；3％＋6％）、10％（1％＋9％；1.5％＋8.5％；2％＋8％；3.1％＋6.9％；3.5％＋6.5％；4％＋6％）、14％（3％＋11％）、15％（3％＋12％；5％＋10％）、16％（4％＋12％）、20％（4％＋16％；5％＋15％）、30％（5％＋25％）悬浮剂。括号内有效成分含量均为甲氨基阿维菌素苯甲酸盐的含量加茚虫威的含量。

产品特点　甲维·茚虫威是一种由甲氨基阿维菌素苯甲酸盐（大环内酯类）与茚虫威（噁二嗪类）按一定比例混配的高效低毒复合杀虫剂，具有触杀和胃毒作用，无内吸活性，但对叶片有较强的渗透性，可杀死叶片表皮下害虫，耐雨水冲刷，持效期较长。两种有效成分增效作用明显，杀虫活性高，害虫接触或摄食药剂后能迅速阻断其神经冲动传递，导致靶标害虫运动失调、麻痹、拒食而最终死亡。

适用作物防控对象及使用技术 甲维·茚虫威适用于瓜果蔬菜、粮棉油烟茶、果树及花卉等多种植物，主要用于防控鳞翅目害虫。

水稻稻纵卷叶螟 在害虫发生为害初期或卵孵化盛期至低龄幼虫卷叶前进行喷药，7天左右1次，每代喷药1~2次。一般每亩次使用9%悬浮剂或10%悬浮剂30~40毫升，或14%悬浮剂或15%悬浮剂或16%悬浮剂20~30毫升，或20%悬浮剂15~25毫升，或30%悬浮剂10~15毫升，对水30~45千克均匀喷雾。

玉米草地贪夜蛾、斜纹夜蛾、玉米螟、棉铃虫 在害虫发生为害初期（田间初见为害状时）或卵孵化盛期至低龄幼虫期进行喷药，每代多喷药1次。一般每亩次使用9%悬浮剂或10%悬浮剂20~30毫升，或14%悬浮剂或15%悬浮剂或16%悬浮剂15~25毫升，或20%悬浮剂10~20毫升，或30%悬浮剂8~12毫升，对水30~45千克向玉米喇叭口内均匀喷淋。

花生甜菜夜蛾、斜纹夜蛾 在害虫发生为害初期（田间初见害虫为害时）或卵孵化盛期至低龄幼虫期进行喷药，每代多喷药1次。甲维·茚虫威喷施剂量同"玉米草地贪夜蛾"。

棉花棉铃虫、斜纹夜蛾 在害虫发生为害初期或卵孵化盛期至低龄幼虫钻蛀蕾铃前及时进行喷药，7~10天1次，每代喷药1~2次。一般每亩次使用9%悬浮剂或10%悬浮剂30~50毫升，或14%悬浮剂或15%悬浮剂或16%悬浮剂20~35毫升，或20%悬浮剂15~25毫升，或30%悬浮剂10~15毫升，对水45~60千克均匀喷雾。

甘蓝、白菜、萝卜等十字花科蔬菜甜菜夜蛾、小菜蛾、菜青虫、斜纹夜蛾 在害虫发生为害初期或卵孵化盛期至低龄幼虫期进行喷药，7~10天1次，每代喷药1~2次，注意喷洒叶片背面。一般每亩次使用9%悬浮剂或10%悬浮剂20~30毫升，或14%悬浮剂或15%悬浮剂或16%悬浮剂15~20毫升，或20%悬浮剂10~15毫升，或30%悬浮剂7~10毫升，对水30~45千克均匀喷雾。

番茄、辣椒烟青虫、斜纹夜蛾 在害虫发生为害初期或卵孵化盛期至低龄幼虫钻蛀为害前进行喷药，7~10天1次，每代喷药1~2次。甲维·茚虫威喷施剂量同"棉花棉铃虫"。

苹果树、山楂树的鳞翅目食叶害虫 在害虫发生为害初期或卵孵化盛期至低龄幼虫期进行喷药，每代多喷药1次。一般使用9%悬浮剂或10%悬浮剂2 000~3 000倍液，或14%悬浮剂或15%悬浮剂或16%悬浮剂4 000~5 000倍液，或20%悬浮剂5 000~6 000倍液，或30%悬浮剂6 000~7 000倍液均匀喷雾。

观赏菊花斜纹夜蛾 在害虫发生为害初期或卵孵化盛期至低龄幼虫期进行喷药，每代喷药1次。甲维·茚虫威喷施倍数同"苹果树鳞翅目食叶害虫"。

草坪斜纹夜蛾 在害虫发生为害初期或卵孵化盛期至低龄幼虫期进行喷药，每代喷药1次。一般每亩次使用9%悬浮剂或10%悬浮剂30~40毫升，或14%悬浮剂或15%悬浮剂或16%悬浮剂20~30毫升，或20%悬浮剂15~20毫升，或30%悬浮剂10~15毫升，对水30~45千克均匀喷雾。

注意事项 甲维·茚虫威不能与碱性药剂及肥料混用。连续喷药时，注意与不同杀虫机理药剂交替使用。本剂对家蚕高毒，桑蚕养殖区域及其周边禁止使用。该药生产企业较多，产品配方比例差异较大，具体选用时应以其标签说明为准。

甲氧·茚虫威

有效成分 甲氧虫酰肼（methoxyfenozide）＋茚虫威（indoxacarb）。

主要含量与剂型 25%（15%＋10%）、35%（20%＋15%）、40%（30%＋10%）悬浮剂。括号内有效成分含量均为甲氧虫酰肼的含量加茚虫威的含量。

产品特点 甲氧·茚虫威是一种由甲氧虫酰肼（双酰肼类）与茚虫威（噁二嗪类）按一定比例混配的高效低毒复合杀虫剂，以胃毒作用为主，兼有触杀作用，专用于防控鳞翅目害虫。耐雨水冲刷，持效期较长，使用安全。两种杀虫活性机理，既能干扰害虫蜕皮变态过程，又能影响害虫运动神经系统，作用互补，协同增效，杀虫效果更好。

适用作物防控对象及使用技术 甲氧·茚虫威适用于瓜果蔬菜、粮棉油烟茶、果树等多种作物，专用于防控鳞翅目害虫。

水稻二化螟、稻纵卷叶螟 防控二化螟时，在害虫卵孵化盛期至低龄幼虫钻蛀为害前及时喷药，5～7天1次，每代喷药1～2次，重点喷洒植株中下部；防控稻纵卷叶螟时，在害虫卵孵化盛期至低龄幼虫卷叶前及时喷药，5～7天1次，每代喷药1～2次。一般每亩次使用25%悬浮剂30～50毫升，或35%悬浮剂25～35毫升，或40%悬浮剂15～25毫升，对水30～60千克均匀喷雾。

棉花棉铃虫 在害虫发生为害初期或卵孵化盛期至低龄幼虫钻蛀蕾铃前进行喷药，7～10天1次，每代喷药1～2次。一般每亩次使用25%悬浮剂30～50毫升，或35%悬浮剂25～35毫升，或40%悬浮剂20～30毫升，对水45～60千克均匀喷雾。

甘蓝、白菜、萝卜等十字花科蔬菜甜菜夜蛾、斜纹夜蛾、甘蓝夜蛾、菜青虫 在害虫发生为害初期或卵孵化盛期至低龄幼虫盛发初期进行喷药，7～10天1次，每代喷药1～2次，注意喷洒叶片背面。一般每亩次使用25%悬浮剂25～30毫升，或35%悬浮剂20～25毫升，或40%悬浮剂15～20毫升，对水30～45千克均匀喷雾。

番茄、辣椒、茄子斜纹夜蛾、棉铃虫 在害虫发生为害初期或卵孵化盛期至低龄幼虫钻蛀为害前进行喷药，7～10天1次，每代喷药1～2次。甲氧·茚虫威喷施剂量同"棉花棉铃虫"。

西瓜、甜瓜瓜绢螟、斜纹夜蛾 在害虫发生为害初期或卵孵化盛期至低龄幼虫期进行喷药，7～10天1次，每代喷药1～2次。甲氧·茚虫威喷施剂量同"棉花棉铃虫"。

苹果树、山楂树、桃树、枣树的卷叶蛾类及其他鳞翅目食叶害虫 防控卷叶蛾时，在害虫发生为害初期或果园内初见卷叶时进行喷药，7～10天1次，每代喷药1～2次；防控其他鳞翅目食叶害虫时，在害虫发生为害初期或卵孵化盛期至低龄幼虫期进行喷药，每代多喷药1次。一般使用25%悬浮剂1 500～2 000倍液，或35%悬浮剂2 000～2 500倍液，或40%悬浮剂2 500～3 000倍液均匀喷雾。

茶树茶毛虫、茶尺蠖 在害虫发生为害初期或卵孵化盛期至低龄幼虫期进行喷药。甲氧·茚虫威喷施倍数同"苹果树卷叶蛾类"。

注意事项 甲氧·茚虫威不能与碱性药剂及肥料混用，也不能与抑制蜕皮激素类药剂混用。连续喷药时，注意与不同杀虫机理药剂交替使用。本剂对家蚕高毒，桑蚕养殖区域及其周边禁止使用。

聚醛·甲萘威

有效成分 四聚乙醛（metaldehyde）＋甲萘威（carbaryl）。

主要含量与剂型 6％（4.5％＋1.5％）、30％（10％＋20％）颗粒剂，30％（10％＋20％）粉剂。括号内有效成分含量均为四聚乙醛的含量加甲萘威的含量。

产品特点 聚醛·甲萘威是一种由四聚乙醛（杂环类）与甲萘威（氨基甲酸酯类）按一定比例混配的高效低毒复合杀螺剂，具有胃毒、触杀作用及对蜗牛的引诱作用，持效期较长。蜗牛接触或取食药剂后，消化系统受到破坏，体内乙酰胆碱酯酶异常释放，身体分泌出大量黏液，造成虫体迅速脱水，神经麻痹而死亡。

适用作物防控对象及使用技术 聚醛·甲萘威主要应用于叶菜类蔬菜及旱地作物，用于防控蜗牛、蛞蝓等软体类动物。

大白菜、小白菜、甘蓝等叶菜类蔬菜的蜗牛、蛞蝓 在蜗牛、蛞蝓发生为害初期，或播种后发芽期，或移栽定植后用药，以黄昏或雨后施药效果最佳。一般每亩使用6％颗粒剂600～750克或30％颗粒剂250～300克，均匀分多点撒施或点施在田内；或每亩使用30％粉剂250～300克，拌成毒饵后均匀分多点撒施在田内。

玉米田蜗牛 在蜗牛发生为害始盛期于田间撒施药剂，以黄昏或雨后施药效果最佳。一般每亩使用6％颗粒剂600～750克或30％颗粒剂250～300克，均匀分多点撒施或点施在田内；或每亩使用30％粉剂250～300克，拌成毒饵后均匀分多点撒施在田内。

旱地蜗牛、蛞蝓 在蜗牛、蛞蝓发生为害初盛期于田间均匀撒施药剂。聚醛·甲萘威施用剂量及方法同"玉米田蜗牛"。

棉花田蜗牛 在棉田蜗牛发生为害初盛期或棉花播种后出苗期进行用药，傍晚或早晨或雨后施药效果最好。一般每亩使用6％颗粒剂600～750克或30％颗粒剂250～500克，在棉田内均匀分多点撒施；或每亩使用30％粉剂600～750克，混拌毒饵后在棉田内均匀分多点撒施。

注意事项 聚醛·甲萘威不能与碱性药剂及肥料混用。田间撒施药剂后不能在田内践踏，以免影响药效。当温度低于15℃或高于35℃时蜗牛活动能力降低，应避免在此时撒施药剂。瓜类对本剂敏感，用药时避免撒施到该类作物上，以防造成药害。

联苯·噻虫胺

有效成分 联苯菊酯（bifenthrin）＋噻虫胺（clothianidin）。

主要含量与剂型 1％（0.5％＋0.5％）、2％（1％＋1％）颗粒剂，10％（5％＋5％）、20％（10％＋10％）、37％（24.7％＋12.3％）悬浮剂。括号内有效成分含量均为联苯菊酯的含量加噻虫胺的含量。

产品特点 联苯·噻虫胺是一种由联苯菊酯（拟除虫菊酯类）与噻虫胺（烟碱类）按一定比例混配的高效低毒复合杀虫剂，具有触杀和胃毒作用及在植物体上的内吸传导作用，击倒力强，作用迅速，持效期较长，使用安全。两种有效成分虽然均作用于害虫运动神经系统，使其过度兴奋、麻痹而死亡，但作用位点不同，分别为钠离子通道和神经后突触部位，两者互补增效，杀虫效果更好。

适用作物防控对象及使用技术　联苯·噻虫胺适用于蔬菜、粮棉油糖烟茶及果树等多种作物，对多种害虫均有较好的防控效果。

甘蓝、白菜、萝卜等十字花科蔬菜黄条跳甲　既可移栽定植前土壤用药，也可于生长期进行喷雾。土壤用药，在移栽定植前沟施或穴施，一般每亩施用1％颗粒剂4～5千克或2％颗粒剂2～2.5千克，均匀撒施于定植沟或定植穴内，施药后覆土，而后定植、浇水。生长期喷药，在害虫发生为害初盛期开始，7～10天1次，连喷2次。一般每亩次施用10％悬浮剂80～100毫升，或20％悬浮剂40～50毫升，或37％悬浮剂20～30毫升，对水30～45千克均匀喷雾。

番茄、辣椒、茄子烟粉虱、白粉虱　在害虫发生为害初盛期开始喷药，7～10天1次，连喷2～3次，重点喷洒叶片背面，以早晨或傍晚喷药效果较好。一般每亩次使用10％悬浮剂60～80毫升，或20％悬浮剂30～40毫升，或37％悬浮剂20～25毫升，对水45～60千克均匀喷雾。

韭菜根蛆　在根蛆发生为害初期或韭菜收割后第2天撒施药剂，每亩使用1％颗粒剂3～4千克或2％颗粒剂1.5～2千克均匀撒施，撒药后浇水。

玉米蛴螬　播种时在播种沟内撒施药剂，施药后覆土。每亩使用1％颗粒剂3～4千克，或2％颗粒剂1.5～2千克均匀撒施。

小麦蚜虫　在蚜虫发生为害初盛期开始喷药，10～15天1次，连喷1～2次；或在小麦拔节孕穗期至抽穗初期和齐穗期各喷药1次。一般每亩次使用10％悬浮剂20～30毫升，或20％悬浮剂10～15毫升，或37％悬浮剂7～10毫升，对水30～45千克均匀喷雾。

甘蔗蔗龟　新植蔗，在甘蔗摆种后将药剂均匀撒施在种植沟内，而后覆土；宿根蔗，在蔗龟发生为害初期或小培土前，于蔗根基部均匀撒施药剂，而后培土。每亩使用1％颗粒剂3～4千克或2％颗粒剂1.5～2千克均匀撒施。

梨树梨木虱　在每代梨木虱若虫卵孵化盛期至低龄若虫被黏液完全覆盖前及时喷药，第1、2代每代喷药1次，第3代及以后各代因世代重叠每代喷药1～2次（间隔期7天左右）。一般使用10％悬浮剂1 200～1 500倍液，或20％悬浮剂2 500～3 000倍液，或37％悬浮剂4 000～5 000倍液均匀喷雾。

苹果树绣线菊蚜　在蚜虫发生为害初盛期（新梢上蚜虫数量较多时）或嫩梢上蚜虫开始向幼果上转移扩散时开始喷药，10～15天1次，连喷2～3次。联苯·噻虫胺喷施倍数同"梨树梨木虱"。

葡萄绿盲蝽　在葡萄萌芽期至新梢生长期内，从绿盲蝽发生为害初期开始喷药，7～10天1次，连喷2～3次。联苯·噻虫胺喷施倍数同"梨树梨木虱"。

桃树蚜虫　先于桃树花芽膨大后开花前喷药1次，然后从落花后开始继续喷药，10～15天1次，与不同类型药剂交替使用，连喷2～4次。联苯·噻虫胺喷施倍数同"梨树梨木虱"。

柑橘树柑橘木虱、蚜虫　在每季新梢抽生初期或每季新梢生长期内的害虫发生为害初期（初见害虫发生时）开始喷药，10～15天1次，连喷1～2次。联苯·噻虫胺喷施倍数同"梨树梨木虱"。

注意事项 联苯·噻虫胺不能与碱性药剂及肥料混用，也不能与氧化剂接触。连续喷药时，注意与不同杀虫机理药剂交替使用。本剂对蜜蜂高毒，果树开花期及蜜源植物花期禁止使用。

联肼·螺螨酯

有效成分 联苯肼酯（bifenazate）＋螺螨酯（spirodiclofen）。

主要含量与剂型 24％（16％＋8％）、30％（15％＋15％）、36％（24％＋12％）、40％（20％＋20％；30％＋10％）、45％（30％＋15％）、48％（36％＋12％）悬浮剂。括号内有效成分含量均为联苯肼酯的含量加螺螨酯的含量。

产品特点 联肼·螺螨酯是一种由联苯肼酯（肼酯类）与螺螨酯（季酮酸类）按一定比例混配的高效低毒复合杀螨剂，以触杀作用为主，兼有胃毒作用，无内吸性，对害螨的各生长发育阶段（螨卵、幼螨、若螨、成螨）均有活性，并对成螨击倒速度快，持效期较长，使用安全。两种杀螨作用机理，既作用于害螨中枢神经系统，又通过抑制脂肪合成而破坏其能量代谢，杀螨效果更好，且不易诱发害螨产生抗药性。

适用作物防控对象及使用技术 联肼·螺螨酯主要应用于果树及瓜果类蔬菜，对多种害螨均有较好的防控效果。

柑橘树红蜘蛛、黄蜘蛛　在害螨发生为害初期或活动态螨发生初盛期及时进行喷药。一般使用24％悬浮剂或30％悬浮剂2 000～2 500倍液，或36％悬浮剂2 000～3 000倍液，或40％悬浮剂或45％悬浮剂2 500～3 000倍液，或48％悬浮剂3 000～4 000倍液均匀喷雾。

苹果树、梨树、桃树、枣树红蜘蛛、白蜘蛛　在害螨发生为害初盛期或树冠内膛下部叶片上螨量较多时（平均每叶有螨3～4头时）及时进行喷药。联肼·螺螨酯喷施倍数同"柑橘树红蜘蛛"。

草莓红蜘蛛　在害螨发生为害初盛期及时进行喷药，注意喷洒叶片背面。联肼·螺螨酯喷施倍数同"柑橘树红蜘蛛"。

茄子、辣椒叶螨类　在害螨发生为害初盛期或活动态螨发生初期及时进行喷药，注意喷洒叶片背面。一般每亩使用24％悬浮剂或30％悬浮剂25～35毫升，或36％悬浮剂20～30毫升，或40％悬浮剂或45％悬浮剂20～25毫升，或48％悬浮剂15～20毫升，对水45～60千克均匀喷雾。

注意事项 联肼·螺螨酯不能与铜制剂及碱性药剂或肥料混用，且喷药应均匀周到。连续喷药时，注意与不同杀螨机理药剂交替使用。

联肼·乙螨唑

有效成分 联苯肼酯（bifenazate）＋乙螨唑（etoxazole）。

主要含量与剂型 25％（22.5％＋2.5％）、30％（20％＋10％）、40％（25％＋15％；30％＋10％）、45％（30％＋15％）、50％（30％＋20％）悬浮剂，60％（48％＋12％）水分散粒剂。括号内有效成分含量均为联苯肼酯的含量加乙螨唑的含量。

产品特点 联肼·乙螨唑是一种由联苯肼酯（肼酯类）与乙螨唑（二苯基噁唑衍生物类）按一定比例混配的高效低毒复合杀螨剂，以触杀作用为主，兼有胃毒作用，无内吸性，对害螨的螨卵、幼螨、若螨及成螨均有较强的杀伤作用，速效性较好，持效期较长，对作物安全性高。两种杀螨活性机理，既作用于害螨中枢神经系统，又通过抑制几丁质合成而影响其发育及蜕皮过程，作用互补，杀螨效果更好。

适用作物防控对象及使用技术 联肼·乙螨唑主要应用于果树，对多种害螨均有较好的防控效果。

柑橘树红蜘蛛、黄蜘蛛 在害螨发生为害初期或平均每叶有螨2～4头时进行喷药。一般使用25％悬浮剂2 000～2 500倍液，或30％悬浮剂或40％（30％＋10％）悬浮剂4 000～5 000倍液，或40％（25％＋15％）悬浮剂或45％悬浮剂6 000～7 000倍液，或50％悬浮剂7 000～8 000倍液，或60％水分散粒剂5 000～6 000倍液均匀喷雾。

苹果树、山楂树、桃树红蜘蛛、白蜘蛛 在害螨发生为害初盛期或树冠内膛下部叶片上螨量较多时（平均每叶有螨3～4头时）及时进行喷药。联肼·乙螨唑喷施倍数同"柑橘树红蜘蛛"。

粟树红蜘蛛 在害螨发生为害初盛期或叶片正面显出黄白色褪绿小点时及时进行喷药。联肼·乙螨唑喷施倍数同"柑橘树红蜘蛛"。

草莓红蜘蛛 在害螨发生为害初盛期及时进行喷药，注意喷洒叶片背面。联肼·乙螨唑喷施倍数同"柑橘树红蜘蛛"。

注意事项 联肼·乙螨唑不能与碱性药剂及肥料混用，且喷药应均匀周到。连续喷药时，注意与不同杀螨机理药剂交替使用。

螺虫·噻嗪酮

有效成分 螺虫乙酯（spirotetramat）＋噻嗪酮（buprofezin）。

主要含量与剂型 33％（11％＋22％）、35％（11％＋24％）、39％（13％＋26％）悬浮剂。括号内有效成分含量均为螺虫乙酯的含量加噻嗪酮的含量。

产品特点 螺虫·噻嗪酮是一种由螺虫乙酯（季酮酸衍生物类）与噻嗪酮（噻二嗪类）按一定比例混配的高效低毒复合杀虫剂，具有触杀和胃毒作用及内吸传导性，专用于防控刺吸式口器害虫，杀虫活性高，持效期较长，使用安全。两种杀虫活性机理，既能抑制脂肪合成而阻断害虫能量代谢，又能抑制几丁质合成使害虫不能正常蜕皮发育，两者作用互补，害虫不易产生抗药性。

适用作物防控对象及使用技术 螺虫·噻嗪酮主要应用于果树及观赏植物，对多种刺吸式口器害虫均有较好的防控效果。

柑橘树介壳虫、黑刺粉虱、柑橘木虱 防控介壳虫时，在初孵若虫从母体介壳下爬出向周边扩散时至虫体完全被蜡质覆盖前及时进行喷药；防控黑刺粉虱时，在初孵若虫发生初盛期进行喷药；防控柑橘木虱时，在每季新梢生长期内的木虱发生初期（初见木虱发生时）开始喷药，10～15天1次，连喷1～2次。一般使用33％悬浮剂或35％悬浮剂2 000～2 500倍液，或39％悬浮剂2 500～3 000倍液均匀喷雾。

梨树梨木虱 主要用于防控梨木虱若虫。在各代若虫孵化盛期至初孵若虫被黏液完全覆盖前进行喷药，第1、2代每代喷药1次，第3代及以后各代因世代重叠每代喷药1～2次（间隔期7～10天）。螺虫·噻嗪酮喷施倍数同"柑橘树介壳虫"。

桃树、杏树桑白介壳虫、桃小绿叶蝉　防控桑白介壳虫时，在初孵若虫从母体介壳下爬出向周边扩散时至虫体完全被蜡质覆盖前进行淋洗式喷药，每代喷药1次；防控桃小绿叶蝉时，在害虫发生为害初期或叶片正面初显黄白色褪绿小点时开始喷药，10～15天1次，连喷2次左右，重点喷洒叶片背面。螺虫·噻嗪酮喷施倍数同"柑橘树介壳虫"。

草莓白粉虱　从白粉虱发生为害初期开始喷药，10～15天1次，连喷2次左右，注意喷洒叶片背面。螺虫·噻嗪酮喷施倍数同"柑橘树介壳虫"。

蔷薇科观赏花卉黑刺粉虱　在害虫发生为害初期或初孵若虫发生初盛期进行喷药。螺虫·噻嗪酮喷施倍数同"柑橘树介壳虫"。

注意事项　螺虫·噻嗪酮不能与碱性药剂及肥料混用。连续喷药时，注意与不同杀虫机理药剂交替使用。本剂对白菜、萝卜较敏感，药液飘移到上述作物上后，其叶片上会出现褐斑及绿叶白化等药害症状，用药时需要注意。

氯氟·吡虫啉

有效成分　高效氯氟氰菊酯（lambda - cyhalothrin）＋吡虫啉（imidacloprid）。

主要含量与剂型　7.5%（2.5%＋5%）、15%（5%＋10%）、30%（10%＋20%）、33%（6.6%＋26.4%）悬浮剂，15%（3%＋12%）可湿性粉剂，33%（3%＋30%）水分散粒剂。括号内有效成分含量均为高效氯氟氰菊酯的含量加吡虫啉的含量。

产品特点　氯氟·吡虫啉是一种由高效氯氟氰菊酯（拟除虫菊酯类）与吡虫啉（烟碱类）按一定比例混配的广谱低毒复合杀虫剂，具有触杀、胃毒、内吸和渗透作用，主要用于防控刺吸式口器害虫，击倒力强，速效性好，持效期较长，使用安全。两种有效成分虽然均作用于害虫中枢神经系统，使其过度兴奋、麻痹而死亡，但作用位点不同，分别为钠离子通道和烟酸乙酰胆碱酯酶受体，两者作用互补，协同增效，杀虫效果更好。

适用作物防控对象及使用技术　氯氟·吡虫啉适用于果树、蔬菜、粮棉油烟茶等多种作物，主要用于防控刺吸式口器及锉吸式口器害虫。

苹果树绣线菊蚜　在嫩梢上蚜虫数量较多时或嫩梢上蚜虫开始向幼果上转移扩散时进行喷药，10～15天1次，连喷2次左右。一般使用7.5%悬浮剂1 200～1 500倍液，或15%悬浮剂2 500～3 000倍液，或30%悬浮剂5 000～6 000倍液，或33%悬浮剂3 500～4 000倍液，或15%可湿性粉剂1 500～2 000倍液，或33%水分散粒剂3 000～3 500倍液均匀喷雾。

梨树梨木虱、梨二叉蚜、黄粉蚜　防控梨木虱时，主要用于防控梨木虱若虫即在各代若虫孵化后至低龄若虫期（虫体被黏液完全覆盖前）进行喷药，第1、2代每代喷药1次，第3代及以后各代因世代重叠每代喷药1～2次（间隔期7～10天）；防控梨二叉蚜时，在嫩叶上初显蚜虫为害状（叶片卷曲）时及时进行喷药，7～10天1次，连喷2次左右；防控黄粉蚜时，多在黄粉蚜从越冬场所向幼嫩组织转移扩散期或梨树落花后1～2个月间进行喷药，10天左右1次，连喷2～3次。氯氟·吡虫啉喷施倍数同"苹果树绣线菊蚜"。

桃树、杏树、李树蚜虫、桃小绿叶蝉　防控蚜虫时，先于花芽膨大后开花前喷药

1次，然后从落花后开始继续喷药，10~15天1次，连喷2~3次；防控桃小绿叶蝉时，在害虫发生为害初期或叶片正面初显黄白色褪绿小点时开始喷药，7~10天1次，连喷2次左右，重点喷洒叶片背面。氯氟·吡虫啉喷施倍数同"苹果树绣线菊蚜"。

柿树柿血斑叶蝉　从害虫发生为害初期或叶片正面显出黄白色褪绿小点时开始喷药，7~10天1次，连喷1~2次，重点喷洒叶片背面。氯氟·吡虫啉喷施倍数同"苹果树绣线菊蚜"。

枣树绿盲蝽　在枣树萌芽至开花期内，从绿盲蝽发生为害初期开始喷药，7~10天1次，连喷2~4次。氯氟·吡虫啉喷施倍数同"苹果树绣线菊蚜"。

葡萄绿盲蝽　在葡萄萌芽后至开花前，从绿盲蝽发生为害初期开始喷药，7~10天1次，连喷2~4次。氯氟·吡虫啉喷施倍数同"苹果树绣线菊蚜"。

草莓白粉虱　从白粉虱发生为害初盛期开始喷药，10天左右1次，连喷2~3次，重点喷洒叶片背面。氯氟·吡虫啉喷施倍数同"苹果树绣线菊蚜"。

石榴、花椒、枸杞蚜虫　在蚜虫发生为害初期或嫩梢（或花蕾）上蚜虫数量较多时开始喷药，7~10天1次，连喷2次左右。氯氟·吡虫啉喷施倍数同"苹果树绣线菊蚜"。

枸杞木虱　从木虱发生为害初期开始喷药，7~10天1次，连喷2~3次。氯氟·吡虫啉喷施倍数同"苹果树绣线菊蚜"。

柑橘树柑橘木虱、蚜虫　在每季新梢生长期内，从木虱或蚜虫发生为害初期或初见木虱或蚜虫时开始喷药，10~15天1次，每季梢喷药1~2次。氯氟·吡虫啉喷施倍数同"苹果树绣线菊蚜"。

香蕉蓟马　在香蕉抽蕾期或蓟马发生为害始盛期开始喷药，10天左右1次，连喷1~2次。一般使用7.5%悬浮剂600~800倍液，或15%悬浮剂1 000~1 500倍液，或30%悬浮剂2 000~3 000倍液，或33%悬浮剂1 500~2 000倍液，或15%可湿性粉剂800~1 000倍液，或33%水分散粒剂1 300~1 800倍液均匀喷雾。

甘蓝、花椰菜、白菜、萝卜等十字花科蔬菜蚜虫、白粉虱　在害虫发生为害初期或白粉虱卵孵化盛期至低龄若虫初发期开始喷药，7~10天1次，连喷1~2次，注意喷洒叶片背面。一般每亩次使用7.5%悬浮剂20~30毫升，或15%悬浮剂10~15毫升，或30%悬浮剂5~7毫升，或33%悬浮剂6~8毫升，或15%可湿性粉剂15~20克，或33%水分散粒剂7~10克，对水30~45千克均匀喷雾。

黄瓜、甜瓜、西瓜、辣椒等瓜果类蔬菜蚜虫、烟粉虱、白粉虱　在害虫发生为害初期或粉虱类卵孵化盛期至低龄若虫初发期开始喷药，7~10天1次，连喷2次左右，注意喷洒幼嫩组织及叶片背面。一般每亩次使用7.5%悬浮剂25~30毫升，或15%悬浮剂12~15毫升，或30%悬浮剂6~8毫升，或33%悬浮剂7~10毫升，或15%可湿性粉剂15~20克，或33%水分散粒剂8~12克，对水45~60千克均匀喷雾。

小麦蚜虫、吸浆虫　防控蚜虫时，在蚜虫发生为害初盛期开始喷药，10~15天1次，连喷1~2次，或在小麦拔节孕穗期至抽穗前和齐穗初期各喷药1次；防控吸浆虫时，在小麦扬花期喷药1次。一般每亩次使用7.5%悬浮剂30~50毫升，或15%悬浮剂15~25毫升，或30%悬浮剂8~12毫升，或33%悬浮剂10~15毫升，或15%可湿性粉剂25~30克，或33%水分散粒剂10~15克，对水30~45千克均匀喷雾。

玉米蚜虫　在蚜虫发生为害初盛期开始喷药，10~15天1次，连喷1~2次。氯氟·

吡虫啉喷施剂量同"小麦蚜虫"。

棉花蚜虫 在蚜虫发生为害初盛期开始喷药，10～15 天 1 次，连喷 2～3 次。一般每亩次使用 7.5％悬浮剂 30～40 毫升，或 15％悬浮剂 15～20 毫升，或 30％悬浮剂 8～10 毫升，或 33％悬浮剂 12～15 毫升，或 15％可湿性粉剂 20～25 克，或 33％水分散粒剂 15～20 克，对水 45～60 千克均匀喷雾。

注意事项 氯氟·吡虫啉不能与碱性药剂及肥料混用，喷药应均匀周到。连续喷药时，注意与不同杀虫机理药剂交替使用。豆类作物对本剂较敏感，喷药时应避免药液飘移到该类作物上。

氯氟·啶虫脒

有效成分 高效氯氟氰菊酯（lambda - cyhalothrin）＋啶虫脒（acetamiprid）。

主要含量与剂型 7.5％（1.5％＋6％）、25％（5％＋20％）乳油，5％（1.5％＋3.5％）、7％（2.7％＋4.3％）微乳剂，10％（2.5％＋7.5％）、15％（3％＋12％）、25％（5％＋20％）、26％（2.5％＋23.5％）、50％（10％＋40％）水分散粒剂。括号内有效成分含量均为高效氯氟氰菊酯的含量加啶虫脒的含量。

产品特点 氯氟·啶虫脒是一种由高效氯氟氰菊酯（拟除虫菊酯类）与啶虫脒（氯代烟碱类）按一定比例混配的高效广谱复合杀虫剂，低毒至中等毒性，具有较强的触杀、渗透和内吸传导作用，速效性较好，持效期较长，使用安全。两种有效成分虽然均作用于害虫的运动神经系统，但作用位点分别为钠离子通道和乙酰胆碱酯酶受体，两者作用互补，杀虫效果更好。

适用作物防控对象及使用技术 氯氟·啶虫脒适用于蔬菜、粮棉油烟茶及果树等多种作物，主要用于防控刺吸式口器害虫等。

甘蓝、白菜、萝卜等十字花科蔬菜蚜虫 在蚜虫发生为害初盛期开始喷药，7～10 天 1 次，连喷 1～2 次，注意喷洒叶片背面。一般每亩次使用 7.5％乳油 50～70 毫升，或 25％乳油 15～20 毫升，或 5％微乳剂 60～80 毫升，或 7％微乳剂 45～60 毫升，或 10％水分散粒剂 40～50 克，或 15％水分散粒剂 25～30 克，或 25％水分散粒剂或 26％水分散粒剂 15～20 克，或 50％水分散粒剂 7～10 克，对水 30～45 千克均匀喷雾。

黄瓜、甜瓜、西瓜蚜虫、烟粉虱 在害虫发生为害初盛期开始喷药，10～15 天 1 次，连喷 2 次左右，注意喷洒幼嫩组织及叶片背面。一般每亩次使用 7.5％乳油 40～50 毫升，或 25％乳油 12～15 毫升，或 5％微乳剂 50～60 毫升，或 7％微乳剂 35～45 毫升，或 10％水分散粒剂 30～40 克，或 15％水分散粒剂 20～25 克，或 25％水分散粒剂或 26％水分散粒剂 12～15 克，或 50％水分散粒剂 6～8 克，对水 45～60 千克均匀喷雾。

棉花蚜虫、盲椿象、蓟马、烟粉虱 在害虫发生为害初期开始喷药，10～15 天 1 次，连喷 2～3 次。一般每亩次使用 7.5％乳油 60～80 毫升，或 25％乳油 20～25 毫升，或 5％微乳剂 70～90 毫升，或 7％微乳剂 50～65 毫升，或 10％水分散粒剂 50～60 克，或 15％水分散粒剂 35～40 克，或 25％水分散粒剂或 26％水分散粒剂 20～25 克，或 50％水分散粒剂 10～12 克，对水 45～60 千克均匀喷雾。

小麦蚜虫 在蚜虫发生为害初盛期开始喷药，10～15 天 1 次，连喷 1～2 次，或在小麦拔节孕穗期至抽穗前和齐穗初期各喷药 1 次。一般每亩次使用 7.5％乳油 40～50 毫升，或 25％乳油 12～15 毫升，或 5％微乳剂 50～60 毫升，或 7％微乳剂 35～45 毫升，或 10％水分散粒剂 30～40 克，或 15％水分散粒剂 20～25 克，或 25％水分散粒剂或 26％水分散粒剂 12～15 克，或 50％水分散粒剂 6～8 克，对水 30～45 千克均匀喷雾。

烟草蚜虫　在蚜虫发生为害初盛期开始喷药，10～15 天 1 次，连喷 2 次左右，注意喷洒幼嫩组织。氯氟·啶虫脒喷施剂量同"黄瓜蚜虫"。

苹果树绣线菊蚜　在蚜虫发生为害初盛期，或嫩梢上蚜虫数量较多时，或嫩梢上蚜虫开始向幼果上转移扩散时进行喷药，10～15 天 1 次，连喷 2 次左右。一般使用 7.5％乳油 800～1 000 倍液，或 25％乳油 2 500～3 000 倍液，或 5％微乳剂 600～800 倍液，或 7％微乳剂 1 200～1 500 倍液，或 10％水分散粒剂 1 000～1 500 倍液，或 15％水分散粒剂 1 500～2 000 倍液，或 25％水分散粒剂或 26％水分散粒剂 2 500～3 000 倍液，或 50％水分散粒剂 5 000～6 000 倍液均匀喷雾。

桃树蚜虫　先于花芽露红期（花芽膨大后开花前）喷药 1 次，然后从落花后开始继续喷药，10～15 天 1 次，与不同类型药剂交替使用，连喷 2～3 次。氯氟·啶虫脒喷施倍数同"苹果树绣线菊蚜"。

梨树梨木虱、梨二叉蚜　防控梨木虱时，在各代若虫孵化初盛期至低龄若虫被黏液完全覆盖前进行喷药，第 1、2 代每代喷药 1 次，第 3 代及以后各代因世代重叠每代喷药 1～2 次（间隔期 7～10 天）；防控梨二叉蚜时，在蚜虫发生为害初盛期或受害嫩叶初显卷曲时开始喷药，10～15 天 1 次，连喷 1～2 次。氯氟·啶虫脒喷施倍数同"苹果树绣线菊蚜"。

柑橘树蚜虫、柑橘木虱　在每季新梢生长期内，从蚜虫或木虱发生为害初期或初见蚜虫或木虱时开始喷药，10～15 天 1 次，每季新梢喷药 1～2 次。氯氟·啶虫脒喷施倍数同"苹果树绣线菊蚜"。

注意事项　氯氟·啶虫脒不能与碱性药剂及肥料混用。连续喷药时，注意与不同杀虫机理药剂交替使用。本剂生产企业及剂型较多，其配方比例又有较大差异，具体选用时应以其标签说明为准。

马拉·辛硫磷

有效成分　马拉硫磷（malathion）＋辛硫磷（phoxim）。

主要含量与剂型　20％（10％马拉硫磷＋10％辛硫磷）、25％（12.5％马拉硫磷＋12.5％辛硫磷）乳油。

产品特点　马拉·辛硫磷是一种由马拉硫磷（有机磷类）与辛硫磷（有机磷类）按科学比例混配的广谱低毒复合杀虫剂，具有触杀和胃毒作用及一定的杀卵作用，速效性好，击倒力强，持效期较短。两种有效成分虽然均作用于害虫运动神经系统，使其过度兴奋、麻痹而死亡，但具有明显增效作用，杀虫效果更好。对蜜蜂、家蚕及鱼类高毒。

适用作物防控对象及使用技术　马拉·辛硫磷适用于粮棉作物和部分蔬菜及果树植物，对咀嚼式口器害虫和刺吸式口器害虫均有较好的防控效果。

棉花棉铃虫、蚜虫、盲椿象　防控棉铃虫时，在害虫发生为害初期或卵孵化盛期至低龄幼虫钻蛀蕾铃前进行喷药，5～7天1次，每代喷药1～2次；防控蚜虫、盲椿象时，在害虫发生为害初盛期开始喷药，7天左右1次，连喷2～3次。一般每亩次使用20％乳油200～250毫升或25％乳油160～200毫升，对水45～60千克均匀喷雾。

水稻稻纵卷叶螟、稻水象甲　防控稻纵卷叶螟时，在害虫发生为害初期或卵孵化盛期至低龄幼虫卷叶前进行喷药，5～7天1次，每代喷药1～2次；防控稻水象甲时，在害虫发生为害初期开始喷药，7天左右1次，连喷1～2次。一般每亩次使用20％乳油200～250毫升或25％乳油150～200毫升，对水30～45千克均匀喷雾。

小麦蚜虫　在蚜虫发生为害初盛期开始喷药，7～10天1次，连喷2次左右，或在小麦拔节孕穗期至抽穗前和齐穗初期各喷药1次。一般每亩次使用20％乳油150～200毫升或25％乳油120～150毫升，对水30～45千克均匀喷雾。

十字花科蔬菜菜青虫　在害虫发生为害初期或卵孵化盛期至低龄幼虫期进行喷药，5～7天1次，连喷1～2次，注意喷洒叶片背面。一般每亩次使用20％乳油200～250毫升或25％乳油150～200毫升，对水30～45千克均匀喷雾。

大蒜根蛆　在根蛆发生为害初期用药灌根。一般每亩使用20％乳油1 300～1 800毫升或25％乳油1 000～1 500毫升，随灌溉水一起均匀灌根。

苹果树、梨树金龟子（花期）　花期金龟子发生较重果园，在花序分离期地面用药。一般使用20％乳油300～400倍液或25％乳油400～500倍液均匀喷洒果园地面，将表层土壤喷湿，然后耙松土表。

苹果、梨、桃等果实的桃小食心虫　往年桃小食心虫发生较重果园，在桃小食心虫越冬幼虫出土化蛹期地面用药，杀灭越冬幼虫。马拉·辛硫磷使用剂量及方法同"苹果树金龟子"。

注意事项　马拉·辛硫磷不能与碱性药剂及肥料混用，且喷药应均匀周到。辛硫磷见光易分解失效，以傍晚喷药效果较好。连续用药时，注意与不同杀虫机理药剂交替使用。本剂对苹果树、梨树的有些品种较敏感，具体用药时需要慎重；葡萄、樱桃、高粱、玉米、瓜类、豆类、莴苣、甘薯、甜菜等对本剂较敏感，易发生药害，用药时应避免药液飘移到上述作物上。

氰戊·马拉松

有效成分　氰戊菊酯（fenvalerate）＋马拉硫磷（malathion）。

主要含量与剂型　20％（5％＋15％）、21％（6％＋15％）、30％（7.5％＋22.5％）、40％（10％＋30％）乳油。括号内有效成分含量均为氰戊菊酯的含量加马拉硫磷的含量。

产品特点　氰戊·马拉松是一种由氰戊菊酯（拟除虫菊酯类）与马拉硫磷（有机磷类）按一定比例混配的广谱复合杀虫剂，低毒至中等毒性，具有胃毒、触杀作用和一定的熏蒸作用，速效性好，击倒力强。两种杀虫机理虽然均作用于害虫的运动神经系统，但作用位点分别为钠离子通道和乙酰胆碱酯酶，两者作用互补、协同增效，杀虫效果更好，且害虫不易产生抗药性。对蜜蜂、家蚕及鱼类高毒。

适用作物防控对象及使用技术　氰戊·马拉松适用于粮棉油、果树、蔬菜等多种作物，对咀嚼式口器、刺吸式口器等多种害虫均有较好的防控效果。

棉花棉铃虫、蚜虫 防控棉铃虫时，在害虫发生为害初期或卵孵化盛期至低龄幼虫钻蛀蕾铃前进行喷药，7～10 天 1 次，每代喷药 1～2 次；防控蚜虫时，在蚜虫发生为害初盛期开始喷药，10～15 天 1 次，连喷 2～3 次。一般每亩次使用 20％乳油或 21％乳油 150～200 毫升，或 30％乳油 100～130 毫升，或 40％乳油 75～100 毫升，对水 45～60 千克均匀喷雾。

小麦蚜虫 在蚜虫发生为害初盛期开始喷药，10～15 天 1 次，连喷 2 次左右，或在小麦孕穗拔节期至抽穗前和齐穗初期各喷药 1 次。一般每亩次使用 20％乳油或 21％乳油 80～100 毫升，或 30％乳油 50～70 毫升，或 40％乳油 40～50 毫升，对水 30～45 千克均匀喷雾。

花生斜纹夜蛾 在害虫发生为害初期或卵孵化盛期至低龄幼虫期进行喷药。氰戊·马拉松喷施剂量同“小麦蚜虫”。

大豆食心虫 在害虫发生为害初期或卵盛期至初孵幼虫蛀荚前进行喷药，7～10 天 1 次，连喷 1～2 次。一般每亩次使用 20％乳油或 21％乳油 100～150 毫升，或 30％乳油 70～100 毫升，或 40％乳油 50～75 毫升，对水 45～60 千克均匀喷雾。

苹果树绣线菊蚜 在蚜虫发生为害初盛期，或新梢上蚜虫数量较多时，或新梢上蚜虫开始向幼果上转移扩散时进行喷药，10～15 天 1 次，连喷 2～3 次。一般使用 20％乳油或 21％乳油 600～800 倍液，或 30％乳油 800～1 000 倍液，或 40％乳油 1 000～1 500 倍液均匀喷雾。

苹果、梨、桃、枣等果实的桃小食心虫、梨小食心虫 根据虫情测报，在卵果率达 1％左右时或食心虫卵盛期至初孵幼虫钻蛀前及时进行喷药，7 天左右 1 次，每代喷药 1～2 次。氰戊·马拉松喷施倍数同“苹果树绣线菊蚜”。

苹果、梨、桃、枣等果实的茶翅蝽、麻皮蝽 多从小麦蜡黄期（麦穗变黄后）开始在果园内喷药，或从果园内椿象发生初期开始喷药，7～10 天 1 次，连喷 2～3 次；较大果园也可重点喷洒果园周边的几行树，阻止椿象进入园内。氰戊·马拉松喷施倍数同“苹果树绣线菊蚜”。

柑橘树蚜虫 在每季新梢生长期的蚜虫发生初期或在每季新梢生长期内初见蚜虫为害时开始喷药，10～15 天 1 次，每季梢喷药 1～2 次。氰戊·马拉松喷施倍数同“苹果树绣线菊蚜”。

甘蓝、白菜、萝卜等十字花科蔬菜菜青虫、斜纹夜蛾、蚜虫 防控菜青虫、斜纹夜蛾时，在害虫发生为害初期或卵孵化盛期至低龄幼虫期进行喷药，7～10 天 1 次，连喷 1～2 次；防控蚜虫时，在蚜虫发生为害初盛期开始喷药，7～10 天 1 次，连喷 1～2 次。一般每亩次使用 20％乳油或 21％乳油 100～150 毫升，或 30％乳油 70～100 毫升，或 40％乳油 50～75 毫升，对水 30～45 千克均匀喷雾。

注意事项 氰戊·马拉松不能与铜制剂及碱性药剂或肥料混用，且喷药应均匀周到。连续喷药时，注意与不同杀虫机理药剂交替使用。马拉硫磷对苹果、梨、桃的一些品种较敏感，具体用药时需要慎重。高粱、瓜类、豇豆、甘薯对本剂敏感，易发生药害，用药时应避免药液飘移到上述作物上。

噻虫·吡蚜酮

有效成分　噻虫嗪（pymetrozine）＋吡蚜酮（pymetrozine）。

主要含量与剂型　25%（17%＋8%）、35%（15%＋20%）、50%（10%＋40%）、60%（10%＋50%）、70%（14%＋56%；20%＋50%）、75%（15%＋60%）、80%（30%＋50%；40%＋40%）水分散粒剂，25%（12.5%＋12.5%）可湿性粉剂，30%（6%＋24%；8%＋22%）悬浮剂。括号内有效成分含量均为噻虫嗪的含量加吡蚜酮的含量。

产品特点　噻虫·吡蚜酮是一种由噻虫嗪（烟碱类）与吡蚜酮（吡啶三嗪酮类）按一定比例混配的高效低毒复合杀虫剂，专用于防控刺吸式口器害虫，具有胃毒和触杀作用及内吸传导特性，持效期较长，使用安全。两种杀虫机理，既作用于害虫运动神经系统，使其持续兴奋、麻痹而死亡，又使害虫产生口针阻塞效应而停止取食为害，两者协同增效，杀虫效果更好，且害虫不易产生抗药性。

适用作物防控对象及使用技术　噻虫·吡蚜酮广泛适用于粮棉油烟茶、果树、蔬菜、花卉等多种植物，对刺吸式口器害虫具有良好的防控效果。

　　水稻稻飞虱　在飞虱发生始盛期开始喷药，10～15天1次，连喷1～2次，重点喷洒植株中下部。一般每亩次使用25%水分散粒剂或35%水分散粒剂或25%可湿性粉剂15～20克，或50%水分散粒剂或60%水分散粒剂10～15克，或70%水分散粒剂或75%水分散粒剂8～12克，或80%水分散粒剂4～6克，或30%悬浮剂20～30毫升，对水30～45千克均匀喷雾。

　　小麦蚜虫　在蚜虫发生始盛期开始喷药，10～15天1次，连喷2次左右；或在小麦拔节孕穗期至抽穗初期和齐穗期各喷药1次。一般每亩次使用25%水分散粒剂或35%水分散粒剂或25%可湿性粉剂10～15克，或50%水分散粒剂或60%水分散粒剂8～12克，或70%水分散粒剂或75%水分散粒剂7～10克，或80%水分散粒剂3～5克，或30%悬浮剂15～20毫升，对水30～45千克均匀喷雾。

　　棉花蚜虫　在蚜虫发生为害初期或发生始盛期开始喷药，10～15天1次，连喷2～3次。一般每亩次使用25%水分散粒剂或35%水分散粒剂或25%可湿性粉剂25～30克，或50%水分散粒剂或60%水分散粒剂10～15克，或70%水分散粒剂或75%水分散粒剂8～12克，或80%水分散粒剂6～9克，或30%悬浮剂20～30毫升，对水45～60千克均匀喷雾。

　　烟草蚜虫　在蚜虫发生为害初期或发生始盛期开始喷药，10～15天1次，连喷2次左右。噻虫·吡蚜酮喷施剂量同"棉花蚜虫"。

　　桃树蚜虫、桃小绿叶蝉　防控蚜虫时，先于花芽露红期（膨大后开花前）喷药1次，然后从落花后开始继续喷药，10～15天1次，与不同类型药剂交替使用，连喷2～3次；防控桃小绿叶蝉时，在害虫发生为害始盛期或叶片正面初显黄白色褪绿小点时开始喷药，10～15天1次，连喷2次左右，重点喷洒叶片背面。一般使用25%水分散粒剂或35%水分散粒剂或25%可湿性粉剂2 500～3 000倍液，或50%水分散粒剂或60%水分散粒剂3 000～4 000倍液，或70%水分散粒剂或75%水分散粒剂4 000～4 500倍液，或80%水分散粒剂 5 000～6 000 倍液，或 30％悬浮剂 1 500～2 000 倍液均匀喷雾。

苹果树绣线菊蚜　在蚜虫发生为害初盛期，或新梢上蚜虫数量较多时，或新梢上蚜虫开始向幼果上转移扩散时开始喷药，10～15 天 1 次，连喷 2 次左右。噻虫·吡蚜酮喷施倍数同"桃树蚜虫"。

梨树梨木虱　在各代若虫发生初盛期或卵孵化盛期至低龄若虫被黏液完全覆盖前进行喷药，第 1、2 代每代喷药 1 次，第 3 代及以后各代因世代重叠每代喷药 1～2 次（间隔期 10 天左右）。噻虫·吡蚜酮喷施倍数同"桃树蚜虫"。

柑橘树柑橘木虱、蚜虫　在每季新梢生长期内，从新梢上初见木虱或蚜虫时开始喷药，10～15 天 1 次，每季新梢喷药 1～2 次。噻虫·吡蚜酮喷施倍数同"桃树蚜虫"。

草莓白粉虱　在粉虱发生为害初盛期开始喷药，10～15 天 1 次，连喷 2 次左右，重点喷洒叶片背面。一般每亩次使用 25％水分散粒剂或 35％水分散粒剂或 25％可湿性粉剂 20～30 克，或 50％水分散粒剂或 60％水分散粒剂 15～20 克，或 70％水分散粒剂或 75％水分散粒剂 10～15 克，或 80％水分散粒剂 7～10 克，或 30％悬浮剂 30～40 毫升，对水 30～45 千克均匀喷雾。

番茄、辣椒、茄子、黄瓜等瓜果蔬菜蚜虫、烟粉虱、白粉虱　在害虫发生为害初盛期开始喷药，10～15 天 1 次，连喷 2 次左右，注意喷洒幼嫩组织及叶片背面。一般每亩次使用 25％水分散粒剂或 35％水分散粒剂或 25％可湿性粉剂 30～50 克，或 50％水分散粒剂或 60％水分散粒剂 20～30 克，或 70％水分散粒剂或 75％水分散粒剂 12～18 克，或 80％水分散粒剂 10～15 克，或 30％悬浮剂 30～40 毫升，对水 45～60 千克均匀喷雾。

观赏花卉蚜虫　在蚜虫发生为害初盛期开始喷药，10～15 天 1 次，连喷 1～2 次。噻虫·吡蚜酮喷施倍数同"桃树蚜虫"。

注意事项　噻虫·吡蚜酮不能与碱性药剂及肥料混用。连续喷药时，注意与不同杀虫机理药剂交替使用。果树开花期及蜜源植物花期禁止使用。本剂生产企业较多，制剂含量及配方比例有较大差异，具体使用时应以其标签说明为准。

噻虫·高氯氟

有效成分　噻虫嗪（thiamethoxam）＋高效氯氟氰菊酯（lambda - cyhalothrin）。

主要含量与剂型　10％（6％＋4％）、15％（5％＋10％）、20％（16％＋4％；10％＋10％）、22％（12.6％＋9.4％）、30％（20％＋10％）悬浮剂，22％（12.6％＋9.4％）微囊悬浮-悬浮剂，4％（2.5％＋1.5％）颗粒剂。括号内有效成分含量均为噻虫嗪的含量加高效氯氟氰菊酯的含量。

产品特点　噻虫·高氯氟是一种由噻虫嗪（烟碱类）与高效氯氟氰菊酯（拟除虫菊酯类）按一定比例混配的高效复合杀虫剂，低毒至中等毒性，具有触杀和胃毒作用及内吸活性，对刺吸式口器害虫和咀嚼式口器害虫均有较好的防控效果，杀虫活性高，击倒力强，持效期较长，使用安全。两种有效成分虽然均作用于害虫运动神经系统，但作用位点分别为乙酰胆碱酯酶受体和钠离子通道，具有协同增效及互补作用，害虫不易产生抗药性。

适用作物防控对象及使用技术　噻虫·高氯氟适用于粮棉油烟茶、蔬菜、果树及花卉等多种植物，主要用于防控刺吸式口器害虫等。

小麦蚜虫 在蚜虫发生为害初盛期开始喷药，10～15 天 1 次，连喷 2 次左右；或在小麦拔节孕穗期至抽穗初期和齐穗期各喷药 1 次。一般每亩次使用 10%悬浮剂 20～30 毫升，或 15%悬浮剂 15～20 毫升，或 20%悬浮剂 10～15 毫升，或 22%悬浮剂或 22%微囊悬浮-悬浮剂 8～10 毫升，或 30%悬浮剂 4～6 毫升，对水 30～45 千克均匀喷雾。

玉米蚜虫 在蚜虫发生为害初盛期开始喷药，10～15 天 1 次，连喷 1～2 次。一般每亩次使用 10%悬浮剂 20～30 毫升，或 15%悬浮剂 15～20 毫升，或 20%悬浮剂 12～18 毫升，或 22%悬浮剂或 22%微囊悬浮-悬浮剂 10～15 毫升，或 30%悬浮剂 7～10 毫升，对水 30～60 千克均匀喷雾。

马铃薯蚜虫 在蚜虫发生为害初盛期开始喷药，10～15 天 1 次，连喷 2～3 次。一般每亩次使用 10%悬浮剂 25～35 毫升，或 15%悬浮剂 18～22 毫升，或 20%悬浮剂 12～18 毫升，或 22%悬浮剂或 22%微囊悬浮-悬浮剂 10～15 毫升，或 30%悬浮剂 7～10 毫升，对水 45～60 千克均匀喷雾。

棉花蚜虫、棉铃虫 以防控蚜虫为主，兼防棉铃虫为害。在蚜虫发生为害初盛期开始喷药，10～15 天 1 次，连喷 2～3 次。噻虫·高氯氟喷施剂量同"马铃薯蚜虫"。

大豆蚜虫、造桥虫 以防控蚜虫为主，兼防造桥虫为害。在蚜虫发生为害初盛期开始喷药，10～15 天 1 次，连喷 1～2 次。一般每亩次使用 10%悬浮剂 20～25 毫升，或 15%悬浮剂 15～20 毫升，或 20%悬浮剂 10～15 毫升，或 22%悬浮剂或 22%微囊悬浮-悬浮剂 7～10 毫升，或 30%悬浮剂 5～7 毫升，对水 30～60 千克均匀喷雾。

烟草蚜虫、烟青虫 以防控蚜虫为主，兼防烟青虫为害。在蚜虫发生为害初盛期开始喷药，10～15 天 1 次，连喷 2～3 次。噻虫·高氯氟喷施剂量同"大豆蚜虫"。

烟草小地老虎 在地老虎发生为害初期或田间初见地老虎为害时开始喷药，7～10 天 1 次，连喷 1～2 次，重点喷洒植株中下部及茎基部周围地面，且以傍晚喷药效果较好。一般每亩次使用 10%悬浮剂 30～50 毫升，或 15%悬浮剂 25～35 毫升，或 20%悬浮剂 20～30 毫升，或 22%悬浮剂或 22%微囊悬浮-悬浮剂 15～20 毫升，或 30%悬浮剂 8～10 毫升，对水 30～45 千克均匀喷雾。

茶树茶小绿叶蝉、茶尺蠖 以防控茶小绿叶蝉为主，兼防茶尺蠖为害。在茶小绿叶蝉发生为害初期或低龄若虫发生初盛期进行喷药。一般每亩次使用 10%悬浮剂 20～30 毫升，或 15%悬浮剂 15～20 毫升，或 20%悬浮剂 10～15 毫升，或 22%悬浮剂或 22%微囊悬浮-悬浮剂 8～10 毫升，或 30%悬浮剂 5～7 毫升，对水 45～60 千克均匀喷雾。

甘蓝蚜虫、菜青虫 以防控蚜虫为主，兼防菜青虫为害。在蚜虫发生为害初盛期开始喷药，10～15 天 1 次，连喷 1～2 次。一般每亩次使用 10%悬浮剂 30～40 毫升，或 15%悬浮剂 20～30 毫升，或 20%悬浮剂 15～20 毫升，或 22%悬浮剂或 22%微囊悬浮-悬浮剂 10～15 毫升，或 30%悬浮剂 7～10 毫升，对水 30～45 千克均匀喷雾。

甘蓝、小白菜、萝卜黄条跳甲 在黄条跳甲低龄幼虫期进行用药。一般每亩使用 4%颗粒剂 750～1 000 克，于地面均匀撒施。

辣椒、番茄、茄子白粉虱、烟粉虱 在害虫发生为害初盛期或卵孵化盛期至低龄若虫盛发初期开始喷药，7～10 天 1 次，连喷 2 次左右，重点喷洒叶片背面。一般每亩次使用 10%悬浮剂 30～50 毫升，或 15%悬浮剂 25～35 毫升，或 20%悬浮剂 20～30 毫升，或 22%悬浮剂或 22%微囊悬浮-悬浮剂 15～20 毫升，或 30%悬浮剂 8～10 毫升，对水 45～

60 千克均匀喷雾。

苹果树绣线菊蚜、苹果瘤蚜　防控绣线菊蚜，在蚜虫发生为害初盛期，或新梢上蚜虫数量较多时，或新梢上蚜虫开始向幼果上转移扩散时开始喷药，10～15 天 1 次，连喷 2 次左右；防控苹果瘤蚜，多在花序分离期和落花后各喷药 1 次。一般使用 10%悬浮剂 2 000～2 500 倍液，或 15%悬浮剂 3 000～4 000 倍液，或 20%悬浮剂 3 500～4 500 倍液，或 22%悬浮剂或 22%微囊悬浮-悬浮剂 4 000～5 000 倍液，或 30%悬浮剂 6 000～7 000 倍液均匀喷雾。

梨树梨木虱　主要用于防控梨木虱若虫与成虫混发阶段，但以防控梨木虱若虫为主。在梨木虱卵孵化盛期至低龄若虫被黏液完全覆盖前进行喷药，每代喷药 1 次。噻虫·高氯氟喷施倍数同"苹果树绣线菊蚜"。

桃树、杏树、李树蚜虫、桃小绿叶蝉　防控蚜虫时，先于花芽膨大后开花前喷药 1 次，然后从落花后开始继续喷药，10～15 天 1 次，连喷 2～3 次；防控桃小绿叶蝉时，在叶蝉发生为害初盛期或叶片正面初显黄白色褪绿小点时开始喷药，10～15 天 1 次，连喷 2 次左右。噻虫·高氯氟喷施倍数同"苹果树绣线菊蚜"。

草莓白粉虱、烟粉虱　在粉虱发生为害初期开始喷药，10～15 天 1 次，连喷 2 次左右，注意喷洒叶片背面。噻虫·高氯氟喷施倍数同"苹果树绣线菊蚜"。

柑橘树蚜虫、柑橘木虱　在每季新梢生长期内，从新梢上初见蚜虫或木虱发生时开始喷药，10～15 天 1 次，每季新梢喷药 1～2 次。噻虫·高氯氟喷施倍数同"苹果树绣线菊蚜"。

观赏菊花蚜虫　在蚜虫发生为害初盛期开始喷药，10～15 天 1 次，连喷 1～2 次。一般每亩次使用 10%悬浮剂 30～40 毫升，或 15%悬浮剂 20～30 毫升，或 20%悬浮剂 15～20 毫升，或 22%悬浮剂或 22%微囊悬浮-悬浮剂 10～15 毫升，或 30%悬浮剂 7～10 毫升，对水 45～60 千克均匀喷雾。

注意事项　噻虫·高氯氟不能与碱性药剂及肥料混用，喷药应均匀周到。连续喷药时，注意与不同杀虫机理药剂交替使用。果树开花期禁止使用，蚕室周边和桑园内及其附近禁止使用。本剂生产企业较多，各企业间产品配方比例及含量差异较大，具体选用时应以其标签说明为准。

噻嗪·毒死蜱

有效成分　噻嗪酮（buprofezin）＋毒死蜱（chlorpyrifos）。

主要含量与剂型　30%（10%＋20%；15%＋15%）、40%（8%＋32%；20%＋20%）、42%（14%＋28%）、50%（20%＋30%）乳油，40%（22%＋18%）悬浮剂，30%（15%＋15%）、40%（10%＋30%）可湿性粉剂。括号内有效成分含量均为噻嗪酮的含量加毒死蜱的含量。

产品特点　噻嗪·毒死蜱是一种由噻嗪酮（噻二嗪类）与毒死蜱（有机磷类）按一定比例混配的广谱复合杀虫剂，低毒至中等毒性，具有触杀和胃毒作用，杀虫效果好，速效性较快，持效期较长。两种有效成分协同增效，既能抑制害虫几丁质合成和干扰新陈代谢，又能作用于害虫运动神经系统，可显著延缓害虫产生抗药性。

适用作物防控对象及使用技术 噻嗪·毒死蜱主要应用于粮棉作物及柑橘类果树，对刺吸式口器害虫具有较好的防控效果。

水稻稻飞虱 在稻飞虱发生初盛期或卵孵化盛期至低龄若虫盛发初期开始喷药，7～10 天 1 次，连喷 1～2 次，重点喷洒植株中下部。一般每亩次使用 30％乳油 120～150 毫升，或 40％乳油或 42％乳油或 40％悬浮剂 80～100 毫升，或 50％乳油 70～90 毫升，或 30％可湿性粉剂 120～150 克，或 40％可湿性粉剂 80～100 克，对水 45～60 千克均匀喷雾。

柑橘树介壳虫 在介壳虫低龄若虫盛发初期或初孵若虫从母体介壳下爬出向周边扩散至低龄若虫虫体完全被蜡质覆盖前及时进行喷药。一般使用 30％乳油或 30％可湿性粉剂 500～600 倍液，或 40％乳油或 42％乳油或 40％悬浮剂或 40％可湿性粉剂 800～1 000 倍液，或 50％乳油 1 000～1 200 倍液均匀喷雾。

注意事项 噻嗪·毒死蜱不能与碱性药剂及肥料混用，也不建议与铜制剂混用，喷药应均匀周到。连续喷药时，注意与不同杀虫机理药剂交替使用。本剂对白菜、萝卜、莴苣、烟草、瓜类、菜豆、高粱等较敏感，应避免药液飘移到上述作物上。毒死蜱为限制使用类农药，禁止在蔬菜作物上使用，并应遵守当地政策法规。

噻嗪·异丙威

有效成分 噻嗪酮（buprofezin）＋异丙威（isoprocarb）。

主要含量与剂型 25％（5％＋20％；6％＋19％；7％＋18％）、50％（12％＋38％）可湿性粉剂，25％（5％＋20％）、30％（7.5％＋22.5％）乳油。括号内有效成分含量均为噻嗪酮的含量加异丙威的含量。

产品特点 噻嗪·异丙威是一种由噻嗪酮（噻二嗪类）与异丙威（氨基甲酸酯类）按一定比例混配的高效复合杀虫剂，低毒至中等毒性，专用于防控水稻刺吸式口器害虫，具有胃毒和触杀作用，渗透性较好，速效性较强，持效期较长。两种有效成分作用互补、协同增效，既能抑制害虫几丁质合成和干扰新陈代谢，又能作用于害虫运动神经系统，使害虫不易产生抗药性。

适用作物防控对象及使用技术 噻嗪·异丙威主要应用于水稻，对稻飞虱和叶蝉类害虫具有较好的防控效果。从飞虱或叶蝉发生为害初盛期（虫量开始较快增多时）或卵孵化盛期至低龄若虫盛发初期开始喷药，10～15 天 1 次，连喷 2 次左右，重点喷洒植株中下部。一般每亩次使用 25％可湿性粉剂 150～200 克，或 50％可湿性粉剂 70～100 克，或 25％乳油 140～180 毫升，或 30％乳油 120～150 毫升，对水 45～60 千克均匀喷雾。

注意事项 噻嗪·异丙威不能与碱性药剂及肥料混用，喷药应及时均匀周到。连续喷药时，注意与不同杀虫机理药剂交替使用。本剂对白菜、萝卜等十字花科蔬菜及薯类作物不安全，喷药时应避免药液飘移到上述作物上。喷施本剂前、后 10 天内不能使用敌稗。

四螨·哒螨灵

有效成分 四螨嗪（clofentezine）＋哒螨灵（pyridaben）。

主要含量与剂型 10％（3％＋7％；3.5％＋6.5％）、16％（7％＋9％）、20％（7％＋13％）悬浮剂，15％（5％＋10％）、16％（7％＋9％；9％＋7％）可湿性粉剂。括号内有效成分含量均为四螨嗪的含量加哒螨灵的含量。

产品特点 四螨·哒螨灵是一种由四螨嗪（有机氮杂环类）与哒螨灵（哒嗪酮类）按一定比例混配的广谱复合杀螨剂，低毒至中等毒性，以触杀作用为主，击倒速度快，速效性好，持效期较长，药效不受低温影响，对螨卵、幼螨、若螨、成螨均有较好防效，使用安全。两种有效成分作用互补，既能抑制害螨胚胎形成及生长发育，又能通过抑制害螨线粒体电子传递而阻碍能量形成，杀螨效果更好。

适用作物防控对象及使用技术 四螨·哒螨灵主要应用于果树，用于防控叶螨类的发生为害。

柑橘树红蜘蛛、黄蜘蛛 在害螨发生为害初期（开花前每叶有螨2～3头、落花后每叶有螨3～5头时）或卵孵化盛期至幼螨、若螨盛发初期进行喷药，20～30天1次，连喷2次。一般使用10％悬浮剂500～600倍液，或16％悬浮剂或15％可湿性粉剂或16％可湿性粉剂700～1 000倍液，或20％悬浮剂1 200～1 500倍液均匀喷雾。

苹果树、山楂树红蜘蛛、白蜘蛛 在害螨发生为害初期或树冠下部内膛叶片上螨量开始较快增多时进行喷药，1个月左右1次，连喷2次。四螨·哒螨灵喷施倍数同"柑橘树红蜘蛛"。

梨树红蜘蛛 在害螨发生为害初盛期或叶片正面初显黄白色褪绿小点时进行喷药。四螨·哒螨灵喷施倍数同"柑橘树红蜘蛛"。

注意事项 四螨·哒螨灵不能与波尔多液、石硫合剂等碱性药剂或肥料混用，且喷药应均匀周到。连续喷药时，注意与不同杀螨机理药剂交替使用，以延缓害螨产生抗药性。

烯啶·吡蚜酮

有效成分 烯啶虫胺（nitenpyram）＋吡蚜酮（pymetrozine）。

主要含量与剂型 25％（10％＋15％；12.5％＋12.5％）、30％（7.5％＋22.5％）、40％（10％＋30％）、60％（15％＋45％）、80％（20％＋60％）可湿性粉剂，30％（7.5％＋22.5％）、40％（10％＋30％）、60％（15％＋45％）、80％（20％＋60％）水分散粒剂。括号内有效成分含量均为烯啶虫胺的含量加吡蚜酮的含量。

产品特点 烯啶·吡蚜酮是一种由烯啶虫胺（烟碱类）与吡蚜酮（吡啶三嗪酮类）按一定比例混配的高效低毒复合杀虫剂，专用于防控刺吸式口器害虫，具有触杀和胃毒作用及较好的内吸和渗透作用，持效期较长，使用安全。两种有效成分协同增效，既能抑制害虫神经信息传导，又能诱使害虫产生口针阻塞效应而停止取食，杀虫效果更好，且害虫不易产生抗药性。

适用作物防控对象及使用技术 烯啶·吡蚜酮适用于粮棉油烟茶、瓜果蔬菜、果树等多种作物，对多种刺吸式口器害虫均有较好的防控效果。

水稻稻飞虱 在飞虱发生为害初盛期或卵孵化盛期至低龄若虫盛发初期开始喷药，10天左右1次，连喷2次，重点喷洒植株中下部。一般每亩次使用25%可湿性粉剂25～35克，或30%可湿性粉剂或30%水分散粒剂30～40克，或40%可湿性粉剂或40%水分散粒剂20～30克，或60%可湿性粉剂或60%水分散粒剂15～20克，或80%可湿性粉剂或80%水分散粒剂10～15克，对水45～60千克均匀喷雾。

小麦蚜虫 在蚜虫发生为害初盛期开始喷药，10～15天1次，连喷2次左右；或在小麦拔节孕穗期至抽穗期和齐穗期各喷药1次。一般每亩次使用25%可湿性粉剂13～18克，或30%可湿性粉剂或30%水分散粒剂15～20克，或40%可湿性粉剂或40%水分散粒剂12～15克，或60%可湿性粉剂或60%水分散粒剂8～10克，或80%可湿性粉剂或80%水分散粒剂6～8克，对水30～45千克均匀喷雾。

棉花蚜虫、盲椿象 在害虫发生为害初盛期开始喷药，10～15天1次，连喷2～3次。一般每亩次使用25%可湿性粉剂20～25克，或30%可湿性粉剂或30%水分散粒剂20～30克，或40%可湿性粉剂或40%水分散粒剂15～20克，或60%可湿性粉剂或60%水分散粒剂10～15克，或80%可湿性粉剂或80%水分散粒剂8～10克，对水45～60千克均匀喷雾。

甘蓝、白菜、萝卜等十字花科蔬菜蚜虫 在蚜虫发生为害初盛期开始喷药，10天左右1次，连喷1～2次，注意喷洒叶片背面。一般每亩次使用25%可湿性粉剂20～25克，或30%可湿性粉剂或30%水分散粒剂20～30克，或40%可湿性粉剂或40%水分散粒剂15～25克，或60%可湿性粉剂或60%水分散粒剂10～15克，或80%可湿性粉剂或80%水分散粒剂8～12克，对水30～45千克均匀喷雾。

番茄、辣椒、茄子、黄瓜、甜瓜烟粉虱、白粉虱 在粉虱发生为害初盛期或卵孵化盛期至初孵若虫盛发初期开始喷药，10天左右1次，连喷2～3次，注意喷洒幼嫩组织及叶片背面。一般每亩次使用25%可湿性粉剂25～35克，或30%可湿性粉剂或30%水分散粒剂30～40克，或40%可湿性粉剂或40%水分散粒剂20～30克，或60%可湿性粉剂或60%水分散粒剂15～20克，或80%可湿性粉剂或80%水分散粒剂10～15克，对水45～60千克均匀喷雾。

柑橘树柑橘木虱、蚜虫 在每季新梢生长期内，从新梢上初见木虱或蚜虫时开始喷药，10～15天1次，每季新梢喷药1～2次。一般使用25%可湿性粉剂或40%可湿性粉剂或40%水分散粒剂2 000～2 500倍液，或30%可湿性粉剂或30%水分散粒剂1 500～2 000倍液，或60%可湿性粉剂或60%水分散粒剂3 000～4 000倍液，或80%可湿性粉剂或80%水分散粒剂4 000～5 000倍液均匀喷雾。

苹果树绣线菊蚜 在蚜虫发生为害初盛期（新梢上蚜虫数量较多时）或新梢上蚜虫开始向幼果上转移扩散时开始喷药，10～15天1次，连喷2次左右。烯啶·吡蚜酮喷施倍数同"柑橘树柑橘木虱"。

梨树梨木虱 在每代梨木虱卵孵化盛期至低龄若虫虫体被黏液完全覆盖前进行喷药，第1、2代每代喷药1次，第3代及以后各代因世代重叠每代喷药1～2次（间隔期7～10天）。烯啶·吡蚜酮喷施倍数同"柑橘树柑橘木虱"。

桃树蚜虫　先于花芽露红期（花芽膨大后开花前）喷药 1 次，然后从落花后开始继续喷药，10～15 天 1 次，与不同类型药剂交替使用，连喷 2～3 次。烯啶·吡蚜酮喷施倍数同"柑橘树柑橘木虱"。

葡萄绿盲蝽　在葡萄萌芽后至开花期，从绿盲蝽发生为害初期开始喷药，10 天左右 1 次，连喷 2 次左右。烯啶·吡蚜酮喷施倍数同"柑橘树柑橘木虱"。

草莓白粉虱、烟粉虱　在粉虱发生为害初期或卵孵化盛期至初孵若虫盛发初期开始喷药，10 天左右 1 次，连喷 2 次左右，重点喷洒叶片背面。一般每亩次使用 25％可湿性粉剂 20～25 克，或 30％可湿性粉剂或 30％水分散粒剂 25～30 克，或 40％可湿性粉剂或 40％水分散粒剂 15～20 克，或 60％可湿性粉剂或 60％水分散粒剂 12～15 克，或 80％可湿性粉剂或 80％水分散粒剂 8～10 克，对水 30～45 千克均匀喷雾。

茶树茶小绿叶蝉　在叶蝉发生为害初期或卵孵化盛期至初孵若虫盛发初期进行喷药。一般每亩使用 25％可湿性粉剂 25～35 克，或 30％可湿性粉剂或 30％水分散粒剂 30～40 克，或 40％可湿性粉剂或 40％水分散粒剂 20～30 克，或 60％可湿性粉剂或 60％水分散粒剂 15～20 克，或 80％可湿性粉剂或 80％水分散粒剂 10～15 克，对水 45～60 千克均匀喷雾。

注意事项　烯啶·吡蚜酮不能与碱性药剂及肥料混用。连续喷药时，注意与不同杀虫机理药剂交替使用。本剂对蜜蜂高毒，果树开花期及蜜源植物花期禁止使用。

烟碱·苦参碱

有效成分　烟碱（nicotine）＋苦参碱（matrine）。

主要含量与剂型　0.6％（0.1％＋0.5％）、1.2％（0.7％＋0.5％）乳油，3.6％（3％＋0.6％）微囊悬浮剂。括号内有效成分含量均为烟碱的含量加苦参碱的含量。

产品特点　烟碱·苦参碱是一种由烟碱与苦参碱按一定比例混配的植物源广谱低毒复合杀虫剂，具有较强的触杀、胃毒、熏蒸及杀卵作用，属绿色农药产品，但持效期较短。两种有效成分协同增效，既作用于害虫运动神经系统使其持续兴奋、麻痹而死亡，又作用于钠离子通道，引起蛋白质凝固，阻碍害虫呼吸而窒息死亡。

适用作物防控对象及使用技术　烟碱·苦参碱主要应用于瓜果蔬菜及林木，用于防控咀嚼式口器害虫和刺吸式口器害虫。

甘蓝、白菜、萝卜等十字花科蔬菜蚜虫、菜青虫、斜纹夜蛾　防控蚜虫时，在蚜虫发生为害初盛期开始喷药，7 天左右 1 次，连喷 1～2 次，注意喷洒叶片背面；防控菜青虫、斜纹夜蛾时，在害虫发生为害初期或卵孵化盛期至低龄幼虫期进行喷药，7 天左右 1 次，连喷 1～2 次。一般每亩次使用 0.6％乳油 100～150 毫升，或 1.2％乳油 50～70 毫升，或 3.6％微囊悬浮剂 20～30 毫升，对水 30～45 千克均匀喷雾。

黄瓜、甜瓜、西瓜蚜虫　在蚜虫发生为害初盛期开始喷药，7～10 天 1 次，连喷 2 次左右，注意喷洒幼嫩组织。一般每亩次使用 0.6％乳油 150～200 毫升，或 1.2％乳油 70～100 毫升，或 3.6％微囊悬浮剂 25～35 毫升，对水 45～60 千克均匀喷雾。

菜豆蚜虫　在蚜虫发生为害初盛期开始喷药，7～10 天 1 次，连喷 2～3 次，注意喷洒幼嫩组织。烟碱·苦参碱喷施剂量同"黄瓜蚜虫"。

林木的美国白蛾　在害虫发生为害初期或初见网幕时，或卵孵化盛期至低龄幼虫盛发初期进行喷药，每代多喷药1次。一般使用0.6%乳油200～300倍液，或1.2乳油400～600倍液，或3.6%乳油1 000～2 000倍液均匀喷雾。

注意事项　烟碱·苦参碱不能与碱性药剂及肥料混用，喷药应均匀周到，且以阴天或傍晚喷药效果较好。连续喷药时，注意与不同杀虫机理药剂交替使用。

乙螨·螺螨酯

有效成分　乙螨唑（etoxazole）＋螺螨酯（spirodiclofen）。

主要含量与剂型　12%（4%＋8%）、32%（8%＋24%）、40%（8%＋32%；10%＋30%）悬浮剂。括号内有效成分含量均为乙螨唑的含量加螺螨酯的含量。

产品特点　乙螨·螺螨酯是一种由乙螨唑（二苯基噁唑衍生物类）与螺螨酯（季酮酸类）按一定比例混配的广谱低毒复合杀螨剂，以触杀和胃毒作用为主，无内吸性，对螨卵、幼螨、若螨、雌成螨等害螨的不同发育阶段均有较好防效，尤其杀卵效果突出，用药适期长。两种杀螨作用机理协同增效，既能抑制几丁质合成而影响害螨生长发育，又能抑制害螨类脂生物合成而阻止能量代谢，杀螨效果更好。

适用作物防控对象及使用技术　乙螨·螺螨酯适用于果树、瓜果蔬菜、粮棉作物及观赏植物等，对多种害螨均有较好的防控效果。

柑橘树红蜘蛛、黄蜘蛛　在害螨发生为害初盛期（春、秋季平均每叶有螨2～3头，夏季平均每叶有螨4～5头）进行喷药。一般使用12%悬浮剂1 500～2 000倍液，或32%悬浮剂4 000～5 000倍液，或40%悬浮剂5 000～6 000倍液均匀喷雾。

苹果树、梨树、山楂树、桃树红蜘蛛、白蜘蛛　在害螨发生为害初盛期，或树冠下部内膛叶片上螨量较多时（平均每叶有螨3～4头时），或螨量增长较快时及时进行喷药。乙螨·螺螨酯喷施倍数同"柑橘树红蜘蛛"。

粟树红蜘蛛　在害虫发生为害初盛期或叶片正面初显黄白色褪绿小点时进行喷药。乙螨·螺螨酯喷施倍数同"柑橘树红蜘蛛"。

枣树红蜘蛛、白蜘蛛　在害螨发生为害初盛期进行喷药。乙螨·螺螨酯喷施倍数同"柑橘树红蜘蛛"。

草莓红蜘蛛、白蜘蛛　在害螨发生为害初盛期进行喷药，注意喷洒叶片背面。一般每亩使用12%悬浮剂20～30毫升，或32%悬浮剂10～15毫升，或40%悬浮剂8～10毫升，对水30～45千克均匀喷雾。

枸杞瘿螨　在瘿螨发生为害初期或嫩叶上初见瘿螨疱疹时进行喷药。乙螨·螺螨酯喷施倍数同"柑橘树红蜘蛛"。

黄瓜、冬瓜、茄子、辣椒等瓜果蔬菜红蜘蛛　在害螨发生为害初盛期进行喷药，注意喷洒叶片背面。一般每亩使用12%悬浮剂20～30毫升，或32%悬浮剂12～15毫升，或40%悬浮剂8～12毫升，对水45～60千克均匀喷雾。

棉花红蜘蛛、白蜘蛛　在害螨发生为害初期进行喷药，15～20天1次，连喷1～

· 418 ·

2 次。一般每亩次使用 12％悬浮剂 30～40 毫升，或 32％悬浮剂 15～20 毫升，或 40％悬浮剂 10～15 毫升，对水 30～60 千克均匀喷雾。

玉米红蜘蛛　在害螨发生为害初盛期进行喷药，与有机硅类或石蜡油类助剂混用效果更好。一般每亩使用 12％悬浮剂 20～30 毫升，或 32％悬浮剂 10～15 毫升，或 40％悬浮剂 8～10 毫升，对水 30～60 千克均匀喷雾。

蔷薇科观赏花卉红蜘蛛　在害螨发生为害初盛期进行喷药。乙螨·螺螨酯喷施倍数同"柑橘树红蜘蛛"。

注意事项　乙螨·螺螨酯不能与铜制剂及碱性药剂或肥料混用，喷药应均匀周到。连续喷药时，注意与不同杀螨机理药剂交替使用。

第三章 种衣剂（混剂）

苯甲·吡虫啉

有效成分 苯醚甲环唑（difenoconazole）＋吡虫啉（imidacloprid）。

主要含量与剂型 9%（1%＋8%）、10%（1%＋9%）、19%（1%＋18%）、25%（1%＋24%）、26%（1.5%＋24.5%）、36%（2%＋34%）、48%（2%＋46%）悬浮种衣剂，35%（3%＋32%）种子处理悬浮剂。括号内有效成分含量均为苯醚甲环唑的含量加吡虫啉的含量。

产品特点 苯甲·吡虫啉是由杀菌活性成分苯醚甲环唑与杀虫活性成分吡虫啉按一定比例科学混配的一种专用于种子处理的高效低毒复合杀菌杀虫剂，内吸传导性好。拌种后药剂随种子的吸涨和水分一起进入种子体内，经内吸传导遍布作物根、茎、叶，并在作物体表长期储存，对作物形成全方位有效保护，不仅对前中期甚至整个生育期的蚜虫、飞虱及地下害虫有较好的防治效果，还能杀死种子表面及种子周围土壤中的病菌，并对作物的根、茎、叶进行持久的全方位保护，防护作物不受病菌侵染，对作物的多种土传病害都有较好的防效。

适用作物防控对象及使用技术

小麦全蚀病、散黑穗病、纹枯病、蚜虫、飞虱、蛴螬 一般每 100 千克种子使用 9% 悬浮种衣剂 1 500～2 000 毫升，或 10% 悬浮种衣剂 1 400～1 600 毫升，或 19% 悬浮种衣剂 1 100～1 500 毫升，或 25% 悬浮种衣剂 900～1 200 毫升，或 26% 悬浮种衣剂 800～1 000 毫升，或 35% 种子处理悬浮剂 350～500 毫升，或 36% 悬浮种衣剂 600～800 毫升，或 48% 悬浮种衣剂 300～400 毫升包衣或拌种。先将相应药剂加适量水稀释配成均匀药浆（每 100 千克种子约需药浆 1.5～2 升），然后将药浆缓慢均匀倒洒在种子上，边倒边翻拌，拌种均匀后晾干、待播。包衣或拌种要均匀，使每粒种子表面都要均匀着药。拌种后不能闷种，也不能晒种。

水稻纹枯病、稻飞虱 一般使用 26% 悬浮种衣剂按照 1：125 的药种比包衣或拌种。将药剂按照种子量加适量水稀释并搅拌均匀后，将稀释药液缓慢均匀地倒洒在种子上，边倒边搅拌，拌种均匀后晾干、待播。包衣或拌种要均匀，使每粒种子表面都要均匀着药。拌种后不能闷种，也不能晒种。

注意事项 苯甲·吡虫啉不能与碱性药剂及肥料混用。种子药剂处理只能用药 1 次，且使用前应将药剂充分摇匀。药剂处理后的种子只能用于播种，不能用作饲料、粮食或加工等。本剂生产企业较多，具体选用时应以其标签说明为准。

苯醚·咯·噻虫

有效成分 苯醚甲环唑（difenoconazole）＋咯菌腈（fludioxonil）＋噻虫嗪（thiamethoxam）。

主要含量与剂型 9％（0.7％＋0.7％＋7.6％；0.8％＋0.8％＋7.4％）、12％（0.3％＋0.3％＋11.4％）、22％（1％＋1％＋20％）、24％（0.8％＋0.8％＋22.4％）、25％（3.5％＋1.5％＋20％）、27％（2.2％＋2.2％＋22.6％）、38％（3％＋3％＋32％）悬浮种衣剂，33％（2.8％＋1.4％＋28.8％）、35％（2.5％＋2.5％＋30％）种子处理悬浮剂。括号内有效成分含量均为苯醚甲环唑的含量加咯菌腈的含量加噻虫嗪的含量。

产品特点 苯醚·咯·噻虫是由杀菌活性成分苯醚甲环唑、咯菌腈与杀虫活性成分噻虫嗪按一定比例科学混配的一种专用于种子处理的高效低毒复合杀菌杀虫剂，内吸传导性好，持效期较长。种子包衣或拌种后，不仅可有效防控土传及种传的苗期病害（高等真菌性病害），还可有效防控地下害虫及苗后早期刺吸式口器害虫，且苗齐、苗壮。

适用作物防控对象及使用技术

小麦根腐病、全蚀病、散黑穗病、蚜虫、金针虫 一般每100千克种子使用9％悬浮种衣剂1 200～2 000毫升，或12％悬浮种衣剂1 000～1 500毫升，或22％悬浮种衣剂600～800毫升，或24％悬浮种衣剂700～900毫升［药种比1∶（100～150）］，或27％悬浮种衣剂400～600毫升，或33％种子处理悬浮剂400～600毫升，或35％种子处理悬浮剂300～500毫升包衣或拌种。先将相应药剂加适量水稀释配成均匀药浆（每100千克种子约需药浆1.5～2升），然后将药浆缓慢均匀倒洒在种子上，边倒边搅拌，拌种均匀后晾干、待播。包衣或拌种要均匀，使每粒种子表面都要均匀着药。拌种后不能闷种，也不能晒种。

花生根腐病、茎腐病、蛴螬、蚜虫 一般每100千克种子使用24％悬浮种衣剂500～650毫升，或25％悬浮种衣剂500～750毫升，或27％悬浮种衣剂500～650毫升，或38％悬浮种衣剂350～400毫升包衣或拌种。先将相应药剂加适量水稀释配成均匀药浆（每100千克种子约需药浆1.5～2升），然后将药浆缓慢均匀倒洒在种子上，边倒边搅拌，拌种均匀后晾干、待播。包衣或拌种要均匀，使每粒种子表面都要均匀着药。拌种后不能闷种，也不能晒种。

水稻恶苗病、蓟马 一般每100千克种子使用24％悬浮种衣剂500～650毫升，或25％悬浮种衣剂300～350毫升，或27％悬浮种衣剂350～500毫升包衣或拌种。先将相应药剂加适量水稀释配成均匀药浆（每100千克种子约需药浆1.5～2升），然后将药浆缓慢均匀倒洒在种子上，边倒边搅拌，拌种均匀后晾干、待播。包衣或拌种要均匀，使每粒种子表面都要均匀着药。拌种后不能闷种，也不能晒种。

马铃薯黑痣病、蚜虫 用药方式为种薯拌种。一般每100千克种薯使用27％悬浮种衣剂70～100毫升，加水稀释成1.5～2升药液，并搅拌均匀，然后将药液均匀喷洒在种薯上，边喷洒边翻动种薯，使每块种薯表面都要均匀着药，拌种均匀后撒施适量滑石粉吸潮，而后晾干、待播。

注意事项 苯醚·咯·噻虫不能与碱性药剂及肥料混用。种子或种薯处理只能用药

1 次。药剂处理过的种子或种薯只能用于播种，不能用作粮食、饲料或加工等。本剂生产企业较多，配方比例差异较大，具体选用时应以其标签说明为准。

吡·萎·福美双

有效成分　吡虫啉（imidacloprid）＋萎锈灵（carboxin）＋福美双（thiram）。

主要含量与剂型　30%（15%＋7.5%＋7.5%）种子处理悬浮剂，63%（18%＋22.5%＋22.5%）干粉种衣剂。括号内有效成分含量均为吡虫啉的含量加萎锈灵的含量加福美双的含量。

产品特点　吡·萎·福美双是由杀虫活性成分吡虫啉与杀菌活性成分萎锈灵、福美双按一定比例科学混配的一种专用于种子处理的低毒复合杀虫杀菌剂，既可用做种子包衣处理，又可用于直接拌种，对蚜虫、地下害虫及种传和土传真菌病害具有很好的综合防控效果，并促进幼苗生长健壮。

适用作物防控对象及使用技术

棉花蚜虫、立枯病　用药方式为种子包衣或拌种，一般使用63%干粉种衣剂按照1：（250～350）的药种比进行种子处理。先将药剂加 4 倍水配成稀释药液，充分搅拌均匀后缓慢倒洒在种子上，边倒边翻拌种子，使药液均匀包裹在种子表面，阴干后待播。药剂处理后不能闷种，也不能晒种。

花生蛴螬、蚜虫、根腐病　一般每 100 千克种子使用 30%种子处理悬浮剂 700～1 000 毫升包衣或拌种。先将相应药剂加适量水配成药液（每 100 千克种子约需药液 1.5 升左右），充分搅拌均匀后缓缓倒洒在种子上，边倒边翻拌种子，使每粒种子表面都要均匀着药，搅拌均匀后晾干、待播，播种后立即覆土。

注意事项　吡·萎·福美双不能与碱性药剂及肥料混用。配制好的药液应在 24 小时内使用，种子处理只能用药 1 次。药剂处理后的种子只能用于播种，不能用作饲料、食用及榨油等。

吡虫·咯·苯甲

有 效 成 分　吡虫啉（imidacloprid）＋咯菌腈（fludioxonil）＋苯醚甲环唑（difenoconazole）。

主要含量与剂型　23%（20%＋1%＋2%）、52%（50%＋1%＋1%）悬浮种衣剂。括号内有效成分含量均为吡虫啉的含量加咯菌腈的含量加苯醚甲环唑的含量。

产品特点　吡虫·咯·苯甲是由杀虫活性成分吡虫啉与杀菌活性成分咯菌腈、苯醚甲环唑按一定比例科学混配的一种专用于种子处理的高效低毒复合杀虫杀菌剂，处理种子后内吸传导性较好，持效期较长，对刺吸式口器害虫及土传和种传真菌性病害均有较好的综合防控效果，并促进苗齐、苗壮。

适用作物防控对象及使用技术　吡虫·咯·苯甲主要用于小麦种子包衣或拌种，以防控蚜虫、飞虱、全蚀病、纹枯病、散黑穗病。一般每 100 千克种子使用 23%悬浮种衣剂500～600 毫升或 52%悬浮种衣剂 700～800 毫升，加适量水稀释配成均匀药液（100 千克种子约需药液 1.5 升左右），然后缓慢均匀倒洒在种子上，边倒边翻拌种子，使药液均匀分布在种子表面，而后晾干、待播。

注意事项 吡虫·咯·苯甲不能与碱性药剂及肥料混用。加水稀释药液应在 24 小时内使用。种子处理只能用药 1 次，且药剂处理后的种子只能用于播种，不能用作粮食、饲料等。播种后必须覆土，并严禁畜禽进入。

吡·咯·嘧菌酯

有效成分 吡虫啉（imidacloprid）＋咯菌腈（fludioxonil）＋嘧菌酯（azoxystrobin）。

主要含量与剂型 11％（9％吡虫啉＋0.3％咯菌腈＋1.7％嘧菌酯）种子处理悬浮剂。

产品特点 吡·咯·嘧菌酯是由杀虫活性成分吡虫啉与杀菌活性成分咯菌腈、嘧菌酯按一定比例科学混配的一种专用于种子处理的高效低毒复合杀虫杀菌剂，对刺吸式口器害虫和地下害虫及种传和土传真菌性病害具有较好的综合防控效果，并有促进苗齐、苗壮功效。

适用作物防控对象及使用技术 吡·咯·嘧菌酯主要用于花生种子包衣或拌种，以防控蛴螬、白绢病。一般每 100 千克种子使用 11％种子处理悬浮剂 1 400～1 600 毫升（不需加水稀释），摇匀后缓慢倒洒在花生种子上，边倒边翻拌种子，使药剂均匀黏附在每粒种子表面，而后晾干，24 小时后即可播种。

注意事项 吡·咯·嘧菌酯不能与碱性药剂及肥料混用。既可供种子公司进行专业化机械包衣，也可用于农户手工拌种，只能用药 1 次。药剂处理种子如需长期储存，需充分晾干并控制含水量在安全范围内。

吡醚·咯·噻虫

有效成分 吡唑醚菌酯（pyraclostrobin）＋咯菌腈（fludioxonil）＋噻虫胺（clothianidin）。

主要含量与剂型 30％（2.5％吡唑醚菌酯＋2.5％咯菌腈＋25％噻虫胺）悬浮种衣剂。

产品特点 吡醚·咯·噻虫是由杀菌活性成分吡唑醚菌酯、咯菌腈与杀虫活性成分噻虫胺按一定比例科学混配的一种专用于种子处理的高效低毒复合杀菌杀虫剂，具有一定内吸传导作用，对种传和土传真菌性病害及刺吸式口器害虫具有较好的综合防控效果，并促使苗齐、苗壮。

适用作物防控对象及使用技术 吡醚·咯·噻虫主要用于小麦种子包衣或拌种，以防控纹枯病、根腐病、蚜虫、飞虱，一般每 100 千克种子使用 30％悬浮种衣剂 90～110 毫升。先将相应药剂加入适量水稀释配成均匀药液（每 100 千克种子约需药液 1.5 升），然后将药液缓慢倒洒在种子上，边倒边翻拌种子，使药液均匀黏附在种子表面，而后晾干、待播。

注意事项 吡醚·咯·噻虫不能与碱性药剂及肥料混用。配制好的药液应在 24 小时内使用，且相应种子只能用药 1 次。药剂处理种子只能用于播种，严禁用于食用、饲料等。

丁硫·福美双

有效成分　丁硫克百威（carbosulfan）＋福美双（thiram）。

主要含量与剂型　25％（6％丁硫克百威＋19％福美双）悬浮种衣剂。

产品特点　丁硫·福美双是由杀虫活性成分丁硫克百威与杀菌活性成分福美双按一定比例科学混配的一种专用于种子处理的广谱中毒复合杀虫杀菌剂。药膜黏着性好，包衣牢固，内吸渗透性强，持效期较长，对地下害虫和土传及种传真菌性病害具有较好的综合防控效果。

适用作物防控对象及使用技术

大豆地下害虫、根腐病　一般每100千克种子使用25％悬浮种衣剂2 000～2 300毫升包衣或拌种。种子处理前先将相应药剂充分摇匀（不需加水稀释），然后缓慢均匀倒洒在种子上，边倒边翻拌，使药剂均匀黏附在每粒种子表面，而后晾干、待播。

玉米地下害虫、茎基腐病、散黑穗病　一般每100千克种子使用25％悬浮种衣剂1 600～2 300毫升包衣或拌种，或按照1：（40～60）的药种比处理种子。种子处理前先将相应药剂充分摇匀（不需加水稀释），然后缓慢均匀倒洒在种子上，边倒边翻拌，使药剂均匀黏附在每粒种子表面，而后晾干、待播。

注意事项　丁硫·福美双不能与碱性药剂及肥料混用，也不建议与其他药剂混用。种子处理只能用药1次。药剂处理种子只能用于播种，严禁用作饲料或食用。

多·福·克

有效成分　多菌灵（carbendazim）＋福美双（thiram）＋克百威（carbofuran）。

主要含量与剂型　20％（5％＋7％＋8％）、25％（8％＋9％＋8％；8％＋10％＋7％；10％＋10％＋5％）、26％（8％＋11％＋7％）、28％（5％＋11％＋12％）、30％（10％＋10％＋10％；15％＋10％＋5％）、35％（15％＋10％＋10％；12％＋15％＋8％）、38％（13％＋13％＋12％）悬浮种衣剂。括号内有效成分含量均为多菌灵的含量加福美双的含量加克百威的含量。

产品特点　多·福·克是由杀菌活性成分多菌灵、福美双与杀虫活性成分克百威按一定比例科学混配的一种专用于种子处理的中毒（原药高毒）至高毒复合杀菌杀虫剂，属"限制使用"药剂，内吸传导性较强，对土传和种传真菌性病害及地下害虫具有较好的综合防控效果。

适用作物防控对象及使用技术

大豆根腐病、蛴螬、金针虫、蝼蛄、小地老虎、孢囊线虫、蓟马　一般每100千克种子使用20％悬浮种衣剂或25％（8％＋9％＋8％）悬浮种衣剂2 000～2 500毫升，或30％悬浮种衣剂或35％悬浮种衣剂1 500～2 000毫升直接包衣或拌种（不需加水稀释）；或使用25％（10％＋10％＋5％）悬浮种衣剂或26％悬浮种衣剂或28％悬浮种衣剂按照1：（40～50）的药种比，或使用25％（8％＋10％＋7％）悬浮种衣剂或30％悬浮种衣剂或35％悬浮种衣剂按照1：（50～60）的药种比，或使用38％悬浮种衣剂按照1：

（60～80）的药种比直接包衣或拌种（不需加水稀释）。种子处理前先将相应药剂充分摇匀，然后缓慢倒洒在种子上，边倒边翻拌，使药剂均匀黏附在每粒种子表面，而后晾干、待播。

玉米根腐病、茎基腐病、地下害虫　一般每100千克种子使用30％悬浮种衣剂1 500～2 000毫升直接包衣或拌种（不需加水稀释）。种子处理前先将相应药剂充分摇匀，然后缓慢倒洒在种子上，边倒边翻拌，使药剂均匀黏附在每粒种子表面，而后晾干、待播。

注意事项　多·福·克不能与碱性药剂及肥料混用，也不建议与其他药剂或肥料混用。种子处理只能用药1次。药剂处理的种子只能用于播种，不能用作食用、饲料或榨油。本剂生产企业较多，配方比例有一定差异，具体选用时应以其标签说明为准。

多·咪·福美双

有效成分　多菌灵（carbendazim）＋咪鲜胺（prochloraz）＋福美双（thiram）。

主要含量与剂型　11％（4％＋1％＋6％）、18％（9％＋2％＋7％）、20％（6％＋1％＋13％）悬浮种衣剂。括号内有效成分含量均为多菌灵的含量加咪鲜胺的含量加福美双的含量。

产品特点　多·咪·福美双是由多菌灵、咪鲜胺、福美双三种杀菌活性成分按一定比例科学混配的一种专用于种子处理的低毒复合杀菌剂，具有保护和治疗双重作用，持效期较长。对水稻苗期病害具有较好的综合防控效果，并具有促进幼苗生长、增强抗逆性、提高秧苗综合质量的作用。

适用作物防控对象及使用技术　多·咪·福美双主要用于水稻种子包衣或拌种，以防控恶苗病、立枯病。一般使用11％悬浮种衣剂按照1∶（55～60）的药种比包衣或拌种，将相应药剂加适量水稀释配成均匀药浆（每100千克种子约需药浆2升）后使用，或每100千克种子使用18％悬浮种衣剂2 000～2 500毫升。种子处理时先将药浆或药剂充分摇匀，然后缓慢倒洒在种子上，边倒边翻拌，使药剂均匀黏附在每粒种子表面，而后阴干2～3天，再进行浸种、催芽。

注意事项　多·咪·福美双不能与碱性药剂及肥料混用。种子处理只能用药1次。药剂处理后的种子只能用于催芽播种，不能用作粮食、饲料或酿酒等。

氟环菌·咯菌腈·噻虫嗪

有效成分　氟唑环菌胺（fluxapyroxad）＋咯菌腈（fludioxonil）＋噻虫嗪（thiamethoxam）。

主要含量与剂型　27.2％（2.2％氟唑环菌胺＋2.2％咯菌腈＋22.8％噻虫嗪）种子处理悬浮剂。

产品特点　氟环菌·咯菌腈·噻虫嗪是由杀菌活性成分氟唑环菌胺、咯菌腈与杀虫活性成分噻虫嗪按一定比例科学混配的一种专用于种子处理的高效低毒复合杀菌杀虫剂，内吸传导性好，持效期较长，使用安全方便，对多种土传和种传真菌性病害及地下害虫和苗期蚜虫具有较好的综合防控效果，并促进根系生长、秧苗健壮。

适用作物防控对象及使用技术　氟环菌·咯菌腈·噻虫嗪主要应用于小麦种子包衣或拌种，以防控散黑穗病、纹枯病、根腐病、金针虫、蚜虫。一般每 100 千克种子使用 27.2% 种子处理悬浮剂 200～400 毫升，加适量水配成均匀药浆（每 100 千克种子约需药浆 1.5 升），然后缓慢均匀倒洒在种子上，边倒边翻拌，使药剂均匀黏附在每粒种子表面，而后晾干、待播。

注意事项　氟环菌·咯菌腈·噻虫嗪不能与碱性药剂及肥料混用。配制好的药液（浆）应在 24 小时内使用，且种子处理只能用药 1 次。药剂处理种子只能用于播种，严禁用作粮食或饲料。

福·克

有效成分　福美双（thiram）＋克百威（carbofuran）。

主要含量与剂型　15%（7%＋8%；8%＋7%）、18%（10%＋8%）、20%（15%＋5%；13%＋7%；12%＋8%；10%＋10%）、21%（11%＋10%）、30%（10%＋20%）悬浮种衣剂。括号内有效成分含量均为福美双的含量加克百威的含量。

产品特点　福·克是由杀菌活性成分福美双与杀虫活性成分克百威按一定比例科学混配的一种专用于种子处理的复合杀菌杀虫剂，中毒（原药高毒）或高毒，属"限制使用"药剂，种子处理后缓释性好，药效较高，持效期较长，正常使用对作物安全。杀菌成分以保护作用为主，杀虫成分内吸传导性好，对种传和土传真菌性病害及地下害虫和刺吸式口器害虫具有较好的综合防控效果，并可驱避鼠害、促进壮苗。

适用作物防控对象及使用技术

玉米苗期茎基腐病、丝黑穗病、地下害虫（地老虎、金针虫、蛴螬、蝼蛄）及苗期的蚜虫、蓟马、黏虫、玉米螟　一般每 100 千克种子使用 15% 悬浮种衣剂或 18% 悬浮种衣剂或 20% 悬浮种衣剂 2 000～2 500 毫升拌种或包衣，或使用 15% 悬浮种衣剂或 18% 悬浮种衣剂或 20% 悬浮种衣剂或 21% 悬浮种衣剂按照 1∶（40～50）的药种比拌种或包衣。先将相应药剂摇匀，然后缓慢均匀倒洒在种子上，边倒边翻拌，使药剂均匀黏附在每粒种子表面，而后晾干、待播。

花生立枯病、蛴螬、地老虎　一般每 100 千克种子使用 15% 悬浮种衣剂 2 000～2 300 毫升包衣或拌种。药剂处理前先将相应药剂摇匀，然后缓慢均匀倒洒在种子上，边倒边翻拌，使药剂均匀黏附在每粒种子表面，而后晾干、待播。

大豆根腐病、地下害虫　一般使用 30% 悬浮种衣剂按照 1∶（50～75）的药种比拌种或包衣。先将相应药剂摇匀，然后缓慢均匀倒洒在种子上，边倒边翻拌，使药剂均匀黏附在每粒种子表面，而后晾干、待播。

注意事项　福·克不能与碱性药剂或肥料混用。种子处理时不用加水稀释，摇匀后直接使用即可，且只能用药 1 次。药剂处理种子只能用于播种，严禁用作粮食、饲料或榨油。本剂生产企业较多，配方比例有一定差异，具体选用时应以其标签说明为准。

咯菌·精甲霜

有效成分 咯菌腈（fludioxoni）＋精甲霜灵（metalaxyl‐M）。

主要含量与剂型 35 克/升（25 克/升＋10 克/升）、62.5 克/升（25 克/升＋37.5 克/升）悬浮种衣剂，4%（2.5%＋1.5%）、35 克/升（25 克/升＋10 克/升）种子处理悬浮剂。括号内有效成分含量均为咯菌腈的含量加精甲霜灵的含量。

产品特点 咯菌·精甲霜又称精甲·咯菌腈，是由咯菌腈与精甲霜灵按一定比例科学混配的一种专用于种子处理的高效低毒复合杀菌剂，具有保护和内吸治疗作用，持效期较长，使用安全，对多种种传和土传真菌性病害均有很好的综合防控作用。

适用作物防控对象及使用技术

玉米茎基腐病 一般每 100 千克种子使用 35 克/升悬浮种衣剂或种子处理悬浮剂 150～200 毫升，或 4%种子处理悬浮剂 100～150 毫升包衣或拌种；或使用 35 克/升悬浮种衣剂按照 1：（500～1 000）的药种比用药。处理种子时，按照每 100 千克种子约需 1.5 升药液加适量水将相应药剂配成均匀药浆，然后把药浆缓慢均匀倒洒在种子上，边倒边翻拌，使药剂均匀黏附在每粒种子表面，而后晾干、待播。

水稻恶苗病 一般每 100 千克种子使用 35 克/升悬浮种衣剂或种子处理悬浮剂 400～500 毫升，或 62.5 克/升悬浮种衣剂 300～400 毫升包衣或拌种；或使用 62.5 克/升悬浮种衣剂按照 1：（250～330）的药种比用药。处理种子时，按照每 100 千克种子约需 1.5 升药液加适量水将相应药剂配成均匀药浆，然后把药浆缓慢均匀倒洒在种子上，边倒边翻拌，使药剂均匀黏附在每粒种子表面，晾干后直接播种或催芽后播种。

花生根腐病 一般每 100 千克种子使用 35 克/升悬浮种衣剂或种子处理悬浮剂 250～400 毫升包衣或拌种。处理种子时，按照每 100 千克种子约需 1.5 升药液加适量水将相应药剂配成均匀药浆，然后把药浆缓慢均匀倒洒在种子上，边倒边翻拌，使药剂均匀黏附在每粒种子表面，而后晾干、待播。

大豆根腐病 一般使用 62.5 克/升悬浮种衣剂按照 1：（250～330）的药种比包衣或拌种。先将相应药剂按照每 100 千克种子约需 1.5 升药液的比例加适量水配成均匀药浆，然后把药浆缓慢均匀倒洒在种子上，边倒边翻拌，使药剂均匀黏附在每粒种子表面，而后晾干、待播。

向日葵菌核病、霜霉病 一般每 100 千克种子使用 35 克/升悬浮种衣剂或种子处理悬浮剂 500～660 毫升包衣或拌种。先将相应药剂按照每 100 千克种子约需 1.5 升药液的比例加适量水配成均匀药浆，然后把药浆缓慢均匀倒洒在种子上，边倒边翻拌，使药剂均匀黏附在每粒种子表面，而后晾干、待播。

注意事项 咯菌·精甲霜不能与碱性药剂及肥料混用。配制好的药液（浆）应在 24 小时内使用，每季种子只能用药 1 次。药剂处理种子只能用于播种，严禁用作粮食、饲料或榨油。

精甲·咯·嘧菌

有效成分 精甲霜灵（metalaxyl‐M）＋咯菌腈（fludioxoni）＋嘧菌酯（azoxystrobin）。

主要含量与剂型 6%（1.8%＋0.6%＋3.6%）、10%（0.6%＋1.4%＋8%）、11%（3.3%＋1.1%＋6.6%）悬浮种衣剂，5%（1.5%＋1%＋2.5%）种子处理悬浮剂。括号内有效成分含量均为精甲霜灵的含量加咯菌腈的含量加嘧菌酯的含量。

产品特点 精甲·咯·嘧菌是由精甲霜灵、咯菌腈及嘧菌酯三种杀菌活性成分按一定比例科学混配的一种专用于种子处理的高效低毒复合杀菌剂，具有预防保护和内吸治疗双重作用，杀菌谱广，内吸传导性好，持效期长，使用安全，对多种土传及种传真菌性病害均有很好的综合防控效果，并能促使苗齐、苗壮。

适用作物防控对象及使用技术

水稻恶苗病 一般每 100 千克种子使用 5%种子处理悬浮剂 500～1 000 毫升，或 6%悬浮种衣剂 670～1 000 毫升，或 11%悬浮种衣剂 360～550 毫升包衣或拌种。先将相应药剂按照每 100 千克种子约需 1.5 升药液的比例加适量水配成均匀药浆，然后将药浆缓慢均匀倒洒在种子上，边倒边翻拌，使药剂均匀黏附在每粒种子表面，晾干后直接播种或催芽后播种。

玉米茎基腐病 一般每 100 千克种子使用 11%悬浮种衣剂 350～450 毫升包衣或拌种。先将相应药剂按照每 100 千克种子约需 1.5 升药液的比例加适量水配成均匀药浆，然后将药浆缓慢均匀倒洒在种子上，边倒边翻拌，使药剂均匀黏附在每粒种子表面，而后晾干、待播。

花生根腐病 一般每 100 千克种子使用 10%悬浮种衣剂 250～330 毫升或 11%悬浮种衣剂 330～450 毫升包衣或拌种。先将相应药剂按照每 100 千克种子约需 1.5 升药液的比例加适量水配成均匀药浆，然后将药浆缓慢均匀倒洒在种子上，边倒边翻拌，使药剂均匀黏附在每粒种子表面，而后晾干、待播。

棉花立枯病、猝倒病 一般每 100 千克种子使用 11%悬浮种衣剂 340～450 毫升包衣或拌种。先将相应药剂按照每 100 千克种子约需 1.5 升药液的比例加适量水配成均匀药浆，然后将药浆缓慢均匀倒洒在种子上，边倒边翻拌，使药剂均匀黏附在每粒种子表面，而后晾干、待播。

马铃薯黑痣病 用药方式为种薯拌种，一般每 100 千克种薯使用 11%悬浮种衣剂 70～100 毫升。先将相应药剂按照每 100 千克种薯约需 1～1.5 升药液的比例加适量水配成均匀药浆，然后将药浆缓慢均匀喷洒在种薯上，边喷洒边翻拌，使药剂均匀黏附在每块种薯表面，而后晾干或用滑石粉吸潮即可。

注意事项 精甲·咯·嘧菌不能与碱性药剂及肥料混用。配制好的药液应在 24 小时内使用，每季种子只能用药 1 次。药剂处理过的种子只能用于播种，不能用作粮食、饲料或榨油等。

克·醇·福美双

有效成分 克百威（carbofuran）＋三唑醇（triadimenol）＋福美双（thiram）。

主要含量与剂型 15%（7%＋2%＋6%）、16%（7%＋1%＋8%）、20%（8%＋0.8%＋11.2%）悬浮种衣剂。括号内有效成分含量均为克百威的含量加三唑醇的含量加福美双的含量。

产品特点 克·醇·福美双是由杀虫活性成分克百威与杀菌活性成分三唑醇、福美双按一定比例科学混配的一种专用于种子处理的复合杀虫杀菌剂，中毒（原药高毒）至高毒，属"限制使用"药剂，具有保护和内吸作用，持效期较长，对地下害虫及土传和种传的多种真菌性病害具有较好的综合防控效果，使用方便。

适用作物防控对象及使用技术 克·醇·福美双适用于玉米种子包衣或拌种，以防控地下害虫（金针虫、小地老虎、蛴螬、蝼蛄）及丝黑穗病。一般使用15％悬浮种衣剂或16％悬浮种衣剂按照1∶（30～50）的药种比，或使用20％悬浮种衣剂按照1∶（30～40）的药种比拌种或包衣。先将相应药剂充分摇匀，然后缓慢均匀倒洒在种子上，边倒边翻拌，使药剂均匀黏附在每粒种子表面，而后晾干、待播。

注意事项 克·醇·福美双不能与碱性药剂或肥料混用，也不用加水稀释。种子处理只能用药1次。药剂处理的种子只能用于播种，严禁用作粮食、饲料等他用。

克·戊·三唑酮

有效成分 克百威（carbofuran）＋戊唑醇（tebuconazole）＋三唑酮（triadimefon）。

主要含量与剂型 8.1％（7％＋0.2％＋0.9％）、9.1％（7％＋0.3％＋1.8％）悬浮种衣剂。括号内有效成分含量均为克百威的含量加戊唑醇的含量加三唑酮的含量。

产品特点 克·戊·三唑酮是由杀虫活性成分克百威与杀菌活性成分戊唑醇、三唑酮按一定比例科学混配的一种专用于种子处理的中毒（原药高毒）复合杀虫杀菌剂，属"限制使用"药剂，内吸传导性好，持效期较长，使用方便，对地下害虫及土传和种传的高等真菌性病害具有很好的综合防控效果。

适用作物防控对象及使用技术 克·戊·三唑酮适用于玉米种子包衣或拌种，以防控地下害虫（金针虫、小地老虎、蛴螬、蝼蛄）及丝黑穗病。一般每100千克种子使用8.1％悬浮种衣剂2 200～2 800毫升或9.1％悬浮种衣剂2 000～2 500毫升。先将相应药剂充分摇匀，然后缓慢均匀倒洒在相应种子上，边倒边翻拌，使药剂均匀黏附在每粒种子表面，而后晾干、待播。

注意事项 克·戊·三唑酮不能与碱性药剂及肥料混用，也不用加水稀释。种子处理只能用药1次，但不能用于催芽的玉米种子。药剂处理后的种子只能用于播种，不能用作粮食、饲料等，且播种后应在田间设立警示标志，人畜7天后才能进入该田块。

咪鲜·吡虫啉

有效成分 咪鲜胺（prochloraz）＋吡虫啉（imidacloprid）。

主要含量与剂型 1.3％（0.3％＋1％）、2.5％（0.5％＋2％）、7％（2％＋5％）悬浮种衣剂。括号内有效成分含量均为咪鲜胺的含量加吡虫啉的含量。

产品特点 咪鲜·吡虫啉是由杀菌活性成分咪鲜胺与杀虫活性成分吡虫啉按一定比例科学混配的一种专用于种子处理的高效低毒复合杀菌杀虫剂，使用安全，持效期较长，对多种土传和种传真菌性病害及刺吸式口器害虫具有较好的综合防控作用。

适用作物防控对象及使用技术 咪鲜·吡虫啉适用于水稻种子包衣或拌种，一般每

100 千克种子使用 1.3％悬浮种衣剂 2 000～2 300 毫升，或使用 1.3％悬浮种衣剂或 2.5％悬浮种衣剂按照 1∶（40～50）的药种比，或使用 7％悬浮种衣剂按照 1∶（80～120）的药种比拌种或包衣。使用 1.3％悬浮种衣剂或 2.5％悬浮种衣剂时，药剂摇匀后（不需加水稀释）直接使用；使用 7％悬浮种衣剂时，需将药剂加水稀释 1 倍并摇匀后使用。种子处理时，将相应药剂或药液缓慢均匀倒洒在种子上，边倒边翻拌，使药剂均匀黏附在每粒种子表面，晾干后直接播种或催芽后播种。

注意事项 咪鲜·吡虫啉不能与碱性药剂及肥料混用。种子处理只能用药 1 次。药剂处理种子只能用于播种，不能用于粮食、饲料、酿造等。若药剂处理种子需装袋储存，则应摊晾 1～2 天干燥后才能装袋。

嘧·咪·噻虫嗪

有效成分 嘧菌酯（azoxystrobin）＋咪鲜胺铜盐（prochloraz copper chloride complex）＋噻虫嗪（thiamethoxam）。

主要含量与剂型 30％（6％嘧菌酯＋4％咪鲜胺铜盐＋20％噻虫嗪）悬浮种衣剂。

产品特点 嘧·咪·噻虫嗪是由杀菌活性成分嘧菌酯、咪鲜胺铜盐与杀虫活性成分噻虫嗪按一定比例科学混配的一种专用于种子处理的高效低毒复合杀菌杀虫剂，内吸传导性好，持效期较长，对种传和土传真菌性病害及刺吸式口器害虫具有较好的综合防控效果，并促使幼苗生长健壮。

适用作物防控对象及使用技术

花生根腐病、蚜虫 一般每 100 千克种子使用 30％悬浮种衣剂 450～550 毫升包衣或拌种。先将药剂加适量水配成均匀药浆（每 100 千克种子约需药液 1.5 升），然后将药浆缓慢均匀倒洒在种子上，边倒边翻拌，使药剂均匀黏附在每粒种子表面，而后晾干、待播。

小麦根腐病、散黑穗病、蚜虫 一般每 100 千克种子使用 30％悬浮种衣剂 300～450 毫升包衣或拌种。先将药剂加适量水配成均匀药浆（每 100 千克种子约需药液 1.5 升），然后将药浆缓慢均匀倒洒在种子上，边倒边翻拌，使药剂均匀黏附在每粒种子表面，而后晾干、待播。

注意事项 嘧·咪·噻虫嗪不能与碱性药剂及肥料混用。配制好的药液（浆）应在 24 小时内使用，种子药剂处理只能用药 1 次。药剂处理种子只能用于播种，不能用作粮食、饲料、榨油等。

嘧·噻虫·噻呋

有效成分 嘧菌酯（azoxystrobin）＋噻虫嗪（thiamethoxam）＋噻呋酰胺（thifluzamide）。

主要含量与剂型 6％（1％嘧菌酯＋3％噻虫嗪＋2％噻呋酰胺）种子处理悬浮剂。

产品特点 嘧·噻虫·噻呋又称"嘧菌酯·噻虫嗪·噻呋"，是由杀菌活性成分嘧菌酯与杀虫活性成分噻虫嗪及杀菌活性成分噻呋酰胺按科学比例混配的一种专用于种子处理的高效低毒复合杀菌杀虫剂，内吸传导性好，持效期较长，使用方便，对土传和种传真菌性病害及地下害虫具有较好的综合防控效果，并有促使苗齐、苗壮功效。

适用作物防控对象及使用技术 嘧·噻虫·噻呋适用于花生种子包衣或拌种，以防控白绢病、蛴螬。一般每 100 千克种子使用 6%种子处理悬浮剂 4 000～4 700 毫升，充分摇匀后缓慢均匀倒洒在种子上，边倒边翻拌，使药剂均匀黏附在每粒种子表面，而后晾干、待播。

注意事项 嘧·噻虫·噻呋不能与碱性药剂或肥料混用，也不用加水稀释。种子处理只能用药 1 次。药剂处理种子只能用于播种，严禁用于食用、榨油、饲料等。

噻虫·福·萎锈

有效成分 噻虫嗪（thiamethoxam）＋福美双（thiram）＋萎锈灵（carboxin）。

主要含量与剂型 35%（15%＋10%＋10%）、44%（18%＋13%＋13%）悬浮种衣剂。括号内有效成分含量均为噻虫嗪的含量加福美双的含量加萎锈灵的含量。

产品特点 噻虫·福·萎锈是由杀虫活性成分噻虫嗪与杀菌活性成分福美双、萎锈灵按一定比例科学混配的一种专用于种子处理的低毒复合杀虫杀菌剂，具有保护和内吸传导作用，持效期较长，对种传和土传真菌性病害及刺吸式口器害虫具有较好的综合防控效果，使用安全。

适用作物防控对象及使用技术

花生蚜虫、根腐病 用药方式为种子包衣或拌种。一般每 100 千克种子使用 35%悬浮种衣剂 500～570 毫升，加适量水稀释配成均匀药浆（每 100 千克种子约需药液 1.5 升），然后缓慢均匀倒洒在种子上，边倒边翻拌，使药剂均匀黏附在每粒种子表面，而后晾干、待播。

小麦蚜虫、全蚀病、根腐病 用药方式为种子包衣或拌种。一般每 100 千克种子使用 44%悬浮种衣剂 300～500 毫升，加适量水稀释配成均匀药浆（每 100 千克种子约需药液 1.5 升），然后缓慢均匀倒洒在种子上，边倒边翻拌，使药剂均匀黏附在每粒种子表面，而后晾干、待播。

注意事项 噻虫·福·萎锈不能与碱性药剂及肥料混用。配制好的药液（浆）应在 24 小时内使用，种子处理只能用药 1 次。药剂处理种子只能用于播种，严禁用作粮食、饲料、榨油等。

噻虫·咯·霜灵

有效成分 噻虫嗪（thiamethoxam）＋咯菌腈（fludioxoni）＋精甲霜灵（metalaxyl - M）。

主要含量与剂型 20%（15%＋2%＋3%）、25%（22.2%＋1.1%＋1.7%；22%＋1%＋2%）、29%（28.08%＋0.66%＋0.26%）悬浮种衣剂，10%（7.5%＋1%＋1.5%）种子处理悬浮剂。括号内有效成分含量均为噻虫嗪的含量加咯菌腈的含量加精甲霜灵的含量。

产品特点 噻虫·咯·霜灵是由杀虫活性成分噻虫嗪与杀菌活性成分咯菌腈、精甲霜灵按一定比例科学混配的一种专用于种子处理的高效低毒复合杀虫杀菌剂，具有保护和内吸传导作用，持效期较长，使用安全方便，对土传和种传真菌性病害及多种害虫具有较好的综合防控效果。

适用作物防控对象及使用技术

水稻蓟马、恶苗病 一般每 100 千克种子使用 10％种子处理悬浮剂 500～1 000 毫升，或 20％悬浮种衣剂 250～500 毫升，或 25％悬浮种衣剂 500～600 毫升包衣或拌种。先将药剂加适量水配成均匀药浆（每 100 千克种子约需药液 1.5 升），然后将药浆缓慢均匀倒洒在种子上，边倒边翻拌，使药剂均匀黏附在每粒种子表面，晾干后直接播种或催芽后播种。

玉米灰飞虱、蚜虫、茎基腐病 一般每 100 千克种子使用 29％悬浮种衣剂 450～550 毫升包衣或拌种，或使用 29％悬浮种衣剂按照 1：（180～230）的药种比拌种或包衣。先将相应药剂加适量水配成均匀药浆（每 100 千克种子约需药液 1.5 升），然后将药浆缓慢均匀倒洒在种子上，边倒边翻拌，使药剂均匀黏附在每粒种子表面，而后晾干、待播。

花生蛴螬、金针虫、根腐病 一般每 100 千克种子使用 25％悬浮种衣剂 500～600 毫升或 29％悬浮种衣剂 470～560 毫升包衣或拌种。先将药剂加适量水配成均匀药浆（每 100 千克种子约需药液 1.5 升），然后将药浆缓慢均匀地倒洒在种子上，边倒边翻拌，使药剂均匀黏附在每粒种子表面，而后晾干、待播。

棉花蚜虫、立枯病、猝倒病 一般每 100 千克种子使用 25％悬浮种衣剂 600～1 200 毫升包衣或拌种。先将药剂加适量水配成均匀药浆（每 100 千克种子约需药液 1.5 升），然后将药浆缓慢均匀地倒洒在相应种子上，边倒边翻拌，使药剂均匀黏附在每粒种子表面，而后晾干、待播。

人参金针虫、立枯病、锈腐病、疫病 一般每 100 千克种子使用 25％悬浮种衣剂 880～1 360 毫升包衣或拌种。先将药剂加适量水配成均匀药浆（每 100 千克种子约需药液 1.5 升），然后将药浆缓慢均匀地倒洒在种子上，边倒边翻拌，使药剂均匀黏附在每粒种子表面，而后晾干、待播。

注意事项 噻虫·咯·霜灵不能与碱性药剂及肥料混用。配制好的药液应在 24 小时内使用，种子处理只能用药 1 次。药剂处理种子只能用于播种，不能用作粮食、饲料、酿造、榨油等。本剂生产企业较多，配方比例有一定差异，具体选用时应以其标签说明为准。

噻虫·咯菌腈

有效成分 噻虫嗪（thiamethoxam）＋咯菌腈（fludioxoni）。

主要含量与剂型 22％（20％＋2％）、25％（22.5％＋2.5％）悬浮种衣剂，17％（15％＋2％）、22％（20％＋2％）种子处理悬浮剂。括号内有效成分含量均为噻虫嗪的含量加咯菌腈的含量。

产品特点 噻虫·咯菌腈是由杀虫活性成分噻虫嗪与杀菌活性成分咯菌腈按一定比例科学混配的一种专用于种子处理的高效低毒复合杀虫杀菌剂，具有较好的内吸传导性和渗透性，持效期较长，使用安全，对刺吸式口器害虫及种传和土传真菌性病害具有较好的综合防控效果。

适用作物防控对象及使用技术

水稻蓟马、恶苗病 一般每100千克种子使用17％种子处理悬浮剂500～740毫升，或22％种子处理悬浮剂或22％悬浮种衣剂450～600毫升包衣或拌种。先将相应药剂加适量水配成均匀药浆（每100千克种子约需药液1.5升），然后将药浆缓慢均匀地倒洒在种子上，边倒边翻拌，使药剂均匀黏附在每粒种子表面，晾干后直接播种或催芽后播种。

小麦蚜虫、飞虱、散黑穗病、全蚀病 一般每100千克种子使用22％种子处理悬浮剂或22％悬浮种衣剂525～750毫升，或25％悬浮种衣剂400～600毫升包衣或拌种。先将相应药剂加适量水配成均匀药浆（每100千克种子约需药液1.5升），然后将药浆缓慢均匀倒洒在种子上，边倒边翻拌，使药剂均匀黏附在每粒种子表面，而后晾干、待播。

玉米灰飞虱、蚜虫、茎基腐病 一般每100千克种子使用22％种子处理悬浮剂或22％悬浮种衣剂250～350毫升包衣或拌种。先将相应药剂加适量水配成均匀药浆（每100千克种子约需药液1.5升），然后将药浆缓慢均匀倒洒在种子上，边倒边翻拌，使药剂均匀黏附在每粒种子表面，而后晾干、待播。

棉花蚜虫、立枯病 一般每100千克种子使用25％悬浮种衣剂1 000～1 200毫升包衣或拌种。先将药剂加适量水配成均匀药浆（每100千克种子约需药液1.5升），然后将药浆缓慢均匀倒洒在相应种子上，边倒边翻拌，使药剂均匀黏附在每粒种子表面，而后晾干、待播。

注意事项 噻虫·咯菌腈不能与碱性药剂及肥料混用。配制好的药液应在24小时内使用，种子药剂处理只能用药1次。药剂处理种子只能用于播种，严禁用作粮食、饲料、酿造、榨油等。

噻虫·咪鲜胺

有效成分 噻虫嗪（thiamethoxam）＋咪鲜胺（prochloraz）。

主要含量与剂型 35％（30％＋5％）悬浮种衣剂，3％（2％＋1％）种子处理悬浮剂。括号内有效成分含量均为噻虫嗪的含量加咪鲜胺的含量。

产品特点 噻虫·咪鲜胺是由杀虫活性成分噻虫嗪与杀菌活性成分咪鲜胺按一定比例科学混配的一种专用于种子处理的高效低毒复合杀虫杀菌剂，内吸渗透性好，黏着性强，使用方便安全，对刺吸式口器害虫及种传和土传高等真菌性病害具有较好的综合防控效果。

适用作物防控对象及使用技术 噻虫·咪鲜胺适用于水稻种子包衣或拌种，以防控蓟马、恶苗病。一般每100千克种子使用3％种子处理悬浮剂2 600～3 300毫升摇匀后直接包衣或拌种，或使用35％悬浮种衣剂200～250毫升加水稀释（每100千克种子约需药液1.5升）配成均匀药浆后包衣或拌种。包衣或拌种时，将相应药剂或药浆摇匀后缓慢均匀倒洒在种子上，边倒边翻拌，使药剂均匀黏附在每粒种子表面，晾干后直接播种或催芽后播种。

注意事项 噻虫·咪鲜胺不能与碱性药剂及肥料混用。药剂处理种子只能用药1次，且药剂处理种子只能用于播种，严禁用作粮食、饲料、酿造等。

萎锈·福美双

有效成分 萎锈灵（carboxin）＋福美双（thiram）。

主要含量与剂型 400克/升（200克/升＋200克/升）悬浮种衣剂，75%（37.5%＋37.5%）种子处理可分散粉剂。括号内有效成分含量均为萎锈灵的含量加福美双的含量。

产品特点 萎锈·福美双是由萎锈灵与福美双按一定比例科学混配的一种专用于种子处理的低毒复合杀菌剂，具有触杀和内吸双重作用，黏着性好，持效期长，种子处理后对土传和种传真菌性病害及烂种均有很好的防控效果，并有提高发芽率、促进根系发达、苗齐苗壮等功效。

适用作物防控对象及使用技术

水稻恶苗病、立枯病 一般使用400克/升悬浮种衣剂按照1：（200～300）的药种比或使用75%种子处理可分散粉剂按照1：（400～500）的药种比拌种或包衣。先将相应药剂加适量水稀释配成均匀药浆（每100千克种子约需药液1.5升），然后将药浆缓慢均匀倒洒在种子上，边倒边翻拌，使药剂均匀黏附在每粒种子表面，晾干后直接播种或催芽后播种。

小麦散黑穗病、根腐病 一般使用400克/升悬浮种衣剂按照1：（300～360）的药种比或使用75%种子处理可分散粉剂按照1：（300～400）的药种比拌种或包衣。先将相应药剂加适量水稀释配成均匀药浆（每100千克种子约需药液1.5升），然后将药浆缓慢均匀倒洒在种子上，边倒边翻拌，使药剂均匀黏附在每粒种子表面，而后晾干、待播。

大麦黑穗病、条纹病 一般使用400克/升悬浮种衣剂按照1：（330～500）的药种比拌种或包衣。先将药剂加适量水稀释配成均匀药浆（每100千克种子约需药液1.5升），然后将药浆缓慢均匀倒洒在种子上，边倒边翻拌，使药剂均匀黏附在每粒种子表面，而后晾干、待播。

玉米丝黑穗病、茎基腐病 一般每100千克种子使用400克/升悬浮种衣剂350～450毫升或使用400克/升悬浮种衣剂按照1：（200～300）的药种比拌种或包衣。先将相应药剂加适量水稀释配成均匀药浆（每100千克种子约需药液1.5升），然后将药浆缓慢均匀倒洒在相应种子上，边倒边翻拌，使药剂均匀黏附在每粒种子表面，而后晾干、待播。

花生根腐病 一般每100千克种子使用400克/升悬浮种衣剂200～300毫升拌种或包衣。先将相应药剂加适量水稀释配成均匀药浆（每100千克种子约需药液1.5升），然后将药浆缓慢均匀倒洒在种子上，边倒边翻拌，使药剂均匀黏附在每粒种子表面，而后晾干、待播。

大豆根腐病 一般使用400克/升悬浮种衣剂按照1：（200～250）的药种比拌种或包衣。先将药剂加适量水稀释配成均匀药浆（每100千克种子约需药液1.5升），然后将药浆缓慢均匀倒洒在种子上，边倒边翻拌，使药剂均匀黏附在每粒种子表面，而后晾干、待播。

棉花立枯病 一般每100千克种子使用400克/升悬浮种衣剂400～500毫升拌种或包

衣。先将药剂加适量水稀释配成均匀药浆（每 100 千克种子约需药液 1.5 升），然后将药浆缓慢均匀倒洒在相应种子上，边倒边翻拌，使药剂均匀黏附在每粒种子表面，而后晾干、待播。

注意事项 萎锈·福美双不能与碱性药剂及肥料混用。种子药剂处理只能用药 1 次，且药剂处理种子只能用于播种，严禁用作粮食、饲料、榨油等。

戊唑·吡虫啉

有效成分 戊唑醇（tebuconazole）＋吡虫啉（imidacloprid）。

主要含量与剂型 3%（0.3%＋2.7%）、5.4%（0.4%＋5%）、11%（0.8%＋10.2%）、16%（0.7%＋15.3%）、21%（1.1%＋19.9%）、31%（1%＋30%）、34%（1.12%＋32.88%）悬浮种衣剂，32%（1.1%＋30.9%）种子处理悬浮剂。括号内有效成分含量均为戊唑醇的含量加吡虫啉的含量。

产品特点 戊唑·吡虫啉是由杀菌活性成分戊唑醇与杀虫活性成分吡虫啉按一定比例科学混配的一种专用于种子处理的高效低毒复合杀菌杀虫剂，内吸传导性好，持效期较长，使用安全方便，对种传和土传高等真菌性病害及刺吸式口器害虫和地下害虫具有很好的综合防控效果，并能促进苗齐、苗壮。

适用作物防控对象及使用技术

玉米丝黑穗病、蚜虫、灰飞虱 一般使用 3% 悬浮种衣剂按照 1∶（20～25）的药种比或使用 5.4% 悬浮种衣剂按照 1∶（30～50）的药种比拌种或包衣，或每 100 千克种子使用 11% 悬浮种衣剂 1 600～2 000 毫升拌种或包衣。将相应药剂摇匀后缓慢均匀倒洒在种子上，边倒边翻拌，使药剂均匀黏附在每粒种子表面，而后晾干、待播。也可每 100 千克种子使用 21% 悬浮种衣剂 400～800 毫升拌种或包衣，将药剂先加适量水稀释配成均匀药浆（每 100 千克种子约需药液 1.5 升），然后将药浆缓慢均匀倒洒在种子上，边倒边翻拌，使药剂均匀黏附在每粒种子表面，而后晾干、待播。

小麦散黑穗病、全蚀病、纹枯病、蚜虫 一般每 100 千克种子使用 16% 悬浮种衣剂 750～1 000 毫升，或 31% 悬浮种衣剂 320～400 毫升，或 32% 种子处理悬浮剂 300～700 毫升，或 34% 悬浮种衣剂 350～400 毫升拌种或包衣；或使用 11% 悬浮种衣剂按照 1∶（60～100）的药种比拌种或包衣。先将相应药剂加适量水稀释配成均匀药浆（每 100 千克种子约需药液 1.5 升），然后将药浆缓慢均匀倒洒在种子上，边倒边翻拌，使药剂均匀黏附在每粒种子表面，而后晾干、待播。

水稻恶苗病、蓟马 一般每 100 千克种子使用 32% 种子处理悬浮剂 600～900 毫升拌种或包衣。先将相应药剂加适量水稀释配成均匀药浆（每 100 千克种子约需药液 1.5 升），然后将药浆缓慢均匀倒洒在种子上，边倒边翻拌，使药剂均匀黏附在每粒种子表面，晾干后直接播种或催芽后播种。

花生叶斑病、蛴螬 一般使用 21% 悬浮种衣剂按照 1∶（100～150）的药种比拌种或包衣。先将相应药剂加适量水稀释配成均匀药浆（每 100 千克种子约需药液 1.5 升），然后将药浆缓慢均匀倒洒在种子上，边倒边翻拌，使药剂均匀黏附在每粒种子表面，而后晾干、待播。

注意事项 戊唑·吡虫啉不能与碱性药剂及肥料混用。加水稀释的药液应在 24 小时内使用，且种子处理只能用药 1 次。药剂处理种子只能用于播种，严禁用作粮食、饲料、榨油等。

戊唑·噻虫嗪

有效成分 戊唑醇（tebuconazole）＋噻虫嗪（thiamethoxam）。

主要含量与剂型 7%（0.54%＋6.46%）、10%（0.6%＋9.4%）悬浮种衣剂，4%（0.5%＋3.5%）种子处理悬浮剂。括号内有效成分含量均为戊唑醇的含量加噻虫嗪的含量。

产品特点 戊唑·噻虫嗪是由杀菌活性成分戊唑醇与杀虫活性成分噻虫嗪按一定比例科学混配的一种专用于种子处理的高效低毒复合杀菌杀虫剂，内吸传导性好，作用速度快，药效高，持效期长，使用安全，处理种子后可被作物根部迅速内吸并向上传导到植株各部位，对土传和种传的高等真菌性病害及刺吸式口器害虫等具有很好的综合防控效果，并具促使苗齐、苗壮功效。

适用作物防控对象及使用技术 戊唑·噻虫嗪适用于玉米种子包衣或拌种，以防控丝黑穗病、蛴螬、蚜虫、灰飞虱。一般每 100 千克种子使用 4% 种子处理悬浮剂 2 000～2 400 毫升，或 7% 悬浮种衣剂 2 000～2 800 毫升，或 10% 悬浮种衣剂 1 400～1 800 毫升拌种或包衣。将相应药剂摇匀后缓慢均匀倒洒在种子上，边倒边翻拌，使药剂均匀黏附在每粒种子表面，而后晾干、待播。

注意事项 戊唑·噻虫嗪不能与碱性药剂及肥料混用。种子处理只能用药 1 次，且药剂处理种子只能用于播种，不能用作粮食、饲料等。

唑醚·萎·噻虫

有效成分 吡唑醚菌酯（pyraclostrobin）＋萎锈灵（carboxin）＋噻虫嗪（thiamethoxam）。

主要含量与剂型 40%（5% 吡唑醚菌酯＋15% 萎锈灵＋20% 噻虫嗪）悬浮种衣剂。

产品特点 唑醚·萎·噻虫是由杀菌活性成分吡唑醚菌酯、萎锈灵与杀虫活性成分噻虫嗪按一定比例科学混配的一种专用于种子处理的高效低毒复合杀菌杀虫剂，内吸渗透性好，杀虫灭菌活性高，持效期较长，对多种土传和种传的真菌性病害及刺吸式口器害虫具有很好的综合防控效果，并能促使苗齐、苗壮、根系发育良好。

适用作物防控对象及使用技术 唑醚·萎·噻虫适用于棉花种子包衣或拌种，以防控苗期炭疽病、立枯病、蚜虫、飞虱，一般每 100 千克种子使用 40% 悬浮种衣剂 750～1 000 毫升。先将药剂加适量水稀释配成均匀药浆（每 100 千克种子约需药液 1.5 升），然后将药浆缓慢均匀倒洒在种子上，边倒边翻拌，使药剂均匀黏附在每粒种子表面，而后晾干、待播。

注意事项 唑醚·萎·噻虫不能与碱性药剂及肥料混用。种子处理只能用药 1 次，且药剂处理种子只能用于播种，严禁用作饲料、榨油等。

第四章 除草剂

第一节 单 剂

2甲4氯二甲胺盐 MCPA-dimethyl amine salt

主要含量与剂型 65%、750 克/升水剂。

产品特点 2甲4氯二甲胺盐是一种苯氧羧酸类选择性激素型低毒除草剂，具有较强的内吸传导性，易被杂草根部和茎叶吸收并传导至各部位，通过影响核酸与蛋白质的合成而发挥除草作用。在植物顶端抑制核酸代谢和蛋白质合成，使生长点停止生长，幼嫩叶片不能伸展；在植株下部使核酸与蛋白质合成增加，促进细胞异常分裂，根尖膨大，丧失吸收功能，造成茎秆扭曲、畸形，筛管堵塞，最终导致植株死亡。

适用作物防除对象及使用技术 2甲4氯二甲胺盐适用于水稻移栽田、小麦田、玉米田等禾本科作物田，用于防除鸭舌草、水苋菜、泽泻、野慈姑、蓼、大巢菜、猪殃殃、荠菜、蒲公英、蓟等多种一年生阔叶杂草及异形莎草、扁秆藨草、香附子等莎草科杂草。

水稻移栽田 水稻移栽后，在水稻4叶期至分蘖末期、稻田杂草3~5叶期，均匀茎叶喷雾施药。施药前排干田水，施药后1天复水，并保持浅水层5~7天，且施药后水层不能淹没水稻心叶。一般每亩使用65%水剂40~60毫升或750克/升水剂40~55毫升，对适量水均匀茎叶喷雾。

小麦田 在小麦3~5叶期、麦田杂草3~5叶期均匀茎叶施药。一般每亩使用65%水剂60~80毫升或750克/升水剂60~70毫升，对适量水均匀茎叶喷雾。

玉米田 在玉米3~5叶期、田间杂草3~4叶期均匀茎叶施药。一般每亩使用750克/升水剂50~65毫升或65%水剂50~70毫升，对适量水均匀茎叶喷雾。

注意事项 2甲4氯二甲胺盐对棉花、油菜、豆类、瓜类、蔬菜、果树、林木等双子叶植物极为敏感，施药时严禁药液飘移到阔叶作物上，以免发生药害。施药喷雾时应均匀周到，避免重喷、漏喷。稻田养殖鱼、虾、蟹的田块禁止使用本剂。

2甲4氯钠 MCPA-sodium

主要含量与剂型 13%水剂，40%、56%可湿性粉剂，56%、85%可溶粉剂。

产品特点 2甲4氯钠是一种苯氧羧酸类选择性激素型低毒除草剂，具有较强的内吸传导性。主要用于苗后茎叶处理，穿过角质层和细胞膜传导到各部位，通过影响核酸和蛋白质的合成而导致杂草死亡。在植物顶端抑制核酸代谢和蛋白质的合成，使生长点停止生长，幼嫩叶片不能伸展，光合作用不能正常进行；在植株下部使茎部组织的核酸和蛋白质合成增加，促进细胞异常分裂，根尖膨大，丧失吸收能力，造成茎秆扭曲、畸形、筛管堵塞，有机物运输受阻，进而破坏植物正常的生活能力，最终导致植物死亡。该药作用方式及选择性与2，4-滴丁酯相同，但其挥发性和作用速度较2，4-滴丁酯乳油低且慢，所以在寒地稻区使用比2，4-滴丁酯较安全。

适用作物防除对象及使用技术　2甲4氯钠适用于水稻、麦类、玉米等禾本科作物田，用于防除异型莎草、鸭舌草、水苋菜、泽泻、野慈姑、扁秆藨草、蓼、大巢菜、猪殃殃、毛茛、荠菜、蒲公英、刺儿菜等阔叶杂草和莎草科杂草。本剂对禾本科作物的幼苗期很敏感，3～4叶期后抗性逐渐增强，分蘖末期最强，而幼穗分化期敏感性又上升。

冬小麦田　在小麦分蘖末期至拔节前、阔叶杂草2～4叶期用药，一般每亩使用13%水剂250～300毫升，或40%可湿性粉剂120～180克，或56%可湿性粉剂或56%可溶粉剂100～150克，或85%可溶粉剂70～100克，对水25～35千克均匀喷雾，可防除大多数一年生阔叶杂草。

玉米田　在玉米4～6叶期、阔叶杂草2～4叶期用药，一般每亩使用13%水剂300～400毫升，或40%可湿性粉剂140～180克，或56%可湿性粉剂或56%可溶粉剂100～140克，或85%可溶粉剂70～100克，对水30～40千克均匀地面喷雾，防除阔叶杂草效果好。

水稻移栽田　在水稻移栽后分蘖末期、杂草2～4叶期用药，一般每亩使用13%水剂350～450毫升，或40%可湿性粉剂120～150克，或56%可湿性粉剂或56%可溶粉剂80～120克，或85%可溶粉剂55～80克，对水30～45千克均匀喷雾。施药前一天排干水层，施药后隔天灌水。为扩大杀草谱，提高除草效果，2甲4氯钠也可与灭草松或敌稗混用。混用剂量为：每亩使用13%2甲4氯钠水剂100～150毫升，或40%可湿性粉剂60～90克，或56%可湿性粉剂或56%可溶粉剂50～70克，或85%可溶粉剂30～45克，混加48%灭草松或480克/升水剂50毫升；或每亩使用13%2甲4氯钠水剂150～175毫升，或40%可湿性粉剂90～120克，或56%可湿性粉剂或56%可溶粉剂65～80克，或85%可溶粉剂45～55克，混加34%敌稗乳油90～100毫升，对水35～40千克均匀喷雾。

注意事项　2甲4氯钠对棉花、油菜、花生、大豆、瓜类、果树、林木等阔叶植物非常敏感，用药时尽量避开敏感植物地块，并选择无风天气施药。用过2甲4氯钠的喷雾器械，应进行彻底清洗，最好专用，否则易产生药害。

苯磺隆 tribenuron－methyl

主要含量与剂型　10%、20%可湿性粉剂，20%可溶粉剂，75%水分散粒剂。

产品特点　苯磺隆是一种磺酰脲类内吸传导型芽后选择性低毒除草剂，茎叶处理后可被杂草茎叶及根部吸收，并在体内传导，通过阻碍乙酰乳酸合成酶，使缬氨酸、异亮氨酸的生物合成受到抑制，进而阻止细胞分裂，致使杂草死亡。用药初期，杂草虽然保持青绿，但生长已受到严重抑制，不再对作物构成为害。施药后10～14天杂草受到严重抑制，逐渐心叶褪绿坏死，叶片褪绿，一般在施药后30天逐渐整株枯死，未死植株生长受到抑制。苯磺隆在土壤中持效期达 30～45 天，不影响轮作的下茬作物。

适用作物防除对象及使用技术　苯磺隆适用于小麦、大麦、燕麦等麦类作物，对双子叶杂草如繁缕、荠菜、麦瓶草、麦家公、离子草、猪殃殃、碎米荠、雀舌草、卷茎蓼等防除效果好，泽漆、婆婆纳等对苯磺隆中度敏感，苯磺隆对田旋花、鸭跖草、铁苋菜、扁蓄、蓟等防效较差。

小麦、大麦、燕麦等麦类作物 2 叶期至拔节期均可使用，以一年生阔叶杂草 2～4 叶期、多年生阔叶杂草 6 叶期以前施药效果最好。选择早晚气温低、风小时施药。一般每亩使用 10％可湿性粉剂 10～15 克，或 20％可湿性粉剂或 20％可溶粉剂 5～7 克，或 75％水分散粒剂 1.5～2 克，对水 20～30 千克均匀喷雾。杂草小、墒情好用低药量，杂草大、墒情差用高药量。如需防除野燕麦，可与噻吩磺隆或精噁唑禾草灵等混用。混用比例为：每亩使用 10％可湿性粉剂 5～7.5 克，或 20％可湿性粉剂或 20％可溶粉剂 3～4 克，或 75％水分散粒剂 0.7～1 克，混加 75％噻吩磺隆水分散粒剂 0.6～0.7 克；或每亩使用 10％可湿性粉剂 10～15 克，或 20％可湿性粉剂或 20％可溶粉剂 5～7.5 克，或 75％水分散粒剂 1.5～2 克，混加 6.9％精噁唑禾草灵（加解毒剂）或 69 克/升精噁唑禾草灵（加解毒剂）水乳剂 50～70 毫升，或 10％精噁唑禾草灵（加解毒剂）乳油 40～50 毫升；或每亩使用 10％可湿性粉剂 5～7.5 克，或 20％可湿性粉剂或 20％可溶粉剂 3～4 克，或 75％水分散粒剂 0.7～1 克，混加 75％噻吩磺隆水分散粒剂 0.6～0.7 克，再加 6.9％精噁唑禾草灵（加解毒剂）或 69 克/升精噁唑禾草灵（加解毒剂）50～70 毫升或 10％精噁唑禾草灵（加解毒剂）乳油 40～50 毫升。

注意事项　苯磺隆活性高，用药量低，施用剂量应当准确，且不要使用超低容量喷雾。喷药时注意防止药剂飘移到敏感阔叶作物上，并避免在周围种植敏感作物的麦田使用。施药后 60 天不可种植阔叶作物。

苯嗪草酮 metamitron

主要含量与剂型　58％悬浮剂，70％、75％水分散粒剂。

产品特点　苯嗪草酮是一种三嗪类选择性芽前低毒除草剂，主要通过植物根部吸收，而后输送到叶子内，通过抑制光合作用的希尔反应而起到杀草作用。本剂主要用于防除甜菜田一年生阔叶杂草，推荐剂量下对甜菜安全，正常施药持效期在 60 天以内，一般不存在对后茬作物的残留影响。

适用作物防除对象及使用技术　苯嗪草酮主要适用于糖类甜菜与饲料甜菜，可有效防除龙葵、繁缕、野芝麻、反枝苋、香薷、苦荞麦、蓼、藜、苘麻等多种阔叶杂草，安全性高，选择性强，适用时期长，甜菜种植前、苗前、苗后均可施用。

甜菜播后苗前或甜菜萌发后杂草 1～2 叶期进行土壤喷雾处理。一般每亩使用 58％悬浮剂 580～670 毫升，或 70％水分散粒剂 450～500 克，或 75％水分散粒剂 400～500 克，对水 20～30 千克均匀地面喷雾。若甜菜处于 4 叶期、杂草徒长时，可按上述推荐高剂量进行处理。配制药液时，采用二次稀释法，先向容器中注入少量水，然后倒入相应药剂，充分搅拌分散后再加入足量水搅拌均匀。

注意事项　苯嗪草酮应严格按照推荐剂量施用，倍量用药会出现一定程度药害，影响出苗，沙性土壤、淋溶性强时尤为注意。喷药应均匀周到，避免重喷、漏喷。

苯噻酰草胺 mefenacet

主要含量与剂型 50%、88%可湿性粉剂。

产品特点 苯噻酰草胺是一种酰胺类选择性内吸传导型低毒除草剂，主要通过芽鞘和根部吸收，经木质部和韧皮部传导至杂草的幼芽和嫩叶，阻止杂草生长点细胞分裂伸长，造成植株死亡。本剂对移栽水稻选择性强，因其在水中溶解度低，所以在保水条件下施药除草活性最高。土壤对该药剂吸附力强，施药后药量大部分被吸附于土壤表层的1厘米以内，形成药剂处理层，避免了水稻秧苗生长与药土层的接触，具有较高的安全性；而对生长点处在土壤表层的稗草等杂草有较强的阻止生育和杀死能力，并对表层以种子繁殖的多年生杂草也有抑制作用，但对深层杂草效果较低。持效期在1个月以上。

适用作物防除对象及使用技术 苯噻酰草胺主要适用于移栽水稻田，用于防除禾本科杂草，尤为对稗草特效，并对水稻田一年生杂草如牛毛毡、瓜皮草、泽泻、眼子菜、萤蔺、异型莎草、水莎草等亦有较好的防除效果。

防除移栽水稻田一年生杂草和牛毛毡时，于移栽后3～10天、稗草2叶期，或移栽后3～14天、稗草3～3.5叶期施药。北方地区每亩使用50%可湿性粉剂60～80克或88%可湿性粉剂35～45克，南方地区每亩使用50%可湿性粉剂50～60克或88%可湿性粉剂28～35克，与15～20千克细沙土均匀搅拌，撒施于田间。施药后保持3～5厘米水层5～7天。稗草基数大的田块使用推荐剂量上限，基数小的田块使用下限。该药也可与苄嘧磺隆或吡嘧磺隆等除草剂混用，以扩大杀草谱，提高除草效果。混用配方为：每亩使用50%可湿性粉剂60～70克或88%可湿性粉剂35～40克，混加10%苄嘧磺隆可湿性粉剂13.5～20克或10%吡嘧磺隆可湿性粉剂10～20克，与适量细土拌匀后均匀撒施。

注意事项 苯噻酰草胺施药后应保持3～5厘米深水层5～7天，缺水时需缓慢补水，不能排水；水层淹过水稻心叶及药液飘移均易产生药害。在沙质土、漏水田使用效果较差。

苯唑草酮 topramezone

主要含量与剂型 4%、10%、30%可分散油悬浮剂，30%悬浮剂。

产品特点 苯唑草酮是一种三酮类内吸传导型苗后茎叶处理低毒除草剂，属羟基苯基丙酮酸酯双氧化酶抑制剂类，具有杀草谱广、安全性好、除草效果稳定、杀草速度快等特点，对阔叶杂草的防除活性高于禾本科杂草。通过抑制质体醌生物合成中的4-羟基苯基丙酮酸酯双氧化酶，间接影响类胡萝卜素合成，进而干扰叶绿体合成及功能，最终导致严重白化、组织坏死。敏感杂草通过根、幼茎和叶片吸收，在植株体内向顶、向基双向传导至分生组织，使杂草很快停止生长。杂草地上部分在施药后2～5天出现白化中毒症状，生长点、叶片及叶脉的中毒症状最明显，白化组织逐渐坏死。因天气状况不同，杂草整株枯死需要10～15天不等。

适用作物防除对象及使用技术 苯唑草酮适用于玉米田，可有效防除马唐、稗草、牛筋草、狗尾草、野黍、藜、蓼、苘麻、反枝苋、豚草、曼陀罗、牛膝菊、马齿苋、苍耳、龙葵、一点红等多种一年生杂草。通常在玉米苗后 3～5 叶期、一年生杂草 2～4 叶期均匀茎叶喷雾处理。一般每亩使用 4％可分散油悬浮剂 50～65 毫升，或 10％可分散油悬浮剂 15～20 毫升，或 30％悬浮剂或 30％可分散油悬浮剂 5～7 毫升，对水 30～40 千克均匀茎叶喷雾。幼小和旺盛生长杂草对苯唑草酮更为敏感，应尽早喷药。低温及干旱天气，杂草生长较慢，影响杂草对苯唑草酮的吸收，因而杂草死亡时间较长。若混加增效剂喷施，可有效提高药剂对杂草的防效。施药应均匀周到，避免重喷、漏喷或超推荐剂量用药。

注意事项　苯唑草酮在间作或混种有其他作物的玉米田不能使用。一旦毁种，不能再次使用本品。玉米后茬种植苜蓿、棉花、花生、马铃薯、高粱、大豆、向日葵、菜豆、豌豆、甜菜、油菜等作物时，应先进行小面积试验，安全后再种植。

吡氟酰草胺 diflufenican

主要含量与剂型　30％、41％悬浮剂，50％可湿性粉剂，50％水分散粒剂。

产品特点　吡氟酰草胺是一种酰苯胺类内吸性低毒除草剂，杂草萌发时通过幼芽或根系吸收，具有抑制类胡萝卜素生物合成及光合作用电子传递的作用。杂草萌发通过药土层时，幼芽或根系吸收药剂，敏感杂草吸收药剂后植株体内类胡萝卜素含量下降，导致叶绿素被破坏，杂草幼芽脱色或呈白色，最后杂草萎蔫死亡。该药兼具茎叶处理及土壤处理活性，既能杀死已出土杂草，又能封闭未出土杂草。杂草死亡速度与光照强度有关，光照强死亡快，光照弱死亡慢。

适用作物防除对象及使用技术　吡氟酰草胺适用于小麦田及大蒜田，用于防除猪殃殃、牛繁缕、婆婆纳、宝盖草、麦家公、野油菜、播娘蒿、稗草等多种阔叶杂草及一年生禾本科杂草。

冬小麦田　冬小麦播后苗前，或冬小麦芽后早期杂草 1～2 叶期，或小麦返青后至拔节前杂草 2～4 叶期均可使用，但霜冻期和拔节后禁止使用。一般每亩使用 30％悬浮剂 30～50 毫升，或 41％悬浮剂 20～25 毫升，或 50％水分散粒剂或 50％可湿性粉剂 25～35 克，对水 30～40 千克均匀喷雾。冬前施药效果更好，可同时发挥药剂的封闭及茎叶处理功效。土壤墒情对杂草防效影响较大，若施药时土壤墒情差，需推迟用药或浇水后或待墒情好时再用。冬后施药，建议混用异丙隆、双氟磺草胺、苯磺隆等药剂，以提高防效。

大蒜田　大蒜播后苗前土壤喷雾。一般每亩使用 30％悬浮剂 25～30 毫升，或 41％悬浮剂 20～25 毫升，或 50％水分散粒剂或 50％可湿性粉剂 15～20 克，对水 30～40 千克均匀喷雾。对一年生阔叶杂草防控效果好。

注意事项　吡氟酰草胺对未萌发的杂草具有土壤封闭作用，应使用足量水喷雾，保持土壤润湿。但芽前施药若遇持续大雨，尤其是芽期降雨，可造成作物叶片暂时脱色，但能很快恢复，对产量没有影响。本剂持效期较长，如下茬种植水稻，应控制好吡氟酰草胺用量。喷药应均匀周到，不能漏喷、重喷。

吡嘧磺隆 pyrazosulfuron-ethyl

主要含量与剂型 10％、20％可湿性粉剂，20％、75％水分散粒剂，10％泡腾片剂，15％泡腾粒剂，15％、20％、30％可分散油悬浮剂。

产品特点 吡嘧磺隆是一种磺酰脲类选择性内吸型低毒水田除草剂，有效成分可在水中迅速扩散，被杂草根部吸收后传导到植株体内分生组织，通过阻碍氨基酸合成、影响细胞分裂，迅速抑制杂草茎叶生长和根部伸展，导致杂草完全枯死。有时施药后杂草虽仍呈现绿色，但生长发育已受到抑制，失去与水稻的竞争能力。不同水稻品种对吡嘧磺隆耐药性不同，正常条件下使用对水稻安全。该药杀草谱较广，药效不受温度影响，持效期长，一次性施用，能控制水稻生长期的多种杂草危害。

适用作物防除对象及使用技术 吡嘧磺隆适用于水稻直播田、移栽田、抛秧田，可有效防除稗草、稻李氏禾、牛毛毡、水莎草、异型莎草、鸭舌草、雨久花、窄叶泽泻、泽泻、矮慈姑、野慈姑、眼子菜、萤蔺、紫萍、浮萍、狼把草、浮生水马齿、陌上菜、轮藻、小茨藻、繁缕、虻眼、鳢肠、节节菜、水芹等多种一年生或多年生阔叶杂草及莎草科杂草等。北方稻区两次施药情况下，还可有效防除扁秆藨草、日本藨草、藨草。

水稻移栽田 在水稻移栽前至移栽后20天均可施药。防控稗草时，在稗草1.5叶期以前施药，并需使用高剂量。插秧后5~7天、稗草1.5叶期前施药，每亩使用10％可湿性粉剂15~20克，或20％可湿性粉剂或20％水分散粒剂7.5~10克，或75％水分散粒剂2~2.5克，或10％泡腾片剂15~20克，或15％泡腾粒剂10~20克，拌细土20~30千克，均匀撒施于田间，施药后保持3~5厘米深水层5~7天。若水层不足时可缓慢补水，但不能排水。另外，也可每亩使用15％可分散油悬浮剂10~15毫升，或20％可分散油悬浮剂8~10毫升，或30％可分散油悬浮剂4~6毫升，对水15~20千克均匀茎叶喷雾。用药前排水，使杂草2/3以上露出水面，药后第2天灌水，保持3~5厘米水层5~7天，以后正常管理。一般南方稻田使用低药量、北方稻田使用高药量，也可根据当地草情等条件增减药量。

吡嘧磺隆可与除稗剂混用，在多年生莎草科杂草如扁秆藨草、日本藨草发生密度较小时，采用两次法施药；对多年生阔叶杂草晚施药比早施药防除效果好，晚施药气温高，吸收传导快，若在阔叶杂草发生高峰期施药效果更好。在水稻移栽后5~7天，吡嘧磺隆可与莎稗磷混用，混用配方为：吡嘧磺隆每亩使用10％可湿性粉剂15克，或20％可湿性粉剂或20％水分散粒剂7.5克，或75％水分散粒剂2克，混加30％莎稗磷乳油60毫升，插秧后5~7天缓苗后施药。当整地与插秧间隔期较长或因缺水整地后不能及时插秧时，最好插秧前5~7天，每亩单用30％莎稗磷乳油50~60毫升，插秧后15~20天再用吡嘧磺隆10％可湿性粉剂15克，或20％可湿性粉剂或20％水分散粒剂7.5克，或75％水分散粒剂2克，混加30％莎稗磷乳油40~50毫升；也可每亩使用吡嘧磺隆10％可湿性粉剂15克，或20％可湿性粉剂或20％水分散粒剂7.5克，或75％水分散粒剂2克，混加90.9％禾草敌乳油100~150毫升，在水稻移栽后10~15天施药。在高寒地区推荐两次分期施药，插秧前5~7天，每亩单用60％丁草胺乳油80~100毫升或单用80％丙炔噁草酮可湿性粉剂6克，插秧后15~20天再用吡嘧磺隆10％可湿性粉剂15克，或20％可湿性粉或 20％水分散粒剂 7.5 克，或 75％水分散粒剂 2 克，与 60％丁草胺乳油 80～100 毫升或 80％丙炔噁草酮可湿性粉剂 4 克混用，可同时防除阔叶杂草与禾本科杂草，对水稻安全。

吡嘧磺隆与二氯喹啉酸混用时，施药适期为插秧后 15～20 天，每亩使用吡嘧磺隆 10％可湿性粉剂 15 克，或 20％可湿性粉剂或 20％水分散粒剂 7.5 克，或 75％水分散粒剂 2 克，混加 50％二氯喹啉酸可湿性粉剂 20～40 克，对水 20～30 千克喷雾法施药。施药前 2 天保持浅水层，使杂草露出水面，施药后 2 天放水回田。吡嘧磺隆与丁草胺、丙炔噁草酮、禾草敌、莎稗磷混用时，采用毒土法施药，施药前先将吡嘧磺隆加少量水溶解，然后倒入细沙土中，每亩药剂加细沙土 15～20 千克，充分拌匀后均匀撒入稻田；施药时水层控制在 3～5 厘米，以不淹没稻苗心叶为准，施药后保持同样水层 7～10 天，缺水补水。

当移栽田内扁秆藨草、日本藨草等发生密度较大时，建议提早施药。施药过晚，虽然扁秆藨草、日本藨草等叶片发黄、弯曲，生长受到抑制，但 10～15 天后可恢复生长，杂草仍能开花结果。北方稻田因扁秆藨草、日本藨草等地下块茎不断长出新的植株，且 6 月中旬种子萌发的实生苗陆续出土，故吡嘧磺隆早施药比晚施药效果好。最好采用两次法施药，不仅可获得稳定的除草效果，也可减少第二年杂草发生数量。具体用药方法为：插秧前 5～7 天，每亩使用吡嘧磺隆 10％可湿性粉剂 15～20 克，或 20％可湿性粉剂或 20％水分散粒剂 7.5～10 克，或 75％水分散粒剂 2～2.5 克；插秧后 10～15 天，扁秆藨草、日本藨草等株高 4～7 厘米时，再使用吡嘧磺隆 10％可湿性粉剂 15～20 克，或 20％可湿性粉剂或 20％水分散粒剂 7.5～10 克，或 75％水分散粒剂 2～2.5 克，如田间稗草同时发生，可与除稗剂混合使用；如插秧早、杂草发生晚，可在插秧后 5～8 天，每亩使用吡嘧磺隆 10％可湿性粉剂 15～20 克，或 20％可湿性粉剂或 20％水分散粒剂 7.5～10 克，或 75％水分散粒剂 2～2.5 克，均匀撒于田间，10～15 天后，扁秆藨草株高达 4～7 厘米时，每亩再撒施一次吡嘧磺隆 10％可湿性粉剂 15～20 克，或 20％可湿性粉剂或 20％水分散粒剂 7.5～10 克，或 75％水分散粒剂 2～2.5 克。

水稻直播田　可在播种后 3～10 天施药，施药量、施药方法及水层管理同移栽田。北方直播田应尽量缩短整地与播种间隔期，最好随整地随播种，水稻出苗晒田复水后立即施药。稗草 1 叶 1 心以前，每亩使用 10％可湿性粉剂 15 克，或 20％可湿性粉剂或 20％水分散粒剂 7.5 克，或 75％水分散粒剂 2 克；稗草 2～3 叶期，每亩使用吡嘧磺隆 10％可湿性粉剂 15 克，或 20％可湿性粉剂或 20％水分散粒剂 7.5 克，或 75％水分散粒剂 2 克，混加 90.9％禾草敌乳油 100～150 毫升；水稻 3 叶期以后若防除 3～7 叶期的稗草，可与二氯喹啉酸混用，每亩使用吡嘧磺隆 10％可湿性粉剂 15 克，或 20％可湿性粉剂或 20％水分散粒剂 7.5 克，或 75％水分散粒剂 2 克，混加 50％二氯喹啉酸可湿性粉剂 30～50 克；水稻播种后 3～5 天或晒田复水后若防除 2 叶期以前稗草，可与异噁草松混用，每亩使用吡嘧磺隆 10％可湿性粉剂 15 克，或 20％可湿性粉剂或 20％水分散粒剂 7.5 克，或 75％水分散粒剂 2 克，混加 48％异噁草松乳油 27 毫升。吡嘧磺隆单用或与禾草敌、异噁草松混用均采用毒土法施药，先用少量水将吡嘧磺隆溶解，再与 15～20 千克细沙土混拌均匀，均匀撒入田间，施药后稳定水层 3～5 厘米，保持 7～10 天；吡嘧磺隆与二氯喹啉酸混用采用喷雾法施药，施药前 2 天保持浅水层，使杂草露出水面，施药后放水回田。

注意事项　吡嘧磺隆活性高，用药量低，必须准确称量。秧田或直播田施药，应保证田块湿润或有薄层水，移栽田施药应保水 5 天以上，才能获得理想除草效果。不同品种水稻对吡嘧磺隆的耐药性有较大差异，早稻品种安全性好，晚稻品种相对敏感，应尽量避免在晚稻芽期使用。

苄嘧磺隆 bensulfuron-methyl

主要含量与剂型 10％、30％、32％可湿性粉剂，30％、60％水分散粒剂，5％颗粒剂。

产品特点 苄嘧磺隆是一种磺酰脲类选择性内吸传导型低毒除草剂，可在水中迅速扩散，被杂草根部和叶片吸收后转移到杂草各部位，通过阻碍赖氨酸、异亮氨酸等氨基酸的生物合成，抑制细胞分裂和生长，使敏感杂草生长机能受阻，幼嫩组织过早发黄，叶部生长受到抑制，根部生长受阻，导致杂草坏死。该药进入水稻及小麦体内迅速代谢为无害的惰性物质，对水稻及小麦安全。水田使用持效期1个月以上。

适用作物防除对象及使用技术 苄嘧磺隆适用于水稻移栽田、直播田，用于防除雨久花、野慈姑、矮慈姑、泽泻、窄叶泽泻、眼子菜、节节菜、陌上菜、日照飘拂草、牛毛毡、花蔺、萤蔺、异型莎草、水莎草、碎米莎草、小茨藻、田叶萍、水马齿等多种一年生阔叶杂草及莎草科杂草，对稗草、稻李氏禾、扁秆藨草、日本藨草、藨草等也有抑制作用。水田使用方法灵活多样，毒土、毒沙、喷雾、泼浇等方法均可。苄嘧磺隆也适用于冬小麦田，对泽漆、播娘蒿、荠菜、地肤、麦瓶草、野油菜、大巢菜等多种一年生阔叶杂草均有防除效果。

水稻移栽田 在水稻移栽前至移栽后20天内均可使用，以移栽后5～15天施药效果最佳。防除一年生杂草，每亩使用10％可湿性粉剂10～20克，或30％可湿性粉剂或32％可湿性粉剂或30％水分散粒剂8～10克，或60％水分散粒剂4～6克，或5％颗粒剂30～40克；防除多年生阔叶杂草，每亩使用10％可湿性粉剂20～30克，或30％可湿性粉剂或32％可湿性粉剂或30％水分散粒剂10～15克，或60％水分散粒剂5～7克，或5％颗粒剂50～60克；防除多年生莎草科杂草时，每亩使用10％可湿性粉剂30～40克，或30％可湿性粉剂或32％可湿性粉剂或30％水分散粒剂12～18克，或60％水分散粒剂7～10克，或5％颗粒剂60～80克。拌细土或细沙15～20千克均匀撒施，或对水30～45千克均匀喷雾（5％颗粒剂不能用于喷雾）。

单用苄嘧磺隆不能防除水田全部杂草时，需与防除其他杂草的除草剂混用。在水稻移栽后5～7天，苄嘧磺隆可与莎稗磷混用。若整地与插秧间隔期长或因缺水整地后不能及时插秧时，稗草叶龄较大后，从药效考虑最好插秧前5～7天单用莎稗磷1次，插秧后15～20天再与莎稗磷混用。具体剂量为：每亩使用苄嘧磺隆10％可湿性粉剂15～20克，或30％可湿性粉剂或32％可湿性粉剂或30％水分散粒剂5～7克，或60％水分散粒剂3～4克，混加30％莎稗磷乳油60毫升，于插秧后5～7天缓苗后施药；或插秧前5～7天使用30％莎稗磷乳油50～60毫升，插秧后15～20天再用苄嘧磺隆10％可湿性粉剂15～20克，或30％可湿性粉剂或32％可湿性粉剂或30％水分散粒剂5～7克，或60％水分散粒剂3～4克，与30％莎稗磷乳油40～50毫升混用。水稻移栽后10～15天，苄嘧磺隆可与禾草敌或二氯喹啉酸混用，用量为每亩使用苄嘧磺隆10％可湿性粉剂15～20克，或30％可湿性粉剂或32％可湿性粉剂或30％水分散粒剂5～7克，或60％水分散粒剂3～

4 克，混加 90.9％禾草敌乳油 150～200 毫升，于插秧后 10～15 天施药；或混加 50％二氯喹磷酸可湿性粉剂 30～40 克，于插秧后 10～20 天施药。二氯喹磷酸属激素类除草剂，苄嘧磺隆与之混用时应采用喷雾法施药，喷药必须均匀周到；且施药前 2 天保持浅水层，使杂草露出水面，施药后 2 天放水回田。苄嘧磺隆与丁草胺、丙炔噁草酮混用时，在高寒地区推荐两次用药，插秧前 5～7 天单用，插秧后 15～20 天再与苄嘧磺隆混用，对水稻安全，对稗草和阔叶杂草的防除效果均好。混用剂量为：插秧前 5～7 天，每亩使用 60％丁草胺乳油 80～100 毫升（或 80％丙炔噁草酮可湿性粉剂 6 克）；插秧后 15～20 天，每亩使用苄嘧磺隆 10％可湿性粉剂 15～20 克，或 30％可湿性粉剂或 32％可湿性粉剂或 30％水分散粒剂 5～7 克，或 60％水分散粒剂 3～4 克，混加 60％丁草胺乳油 80～100 毫升（或 80％丙炔噁草酮可湿性粉剂 4 克）。除二氯喹啉酸外，苄嘧磺隆与上述其他除草剂混用时，均需稳定水层 3～5 厘米；与丁草胺、丙炔噁草酮、莎稗磷等混用时，水层勿淹没心叶，保持水层 5～7 天，只灌不排。

水稻直播田 使用苄嘧磺隆应尽量缩短整地与播种间隔期，最好随整地随播种，在水稻出苗晒田复水后进行施药。稗草 3 叶期以前，苄嘧磺隆可与禾草敌混用，每亩使用苄嘧磺隆 10％可湿性粉剂 20～30 克，或 30％可湿性粉剂或 32％可湿性粉剂或 30％水分散粒剂 7～10 克，或 60％水分散粒剂 3～5 克，混加 90.9％禾草敌乳油 100～150 毫升，采用毒土、毒沙或喷雾法施药均可。水稻 3 叶期以后、稗草 3～7 叶期，每亩使用苄嘧磺隆上述剂量混加 50％二氯喹啉酸可湿性粉剂 35～70 克，对水 20～30 千克均匀喷雾，要求施药前 2 天保持浅水层，使杂草露出水面，施药后 2 天放水回田，稳定水层 3～5 厘米，保持 7～10 天，只灌不排。

冬小麦田 在冬小麦 4～7 叶期、一年生阔叶杂草 2～4 叶期施药，每亩使用 10％可湿性粉剂 40～50 克，或 30％可湿性粉剂或 32％可湿性粉剂或 30％水分散粒剂 12～15 克，或 60％水分散粒剂 6～8 克，对水 30～45 千克均匀茎叶喷雾。

注意事项 苄嘧磺隆活性高，使用量少，用药时必须称量准确。水田撒施用药时，必须保持水层 3～5 厘米，且施药后 7 天不排水、串水，以免降低药效。具体用药时，应根据田间草情，采用不同防除方案。

丙草胺 pretilachlor

主要含量与剂型 30％、50％、300 克/升、500 克/升乳油，50％、85％水乳剂，85％微乳剂。

产品特点 丙草胺是一种氯乙酰胺类选择性苗前低毒除草剂，主要通过植物下胚轴、中胚轴和胚芽鞘吸收（根部也略有吸收），使幼芽中毒，但不影响种子发芽。其作用机理主要是通过阻碍蛋白质和多糖的合成使细胞分裂受抑制，进而抑制细胞生长，并对光合作用和呼吸作用有间接影响，还可通过影响细胞膜的渗透性使离子吸收减少。受害杂草幼苗扭曲，初生叶难以伸出，叶色变深绿，生长停止，直至死亡。水稻对丙草胺有较强的降解能力，从而具有一定的选择性。但稻芽对丙草胺的耐药力不强，为了早期的施药安全，在丙草胺中加入安全剂（CGA123407），可改善制剂对水稻芽及幼苗的安全性。该药在田间持效期为 30～40 天。

适用作物防除对象及使用技术 丙草胺主要应用于水稻移栽田和抛秧田，"丙草胺＋安全剂"还可用于水稻直播田和育秧田，能有效防除稗草、菵草、千金子、鳢肠、陌上菜、鸭舌草、丁香蓼、节节菜、碎米莎草、异型莎草、牛毛毡、萤蔺、四叶萍、尖瓣花等多种一年生杂草。此外，丙草胺也可用于冬小麦田，对多种一年生禾本科杂草和部分阔叶杂草有较好防除效果。

丙草胺需在杂草出苗以前施药。北方土壤有机质含量较低时，一般每亩使用30％乳油或300克/升乳油100～120毫升，或50％乳油或500克/升乳油或50％水乳剂60～70毫升，或85％水乳剂或85％微乳剂30～40毫升；土壤有机质含量较高时，一般每亩使用30％乳油或300克/升乳油120～150毫升，或50％乳油或500克/升乳油或50％水乳剂70～90毫升，或85％水乳剂或85％微乳剂40～50毫升。长江流域及淮河流域，一般每亩使用30％乳油或300克/升乳油80～100毫升，或50％乳油或500克/升乳油或50％水乳剂50～60毫升，或85％水乳剂或85％微乳剂30～35毫升；珠江流域，一般每亩使用30％乳油或300克/升乳油65～80毫升，或50％乳油或500克/升乳油或50％水乳剂40～50毫升，或85％水乳剂或85％微乳剂25～30毫升。

水稻移栽田 在水稻移栽后3～5天，最晚稗草不超过1.5叶时采用毒土法施药，每亩用细沙土15～20千克与丙草胺充分搅拌均匀后，均匀撒于稻田中。施药时田间要有水层3～5厘米，并保持水层3～5天，以充分发挥药效。如采用喷雾法可喷在湿润的泥土上，施药后1天内灌水，保持水层5天左右。在有"甩施"习惯的地区也可采用"瓶甩法"，即将计划用药量加入少量水装入瓶中，在瓶盖上打一小孔，于水稻移栽后3～5天进行甩施，丙草胺可迅速分布到全田。

水稻抛秧田 在抛秧前或抛秧后施药。抛秧前2～3天平整稻田后，将药剂甩施或拌细沙土撒入田中，根据具体情况选择用药剂量，毒土法每亩用细沙土15～20千克，然后抛秧。如果在抛秧后施药，可在抛秧后2～4天内，拌细沙土撒入田中。保持浅水层3～5天，水层不能淹没水稻心叶。

为扩大杀草谱，丙草胺常与其他防除阔叶杂草的除草剂混用。如与苄嘧磺隆混用时，南方稻区每亩使用30％乳油或300克/升乳油50～60毫升，或50％乳油或500克/升乳油或50％水乳剂30～40毫升，或85％水乳剂或85％微乳剂20～25毫升，混加10％苄嘧磺隆可湿性粉剂15克；北方稻区每亩使用30％乳油或300克/升乳油80～100毫升，或50％乳油或500克/升乳油或50％水乳剂50～60毫升，或85％水乳剂或85％微乳剂30～35毫升，混加10％苄嘧磺隆可湿性粉剂15克或30％吡嘧磺隆可湿性粉剂5克。每亩使用细沙土15～20千克与药剂充分搅拌均匀，在水稻移栽或抛秧3～5天后均匀撒施。

水稻秧田 秧田使用丙草胺（需加安全剂），秧苗叶龄要达到3叶1心以上，或南方秧龄20天以上、北方秧龄30天以上方可使用丙草胺。

"丙草胺＋安全剂"用于水稻直播田和育秧田除草，安全剂可保护水稻不受伤害。安全剂主要通过水稻根部吸收，直播稻田和育秧稻田必须进行催芽以后播种，在播后1～4天内施药，以保证对水稻的安全性。大面积使用时，可在播种后3～5天、水稻立针期后喷雾，以利于安全剂作用的充分发挥。育秧田除草，每亩使用30％乳油或300克/升乳油80～100毫升，或50％乳油或500克/升乳油或50％水乳剂50～60毫升，或85％水乳剂或85％微乳剂30～35毫升；直播田除草，每亩使用30％乳油或300克/升乳油100～120

毫升，或 50％乳油或 500 克/升乳油或 50％水乳剂 60～70 毫升，或 85％水乳剂或 85％微乳剂 35～45 毫升；抛秧田，于抛秧后 3～5 天内施药对水稻安全，每亩使用 30％乳油或300 克/升乳油 90～110 毫升，或 50％乳油或 500 克/升乳油或 50％水乳剂 50～60 毫升，或 85％水乳剂或 85％微乳剂 35～40 毫升。每亩药剂对水 30～45 千克均匀喷雾。喷雾时田间应有泥皮水或浅水层，施药后应保水 3 天，以利药剂均匀分布，药效充分发挥，3 天后可恢复正常水层管理。

冬小麦田　播种后出苗前对土壤表面均匀喷雾。土壤墒情好有利于药效发挥，土壤干旱时先造墒再施药；施药后遇雨应及时排水，避免田间积水。一般每亩使用 30％乳油或300 克/升乳油 130～160 毫升，或 50％乳油或 500 克/升乳油或 50％水乳剂 80～100 毫升，或 85％水乳剂或 85％微乳剂 50～60 毫升，对水 15～30 千克均匀地面喷雾。对多种一年生禾本科杂草和部分阔叶杂草有较好防除效果。麦田土壤要求平整细致，以避免小麦种子裸露在外。

注意事项　丙草胺未加安全剂时不能用于水稻直播田和秧田，加安全剂的丙草胺在北方水稻直播田及秧田使用时，应先试验取得经验后再推广应用。高渗漏稻田不宜使用丙草胺，因渗漏会把药剂过多集中到根区，导致产生药害。

丙炔恶草酮 oxadiargyl

主要含量与剂型　10％、25％可分散油悬浮剂，10％乳油，400 克/升悬浮剂，80％可湿性粉剂，80％水分散粒剂。

产品特点　丙炔恶草酮是一种环状亚胺类选择性触杀型苗前土壤处理低毒除草剂，属原卟啉原氧化酶抑制剂类，具有施用方便快捷、杀草谱广、持效期长等特点，主要用于水稻移栽田等的芽前杂草防除。以触杀作用为主，不被植物吸收，施药不受土壤类型限制。施用后，药剂在土壤表层形成稳定药土层，当敏感杂草幼芽经过此药土层时接触吸附药剂，有光条件下导致接触部位的细胞膜破裂、叶绿素分解，使生长旺盛部位的分生组织遭到破坏，最终导致敏感杂草幼芽枯萎死亡，即将靶标杂草消灭在了萌芽状态。

适用作物防除对象及使用技术　丙炔恶草酮主要应用于水稻移栽田，用于防除苋属、鬼针草属、藜属、稗属、千金子属、臂形草属及水绵、小茨藻、异型莎草、碎米莎草、牛毛毡、鸭舌草、节节菜、陌上菜、四叶萍等多种阔叶杂草、禾本科杂草及莎草。另外，也可用于马铃薯田，对稗草、牛筋草、马齿苋、反枝苋、藜等旱田杂草具有较好的防除效果。

水稻移栽田　在水稻移栽前 3～7 天，稻田整地耙平沉浆后进行施药，施药后 2 天内只灌不排，插秧时保持田内 3～5 厘米深水层，插秧后稳定水层 10 天以上，并避免淹没稻苗心叶。一般每亩使用 10％可分散油悬浮剂或 10％乳油 50～60 毫升，或 25％可分散油悬浮剂 20～30 毫升，或 400 克/升悬浮剂 12.5～15 毫升，或 80％可湿性粉剂或 80％水分散粒剂 6～8 克，对水 10～15 千克，用二次稀释法稀释均匀后去掉喷雾器喷头在田间甩施；亦可用甩瓶法施药，将每亩用药加水 500～600 毫升稀释，摇匀后均匀甩施到有 5～7 厘米水层的稻田中（甩施幅宽 4 米，步速每秒 0.7～0.8 米）；还可用毒土法施药，每亩用药先用少量水稀释均匀，再与 5～7 千克细沙土混匀，然后在水稻移栽前 3～7 天均匀撒施于田内。

秸秆还田（旋耕整地、打浆）的稻田，也应在水稻移栽前3～7天趁清水或浑水施药，秸秆必须打碎并彻底与耕层土壤混匀，以避免秸秆因集中腐烂而造成水稻根际缺氧引起稻苗受害。

马铃薯田 播种后出苗前土壤表面封闭喷雾处理，对多种一年生杂草防除效果好。一般每亩使用10％可分散油悬浮剂或10％乳油120～145毫升，或25％可分散油悬浮剂50～60毫升，或400克/升悬浮剂30～35毫升，或80％可湿性粉剂或80％水分散粒剂15～18克，对水20～40千克均匀地面喷雾（采用二次稀释法配制药液），最好选用扇形或空心圆锥形细雾滴喷头喷洒。施药前后要求田间土壤湿润，否则需灌水增墒后才能施药。

注意事项 丙炔噁草酮为触杀型土壤封闭处理剂，水稻插秧时不能将秧苗淹没在用过本剂的稻田水中，亦不推荐用于抛秧田、直播田及盐碱地水稻田。

丙炔氟草胺 flumioxazin

主要含量与剂型 30％、48％、480克/升悬浮剂，50％可湿性粉剂，51％水分散粒剂。

产品特点 丙炔氟草胺是一种 N-苯基酞酰亚胺类选择性触杀型低毒除草剂，属原卟啉原氧化酶抑制剂类，具有除草活性高、效果好、见效快等特点，茎叶用药24～48小时后叶面即出现枯斑症状。茎叶处理时，在敏感杂草叶面作用迅速，使原卟啉原在杂草体内积累，导致细胞膜脂质过氧化作用增强，造成敏感杂草的细胞膜结构和细胞功能出现不可逆损害，最终细胞死亡、杂草枯死。土壤处理时，药剂被土壤粒子吸收，在土壤表面形成药土层，杂草发芽时，幼苗接触药剂而枯死。

适用作物防除对象及使用技术 丙炔氟草胺适用于大豆、花生、棉花、柑橘、葡萄等多种作物，可有效防除铁苋菜、荠菜、遏蓝菜、苍耳、龙葵、灰绿藜、藜、蓼、萹蓄、鼬瓣花、马齿苋、反枝苋、鸭舌草等多种一年生阔叶杂草及部分禾本科杂草。

大豆田 大豆播前或播后苗前施药，一般播后不超过3天施药。为保证药效，可在施药后趟蒙头土或浅混土。通常每亩使用30％悬浮剂14～20毫升，或48％悬浮剂或480克/升悬浮剂9～12毫升，或50％可湿性粉剂或51％水分散粒剂8～12克，对水30千克稀释均匀后对土壤表面均匀喷洒。春播及夏播大豆苗后施药应在杂草2～3叶期进行定向茎叶喷雾。春播大豆东北地区一般每亩使用30％悬浮剂4.5～6.5毫升，或48％悬浮剂或480克/升悬浮剂3.5～4.5毫升，或50％可湿性粉剂或51％水分散粒剂3～4克；夏播大豆一般每亩使用30％悬浮剂4～6毫升，或48％悬浮剂或480克/升悬浮剂3～4毫升，或50％可湿性粉剂或51％水分散粒剂3～3.5克。

花生田 播种后2天内施药，采用二次稀释法配制药液，均匀喷洒土壤表面。一般每亩使用30％悬浮剂10～14毫升，或48％悬浮剂或480克/升悬浮剂6～8毫升，或50％可湿性粉剂或51％水分散粒剂6～8克，对水30～40千克均匀喷洒地面。花生拱土或出苗期不能施药，且不能超剂量使用，以免发生药害。

棉花田 在棉花播前或播后覆膜前施药，采用二次稀释法配制药液，均匀喷洒土壤表面。一般每亩使用 30％悬浮剂 15～20 毫升，或 48％悬浮剂或 480 克/升悬浮剂 8～12 毫升，或 50％可湿性粉剂或 51％水分散粒剂 8～12 克，对水 30～45 千克均匀喷洒地面。本剂使用后，不可再使用扑草净等土壤封闭类除草药剂。

长江及黄河流域棉区，每亩药剂对水 40～60 千克均匀喷雾，药后立即用钉耙浅混土，混土深度 3～5 厘米。新疆棉区，每亩药剂对水 40～60 千克均匀喷雾，药后 1 天内进行浅混土，最迟不超过 2 天，混土深度 3～5 厘米。混土后尽快播种，3 天内播完最佳，最迟不超过 7 天。

柑橘园、葡萄园　在杂草低龄期进行定向茎叶喷雾，避免喷洒到柑橘树或葡萄树的叶片及嫩枝上。若杂草数量多且草龄较大，选择高剂量用药。一般每亩使用 30％悬浮剂 90～130 毫升，或 48％悬浮剂或 480 克/升悬浮剂 55～80 毫升，或 50％可湿性粉剂或 51％水分散粒剂 60～80 克，对水 45～60 千克均匀定向喷雾。

当阔叶杂草与禾本科杂草混发时，丙炔氟草胺和乙草胺混合使用对一年生阔叶杂草及禾本科杂草防除效果好。土壤有机质含量在 6％以下时，每亩使用丙炔氟草胺 30％悬浮剂 13～16 毫升，或 48％悬浮剂或 480 克/升悬浮剂 8～10 毫升，或 50％可湿性粉剂或 51％水分散粒剂 8～10 克，混加 900 克/升乙草胺乳油 70～100 毫升；土壤有机质含量在 6％以上时，每亩使用丙炔氟草胺 30％悬浮剂 17～20 毫升，或 48％悬浮剂或 480 克/升悬浮剂 10～12 毫升，或 50％可湿性粉剂或 51％水分散粒剂 10～12 克，混加 900 克/升乙草胺乳油 105～145 毫升。

注意事项　丙炔氟草胺作为土壤处理剂使用时，要求土壤湿润，如果土壤干燥，则需浇水后再用药。大豆拱土、花生顶土及棉花种子萌发期不能施药。

草铵膦 glufosinate-ammonium

主要含量与剂型　10％、18％、23％、30％、50％、200 克/升水剂，18％、30％、50％、200 克/升可溶液剂，50％、80％、88％可溶粒剂。

产品特点　草铵膦是一种次膦酸类内吸性广谱低毒除草剂，属谷氨酰胺合成抑制剂类，通过抑制谷氨酰胺合成酶使谷氨酰胺合成受阻。施药后短时间内植物体内氮代谢便陷于紊乱，使细胞内铵离子积累增多，导致细胞膜受到破坏；同时，光合作用受到抑制，叶绿体永久损坏，最终造成植株枯死。本剂在植物体内传导性较差，但可在植物体内随蒸腾流于木质部内向上输导，并可在韧皮部内向地下部运输。草铵膦具有杀草谱广、杀草速度快、持效期长、耐雨水冲刷等特点，对木质化的植物根系、树皮及热带浅根果树相对安全。

适用作物防除对象及使用技术　草铵膦适用于香蕉、柑橘、木瓜、苹果、梨树、葡萄等多种果园及茶园、非耕地等，可有效防除多种一年生和多年生双子叶及禾本科杂草，尤其是对草甘膦和百草枯生产抗性的杂草，如节节草、竹叶草、小飞蓬、一年蓬、藿香蓟、牛筋草、狗尾草、早熟禾、野燕麦、雀麦、马齿苋、车前草、耳草、鸭舌草、蓟菜、蓝花菜、鬼针草、黑麦草、水花生、双穗雀稗、芦苇、黄茅、辣子草、猪殃殃、宝盖草、龙葵、繁缕、狗牙根、反枝苋等。此外，也可用于蔬菜田、玉米田定向喷雾等。

草铵膦通过杂草茎叶吸收发挥除草活性，无土壤活性，施药时应均匀周到喷雾，以确保杂草叶片充分均匀着药。高温、高湿、强光可增进杂草对草铵膦的吸收而显著提高药效。

果园　草铵膦适用于香蕉、柑橘、木瓜、杧果、荔枝、苹果、葡萄、梨树、桃树等多种果园除草，多在杂草生产旺盛时期，于树体行间或树下向杂草茎叶定向喷雾处理。一般每亩使用 10%水剂 400～600 毫升，或 18%水剂或 18%可溶液剂或 200 克/升水剂或200 克/升可溶液剂 200～300 毫升，或 23%水剂 180～250 毫升，或 30%水剂或 30%可溶液剂 150～200 毫升，或 50%水剂或 50%可溶液剂 80～120 毫升，或 50%可溶粒剂 80～120 克，或 80%可溶粒剂或 88%可溶粒剂 50～75 克，对水 30～50 千克均匀喷雾。杂草数量多且草龄较大时，建议选用高剂量。

茶园　草铵膦用于茶园除草时，使用剂量同"果园"剂量。一般每亩药剂对水 30～50 千克，在杂草生长旺盛期对杂草茎叶定向喷雾处理。

蔬菜田　蔬菜生长期除草，行间定向低喷头喷雾施药，于杂草出齐后或杂草生长初期进行。一般每亩使用 10%水剂 400～500 毫升，或 18%水剂或 18%可溶液剂或 200 克/升水剂或 200 克/升可溶液剂 200～300 毫升，或 23%水剂 150～200 毫升，或 30%水剂或30%可溶液剂 140～170 毫升，或 50%水剂或 50%可溶液剂 80～100 毫升，或 50%可溶粒剂 80～100 克，或 80%可溶粒剂或 88%可溶粒剂 50～70 克，对水 30～50 千克均匀定向喷雾。喷头加保护罩行间定向喷雾较好，可防止药液飘移到蔬菜茎叶上。上茬蔬菜收获后、下茬蔬菜栽种前清园除草时，一般每亩使用 10%水剂 500～600 毫升，或 18%水剂或18%可溶液剂或 200 克/升水剂或 200 克/升可溶液剂 250～300 毫升，或 23%水剂 200～250 毫升，或 30%水剂或 30%可溶液剂 150～200 毫升，或 50%水剂或 50%可溶液剂100～120 毫升，或 50%可溶粒剂 100～120 克，或 80%可溶粒剂或 88%可溶粒剂 60～80 克，对水 40～60 千克，向残余蔬菜及杂草茎叶均匀喷雾处理。

玉米田　适用于玉米生长期行间定向除草，在杂草出齐后或杂草生长初期用药。一般每亩使用 10%水剂 400～600 毫升，或 18%水剂或 18%可溶液剂或 200 克/升水剂或 200 克/升可溶液剂 200～300 毫升，或 23%水剂 180～250 毫升，或 30%水剂或 30%可溶液剂 150～200 毫升，或 50%水剂或 50%可溶液剂 80～120 毫升，或 50%可溶粒剂 80～120 克，或80%可溶粒剂或 88%可溶粒剂 50～75 克，对水 30～50 千克均匀定向喷雾，喷头加保护罩对玉米保护作用更好。

非耕地　多在杂草出苗后至生长旺盛期施药，一般每亩使用 10%水剂 700～1 000 毫升，或 18%水剂或 18%可溶液剂或 200 克/升水剂或 200 克/升可溶液剂 400～600 毫升，或23%水剂 300～450 毫升，或 30%水剂或 30%可溶液剂 250～350 毫升，或 50%水剂或50%可溶液剂 150～200 毫升，或 50%可溶粒剂 150～200 克，或 80%可溶粒剂或 88%可溶粒剂 100～125 克，对水 50～70 千克均匀茎叶喷雾。

注意事项　草铵膦属灭生性除草剂，喷药时最好在喷头上加装保护罩向杂草定向喷雾，防止雾滴喷到或飘移到作物植株的绿色部位上，以避免造成药害。天气干旱或杂草密度较大或草龄较大或防除多年生恶性杂草时，应采用推荐剂量和对水量的上限。在推荐用量和使用技术下，一般施药后 2～4 天即可播种下茬作物。

草除灵 benazolin-ethyl

主要含量与剂型 15％乳油，30％、42％、50％、500克/升悬浮剂。

产品特点 草除灵是一种杂环类选择性内吸传导型茎叶处理低毒除草剂，施药后通过叶片吸收输导至整个植株，敏感植物受药后生长停滞，叶片僵绿、增厚反卷，新生叶扭曲，节间缩短，最后死亡。本剂药效发挥缓慢，敏感杂草受害症状与激素类除草剂症状相似。气温高药效快，气温低药效慢。在耐药性植物体内降解成无活性物质，对油菜、麦类、苜蓿等作物安全。在土壤中转化成游离酸并很快降解成无活性物质，对后茬作物无影响。

适用作物防除对象及使用技术 草除灵适用于油菜田，用于防除繁缕、牛繁缕、雀舌草、反枝苋、婆婆纳、碎米荠、猪殃殃、苍耳、苘麻、藜等一年生阔叶杂草。油菜田杂草以猪殃殃为主时应适当提高用药剂量。

移栽油菜在移栽后7～10天、直播油菜在4～6叶期，以及阔叶杂草出齐后的2～4叶期施药。一般每亩使用15％乳油100～130毫升，或30％悬浮剂50～65毫升，或42％悬浮剂35～50毫升，或50％悬浮剂或500克/升悬浮剂30～40毫升，对水20～30千克均匀茎叶喷雾。喷药后油菜有轻微卷叶现象，1周左右即可恢复，对油菜生长和产量没有影响。冬油菜施药最好早施，在气温较高的晴天中午用药为宜，温度低或有寒流时不宜用药。如需同时防除禾本科杂草，草除灵可与精喹禾灵、烯草酮、高效氟吡甲禾灵等药剂混用，以扩大杀草谱。

注意事项 草除灵对甘蓝型油菜安全；对白菜型油菜有轻微药害，应适当推迟施药期；对芥菜型油菜高度敏感，不能使用。

草甘膦异丙胺盐 glyphosate-isopropylammonium

主要含量与剂型 30％、41％、62％、410克/升、600克/升水剂。

产品特点 草甘膦异丙胺盐是草甘膦的一种盐类，属有机磷类内吸传导型广谱灭生性低毒除草剂，主要通过抑制植物体内烯醇丙酮基莽草素磷酸合成酶的活性，而抑制莽草素向苯丙氨酸、酪氨酸及色氨酸的转化，使蛋白质合成受到干扰，最终导致植物死亡。本剂内吸传导性强，不仅能通过茎叶吸收传导至地下部分，而且在同一植株的不同分蘖间也能进行传导，对多年生深根性杂草的地下组织杀灭力很强，能达到一般农业机械无法达到的深度。药剂进入土壤后很快与铁、铝等金属离子结合而失去活性。

适用作物防除对象及使用技术 草甘膦异丙胺盐适用于苹果、梨、柑橘等果园及桑园、橡胶园、林地、免耕玉米田、免耕直播水稻田、非耕地等，能有效防除一年生及多年生禾本科杂草、莎草科杂草和阔叶杂草，对百合科、旋花科及豆科的一些抗性较强的杂草，在大剂量作用下也可以有效防除。

果园、桑园、橡胶园及林地等 草甘膦异丙胺盐适用于果园、桑园及橡胶园除草，以及荒山除草、荒地造林前除草灭灌、维护森林的防火线除草及幼林抚育除草等。一般每亩使用30％水剂300～500毫升，或41％水剂或410克/升水剂250～400毫升，或62％水剂或 600 克/升水剂 150～250 毫升，对水 30～60 千克于杂草旺盛生长期均匀喷施。果园等树木类及幼林抚育除草喷药时，需采用定向喷雾，并加强保护措施，不能喷到果树、树木及幼林苗上，以免发生药害。

旱田　由于各种杂草对草甘膦异丙胺盐的敏感性不同，所以用药量也不相同。防除稗、狗尾草、看麦娘、牛筋草、苍耳、马唐、藜、繁缕、猪殃殃等一年生杂草时，一般每亩使用 30％水剂 300～350 毫升，或 41％水剂或 410 克/升水剂 200～250 毫升，或 62％水剂或 600 克/升水剂 140～170 毫升；防除车前草、小飞蓬、鸭跖草、通泉草、双穗雀稗等杂草时，一般每亩使用 30％水剂 350～500 毫升，或 41％水剂或 410 克/升水剂 250～350 毫升，或 62％水剂或 600 克/升水剂 170～230 毫升；防除白茅、硬骨草、芦苇、香附子、水花生、水蓼、狗牙根、蛇莓、刺儿菜、野葱、紫菀等多年生难防杂草时，一般每亩使用 30％水剂 550～700 毫升，或 41％水剂或 410 克/升水剂 400～500 毫升，或 62％水剂或 600 克/升水剂 270～350 毫升。在杂草生长旺盛期或开花前或开花期施药，每亩药剂对水 30～45 千克定向对杂草茎叶均匀喷雾，避免使药液接触种植作物的绿色部位。只有芦苇零星发生时，也可在芦苇生长旺盛期，使用 30％水剂 4～6 倍液，或 41％水剂或 410 克/升水剂 5～8 倍液，或 62％水剂或 600 克/升水剂 8～10 倍液，戴手套用毛巾蘸取药液涂抹芦苇茎叶 2～3 次，能将其连根杀死。大豆、玉米、向日葵等作物播种后出苗前，刺儿菜、苣荬菜、鸭跖草、问荆等难防除杂草出苗后，每亩可使用 30％水剂 300～400 毫升，或 41％水剂或 410 克/升水剂 200～300 毫升，或 62％水剂或 600 克/升水剂 150～200 毫升，对水 10～15 千克向杂草进行喷雾，可将上述杂草连根杀死。

水稻田　水稻插秧前需灭草清田时，一般每亩使用 30％水剂 400～550 毫升，或 41％水剂或 410 克/升水剂 300～400 毫升，或 62％水剂或 600 克/升水剂 200～260 毫升，对水 10～15 千克均匀喷洒杂草。若插秧后用药，应将喷头压低并加保护罩，最好选择早上无风条件下喷雾，严禁在刮风时喷雾，以免导致雾滴飘移到水稻秧苗上引起药害。

休闲地、排灌沟渠、道路旁等非耕地　草甘膦异丙胺盐特别适用于这些没有作物的地块或区域除草。一般在杂草生长旺盛期，每亩使用 30％水剂 550～700 毫升，或 41％水剂或 410 克/升水剂 400～500 毫升，或 62％水剂或 600 克/升水剂 280～350 毫升，对水 20～30 千克，向杂草茎叶上均匀喷雾，能有效杀死田间杂草，获得理想除草效果。

注意事项　草甘膦异丙胺盐属灭生性除草剂，不同环境用药量应根据作物对药剂的敏感性及杂草类型确定。作物田及果园或林地内施药需定向喷雾，防止药液飘移到种植作物茎叶上。水剂低温储存时可能会有结晶析出，使用时应充分摇动容器使结晶溶解。

敌稗 propanil

主要含量与剂型　16％、34％、45％乳油，80％水分散粒剂。

产品特点　敌稗是一种 N-酰苯胺类高选择性触杀型低毒除草剂，属光系统 II 受体部位的光合电子传递抑制剂，在植物体内几乎没有输导活性，只是在药剂接触部位发生作用，且持效活性较短。其作用机理表现在多个方面，不仅破坏植物的光合作用，还抑制呼吸作用与氧化磷酸化作用、干扰核酸与蛋白质合成等，进而使敏感植物的生理机能受到破坏，加速水分丧失，叶片逐渐枯干，最后使敏感杂草死亡。在水稻体内敌稗被水解酶迅速分解成无毒物质，所以敌稗对水稻安全。敌稗遇土壤后分解失效，只能用作杂草茎叶处理，2叶期稗草对敌稗最敏感。

适用作物防除对象及使用技术 敌稗主要应用于水稻田除草，对稗草防除效果最好，并对其他禾本科杂草也有一定防除作用。

秧田使用，于稗草1叶1心至2叶1心期施药，每亩使用16％乳油1 250～1 875毫升，或34％乳油600～800毫升，或45％乳油300～400毫升，或80％水分散粒剂250～350克，对水30～40千克均匀茎叶喷雾。施药前一天晚上排干田水，施药1～2天后灌水淹没稗心，但不能淹没秧苗，并保持水层2天，以后正常管水。

直播田使用，以稗草为主的田块，在稗草1叶1心期前施药，敌稗使用剂量同"秧田"，每亩药剂对水30～45千克均匀茎叶喷雾，水层管理亦同"秧田"。

移栽田使用，在插秧后稗草1叶1心期施药，喷药前排干田水，选择晴朗无风天于露水干后喷药。一般每亩使用16％乳油1 100～1 400毫升，或34％乳油550～700毫升，或45％乳油400～500毫升，或80％水分散粒剂230～300克，对水30～40千克均匀喷雾。施药后2天回水，保持水层3～5厘米，保水7天后正常管理。预计12小时内降雨，不宜施药。

注意事项 敌稗喷施前后10天内不能使用氨基甲酸酯类及有机磷类杀虫药剂，更不能与这类药剂混用，以免水稻发生药害；也不能与2，4-滴丁酯及液体肥料混用。应在秧苗露水干后施药，否则杂草叶面湿润会降低除草效果。温度高于30℃时易产生药害，用药时需要注意。敌稗对棉花、大豆、蔬菜、果树等幼苗敏感，用药时应避免药液飘移到上述作物上。

敌草快 diquat

主要含量与剂型 10％、20％、25％、150克/升、200克/升水剂，200克/升可溶液剂。

产品特点 敌草快是一种联吡啶类触杀型灭生性低毒除草剂，还是一种叶片催枯剂，具有除草谱广、速效性好、残留低、持效期短等特点。施药后能被植物绿色组织迅速吸收，通过破坏细胞膜和细胞质，使受害部位枯死，并能在木质部向上传导，但不能在韧皮部向下传导，对根系效果差。药剂在土壤中能与土壤颗粒结合，快速钝化而失去活性，故在土壤中残留期短，对作物根部及下茬作物没有影响。用作催枯剂时，对植物的绿色部分具有快速脱水干枯作用，进而使作物可以提早收获、减少损失。

适用作物防除对象及使用技术 敌草快常用于路旁、荒山、房前屋后、植树造林等非耕地除草及果园行间、林地除草，也可用作马铃薯、棉花、大豆、亚麻、向日葵、玉米、高粱等作物的催枯剂。用药时，将所需药剂量用清水稀释后均匀叶面喷雾，一般每亩喷洒药液量20～40千克。药液要充分混拌均匀，喷匀喷透，才能保证除草或催枯效果。

路旁、荒山坡地、房前屋后、沟旁等非耕地除草 多在杂草小苗期或旺盛生长期或开花前施药，每亩使用10％水剂600～750毫升，或20％水剂或200克/升水剂或200克/升可溶液剂300～400毫升，或25％水剂250～300毫升，或150克/升水剂400～500毫升，对水20～40千克均匀茎叶喷雾。

苹果、柑橘、梨、樱桃、葡萄等果园行间除草　在杂草较小时或生长旺盛期施药，每亩使用10%水剂600～700毫升，或20%水剂或200克/升水剂或200克/升可溶液剂250～300毫升，或25%水剂200～250毫升，或150克/升水剂300～400毫升，对水20～40千克向杂草均匀定向喷雾。

免耕蔬菜田　免耕蔬菜地清园除草时，在前茬作物收获后、下茬蔬菜播种或移栽前，全田均匀施药。一般每亩使用10%水剂600～750毫升，或20%水剂或200克/升水剂或200克/升可溶液剂300～400毫升，或25%水剂250～300毫升，或150克/升水剂400～500毫升，对水20～30千克均匀喷雾。最好根据田间杂草种类、杂草大小及杂草密度确定用药量及对水量，要求喷药均匀、透彻，并注意不能使药液飘移至临近作物田。

免耕冬油菜田　在冬油菜移栽前1～3天、杂草2～5叶期施药。一般每亩使用10%水剂400～600毫升，或20%水剂或200克/升水剂或200克/升可溶液剂200～300毫升，或25%水剂160～240毫升，或150克/升水剂300～400毫升，对水20～40千克向杂草均匀茎叶喷雾。

小麦免耕田　在小麦播种前或播后苗前施药。敌草快使用剂量及方法同"免耕冬油菜田"。

马铃薯、大豆催枯脱叶　在马铃薯或大豆收获前10～15天用药。一般每亩使用10%水剂400～500毫升，或20%水剂或200克/升水剂或200克/升可溶液剂200～250毫升，或25%水剂160～200毫升，或150克/升水剂270～330毫升，对水20～30千克均匀叶面喷雾。避免在极度干旱天气，特别是土壤干旱导致植株顶部叶片萎蔫时施药。每季最多使用1次，安全间隔期5～10天。

棉花催枯脱叶　在棉花生长后期，棉铃自然开裂60%左右时用药。每亩使用10%水剂300～400毫升，或20%水剂或200克/升水剂或200克/升可溶液剂150～200毫升，或25%水剂120～160毫升，或150克/升水剂200～270毫升，对水20～30千克均匀叶面喷雾。每季最多使用1次，安全间隔期7天。

油菜催枯脱叶　在油菜荚果70%～80%变黄时喷药。每亩使用10%水剂300～400毫升，或20%水剂或200克/升水剂或200克/升可溶液剂150～200毫升，或25%水剂120～160毫升，或150克/升水剂200～270毫升，对水20～30千克均匀叶面喷雾。每季最多使用1次，安全间隔期4天。

水稻催枯　在水稻成熟后期，收割前5～7天喷药。每亩使用10%水剂300～400毫升，或20%水剂或200克/升水剂或200克/升可溶液剂150～200毫升，或25%水剂120～160毫升，或150克/升水剂200～270毫升，对水25～50千克均匀叶面喷雾。每季最多使用1次，安全间隔期5天。

注意事项　敌草快不能与碱性磺酸盐湿润剂、激素型除草剂、金属盐类等碱性物质混用，不能使用超低量喷雾器或弥雾式喷雾器喷雾，并避免药液飘移到邻近作物田。

敌草隆 diuron

主要含量与剂型　40%、63%、80%悬浮剂，25%、80%可湿性粉剂，80%水分散粒剂。

产品特点 敌草隆是一种取代脲类内吸传导型土壤处理选择性低毒除草剂，属光合作用抑制剂类，持效期较长。主要通过根部吸收药剂，由木质部向顶传导至叶片中，并沿叶脉向周围传输，通过抑制光合作用中的希尔反应，破坏叶绿素形成，使叶片失绿、枯萎，不能制造养分，导致杂草因饥饿而死亡。

适用作物防除对象及使用技术 敌草隆主要应用于甘蔗田、棉花田，能有效防除蟋蟀草、马唐、稗草、三叶鬼针草、豨莶、胜红蓟、银胶菊、裸柱菊、藜、马齿苋、反枝苋、繁缕、萹蓄、丁香蓼、龙葵、空心莲子菜、麻风草、鸭跖草、碎米莎草等多种一年生单子叶和双子叶杂草。

甘蔗田 甘蔗种植后、杂草出苗前土壤喷雾，杂草萌发但尚未出土时喷药效果最佳。一般每亩使用25％可湿性粉剂400～640克，或40％悬浮剂250～400毫升，或63％悬浮剂160～240毫升，或80％可湿性粉剂或80％水分散粒剂150～200克，或80％悬浮剂150～200毫升，对水40～60千克均匀地面喷雾。沙壤土使用低剂量，黏土使用高剂量。如果在甘蔗出苗后施药，应避开高温天气，且施药时避免药液喷在作物叶片上。不能在套种或间种其他作物的甘蔗田使用。

棉花田 在棉花播种后苗前土壤喷雾，棉苗出土后不能使用。一般每亩使用25％可湿性粉剂250～300克，或40％悬浮剂150～180毫升，或63％悬浮剂90～110毫升，或80％可湿性粉剂或80％水分散粒剂80～95克，或80％悬浮剂80～90毫升，对水30～50千克均匀地面喷雾。

注意事项 敌草隆属长残效除草剂，不建议在果蔗田使用。若果蔗下茬轮作甘蔗、芦笋、花生、大豆、棉花时可以使用，但轮作花生、大豆、西瓜的间隔期需在240天以上。气温高、土壤墒情好、杂草萌发生长迅速时，除草效果好。本剂对桃、辣椒、西瓜、油菜等作物敏感，施药时应避免药液接触或飘移至此类作物上。

丁草胺 butachlor

主要含量与剂型 5％颗粒剂，50％、60％、85％、900克/升乳油，60％、600克/升水乳剂。

产品特点 丁草胺是一种酰胺类内吸传导型选择性芽期低毒除草剂，经由杂草幼芽和幼小次生根吸收，主要通过阻碍蛋白质合成而抑制细胞生长，使杂草幼株肿大、畸形，颜色深绿，最终死亡。丁草胺对光稳定，在土壤中稳定性小，能被土壤微生物分解，持效期多为30～40天，对下茬作物安全。虽然水稻秧苗能少量吸收丁草胺，但在体内迅速完全代谢分解，所以稻苗耐药力较强。

适用作物防除对象及使用技术 丁草胺主要应用于稻田（移栽水稻田、水稻旱育秧田）和小麦田，可有效防除以种子萌发的禾本科杂草、一年生莎草及部分一年生阔叶杂草，如稗草、千金子、异型莎草、碎米莎草、牛毛毡等，对鸭舌草、节节草、尖瓣花和萤蔺等也有较好防效，但对水三棱、扁秆藨草、野慈姑等多年生杂草基本无效。本剂为苗前选择性除草剂，在杂草种子萌芽前施药效果最好，稗草2叶期后施药效果显著降低。

移栽水稻田 北方移栽水稻（秧龄25～30天）于移栽后5～7天缓苗后施药。每亩使用50％乳油120～180毫升，或60％乳油或60％水乳剂或600克/升水乳剂100～150毫升，或85％乳油80～100毫升，或900克/升乳油70～100毫升，对水20～30千克均匀喷施，或与适量细沙土拌匀后均匀撒施；也可每亩使用5％颗粒剂1 500～1 800克，与15～20千克细沙土拌匀后均匀撒施。南方水稻移栽后3～5天施药，每亩使用50％乳油100～120毫升，或60％乳油或60％水乳剂或600克/升水乳剂85～100毫升，或85％乳油60～70毫升，或900克/升乳油55～65毫升，对水20～30千克均匀喷施。施药时田间保持水层3～5厘米，药后保水5～6天，以后恢复正常田间管理。

水稻湿润旱育苗秧田　东北覆膜湿润育秧田，在播下浸种不催芽的种子后，覆盖2厘米厚土层，然后每亩使用50％乳油100～130毫升，或60％乳油或60％水乳剂或600克/升水乳剂85～110毫升，或85％乳油60～75毫升，或900克/升乳油55～70毫升，对水20～30千克均匀喷施，而后加盖塑料薄膜，保持床面湿润。特别注意，覆土不得少于2厘米，覆土过浅在低温条件下抑制水稻秧苗生长，易造成药害。秧田使用丁草胺，不能与扑草净、西草净混用，因高温条件下扑草净、西草净对秧苗易产生药害。

水稻插秧田　推荐两次用药。水稻插秧前5～7天，每亩使用50％乳油100～120毫升，或60％乳油或60％水乳剂或600克/升水乳剂80～100毫升，或85％乳油60～70毫升，或900克/升乳油55～65毫升，与细沙土15～20千克拌匀后，均匀撒施于田间，最好在整地耙平时或耙平后趁水浑浊将药施入。插秧后15～20天，再使用与上述药量相同的丁草胺。当稗草与阔叶杂草兼治时，第2次施药丁草胺可与苄嘧磺隆、吡嘧磺隆等药剂混用，每亩使用上述剂量丁草胺混加10％苄嘧磺隆可湿性粉剂13～20克（或30％苄嘧磺隆可湿性粉剂5～7克），或10％吡嘧磺隆可湿性粉剂10克均匀喷雾，第2次施药时应保持水层3～5厘米，药后稳定水层5～7天，只灌不排。需兼防多年生莎草科杂草时可与灭草松混用，每亩使用上述剂量丁草胺混加48％灭草松水剂167～200毫升均匀喷雾，混用前2天保持浅水层，使杂草露出水面，施药后2天放水回田。如果整地后不能在3～4天内插秧时，建议整地后立即施药，经1～4天插秧，可有效控制杂草萌芽并增加对水稻的安全性。丁草胺分两次施药既大大提高了对水稻的安全性，又避免了一次性施药因整地与插秧间隔时间过长、稗草叶龄较大难以防除的问题，使对阔叶杂草防效好于一次性施药。

水稻直播田　在播种前2～3天施药，每亩使用50％乳油100～120毫升，或60％乳油或60％水乳剂或600克/升水乳剂80～100毫升，或85％乳油60～70毫升，或900克/升乳油55～65毫升，对水20～30千克均匀喷施，药后保水2～3天，然后排水播种。也可在秧苗1叶1心至2叶期（稗草1叶1心期）前施药，每亩使用50％乳油120～150毫升，或60％乳油或60％水乳剂或600克/升水乳剂100～125毫升，或85％乳油70～90毫升，或900克/升乳油65～85毫升，对水30～40千克均匀喷施。

冬小麦、大麦等旱地作物田　冬小麦、大麦播种覆土后，结合灌水或降雨后，在土壤墒情好的状况下施药。每亩使用50％乳油120～150毫升，或60％乳油或60％水乳剂或600克/升水乳剂100～125毫升，或85％乳油70～90毫升，或900克/升乳油65～80毫升，对水30～50千克均匀地面喷雾，可防除一年生禾本科杂草、莎草、菊科和其他阔叶杂草。玉米田、蔬菜地除草也可参照这种施药方法。

注意事项　丁草胺在插秧田使用，若秧苗素质不好，或施药后遇低温、下雨、地不平或灌水过深，可能会产生药害。直播稻田和露地湿润秧田使用丁草胺时安全性较差，易产生药害，应先小区试验取得经验后再扩大推广。早稻秧田若气温低于15℃时施药会有不同程度药害。丁草胺对 3 叶期以上的稗草防除效果差，必须掌握于杂草 1 叶期至 3 叶期使用，且水层不能淹没秧苗心叶。

啶磺草胺 pyroxsulam

主要含量与剂型　4％可分散油悬浮剂，7.5％水分散粒剂。

产品特点　啶磺草胺是一种磺酰胺类内吸传导型选择性冬小麦田苗后低毒除草剂，具有杀草谱广、除草活性高、药效作用快等特点。药剂经由杂草叶片、鞘部、茎部或根部吸收，在生长点累积，通过抑制乙酰乳酸合成酶活性，使支链氨基酸无法合成，进而影响蛋白质合成，造成细胞分裂受影响，导致杂草停止生长、黄化，然后死亡。施药后杂草即停止生长，一般 2～4 周后死亡；干旱、低温时杂草枯死速度稍慢，但低温仍有较好的除草效果；施药 1 小时后降雨不显著影响药效。

适用作物防除对象及使用技术　啶磺草胺主要应用于冬小麦田，对麦田常见禾本科杂草具有良好的防除效果，并对阔叶杂草也有一定防效，可有效防除看麦娘、日本看麦娘、硬草、雀麦、野燕麦、野老鹳草、婆婆纳等杂草，对早熟禾、猪殃殃、泽漆、播娘蒿、荠菜、繁缕、米瓦罐、稻槎菜等杂草也有较好的抑制作用。

冬前或早春施用，在麦苗 4～6 叶期、一年生禾本科杂草 2.5～5 叶期施药，杂草出齐后用药越早越好，但小麦起身拔节后不能施用。一般每亩使用 4％可分散油悬浮剂 15～25 毫升，或 7.5％水分散粒剂 9.4～12.5 克，对水 15～20 千克均匀茎叶喷雾，避免重喷、漏喷。施药后麦苗有时会出现临时性黄化或蹲苗现象，正常用药情况下小麦返青后黄化消失，一般不影响产量。在冬麦区，啶磺草胺冬前茎叶处理（正常剂量）3 个月后可种植小麦、大麦、燕麦、玉米、水稻、棉花、大豆、花生、西瓜等作物，6 个月后可种植番茄、小白菜、油菜、甜菜、马铃薯、苜蓿、三叶草等作物。如果种植其他后茬作物，应先进行安全性测试，安全后才能种植。若是在上述时间内间作或套种其他作物的冬小麦田，不建议使用本品。

注意事项　啶磺草胺不宜在霜冻低温天气前后施药，也不宜在遭受干旱、涝害、冻害、盐害、病害及营养不良的麦田施用，且施药前后 2 天内不可大水漫灌麦田。喷药时避免药液飘移到其他作物上。制种田不能施用本剂。

恶草酮 oxadiazon

主要含量与剂型　12.5％、13％、26％、120 克/升、250 克/升乳油，30％微乳剂，35％、40％、380 克/升悬浮剂。

产品特点　恶草酮是一种杂环类芽前、芽后选择性低毒除草剂，属原卟啉原氧化酶抑制剂类，水田、旱田均可使用，通过杂草幼芽或幼苗与药剂接触、吸收而起作用。药剂在光照条件下才能发挥杀草活性，但不影响光合作用的希尔反应。苗后施药，杂草通过地上部位吸收，药剂进入植物体后积累在生长旺盛部位，抑制生长，使杂草组织腐烂死亡。杂草自萌芽至 2～3 叶期均对本药剂敏感，以杂草萌芽期施药效果最好，随杂草长大防效降低。水田施用后药液很快在水面扩散，迅速被土壤吸附，向下移动有限，不会被杂草根部吸收。该药持效期较长，在水稻田可达 45 天左右，在旱作物田可达 60 天以上，土壤中半衰期为 3～6 个月。

适用作物防除对象及使用技术 噁草酮适用于水稻、花生、大豆、棉花、向日葵、葱、姜、蒜、韭菜、芹菜、马铃薯、葡萄、花卉、草坪等多种作物田，可有效防除旱田和水田中的稗草、马唐、稷、狗尾草、金狗尾草、牛筋草、虎尾草、千金子、野黍、看麦娘、雀稗、马齿苋、藜、蓼、反枝苋、苘麻、苍耳、田旋花、鸭舌草、雨久花、泽泻、矮慈姑、牛毛毡、异型莎草、水莎草、日照飘拂草、鳢肠、水苋菜、小茨藻等多种一年生杂草和少部分多年生杂草。

水稻田 水稻移栽田最好在移栽前施药，一般每亩药剂均匀混拌 10～15 千克细沙土后进行撒施；使用 12.5％、13％、120 克/升乳油时，也可原瓶直接甩施。施药后 2 天插秧。北方地区，每亩使用 12.5％乳油或 13％乳油或 120 克/升乳油 200～250 毫升，或 250 克/升乳油 100～130 毫升，或 26％乳油 100～120 毫升，或 30％微乳剂 80～110 毫升，或 35％悬浮剂或 380 克/升悬浮剂 70～90 毫升，或 40％悬浮剂 60～80 毫升；也可每亩使用 12.5％乳油或 13％乳油或 120 克/升乳油 100～120 毫升，或 250 克/升乳油 50～65 毫升，或 26％乳油 50～60 毫升，或 30％微乳剂 40～55 毫升，或 35％悬浮剂或 380 克/升悬浮剂 35～45 毫升，或 40％悬浮剂 30～40 毫升，混加 60％丁草胺乳油 80～100 毫升，对水配成均匀药液后泼浇。南方地区，每亩使用 12.5％乳油或 13％乳油或 120 克/升乳油 130～200 毫升，或 250 克/升乳油 65～100 毫升，或 26％乳油 60～90 毫升，或 30％微乳剂 50～80 毫升，或 35％悬浮剂或 380 克/升悬浮剂 45～70 毫升，或 40％悬浮剂 40～60 毫升；也可每亩使用 12.5％乳油或 13％乳油或 120 克/升乳油 70～100 毫升，或 250 克/升乳油 35～50 毫升，或 26％乳油 35～48 毫升，或 30％微乳剂 30～42 毫升，或 35％悬浮剂或 380 克/升悬浮剂 25～35 毫升，或 40％悬浮剂 22～32 毫升，混加 60％丁草胺乳油 50～80 毫升，对水配成均匀药液后泼浇。

水稻旱直播田施药时期最好在播后苗前或水稻长至 1 叶期、杂草 1.5 叶期左右。每亩使用 12.5％乳油或 13％乳油或 120 克/升乳油 200～350 毫升，或 250 克/升乳油 100～180 毫升，或 26％乳油 100～170 毫升，或 30％微乳剂 85～150 毫升，或 35％悬浮剂或 380 克/升悬浮剂 70～125 毫升，或 40％悬浮剂 65～110 毫升；或每亩使用 12.5％乳油或 13％乳油或 120 克/升乳油 150～300 毫升，或 250 克/升乳油 80～150 毫升，或 26％乳油 75～140 毫升，或 30％微乳剂 70～125 毫升，或 35％悬浮剂或 380 克/升悬浮剂 60～100 毫升，或 40％悬浮剂 50～90 毫升，混加 60％丁草胺乳油 70～100 毫升，对水 45～60 千克均匀喷雾。水稻旱秧田按照水稻旱直播田的用量和方法使用即可。

花生田 露地种植时在播后苗前早期用药。北方地区每亩使用 12.5％乳油或 13％乳油或 120 克/升乳油 200～300 毫升，或 250 克/升乳油 100～150 毫升，或 26％乳油 100～140 毫升，或 30％微乳剂 90～120 毫升，或 35％悬浮剂或 380 克/升悬浮剂 75～100 毫升，或 40％悬浮剂 65～90 毫升；南方地区每亩使用 12.5％乳油或 13％乳油或 120 克/升乳油 150～200 毫升，或 250 克/升乳油 75～100 毫升，或 26％乳油 70～90 毫升，或 30％微乳剂 65～80 毫升，或 35％悬浮剂或 380 克/升悬浮剂 60～70 毫升，或 40％悬浮剂 50～60 毫升，对水 45～60 千克均匀喷洒地面。地膜覆盖种植时要在整地做畦后覆膜前用药，每亩使用 12.5％乳油或 13％乳油或 120 克/升乳油 150～200 毫升，或 250 克/升乳油 75～

100 毫升，或 26％乳油 70～90 毫升，或 30％微乳剂 65～80 毫升，或 35％悬浮剂或 380 克/升悬浮剂 60～70 毫升，或 40％悬浮剂 50～60 毫升，对水 30～45 千克均匀喷洒地面。

棉花田　露地种植时在播后 2～4 天用药。北方地区每亩使用 12.5％乳油或 13％乳油或 120 克/升乳油 260～340 毫升，或 250 克/升乳油 130～170 毫升，或 26％乳油 120～150 毫升，或 30％微乳剂 100～135 毫升，或 35％悬浮剂或 380 克/升悬浮剂 90～115 毫升，或 40％悬浮剂 80～100 毫升；南方地区每亩使用 12.5％乳油或 13％乳油或 120 克/升乳油 200～300 毫升，或 250 克/升乳油 100～150 毫升，或 26％乳油 95～130 毫升，或 30％微乳剂 80～120 毫升，或 35％悬浮剂或 380 克/升悬浮剂 70～100 毫升，或 40％悬浮剂 60～90 毫升，对水 45～60 千克均匀喷洒地面。地膜覆盖种植时要在整地做畦后覆膜前用药，每亩使用 12.5％乳油或 13％乳油或 120 克/升乳油 200～250 毫升，或 250 克/升乳油 100～130 毫升，或 26％乳油 95～120 毫升，或 30％微乳剂 80～100 毫升，或 35％悬浮剂或 380 克/升悬浮剂 70～85 毫升，或 40％悬浮剂 60～75 毫升，对水 30～45 千克均匀喷施。

蒜田　种植后出苗前用药。每亩使用 12.5％乳油或 13％乳油或 120 克/升乳油 140～160 毫升，或 250 克/升乳油 70～80 毫升，或 26％乳油 65～75 毫升，或 30％微乳剂 55～65 毫升，或 35％悬浮剂或 380 克/升悬浮剂 50～55 毫升，或 40％悬浮剂 42～48 毫升，对水 45～60 千克均匀喷洒地面；或每亩使用 12.5％乳油或 13％乳油或 120 克/升乳油 80～100 毫升，或 250 克/升乳油 40～50 毫升，或 26％乳油 38～48 毫升，或 30％微乳剂 35～40 毫升，或 35％悬浮剂或 380 克/升悬浮剂 30～35 毫升，或 40％悬浮剂 25～30 毫升，混加 50％乙草胺乳油 100～120 毫升，对水 45～60 千克均匀喷雾。

草坪　在不敏感草种的定植草坪上施用。每亩使用 12.5％乳油或 13％乳油或 120 克/升乳油 800～1 000 毫升，或 250 克/升乳油 400～600 毫升，或 26％乳油 380～550 毫升，或 30％微乳剂 350～500 毫升，或 35％悬浮剂或 380 克/升悬浮剂 300～400 毫升，或 40％悬浮剂 250～350 毫升，与 40～60 千克细沙拌匀制成药沙，均匀撒施于草坪上，对马唐、牛筋草等防除效果较好。紫羊茅、剪股颖、结缕草对噁草酮较敏感，种植这几种草的草坪上不宜使用。

注意事项　噁草酮用于水稻插秧田时，弱苗、小苗或超过常规用药量、水层过深淹没秧苗心叶时，易出现药害。旱田使用本剂，遇到土壤过干时不易发挥药效。

噁唑酰草胺 metamifop

主要含量与剂型　10％、15％、20％乳油，10％、15％、20％可分散油悬浮剂。

产品特点　噁唑酰草胺是一种芳氧苯氧丙酸类内吸传导型低毒除草剂，属乙酰辅酶 A 羧化酶（ACCase）抑制剂类，通过茎叶吸收，经维管束传导至生长点，通过抑制脂肪酸的生物合成，使生长中的植物叶片变黄枯萎，而达到除草效果。一般施药后 1 周杂草发黄，约 10 天后开始腐烂。本剂对环境及水稻安全，杀草谱广。噁唑酰草胺在土壤中主要通过化学和微生物两种途径降解，25℃时在土壤中的半衰期为 40～60 天，对下茬作物安全。

适用作物防除对象及使用技术 噁唑酰草胺主要用于水稻移栽田和直播田，对大多数禾本科杂草均有防除效果，对千金子、稗草等杂草有良好防效，对旱直播稻田恶性杂草如马唐、牛筋草等防除效果显著。

噁唑酰草胺必须在水稻 2 叶 1 心后、禾本科杂草齐苗后施药，在杂草 3～5 叶期施药效果最佳。一般每亩使用 10％乳油或 10％可分散油悬浮剂 70～80 毫升，或 15％乳油或 15％可分散油悬浮剂 40～60 毫升，或 20％乳油或 20％可分散油悬浮 35～40 毫升，对水 30～45 千克茎叶喷雾，并确保喷药均匀透彻。不能过早或过晚用药，且应随草龄、密度增大而适当增加用药量。移栽稻田、水直播稻田施药时，应先排干田水，均匀喷雾用药后 1～2 天复水，水深不能淹没稻心，保持水层 5～7 天。以马唐为主的旱直播田块需适当增加药量，一般每亩使用 10％乳油或 10％可分散油悬浮剂 80～100 毫升，或 15％乳油或 15％可分散油悬浮剂 50～60 毫升，或 20％乳油或 20％可分散油悬浮剂 45～50 毫升，对水 30～45 千克均匀茎叶喷雾。旱直播稻田喷药时要求土壤湿润，且施药后要注意及时复水控草，否则马唐容易复发。茎叶喷雾既要均匀周到，又不能重喷、漏喷。重复喷洒药量过多后会导致水稻叶片白化，严重时丛菀矮缩、新叶抽生困难、叶片窄小似竹叶状、叶枕倒缩、株高仅有正常苗高的 1/2～2/3，影响植株生长。若发生药害后，可立即喷施天然芸薹素内酯进行缓解，混喷叶面肥效果更好。

注意事项 噁唑酰草胺不能使用弥雾机喷药，施药时避免药液飘移到邻近的禾本科作物田。环境温度高于 35℃时不建议使用，以免影响药效。杂交制种田慎用。

二甲戊灵 pendimethalin

主要含量与剂型 30％、35％、40％悬浮剂，33％、330 克/升乳油，450 克/升微囊悬浮剂。

产品特点 二甲戊灵是一种二硝基苯胺类选择性低毒除草剂，属微管成型抑制剂类，芽前、芽后均可使用。主要抑制分生组织细胞分裂，不影响杂草种子的萌发。在杂草种子萌发过程中，通过杂草幼芽、茎和根部吸收药剂而起作用。双子叶植物吸收部位为下胚轴，单子叶植物为幼芽，其受害症状是幼芽和次生根被抑制。该药杀草谱广，持效期长，使用方式灵活，混用方便，不易淋溶，在土壤中移动性小，对环境安全性高。

适用作物防除对象及使用技术 二甲戊灵适用于棉花、大豆、玉米、烟草、花生、马铃薯、向日葵、甘蔗、韭菜、洋葱、姜、大蒜、胡萝卜、甘蓝、芹菜、香菜、茴香等作物田及果园等，可有效防除稗草、马唐、狗尾草、金狗尾草、牛筋草、早熟禾、看麦娘等一年生禾本科杂草及藜、马齿苋、苋菜、猪殃殃、繁缕、柳叶刺蓼、卷茎蓼等一年生阔叶杂草。

二甲戊灵使用方法灵活多样，可播前混土、播后芽前或作物移栽前施用。土壤处理时，最好先浇水后施药。土壤黏粒及有机质对二甲戊灵有吸附作用，因此用药量应根据土壤质地和有机质含量来确定。土壤有机质含量高或黏性重时用高剂量，反之用低剂量。该药吸附性强，挥发性小，且不宜光解，因此施药后混土与否对防除杂草效果没有影响。

棉花田 棉花播种前 1～3 天或播后苗前 3 天内施药。每亩使用 30％悬浮剂 165～220 毫升，或 33％乳油或 330 克/升乳油或 35％悬浮剂 150～200 毫升，或 40％悬浮剂或

450克/升微囊悬浮剂125～165毫升，对水30～45千克土壤表面均匀喷雾。营养钵育苗时可在播种覆土后喷药，根据当地杂草情况选择适当用药量，然后覆膜。棉田除草也可采用苗带施药法，酌情减少1/3～1/2用药量。苗带施药时需根据实际喷洒面积计算用药量，施药后用旋转锄或中耕机除掉行间杂草。

大豆田　大豆播前或播后苗前土壤处理，最佳施药时期是在播后苗前、杂草萌发前，通常为播后3天内施药。一般每亩使用30%悬浮剂165～220毫升，或33%乳油或330克/升乳油150～200毫升，或35%悬浮剂140～200毫升，或40%悬浮剂或450克/升微囊悬浮剂140～160毫升，对水35～40千克均匀喷雾土表。如遇长期干旱土壤含水量较低时，药后适当混土3～5厘米，以提高药效。起垄播种大豆也可在施药后培土2厘米，以防药剂被风吹走。垄播大豆播后苗前施药也可采用苗带施药法，根据实际喷洒面积计算用药量，施药后用旋转锄或中耕机除掉行间杂草。春播大豆田除草也可在秋季施药，以增强对早春性杂草药效，特别是干旱地区药效稳定，通常在秋季气温降到10℃以下至封冻前施药。在单子叶、双子叶杂草混发田，二甲戊灵若与异噁草松、咪唑乙烟酸、嗪草酮等除草剂混用，可增加对苍耳、鸭跖草、狼把草、龙葵、香薷、苘麻、刺儿菜、问荆、豚草、苣荬菜等杂草的防除效果，施药时期为大豆播前或播后苗前。一般每亩使用二甲戊灵30%悬浮剂165～275毫升，或33%乳油或330克/升乳油或35%悬浮剂150～250毫升，或40%悬浮剂或450克/升微囊悬浮剂130～200毫升，混加48%异噁草松乳油50～70毫升，或5%咪唑乙烟酸水剂50～70毫升，或70%嗪草酮可湿性粉剂30～50克。土壤质地疏松、有机质含量低或低洼地水分好的条件下用低剂量，土壤质地黏重、有机质含量高、岗地土壤水分少的条件下用高剂量。

花生田　花生播前或播后苗前土壤处理。一般每亩使用30%悬浮剂165～220毫升，或33%乳油或330克/升乳油150～200毫升，或35%悬浮剂160～200毫升，或40%悬浮剂或450克/升微囊悬浮剂140～160毫升，对水30～40千克均匀喷雾土表。

玉米田　玉米播种后苗前、苗后均可使用，最佳施药时期是杂草萌发前、播种后3天内。一般每亩使用30%悬浮剂220～270毫升，或33%乳油或330克/升乳油或35%悬浮剂200～250毫升，或40%悬浮剂或450克/升微囊悬浮剂170～200毫升，对水45～50千克均匀喷洒土表。若施药时土壤含水量较低，可适当混土，但切忌药土层接触种子。阔叶杂草较多时，播后苗前或苗后早期，与莠去津混用效果较好，能有效防除鸭跖草、龙葵、苘麻、豚草、狼把草等阔叶杂草。一般每亩使用二甲戊灵30%悬浮剂220～270毫升，或33%乳油或330克/升乳油或35%悬浮剂200～250毫升，或40%悬浮剂或450克/升微囊悬浮剂170～200毫升，混加莠去津38%悬浮剂150～200毫升，或48%可湿性粉剂120～160克。具体用药量根据土壤质地和有机质含量确定。

马铃薯田　播后苗前用药，最好在播种覆土后随即施药，播后3天内施药完毕。露地马铃薯一般每亩使用30%悬浮剂165～220毫升，或33%乳油或330克/升乳油或35%悬浮剂150～200毫升，或40%悬浮剂或450克/升微囊悬浮剂130～170毫升，对水30～45千克均匀喷洒土壤表面。覆膜马铃薯一般每亩使用30%悬浮剂130～165毫升，或33%乳油或330克/升乳油或35%悬浮剂120～150毫升，或40%悬浮剂或450克/升微囊悬浮剂100～130毫升，对水30～45千克均匀喷洒土壤表面，用药后及时覆膜。露地马铃薯在喷药后3～5天如遇干旱天气要适量喷水，以保持土壤湿度及除草效果。

洋葱田　直播洋葱田在洋葱播后苗前或苗后施药，一般每亩使用30％悬浮剂140～170毫升，或33％乳油或330克/升乳油或35％悬浮剂120～150毫升，或40％悬浮剂或450克/升微囊悬浮剂110～130毫升，对水30～45千克均匀喷雾，苗前除草时洋葱覆土深度应在2厘米以上。移栽田在移栽前或移栽后均可用药，每亩使用30％悬浮剂170～220毫升，或33％乳油或330克/升乳油或35％悬浮剂150～200毫升，或40％悬浮剂或450克/升微囊悬浮剂140～160毫升，对水30～45千克均匀喷雾。沙质土壤适当减少用药量。

葱田　直播葱田、移栽沟葱田和根茬葱田均可使用。一般每亩使用30％悬浮剂120～170毫升，或33％乳油或330克/升乳油或35％悬浮剂100～150毫升，或40％悬浮剂或450克/升微囊悬浮剂100～120毫升，兑水30～45千克，在播后苗前或移栽前或根茬葱返青前均匀喷雾土壤表面。土壤有机质含量高的田块用高剂量，有机质含量低的田块用低剂量；适当增加土壤湿度有利于提高除草效果。小葱苗床慎用。

大蒜田　播后苗前或苗后早期均可用药，最佳施药时期是蒜瓣移栽后至出苗前、杂草未出苗时。一般每亩使用30％悬浮剂170～220毫升，或33％乳油或330克/升乳油或35％悬浮剂150～200毫升，或40％悬浮剂或450克/升微囊悬浮剂140～160毫升，对水45～60千克均匀喷雾。大蒜出苗早期，单子叶杂草不大于1叶1心期、阔叶杂草不大于2叶期也可施药。施药前注意将土地整平整细，蒜瓣种植后应覆土3～4厘米，避免蒜瓣和药土层接触。在荠菜、猪殃殃较多的地区，二甲戊灵可与乙氧氟草醚混用，每亩使用上述剂量二甲戊灵混加24％乙氧氟草醚乳油30～40毫升。

韭菜田　育苗韭菜田除草，每亩使用30％悬浮剂120～220毫升，或33％乳油或330克/升乳油或35％悬浮剂100～200毫升，或40％悬浮剂或450克/升微囊悬浮剂100～160毫升，对水30～40千克，在韭菜播后苗前均匀喷雾土壤表面。若在第1次用药后40～45天再用药1次，可基本控制整个生育期间的杂草危害。老根韭菜田除草，每亩使用30％悬浮剂150～220毫升，或33％乳油或330克/升乳油或35％悬浮剂150～200毫升，或40％悬浮剂或450克/升微囊悬浮剂120～160毫升，对水30～40千克，于贴地收割植株伤口愈合后进行土壤表面喷雾。如土壤有机质含量达到1.5％以上，则壤质土每亩用药量为30％悬浮剂200～280毫升，或33％乳油或330克/升乳油或35％悬浮剂180～250毫升，或40％悬浮剂或450克/升微囊悬浮剂150～200毫升；黏质土每亩用药量为30％悬浮剂250～320毫升，或33％乳油或330克/升乳油或35％悬浮剂200～300毫升，或40％悬浮剂或450克/升微囊悬浮剂170～250毫升。

芹菜田　芹菜育苗田除草，每亩使用30％悬浮剂120～160毫升，或33％乳油或330克/升乳油或35％悬浮剂100～150毫升，或40％悬浮剂或450克/升微囊悬浮剂100～140毫升，对水30～45千克，在播后苗前均匀喷雾土壤表面。沙壤土适当降低用药量。芹菜移栽田除草，在整地后移栽前1～3天施药，药剂使用量同前述。

胡萝卜田、茴香田　播种后5天之内施药。一般每亩使用30％悬浮剂110～165毫升，或33％乳油或330克/升乳油100～150毫升，或35％悬浮剂100～145毫升，或40％悬浮剂或450克/升微囊悬浮剂80～120毫升，对水30～45千克于播后苗前均匀喷洒土壤表面。

毛豆田、豌豆田　豆类多为大粒种子，对除草剂的耐药性较强，可在播后苗前或移栽前施药。一般每亩使用30％悬浮剂165～220毫升，或33％乳油或330克/升乳油或35％悬浮剂150～200毫升，或40％悬浮剂或450克/升微囊悬浮剂130～165毫升，对水30～45千克均匀喷洒土壤表面。

瓜类田　冬瓜、黄瓜、丝瓜等瓜田除草，在整地后移栽前1～3天施药。一般每亩使用30％悬浮剂110～165毫升，或33％乳油或330克/升乳油或35％悬浮剂100～150毫升，或40％悬浮剂或450克/升微囊悬浮剂90～140毫升，对水30～45千克均匀喷洒土壤表面。香瓜、西瓜等瓜田禁止使用二甲戊灵除草，其他瓜类需进行安全性试验，确认安全后方可使用。

移栽蔬菜田　甘蓝、花椰菜、莴苣、茄子、番茄、青椒等移栽蔬菜田，每亩使用30％悬浮剂165～220毫升，或33％乳油或330克/升乳油或35％悬浮剂150～200毫升，或40％悬浮剂或450克/升微囊悬浮剂130～170毫升，对水30～45千克于移栽前均匀喷雾土表。栽苗时尽量不要翻动土层，整地后尽早施药，沙壤土使用低剂量。

烟草田　移栽定植后除草施药时，一般每亩使用30％悬浮剂110～220毫升，或33％乳油或330克/升乳油或35％悬浮剂100～200毫升，或40％悬浮剂或450克/升微囊悬浮剂90～170毫升，对水30～50千克均匀喷洒地面。作为烟草抑芽剂使用时，先在大部分烟草现蕾时人工打顶，并将烟草扶直，然后使用33％乳油或330克/升乳油100倍液，用杯淋法从顶部淋施用药，使每个腋芽都接触到药液，对侧芽萌发具有明显的抑制效果。

果园　在果树生长季节、杂草出土前施药。一般每亩使用30％悬浮剂250～350毫升，或33％乳油或330克/升乳油或35％悬浮剂200～300毫升，或40％悬浮剂或450克/升微囊悬浮剂180～250毫升，对水30～45千克均匀喷洒土壤表面。为扩大杀草谱，香蕉、菠萝田除草时也可与莠去津混用，每亩使用二甲戊灵上述剂量混加38％莠去津悬浮剂200～300毫升，对水30～45千克均匀喷洒地面。

注意事项　二甲戊灵在土壤沙性重、有机质含量低的田块不宜使用；当土壤黏重或有机质含量超过1.5％时应使用高剂量。喷药应均匀周到，不能重喷、漏喷。二甲戊灵防除单子叶杂草比双子叶杂草效果好，在双子叶杂草较多时，注意与其他除草剂混用。

二氯吡啶酸 clopyralid

主要含量与剂型　30％水剂，75％可溶粒剂。

产品特点　二氯吡啶酸是一种人工合成的植物生长激素类选择性内吸传导型茎叶处理低毒除草剂，主要通过植物根部和叶片吸收，然后在植物体内上下传导，并迅速传到整个植株。低浓度二氯吡啶酸能刺激植物DNA、RNA和蛋白质的合成，进而导致细胞分裂失控和无序生长，最后造成维管束被破坏；高浓度二氯吡啶酸则能够抑制细胞分裂和生长。

适用作物防除对象及使用技术　二氯吡啶酸适用于油菜田、春小麦田和玉米田，能有效防除刺儿菜、苣荬菜、苍耳、鬼针草、稻槎菜、大巢菜、卷茎蓼等多种菊科、豆科的恶性阔叶杂草。

油菜田　仅适用于甘蓝型和白菜型油菜田，芥菜型油菜田禁用。在油菜3～5叶期、杂草2～6叶期施药。春油菜田，每亩使用75％可溶粒剂10～16克或30％水剂30～40毫升，对水15～30千克均匀茎叶喷雾；冬油菜田，每亩使用75％可溶粒剂6～10克或30％水剂

20～30 毫升，对水 15～30 千克均匀茎叶喷雾。

玉米田　在玉米 3～5 叶期、杂草 3～6 叶期施药。每亩使用 75％可溶粒剂 18～24 克或 30％水剂 45～60 毫升，对水 15～30 千克均匀茎叶喷雾。

春小麦田　在小麦 3～5 叶期、杂草 2～6 叶期施药。每亩使用 75％可溶粒剂 18～24 克或 30％水剂 45～60 毫升，对水 15～30 千克均匀茎叶喷雾。

注意事项　二氯吡啶酸正常用药剂量下后茬可安全种植小麦、大麦、燕麦、玉米、油菜（不能种植芥菜型油菜）、甜菜、亚麻、十字花科蔬菜。如后茬种植大豆、花生等作物需间隔 1 年，如后茬种植棉花、向日葵、西瓜、番茄、红豆、绿豆、甘薯则需间隔 18 个月。喷药应均匀周到，不能漏喷、重喷，并避免药液飘移到豆科、伞形科、菊科等敏感作物上，如大豆、花生、马铃薯、胡萝卜、向日葵、莴苣等。

二氯喹啉酸 quinclorac

主要含量与剂型　25％、30％、250 克/升悬浮剂，25％可分散油悬浮剂，25％、50％、75％可湿性粉剂，50％可溶粉剂，50％、75％水分散粒剂，25％泡腾粒剂。

产品特点　二氯喹啉酸是一种喹啉羧酸类选择性低毒除草剂，属防除稻田稗草的特效选择性除草剂，对 4～7 叶期稗草效果突出。主要通过稗草根部吸收，也能被发芽的种子吸收，还可少量通过叶部吸收，在杂草体内传导。本剂具有激素型除草剂特点，稗草受害后叶片失绿变为紫褐色直至枯死。水稻的根部能将有效成分降解，因而对水稻安全。该药在土壤中有较大的移动性，很少被土壤吸附，但能被土壤微生物分解。二氯喹啉酸选择性强，施药适期幅度宽，一次施药能控制整个水稻生育期的稗草，但对莎草科杂草的防除效果差。

适用作物防除对象及使用技术　二氯喹啉酸主要用于水稻田，对稗草具有很好的防除效果，尤其对 4～7 叶期高龄稗草效果突出，并对田菁、决明、鸭舌草、雨久花、水芹等杂草也有一定防效。二氯喹啉酸对 2 叶期以后的水稻安全，2.5 叶期前禁止使用。施药前 1～2 天稻田排水，保持湿润，喷雾法施药，药后 2 天放水回田，保持 3～5 厘米水层，5～7 天后恢复正常田间管理。水层不要超过 5 厘米，深水层将会降低除草效果。

水稻插秧田　在稗草 1～7 叶期均可施药，以稗草 2.5～3.5 叶期为最佳。一般每亩使用 25％可湿性粉剂或 25％泡腾粒剂 70～100 克，或 25％悬浮剂或 250 克/升悬浮剂或 25％可分散油悬浮剂 60～100 毫升，或 30％悬浮剂 50～80 毫升，或 50％可湿性粉剂或 50％可溶粉剂或 50％水分散粒剂 30～50 克，或 75％可湿性粉剂或 75％水分散粒剂 25～35 克，对水 30～40 千克均匀茎叶喷雾。

水稻直播田和水稻秧田　水稻 2 叶期以前的秧苗对二氯喹啉酸较为敏感，必须在秧田或直播田的秧苗 2.5 叶期以后用药，用药剂量、使用方法及田水管理均同插秧田。

需同时防除移栽田或直播田混生的莎草及其他双子叶杂草时，可与苄嘧磺隆、吡嘧磺隆、灭草松等药剂混用。水稻移栽后或直播水稻苗 2.5 叶期后、稗草 3 叶期前施药，每亩使用二氯喹啉酸 25％可湿性粉剂或 25％泡腾粒剂 50～60 克，或 25％悬浮剂或 250 克/升悬浮剂或 25％可分散油悬浮剂 50～60 毫升，或 30％悬浮剂 40～50 毫升，或 50％可湿性粉剂或 50％可溶粉剂或 50％水分散粒剂 25～30 克，或 75％可湿性粉剂或 75％水分散粒剂 17～20 克，混加 10％吡嘧磺隆可湿性粉剂 10 克，或 10％苄嘧磺隆可湿性粉剂 15～17 克，能有效防除稗草、泽泻、慈姑、雨久花、鸭舌草、萤蔺、眼子菜、碎米莎草、异型莎草、牛毛毡等一年生禾本科和莎草科杂草及阔叶杂草，对难防除的扁秆藨草、日本藨草、藨草等多年生莎草科杂草也有较强的抑制作用。若水稻移栽后或直播水稻苗 2.5 叶期后、稗草 3～8 叶期施药，则每亩使用二氯喹啉酸 25％可湿性粉剂或 25％泡腾粒剂 70～100 克，或 25％悬浮剂或 250 克/升悬浮剂或 25％可分散油悬浮剂 60～100 毫升，或 30％悬浮剂 50～80 毫升，或 50％可湿性粉剂或 50％可溶粉剂或 50％水分散粒剂 30～50 克，或 75％可湿性粉剂或 75％水分散粒剂 25～35 克，混加 48％灭草松水剂 170～200 毫升，可有效防除上述多种一年生禾本科杂草、莎草科杂草和阔叶杂草及难防除的多年生莎草科杂草；也可在移栽田插秧前或插秧后，或直播田水稻苗 2.5 叶期后，扁秆藨草、日本藨草、藨草等多年生杂草株高 7 厘米前施药，每亩先单用 10％吡嘧磺隆可湿性粉剂 10 克或 30％苄嘧磺隆可湿性粉剂 10 克，间隔 10～20 天后再使用 10％吡嘧磺隆可湿性粉剂 10 克或 30％苄嘧磺隆可湿性粉剂 10 克，与二氯喹啉酸 25％可湿性粉剂或 25％泡腾粒剂 70～100 克，或 25％悬浮剂或 250 克/升悬浮剂或 25％可分散油悬浮剂 60～100 毫升，或 30％悬浮剂 50～80 毫升，或 50％可湿性粉剂或 50％可溶粉剂或 50％水分散粒剂 30～50 克，或 75％可湿性粉剂或 75％水分散粒剂 25～35 克混用。水稻移栽田按推荐剂量用药，不受水稻品种及秧龄大小影响，机插秧田有浮苗现象且施药偏早时，会发生暂时性伤害，后逐渐恢复。

注意事项 二氯喹啉酸喷药应均匀周到，重复喷洒或用药过量均会产生药害，抑制水稻生长，影响产量。禁止在水稻播种早期胚根或根系暴露在外时使用。二氯喹啉酸对伞形花科（胡萝卜、芹菜、香菜等）、茄科（茄子、番茄、辣椒、马铃薯、烟草等）、锦葵科（棉花、秋葵等）、葫芦科（黄瓜、甜瓜、西瓜、南瓜等）、豆科（青豆、紫花苜蓿等）、菊科（莴苣、向日葵等）、旋花科（甘薯等）、藜科（菠菜、甜菜等）作物非常敏感，用过此药剂的田水流到以上作物田中或喷雾时飘移到上述作物上，均会对这些作物产生药害。用药后 8 个月内不能种植棉花、大豆等敏感作物，用过该药田块下一年不能种植甜菜、茄子、烟草等，2 年后才能种植番茄、胡萝卜等。

砜嘧磺隆 rimsulfuron

主要含量与剂型 4％、12％、22％可分散油悬浮剂，25％水分散粒剂。

产品特点 砜嘧磺隆是一种超高效磺酰脲类内吸传导型选择性苗后低毒除草剂，属乙酰乳酸合成酶抑制剂类，由植物的茎叶和根部吸收，通过木质部和韧皮部迅速传导至分生组织，通过抑制植物体内乙酰乳酸合成酶的活性而阻止支链氨基酸的生物合成，进而阻止细胞分裂，导致敏感杂草心叶停止生长，叶片由上到下依次变黄、失绿、白化，产生退绿、斑枯，直至全株死亡。一般施药后 3～4 天可以看到杂草受害症状，1～3 周杂草死亡。

适用作物防除对象及使用技术 砜嘧磺隆适用于玉米田（对春玉米最安全）、马铃薯田、烟草田，能有效防除多种一年生和多年生杂草，如稗草、马唐、狗尾草、金狗尾草、野燕麦、野高粱、牛筋草、自生麦苗、荠菜、野油菜、野黍、藜、风花菜、反枝苋、马齿苋、鸭跖草、苣荬菜、柳叶刺蓼、酸模叶蓼、苘麻、刺儿菜、鳢肠、豚草、莎草等。

玉米田 春玉米苗后 2～4 叶期、一年生杂草 2～5 叶期、杂草基本出齐时施药，人工喷药每亩喷洒药液量 30 千克，拖拉机喷药为 10 千克。一年生禾本科杂草在分蘖前用药效果好，多年生杂草则应在枝叶生长丰满时用药效果较好，对施药后萌发的枝叶无效。单独使用时，一般每亩使用 4％可分散油悬浮剂 30～40 毫升，或 12％可分散油悬浮剂 10～12.5 毫升，或 22％可分散油悬浮剂 5～6.5 毫升，或 25％水分散粒剂 5～6 克；混配使用时，一般每亩使用 4％可分散油悬浮剂 20～25 毫升，或 12％可分散油悬浮剂 7～8 毫升，或 22％可分散油悬浮剂 3.5～4.5 毫升，或 25％水分散粒剂 3～4 克，混加 38％莠去津悬浮剂 120 毫升或 75％噻吩磺隆水分散粒剂 0.7 克。配药时，先将砜嘧磺隆在小杯内用少量水配成母液，倒入已盛一半对水量的喷雾器中，搅拌均匀，然后再把适量的莠去津或噻吩磺隆加入喷雾器中，搅拌均匀，最好再加入表面活性剂，最后补足水量、搅拌均匀。一定要在玉米 4 叶期前施药，如玉米超过 4 叶期，单用或混用对玉米均有药害，药害症状表现为拔节困难、株高矮小、叶色浅黄、心叶卷缩变硬及发红，10～15 天恢复。施药时最好使用扇形喷头，沿单垄均匀喷施，喷药时定喷头高度及行走速度，不要左右甩动。不同玉米品种对药剂敏感性有差异，本剂适用于马齿型、半马齿型、硬质玉米，不推荐用于糯玉米、爆裂玉米、甜玉米及各类型自交系玉米。

马铃薯田 马铃薯播后苗前或苗后茎叶处理均可。苗前除草，单剂使用时，一般每亩使用 4％可分散油悬浮剂 30～40 毫升，或 12％可分散油悬浮剂 10～12.5 毫升，或 22％可分散油悬浮剂 5～6.5 毫升，或 25％水分散粒剂 5～6 克；混配使用时，每亩使用 4％可分散油悬浮剂 20～25 毫升，或 12％可分散油悬浮剂 7～8 毫升，或 22％可分散油悬浮剂 3.5～4.5 毫升，或 25％水分散粒剂 3～4 克，混加 38％莠去津悬浮剂 120 毫升或 75％噻吩磺隆水分散粒剂 0.7 克，对水 30～45 千克均匀喷雾。苗后施药时期为马铃薯 5～7 叶期、大多数杂草 2～4 叶期，每亩使用 4％可分散油悬浮剂 30～50 毫升，或 12％可分散油悬浮剂 10～16 毫升，或 22％可分散油悬浮剂 6～9 毫升，或 25％水分散粒剂 5～8 克，对水 30～45 千克均匀茎叶喷雾。

烟草田 烟草移栽后杂草 2～5 叶期，行间定向喷雾处理。每亩使用 4％可分散油悬浮剂 30～40 毫升，或 12％可分散油悬浮剂 10～13 毫升，或 22％可分散油悬浮剂 5～6.5 毫升，或 25％水分散粒剂 5～7 克，对水 30～45 千克均匀喷雾。

注意事项 砜嘧磺隆喷药应均匀周到，不能重喷或漏喷，严禁将药液直接喷到烟叶、马铃薯茎叶上及玉米的喇叭口内；施药后第 2 年不能种植亚麻、油菜等敏感作物。使用本剂前后 7 天内，不能使用有机磷杀虫剂，否则可能会引起玉米药害。后茬可种植小麦、大蒜、向日葵、马铃薯、大豆等作物，但对小白菜、甜菜、菠菜等有药害。

氟磺胺草醚 fomesafen

主要含量与剂型 12.8％、20％乳油，12.8％、20％、30％微乳剂，25％、42％、250 克/升水剂，75％水分散粒剂。

产品特点 氟磺胺草醚是一种二苯醚类选择性苗后早期触杀型低毒除草剂，可被杂草茎、叶及根部吸收，传导进入叶绿体内破坏其光合作用，使叶片黄化或产生枯斑，最后枯萎死亡。喷药后 4～6 小时内降雨不影响其除草效果。该药在土壤中残留期长,不会被土壤钝化,可保持活性数个月,并能被植物根部吸收,有一定的残余杀草作用。正常施用对下茬作物安全,但施药量过大时会对下茬敏感作物如白菜、小麦、高粱、谷子、玉米、甜菜、亚麻等产生药害。大豆施药后叶片会有枯斑,但 1 周后会恢复正常,不影响后期生长。

适用作物防除对象及使用技术 氟磺胺草醚主要适用于大豆田、花生田防除一年生阔叶杂草,如藜、蓼、苘麻、铁苋菜、反枝苋、马齿苋、猪殃殃、猪毛菜、荠菜、苍耳、龙葵、鳢肠、鬼针草、鸭跖草、水刺针等。

大豆田 大豆 3 片复叶期以前、一年生阔叶杂草 2～5 叶期施药。春大豆田,每亩使用 12.8% 乳油或 12.8% 微乳剂 120～200 毫升,或 20% 乳油或 20% 微乳剂 90～120 毫升,或 25% 水剂或 250 克/升水剂 80～100 毫升,或 30% 微乳剂 50～80 毫升,或 42% 水剂 45～60 毫升,或 75% 水分散粒剂 25～30 克,对水 15～30 千克对杂草茎叶均匀喷雾。夏播大豆田除草,适当降低用药量,一般每亩使用 12.8% 乳油或 12.8% 微乳剂 120～160 毫升,或 20% 乳油或 20% 微乳剂 75～100 毫升,或 25% 水剂或 250 克/升水剂 60～80 毫升,或 30% 微乳剂 50～65 毫升,或 42% 水剂 35～45 毫升,或 75% 水分散粒剂 20～27 克,对水 15～30 千克均匀喷施。药液中混加适量非离子型表面活性剂效果更好。

花生田 在花生苗后 3 片真叶前、一年生阔叶杂草 2～5 叶期施药。一般每亩使用 12.8% 乳油或 12.8% 微乳剂 100～150 毫升,或 20% 乳油或 20% 微乳剂 75～100 毫升,或 25% 水剂或 250 克/升水剂 50～70 毫升,或 30% 微乳剂 50～65 毫升,或 42% 水剂 35～45 毫升,或 75% 水分散粒剂 20～26 克,对水 20～30 千克均匀茎叶喷雾。药液中混加适量非离子型表面活性剂除草效果更好。

注意事项 氟磺胺草醚对玉米、高粱、谷子、水稻、油菜、亚麻、豌豆、菜豆、马铃薯、瓜类、向日葵、苜蓿、甜菜、烟草及其他蔬菜等较敏感,喷药时应避免药液飘移到邻近敏感作物上。本剂在土壤中的残效期较长,用药量不宜过大,否则会对后茬敏感作物产生不同程度药害。田间套种或混种其他作物的大豆田或花生田,不能使用本剂。

氟乐灵 trifluralin

主要含量与剂型 45.5%、48%、480 克/升乳油。

产品特点 氟乐灵是一种二硝基苯胺类选择性芽前土壤处理低毒除草剂,通过杂草种子发芽生长穿过药土层而被吸收。禾本科植物的幼芽和阔叶植物的下胚轴吸收药剂,子叶和幼根也能吸收,但出苗后的茎叶不能吸收。植物受害的典型症状是抑制生长,根尖与胚轴组织细胞体积显著膨大。受害杂草有的虽能出土,但胚根及次生根变粗,根尖肿大,呈鸡爪状,没有须根,生长受抑制。

适用作物防除对象及使用技术 氟乐灵适用于大豆、棉花、花生、油菜、马铃薯、胡萝卜、向日葵、芹菜、番茄、茄子、辣椒、甘蓝、白菜等多种作物田,主要用于防除稗草、野燕麦、马唐、牛筋草、狗尾草、金狗尾草、千金子、画眉草、早熟禾、雀麦、马齿苋、反枝苋、藜、萹蓄、繁缕、蒺藜等一年生禾本科杂草及小粒种子的阔叶杂草。

大豆田 大豆播种前 5～7 天施药,东北地区也可秋季施药。秋施药多在 10 月上中旬气温降至 5℃ 以下时到封冻前进行。随施药随播种或施药与播种间隔时间过短时，会对大豆出苗造成影响。氟乐灵用药量受土壤质地和有机质含量影响而有差异，在土壤有机质含量 3% 以下时，每亩使用 45.5% 乳油或 480 克/升乳油 80～120 毫升，或 48% 乳油 70～110 毫升；土壤有机质含量 3%～5% 时，每亩使用 45.5% 乳油或 480 克/升乳油 125～150 毫升，或 48% 乳油 110～140 毫升；土壤有机质含量 5%～10% 时，每亩使用 45.5% 乳油或 480 克/升乳油 150～175 毫升，或 48% 乳油 140～170 毫升；土壤有机质含量 10% 以上时，氟乐灵被严重吸附，除草效果下降，不宜施用。一般每亩药剂对水 30～45 千克均匀地面喷雾，喷药后立即混土。土壤质地黏重用高剂量，质地疏松用低剂量。

防除野燕麦应采用高剂量、深混土的方法。北方亦可秋施药，能明显提高对野燕麦等早春性杂草的防除效果，每亩最高用量为 45.5% 乳油或 480 克/升乳油不超过 210 毫升、48% 乳油不超过 200 毫升。

为扩大除草谱，降低用药成本，氟乐灵还可与乙草胺、丙炔氟草胺、嗪草酮、异噁草松等除草剂混用。常见混用配方为：每亩使用氟乐灵 45.5% 乳油或 480 克/升乳油 125～150 毫升，或 48% 乳油 100～130 毫升，混加 50% 丙炔氟草胺可湿性粉剂 8～12 克或 70% 嗪草酮可湿性粉剂 20～40 克；或每亩使用氟乐灵 45.5% 乳油或 480 克/升乳油 75～105 毫升，或 48% 乳油 70～100 毫升，混加 900 克/升乙草胺乳油 70～80 毫升，再加 48% 异噁草松乳油 50～65 毫升或 50% 丙炔氟草胺可湿性粉剂 8～12 克；或每亩使用氟乐灵 45.5% 乳油或 480 克/升乳油 105 毫升，或 48% 乳油 100 毫升，混加 72% 异丙甲草胺乳油 100 毫升，再加 80% 唑嘧磺草胺水分散粒剂 4 克或 48% 异噁草松乳油 50～60 毫升或 70% 嗪草酮可湿性粉剂 20～40 克。

棉花田　直播棉田施药时期为播种前 2～3 天，每亩使用 45.5% 乳油或 480 克/升乳油 100～150 毫升，或 48% 乳油 100～140 毫升，对水 30～40 千克均匀喷雾，施药后立即耙地进行混土，混土深 5～7 厘米，以免见光分解。地膜棉田施药时期为耕翻整地以后，每亩使用 45.5% 乳油或 480 克/升乳油 70～90 毫升，或 48% 乳油 70～85 毫升，对水 30～40 千克均匀喷雾，而后混土，混土后播种覆膜。移栽棉田施药时期在移栽前进行，用药剂量及方法同直播棉田。移栽时应注意将开穴挖出的药土覆盖于棉苗根部周围。

花生田　露地花生田施药时期为播种前 2～3 天，每亩使用 45.5% 乳油或 480 克/升乳油 125～160 毫升，或 48% 乳油 120～150 毫升，对水 30～40 千克均匀地面喷雾，施药后立即耙地进行混土，混土深 5～7 厘米，以免见光分解。地膜花生田施药时期为耕翻整地以后，每亩使用 45.5% 乳油或 480 克/升乳油 80～100 毫升，或 48% 乳油 70～90 毫升，对水 30～40 千克均匀地面喷雾，而后混土，拌土后播种覆膜。

蔬菜田　施药时期一般在整地之后，每亩使用 45.5% 乳油或 480 克/升乳油 80～120 毫升，或 48% 乳油 70～100 毫升，对水 30～40 千克均匀地面喷雾，或均匀拌细沙土 20～30 千克后均匀撒施，然后进行混土，混土深度为 4～5 厘米，混土后隔天进行播种。直播蔬菜如胡萝卜、芹菜、茴香、香菜、豌豆等，多在播种前用药；移栽蔬菜如番茄、茄子、辣椒、甘蓝、花椰菜等移栽前后均可施用。黄瓜在移栽缓苗后苗高 15 厘米时使用，移栽芹菜、洋葱、老根韭菜缓苗后即可用药。移栽蔬菜田一般每亩使用 45.5% 乳油或 480 克/升乳油 100～150 毫升，或 48% 乳油 100～145 毫升，对水 30～40 千克均匀地面喷雾，施药后尽快混土 5～7 厘米深，以防光解、挥发，降低除草效果。杂草多、土壤黏重、有机质含量高的田块使用高剂量，反之使用低剂量。氟乐灵特别适合地膜栽培作物使用，用于地膜栽培时药剂使用量应按常量减少 1/3。

果园、桑园　在果树、桑树生长季节，杂草出土前用药。每亩使用 45.5％乳油或 480 克/升乳油 160～210 毫升，或 48％乳油 150～200 毫升，对水 30～45 千克均匀地面喷雾，施药后立即耙地混土处理，混土深 5～7 厘米，以免药剂见光分解。为扩大杀草谱，也可与扑草净混用，每亩使用氟乐灵 45.5％乳油或 480 克/升乳油 110～160 毫升，或 48％乳油 100～150 毫升，混加 50％扑草净可湿性粉剂 120～150 克，对水地面喷雾、混土。

注意事项　氟乐灵易挥发、光解，地表施药后需及时混土 5～7 厘米深，施药到混土的间隔时间不超过 8 小时。但混土不宜过深，以免相对降低药土层中药剂量和增加药剂对作物幼苗的伤害。氟乐灵在北方低温干旱地区药效可长达 10～12 个月，对后茬高粱、谷子有一定影响。瓜类作物及育苗韭菜、直播小葱、菠菜、甜菜、小麦、玉米、高粱等对氟乐灵比较敏感，不宜应用。

氟唑磺隆 flucarbazone‑Na

主要含量与剂型　5％、10％、35％可分散油悬浮剂，70％水分散粒剂。

产品特点　氟唑磺隆是一种磺酰脲类内吸传导型选择性低毒除草剂，可被植物茎叶和根部吸收，并向顶或向基部传导。通过抑制杂草体内乙酰乳酸合成酶的活性，使氨基酸生物合成受阻，正常生理代谢受到破坏，细胞分裂不能进行，植物生长停止，最终导致杂草死亡。本剂活性高，持效期长，用量少，需要准确称取药量，并用水充分稀释。

适用作物防除对象及使用技术　氟唑磺隆适用于春小麦田和冬小麦田苗后茎叶喷雾除草，能有效防除野燕麦、雀麦、看麦娘等禾本科杂草及部分阔叶杂草，对小麦安全性较好。用药时应采用二次稀释法配制药液，即先用少量水将药剂稀释、溶解，再加水到常规喷雾药液量，而后均匀茎叶喷雾，不能超量使用和重喷、漏喷。

春小麦田　最佳施药时期为春小麦 2～3 叶期、杂草 1～3 叶期。每亩使用 5％可分散油悬浮剂 30～40 毫升，或 10％可分散油悬浮剂 15～20 毫升，或 35％可分散油悬浮剂 4～6 毫升，或 70％水分散粒剂 2～3 克，对水 20～30 千克均匀茎叶喷雾。

冬小麦田　最佳施药时期为冬小麦 3 叶期至返青、杂草 2～5 叶期。每亩使用 5％可分散油悬浮剂 40～60 毫升，或 10％可分散油悬浮剂 20～30 毫升，或 35％可分散油悬浮剂 6～8 毫升，或 70％水分散粒剂 3～4 克，对水 20～30 千克均匀茎叶喷雾。

注意事项　氟唑磺隆不要在套种或间作大麦、燕麦、十字花科作物、豆类及其他作物的小麦田使用；使用本剂 3 个月后可种植玉米、大豆、水稻、棉花、花生，9 个月后可以轮作萝卜、大麦、红花、油菜、菜豆、向日葵、亚麻、马铃薯，11 个月后可种植豌豆，24 个月后可种植小扁豆。若后茬轮作其他作物，应先进行试验，确保安全后再轮作。勿在低温 8℃以下及干旱等不良气候条件下施药。小麦拔节后禁止使用。

高效氟吡甲禾灵 haloxyfop‑P‑methyl

主要含量与剂型　10.8％、22％、48％、108 克/升乳油，17％、28％微乳剂。

产品特点 高效氟吡甲禾灵是一种苯氧羧酸类内吸传导型选择性苗后低毒除草剂，由叶片、茎秆和根系吸收，传导至分生组织，具有杀草谱广、施药适期长、对作物安全、吸收迅速、传导性好、对后茬作物安全等特点。该药通过抑制脂肪酸的生物合成，使敏感杂草细胞生长、分裂停止，细胞膜结构遭到破坏，导致杂草死亡。对从出苗到分蘖及抽穗初期的一年生和多年生禾本科杂草均有很好的防除效果，杂草死亡速度因杂草种类、叶龄不同而稍有不同，一般从施药到杂草死亡需6～10天。敏感杂草吸收药剂后很快停止生长，施药后48小时即可看到杂草的受害症状。先是芽和节等分生组织部位开始变褐，然后心叶逐渐变紫、变黄，直到全株枯死。老叶表现症状稍晚，在枯萎前先变紫、橙或红色。在用药剂量低、杂草较大或干旱条件下，杂草有时不会完全死亡，但植株生长受到抑制，表现为根尖发黑，地上部分短小，结实率降低等。

适用作物防除对象及使用技术 高效氟吡甲禾灵可用于油菜、大豆、棉花、花生、甜菜、亚麻、烟草、向日葵、豌豆、茄子、辣椒、甘蓝、胡萝卜、萝卜、白菜、马铃薯、芹菜、南瓜、西瓜、甜瓜、黄瓜、莴苣、菠菜、番茄等作物田除草，也可用于果园、桑园除草，能有效防除稗草、狗尾草、马唐、野燕麦、牛筋草、野黍、千金子、早熟禾、旱雀麦、看麦娘、黑麦草、匍匐冰草、偃麦草、假高粱、芦苇、狗牙根等一年生及多年生禾本科杂草。从禾本科杂草出苗到抽穗初期都可施药，以杂草3～5叶期至生长旺盛期施药效果最好。该阶段杂草对本剂最敏感，且杂草地上部分较大，易接收较多雾滴。但总体原则是尽量在禾本科杂草出齐后用药。杂草叶龄较大时，可适当提高用药量，以保证获得较好的防除效果。为降低用药成本，也可苗带施药，结合机械中耕防除行间杂草。苗带施药时，需要根据实际喷幅宽度和垄距来计算相应用药量。

油菜田 在油菜苗后、禾本科杂草3～5叶期施药。每亩使用10.8%乳油或108克/升乳油20～30毫升，或17%微乳剂16～20毫升，或22%乳油10～15毫升，或28%微乳剂8～12毫升，或48%乳油5～7毫升，对水20～30千克均匀茎叶喷雾，可有效防除看麦娘、棒头草等禾本科杂草。

大豆田 在大豆苗后防除一年生禾本科杂草。杂草3～4叶期施药，每亩使用10.8%乳油或108克/升乳油25～30毫升，或17%微乳剂16～20毫升，或22%乳油14～16.5毫升，或28%微乳剂10～15毫升，或48%乳油6～7毫升，对水20～30千克均匀茎叶喷雾；杂草4～5叶期施药，每亩使用10.8%乳油或108克/升乳油30～35毫升，或17%微乳剂20～25毫升，或22%乳油16～20毫升，或28%微乳剂15～18毫升，或48%乳油7～8毫升，对水20～30千克均匀茎叶喷雾，施药后6～10天杂草枯死；杂草5叶期以上施药，用药量适当增加。防除芦苇等多年生禾本科杂草时，每亩使用10.8%乳油或108克/升乳油40～60毫升，或17%微乳剂30～40毫升，或22%乳油25～30毫升，或28%微乳剂20～25毫升，或48%乳油10～15毫升，对水20～30千克均匀茎叶喷雾，杂草株高20～30厘米时施药后8～15天杂草枯死。

高效氟吡甲禾灵在大豆田可以和灭草松、三氟羧草醚、氟磺胺草醚等除草剂混用，同时防除多种单、双子叶杂草。用药时期尽量在大豆苗后禾本科杂草3～5叶期、阔叶杂草2～4叶期，过晚用药会影响对阔叶杂草的防效效果。一般每亩使用高效氟吡甲禾灵10.8%乳油或108克/升乳油30～35毫升，或17%微乳剂20～25毫升，或22%乳油16～20毫升，或28%微乳剂15～18毫升，或48%乳油7～8毫升，混加48%灭草松水剂

170～200 毫升或 21.4％三氟羧草醚水剂 70～100 毫升或 25％氟磺胺草醚水剂 70～100 毫升，对水 20～30 千克均匀茎叶喷雾。高效氟吡甲禾灵也可同时与两种防除阔叶杂草的除草剂混用，以扩大杀草谱，增加对阔叶杂草的防除效果并提高对大豆的安全性。混用配方为：每亩使用高效氟吡甲禾灵 10.8％乳油或 108 克/升乳油 30 毫升，或 17％微乳剂 20 毫升，或 22％乳油 16 毫升，或 28％微乳剂 15 毫升，或 48％乳油 7 毫升，混加 48％异噁草松乳油 50 毫升，再加 48％灭草松水剂 100 毫升（或 21.4％三氟羧草醚水剂 40～50 毫升，或 25％氟磺胺草醚水剂 40～50 毫升，或 240 克/升乳氟禾草灵乳油 17 毫升）；或每亩使用高效氟吡甲禾灵 10.8％乳油或 108 克/升乳油 30 毫升，或 17％微乳剂 20 毫升，或 22％乳油 16 毫升，或 28％微乳剂 15 毫升，或 48％乳油 7 毫升，混加 48％灭草松水剂 100 毫升，再加 21.4％三氟羧草醚水剂 40～50 毫升（或 25％氟磺胺草醚水剂 40～50 毫升，或 240 克/升乳氟禾草灵乳油 17 毫升）。

　　棉花田　在棉花苗后、禾本科杂草 3～5 叶期施药。每亩使用 10.8％乳油或 108 克/升乳油 25～30 毫升，或 17％微乳剂 18～22 毫升，或 22％乳油 14～16 毫升，或 28％微乳剂 12～15 毫升，或 48％乳油 6～7 毫升，对水 20～30 千克均匀茎叶喷雾。

　　花生田　在花生苗后 2～3 叶期、禾本科杂草 3～5 叶期施药。每亩使用 10.8％乳油或 108 克/升乳油 30～40 毫升，或 17％微乳剂 20～25 毫升，或 22％乳油 15～20 毫升，或 28％微乳剂 12～15 毫升，或 48％乳油 7～9 毫升，对水 20～30 千克均匀茎叶喷雾。

　　马铃薯田　在马铃薯苗后、禾本科杂草 3～5 叶期施药。每亩使用 10.8％乳油或 108 克/升乳油 35～50 毫升，或 17％微乳剂 22～32 毫升，或 22％乳油 18～25 毫升，或 28％微乳剂 15～20 毫升，或 48％乳油 9～11 毫升，对水 30～45 千克均匀茎叶喷雾。

　　甘蓝田　在甘蓝苗后或移栽缓苗后、禾本科杂草 3～4 叶期施药。每亩使用 10.8％乳油或 108 克/升乳油 30～40 毫升，或 17％微乳剂 20～25 毫升，或 22％乳油 15～20 毫升，或 28％微乳剂 13～16 毫升，或 48％乳油 7～9 毫升，对水 20～30 千克均匀茎叶喷雾。

　　西瓜田　在西瓜苗后、禾本科杂草 3～4 叶期施药。每亩使用 10.8％乳油或 108 克/升乳油 40～50 毫升，或 17％微乳剂 25～30 毫升，或 22％乳油 20～25 毫升，或 28％微乳剂 16～20 毫升，或 48％乳油 9～11 毫升，对水 20～30 千克均匀茎叶喷雾。

　　向日葵田　在向日葵 2～3 叶期、禾本科杂草 2～5 叶期施药。每亩使用 10.8％乳油或 108 克/升乳油 60～100 毫升，或 17％微乳剂 40～60 毫升，或 22％乳油 30～50 毫升，或 28％微乳剂 25～40 毫升，或 48％乳油 14～22 毫升，对水 30～40 千克均匀茎叶喷雾。

　　注意事项　高效氟吡甲禾灵在土壤中降解迅速，残效期短，对后茬作物安全。用药时尽量在杂草出齐后进行，对大龄禾本科杂草效果好。本剂对禾本科作物敏感，避免药液飘移到玉米、水稻、小麦等禾本科作物上。

甲基二磺隆 mesosulfuron‑methyl

　　主要含量与剂型　30 克/升可分散油悬浮剂。

　　产品特点　甲基二磺隆是一种磺酰脲类内吸传导型选择性苗后茎叶处理低毒除草剂，主要经由植物茎叶吸收，经韧皮部和木质部传导至分生组织，也可少量根部吸收。通过抑制敏感植物体内的乙酰乳酸合成酶活性，使支链氨基酸生物合成受阻，细胞分裂受到抑制，组织生长停止，导致敏感植物死亡。一般情况下，敏感杂草在施药 2～4 小时后吸收量达到高峰，2 天后停止生长，4～7 天后叶片开始黄化，随后出现枯斑，2～4 周后枯死。

适用作物防除对象及使用技术　甲基二磺隆适用于小麦田，软质型和半硬质型冬小麦品种均可使用，某些春小麦和角质（强筋或硬质）型小麦品种（如扬麦 158、豫麦 18、济麦 20 等）对本剂敏感，使用前须先进行小范围安全性试验。可有效防除看麦娘、野燕麦、棒头草、早熟禾、硬草、碱茅、茵草、多花黑麦草、野燕麦、蜡烛草、牛繁缕、播娘蒿、荠菜等麦田多种一年生禾本科杂草和部分阔叶杂草，对雀麦、节节麦、偃麦草等极恶性禾本科杂草适当增加用药量也有较好控制效果。

冬小麦返青至拔节前或春小麦 3～5 叶期、杂草 2～5 叶期茎叶喷雾处理，冬小麦以冬前用药为宜，原则上靶标杂草基本出齐苗后用药越早越好。一般每亩使用 30 克/升可分散油悬浮剂 20～40 毫升，对水 25～30 千克均匀茎叶喷雾；若使用拖拉机喷药，每亩药剂对水 7～15 千克。防除稻茬麦田中的早熟禾、硬草、碱茅、茵草、看麦娘等禾本科杂草时，建议每亩使用 30 克/升可分散油悬浮剂 20～30 毫升；防除旱茬麦田中的雀麦、节节麦、蜡烛草、毒麦、黑麦草等恶性禾本科杂草时，建议每亩使用 30 克/升可分散油悬浮剂 30～40 毫升。若在药液中混加药液量 0.2%～0.7% 的表面活性剂，能显著保证除草效果。

注意事项　甲基二磺隆使用后有蹲苗现象，有些小麦品种可能还会出现黄化或矮化现象，但小麦返青起身后黄化自然消失。麦田需要套种下茬作物时，应于小麦起身拔节 55 天以后进行。冬季低温霜冻期、小麦起身拔节期、大雨前，以及低洼积水或遭受涝害、冻害、盐碱害、病害等胁迫的小麦田不宜施用。小麦正常成熟收获后，播种下茬玉米、水稻、花生、大豆、棉花等作物均无不良影响。

甲咪唑烟酸　imazapic

主要含量与剂型　240 克/升水剂，240 克/升可溶液剂。

产品特点　甲咪唑烟酸是一种咪唑啉酮类内吸传导型选择性低毒除草剂，芽前和芽后早期均可使用，杀草谱广，持效期长，使用方便，一次用药可有效控制杂草达 3 个月。土壤处理经由杂草幼芽或幼苗吸收，苗后早期用药通过地上茎叶吸收。药剂进入植物体后积累在生长旺盛部位，通过抑制乙酰乳酸合成酶或乙酰羟酸合成酶的活性，使支链氨基酸合成受阻，生长受到抑制，逐渐致使杂草组织变黄、腐烂，植株枯死。一般用药后 8 小时内杂草停止生长，1～3 天后组织变黄。花生吸收药剂后，可通过羟基化和糖基化作用快速解毒，故对花生安全。

适用作物防除对象及使用技术　甲咪唑烟酸适用于花生田和甘蔗田，可有效防除或抑制多种一年生禾本科杂草、阔叶杂草及莎草，如稗草、马唐、牛筋草、狗尾草、千金子、反枝苋、马齿苋、藜、蓼、丁香蓼、苘麻、龙葵、荠菜、碎米荠、牛繁缕、苍耳、胜红蓟、莲子草、空心莲子草、打碗花、碎米莎草、香附子等。

花生田　既可在花生播种后出苗前进行土壤喷药处理，又可播后花生 3～4 片复叶期、禾本科杂草 1～3 叶期、阔叶杂草 2～4 叶期均匀茎叶喷雾。一般每亩使用 240 克/升水剂或 240 克/升可溶液剂 20～30 毫升，对水 30～45 千克均匀喷洒地面或均匀茎叶喷雾。

甘蔗田　播后苗前（芽前）用药，土壤表面喷雾处理，每亩使用 240 克/升水剂或

240 克/升可溶液剂 30～40 毫升，对水 45～60 千克均匀喷洒地面。甘蔗苗后用药，在无风天使用保护罩于行间定向均匀喷雾，每亩使用 240 克/升水剂或 240 克/升可溶液剂 20～30 毫升，对水 45～60 千克均匀定向喷雾。果蔗田慎用。

注意事项 甲咪唑烟酸在土壤中残效期较长，应合理安排后茬作物。间隔 4 个月后可播种小麦，9 个月后可播种玉米、大豆、烟草，18 个月后可播种甜玉米、棉花、大麦，24 个月后可种植黄瓜、油菜、菠菜，36 个月后可种植香蕉、番薯等。间套作或混种有禾本科作物的田块，不能使用本剂。用药后，偶尔会引起花生或蔗苗的轻微褪绿，或暂时受到抑制生长，这些现象均属暂时性的，很快作物便恢复正常生长，不影响作物产量。

精噁唑禾草灵 fenoxaprop-P-ethyl

主要含量与剂型 10%、100 克/升乳油，6.9%、7.5%、10%、69 克/升水乳剂。

产品特点 精噁唑禾草灵是一种芳氧苯氧羧酸酯类内吸传导型选择性苗后茎叶处理低毒除草剂，属脂肪酸合成抑制剂类。经由植物茎叶吸收后传导到叶基、节间分生组织、根部生长点等分生组织中，通过抑制乙酰辅酶 A 羧化酶的活性而抑制脂肪酸的生物合成，使植物生长点的生长受到阻碍，叶片内叶绿素含量降低，茎、叶组织中游离氨基酸及可溶性糖增加，植物正常新陈代谢受到破坏，最终导致敏感植物死亡。施药后 2～3 天内敏感杂草停止生长，5～7 天心叶失绿变紫色，分生组织变褐，继而分蘖基部坏死，叶片变紫并逐渐枯死。

制剂分为加解毒剂产品和不加解毒剂产品两种类型。

适用作物防除对象及使用技术 不加解毒剂的精噁唑禾草灵适用于豆类、花生、油菜、棉花、亚麻、烟草、甜菜、马铃薯、苜蓿、向日葵、甘薯等大田作物，还可用于茄子、黄瓜、大蒜、洋葱、胡萝卜、芹菜、甘蓝、花椰菜、香菜、南瓜、菠菜、番茄、芦笋等蔬菜，以及苹果、梨、草莓、樱桃、柑橘、咖啡、无花果、菠萝、葡萄、阔叶药用植物、观赏植物、芳香植物、木本植物等；加解毒剂的精噁唑禾草灵适用于小麦田、大麦田、高羊茅草坪。均可有效防除看麦娘、野燕麦、稗草、马唐、假高粱、硬草、画眉草、蟋蟀草、稻李氏禾、牛筋草、狗尾草、菵草等多种禾本科杂草。

不加解毒剂的精噁唑禾草灵：

大豆田 在大豆 2～3 复叶期、禾本科杂草 2 叶期至分蘖期施药。一般每亩使用 6.9%水乳剂或 69 克/升水乳剂 50～80 毫升，或 7.5%水乳剂 45～70 毫升，或 10%乳油或 10%水乳剂或 100 克/升乳油 40～60 毫升，对水 20～30 千克，用扇形喷头均匀茎叶喷雾。也可在大豆苗后、禾本科杂草 3～5 叶期、阔叶杂草 2～4 叶期，与灭草松、氟磺胺草醚、乳氟禾草灵、三氟羧草醚等除草剂混用，以扩大杀草谱（潮湿条件下用低剂量，干旱条件下用高剂量）。精噁唑禾草灵与灭草松混用时对大豆安全性好，可有效防除禾本科杂草和苍耳、刺儿菜、大蓟、反枝苋、酸模叶蓼、柳叶刺蓼、藜、苣荬菜、苘麻、狼把草、田旋花、打碗花及 1～2 叶期的鸭跖草等一年生与多年生阔叶杂草，混用剂量一般为：每亩使用精噁唑禾草灵 6.9%水乳剂或 69 克/升水乳剂 50～70 毫升，或 7.5%水乳剂 45～65 毫升，或 10%乳油或 10%水乳剂或 100 克/升乳油 40～50 毫升，混加 48%灭草松水剂 170～200 毫升。精噁唑禾草灵与氟磺胺草醚混用安全性较好，在高温或低洼地排水不良、田间长期积水、病虫为害影响大豆生长发育时，大豆易产生触杀性药害，一般10～15天便可恢复，不影响产量，可有效防除禾本科杂草和苍耳、苘麻、狼把草、龙葵、反枝苋、藜、酸模叶蓼、柳叶刺蓼、香薷、水棘针、苣荬菜等一年生与多年生阔叶杂草，混用剂量一般为：每亩使用6.9％水乳剂或69克/升水乳剂50～70毫升，或7.5％水乳剂45～65毫升，或10％乳油或10％水乳剂或100克/升乳油40～50毫升，混加25％氟磺胺草醚水剂70～100毫升。精噁唑禾草灵与乳氟禾草灵混用，可有效防除禾本科杂草和苍耳、苘麻、狼把草、龙葵、铁苋菜、香薷、水棘针、反枝苋、地肤、藜、鸭跖草、酸模叶蓼、柳叶刺蓼、卷茎蓼等一年生与多年生阔叶杂草，混用剂量一般为：每亩使用6.9％水乳剂或69克/升水乳剂50～70毫升，或7.5％水乳剂45～65毫升，或10％乳油或10％水乳剂或100克/升乳油40～50毫升，混加240克/升乳氟禾草灵乳油23～27毫升。精噁唑禾草灵与三氟羧草醚混用，虽然表现有三氟羧草醚触杀性药害，但不影响产量，可有效防除禾本科杂草和苍耳（2叶期以前）、苘麻、狼把草、龙葵、铁苋菜、香薷、水棘针、反枝苋、藜（2叶期以前）、鸭跖草（3叶期以前）、酸模叶蓼、柳叶刺蓼、节节蓼等一年生与多年生阔叶杂草，混用剂量一般为：每亩使用6.9％水乳剂或69克/升水乳剂50～70毫升，或7.5％水乳剂45～65毫升，或10％乳油或10％水乳剂或100克/升乳油40～50毫升，混加21.4％三氟羧草醚水剂67～80毫升。

精噁唑禾草灵与两种防除阔叶杂草的除草剂三元混用，不仅可以扩大杀草谱、药效好，而且对大豆安全。一般每亩使用6.9％水乳剂或69克/升水乳剂40～50毫升，或7.5％水乳剂37～46毫升，或10％乳油或10％水乳剂或100克/升乳油28～35毫升，混加48％异噁草松乳油50毫升，再加48％灭草松水剂100毫升或25％氟磺胺草醚水剂40～50毫升。

花生田　在花生2～3叶期、禾本科杂草3～5叶期施药，每亩使用6.9％水乳剂或69克/升水乳剂45～60毫升，或7.5％水乳剂42～55毫升，或10％乳油或10％水乳剂或100克/升乳油35～45毫升，对水20～30千克均匀茎叶喷雾。

油菜田　在油菜3～6叶期、一年生禾本科杂草3～5叶期施药。冬油菜每亩使用6.9％水乳剂或69克/升水乳剂40～50毫升，或7.5％水乳剂37～46毫升，或10％乳油或10％水乳剂或100克/升乳油30～35毫升，春油菜田每亩使用6.9％水乳剂或69克/升水乳剂50～60毫升，或7.5％水乳剂46～55毫升，或10％乳油或10％水乳剂或100克/升乳油35～42毫升，对水20～30千克均匀茎叶喷雾。

棉花田　在棉花3～5叶期、一年生禾本科杂草3～5叶期施药。每亩使用6.9％水乳剂或69克/升水乳剂50～70毫升，或7.5％水乳剂45～65毫升，或10％乳油或10％水乳剂或100克/升乳油35～48毫升，对水30～45千克均匀茎叶喷雾。

十字花科蔬菜田　在直播蔬菜3～5真叶期或移栽蔬菜缓苗后、一年生禾本科杂草2～5叶期施药。每亩使用6.9％水乳剂或69克/升水乳剂50～60毫升，或7.5％水乳剂45～55毫升，或10％乳油或10％水乳剂或100克/升乳油35～42毫升，对水20～40千克均匀茎叶喷雾。

加解毒剂的精噁唑禾草灵：

冬小麦田　在冬小麦苗后至冬后起身拔节前、一年生禾本科杂草2叶至分蘖期（杂草刚出齐苗至4叶期最佳）施药。一般每亩使用6.9％水乳剂或69克/升水乳剂50～60毫升，或 7.5％水乳剂 45～55 毫升，或 10％乳油或 10％水乳剂或 100 克/升乳油 35～42 毫升，对水 30～45 千克均匀茎叶喷雾。

精噁唑禾草灵可与多种防除阔叶杂草的除草剂混用，以扩大杀草谱，但不能与灭草松、激素类盐制剂混用。冬小麦田防除一年生禾本科杂草及阔叶杂草时，一般每亩使用精噁唑禾草灵 6.9％水乳剂或 69 克/升水乳剂 45～55 毫升，或 7.5％水乳剂 42～50 毫升，或 10％乳油或 10％水乳剂或 100 克/升乳油 30～40 毫升，混加 75％异丙隆可湿性粉剂 80～100 克（冬前）或 100～150 克（春季），或 75％苯磺隆水分散粒剂 1～1.7 克。土壤墒情好除草效果好，干旱时使用高剂量，水分适宜、杂草小时使用低剂量。拖拉机喷药时每亩药剂对水 7～10 千克均匀喷雾。

春小麦田　在小麦 3 叶期至拔节前、杂草 2 叶期至分蘖期施药，以杂草刚出齐苗的 2～4 叶期效果最佳。每亩使用 6.9％水乳剂或 69 克/升水乳剂 70～80 毫升，或 7.5％水乳剂 65～75 毫升，或 10％乳油或 10％水乳剂或 100 克/升乳油 50～60 毫升，对水 20～30 千克均匀茎叶喷雾。

精噁唑禾草灵可与多种防除阔叶杂草的除草剂混用，以扩大杀草谱，但不能与灭草松、激素类盐制剂混用。春小麦田防除一年生禾本科杂草及阔叶杂草时，一般每亩使用精噁唑禾草灵 6.9％水乳剂或 69 克/升水乳剂 50～70 毫升，或 7.5％水乳剂 45～65 毫升，或 10％乳油或 10％水乳剂或 100 克/升乳油 35～48 毫升，混加 25％溴苯腈乳油 130 毫升，或 72％ 2，4-滴丁酯乳油 50 毫升，或 75％苯磺隆水分散粒剂 1～1.2 克，或 75％噻吩磺隆水分散粒剂 1～1.2 克。土壤墒情好、杂草小使用低剂量，干旱条件下使用高剂量。拖拉机喷药时每亩药剂对水 7～10 千克均匀茎叶喷雾。

注意事项　精噁唑禾草灵对阔叶作物安全。不加解毒剂的精噁唑禾草灵用于大豆田、花生田防除禾本科杂草时，施药时期长，但以早期用药效果最佳；加解毒剂的精噁唑禾草灵不能用于大麦田、燕麦田及其他禾本科作物田。

精喹禾灵 quizalofop-P-ethyl

主要含量与剂型　5％、8.8％、10％、15％、20％、50 克/升乳油，8％微乳剂，10.8％水乳剂，15％、20％悬浮剂，60％水分散粒剂。

产品特点　精喹禾灵是一种芳氧苯氧丙酸酯类内吸传导型选择性苗后茎叶处理低毒除草剂，属脂肪酸合成抑制剂类，经由杂草茎叶吸收，在木质部和韧皮部向上、向下双向传导，于顶端及节间分生组织内积累。通过抑制乙酰辅酶 A 羧化酶的活性而抑制细胞脂肪酸合成，使杂草生长停止，最终坏死。该药在禾本科杂草和双子叶作物间有高度选择性，对阔叶作物田的禾本科杂草有很好的防除效果。药剂作用速度快，药后 2 小时下雨不影响药效，且药效稳定，不易受雨水、气温及湿度等环境因素影响，对后茬作物安全。喷药后 24 小时药液传遍杂草全株，4～5 天杂草开始褪绿变黄，6～7 天后杂草节间开始腐烂、变黑枯亡。

适用作物防除对象及使用技术　精喹禾灵适用于棉花、油菜、大豆、花生、西瓜、马铃薯、烟草、向日葵、甜菜、亚麻、苹果、葡萄及小葱、大白菜、番茄等多种阔叶蔬菜作物田，主要用于防除一年生和多年生禾本科杂草，如稗草、牛筋草、马唐、狗尾草、看麦娘、野燕麦、画眉草、早熟禾、千金子等，高剂量时对狗牙根、白茅、芦苇等难防禾本科杂草也有较好防效。

用药时期为阔叶作物苗后早期、禾本科杂草3～5叶期。防除一年生禾本科杂草时，一般每亩使用5％乳油或50克/升乳油60～80毫升，或8％微乳剂40～50毫升，或8.8％乳油35～45毫升，或10％乳油或10.8％水乳剂30～40毫升，或15％乳油或15％悬浮剂20～30毫升，或20％乳油或20％悬浮剂15～20毫升，或60％水分散粒剂5～7克，对水30～45千克均匀茎叶喷雾；防除芦苇、白茅等多年生禾本科杂草时，一般每亩使用5％乳油或50克/升乳油100～140毫升，或8％微乳剂65～90毫升，或8.8％乳油60～80毫升，或10％乳油或10.8％水乳剂50～70毫升，或15％乳油或15％悬浮剂35～45毫升，或20％乳油或20％悬浮剂25～35毫升，或60％水分散粒剂9～12克，对水30～45千克均匀茎叶喷雾。杂草叶龄小、生长茂盛、水分条件好时用低剂量，杂草植株高大及干旱条件下用高剂量。春油菜、春大豆使用高剂量。茎叶喷药后，杂草植株变黄，2天内停止生长，施药后5～7天嫩叶和节上初生组织变褐枯萎，14天内植株枯死。

大豆田使用时，为降低用药成本、扩大杀草谱，精喹禾灵可与灭草松、异噁草松、氟磺胺草醚等除草剂混用，于大豆苗后2～3复叶期、杂草2～4叶期施药（鸭跖草需在3叶期前施药）。常用配方为：每亩使用精喹禾灵5％乳油或50克/升乳油50～70毫升，或8％微乳剂35～45毫升，或8.8％乳油30～40毫升，或10％乳油或10.8％水乳剂25～35毫升，或15％乳油或15％悬浮剂17～24毫升，或20％乳油或20％悬浮剂13～18毫升，或60％水分散粒剂4.5～6克，混加48％灭草松水剂160～200毫升，或25％氟磺胺草醚水剂70～100毫升；或每亩使用精喹禾灵5％乳油或50克/升乳油40毫升，或8％微乳剂30毫升，或8.8％乳油25毫升，或10％乳油或10.8％水乳剂20毫升，或15％乳油或15％悬浮剂15毫升，或20％乳油或20％悬浮剂10毫升，或60％水分散粒剂3.5克，混加48％异噁草松乳油50毫升，再加240克/升乳氟禾草灵乳油17毫升；或每亩使用精喹禾灵5％乳油或50克/升乳油50～70毫升，或8％微乳剂35～45毫升，或8.8％乳油30～40毫升，或10％乳油或10.8％水乳剂25～35毫升，或15％乳油或15％悬浮剂17～24毫升，或20％乳油或20％悬浮剂13～18毫升，或60％水分散粒剂4.5～6克，混加48％灭草松水剂100毫升，再加25％氟磺胺草醚水剂40～50毫升。每亩药剂对水30～45千克均匀茎叶喷雾。

注意事项　精喹禾灵对大多数禾本科作物（小麦、玉米、水稻、谷子等）有药害，用药时需特别注意，避免药液飘移至禾本科作物上。土壤水分含量高、空气湿度大时，有利于杂草对精喹禾灵的吸收、传导，除草效果好。

氯氟吡氧乙酸 fluroxypyr

主要含量与剂型　20％、200克/升乳油。

产品特点　氯氟吡氧乙酸是一种吡啶类内吸传导型选择性苗后茎叶处理低毒除草剂，具有除草活性较高、渗透性较强、药效迅速、对下茬阔叶作物安全等特点。药剂经由植物叶面吸收，并迅速传导至植株其他部位，使敏感植物出现激素类除草剂的反应，植株扭曲、畸形，停止生长。在耐药性植物如小麦体内，本剂被转化成共轭物而失去毒性，所以具有选择性。其最终除草效果不受温度影响，但温度影响药效发挥速度，温度低时药效发挥较慢，植物中毒后停止生长，但不立即死亡，待气温升高后才很快死亡。

适用作物防除对象及使用技术 氯氟吡氧乙酸适用于小麦田、玉米田、苹果园及水田畦畔，用于防除阔叶杂草，如猪殃殃、播娘蒿、米瓦罐、大巢菜、荠菜、香薷、马齿苋、反枝苋、龙葵、泽漆、繁缕、牛繁缕、鼬瓣花、田旋花、打碗花、苘麻、鳢肠、杠板归、飞蓬、蛇莓、曼陀罗、铁苋菜、空心莲子菜（水花生）、遏蓝菜、野豌豆、红蓼、酸模叶蓼、柳叶刺蓼、卷茎蓼等。具体用药量根据田间杂草种类及大小而定，对敏感杂草及杂草小时用低剂量，对难防除杂草及杂草大时用高剂量。喷药时，在药液中混加 0.2％的非离子表面活性剂，可显著提高药效。

小麦田 氯氟吡氧乙酸对小麦安全性好，从小麦出苗到分蘖期均可使用。冬小麦最佳施药时期为冬后返青期或分蘖盛期至拔节前，春小麦为 3～5 叶期、阔叶杂草 2～4 叶期，一般每亩使用 20％乳油或 200 克/升乳油 50～70 毫升，对水 30 千克均匀茎叶喷雾。为扩大杀草谱、降低用药成本，氯氟吡氧乙酸可与多种除草剂混用。如每亩使用氯氟吡氧乙酸 20％乳油或 200 克/升乳油 30～40 毫升，混加 72％ 2,4-滴丁酯乳油 35 毫升（或 56％ 2 甲 4 氯钠可溶粉剂 60 克），可增加对婆婆纳、泽漆、荠菜、碎米荠、藜、问荆、苣荬菜、田旋花、藨草、苍耳、苘麻等杂草的防除效果；每亩使用氯氟吡氧乙酸 20％乳油或 200 克/升乳油 50～70 毫升，混加 6.9％精噁唑禾草灵（加解毒剂）水乳剂 50～67 毫升，可有效防除野燕麦、看麦娘、硬草、棒头草、稗草、马唐、千金子等禾本科杂草。

玉米田 在玉米苗后 3～5 叶期、杂草 2～5 叶期用药，一般每亩使用 20％乳油或 200 克/升乳油 50～70 毫升，对水 20～30 千克均匀茎叶喷雾。防除田旋花、打碗花、马齿苋等难防除杂草时，每亩用药量为 20％乳油或 200 克/升乳油 70～100 毫升。不能在甜玉米、爆裂玉米等特种玉米田及制种玉米田使用。用药时防止药液飘移到邻近的阔叶作物（如大豆、花生、甘薯等）上。

水田畦畔 主要用于防除空心莲子草（水花生）等阔叶杂草，在杂草 2～5 叶期施药。一般每亩使用 20％乳油或 200 克/升乳油 50～70 毫升，或氯氟吡氧乙酸 20％乳油或 200 克/升乳油 20 毫升混加 41％草甘膦水剂 200 毫升，或氯氟吡氧乙酸 20％乳油或 200 克/升乳油 30 毫升混加 41％草甘膦水剂 150 毫升，对水 20～30 千克定向均匀茎叶喷雾。

苹果园、葡萄园及非耕地 在阔叶杂草 2～5 叶期用药，一般每亩使用 20％乳油或 200 克/升乳油 75～150 毫升，对水 30～45 千克均匀定向喷雾。防除葎草、益母草、茅莓、鸭跖草等难防除杂草时，每亩使用氯氟吡氧乙酸 20％乳油或 200 克/升乳油 80～100 毫升混加 41％草甘膦水剂 100～150 毫升，对水定向均匀茎叶喷雾。

注意事项 氯氟吡氧乙酸喷药时避免药液飘移到大豆、花生、甘薯、甘蓝等阔叶作物上。果园内喷药时，应采取地面定向喷雾，避免将药液直接喷洒到树叶上；不能在茶园、香蕉园及其附近地块使用本剂。喷药 1 小时后下雨，基本不影响药效。

麦草畏 dicamba

主要含量与剂型 48％、480 克/升水剂，480 克/升可溶液剂，70％水分散粒剂，70％可溶粒剂。

产品特点 麦草畏是一种苯氧羧酸类内吸传导型选择性苗后茎叶处理低毒除草剂，属人工合成的植物激素类。苗后喷雾，药剂很快被杂草茎、叶及根部吸收，经韧皮部和木质部向上、下传导，多集中在分生组织及代谢活动旺盛部位，通过干扰和破坏阔叶杂草体内的原有激素平衡，阻止杂草正常生长，最终导致杂草死亡。禾本科植物吸收后能很快代谢分解使其失效，表现出较强的抗药性或耐药性，故对小麦、玉米、水稻等禾本科作物比较安全。用药 24 小时后敏感阔叶杂草即出现卷曲畸形症状，1 周后变褐色，15～20 天死亡。

适用作物防除对象及使用技术 麦草畏适用于小麦、玉米、谷子、水稻、芦苇等禾本科植物，对一年生及多年生阔叶杂草如：藜、蓼、荠菜、苋菜、播娘蒿、田旋花、打碗花、牛繁缕、大巢菜、苦苣菜、苍耳、香薷、铁苋菜、小飞蓬、一年蓬、水棘针、苘麻、鲤肠、地肤、鬼针草、猪毛菜、猪毛蒿、猪殃殃等，具有很好的防除效果。

小麦田 不同小麦品种对麦草畏的敏感性有一定差异，大面积应用前，应先在小范围内进行试验。通常情况下，春小麦 3 叶 1 心至 5 叶期（分蘖盛期）为施药适期，冬小麦 4 叶期至分蘖末期为施药适期，当气温降到 5℃ 以下或小麦进入越冬期后不宜用药。一般每亩使用 48% 水剂或 480 克/升水剂或 480 克/升可溶液剂 20～30 毫升，或 70% 水分散粒剂或 70% 可溶粒剂 15～25 克，对水 30～40 千克均匀茎叶喷雾。生产上常用麦草畏与 2,4-滴丁酯或 2 甲 4 氯钠混用，既有增效作用，又可减少 2,4-滴丁酯的飘移。当小麦受不良环境条件影响或病虫为害生长发育不良时，不宜施药。

玉米田 玉米播后苗前或出苗后均可用药，既可单用，也可混用。土壤封闭处理时，不能让种子与麦草畏药液接触，以免发生伤苗现象。通常在玉米 4～10 叶期施药安全、高效，玉米株高达 90 厘米或玉米 10 叶以后进入雄花孕穗期不能施用本剂，最佳施药时期为玉米 4～6 叶期。一般每亩使用 48% 水剂或 480 克/升水剂或 480 克/升可溶液剂 30～50 毫升，或 70% 水分散粒剂或 70% 可溶粒剂 20～35 克，对水 25～40 千克均匀茎叶喷雾，施药后 20 天内不宜动土。麦草畏也可与甲草胺、乙草胺、莠去津等药剂混用以扩大杀草谱，提高除草效果。玉米苗后施用麦草畏要选早晚气温低、风小时进行，当空气相对湿度低于 65%、气温超过 28℃、风速超过 4 米时应停止施药。甜玉米、爆裂玉米等敏感品种，不能使用本剂，以免产生药害。

芦苇田 在阔叶杂草幼苗早期施药。一般每亩使用 48% 水剂或 480 克/升水剂或 480 克/升可溶液剂 40～75 毫升，或 70% 水分散粒剂或 70% 可溶粒剂 30～50 克，对水 25～40 千克均匀茎叶喷雾。

注意事项 麦草畏在小麦 3 叶期前和拔节后禁止使用，小麦施药后可能会出现匍匐、倾斜或弯曲现象，一般 1 周后恢复正常。棉花、油菜、烟草、大豆、花生、蚕豆、向日葵、马铃薯、西瓜及蔬菜等对麦草畏极为敏感，喷药时应避免药液飘移至上述作物上而产生药害；套种、间作以上作物的麦田、玉米田也不能使用麦草畏。

灭草松 bentazone

主要含量与剂型 25%、40%、48%、480 克/升、560 克/升水剂，480 克/升可溶液剂，80% 可溶粉剂。

产品特点 灭草松是一种苯并噻唑类选择性触杀型苗后茎叶处理低毒除草剂，主要通过叶片渗透和根部吸收进入植物体内。旱田使用，通过叶面渗透传导至叶绿体内；水田使用，既能通过叶面渗透又能通过根部吸收传导至茎叶。通过抑制光合系统Ⅱ受体位点的光合作用电子传递而抑制光合作用，造成杂草营养饥饿，生理机能失调，导致杂草枯死。药剂在耐药性植物体内向活性弱的糖轭合物代谢而解毒，对大豆、玉米、水稻、小麦、花生、菜豆、豌豆、洋葱、甘薯等作物安全。施药后 8～18 周灭草松在土壤中被微生物分解。

适用作物防除对象及使用技术　灭草松适用于大豆、花生、小麦、水稻、玉米、甘薯、茶园、草原牧场等，能有效防除旱田中的苍耳、反枝苋、凹头苋、刺苋、刺儿菜、大蓟、狼把草、鬼针草、酸模叶蓼、柳叶刺蓼、节节蓼、马齿苋、苣荬菜、野西瓜苗、猪殃殃、辣子草、野萝卜、猪毛菜、刺黄花稔、繁缕、曼陀罗、藜、小藜、龙葵、鸭跖草（1～2 叶期）、豚草、荠菜、遏蓝菜、苘麻及旋花属、蒿属等多种阔叶杂草，以及水田中的雨久花、鸭舌草、白花水八角、母草、牛毛毡、萤蔺、异型莎草、扁秆藨草、日本藨草、荆三棱、慈姑、矮慈姑、泽泻、水葱、水莎草等。对多年生杂草只能防除其地上茎叶部分，不能杀根。灭草松用于旱田除草，应在阔叶杂草及莎草出齐后幼苗时施药，均匀周到喷雾，使杂草茎叶充分接触药剂；用于水稻田防除三棱草及阔叶杂草时，要在杂草出齐、排水后喷雾，均匀喷洒在杂草茎叶上，2 天后灌水。

大豆田　大豆出苗后 2～3 片复叶期、阔叶杂草 2～5 叶期（株高 5 厘米左右）为施药适期。一般每亩使用 25％水剂 200～400 毫升，或 40％水剂 180～250 毫升，或 48％水剂或 480 克/升水剂或 480 克/升可溶液剂 130～200 毫升，或 560 克/升水剂 100～180 毫升，或 80％可溶粉剂 90～120 克，对水 20～30 千克人工均匀茎叶喷雾，或对水 10～15 千克拖拉机均匀喷雾。土壤墒情好、空气湿度适宜、杂草生长旺盛且杂草幼小时用低剂量，环境干旱、杂草大或多年生阔叶杂草多时用高剂量。灭草松对苍耳防除特效，防除苍耳时每亩使用 48％水剂或 480 克/升水剂或 480 克/升可溶液剂 100 毫升即可。灭草松分两次施药效果更好，每次用药为上述剂量的 50％，间隔期 10～15 天。施药后应保证 8 小时内无降雨。需同时防除稗草、狗尾草、野燕麦、马唐、野黍、牛筋草等禾本科杂草时，灭草松可与精喹禾灵、烯禾啶、精吡氟禾草灵等药剂混用，混用剂量一般为：每亩使用灭草松 25％水剂 300～400 毫升，或 40％水剂 200～250 毫升，或 48％水剂或 480 克/升水剂或 480 克/升可溶液剂 160～200 毫升，或 560 克/升水剂 140～180 毫升，或 80％可溶粉剂 100～120 克，混加 10％精喹禾灵乳油 25～30 毫升，或 15％精吡氟禾草灵乳油 50～60 毫升，或 12.5％烯禾啶乳油 85～100 毫升，或 10％精噁唑禾草灵乳油 40～50 毫升，或 6.9％精噁唑禾草灵水乳剂 50～60 毫升，对水 25～30 千克均匀茎叶喷雾。灭草松也可与防除阔叶杂草的除草剂混用，各自用量减半后再与防除禾本科杂草的除草剂混用，如每亩使用灭草松 25％水剂 200 毫升，或 40％水剂 130 毫升，或 48％水剂或 480 克/升水剂或 480 克/升可溶液剂 100 毫升，或 560 克/升水剂 90 毫升，或 80％可溶粉剂 60 克，混加 48％异噁草松乳油 40～50 毫升，再加 10％精喹禾灵乳油 20～25 毫升或 15％精吡氟禾草灵乳油 40～50 毫升或 12.5％烯禾啶乳油 50～70 毫升或 10％精噁唑禾草灵乳油 30～35 毫升，对水 25～30 千克均匀茎叶喷雾。如此药剂混用既对大豆安全，能防除一年生禾本科和阔叶杂草，也可防除芦苇、苣荬菜、刺儿菜、大蓟、问荆等多年生杂草。

花生田　在花生苗后、阔叶杂草 2～5 叶期施药。一般每亩使用 25％水剂 300～

400 毫升，或 40％水剂 180～240 毫升，或 48％水剂或 480 克/升水剂或 480 克/升可溶液剂 150～200 毫升，或 560 克/升水剂 130～180 毫升，或 80％可溶粉剂 90～120 克，对水 30～40 千克均匀茎叶喷雾。混配用药时，配方及剂量同"大豆田"。

小麦田 南方麦区在小麦 2 叶 1 心至 3 叶期，猪殃殃、麦家公等阔叶杂草子叶期至 2 轮生叶期施药；北方麦区在小麦苗后、阔叶杂草 2～4 叶期施药。一般每亩使用 25％水剂 200～350 毫升，或 40％水剂 160～240 毫升，或 48％水剂或 480 克/升水剂或 480 克/升可溶液剂 130～200 毫升，或 560 克/升水剂 90～160 毫升，或 80％可溶粉剂 70～110 克，对水 30～40 千克均匀茎叶喷雾。

为扩大杀草范围、提高除草效果，灭草松也可与其他除草剂混用。如：每亩使用灭草松 25％水剂 250～350 毫升，或 40％水剂 160～240 毫升，或 48％水剂或 480 克/升水剂或 480 克/升可溶液剂 130～200 毫升，或 560 克/升水剂 110～170 毫升，或 80％可溶粉剂 80～120 克，混加精噁唑禾草灵（加解毒剂）6.9％水乳剂 50～60 毫升，或 10％乳油或 100 克/升乳油 30～40 毫升，对水 30～40 千克均匀茎叶喷雾。小麦分蘖末期至拔节前，也可每亩使用灭草松 25％水剂 200～350 毫升，或 40％水剂 120～240 毫升，或 48％水剂或 480 克/升水剂或 480 克/升可溶液剂 100～200 毫升，或 560 克/升水剂 90～170 毫升，或 80％可溶粉剂 60～120 克，与 13％ 2 甲 4 氯钠水剂 200～250 毫升混用。

水稻田 插秧田、抛秧田、直播田均可使用。秧田在水稻 2～3 叶期、直播田播后 30～40 天、移栽田插秧后 20～30 天，最好在杂草多数出齐、3～4 叶期施药。一般每亩使用 25％水剂 300～400 毫升，或 40％水剂 180～240 毫升，或 48％水剂或 480 克/升水剂或 480 克/升可溶液剂 150～200 毫升，或 560 克/升液剂 130～170 毫升，或 80％可溶粉剂 90～120 克，对水 20～30 千克均匀茎叶喷雾。防除一年生阔叶杂草用低剂量，防除莎草科杂草用高剂量。施药前排水，使杂草全部露出水面，选择晴朗无风天喷药，施药后 4～6 小时药剂可渗入杂草体内；施药后第 2 天再灌水入田，恢复正常水层管理。灭草松对稗草无效，为增加对稗草的防除效果，可与禾草敌、二氯喹啉酸、敌稗等防除稗草的除草剂先后使用或混用。水稻育秧田稗草和旱生型阔叶杂草发生严重时，施药时期为稗草 2～3 叶期，每亩使用灭草松 25％水剂 250～400 毫升，或 40％水剂 160～240 毫升，或 48％水剂或 480 克/升水剂或 480 克/升可溶液剂 130～200 毫升，或 560 克/升水剂 110～170 毫升，或 80％可溶粉剂 80～120 克，混加 34％敌稗乳油 600～800 毫升。移栽田阔叶杂草、莎草科杂草和稗草同时发生时，可在水稻移栽后 10～15 天、稗草 3 叶期前施药，每亩使用灭草松 25％水剂 300～400 毫升，或 40％水剂 180～240 毫升，或 48％水剂或 480 克/升水剂或 480 克/升可溶液剂 150～200 毫升，或 560 克/升水剂 130～170 毫升，或 80％可溶粉剂 90～120 克，混加 90.9％禾草敌乳油 200 毫升；水稻移栽后 15 天、稗草 3～8 叶期也可与二氯喹啉酸混用，每亩使用灭草松 25％水剂 380 毫升，或 40％水剂 240 毫升，或 48％水剂或 480 克/升水剂或 480 克/升可溶液剂 200 毫升，或 560 克/升水剂 170 毫升，或 80％可溶粉剂 120 克，混加 50％二氯喹啉酸可湿性粉剂 33～35 克。稗草叶龄小，二氯喹啉酸用低剂量；稗草叶龄大，二氯喹啉酸用高剂量。施药前 2 天排水，田间湿润或浅水层均可采用喷雾法施药，施药 1～2 天后放水回田，7 天内稳定水层 2～3 厘米。直播田除草，稗草 3 叶期前灭草松与禾草敌混用，稗草 3 叶期后灭草松与二氯喹啉酸混用。

玉米田 在玉米 3～5 叶期、阔叶杂草 3～4 叶期施药。一般每亩使用 25％水剂 300～400 毫升，或 40％水剂 180～240 毫升，或 48％水剂或 480 克/升水剂或 480 克/升可溶液剂 150～200 毫升，或 560 克/升水剂 130～170 毫升，或 80％可溶粉剂 90～120 克，对水 30～40 千克均匀茎叶喷雾。

茶园 在阔叶杂草 3～4 叶期施药。一般每亩使用 25％水剂 300～400 毫升，或 40％水剂 180～240 毫升，或 48％水剂或 480 克/升水剂或 480 克/升可溶液剂 150～200 毫升，或 560 克/升水剂 130～170 毫升，或 80％可溶粉剂 90～120 克，对水 20～30 千克均匀茎叶喷雾。

甘薯田 在甘薯移栽后 15～30 天、阔叶杂草 3～4 叶期施药。一般每亩使用 25％水剂 300～400 毫升，或 40％水剂 180～250 毫升，或 48％水剂或 480 克/升水剂或 480 克/升可溶液剂 150～200 毫升，或 560 克/升水剂 130～180 毫升，或 80％可溶粉剂 90～120 克，对水 20～30 千克均匀茎叶喷雾。

草原牧场 多在 5～6 月、阔叶杂草 3～5 叶期施药。一般每亩使用 25％水剂 400～500 毫升，或 40％水剂 250～300 毫升，或 48％水剂或 480 克/升水剂或 480 克/升可溶液剂 200～250 毫升，或 560 克/升水剂 180～220 毫升，或 80％可溶粉剂 120～150 克，对水 20～30 千克均匀茎叶喷雾。

注意事项 灭草松不能进行超低容量喷雾，施药后 8 小时内降雨会降低药效。在极度干旱和水涝情况下不宜使用，以免发生药害。水稻田防除三棱草及阔叶杂草时，一定要在杂草出齐并排水后喷雾，将药剂均匀喷洒在杂草茎叶上，2 天后灌水，否则影响药效。

扑草净 prometryn

主要含量与剂型 25％、40％、50％、66％可湿性粉剂，50％悬浮剂。

产品特点 扑草净是一种水旱地两用的三嗪类内吸传导型选择性低毒除草剂，经由根部和茎叶吸收，通过木质部向顶传导，积累在顶端分生组织内，抑制光合作用的希尔反应，使杂草中毒失绿，逐渐干枯死亡。其选择性与植物生态及生化反应的差异有关，对刚萌发的杂草防效最好。扑草净水溶性较低，施药后可被土壤黏粒吸附在 0～5 厘米表土中，形成药土层，使杂草萌发出土时接触药剂，持效期 20～70 天，旱地较水田长，黏土中更长。

适用作物防除对象及使用技术 扑草净适用于水稻、棉花、大豆、麦类、花生、甘蔗、向日葵、马铃薯、大蒜及部分蔬菜、果树、茶园，能有效防除稗草、马唐、狗尾草、千金子、看麦娘、蓼、藜、反枝苋、马齿苋、铁苋菜、繁缕、车前草、野西瓜苗、四叶菜、眼子菜、牛毛毡等一年生禾本科杂草及阔叶杂草。本剂对刚萌发的杂草防除效果好，用药时应正确掌握最佳时期。用药量在推荐范围内根据土壤质地、有机质含量、杂草种类、杂草大小及密度、环境温度而定。温暖湿润地区或季节，在土壤疏松、有机质贫乏条件下，药效易发挥，并易产生药害，应选用低剂量；干旱寒冷地区、土壤黏重、有机质含量高时，用药量可适当提高。

大蒜、洋葱、韭菜、胡萝卜、茴香、芹菜田 播种前或播种后出苗前施药。土壤墒情较好时一般每亩使用 25％可湿性粉剂 150～250 克，或 40％可湿性粉剂 100～150 克，或

50％可湿性粉剂 80～120 克，或 50％悬浮剂 80～120 毫升，或 66％可湿性粉剂 60～90 克，对水 30～45 千克均匀喷洒土壤表面。

水稻移栽田 南方稻田，水稻移栽 5～7 天后施药，每亩使用 25％可湿性粉剂 35～40 克，或 40％可湿性粉剂 22～25 克，或 50％可湿性粉剂 18～20 克，或 50％悬浮剂 18～20 毫升，或 66％可湿性粉剂 14～15 克；水稻移栽后 20～25 天施药，每亩使用 25％可湿性粉剂 50～100 克，或 40％可湿性粉剂 35～60 克，或 50％可湿性粉剂 25～50 克，或 50％悬浮剂 25～50 毫升，或 66％可湿性粉剂 20～35 克。北方稻田，水稻移栽后 20～25 天施药，每亩使用 25％可湿性粉剂 100～150 克，或 40％可湿性粉剂 60～100 克，或 50％可湿性粉剂 50～80 克，或 50％悬浮剂 50～80 毫升，或 66％可湿性粉剂 40～55 克。每亩药剂拌湿润细土 20～30 千克，均匀撒施。撒药时及用药后需保持田间水层 3～5 厘米，保水 5～7 天，不灌不排。

麦田 在麦苗 2～3 叶期、杂草 1～2 叶期施药。一般每亩使用 25％可湿性粉剂 150～200 克，或 40％可湿性粉剂 90～125 克，或 50％可湿性粉剂 75～100 克，或 50％悬浮剂 75～100 毫升，或 66％可湿性粉剂 60～75 克，对水 30～45 千克均匀茎叶喷雾。气温超过 30℃时易产生药害；麦苗 2～3 叶期抗药性强，出苗前至 1 叶期抗药力弱，易产生药害；用药后 1 周内不可浇灌河泥浆。

谷子田 播种后出苗前施药。一般每亩使用 25％可湿性粉剂 150～200 克，或 40％可湿性粉剂 90～120 克，或 50％可湿性粉剂 70～100 克，或 50％悬浮剂 70～100 毫升，或 66％可湿性粉剂 60～80 克，对水 30～45 千克均匀喷洒土壤表面。

花生、大豆、棉花、甘蔗田 播种前或播种后出苗前施药。一般每亩使用 25％可湿性粉剂 200～300 克，或 40％可湿性粉剂 130～190 克，或 50％可湿性粉剂 100～150 克，或 50％悬浮剂 100～150 毫升，或 66％可湿性粉剂 75～110 克，对水 30～45 千克均匀喷洒土壤表面。

芝麻田 播种后苗前施药。一般每亩使用 25％可湿性粉剂 200～300 克，或 40％可湿性粉剂 130～190 克，或 50％可湿性粉剂 100～150 克，或 50％悬浮剂 100～150 毫升，或 66％可湿性粉剂 75～110 克，对水 30～45 千克均匀喷洒土壤表面。

果园、茶园、桑园 在一年生杂草大量萌发初期、土壤湿润条件下施药。一般每亩使用 25％可湿性粉剂 500～800 克，或 40％可湿性粉剂 300～500 克，或 50％可湿性粉剂 250～400 克，或 50％悬浮剂 250～400 毫升，或 66％可湿性粉剂 200～300 克，对水 40～50 千克均匀喷洒地表，不能喷洒到树上，避免漏喷、重喷。

注意事项 扑草净在土壤中移动性较强，沙性强的土壤慎用。用药时应保持土壤较好墒情，适当的土壤水分是药效发挥的重要因素。移栽水稻田用药，应在秧苗返青后进行；水稻生育期禁止茎叶喷雾。气温超过 30℃时不宜施药，否则易产生药害。施药后 15 天内不能松土或耘稻，以免破坏药土层而影响药效。

嗪草酮 metribuzin

主要含量与剂型 44％、480 克/升悬浮剂，50％、70％可湿性粉剂，70％、75％水分散粒剂。

产品特点 嗪草酮是一种三嗪酮类内吸传导型选择性低毒除草剂，被杂草根部吸收后随蒸腾流向上传导，也可被茎叶吸收后在体内作有限传导。通过抑制敏感植物的光合作用而发挥杀草活性，对敏感杂草萌发出苗没有影响，出苗后叶片褪绿，叶缘变黄或火烧状，或整个叶片变黄，而叶脉常残留有淡绿色，最后因营养枯竭而死亡。药剂在土壤中持效期受气候条件及土壤类型影响，半衰期通常为 28 天左右，对后茬作物安全。

适用作物防除对象及使用技术 嗪草酮适用于大豆、玉米、马铃薯、番茄、苜蓿、芦笋、甘蔗、咖啡等作物，主要用于防除一年生阔叶杂草和部分禾本科杂草，对多年生杂草效果差。苗前每亩使用有效成分 23 克，可防除早熟禾、看麦娘、鬼针草、狼把草、藜、小藜、野芥菜、荠菜、反枝苋、遏蓝菜、马齿苋、繁缕、锦葵、萹蓄、酸模叶蓼等；苗前每亩使用有效成分 35 克，可防除马唐、三色堇、水棘针、香薷、曼陀罗、铁苋菜、刺苋、鼬瓣花、独行菜、苣荬菜等；苗前每亩使用有效成分 47 克，可防除鸭跖草、苘麻、狗尾草、稗草、卷茎蓼、苍耳等。嗪草酮多用于播种前或播后苗前或移栽前进行土壤喷雾处理，土壤墒情好有利于根系吸收，土壤干燥时应在施药后浅混土；在作物苗期使用易产生药害而导致减产，虽然苗后处理除草效果更为显著，但用药剂量应酌情降低，否则会对阔叶作物产生药害。

大豆田 大豆幼苗对嗪草酮敏感，大豆田使用只宜在大豆播前或播后到出苗前 3～5 天土壤用药处理。用药量与土壤质地、有机质含量有关。土壤有机质含量 2％以下时，沙质土不能使用；壤土每亩使用 44％悬浮剂或 480 克/升悬浮剂 70～80 毫升，或 50％可湿性粉剂 60～70 克，或 70％可湿性粉剂或 70％水分散粒剂 40～50 克，或 75％水分散粒剂 38～45 克；黏土每亩使用 44％悬浮剂或 480 克/升悬浮剂 80～110 毫升，或 50％可湿性粉剂 70～100 克，或 70％可湿性粉剂或 70％水分散粒剂 50～70 克，或 75％水分散粒剂 47～65 克。土壤有机质含量 2％～4％时，沙质土每亩使用 44％悬浮剂或 480 克/升悬浮剂 70 毫升，或 50％可湿性粉剂 60 克，或 70％可湿性粉剂或 70％水分散粒剂 40 克，或 75％水分散粒剂 38 克；壤土每亩使用 44％悬浮剂或 480 克/升悬浮剂 80～110 毫升，或 50％可湿性粉剂 70～100 克，或 70％可湿性粉剂或 70％水分散粒剂 50～70 克，或 75％水分散粒剂 47～65 克；黏土每亩使用 44％悬浮剂或 480 克/升悬浮剂 110～125 毫升，或 50％可湿性粉剂 100～110 克，或 70％可湿性粉剂或 70％水分散粒剂 70～80 克，或 75％水分散粒剂 67～73 克。有机质含量在 4％以上时，沙质土每亩使用 44％悬浮剂或 480 克/升悬浮剂 110 毫升，或 50％可湿性粉剂 100 克，或 70％可湿性粉剂或 70％水分散粒剂 70 克，或 75％水分散粒剂 65 克；壤土每亩使用 44％悬浮剂或 480 克/升悬浮剂 110～125 毫升，或 50％可湿性粉剂 100～110 克，或 70％可湿性粉剂或 70％水分散粒剂 70～80 克，或 75％水分散粒剂 67～73 克；黏土每亩使用 44％悬浮剂或 480 克/升悬浮剂 125～140 毫升，或 50％可湿性粉剂 110～125 克，或 70％可湿性粉剂或 70％水分散粒剂 80～90 克，或 75％水分散粒剂 73～83 克。人工喷雾时每亩药剂对水 20～30 千克，拖拉机喷雾时对水 10～13 千克，飞机喷雾时对水 2～3 千克。用药量过大或低洼排水不良地块、田间积水、高湿低温时，可造成大豆药害，轻者叶片浓绿、皱缩，重者叶片失绿、变黄、变褐坏死。

大豆田禾本科杂草较多时不宜单用嗪草酮，应与防除禾本科杂草的除草剂混用，或分期搭配使用。播种前可与氟乐灵混用，混用剂量为：土壤有机质含量 2％～3％的壤质土或黏质土，每亩使用嗪草酮 44％悬浮剂或 480 克/升悬浮剂 32～43 毫升，或 50％可湿性粉剂 28～38 克，或 70％可湿性粉剂或 70％水分散粒剂 20～27 克，或 75％水分散粒剂 20～25 克，混加 480 克/升氟乐灵乳油 70 毫升；土壤有机质含量 3％～5％时，每亩使用 44％悬浮剂或 480 克/升悬浮剂 55 毫升，或 50％可湿性粉剂 50 克，或 70％可湿性粉剂或 70％水分散粒剂 35 克，或 75％水分散粒剂 32 克，混加 480 克/升氟乐灵乳油 100 毫升；土壤有机质含量大于 5％时，每亩使用 44％悬浮剂或 480 克/升悬浮剂 55～64 毫升，或 50％可湿性粉剂 47～56 克，或 70％可湿性粉剂或 70％水分散粒剂 35～40 克，或 75％水分散粒剂 32～37 克，混加 480 克/升氟乐灵乳油 130 毫升，也可每亩使用 44％悬浮剂或 480 克/升悬浮剂 80 毫升，或 50％可湿性粉剂 70 克，或 70％可湿性粉剂或 70％水分散粒剂 50 克，或 75％水分散粒剂 45 克，混加 480 克/升氟乐灵乳油 70 毫升。施药后须混土 5～7 厘米。在低温高湿条件下不推荐与氟乐灵混用，以免影响大豆根系生长。低洼地、墒情好，特别是白浆土地块嗪草酮用低剂量；岗地、墒情差的地块嗪草酮用高剂量。

为降低用药成本，提高对大豆的安全性，也可在大豆播种后出苗前与异丙甲草胺、异丙草胺、甲草胺、乙草胺、异噁草松等除草剂混用。嗪草酮与异丙草胺或异丙甲草胺混用时，土壤有机质含量 2％～3％的壤质土或黏质土，每亩使用 44％悬浮剂或 480 克/升悬浮剂 32～43 毫升，或 50％可湿性粉剂 28～38 克，或 70％可湿性粉剂或 70％水分散粒剂 20～27 克，或 75％水分散粒剂 20～25 克，混加 72％异丙草胺乳油或 72％异丙甲草胺乳油 100 毫升；土壤有机质含量为 3％～5％时，每亩使用 44％悬浮剂或 480 克/升悬浮剂 43～53 毫升，或 50％可湿性粉剂 38～47 克，或 70％可湿性粉剂或 70％水分散粒剂 27～33 克，或 75％水分散粒剂 25～31 克，混加 72％异丙草胺乳油或 72％异丙甲草胺乳油 133 毫升；土壤有机质含量大于 5％时，每亩使用 44％悬浮剂或 480 克/升悬浮剂 53～63 毫升，或 50％可湿性粉剂 47～56 克，或 70％可湿性粉剂或 70％水分散粒剂 33～40 克，或 75％水分散粒剂 32～37 克，混加 72％异丙草胺乳油或 72％异丙甲草胺乳油 135～165 毫升。嗪草酮与乙草胺混用时，土壤有机质含量 2％～3％的壤质土，每亩使用 44％悬浮剂或 480 克/升悬浮剂 32～43 毫升，或 50％可湿性粉剂 28～38 克，或 70％可湿性粉剂或 70％水分散粒剂 20～27 克，或 75％水分散粒剂 19～25 克，混加 50％乙草胺乳油 150 毫升，或 900 克/升乙草胺乳油 85 毫升；土壤有机质含量 2％～3％的黏质土，每亩使用 44％悬浮剂或 480 克/升悬浮剂 43～53 毫升，或 50％可湿性粉剂 38～47 克，或 70％可湿性粉剂或 70％水分散粒剂 27～33 克，或 75％水分散粒剂 25～31 克，混加 50％乙草胺乳油 170 毫升，或 900 克/升乙草胺乳油 95 毫升。土壤有机质含量 3％～6％的沙质土，每亩使用 44％悬浮剂或 480 克/升悬浮剂 32～45 毫升，或 50％可湿性粉剂 28～40 克，或 70％可湿性粉剂或 70％水分散粒剂 20～28 克，或 75％水分散粒剂 19～26 克，混加 50％乙草胺乳油 150 毫升，或 900 克/升乙草胺乳油 85 毫升；土壤有机质含量 3％～6％的壤质土，每亩使用 44％悬浮剂或 480 克/升悬浮剂 43～53 毫升，或 50％可湿性粉剂 38～47 克，或 70％可湿性粉剂或 70％水分散粒剂 27～33 克，或 75％水分散粒剂 25～31 克，混加 50％乙草胺乳油 170 毫升，或 900 克/升乙草胺乳油 95 毫升；土壤有机质含量 3％～6％的黏质土，每亩使用 44％悬浮剂或 480 克/升悬浮剂 53 毫升，或 50％可湿性粉剂 47 克，或 70％可湿性粉剂或 70％水分散粒剂 33 克，或 75％水分散粒剂 31 克，混加 50％乙草胺乳油 180 毫升，或 900 克/升乙草胺乳油 100 毫升。土壤有机质含量大于 6％时，每亩使用 44％悬浮剂或 480 克/升悬浮剂 64 毫升，或 50％可湿性粉剂 56 克，或 70％

可湿性粉剂或 70％水分散粒剂 40 克，或 75％水分散粒剂 38 克，混加 50％乙草胺乳油 225 毫升，或 900 克/升乙草胺乳油 125 毫升。嗪草酮与甲草胺混用时，土壤有机质含量 2％以上的沙质土，每亩使用 44％悬浮剂或 480 克/升悬浮剂 32～43 毫升，或 50％可湿性粉剂 28～38 克，或 70％可湿性粉剂或 70％水分散粒剂 20～27 克，或 75％水分散粒剂 19～25 克，混加 480 克/升甲草胺乳油 300 毫升；土壤有机质含量 2％以上的壤质土，每亩使用 44％悬浮剂或 480 克/升悬浮剂 43～53 毫升，或 50％可湿性粉剂 38～47 克，或 70％可湿性粉剂或 70％水分散粒剂 27～33 克，或 75％水分散粒剂 25～31 克，混加 480 克/升甲草胺乳油 365 毫升；土壤有机质含量 2％以上的黏质土，每亩使用 44％悬浮剂或 480 克/升悬浮剂 53～64 毫升，或 50％可湿性粉剂 47～56 克，或 70％可湿性粉剂或 70％水分散粒剂 33～40 克，或 75％水分散粒剂 32～37 克，混加 480 克/升甲草胺乳油 467 毫升。土壤有机质含量低于 2％的沙质土、沙壤土，嗪草酮与甲草胺不宜混用。

为降低嗪草酮用量，减轻其对某些敏感大豆品种的危害，提高对后茬作物的安全性，嗪草酮也可与其他两种除草剂混用。常用混配药方为：每亩使用嗪草酮 44％悬浮剂或 480 克/升悬浮剂 32～43 毫升，或 50％可湿性粉剂 28～38 克，或 70％可湿性粉剂或 70％水分散粒剂 20～27 克，或 75％水分散粒剂 19～25 克，混加 72％异丙甲草胺乳油或 72％异丙草胺乳油 100～200 毫升，再加 75％噻吩磺隆水分散粒剂 1 克或加 48％异噁草松乳油 40～50 毫升；或每亩使用嗪草酮 44％悬浮剂或 480 克/升悬浮剂 32～43 毫升，或 50％可湿性粉剂 28～38 克，或 70％可湿性粉剂或 70％水分散粒剂 20～27 克，或 75％水分散粒剂 19～25 克，混加 900 克/升乙草胺乳油 90～125 毫升，再加 48％异噁草松乳油 40～50 毫升或 75％噻吩磺隆水分散粒剂 1 克；或每亩使用嗪草酮 44％悬浮剂或 480 克/升悬浮剂 32～43 毫升，或 50％可湿性粉剂 28～38 克，或 70％可湿性粉剂或 70％水分散粒剂 20～27 克，或 75％水分散粒剂 19～25 克，混加 50％丙炔氟草胺可湿性粉剂 4～6 克，再加 900 克/升乙草胺乳油 90～100 毫升。

玉米田 嗪草酮可用于土壤有机质含量大于 2％、pH 值低于 7 的玉米田。在 pH 值大于 7 和土壤有机质含量低于 2％的条件下，播后苗前施药遇大雨易造成淋溶药害，药害症状从玉米第 4 片叶开始出现，先叶尖变黄，严重时造成死苗。在玉米播后苗前，嗪草酮可与甲草胺、乙草胺、异丙草胺、异丙甲草胺、莠去津等除草剂混用。混用药方为：土壤有机质含量 2％～3％时，每亩使用嗪草酮 44％悬浮剂或 480 克/升悬浮剂 43～53 毫升，或 50％可湿性粉剂 38～46 克，或 70％可湿性粉剂或 70％水分散粒剂 27～33 克，或 75％水分散粒剂 25～30 克，混加 45％莠去津悬浮剂 120～150 毫升，或 50％乙草胺乳油 180 毫升，或 900 克/升乙草胺乳油 100 毫升，或 72％异丙甲草胺乳油或 72％异丙草胺乳油 100～133 毫升；土壤有机质含量 3％～5％时，每亩使用嗪草酮 44％悬浮剂或 480 克/升悬浮剂 53～84 毫升，或 50％可湿性粉剂 46～74 克，或 70％可湿性粉剂或 70％水分散粒剂 33～53 克，或 75％水分散粒剂 31～50 克，混加 45％莠去津悬浮剂 150～178 毫升，或 50％乙草胺乳油 180～200 毫升，或 900 克/升乙草胺乳油 90～110 毫升，或 72％异丙甲草胺乳油或 72％异丙草胺乳油 133～167 毫升。在土壤有机质含量较高、干旱条件下用高剂量，采用播前混土或播后苗前混土施药法，以获得稳定药效。玉米 3～5 叶期、阔叶杂草 2～4 叶期，每亩使用嗪草酮 44％悬浮剂或 480 克/升悬浮剂 8.5～10 毫升，或 50％可湿性粉剂 7.5～9 克，或 70％可湿性粉剂或 70％水分散粒剂 5.3～6.6 克，或 75％水分散粒剂 5～6 克，混加 40 克/升烟嘧磺隆可分散油悬浮剂 50～67 毫升，可防除一年生和多年生阔叶杂草。

马铃薯田 马铃薯播后苗前施药，土壤有机质含量为 1％～2％的沙质土，每亩使用 44％悬浮剂或 480 克/升悬浮剂 40～55 毫升，或 50％可湿性粉剂 35～50 克，或 70％可湿性粉剂或 70％水分散粒剂 25～35 克，或 75％水分散粒剂 23～33 克；土壤有机质 1.5％～4％的壤质土，每亩使用 44％悬浮剂或 480 克/升悬浮剂 56～80 毫升，或 50％可湿性粉剂 50～70 克，或 70％可湿性粉剂或 70％水分散粒剂 35～50 克，或 75％水分散粒剂 33～47 克；土壤有机质含量为 3％～5％的黏质土，每亩使用 44％悬浮剂或 480 克/升悬浮剂 80～120 毫升，或 50％可湿性粉剂 70～105 克，或 70％可湿性粉剂或 70％水分散粒剂 50～75 克，或 75％水分散粒剂 47～70 克。马铃薯出苗到苗高 10 厘米期间施药，每亩使用 44％悬浮剂或 480 克/升悬浮剂 55～80 毫升，或 50％可湿性粉剂 60～90 克，或 70％可湿性粉剂或 70％水分散粒剂 40～65 克，或 75％水分散粒剂 45～60 克。每亩药剂对水 20～30 千克均匀喷药。严禁在马铃薯苗高 10 厘米后施药。

番茄田 番茄直播田苗后 4～6 叶期用药，每亩使用 44％悬浮剂或 480 克/升悬浮剂 50～60 毫升，或 50％可湿性粉剂 42～50 克，或 70％可湿性粉剂或 70％水分散粒剂 30～35 克，或 75％水分散粒剂 28～33 克，对水 20～30 千克均匀喷雾。移栽番茄在移栽缓苗后喷药，每亩使用 44％悬浮剂或 480 克/升悬浮剂 60～75 毫升，或 50％可湿性粉剂 50～65 克，或 70％可湿性粉剂或 70％水分散粒剂 35～47 克，或 75％水分散粒剂 33～43 克，对水 20～30 千克均匀喷雾。

苜蓿田 多年生苜蓿在春季杂草出苗前施药，每亩使用 44％悬浮剂或 480 克/升悬浮剂 160～320 毫升，或 50％可湿性粉剂 140～280 克，或 70％可湿性粉剂或 70％水分散粒剂 100～200 克，或 75％水分散粒剂 95～185 克，对水 30～50 千克均匀喷洒地面。

甘蔗田 甘蔗种植后出苗前施药，每亩使用 44％悬浮剂或 480 克/升悬浮剂 115 毫升，或 50％可湿性粉剂 100 克，或 70％可湿性粉剂或 70％水分散粒剂 70 克，或 75％水分散粒剂 66 克，对水 30～45 千克均匀喷雾。甘蔗株高 1 米以上后也可定向喷雾用药。

注意事项 嗪草酮药效受土壤 pH 值、有机质含量、水分等因素影响，当 pH 值为 4.5～8.0 时，相同用药量下随 pH 值增加除草效果提高。pH 值等于或大于 7.5 及前茬种玉米用过莠去津的地块不能使用嗪草酮。温度对嗪草酮的除草效果及作物安全性也有一定影响，温度低的地区使用高剂量，温度高的地区使用低剂量。使用高剂量时对下茬甜菜、洋葱生长有影响，需间隔 18 个月后才能种植。大豆出苗前 3～5 天不能用药。

氰氟草酯 cyhalofop-butyl

主要含量与剂型 10％、15％、20％、25％、100 克/升水乳剂，15％微乳剂，10％、15％、20％、30％、40％可分散油悬浮剂，10％、15％、20％、30％、100 克/升乳油，20％可湿性粉剂。

产品特点 氰氟草酯是一种芳氧苯氧丙酸酯类内吸传导型选择性苗后茎叶处理低毒除草剂，对水稻具有高度安全性。药剂由植物叶片和叶鞘吸收，经韧皮部传导，在植物分生组织内积累，通过抑制乙酰辅酶 A 羧化酶活性，使脂肪酸合成停止，导致植物死亡。施药后杂草即停止生长，5～7天后杂草自心叶开始黄化、褐化，逐渐扩散至全株，2～3周内全株死亡。在水稻体内，氰氟草酯可被迅速降解为对乙酰辅酶A羧化酶无活性的二元酸，所以对水稻具有高度安全性。对后茬作物安全。

适用作物防除对象及使用技术　氰氟草酯主要应用于水稻田，用于防除稗草、千金子、马唐、狗尾草、双穗雀稗、牛筋草等禾本科杂草，对阔叶杂草和莎草科杂草无效。近几年随着杂草抗药性的不断提升，氰氟草酯的有效使用剂量也在大幅提高。

在水稻2叶1心期即可开始用药，最佳施药期为稗草2～3叶期，随杂草叶龄增大，应适当提高用药量。稗草2～3叶期，每亩使用10%水乳剂或10%可分散油悬浮剂或10%乳油或100克/升水乳剂或100克/升乳油100～200毫升，或15%水乳剂或15%微乳剂或15%可分散油悬浮剂或15%乳油80～130毫升，或20%水乳剂或20%可分散油悬浮剂或20%乳油60～100毫升，或20%可湿性粉剂60～100克，或25%水乳剂50～80毫升，或30%可分散油悬浮剂或30%乳油40～65毫升，或40%可分散油悬浮剂30～50毫升；稗草4～5叶期，每亩使用10%水乳剂或10%可分散油悬浮剂或10%乳油或100克/升水乳剂或100克/升乳油200～300毫升，或15%水乳剂或15%微乳剂或15%可分散油悬浮剂或15%乳油130～180毫升，或20%水乳剂或20%可分散油悬浮剂或20%乳油100～150毫升，或20%可湿性粉剂100～150克，或25%水乳剂70～110毫升，或30%可分散油悬浮剂或30%乳油65～90毫升，或40%可分散油悬浮剂50～70毫升；稗草5叶以上或密度过大时，再适当增加用药剂量。每亩药剂对水30～40千克均匀茎叶喷雾。若杂草点片发生，可进行点喷，以降低用药成本。

施药时，土表水层小于1厘米或排干（土壤水分呈饱和状态）能达最佳药效，杂草植株50%高出水面有较好的药效。旱育秧田或旱直播田，施药时田间持水量饱和可促使杂草生长旺盛，进而保证最佳药效。施药后24～48小时灌水，防止新杂草萌发。干燥情况下需适当增加用药剂量。

注意事项　氰氟草酯在土壤中和水稻田中降解迅速，无残留药害，应尽量避免用作土壤处理（毒土法、毒肥法等）。本剂与部分阔叶杂草除草剂如2，4-滴丁酯、2甲4氯、灭草松、磺酰脲类等混用时，可能会发生拮抗现象，表现为氰氟草酯药效降低；如需防除阔叶杂草及莎草科杂草时，最好在施用本剂7天后再施用其他阔叶杂草除草剂。

炔草酯 clodinafop-propargyl

主要含量与剂型　8%、15%、20%水乳剂，15%、24%微乳剂，8%、24%乳油，8%可分散油悬浮剂，15%、20%可湿性粉剂。

产品特点　炔草酯是一种芳氧苯氧丙酸酯类内吸传导型选择性茎叶处理低毒除草剂，由植物叶片和叶鞘吸收，在韧皮部传导，积累于植物分生组织内，通过抑制乙酰辅酶A羧化酶的活性，使脂肪酸合成受阻，细胞生长分裂不能正常进行，膜系统等含脂结构受到破坏，最后导致植物死亡。施药后到杂草死亡，一般需1～3周。本剂耐低温、耐雨水冲刷、使用适期宽、除草效果稳定，对小麦安全。在土壤中迅速降解，对后茬作物无影响。

适用作物防除对象及使用技术　炔草酯适用于小麦田，能有效防除野燕麦、看麦娘、硬草、菵草、棒头草、稗草、早熟禾、狗尾草等多种禾本科杂草。

春小麦 3～5 叶期、冬小麦返青期至拔节期，田间禾本科杂草 2～5 叶期施药效果最佳。春小麦田，每亩使用 8％水乳剂或 8％乳油或 8％可分散油悬浮剂 40～60 毫升，或 15％水乳剂或 15％微乳剂 20～30 毫升，或 15％可湿性粉剂 20～30 克，或 20％水乳剂 15～23 毫升，或 20％可湿性粉剂 15～23 克，或 24％微乳剂或 24％乳油 12.5～19 毫升，对水 30～45 千克均匀茎叶喷雾。冬小麦田，每亩使用 8％水乳剂或 8％乳油或 8％可分散油悬浮剂 55～75 毫升，或 15％水乳剂或 15％微乳剂 30～40 毫升，或 15％可湿性粉剂 30～40 克，或 20％水乳剂 23～30 毫升，或 20％可湿性粉剂 23～30 克，或 24％微乳剂或 24％乳油 20～25 毫升，对水 30～45 千克均匀茎叶喷雾。为保证药效，最好使用扇形或空心圆锥形喷头细雾滴均匀喷施，不能漏喷、重喷。硬草、菵草等所占比例高的田块和春季草龄较大时，应使用高剂量。

注意事项 炔草酯不能与碱性农药混用；大麦田、燕麦田不能使用；4 天内有大雨或霜冻、阴雨天及低洼积水或遭受涝害、冻害、盐害、营养不良的小麦田不宜使用。

噻吩磺隆 thifensulfuron-methyl

主要含量与剂型 15％、20％、25％、75％可湿性粉剂，75％水分散粒剂。

产品特点 噻吩磺隆是一种磺酰脲类内吸传导型选择性苗后茎叶处理低毒除草剂，属乙酰乳酸合成酶抑制剂类。药剂由植物叶片吸收并迅速传导至分生组织，通过抑制支链氨基酸的生物合成，使细胞分裂受阻，敏感杂草停止生长，7～21 天内植株死亡。常规用量下，冬小麦、春小麦、硬质小麦、大麦、燕麦等作物对该药具有耐药性。噻吩磺隆在土壤中有氧条件下迅速被微生物分解，用药 30 天后即可播种下茬作物，安全性好。

适用作物防除对象及使用技术 噻吩磺隆适用于小麦、大麦、燕麦等麦类作物及大豆、玉米田除草，主要防除一年生和多年生阔叶杂草，如苘麻、龙葵、香薷、反枝苋、凹头苋、马齿苋、臭甘菊、酸模叶蓼、柳叶刺蓼、卷茎蓼、藜、小藜、猪毛菜、地肤、鼬瓣花、荠菜、遏蓝菜、水棘针、播娘蒿、婆婆纳、猪殃殃、芥菜、老鹳草等，对狗尾草、野燕麦、雀麦、刺儿菜、田旋花及其他禾本科杂草无效。同一田块中，每季作物每亩使用噻吩磺隆有效成分量不宜超过 2.17 克。

麦类田 小麦、大麦、燕麦等麦类作物在苗后 2 叶期至拔节期、一年生阔叶杂草 2～4 叶期、大多数杂草出齐时即可施药。一般每亩使用 15％可湿性粉剂 10～14 克，或 20％可湿性粉剂 7.5～10.5 克，或 25％可湿性粉剂 6～8 克，或 75％可湿性粉剂或 75％水分散粒剂 2.3～2.8 克，对水 30 千克均匀茎叶喷雾；也可每亩使用噻吩磺隆 15％可湿性粉剂 4～5 克，或 20％可湿性粉剂 3～4 克，或 25％可湿性粉剂 2.5～3 克，或 75％可湿性粉剂或 75％水分散粒剂 0.8～1 克，与 13％ 2 甲 4 氯钠水剂 150～250 毫升混用，以提高除草效果和杀草速度。一年生杂草为主时用低药量，多年生杂草为主时用高药量。

大豆田 大豆播前、播后苗前或苗后开花前均可施药，以大豆播前或播后苗前施药为主。一般每亩使用 15％可湿性粉剂 10～14 克，或 20％可湿性粉剂 7.5～10.5 克，或 25％可湿性粉剂 6～8 克，或 75％可湿性粉剂或 75％水分散粒剂 2.3～2.8 克，对水 30～40 千克均匀茎叶喷雾。防除一年生禾本科杂草时，可与乙草胺混用，华北地区每亩使用噻吩磺隆 15％可湿性粉剂 5～7 克，或 20％可湿性粉剂 4～6 克，或 25％可湿性粉剂 3～4 克，或

75％可湿性粉剂或 75％水分散粒剂 1～1.3 克，混加 50％乙草胺乳油 80～100 毫升；东北地区每亩使用噻吩磺隆 15％可湿性粉剂 6.5～8.5 克，或 20％可湿性粉剂 5～6.5 克，或 25％可湿性粉剂 4～5 克，或 75％可湿性粉剂或 75％水分散粒剂 1.3～1.7 克，混加 50％乙草胺乳油 150～200 毫升。土壤质地疏松、有机质含量低、低洼地土壤水分好时用低剂量；土壤质地黏重、有机质含量高、岗地土壤水分少时用高剂量。大豆苗后除草，施药适期为大豆 1 片复叶至开花前、阔叶杂草 2～4 叶期，一般每亩使用 15％可湿性粉剂 3.5～5.3 克，或 20％可湿性粉剂 3～4 克，或 25％可湿性粉剂 2.5～3 克，或 75％可湿性粉剂或 75％水分散粒剂 0.75～1 克，对水 20～35 千克均匀茎叶喷雾。

玉米田 玉米播前、播后苗前或玉米苗后均可施药。苗前处理，华北地区每亩使用 15％可湿性粉剂 6.5～9 克，或 20％可湿性粉剂 5～7 克，或 25％可湿性粉剂 4～5.5 克，或 75％可湿性粉剂或 75％水分散粒剂 1.3～1.8 克；东北地区每亩使用 15％可湿性粉剂 9～11 克，或 20％可湿性粉剂 7～8 克，或 25％可湿性粉剂 5.5～6.5 克，或 75％可湿性粉剂或 75％水分散粒剂 1.8～2.2 克，对水 30～50 千克均匀喷雾土表。土壤有机质含量高、质地黏重用高药剂量，反之则用低药剂量。苗后用药以玉米 3～7 叶期、阔叶杂草 3～4 叶期、大多数杂草出齐时施药为宜，华北地区每亩使用 15％可湿性粉剂 3.5～6.5 克，或 20％可湿性粉剂 3～5 克，或 25％可湿性粉剂 2～4 克，或 75％可湿性粉剂或 75％水分散粒剂 0.7～1.3 克；东北地区每亩使用 15％可湿性粉剂 6.5～9 克，或 20％可湿性粉剂 5～7 克，或 25％可湿性粉剂 4～5.5 克，或 75％可湿性粉剂或 75％水分散粒剂 1.3～1.8 克，对水 20～30 千克均匀茎叶喷雾。杂草小、土壤水分好用低药剂量，杂草大、土壤干旱用高药剂量。苗后施药一般应在上午 9 时前或下午 4 时以后，施药后应保持 2 小时内无雨，温度高于 28℃时应停止施药。

注意事项 噻吩磺隆除草药效缓慢，施药后 1～3 周杂草死亡，不必急于采取其他除草措施。本剂对阔叶作物敏感，喷药时避免药液飘移，以防引起药害。用药作物如遇不良环境，如干旱、霜冻、土壤水分过饱和及病虫为害时，不宜施药。

莎稗磷 anilofos

主要含量与剂型 30％、40％、45％乳油。

产品特点 莎稗磷是一种有机磷类内吸传导型选择性低毒除草剂，主要经由植物幼芽和地下茎吸收，抑制细胞分裂与伸长，使杂草新叶不易抽出，生长停止，叶片变短变厚、容易折断，最后整株枯死。对正在萌发的杂草效果最好，对已经长大的杂草效果较差。药剂持效期 30 天左右。

适用作物防除对象及使用技术 莎稗磷主要应用于移栽水稻田，能有效防除稗草、千金子、马唐、狗尾草、牛筋草、野燕麦、异型莎草、水莎草、碎米莎草等多种一年生禾本科杂草和莎草科杂草。

通常在水稻移栽前 3～5 天或移栽后 4～8 天秧苗扎根后、杂草 2 叶 1 心期前使用，采用毒土法或喷雾法或甩施法施药。毒土法及喷雾法施药时，每亩使用 30％乳油 50～75 毫升，或 40％乳油 40～60 毫升，或 45％乳油 35～55 毫升，拌湿润细沙或细土 10～15 千克或对水 30～40 千克，搅拌均匀后撒施或喷施到 3～5 厘米水深的稻田中，药后保持 3～5 厘米水层 5～7 天，切忌水层淹没水稻心叶或断水干田。喷雾器甩喷施药时，于水稻移栽前 3～7 天，每亩药剂对水 5 千克以上甩喷，甩喷施的药滴间距应小于 0.5 米。秸秆还田或旋耕整地、打浆的稻田，在水稻移栽前 3～7 天趁清水或浑水施药，且秸秆要打碎并彻底与耕层土壤混均，以避免因秸秆集中腐烂造成水稻根际缺氧而引起秧苗受害。

东北地区稻田防除稻稗、三棱草、慈姑、泽泻等恶性或抗性杂草时，可考虑移栽前、后 2 次用药，间隔 20 天以上。第 1 次施药在插秧前 5～7 天单用莎稗磷，重点防除田间已出土稗草，每亩使用 30% 乳油 50～75 毫升，或 40% 乳油 40～60 毫升，或 45% 乳油 35～55 毫升；第 2 次施药在插秧后 15～20 天，重点防除阔叶杂草及已出土稗草。第 2 次用药可与其他药剂混用，以扩大杀草谱并提升防除效果，混合用药时莎稗磷可适当降低剂量。

注意事项　莎稗磷在盐碱稻田使用时，应采用推荐的低剂量，药后 5 天可换水排盐。稗草 2 叶期用药时宜采用推荐的高剂量。严禁在套养鱼、虾、蟹的稻田使用，且施药后的稻田水不能直接排入养殖水域。

双草醚 bispyribac‐sodium

主要含量与剂型　10%、15%、20%、40%、100 克/升悬浮剂，10%、20% 可分散油悬浮剂，20%、40%、80% 可湿性粉剂。

产品特点　双草醚是一种嘧啶氧基苯甲酸类内吸传导型选择性茎叶处理低毒除草剂，属乙酰乳酸合成酶抑制剂类，经由茎叶和根部快速吸收，并迅速传导至整个植株，通过抑制乙酰乳酸合成酶的活性而抑制支链氨基酸合成，使杂草分生组织生长停止，导致杂草死亡。本剂除草谱宽，施药适期长。

适用作物防除对象及使用技术　双草醚主要适用于水稻直播田，可防除稗草、双穗雀稗、稻李氏禾、日照飘拂草、异型莎草、碎米莎草、萤蔺、日本藨草、扁秆藨草、鳢肠、鸭舌草、陌上菜、节节菜、矮慈姑、空心莲子草、母草等多种一年生禾本科杂草、阔叶杂草及莎草科杂草，但对千金子基本无效。

在水稻直播后 15 天左右，秧苗 4 叶期后，杂草 3～5 叶期进行茎叶喷雾用药。一般每亩使用 10% 悬浮剂或 10% 可分散油悬浮剂或 100 克/升悬浮剂 20～30 毫升，或 15% 悬浮剂 13～20 毫升，或 20% 悬浮剂或 20% 可分散油悬浮剂 10～15 毫升，或 20% 可湿性粉剂 10～15 克，或 40% 悬浮剂 5～7 毫升，或 40% 可湿性粉剂 5～8 克，或 80% 可湿性粉剂 2.5～4 克，对水 20～30 千克均匀茎叶喷雾，不能漏喷、重喷。用药前排干田水，保持土壤湿润，用药后 1～2 天复水 3～5 厘米，保持浅水层 5～7 天，水深以不淹没水稻秧苗心叶为宜。大风天或预计 1 小时内有降雨，请勿施药。

注意事项　双草醚对小麦、黄瓜、油菜等作物敏感，用药时避免药液飘移到上述作物田内。本剂对籼稻、杂交稻品种安全性好于粳稻，糯稻田、制种田内禁止使用，粳稻田慎用。小苗、弱苗易产生药害，用药时应当注意。水稻拔节期禁止使用，施药时温度应在 30℃以下，超过 35℃水稻易产生药害。用药后有时水稻叶片会有发黄现象，1 周后即可恢复，不影响产量。

双氟磺草胺 florasulam

主要含量与剂型 5%、10%、50克/升悬浮剂，5%可分散油悬浮剂，10%可湿性粉剂，10%水分散粒剂。

产品特点 双氟磺草胺是一种三唑嘧啶磺酰胺类内吸传导型选择性苗后茎叶处理低毒除草剂，属乙酰乳酸合成酶抑制剂类，杀草谱广，混用性好，用药适期宽，冬前和早春均可施药，尽可能较早用药，除草效果更佳。药剂被植物根部和嫩芽吸收，经由木质部和韧皮部快速传导至分生组织，通过抑制乙酰乳酸合成酶的活性而抑制支链氨基酸合成，使细胞分裂和伸长受阻，逐渐导致杂草枯死。低温环境下药效稳定，即使在2℃时仍能保证稳定药效。对后茬作物安全。

适用作物防除对象及使用技术 双氟磺草胺适用于小麦田，能有效防除猪殃殃、播娘蒿、荠菜、麦家公、繁缕、泽漆等一年生阔叶杂草。

常于冬小麦苗后返青期至分蘖末期。一年生阔叶杂草2～6叶期施药。一般每亩使用5%悬浮剂或50克/升悬浮剂或5%可分散油悬浮剂5～6毫升，或10%悬浮剂2.5～3毫升，或10%水分散粒剂或10%可湿性粉剂2.5～3克，对水20～30千克均匀茎叶喷雾，喷药应均匀周到，不能漏喷、重喷。本剂药效高、使用量小，悬浮剂类使用前必须摇匀，并采用二次稀释法配药。

注意事项 双氟磺草胺活性高、用量少，一定要准确称量剂量。喷药时，避免药液飘移到邻近敏感作物上，以防发生药害。

双环磺草酮 benzobicyclon

主要含量与剂型 25%悬浮剂。

产品特点 双环磺草酮是一种双环辛烷类内吸传导型选择性低毒除草剂，兼有封闭作用，对萌芽期杂草防控效果最好，在水稻与杂草间的选择性极高，对水稻安全。具有杀草谱广、杀草速度快、用药适期宽、除草效果稳定、高效无抗性等特点。药剂主要经杂草根部和茎基部吸收，传输至植物全株，通过抑制对羟苯基丙酮酸双氧化酶的活性而影响质体醌合成，进而影响类胡萝卜素的生物合成，使杂草叶片白化，最终导致杂草死亡。虽然随草龄增大，部分杂草防效下降，但敏感杂草即使在花蕾期，通过增加用药量仍可获得卓越防效。

适用作物防除对象及使用技术 双环磺草酮主要应用于水稻直播田和移栽田，对幼龄稗草、假稻、千金子、异型莎草、扁秆藨草、鸭舌草、雨久花、陌上菜、泽泻、野慈姑等一年生杂草都有很好防效，尤其对萤蔺、水莎草、牛毛毡等抗磺酰脲类杂草具有极强活性，持效期长达30～60天。

通常在水稻移栽后7天且缓苗后、杂草1.5叶期前施药。一般每亩使用25%悬浮剂50～60毫升，对水20～30千克均匀喷雾。施药时应保持水层3～5厘米，施药后保持水层5～7天，切忌水层淹没水稻心叶。

注意事项 双环磺草酮在推荐剂量下对粳稻品种安全性高，对籼稻安全性差，不能用于籼稻。尽量较早用药，用药越早，用量越低，效果越好。正常使用对后茬作物安全。

五氟磺草胺 penoxsulam

主要含量与剂型　5%、10%、15%、20%、25克/升、50克/升可分散油悬浮剂，22%悬浮剂，0.3%颗粒剂。

产品特点　五氟磺草胺是一种三唑嘧啶磺酰胺类内吸传导型选择性芽后处理低毒除草剂，通过抑制乙酰乳酸合成酶（ALS）的活性而抑制支链氨基酸合成，导致蛋白质合成受阻，细胞分裂受到抑制，而发挥除草作用。药剂经杂草叶片、叶鞘及根部吸收，在韧皮部和木质部内传导至分生组织，造成杂草生长停止、黄化，然后死亡。本剂处理后的杂草2～4天生长点褪色，有时叶脉变红，药后7～14天茎尖、叶芽开始枯萎坏死，2～4周杂草死亡。幼小杂草死亡较快，植株和草龄较大杂草死亡较慢，不良环境条件会减慢药效发挥速度。五氟磺草胺对禾本科杂草、莎草及阔叶杂草均有良好的防除效果，尤其对稗草防除效果更佳，特别对大龄稗草也有很好防效，且对水稻安全。

适用作物防除对象及使用技术　五氟磺草胺适用于水稻田防除多种一年生杂草，如稗草、异型莎草、牛毛毡、鳢肠、鸭舌草、雨久花、野慈姑、节节菜、陌上菜、藜、水苋菜、小蓟等。对稗草的许多亚种效果均好，包括对二氯喹啉酸、敌稗及乙酰辅酶A羧化酶抑制剂产生抗性的稗草，并对许多磺酰脲类产生抗性的杂草也有较好防效，但对千金子无效。

五氟磺草胺对籼稻和粳稻安全性好，直播田、移栽田均可使用，苗后茎叶喷雾或毒土处理均可。在田间大多数杂草1～4叶期使用效果最佳，持效期可达30～60天。施药量根据稗草密度和叶龄大小而定，稗草密度高、草龄大，使用上限剂量。草龄大或干旱天气建议添加助剂，以提高除草效果。

水稻直播田　水稻2叶1心期后、稗草2～3叶期施药。一般每亩使用25克/升可分散油悬浮剂40～80毫升，或5%可分散油悬浮剂或50克/升可分散油悬浮剂20～40毫升，或10%可分散油悬浮剂10～20毫升，或15%可分散油悬浮剂10～15毫升，或20%可分散油悬浮剂6～10毫升，或22%悬浮剂5～9毫升，对水15～30千克均匀茎叶喷雾。配药前将药剂充分摇匀，采用二次稀释法配制药液。施药前排水，确保杂草茎叶2/3以上露出水面，施药后24小时内回水，保持3～5厘米深水层5～7天，切忌水层淹没稻苗心叶，避免产生药害。也可每亩使用0.3%颗粒剂500～800克，拌适量细沙土均匀撒施，水层管理要求同上。

水稻秧田　在杂草2～3叶期施药。一般每亩使用25克/升可分散油悬浮剂35～45毫升，或5%可分散油悬浮剂或50克/升可分散油悬浮剂18～25毫升，或10%可分散油悬浮剂8～12毫升，或15%可分散油悬浮剂6～9毫升，或20%可分散油悬浮剂4～6毫升，或22%悬浮剂3～5毫升，对水30～50千克均匀茎叶喷雾。药液配制及水层管理技术同直播田。

水稻移栽田　通常在水稻移栽缓苗后、稗草2～3叶期施药，茎叶喷雾或拌土撒施。一般每亩使用25克/升可分散油悬浮剂60～100毫升，或5%可分散油悬浮剂或50克/升可分散油悬浮剂25～45毫升，或10%可分散油悬浮剂10～20毫升，或15%可分散油悬浮剂 10～15 毫升，或 20％可分散油悬浮剂 6～10 毫升，或 22％悬浮剂 5～9 毫升，对水 20～30 千克均匀茎叶喷雾，或与适量细沙土拌匀后均匀撒施；或每亩使用 0.3％颗粒剂 500～800 克，拌适量细沙土后均匀撒施。施药时保持田间水层 3～5 厘米，不能淹没水稻心叶，施药后保水 5～7 天，只灌不排。

注意事项 五氟磺草胺在东北及西北的水稻秧田，须根据当地试验结果使用；毒土法施药应根据当地试验结果确定；不建议在制种田使用。施药前后 1 周如遇最低温度低于 15℃天气，或施药后 5 天内有 5℃以上大幅降温，存在药害风险，需要慎用。移栽后缓苗期、秧苗长势偏弱，存在药害风险，需慎重使用。

烯草酮 clethodim

主要含量与剂型 12％、24％、30％、35％、120 克/升、240 克/升乳油，12％可分散油悬浮剂。

产品特点 烯草酮是一种环己烯酮类内吸传导型选择性茎叶处理低毒除草剂，对禾本科杂草有很强的选择杀伤作用，对多数一年生及多年生禾本科杂草有效，而对双子叶植物安全。施药后叶片迅速吸收，并传导至分生组织，在敏感植物中通过抑制乙酰辅酶 A 羧化酶的活性而影响支链脂肪酸和黄酮类化合物的生物合成，使细胞分裂遭到破坏，分生组织活性受到抑制，导致植株生长延缓，施药后 1～3 周内组织褪绿坏死，随后叶片干枯、植株死亡。土壤中半衰期为 3～26 天，对下茬作物安全。

适用作物防除对象及使用技术 烯草酮适用于多种双子叶作物，如大豆、花生、油菜、棉花、亚麻、苜蓿、烟草、甜菜、马铃薯、向日葵、甘薯、红花、黄瓜、菠菜、芹菜、番茄、胡萝卜、萝卜、韭菜、莴苣、豆类、草莓、西瓜及葡萄、柑橘、苹果等，可有效防除稗草、狗尾草、金狗尾草、野燕麦、早熟禾、龙爪茅、马唐、看麦娘、牛筋草、野黍等多种禾本科杂草，对白茅、芦苇、阿拉伯高粱、狗牙根等难防除禾本科杂草适当提高用药剂量也能有效防除。土壤墒情适宜、空气相对湿度大、杂草生长旺盛有利于烯草酮的吸收、传导，长期干旱、空气相对湿度低于 65％时不建议施药。

大豆田 在大豆 2～3 片复叶期、一年生禾本科杂草 3～5 叶期施药。一般每亩使用 12％乳油或 120 克/升乳油或 12％可分散油悬浮剂 60～80 毫升，或 24％乳油或 240 克/升乳油 30～40 毫升，或 30％乳油 25～30 毫升，或 35％乳油 20～28 毫升，对水 20～30 千克均匀茎叶喷雾。春播大豆选用较高剂量，夏播大豆选用较低剂量。防除芦苇等多年生禾本科杂草时，应在杂草株高 40 厘米以下时用药，每亩使用 12％乳油或 120 克/升乳油或 12％可分散油悬浮剂 80～100 毫升，或 24％乳油或 240 克/升乳油 40～50 毫升，或 30％乳油 30～40 毫升，或 35％乳油 28～34 毫升，全田喷药或苗带喷药均可，苗带喷药时应根据实际用药面积准确计算用药量。

单子叶、双子叶杂草混发时，烯草酮应与防除双子叶杂草的药剂混用或先后使用，混用前要先进行可混用性试验，避免发生拮抗，降低药效或产生药害。烯草酮在大豆田可与氟磺胺草醚、三氟羧草醚、灭草松等药剂混用，常用混配比例为：每亩使用烯草酮 12％乳油或 120 克/升乳油或 12％可分散油悬浮剂 40～60 毫升，或 24％乳油或 240 克/升乳油 20～30 毫升，或 30％乳油 16～24 毫升，或 35％乳油 15～20 毫升，混加 25％氟磺胺草醚水剂 70～100 毫升，或 21.4％三氟羧草醚水剂 70 毫升，或 48％灭草松水剂 100 毫升。烯草酮也可与两种防除阔叶杂草的除草剂混用，以增加对难防除杂草如苣荬菜、鸭跖草、刺儿菜、苍耳、龙葵、大蓟、问荆、苘麻等的防除效果，且对大豆安全，药效稳定。一般每亩使用烯草酮 12％乳油或 120 克/升乳油或 12％可分散油悬浮剂 30～40 毫升，或 24％乳油或 240 克/升乳油 15～20 毫升，或 30％乳油 12～16 毫升，或 35％乳油 10～15 毫升，混加 25％氟磺胺草醚水剂 40～50 毫升，再加 48％灭草松水剂 100 毫升（或 48％异噁草松乳油 50 毫升）。

油菜田　在油菜 3～4 叶期或移植缓苗后、禾本科杂草 2～4 叶期施药。一般每亩使用 12％乳油或 120 克/升乳油或 12％可分散油悬浮剂 30～40 毫升，或 24％乳油或 240 克/升乳油 15～20 毫升，或 30％乳油 12～16 毫升，或 35％乳油 10～15 毫升，对水 20～30 千克均匀茎叶喷雾。喷药时注意喷头朝下，对杂草进行充分的均匀喷洒。

注意事项　烯草酮防除一年生禾本科杂草的施药适期为 3～5 叶期，防除多年生禾本科杂草应在分蘖后施药效果最好。用药后杂草死亡较缓慢，药后 3～5 天杂草虽未死亡、叶片可能仍为绿色，但心叶已较容易拔出（即有除草效果），不要急于再施用其他除草药剂。烯草酮被植物吸收迅速，施药后 1 小时降雨不影响药效。

硝磺草酮 mesotrione

主要含量与剂型　10％、15％、20％、25％、40％悬浮剂，10％、15％、20％、25％可分散油悬浮剂，75％水分散粒剂。

产品特点　硝磺草酮是一种三酮类内吸传导型选择性低毒除草剂，经由叶片和根部吸收，在木质部和韧皮部内传导，作用速度快、杀草谱广，对多数玉米安全。其作用机理是通过抑制对羟基苯基丙酮酸酯双氧化酶的活性，而阻碍络氨酸转化为质体醌，进而影响类胡萝卜素的生物合成，最终导致杂草死亡。药剂使用后 3～5 天，敏感植物分生组织出现黄化症状，随之形成枯斑，2 周后遍及整株植物。硝磺草酮在土壤中半衰期平均为 9 天，对下茬作物安全。

适用作物防除对象及使用技术　硝磺草酮适用于玉米田、移栽水稻田、甘蔗田，旱田使用可有效防除苘麻、苍耳、刺苋、藜、蓼、地肤、芥菜、繁缕、稗草、马唐等多种一年生杂草，水田使用能有效防除萤蔺、异型莎草、碎米莎草、水莎草、慈姑、泽泻、雨久花、鸭舌草、眼子菜、狼把草、稗草、千金子等一年生莎草科杂草、阔叶杂草及禾本科杂草。

玉米田　苗前、苗后均可施用，苗后施药宜在玉米 3～5 叶期、杂草 2～4 叶期进行。一般每亩使用 10％悬浮剂或 10％可分散油悬浮剂 100～140 毫升，或 15％悬浮剂或 15％可分散油悬浮剂 70～90 毫升，或 20％悬浮剂或 20％可分散油悬浮剂 50～70 毫升，或 25％悬浮剂或 25％可分散油悬浮剂 40～55 毫升，或 40％悬浮剂 25～40 毫升，或 75％水分散粒剂 14～19 克，对水 30～40 千克均匀喷洒地面或茎叶喷雾。不同玉米品种对硝磺草酮的敏感性差异较大，观赏玉米、甜玉米、爆裂玉米较敏感，不能使用。为扩大除草谱，芽前除草可与乙草胺混用，芽后除草可与烟嘧磺隆混用；为提高对禾本科杂草的防除效果，硝磺草酮可与莠去津混用。硝磺草酮的除草活性受温度影响较大，高温有利于药效发挥。施药后 3 小时降雨，不影响硝磺草酮药效。

水稻移栽田　在水稻移栽后 10～20 天、杂草 2～4 叶期施药。一般每亩使用 10%悬浮剂或 10%可分散油悬浮剂 40～60 毫升，或 15%悬浮剂或 15%可分散油悬浮剂 30～40 毫升，或 20%悬浮剂或 20%可分散油悬浮剂 20～30 毫升，或 25%悬浮剂或 25%可分散油悬浮剂 17～25 毫升，或 40%悬浮剂 10～15 毫升，或 75%水分散粒剂 6～8 克，与 10～20 千克细沙土拌匀后均匀撒施。施药时保持田间水层 3～5 厘米，药后保水 5～7 天，防止水层淹没稻苗心叶。

甘蔗田　在甘蔗苗后、杂草 2～4 叶期施药。一般每亩使用 10%悬浮剂或 10%可分散油悬浮剂 100～140 毫升，或 15%悬浮剂或 15%可分散油悬浮剂 70～90 毫升，或 20%悬浮剂或 20%可分散油悬浮剂 50～70 毫升，或 25%悬浮剂或 25%可分散油悬浮剂 40～55 毫升，或 40%悬浮剂 25～40 毫升，或 75%水分散粒剂 14～19 克，对水 30～45 千克均匀茎叶喷雾。

注意事项　硝磺草酮不能与有机磷类、氨基甲酸酯类杀虫剂混用，也不能在间隔期 7 天内使用。玉米田使用高剂量时，在有些品种的玉米上会出现叶片白化现象，白化程度因玉米品种类型不同而不同，以甜玉米和爆裂玉米较敏感。用药田块下茬最好种植小麦，种植甜菜、苜蓿、烟草、油菜、豆类时需先做安全性试验进行确认。

辛酰溴苯腈 bromoxynil octanoate

主要含量与剂型　25%、30%乳油，25%可分散油悬浮剂。

产品特点　辛酰溴苯腈是一种腈类选择性触杀型苗后茎叶处理低毒除草剂，主要由叶片吸收，在植物体内进行极有限的传导，通过抑制光合作用的光合磷酸化反应、电子传递，特别是希尔反应等各个过程，使植物组织迅速坏死，而达到杀草目的。光照强、气温高，叶片枯死较快，有利于杂草加速死亡；干旱条件下，灌水或降雨后施药有利于药效发挥。该药杀草谱广，除草效果较好，对后茬作物没有影响。

适用作物防除对象及使用技术　辛酰溴苯腈适用于玉米田、小麦田、大蒜田除草，能有效防除蓼科、藜科、苋科及马齿苋、苘麻、苍耳、鸭跖草、田旋花、荠菜、播娘蒿、麦瓶草、麦家公、猪殃殃、婆婆纳、苣荬菜、刺儿菜、大蓟、龙葵、问荆等多种一年生阔叶杂草。

玉米田　在玉米 3～5 叶期、阔叶杂草出齐的生长旺盛期（最佳为 2～4 叶期）施药。一般每亩使用 25%乳油或 25%可分散油悬浮剂 100～150 毫升，或 30%乳油 80～120 毫升，对水 30～40 千克均匀茎叶喷雾。施药后玉米叶片可能会出现褪绿或灼伤褐斑，属该药的正常反应，不久即可恢复，不影响产量。

小麦田　冬小麦 3～6 叶期、一年生阔叶杂草 2～4 叶期施药，每亩使用 25%乳油或 25%可分散油悬浮剂 100～150 毫升，或 30%乳油 80～120 毫升；春小麦 3～5 叶期、一年生阔叶杂草 2～4 叶期施药，每亩使用 25%乳油或 25%可分散油悬浮剂 120～150 毫升，或 30%乳油 100～125 毫升。每亩药剂对水 30～40 千克均匀茎叶喷雾。

大蒜田　在大蒜 3～5 叶期、阔叶杂草基本出齐后施药。一般每亩使用 25%乳油或 25%可分散油悬浮剂 100～150 毫升，或 30%乳油 75～90 毫升，对水 30～40 千克均匀茎叶喷雾。

注意事项 辛酰溴苯腈对阔叶作物敏感，用药时避免药液飘移到邻近阔叶作物上，以防止产生药害。不能在高温天气，或气温低于8℃，或近期有严重霜冻时用药。

烟嘧磺隆 nicosulfuron

主要含量与剂型 6%、8%、10%、20%、40克/升、60克/升可分散油悬浮剂，40克/升悬浮剂，75%水分散粒剂，80%可湿性粉剂。

产品特点 烟嘧磺隆是一种磺酰脲类内吸传导型选择性苗后茎叶处理低毒除草剂，施药后被植物茎叶和根部迅速吸收，经木质部和韧皮部传导至分生组织，通过抑制乙酰乳酸合成酶的活性而阻止支链氨基酸合成，使细胞分裂受阻，植株停止生长。一般用药后3～4天观察到敏感杂草心叶变黄、失绿、白化等受害症状，继而其他叶片由上到下依次变黄，2～3周一年生杂草死亡，6叶以下多年生阔叶杂草受到抑制、停止生长。

适用作物防除对象及使用技术 烟嘧磺隆主要适用于玉米田，能有效防除稗草、狗尾草、金狗尾草、马唐、牛筋草、野燕麦、黑麦草、假高粱、野黍、柳叶刺蓼、酸模叶蓼、卷茎蓼、反枝苋、龙葵、香薷、水棘针、荠菜、苍耳、苘麻、鸭跖草、狼把草、风花菜、遏蓝菜、刺儿菜、大蓟、苣荬菜、问荆及蒿属等多种一年生杂草和多年生阔叶杂草，对藜、小藜、地肤、鼬瓣花、芦苇、香附子等也有较好防效。

在玉米3～5叶期、一年生杂草2～4叶期、多年生杂草6叶期以前、大多数杂草出齐时施药效果最好。一般每亩使用40克/升可分散油悬浮剂或40克/升悬浮剂70～100毫升，或6%可分散油悬浮剂或60克/升可分散油悬浮剂60～80毫升，或8%可分散油悬浮剂40～50毫升，或10%可分散油悬浮剂30～40毫升，或20%可分散油悬浮剂15～20毫升，或75%水分散粒剂4.5～5.5克，或80%可湿性粉剂4～5克，对水30～40千克均匀茎叶喷雾。杂草小、水分适宜时用低剂量，杂草大、干旱条件下用高剂量。烟嘧磺隆不仅有好的茎叶处理活性，也有土壤封闭杀草作用，因此施药不能过晚，过晚杂草抗性增强，影响除草效果。在土壤水分及空气湿度适宜时，有利于杂草对烟嘧磺隆的吸收传导；长期干旱、低温及空气湿度低于65%时不宜施药；施药后6小时下雨不影响药效。为扩大杀草谱、降低用药成本，烟嘧磺隆可与莠去津、嗪草酮等除草剂混用，混用时每亩使用烟嘧磺隆40克/升可分散油悬浮剂或40克/升悬浮剂50～70毫升，或6%可分散油悬浮剂或60克/升可分散油悬浮剂40～60毫升，或8%可分散油悬浮剂25～35毫升，或10%可分散油悬浮剂20～30毫升，或20%可分散油悬浮剂10～15毫升，或75%水分散粒剂3.5～4克，或80%可湿性粉剂3～3.5克，混加38%莠去津悬浮剂85毫升或70%嗪草酮可湿性粉剂7克，喷药时避免药液飘移到附近阔叶作物上。用药时若在药液中加入表面活性剂，不仅可以增加药效、稳定除草效果，而且还可减少用药量、降低用药成本。

注意事项 不同玉米品种对烟嘧磺隆的敏感性有差异，其安全顺序由高到低为马齿型玉米、硬质玉米、爆裂玉米、甜玉米，甜玉米和爆裂玉米对该药剂敏感，不能使用。玉米2叶期前及10叶期以后对烟嘧磺隆敏感，用药时应错过这段时间。使用过有机磷杀虫剂的玉米对烟嘧磺隆敏感，两类药剂使用间隔期应在7天以上。烟嘧磺隆对后茬小麦、大蒜、向日葵、苜蓿、马铃薯、大豆等无残留药害，但对小白菜、甜菜、菠菜等有药害，施药地块第 2 年不能种植敏感作物。

乙草胺 acetochlor

主要含量与剂型 50％、81.5％、89％、900 克/升、990 克/升乳油，50％微乳剂，40％、50％水乳剂，20％可湿性粉剂。

产品特点 乙草胺是一种酰胺类内吸传导型选择性低毒除草剂，主要被植物幼芽（单子叶植物的胚芽鞘、双子叶植物的下胚轴）吸收向上传导，种子和根部也可吸收传导，只是吸收量少、传导速度慢，而出苗后还是主要靠根部吸收向上传导。主要通过阻碍蛋白质的合成而抑制细胞生长，进而导致幼芽、幼根停止生长。禾本科杂草表现为心叶卷曲萎缩，其他叶片皱缩，整株枯死；阔叶杂草为叶片皱缩变黄，整株枯死。土壤水分适宜时，幼芽未出土即被杀死；土壤干旱时，杂草出土后随土壤湿度增大，逐渐吸收药剂后而起作用。药剂在土壤中持效期约 1.5 个月，对后茬作物无影响。

适用作物防除对象及使用技术 乙草胺适用于大豆、花生、玉米、移栽水稻、移栽油菜、棉花、甘蔗、马铃薯及柑橘、葡萄、苹果等作物，主要用于防除一年生禾本科杂草和某些阔叶杂草，如稗草、狗尾草、金狗尾草、马唐、牛筋草、稷、看麦娘、早熟禾、千金子、硬草、野燕麦、臂形草、棒头草、藜、小藜、反枝苋、铁苋菜、酸模叶蓼、柳叶刺蓼、节蓼、卷茎蓼、鸭跖草、狼把草、鬼针草、菟丝子、萹蓄、香薷、繁缕、野西瓜苗、水棘针、鼬瓣花等。

大豆田 在大豆播前或播后苗前施药，播后 3 天内施药最好，尽量缩短播种与施药间隔时间，大豆拱土期施药易造成药害。土壤有机质含量 6％以下时，一般每亩使用 20％可湿性粉剂 400～500 克，或 40％水乳剂 210～250 毫升，或 50％乳油或 50％微乳剂或 50％水乳剂 170～200 毫升，或 81.5％乳油或 900 克/升乳油 100～130 毫升，或 89％乳油或 990 克/升乳油 90～120 毫升。土壤有机质含量低、沙质土、低洼地及墒情好的条件下用低剂量，土壤有机质含量较高、质地黏重、岗地及干旱条件下用高剂量。土壤有机质含量 6％以上时，一般每亩使用 20％可湿性粉剂 500～600 克，或 40％水乳剂 250～330 毫升，或 50％乳油或 50％微乳剂或 50％水乳剂 200～270 毫升，或 81.5％乳油或 900 克/升乳油 120～150 毫升，或 89％乳油或 990 克/升乳油 110～140 毫升，用药量随有机质含量增加而提高。每亩药剂对水 20～30 千克均匀喷洒地面。播后苗前施药于干旱条件下浅锄混土，可避免被风吹蚀；起垄播种大豆的也可在施药后培土 2 厘米左右，以免药剂被风吹走。

乙草胺与嗪草酮、丙炔氟草胺、咪唑乙烟酸等混用，可提高对苍耳、龙葵、苘麻等阔叶杂草的防除效果；乙草胺与异噁草松、噻吩磺隆、唑嘧磺草胺等混用，可提高对苍耳、龙葵、苘麻、刺儿菜、苣荬菜、问荆、大蓟等阔叶杂草的防除效果。混用配方为：每亩使用乙草胺 20％可湿性粉剂 400～500 克，或 40％水乳剂 200～250 毫升，或 50％乳油或 50％微乳剂或 50％水乳剂 170～200 毫升，或 81.5％乳油或 900 克/升乳油 100～130 毫升，或 89％乳油或 990 克/升乳油 90～120 毫升，混加 50％丙炔氟草胺可湿性粉剂 8～12 克，或 48％异噁草松乳油 50～60 毫升，或 70％嗪草酮可湿性粉剂 30～40 克，或 80％唑嘧磺草胺水分散粒剂 4 克，或 75％噻吩磺隆水分散粒剂 1～1.5 克。也可三元混用，每亩使用乙草胺上述剂量，混加 75％噻吩磺隆水分散粒剂 0.7～1 克，再加 48％异噁草松乳油 40～50

毫升（或 70％嗪草酮可湿性粉剂 30～40 克，或 50％丙炔氟草胺可湿性粉剂 4～6 克）；或每亩使用乙草胺 20％可湿性粉剂 300～400 克，或 40％水乳剂 160～210 毫升，或 50％乳油或 50％微乳剂或 50％水乳剂 130～170 毫升，或 81.5％乳油或 900 克/升乳油 80～110 毫升，或 89％乳油或 990 克/升乳油 70～100 毫升，混加 50％丙炔氟草胺可湿性粉剂 4～6 克，再加 48％异噁草松乳油 40～50 毫升；或每亩使用乙草胺 20％可湿性粉剂 400～500 克，或 40％水乳剂 200～250 毫升，或 50％乳油或 50％微乳剂或 50％水乳剂 170～200 毫升，或 81.5％乳油或 900 克/升乳油 100～130 毫升，或 89％乳油或 990 克/升乳油 90～120 毫升，混加 48％异噁草松乳油 40～50 毫升，再加 80％唑嘧磺草胺水分散粒剂 2 克。

乙草胺也可用于秋季施药，秋施药最好在 10 月中下旬气温降到 5℃以下至封冻前进行，秋施比春施对大豆、玉米、油菜等安全性好、药效高，特别对难防除杂草如野燕麦等更有效，且比春施能够增产 5％～10％。

玉米田　乙草胺在玉米田用药量、使用时期及方法同大豆田。南方土壤墒情好的地块用药量适当减少。乙草胺在玉米田可与噻吩磺隆、嗪草酮等除草剂混用，以扩大杀草谱。一般每亩使用乙草胺 20％可湿性粉剂 400～500 克，或 40％水乳剂 210～250 毫升，或 50％乳油或 50％微乳剂或 50％水乳剂 170～200 毫升，或 81.5％乳油或 900 克/升乳油 100～130 毫升，或 89％乳油或 990 克/升乳油 90～120 毫升，混加 75％噻吩磺隆水分散粒剂 1～1.5 克；土壤有机质含量高于 2％的地块，建议每亩使用乙草胺 20％可湿性粉剂 400～450 克，或 40％水乳剂 190～220 毫升，或 50％乳油或 50％微乳剂或 50％水乳剂 150～180 毫升，或 81.5％乳油或 900 克/升乳油 90～110 毫升，或 89％乳油或 990 克/升乳油 80～100 毫升，混加 70％嗪草酮可湿性粉剂 30～54 克；土壤有机质含量高于 5％的地块，建议每亩使用乙草胺 20％可湿性粉剂 250～400 克，或 40％水乳剂 130～190 毫升，或 50％乳油或 50％微乳剂或 50％水乳剂 100～150 毫升，或 81.5％乳油或 900 克/升乳油 65～90 毫升，或 89％乳油或 990 克/升乳油 50～80 毫升，混加 38％莠去津悬浮剂 100～200 毫升。

花生田　在花生播前或播后苗前施药，最好在播种后 3 天内施药。华北地区一般每亩使用 20％可湿性粉剂 250～400 克，或 40％水乳剂 125～190 毫升，或 50％乳油或 50％微乳剂或 50％水乳剂 100～150 毫升，或 81.5％乳油或 900 克/升乳油 65～90 毫升，或 89％乳油或 990 克/升乳油 60～80 毫升；长江流域及华南地区一般每亩使用 20％可湿性粉剂 160～250 克，或 40％水乳剂 80～125 毫升，或 50％乳油或 50％微乳剂或 50％水乳剂 70～100 毫升，或 81.5％乳油或 900 克/升乳油 45～65 毫升，或 89％乳油或 990 克/升乳油 40～60 毫升。每亩药剂对水 20～30 千克均匀喷洒地面。

油菜田　北方直播油菜田，可在播前或播后苗前施药，一般每亩使用 20％可湿性粉剂 300～500 克，或 40％水乳剂 200～300 毫升，或 50％乳油或 50％微乳剂或 50％水乳剂 150～250 毫升，或 81.5％乳油或 900 克/升乳油 100～150 毫升，或 89％乳油或 990 克/升乳油 90～140 毫升。根据土壤有机质含量和质地确定用药量，土壤质地黏重、有机质含量高用高剂量，土壤疏松、有机质含量低用低剂量。移栽油菜田，移栽前或移栽后施药，每亩使用 20％可湿性粉剂 160 克，或 40％水乳剂 100 毫升，或 50％乳油或 50％微乳剂或 50％水乳剂 80 毫升，或 81.5％乳油或 900 克/升乳油 50 毫升，或 89％乳油或 990 克/升乳油 45 毫升。每亩药剂对水 20～30 千克均匀喷洒地面。移栽后喷药时，应尽量避免或减少直接喷洒在油菜叶片上。

棉花田 地膜棉在整地播种后喷药，然后盖膜。华北地区一般每亩使用 20％可湿性粉剂 180～220 克，或 40％水乳剂 110～140 毫升，或 50％乳油或 50％微乳剂或 50％水乳剂 90～110 毫升，或 81.5％乳油或 900 克/升乳油 55～70 毫升，或 89％乳油或 990 克/升乳油 50～60 毫升；长江流域一般每亩使用 20％可湿性粉剂 150～180 克，或 40％水乳剂 90～110 毫升，或 50％乳油或 50％微乳剂或 50％水乳剂 70～90 毫升，或 81.5％乳油或 900 克/升乳油 45～55 毫升，或 89％乳油或 990 克/升乳油 40～50 毫升；新疆地区一般每亩使用 20％可湿性粉剂 300～350 克，或 40％水乳剂 180～220 毫升，或 50％乳油或 50％微乳剂或 50％水乳剂 140～180 毫升，或 81.5％乳油或 900 克/升乳油 90～110 毫升，或 89％乳油或 990 克/升乳油 80～100 毫升。露地直播棉用药量适当提高约 1/3 剂量。每亩药剂对水 30～40 千克均匀喷洒地面。

甘蔗田 甘蔗种植后出苗前施药。一般每亩使用 20％可湿性粉剂 300～350 克，或 40％水乳剂 180～220 毫升，或 50％乳油或 50％微乳剂或 50％水乳剂 140～180 毫升，或 81.5％乳油或 900 克/升乳油 90～110 毫升，或 89％乳油或 990 克/升乳油 80～100 毫升，对水 30～45 千克均匀喷洒地面。

水稻移栽田 乙草胺仅适用于长江以南地区的水稻大苗移栽田，不可在秧田、直播田、小苗移栽田、病弱苗田、漏水田等使用。在水稻移栽后 5～10 天完全缓苗后、稗草 1 叶 1 心前用药。一般每亩使用 20％可湿性粉剂 30～40 克，与 15 千克细沙土混拌均匀后撒施。施药时田间水层 3～5 厘米，药后保持水层 5～7 天，如水层不足可缓慢补水，但不能排水。

柑橘、葡萄、苹果等果园 在杂草萌芽期或出苗前喷药，一般每亩使用 20％可湿性粉剂 400～500 克，或 40％水乳剂 250～300 毫升，或 50％乳油或 50％微乳剂或 50％水乳剂 180～240 毫升，或 81.5％乳油或 900 克/升乳油 110～150 毫升，或 89％乳油或 990 克/升乳油 100～130 毫升，对水 30～45 千克均匀喷洒地面，不能向上喷药。

注意事项 乙草胺活性很高，用药量不宜随意增大；施药时要均匀周到，避免重喷或漏喷。喷施药剂前后，土壤宜保持湿润，以确保药效；多雨地区注意雨后排水，排水不良地块，大雨后积水会妨碍作物出苗，出现药害。地膜栽培使用乙草胺除草时，应在覆膜前施药，用药量比同类露地栽培方式减少 1/3 左右。乙草胺对麦类、谷子、高粱、黄瓜、菠菜等作物较敏感，不宜施用。

乙氧氟草醚 oxyfluorfen

主要含量与剂型 20％、24％、240 克/升乳油，25％、35％悬浮剂。

产品特点 乙氧氟草醚是一种二苯醚类选择性触杀型低毒除草剂，属原卟啉原氧化酶抑制剂类，在有光条件下发挥杀草活性。主要经由胚芽鞘、中胚轴吸收，根部吸收较少。其除草机理是通过抑制原卟啉原氧化酶活性，阻碍叶绿素合成、破坏敏感植物的细胞膜，导致杂草死亡。芽前、芽后早期施用效果最好，对种子萌发的杂草防除谱较广，能防除阔叶杂草、莎草及稗草，但对多年生杂草只有抑制作用。在水田中，施入水层后 24 小时内沉降到土表，水溶性极低，移动性较小，药剂很快被吸附于 0～3 厘米表土层中，不易垂直向下移动。对后茬作物安全。

适用作物防除对象及使用技术 乙氧氟草醚适用于水稻、棉花、麦类、花生、大蒜、洋葱、甘蔗及茶园、果园、幼林苗圃等，可有效防除水田中的稗草、鸭舌草、陌上菜、节节菜、猪毛毡、泽泻、水苋菜、异型莎草、碎米莎草等杂草，对水绵、水芹、萤蔺、矮慈姑、尖瓣花也有较好防效；对旱田杂草龙葵、苍耳、藜、马齿苋、田菁、曼陀罗、柳叶刺蓼、酸模叶蓼、萹蓄、繁缕、苘麻、反枝苋、凹头苋、刺黄花稔、酢浆草、锦葵、野芥、粟米草、千里光、苎麻、辣子草、看麦娘、硬草、一年生苦苣菜等均有很好防效。

水稻田 仅限南方水稻区使用。杂草苗前和苗后早期施用效果最好，能防除一年生阔叶杂草、莎草及稗草，但对多年生杂草只有抑制作用。水稻移栽田，于移栽前 3～5 天施药，每亩使用 20% 乳油 20～25 毫升，或 24% 乳油或 240 克/升乳油或 25% 悬浮剂 15～20 毫升，或 35% 悬浮剂 10～15 毫升，混拌 10～20 千克细沙土均匀撒施，保持 3～5 厘米深水层 3～5 天，不可露土。大秧苗移栽田，在移栽后 5～7 天施药，每亩使用 20% 乳油 15～25 毫升，或 24% 乳油或 240 克/升乳油或 25% 悬浮剂 15～20 毫升，或 35% 悬浮剂 10～15 毫升，与 15～20 千克细沙土混拌均匀后撒施；或每亩使用 20% 乳油 15～25 毫升，或 24% 乳油或 240 克/升乳油或 25% 悬浮剂 15～20 毫升，或 35% 悬浮剂 10～15 毫升，对水 1.5～2 千克稀释均匀，然后倒入瓶盖上打有 2～4 个小孔的瓶内甩施，将药液均匀甩施在水层中，药后稳定水层 3～5 厘米深，保水 5～7 天，不可淹没秧苗心叶。

为扩大杀草谱，也可与其他除草剂混用。水稻移栽后、稗草 1.5 叶期前施药时，一般每亩使用乙氧氟草醚 20% 乳油 10 毫升，或 24% 乳油或 240 克/升乳油或 25% 悬浮剂 8 毫升，或 35% 悬浮剂 6 毫升，与 10% 吡嘧磺隆可湿性粉剂 6 克或 12.5% 噁草酮乳油 60 毫升或 10% 苄嘧磺隆可湿性粉剂 10 克混用，毒土法施药；水稻移栽后、稗草 3 叶期以前施药时，一般每亩使用乙氧氟草醚 20% 乳油 15 毫升，或 24% 乳油或 240 克/升乳油或 25% 悬浮剂 12 毫升，或 35% 悬浮剂 10 毫升，混加 90.9% 禾草敌乳油 75～100 毫升，药土法施药或对水 20～30 千克均匀喷雾施药。

移栽稻田用药，药土法施药比喷雾法安全。施药后稳定水层 3～5 厘米深 5～7 天，但不能淹没水稻心叶。不能在气温低于 20℃、土温低于 15℃，或秧苗过小、嫩弱，或遭受伤害未恢复的水稻苗上施用。

大蒜田 大蒜栽种后至立针期或大蒜苗后 2 叶 1 心期以后、杂草 4 叶期以前施药。一般每亩使用 20% 乳油 60～80 毫升，或 24% 乳油或 240 克/升乳油或 25% 悬浮剂 50～70 毫升，或 35% 悬浮剂 35～45 毫升，对水 40～50 千克均匀喷雾。沙质土用低剂量，壤质土、黏质土用高剂量。地膜大蒜栽种后浅灌水，水干后施药，每亩使用 20% 乳油 48 毫升，或 24% 乳油或 240 克/升乳油或 25% 悬浮剂 40 毫升，或 35% 悬浮剂 28 毫升，对水 40～50 千克均匀喷雾，药后覆膜；盖草大蒜先播种、盖草，杂草出齐后施药，每亩使用 20% 乳油 85 毫升，或 24% 乳油或 240 克/升乳油或 25% 悬浮剂 70 毫升，或 35% 悬浮剂 48 毫升，对水 15～20 千克均匀喷雾。前期露地栽培，后期拱棚盖膜保温，春季前收获的青蒜，在栽种后苗前或大蒜立针期施药；以收获蒜薹和蒜头为目的的大蒜，在杂草出齐后蒜苗 2 叶 1 心至 3 叶期施药。

洋葱田 直播洋葱 2～3 叶期施药，每亩使用 20% 乳油 50～60 毫升，或 24% 乳油或 240 克/升乳油或 25% 悬浮剂 40～50 毫升，或 35% 悬浮剂 30～35 毫升；移栽洋葱于移栽后6～10天（洋葱3叶期后）施药，每亩使用20％乳油85～120毫升，或24％乳油或240克/升乳油或25％悬浮剂70～100毫升，或35％悬浮剂50～65毫升。每亩药剂对水40～50千克均匀喷雾。

棉花田　棉花苗床播后覆土1厘米左右后施药，每亩使用乙氧氟草醚20％乳油15～20毫升，或24％乳油或240克/升乳油或25％悬浮剂12～18毫升，或35％悬浮剂10～12毫升，混加60％丁草胺乳油50毫升，对水30～40千克均匀喷洒苗床，沙质土乙氧氟草醚选用低剂量。移栽棉田除草于棉花移栽前施药，每亩使用20％乳油50～100毫升，或24％乳油或240克/升乳油或25％悬浮剂50～80毫升，或35％悬浮剂30～60毫升，对水30～40千克均匀喷洒地面，沙质土选用低剂量、壤质土、黏质土选用高剂量。直播棉田在棉花播后苗前施药，每亩使用20％乳油45～55毫升，或24％乳油或240克/升乳油或25％悬浮剂36～48毫升，或35％悬浮剂25～32毫升，对水40～50千克均匀喷雾。土地要整平耙细、无大土块；田间积水可能会有轻微药害，但可恢复；棉苗出土达5％以上时应停止施药。地膜覆盖棉田除草，播种后覆膜前施药，每亩使用20％乳油20～30毫升，或24％乳油或240克/升乳油或25％悬浮剂18～24毫升，或35％悬浮剂12～17毫升，对水30～40千克均匀喷雾。沙质土选用低剂量；要求土表湿润，但不能积水；施药后如遇高温要及时揭膜，将棉苗露出膜外；也可苗带施药，苗带施药应根据实际施药面积准确计算用药量。

小麦田　适用于稻麦轮作区，在水稻收割后、小麦播种前9天内施药。一般每亩使用20％乳油15毫升，或24％乳油或240克/升乳油或25％悬浮剂12毫升，或35％悬浮剂10毫升，对水15千克均匀喷洒地面。水稻收割后及时灌水，使土表湿润而不积水，以诱发杂草尽早发芽。为扩大杀草谱，也可每亩使用乙氧氟草醚20％乳油6毫升，或24％乳油或240克/升乳油或25％悬浮剂5毫升，或35％悬浮剂3.5毫升，与41％草甘膦水剂75毫升或25％绿麦隆可湿性粉剂120克混用。

花生田　花生播后苗前施药，每亩使用20％乳油50～60毫升，或24％乳油或240克/升乳油或25％悬浮剂40～50毫升，或35％悬浮剂30～35毫升，对水40～50千克均匀喷洒地面。

甘蔗田　甘蔗种植后芽前或芽后早期施药，每亩使用20％乳油35～60毫升，或24％乳油或240克/升乳油或25％悬浮剂30～50毫升，或35％悬浮剂20～35毫升，对水30～50千克均匀喷洒地面。

针叶苗圃　在针叶树木种子播种后立即施药，每亩使用20％乳油60～100毫升，或24％乳油或240克/升乳油或25％悬浮剂50～80毫升，或35％悬浮剂35～50毫升，对水40～50千克均匀喷洒地面。

果园、茶园、幼树林地　早春杂草出苗前或杂草3～4叶期施药，每亩使用20％乳油60～100毫升，或24％乳油或240克/升乳油或25％悬浮剂50～80毫升，或35％悬浮剂35～50毫升，对水30～50千克向地面定向均匀喷雾，不要喷洒到果树、茶树或林木上。杂草生长早期也可与草甘膦、草铵膦等灭生性除草剂混用，以扩大杀草谱、拓宽施药时期、提高药效。混用配方为：每亩使用乙氧氟草醚20％乳油40～60毫升，或24％乳油或240克/升乳油或25％悬浮剂35～50毫升，或35％悬浮剂25～35毫升，混加41％草甘膦水剂250～300毫升或200克/升草铵膦水剂200～250毫升，对水30～50千克均匀喷洒树下地面。

注意事项 乙氧氟草醚为触杀型除草剂，喷药时必须均匀周到，不能漏喷、重喷。该药活性高、用量少，对水稻、大豆易产生药害，应严格把控用药剂量及使用技术。

异丙甲草胺 metolachlor

主要含量与剂型 72％、720克/升、960克/升乳油，50％水乳剂。

产品特点 异丙甲草胺是一种乙酰胺类选择性芽前低毒除草剂，属细胞分裂抑制剂类，主要通过阻碍蛋白质合成而抑制杂草细胞分裂及生长。药剂主要经由幼芽（单子叶植物的胚芽鞘）和胚轴（双子叶植物的下胚轴）吸收，向上传导至分生组织；种子和根也可吸收传导，只是吸收量少、传导速度慢，但杂草出苗后主要靠根系吸收药剂向上传导，以抑制幼芽与根的生长。敏感杂草在发芽后出土前或刚刚出土即中毒死亡，表现为芽鞘紧包生长点、稍变粗，胚根细而弯曲，无须根，生长点逐渐变褐色或黑色腐烂。土壤墒情好时，杂草被杀死在幼芽期；土壤干旱时，杂草出土后遇降雨土壤湿度增加，逐渐吸收药剂，禾本科杂草心叶扭曲、萎缩，其他叶片皱缩，而后整株枯死，阔叶杂草叶片皱缩变黄、整株枯死。

适用作物防除对象及使用技术 异丙甲草胺适用于大豆、玉米、花生、棉花、马铃薯、甜菜、油菜、向日葵、亚麻、红麻、芝麻、西瓜、甘蔗、高粱、红花等旱田作物，也可在姜、蒜、韭菜、芹菜及白菜等十字花科蔬菜、辣椒等茄科蔬菜田和果园、苗圃中使用。主要用于防除稗草、牛筋草、早熟禾、野黍、狗尾草、金狗尾草、画眉草、臂形草、黑麦草、稷、鸭跖草、荠菜、香薷、菟丝子、小野芝麻、水棘针等一年生禾本科杂草及部分阔叶杂草，对萹蓄、藜、小藜、鼠尾看麦娘、宝盖草、马齿苋、繁缕、柳叶刺蓼、酸模叶蓼、辣子草、反枝苋、猪毛菜等也有较好的防除效果。施药应在杂草发芽前地面喷雾。土壤质地疏松、有机质含量低、低洼地、土壤水分好时用低剂量；土壤质地黏重、有机质含量高、岗地、土壤水分少时用高剂量。

大豆田 大豆播种前或播后苗前土壤封闭施药。土壤有机质含量3％以下的沙质土，每亩使用50％水乳剂150毫升，或72％乳油或720克/升乳油100毫升，或960克/升乳油75毫升；壤质土每亩使用50％水乳剂200毫升，或72％乳油或720克/升乳油140毫升，或960克/升乳油105毫升；黏质土每亩使用50％水乳剂260毫升，或72％乳油或720克/升乳油185毫升，或960克/升乳油140毫升。土壤有机质含量3％以上的沙质土，每亩使用50％水乳剂200毫升，或72％乳油或720克/升乳油140毫升，或960克/升乳油105毫升；壤质土每亩使用50％水乳剂260毫升，或72％乳油或720克/升乳油185毫升，或960克/升乳油140毫升；黏质土分别使用50％水乳剂330毫升，或72％乳油或720克/升乳油230毫升，或960克/升乳油170毫升。南方大豆田，一般每亩使用50％水乳剂150～210毫升，或72％乳油或720克/升乳油100～150毫升，或960克/升乳油75～110毫升。每亩药剂对水30～50千克均匀喷洒地面。喷药前要将地块整平耙细，要求地表无植物残株和大土块。

异丙甲草胺也可在秋季施药，10月中下旬气温降到5℃以下至封冻前进行，第2年先用圆盘耙浅混土（耙深6～8厘米），然后平播大豆。采用"三秋"栽培模式种植大豆的，秋施药、秋施肥、秋起垄，春季种植大豆，施药后应深混土，用双列圆盘耙耙地混土，耙深 10～15 厘米。耙地要交叉进行 2 遍，即第 2 次耙地方向应与第 1 次耙地成垂直方向，2 次耙深一致。

播后苗前施药应在播后随即施药，施药后用旋转锄浅混土，避免药土层被风吹蚀，以保证干旱条件下获得稳定的除草效果。起垄播种大豆的也可在施药后培土 2 厘米左右，以免药剂被风吹走。垄播大豆播后苗前施药还可采用苗带法施药，能减少 1/3～1/2 用药量，但需根据实际喷洒面积计算用药量，然后用旋转锄或中耕机除去行间杂草。

为扩大杀草谱，增加对阔叶杂草的防效，异丙甲草胺可与嗪草酮、异噁草松、丙炔氟草胺、噻吩磺隆等除草剂混用。混用配方为：每亩使用异丙甲草胺 50％水乳剂 150～300 毫升，或 72％乳油或 720 克/升乳油 100～200 毫升，或 960 克/升乳油 75～150 毫升，混加 50％丙炔氟草胺可湿性粉剂 8～12 克；或每亩使用丙炔氟草胺 50％水乳剂 150～200 毫升，或 72％乳油或 720 克/升乳油 100～135 毫升，或 960 克/升乳油 75～100 毫升，混加 75％噻吩磺隆水分散粒剂 1～1.3 克，再加 48％异噁草松乳油 40～50 毫升；或每亩使用异丙甲草胺 50％水乳剂 150～250 毫升，或 72％乳油或 720 克/升乳油 100～170 毫升，或 960 克/升乳油 75～125 毫升，混加 48％异噁草松乳油 55～70 毫升；或每亩使用异丙甲草胺 50％水乳剂 100～200 毫升，或 72％乳油或 720 克/升乳油 70～130 毫升，或 960 克/升乳油 50～100 毫升，混加 48％异噁草松乳油 40～50 毫升，再加 50％丙炔氟草胺可湿性粉剂 4～6 克。异丙甲草胺对难防杂草菟丝子有效，防除菟丝子时，可采用高剂量与嗪草酮、异噁草松等除草剂混用，结合旋锄灭草效果更好。

玉米田　异丙甲草胺用于玉米田除草，单独使用的用药量、使用技术同"大豆田"。为扩大杀草谱，也可在玉米播后苗前与其他除草剂混用。一般每亩使用异丙甲草胺 50％水乳剂 150～200 毫升，或 72％乳油或 720 克/升乳油 100～140 毫升，或 960 克/升乳油 80～100 毫升，混加 70％嗪草酮可湿性粉剂 30～55 克。每亩药剂对水 30～45 千克均匀喷洒地面。

油菜田　冬油菜田移栽前施药。每亩使用 50％水乳剂 150～200 毫升，或 72％乳油或 720 克/升乳油 100～150 毫升，或 960 克/升乳油 75～110 毫升，对水 30～45 千克均匀喷洒地面。南方地区如在双季晚稻收获后进行移栽，已有部分看麦娘出苗，可每亩使用异丙甲草胺 50％水乳剂 150 毫升，或 72％乳油或 720 克/升乳油 100 毫升，或 960 克/升乳油 75 毫升，混加 41％草甘膦水剂 20～30 毫升，对水 30～45 千克均匀喷雾。

甜菜田　直播甜菜播后苗前立即用药，移栽甜菜在移栽前施药。一般每亩使用 50％水乳剂 150～300 毫升，或 72％乳油或 720 克/升乳油 100～200 毫升，或 960 克/升乳油 75～150 毫升，对水 30～45 千克均匀喷洒地面。

花生田　花生播后苗前随即施药。裸地栽培春花生，每亩使用 50％水乳剂 200～300 毫升，或 72％乳油或 720 克/升乳油 150～200 毫升，或 960 克/升乳油 120～150 毫升；覆膜栽培春花生和夏播花生用药量可适当减少，一般每亩使用 50％水乳剂 150～200 毫升，或 72％乳油或 720 克/升乳油 100～150 毫升，或 960 克/升乳油 75～110 毫升。每亩药剂对水 30～45 千克均匀喷洒地面。

棉花田　棉花播后苗前或移栽后 3 天施药。一般每亩使用 50％水乳剂 150～280 毫升，或 72％乳油或 720 克/升乳油 100～200 毫升，或 960 克/升乳油 75～150 毫升，对水 40～

50 千克均匀喷洒地面。

芝麻田　芝麻播种后出苗前施药。一般每亩使用 50%水乳剂 150~280 毫升，或 72%乳油或 720 克/升乳油 100~200 毫升，或 960 克/升乳油 75~150 毫升，对水 30~45 千克均匀喷洒地面。

西瓜田　地膜西瓜在覆膜前施药，直播田在播后苗前立即施药，移栽田在移栽前或移栽后施药。小拱棚西瓜，在膜内温度过高时应及时揭膜通风，防止发生药害。一般每亩使用 50%水乳剂 150~280 毫升，或 72%乳油或 720 克/升乳油 100~200 毫升，或 960 克/升乳油 75~150 毫升，对水 30~45 千克均匀喷洒地面。如仅在地膜内施药，需根据实际施药面积计算用药量。土壤质地疏松、有机质含量低、地势低洼、土壤水分好时用低剂量；土壤质地黏重、有机质含量高、岗地、土壤水分少时用高剂量。

马铃薯田　播种后立即施药。一般每亩使用 50%水乳剂 150~300 毫升，或 72%乳油或 720 克/升乳油 100~200 毫升，或 960 克/升乳油 75~150 毫升，对水 40~60 千克均匀喷洒地面。为扩大杀草范围，增加对阔叶杂草的防除效果，可每亩使用异丙甲草胺 50%水乳剂 150~250 毫升，或 72%乳油或 720 克/升乳油 100~170 毫升，或 960 克/升乳油 75~125 毫升，与 70%嗪草酮可湿性粉剂 20~40 克混用。

白菜直播田　华北地区为播后立即施药，每亩使用 50%水乳剂 100~150 毫升，或 72%乳油或 720 克/升乳油 75~100 毫升，或 960 克/升乳油 55~75 毫升，对水 20~30 千克均匀喷洒地面。长江中下游地区，夏播小白菜为播前 1~2 天施药，每亩使用 50%水乳剂 75~100 毫升，或 72%乳油或 720 克/升乳油 50~75 毫升，或 960 克/升乳油 40~55 毫升，对水 30~45 千克均匀喷洒地面。播前施药，撒播种子后要浅覆土 1~1.5 厘米，且覆土要均匀，防止种子外露造成药害。

花椰菜移栽田　移栽前或移栽缓苗后施药，每亩使用 50%水乳剂 100 毫升，或 72%乳油或 720 克/升乳油 75 毫升，或 960 克/升乳油 55 毫升，对水 20~30 千克均匀喷雾。特别注意，地膜移栽是地膜行施药，即苗带施药，用药量应根据实际喷洒面积计算。

甘蓝移栽田　移栽前施药，每亩使用 50%水乳剂 200 毫升，或 72%乳油或 720 克/升乳油 130 毫升，或 960 克/升乳油 100 毫升，对水 30~45 千克均匀喷洒地面。

芹菜苗圃　芹菜播种后立即施药。每亩使用 50%水乳剂 150~180 毫升，或 72%乳油或 720 克/升乳油 100~125 毫升，或 960 克/升乳油 75~90 毫升，对水 20~30 千克均匀喷雾。

韭菜田　韭菜苗圃除草，于播种后立即施药，每亩使用 50%水乳剂 150~180 毫升，或 72%乳油或 720 克/升乳油 100~125 毫升，或 960 克/升乳油 75~90 毫升；老茬韭菜田，在收割后 2 天施药，每亩使用 50%水乳剂 100~150 毫升，或 72%乳油或 720 克/升乳油 75~100 毫升，或 960 克/升乳油 55~75 毫升。每亩药剂对水 20~30 千克均匀喷洒地面。

姜田　栽种后出苗前施药，最好在种植后 3 天内施药。每亩使用 50%水乳剂 100~150 毫升，或 72%乳油或 720 克/升乳油 75~100 毫升，或 960 克/升乳油 55~75 毫升，对水 30~45 千克均匀喷洒地面。

大蒜田　裸地种植于栽种后 3 天内施药，每亩使用 50%水乳剂 150~200 毫升，或 72%乳油或 720 克/升乳油 100~150 毫升，或 960 克/升乳油 75~110 毫升，对水 30~

45 千克均匀喷洒地面。地膜田于栽种后覆膜前施药，每亩使用 50％水乳剂 100～150 毫升，或 72％乳油或 720 克/升乳油 75～100 毫升，或 960 克/升乳油 55～75 毫升，对水 20～30 千克均匀喷雾。

茄子田、番茄田　适用于露天栽培，移栽田在栽植前施药，地膜覆盖移栽田在覆膜前施药。一般每亩使用 50％水乳剂 150 毫升，或 72％乳油或 720 克/升乳油 100 毫升，或 960 克/升乳油 75 毫升，对水 20～40 千克均匀喷雾。

辣椒田　直播田在播前施药，每亩使用 50％水乳剂 150～200 毫升，或 72％乳油或 720 克/升乳油 100～150 毫升，或 960 克/升乳油 75～110 毫升，对水 30～45 千克均匀喷洒地面，施药后浅混土。露地移栽田于移栽前施药，地膜覆盖移栽田于覆膜前施药，一般每亩使用 50％水乳剂 150 毫升，或 72％乳油或 720 克/升乳油 100 毫升，或 960 克/升乳油 75 毫升，对水 20～40 千克均匀喷雾。

蔬菜田使用异丙甲草胺，要求整地质量好，田中无大土块及植物残株。地膜覆盖栽培时，需在覆膜前喷药，然后盖膜；由于地膜下的温湿度有利于充分发挥异丙甲草胺的药效，因此要求使用低剂量。移栽蔬菜田使用异丙甲草胺，应在移栽前施药，移栽时尽量不要翻动栽植穴周围土层。如果需要移栽后施药，尽量不要将药液喷洒到蔬菜上，或喷药后及时喷水洗苗。

注意事项　异丙甲草胺持效期一般为 30～35 天，在此期间生长封垄的作物，基本可控制全生育期的杂草为害；不能封垄的作物，需要二次施药，或结合培土等人工除草。以小粒种子繁殖的一年生蔬菜如香菜、西芹、苋菜等对异丙甲草胺敏感，不宜使用。

异丙隆 isoproturon

主要含量与剂型　50％、70％、75％可湿性粉剂，35％可分散油悬浮剂，50％悬浮剂。

产品特点　异丙隆是一种取代脲类内吸传导型选择性低毒除草剂，属光合作用电子传递抑制剂类，作用位点为光合体Ⅱ受体，苗前、苗后均可使用，具有杀草谱广、除草效果稳定、施药适期宽、持效期较长、对作物安全性高、使用方便等特点。药剂主要由杂草根部和茎叶吸收，随水分向上传导至叶片，抑制杂草光合作用，有机物生成停止，表现为敏感杂草叶尖、叶缘褪绿，叶片变黄，杂草因饥饿而死亡。阳光充足、温度高、土壤湿度大时有利于药效发挥，干旱时药效差。用药后 2～3 周杂草死亡。

适用作物防除对象及使用技术　异丙隆主要适用于小麦田，用于防除硬草、菵草、看麦娘、日本看麦娘、马唐、野燕麦、早熟禾、黑麦草、藜、繁缕、牛繁缕、碎米荠、荠菜、苋属等一年生禾本科杂草及部分阔叶杂草，尤以防除硬草、菵草、看麦娘效果稳定。

在小麦 3～5 叶期或冬小麦返青至拔节期前、杂草 2～4 叶期施药。一般每亩使用 35％可分散油悬浮剂 180～220 毫升，或 50％悬浮剂 120～180 毫升，或 50％可湿性粉剂 120～180 克，或 70％可湿性粉剂 90～130 克，或 75％可湿性粉剂 85～120 克，对水 30～45 千克均匀茎叶喷雾。若冬前没有用药，早春出现草荒的麦田，春季应尽早施药，每亩药剂对水 75 千克均匀茎叶喷雾；春季如遇干旱，也可将每亩药液量增加到 100 千克均匀茎叶喷雾，以利于药效发挥。严禁拔节后用药。用药期遇到"寒流"时，应暂停用药，否则可能会发生"冻药害"。高湿年份或高湿田块用药时，应先开沟排除积水后再用药，以防止"湿药害"。

注意事项 异丙隆对一些作物敏感，不宜用于套种或间作棉花、油菜、花生、豆类、瓜类、甜菜等阔叶作物的小麦田；施药时避免药液飘移到油菜、蚕豆等阔叶作物上，以免发生药害。有机质含量高的土壤，只能在春季使用。

异噁草松 clomazone

主要含量与剂型 48％、360克/升、480克/升乳油，360克/升微囊悬浮剂。

产品特点 异噁草松是一种杂环类选择性苗前低毒除草剂，属类胡萝卜素生物合成抑制剂类。药剂经植物根部和幼芽吸收，随蒸腾作用经木质部向上传导至叶片，通过阻碍类胡萝卜素和叶绿素的生物合成，使敏感杂草因没有叶绿素而白化，植株短期内死亡。大豆、甘蔗等作物吸收药剂后，经过特殊代谢作用，将异噁草松降解为无毒成分。该药在土壤中持效期长，可达6个月以上。

适用作物防除对象及使用技术 异噁草松适用于大豆、水稻、甘蔗等作物，可有效防除稗草、牛筋草、马唐、狗尾草、金狗尾草、豚草、苘麻、龙葵、苍耳、香薷、水棘针、野西瓜苗、藜、小藜、遏蓝菜、柳叶刺蓼、酸模叶蓼、马齿苋、狼把草、鬼针草、鸭跖草等一年生禾本科杂草和阔叶杂草，并对多年生的刺儿菜、大蓟、苣荬菜、问荆等杂草亦有较强的抑制作用。异噁草松为长残效除草剂，有效成分每亩使用量大于53克即对后茬作物有影响，第2年或下茬只能继续种植大豆、水稻、甘蔗；有效成分每亩使用量33克以下，在北方第2年可以种植小麦、玉米、甜菜、油菜、马铃薯等作物。

大豆田 大豆播前或播后苗前土壤处理，以及苗后早期茎叶处理均可。大豆播前施药，为防止干旱和风蚀，施药后可浅混土5～7厘米。土壤有机质含量3％以下时，每亩使用360克/升乳油或360克/升微囊悬浮剂140～170毫升，或48％乳油或480克/升乳油130～160毫升，人工喷雾每亩药剂对水20～35千克均匀喷洒地面，拖拉机喷药每亩药剂对水不低于13千克。土壤有机质3％以上时，异噁草松可与嗪草酮、乙草胺、异丙甲草胺、异丙草胺等除草剂混用，以扩大杀草谱，提高除草效果。大豆播前土壤处理混用配方为：每亩使用异噁草松48％乳油或480克/升乳油100～120毫升，或360克/升乳油或360克/升微囊悬浮剂120～150毫升，混加900克/升乙草胺乳油80～120毫升。大豆播后苗前处理混用配方为：每亩使用异噁草松48％乳油或480克/升乳油100～120毫升，或360克/升乳油或360克/升微囊悬浮剂120～150毫升，混加900克/升乙草胺乳油100～140毫升（或72％异丙甲草胺乳油100～135毫升），再加50％丙炔氟草胺可湿性粉剂4～6克（或75％噻吩磺隆水分散粒剂0.8～1克）。当土壤沙性过强、有机质含量过低或土壤偏碱性时，不宜与嗪草酮混用。

大豆苗后除草时，在大豆苗后早期、杂草2～4叶期施药。起垄播种大豆如土壤水分少，可培土2厘米。每亩使用360克/升乳油或360克/升微囊悬浮剂120～150毫升，或48％乳油或480克/升乳油100～120毫升，人工喷雾每亩药剂对水20～30千克，拖拉机喷雾每亩药剂对水10～13千克。为扩大杀草谱，降低用药成本，异噁草松可与氟磺胺草醚、精喹禾灵、精吡氟禾草灵、高效氟吡甲禾灵、三氟羧草醚、灭草松等除草剂混用。通常混用配方为：每亩使用异噁草松 48％乳油或 480 克/升乳油 70～100 毫升，或 360 克/升乳油或 360 克/升微囊悬浮剂 90～120 毫升，混加 48％灭草松水剂 100 毫升（或 25％氟磺胺草醚水剂 50 毫升），再加 5％精喹禾灵乳油 40 毫升（或 15％精吡氟禾草灵乳油 40 毫升或 10.8％高效氟吡甲禾灵乳油 30 毫升）。混用配方在土壤有机质含量低、质地疏松、低洼地水分好的条件下使用低剂量，反之使用高剂量。不能用超低容量喷雾器或背负式机动喷雾器进行超低容量喷雾。

水稻田　水稻直播田，北方可在播种前 3～5 天喷雾处理，每亩使用 360 克/升乳油或 360 克/升微囊悬浮剂 35～50 毫升，或 48％乳油或 480 克/升乳油 25～35 毫升，施药后保持田间湿润，5～7 天后建立水层；长江以南地区在播种后 3 天内、稗草出苗高峰期毒土法或喷雾处理，每亩使用 360 克/升乳油或 360 克/升微囊悬浮剂 25～35 毫升，或 48％乳油或 480 克/升乳油 20～30 毫升，施药后保持田间湿润 7～10 天，水稻 2 叶 1 心后建立水层，水层高度不能淹没水稻心叶。水稻移栽田，在水稻移栽前 5～7 天或移栽后 2～5 天施药，施药时田间需保持 2～3 厘米水层，施药后保水 5 天，每亩使用 360 克/升乳油或 360 克/升微囊悬浮剂 35～50 毫升，或 48％乳油或 480 克/升乳油 25～35 毫升，拌细沙土 10～20 千克均匀撒施。

甘蔗田　在甘蔗出苗前、一年生杂草萌发至 4 叶期前进行土壤喷雾，一般每亩使用 48％乳油或 480 克/升乳油 110～140 毫升，或 360 克/升乳油或 360 克/升微囊悬浮剂 150～190 毫升，对水 30～45 千克均匀喷洒地面。

注意事项　异噁草松用于土壤处理时，在土壤有机质含量低、质地疏松、低洼地块使用低剂量，反之使用高剂量。该药在土壤中的持效期可达 6 个月以上，后茬不宜种植小麦、大麦、燕麦、黑麦、谷子、苜蓿等，次年春季可以种植水稻、玉米、棉花、花生、向日葵等作物。喷药时，雾滴飘移可能会导致某些植物叶片变白或变黄，应注意用药技术。

莠灭净 ametryn

主要含量与剂型　40％、80％可湿性粉剂，80％水分散粒剂，45％、50％悬浮剂。

产品特点　莠灭净是一种三嗪类内吸传导型选择性低毒除草剂，属光合作用电子传递抑制剂类，作用于光合系统 Ⅱ 受体位置，具有杀草谱广、作用迅速、施药适期宽、用药方式灵活等特点。药剂由植物根系和茎叶吸收，在木质部内向上传导，集中于植物顶端分生组织，通过抑制敏感植物光合作用中的电子传递，导致叶片内亚硝酸盐积累，使敏感植物失绿、干枯而死亡。该药可被 0～5 厘米土壤吸附，形成药层，使杂草萌发出土时接触药剂，对萌发中的杂草防效最好，持效期达 40 天左右。低浓度莠灭净能够促进植物生长，如刺激幼芽与根系生长、促进叶面积增大、茎加粗等；而高浓度下，则对植物产生强烈的抑制作用。

适用作物防除对象及使用技术　莠灭净适用于甘蔗、菠萝、香蕉、柑橘、马铃薯等作物田，可防除牛筋草、马唐、千金子、稗草、野燕麦、狗芽根、罗氏草、秋稷、苘麻、铁苋菜、胜红蓟、藜科、空心莲子菜、马齿苋、稻槎菜、阔叶臂形草、马蹄莲、蓼类、鬼针草、豚草、眼子菜等一年生禾本科杂草和阔叶杂草。

甘蔗田　既可甘蔗播种后、杂草萌芽前地面直接喷雾，也可甘蔗 3～4 期、杂草高

10～20 厘米时茎叶喷雾处理。一般每亩使用 40％可湿性粉剂 260～400 克，或 45％悬浮剂 230～350 毫升，或 50％悬浮剂 200～300 毫升，或 80％可湿性粉剂或 80％水分散粒剂 130～200 克，对水 40～60 千克均匀喷洒地面或茎叶喷雾。土壤质地黏重用高剂量，土壤质地疏松用低剂量。稗草、千金子、田旋花、胜红蓟、空心莲子菜及狗芽根发生较重的甘蔗田，最好采用苗前施药。为扩大杀草谱、提高除草效果，莠灭净可与敌草隆、2 甲 4 氯钠混用，混用时每亩使用莠灭净 40％可湿性粉剂 140～160 克，或 45％悬浮剂 120～140 毫升，或 50％悬浮剂 110～130 毫升，或 80％可湿性粉剂或 80％水分散粒剂 70～80 克，混加 80％敌草隆可湿性粉剂 70～80 克或 56％2 甲 4 氯钠可湿性粉剂 50 克，对水 35～50 千克均匀定向茎叶喷雾。苗后施药时，在药液中加入适量表面活性剂有利于药效发挥。甘蔗收获前 30 天停止用药。

菠萝田　菠萝收获后、种植前或种植后杂草 2～3 叶期前用药，一般每亩使用 40％可湿性粉剂 250～300 克，或 45％悬浮剂 220～260 毫升，或 50％悬浮剂 200～240 毫升，或 80％可湿性粉剂或 80％水分散粒剂 125～150 克，对水 40～60 千克均匀喷雾。菠萝生长期间可在行间多次茎叶处理，施药间隔期 1～2 月。菠萝收获前 160 天停止用药。

香蕉田　香蕉移栽后或香蕉生长期内杂草苗前、苗后均可施药。一般每亩使用 40％可湿性粉剂 250～300 克，或 45％悬浮剂 220～260 毫升，或 50％悬浮剂 200～240 毫升，或 80％可湿性粉剂或 80％水分散粒剂 130～150 克，对水 30～50 千克均匀定向茎叶喷雾。香蕉生长期间可树下多次施药，间隔期为 3～4 个月。

注意事项　莠灭净不建议在果蔗田使用。施药时保持地面平整、排水良好，低洼积水处易发生药害。沙壤土或有机质含量低的地块，选用低剂量；有机质含量高或杂草高大茂密地块，选用高剂量。莠灭净对水稻、花生、红薯及谷类、豆类、茄果类、瓜类、叶菜类作物均有药害，不宜使用。

莠去津 atrazine

主要含量与剂型　25％、50％可分散油悬浮剂，38％、45％、50％悬浮剂，48％、80％可湿性粉剂，90％水分散粒剂。

产品特点　莠去津是一种三嗪类内吸传导型选择性低毒除草剂，属光合作用电子传递抑制剂类，作用于光合系统Ⅱ受体位置，苗前、苗后均可使用。主要由根系吸收，茎叶吸收很少，在木质部内向顶传导，迅速传至顶部分生组织和叶部，干扰光合作用，使杂草死亡。在玉米等抗性作物体内被玉米酮酶分解成无毒物质，因而对作物安全。本剂易被雨水淋洗至较深土层，所以对某些深根性杂草也有抑制作用。在土壤中持效长达半年左右。

适用作物防除对象及使用技术　莠去津适用于玉米、高粱、甘蔗及果树、苗圃、林地等，用于防除马唐、稗草、狗尾草、牛筋草、莎草、看麦娘、蓼、藜、反枝苋、马齿苋、铁苋菜及十字花科杂草、豆科杂草等一年生杂草，并对某些多年生杂草也有一定抑制作用。

玉米田　既可苗前土壤处理，也可苗后茎叶处理。播后苗前土壤表面喷药，应在播种后 1～3 天进行，一般每亩使用 25％可分散油悬浮剂 350～500 毫升，或 38％悬浮剂 250～350 毫升，或 45％悬浮剂 200～300 毫升，或 48％可湿性粉剂 200～270 克，或 50％悬浮剂或 50％可分散油悬浮剂 200～250 毫升，或 80％可湿性粉剂 120～170 克，或 90％水分散粒剂 100～150 克，对水 30～50 千克均匀喷洒土壤表面。喷药后如果天气干旱需要浅混土。有机质含量在 3％以下的沙质土壤用较低剂量，有机质含量在 3％以上的黏质土壤用较高剂量。华北地区土壤有机质含量 3％以上地区，沙质土壤每亩使用 25％可分散油悬浮剂 350 毫升，或 38％悬浮剂 250 毫升，或 45％悬浮剂 210 毫升，或 48％可湿性粉剂 200 克，或 50％悬浮剂或 50％可分散油悬浮剂 190 毫升，或 80％可湿性粉剂 125 克，或 90％水分散粒剂 110 克；黏质土每亩使用 25％可分散油悬浮剂 450 毫升，或 38％悬浮剂 300 毫升，或 45％悬浮剂 250 毫升，或 48％可湿性粉剂 240 克，或 50％悬浮剂或 50％可分散油悬浮剂 230 毫升，或 80％可湿性粉剂 150 克，或 90％水分散粒剂 130 克。东北地区，土壤有机质含量在 3％以下的，沙质土壤每亩使用 25％可分散油悬浮剂 300 毫升，或 38％悬浮剂 200 毫升，或 45％悬浮剂 170 毫升，或 48％可湿性粉剂 160 克，或 50％悬浮剂或 50％可分散油悬浮剂 150 毫升，或 80％可湿性粉剂 100 克，或 90％水分散粒剂 85 克；壤质土每亩使用 25％可分散油悬浮剂 350 毫升，或 38％悬浮剂 250 毫升，或 45％悬浮剂 210 毫升，或 48％可湿性粉剂 200 克，或 50％悬浮剂或 50％可分散油悬浮剂 190 毫升，或 80％可湿性粉剂 120 克，或 90％水分散粒剂 100 克；黏质土每亩使用 25％可分散油悬浮剂 420 毫升，或 38％悬浮剂 280 毫升，或 45％悬浮剂 240 毫升，或 48％可湿性粉剂 220 克，或 50％悬浮剂或 50％可分散油悬浮剂 210 毫升，或 80％可湿性粉剂 130 克，或 90％水分散粒剂 120 克。土壤有机质含量在 3％～5％时，沙质土每亩使用 25％可分散油悬浮剂 420 毫升，或 38％悬浮剂 280 毫升，或 45％悬浮剂 240 毫升，或 48％可湿性粉剂 220 克，或 50％悬浮剂或 50％可分散油悬浮剂 210 毫升，或 80％可湿性粉剂 130 克，或 90％水分散粒剂 120 克；壤质土每亩使用 25％可分散油悬浮剂 500 毫升，或 38％悬浮剂 350 毫升，或 45％悬浮剂 300 毫升，或 48％可湿性粉剂 270 克，或 50％悬浮剂或 50％可分散油悬浮剂 250 毫升，或 80％可湿性粉剂 170 克，或 90％水分散粒剂 150 克；黏质土每亩使用 25％可分散油悬浮剂 650 毫升，或 38％悬浮剂 450 毫升，或 45％悬浮剂 380 毫升，或 48％可湿性粉剂 350 克，或 50％悬浮剂或 50％可分散油悬浮剂 340 毫升，或 80％可湿性粉剂 210 克，或 90％水分散粒剂 190 克。莠去津也可在玉米出苗后用药，施药适期为玉米 4 叶期、杂草 2～3 叶期。华北麦套玉米地区，通常在小麦收获前 10～12 天套种玉米，小麦收割后玉米正处于 4 叶期，适合施药。一般每亩使用 25％可分散油悬浮剂 350～500 毫升，或 38％悬浮剂 250～350 毫升，或 45％悬浮剂 200～300 毫升，或 48％可湿性粉剂 200～270 克，或 50％悬浮剂或 50％可分散油悬浮剂 200～250 毫升，或 80％可湿性粉剂 120～170 克，或 90％水分散粒剂 100～150 克，对水 30～50 千克均匀喷雾。春播玉米以播后苗前除草为主。

高粱田 在高粱 2～5 叶期、杂草 2～5 叶期施药。一般每亩使用 25％可分散油悬浮剂 270～300 毫升，或 38％悬浮剂 180～200 毫升，或 45％悬浮剂 150～170 毫升，或 48％可湿性粉剂 140～160 克，或 50％悬浮剂或 50％可分散油悬浮剂 135～150 毫升，或 80％可湿性粉剂 85～95 克，或 90％水分散粒剂 80～90 克；东北地区土壤有机质含量高的地块，每亩使用 25％可分散油悬浮剂 450～550 毫升，或 38％悬浮剂 300～375 毫升，或 45％悬浮剂 250～300 毫升，或 48％可湿性粉剂 240～300 克，或 50％悬浮剂或 50％可分散油悬浮剂 230～280 毫升，或 80％可湿性粉剂 140～180 克，或 90％水分散粒剂 125～

160 克。每亩药剂对水 30～50 千克均匀喷雾。

　　甘蔗田　在甘蔗栽种后 5～7 天、杂草部分出土时施药。一般每亩使用 25%可分散油悬浮剂 300～400 毫升，或 38%悬浮剂 200～250 毫升，或 45%悬浮剂 170～210 毫升，或 48%可湿性粉剂 160～200 克，或 50%悬浮剂或 50%可分散油悬浮剂 150～190 毫升，或 80%可湿性粉剂 100～120 克，或 90%水分散粒剂 85～105 克，对水 30～45 千克均匀喷雾。

　　果园、茶园、橡胶园　多在 3～5 月杂草萌发高峰期施药，先将越冬型大草锄干净后再喷施药剂。一般每亩使用 25%可分散油悬浮剂 350～600 毫升，或 38%悬浮剂 250～400 毫升，或 45%悬浮剂 200～340 毫升，或 48%可湿性粉剂 200～320 克，或 50%悬浮剂或 50%可分散油悬浮剂 200～300 毫升，或 80%可湿性粉剂 120～190 克，或 90%水分散粒剂 100～170 克，对水 30～50 千克均匀喷洒地表。

　　注意事项　莠去津在土壤中残效期长，易对后茬作物造成药害，用药后 3 个月内不能种植大豆、十字花科蔬菜等敏感作物；后茬安排小麦、水稻时，应降低莠去津剂量，并与其他安全性除草剂混用。土壤有机质对莠去津有较强的吸附作用，有机质含量超过 6%的土壤，不宜土壤处理用药，以茎叶处理为好。蔬菜、马铃薯、大豆、花生、小麦、水稻、桃树等对莠去津敏感，不宜使用。

仲丁灵 butralin

　　主要含量与剂型　30%水乳剂，36%悬浮剂，36%、48%、360 克/升乳油。

　　产品特点　仲丁灵是一种二硝基苯胺类选择性土壤处理低毒除草剂，属微管组装抑制剂类。药剂经由植物幼芽（双子叶植物为下胚轴，单子叶植物为幼芽）、幼茎和根部吸收，缓慢向顶传导，强烈抑制细胞有丝分裂与分化，阻碍幼芽和次生根生长，最终导致杂草死亡。浓度越高，对分生组织细胞分裂的抑制作用越明显。双子叶杂草地上部分抑制作用的典型症状为茎伸长受抑制，子叶呈革质状，茎或下胚轴膨大变脆；单子叶杂草地上部分产生倒伏、扭曲、生长停滞，幼苗逐渐变成紫色。

　　适用作物防除对象及使用技术　仲丁灵适用于大豆、棉花、花生、玉米、西瓜、烟草、向日葵、马铃薯、甘蔗、亚麻、洋葱、胡萝卜、番茄、茄子、辣椒、花椰菜、油菜、甘蓝、莴苣及果园等多种作物田。能有效防除稗草、牛筋草、马唐、狗尾草、千金子、野燕麦、反枝苋、凹头苋、藜、萹蓄、马齿苋、菟丝子、碎米莎草等多种一年生禾本科杂草、阔叶杂草及莎草，并对繁缕、牛繁缕、苍耳、婆婆纳、猪殃殃等阔叶杂草也有防除作用。仲丁灵既可播前混土、播后苗前或移栽前施药，也可与多种除草剂混用，以扩大杀草谱，提高除草效果。

　　大豆田　播前或播后苗前土壤处理。一般每亩使用 30%水乳剂 320～450 毫升，或 36%悬浮剂或 36%乳油或 360 克/升乳油 250～400 毫升，或 48%乳油 200～300 毫升，对水 30～45 千克均匀喷洒地面。防除菟丝子时，可在大豆开花期或菟丝子转株为害时用药，采用细孔喷片喷雾，以保证药液能充分喷洒到在大豆植株上缠绕的菟丝子茎及鳞片上。春播大豆选用较高剂量，夏播大豆选用较低剂量。

　　棉花田　在棉花播种前 1～3 天或播后苗前 3 天内施药。一般每亩使用 30%水乳剂

350～400 毫升，或 36%悬浮剂或 36%乳油或 360 克/升乳油 250～300 毫升，或 48%乳油 200～250 毫升，对水 40～60 千克均匀喷洒土壤表面。

花生田　地膜花生在播后覆膜前施药，露地花生在播前或播后苗前施药。一般每亩使用 30%水乳剂 250～400 毫升，或 36%悬浮剂或 36%乳油或 360 克/升乳油 200～300 毫升，或 48%乳油 150～250 毫升，对水 30～45 千克均匀喷洒地面。地膜栽培选用较低剂量，露地花生选用较高剂量。施药后不宜混土，以免药剂接触种子影响发芽。沙质土壤慎用。

西瓜田　直播地膜西瓜在播后覆膜前施药，露地直播西瓜在播前或播后苗前施药，移栽西瓜移栽前或缓苗后施药。一般每亩使用 30%水乳剂 250～300 毫升，或 36%悬浮剂或 36%乳油或 360 克/升油 200～260 毫升，或 48%乳油 150～200 毫升，对水 30～45 千克均匀喷洒地面。地膜西瓜选用较低剂量，露地西瓜及移栽西瓜选用较高剂量。西瓜缓苗期施药，对幼苗生长有一定抑制作用，但不影响后期的生长发育。低矮小拱棚西瓜慎用。

番茄田、辣椒田　移栽定植前施药。一般每亩使用 30%水乳剂 250～400 毫升，或 36%悬浮剂或 36%乳油或 360 克/升乳油 200～300 毫升，或 48%乳油 150～250 毫升，对水 30～45 千克均匀喷洒地面。

烟草田　整地后移栽前 1～3 天施药，一般每亩使用 30%水乳剂 250～320 毫升，或 36%悬浮剂或 36%乳油或 360 克/升乳油 200～260 毫升，或 48%乳油 150～200 毫升，对水 30～50 千克均匀喷洒地面。也可烟草打顶后使用 30%水乳剂 70～80 倍液，或 36%悬浮剂或 36%乳油或 360 克/升乳油 80～100 倍液，或 48%乳油 100～130 倍液，在植株顶部杯淋法施药，抑制腋芽生长。

注意事项　仲丁灵在播后苗前使用时，作物种子必需被土壤覆盖严密，不能有露籽，否则易产生药害。本剂对单子叶杂草防除效果好于双子叶杂草，因而双子叶杂草较多的田块，需考虑与其他防除双子叶杂草的除草剂混用。土壤表面喷洒药剂后尽量混土 3～5 厘米深，以提高药效。

唑草酮 carfentrazone-ethyl

主要含量与剂型　10%可湿性粉剂，40%水分散粒剂，400 克/升乳油。

产品特点　唑草酮是一种三唑啉酮类低毒除草剂，属原卟啉原氧化酶抑制剂类，由植物叶片吸收，具有较强渗透性和传导性，杀草速度快，可混用性好，对温度不敏感，对小麦、玉米等禾谷类作物安全。通过抑制敏感植物体内原卟啉原氧化酶的活性而干扰和破坏细胞膜功能，导致叶片迅速干枯、死亡。唑草酮药效发挥与光照条件有一定关系，光照条件好有利于药效充分发挥。气温在 10℃以上时杀草速度快，喷药后 15 分钟即被植物叶片吸收，3～4 小时后敏感杂草即出现中毒症状，2～4 天死亡。该药具有良好的耐低温性和耐雨水冲刷效应，冬前气温降到很低时也可用药，对后茬作物安全。

适用作物防除对象及使用技术　唑草酮主要适用于小麦及移栽水稻，用于防除猪殃殃、野芝麻、婆婆纳、苘麻、萹蓄、藜、红心藜、蓼、牵牛、鼬瓣花、反枝苋、铁苋菜、播娘蒿、荠菜、泽漆、麦家公、节节菜、宝盖菜、茵荛菜、地肤、鳢肠、龙葵、白芥、三棱草、水苋菜、野慈姑、野荸荠、矮慈姑等多种一年生阔叶杂草和莎草。

小麦田　在春小麦 3～4 叶期、冬小麦 3 叶期至拔节前、杂草 2～3 期茎叶喷雾用药，小麦拔节后禁止施药。喷药必须均匀周到，使全部杂草充分着药，本剂对喷药后长出的杂草无效。冬前用药，一般每亩使用 10％可湿性粉剂 16～20 克，或 40％水分散粒剂 4～6 克，或 400 克/升乳油 4～6 毫升，对水 20～30 千克均匀茎叶喷雾。春季用药时，有些杂草草龄较大，一般每亩使用 10％可湿性粉剂 22～28 克，或 40％水分散粒剂 5.5～8 克，或 400 克/升乳油 6～8 毫升，对水 40～60 千克均匀茎叶喷雾，将杂草喷湿喷透。杂草小、墒情好时选用低剂量，杂草大、墒情差时选用高剂量。

移栽水稻田　在水稻移栽后 15 天、一年生阔叶杂草 2～5 叶期施药。一般每亩使用 10％可湿性粉剂 15～20 克，或 40％水分散粒剂 4～5.5 克，或 400 克/升乳油 4～5 毫升，对水 20～30 千克均匀茎叶喷雾。用药前排水，使杂草 2/3 以上露出水面，喷药后 1～2 天放水回田，保持 3～5 厘米水层 5～7 天，之后恢复正常田间管理。

注意事项　唑草酮属高效除草剂，用药量少，必须准确称量药剂，并最好用二次稀释法配制药液。喷药时防止药剂飘移到敏感阔叶作物上。小麦拔节期至孕穗期喷药后，叶片上会出现黄色斑点，但施药后 1 周能恢复正常绿色，基本不影响产量。

唑啉草酯 pinoxaden

主要含量与剂型　5％、10％乳油，10％、20％可分散油悬浮剂。

产品特点　唑啉草酯是一种苯基吡唑啉类内吸传导型苗后低毒除草剂，属乙酰辅酶 A 羧化酶（ACC）抑制剂类，主要经由叶片吸收，传导至分生组织部位，很少被根部吸收。其作用机理主要是通过抑制乙酰辅酶 A 羧化酶的活性而抑制脂肪酸合成，导致细胞生长分裂受阻，细胞膜含脂结构被破坏，分生组织停止生长，最终杂草死亡。一般施药后 48 小时敏感杂草停止生长，1～2 周内杂草叶片开始发黄，3～4 周杂草彻底死亡。杂草受害反应速度与气候条件、杂草种类及生长环境等因素有关。药剂在土壤中降解快，对后茬作物无影响。

适用作物防除对象及使用技术　唑啉草酯主要应用于小麦田和大麦田，防除看麦娘、日本看麦娘、野燕麦、黑麦草、狗尾草、硬草、茵草、棒头草、雀麦、稗草等一年生禾本科杂草，对早熟禾、节节麦基本无效。

小麦田　在小麦 2 叶 1 心期到开花前都可使用，最佳施药时期为冬小麦返青至拔节前或春小麦 3～5 叶期、禾本科杂草 3～5 叶期。一般每亩使用 5％乳油 60～80 毫升，或 10％乳油或 10％可分散油悬浮剂 30～40 毫升，或 20％可分散油悬浮剂 15～20 毫升，对水 15～30 千克均匀茎叶喷雾。要求药液喷洒必须均匀细致，不能重喷、漏喷。杂草草龄较大或密度较大时，选用高剂量，反之选用低剂量。

冬大麦田　冬前施药，每亩使用 5％乳油 60～80 毫升，或 10％乳油或 10％可分散油悬浮剂 30～40 毫升，或 20％可分散油悬浮剂 15～20 毫升，对水 15～30 千克均匀茎叶喷雾；春季施药，每亩使用 5％乳油 80～100 毫升，或 10％乳油或 10％可分散油悬浮剂 40～50 毫升，或 20％可分散油悬浮剂 20～25 毫升，对水 30～45 千克均匀茎叶喷雾。

注意事项　唑啉草酯耐雨水冲刷，施药后 1 小时遇雨基本不影响除草效果。不能与激素类除草剂混用，如 2,4-滴、2 甲 4 氯、麦草畏等；与其他除草剂、农药、肥料混用时应先进行安全性与可混性测试。喷药后要彻底清洗喷雾器械，避免药物残留造成玉米、高粱及其他敏感作物药害。

第二节 混配制剂

2甲·草甘膦

有效成分 2甲4氯（MCPA）＋草甘膦（glyphosate），或2甲4氯钠（MCPA-sodium）＋草甘膦铵盐（glyphosate ammonium），或2甲4氯钠（MCPA-sodium）＋草甘膦异丙胺盐（glyphosate-isopropylammonium）。

主要含量与剂型 33%（3%＋30%）、35%（5%＋30%）、36%（5.6%＋30.4%；6%＋30%）水剂，33%（3%＋30%）、35%（5%＋30%）可溶液剂，46%（8%＋38%）、84.5%（4.5%＋80%）可溶粉剂，括号内有效成分含量均为2甲4氯的含量加草甘膦的含量；36%（3%＋33%）水剂，50%（8%＋42%）、90%（10%＋80%）、93%（5%＋88%）可溶粉剂，80%（5%＋75%）可溶粒剂，括号内有效成分含量均为2甲4氯钠的含量加草甘膦铵盐的含量；44%（10%＋34%）、49%（8%＋41%）、51%（10%＋41%）水剂，括号内有效成分含量均为2甲4氯钠的含量加草甘膦异丙胺盐的含量。

产品特点 2甲·草甘膦是由2甲4氯与草甘膦，或2甲4氯钠与草甘膦铵盐，或2甲4氯钠与草甘膦异丙胺盐按一定比例混配的一种灭生性内吸传导型茎叶处理复合除草剂，微毒至低等毒性，属苯氧羧酸类激素型除草剂与有机磷类除草剂的科学组合，两种不同杀草机理作用互补，具有内吸性强、杀草见效快、杀草谱广、除草效果好、持效期长等特点。通过杂草绿色部位吸收并迅速传导至根部，将杂草连根杀死。

适用作物防除对象及使用技术 2甲·草甘膦主要用于非耕地及果园内的灭生性除草，能有效防除多种一年生及多年生的单子叶与双子叶杂草，如马唐、牛筋草、狗尾草、虎尾草、棒头草、鸭跖草、扁穗莎草、马齿苋、龙葵、繁缕、齿果酸模、扬子毛茛、鼠曲、辣子草、雾水葛、铁苋菜、碎米荠、蓼菜等。果园内使用时需定向均匀喷雾，喷头上应加装保护罩，以避免药液飘移到果树上。

通常在杂草生长旺盛期（开花前）施药，均匀周到喷雾。一般每亩使用33%水剂或35%水剂或36%水剂或33%可溶液剂或35%可溶液剂300～400毫升，或44%水剂250～400毫升，或46%可溶粉剂250～400克，或49%水剂或51%水剂270～350毫升，或50%可溶粉剂270～350克，或80%可溶粒剂150～200克，或84.5%可溶粉剂100～160克，或90%可溶粉剂120～180克，或93%可溶粉剂100～150克，对水30～50千克向杂草茎叶定向均匀喷雾，以杂草茎叶完全喷湿喷透为最佳，并避免药液接触到周边作物的绿色部位。

具体用药量需根据杂草对药剂的敏感程度、杂草密度、杂草大小、空气湿度等因素确定，难防除杂草、杂草密度大、杂草植株高、天气干旱时，选用高剂量或适当增加用药量，以保证除草效果；反之选用较低剂量，节约成本。

注意事项 2甲·草甘膦遇土壤易产生"钝化"，失去活性，配药时不能使用浑浊水，必须使用清水。药剂通过茎叶吸收，施药时期宜在杂草旺盛生长初期至开花前，以保证有较大叶面积接触较多药液。喷药时需定向均匀周到喷雾，喷头上最好加装保护罩，以避免药液飘移到种植作物上。药剂对大豆、棉花、马铃薯、油菜、瓜类等阔叶作物敏感，用药时应与敏感作物至少间隔 50 米以上。本剂生产企业较多，各企业间产品配方比例及含量差异较大，具体选用时应以该产品的标签说明为准。

2 甲·氯氟吡

有效成分 2 甲 4 氯（MCPA）＋氯氟吡氧乙酸（fluroxypyr），或 2 甲 4 氯钠（MCPA - sodium）＋氯氟吡氧乙酸（fluroxypyr），或 2 甲 4 氯异辛酯（MCPA - isooctyl）＋氯氟吡氧乙酸异辛酯（fluroxypyr - meptyl）。

主要含量与剂型 30%（25%＋5%）可湿性粉剂，42%（33.5%＋8.5%）微乳剂，42%（33.5%＋8.5%）乳油，括号内有效成分含量均为 2 甲 4 氯的含量加氯氟吡氧乙酸的含量；30%（25%＋5%）、36%（30%＋6%）、42%（30%＋12%）可湿性粉剂，括号内有效成分含量均为 2 甲 4 氯钠的含量加氯氟吡氧乙酸的含量；42%（34.5%＋7.5%）水乳剂，43%（36.5%＋6.5%）可分散油悬浮剂，85%（70%＋15%）乳油，括号内有效成分含量均为 2 甲 4 氯异辛酯的含量加氯氟吡氧乙酸异辛酯的含量。

产品特点 2 甲·氯氟吡是由 2 甲 4 氯与氯氟吡氧乙酸，或 2 甲 4 氯钠与氯氟吡氧乙酸，或 2 甲 4 氯异辛酯与氯氟吡氧乙酸异辛酯按一定比例混配的一种内吸传导型选择性苗后茎叶处理低毒复合除草剂，属苯氧羧酸类激素型除草剂与吡啶类除草剂的科学组合，用于防除多种阔叶杂草，具有除草活性高、渗透力强、施药后迅速被植物吸收等特点。药剂被杂草茎叶和根部迅速吸收，使敏感杂草出现典型激素类除草剂的反应，如植株畸形、扭曲等，能有效杀灭地上茎叶和地下根系。温度低时药效发挥较慢，植物中毒后只是停止生长，当气温升高后植株才很快死亡。

适用作物防除对象及使用技术 2 甲·氯氟吡适用于小麦田、水稻移栽田、谷子田，能有效防除一年生阔叶杂草及莎草科杂草，如旱田中的猪殃殃、泽漆、繁缕、牛繁缕、婆婆纳、播娘蒿、荠菜、离心芥、大巢菜、米瓦罐、藜、苣荬菜、田旋花、苍耳、苘麻等多种阔叶杂草，水田中的水花生（空心莲子草）、水苋菜、鳢肠、节节菜、丁香蓼、陌上菜、鸭舌草、泽泻、野慈姑、三棱草等阔叶杂草及莎草。

冬小麦田 麦苗返青期（3 叶后）至拔节前、阔叶杂草 3～6 叶期茎叶喷雾施药。一般每亩使用 30%可湿性粉剂 125～150 克，或 36%可湿性粉剂 75～100 克，42%乳油或42%微乳剂或 42%水乳剂 50～75 毫升，或 42%可湿性粉剂 50～70 克，或 43%可分散油悬浮剂 50～70 毫升，或 85%乳油 30～40 毫升，对水 30～50 千克均匀茎叶喷雾。最好选择气温高于 10℃的晴天施药，以促进药效发挥，并避免药滴飘移到其他作物上。冬小麦3 叶期前及拔节期后不能用药。

水稻移栽田 在水稻移栽 5～7 天缓苗后的 5 叶期至拔节前、阔叶杂草 3～5 叶期施药。一般每亩使用 30%可湿性粉剂 60～90 克，或 36%可湿性粉剂 60～80 克，或 42%乳油或 42%微乳剂 50～75 毫升，或 42%水乳剂 50～80 毫升，或 42%可湿性粉剂 50～70 克，或 43%可分散油悬浮剂 50～80 毫升，或 85%乳油 30～40 毫升，对水 30～50 千克均匀茎叶喷雾。施药前排干田水，药后 1～2 天内灌 3～5 厘米浅水，保水 5～7 天，水层不能淹没水稻心叶。阔叶杂草偏大时，尽量选用高剂量。用药量偏高时可能会部分出现劈叉现象，但不影响最终产量。气温在 25℃ 左右除草效果显著，阴天和气温低时药效较差。水稻 4 叶期前和拔节后对药剂敏感，不能使用。糯稻品种不建议使用。

谷子田　在谷子 4 叶期后、阔叶杂草 3～5 叶期茎叶施药，一般每亩使用 30％可湿性粉剂 70～100 克，或 36％可湿性粉剂 60～90 克，或 42％乳油或 42％微乳剂或 42％水乳剂 50～80 毫升，或 42％可湿性粉剂 50～80 克，或 43％可分散油悬浮剂 50～80 毫升，或 85％乳油 30～40 毫升，对水 30～50 千克均匀茎叶喷雾。

注意事项　2 甲·氯氟吡喷药应均匀周到，不能重喷、漏喷，并避免药液飘移到棉花、花生、豆类、甘薯、甘蓝、瓜类等阔叶敏感作物上。双子叶作物田及作物制种田禁止使用。本剂生产企业较多，各企业间产品配方比例及含量差异较大，具体选用时应以该产品的标签说明为准。

2 甲·灭草松

有效成分　2 甲 4 氯（MCPA）＋灭草松（bentazone），或 2 甲 4 氯钠（MCPA - sodium）＋灭草松（bentazone）。

主要含量与剂型　38％（5％＋33％）、40％（10％＋30％）、46％（6％＋40％）、48％（6％＋42％）、50％（10％＋40％）水剂，38％（5％＋33％）、46％（6％＋40％）、460 克/升（60 克/升＋400 克/升）可溶液剂，80％（15％＋65％）可溶粉剂，括号内有限成分含量均为 2 甲 4 氯的含量加灭草松的含量；26％（6％＋20％）、37.5％（5.5％＋32％；7.5％＋30％）、50％（10％＋40％）水剂，50％（10％＋40％）可溶液剂，75％（20％＋55％）可溶粉剂，括号内有效成分含量均为 2 甲 4 氯钠的含量加灭草松的含量。

产品特点　2 甲·灭草松是由 2 甲 4 氯或 2 甲 4 氯钠与灭草松按一定比例混配的一种苗后选择性触杀型低毒复合除草剂，属苯氧羧酸类激素型除草剂与苯并噻唑类除草剂的科学组合，见草施药，使用方法简便，不受土壤和某些耕种条件限制。药剂通过叶面渗透或根部吸收，传导至茎叶，阻碍敏感杂草光合作用和水分代谢，造成营养饥饿，使杂草生理机能失调而死亡。一般药后 2～3 天见效，5～7 天杂草死亡。

适用作物防除对象及使用技术　2 甲·灭草松适用于水稻、小麦，既可有效防除水田中的泽泻、雨久花、鸭舌草、矮慈姑、节节菜、鳢肠、陌上菜、尖瓣花、牛毛毡、泽泻、萤蔺、三棱草、水莎草、碎米莎草、异型莎草、扁秆藨草等多种一年生阔叶杂草及莎草科杂草，又可有效防除旱田中的播娘蒿、猪殃殃、婆婆纳、麦家公、荠菜、苍耳、反枝苋、凹头苋、刺苋、大巢菜、藜、小藜、龙葵、繁缕及蒿属等多种一年生阔叶杂草。

水稻田　水稻移栽田在移栽后 10～15 天的分蘖末期至拔节前施药，水稻直播田在水稻 5 叶期后施药，杂草 2～5 叶期的旺盛生长期为最佳施药期。喷药前排干田水，将杂草全部露出，施药后 1～3 天灌水，保持水层 3～5 厘米深 5～7 天，而后恢复正常管理。一般每亩使用 26％水剂 180～250 毫升，或 37.5％水剂或 38％水剂或 38％可溶液剂 160～200 毫升，或 40％水剂 150～180 毫升，或 46％水剂或 46％可溶液剂或 460 克/升可溶液剂 130～170 毫升，或 48％水剂 120～160 毫升，或 50％水剂或 50％可溶液剂 100～140 毫升，或 75％可溶粉剂 80～120 克，或 80％可溶粉剂 70～100 克，对水 30～45 千克均匀茎叶喷雾。如果需同时防除稻田中的各种稗草，2 甲·灭草松可与二氯喹啉酸混用，以达到一次施药，消灭田间稗草、莎草及阔叶杂草。每亩使用 2 甲·灭草松上述剂量混加 50％二氯喹啉酸可湿性粉剂 35～50 克，对水 30～45 千克均匀茎叶喷雾。2 甲·灭草松属苗后茎叶处理除草剂，不能在直播水稻 4 叶期前施用。

小麦田 冬小麦春季返青后拔节前、春小麦分蘖末期到拔节前施药。一般每亩使用 26％水剂 250～350 毫升，或 37.5％水剂或 38％水剂或 38％可溶液剂 220～270 毫升，或 40％水剂 200～240 毫升，或 46％水剂或 46％可溶液剂或 460 克/升可溶液剂 170～200 毫升，或 48％水剂 150～180 毫升，或 50％水剂或 50％可溶液剂 140～170 毫升，或 75％可溶粉剂 110～130 克，或 80％可溶粉剂 100～120 克，对水 20～30 千克均匀茎叶喷雾。防除播娘蒿、猪殃殃、婆婆纳、麦家公等难防杂草时选用高剂量。

注意事项 2 甲·灭草松喷药应均匀周到，确保杂草茎叶喷至湿润；喷药后应保持 6 小时内无雨，降 5 毫米以上雨时会影响药效。本剂对棉花、豆类、瓜类及蔬菜、果树、林木等各类阔叶作物敏感，施药时防止药液飘移到上述作物上，以免产生药害。本剂生产企业较多，各企业间产品配方比例及含量差异较大，具体选用时应以该产品的标签说明为准。

2 甲·双氟

有效成分 2 甲 4 氯异辛酯（MCPA‑isooctyl）＋双氟磺草胺（florasulam）。

主要含量与剂型 40％（39.4％＋0.6％；39.5％＋0.5％；39.6％＋0.4％）、43％（42.61％＋0.39％）、44％（43.5％＋0.5％）、46％（45.4％＋0.6％）、86％（85％＋1％）悬乳剂，40％（39.2％＋0.8％）可分散油悬浮剂。括号内有效成分含量均为 2 甲 4 氯异辛酯的含量加双氟磺草胺的含量。

产品特点 2 甲·双氟是由 2 甲 4 氯异辛酯与双氟磺草胺按一定比例混配的一种内吸传导型苗后茎叶处理低毒复合除草剂，属苯氧羧酸类激素型除草剂与三唑嘧啶磺酰胺类除草剂的科学组合，专用于防控阔叶杂草，具有杀草谱广、用药适期宽、低温药效稳定、对后茬作物安全等特点。药剂被杂草吸收后既能影响核酸与蛋白质合成，又能抑制支链氨基酸合成而影响细胞分裂，导致杂草死亡。

适用作物防除对象及使用技术 2 甲·双氟主要应用于小麦田，能有效防除麦田的猪殃殃、繁缕、荠菜、大巢菜、泽漆、播娘蒿、田旋花、卷茎蓼等多种一年生阔叶杂草。用药适期宽，冬前、早春均可使用，且低温下用药仍有较好防效。

在冬小麦返青至拔节前或春小麦 3 叶期至拔节前、杂草 2～5 叶期施药。一般每亩使用 40％悬乳剂 60～80 毫升，或 40％可分散油悬浮剂 40～60 毫升，或 43％悬乳剂或 44％悬乳剂 60～100 毫升，或 46％悬浮剂 40～50 毫升，或 86％悬浮剂 20～30 毫升，对水 20～30 千克均匀茎叶喷雾。杂草密度较大时，适当提高用药剂量和用水量，将杂草喷匀喷透，使杂草叶片充分受药。最适施药温度为 5～25℃，最低白天温度不应低于 2℃。

注意事项 2 甲·双氟应在无风无雨天喷药，避免药液飘移到敏感作物上；并避开寒流期，防止麦苗产生冻药害。推荐剂量下对小麦及后茬作物安全。本剂生产企业较多，各企业间产品配方比例及含量有一定差异，具体选用时应以该产品的标签说明为准。

2 甲·唑草酮

有效成分　2甲4氯钠（MCPA-sodium）＋唑草酮（carfentrazone-ethyl）。

主要含量与剂型　70.5%（66.5%＋4%）可湿性粉剂，70.5%（66.5%＋4%）水分散粒剂。括号内有效成分含量均为2甲4氯钠的含量加唑草酮的含量。

产品特点　2甲·唑草酮是由2甲4氯钠与唑草酮按科学比例混配的一种内吸传导型选择性苗后茎叶处理低毒复合除草剂，属苯氧羧酸类激素型除草剂与三唑啉酮类除草剂的科学组合，专用于防除一年生阔叶杂草，耐雨水冲刷。两种杀草机理作用互补，杀草速度快，除草效果好，使用方便。药剂被杂草吸收后既能影响核酸与蛋白质合成，又能干扰和破坏细胞膜功能，而导致杂草死亡。

适用作物防除对象及使用技术　2甲·唑草酮适用于小麦、水稻，能有效防除小麦田的播娘蒿、荠菜、藜、婆婆纳、猪殃殃、田旋花、小蓟、泽漆、鸭跖草、萹蓄、野荸荠等一年生阔叶杂草，和水稻田的野慈姑、野荸荠、鸭舌草、陌上菜、丁香蓼、雨久花、日照飘拂草、扁秆藨草、异型莎草等一年生阔叶杂草及莎草。

冬小麦田　冬小麦返青期（4叶期后）至拔节前、杂草2~3期施药，小麦4叶期前及倒2叶抽出后不能使用。一般每亩使用70.5%可湿性粉剂或70.5%水分散粒剂35~45克，对水30~40千克均匀茎叶喷雾，不能重喷、漏喷，并避免药液飘移到其他阔叶作物上。干旱环境或杂草较大、较多时，选用较高剂量和较大水量；土壤湿度大或气温在15℃以上时有利于药效发挥。

水稻移栽田（东北地区除外）　在水稻分蘖中后期、杂草2~5叶期施药。一般每亩使用70.5%可湿性粉剂或70.5%水分散粒剂40~50克，对水30~45千克均匀茎叶喷雾，不能重喷、漏喷，并防止药液飘移到邻近敏感作物上。施药前排干田水，使杂草全部露出，施药后48小时灌水回田。

注意事项　2甲·唑草酮对棉花、马铃薯、油菜、豆类、瓜类及蔬菜、果树、林木等阔叶作物敏感，施药时应避免药液飘移到上述作物上。间套棉花或其他阔叶作物的田块，不能使用本剂。在水稻田使用时，药剂见光后才能充分发挥药效，阴天不利于药效正常发挥，使用时需注意；用药后水稻叶片可能会出现灼伤斑点，不影响水稻正常生长。

安·宁·乙呋黄

有效成分　甜菜安（desmedipham）＋甜菜宁（phenmedipham）＋乙氧呋草黄（ethofumesate）。

主要含量与剂型　18%（7%＋7%＋4%）、21%（7%＋7%＋7%）、27%（7%＋9%＋11%）、274克/升（71克/升＋91克/升＋112克/升）乳油。括号内有效成分含量均为甜菜安的含量加甜菜宁的含量加乙氧呋草黄的含量。

产品特点　安·宁·乙呋黄是由甜菜安与甜菜宁、乙氧呋草黄按一定比例三元混配的一种内吸选择性茎叶处理低毒复合除草剂，属氨基甲酸酯类除草剂与苯并呋喃类除草剂的科学组合，专用于甜菜田除草。三种有效成分作用互补、协同增效，具有杀草谱广、药效稳定等特点，正常使用对甜菜和下茬作物安全。药剂被杂草吸收后既能破坏杂草光合作用，又能抑制脂质合成、阻碍细胞分裂，导致敏感杂草死亡。

适用作物防除对象及使用技术　安·宁·乙呋黄只适用于甜菜田苗后茎叶处理，用于防除藜、反枝苋、豚草、牛舌草、野芝麻、野萝卜、繁缕、荞麦蔓等多种一年生阔叶杂草。

甜菜出苗后、阔叶杂草 2～4 叶期为最佳施用时期。一般每亩使用 18%乳油或 21%乳油 350～400 毫升，或 27%乳油或 274 克/升乳油 250～350 毫升，对水 30～40 千克均匀茎叶喷雾。干旱时或杂草较大时选用较高剂量，并适当增大用水量。用二次稀释法配制药液较好。不能在下雨、高温、刮风、甜菜上有露水或沿海地区遇到海雾时施药，并避免药液飘移到邻近作物田内。用药后甜菜叶片上可能会有触杀状药害，一般 14 天后即可恢复，对后期生长没有影响。甜菜 4～6 叶期以前使用，应酌情降低用药剂量。

注意事项　安·宁·乙呋黄最佳施药温度为 20℃左右，低温 12℃以下或高温 25℃以上时禁止施药。干旱环境或杂草叶龄较大时会降低药效，应在苗后尽早施药。遇到早春低温霜冻、冻雹灾害、营养缺乏或病虫为害时，甜菜对药剂较敏感，易发生药害，需要慎重。对前茬有残留除草剂药害，如玉米、大豆田使用过烟嘧磺隆、莠去津、氟磺胺草醚等长残效除草剂的田块，甜菜苗长势偏弱，会有斑秃状死苗、失绿等现象，此类田块严禁使用本剂。

苯磺·炔草酯

有效成分　苯磺隆（tribenuron - methyl）＋炔草酯（clodinafop - propargyl）。

主要含量与剂型　14%（4%＋10%）可分散油悬浮剂，15%（5%＋10%）、30%（10%＋20%）可湿性粉剂。括号内有效成分含量均为苯磺隆的含量加炔草酯的含量。

产品特点　苯磺·炔草酯是由苯磺隆和炔草酯混配的一种内吸传导型苗后茎叶处理低毒复合除草剂，属磺酰脲类除草剂与芳氧苯氧丙酸酯类除草剂的科学组合，专用于小麦田除草，具有杀草谱广、耐低温、耐雨水冲刷、施药适期宽、除草效果稳定、对小麦和后茬作物安全等特点。药剂被杂草茎叶或叶鞘及根部吸收后，通过抑制支链氨基酸合成及脂肪酸合成，影响细胞分裂而导致敏感杂草死亡。

适用作物防除对象及使用技术　苯磺·炔草酯主要适用于小麦田苗后茎叶处理除草，既可有效防除野燕麦、看麦娘、硬草、菵草、棒头草、稗草等一年生禾本科杂草，又能有效防除繁缕、荠菜、麦瓶草、播娘蒿、猪殃殃、鸭跖草、附地菜、藜、龙葵、反枝苋等一年生阔叶杂草。

在小麦 2～4 叶期或 3 叶期后、杂草 2～5 叶期施药。一般每亩使用 14%可分散油悬浮剂 40～50 毫升，或 15%可湿性粉剂 30～40 克，或 30%可湿性粉剂 15～20 克，对水 25～30 千克均匀茎叶喷雾。气温 10℃以上、土壤水分充足时用药效果好；避免在干燥低温（10℃以下）时用药，以免影响除草效果。硬草、菵草较多时或春季草龄较大时，适当提高用药剂量。

注意事项 苯磺·炔草酯不能在大麦田、燕麦田及间套种阔叶作物的小麦田使用，小麦田施药后与后茬作物的安全间隔期为 90 天。后茬套种或轮作大豆、花生等敏感作物时，应在冬季前施药。低温 5℃ 以下请勿施药，避免产生冻药害。

苯磺·异丙隆

有效成分 苯磺隆（tribenuron - methyl）＋异丙隆（isoproturon）

主要含量与剂型 50%（0.5%＋49.5%；0.8%＋49.2%；1%＋49%；1.5%＋48.5%）、70%（1%＋69%；1.2%＋68.8%）可湿性粉剂。括号内有效成分含量均为苯磺隆的含量加异丙隆的含量。

产品特点 苯磺·异丙隆是由苯磺隆与异丙隆按一定比例混配的一种内吸传导型选择性茎叶处理低毒复合除草剂，属磺酰脲类除草剂与取代脲类除草剂的科学组合，兼防多种阔叶杂草与禾本科杂草，具有杀草谱广、除草效果稳定、施药适期宽、持效期较长、对作物安全性高、使用方便等特点。施药后药剂被杂草茎叶及根部迅速吸收、传导，既能抑制支链氨基酸合成，又能抑制其光合作用，阻碍杂草有机物生成，导致杂草死亡。

适用作物防除对象及使用技术 苯磺·异丙隆主要用于小麦田苗后茎叶处理除草，能有效防除多种一年生禾本科杂草及阔叶杂草，如看麦娘、日本看麦娘、早熟禾、野燕麦、牛繁缕、藜、麦瓶草、荠菜、麦家公、离子草、播娘蒿等。

冬前用药，小麦 3 叶期至分蘖前、杂草 2～4 叶期茎叶喷雾；春季用药，小麦返青至拔节前、杂草 3～5 叶期茎叶喷雾。一般每亩使用 50%（0.5%＋49.5%；0.8%＋49.2%；1%＋49%）可湿性粉剂 120～150 克，或 50%（1.5%＋48.5%）可湿性粉剂或 70%可湿性粉剂 80～120 克，对水 30～45 千克均匀茎叶喷雾。土壤墒情差，应在抗旱渗水后用药。需轮作种植花生、大豆的冬小麦田宜在冬前用药。

注意事项 苯磺·异丙隆喷药时防止药液飘移到油菜、蚕豆等敏感阔叶作物上。与后茬作物的安全间隔期为 90 天以上。本剂杀草速度较慢，一般用药 2～4 周后杂草死亡。不同企业的产品配方比例有较大差异，具体选用时应以相应产品的标签说明为准。

吡嘧·丙草胺

有效成分 吡嘧磺隆（pyrazosulfuron - ethyl）＋丙草胺（pretilachlor）。

主要含量与剂型 6%（0.6%＋5.4%）颗粒剂，17%（2%＋15%）泡腾片剂，20%（1%＋19%）、35%（2%＋33%）、38%（2%＋36%；3%＋35%）、40%（2%＋38%）、45%（2.5%＋42.5%）、55%（5%＋50%）可湿性粉剂。括号内有效成分含量均为吡嘧磺隆的含量加丙草胺的含量。

产品特点 吡嘧·丙草胺是由吡嘧磺隆与丙草胺按一定比例混配的一种内吸传导型选择性低毒复合除草剂，属磺酰脲类除草剂与氯乙酰胺类除草剂的科学组合，有效成分可在水中迅速扩散，被杂草根部、芽鞘及叶片吸收后传导至植株体内，通过阻碍氨基酸、蛋白质及多糖的生物合成，导致敏感杂草死亡。制剂中添加安全剂解草啶，对水稻安全，杀草谱广，活性高，药效持久，一次施药能控制水稻全生长期的多种杂草危害，对阔叶杂草、莎草及稗草等均有较好的防除效果，且药效不受温度影响。

适用作物防除对象及使用技术 吡嘧·丙草胺主要适用于水稻田，能有效防除稗草、千金子、异型莎草、水莎草、牛毛毡、萤蔺、鸭舌草、眼子菜、泽泻、节节菜、陌上菜、四叶萍、野慈姑、矮慈姑等多种一年生杂草，特别对稗草、千金子特效。

水稻移栽田 水稻移栽后5～10天、稗草1.5～2叶期、阔叶杂草萌芽期施药。施药前保持水层3～5厘米，不能淹没水稻心叶；施药后保水5～7天，缺水补水，只灌不排，切忌断水干田，也不能淹没水稻心叶。一般每亩使用6%颗粒剂400～500克，或17%泡腾片剂150～250克，或45%可湿性粉剂60～80克，或55%可湿性粉剂50～70克，与细沙土5～10千克拌匀后均匀撒施。

水稻直播田 水稻播种后2～4天、幼小秧苗扎根后、稗草1.5叶期以前施药。要求田面平整，喷施前先排干田水，用药时田板保持湿润状态，田沟内留有浅水层；施药1周内保持田面湿润，但严禁田水淹没秧苗心叶。播种稻谷应先催芽，盲谷播种需要盖土后才能施药。一般每亩使用20%可湿性粉剂120～180克，或35%可湿性粉剂60～80克，或38%可湿性粉剂50～70克，或40%可湿性粉剂45～60克，对水30～40千克均匀喷洒田面。

注意事项 吡嘧·丙草胺对有些晚稻品种相对敏感，应尽量避免在晚稻芽期使用。气温低于12℃时，不能使用本剂。本剂对黑麦草、小麦、油菜敏感，施药时应注意避开；用药稻田后茬种植阔叶等敏感作物的安全间隔期为80天以上。

吡酰·异丙隆

有效成分 吡氟酰草胺（diflufenican）＋异丙隆（isoproturon）。

主要含量与剂型 39%（4%＋35%）、48%（8%＋40%）、55%（5%＋50%）悬浮剂，60%（5%＋55%）可分散油悬浮剂，60%（10%＋50%）可湿性粉剂。括号内有效成分含量均为吡氟酰草胺的含量加异丙隆的含量。

产品特点 吡酰·异丙隆是由吡氟酰草胺与异丙隆混配的一种内吸传导型选择性低毒复合除草剂，属酰苯胺类除草剂与取代脲类除草剂的科学组合，兼有茎叶处理与土壤处理活性，杂草苗前、苗后早期均可使用，既能杀死已出土杂草，又能封闭未出土杂草，解决了杂草出土不一致的难题。具有杀草谱广、作用速度较快、对作物安全性高、对人畜安全、使用方便等特点。主要经由根部、幼芽及叶部吸收传导，通过抑制杂草类胡萝卜素生物合成及光合作用而起作用，使杂草白化黄化，最后整株萎蔫死亡。两种作用机制，杀草谱互补，增效作用明显。

适用作物防除对象及使用技术 吡酰·异丙隆主要应用于冬小麦田除草，既可有效防除麦田的猪殃殃、牛繁缕、婆婆纳、宝盖草、麦家公、野油菜、荠菜、播娘蒿、藜、通泉草等多种一年生阔叶杂草，也可有效防除稗草、菵草、硬草、看麦娘、早熟禾、雀麦、野燕麦等多种一年生禾本科杂草。

在冬小麦苗2叶1心期后、一年生禾本科杂草出苗至2叶期或一年生阔叶杂草出苗至子叶期施药最佳。冬前用药，小麦2～4叶期、一年生禾本科杂草出苗至2叶期、一年生阔叶杂草出苗至子叶期为最佳时期；春季用药，在小麦返青至拔节前、杂草2～5叶期茎叶喷雾。冬前选用较低剂量，春季选用较高剂量。一般每亩使用 39％悬浮剂 150～220 毫升，或 48％悬浮剂 130～200 毫升，或 55％悬浮剂 120～180 毫升，或 60％可湿性粉剂 120～170 克，或 60％可分散油悬浮剂 100～150 毫升，对水 30～60 千克均匀茎叶喷雾。不能使用弥雾机喷药，避免药液飘移到邻近的敏感作物上。尽量选择晴天、光照强、气温高时施药，以利于药效发挥，加速杂草死亡。土壤湿度高，有利于根系吸收传导；喷药前后降雨有利于药效发挥，土壤干旱时药效较差。用药期遇到寒流来临时，应暂停施药，待气温回升、日均温达 5℃以上时再用，否则易造成冻药害。杂草超过 4 叶期、早熟禾及藜发生严重的麦田，可适当增加用药量。

本剂对未萌发的杂草具有土壤封闭作用，喷药时应水量充足，以保持土壤润湿。但芽前施药遇持续大雨，尤其为芽期降雨，可造成小麦叶片暂时脱色，但会很快恢复，对产量没有影响。施药后遭遇霜冻，小麦生长可能会暂时受到抑制，但不久即可恢复。发生冻害的麦田可喷施腐殖酸类叶面肥，以利于麦苗恢复生长。

注意事项 吡酰·异丙隆需在冬小麦 2 叶期以后使用，不能在播后苗前用药。本剂对甘蓝型油菜、大豆、黄瓜、水稻秧苗、番茄等作物敏感，喷药时避免药液飘移到此类作物上。与其他作物间作或套种的冬小麦田及施用过磷酸钙的田块不能使用本剂。在天气暖和、平均气温达 8℃以上，土壤墒情好时用药，有利于药效发挥。

苄·二氯

有效成分 苄嘧磺隆（bensulfuron‐methyl）＋二氯喹啉酸（quinclorac）。

主要含量与剂型 22％（2％＋20％）、27.5％（2.5％＋25％；2.75％＋24.75％）、28％（3％＋25％）、30％（5％＋25％）、32％（4％＋28％；6％＋26％）、35％（5％＋30％；6％＋29％）、36％（2％＋34；3％＋33％；4％＋32％；5％＋31％；6％＋30％）、38.5％（2.8％＋35.7％；5％＋33.5）、40％（2.5％＋37.5％；5％＋35％；6％＋34％）可湿性粉剂，31％（2％＋29％）泡腾粒剂。括号内有效成分含量均为苄嘧磺隆的含量加二氯喹啉酸的含量。

产品特点 苄·二氯是由苄嘧磺隆与二氯喹啉酸按一定比例混配的一种内吸传导型选择性低毒复合除草剂，属磺酰脲类除草剂与喹啉羧酸类除草剂的科学组合，具有杀草谱广、杀草速度快、施药适期宽、持效期适中、合理使用对作物安全性高等特点。药剂被杂草根部和叶片吸收后，可快速抑制敏感杂草的生长，使受害杂草幼嫩组织失绿，叶片失水萎蔫，最后全株黄化死亡。

适用作物防除对象及使用技术 苄·二氯适用于水稻移栽田、直播田和秧田，可有效防除稻田中的稗草、千金子、狼把草、雨久花、水芹、泽泻、鸭舌草、四叶萍、节节菜、眼子菜、陌上菜、野慈姑、牛毛毡、萤蔺、异型莎草、碎米莎草等多种禾本科杂草、阔叶杂草及莎草。

该药对 2 叶期以前的水稻秧苗敏感，水稻 2.5 叶期前禁止使用。用药时应严格掌控用药剂量，过量使用或重复喷洒都会出现药害；但杂草茂密或稗草超过 4 叶期时，需适当增加用药剂量。施药后若遇大幅度降温或高温干旱，会出现秧苗生长受到抑制及秧苗落黄现象，加强田间管理，温度正常后 7～10 天便可恢复。

水稻移栽田　在水稻移栽后 5～7 天，秧苗返青扎根后、稗草 1.5～3 叶期进行施药。一般每亩使用 22％可湿性粉剂 60～80 克，或 27.5％可湿性粉剂或 28％可湿性粉剂 50～75 克，或 30％可湿性粉剂或 32％可湿性粉剂 50～70 克，或 35％可湿性粉剂 50～60 克，或 36％可湿性粉剂 40～60 克，或 38.5％可湿性粉剂 40～50 克，或 40％可湿性粉剂 35～50 克，对水 30～45 千克均匀喷雾。施药前排干田水，使杂草充分露出水面，施药后 1～3 天再灌水回田，保持 3～5 厘米深水层 5～7 天，后恢复正常田间管理。也可每亩使用 31％颗粒剂 70～80 克直接抛撒施药，药后保持 3～5 厘米深水层 5～7 天，然后正常管理。药后保水不宜过深，水层不可淹没秧苗心叶，以免发生药害。

水稻直播田和秧田　在水稻 2.5 叶期以后、稗草 1～7 叶期均可施药，以稗草 2～3 叶期施药效果最佳。施药前排水至田面无明水但呈湿润状态，每亩使用 22％可湿性粉剂 70～90 克，或 27.5％可湿性粉剂或 28％可湿性粉剂 60～80 克，或 30％可湿性粉剂或 32％可湿性粉剂 60～70 克，或 35％可湿性粉剂或 36％可湿性粉剂 50～60 克，或 38.5％可湿性粉剂或 40％可湿性粉剂 40～50 克，对水 20～30 千克均匀喷雾。施药 1 天后放水回田，保持 3～4 厘米浅水层 5～7 天，水层不能淹没秧苗心叶，之后恢复正常田间管理。秧苗 2 叶 1 心期前禁止使用，弱苗秧田慎用。

注意事项　苄·二氯只能用于水稻田，其他作物田禁止使用；水稻秧苗 2.5 叶期前严禁使用。茄科、豆科、菊科、锦葵科、伞形花科、旋花科等阔叶作物对本剂较敏感，稻田施药时避免药液飘移至上述作物田内，以防产生药害；施药稻田后茬最好种植水稻、玉米、高粱等耐药性作物，药后第 2 年方可种植上述敏感作物。本剂生产企业较多，各企业间产品配方比例及含量差异较大，具体选用时应以该产品的标签说明为准。

苄嘧·苯噻酰

有效成分　苄嘧磺隆（bensulfuron - methyl）＋苯噻酰草胺（mefenacet）。

主要含量与剂型　50％（2.5％＋47.5％；2.6％＋47.4％；3％＋47％；5％＋45％）、53％（3％＋50％）、55％（3％＋52％；5％＋50％）、60％（3.5％＋56.5％；5％＋55％；6.5％＋53.5％）、68％（3.2％＋64.8％）、69％（4.5％＋64.5％）、70％（5％＋65％）、80％（4.5％＋75.5％；5％＋75％）可湿性粉剂，69％（4.5％＋64.5％）、82％（4.5％＋77.5％）水分散粒剂，0.11％（0.01％＋0.1％）、0.33％（0.03％＋0.3％）、6％（0.5％＋5.5％）颗粒剂。括号内有效成分含量均为苄嘧磺隆的含量加苯噻酰草胺的含量。

产品特点　苄嘧·苯噻酰是由苄嘧磺隆与苯噻酰草胺按一定比例混配的一种内吸传导型选择性低毒复合除草剂，属磺酰脲类除草剂与酰胺类除草剂的科学组合，专用于水稻田除草，具有杀草谱广、杀草速度快、使用方便、安全性好等特点。药剂被杂草根部、芽鞘及叶片吸收，通过阻碍氨基酸的生物合成而抑制杂草生长点细胞分裂，影响叶部及根系生长，最终导致杂草坏死。

适用作物防除对象及使用技术　苄嘧·苯噻酰仅适用于水稻田，可有效防除稗草、异型莎草、牛毛毡、矮慈姑、泽泻、眼子菜、萤蔺、水莎草、节节菜、雨久花、陌上菜、日照飘拂草、碎米莎草、小茨藻、四叶萍、茨藻等多种禾本科杂草、莎草和阔叶杂草。

一般在水稻移栽后或抛秧后 5～7 天用药。南方稻田，每亩使用 50％可湿性粉剂 60～

75 克，或 53％可湿性粉剂 55～70 克，或 55％可湿性粉剂 50～65 克，或 60％可湿性粉剂 50～60 克，或 68％可湿性粉剂或 69％可湿性粉剂或 70％可湿性粉剂或 69％水分散粒剂 45～55 克，或 80％可湿性粉剂或 82％水分散粒剂 40～55 克；北方稻田，每亩使用 50％ 可湿性粉剂 80～100 克，或 53％可湿性粉剂 70～90 克，或 55％可湿性粉剂 65～85 克，或 60％可湿性粉剂 60～80 克，或 68％可湿性粉剂或 69％可湿性粉剂或 70％可湿性粉剂 或 69％水分散粒剂 55～70 克，或 80％可湿性粉剂或 82％水分散粒剂 50～60 克。每亩药 剂与细沙土 15～20 千克拌匀后均匀撒施于田内，也可与肥料混施，既除草又促进秧苗生 长。南方稻田还可每亩使用 0.11％颗粒剂 20～30 千克，或 0.33％颗粒剂 6.5～10 千克，或 6％颗粒剂 350～550 克，直接撒施或混拌细沙土后撒施。施药后保持 3～5 厘米深水层 5～7 天，缺水缓慢补水，不能排水，亦不能使水层淹过水稻心叶。

注意事项 苄嘧·苯噻酰田间撒施应均匀周到，水稻秧龄 1.5 叶期前慎用。露水地 段、沙质土、漏水田使用效果差。用药稻田排水时不能排入荸荠、慈姑、河藕等水生蔬菜 田。本剂生产企业较多，各企业间产品配方比例及含量差异较大，具体选用时应以该产品 的标签说明为准。

苄嘧·丙草胺

有效成分 苄嘧磺隆（bensulfuron‑methyl）＋丙草胺（pretilachlor）。

主要含量与剂型 20％（2％＋18％；2.7％＋17.3％）、25％（2％＋23％；5％＋ 20％）、30％（1.5％＋28.5％；2％＋28％；3％＋27％；4％＋26％）、35％（2％＋ 33％）、40％（4％＋36％；4.7％＋35.3％）可湿性粉剂，40％（4.7％＋35.3％）悬乳 剂，30％（2％＋28％；3％＋27％）、40％（4％＋36％）可分散油悬浮剂，30％（2％＋ 28％）乳油，0.2％（0.025％＋0.175％）、3％（0.3％＋2.7％；0.33％＋2.67％）、5％ （0.5％＋4.5％）颗粒剂。括号内有效成分含量均为苄嘧磺隆的含量加丙草胺的含量。

产品特点 苄嘧·丙草胺是由苄嘧磺隆与丙草胺按一定比例混配的一种选择性高效低 毒复合除草剂，属磺酰脲类除草剂与氯乙酰胺类除草剂的科学组合，专用于水稻田除草，为提高对水稻的安全性，许多产品还添加了安全剂解草啶。具有除草活性较高、安全性能 较好、杀草谱较广、持效期较长（30～40 天）等特点。药剂被杂草根部、胚轴、芽鞘或 叶片吸收，通过阻碍支链氨基酸、蛋白质及多糖的生物合成，而抑制细胞分裂、生长，导 致杂草坏死。

适用作物防除对象及使用技术 苄嘧·丙草胺仅适用于水稻田，能有效防除稗草、马 唐、牛筋草、牛茅草、千金子、眼子菜、鲤肠、陌上菜、丁香蓼、鸭舌草、水苋菜、四叶 萍、牛毛毡、节节菜、萤蔺、异型莎草、碎米莎草等多种一年生及部分多年生杂草。

水稻直播田 仅能使用含有安全剂解草啶的产品，在水稻催芽播种后 2～4 天施药。要求田畦平整，稻谷必须经过催芽，在大多数稻谷芽长达 1 粒谷长后再进行播种。一般每 亩使用 20％可湿性粉剂 100～150 克，或 25％可湿性粉剂 100～120 克，或 30％可湿性粉 剂 80～120 克，或 35％可湿性粉剂 70～80 克，或 40％可湿性粉剂 60～75 克，或 40％悬 浮剂或 40％可分散油悬浮剂 60～75 毫升，或 30％可分散油悬浮剂或 30％乳油 80～100 毫 升，对水 30～40 千克均匀喷洒田面；也可每亩使用 0.2％颗粒剂 10～12 千克，或 3％颗粒剂 700～1 000 克，或 5％颗粒剂 350～450 克，与适量细沙土拌匀后均匀撒施。施药时田面湿润，田沟内要有浅水，但畦面不能积水；施药后 5 天内保持田间湿润状态，秧苗 2 叶 1 心后灌浅水，以保证充分发挥药效。播种后 7 天内日最低气温要维持在 15℃以上，遇降雨时需及时排干田水，早稻区有倒春寒时禁止使用。

水稻移栽田、抛秧田　在水稻移栽后 5～7 天或抛秧后 5～10 天、稗草 1～2 叶期施药。一般每亩使用 20％可湿性粉剂 120～150 克，或 25％可湿性粉剂 100～120 克，或 30％可湿性粉剂 80～120 克，或 35％可湿性粉剂 70～80 克，或 40％可湿性粉剂 60～80 克，或 40％悬浮剂或 40％可分散油悬浮剂 60～80 毫升，或 30％可分散油悬浮剂或 30％乳油 80～120 毫升，对水 30～50 千克均匀喷雾；或每亩使用 3％颗粒剂 600～800 克，或 5％颗粒剂 350～450 克，混拌适量细沙土后均匀撒施。施药前灌水 3～5 厘米，但不能淹没水稻心叶；施药后保持 3～5 厘米水层 5～7 天，缺水缓灌补水，切忌断水干田或水淹没水稻心叶。施药田块要求平整，露水地段、沙质土、漏水田慎用。

注意事项　苄嘧·丙草胺施药应均匀周到，严禁重施、漏施。直播田禁止在播后早期胚根式根系暴露在外时使用。本剂对小麦、萝卜、黄瓜等作物具有极高风险，用药时避免药剂飘移到这些作物上，以免造成药害。本剂生产企业较多，各企业间产品配方比例及含量差异较大，具体选用时应以该产品的标签说明为准。

草铵·草甘膦

有效成分　草铵膦（glufosinate-ammonium）＋草甘膦（glyphosate）。

主要含量与剂型　36％（6％＋30％）、38％（8％＋30％）、40％（10％＋30％；11％＋29％）水剂，36％（6％＋30％）、38％（8％＋30％）、40％（10％＋30％）可溶液剂，80％（20％＋60％）可溶粒剂。括号内有效成分含量均为草铵膦的含量加草甘膦的含量。

产品特点　草铵·草甘膦是由草铵膦与草甘膦混配的一种非选择性灭生型广谱低毒复合除草剂，属次膦酸类除草剂与有机磷类除草剂的互补组合，兼有内吸传导和触杀作用，具有杀草活性高、除草速度快、杀草谱广、持效期长等特点，除草更彻底，尤其对耐受草甘膦的部分恶性杂草如牛筋草、小飞蓬等效果较好。药剂主要经叶片吸收，通过抑制一些酶活性而阻碍蛋白质合成、破坏细胞膜、抑制光合作用等，导致杂草死亡。

适用作物防除对象及使用技术　草铵·草甘膦主要用于非耕地除草，有时也可用于果园内行间定向除草，能有效防除绝大多数一年生和多年生的禾本科杂草、阔叶杂草及莎草。

在杂草出齐后生长旺盛期至抽穗开花前为最佳施药时期。一般每亩使用 36％水剂或 36％可溶液剂或 38％水剂或 38％可溶液剂 300～400 毫升，或 40％水剂或 40％可溶液剂 250～400 毫升，或 80％可溶粒剂 100～160 克，对水 30～60 千克均匀茎叶喷雾，将杂草喷湿、喷透。果园内除草需喷头向下朝杂草茎叶定向喷雾，不能将药液喷洒到果树上，特别是果树枝叶上。本剂由杂草茎叶吸收发挥除草活性，因此应确保杂草叶片充分均匀着药。干旱及杂草高大、草量稠密或多年生恶性杂草多时，选用较高剂量和对水量。防除非耕地杂草时，根据杂草发生情况可 2 次或多次用药。

注意事项　草铵·草甘膦不能与碱性药剂等物质混用，喷药时避免喷洒到邻近作物上及果树幼嫩茎叶上。药剂遇土钝化、失去活性，必须用清水配制药液，不能使用浑浊的河水或沟渠水配药。

噁草·丁草胺

有效成分 噁草酮（oxadiazon）＋丁草胺（butachlor）。

主要含量与剂型 20％（6％＋14％；8％＋12％）、30％（6％＋24％；7％＋23％）、36％（6％＋30％）、40％（6％＋34％）、42％（10％＋32％）、60％（10％＋50％）、70％（8％＋62％；10％＋60％）乳油，62％（11％＋51％）、65％（10％＋55％）微乳剂。括号内有效成分含量均为噁草酮的含量加丁草胺的含量。

产品特点 噁草·丁草胺是由噁草酮与丁草胺按一定比例混配的一种内吸传导型低毒复合除草剂，属杂环类除草剂与酰胺类除草剂的科学组合，药剂经由杂草幼芽、根系及茎叶吸收传导至生长旺盛部位，阻碍蛋白质合成，抑制分生组织生长，导致杂草组织腐烂死亡。具有除草活性较高、安全性能较好、杀草谱较宽、控草期较长等特点。

适用作物防除对象及使用技术 噁草·丁草胺适用于水稻田（水稻移栽田、水稻旱育秧田、水稻直播田）、棉花田，能有效防除田间的稗草、马唐、牛筋草、狗尾草、千金子、马齿苋、藜、蓼、反枝苋、苘麻、苍耳、鸭舌草、雨久花、泽泻、矮慈姑、牛毛毡、异型莎草、碎米莎草、水莎草、日照飘拂草、鳢肠、婆婆纳、水苋菜、小茨藻等多种一年生杂草和少部分多年生杂草。

水稻旱育秧田 播种盖土后出苗前用药。一般每亩使用20％乳油200～240毫升，或30％乳油135～160毫升，或36％乳油120～140毫升，或40％乳油100～125毫升，或42％乳油90～110毫升，或60％乳油或62％微乳剂80～100毫升，或65％微乳剂70～90毫升，或70％乳油50～70毫升，对水30～45千克均匀喷洒地表。要求播种后严密盖土，盖土厚度0.5～0.8厘米，以避免药剂直接接触种子。施药后一周内保持田面湿润，无积水。盖膜田块，适当降低用药量。施药后膜内气温超过33℃时需揭膜通风，以防烧苗及发生药害。

水稻直播田 水稻播种前或播种覆土后出苗前土壤均匀喷雾。一般每亩使用20％乳油200～240毫升，或30％乳油135～160毫升，或36％乳油120～140毫升，或40％乳油100～125毫升，或42％乳油90～110毫升，或60％乳油或62％微乳剂80～100毫升，或65％微乳剂70～90毫升，或70％乳油50～70毫升，对水30～40千克均匀喷洒土壤。施药时应保持土壤湿润、无积水；施药后2～3天如遇大雨应及时排水，避免积水造成药害。种子外露或有明水时，易发生药害。

水稻移栽田 最好在移栽前2～5天施药。一般每亩使用20％乳油200～250毫升，或30％乳油130～160毫升，或36％乳油120～140毫升，或40％乳油100～125毫升，或42％乳油90～120毫升，或60％乳油或62％微乳剂80～100毫升，或65％微乳剂70～90毫升，或70％乳油50～70毫升，对水25～30千克均匀喷洒于田间，或与适量细沙土拌匀后均匀撒施于田间，或原瓶直接均匀甩施。也可在插秧后5～7天、稗草萌芽至1叶1心期前施药，每亩使用20％乳油200～250毫升，或30％乳油150～200毫升，或36％乳油140～170毫升，或40％乳油120～150毫升，或42％乳油110～140毫升，或60％乳油或 62％微乳剂 80～110 毫升，或 65％微乳剂 70～100 毫升，或 70％乳油 65～80 毫升，与 15～20 千克细沙土拌匀后均匀撒施于田间。施药时田间水深 3～5 厘米，不淹没水稻心叶，不露泥；施药后保持 3～5 厘米水层 5～7 天，不排水，可缓慢补水。

棉花田　播种后 2～4 天、棉花出苗前施药，地膜棉则在播种盖土后覆膜前施药。一般每亩使用 20％乳油 200～250 毫升，或 30％乳油 140～180 毫升，或 36％乳油 130～160 毫升，或 40％乳油 110～140 毫升，或 42％乳油 100～130 毫升，或 60％乳油或 62％微乳剂 80～100 毫升，或 65％微乳剂 70～90 毫升，或 70％乳油 60～80 毫升，对水 30～45 千克均匀喷洒土壤表面。棉花播种后要覆土均匀，不可露籽。地膜覆盖棉花选用较低剂量。

注意事项　噁草·丁草胺用于水稻移栽田时，弱苗、小苗、超剂量用药、水层淹没秧苗心叶、漏水田块等均易出现药害。用药后如遇暴雨，注意及时排水。本剂对 2 叶期以内的稗草有较好防效，对 3 叶期以上稗草防效较差，所以用药应掌握在杂草 1 叶期后至 3 叶期前。本剂生产企业较多，各企业间产品配方比例及含量差异较大，具体选用时应以该产品的标签说明为准。

噁唑·氰氟

有效成分　噁唑酰草胺（metamifop）＋氰氟草酯（cyhalofop - butyl）。

主要含量与剂型　10％（5％＋5％）、15％（7.5％＋7.5％）、20％（8％＋12％；10％＋10％）、25％（10％＋15％）、35％（15％＋20％）乳油，20％（10％＋10％）、25％（10％＋15％）可分散油悬浮剂。括号内有效成分含量均为噁唑酰草胺的含量加氰氟草酯的含量。

产品特点　噁唑·氰氟是由噁唑酰草胺与氰氟草酯按一定比例混配的一种内吸传导型茎叶处理低毒复合除草剂，属两种芳氧苯氧丙酸酯类除草剂的互补组合，专用于水稻田除草，经由茎叶吸收传导至分生组织，通过抑制乙酰辅酶 A 羧化酶活性而抑制脂肪酸合成，导致杂草死亡。混配制剂使杂草死亡速度更快、更彻底，使用方便，对后茬作物安全。

适用作物防除对象及使用技术　噁唑·氰氟仅适用于水稻直播田，能有效防除稗草、千金子、马唐、牛筋草等一年生禾本科杂草。

在水稻 2 叶 1 心期后、禾本科杂草 2～3 叶期施药。一般每亩使用 10％乳油 120～150 毫升，或 15％乳油 80～90 毫升，或 20％乳油或 20％可分散油悬浮剂 60～75 毫升，或 25％乳油或 25％可分散油悬浮剂 40～60 毫升，或 35％乳油 30～40 毫升，对水 30～40 千克均匀茎叶喷雾，不能重喷、漏喷。施药前排干田水，使杂草茎叶全部露出，施药后 24～48 小时复水，并保持 3～5 厘米水层 5～7 天，不能使水层淹没水稻心叶，以免发生药害。杂草密度高、草龄大，使用上限用药量。施药时如果田间干旱，需先适量灌水后再用药，以保证药效。

注意事项　噁唑·氰氟不能与苄嘧磺隆、吡嘧磺隆等药剂混用，杂交制种田需要慎用。低温多雨、盐碱地块导致秧苗衰弱时禁止使用。

二磺·甲碘隆

有效成分 甲基二磺隆（mesosulfuron‑methyl）＋甲基碘磺隆钠盐（iodosulfuron‑methyl‑sodium）。

主要含量与剂型 1.2%（1%＋0.2%）可分散油悬浮剂，3.6%（3%＋0.6%）水分散粒剂。括号内有效成分含量均为甲基二磺隆的含量加甲基碘磺隆钠盐的含量。

产品特点 二磺·甲碘隆是由甲基二磺隆与甲基碘磺隆钠盐按科学比例混配的一种内吸传导型选择性苗后茎叶处理低毒复合除草剂，属两种磺酰脲类除草剂的互补组合，专用于小麦田除草。药剂经茎叶吸收，抑制支链氨基酸合成，阻碍细胞分裂，造成敏感杂草死亡。具有吸收迅速、杀草谱广、对恶性禾本科杂草活性高、使用方便、对小麦安全等特点，施药 2～4 小时后敏感杂草吸收量即达高峰，2 天后停止生长，4～7 天后叶片开始黄化，随后出现枯斑，2～4 周后枯死。

适用作物防除对象及使用技术 二磺·甲碘隆专用于冬小麦田苗后茎叶除草，能有效防除硬草、早熟禾、碱茅、棒头草、看麦娘、茵草、野燕麦、猪殃殃、稻槎菜、婆婆纳、大巢菜、牛繁缕、繁缕、碎米荠、播娘蒿、荠菜、雀麦、节节麦、多花黑麦草、毒麦、蜡烛草等多种一年生禾本科杂草及部分阔叶杂草，对野老鹳草、泽漆及对精噁唑禾草灵、炔草酯、唑啉草酯等产生抗性禾本科杂草也有良好防控效果。

仅限在水稻‑小麦‑水稻轮作的冬小麦田使用。冬小麦返青至拔节前、禾本科杂草出齐苗后施药。原则上靶标杂草基本出齐苗后尽早用药，越早越好，禾本科杂草 1～4 叶期的晴朗无风天施药最佳。一般每亩使用 1.2%可分散油悬浮剂 45～75 毫升，或 3.6%水分散粒剂 20～25 克，对水 25～30 千克均匀茎叶喷雾（背负式喷雾器）。拖拉机喷药时，每亩药剂对水 7～15 千克均匀茎叶喷雾。防除早熟禾、棒头草、看麦娘、繁缕、牛繁缕、大巢菜等普通禾本科杂草及阔叶杂草时，建议每亩使用 1.2%可分散油悬浮剂 60 毫升，或 3.6%水分散粒剂 20 克；防除硬草、碱茅、茵草、野燕麦、雀麦、节节麦、蜡烛草、猪殃殃、婆婆纳、稻槎菜等恶性杂草或大龄杂草或高密度杂草时，建议每亩使用 1.2%可分散油悬浮剂 65～75 毫升，或 3.6%水分散粒剂 22～25 克。施药后 2～4 周杂草开始死亡，低温、干旱环境杂草死亡速度较慢。喷药量应均匀一致，严禁"草多处多喷"或重喷、漏喷。喷药 4 小时后降雨不影响药效。

注意事项 二磺·甲碘隆不能与长残效除草剂、多菌灵、液氮肥及硫黄、硼等微肥混用，以免发生药害。应严格按标签说明施药，不得超范围使用。有些角质（强筋或硬质）型小麦品种（如扬麦 158、豫麦 18、济麦 20 等）对本剂较敏感，需慎重使用。施药后有蹲苗作用，有些小麦品种可能会出现黄化或矮化现象，小麦返青起身后恢复正常。

氟噻·吡酰·呋

有效成分 氟噻草胺（flufenacet）＋吡氟酰草胺（diflufenican）＋呋草酮（flurtamone）。

主要含量与剂型 33%（11%氟噻草胺＋11%吡氟酰草胺＋11%呋草酮）悬浮剂。

产品特点 氟噻·吡酰·呋是由氟噻草胺与吡氟酰草胺、呋草酮三元混配的一种内吸型选择性苗前至苗后处理复合除草剂，中等毒性，属芳氧酰胺类除草剂与酰苯胺类除草剂及呋喃酮类除草剂的三元科学组合，杀草谱广，除草效果更好。混剂综合了类胡萝卜素抑制剂和细胞分裂抑制剂两大除草作用机理，经由杂草根系、嫩芽及叶片吸收，通过阻碍分生组织分化生长、破坏叶绿素及细胞膜和抑制光合作用，导致杂草死亡。既能杀死已出土杂草，又能封闭未出土杂草。

适用作物防除对象及使用技术 氟噻·吡酰·呋适用于小麦田除草，对看麦娘、日本看麦娘、菵草、早熟禾、硬草、猪殃殃、荠菜、繁缕、大巢菜、野老鹳草等多种禾本科杂草及阔叶杂草防除效果好，但对雀麦、节节麦及野燕麦无效。

冬小麦播种后、禾本科杂草出齐苗前（第1批出苗的最大禾本科杂草1叶1心前）施药，以禾本科杂草萌发盛期施药最安全高效。条播带镇压的麦田，可在小麦条播镇压后（条播机后加镇压器）当天用药。撒播冬小麦播后苗前用药时，应在降雨或灌溉后喷药，以免发生药害。一般每亩使用33%悬浮剂60～80毫升，对水20～30千克均匀喷洒土壤表面，即土壤封闭喷雾处理。配制药液时最好采用二次稀释法，并选用配备抗飘移的扇形或双空心锥形喷头的喷雾器喷洒，以防药液飘移。土壤干旱、疏松多隙、秸秆还田、土块多的稻茬撒播冬小麦田，杂草出苗不齐、受药不均，除草效果差。

注意事项 氟噻·吡酰·呋严禁"草多处多喷"或过量喷施及重喷、漏喷，喷雾不均药量偏大时，可能会导致麦苗茎叶局部出现触杀性黄化或白化斑，一般不影响小麦后期生长。小麦后茬可连作小麦或轮作玉米、高粱、旱稻、大豆、花生、棉花，轮作或改茬换种其他作物时，需先试验安全后再种植。

甲戊·丁草胺

有效成分 二甲戊灵（pendimethalin）＋丁草胺（butachlor）。

主要含量与剂型 60%（12%二甲戊灵＋48%丁草胺）乳油。

产品特点 甲戊·丁草胺是由二甲戊灵与丁草胺按一定比例混配的一种选择性芽前土壤封闭处理低毒复合除草剂，属二硝基苯胺类除草剂与酰胺类除草剂的科学组合，具有杀草谱广、持效期长、使用方式灵活方便、对环境及下茬作物安全性高等特点。杂草种子萌发过程中幼芽、嫩茎及根部吸收药剂，通过抑制微管成型、阻碍细胞分裂及抑制蛋白质合成、阻碍细胞生长等，使幼芽和次生根形成受到抑制，对多种一年生杂草具有好的防除效果。

适用作物防除对象及使用技术 甲戊·丁草胺主要用于水稻旱直播田，能有效防除或抑制稗草、马唐、狗尾草、千金子、牛筋草、鸭舌草、矮慈姑、碎米莎草、异型莎草、苋、藜、马齿苋、苘麻、龙葵等多种一年生禾本科杂草及阔叶杂草。

水稻播种覆土后2～3天施药。每亩使用60%乳油120～180毫升，对水40～60千克均匀喷洒土壤表面。药后1周内保持土地湿润，无积水；如遇大雨，及时排水，以免积水造成药害。稻种不能裸露，以避免发生药害。如果在水稻播种盖土后迅速灌跑马水，将土壤湿透（浸泡一夜），并迅速排水落干，等地表干后全田均匀喷药效果更好。

注意事项 甲戊·丁草胺使用药量不足、施药期较晚或杂草出土后用药均会影响作物安全性及除草药效。施药前保证土壤湿度，施药后不动表土层，以保证药效；土壤干燥或施药后表土层被破坏均会降低除草效果。本剂对黄瓜、菠菜、韭菜、谷子、高粱敏感，施药时应避免药液飘移到上述作物田。

甲戊·噁草酮

有效成分 二甲戊灵（pendimethalin）＋噁草酮（oxadiazon）。

主要含量与剂型 30％（20％＋10％）、39％（33％＋6％）、40％（30％＋10％）悬浮剂，39％（33％＋6％）、40％（30％＋10％）、42％（30％＋12％）乳油。括号内有效成分含量均为二甲戊灵的含量加噁草酮的含量。

产品特点 甲戊·噁草酮是由二甲戊灵与噁草酮按一定比例混配的一种内吸型选择性芽前芽后低毒复合除草剂，属二硝基苯胺类除草剂与杂环类除草剂的科学组合，具有杀草谱广、持效期较长、杀草效果好、使用安全等特点。药剂主要通过杂草幼芽、嫩茎和次生根吸收，通过抑制微管成型、阻碍细胞分裂及抑制组织生长而导致杂草死亡，对萌发期的杂草防除效果最好。

适用作物防除对象及使用技术 甲戊·噁草酮适用于水稻田，能有效防除稗草、千金子、马唐、雀麦草、异型莎草、碎米莎草、扁秆藨草、萤蔺、牛毛毡、雨久花、鸭舌草、陌上菜、空心莲子草、鳢肠、泥花草、丁香蓼、日照飘拂草、藜、苋、野慈姑、泽泻、节节菜、尖瓣花等多种一年生禾本科杂草、莎草及阔叶杂草。

水稻移栽田 在水稻移栽前3～5天或移栽后3～10天施药。一般每亩使用30％悬浮剂150～225毫升，或39％悬浮剂或40％悬浮剂或39％乳油或40％乳油90～110毫升，或42％乳油80～100毫升，与10～15千克细沙土拌匀后均匀撒施于田间，或移栽前整地后趁水浑浊时用瓶甩法均匀甩施于田间。施药后保持3～5厘米深浅水层5～7天，注意不能使水层淹没水稻心叶，以免发生药害。

水稻旱直播田、旱育秧田 在水稻播种覆土后2～5天施药。一般每亩使用30％悬浮剂130～180毫升，或39％悬浮剂或39％乳油或40％悬浮剂或40％乳油90～120毫升，或42％乳油80～100毫升，对水30～45千克均匀喷洒土壤表面。已发芽田块禁止用药。施药后严禁田块有积水，遇连阴雨时注意排水；雨量偏大、沟渠排水不畅时避免用药。

注意事项 甲戊·噁草酮施药应均匀周到，防止局部用药过多造成药害。本剂对甜瓜、西瓜、甜菜、菠菜等作物敏感，易造成药害，不能在这类作物上使用。

精喹·草除灵

有效成分 精喹禾灵（quizalofop - P - ethyl）＋草除灵（benazolin - ethyl）。

主要含量与剂型 14％（2％＋12％）、17.5％（2.5％＋15％）乳油，34％（4％＋30％）、38％（8％＋30％）悬浮剂。括号内有效成分含量均为精喹禾灵的含量加草除灵的含量。

产品特点 精喹·草除灵是由精喹禾灵与草除灵按一定比例混配的一种内吸传导型苗后茎叶处理选择性低毒复合除草剂，属芳氧苯氧丙酸酯类除草剂与杂环类除草剂的科学组合，杀草谱更广，作用速度快，药效较稳定，持效期较长，对后茬作物安全。药剂通过杂草根、茎、叶吸收传导至杂草分生组织，通过抑制脂肪酸合成等使受药杂草停止生长，叶片僵绿、增厚反卷，新生叶扭曲，最后死亡。一次施药能有效防除油菜田的多种禾本科杂草及阔叶杂草。气温高药效快，气温低药效慢。

适用作物防除对象及使用技术　精喹·草除灵仅适用于油菜田，能有效防除多种一年生杂草，如稗草、牛筋草、马唐、狗尾草、茵草、看麦娘、日本看麦娘、野燕麦、棒头草、画眉草、早熟禾、千金子、繁缕、牛繁缕、雀舌草、苋、藜、碎米荠、龙葵、猪殃殃等。

在直播油菜苗后 6～8 叶期、移栽油菜返青后，阔叶杂草出齐、禾本科杂草 3～5 叶期施药。一般每亩使用 14％乳油 120～140 毫升，或 17.5％乳油 100～150 毫升，或 34％悬浮剂 50～70 毫升，或 38％悬浮剂 50～60 毫升，对水 30～45 千克均匀茎叶喷雾。杂草叶龄小、生长茂盛、水分条件好时用低剂量，杂草大或干旱条件下选用高剂量。

注意事项　精喹·草除灵适用于甘蓝型油菜田使用，不能用于芥菜型、白菜型油菜，不宜在直播油菜 2～3 叶期过早用药。施药后，油菜因品种差异可能会有轻度敏感症状，属正常现象，短期即可恢复。本剂对玉米、小麦、水稻、甘蔗等禾本科作物有药害，严禁药液飘移到上述作物上发生药害。

精喹·氟磺胺

有效成分　精喹禾灵（quizalofop-P-ethyl）＋氟磺胺草醚（fomesafen）。

主要含量与剂型　15％（3％＋12％；5％＋10％）、20％（4％＋16％）、21％（3.5％＋17.5％）、24％（6％＋18％）、30％（5％＋25％）乳油，15％（5％＋10％）、20％（4％＋16％）微乳剂。括号内有效成分含量均为精喹禾灵的含量加氟磺胺草醚的含量。

产品特点　精喹·氟磺胺是由精喹禾灵与氟磺胺草醚按一定比例混配的一种选择性苗后茎叶处理低毒复合除草剂，属芳氧苯氧丙酸酯类除草剂与二苯醚类除草剂的科学组合，能被杂草茎叶及根系吸收，通过破坏杂草脂肪酸合成和光合作用，使杂草生长停止、叶片黄化或产生枯斑而整株死亡。两种作用机理有效成分混配，杀草谱更广，药效速度较快，持效期长，使用方便，对大豆、花生安全，一次用药可有效防除多种禾本科杂草及阔叶杂草。

适用作物防除对象及使用技术　精喹·氟磺胺适用于大豆、花生，能有效防除大豆田、花生田的多种一年生禾本科杂草与阔叶杂草，如稗草、牛筋草、马唐、狗尾草、看麦娘、野燕麦、藜、蓼、苘麻、铁苋菜、鸭跖草、水刺针、猪毛菜、反枝苋、马齿苋、猪殃殃、荠菜、苍耳、龙葵、鳢肠、鬼针草等。

在温度和湿度适宜条件下，有利于药效发挥。湿度较高、土壤有机质含量较低时，选用较低剂量；杂草较大时选用较高剂量。杂草基本出齐后用药，除草效果最佳。

春大豆田　通常在大豆 2～3 片复叶期、禾本科杂草 3～5 叶期、阔叶杂草 2～4 叶期施药。一般每亩使用 15％乳油或 15％微乳剂 150～180 毫升，或 20％乳油或 21％乳油或 20％微乳剂 120～150 毫升，或 24％乳油 100～120 毫升，或 30％乳油 80～90 毫升，对水 30～45 千克均匀茎叶喷雾。

夏大豆田、花生田　在大豆或花生 2～3 片复叶期、禾本科杂草 2～5 叶期、阔叶杂草

1～3 叶期施药。一般每亩使用 15％乳油或 15％微乳剂 100～140 毫升，或 20％乳油或 21％乳油或 20％微乳剂 85～120 毫升，或 24％乳油 60～80 毫升，或 30％乳油 40～60 毫升，对水 30～45 千克均匀茎叶喷雾。

注意事项 精喹·氟磺胺不能在套种或混种有其他作物的大豆田或花生田使用。玉米、水稻、小麦、高粱、甘蔗、谷子、烟草、油菜、亚麻、甜菜、豌豆、菜豆、马铃薯、向日葵、瓜类及其他蔬菜等作物对本剂敏感，用药时避免药液飘移到上述作物上。精喹·氟磺胺与激素类除草剂有拮抗作用，不能相互混用。本剂生产企业较多，各企业间产品配方比例及含量差异较大，具体选用时应以该产品的标签说明为准。

氯吡·苯磺隆

有效成分 氯氟吡氧乙酸（fluroxypyr）＋苯磺隆（tribenuron‐methyl）。

主要含量与剂型 18％（14％＋4％）可分散油悬浮剂，19％（16.5＋2.5％）、20％（16％＋4％；17.3％＋2.7％）、38％（33％＋5％）可湿性粉剂。括号内有效成分含量均为氯氟吡氧乙酸的含量加苯磺隆的含量。

产品特点 氯吡·苯磺隆是由氯氟吡氧乙酸与苯磺隆按一定比例混配的一种内吸传导型茎叶处理低毒复合除草剂，属吡啶类除草剂与磺酰脲类除草剂的科学组合，具有杀草谱更广、使用方便等特点，对一年生阔叶杂草除草效果更好。药剂被杂草茎叶及根部吸收，通过抑制支链氨基酸合成等而阻止细胞分裂、生长，使敏感杂草植株扭曲、畸形、停止生长，逐渐整株枯死。

适用作物防除对象及使用技术 氯吡·苯磺隆主要适用于小麦田，能有效防除多种一年生阔叶杂草，如猪殃殃、播娘蒿、荠菜、田旋花、附地菜、繁缕、牛繁缕、大巢菜、宝盖草、婆婆纳、马齿苋、鸭跖草、葎草、藜、王不留行、泽漆、遏蓝菜、香薷、离子草、水花生、卷茎蓼、苘麻、龙葵、曼陀罗、铁苋菜等。

在冬小麦返青至拔节初期，杂草 2～5 叶期施药。一般每亩使用 18％可分散油悬浮剂 40～50 毫升，或 19％可湿性粉剂 35～45 克，或 20％可湿性粉剂 30～40 克，或 38％可湿性粉剂 20～30 克，对水 25～30 千克均匀茎叶喷雾，不能漏喷、重喷。具体用药量根据杂草种类及大小而定，针对敏感杂草或杂草小时选用低剂量，针对难防除杂草或杂草大时选用高剂量。环境干旱时适当加大对水量。当气温低于 8℃时禁止使用，若施药前后 1 周内连续 3 天气温低于 8℃亦不能使用。配制药液时，最好采用二次稀释法。

注意事项 氯吡·苯磺隆对棉花、大豆、花生、辣椒等阔叶作物敏感，用药时避免药液飘移到敏感作物上；间套种或混种有阔叶作物的冬小麦田禁止使用；后茬播种敏感作物需间隔 90 天以上。

氯吡·唑·双氟

有效成分 氯氟吡氧乙酸异辛酯（fluroxypyr‐meptyl）＋唑草酮（carfentrazone‐ethyl）＋双氟磺草胺（florasulam）。

主要含量与剂型 9.2％（7.2％＋1％＋1％）、16％（14％＋1.5％＋0.5％）悬浮剂，

35％（29％＋4％＋2％）可湿性粉剂。括号内有效成分含量均为氯氟吡氧乙酸异辛酯的含量加唑草酮的含量加双氟磺草胺的含量。

产品特点　氯吡·唑·双氟是由氯氟吡氧乙酸异辛酯与唑草酮、双氟磺草胺按一定比例三元混配的一种选择性茎叶处理低毒复合除草剂，属吡啶类除草剂与三唑啉酮类除草剂、三唑嘧啶磺酰胺类除草剂的三元科学组合，专用于小麦田防除一年生阔叶杂草，具有内吸和触杀双重作用，杀草速度快，施药适期宽，冬前和早春均可使用，且低温下用药仍有较好防效，对后茬作物安全。药剂经由植物根部、嫩芽及叶片吸收，通过干扰和破坏细胞膜功能、影响细胞分裂及伸长等，使敏感杂草扭曲、畸形、停止生长、叶片干枯而逐渐死亡。

适用作物防除对象及使用技术　氯吡·唑·双氟主要适用于小麦田除草，能有效防除猪殃殃、播娘蒿、宝盖草、荠菜、麦家公、泽漆、婆婆纳、繁缕等多种一年生阔叶杂草。

小麦田冬前和早春均可使用，在小麦3叶期后至拔节期、一年生阔叶杂草齐苗后2～5叶期茎叶喷雾。一般每亩使用9.2％悬浮剂50～80毫升，或16％悬浮剂40～53毫升，或35％可湿性粉剂15～25克，对水15～30千克均匀茎叶喷雾。小麦倒二叶抽出后不能用药。

注意事项　氯吡·唑·双氟在间套种有阔叶作物的冬小麦田不能使用。喷药时应均匀周到，不能漏喷、重喷。喷洒药液量不匀时，小麦叶片可能会出现灼伤斑点，但不影响正常生长。

氯吡·唑草酮

有效成分　氯氟吡氧乙酸异辛酯（fluroxypyr - meptyl）＋唑草酮（carfentrazone - ethyl）。

主要含量与剂型　33％（30％＋3％）、34％（29％＋5％）可湿性粉剂，22％（16.5％＋5.5％）可分散油悬浮剂。括号内有效成分含量均为氯氟吡氧乙酸异辛酯的含量加唑草酮的含量。

产品特点　氯吡·唑草酮是由氯氟吡氧乙酸异辛酯与唑草酮按一定比例混配的一种内吸传导型选择性茎叶处理低毒复合除草剂，属吡啶类除草剂与三唑啉酮类除草剂的科学组合，具有内吸和触杀活性，杀草谱广，见效速度快，除草更彻底，对温度不敏感。药剂经由叶片吸收，通过干扰和破坏细胞膜功能等，使敏感杂草植株扭曲、畸形、停止生长、叶片干枯而逐渐死亡。

适用作物防除对象及使用技术　氯吡·唑草酮适用于冬小麦及水稻田除草，既能有效防除冬小麦田的猪殃殃、荠菜、野油菜、繁缕、牛繁缕、泽漆、婆婆纳、大巢菜、野老鹳草、麦家公、播娘蒿、宝盖草、稻槎菜等一年生阔叶杂草，又可有效防除水稻移栽田的鸭舌草、空心莲子草、矮慈姑、莎草、萤蔺、丁香蓼、母草、鳢肠、陌上菜等一年生阔叶杂草及莎草。

冬小麦田　在冬小麦3叶期后至拔节前、一年生阔叶杂草2～5叶期施药。一般每亩使用22％可分散油悬浮剂30～50毫升，或33％可湿性粉剂22～32克，或34％可湿性粉剂20～30克，对水20～30千克均匀茎叶喷雾。小麦倒二叶抽出后不能用药。

水稻移栽田　在水稻移栽后10～15天至拔节期以前均可施药，以水稻移栽缓苗后4～5叶期、杂草3～5叶期施药最好。一般每亩使用22%可分散油悬浮剂25～40毫升，或33%可湿性粉剂15～25克，或34%可湿性粉剂15～22克，对水25～30千克均匀茎叶喷雾。施药前排干田水，使杂草全部露出；施药后24～48小时放水回田，保持3～5厘米浅水层5～7天。

注意事项　氯吡·唑草酮不能在间套种有其他阔叶作物的冬小麦田使用。喷药时避免药液飘移到邻近阔叶作物上，以防产生药害。该药最适施药温度为10～25℃。当麦苗弱小、温度急剧变化或喷洒药液量不匀时，小麦叶片可能会出现灼伤斑点，但能很快恢复，不影响正常生长。

氰氟·双草醚

有效成分　氰氟草酯（cyhalofop - butyl）＋双草醚（bispyribac - sodium）。

主要含量与剂型　16%（12%＋4%）、20%（15%＋5%；16%＋4%）、25%（20%＋5%）、28%（21%＋7%）可分散油悬浮剂，20%（15%＋5%）悬浮剂，40%（30%＋10%）可湿性粉剂。括号内有效成分含量均为氰氟草酯的含量加双草醚的含量。

产品特点　氰氟·双草醚是由氰氟草酯与双草醚按一定比例混配的一种内吸传导型选择性茎叶处理低毒复合除草剂，属芳氧苯氧丙酸酯类除草剂与嘧啶氧基苯甲酸类除草剂的科学组合，兼具了氰氟草酯对千金子及低龄稗草的防除效果和双草醚禾阔双除活性，杀草机理互补，具有活性高、杀草谱广、施药时期宽、持效期长等特点。药剂经由植物茎叶和根部吸收，通过抑制支链氨基酸及脂肪酸合成等，使杂草停止生长而逐渐死亡。

适用作物防除对象及使用技术　氰氟·双草醚主要用于水稻直播田茎叶处理，能有效防除稗草、双穗雀稗、千金子、球花碱草、陌上菜、鸭舌草、鳢肠、丁香蓼、矮慈姑、日照飘拂草、异型莎草、碎米莎草、萤蔺、日本藨草、扁秆藨草、节节菜、母草等多种一年生禾本科杂草、莎草及阔叶杂草。

在直播水稻3叶1心后、杂草2～4叶期施药。一般每亩使用16%可分散油悬浮剂50～60毫升，或20%可分散油悬浮剂或20%悬浮剂40～50毫升，或25%可分散油悬浮剂25～35毫升，或28%可分散油悬浮剂20～30毫升，或40%可湿性粉剂15～25克，对水30～45千克均匀茎叶喷雾。施药前预先排水，使杂草茎叶2/3以上露出水面；施药后1～2天灌水3～5厘米深，并保持3～5厘米水层5～7天，以水层不淹没水稻心叶为准，以后正常管理。

注意事项　氰氟·双草醚茎叶喷雾应均匀、周到，不能漏喷、重喷，并避免药液飘移到周围作物上。用药后不要翻动土层，以免破坏药土层，影响除草效果。粳稻用药后可能会有叶片发黄现象，4～5天内可以恢复，不影响水稻产量。

噻酮·异噁唑

有效成分　噻酮磺隆（thiencarbazone - methyl）＋异噁唑草酮（isoxaflutole）。

主要含量与剂型　26%（7%噻酮磺隆＋19%异噁唑草酮）悬浮剂。

产品特点　噻酮·异噁唑是由噻酮磺隆与异噁唑草酮按科学比例混配的一种内吸传导型选择性低毒复合除草剂，属乙酰乳酸合成酶抑制剂类除草剂与有机杂环类除草剂的科学组合，能被杂草根系、幼芽和茎叶吸收，通过阻碍类胡萝卜素的生物合成等而导致敏感杂草中毒死亡。既可土壤封闭与苗后早期茎叶处理，又可遇雨水后除草活性被再次激活，具有用药适期较宽、施用方便灵活、杀草谱广、作用速度快、持效期长、受土壤墒情和降雨影响小、除草效果稳定等特点。苗前土壤封闭，对未出土杂草起到封闭效果；苗后早期茎叶处理，对出土杂草具有茎叶活性，能杀死已出土的早期杂草；遇水激活，施药后土壤中存留药剂遇适量降水时其除草活性被再度激活，达到再次除草效果。

适用作物防除对象及使用技术　噻酮·异噁唑适用于玉米田，能有效防除野黍、马唐、狗尾草、稗草、牛筋草、反枝苋、藜、苘麻等多种一年生禾本科杂草和阔叶杂草。

从玉米播后苗前至玉米 3 叶期、杂草 3 叶期前均可施药，最佳施用时期为玉米播种后、杂草萌发期（拱土期）。玉米、杂草 4 叶期及以后不宜使用。一般每亩使用 26% 悬浮剂 25～30 毫升，对水 20～30 千克均匀喷雾处理。严禁"草多处多喷"及漏喷、重喷或过量喷施，选择晴天早晚气温低时施药较好。有机质含量小于 2% 的沙壤土田选用较低剂量。配制药液时最好采用二次稀释法，选用配备扇形雾或空心圆锥雾细雾滴喷头的喷雾器较好。

注意事项　噻酮·异噁唑适用于马齿、半马齿、硬质、粉质型等各种普通类型的常规杂交玉米田，禁止在玉米自交系田、甜玉米田和爆裂玉米田及沙石地玉米田使用，也不能在间作、混种其他作物的玉米田用药。玉米 1.5 叶期后禁止与乙草胺、异丙草胺等土壤处理剂桶混作茎叶喷雾处理，以免发生药害或降低药效。用药后持续降雨、低温，可能会引起玉米植株出现临时性黄化或蹲苗矮化现象，一般 1～3 周可恢复正常。

双氟·滴辛酯

有效成分　双氟磺草胺（florasulam）＋2，4-滴异辛酯（2，4-D-ethylhexyl）。

主要含量与剂型　42%（0.7%＋41.3%）、46%（0.6%＋45.4%）、55%（1%＋54%）、459 克/升（6 克/升＋453 克/升）悬浮剂。括号内有效成分含量均为双氟磺草胺的含量加 2，4-滴异辛酯的含量。

产品特点　双氟·滴辛酯是由双氟磺草胺与 2，4-滴异辛酯按一定比例混配的一种内吸传导型选择性苗后茎叶处理低毒复合除草剂，属三唑嘧啶磺酰胺类除草剂与激素型除草剂的互补组合，适用于小麦田防除阔叶杂草，具有杀草速度较快、杀草谱较广、混用性好、施药适期宽等特点。药剂经由植物根部、嫩芽及茎叶吸收，通过抑制支链氨基酸及核酸、蛋白质合成等，使杂草停止生长、逐渐枯死。

适用作物防除对象及使用技术　双氟·滴辛酯主要适用于小麦田，能有效防除播娘蒿、荠菜、野油菜、猪殃殃、繁缕、牛繁缕、大巢菜、稻槎菜、麦家公、刺儿菜、泥胡菜、黄鹌菜等多种一年生阔叶杂草。

在小麦 4 叶 1 心期或返青期至拔节前、杂草 3～5 叶期施药效果最佳。一般每亩使用 42% 悬浮剂 50～70 毫升，或 46% 悬浮剂或 459 克/升悬浮剂 40～50 毫升，或 55% 悬浮剂 30～40 毫升，对水 15～30 千克均匀茎叶喷雾。最适施药温度为 5～25℃，用药时白天温度不应低于5℃；用药前1天至用药后3天内有0℃及以下低温、降霜、降雪等恶劣天气时不可用药，否则易产生药害。杂草密度较大时，适当提高用药剂量和用水量，以保证喷匀喷透，使杂草叶片充分受药。配制药液时，最好采用二次稀释法。

注意事项 双氟·滴辛酯不能在间作或套种有阔叶作物的冬小麦田使用；用药后45天内，避免间作或套种十字花科蔬菜、西瓜、棉花等阔叶作物。严禁在冬小麦4叶1心期前或拔节后施药，否则极易产生药害。

双氟·二磺

有效成分 双氟磺草胺（florasulam）＋甲基二磺隆（mesosulfuron-methyl）。

主要含量与剂型 1%（0.25%＋0.75%）、2%（0.5%＋1.5%）、4%（1%＋3%）、6%（2%＋4%）可分散油悬浮剂。括号内有效成分含量均为双氟磺草胺的含量加甲基二磺隆的含量。

产品特点 双氟·二磺是由双氟磺草胺与甲基二磺隆按一定比例混配的一种内吸传导型选择性茎叶处理低毒复合除草剂，属三唑嘧啶磺酰胺类除草剂与磺酰脲类除草剂的科学组合，专用于小麦田除草，具有杀草谱广、施药适期宽、作用迅速、使用方便等特点。药剂经植物根部、嫩芽及茎叶吸收，通过抑制支链氨基酸合成，使细胞分裂和伸长受阻，逐渐导致杂草枯死。

适用作物防除对象及使用技术 双氟·二磺主要适用于小麦田苗后茎叶处理除草，既可有效防除野燕麦、毒麦、棒头草、碱茅、蜡烛草、播娘蒿、荠菜、野油菜、猪殃殃、繁缕、牛繁缕、野老鹳草、稻搓菜等多种一年生禾本科杂草和阔叶杂草，又能有效防除对精噁唑禾草灵、炔草酯产生抗性的看麦娘、日本看麦娘、菵草、硬草、多花黑麦草，还对节节麦、早熟禾、雀麦（野麦子）等恶性禾本科杂草也有较好控制效果。

在冬小麦3～6叶期或返青后至拔节期前、杂草2～5叶期施药，以冬前用药为宜，原则上靶标杂草基本出齐苗后用药越早效果越好。通常在冬小麦3～6叶期、禾本科杂草3～5叶期茎叶喷雾。一般每亩使用1%可分散油悬浮剂80～120毫升，或2%可分散油悬浮剂50～60毫升，或4%可分散油悬浮剂25～35毫升，或6%可分散油悬浮剂15～20毫升，对水15～30千克均匀茎叶喷雾，最好选用扇形雾喷头喷洒，严禁重喷、漏喷，并避免药液飘移到邻近阔叶作物上。每季小麦最多使用1次，安全间隔期为至收获期。

注意事项 双氟·二磺不能与2,4-滴混用；在遭受冻害、涝害、盐碱害或病害的小麦田禁止使用；冬季低温霜冻期、小麦起身拔节后、大雨前、低洼积水田块不宜施药。有些春小麦和角质（强筋或硬质）型小麦品种（如扬麦158、豫麦18、济麦20等）对本剂敏感，使用前须先进行小范围安全性试验。用药后可能会出现蹲苗作用，甚至有些小麦品种还会出现黄化或矮化现象，但小麦返青拔节后会自然消失，却有抑制小麦徒长倒伏效果。麦田内需套种下茬作物时，应在小麦起身拔节55天后进行。

双氟·氯氟吡

有效成分 双氟磺草胺（florasulam）＋氯氟吡氧乙酸异辛酯（fluroxypyr-meptyl）。

主要含量与剂型 15％（0.5％＋14.5％）、16％（0.6％＋15.4％；1％＋15％）、30％（1％＋29％）悬乳剂，31％（2％＋29％）可分散油悬浮剂，15％（0.5％＋14.5％）、30％（1％＋29％）可湿性粉剂。括号内有效成分含量均为双氟磺草胺的含量加氯氟吡氧乙酸异辛酯的含量。

产品特点 双氟·氯氟吡是由双氟磺草胺与氯氟吡氧乙酸异辛酯按一定比例混配的一种内吸传导型选择性茎叶处理低毒复合除草剂，属三唑嘧啶磺酰胺类除草剂与吡啶类除草剂的科学组合，专用于小麦田除草，经由杂草根部及茎叶吸收传导至全株，用药后3天可见杂草扭曲、畸形，而后逐渐枯死。具有杀草谱广、用药适期宽、冬前和早春均可使用、杀草速度快、低温仍有较好防效、对后茬作物安全等特点。

适用作物防除对象及使用技术 双氟·氯氟吡主要适用于冬小麦田，能有效防除猪殃殃、荠菜、播娘蒿、藜、反枝苋、马齿苋、龙葵、繁缕、泽漆、大巢菜、鼬瓣花、酸模叶蓼、柳叶刺蓼、卷茎蓼、萹蓄、鸭跖草、香薷、遏蓝菜、野豌豆、田旋花、小旋花等多种一年生阔叶杂草。

通常在冬小麦3叶期后至拔节前、杂草2～5叶期施药，冬前、早春均可。一般每亩使用15％悬浮剂或16％悬浮剂80～100毫升，或30％悬浮剂或31％可分散油悬浮剂40～50毫升，或15％可湿性粉剂80～100克，或30％可湿性粉剂45～55克，对水30～40千克均匀茎叶喷雾，不能重喷、漏喷。土壤干旱或杂草偏大偏多时，选用较高药剂量和用水量；土壤墒情好或气温在10℃以上时有利于药效发挥。施药后6小时下雨不影响药效。

注意事项 双氟·氯氟吡在小麦田苗后用药时应避开寒流，以免麦苗产生冻药害。用药时应定向喷雾，避免药液飘移到邻近敏感作物上。不建议在果园、茶园内使用。本剂生产企业较多，各企业间产品配方比例及含量有一定差异，具体选用时应以该产品的标签说明为准。

双氟·唑草酮

有效成分 双氟磺草胺（florasulam）＋唑草酮（carfentrazone-ethyl）。

主要含量与剂型 3％（1％＋2％）、5％（2％＋3％）、6％（2％＋4％）、9％（3％＋6％）、10％（4％＋6％）悬乳剂，6％（2％＋4％）可湿性粉剂，6％（2％＋4％）可分散油悬浮剂。括号内有效成分含量均为双氟磺草胺的含量加唑草酮的含量。

产品特点 双氟·唑草酮是由双氟磺草胺与唑草酮按一定比例混配的一种选择性苗后茎叶处理低毒复合除草剂，属三唑嘧啶磺酰胺类除草剂与三唑啉酮类除草剂的科学组合，专用于小麦田除草。两者混配具有明显的互补增效作用，兼具内吸传导性和触杀活性，杀草谱较广，耐低温能力强，速效性好，用药适期宽，持效期长，能显著提高除草效果，特别对一些抗性杂草防效提高，并对下茬作物安全。药剂经杂草根部、嫩芽及叶片吸收，通过抑制支链氨基酸合成及干扰和破坏细胞膜功能，使细胞分裂、伸长受阻，逐渐导致杂草枯死。

适用作物防除对象及使用技术 双氟·唑草酮仅适用于小麦田，能有效防除猪殃殃、播娘蒿、繁缕、泽漆、荠菜、婆婆纳、麦家公、麦瓶草、附地菜、碎米荠、雀舌草、藜、蓼、反枝苋、田旋花等多种一年生阔叶杂草，对抗性播娘蒿、猪殃殃、荠菜、繁缕、泽漆等也有较好防除效果。

在冬小麦 3 叶期后至拔节前、阔叶杂草 2～3 叶期施药。一般每亩使用 3％悬乳剂 30～50 毫升，或 5％悬乳剂 18～30 毫升，或 6％悬浮剂或 6％可分散油悬浮剂 15～20 毫升，或 6％可湿性粉剂 15～20 克，或 9％悬浮剂 10～17 毫升，或 10％悬乳剂 8～15 毫升，对水 30～40 千克均匀茎叶喷雾，不能重喷、漏喷。最好在气温 10℃ 以上用药，温度过低可能会对小麦生长造成影响。正常剂量下使用对下茬作物安全。

注意事项 双氟·唑草酮不能与表面活性剂混用，与乳油类产品混用时应先进行安全性试验。喷药时避免药液飘移到邻近敏感作物上。有些小麦品种用药后叶片上可能会出现灼伤斑点，后期可以恢复，不影响小麦产量。本剂生产企业较多，各企业间产品配方比例及含量有一定差异，具体选用时应以该产品的标签说明为准。

双氟·唑嘧胺

有效成分 双氟磺草胺（florasulam）＋唑嘧磺草胺（flumetsulam）。

主要含量与剂型 6％（2.5％＋3.5％）、20％（8％＋12％）、58 克/升（25 克/升＋33 克/升）、175 克/升（75 克/升＋100 克/升）悬浮剂。括号内有效成分含量均为双氟磺草胺的含量加唑嘧磺草胺的含量。

产品特点 双氟·唑嘧胺是由双氟磺草胺与唑嘧磺草胺按一定比例混配的一种内吸传导型选择性低毒复合除草剂，属三唑嘧啶磺酰胺类除草剂与嘧啶磺酰胺类除草剂的互补组合，专用于小麦田防除阔叶杂草，具有杀草谱广、用药适期宽、杀草彻底、对作物安全、低温药效稳定等特点。药剂经由植物根部、嫩芽和茎叶吸收传导至全株，通过抑制支链氨基酸合成、阻碍蛋白质合成，影响细胞分裂及伸长生长，导致杂草死亡。

适用作物防除对象及使用技术 双氟·唑嘧胺主要适用于小麦田，能有效防除猪殃殃、麦家公、繁缕、牛繁缕、婆婆纳、大巢菜、碎米荠、荠菜、野油菜、通泉草、播娘蒿、泽漆等多种一年生阔叶杂草。按推荐剂量使用对小麦、大麦及后茬作物安全。

在小麦 3 叶期至冬前或早春返青至拔节前、杂草 2～5 叶期施药，定向均匀茎叶喷雾，以防止药液飘移到其他敏感作物上。一般每亩使用 6％悬浮剂或 58 克/升悬浮剂 10～15 毫升，或 20％悬浮剂 3～4 毫升，或 175 克/升悬浮剂 3～5 毫升，对水 20～30 千克均匀茎叶喷雾。冬前杂草幼小、气温高，除草效果好。防除较高大杂草及进入花期的野油菜、荠菜、碎米荠等十字花科杂草时，选用较高剂量。

注意事项 双氟·唑嘧胺活性高、用量低，施药时应准确称量，不能随意增加用量，否则可能会对后茬种植的棉花、甜菜、油菜、向日葵、高粱、番茄等作物有不利影响。用药 40 天内，不能间作或套种十字花科蔬菜、西瓜、棉花等阔叶作物。已间作或套种有阔叶作物的小麦田，不能使用本剂。

松·喹·氟磺胺

有效成分 异噁草松（clomazone）＋精喹禾灵（quizalofop-P-ethyl）＋氟磺胺草醚（fomesafen）。

主要含量与剂型 18％（11％＋1.5％＋5.5％）、35％（23％＋2.5％＋9.5％）、45％（27％＋4％＋14％；27％＋4.5％＋13.5％）乳油。括号内有效成分含量均为异噁草松的含量加精喹禾灵的含量加氟磺胺草醚的含量。

产品特点 松·喹·氟磺胺是由异噁草松与精喹禾灵、氟磺胺草醚按一定比例三元混配的一种选择性低毒复合除草剂，属杂环类除草剂与芳氧苯氧丙酸酯类除草剂、二苯醚类除草剂的三元科学组合，兼具内吸传导和触杀活性。三种除草作用机理，杀草谱更广，作用速度快，除草更彻底，药效稳定，对多种抗性杂草也有良好防除效果。药剂经由杂草根部、幼芽及茎叶吸收，通过抑制类胡萝卜素、叶绿素、脂肪酸的生物合成及破坏光合作用等，导致敏感杂草死亡。

适用作物防除对象及使用技术 松·喹·氟磺胺适用于春大豆田，能有效防除稗草、马唐、狗尾草、金狗尾草、画眉草、看麦娘、野燕麦、牛筋草、龙葵、香薷、水棘针、马齿苋、苘麻、野西瓜苗、藜、小藜、遏蓝菜、柳叶刺蓼、酸模叶蓼、鸭跖草、铁苋菜、毛稀莶、狼把草、鬼针草、苍耳、豚草等多种一年生禾本科杂草和阔叶杂草，并对多年生的刺儿菜、大蓟、苣荬菜、问荆等也有较强的抑制作用。

在春大豆2～3片复叶期、禾本科杂草2～5叶期、阔叶杂草2～4叶期施药。一般每亩使用18％乳油200～250毫升，或35％乳油100～150毫升，或45％乳油90～120毫升，对水20～30千克均匀茎叶喷雾，避免药液飘移到其他敏感作物上。尽量选择杂草小、土壤潮湿、早晚温度低、晴朗无风天施药。

注意事项 松·喹·氟磺胺使用后，大豆叶片可能会产生药斑，而新生叶无症状，不影响大豆产量。间套作有其他作物的春大豆田，不能使用本剂。使用本剂后次年可种植大豆、水稻、玉米、花生，但不能种植谷子、小麦、大麦、燕麦、苜蓿、蔬菜等敏感作物。该药对玉米、水稻、小麦、高粱、谷子、花生、油菜、亚麻、豌豆、菜豆、马铃薯、向日葵、甜菜、苜蓿、烟草、甘蔗、瓜类及其他蔬菜等作物敏感，施药时应避免药液飘移到上述敏感作物上。本剂生产企业较多，各企业间产品配方比例及含量有一定差异，具体选用时应以该产品的标签说明为准。

甜菜安·宁

有效成分 甜菜安（desmedipham）＋甜菜宁（phenmedipham）。

主要含量与剂型 160克/升（80克/升甜菜安＋80克/升甜菜宁）乳油。

产品特点 甜菜安·宁是由甜菜安与甜菜宁按科学比例混配的一种内吸选择性苗后茎叶处理低毒复合除草剂，专用于甜菜田及草莓田防除一年生阔叶杂草，药效不易受土壤湿度影响，对后茬作物安全。两种有效成分虽然均属氨基甲酸酯类除草剂，但作用位点不同，主要经由杂草叶部吸收，通过抑制杂草光合作用，达到杀草效果。

适用作物防除对象及使用技术 甜菜安·宁主要适用于甜菜田、草莓田，对藜、苋菜、豚草、牛舌草、鼬瓣花、野芝麻、野胡萝卜、繁缕、荞麦蔓等多种一年生阔叶杂草防除效果较好。

甜菜田 在甜菜苗后、阔叶杂草2～4叶期施药。一般每亩使用160克/升乳油300～400毫升，对水25～30千克均匀茎叶喷雾，不能漏喷、重喷。

草莓田　在定植草莓4叶1心期后、阔叶杂草2～6叶期施药。一般每亩使用160克/升乳油300～400毫升，对水25～30千克均匀茎叶喷雾，不能漏喷、重喷。

注意事项　甜菜安·宁最佳施药温度为20℃左右，低于12℃以下或高于25℃以上时停止施药。防除大龄阔叶杂草及荞麦蔓等恶性阔叶杂草时，应选用较高剂量。喷药后作物叶片可能会有触杀状药害斑，一般14天后即可恢复，不影响后期生长。有前茬残留药剂药害时，如玉米田、大豆田曾使用过烟嘧磺隆、莠去津、氟磺胺草醚等长残留除草剂的田块，甜菜苗会有斑秃状死苗、弱苗、失绿等现象，此类田块严禁用药。

五氟·丙草胺

有效成分　五氟磺草胺（penoxsulam）＋丙草胺（pretilachlor）。

主要含量与剂型　16%（1%＋15%）、40%（1.5%＋38.5%）悬乳剂，28%（2%＋26%）、31%（1%＋30%）、42%（2%＋40%）可分散油悬浮剂，5%（0.1%＋4.9%）颗粒剂。括号内有效成分含量均为五氟磺草胺的含量加丙草胺的含量。

产品特点　五氟·丙草胺是由五氟磺草胺与丙草胺按一定比例混配的一种内吸传导型选择性低毒复合除草剂，属三唑嘧啶磺酰胺类除草剂与氯乙酰胺类除草剂的科学组合，专用于水稻田除草，杀草谱广，使用方便，对部分抗性稗草也有良好防除效果。既有芽前封闭处理活性，又对刚萌发的杂草幼苗同样有效。药剂经杂草叶片、叶鞘、幼芽及根部吸收，通过抑制蛋白质及多糖的生物合成，使细胞分裂受阻而导致杂草死亡。对后茬作物安全。

适用作物防除对象及使用技术　五氟·丙草胺主要适用于水稻田，对包括稗草在内的多种一年生禾本科杂草、莎草及阔叶杂草均有很好的防除效果。

水稻直播田　水稻播前3天施药时，每亩使用5%颗粒剂500～900克，与适量细干土拌匀后均匀撒施。施药前将田块耙平并保水5～8厘米，药后自然落干播种，不能自然落干时需要排干。水稻播后用药时，于播后7～10天3叶期后、稗草1～2叶期施药，一般每亩使用28%可分散油悬浮剂80～100毫升，或31%可分散油悬浮剂70～130毫升，或42%可分散油悬浮剂80～100毫升，对水20～30千克均匀茎叶喷雾。施药前排水，施药后1～3天灌水，保持3～5厘米水层5～7天，但水层不能淹没水稻心叶，以防产生药害；水稻扎根前不能用药。

水稻移栽田　在水稻移栽5～10天充分缓苗后、稗草2叶期以前施药。一般每亩使用40%悬浮剂70～100毫升，或31%可分散油悬浮剂100～130毫升，或16%悬浮剂120～200毫升，对水20～30千克均匀茎叶喷雾，或与适量细沙土拌匀后均匀撒施。施药时田间需保持水层3～5厘米，并在施药后保水5～7天，防止水层淹没水稻心叶，以后恢复正常管理。施药田块应力求平整，否则会影响药效。稗草密度高、草龄大，选用较高剂量。

注意事项　五氟·丙草胺不宜在缺水田、漏水田及盐碱地田使用；水稻缓苗期或秧苗长势弱时，有药害风险，需慎重使用。制种田使用，因品种较多，需先进行安全性验证。移栽水稻返青前或直播水稻扎根前不能用药，易产生药害。

五氟·氰氟草

有效成分 五氟磺草胺（penoxsulam）＋氰氟草酯（cyhalofop‐butyl）。

主要含量与剂型 12％（2％＋10％）、15％（3％＋12％）、16％（2％＋14％）、17％（2％＋15％）、18％（3％＋15％）、20％（2.5％＋17.5％）、25％（5％＋20％）、60 克/升（10 克/升＋50 克/升）可分散油悬浮剂。括号内有效成分含量均为五氟磺草胺的含量加氰氟草酯的含量。

产品特点 五氟·氰氟草是由五氟磺草胺与氰氟草酯按一定比例混配的一种内吸传导型选择性茎叶处理低毒复合除草剂，属三唑嘧啶磺酰胺类除草剂与芳氧苯氧丙酸酯类除草剂的科学组合，专用于水稻田除草，对禾本科杂草、莎草及阔叶杂草均有良好的防除效果，杀草谱广，使用方便，对水稻及后茬作物安全性好，但杀草速度较慢。药剂经杂草叶片、叶鞘及根部吸收，通过抑制蛋白质及脂肪酸的生物合成，使杂草停止生长、黄化，直至死亡。

适用作物防除对象及使用技术 五氟·氰氟草专用于水稻田除草，能有效防除各种稗草（包括大龄稗草）、千金子、马唐、狗尾草、金狗尾草、双穗雀稗、牛筋草、异型莎草、牛毛毡、鳢肠、鸭舌草、雨久花、野慈姑、节节菜、陌上菜、藜、苋、小蓟等多种一年生禾本科杂草、阔叶杂草及莎草。

施药前排水，使杂草茎叶 2/3 以上露出水面；施药后 1～2 天灌水，保持 3～5 厘米深水层 5～7 天，防止水层淹没水稻心叶，以避免发生药害。杂草密度高、草龄大，使用较高药剂量。配制药液时采用二次稀释法，喷药应均匀周到，不能重喷、漏喷。

水稻秧田 在水稻 2～3 叶期后、杂草 1.5～2.5 叶期施药。一般每亩使用 60 克/升可分散油悬浮剂 100～120 毫升，或 12％可分散油悬浮剂 50～70 毫升，或 15％可分散油悬浮剂 40～55 毫升，或 16％可分散油悬浮剂或 17％可分散油悬浮剂或 18％可分散油悬浮剂 40～50 毫升，或 20％可分散油悬浮剂 35～45 毫升，或 25％可分散油悬浮剂 25～35 毫升，对水 30～40 千克均匀茎叶喷雾。

水稻直播田 在水稻 3～5 叶期、杂草 2～3 叶期施药。一般每亩使用 60 克/升可分散油悬浮剂 100～130 毫升，或 12％可分散油悬浮剂 60～80 毫升，或 15％可分散油悬浮剂 50～70 毫升，或 16％可分散油悬浮剂或 17％可分散油悬浮剂或 18％可分散油悬浮剂 50～60 毫升，或 20％可分散油悬浮剂 40～50 毫升，或 25％可分散油悬浮剂 30～40 毫升，对水 30～40 千克均匀茎叶喷雾。

水稻移栽田 在水稻移栽缓苗后、杂草 2～4 叶期施药。一般每亩使用 60 克/升可分散油悬浮剂 100～150 毫升，或 12％可分散油悬浮剂 60～80 毫升，或 15％可分散油悬浮剂 50～70 毫升，或 16％可分散油悬浮剂或 17％可分散油悬浮剂或 18％可分散油悬浮剂 50～60 毫升，或 20％可分散油悬浮剂 40～50 毫升，或 25％可分散油悬浮剂 30～40 毫升，对水 30～40 千克均匀茎叶喷雾。

注意事项 五氟·氰氟草在东北、西北水稻田使用，须根据当地试验结果酌情确定。水稻制种田需慎重使用。水稻移栽缓苗期或秧苗长势弱时，有药害风险，需慎重使用。本剂生产企业较多，各企业间产品配方比例及含量有一定差异，具体选用时应以该产品的标签说明为准。

硝·精·莠去津

有效成分 硝磺草酮（mesotrione）＋精异丙甲草胺（s－metolachlor）＋莠去津（atrazine）。

主要含量与剂型 38.5％（3％＋24.7％＋10.8％）、40％（3％＋12％＋25％）悬浮剂，40％（2.7％＋27.1％＋10.2％）微囊悬浮-悬浮剂，43％（2.9％＋29.3％＋10.8％）可分散油悬浮剂。括号内有效成分含量均为硝磺草酮的含量加精异丙甲草胺的含量加莠去津的含量。

产品特点 硝·精·莠去津是由硝磺草酮与精异丙甲草胺、莠去津按一定比例三元混配的一种内吸传导型选择性低毒复合除草剂，属三酮类除草剂与乙酰胺类除草剂、三嗪类除草剂三元混配的科学组合，专用于玉米田除草，播后苗前土壤处理、苗后杂草早期茎叶喷雾均可使用，用药适期宽，杀草谱广，使用方便，持效期长。药剂经由叶片、幼芽和根部吸收传导，通过抑制类胡萝卜素生物合成、阻碍蛋白质合成及干扰光合作用等，导致敏感杂草死亡。

适用作物防除对象及使用技术 硝·精·莠去津主要用于春玉米田，防除稗草、马唐、狗尾草、鸭跖草、反枝苋、藜、蓼、苘麻、铁苋菜、苍耳、荠菜等多种一年生杂草。

春玉米田土壤药剂处理时，在播后苗前施药，一般每亩使用38.5％悬浮剂或40％微囊悬浮-悬浮剂400～500毫升，对水30～50千克均匀喷洒土壤表面；春玉米苗后茎叶处理时，在玉米4～5叶期、杂草2～4叶期施药，一般每亩使用40％悬浮剂170～210毫升，或43％可分散油悬浮剂140～220毫升，对水30～50千克均匀茎叶喷雾。土壤质地黏重选用较高剂量，土壤质地疏松选用较低剂量，沙壤土则需慎重使用。喷药应均匀周到，避免重喷、漏喷。

注意事项 硝·精·莠去津不能与任何有机磷类、氨基甲酸酯类农药混用。喷药时，避免药液飘移到其他作物上，尤其是甜菜、豌豆、大豆及蔬菜等阔叶类作物上。本剂适用于大田玉米、青储饲料玉米及甜玉米，甜玉米用药时需在玉米播后苗前施药，否则有药害风险。用药后3个月，只能种植大田玉米、青储饲料玉米、甜玉米、高粱；用药后9个月，可种植大田玉米、青储饲料玉米、甜玉米、高粱、小麦、大麦、水稻、棉花、花生、大豆及油菜；用药后18个月以内，不能种植甜菜、苜蓿、烟草、菜豆、豌豆或小粒种子豆类作物及蔬菜，否则易产生药害。

硝·烟·莠去津

有效成分 硝磺草酮（mesotrione）＋烟嘧磺隆（nicosulfuron）＋莠去津（atrazine）。

主要含量与剂型 24％（4％＋2％＋18％）、26％（4％＋2％＋20％；5％＋3％＋18％）、27％（5％＋2％＋20％）、28％（4％＋2％＋22％；5％＋3％＋20％；5.5％＋2.5％＋20％；6％＋4％＋18％）、30％（4％＋2％＋24％；6％＋4％＋20％；6.5％＋3.5％＋20％；7％＋3％＋20％）、32％（6％＋2％＋24％；8％＋4％＋20％）、33％（5％＋

3%＋25%；6%＋2%＋25%；6.5%＋2.5%＋24%；10%＋3%＋20%）、35%（4.5%＋1.5%＋29%；7%＋3%＋25%；8%＋3%＋24%；10%＋3%＋22%）、39%（7.7%＋3.5%＋27.8%）、40%（12%＋4%＋24%）可分散油悬浮剂。括号内有效成分含量均为硝磺草酮的含量加烟嘧磺隆的含量加莠去津的含量。

产品特点　硝·烟·莠去津是由硝磺草酮与烟嘧磺隆、莠去津按一定比例三元混配的一种内吸传导型选择性苗后茎叶处理低毒复合除草剂，属三酮类除草剂与磺酰脲类除草剂、三嗪类除草剂三元混配的科学组合，专用于玉米田除草，具有杀草谱广、杀草速度快、封杀结合、对作物安全等特点。药剂经由杂草根、茎、叶吸收在体内迅速传导，通过阻碍类胡萝卜素生物合成、抑制支链氨基酸合成、干扰光合作用等，使杂草立即停止生长，新叶褪色、坏死，叶片黄化、卷曲，逐渐死亡。

适用作物防除对象及使用技术　硝·烟·莠去津仅适用于玉米田除草，能够防除苘麻、苍耳、刺苋、反枝苋、藜、蓼、地肤、荠菜、鸭跖草、狼把草、风花菜、遏蓝菜、刺儿菜、大蓟、苣荬菜、繁缕、龙葵、香薷、水棘针、问荆、稗草、马唐、狗尾草、看麦娘、野燕麦、牛筋草及蒿属杂草等多种一年生阔叶杂草及禾本科杂草，并对某些多年生杂草也有一定抑制作用。

本剂主要适用于马齿型和硬质玉米品种，在玉米 3～5 叶期、一年生杂草 2～4 叶期、多年生杂草 6 叶期以前、大多数杂草出齐时施药效果最好。一般每亩使用 24%可分散油悬浮剂 160～200 毫升，或 26%可分散油悬浮剂 140～180 毫升，或 27%可分散油悬浮剂 130～170 毫升，或 28%可分散油悬浮剂 120～160 毫升，或 30%可分散油悬浮剂 110～150 毫升，或 32%可分散油悬浮剂 100～130 毫升，或 33%可分散油悬浮剂 90～120 毫升，或 35%可分散油悬浮剂 80～110 毫升，或 39%可分散油悬浮剂 70～100 毫升，或 40%可分散油悬浮剂 70～90 毫升，对水 25～30 千克均匀茎叶喷雾。喷药时应选择早上或傍晚进行，严禁使用弥雾机或超低容量喷雾。在高温、干旱、低温、玉米生长弱小时，需慎重使用。

正常气候条件下，本剂对后茬作物安全。后茬种植小麦需间隔 3 个月以上，后茬种植棉花、花生、马铃薯、大豆、向日葵需间隔 8 个月以上，后茬种植油菜、白菜、萝卜需间隔 10 个月以上，其他作物需间隔 18 个月以上。甜菜、苜蓿、烟草、油菜、豆类、瓜类及蔬菜需先进行安全性试验，安全后才能种植。一年两熟制地区，后茬作物不得种植油菜。

注意事项　硝·烟·莠去津不能与有机磷杀虫剂混用，或使用本剂前后 7 天内使用有机磷类杀虫剂。上茬小麦田中使用过长残效除草剂（如甲磺隆、绿磺隆等）的玉米田，以及与其他作物间作或套种的玉米田，不能使用本剂。甜玉米、爆裂玉米、糯玉米、观赏玉米、制种玉米、玉米自交系对本剂敏感，个别马齿型玉米品种（如登海系列、济单 7 号）较为敏感。豆类、瓜类及白菜、萝卜、甘蓝等十字花科蔬菜对本剂敏感，喷药时应避免飘移药害。本剂生产企业较多，各企业间产品配方比例及含量差异较大，具体选用时应以该产品的标签说明为准。

硝·乙·莠去津

有效成分　硝磺草酮（mesotrione）＋乙草胺（acetochlor）＋莠去津（atrazine）。

主要含量与剂型 45%（3%＋21%＋21%）、46%（4%＋22%＋20%）、50%（5%＋25%＋20%；6%＋18%＋26%）、54%（4%＋30%＋20%）、55%（3.5%＋30%＋21.5%）、56%（6%＋25%＋25%）、58%（4%＋34%＋20%）、60%（6%＋30%＋24%）悬乳剂。括号内有效成分含量均为硝磺草酮的含量加乙草胺的含量加莠去津的含量。

产品特点 硝·乙·莠去津是由硝磺草酮与乙草胺、莠去津按一定比例三元混配的一种内吸传导型选择性苗后早期茎叶处理低毒复合除草剂，属三酮类除草剂与酰胺类除草剂、三嗪类除草剂三元混配的科学组合，专用于玉米田除草，具杀草谱广、施药适期宽、持效期长、杀草速度较快等特点，兼有封杀双重功效，对已出土的幼嫩杂草和未出土杂草均有较好防效。药剂经由叶片、幼芽和根部吸收，通过阻碍类胡萝卜素和蛋白质的生物合成及干扰光合作用等，导致杂草死亡。

适用作物防除对象及使用技术 硝·乙·莠去津主要适用于玉米田苗后早期茎叶处理除草，对稗草、狗尾草、金狗尾草、马唐、牛筋草、稷、看麦娘、早熟禾、千金子、硬草、野燕麦、臂形草、棒头草、藜、蓼、反枝苋、鸭跖草、狼把草、鬼针草、香薷、繁缕、野西瓜苗、水棘针、鼬瓣花、苘麻、苍耳等多种一年生禾本科杂草及部分阔叶杂草均有较好的防除效果。

本剂为苗后早期除草剂，尽量较早用药，除草效果更佳。通常在玉米 3～5 叶期、一年生禾本科杂草 1～3 叶期、一年生阔叶杂草 2～4 叶期施药。一般每亩使用 45%悬乳剂 180～250 毫升，或 46%悬浮剂 150～230 毫升，或 50%悬乳剂 180～240 毫升，或 54%悬乳剂 140～230 毫升，或 55%悬乳剂 180～220 毫升，或 56%悬乳剂 140～180 毫升，或 58%悬浮剂 160～250 毫升，或 60%悬乳剂 150～200 毫升，对水 30～45 千克均匀茎叶喷雾。高温、干旱季节尽量选择傍晚喷药。春玉米田选用较高剂量，夏玉米田选用较低剂量。土壤黏重、有机质含量高选用较高剂量，反之选用较低剂量；沙质土壤不宜使用。杂草多、干旱及草龄较大时，选用较高剂量。干旱气候条件下，施药前灌水或雨后施药有利于药效发挥。用药后持续低温降雨影响药效，且易产生药害。

注意事项 硝·乙·莠去津不能与有机磷类、氨基甲酸酯类杀虫剂混用，也不能在间隔 7 天内使用；不能在间作、套作或混种其他作物的玉米田使用。喷药后玉米叶片可能会出现褪绿斑，10 天后便可恢复正常，不影响产量。不同玉米品种对本剂敏感性差异较大，观赏玉米、甜玉米和爆裂玉米较敏感，需谨慎使用。蔬菜、西瓜、豆类、小麦、水稻、苜蓿、烟草、花生、甜菜、油菜等作物及桃树、杨树等浅根系树木对本剂敏感，喷药时避免药液飘移到邻近敏感作物上。后茬为小麦时，应适当降低使用剂量；后茬种植甜菜、苜蓿、烟草、油菜、豆类及蔬菜等作物时，需先进行安全性试验。本剂生产企业较多，各企业间产品配方比例及含量有一定差异，具体选用时应以该产品的标签说明为准。

硝磺·莠去津

有效成分 硝磺草酮（mesotrione）＋莠去津（atrazine）。

主要含量与剂型 24%（3.5%＋20.5%；4%＋20%）、25%（5%＋20%）、26%（6%＋20%）、30%（5%＋25%；6%＋24%）、35%（7%＋28%）、55%（5%＋50%）

可分散油悬浮剂，24％（4％＋20％）、25％（2.3％＋22.7％）、26％（6％＋20％）、30％（5％＋25％）、33％（3％＋30％）、40％（6％＋34％）、50％（10％＋40％）、55％（5％＋50％）、550克/升（50克/升＋500克/升）悬浮剂，80％（8％＋72％）、88％（12％＋76％）、88.8％（8％＋80.8％）、90％（15％＋75％）水分散粒剂，50％（10％＋40％）可湿性粉剂。括号内有效成分含量均为硝磺草酮的含量加莠去津的含量。

产品特点 硝磺·莠去津是由硝磺草酮与莠去津按一定比例混配的一种内吸传导型选择性低毒复合除草剂，属三酮类除草剂与三嗪类除草剂的科学组合，主要用于玉米田及糖蔗田苗后早期茎叶处理，具有杀草谱广、持效期长、杀草速度较快、封杀双效等特点，对已出土的幼嫩杂草和未出土杂草均有较好防效。药剂经由叶片和根部吸收，通过阻碍类胡萝卜素生物合成及影响光合作用等，导致敏感杂草死亡，并对某些深根性杂草也有抑制作用。

适用作物防除对象及使用技术 硝磺·莠去津适用于玉米田、糖蔗田苗后早期除草，对稗草、狗尾草、马唐、牛筋草、铁苋菜、马齿苋、反枝苋、藜、龙葵、苘麻、地肤、萹蓄草等一年生禾本科杂草及阔叶杂草有较好防效，并对玉米、糖蔗安全性较高。

玉米田 原则为玉米苗后早期施药，尽量较早用药除草效果更佳。通常玉米3～5叶期、一年生禾本科杂草1～3叶期、阔叶杂草2～4叶期为最佳施药时期。春玉米田一般每亩使用24％悬浮剂或24％可分散油悬浮剂280～370毫升，或25％悬浮剂300～350毫升，或25％可分散油悬浮剂200～250毫升，或26％悬浮剂或26％可分散油悬浮剂或30％悬浮剂或30％可分散油悬浮剂170～200毫升，或33％悬浮剂200～250毫升，或35％可分散油悬浮剂150～200毫升，或40％悬浮剂130～180毫升，或50％悬浮剂120～150毫升，55％悬浮剂或55％可分散油悬浮剂或550克/升悬浮剂120～150毫升，或50％可湿性粉剂120～150克，或80％水分散粒剂100～120克，或88％水分散粒剂或88.8％水分散粒剂80～120克，或90％水分散粒剂80～100克，对水20～30千克均匀茎叶喷雾；夏玉米田一般每亩使用24％悬浮剂或24％可分散油悬浮剂220～260毫升，或25％悬浮剂200～300毫升，或25％可分散油悬浮剂130～200毫升，或26％悬浮剂或26％可分散油悬浮剂或30％悬浮剂或30％可分散油悬浮剂150～180毫升，或33％悬浮剂150～200毫升，或35％可分散油悬浮剂130～170毫升，或40％悬浮剂100～150毫升，或50％悬浮剂100～120毫升，或55％悬浮剂或55％可分散油悬浮剂或550克/升悬浮剂80～120毫升，或50％可湿性粉剂80～100克，或80％水分散粒剂70～100克，或88％水分散粒剂或88.8％水分散粒剂60～100克，或90％水分散粒剂60～80克，对水15～30千克均匀茎叶喷雾。土壤黏重、有机质含量高时，选用较高剂量；反之选用较低剂量。

糖蔗田 在糖蔗3～4叶期、杂草2～4叶期施药，一般每亩使用24％悬浮剂或24％可分散油悬浮剂220～260毫升，或25％悬浮剂200～300毫升，或25％可分散油悬浮剂130～200毫升，或26％悬浮剂或26％可分散油悬浮剂或30％悬浮剂或30％可分散油悬浮剂150～180毫升，或33％悬浮剂150～200毫升，或35％可分散油悬浮剂130～170毫升，或40％悬浮剂100～150毫升，或50％悬浮剂100～120毫升，或55％悬浮剂或55％可分散油悬浮剂或550克/升悬浮剂80～120毫升，或50％可湿性粉剂80～100克，或80％水分散粒剂70～100克，或88％水分散粒剂或88.8％水分散粒剂60～100克，或90％水分散粒剂60～80克，对水30～45千克均匀茎叶喷雾。

注意事项　硝磺·莠去津不能与任何有机磷类、氨基甲酸酯类杀虫剂混用或间隔 7 天内使用。与其他作物间作、套作或混种的玉米田不能使用，也不能用于爆裂玉米、观赏玉米、甜玉米。杂草基数高、草龄偏大时，选用较高药剂量。干旱环境下，施药前灌水或雨后施药有利于药效发挥。蔬菜、豆类、小麦、水稻、花生、甜菜、油菜、苜蓿、烟草及杨树、桃树等浅根系树木对本剂敏感，喷药时避免药液飘移到上述作物上。覆种指数高的地区不宜使用本剂。本剂生产企业较多，各企业间产品配方比例及含量差异较大，具体选用时应以该产品的标签说明为准。

辛·烟·莠去津

有效成分　辛酰溴苯腈（bromoxynil octanoate）＋烟嘧磺隆（nicosulfuron）＋莠去津（atrazine）。

主要含量与剂型　35％（15％＋4％＋16％）、38％（13％＋3％＋22％）、39％（15％＋4％＋20％）、40％（14％＋4％＋22％）可分散油悬浮剂。括号内有效成分含量均为辛酰溴苯腈的含量加烟嘧磺隆的含量加莠去津的含量。

产品特点　辛·烟·莠去津又称烟·莠·辛酰腈，是由辛酰溴苯腈与烟嘧磺隆、莠去津按一定比例三元混配的一种内吸传导型选择性苗后茎叶处理低毒复合除草剂，属腈类除草剂与磺酰脲类除草剂、三嗪类除草剂三元混配的科学组合，专用于玉米田除草，具有杀草谱广、见效速度快、除草彻底、持效期长、对后茬作物安全等特点，既能防除已出土杂草，又对未出土杂草有封杀作用。药剂经由茎叶和根部吸收，通过抑制和干扰光合作用、阻碍支链氨基酸合成等，导致敏感杂草死亡。

适用作物防除对象及使用技术　辛·烟·莠去津主要适用于玉米田除草，对稗草、马唐、狗尾草、牛筋草、野黍、藜、龙葵、马齿苋、反枝苋、苘麻、鸭跖草、问荆、苍耳、铁苋菜、卷茎蓼、柳叶刺蓼、猪毛菜、豚草等多种一年生禾本科杂草和阔叶杂草均有较好防效。

在玉米 3～5 叶期、杂草 2～4 叶期、大多数杂草出苗后施药。一般每亩使用 35％可分散油悬浮剂 80～110 毫升，或 38％可分散油悬浮剂 90～120 毫升，或 39％可分散油悬浮剂 80～100 毫升，或 40％可分散油悬浮剂 70～90 毫升，对水 20～30 千克均匀茎叶喷雾。春玉米田选用较高剂量，夏玉米田选用较低剂量；土壤黏重、有机质含量高时选用较高剂量，反之选用较低剂量；杂草密度高、草龄较大时选用较高剂量，反之选用较低剂量；土壤湿润或气温较高时选用较低剂量，反之选用较高剂量。

注意事项　辛·烟·莠去津不能与任何有机磷类、氨基甲酸酯类杀虫剂混用，或间隔 7 天内使用，也不能在套种、间作或混种有其他作物的玉米田使用。本剂仅适用于马齿型和硬质玉米，不能用于甜玉米、糯玉米、爆裂玉米及自交系玉米。有些玉米品种叶片用药后可能会出现轻微黄化、叶缘干枯现象，属正常反应，很快即可恢复，对玉米生长和产量没有影响。玉米 2 叶期前、10 叶期后对本剂敏感，不能使用。棉花、大豆、花生、小麦、水稻、甜菜、油菜及蔬菜、果树等对本剂敏感，喷药时避免药液飘移到上述作物上。用药玉米田后茬种植油菜、白菜、萝卜等需间隔 10 个月以上，后茬种植水稻、小麦、大麦、亚麻、西瓜、甜瓜、甜菜、苜蓿、烟草、马铃薯、豆类及其他蔬菜需进行安全性试验。

烟嘧·硝草酮

有效成分　烟嘧磺隆（nicosulfuron）＋硝磺草酮（mesotrione）。

主要含量与剂型　10％（3％＋7％）、13％（3.3％＋9.7％）、14％（4％＋10％）、18％（4.5％＋13.5％）、24％（6％＋18％）、25％（5％＋20％）可分散油悬浮剂。括号内有效成分含量均为烟嘧磺隆的含量加硝磺草酮的含量。

产品特点　烟嘧·硝草酮是由烟嘧磺隆与硝磺草酮按一定比例混配的一种内吸传导型选择性苗后茎叶处理低毒复合除草剂，属磺酰脲类除草剂与三酮类除草剂的互补组合，专用于玉米田除草，具有杀草谱广、作用速度快、除草活性高等特点。药剂被杂草根、茎、叶吸收，通过阻碍支链氨基酸及类胡萝卜素的生物合成，使细胞分裂停止，导致杂草死亡。

适用作物防除对象及使用技术　烟嘧·硝草酮主要适用于玉米田，能有效防除藜、蓼、苋、龙葵、马齿苋、苍耳、苘麻、稗草、狗尾草、马唐、野黍、莎草等多种一年生杂草。

主要适用于马齿型和硬质玉米品种，通常在玉米3～5叶期、杂草2～4叶期施药。一般每亩使用10％可分散油悬浮剂100～150毫升，或13％可分散油悬浮剂100～120毫升，或14％可分散油悬浮剂80～120毫升，或18％可分散油悬浮剂60～80毫升，或24％可分散油悬浮剂45～60毫升，或25％可分散油悬浮剂40～60毫升，对水20～30千克均匀茎叶喷雾，以早上或傍晚喷药效果较好。严禁使用弥雾机或超低容量喷雾。春玉米田选用较高剂量，夏玉米田选用较低剂量；土壤黏重、有机质含量高时选用较高剂量，反之选用较低剂量。

注意事项　烟嘧·硝草酮不能与有机磷类农药混用，且使用本剂前后7天内不能使用有机磷类农药，以免发生药害。间作、套种其他作物的玉米田不能使用；甜玉米、爆裂玉米、糯玉米、制种玉米、玉米自交系品种对本剂较敏感，易产生药害，不能使用；玉米2叶期前、10叶期后对药剂敏感，需慎重使用。有些玉米品种用药后叶片可能会出现轻微黄化现象，后期可以恢复，不影响正常生长。一年两熟地区，用药玉米田后茬不能种植油菜、豆类及十字花科作物。本剂生产企业较多，各企业间产品配方比例及含量有一定差异，具体选用时应以该产品的标签说明为准。

烟嘧·莠去津

有效成分　烟嘧磺隆（nicosulfuron）＋莠去津（atrazine）。

主要含量与剂型　20％（1.5％＋18.5％；3％＋17％；3.5％＋16.5％）、21％（2％＋19％；3％＋18％）、22％（2％＋20％；2.5％＋19.5％）、23％（1％＋22％；3％＋20％）、24％（4％＋20％）、25％（2.5％＋22.5％；3％＋22％；4％＋21％）、26％（4％＋22％）、27％（4.5％＋22.5％）、28％（4.5％＋23.5％；4.9％＋23.1％）、30％（3.5％＋26.5％；4％＋26％）、36％（5.4％＋30.6％；6％＋30％）、37％（5％＋32％；6％＋31％）、40％（4％＋36％）可分散油悬浮剂，48％（3％＋45％）、52％（4％＋48％）可

湿性粉剂，80%（8%＋72%）水分散粒剂。括号内有效成分含量均为烟嘧磺隆的含量加莠去津的含量。

产品特点 烟嘧·莠去津是由烟嘧磺隆与莠去津按一定比例混配的一种内吸传导型选择性苗后茎叶处理低毒复合除草剂，属磺酰脲类除草剂与三嗪类除草剂的科学组合，专用于玉米田除草，具有杀草谱较广、持效期较长、杀草速度较快等特点。药剂被杂草茎叶和根部吸收，通过抑制支链氨基酸合成及干扰光合作用，导致杂草死亡。一次用药玉米全生育期不受杂草危害，并对下茬作物安全。

适用作物防除对象及使用技术 烟嘧·莠去津主要适用于玉米田，对藜、反枝苋、马齿苋、铁苋菜、蓼、苘麻、龙葵、苍耳、鸭跖草、豚草等一年生阔叶杂草和狗尾草、马唐、稗草、画眉草、牛筋草、自生麦苗、野燕麦、香附子等一年生禾本科杂草及莎草均有良好防除效果。

适用于马齿型和硬质玉米品种，但不同玉米品种的敏感性差异较大，个别马齿型玉米品种如登海系列、济单7号等也较为敏感。通常在玉米3~5叶期、一年生杂草2~4叶期施药。一般每亩使用20%可分散油悬浮剂120~160毫升，或21%可分散油悬浮剂120~140毫升，或22%可分散油悬浮剂100~150毫升，或23%可分散油悬浮剂90~140毫升，或24%可分散油悬浮剂80~130毫升，或25%可分散油悬浮剂80~120毫升，或26%可分散油悬浮剂或27%可分散油悬浮剂或28%可分散油悬浮剂80~100毫升，或30%可分散油悬浮剂70~90毫升，或36%可分散油悬浮剂或37%可分散油悬浮剂60~80毫升，或40%可分散油悬浮剂80~100毫升，或48%可湿性粉剂80~120克，或52%可湿性粉剂75~100克，或80%水分散粒剂40~60克，对水30~40千克均匀茎叶喷雾，拖拉机喷雾时每亩药剂对水15~20千克，严禁弥雾机或超低容量喷雾。喷药应均匀周到，不能漏喷、重喷；选择晴朗无风的早上或傍晚喷药较好。雨水多、排水不良及积水地块易产生药害，需慎重使用。如遇高温干旱、低温、玉米苗生长弱小时，应谨慎使用。

注意事项 烟嘧·莠去津不能在套种或间种其他作物的玉米田使用；用药前后7天内不能使用有机磷类农药，以免发生药害。甜玉米、糯玉米、爆裂玉米、玉米自交系、制种玉米对本剂较敏感，不能使用；常规玉米品种2叶期以前及10叶期后亦不宜使用。用药后有的玉米品种叶片上可能会出现药斑，不久即可恢复，不影响后期生长和产量。覆种指数高的地区不宜使用本剂，用药玉米田后茬种植油菜、白菜、萝卜等需间隔10个月以上。本剂生产企业较多，各企业间产品配方比例及含量差异较大，具体选用时应以该产品的标签说明为准。

氧氟·草甘膦

有效成分 乙氧氟草醚（oxyfluorfen）＋草甘膦（glyphosate）或草甘膦铵盐（glyphosate ammonium）。

主要含量与剂型 67.6%（3.7%＋63.9%）水分散粒剂，40%（2.2%＋37.8%）、45%（4%＋41%）、70%（4%＋66%）可湿性粉剂，40%（3%＋37%）可分散油悬浮剂，括号内有效成分含量均为乙氧氟草醚的含量加草甘膦的含量；40%（2%＋38%）、80%（2%＋78%）、81%（3%＋78%）水分散粒剂，80%（5%＋75%）可湿性粉剂，括

号内有效成分含量均为乙氧氟草醚的含量加草甘膦铵盐的含量。

产品特点 氧氟·草甘膦是由乙氧氟草醚与草甘膦或草甘膦铵盐按一定比例混配的一种灭生性低毒复合除草剂，属二苯醚类除草剂与有机磷类除草剂的互补组合，兼具内吸传导及触杀作用，杀草速度更快，除草更彻底，具有杀除与封闭双重功效。药剂主要经由叶片及嫩芽（芽鞘、胚轴）吸收，通过阻碍叶绿素和蛋白质合成及破坏细胞膜等，导致杂草死亡。

适用作物防除对象及使用技术 氧氟·草甘膦适用于非耕地及果园，能有效防除多种一年生及多年生禾本科杂草、莎草和阔叶杂草，对百合科、旋花科及豆科的一些抗性较强杂草仍可有效防除。

在杂草生长旺盛期至开花前施药效果好。一般每亩使用 40％可湿性粉剂或 40％水分散粒剂 200～250 克，或 40％可分散油悬浮剂 200～280 毫升，或 45％可湿性粉剂 150～200 克，或 67.6％水分散粒剂 110～130 克，或 70％可湿性粉剂 80～120 克，或 80％可湿性粉剂或 80％水分散粒剂 100～125 克，或 81％水分散粒剂 130～180 克，对水 40～60 千克均匀茎叶喷雾。将杂草喷透，使所有茎叶均要着药。选择温度较高的晴天喷药效果好，若在杂草生长后期或气温较低时喷药，应适当增加用药剂量。喷药后 6 小时内遇雨，天晴后应补喷 1 次。

注意事项 氧氟·草甘膦是一种灭生性的内吸传导型兼具触杀作用除草剂，喷药必须均匀周到。用药剂量因杂草密度及大小而有很大差异，杂草密度高、草株高大时应适当增加用药剂量及对水量，以确保杂草茎叶均能着药。

氧氟·甲戊灵

有效成分 乙氧氟草醚（oxyfluorfen）＋二甲戊灵（pendimethalin）。

主要含量与剂型 20％（2％＋18％；2.5％＋17.5％）、34％（4％＋30％；9％＋25％；14％＋20％）乳油。括号内有效成分含量均为乙氧氟草醚的含量加二甲戊灵的含量。

产品特点 氧氟·甲戊灵是由乙氧氟草醚与二甲戊灵按一定比例混配的一种内吸传导型选择性土壤处理低毒复合除草剂，属二苯醚类除草剂与二硝基苯胺类除草剂的科学组合，能同时防除多种阔叶杂草与禾本科杂草，芽前芽后均可使用，具有杀草谱广、持效期长、使用方便、不易淋溶、对环境安全性高等特点。药剂经杂草幼芽、嫩茎和根部吸收，通过阻碍叶绿素合成及抑制微管成形而影响细胞分裂等，导致杂草死亡。

适用作物防除对象及使用技术 氧氟·甲戊灵适用于大蒜、姜、花生、棉花等旱田及移栽水稻田，既能有效防除旱田的稗草、马唐、狗尾草、金狗尾草、牛筋草、早熟禾、看麦娘、藜、反枝苋、凹头苋、马齿苋、猪殃殃、繁缕、铁苋菜、苍耳、田菁、柳叶刺蓼、酸模叶蓼、卷茎蓼、萹蓄、苘麻、刺黄花稔、酢浆草、锦葵、狼把草、鬼针草、香薷、野西瓜苗、鼬瓣花等多种禾本科杂草与阔叶杂草，又能有效防除水田的稗草、马唐、牛筋草、千金子、苋菜、雨久花、鸭舌草、野慈姑、益母草、萤蔺、扁秆藨草、节节草、三棱草、异型莎草、碎米莎草等多种禾本科杂草、阔叶杂草及莎草。

施药前整地要平整，避免有大土块及植物残株。有机质含量高或干旱情况下，选用较高剂量；有机质含量低、沙壤土或降雨灌溉情况下，选用较低剂量。施药应均匀周到，不能漏施、重施。

大蒜田 在大蒜播种后出苗前施药，地膜覆盖于播种后覆膜前施药。一般每亩使用20%乳油200～250毫升，或34%（4%＋30%）乳油150～175毫升，或34%（9%＋25%）乳油75～100毫升，或34%（14%＋20%）乳油60～80毫升，对水30～50千克均匀喷洒土壤表面。沙质土壤选用较低剂量，壤质土壤及黏质土壤选用较高剂量；地膜覆盖大蒜田用药量酌减约1/3。大蒜田套种菠菜时禁止使用。

姜田 在姜栽种后出苗前施药，一般每亩使用20%乳油130～180毫升，或34%（4%＋30%；9%＋25%）乳油120～150毫升，或34%（14%＋20%）乳油80～100毫升，对水30～50千克均匀喷洒土壤表面。

花生田 在花生播后苗前施药，地膜花生播后覆膜前施药。一般每亩使用20%乳油150～180毫升，或34%（4%＋30%；9%＋25%）乳油120～150毫升，或34%（14%＋20%）乳油80～100毫升，对水30～50千克均匀喷洒土壤表面。地膜花生田用药量酌减约1/3。

棉花田 在棉花播种后出苗前施药，地膜棉播种后覆膜前施药。一般每亩使用20%乳油150～180毫升，或34%（4%＋30%；9%＋25%）乳油120～150毫升，或34%（14%＋20%）乳油80～100毫升，对水30～50千克均匀喷洒土壤表面。田间积水可能会有轻微药害，但可恢复；棉苗如有5%拱土时停止施药。地膜棉田用药量酌减约1/3。

水稻移栽田 既可水稻移栽前4～5天施药，也可水稻移栽后5～7天、缓苗后（稗草1叶1心前）施药，施药田块要求平整。施药后保持3～5厘米浅水层5～7天，防止水层淹没水稻心叶。一般每亩使用20%乳油50～70毫升，或34%（14%＋20%）乳油30～40毫升，或34%（4%＋30%；9%＋25%）乳油40～60毫升，与适量细沙土拌匀后均匀撒施。

注意事项 氧氟·甲戊灵在旱田使用时，低温、施药后浇水或降大雨的情况下，可能会导致作物产生轻微药害，一般情况7～10天便可恢复，不影响作物生长及产量。喷洒药剂前后，土壤应保持湿润，以确保药效。本剂生产企业较多，各企业间产品配方比例及含量有一定差异，具体选用时应以该产品的标签说明为准。

氧氟·乙草胺

有效成分 乙氧氟草醚（oxyfluorfen）＋乙草胺（acetochlor）。

主要含量与剂型 26%（3%＋23%）、40%（6%＋34%）、42%（8%＋34%）、43%（5.5%＋37.5%）、57%（6%＋51%）乳油。括号内有效成分含量均为乙氧氟草醚的含量加乙草胺的含量。

产品特点 氧氟·乙草胺是由乙氧氟草醚与乙草胺按一定比例混配的一种内吸传导型选择性低毒复合除草剂，属二苯醚类除草剂与酰胺类除草剂的科学组合，主要用于土壤封闭处理，防除多种阔叶杂草与禾本科杂草，具有杀草谱广、使用方便、持效期长等特点。药剂被杂草幼芽及根部吸收，通过阻碍叶绿素和蛋白质合成及破坏敏感杂草细胞膜等，导致其死亡。

适用作物防除对象及使用技术 氧氟·乙草胺主要适用于大蒜、大豆、花生、棉花等作物，用于防除稗草、狗尾草、马唐、牛筋草、早熟禾、千金子、硬草、看麦娘、野燕麦、棒头草、鸭舌草、陌上菜、节节菜、猪毛毡、泽泻、水苋菜、碎米莎草、异型莎草、龙葵、苍耳、藜、小藜、反枝苋、凹头苋、铁苋菜、马齿苋、柳叶刺蓼、酸模叶蓼、萹蓄、繁缕、苘麻、刺黄花稔、酢浆草、锦葵、野芥、鸭跖草、狼把草、鬼针草、香薷、野西瓜苗、鼬瓣花等多种一年生杂草。

大豆田 在大豆播后苗前施药，播种后3～5天内用药效果最好，大豆拱土期施药易造成药害。一般每亩使用26%乳油200～220毫升，或40%乳油120～160毫升，或42%乳油110～140毫升，或43%乳油100～130毫升，或57%乳油80～110毫升，对水30～40千克均匀喷洒土壤表面。土壤有机质含量低、沙质土、低洼地及墒情好的地块选用较低剂量，土壤有机质含量较高、质地黏重、岗地及干旱地块选用较高剂量。春大豆选用较高剂量，夏大豆选用较低剂量。

花生田 在花生播后苗前施药。一般每亩使用26%乳油200～220毫升，或40%乳油130～160毫升，或42%乳油120～140毫升，或43%乳油100～130毫升，或57%乳油80～100毫升，对水30～50千克均匀喷洒土壤表面。地膜花生于播种后覆膜前施药，用药量酌减约1/3。

大蒜田 在大蒜栽种后至立针期或大蒜苗后2叶1心后、杂草4叶期以前施药，避开大蒜1叶1心至2叶期。一般每亩使用26%乳油200～220毫升，或40%乳油130～160毫升，或42%乳油120～140毫升，或43%乳油100～130毫升，或57%乳油80～110毫升，对水30～50千克均匀喷洒地面。沙质土选用较低剂量，壤质土、黏质土选用较高剂量。地膜大蒜栽种后覆膜前施药，用药量酌减约1/3。

棉花田 移栽棉田在棉花移栽前施药，地膜覆盖棉田在棉籽播种后覆膜前施药。一般每亩使用26%乳油200～220毫升，或40%乳油130～160毫升，或42%乳油120～150毫升，或43%乳油100～130毫升，或57%乳油80～100毫升，对水30～50千克均匀喷洒地面。

注意事项 氧氟·乙草胺施药前后，土壤应保持湿润，以确保药效。地膜覆盖栽培时，应在播种后覆膜前施药，用药量与露地相比酌减约1/3。水稻、小麦、黄瓜、菠菜、韭菜、谷子、高粱等作物对本剂敏感，喷药时避免药液飘移到上述作物上。本剂生产企业较多，各企业间产品配方比例及含量有一定差异，具体选用时应以该产品的标签说明为准。

乙·莠

有效成分 乙草胺（acetochlor）＋莠去津（atrazine）。

主要含量与剂型 40%（15%＋25%；16%＋24%；20%＋20%；21.1%＋18.9%）、48%（16%＋32%；20%＋28%）、50%（25%＋25%）、52%（26%＋26%；27%＋25%）、55%（29%＋26%）、61%（36%＋25%）、62%（31%＋31%；36%＋26%）悬乳剂，40%（14%＋26%）、48%（16%＋32%；24%＋24%）可湿性粉剂。括号内有效成分含量均为乙草胺的含量加莠去津的含量。

产品特点　乙·莠是由乙草胺与莠去津按一定比例混配的一种内吸传导型选择性低毒复合除草剂，属酰胺类除草剂与三嗪类除草剂的科学组合，在作物播后苗前土壤喷雾处理，能同时防除多种阔叶杂草与禾本科杂草，对某些深根性杂草也有抑制作用，具有杀草谱广、使用方便、持效期长等特点。药剂主要经幼芽和根系吸收，通过阻碍蛋白质合成及干扰光合作用等，使杂草死亡。

适用作物防除对象及使用技术　乙·莠适用于玉米田、甘蔗田，主要用于防除一年生禾本科杂草和某些阔叶杂草，如稗草、狗尾草、金狗尾草、马唐、牛筋草、看麦娘、早熟禾、藜、蓼、反枝苋、铁苋菜、狼把草、鬼针草、繁缕、野西瓜苗等。

玉米田　在玉米播种后出苗前土壤处理施药。东北春玉米田，一般每亩使用40%悬浮剂300～350毫升，或48%悬浮剂250～320毫升，或50%悬浮剂或52%悬浮剂或55%悬浮剂230～300毫升，或61%悬浮剂或62%悬浮剂220～280毫升，或40%可湿性粉剂300～350克，或48%可湿性粉剂250～320克；夏玉米田，一般每亩使用40%悬浮剂200～250毫升，或48%悬浮剂150～220毫升，或50%悬浮剂或52%悬浮剂或55%悬浮剂130～200毫升，或61%悬浮剂或62%悬浮剂120～180毫升，或40%可湿性粉剂200～250克，或48%可湿性粉剂150～220克。每亩药剂对水30～50千克均匀喷洒土壤表面。南方土壤墒情好的条件下用药剂量可适当减少。

甘蔗田　在甘蔗种植后出苗前土壤表面喷雾施药。一般每亩使用40%悬浮剂300～400毫升，或48%悬浮剂250～350毫升，或50%悬浮剂或52%悬浮剂或55%悬浮剂220～300毫升，或61%悬浮剂或62%悬浮剂200～280毫升，或40%可湿性粉剂300～400克，或48%可湿性粉剂250～350克，对水30～45千克均匀喷洒土壤表面。

注意事项　乙·莠在土壤黏重、有机质含量高的地块选用较高剂量，在沙壤土、有机质含量低的地块选用较低剂量。喷药前后，土壤应保持湿润，以确保药效。本剂生产企业较多，各企业间产品配方比例及含量有一定差异，具体选用时应以该产品的标签说明为准。

乙·莠·滴辛酯

有效成分　乙草胺（acetochlor）＋莠去津（atrazine）＋2，4 - 滴异辛酯（2，4 - D - ethylhexyl）。

主要含量与剂型　66%（28%＋28%＋10%；35%＋23%＋8%；35%＋26%＋5%；36%＋24%＋6%）、68%（36%＋22%＋10%）、69%（39%＋22%＋8%）、70%（38%＋22%＋10%；40%＋20%＋10%）、71%（30.1%＋30.1%＋10.8%；39%＋22%＋10%）、72%（41%＋25%＋6%）、73%（40%＋26.4%＋6.6%）、74%（37%＋25%＋12%）、76%（43%＋24.2%＋8.8%；32.2%＋32.2%＋11.6%）、77%（42%＋28%＋7%）悬乳剂。括号内有效成分含量均为乙草胺的含量加莠去津的含量加2，4 - 滴异辛酯的含量。

产品特点　乙·莠·滴辛酯是由乙草胺与莠去津、2，4 - 滴异辛酯按一定比例三元混配的一种内吸选择性芽前处理低毒复合除草剂，属酰胺类除草剂与三嗪类除草剂、激素型除草剂三元混配的科学组合，具有较高的杀草活性，杀草谱广、持效期适宜、使用方便。

药剂经幼芽、嫩叶及根系吸收，通过阻碍蛋白质与核酸合成及干扰光合作用等，使禾本科杂草心叶扭曲、萎缩、枯死，阔叶杂草叶片皱缩变黄、整株枯死。

适用作物防除对象及使用技术 乙·莠·滴辛酯主要适用于玉米田除草，能有效防除玉米田中常见的一年生禾本科杂草、阔叶杂草及莎草，如稗草、狗尾草、金狗尾草、马唐、牛筋草、画眉草、铁苋菜、反枝苋、马齿苋、刺儿菜、鸭跖草、苣荬菜、苍耳、苘麻、藜、灰绿藜、香附子等。

在玉米播后苗前3～5天施药。春玉米田，一般每亩使用66%悬乳剂200～300毫升，或68%悬浮剂150～200毫升，或69%悬浮剂或70%悬乳剂或71%悬浮剂或72%悬浮剂200～350毫升，或73%悬乳剂200～250毫升，或74%悬浮剂150～180毫升，或76%悬乳剂130～200毫升，或77%悬浮剂150～200毫升；夏玉米田，一般每亩使用66%悬乳剂150～220毫升，或68%悬浮剂100～150毫升，或69%悬浮剂或70%悬乳剂或71%悬浮剂或72%悬浮剂150～200毫升，或73%悬乳剂130～200毫升，或74%悬浮剂100～150毫升，或76%悬乳剂80～130毫升，或77%悬浮剂100～150毫升。每亩药剂对水30～40千克均匀喷洒土壤表面。

土壤墒情好有利于药效发挥，最好在雨前、雨后或浇地后施药。土壤黏重、有机质含量高、杂草密度大的地块选用较高剂量或适当加大用药剂量，沙质土壤、有机质含量低的地块选用较低剂量。

注意事项 乙·莠·滴辛酯不能在间作或套种有其他作物的玉米田使用。具体用药量，在推荐用量范围内根据土壤质地、有机质含量、杂草种类、杂草密度及杂草大小而定。棉花、大豆、花生、油菜、甜菜、马铃薯、向日葵、瓜类、菠菜、韭菜、谷子、高粱、小麦、水稻、葡萄、桃树、梨树、杨树、槐树等植物对本剂敏感，喷药时应避免药液飘移到上述植物上，以防造成药害。本剂生产企业较多，各企业间产品配方比例及含量差异较大，具体选用时应以该产品的标签说明为准。

乙羧·草铵膦

有效成分 乙羧氟草醚（fluoroglycofen）＋草铵膦（glufosinate-ammonium）。

主要含量与剂型 20%（0.7%＋19.3%）、21%（1%＋20%）、22%（1%＋21%）、24%（1.5%＋22.5%）、32%（2%＋30%）可分散油悬浮剂，11%（0.4%＋10.6%）、20%（0.8%＋19.2%；1%＋19%）、21%（1%＋20%）微乳剂，11%（0.6%＋10.4%）、20%（1%＋19%）可溶液剂，74%（4%＋70%）水分散粒剂。括号内有效成分含量均为乙羧氟草醚的含量加草铵膦的含量。

产品特点 乙羧·草铵膦是由乙羧氟草醚与草铵膦按一定比例混配的一种灭生性触杀型茎叶处理低毒复合除草剂，属二苯醚类除草剂与次膦酸类除草剂的互补组合，具有杀草谱广、作用速度快、耐雨水冲刷、持效期长、对木质化的作物根系和树皮及浅根果树相对安全等特点。药剂主要经植物茎叶吸收，通过阻碍叶绿素合成、破坏细胞膜功能、抑制光合作用等，导致杂草枯死。

适用作物防除对象及使用技术 乙羧·草铵膦主要适用于非耕地及果园除草，能有效防除藜科、蓼科、苋科及苍耳、龙葵、马齿苋、鸭跖草、大蓟、稗草、马唐等多种阔叶杂草和禾本科杂草，对抗草甘膦杂草小飞蓬、牛筋草等防除效果突出。

在杂草基本出齐后、抽穗前施药。一般每亩使用 11% 可溶液剂或 11% 微乳剂 500～700 毫升，或 20% 可分散油悬浮剂或 21% 可分散油悬浮剂或 22% 可分散油悬浮剂或 20% 微乳剂或 21% 微乳剂或 20% 可溶液剂 200～400 毫升，或 24% 可分散油悬浮剂 150～300 毫升，或 32% 可分散油悬浮剂 150～250 毫升，或 74% 水分散粒剂 60～100 克，对水 30～50 千克向杂草均匀周到喷雾，将杂草喷透。干旱环境、杂草密度高、草龄偏大或防除恶性杂草时，选用较高剂量，甚至适当提高用药剂量和对水量。施药 6 小时后下雨基本不影响药效。

注意事项 乙羧·草铵膦主要应用于非耕地除草，有时也可定向用于果园除草，果园应用时避免药液喷洒到果树绿色组织部位。本剂生产企业较多，各企业间产品配方比例及含量有一定差异，具体应用时应以该产品的标签说明为准。

异丙草·莠

有效成分 异丙草胺（propisochlor）＋莠去津（atrazine）。

主要含量与剂型 40%（16%＋24%；20%＋20%；24%＋16%）、41%（18%＋23%；21%＋20%）、42%（16%＋26%；22%＋20%）、50%（20%＋30%；22%＋28%；30%＋20%）、52%（26%＋26%；32%＋20%）、58%（29%＋29%）、60%（30%＋30%）悬浮剂。括号内有效成分含量均为异丙草胺的含量加莠去津的含量。

产品特点 异丙草·莠是由异丙草胺与莠去津按一定比例混配的一种内吸传导型选择性低毒复合除草剂，属氯乙酰胺类除草剂与三嗪类除草剂的科学组合，专用于玉米田除草，播后芽前或芽后早期土壤药剂处理。两种杀草机理互补，除草范围广，对玉米安全。药剂经由幼芽和根系吸收，通过阻碍蛋白质合成、抑制细胞分裂、干扰光合作用等，使杂草芽、根生长停止而死亡，对某些深根性杂草也有抑制作用。

适用作物防除对象及使用技术 异丙草·莠主要适用于玉米田除草，能有效防除稗草、狗尾草、金狗尾草、牛筋草、早熟禾、野黍、画眉草、马唐、黑麦草、稷、鸭跖草、荠菜、野芝麻、藜、蓼、反枝苋、马齿苋、龙葵、葎草、辣子草、猪毛菜、繁缕、播娘蒿等多种一年生禾本科杂草及阔叶杂草。

在玉米播种后出苗前施药，播后 3 天内用药效果最好。干旱地区也可采用整地后播种前喷药，然后浅混土 3～5 厘米再播种。春玉米田，一般每亩使用 40% 悬浮剂或 41% 悬浮剂 300～400 毫升，或 42% 悬乳剂 280～380 毫升，或 50% 悬浮剂或 52% 悬乳剂 200～300 毫升，或 58% 悬浮剂 200～250 毫升，或 60% 悬浮剂 190～230 毫升；夏玉米田，一般每亩使用 40% 悬浮剂或 41% 悬浮剂 200～250 毫升，或 42% 悬乳剂 180～240 毫升，或 50% 悬浮剂或 52% 悬乳剂 150～200 毫升，或 58% 悬乳剂 140～180 毫升，或 60% 悬浮剂 100～150 毫升。每亩药剂对水 30～50 千克均匀喷洒土壤表面。有机质含量在 3% 以下的沙质土壤使用较低剂量，有机质含量在 3% 以上的黏质土壤使用较高剂量。

注意事项 异丙草·莠在土壤有机质含量低于 1% 的沙性土壤上不宜使用，与其他作物间作或套种的玉米田禁止使用。黄瓜、大豆、谷子、高粱、小麦、水稻、桃树及其他蔬菜对本剂敏感，用药时避免药液飘移到上述作物上。本剂生产企业较多，各企业间产品配方比例及含量差异较大，具体选用时应以该产品的标签说明为准。

唑草·苯磺隆

有效成分 唑草酮（carfentrazone-ethyl）＋苯磺隆（tribenuron-methyl）。

主要含量与剂型 24％（10％＋14％）、26％（10％＋16％）、28％（12％＋16％）、36％（20％＋16％；22％＋14％）、40％（22％＋18％）可湿性粉剂。括号内有效成分含量均为唑草酮的含量加苯磺隆的含量。

产品特点 唑草·苯磺隆是由唑草酮与苯磺隆按一定比例混配的一种内吸传导型芽后选择性低毒复合除草剂，属三唑啉酮类除草剂与磺酰脲类除草剂的科学组合，专用于小麦田除草，具有杀草谱较广、作用速度快、除草效果好、使用安全等特点。药剂经由杂草茎叶及根部吸收，通过干扰和破坏细胞膜功能、抑制支链氨基酸合成、阻碍细胞分裂等，导致杂草死亡。

适用作物防除对象及使用技术 唑草·苯磺隆主要适用于小麦田除草，能有效防除猪殃殃、婆婆纳、麦家公、泽漆、繁缕、荠菜、麦瓶草、地肤、碎米荠、雀舌草、播娘蒿、田旋花、藜、苘麻、萹蓄、蓼、卷茎蓼、反枝苋、铁苋菜、苣荬菜、龙葵等多种一年生阔叶杂草。

冬小麦田，在小麦苗后3～5叶期或返青后至拔节前、阔叶杂草3～5叶期施药，一般每亩使用24％可湿性粉剂8～12克，或26％可湿性粉剂6～10克，或28％可湿性粉剂6～8克，或36％可湿性粉剂5～6克，或40％可湿性粉剂3～5克，对水20～30千克均匀茎叶喷雾。春小麦田，在小麦3～5叶期、一年生阔叶杂草2～4叶期、多年生阔叶杂草6叶期以前施药，一般每亩使用24％可湿性粉剂9～13克，或26％可湿性粉剂8～12克，或28％可湿性粉剂7～10克，或36％可湿性粉剂6～8克，或40％可湿性粉剂4～6克，对水30～40千克均匀茎叶喷雾。喷药必须均匀周到，使全部杂草充分着药。杂草小、墒情好时用较低药剂量，杂草大、墒情差时用较高药剂量。小麦拔节后禁止施药。

注意事项 唑草·苯磺隆活性高、用药量少，使用药剂量必须称量准确。间作或套种有阔叶作物的小麦田，不能使用本剂，并防止药液飘移到附近敏感阔叶作物上。用药后60天内不能种植阔叶作物。若麦田后茬轮作花生等敏感作物时，应在冬前施药，安全间隔期为90天以上。本剂生产企业较多，各企业间产品配方比例及含量有一定差异，具体选用时应以该产品的标签说明为准。

唑啉·炔草酯

有效成分 唑啉草酯（pinoxaden）＋炔草酯（clodinafop-propargyl）。

主要含量与剂型 5％（2.5％＋2.5％）、10％（4％＋6％）、20％（10％＋10％）乳油，10％（5％＋5％）可分散油悬浮剂，20％（8％＋12％）微乳剂。括号内有效成分含量均为唑啉草酯的含量加炔草酯的含量。

产品特点 唑啉·炔草酯是由唑啉草酯与炔草酯按一定比例混配的一种内吸传导型选择性茎叶处理低毒复合除草剂，属苯基吡唑啉类除草剂与芳氧苯氧丙酸酯类除草剂的科学组合，专用于小麦田禾本科杂草的综合治理，具有杀草谱广、除草效果稳定、耐低温性好、对后茬作物安全等特点。药剂经植物叶片及叶鞘吸收后在分生组织内积累，通过抑制乙酰辅酶 A 羧化酶的生物合成，使脂肪酸合成停止，细胞生长分裂不能正常进行，膜系统受到破坏，1～3 周杂草死亡。

适用作物防除对象及使用技术 唑啉·炔草酯主要适用于小麦田，用于防除稗草、看麦娘、日本看麦娘、鼠尾看麦娘、菵草、硬草、棒头草、黑麦草、野燕麦、早熟禾、狗尾草、节节麦等种子萌发的禾本科杂草。

小麦 3 叶期后、一年生禾本科杂草 3～5 叶期为最佳施药时期。冬小麦既可冬前施药，也可早春小麦返青至拔节前施药；春小麦则在小麦 3～5 叶期、禾本科杂草 2～5 叶期施药。冬小麦田，一般每亩使用 5％乳油 60～100 毫升，或 10％乳油或 10％可分散油悬浮剂 40～50 毫升，或 20％乳油或 20％微乳剂 20～25 毫升；春小麦田，一般每亩使用 5％乳油 60～80 毫升，或 10％乳油或 10％可分散油悬浮剂 30～40 毫升，或 20％乳油或 20％微乳剂 15～20 毫升。每亩药剂对水 20～30 千克杂草茎叶喷雾，喷药应均匀周到，不能漏喷、重喷。杂草密度高、草龄较大时，选用较高用药剂量。

注意事项 唑啉·炔草酯不能在大麦田、燕麦田使用，也不能在间作、套种其他作物的小麦田使用。不能与激素类除草剂如 2，4 -滴异辛酯、2 甲 4 氯、麦草畏、氯氟吡氧乙酸等混用。施药后敏感杂草受害反应速度与气候条件、杂草种类、生态环境等因素有关，春季温度较高时用药除草速度最快。不良气候条件下喷药，小麦叶片可能会出现暂时失绿症状，但不影响其正常生长发育和最终产量。本剂生产企业较多，各企业间产品配方比例及含量有一定差异，具体选用时应以该产品的标签说明为准。

第五章　植物生长调节剂

1-甲基环丙烯 1-methylcyclopropene

主要含量与剂型　0.014%、0.03%、3.3%微囊粒剂，0.03%、3.3%、4%粉剂，0.18%水分散片剂，2%片剂，1%可溶液剂，12%发气剂。

产品特点　1-甲基环丙烯简称"1-MCP"，是一种应用于密闭空间熏蒸处理的鲜活植物产品保鲜型植物生长调节剂，其作用机理是通过竞争性与乙烯受体结合，使乙烯（外源及内源）与受体蛋白结合受到抑制，即通过阻碍乙烯和受体蛋白的结合，有效抑制乙烯所诱导的与植物产品后熟相关的一系列生理生化反应，进而延缓植物细胞衰老进程，达到较长时间的保鲜效果，如延缓果实衰老、延长花卉寿命及保鲜期等，使果实、花卉等新鲜植物产品在储藏、运输及销售过程中能较长时间地保持较理想的新鲜状态。制剂遇水后释放出1-甲基环丙烯气体而发挥药效，在密闭环境中有效浓度0.2~1.0毫克/千克即可产生活性。

适用作物使用技术及效果　1-甲基环丙烯为密闭熏蒸处理剂，具体应用时要根据包装箱或密闭储放空间体积大小来确定用药量，且要求保鲜产品（水果、蔬菜、花卉等）应在适宜的成熟期采收，并采收后尽快进行分级、包装处理。对二氧化碳敏感的产品或品种，包装箱中若使用保鲜袋，建议进行打孔处理，以避免造成二氧化碳积累伤害。

苹果、梨、李子、柿子保鲜　相应水果适期采收并挑选分级后，按照每立方米空间使用0.014%微囊粒剂30~60克，或0.03%微囊粒剂或0.03%粉剂15~25克，或0.18%水分散片剂0.8~1.2克，或1%可溶液剂0.3~0.45毫升，或2%片剂0.056~0.112克，或3.3%微囊粒剂或3.3%粉剂0.06~0.08克，或4%粉剂0.05~0.07克，或12%发气剂0.02~0.03克密闭熏蒸处理12~24小时。具体使用技术及方法参照产品标签说明。

猕猴桃保鲜　猕猴桃适期采收并挑选分级后，按照每立方米空间使用0.014%微囊粒剂6~12克，或0.03%微囊粒剂或0.03%粉剂3~6克，或0.18%水分散片剂0.8~1.2克，或1%可溶液剂0.075~0.15毫升，或2%片剂0.028~0.056克，或3.3%微囊粒剂或3.3%粉剂0.02~0.04克，或4%粉剂0.015~0.03克，或12%发气剂0.006~0.012克密闭熏蒸处理。具体使用技术及方法参照产品标签说明。

番茄、香瓜、甜瓜保鲜　相应瓜果适期采收并挑选分级后，按照每立方米空间使用0.014%微囊粒剂12~16克，或0.18%水分散片剂0.95~1.25克，或1%可溶液剂0.15~0.2毫升，或2%片剂0.07~0.1克，或3.3%微囊粒剂或3.3%粉剂0.035~0.07克，或4%粉剂0.04~0.05克，或12%发气剂0.02~0.03克密闭熏蒸处理。具体使用技术及方法参照产品标签说明。

　　花椰菜保鲜　花椰菜适期采收并挑选分级后，按照每立方米空间使用 0.014％微囊粒剂 60～90 克，或 0.18％水分散片剂 5～7 克，或 1％可溶液剂 0.9～1.2 毫升，或 2％片剂 0.45～0.6 克，或 3.3％微囊粒剂或 3.3％粉剂 0.27～0.39 克，或 4％粉剂 0.22～0.3 克，或 12％发气剂 0.08～0.1 克密闭熏蒸处理。具体使用技术及方法参照产品标签说明。

　　玫瑰保鲜　玫瑰花适期剪收并挑选分级后，按照每立方米空间使用 0.014％微囊粒剂 7.5～22 克，或 0.18％水分散片剂 0.6～1.7 克，或 1％可溶液剂 0.1～0.3 毫升，或 2％片剂 0.05～0.15 克，或 3.3％微囊粒剂或 3.3％粉剂 0.04～0.09 克，或 4％粉剂 0.03～0.07 克，或 12％发气剂 0.01～0.025 克密闭熏蒸处理。具体使用技术及方法参照产品标签说明。

　　兰花保鲜　兰花适期剪收并挑选分级后，按照每立方米空间使用 0.014％微囊粒剂 10～15 克，或 0.18％水分散片剂 0.8～1.2 克，或 1％可溶液剂 0.15～0.2 毫升，或 2％片剂 0.08～0.1 克，或 3.3％微囊粒剂或 3.3％粉剂 0.045～0.065 克，或 4％粉剂 0.04～0.05 克，或 12％发气剂 0.012～0.018 克密闭熏蒸处理。具体使用技术及方法参照产品标签说明。

　　康乃馨保鲜　康乃馨适期剪收并挑选分级后，按照每立方米空间使用 0.014％微囊粒剂 60～100 克，或 0.18％水分散片剂 4.7～7.7 克，或 1％可溶液剂 0.8～1.4 毫升，或 2％片剂 0.4～0.7 克，或 3.3％微囊粒剂或 3.3％粉剂 0.25～0.4 克，或 4％粉剂 0.2～0.35 克，或 12％发气剂 0.07～0.1 克密闭熏蒸处理。具体使用技术及方法参照产品标签说明。

　　注意事项　1-甲基环丙烯相对用量很小，且不同企业间产品有效含量差异较大，具体选用时应严格按照产品标签说明使用。本剂仅限于密闭空间使用，且不得与其他产品混用。处理空间内部较大时，需配置风扇等相关循环系统，以保证空间内气体流动、处理均匀。收获前使用过催熟剂（乙烯利等）的农产品再使用本剂效果不好，生产中需要注意。

S-诱抗素 （+）-abscisic acid

　　主要含量与剂型　0.006％、0.03％、0.1％、0.25％、5％水剂，5％、10％可溶液剂，1％可溶粉剂。

　　产品特点　S-诱抗素又称脱落酸（ABA），是一种具有倍半萜结构的天然植物生长调节剂，属植物"抗逆诱导因子"，能诱导并激活植株体内多种抗逆基因的表达，以提高植株对不良生长环境（逆境）的抗性。在植物生长发育过程中，主要功能是平衡植物生长、提高光合效率，诱导植物产生抗旱、抗寒、抗病、耐盐碱等抗逆性能，促进种子及果实内营养物质的积累，改善作物品质、提高产量等。用于浸种处理，具有增强发芽势、提高发芽率、促根壮苗、促进分蘖和增强植株抗逆性的功效；对幼苗喷雾，能够促进幼苗根系发育，移栽后返青快、成活率高，并使植株整个生长期的抗逆性得到增强。

　　适用作物使用技术及效果　S-诱抗素在蔬菜、瓜果、棉花、药用植物、花卉植物、树苗等移栽期施用，能提高抗逆性、移栽成活率及改善品质等；在干旱来临前施用，能促使玉米、小麦、蔬菜、苗木等度过短期干旱；在寒潮来临前施用，可使蔬菜、棉花、果树等安全度过低温期；较高浓度喷施丹参、三七、马铃薯等植物的茎叶，可抑制地上部分茎叶生长、提高地下块根（茎）的产量及品质等；较高浓度喷施，还可显著抑制杂交水稻制种时的穗发芽和白皮小麦的穗发芽、抑制马铃薯在储存期发芽等。

水稻　使用 0.006％水剂 150～200 倍液，或 0.03％水剂 750～1 000 倍液，或 0.1％水剂 2 500～3 000 倍液，或 0.25％水剂 6 500～8 000 倍液，或 1％可溶粉剂 25 000～33 000 倍液浸种，浸种 24～36 小时后用清水冲洗干净，而后根据当地播种习惯催芽、播种，具有增强发芽势、提高发芽率、促进秧苗根系发达、增加有效分蘖数、增强秧苗抗病和抗寒能力、促进秧苗健壮、提高产量等功效；或在水稻 1 叶 1 心到 2 叶 1 心期，使用 0.1％水剂 750～1 000 倍液，或 0.25％水剂 2 000～2 500 倍液，或 1％可溶粉剂 7 500～10 000 倍液，或 5％水剂或 5％可溶液剂 40 000～50 000 倍液，或 10％可溶液剂 80 000～100 000 倍液喷雾施药 1 次，具有促根壮苗、促进有效分蘖、增强植株抗逆性能、提高产量等功效。

小麦　每 100 千克种子使用 0.006％水剂 50～100 毫升，或 0.03％水剂 10～20 毫升，或 0.25％水剂 1.2～2.4 毫升，对适量水后均匀拌种，晾干后播种，具有增强发芽势、提高发芽率、促根壮苗、促进分蘖、增强植株抗逆性的功效；或在小麦幼苗期，使用 0.1％水剂 500～1 000 倍液，或 0.25％水剂 1 500～2 500 倍液，或 1％可溶粉剂 5 000～10 000 倍液，或 5％水剂或 5％可溶液剂 25 000～50 000 倍液，或 10％可溶液剂 50 000～100 000 倍液叶面喷雾 1 次，具有增加有效分蘖、增强植株抗逆性能、促进植株健壮、提高产量等功效。

花生　在花生 3～4 片复叶期第 1 次喷药，15 天左右后第 2 次喷药，开花下针期第 3 次喷药，具有促进开花、提高结荚率、增强植株抗逆性能、促进籽粒饱满、提高品质、增加产量等功效。一般使用 0.1％水剂 400～800 倍液，或 0.25％水剂 1 000～2 000 倍液，或 1％可溶粉剂 4 000～8 000 倍液均匀叶面喷雾。

棉花　在棉花 3 片真叶期第 1 次喷药，10～15 天后第 2 次喷药，初花期第 3 次喷药，具有促进植株根系发达、增强植株抗逆性能、促使提早开花结铃、减轻落花落铃、增加铃重、提早吐絮、提高产量等功效。一般使用 0.1％水剂 400～600 倍液，或 0.25％水剂 1 000～1 500 倍液，或 1％可溶粉剂 4 000～6 000 倍液均匀茎叶喷雾。

烟草　在烟苗移栽前 3 天和移栽后 10 天各叶面喷雾 1 次，具有促进烟苗返青、增加须根数量、增强植株抗病毒能力、提高烟叶品质及产量等功效。一般使用 0.1％水剂 300～370 倍液，或 0.25％水剂 700～900 倍液，或 1％可溶粉剂 3 000～3 500 倍液，或 5％水剂或 5％可溶液剂 15 000～18 000 倍液，或 10％可溶液剂 30 000～40 000 倍液均匀茎叶喷雾。

番茄　在秧苗移栽前 2～3 天第 1 次喷药，移栽后 7～10 天第 2 次喷药，具有促进幼苗根系发达、移栽后缓苗快、提高光合效率、促进植株协调生长、增加营养物质吸收与积累、增强植株抗逆性、改善番茄品质、提高产量等功效。一般使用 0.1％水剂 200～400 倍液，或 0.25％水剂 500～750 倍液，或 1％可溶粉剂 2 000～4 000 倍液，或 5％水剂或 5％可溶液剂 10 000～15 000 倍液均匀叶面喷雾。

葡萄　在葡萄转色初期（20％～30％开始转色期）均匀喷洒果穗 1 次，以果粒均匀附着药液且不滴水为宜，注意勿喷洒到葡萄叶片和枝蔓上，具有促进果粒转色、提高果实品

质的作用。一般使用 5％水剂或 5％可溶液剂 200～250 倍液，或 10％可溶液剂 400～
500 倍液喷洒果穗，只能喷洒 1 次。其使用效果受气候、树势、肥水管理、挂果量等多种
因素影响，不同地区、不同品种及栽培模式在最佳使用浓度上会有一定差异。也可在葡萄
绒球期（冬芽开始萌动、似球状、尚未见绿色），使用 5％水剂或 5％可溶液剂 2 500～
5 000 倍液，或 10％可溶液剂 5 000～10 000 倍液灌根，具有促进葡萄芽和新梢生长。增
加芽的纵横径、增强叶片光合作用、提升果粒重及穗重、促使葡萄健壮生长的作用。

注意事项 S-诱抗素不能与碱性药剂及肥料混用，也不能用碱性水（pH＞7.0）进
行稀释，若在稀释液中加入少量食醋，效果会更好。本品需要避光保存，且包装开启后最
好一次性用完。喷雾时应选用雾化好的喷雾器或喷头，雾滴要细小，喷雾要均匀，且不能
重复喷雾。

矮壮素 chlormequat

主要含量与剂型 50％水剂，80％可溶粉剂。

产品特点 矮壮素是一种季铵盐类广谱性低毒植物生长调节剂，属赤霉素的拮抗剂，
可通过叶片、嫩枝、芽、根系和种子进入到植物体内，抑制植物体内赤霉素的生物合成，
进而抑制植物细胞伸长，但不抑制细胞分裂。其作用机理是阻抑贝壳杉烯的生成，致使内
源赤霉素生物合成受阻。它的主要生理机能是控制植物徒长，促进生殖生长，使植株节间
缩短，株高变矮，茎秆粗壮，根系发达，抗倒伏能力提升；同时叶色深绿，叶片加厚，叶
绿素含量增多，光合作用增强，提高一些作物的坐果率，改善作物品质，提高产量。另
外，还可提高某些作物的抗寒、抗旱、抗盐碱及抗病虫等能力。

适用作物使用技术及效果 矮壮素适用作物非常广泛，主要用于喷雾或喷淋，也可通
过种子处理（浸种、拌种）进行用药。

苹果树、梨树 从新梢旺盛生长期开始全株喷雾，15 天左右 1 次，连喷 2～3 次，具
有控制新梢旺长、增加新梢茎粗、缩短节间、增厚叶片、叶色浓绿、促进花芽分化及果实
膨大等效果。一般使用 80％可溶粉剂 1 500 倍液，或 50％水剂 1 000 倍液均匀喷雾。

桃树、杏树、李树 在花芽露红期或开绽前，喷施 1 次 80％可溶粉剂 1 000～2 000 倍
液，或 50％水剂 600～800 倍液，可提高花芽的耐寒力，减轻花芽冻害。从新梢旺盛生长
期开始全株喷雾，15 天左右 1 次，连喷 2～3 次，具有控制新梢旺长、增加新梢茎粗、缩
短节间、增厚叶片、叶色浓绿、促进花芽分化、促进果实膨大及着色等作用，生长期使用
80％可溶粉剂 1 500 倍液，或 50％水剂 1 000 倍液均匀喷雾。

葡萄 在葡萄开花前 15 天左右和落花后 30 天左右喷洒全株，具有控制副梢生长、果
穗整齐、提高坐果率、增加果粒重、提高产量等功效。一般使用 80％可溶粉剂 1 000～
1 500 倍液，或 50％水剂 500～1 000 倍液均匀喷雾。

柑橘树 使用 80％可溶粉剂 1 500 倍液，或 50％水剂 1 000 倍液在新梢旺盛生长期喷
洒树体，15 天左右 1 次，连喷 2～3 次，具有控制新梢旺长、增加新梢茎粗、缩短节间、
增厚叶片、叶色浓绿、提高坐果率、增强抗寒力等作用。

棉花 从棉花初花期开始全株茎叶喷雾，10～15 天 1 次，连喷 2～3 次，具有防止疯
长徒长、促进植株紧凑、矮化植株、化学整枝打顶、提高结铃率、增加产量等功效。一般

使用 80％可溶粉剂 15 000～25 000 倍液，或 50％水剂 10 000～15 000 倍液均匀喷雾。

小麦　使用 50％水剂 200～300 倍液，或 80％可溶粉剂 400～500 倍液浸泡种子 6～12 小时，晾干后播种，具有促进壮苗、增加分蘖、矮化植株、提高抗倒伏能力、增加产量的作用。使用 80％可溶粉剂 400～500 倍液，或 50％水剂 250～300 倍液在返青期和拔节期各叶面喷雾 1 次，也可起到促进植株矮化、防止倒伏、增加产量的功效。

玉米　使用 80％可溶粉剂 250～300 倍液，或 50％水剂 150～200 倍液浸种 6 小时，晾干后播种，或使用 80％可溶粉剂 3 500 倍液，或 50％水剂 2 000 倍液在孕穗期喷洒植株顶部，具有矮化植株、减轻秃尖、穗大粒满、提高产量等作用。

水稻　在分蘖末期，使用 80％可溶粉剂 800 倍液，或 50％水剂 500 倍液喷洒全株，具有促进植株矮化、防止倒伏、促进籽粒饱满、增加产量的作用。

高粱　在拔节前，使用 80％可溶粉剂 600～800 倍液，或 50％水剂 400～500 倍液喷洒全株，具有促进植株矮化、增加穗长、提高产量等作用。

花生　在播种后 50 天左右，使用 80％可溶粉剂 8 000～16 000 倍液，或 50％水剂 5 000～10 000 倍液喷洒花生叶面，具有促进植株矮化、提高结荚率、增加产量等作用。

大豆　在开花期，使用 80％可溶粉剂 500～800 倍液，或 50％水剂 300～500 倍液喷洒全株，具有减少秕荚，促进粒多、籽粒饱满，提高产量等作用。

番茄　在苗期，使用 80％可溶粉剂 10 000～20 000 倍液，或 50％水剂 5 000～10 000 倍液喷淋土表，具有促进植株紧凑、提早开花等作用。在开花前，使用 80％可溶粉剂 1 000～1 500 倍液，或 50％水剂 500～800 倍液全株喷洒，具有提高坐果率、改善品质、增加产量的作用。

黄瓜　在黄瓜 15 片叶左右时，使用 80％可溶粉剂 10 000～15 000 倍液，或 50％水剂 5 000～10 000 倍液喷洒全株，具有促进坐瓜、增加产量的作用。

马铃薯　在开花前或株高 30 厘米左右时，使用 80％可溶粉剂 300～500 倍液，或 50％水剂 200～300 倍液喷洒叶片，具有提高植株抗逆力（抗旱、抗寒、抗盐碱等）、促进薯块膨大、增加产量的作用。

甘蔗　在甘蔗收获前 1.5 个月左右，使用 80％可溶粉剂 500～800 倍液，或 50％水剂 300～500 倍液喷洒全株，具有促进植株矮化、增加糖度、提高品质及产量等作用。

郁金香　在开花前 10 天左右，使用 80％可溶粉剂 500～800 倍液，或 50％水剂 300～500 倍液喷洒叶片，具有矮化植株、促进鳞茎增大等作用。

杜鹃　在植株生长初期，使用 80％可溶粉剂 200～400 倍液，或 50％水剂 100～200 倍液喷淋土表，具有矮化植株、提早开花等作用。

注意事项　矮壮素应严格控制使用浓度及用药量，浓度过高或用药量过大会出现副作用，喷施后 4～5 小时内降雨需要重喷。水肥条件好、群体有徒长趋势时使用效果较好，而地力条件差、长势不旺地块不宜使用。作为坐果剂使用时，虽提高了坐果率，但果实糖度会有所下降，若与硼酸混用，既可提高坐果率、增加产量，又不致降低果实品质。

苄氨基嘌呤 6 – benzylaminopurine

主要含量与剂型　5％水剂，2％、5％可溶液剂，30％悬浮剂，1％可溶粉剂，20％水分散粒剂。

产品特点 苄氨基嘌呤是一种嘌呤类广谱低毒植物生长调节剂，属高活性细胞分裂素类，水溶性好，经由发芽的种子、根、嫩枝、叶片吸收进入植物体内，移动性小。具有多种生理作用，如：促进细胞分裂及分化，促使非分化组织分化生长，促进细胞增大；诱导休眠芽生长，促进种子发芽；抑制或促进茎、叶的伸长生长，抑制或促进根的生长，抑制叶片老化；打破顶端优势，促进侧芽生长；促进花芽形成与开花，诱发雌性性状；促进坐果及果实生长，壮果膨果，防止裂果；诱导块茎形成，促进物质调运、积累，抑制或促进呼吸；促进蒸发和气孔开放，提高抗伤害能力；增加叶绿素含量，提高光合效率；抑制叶绿素分解，促进或抑制酶的活性，强壮植株，延缓衰老，提高产量。

适用作物使用技术及效果

水稻 在秧苗 1～1.5 叶期，喷施 1 次 1％可溶粉剂 1 000 倍液，或 2％可溶液剂 2 000 倍液，或 5％水剂或 5％可溶液剂 5 000 倍液，或 20％水分散粒剂 20 000 倍液，或 30％悬浮剂 30 000 倍液，具有防止秧苗老化、提高移栽成活率的功效。在水稻抽穗后 7～15 天，植株上部喷洒 1 次 1％可溶粉剂 500 倍液，或 2％可溶液剂 1 000 倍液，或 5％水剂或 5％可溶液剂 2 500 倍液，或 20％水分散粒剂 10 000 倍液，或 30％悬浮剂 15 000 倍液，具有提高抗高温能力、防止出现早衰的功效。

小麦 使用 1％可溶粉剂 400～500 倍液，或 2％可溶液剂 700～1 000 倍液，或 5％水剂或 5％可溶液剂 2 000～2 500 倍液，或 20％水分散粒剂 7 000～10 000 倍液，或 30％悬浮剂 10 000～15 000 倍液浸种 24 小时，而后晾干播种，具有提高发芽率、促使出苗快的功效。

玉米 使用 1％可溶粉剂 500 倍液，或 2％可溶液剂 1 000 倍液，或 5％水剂或 5％可溶液剂 2 500 倍液，或 20％水分散粒剂 10 000 倍液，或 30％悬浮剂 15 000 倍液喷洒 1 次早期雌花，具有提高结实率、增加产量的功效。

棉花 使用 1％可溶粉剂 500 倍液，或 2％可溶液剂 1 000 倍液，或 5％水剂或 5％可溶液剂 2 500 倍液，或 20％水分散粒剂 10 000 倍液，或 30％悬浮剂 15 000 倍液浸种 24～48 小时，而后晾干播种，具有提高发芽率，促使出苗快，促进苗齐、苗壮的功效。

马铃薯 使用 1％可溶粉剂 500～1 000 倍液，或 2％可溶液剂 1 000～2 000 倍液，或 5％水剂或 5％可溶液剂 2 500～5 000 倍液，或 20％水分散粒剂 10 000～20 000 倍液，或 30％悬浮剂 15 000～30 000 倍液浸泡种薯 6～12 小时，而后晾干播种，具有促进发芽整齐、出苗快、苗壮的功效。

西瓜、香瓜 在开花当天，使用 1％可溶粉剂 100 倍液，或 2％可溶液剂 200 倍液，或 5％水剂或 5％可溶液剂 500 倍液，或 20％水分散粒剂 2 000 倍液，或 30％悬浮剂 3 000 倍液涂抹花（果）柄处，具有促进坐果的功效。

南瓜、葫芦 在开花前一天至开花当天，使用 1％可溶粉剂 100 倍液，或 2％可溶液剂 200 倍液，或 5％水剂或 5％可溶液剂 500 倍液，或 20％水分散粒剂 2 000 倍液，或 30％悬浮剂 3 000 倍液涂抹花（果）柄处，具有促进坐果的功效。

黄瓜 秧苗移栽时，使用 1％可溶粉剂 650 倍液，或 2％可溶液剂 1 300 倍液，或 5％水剂或 5％可溶液剂 3 300 倍液，或 20％水分散粒剂 13 000 倍液，或 30％悬浮剂 20 000 倍液浸泡幼苗根部 24 小时，具有增加雌花数量或比例的作用。

番茄　在花序开花初期，使用1％可溶粉剂100倍液，或2％可溶液剂200倍液，或5％水剂或5％可溶液剂500倍液，或20％水分散粒剂2 000倍液，或30％悬浮剂3 000倍液喷布花序或蘸花，具有促进坐果、防止空洞果的功效。

甜椒　在甜椒采收前，使用1％可溶粉剂500～1 000倍液，或2％可溶液剂1 000～2 000倍液，或5％水剂或5％可溶液剂2 500～5 000倍液，或20％水分散粒剂10 000～20 000倍液，或30％悬浮剂15 000～30 000倍液喷洒叶面，或采收后使用上述药液浸渍果实，具有延长储存期的功效。

甘蓝　甘蓝采收后，使用1％可溶粉剂330倍液，或2％可溶液剂660倍液，或5％水剂或5％可溶液剂1 600倍液，或20％水分散粒剂6 600倍液，或30％悬浮剂10 000倍液喷洒叶面或浸渍，具有延长储存期的功效。

花椰菜　采收前，使用1％可溶粉剂700～1 000倍液，或2％可溶液剂1 500～2 000倍液，或5％水剂或5％可溶液剂3 500～5 000倍液，或20％水分散粒剂15 000～20 000倍液，或30％悬浮剂20 000～30 000倍液喷洒叶片，或采收后浸渍花球，具有延长储存期的功效。

白菜　在定苗期、团棵期、莲座期各叶面喷雾1次，具有促进生长、增加产量的功效。一般使用1％可溶粉剂300～500倍液，或2％可溶液剂600～1 000倍液，或5％水剂或5％可溶液剂1 500～2 500倍液，或20％水分散粒剂5 000～10 000倍液，或30％悬浮剂10 000～15 000倍液均匀叶面喷雾。

芹菜　从芹菜移栽定植后7天左右开始茎叶喷雾，15～20天后再喷洒1次，具有调节植株生长、增加产量的功效。一般使用1％可溶粉剂150～200倍液，或2％可溶液剂300～400倍液，或5％水剂或5％可溶液剂700～1 000倍液，或20％水分散粒剂3 000～4 000倍液，或30％悬浮剂4 000～6 000倍液均匀茎叶喷雾。

菠菜、芹菜、莴苣等叶菜类蔬菜　采收前，使用1％可溶粉剂500～1 000倍液，或2％可溶液剂1 000～2 000倍液，或5％水剂或5％可溶液剂2 500～5 000倍液，或20％水分散粒剂10 000～20 000倍液，或30％悬浮剂15 000～30 000倍液均匀喷洒茎叶1次，能够延长采收后绿叶的保鲜期，与赤霉酸混用效果更好。

蒜薹　蒜薹收获后，使用1％可溶粉剂200倍液，或2％可溶液剂400倍液，或5％水剂或5％可溶液剂1 000倍液，或20％水分散粒剂4 000倍液，或30％悬浮剂6 000倍液，混加50毫克/千克赤霉酸，浸泡蒜薹基部5～10分钟，能够抑制有机物质向薹苞运转，延长蒜薹保鲜期。

苹果、蔷薇、洋兰、茶树　在顶梢或新梢旺盛生长阶段，使用1％可溶粉剂100倍液，或2％可溶液剂200倍液，或5％水剂或5％可溶液剂500倍液，或20％水分散粒剂2 000倍液，或30％悬浮剂3 000倍液均匀喷雾1次，具有促进枝条产生分枝的功效。

葡萄（玫瑰）　在葡萄开花前，使用1％可溶粉剂100倍液，或2％可溶液剂200倍液，或5％水剂或5％可溶液剂500倍液，或20％水分散粒剂2 000倍液，或30％悬浮剂3 000倍液浸渍幼穗，具有提高坐果率的功效；如果在开花期使用上述药液混加赤霉酸一起浸渍花序，可以促使形成无籽葡萄。

枣树　从开花70％～80％时开始喷雾，10～15天1次，连喷2～3次，具有提高坐果率、促进幼果发育、稳果壮果、促使果实膨大、减少裂果、提高品质及产量等功效。一般使用 1％可溶粉剂 300～500 倍液，或 2％可溶液剂 700～1 000 倍液，或 5％水剂或 5％可溶液剂 1 500～2 500 倍液，或 20％水分散粒剂 7 000～10 000 倍液，或 30％悬浮剂 10 000～15 000 倍液均匀喷雾，以果面均匀润湿至滴水为宜，果实硬核后禁止使用，弱树不能使用。

　　柑橘树　在谢花后（第 1 次生理落果前）、幼果期（第 2 次生理落果前）及果实开始膨大前各喷药 1 次，具有促进坐果、提高坐果率、稳果壮果、促使果实膨大、增加果实品质及产量的功效。一般使用 1％可溶粉剂 200～300 倍液，或 2％可溶液剂 400～600 倍液，或 5％水剂或 5％可溶液剂 1 000～1 500 倍液，或 20％水分散粒剂 4 000～6 000 倍液，或 30％悬浮剂 6 000～9 000 倍液均匀喷雾。

　　荔枝　果实采收后，使用 1％可溶粉剂 100 倍液，或 2％可溶液剂 200 倍液，或 5％水剂或 5％可溶液剂 500 倍液，或 20％水分散粒剂 2 000 倍液，或 30％悬浮剂 3 000 倍液浸果 1～3 分钟，具有延长果实储存期的功效。

　　唐菖蒲　播种前，使用 1％可溶粉剂 500 倍液，或 2％可溶液剂 1 000 倍液，或 5％水剂或 5％可溶液剂 2 500 倍液，或 20％水分散粒剂 10 000 倍液，或 30％悬浮剂 15 000 倍液浸泡块茎 12～24 小时，具有打破休眠、促进发芽、促使苗壮的功效。

　　洋晚香玉　播种前，使用 1％可溶粉剂 500～1 000 倍液，或 2％可溶液剂 1 000～2 000 倍液，或 5％水剂或 5％可溶液剂 2 500～5 000 倍液，或 20％水分散粒剂 10 000～20 000 倍液，或 30％悬浮剂 15 000～30 000 倍液浸泡球茎 12～24 小时，具有打破休眠、促进发芽、促使苗壮的功效。

　　杜鹃花　在生长期，使用 1％可溶粉剂 20～40 倍液，或 2％可溶液剂 40～80 倍液，或 5％水剂或 5％可溶液剂 100～200 倍液，或 20％水分散粒剂 400～800 倍液，或 30％悬浮剂 600～1 200 倍液喷洒全株 2 次（间隔期 1 天），具有促进侧芽生长的功效。

　　郁金香　在株高 7～10 厘米时，使用 1％可溶粉剂 400 倍液，或 2％可溶液剂 800 倍液，或 5％水剂或 5％可溶液剂 2 000 倍液，或 20％水分散粒剂 8 000 倍液，或 30％悬浮剂 12 000 倍液，混加 100 毫克/千克赤霉酸，于每株筒状叶中心滴 1 毫升混合药液，具有促进开花的功效。

　　注意事项　苄氨基嘌呤药液应现配现用，不能存放。喷药后 6 小时内遇雨应进行补喷。在无使用经验或新作物、新品种上使用时，应先试验成功后再扩大使用。高温、干旱期使用时，应适当增加对水量。作为促进坐果剂使用时，与赤霉酸混用效果更好。

丙酰芸薹素内酯 epocholeone

主要含量与剂型　0.003％水剂。

　　产品特点　丙酰芸薹素内酯是一种广谱低毒植物生长调节剂，为芸薹素内酯的高效结构，又称迟效型芸薹素内酯，对植物体内的赤霉素、生长素、细胞分裂素、乙烯利、脱落酸等激素具有平衡协调作用，同时调配植物体内养分向营养需求最旺盛的组织（如花、果等）运输，为花、果的生长发育提供充足养分。通过保护细胞膜显著提高作物的耐低温、抗干旱等抗逆能力，保护作物的花、果在低温、干旱等不良天气条件下仍然健康生长发育。丙酰芸薹素内酯具有促进生长、保花保果、提高坐果率和结实率、促进根系发达、促进作物生长健壮、促进花芽分化、提高作物叶绿素含量、增强光合效率、增加产量、改进品质、促进早熟、提高营养成分、增强抗逆能力（耐寒、耐旱、耐低温、耐盐碱、防冻等）、减轻药害等多方面积极作用。该药剂喷施后 5～7 天药效开始发挥，持效期长达14 天左右。

适用作物使用技术及效果 丙酰芸薹素内酯适用作物非常广泛，既可用于叶面喷雾，也可用于种子处理等，且不同作物、不同目的的使用方法及时期不尽相同。

枣树 初花期和谢花 2/3 时各喷施 1 次，具有保花保果、提高坐果率、促使果柄短粗、促进幼果膨大的作用；幼果期喷施 1 次，促进幼果膨大、果实大小均匀；着色期喷施1 次，具有促进果实转色、提高果品质量的功效。一般使用 0.003％水剂 2 000～3 000 倍液均匀喷雾，开花期与赤霉酸混合喷施效果更好。

葡萄 萌芽期喷施 1 次，促进嫩芽整齐健壮，提高抗逆能力（倒春寒等）；开花前5 天喷施 1 次、7～10 天后再喷施 1 次，可提高坐果率，减少落果，并促进果粒大小均匀；果实（粒）膨大初期喷施 1 次，促进果实膨大；果实（粒）转色初期喷施 1 次，促进着色，增加糖度，提高果品质量。一般使用 0.003％水剂 2 000～3 000 倍液均匀喷雾。

苹果树、梨树 在花序分离期、落花后喷施，具有保花保果、提高坐果率、增强抗霜冻能力的作用，且幼果早期膨大快、叶片厚大而均匀；在幼果期喷施，可促进果实膨大、提高果形指数、促进花芽分化、缓解大小年等；在果实转色期或近成熟期喷施，具有促进着色、提高果品质量等效果。一般使用 0.003％水剂 3 000～4 000 倍液均匀喷雾。

桃树、李树、杏树、樱桃树 在开花前 5 天和落花后各喷施 1 次，具有防止冻花冻果、提高坐果率、增加产量等作用；在果实转色期喷施 1 次（杏扁除外），可促进果实着色、提高果品质量等。一般使用 0.003％水剂 3 000 倍液均匀喷雾，转色期与优质叶面肥混合喷施效果更好。

柑橘树 在初花期、谢花 2/3 及落花后 10～15 天各喷施 1 次，具有提高坐果率、减少落果，并促进果实大小均匀的作用；在果实膨大期喷施 1 次，促进果实膨大、增加产量；在果实转色期喷施 1 次，促进着色、增加糖度、果面光亮，提高果品质量。一般使用0.003％水剂 2 000～3 000 倍液均匀喷雾，开花前后喷施与赤霉酸配合使用效果更好。

柚果 在开花前 5 天喷施第 1 次、7～10 天后再喷施 1 次，可提高坐果率、减少落果，并促进果实大小均匀；在果实膨大期喷施 1 次，促进果实膨大、提高产量；在果实转色期喷施 1 次，促进着色、增加糖度、提高果品质量。一般使用 0.003％水剂 2 000～3 000 倍液均匀喷雾。

荔枝、龙眼 在开花前 5 天和落花后各喷施 1 次，具有保花保果、提高坐果率、促进果实膨大、提高产量等作用；在果实转色期喷施 1 次，促进果实均匀转色，提高果品质量。一般使用 0.003％水剂 2 000～3 000 倍液均匀喷雾。

香蕉 从抽蕾初期开始喷施，10 天左右 1 次，连喷 2 次，促使蕉仔拉长快、弯曲自然，进而提高蕉果质量及产量。一般使用 0.003％水剂 3 000 倍液均匀喷雾。

青枣 在花芽分化期、盛花期、幼果期各喷施 1 次，具有提高坐果率，促使果实大小均匀、果实膨大快、果面光洁等作用。一般使用 0.003％水剂 3 000 倍液均匀喷雾。

栗树 在开花前 5 天和落花后各喷施 1 次，具有提高结实率、降低空篷率、增加产量等作用。一般使用 0.003％水剂 2 000～3 000 倍液均匀喷雾，与赤霉酸及硼肥配合使用效果更好。

草莓　从初花期开始喷施，10～15 天 1 次，连喷 2～3 次，具有提高坐果率、结实多、果实大而均匀、糖度高、增加产量等作用。一般使用 0.003％水剂 3 000 倍液均匀喷雾。

茶树　在萌芽初期喷施 1 次、10 天后再喷施 1 次，具有促使嫩芽整齐、饱满，抗寒（冻）力增强，产量增加等作用。一般使用 0.003％水剂 2 000～3 000 倍液均匀喷雾。

西瓜、甜瓜　在苗期喷施，增强抗逆能力，促进秧蔓健壮生长；在花蕾期喷施，促进坐瓜，并坐瓜整齐，减少畸形瓜；在膨大期喷施，促进瓜的膨大，提高糖度，增加产量，并防止秧蔓早衰。一般使用 0.003％水剂 3 000 倍液均匀喷雾。

黄瓜、冬瓜、番茄、辣椒、豇豆等瓜果蔬菜及豆类蔬菜　在苗期喷施 1 次，可以促进花芽分化，并提高抗病毒能力；从开花初期开始喷施，10～15 天 1 次，连喷 2～3 次，具有提高坐果（结荚）率、促使瓜果周正、结瓜果（或荚角）整齐、促进光合作用，增加产量，提高品质及提高抗病毒能力等作用。一般使用 0.003％水剂 3 000 倍液均匀喷雾。

十字花科蔬菜及其他叶菜类蔬菜　在苗期、莲座期或生长中期各喷施 1 次，具有调节生长、促进叶片光合作用、增加产量等效果。一般使用 0.003％水剂 3 000 倍液均匀喷雾。

油菜　从开花初期开始喷施，10 天左右 1 次，连喷 2～3 次，具有提高结荚率、提高结实率、促进籽粒饱满、增加产量等作用。一般使用 0.003％水剂 2 000～3 000 倍液均匀喷雾。

水稻　使用 0.003％水剂 3 000 倍液浸泡稻种，具有出苗快、幼苗健壮、根系发达，并促进幼苗分蘖、增加有效蘖数的作用。在孕穗期至齐穗期喷施（10～15 天 1 次，连喷 2 次），具有抽穗整齐、植株健壮、提高结实率、促进籽粒饱满、抗倒伏、抗干旱、抗水淹、增加产量、抑制早衰等作用。生长期一般使用 0.003％水剂 2 000～3 000 倍液均匀喷雾。

小麦　在返青期喷施 1 次，促进植株健壮，根系发达，提高抗逆性；在扬花前后喷施 1～2 次，提高结实率，促进籽粒饱满，茎秆粗壮，抗倒伏，并抑制早衰，提高产量。一般使用 0.003％水剂 2 000～3 000 倍液，或每亩次使用 0.003％水剂 10 毫升对水 30 千克均匀喷雾。

玉米　在喇叭口期和雌穗花丝期各喷施 1 次，具有提高结实率、防止秃尖、促进籽粒饱满、增加产量等作用。一般每亩次使用 0.003％水剂 10 毫升，对水 30 千克均匀喷雾。

大豆、花生　从开花初期开始喷施，10～15 天后再喷施 1 次，具有提高结实率、促进籽粒饱满、提高叶片光合效率、增加产量等作用。一般每亩次使用 0.003％水剂 10 毫升，对水 30 千克均匀喷雾。

棉花　从开花初期开始茎叶喷施，10～15 天 1 次，连喷 2～3 次，具有提高结铃率、减少落铃、增加伏前铃、促使蕾铃均匀、提高产量等作用。一般使用 0.003％水剂 2 000～3 000 倍液均匀喷雾。

甘蔗　在分蘖期、拔节期分别茎叶喷施 1 次，具有调节生长、增加糖度、提高产量等促进作用。一般使用 0.003％水剂 2 000～3 000 倍液均匀喷雾。

金针菜　从开花初期开始喷施，10 天左右 1 次，连喷 2～3 次，具有调节生长、提高花蕾数、促进花蕾增大、增加产量、提高品质等作用。一般使用 0.003％水剂 3 000 倍液均匀喷雾。

药用菊花　从花蕾分化期开始喷施，10天左右1次，连喷2次，具有促进花盘膨大、花序均匀、增加产量等作用。一般使用0.003%水剂3 000倍液均匀喷雾。

金银花　从初蕾期开始喷施，10～15天1次，连喷2～3次，具有促进花蕾增多、花序大而整齐、增加产量等作用。一般使用0.003%水剂3 000倍液均匀喷雾。

烟草　从团棵期开始茎叶喷雾，10～15天1次，连喷2次，具有促进植株及叶片生长、促使叶片厚大、增加产量、提高品质、提高抗病毒病能力等作用。一般使用0.003%水剂2 000～3 000倍液均匀喷雾。

马铃薯　播种前，每亩种薯使用0.003%水剂5～10毫升对适量水均匀拌种，具有促进萌芽、增强芽势、促进根系发达、出苗整齐、幼苗健壮等作用。从株高30厘米左右或初花期开始茎叶喷雾，10～15天后再喷施1次，可调节植株生长、促进薯块膨大、增加产量、提高品质等。生长期一般使用0.003%水剂3 000倍液均匀喷雾。

生姜　上炕催芽前，使用0.003%水剂2 000～3 000倍液喷洒处理种姜，可促进幼芽健壮、整齐，种植后出苗快，根系发达，长势健壮。生长期使用0.003%水剂3 000倍液喷雾或冲施，具有促进植株健壮，促使块茎膨大，提高产量等作用。

小麦、玉米、花生、大豆、棉花的种子处理　使用丙酰芸薹素内酯处理种子（包衣或拌种），具有出苗快而整齐、幼苗健壮、根系发达等作用。一般每亩种子使用0.003%水剂5～10毫升，对适量水均匀处理种子。

缓解药害　药害发生后，喷施0.003%水剂2 000～3 000倍液，具有减轻药害、促进植株快速恢复、降低损伤等功效。

注意事项　丙酰芸薹素内酯可与生长素类药剂及非碱性药剂混用。在作物生育敏感期施药效果突出，与优质叶面肥或微肥混用效果更好，使用前后加强肥水管理效果更佳。不要随意加大药剂使用浓度。

赤霉酸 gibberellic acid

主要含量与剂型　2%脂膏，2%膏剂，2%水剂，4%可溶液剂，3%、4%乳油，2%水分散粒剂，10%、15%、20%可溶片剂，3%、10%、20%可溶粉剂，40%、75%、80%可溶粒剂，75%粉剂，75%、85%结晶粉。

产品特点　赤霉酸俗称赤霉素、九二〇，简称GA，属贝壳杉烯类广谱性低毒植物生长调节剂，是植物体内普遍存在的五大植物内源激素之一，主要生理功能是促进植物生长发育，持效期较长。具体表现在可促进细胞伸长、植株长高、叶片增大、单性结实、提高坐果率、促果实生长或膨大、打破休眠、促进发芽、改变雌雄花比率、调节开花时间、减少落花落果、促进营养体生长、延缓衰老及保鲜、提高品质、增加产量等。外源赤霉酸进入到植物体内，具有与内源赤霉酸相同的生理功能。赤霉酸主要经叶片、嫩枝、花、种子或果实进入到植株体内，然后传输到生长活跃的部位发生作用。与多效唑、矮壮素等生长抑制剂互为拮抗剂。

适用作物使用技术及效果

苹果树　在开花期使用浓度为50毫克/千克的赤霉酸喷洒花序1次，具有提高坐果率、促进果实均匀膨大的作用；在苹果盛花后25～30天、幼果直径15毫米左右时，使用

2%膏剂或2%脂膏涂抹果柄，每果用药20～25毫克，具有促进果实膨大、提高果形指数等作用；在苹果幼果期和果实膨大初期各均匀周到喷施1次浓度为15～25毫克/千克的赤霉酸，具有促进果实生长、增加高桩果比率、提高果形指数、增加大型果比例的作用。在金冠苹果上，于盛花后10天和20天分别对幼果各喷施1次浓度为50～100毫克/千克的赤霉酸，可显著减轻果锈。

梨树　在梨树落花后20～30天的幼果膨大初期（幼果直径1～1.5厘米），使用2%膏剂或2%脂膏涂抹果柄1次，要求环涂果柄一周，涂药宽度1～1.5厘米，每果用药量12～20毫克，具有促进果实生长、果实膨大增产及促进果实早熟、提早采收上市的作用。适用于黄冠、黄金、绿宝石、丰水、圆黄、酥梨等鲜食梨品种。不同梨树品种耐药性不同，须先做少量试验确认无药害后再行使用。药剂涂抹、滴落或沾染至果面上会产生褐斑或果锈，影响果实外观质量，请勿使涂抹药剂接触果面。当遇气温30℃以上的晴朗高温天气时，有可能会烧伤果柄造成药害，应避开高温时使用。另外，在开花至幼果期，使用浓度为10～20毫克/千克的赤霉酸喷洒花序或幼果1次，具有促进坐果、提高坐果率、增加产量的作用。

葡萄　开花前使用浓度为5～7毫克/千克的赤霉酸喷洒花蕾1次，落花后使用浓度为15～20毫克/千克的赤霉酸喷洒幼穗或蘸果穗1次，具有促使葡萄坐果、提高坐果率、促进果粒膨大、提早成熟、增加产量的作用。在落花后1周左右，使用浓度为50～100毫克/千克的赤霉酸浸蘸幼果穗1次，具有促进形成无核果、提高坐果率、促进果实生长膨大、增加产量的作用。玫瑰香葡萄，在落花后7～10天，使用浓度为200～400毫克/千克的赤霉酸喷洒幼果穗1次，具有提高坐果率、促进果实膨大、增加产量的作用，并可使无核果率达60%以上。葡萄苗期，使用浓度为50～100毫克/千克的赤霉酸喷洒叶片，10天左右1次，连喷1～2次，具有促进植株快速生长的作用。应当指出，不同葡萄品种及不同使用目的，其使用时期、用药部位、使用方法及浓度、用药次数均有较大差异，初次使用无用药经验时，需在使用前进行咨询并小面积试用成功后再扩大使用。

枣树　在枣树开花30%～40%时开始喷药，5～7天1次，连喷2次，将枣吊、花器喷湿而不滴水为宜，具有促进坐果、提高坐果率、增加产量的作用。一般使用浓度为15～20毫克/千克的赤霉酸均匀喷雾，与丙酰芸薹素内酯混用效果更好。

樱桃树　在盛花期，全株喷洒1次浓度为40毫克/千克的赤霉酸加0.2%硼砂混合液，具有提高坐果率、促使果实提早着色、提早成熟上市的作用。在樱桃采摘前3周，使用浓度为5～10毫克/千克的赤霉酸喷果1次，具有延缓果实成熟、推迟采收上市、减少裂果的作用。

甜柿　在开花期，喷施1次浓度为80毫克/千克的赤霉酸，具有提高坐果率、促进果实膨大、增加产量并促进弱树新梢生长的作用。

草莓　在花芽分化前2周，使用浓度为25～50毫克/千克的赤霉酸喷洒叶片1次，具有促进花芽分化、增加产量的作用；在开花前2周，使用浓度为10～20毫克/千克的赤霉酸喷洒叶片2次（间隔期5天），具有促进花梗伸长、提早开花，以及促使果实膨大、增加产量的作用。

柑橘树　在柑橘谢花2/3至落花后5～7天开始喷施赤霉酸，10～15天后再喷施1次，具有提高坐果率、促进果实膨大、提高产量、改善品质的作用，一般使用浓度为

20～40毫克/千克的赤霉酸均匀喷洒幼果。在绿果期，使用浓度为5～15毫克/千克的赤霉酸喷洒果实1次，具有果实保绿、延长储藏期的作用。脐橙类果实着色前2周，使用浓度为5～20毫克/千克的赤霉酸喷洒果实1次，具有防止果皮软化、保鲜的作用。柠檬类果实失绿前，使用浓度为100～500毫克/千克的赤霉酸喷洒果实1次，具有延迟果实成熟、保鲜的作用。

香蕉　果实采收后，使用浓度为10毫克/千克的赤霉酸浸渍果穗，具有延缓衰老、延长储藏期、保鲜的作用。

荔枝、龙眼　从幼果期果核开始变黑前喷施赤霉酸，10天左右后再喷施1次，具有促进果实生长发育、提高产量、增进果实品质的功效。一般使用浓度为30～50毫克/千克的赤霉酸均匀喷雾，喷至叶片将要滴水为宜。

杧果　从杧果幼果似橄榄大小时开始喷药，10～15天1次，连喷2次，具有促进果实膨大、增加产量、提高品质的作用，一般使用浓度为25～40毫克/千克的赤霉酸均匀喷雾。

菠萝　从开花期（花开20%～30%时）开始喷药，15～20天后再喷施1次，具有促进果实膨大、增加单果重、促使果实转色、提高产量及品质的作用，一般使用浓度为40～60毫克/千克的赤霉酸喷洒花顶或果实。

茶树　在茶芽萌生初期，使用浓度为40～50毫克/千克的赤霉酸喷洒茶树，具有调节植株生长、增加产量的作用。

黄瓜　在幼苗1片真叶期，使用浓度为50～100毫克/千克的赤霉酸喷洒幼苗1次，具有诱导雌花分化、增加雌花比例的作用。在黄瓜开花时，使用浓度为50～100毫克/千克的赤霉酸喷花，具有促进坐果、提升品质、增加产量的作用。在黄瓜采摘前，使用浓度为10～50毫克/千克的赤霉酸喷瓜，具有延缓衰老、延长采后储藏期、保鲜的功效。

西瓜　在2叶1心期，使用浓度为5毫克/千克的赤霉酸涂抹嫩茎或喷叶，具有诱导雌花形成的作用。在西瓜采摘前，使用浓度为10～50毫克/千克的赤霉酸喷瓜，具有延缓衰老、延长采后储藏期、保鲜的功效。

茄子　在茄子开花时，使用浓度为10～50毫克/千克的赤霉酸喷花，具有促进坐果、提升品质、增加产量的功效。

番茄　在番茄开花期，使用浓度为10～50毫克/千克的赤霉酸喷花，具有促进坐果、提高坐果率、防止形成空洞果的作用。

扁豆　播种前，使用浓度为10毫克/千克的赤霉酸拌种，均匀拌湿，具有打破种子休眠、促进种子发芽的作用。

芹菜　从芹菜收获前15～20天开始喷药，7天1次，连喷2次，具有促进植株生长、叶片增大、提高产量的作用。一般使用浓度为50～100毫克/千克的赤霉酸均匀喷雾，若混加1%浓度的蔗糖或0.1%浓度的磷酸二氢钾效果更好。赤霉酸喷施不宜过早，否则会导致芹菜生长纤细瘦弱，影响产量。

菠菜　从菠菜收获前20天左右开始喷药，5～7天1次，连喷2次，具有促进植株生长、促使叶片肥大、提高产量的作用。一般使用浓度为10～20毫克/千克的赤霉酸均匀喷洒叶片。在幼苗期，使用浓度为100～1 000毫克/千克的赤霉酸喷洒叶片1～2次，具有诱导开花、促进结籽的作用。

莴苣　在幼苗期，使用浓度为 100～1 000 毫克/千克的赤霉酸喷洒叶片 1 次，具有诱导开花、促进结籽的作用。

苋菜　在 5～6 叶期，使用浓度为 20 毫克/千克的赤霉酸喷洒叶片 1～2 次（间隔期 3～5 天），具有促进叶片肥大、提高产量的作用。

花叶生菜　在 14～15 叶期，使用浓度为 20 毫克/千克的赤霉酸喷洒叶片 1～2 次（间隔期 3～5 天），具有促进叶片肥大、提高产量的作用。

蒜薹　蒜薹收获后，使用浓度为 50 毫克/千克的赤霉酸浸蘸蒜薹基部 10～30 分钟，具有抑制有机物向薹穗输导、延缓衰老并保鲜的作用。

水稻　在拔节期，使用浓度为 30～40 毫克/千克的赤霉酸均匀喷雾 1 次，具有调节植株生长、茎秆粗壮、促进产量提高的作用；在开花后期和灌浆期，使用浓度为 20～30 毫克/千克的赤霉酸各均匀喷雾 1 次，具有促进生长、提高结实率和千粒重、增加产量的作用。在水稻制种田，使用浓度为 80～150 毫克/千克的赤霉酸，分别于母本抽穗 20%～30% 时和 1～2 天后的母本抽穗 50%～60% 时各均匀喷药 1 次，具有促使水稻抽穗整齐、结实率提高、增加产量等作用。

玉米　在玉米花穗期，使用浓度为 10～20 毫克/千克的赤霉酸喷洒雌穗红缨，具有提高玉米结实率、增加千粒重及产量的作用。对于矮生玉米，使用浓度为 50～200 毫克/千克的赤霉酸在营养生长期喷洒叶片 1～2 次（间隔期 10 天），具有促进植株高大生长的作用。

大麦　播种前，使用浓度为 1 毫克/千克的赤霉酸浸种，晾干后播种，具有打破休眠、促进种子发芽的作用。

大豆　在初蕾期至开花期，使用浓度为 20～40 毫克/千克的赤霉酸喷洒植株，具有促进结实、提高结荚率、增加产量的作用。

花生　在初蕾期至开花期，使用浓度为 10～20 毫克/千克的赤霉酸喷洒植株，具有促进结实、提高结荚率、增加产量的作用。

豌豆　播种前，使用浓度为 50 毫克/千克的赤霉酸浸种 24 小时，晾干后播种，具有打破休眠、促进种子发芽的作用。

甘薯　使用浓度为 20 毫克/千克的赤霉酸浸泡薯块或薯秧根茎部 10 分钟，而后栽种或扦插栽植，具有显著增产作用。

马铃薯　种薯切块后播种前，使用浓度为 0.5～1 毫克/千克的赤霉酸浸泡种薯 10～30 分钟，晾干后播种，具有促进块茎萌芽、促使苗齐苗壮、增加产量的作用。

棉花　使用浓度为 10～20 毫克/千克的赤霉酸喷洒龄期 1～3 天的幼铃，具有促进坐果、减少落铃、增加产量的作用。

亚麻　在苗期，使用浓度为 100 毫克/千克的赤霉酸均匀喷雾 1 次，具有调节植株生长、提高产量的作用。

甘蔗　从甘蔗分蘖末期至拔节期开始喷药，15 天左右 1 次，连喷 1～2 次，具有调节植株生长、增加产量的作用。一般使用浓度为 15～20 毫克/千克的赤霉酸均匀喷雾。

烟草　使用浓度为 5～10 毫克/千克的赤霉酸，在植株打顶前、后各喷药 1 次，具有调节叶片生长，促使烟叶长度和宽度增加，提高烟叶品质，增加产量的作用。也可使用浓度为 30～40 毫克/千克的赤霉酸，在苗期和收获前半月各均匀喷施 1 次，具有提高烟叶产量的作用。

人参　播种前，使用浓度为15～20毫克/千克的赤霉酸浸种15分钟，晾干后播种，具有打破休眠、促进种子发芽、提高发芽率的作用。

元胡　使用浓度为40毫克/千克的赤霉酸，在元胡苗期均匀喷洒植株2次（间隔期1周），具有促进植株生长、增加块茎产量的作用。

凤仙花、鸡冠花　播种前，使用浓度为50～200毫克/千克的赤霉酸浸种6小时，晾干后播种，具有打破休眠、促进种子发芽的作用。

菊花　在春化阶段，使用浓度为1 000毫克/千克的赤霉酸喷洒叶片，具有代替春化作用、促进开花的功效。

仙客来　在花蕾期，使用浓度为1～5毫克/千克的赤霉酸喷洒花蕾，具有促进提早开花的功效。

木本花卉　使用浓度为600～700毫克/千克的赤霉酸喷洒叶片或涂抹花芽1次，具有促进提早开花的功效。

紫云英　在初花期，喷施1次浓度为15～30毫克/千克的赤霉酸，具有提高产量的功效。

绿肥植物　在收获前20～50天的植株生长期，使用浓度为10～20毫克/千克的赤霉酸喷洒植株1～2次（间隔期7～10天），具有促进植株生长、提高产量的作用。

落叶松　从苗期开始，使用浓度为10～50毫克/千克的赤霉酸喷洒幼苗，10天1次，连喷2～5次，具有促进地上部快速生长的作用。

白杨　使用浓度为10 000毫克/千克的赤霉酸涂抹新梢或伤口，具有促进新梢生长或伤口愈合的作用。

注意事项　赤霉酸遇碱易分解，不能与碱性物质混用。赤霉酸晶体水溶性很低，使用前先用少量酒精（或高度白酒）溶解，再加水稀释至所需浓度，二次稀释法配制较好。严格按照推荐使用剂量使用，不要随意提高用药浓度，以免产生副作用。赤霉酸用于促进坐果及刺激生长时，一定要保证充足的水肥基础。经赤霉酸处理的棉花等作物，不孕籽增加，不宜在留种田施用。赤霉酸稀释倍数计算方法为："制剂百分含量×10 000/使用浓度"即为该制剂的稀释倍数。

多效唑 paclobutrazol

主要含量与剂型　15％可湿性粉剂，25％、30％悬浮剂。

产品特点　多效唑是一种三唑类广谱低毒植物生长调节剂，属内源赤霉素合成的抑制剂，植物根、茎及叶片均可吸收，根部吸收后通过木质部向植株顶端运转（向上运输），叶片吸收后移动较慢。其作用机理是通过抑制贝壳杉烯、贝壳杉烯醇、贝壳杉烯醛的生物合成，而抑制内源赤霉素的合成。多效唑的生理功能主要有：抑制新梢或植株旺长，节间缩短，茎秆粗壮，促进侧芽萌发，分蘖或分枝增多，增加花芽数量，提高坐果率，增加叶片内叶绿素含量和可溶性蛋白含量，提高光合速率，降低气孔开度和蒸腾速率，植株矮壮，根系发达，提高植株抗寒性，增加果实钙含量，减少储藏期病害等，但过量使用会导致叶片皱缩，光合效率降低，果实变小、果柄短粗、色泽暗淡，金冠苹果果锈严重等。

适用作物使用技术及效果　多效唑既可喷施，也可土施，还可用于种苗处理。喷施见效快，但持效期短，一般仅维持 2～3 周；土施药效可维持 2～3 年，并可在多年生枝干内储存，第 2 年效果最明显，但见效慢，药效多滞后 1～1.5 个月。农业上应用的主要效果多表现在对植物生长的控制作用。

苹果树　秋季果实采摘后或春季萌芽前，按照每平方米树冠正投影使用 15％可湿性粉剂 1～1.5 克，或 25％悬浮剂 0.6～0.9 毫升，或 30％悬浮剂 0.5～0.8 毫升的药量在树冠下均匀土壤用药（环状沟施或均匀穴施），1 年 1 次；或在新梢旺长期，使用 15％可湿性粉剂 200～300 倍液，或 25％悬浮剂 400～500 倍液，或 30％悬浮剂 400～600 倍液均匀喷洒树冠，10～15 天 1 次，连喷 2～3 次。具有控制新梢徒长、抑制树冠扩大、增加短果枝、促进通风透光、促进花芽分化、增加花蕾数、促使叶绿素含量增加、提高坐果率及产量、提高植株耐寒能力等多种作用。土施用药量过大时，可在盛花后 2～4 周喷施 0.02％的赤霉酸溶液，能迅速缓解多效唑的过重抑制，恢复新梢生长。

梨树　在春季开花前，按照每平方米树冠正投影使用 15％可湿性粉剂 1～1.5 克，或 25％悬浮剂 0.6～0.9 毫升，或 30％悬浮剂 0.5～0.8 毫升的药量在树冠下均匀土壤用药（环状沟施或均匀穴施），1 年 1 次；或在新梢旺长期，使用 15％可湿性粉剂 200～300 倍液，或 25％悬浮剂 400～500 倍液，或 30％悬浮剂 400～600 倍液均匀喷洒树冠，10～15 天 1 次，连喷 2～3 次。具有控制新梢徒长、抑制树冠扩大、促使通风透光、促进花芽分化、提高坐果率、提高产量等多种作用。

葡萄　在新梢打顶后，使用 15％可湿性粉剂 150～200 倍液，或 25％悬浮剂 250～300 倍液，或 30％悬浮剂 300～400 倍液均匀喷洒枝叶，15 天 1 次，连喷 2～3 次。具有抑制新梢及副梢旺长、提高坐果率、增加产量等多种作用。

桃树、杏树、樱桃树　在秋季落叶期至发芽前，按照每平方米树冠正投影使用 15％可湿性粉剂 1～1.5 克，或 25％悬浮剂 0.6～0.9 毫升，或 30％悬浮剂 0.5～0.8 毫升的药量在树冠下均匀土壤用药；或在新梢旺长中期，使用 15％可湿性粉剂 150～200 倍液，或 25％悬浮剂 250～300 倍液，或 30％悬浮剂 300～400 倍液均匀喷洒树冠，10～15 天 1 次，连喷 2～3 次。具有控制新梢徒长、缩短节间、抑制树冠扩大、促使通风透光、促进花芽分化、叶片浓绿肥厚、增加产量、提高质量、促进早熟等多种作用。

草莓　从初蕾期开始喷施，15 天 1 次，连喷 2 次左右。具有控制植株旺长、提高坐果率、促进果实膨大、增加产量等作用。一般每亩次使用 15％可湿性粉剂 40～50 克，或 25％悬浮剂 25～30 毫升，或 30％悬浮剂 20～25 毫升，对水 15～20 千克均匀喷雾。

柑橘树　在夏梢即将萌发前，使用 15％可湿性粉剂 100～150 倍液，或 25％悬浮剂 200～250 倍液，或 30％悬浮剂 200～300 倍液喷洒叶片；或在夏梢萌发前 1～1.5 个月，于树冠下按照每平方米使用 15％可湿性粉剂 4 克，或 25％悬浮剂 2.4 毫升，或 30％悬浮剂 2 毫升的药量对水均匀浇灌 1 次。具有控制夏梢旺长、提高坐果率、促使叶片增厚、促进叶色浓绿光亮、增强光合作用、提高植株抗逆性、密植树早丰产等多种作用。柑橘开花期、小幼果期不宜使用多效唑，以免影响幼果生长。

荔枝树、龙眼树　使用 15％可湿性粉剂 300～400 倍液，或 25％悬浮剂 500～600 倍液，或 30％悬浮剂 600～800 倍液，在秋梢老熟后至冬梢生长初期喷雾 1 次。具有延缓枝梢纵向伸长，增强横向生长，增加分枝数量，促使枝梢粗壮，提高叶绿素含量，抑制顶芽生长，促进侧芽萌发及花芽形成，增加花蕾数，提高坐果率，改善果实品质，增强抗寒、抗旱等抗逆能力的作用。

杨梅　在春梢长至3～5厘米时，使用15％可湿性粉剂200～300倍液，或25％悬浮剂400～500倍液，或30％悬浮剂400～600倍液喷雾，15天左右1次，连喷2次；或在11月份对土壤均匀用药，按照每平方米树冠正投影使用15％可湿性粉剂5克，或25％悬浮剂3毫升，或30％悬浮剂2.5毫升环状沟施或均匀穴施。具有控制枝条生长、增加枝条粗度、促进花芽形成、提高坐果率、促进丰产等作用。

杧果　在初花期，喷施1次15％可湿性粉剂300～400倍液，或25％悬浮剂500～600倍液，或30％悬浮剂600～800倍液，具有提高坐果率、控制枝梢旺长的作用。在秋梢生长稳定后，3年树龄以上的壮树每株使用15％可湿性粉剂15～20克，或25％悬浮剂9～12毫升，或30％悬浮剂7～10毫升，对水稀释后沿树冠滴水线内缘挖环状沟浇施，而后盖土，具有控制枝梢旺长、促使枝梢粗壮的作用。

水稻　在育秧田，于1叶1心期或播种后5～7天放干秧田水，使用15％可湿性粉剂500～700倍液，或25％悬浮剂800～1 200倍液，或30％悬浮剂1 000～1 500倍液喷雾1次，具有控制秧苗旺长、促进分蘖、预防败苗、促使秧苗健壮的作用。在水稻拔节期，使用15％可湿性粉剂300～400倍液，或25％悬浮剂500～600倍液，或30％悬浮剂600～800倍液喷雾1次，对控制水稻倒伏、提高产量效果显著。

冬小麦　播种时，每亩种子使用15％可湿性粉剂15～20克，或25％悬浮剂9～12毫升，或30％悬浮剂8～10毫升药剂对适量水均匀拌种，晾干后播种，具有出苗健壮、整齐，控制幼苗徒长的作用。在冬小麦拔节初期，每亩使用15％可湿性粉剂20～30克，或25％悬浮剂15～20毫升，或30％悬浮剂10～15毫升，对水30千克均匀茎叶喷雾1次，具有调节植株生长、抑制茎秆伸长、缩短节间、增强抗逆性、防止倒伏、提高产量的作用。

棉花　从初花期开始，使用15％可湿性粉剂300～400倍液，或25％悬浮剂500～600倍液，或30％悬浮剂600～800倍液均匀喷洒植株，15天左右1次，连喷2～3次，具有控制植株徒长、提高结铃率、增加产量的作用。移栽棉，对1叶1心期的苗床，使用15％可湿性粉剂800～1 000倍液，或25％悬浮剂1 300～1 500倍液，或30％悬浮剂1 500～2 000倍液喷雾1次，具有控制幼苗徒长、防止形成高脚苗的作用。

油菜　在苗床期（2叶1心至3叶1心时），使用15％可湿性粉剂800～1 000倍液，或25％悬浮剂1 300～1 500倍液，或30％悬浮剂1 500～2 000倍液均匀喷雾1次，对控制植株旺长、防止高脚苗作用显著。在抽薹期（叶薹长10厘米以内），再使用上述浓度药剂均匀喷洒植株1次，具有调节植株生长、促使茎秆粗壮、防止倒伏、提高产量等作用。

大豆　在开花初期，使用15％可湿性粉剂800倍液，或25％悬浮剂1 200倍液，或30％悬浮剂1 500倍液茎叶喷雾1次，具有矮化株高、促进分枝、提高结荚率、增加产量的作用。使用100～200毫克/千克的多效唑于大豆4～6叶期叶面喷雾，具有植株矮化、茎秆粗壮、叶柄短粗、叶柄与主茎夹角变小、叶绿素增加、光合作用增强、防止落花落荚、增加产量等作用。

花生　在初花后25～30天，每亩使用15％可湿性粉剂40克，或25％悬浮剂24毫升，或30％悬浮剂20毫升，对水20～30千克茎叶喷雾1次，具有控制旺长、矮化株高、促使株型紧凑、促进分枝、侧生果枝贴地生长、果针入土容易、籽粒饱满、提高千粒重、增加产量的作用。

番茄、辣椒　在番茄或辣椒开花初期，使用15％可湿性粉剂500～600倍液，或25％悬浮剂800～1 000倍液，或30％悬浮剂1 000～1 200倍液喷洒植株1次，具有矮化株高、提高坐果率、促进果实膨大、增加产量的作用。

马铃薯　在株高30厘米左右时，使用15％可湿性粉剂500～600倍液，或25％悬浮剂800～1 000倍液，或30％悬浮剂1 000～1 200倍液均匀喷洒植株1次，具有控制植株旺长、茎秆粗壮、促进薯块膨大、提高产量的作用。

烟草　植株封顶后，使用15％可湿性粉剂300～400倍液，或25％悬浮剂500～600倍液，或30％悬浮剂600～800倍液均匀喷洒植株1次，在一定程度上可控制腋芽萌发、提高烟叶产量和品质。

草本花卉　在花卉植株旺长期，使用15％可湿性粉剂600倍液，或25％悬浮剂1 000倍液，或30％悬浮剂1 200倍液喷洒植株，具有控制旺长、促进植株紧凑、提高观赏力等作用。

草坪　使用15％可湿性粉剂400～500倍液，或25％悬浮剂600～800倍液，或30％悬浮剂800～1 000倍液，在草坪草生长旺盛期均匀喷雾，具有控制草旺长、减少人工剪割的作用。

注意事项　多效唑喷雾使用时，应严格掌握用药浓度，防止浓度过大、抑制作用过强，或用药浓度过小、控制效果不明显。多效唑用量过大时，可用赤霉酸缓解，并增施氮肥。土壤施用多效唑时，药剂在土壤中持效期较长，应特别注意；且长期多次使用后，土壤积累药剂对后茬作物有抑制作用。

氟节胺 flumetralin

主要含量与剂型　125克/升、25％乳油，12％水乳剂，25％、30％、40％悬浮剂，40％水分散粒剂。

产品特点　氟节胺又称抑芽敏，属二硝基苯胺类低毒植物生长调节剂，是一种接触兼局部内吸型的侧芽抑制剂，经由茎、叶表面吸收，具有局部传导性能。该药作用迅速，吸收快，施药后2小时内无雨即能发挥药效，雨季施药方便，且药剂持效期长。烟草打顶后施药，抑制烟草腋芽分生组织的细胞分裂、生长，进而抑制腋芽萌发，1次施药即可抑制烟草腋芽萌生至收获期；药剂使用安全，完全伸展的烟叶接触药剂也不发生药害；能节省大量摘打侧芽的人工，并使烟叶自然成熟度保持一致，进而提高上、中级烟叶比例；同时，还可减轻田间病毒病的接触传播，对预防病毒病有一定作用。

适用作物使用技术及效果

烟草　先于花蕾伸长期至始花期及时人工打顶，并抹去1厘米以上的腋芽，而后24小时内用杯淋法从植株顶部将药液淋下，每株杯淋药液20毫升左右，使中上部的每个叶腋处都要着药，少量未淋到药液的叶腋处辅助以人工涂抹，1次用药全季有效，且施药后2小时后降雨不影响药效。一般使用12％水乳剂或125克/升乳油200～250倍液，或25％乳油或25％悬浮剂400～500倍液，或30％悬浮剂500～700倍液，或40％悬浮剂或40％水分散粒剂700～900倍液杯淋用药，能够有效抑制腋芽生长。用药浓度高效果好，但成本高，而浓度偏低时可能会对生长旺盛的高位侧芽不能抑制。本剂适用于烤烟、明火烤烟、马丽兰烟、晒烟、雪茄烟等。

棉花 在棉花正常打顶前5天左右第1次施药，20天后第2次施药。第1次施药重点喷洒顶心部分，第2次施药以喷洒顶心部分为主、全株喷雾。一般每亩次使用12%水乳剂或125克/升乳油120～150毫升，或25%乳油或25%悬浮剂60～80毫升，或30%悬浮剂50～70毫升，或40%悬浮剂40～50毫升，或40%水分散粒剂40～50克，对水30～40千克茎叶喷雾。

柑橘树 适用于结果成龄树。多在夏梢抽生前进行叶面喷雾，一般使用12%水乳剂或125克/升乳油500～1 000倍液，或25%乳油或25%悬浮剂1 000～2 000倍液，或30%悬浮剂1 500～2 500倍液，或40%悬浮剂或40%水分散粒剂2 000～3 000倍液均匀喷雾，具有抑制夏梢抽生、促使叶片浓绿、提高光合效率等作用。

荔枝树 在荔枝秋梢老熟而冬梢未抽生时进行叶面喷雾1次，具有促进侧芽萌发、增加分枝数量、促使枝梢粗壮、抑制顶芽生长、提高叶绿素含量、增加花蕾数、提高坐果率等功效。一般使用12%水乳剂或125克/升乳油400～500倍液，或25%乳油或25%悬浮剂750～1 000倍液，或30%悬浮剂1 000～1 200倍液，或40%悬浮剂或40%水分散粒剂1 200～1 600倍液均匀喷雾。

注意事项 氟节胺用药时严格按照产品说明使用，避免产生副作用或药效不好。在烟草上对2.5厘米以上的侧芽抑制效果不好，施药前必须人工抹除。

复硝酚钠 sodium nitrophenolate

主要含量与剂型 0.7%、1.4%、1.8%水剂。

产品特点 复硝酚钠是一种硝基苯类复合型低毒植物生长调节剂，由邻硝基苯酚钠、对硝基苯酚钠和5-硝基邻甲氧基苯酚钠三种成分组成，属单硝化愈创木酚钠盐植物细胞赋活剂，能被植物的根、叶及种子吸收，并迅速渗透到植物体内，促进细胞原生质流动，赋予细胞活力，加快植物发根速度，对植物生根、发芽、生长、生殖及结果等发育阶段均有程度不同的促进作用，尤其促进花粉管伸长、帮助授精结实作用最为明显。其生理功能主要表现在：打破休眠、促进发芽、促进细胞分裂、促进植物生长发育、增强光合作用、诱导花芽分化、使雌花增多、提早开花、防止落花落果、提高坐果率、改良品质、促进增产等。本剂既可叶面喷雾及喷洒花蕾，又可浸种及苗床浇灌，且从植物播种开始至收获之间的任何时期都可使用。

适用作物使用技术及效果

苹果、梨、葡萄、荔枝、柑橘等果树 在发芽后开花前和落花坐果后各喷施1次，具有促进坐果、防止落果、提高坐果率、增加产量的作用。在苹果、葡萄、李、梅、柿、柠檬、龙眼、木瓜、番石榴等果树上，一般使用0.7%水剂1 500～2 000倍液，或1.4%水剂3 000～4 000倍液，或1.8%水剂4 000～5 000倍液均匀喷雾；在梨、桃、柑橘、荔枝等果树上，一般使用0.7%水剂800～1 000倍液，或1.4%水剂1 500～2 000倍液，或1.8%水剂2 000～3 000倍液均匀喷雾。

柑橘树 在柑橘树开花前喷施，具有催花、保花的作用；在落花后喷施，具有促进坐果的作用；在果实膨大期喷施，具有促使果实膨大、果实大小均匀等功效。一般使用

0.7％水剂 2 500～3 000 倍液，或 1.4％水剂 5 000～6 000 倍液，或 1.8％水剂 6 500～7 500 倍液均匀喷雾。

黄瓜、西葫芦、番茄、辣椒、茄子等瓜果类蔬菜 使用药液浸种 8～20 小时，在暗处晾干后播种，具有打破种子休眠、促进发芽、培育壮苗等作用。一般使用 0.7％水剂 1 500～2 000 倍液，或 1.4％水剂 3 000～4 000 倍液，或 1.8％水剂 4 000～5 000 倍液浸种。

番茄 在移栽前喷施 1 次，具有促进根系发育、缓苗快、苗势壮、促使花芽分化等作用；在开花期、坐果期喷施，具有促进花粉管伸长、促使授粉结实、防止落花落果、提高坐果率、促进果形端正等作用；在果实膨大期、果实转色期喷施，具有促进果实膨大、防止早衰、提高植株抗逆性、增加产量等作用。一般使用 0.7％水剂 1 500～2 000 倍液，或 1.4％水剂 3 000～4 000 倍液，或 1.8％水剂 4 000～5 000 倍液均匀喷雾。

茄子、黄瓜 从初花期开始喷施，7～10 天 1 次，连喷 2～3 次，具有促进根系发育、植株生长健壮，促进花粉管伸长、有助于授粉结实、防止落花落果，促进瓜果膨大、提高产量，防止早衰等作用。一般使用 0.7％水剂 2 500～3 500 倍液，或 1.4％水剂 5 000～7 000 倍液，或 1.8％水剂 7 000～9 000 倍液均匀喷雾。

芹菜、十字花科蔬菜等叶菜类蔬菜 使用药液浸种 8～10 小时，在暗处晾干后播种，具有打破种子休眠、促进发芽、培育壮苗等作用；在生长期全株喷施 1～2 次（间隔期 7～10 天），具有促进细胞分裂与生长、提高产量等作用。一般使用 0.7％水剂 1 500～2 000 倍液，或 1.4％水剂 3 000～4 000 倍液，或 1.8％水剂 4 000～5 000 倍液均匀喷雾。

移栽瓜果蔬菜 幼苗移栽定植后，使用复消酚钠药液（或与液肥混合后）浇灌根部，具有防止根系老化、促进新根形成、培育壮苗等作用。一般使用 0.7％水剂 1 500～2 000 倍液，或 1.4％水剂 3 000～4 000 倍液，或 1.8％水剂 4 000～5 000 倍液浇灌。

马铃薯 种薯切块前，将薯块在药液中浸泡 5～10 小时，而后切块、消毒、播种，具有打破种薯休眠、促进发芽、苗齐苗壮等作用。一般使用 0.7％水剂 1 500～2 000 倍液，或 1.4％水剂 3 000～4 000 倍液，或 1.8％水剂 4 000～5 000 倍液浸泡薯块。

水稻 播种前用药液浸种 10～12 小时，晾干后播种，具有促进种子发芽及根系发育、苗齐苗壮等功效；在幼穗形成期和齐穗期各叶面喷雾 1 次，具有促进幼穗分化、提高结实率、增加产量、防止早衰等作用。一般使用 0.7％水剂 1 200 倍液，或 1.4％水剂 2 500 倍液，或 1.8％水剂 3 000 倍液浸种或喷雾。

小麦 播种前用药液浸种 10～12 小时，晾干后播种，具有促进种子发芽及根系发育、苗齐苗壮等功效；在小麦拔节期和抽穗期各喷施 1 次，具有调节生长、提高结实率、增加产量、防止早衰等作用。一般使用 0.7％水剂 1 500 倍液，或 1.4％水剂 3 000 倍液，或 1.8％水剂 4 000 倍液浸种或喷雾。

玉米 在小喇叭口期和开花前数日各喷洒 1 次叶面及花蕾，具有调节生长、提高结实率、增加产量的作用。一般使用 0.7％水剂 1 800～2 000 倍液，或 1.4％水剂 3 500～4 500 倍液，或 1.8％水剂 5 000～6 000 倍液均匀叶面喷雾。

棉花 在苗期、蕾期、盛花期、棉铃开裂期分别喷施复硝酚钠 1 次，具有调节生长、防止落蕾落铃、提高结铃率、增加产量的作用。一般使用 0.7％水剂 800～1 000 倍液，或 1.4％水剂 1 500～2 000 倍液，或 1.8％水剂 2 000～3 000 倍液均匀叶面喷雾。

大豆　播种前，使用0.7%水剂2 000倍液，或1.4%水剂4 000倍液，或1.8%水剂5 000倍液浸种3小时，而后晾干播种，具有促进发芽及根系发育、促使苗齐苗壮等作用。在苗期、开花初期各喷洒茎叶1次，具有调节植株生长、提高结荚率、防止落花落荚、增加产量等作用，一般使用0.7%水剂1 500～2 000倍液，或1.4%水剂3 000～4 000倍液，或1.8%水剂4 000～5 000倍液均匀叶面喷雾。

绿豆、豌豆、花生　在苗期、开花初期各喷洒茎叶1次，具有调节植株生长、提高结荚率、增加产量等作用。一般使用0.7%水剂1 500～2 000倍液，或1.4%水剂3 000～4 000倍液，或1.8%水剂4 000～5 000倍液均匀喷雾。

烟草　在幼苗期至移栽前4～5天，使用0.7%水剂7 500倍液，或1.4%水剂15 000倍液，或1.8%水剂20 000倍液浇灌苗床1次；移栽后使用0.7%水剂4 000倍液，或1.4%水剂8 000倍液，或1.8%水剂10 000倍液叶面喷洒2次（间隔7～10天）。具有促进苗壮、快速缓苗、提高产量等作用。

甘蔗　插苗时，使用0.7%水剂3 000倍液，或1.4%水剂6 000倍液，或1.8%水剂8 000倍液浸苗8小时，具有促进发芽及根系发育、苗势健壮等作用；分蘖初期，使用0.7%水剂1 000倍液，或1.4%水剂2 000倍液，或1.8%水剂2 500倍液茎叶喷雾1次，具有调节植株生长、提高产量等作用。

茶树　插苗时，使用复硝酚钠药液浸渍苗木12小时，具有促进根系发育、培育壮苗等作用；生长期叶面喷洒药液，具有调节生长、促进植株健壮、增加产量等作用。一般使用0.7%水剂2 000倍液，或1.4%水剂4 000倍液，或1.8%水剂5 000倍液浸苗或喷雾。

黄麻、亚麻　植株苗期，使用0.7%水剂7 500倍液，或1.4%水剂15 000倍液，或1.8%水剂20 000倍液浇灌植株2次（间隔期5～7天），具有促进根系发育、促使植株健壮、调节生长、增加产量的作用。

缓解药害　作物遭受较轻药害后，及时喷施0.7%水剂2 500～3 000倍液，或1.4%水剂5 000～7 000倍液，或1.8%水剂6 000～10 000倍液1～2次，具有缓解药害、促进植株恢复正常生长的作用。

注意事项　复硝酚钠严禁随意提高使用浓度，浓度过高时，对幼芽生长有抑制作用。蜡质层较厚的作物，喷雾时在药液中混加展着剂等助剂，可提高使用效果。与尿素及液体肥料混用，能提高复硝酚钠的功效。球茎类叶菜应在结球前1个月停止使用。

甲哌鎓 mepiquat chloride

主要含量与剂型　25%、250克/升水剂，10%可溶粉剂，40%泡腾片剂。

产品特点　甲哌鎓俗称缩节胺，是一种甲基哌啶类内吸性广谱低毒植物生长调节剂，属温和型植物生长延缓剂类，有较好的内吸传导作用，可被根、嫩枝、叶片吸收，并很快传导到其他部位。通过抑制赤霉素的生物合成，而抑制细胞伸长。其生理功能主要表现为：延缓营养体生长，抑制茎叶疯长、控制侧枝、塑造理想株型，使植株矮小化，株型紧凑；促进叶绿素合成，增加叶绿素含量，提升叶片同化能力；提高根系数量及活力；促进生殖生长，减少落花落果，提高果实品质，促使果实增重，提高产量；增强作物抗逆性，提升抗倒伏和抗旱、抗涝能力。本剂使用安全，在作物花期使用没有副作用。

适用作物使用技术及效果

棉花　在棉花初花期和盛花期分别茎叶喷雾 1 次，具有防控植株徒长、矮化植株、紧凑株型、防止蕾铃脱落、提高成铃率、增加霜前花、提高产量及品质的作用。一般使用浓度 100 毫克/千克的甲哌鎓均匀叶面喷雾；或每亩次使用 10％可溶粉剂 30～40 克，或 25％水剂或 250 克/升水剂 12～16 毫升，或 40％泡腾片剂 7.5～10 克，对水 30～45 千克均匀叶面喷雾。本剂适用于长势旺盛的棉田，肥力不足田块或弱苗田块不宜使用。

玉米　在玉米大喇叭口期，使用 10％可溶粉剂 300～400 倍液，或 25％水剂或 250 克/升水剂 800～1 000 倍液，或 40％泡腾片剂 1 300～1 600 倍液均匀叶面喷雾。具有提高根系活力，抑制茎叶旺长，改善群体光照条件，促进植株生殖生长、果穗增长、减少秃尖、提高产量的作用。

花生　在花生初花期，喷施 1 次 10％可溶粉剂 700～1 000 倍液，或 25％水剂或 250 克/升水剂 1 800～2 500 倍液，或 40％泡腾片剂 3 000～4 000 倍液，具有控制植株营养生长、促进生殖生长、提高结荚率、增加产量的作用。

大豆、绿豆、豇豆　在开花至结荚期，喷施 1 次 10％可溶粉剂 500～1 000 倍液，或 25％水剂或 250 克/升水剂 1 500～2 500 倍液，或 40％泡腾片剂 2 000～4 000 倍液，具有抑制株高、促进结荚、增加产量等作用。

番茄　在苗期，使用 10％可溶粉剂 200～300 倍液，或 25％水剂或 250 克/升水剂 500～800 倍液，或 40％泡腾片剂 800～1 300 倍液均匀喷洒叶面 1 次，具有培育壮苗、提高抗寒能力的作用。在开花至结果期，使用 10％可溶粉剂 1 000 倍液，或 25％水剂或 250 克/升水剂 2 500 倍液，或 40％泡腾片剂 4 000 倍液均匀喷雾，具有降低株高、增加果重、提高果实含糖量、提高产量及品质的作用。

黄瓜、西瓜　在开花至结瓜期，使用 10％可溶粉剂 1 000 倍液，或 25％水剂或 250 克/升水剂 2 500 倍液，或 40％泡腾片剂 4 000 倍液均匀喷洒植株，具有抑制瓜蔓旺长、促进坐瓜、增加产量、改善品质的作用。

甘薯　在薯块开始生长后、主蔓长达 50～70 厘米时，全株喷洒 1 次 10％可溶粉剂 350～500 倍液，或 25％水剂或 250 克/升水剂 900～1 200 倍液，或 40％泡腾片剂 1 500～2 000 倍液，肥水充足地块 15～20 天后再喷洒 1 次，具有控制藤蔓旺长、促进薯块膨大、增加产量的作用。

马铃薯　在马铃薯现蕾至初花期（块茎开始快速生长期），每亩次使用 10％可溶粉剂 40～80 克，或 25％水剂或 250 克/升水剂 15～30 毫升，或 40％泡腾片剂 10～20 克，对水 45～60 千克均匀茎叶喷雾 1 次，肥水条件好的地块 15～20 天后再喷施 1 次，具有控制植株旺长、促进薯块膨大、增加产量的作用。

苹果、山楂　在花序分离期，使用 10％可溶粉剂 400～800 倍液，或 25％水剂或 250 克/升水剂 1 000～2 000 倍液，或 40％泡腾片剂 1 500～3 000 倍液均匀叶面喷雾 1 次，具有促进坐果、提高坐果率、增加产量等作用。

注意事项　甲哌鎓属延缓作物生长药剂，需严格掌握用药时间、浓度及剂量，不能随意增加药量或提早喷雾。如使用不当，发现抑制过度现象，可喷施叶面肥进行缓解。在水肥条件好的地块使用增产效果明显。

氯吡脲 forchlorfenuron

主要含量与剂型 0.1％、0.5％可溶液剂。

产品特点 氯吡脲又称吡效隆，是一种广谱低毒植物生长调节剂，属苯基脲类衍生物，具有细胞分裂素活性，其作用机理与嘌呤型细胞分裂素相同，但活性很高。通过植物的根、茎、叶、花、果吸收，转运到起作用部位。其生理活性主要表现在：促进细胞分裂分化、器官形成和蛋白质合成，提高光合作用，促进植物生长，增强抗逆性，促进抗衰老，促进花芽分化，促进授粉、受精，诱导单性结实，防止落花落果，提高坐果率，促进果实膨大，增加产量等。与赤霉酸混用，可解决杂交育种过程中亲本难保存、种子纯度差和成本偏高的难点。

适用作物使用技术及效果

猕猴桃 在谢花后20～25天，使用0.1％可溶液剂50～100倍液，或0.5％可溶液剂300～500倍液浸渍幼果或均匀喷果，具有促进果实膨大、增加单果重、提高产量等功效，且果实品质无不良影响。

葡萄 在葡萄谢花后15～20天，使用0.1％可溶液剂50～100倍液，或0.5％可溶液剂300～500倍液浸渍幼果穗，具有提高坐果率、促进果粒膨大、增加产量的作用，处理后果粒固形物含量可提高7％左右。也可将0.1％可溶液剂200～300倍液或0.5％可溶液剂1 000～1 500倍液与0.01％赤霉酸混用，促果实膨大效果显著。

桃 在落花后20～25天，使用0.1％可溶液剂50倍液，或0.5％可溶液剂250倍液喷洒幼果，具有促进果实膨大、促使果实着色等功效。

苹果 在落花后半月左右，使用0.1％可溶液剂50倍液，或0.5％可溶液剂250倍液喷洒幼果，具有促进果实膨大、提高产量、促使果实着色等功效。

柑橘 在谢花后3～7天和谢花后25～30天，分别用0.1％可溶液剂300～500倍液，或0.5％可溶液剂1 500～2 500倍液喷洒树冠；或使用0.1％可溶液剂60～100倍液，或0.5％可溶液剂300～500倍液涂抹果梗、蜜盘，具有防止落果、提高坐果率、加快果实膨大、提高产量的功效。

草莓 使用0.1％可溶液剂100倍液，或0.5％可溶液剂500倍液喷洒采摘后的果实或浸果，晾干后包装，具有保持草莓新鲜、延长货架期等功效。

枇杷 使用0.1％可溶液剂50～100倍液，或0.5％可溶液剂300～500倍液浸蘸幼果1～2次（间隔期30～45天），具有促进果实膨大、增加产量的作用。

黄瓜 在开花当天或开花前1～2天，使用0.1％可溶液剂50～100倍液，或0.5％可溶液剂300～500倍液浸渍或均匀喷雾瓜胎，具有防止化瓜、提高坐瓜率、增加产量的作用。

西瓜 在开花当天或开花前1～2天，使用0.1％可溶液剂50～100倍液，或0.5％可溶液剂300～500倍液浸渍或均匀喷雾瓜胎，具有提高坐瓜率、增加产量、提高糖度、降低果皮厚度的作用，且瓜品质不受影响。

甜瓜 在开花当天或开花前1～2天，使用0.1％可溶液剂50～100倍液，或0.5％可溶液剂300～500倍液浸渍或均匀喷雾瓜胎，具有防止化瓜、提高坐瓜率、增加产量的作用。

番茄、茄子 在开花期，使用 0.1％可溶液剂 75～100 倍液，或 0.5％可溶液剂 400～500 倍液喷洒花序，具有提高坐果率、增加产量的作用。

烟草 在苗期，喷施 0.1％可溶液剂 100～200 倍液，或 0.5％可溶液剂 500～1 000 倍液 1 次，具有促进叶片肥大、增加产量的作用。

植物组织培养 在培养基内加入 0.000 1％浓度的氯吡脲，可诱导多种植物的愈伤组织长出芽来。

注意事项 氯吡脲可与赤霉素及其他非碱性农药混用。严格掌握用药浓度和时期，浓度偏高会影响果实品质，易出现空心果、畸形果、裂果、瓜苦等副作用，并影响瓜果内维生素 C 含量。严禁在高温烈日下用药，30℃以上禁止使用。施药后 6 小时内遇雨应该补施。

氯化胆碱 choline chloride

主要含量与剂型 60％水剂。

产品特点 氯化胆碱是一种胆碱类低毒植物生长调节剂，经由茎、叶、根部吸收，传导到起作用部位。其主要机理是活化植物光合作用的关键酶，促使植物吸收光能和利用光能，更好地固定和同化 CO_2，提高光合效率，增加植物碳水化合物、蛋白质和叶绿素含量，促使块根、块茎提早膨大，增加大中型块根、块茎比率，提高产量。

适用作物使用技术及效果

马铃薯 从初花期开始进行叶面喷雾，10～15 天 1 次，连喷 2～3 次，具有提高光合效率、促使块茎膨大、增加产量的作用。一般每亩次使用 60％水剂 15～20 毫升，对水 30 千克均匀叶面喷雾。

甘薯 在块根形成初期或膨大初期开始叶面喷雾，10～15 天 1 次，连喷 2～3 次，具有促进光合作用、促使块根膨大、增加产量的作用。一般每亩次使用 60％水剂 15～20 毫升，对水 15～30 千克均匀喷雾。

山药 在肉质根膨大初期、藤蔓长至 1 米左右时开始叶面喷雾，10～15 天 1 次，连喷 2～3 次，具有提高光合效率、促使肉质根膨大、增加产量的作用。一般每亩次使用 60％水剂 15～20 毫升，对水 30 千克均匀喷雾。

甜菜 在甜菜肉质根膨大初期（肉质根约鸡蛋大小时）开始叶面喷雾，10～15 天 1 次，连喷 2～3 次，具有提高光合效率、促使肉质根膨大、增加产量的作用。一般每亩次使用 60％水剂 15～20 毫升，对水 15～30 千克均匀叶面喷雾。

莴笋 在莴笋嫩茎膨大初期开始茎叶喷雾，7～10 天 1 次，连喷 2～3 次，具有提高光合效率、促使嫩茎膨大、增加产量的作用。一般每亩次使用 60％水剂 15～20 毫升，对水 15～30 千克均匀喷雾。

萝卜 播种前，使用 60％水剂 3 000～6 000 倍液浸种 12～24 小时，而后晾干播种，具有促进生长、增加产量的作用。也可从 7～9 叶期开始叶面喷雾，10～15 天 1 次，连喷 2～3 次，具有提高光合作用、促使肉质根膨大、增加产量的作用。生长期每亩次使用 60％水剂 15～20 毫升，对水 30 千克均匀喷雾。

姜 在姜秧三股叉期开始茎叶喷雾，10～15 天 1 次，连喷 2～3 次，具有提高光合效率、促使块茎膨大、增加产量的作用。一般每亩次使用 60％水剂 15～20 毫升，对水 15～30 千克均匀喷雾。

大蒜　从大蒜头膨大初期开始叶面喷雾，10～15 天 1 次，连喷 2～3 次，具有提高光合效率、促使蒜头膨大、增加产量的作用。一般每亩次使用 60％水剂 15～20 毫升，对水 15～30 千克均匀喷雾。

花生、大豆　从初花期开始茎叶喷雾，10～15 天 1 次，连喷 2～3 次，具有提高光合效率、矮化植株、提高结荚率、促进籽粒饱满、增加产量的作用。一般每亩次使用 60％水剂 15～20 毫升，对水 15～30 千克均匀喷雾。

玉米　从玉米大喇叭口期开始叶面喷雾，10～15 天 1 次，连喷 1～2 次，具有矮化植株、提高光合效率、促进籽粒饱满、增加产量的作用。一般使用 60％水剂 400～600 倍液均匀喷雾。

白菜、甘蓝　播种前，使用 60％水剂 6 000～12 000 倍液浸种 12～24 小时，而后晾干播种，具有促进植株生长、提高光合效率、增加营养体产量的作用。

水稻　播种前，使用 60％水剂 600 倍液浸种 12～24 小时，晾干后播种，具有促进生根、培育壮苗的作用。

苹果、桃、柑橘　在果实采摘前 15～60 天，使用 60％水剂 1 500～3 000 倍液进行叶面喷雾，具有促使果实膨大、增加含糖量、提高产量与品质的作用。

葡萄（巨峰）　在葡萄采摘前 30 天，使用 60％水剂 600 倍液进行叶面喷雾，具有促使提前着色、增加甜度等作用。

白术　从白术第 1 次去花蕾后开始茎叶喷雾，10 天左右 1 次，连喷 3～4 次，具有提高光合效率、促进块根膨大、增加产量的作用。一般每亩次使用 60％水剂 15～20 毫升，对水 15～30 千克均匀茎叶喷雾。

注意事项　氯化胆碱不宜在衰弱植株上使用，施用本剂后，应加强田间肥水管理。喷施后 6 小时内遇雨，应进行补喷。

萘乙酸 1 - naphthyl acetic acid

主要含量与剂型　0.1％、0.6％、1％、4.2％、5％水剂，40％可溶粉剂，20％粉剂，10％泡腾片剂。

产品特点　萘乙酸简称 NAA，是一种有机萘类广谱性低毒植物生长调节剂，属类生长素物质，具有内源生长素吲哚乙酸的作用特点和生理机能。可通过叶片、枝茎嫩表皮、种子、根部等吸收，随营养流输导到起作用部位。低浓度时，具有刺激细胞分裂扩大和组织分化、诱导形成不定根、根多根壮、改变雌雄花比率、促进开花、促进子房膨大、诱导单性结实、形成无籽果实、提高坐果率，防止落花、落果、落叶，促进分蘖、增加有效穗数、籽粒饱满、增产增收等作用；高浓度时，可引起内源乙烯的生成，有催熟增产作用。

适用作物使用技术及效果

苹果　在花期，喷施 1 次浓度为 10～20 毫克/千克的萘乙酸液，具有化学疏花作用；落花后 1～2 周，喷施 1 次浓度为 10～20 毫克/千克的萘乙酸液，具有疏果作用。在采收前 10～20 天，全株喷施 1 次浓度为 20～25 毫克/千克的萘乙酸液（要求喷湿果柄），具有防止采前落果的效果，并有一定促进着色作用；落果严重品种，若在采收前 30～40 天增加喷施 1 次，效果更好。幼树移栽时，用根系浸蘸使用浓度为 50 毫克/千克的萘乙酸液拌和的泥浆，具有提高成活率、促进缓苗的作用。冬剪时，使用浓度为 10 000～15 000 毫克/千克的药液涂抹剪锯口，可防止春季萌蘖的发生。

梨　在盛花期，喷施 1 次浓度为 40 毫克/千克的萘乙酸药液，具有化学疏花的作用。在采收前 2～3 周，全株喷施 1 次浓度为 10～20 毫克/千克的萘乙酸药液（要求喷湿果柄），具有防止采前落果的效果。

山楂　播种前，使用浓度为 50～100 毫克/千克的萘乙酸药液浸泡种子，具有促进山楂种子发芽的作用。幼树定植前，使用浓度为 10 毫克/千克的萘乙酸药液浸根 12 小时，具有促进发根、提高成活率的作用。

葡萄　扦插育苗时，使用浓度为 100～200 毫克/千克的萘乙酸药液浸渍扦插枝段基部（浸深 3～5 厘米）2～3 小时，而后扦插，具有促进插条生根、提高成活率的作用。

巨峰葡萄　果粒似豌豆粒大小时，使用浓度为 10 毫克/千克的萘乙酸药液浸蘸果穗，可有效防止果穗落粒。

桃　盛花后 24 天左右，喷施 1 次浓度为 20～40 毫克/千克的萘乙酸药液，具有化学疏果的作用。果实着色前 15～20 天喷施 1 次浓度为 5～10 毫克/千克的萘乙酸药液，采收前 3～5 天再喷施 1 次浓度为 10～15 毫克/千克的萘乙酸药液，具有促使桃果着色、促进成熟、防止采前落果的功效。

柿　在采收前 5～21 天，全株喷施 1 次浓度为 10～20 毫克/千克的萘乙酸药液（要求喷湿果柄），具有防止采前落果的功效。

柑橘　在开花后 10～30 天，喷施 1 次浓度为 200～300 毫克/千克的萘乙酸药液，具有一定的疏果作用。在采收前 5～21 天，全株喷施 1 次浓度为 10～20 毫克/千克的萘乙酸药液（要求喷湿果柄），具有防止采前落果的功效。

柠檬　早秋使用浓度为 10 毫克/千克的萘乙酸药液喷洒树冠，具有促进果实成熟、提高产量的作用。

菠萝　在营养生长后期，从株心处每株注入浓度为 15～20 毫克/千克的萘乙酸药液 30 毫升，具有促进菠萝开花、形成无籽果实的作用。

荔枝、龙眼、柠檬、茶、桑、油桐、柞树、侧柏、水杉等果树林木　扦插育苗时，使用浓度为 50～200 毫克/千克的萘乙酸药液浸渍扦插枝段基部（浸深 3～5 厘米）12～24 小时，而后扦插，具有促进插条生根、提高成活率的作用。

番茄　在开花期，使用浓度为 10～20 毫克/千克的萘乙酸药液喷花，具有促进坐果、防止落花、提高坐果率、增大果实的作用。应严格掌握使用浓度，浓度过高会形成畸形果及叶片枯焦脱落等。

辣椒　在开花期，使用浓度为 20 毫克/千克的萘乙酸药液喷洒全株，具有防止落花、促进结椒的作用。

西瓜　在开花期，使用浓度为 10～20 毫克/千克的萘乙酸药液喷花或浸花，具有促进坐果、防止落花的作用；若在授精前处理，则可形成无籽果。

黄瓜　定植前，使用浓度为 10 毫克/千克的萘乙酸药液喷洒全株 1～2 次，具有增加雌花密度、提高产量的作用。

南瓜　雌花开花时，使用浓度为10～20毫克/千克的萘乙酸药液涂抹瓜胎，具有促进坐果、防止化瓜的功效。

马铃薯　种薯切块前，使用浓度为20～50毫克/千克的萘乙酸药液浸泡种薯2～24小时，而后切块、拌药、播种，具有促进发芽、增加结薯量的作用。

甘薯　栽秧前，使用浓度为10～20毫克/千克的萘乙酸药液浸泡成捆薯秧基部3厘米深6小时，具有提高秧苗成活率、促进结薯、增加产量的作用。

小麦　播种前，使用浓度为20毫克/千克的萘乙酸药液浸种6～12小时，晾干后播种，具有促使种子发芽、根多苗壮、促进分蘖、提高抗盐碱能力、提高成穗率的作用；在拔节至抽穗期和灌浆期各喷施1次浓度为20～30毫克/千克的萘乙酸药液，具有促进根系发育、预防倒伏、提高抗逆性（抗青枯、抗干热风等）、促进授粉、增加千粒重、提高产量的作用。

水稻　播种前，使用浓度为10毫克/千克的萘乙酸浸种2小时，晾干后播种，具有促进种子发芽、根多苗健、增加分蘖的作用；在水稻秧苗1叶1心期至3叶期，均匀喷施1次浓度为5～7毫克/千克的萘乙酸药液，具有调节秧苗生长，促进细胞分裂及扩大、诱导形成不定根，根多根壮根长，促进分蘖，茎叶茂盛，增加有效穗数等作用；移栽时，使用浓度为10毫克/千克的萘乙酸药液浸泡秧苗根1～2小时，而后插秧，具有促进返青、茎秆粗壮、提高产量的作用；拔节期，使用浓度为15～20毫克/千克的萘乙酸药液茎叶喷雾1次，具有抗倒伏、促使籽粒饱满、增加产量的作用。

玉米、谷子　播种前，使用浓度为20～30毫克/千克的萘乙酸药液浸种，具有促使种子发芽、促进植株生长、增加产量的作用。

棉花　从初花期开始，使用浓度为5～10毫克/千克的萘乙酸药液均匀喷洒植株，10～15天1次，连喷2～3次，具有防止蕾铃脱落、提高蕾铃率、促使桃铃膨大、增加产量的作用。

大豆　在盛花期，使用浓度为10～100毫克/千克的萘乙酸药液均匀喷洒植株，具有增加籽粒重、促进成熟、提高产量的作用。

注意事项　萘乙酸用作生根剂时，与吲哚乙酸或其他有生根作用的药剂混用效果更好。萘乙酸难溶于冷水，配制时可先用少量酒精溶解，再加水稀释。早熟苹果品种用于疏花、疏果易产生药害，不宜使用。萘乙酸稀释倍数计算方法为："制剂百分含量×10 000/使用浓度"即为该制剂的稀释倍数。

噻苯隆 thidiazuron

主要含量与剂型　0.1％、0.2％、0.5％可溶液剂，50％、55％悬浮剂，30％可分散油悬浮剂，50％、80％可湿性粉剂，70％、80％水分散粒剂。

产品特点　噻苯隆是一种取代脲类低毒植物生长调节剂，能被植物茎叶吸收，内吸效果好。被棉花叶片吸收后，传导到叶柄与茎之间，较高浓度下刺激乙烯生成，促进果胶和纤维素酶的活性，进而促使成熟叶片脱叶，加快棉桃吐絮。在较低浓度下具有细胞激动素的作用，能诱导一些植物的细胞分裂，形成愈伤组织，分化出芽，并协调植物内源激素分泌，延缓植物衰老，提高植物的抗病及抗逆能力，促进光合作用，提高作物产量，改善产物品质。在果树上使用，平衡营养生长与生殖生长，防止徒长，叶片增厚；促进花芽分化，提高花粉活性，保花保果，提高坐果率，促进果实膨大，提高果形指数，增加品质，提高产量；促进伤口愈合，提高嫁接成活率。

适用作物使用技术及效果

棉花　在棉铃成熟期，棉桃开裂70％时，每亩使用30％可分散油悬浮剂45～65毫升，或50％可湿性粉剂30～40克，或50％悬浮剂或55％悬浮剂30～40毫升，或70％水分散粒剂20～30克，或80％可湿性粉剂或80％水分散粒剂20～25克，对水30～45千克均匀茎叶喷雾，可促进棉花叶片提早脱落，有利于棉花的机械化收获，有助于提高棉花品级，并可使棉花提早收获10天左右。施药后10天开始落叶、吐絮增多，15天达到高峰，20天有所下降。具体使用效果与环境温度、空气相对湿度及施药后降雨情况有关，气温高、湿度大时效果好；植株高、密度大时应适当增加用药量。

甜瓜　在甜瓜开花当天，使用0.1％可溶液剂200～250倍液，或0.2％可溶液剂400～500倍液，或0.5％可溶液剂1 000～1 200倍液浸蘸瓜胎或对瓜胎均匀喷雾，具有调节生长、促进幼瓜生长发育、提高坐瓜率、促进瓜膨大、增加产量的作用。

黄瓜　在黄瓜开花期，使用0.1％可溶液剂200～250倍液，或0.2％可溶液剂400～500倍液，或0.5％可溶液剂1 000～1 200倍液浸蘸瓜胎，具有调节生长、提高坐瓜率、促进瓜膨大、增加产量的作用。

西葫芦　在开花期，使用0.1％可溶液剂300～400倍液，或0.2％可溶液剂600～800倍液，或0.5％可溶液剂1 500～2 000倍液喷洒植株，具有提高坐瓜率、促进瓜膨大、增加产量的作用。

保护地番茄　在番茄开花期和第1穗果膨大期，各喷施1次0.1％可溶液剂600～800倍液，或0.2％可溶液剂1 200～1 600倍液，或0.5％可溶液剂3 000～4 000倍液（均匀喷洒植株），具有调节生长、促进果实膨大、增加产量的作用。

辣椒　在辣椒开花前和谢花后幼果期，各均匀喷雾1次，具有提高结果率、促进果实膨大、增加产量的作用。一般每亩次使用0.1％可溶液剂30～50毫升，或0.2％可溶液剂15～25毫升，或0.5％可溶液剂6～10毫升，对水30～45千克均匀叶面喷雾。

芹菜　采收后，使用0.1％可溶液剂100～1 000倍液，或0.2％可溶液剂200～2 000倍液，或0.5％可溶液剂500～5 000倍液喷洒叶片，具有促使叶片较长时间保持绿色的作用。

马铃薯　在马铃薯初花期开始喷药，15天左右1次，连喷2次，具有调节生长、促进薯块膨大、增加产量的作用。一般使用0.1％可溶液剂600～800倍液，0.2％可溶液剂1 000～1 600倍液，或0.5％可溶液剂3 000～4 000倍液均匀叶面喷雾。

水稻　在水稻分蘖期和扬花期各均匀茎叶喷雾1次，具有调节植株生长、提高光合效率、促进籽粒饱满、增加产量的作用。一般使用0.1％可溶液剂600～800倍液，或0.2％可溶液剂1 000～1 600倍液，或0.5％可溶液剂3 000～4 000倍液均匀茎叶喷雾。

小麦　在小麦分蘖期和孕穗抽穗期各均匀叶面喷雾1次，具有促进光合作用、促使籽粒饱满、提高产量的功效。一般每亩次使用0.1％可溶液剂40～80毫升，或0.2％可溶液剂20～40毫升，或0.5％可溶液剂8～15毫升，对水20～30千克均匀叶面喷雾。

玉米　在玉米7～8叶期，使用0.1％可溶液剂600～800倍液，或0.2％可溶液剂

1 000~1 600 倍液，或 0.5％可溶液剂 3 000~4 000 倍液，均匀叶面喷雾 1 次，具有调节生长、促进籽粒饱满、提高产量的作用。

烟草　在烟草团棵期和旺长期，各叶面喷雾 1 次，具有促进叶片光合作用、提升叶片质量、增加产量的作用。一般每亩次使用 0.1％可溶液剂 40~50 毫升，或 0.2％可溶液剂 20~25 毫升，或 0.5％可溶液剂 8~10 毫升，对水 30~45 千克均匀叶面喷雾。

苹果树　在开花初期（中心花开 10％~20％）和盛花期，使用 0.1％可溶液剂 300~500 倍液，或 0.2％可溶液剂 600~1 000 倍液，或 0.5％可溶液剂 1 500~2 500 倍液各喷洒 1 次花器（对着花的柱头均匀喷施效果好），具有提高坐果率、提高果形指数、促进果实膨大、促使着色、提高果品质量、增产 20％~40％等作用。

梨树　在蕾期至初花期，喷施 1 次 0.1％可溶液剂 1 000 倍液，或 0.2％可溶液剂 2 000 倍液，或 0.5％可溶液剂 5 000 倍液，可以提高抗霜冻能力。在盛花期至幼果期，使用相同浓度药液均匀喷雾 1 次，具有提高坐果率、促进果面光洁、提高果品质量、增加产量等作用。

葡萄　在葡萄谢花后 5 天左右第 1 次喷药，10 天后再喷施 1 次，具有提高坐果率、促进果粒膨大、增加产量的作用。一般使用 0.1％可溶液剂 300~500 倍液，或 0.2％可溶液剂 600~1 000 倍液，或 0.5％可溶液剂 2 500~3 000 倍液均匀喷洒果穗。

樱桃　在初花期至盛花期，喷施 1 次 0.1％可溶液剂 800~1 000 倍液，或 0.2％可溶液剂 1 500~2 000 倍液，或 0.5％可溶液剂 4 000~5 000 倍液，具有促进坐果、提高坐果率、促使果实膨大的作用；在幼果膨大期，喷施 1 次 0.1％可溶液剂 500 倍液，或 0.2％可溶液剂 1 000 倍液，或 0.5％可溶液剂 2 500 倍液（重点喷洒幼果），具有促进果实膨大、促使着色、提高果品质量的作用，并可控制树势旺长。

桃树、杏树、李树　在盛花期，喷施 1 次 0.1％可溶液剂 500 倍液，或 0.2％可溶液剂 1 000 倍液，或 0.5％可溶液剂 2 500 倍液，具有提高花器抗霜冻能力、提高花粉活性、提高坐果率等功效；在生理落果后和硬核期，使用 0.1％可溶液剂 350 倍液，或 0.2％可溶液剂 700 倍液，或 0.5％可溶液剂 1 700 倍液各均匀喷雾 1 次，具有促进果实膨大且大小均匀、促使果实着色、提高果品质量及产量，并控制树势旺长的作用。大棚或保护地内的桃树、杏树、李树上使用，效果更好。

枣树　在枣树落花后，使用 0.1％可溶液剂 1 000 倍液，或 0.2％可溶液剂 2 000 倍液，或 0.5％可溶液剂 5 000 倍液均匀喷雾 1 次，具有促进果实生长、提高坐果率、增加产量的作用。

猕猴桃　从猕猴桃谢花后的果实膨大初期开始喷药，15 天左右 1 次，连喷 2 次，具有促进果实膨大、增加产量的作用。一般使用 0.1％可溶液剂 400~500 倍液，或 0.2％可溶液剂 800~1 000 倍液，或 0.5％可溶液剂 2 000~2 500 倍液均匀喷雾。

草莓　从草莓初花后 5 天左右开始喷药，15 天左右 1 次，连喷 2 次，具有提高植株抗逆性、促进果实膨大、增加产量的作用。一般每亩次使用 0.1％可溶液剂 30~50 毫升，或 0.2％可溶液剂 15~25 毫升，或 0.5％可溶液剂 6~10 毫升，对水 20~30 千克均匀叶面喷雾。

金橘　在金橘谢花后和果实膨大期各喷药 1 次，具有提高坐果率、促使果实膨大、增加产量的作用。一般使用 0.1％可溶液剂 350~500 倍液，或 0.2％可溶液剂 700~1 000 倍液，或 0.5%可溶液剂 2 000～2 500 倍液均匀叶面喷雾。

注意事项 噻苯隆用药时应避免药液飘移到其他作物上，以防产生药害。初次使用时，最好先从低浓度用起，浓度过高会引起果实畸形、僵果等不良现象。严禁在高温烈日时用药，施后 6 小时内遇雨应补施。棉花上使用时不宜早于棉桃开裂 60%，以免影响产量和质量，施药后 2 天内降雨会影响药效。果树花期使用，只能提高花粉活性，不能代替人工授粉。瓜类及果树上使用时，若配合增施肥水则效果更佳。

三十烷醇 triacontanol

主要含量与剂型 0.1%微乳剂，0.1%可溶液剂。

产品特点 三十烷醇是一种天然的长碳链高活性广谱低毒植物生长调节剂，通过植物茎、叶吸收，具有多种生理功能，使用效果显著。主要表现为：促进矿物质元素吸收，激活生物酶，增强酶活性，改善细胞膜透性，促进细胞分裂和增生；促使种子发芽，提高发芽率；促进植株生长发育，增加叶绿素含量，提高光合作用，增加干物质积累，提高蛋白质和糖分含量，增加分蘖；促进花芽分化，保花保果，提高坐果率或结实率；促进早熟，提高品质及产量，增强抗旱、抗寒、抗病等抗逆能力，具有良好的增产增收作用。

适用作物使用技术及效果

黄瓜 使用 0.1%微乳剂或 0.1%可溶液剂 1 000～2 000 倍液，在初花期均匀叶面喷雾，10～15 天后再喷施 1 次，具有提高结瓜率、增加产量的作用。

西瓜、甜瓜 使用 0.1%微乳剂或 0.1%可溶液剂 1 000～2 000 倍液，在瓜蔓伸长期、盛花期及幼果膨大期各喷施 1 次，具有显著增产作用。

番茄 使用 0.1%微乳剂或 0.1%可溶液剂 1 000～2 000 倍液，在开花期或生长初期均匀喷洒叶面，具有提高坐果率、促进增产的功效。

辣椒 使用 0.1%微乳剂或 0.1%可溶液剂 2 000 倍液，从初花期开始均匀叶面喷雾，15 天左右 1 次，连喷 2～3 次，具有提高结果率、促进早熟及增产的作用，并能减轻病害发生。

大白菜、青菜、萝卜 使用 0.1%微乳剂或 0.1%可溶液剂 1 000～2 000 倍液，在生长期均匀叶面喷雾，具有显著增产作用。

茭白 使用 0.1%微乳剂或 0.1%可溶液剂 1 000～2 000 倍液，在苗期至茭白膨大期均匀叶面喷雾，10～15 天 1 次，连喷 2～3 次，具有促进茭白膨大和提高产量的作用。

苹果、梨、山楂、葡萄 使用 0.1%微乳剂或 0.1%可溶液剂 2 000 倍液，在幼果期和果实膨大期分别均匀叶面喷雾，具有促进果实膨大、增加产量、提高品质的作用。

荔枝、龙眼 使用 0.1%微乳剂或 0.1%可溶液剂 2 000 倍液，在开花期和幼果膨大期各喷施 1 次，具有提高坐果率、促进增产的作用。

柑橘 使用 0.1%微乳剂或 0.1%可溶液剂 1 000～2 000 倍液，在开花初期和果实转色期分别均匀叶面喷雾，具有提高坐果率、促进果实着色、增甜增产等作用。

草莓 使用 0.1%微乳剂或 0.1%可溶液剂 2 000 倍液，在移栽后返青期和始花期各喷施 1 次，具有提高草莓品质及产量的作用。

杨梅 使用 0.1%微乳剂或 0.1%可溶液剂 1 000～2 000 倍液，在杨梅开花前（现蕾期）均匀喷洒 1 次，幼果膨大期均匀喷洒 2～3 次（间隔期 10～15 天），具有促进坐果、提高产量及品质的作用。

其他果树　使用 0.1％微乳剂或 0.1％可溶液剂 1 000～2 000 倍液，在开花前和果实膨大初期各均匀叶面喷雾 1 次，具有促进果实膨大和增加产量的作用。

茶树　在每次采摘前 7 天左右（1 芽 1 叶初展期）及采摘后 15 天，分别使用 0.1％微乳剂或 0.1％可溶液剂 1 000～2 000 倍液均匀喷雾，每亩次喷洒药液 50 千克，具有显著增产作用。

玉米　使用 0.1％微乳剂或 0.1％可溶液剂 2 000～5 000 倍液，在幼穗分化期至抽雄期均匀叶面喷雾，具有提高结实率、增加产量的作用。

水稻　使用 0.1％微乳剂或 0.1％可溶液剂 1 000～2 000 倍液，在幼穗分化至齐穗期均匀叶面喷雾，具有提高结实率、增加产量的作用。

小麦　使用 0.1％微乳剂或 0.1％可溶液剂 2 000～4 000 倍液，在小麦返青期及灌浆期各均匀喷雾 1 次，具有促进籽粒饱满、显著增产作用。

甘薯　使用 0.1％微乳剂或 0.1％可溶液剂 1 000～2 000 倍液，在薯块膨大初期均匀叶面喷雾，具有显著增产效果。

花生　使用 0.1％微乳剂或 0.1％可溶液剂 1 000～2 000 倍液，在初花期、下针期各均匀叶面喷雾 1 次，具有提高结荚率、促进籽粒饱满、增加产量的作用。

大豆　播种前，使用 0.1％微乳剂或 0.1％可溶液剂 1 000～2 000 倍液浸泡种子 4 小时，晾干后播种，具有提高发芽率、减少单仁荚、增加三仁荚及增加单荚豆粒数的作用；使用 0.1％微乳剂或 0.1％可溶液剂 2 000 倍液在盛花期叶面喷雾，具有促使叶色增绿、提高光合作用、增加结实率及百粒重的作用。

油菜　使用 0.1％微乳剂或 0.1％可溶液剂 2 000 倍液，在油菜苗期和盛花期各均匀叶面喷雾 1 次，具有显著增产作用。

棉花　在盛花期，使用 0.1％微乳剂或 0.1％可溶液剂 1 000～2 000 倍液均匀茎叶喷雾，具有减少蕾铃脱落、提高产量的作用。

苎麻、红麻等麻类　使用 0.1％微乳剂或 0.1％可溶液剂 1 000 倍液，在 6～8 月均匀叶面喷雾，具有增加纤维产量的作用。

烟草　使用 0.1％微乳剂或 0.1％可溶液剂 2 000 倍液，在烟苗定植成活后，每隔 10～15 天喷雾 1 次，连喷 3 次，具有显著增产和提高品质的作用。

甘蔗　使用 0.1％微乳剂或 0.1％可溶液剂 2 000 倍液，在甘蔗伸长期均匀叶面喷雾，具有增加甘蔗含糖量的作用。

平菇　使用 0.1％微乳剂或 0.1％可溶液剂 1 300～2 000 倍液，用喷雾器均匀喷洒基料，边喷边拌，混合均匀；或使用 0.1％微乳剂或 0.1％可溶液剂 1 300～2 000 倍液，在每批菇蕾形成前后喷洒菌块、菌棒或菌袋，7～10 天 1 次，连喷 1～2 次。具有促进菌丝生长，促使菌丝分化及子实体形成，提高产量的作用，但使用浓度不宜过大。

注意事项　三十烷醇田间喷雾时应选择阴天或晴天上午 10 时前喷施，避免高温、烈日下施药，喷药后 4～6 小时遇雨应及时补喷。高温、干旱或在棚室内使用及在较敏感品种上使用时应适当增加兑水量。三十烷醇的作用效果因气候条件、种植结构等不同，使用剂量也有所差异，未用过的地区或品种必须先小面积试验，成功后再扩大使用。

烯效唑 uniconazole

主要含量与剂型 5%可湿性粉剂，10%悬浮剂。

产品特点 烯效唑是一种三唑类广谱低毒植物生长调节剂，属赤霉素生物合成抑制剂，由植物的根、茎、叶、种子吸收，经木质部传导到各部位的分生组织中。主要生理功能表现在：抑制细胞伸长，抑制顶端生长优势，控制旺长，缩短节间，矮化植株，促进分蘖，促使根系发达，防止倒伏；促进花芽分化及果实生长，增加产量，增强光合效率，增加叶表皮蜡质，促使气孔关闭，提高作物抗逆能力等。

适用作物使用技术及效果

水稻　播种前，使用5%可湿性粉剂500～1 000倍液，或10%悬浮剂1 000～2 000倍液浸种24小时，晾干后催芽、播种，具有秧苗根系发达、叶色深绿、矮化植株、增加分蘖、穗粒数增多、抗寒抗旱能力提高等作用；在水稻1叶1心至2叶1心期，使用5%可湿性粉剂1 000～1 200倍液，或10%悬浮剂2 000～2 500倍液均匀喷雾，具有矮化植株、促进分蘖的作用；在水稻分蘖后期（拔节前1周），施用5%可湿性粉剂800～1 000倍液，或10%悬浮剂1 500～2 000倍液均匀喷雾，具有促进植株矮化、防止倒伏、促使籽粒饱满、提高抗逆性能、增加产量的作用。需要注意，每季最多使用1次，且生长季节不能再使用同类型药剂。

花生　在盛花末期，使用5%可湿性粉剂500～1 000倍液，或10%悬浮剂1 000～2 000倍液均匀叶面喷雾1次，具有控制植株旺长、增加产量的作用。干旱季节或植株长势弱时禁止使用。

春大豆　在初花期至盛花期，使用5%可湿性粉剂1 500～2 000倍液，或10%悬浮剂3 000～4 000倍液均匀叶面喷雾1次，具有控制植株旺长、促进结荚、增加产量的作用。

油菜　在油菜抽薹初期至抽薹20厘米高时，叶面喷施1次5%可湿性粉剂600～1 000倍液，或10%悬浮剂1 500～2 000倍液，具有降低株高、增强抗倒能力、促使结荚、增加产量的作用。在干旱季节或植株长势弱时禁止使用。

棉花　在棉花初花期，使用5%可湿性粉剂1 000～2 000倍液，或10%悬浮剂2 000～4 000倍液均匀叶面喷雾1次，具有控制营养生长、促进结铃、增加产量的作用。

马铃薯　在初花期，使用5%可湿性粉剂1 500倍液，或10%悬浮剂3 000倍液均匀叶面喷雾1次，具有控制地上部分旺长、促进块茎膨大、增加产量的作用。

甘薯　在块根膨大初期，使用5%可湿性粉剂1 000～1 500倍液，或10%悬浮剂2 000～3 000倍液均匀叶面喷雾1次，具有控制茎蔓生长、促进块根膨大、增加产量的作用。

柑橘树　在春梢老熟、夏梢尚未抽生时，使用5%可湿性粉剂500～750倍液，或10%悬浮剂1 000～1 500倍液均匀叶面喷雾1次，具有控制夏梢抽生的作用。

草坪　在草坪生长期修剪后的2～3天内，使用5%可湿性粉剂200～300倍液，或10%悬浮剂400～600倍液均匀茎叶喷雾，具有促进叶色浓绿、控制植株旺长的作用。冷季型草坪可在春季或秋季施用，暖季型草坪宜在夏季施用，一年内用药1～2次，但不要在草坪成坪前施用。

元胡　在植株营养生长旺盛期，使用 5％可湿性粉剂 2 500 倍液，或 10％悬浮剂 5 000 倍液均匀叶面喷雾，具有促进块根膨大、增加产量的作用。

注意事项　烯效唑可与生根剂、钾盐混用，在果树上尽量与细胞激动素混用。本剂主要起调控作用，没有肥水作用，使用本剂后应加强肥水管理。若用量偏高、抑制过度时，可增施氮肥或喷施赤霉酸缓解。

乙烯利 ethephon

主要含量与剂型　1％、2.5％、5％膏剂，4％超低容量液剂，10％可溶粉剂，20％颗粒剂，40％、54％、70％、75％水剂。

产品特点　乙烯利是一种具有促进成熟及衰老作用的低毒植物生长调节剂，在酸性介质中十分稳定，而在 pH 4 以上则分解释放出乙烯。一般植物细胞液的 pH 值都在 4 以上。乙烯利经由植物叶片、树皮、花、果实或种子进入植物体内，然后传导到起作用部位，释放出乙烯，具有与内源激素乙烯相同的生理功能。其主要生理功能表现在：促进果实成熟和着色，促进叶片及果实脱落，矮化植株、增加茎粗，诱导不定根形成，刺激某些植物种子发芽，改变雌雄花比率，促进某些植物开花，诱导某些作物雄性不育等。

适用作物使用技术及效果　乙烯利具有用量小、效果明显的特点，因此必须严格根据不同作物的敏感性特点，用水稀释成相应浓度，采用喷洒、涂抹或浸渍等方法进行使用。

苹果树　幼树新梢迅速生长初期，喷施浓度为 1 000～2 000 毫克/千克的乙烯利药液，具有抑制新梢旺长、增加短枝比例、促进花芽分化、矮化树冠、提早结果等作用。喷施后，作用快，促花效果显著，但持效期较短。果实采收前 3～4 周，喷施浓度为 400 毫克/千克的乙烯利药液，具有促进糖分转换、提早着色等催熟作用。

梨树　砂梨系统品种（包括日本梨），采收前 3～5 周，全树喷施 1 次浓度为 100～130 毫克/千克的乙烯利药液，具有促进果实膨大、增加果实含糖量、促使果实成熟等作用。应当指出，使用浓度不宜过高，喷药时间不可过早，否则会引起大量落果及裂果。黄冠梨采收后，使用浓度为 2～6 毫克/千克的乙烯利药液密闭熏蒸果实，具有促进果实成熟的作用。

葡萄　在浆果成熟初期，喷施 1 次浓度为 200～400 毫克/千克的乙烯利药液，具有促进浆果色素形成、果粒提早着色、提早成熟 5～12 天的功效。喷施药量过大容易引起落果，应掌握好使用浓度，特别要注意气温对乙烯利药效的影响。此外，容易落粒品种应当慎用。

山楂　采收前 1 周，使用浓度为 400～500 毫克/千克的乙烯利药液喷洒全树，具有促进果实成熟、促使果实脱落（脱落率可达 90％～100％）的作用，以便节省采收用工。

桃　在果实硬核期的中期，喷施 1 次浓度为 20～80 毫克/千克的乙烯利药液，具有促进果实着色早而整齐、提早成熟 3～4 天的作用，但果实较软。

樱桃　在果实采收前 20 天左右，全株喷施 1 次浓度为 20～40 毫克/千克的乙烯利药液，具有促进果实着色、提早成熟等作用。

柿子　柿子采收后，使用浓度为 800～1 000 毫克/千克的乙烯利药液喷洒果实或浸果10 余秒钟，具有促进果实转色、催熟、脱涩等作用，处理后在 20～30℃条件下一般 4～

5 天后果肉即可软化、香甜可食。应当指出，脱涩时间快慢与处理时果实的成熟度及乙烯利浓度均呈正相关关系。

　　蜜橘　果实转色前 15～20 天，全树喷洒浓度为 500～650 毫克/千克的乙烯利药液 1 次，具有促进果实转色、催熟等作用。

　　香蕉　香蕉收获后，使用浓度为 800～1 000 毫克/千克的乙烯利药液喷洒果实或浸果（3～5 秒钟），或使用浓度为 30～70 毫克/千克的乙烯利密闭熏蒸果实，具有促进果实软化、产生香味、增加甜味等催熟作用。催熟效果快慢与处理后的环境温度呈正相关，20～30℃环境中一般 48 小时后即可食用。

　　杧果　杧果收获后，使用浓度为 200～400 毫克/千克的乙烯利密闭熏蒸，具有促进果实成熟的作用。

　　菠萝　在开花前 2 周，喷施 1 次浓度为 650～800 毫克/千克的乙烯利药液，具有抽薹早且一致、促进开花的作用；在菠萝成熟前 1～2 周，使用相同浓度乙烯利药液再喷施 1 次，具有促进菠萝成熟且成熟期整齐的作用。

　　橡胶树　适用于 10 年生以上的实生橡胶树。在割胶期，先将橡胶割线下部刮去 4 厘米的死皮，第 2 天在割口上每株涂抹 1％膏剂 3～4 克，或 2.5％膏剂 2～3 克，或 5％膏剂 1.2～1.6 克，或涂抹 40％水剂 5～10 倍液，具有提高胶乳分泌量、产量稳、排胶快等作用。涂药后 20 小时胶乳分泌量急剧上升，药效期可达 1.5～3 个月。

　　番茄　近成熟期的番茄青果，使用浓度为 400～500 毫克/千克的乙烯利药液喷洒果实或涂抹果实，具有促进果实成熟、提早转色的作用。注意不要将药液喷到枝叶上。每季最多施用 1 次，安全间隔期为 3 天。留种田禁止使用。

　　黄瓜　在幼苗 3～4 叶期，使用浓度为 100～200 毫克/千克的乙烯利药液喷洒茎叶 2 次，间隔期 10 天，具有增加雌花数量、提高产量的作用。

　　南瓜　在幼苗 3～4 叶期，喷施 1 次浓度为 100～200 毫克/千克的乙烯利药液，具有增加雌花数量、提高产量的作用。

　　瓠瓜　在幼苗 3～4 叶期，全株喷施 1 次浓度为 500 毫克/千克的乙烯利药液，具有增加雌花数量、提高产量的作用。

　　甜瓜　在幼苗 1～3 叶期，喷施 1 次浓度为 500 毫克/千克的乙烯利药液，具有促进两性花形成、提高产量的作用。

　　棉花　在 70％～80％棉铃吐絮期，全株喷施 1 次浓度为 800～1 300 毫克/千克的乙烯利药液，具有促使棉铃成熟、促进棉铃吐絮、增加产量的作用。每季最多使用 1 次，安全间隔期为 10 天。

　　水稻　在秧苗 5～6 叶期（移栽前 15～20 天），喷施 1 次浓度为 500 毫克/千克的乙烯利药液，具有调节生长、矮化植株、促进苗壮的效果。在稻谷乳熟期，喷施 1 次浓度为 500～650 毫克/千克的乙烯利药液，具有促使稻谷成熟、增加产量的作用。

　　玉米　在玉米小喇叭口期或 6～12 叶期，使用浓度为 150～200 毫克/千克的乙烯利药液均匀喷洒叶片 1 次，具有调节生长、矮化植株、增加产量的作用。

　　冬小麦　适用于育种田，在孕穗期至抽穗期，全株喷施 1 次浓度为 600～800 毫克/千克的乙烯利药液，具有诱导雄性不育的作用。

　　烟草　在烟叶采收期，全株喷施 1 次浓度为 200～400 毫克/千克的乙烯利药液，具有促进叶片黄熟、便于集中采收的作用。

甜菜 收获前 4～6 周，全株喷施 1 次浓度为 500 毫克/千克的乙烯利药液，具有增加糖度、提高质量及产量等作用。

甘蔗 收获前 4～5 周，全株喷施 1 次浓度为 800～1 000 毫克/千克的乙烯利药液，具有增加糖度、提高质量及产量等作用。每季最多使用 1 次，安全间隔期为 20 天。

注意事项 乙烯利为强酸性，不能与碱性物质混用，也不能用碱性较强的水稀释。严格掌握使用浓度或倍数，避免产生副作用或导致效果不好。其活性与温度成正相关，低温时适当增加药量、高温时适当降低药量。乙烯利稀释倍数计算方法为："制剂百分含量×10 000/使用浓度"即为该制剂的稀释倍数。

芸薹素内酯 brassinolide

主要含量与剂型 0.001 6%、0.004%、0.01%、0.04%水剂，0.01%可溶液剂。

产品特点 芸薹素内酯是一种高效广谱低毒植物生长调节剂，为甾醇类植物激素，属第六大类植物内源激素，包含有芸薹素内酯、24-表芸薹素内酯、28-表高芸薹素内酯等。在很低浓度下具有使植物细胞分裂和延长的双重效果，能增加植物的营养体生长和促进受精作用。其生理功能主要表现在：调节生长、促进生长、促进根系发达、提高叶绿素含量、增强光合作用、促进生殖发育、保花保果、提高坐果率、提高结实率、促进果实膨大、增加千粒重、增加产量、促进对肥料的有效吸收利用、提早成熟、延缓衰老、改进品质、提高抗逆能力（抗病、抗旱、抗盐、耐涝、耐冷等）、减轻药害等方面。在相对"恶劣"条件下，保花保果及增产效果等作用更加显著。

适用作物使用技术及效果 芸薹素内酯既可用于叶面喷雾，也可用于种子处理，且不同作物、不同目的，使用方法及时期不同。

苹果 在铃铛花期（开花前）、落花后喷施，具有保花保果、提高坐果率、增强抗霜冻能力等作用；在幼果期喷施，可以促进果实膨大、提高果形指数；转色期喷施，具有促进花芽分化、促使果实着色、提高果品质量等效果。一般使用芸薹素内酯 0.02～0.04 毫克/千克药液喷雾。每季最多使用 3 次。

梨 在铃铛花期（开花前）、落花后喷施，具有保花保果、提高坐果率、增强抗霜冻能力等作用；在幼果期喷施，促进果实膨大；近成熟期喷施，具有促进花芽分化、提高果品质量等效果。一般使用芸薹素内酯 0.02～0.03 毫克/千克药液喷雾。每季最多使用 3 次。

葡萄 在花蕾期、落花后 7 天左右各喷施 1 次，具有提高坐果率、减少落果、促使果粒大小均匀的作用；在果实（粒）膨大期喷施 1 次，具有促进果实膨大的作用；在果实（粒）转色期喷施 1 次，具有促进果实着色、增加糖度、提高果品质量的作用。一般使用芸薹素内酯 0.03～0.04 毫克/千克药液喷雾。每季最多使用 3 次。

桃、李、杏（杏扁）、樱桃 在开花前 5 天和落花后各喷施 1 次，具有防止冻花冻果、提高坐果率、增加产量等作用；在果实转色期喷施 1 次（杏扁除外），具有促进着色、提高果品质量的作用。一般使用芸薹素内酯 0.02～0.04 毫克/千克药液喷雾。转色期与优质叶面肥混合喷施效果更好。

枣树 在初花期和谢花 2/3 时各喷施 1 次，具有保花保果、提高坐果率、促进幼果膨大的作用；在幼果期喷施 1 次，具有促进幼果膨大、促使果实大小均匀的作用；在着色期喷施 1 次，具有促进果实转色、提高果品质量的功效。一般使用芸薹素内酯 0.03～0.05 毫克/千克药液喷雾。开花期与赤霉酸混合喷施效果更好。每季最多使用 3 次。

柑橘树 在谢花 2/3 时喷施第 1 次、10 天后再喷施 1 次，具有提高坐果率、减少落果、促使果实大小均匀的作用；在果实膨大期喷施 1 次，具有促进果实膨大、增加产量的作用；在果实转色期喷施 1 次，具有促进着色、增加糖度、提高果品质量的作用。一般使用芸薹素内酯 0.02～0.04 毫克/千克药液喷雾。每季最多使用 3 次。

脐橙 在盛花期和第 1 次生理落果后，使用浓度为 0.01～0.1 毫克/千克的芸薹素内酯药液各叶面喷雾 1 次，具有提高坐果率、增加果实糖度的作用。

杧果 在开花前 5 天喷施第 1 次、7～10 天后再喷施 1 次，具有提高坐果率、减少落果、促使果实大小均匀的作用；在果实膨大期喷施 1 次，具有促进果实膨大、提高产量的作用；在果实转色期喷施 1 次，具有促进着色、增加糖度、提高果品质量的作用。一般使用芸薹素内酯 0.02～0.04 毫克/千克药液喷雾。

荔枝 在花蕾期、落花后（幼果期）、果实膨大期各喷施 1 次，具有保花保果、提高坐果率、促进果实膨大、提高产量及质量的作用。一般使用芸薹素内酯 0.02～0.04 毫克/千克药液喷雾。每季最多使用 3 次。

香蕉 在抽蕾期、断蕾期、幼果期各喷施 1 次芸薹素内酯 0.03～0.04 毫克/千克药液，具有促使蕉仔拉长快、弯曲自然、提高蕉果质量及产量的作用。每季最多使用 3 次。

板栗 在花蕾期和落花后，各叶面喷施 1 次芸薹素内酯 0.02～0.04 毫克/千克药液，具有提高结实率、降低空篷率、增加产量的作用。与赤霉酸配合使用效果更好。

草莓 从初花期开始喷施，10～15 天 1 次，连喷 2～3 次，具有提高坐果率、结实多、果实大而均匀、糖度高、增加产量等作用。一般使用芸薹素内酯 0.02～0.03 毫克/千克药液喷雾。

黄瓜 在苗期喷施 1 次浓度为 0.01 毫克/千克的芸薹素内酯药液，具有促进花芽分化、提高幼苗抗低温能力的作用。然后从初花期开始喷施，10～15 天 1 次，连喷 2～3 次，具有提高坐瓜率、促进光合作用、增加产量、提高品质的作用。一般使用芸薹素内酯 0.02～0.04 毫克/千克药液喷雾，每季最多使用 3 次。

西瓜 使用浓度为 0.03～0.06 毫克/千克的芸薹素内酯药液，在苗期、开花期、果实膨大期各叶面喷雾 1 次，具有促进雌花分化、提高坐瓜率、促进果实膨大、提高产量的作用。每季最多使用 3 次。

甜瓜 在苗期喷施 1 次，具有促进花芽分化、提高抗低温能力的作用；从开花初期开始喷施，10～15 天 1 次，连喷 2～3 次，具有提高坐瓜率、促进光合作用、增加产量、提高品质的作用。一般使用芸薹素内酯 0.02～0.04 毫克/千克药液喷雾。

辣椒 在苗期、植株旺长期、初花期、幼果期各喷施 1 次，具有促进花芽分化、提高坐果率、促进光合作用、增加产量、提高品质的作用。一般使用芸薹素内酯 0.03～0.05 毫克/千克药液喷雾，每季最多使用 4 次。

番茄 在苗期、花蕾期、幼果期，使用浓度为 0.02～0.04 毫克/千克的芸薹素内酯药液各叶面喷雾 1 次，具有促进花芽分化、提高坐果率、促使果实膨大、增加产量、提高品质的作用。每季最多使用3次。

茄子 在茄子开花期，使用浓度为0.1毫克/千克的芸薹素内酯药液浸蘸低于17℃时开的花，具有促进正常结果的作用。

芸豆、豇豆等豆类蔬菜 从开花初期开始喷施，10～15天1次，连喷2～3次，具有促进花芽分化、提高结荚率、增加产量、提高品质的作用。一般使用芸薹素内酯0.02～0.04毫克/千克药液喷雾。

白菜等十字花科蔬菜 在团棵期、莲座期或旺盛生长期各喷施1次，具有调节生长、促进叶片光合作用、增加产量的作用。一般使用芸薹素内酯0.01～0.02毫克/千克药液均匀喷雾。每季最多使用2次。

菜心 在苗期、莲座期各喷施1次，具有促进叶片生长、增加产量的作用。一般使用浓度为0.01～0.02毫克/千克的芸薹素内酯药液均匀喷雾。

水稻 在分蘖期、孕穗期、齐穗期各喷施1次，具有提高结实率、增加穗粒数、促进籽粒饱满、增加千粒重、提高抗倒伏能力、增加产量的作用。一般使用芸薹素内酯0.02～0.04毫克/千克的药液均匀叶面喷雾。

小麦 使用浓度为0.02～0.05毫克/千克的芸薹素内酯药液浸种24小时，晾干后播种，具有促进根系发育、增加有效分蘖的作用。在拔节期、孕穗期、齐穗期，使用浓度为0.02～0.04毫克/千克的芸薹素内酯药液分别均匀叶面喷雾1次，具有增强光合作用、提高结实率、增加穗粒数、促进籽粒饱满、提高千粒重、提高抗倒伏能力、增加产量的作用。每季最多使用3次。

玉米 在喇叭口期和抽雄期，使用芸薹素内酯0.02～0.04毫克/千克药液各均匀叶面喷雾1次，具有增加叶绿素含量、促进光合作用、提高结实率、防止秃尖、促进籽粒饱满、增加产量的作用。每季最多使用2次。

花生 从花生苗期、初花期、盛花期，使用芸薹素内酯0.02～0.04毫克/千克的药液各均匀叶面喷雾1次，具有提高叶片光合效率、提高结实率、促进籽粒饱满、增加产量的作用。每季最多使用3次。

大豆 从开花初期开始喷施，10天后再喷施1次，具有提高结实率、促进籽粒饱满、提高叶片光合效率、增加产量的作用。一般使用芸薹素内酯0.02～0.04毫克/千克的药液均匀叶面喷雾。每季最多使用2次。

油菜 从开花初期开始喷施，10天左右1次，连喷2～3次，具有提高结荚率与结实率、促进籽粒饱满、增加产量的作用。一般使用芸薹素内酯0.02～0.04毫克/千克药液均匀叶面喷雾。

棉花 从开花初期开始茎叶喷施，10～15天1次，连喷3次，具有提高结铃率、减少落花落铃、增加产量的作用。一般使用芸薹素内酯0.02～0.04毫克/千克药液均匀叶面喷雾。每季最多使用3次。

马铃薯 从株高30厘米左右或初花期开始喷施，10～15天后再喷施1次，具有调节植株生长、促进薯块膨大、增加产量、提高品质的作用。一般使用芸薹素内酯0.02～0.04毫克/千克药液均匀叶面喷雾。

甘蔗 在苗期、分蘖期、抽节期各茎叶喷施1次，具有调节生长、提高光合效率、增加糖度、提高产量的作用。一般使用芸薹素内酯0.02～0.04毫克/千克药液均匀叶面喷雾。

烟草 在烟草团棵期、旺长期，使用芸薹素内酯0.02～0.04毫克/千克的药液各均匀叶面喷雾1次，具有促进植株及叶片生长、增加产量、提高品质的作用。每季最多使用2次。

向日葵 在向日葵苗期、花蕾期、开花期，使用芸薹素内酯0.04～0.06毫克/千克的药液各均匀叶面喷雾1次，具有调节植株生长、提高结实率、促进籽粒饱满、增加产量及质量的作用。每季最多使用3次。

芝麻 在芝麻苗期、始花期、结实期，使用芸薹素内酯0.04～0.06毫克/千克的药液各均匀叶面喷雾1次，具有促进花芽分化、提高结实率、促进籽粒饱满、增加产量的作用。每季最多使用3次。

金针菜 从开花初期开始喷施，10天左右1次，连喷2～3次，具有调节生长、促进花芽分化、增加花蕾数、促进花蕾膨大、增加产量、提高品质的作用。一般使用芸薹素内酯0.02～0.04毫克/千克药液均匀叶面喷雾。

缓解药害 植物发生药害后，及时喷施芸薹素内酯0.03～0.05毫克/千克药液，具有减轻药害、促进植物快速恢复的功效。

注意事项 芸薹素内酯可与生长素类药剂及非碱性药剂混用。喷施时，在药液中混加0.05%的表面活性剂，能促进芸薹素内酯被植物体的吸收利用。与优质叶面肥混用，能够增加本剂使用效果。在植物生长发育敏感期施药效果突出。芸薹素内酯使用浓度计算方法为："制剂百分含量×10 000/使用浓度"即为该制剂的稀释倍数。

仲丁灵 butralin

主要含量与剂型 36%、48%、360克/升乳油，36%悬浮剂。

产品特点 仲丁灵是一种二硝基苯胺类局部内吸型低毒植物生长调节剂，由嫩茎、叶片等组织吸收进入植物体内，通过抑制分生组织的细胞分裂，进而抑制新生组织生长。作为植物生长调节剂，主要用于烟草打顶后抑制腋芽生长（烟草抑芽剂）。药液接触叶腋部位后被迅速吸收，腋芽生长点的细胞分裂受到抑制，使幼小腋芽完全丧失生长能力，卷曲、萎蔫停止生长、无法长出，而已经正常伸展生长的叶片不受损害，进而促使植株养分集中供应叶片，使叶片干物质积累增加，烟叶化学成分更加优化，提高烟叶上、中等级比例及品质。适用于烤烟、晾烟、马丽兰、雪茄等烟草抑制腋芽生长。

适用作物使用技术及效果 主要应用于烟草抑制腋芽生长。在烟草处于花蕾伸长期至始花期时开始用药，施药前先人工打顶并抹去长2厘米以上的腋芽，然后采用杯淋法从植株顶部沿主茎向下淋药，使药液接触到每一个叶腋。一般使用36%乳油或360克/升乳油或36%悬浮剂80～100倍液，或48%乳油100～150倍液杯淋用药，每株需淋洒药液15～20毫升。人工打顶后24小时内必须施药。

注意事项 仲丁灵不需与其他药剂混用，应选择晴天露水干后施药，雨后或大风天不宜施药，以避免药液与叶片接触。本剂会促进根系发达，对氮素吸收力增强，应酌情减少氮肥使用量。

胺鲜·甲哌鎓

有效成分 胺鲜酯（diethyl aminoethyl hexanoate）＋甲哌鎓（mepiquat chloride）。

主要含量与剂型 27.5％（2.5％＋25％）、30％（3％＋27％）水剂，80％（7％＋73％）可溶粉剂。括号内有效成分含量均为胺鲜酯的含量加甲哌鎓的含量。

产品特点 胺鲜·甲哌鎓是由胺鲜酯与甲哌鎓按科学比例混配的一种低毒复合植物生长调节剂，属酯类植物生长调节剂与甲基哌啶类植物生长调节剂的科学组合，两种有效成分协同增效，具有调节作物生长、增强作物抗逆能力、提高作物品质及产量的作用。

适用作物使用技术及效果

棉花 在棉花初花期、盛花期和打顶后各喷药1次，具有调节棉花植株生长、促使株型紧凑、防止蕾铃脱落、提高产量的作用。一般每亩次使用27.5％水剂12～20毫升，或30％水剂10～16毫升，或80％可溶粉剂4～6克，对水30～45千克均匀叶面喷雾。植株较小时适当降低用药量，植株较大时适当选用高剂量。

大豆 在大豆初花期，每亩使用27.5％水剂15～25毫升，或30％水剂13～23毫升，或80％可溶粉剂5～8克，对水30千克均匀叶面喷雾，具有控制植株生长、提高结荚率、增加产量的作用。

玉米 在玉米8～12叶期（喇叭口期），每亩使用27.5％水剂17～21毫升，或30％水剂15～20毫升，或80％可溶粉剂5.5～7.5克，对水20～30千克均匀叶面喷雾，具有调节植株生长、促进结实及籽粒饱满、提高产量的作用。

注意事项 胺鲜·甲哌鎓不能与碱性药剂及肥料混用。

苄氨·赤霉酸

有效成分 苄氨基嘌呤（6 - benzylamino - purine）＋赤霉酸 A4、A7（gibberellic acid A4，A7）。

主要含量与剂型 1.8％（0.9％＋0.9％）、4％（2％＋2％）水分散粒剂，3.6％（1.8％＋1.8％）乳油，3.6％（1.8％＋1.8％）微乳剂，3.6％（1.8％＋1.8％）、4％（2％＋2％）可溶液剂。括号内有效成分含量均为苄氨基嘌呤的含量加赤霉酸 A4、A7 的含量。

产品特点 苄氨·赤霉酸是由苄氨基嘌呤与赤霉酸 A4＋A7 按科学比例混配的一种广谱低毒复合植物生长调节剂，属嘌呤类植物生长调节剂与贝壳杉烯类植物生长调节剂的科学组合，两种有效成分协同增效，有通过调理氨基酸、生长素、无机盐等物质向生理需求部位调运等多重功效，具有打破种子休眠、促进细胞分裂及生长、促使茎伸长、促进叶片扩大、改变雌雄花比率、调节开花时间、诱使单性结实、减少落花落果、促进果实生长、提高果形指数、增加产量等多种作用。

适用作物使用技术及效果

苹果树 在苹果盛花期和谢花后5天左右各喷施1次，具有提高坐果率、拉长果形、提高果形指数的作用。一般使用 1.8% 水分散粒剂 350～450 倍液，或 3.6% 乳油或 3.6% 微乳剂或 3.6% 可溶液剂 700～900 倍液，或 4% 水分散粒剂或 4% 可溶液剂 800～1 000 倍液均匀喷雾。盛花期喷施时应尽量喷洒到花朵正面，药液均匀分布在花柱上效果最好，但避免重复喷施。

葡萄　在葡萄谢花后 1 周左右，使用 1.8% 水分散粒剂 700～900 倍液，或 3.6% 乳油或 3.6% 微乳剂或 3.6% 可溶液剂 1 400～1 800 倍液，或 4% 水分散粒剂或 4% 可溶液剂 1 500～2 000 倍液均匀喷洒果穗 1 次，具有促进坐果、提高坐果率、促使果实膨大及生长发育、提早成熟、增加产量等作用。

枣树　在枣树盛花期，使用 1.8% 水分散粒剂 400～600 倍液，或 3.6% 乳油或 3.6% 微乳剂或 3.6% 可溶液剂 800～1 200 倍液，或 4% 水分散粒剂或 4% 可溶液剂 1 000～1 500 倍液均匀喷雾 1 次，具有促进坐果、提高坐果率、促使果实膨大等作用。

黄瓜　在黄瓜开花前 1 天、盛花期、谢花后幼果期，使用 1.8% 水分散粒剂 400～500 倍液，或 3.6% 乳油或 3.6% 微乳剂或 3.6% 可溶液剂 800～1 000 倍液，或 4% 水分散粒剂或 4% 可溶液剂 1 000～1 200 倍液，各均匀喷雾 1 次，具有防止化瓜、促进果实膨大、提高产量等作用。

辣椒　从第一批辣椒的幼果期开始喷药，7～10 天 1 次，连喷 2 次，具有提高坐果率、促进辣椒生长、增加产量的作用。一般使用 1.8% 水分散粒剂 900～1 300 倍液，或 3.6% 乳油或 3.6% 微乳剂或 3.6% 可溶液剂 1 800～2 500 倍液，或 4% 水分散粒剂或 4% 可溶液剂 2 000～3 000 倍液均匀叶面喷雾。

注意事项　苄氨·赤霉酸不能与碱性物质混用。药液应现配现用，不能长时间存放。用药时应均匀周到，并避免重复用药。

赤·吲乙·芸薹

有效成分　赤霉酸（gibberellic acid）＋吲哚乙酸（indol - 3 - ylacetic acid）＋芸薹素内酯（brassinolide）。

主要含量与剂型　0.136%（0.135% 赤霉酸＋0.000 52% 吲哚乙酸＋0.000 31% 芸薹素内酯）可湿性粉剂。

产品特点　赤·吲乙·芸薹是由赤霉酸、吲哚乙酸、芸薹素内酯三种植物生长调节剂成分按科学比例混配的一种高效广谱低毒复合植物生长调节剂，属贝壳杉烯类植物生长调节剂与吲哚类植物生长调节剂、甾醇类植物生长调节剂三元混配的科学组合，被誉为"植物生长复合平衡调节系统"，从种子萌发出苗到开花、结果、成熟全过程均具有综合平衡调节作用，能够促进生根发芽、调节作物生长、提高光合效率及干物质积累、提早开花结果、提高坐果率、诱导作物提高抗逆性能、缓解药害、增加产量、改善品质、提早上市、延长货架期等。

适用作物使用技术及效果

水稻　使用 0.136% 可湿性粉剂 5 000 倍液浸种或拌种处理，具有打破种子休眠、提高出苗率及芽势、促进根系发育、提高秧苗抗逆性、有效缓解前茬除草剂残留抑制、促使苗齐苗壮等作用。在水稻秧苗期，使用 0.136％可湿性粉剂 7 500～15 000 倍液均匀叶面喷雾，具有培育壮苗、促进分蘖及增加有效分蘖数、提高光合作用、促使秧苗茎秆粗壮等作用；在水稻破口前期，使用 0.136％可湿性粉剂 7 500～10 000 倍液均匀叶面喷雾（混加优质叶面肥效果更好），具有促使抽穗整齐、提高结实率、促进籽粒饱满、增加千粒重、提高产量、增加品质等作用。

小麦　按照 1 克 0.136％可湿性粉剂处理 12～15 千克种子的剂量进行种子包衣或拌种（混加适量水稀释），具有促进种子萌发、提高发芽率及出苗率、增强芽势、促进幼苗根系发育、提高植株抗逆性、有效缓解前茬除草剂残留抑制、促进分蘖、培育壮苗等作用。在小麦苗期均匀叶面喷雾 1 次（混加 0.3％尿素效果更好），具有加强光合作用、促进分蘖、增强抗逆性、促使茎秆粗壮等作用；在冬小麦返青期均匀叶面喷雾 1 次（混加 0.3％尿素效果更好），具有促进秧苗返青及快速生长的作用；在孕穗期均匀叶面喷施 1 次（混加磷酸二氢钾等叶面肥效果更好），具有提高植株抗逆性、促进幼穗分化、提高结实率、增加穗长及穗粒数等作用；在灌浆期再均匀叶面喷施 1 次（混加磷酸二氢钾等叶面肥效果更好），具有增强光合作用、促进灌浆、促进籽粒饱满、增加千粒重、提高产量等作用。小麦生长期一般使用 0.136％可湿性粉剂 7 500～10 000 倍液均匀叶面喷雾。

玉米　按照 1 克 0.136％可湿性粉剂处理 8～12 千克种子的剂量进行种子包衣或拌种（混加适量水稀释），具有促进种子萌发、提高发芽率及出苗率、增强芽势、促进幼苗根系发育、提高植株抗逆性、有效缓解前茬除草剂残留抑制、培育壮苗等作用。在玉米苗期，喷施 1 次 0.136％可湿性粉剂 7 500～10 000 倍液（混加 0.3％尿素等叶面肥效果更好），具有提高光合作用、促使茎秆粗壮、提高幼苗抗逆性等作用；在玉米拔节期，喷施 1 次 0.136％可湿性粉剂 10 000 倍液（混加 0.3％锌肥等叶面肥效果更好），具有提高植株抗病性、促进雌穗分化、提高结实率、增加穗长及穗粒数等作用；在籽粒灌浆期，再喷施 1 次 0.136％可湿性粉剂 7 500～10 000 倍液（混加磷酸二氢钾等叶面肥效果更好），具有促进灌浆、促使籽粒饱满、增加千粒重、提高产量等作用。

棉花　按照 1 克 0.136％可湿性粉剂处理 6～8 千克种子的剂量进行种子包衣或拌种（混加适量水稀释），具有促使种子萌发、提高发芽率及出苗率、促进幼苗根系发育、提高植株抗逆性、有效缓解前茬除草剂残留抑制、苗齐苗壮等作用。在棉花 4～5 叶期，喷施 1 次 0.136％可湿性粉剂 7 500 倍液，具有促进根系发育、增强光合作用、强茎壮秆、提高植株抗逆性、促进花器分化发育等作用；在棉花现蕾期，喷施 1 次 0.136％可湿性粉剂 7 500～10 000 倍液，具有平衡生长、促进花器发育、提高结铃率、促进子房发育等作用；在棉花结铃期，再喷施 1 次 0.136％可湿性粉剂 7 500～10 000 倍液，具有平衡植株生长、减少生理落铃、增加铃重、提高衣分、促进成熟、促使吐絮整齐等作用。

大豆　按照 1 克 0.136％可湿性粉剂处理 5～8 千克种子的剂量进行种子包衣或拌种（混加适量水稀释），具有促进种子萌发、提高发芽率、增强芽势、促进幼苗根系发育、提高植株抗逆性、有效缓解前茬除草剂残留抑制、培育壮苗等作用。在大豆苗期，喷施 1 次 0.136％可湿性粉剂 7 500～10 000 倍液，具有培育壮苗、增强光合效率、促进花芽分化、提高植株抗逆能力等作用；在大豆花蕾期，喷施 1 次 0.136％可湿性粉剂 7 500～10 000 倍液，具有促进花器发育、提高结荚率及结实率等作用；在大豆结荚期，再喷施 1 次

0.136％可湿性粉剂 10 000 倍液，具有提高结实率、促进籽粒饱满、增加百粒重、提高产量等作用。

花生　按照 1 克 0.136％可湿性粉剂处理 5～8 千克种子的剂量进行种子包衣或拌种（混加适量水稀释），具有促进种子萌发、提高发芽率、增强芽势、促进幼苗根系发育、提高植株抗逆性、有效缓解前茬除草剂残留抑制、培育壮苗等作用。在花生苗期，喷施 1 次 0.136％可湿性粉剂 7 500～10 000 倍液，具有促进根系发育、促使茎秆粗壮、促进花芽分化、提高植株抗逆性等作用；在花蕾期，喷施 1 次 0.136％可湿性粉剂 10 000 倍液，具有促进花器发育、提高结荚率、促进下针结实等作用；在下针结荚期，再喷施 1 次 0.136％可湿性粉剂 10 000 倍液，具有提高结实率、促使籽粒饱满、提高产量等作用。

油菜　按照 1 克 0.136％可湿性粉剂处理 8～10 千克种子的剂量进行种子包衣或拌种（混加适量水稀释），具有促进种子萌发、增强芽势、促进幼苗根系发育、提高植株抗逆性、培育壮苗等作用。在油菜苗期，喷施 1 次 0.136％可湿性粉剂 7 500～10 000 倍液，具有促进根系发育、提高光合效率、增强植株抗逆性等作用；在返青期，喷施 1 次 0.136％可湿性粉剂 10 000 倍液，具有促进秧苗返青生长、强茎壮秆、增加分枝数等作用；在花蕾期，再喷施 1 次 0.136％可湿性粉剂 10 000 倍液，具有增强花粉活性、提高结实率、增加有效荚数及单荚有效粒数、提高千粒重及产量的作用。

西瓜、甜瓜　播种前，使用 0.136％可湿性粉剂 5 000 倍液浸种，晾干后播种，具有打破种子休眠、促进发芽、提高芽势及出苗率的作用。在瓜苗期，喷施 1 次 0.136％可湿性粉剂 7 500～10 000 倍液，具有促进根系发育、培育壮苗、提高幼苗抗病性的作用；移栽前使用 0.136％可湿性粉剂 7 500 倍液喷淋苗床，或定植时使用 0.136％可湿性粉剂 15 000 倍液浇灌植株（每株浇灌药液 100～150 毫升），具有移栽后秧苗发根及缓苗快、秧蔓生长旺盛的作用；开花前，喷施 1 次 0.136％可湿性粉剂 7 500～10 000 倍液，具有促进花器发育、促使花期一致、提早结瓜的作用；幼瓜膨大期，再喷施 1 次 0.136％可湿性粉剂 7 500～10 000 倍液，具有加强光合作用、促进瓜体膨大的效果。

黄瓜　从定植缓苗后或开花前 5～7 天开始叶面喷雾，15 天左右 1 次，连喷 2～3 次，具有调节植株生长、促进结瓜、促使瓜体膨大、增加产量的作用。一般使用 0.136％可湿性粉剂 10 000～15 000 倍液均匀喷雾。

番茄、茄子、辣椒等茄果类蔬菜　在秧苗期，使用 0.136％可湿性粉剂 10 000 倍液喷淋苗床，具有促进根系发育、培育壮苗、提高植株抗病性的作用；定植前，使用 0.136％可湿性粉剂 5 000 倍液浸蘸秧盘，具有促进发根、缓苗快、防止僵苗等作用；定植后，喷洒 0.136％可湿性粉剂 10 000 倍液，具有促进生根、加强光合作用、促使植株生长的作用；开花至结果期，喷施 0.136％可湿性粉剂 7 500～10 000 倍液 2～3 次（间隔期 10～15 天），具有促进花器发育、提高结果率、促进果实膨大、增加产量、提高品质等作用。

十字花科蔬菜等绿叶菜类　在秧苗期，喷施 1 次 0.136％可湿性粉剂 7 500～10 000 倍液，具有促进根系发育、培育壮苗、增强秧苗抗逆性能的作用；营养生长旺盛期，使用 0.136％可湿性粉剂 7 500～10 000 倍液均匀叶面喷雾，具有促进生长、增加产量、提早上市等作用。

大蒜　播种前，使用 0.136％可湿性粉剂 5 000 倍液浸泡蒜种 1～2 小时，捞出后晾干、播种，具有提高出苗率、促使幼苗整齐一致、苗齐苗壮等作用；出苗后，使用0.136％可湿性粉剂 7 500～10 000 倍液喷洒幼苗，具有促进根系发育、强壮幼苗、提高幼苗抗冻性能的作用；返青期，使用0.136％可湿性粉剂 7 500 倍液均匀叶面喷雾（混加叶面肥效果更好），具有返青缓苗快、促使生长旺盛、有效预防低温伤害的作用；抽薹期，使用0.136％可湿性粉剂 7 500～10 000 倍液均匀喷洒叶面（混加叶面肥效果更好），具有促进根系发育、促使植株旺长、促使抽薹快而整齐、蒜头快速膨大、增加产量、提高品质等作用。

马铃薯　幼苗期，使用0.136％可湿性粉剂 7 500～10 000 倍液均匀喷雾，具有促进根系发育、强壮幼苗、提高苗期抗逆性能的作用。从开花初期开始，使用0.136％可湿性粉剂 7 500～10 000 倍液均匀叶面喷雾，10～15 天 1 次，连喷 2～3 次，具有促使提早结块茎、促进块茎膨大、提高产量的作用。

烟草　在烟草移栽后 7～10 天第 1 次叶面喷雾，团棵期第 2 次叶面喷雾，植株旺长期第 3 次叶面喷雾，具有调节植株生长、促使叶片长大、提高产量及品质的作用。一般使用0.136％可湿性粉剂 4 000～5 000 倍液均匀喷雾。

柑橘树　在花蕾期，喷施 1 次0.136％可湿性粉剂 10 000 倍液，具有促进花蕾分化、增加花粉数量、提高坐果率的作用；在幼果期，喷施 1 次0.136％可湿性粉剂 10 000 倍液，具有防止生理落果、提高坐果率、促使果个均匀、促进果实膨大的作用；在果实膨大期，再喷施 1 次0.136％可湿性粉剂 10 000 倍液，具有促进果实增糖转色、提高果实品质、增加产量的作用；在秋梢抽发期，喷施 1 次0.136％可湿性粉剂 15 000 倍液，具有培育壮树、强健秋梢、促进花芽分化、提高树体抗逆能力的作用。

香蕉　育苗期，喷施 1 次0.136％可湿性粉剂 7 500 倍液，具有培育壮苗、提高幼苗抗逆性的作用；幼苗定植前喷施 1 次0.136％可湿性粉剂 7 500 倍液，定植后再使用0.136％可湿性粉剂 5 000～10 000 倍液淋根或灌根 1 次，具有促发新根、健壮植株、提高抗逆性的作用；在花芽分化期（20 片蕉叶时）和抽蕾前，各喷施 1 次0.136％可湿性粉剂 5 000～7 500 倍液（混加硼肥、高磷钾肥），具有促进花芽分化、抽蕾整齐、促使花蕾粗壮、提高优质果率的作用；在蕉仔生长期，喷施 1 次0.136％可湿性粉剂 5 000 倍液（混加叶面肥），具有促进蕉仔生长、果形端正、提高商品性及品质的作用。

荔枝　在花芽露白期，喷施 1 次0.136％可湿性粉剂 15 000 倍液（混加高磷叶面肥），具有促使花序整齐、提高抗冻能力的作用；在花序 5 厘米长时和落花后，各喷施 1 次0.136％可湿性粉剂 15 000～20 000 倍液（混加硼钙叶面肥），具有促进壮花、开花整齐、提高坐果率、壮果保果的作用；在生理落果后及果实膨大期，再各喷施 1 次0.136％可湿性粉剂 15 000～20 000 倍液（混加优质叶面肥），具有促使果实均匀、促进果实膨大、减少裂果、促进早熟等作用。

杧果　在花蕾期，喷施 1 次0.136％可湿性粉剂 5 000～7 500 倍液（混加磷钾硼叶面肥），具有促进花芽分化、提高坐果率的作用；在开花期，喷施 1 次0.136％可湿性粉剂 5 000 倍液（混加赤霉酸），具有促使花朵增大、促进授粉受精、提高坐果率的作用；在果实膨大期，喷施 1 次0.136％可湿性粉剂 5 000～7 500 倍液（混加钙肥），具有促进果核形成、提高母果数量、促进果实膨大、防止落果等作用；在果实膨大后期至采收期，喷施 0.136％可湿性粉剂 5 000 倍液，具有促进果实着色上粉、果皮靓丽、果个大小均匀、提高果实硬度等作用。果实采收后，按照 1 克 0.136％可湿性粉剂对水 15～22.5 千克灌根（大树 1 株或小树 3～5 株），具有促进根系发育、恢复树势、减轻大小年、提高树体抗低温冷害能力的作用。

枇杷　在秋梢抽发期，喷施 1 次 0.136％可湿性粉剂 5 000～15 000 倍液，具有壮梢促花、提高抗逆性的作用；在开花前 1 周和幼果期，各喷施 1 次 0.136％可湿性粉剂 5 000～15 000 倍液，具有保花保果、增强花粉活力、提高坐果率、促进果实膨大、增强抗逆性的作用；在果实膨大期，再喷施 1 次 0.136％可湿性粉剂 5 000～15 000 倍液，具有促进果实膨大、促使着色均匀、提早上市、提高品质的作用。

苹果树、梨树、樱桃树、杏树　在开花前或展叶期，喷施 1 次 0.136％可湿性粉剂 7 500～10 000 倍液（混加硼肥），具有促进开花、提高花粉细胞活性、促进授粉、提高坐果率、增强树体抗低温能力的作用；在落花后至果实膨大期，喷施 2 次左右 0.136％可湿性粉剂 15 000 倍液（间隔期 15～20 天），具有调节激素平衡、促进果实种子形成、减少生理落果、促进果实膨大、促使果个均匀、提高果实糖度、提早成熟上市、增加耐储性能等作用；果实采收后，使用 0.136％可湿性粉剂 20 000 倍液结合秋施基肥灌根，具有促进根系发育、提高肥料利用率、延长绿叶期、促使花芽分化饱满、提高枝条成熟度、增加抗冻性能等作用。

葡萄　在萌芽期，喷施 1 次 0.136％可湿性粉剂 3 500 倍液，具有促进萌芽、提高树体抗逆性、预防晚霜危害的作用；萌芽后，喷施 0.136％可湿性粉剂 7 500 倍液，具有促进新梢生长及花序发育的作用；在花序分离期，使用 0.136％可湿性粉剂 3 000～4 000 倍液喷洒幼穗，具有促进花序发育、拉长果穗的作用；从落花后 10 天左右开始，使用 0.136％可湿性粉剂 5 000～7 500 倍液均匀叶面喷雾（混加钙肥等叶面肥），15 天左右 1 次，连喷 2～3 次，具有平衡树体生长、促进果肉细胞分裂、防止落果、促使果实膨大、提高树体抗逆能力、增加果实固形物含量的作用；在果实转色期，喷施 0.136％可湿性粉剂 7 500 倍液（混加高钾叶面肥），具有促进果实转色、增加果实糖度及硬度、提高果实固形物含量、增加果粉、提升品质等作用。

枣树　在萌芽期喷施，具有促进发芽、提高树体抗逆性、增强树势、促进生长组织分化、促进根系发育等作用；在花蕾期喷施，具有促进花器发育、促进树体对养分的吸收利用、促使营养生长与生殖生长平衡、减少落花落果等作用；在开花期（花开 40％左右）喷施，具有促进坐果、提高坐果率等作用；在果实膨大期（白果期）喷施，具有促使果实膨大、增强光合作用、增加果实干物质积累、提高果实品质等作用。一般使用 0.136％可湿性粉剂 10 000～15 000 倍液均匀叶面喷雾。

猕猴桃　在萌芽期喷施 1 次 0.136％可湿性粉剂 7 500 倍液，具有预防晚霜冻害、提高萌芽整齐度、缓解"红阳猕猴桃"的"皱叶"现象等作用；在花蕾期喷施 1 次 0.136％可湿性粉剂 15 000 倍液，具有预防冻害、促进花蕾发育、促使开花整齐、促进授粉受精、预防畸形果等作用；在幼果期至果实膨大期喷施 0.136％可湿性粉剂 15 000 倍液，具有提高光合作用、促进果实膨大、预防高温日灼、促进养分积累、增强树势等作用；在壮果期喷施 0.136％可湿性粉剂 15 000 倍液，具有促进果实干物质积累、增加果实糖度及硬度、促进果实转色、提升果实品质、增加单果重、延长货架期等作用；果实采收后，使用 0.136％可湿性粉剂 15 000 倍液均匀叶面喷雾加 20 000 倍液灌根，具有促进根系发达、增加树体养分积累、促进木质化形成、预防寒流冻害及来年晚霜冻害的作用。

草莓　育苗期，使用 0.136％可湿性粉剂 7 500 倍液喷雾，具有促进根系发育、培育壮苗、提高抗病能力的作用；定植后，使用 0.136％可湿性粉剂 5 000 倍液灌根，具有促进发根、提高移栽成活率、强壮幼苗的作用；从花蕾形成期开始喷施 0.136％可湿性粉剂 7 500 倍液（混加 0.3％尿素、0.3％硼肥等），10～15 天 1 次，连喷 2～3 次，具有促进花器发育、促进授粉受精、提高坐果率、促进果实膨大、提高果实商品性、增加产量等作用。

茶叶　从茶叶芽苞萌发初期开始叶面喷雾，15～20 天 1 次，连喷 2 次，具有调节生长、提高嫩芽产量、促进伤口愈合及恢复生长的作用。一般每亩次使用 0.136％可湿性粉剂 4～7 克，对水 30～60 千克均匀喷雾。

草腐食用菌　接菌前，每 100 米^{2}菌床料面使用 1 克 0.136％可湿性粉剂对水 15 千克均匀喷洒，具有促进菌丝发育整齐的作用；菌床料面覆土时，每 100 米^{2}料面再使用 1 克 0.136％可湿性粉剂对水 15 千克均匀喷洒，具有促进菌丝复壮的作用；在第 2、第 3 茬菇原基普遍长成黄豆粒大小时，每 10～12 米^{2}料面使用 1 克 0.136％可湿性粉剂对水 15 千克大水喷雾，连喷 2 天，具有促使菌体均匀一致、增加产量、改善品质的作用。

木腐食用菌　装袋前拌料时，使用 0.136％可湿性粉剂 1 克对水 15 千克拌料 100 千克，具有促进菌丝萌发生长整齐的作用；当菇体长到直径 3 厘米左右时，使用 0.136％可湿性粉剂 15 000 倍液喷雾，具有促进菇体快速生长的作用；当第 2、第 3 茬菇体长到一元硬币大小时，再次使用 0.136％可湿性粉剂 15 000 倍液均匀喷雾，具有增加产量、改善品质的作用。

注意事项　赤·吲乙·芸薹的主要生理功能为调节生长，与优质叶面肥类混用效果更好。不同作物上的不同时期使用，其功能表现亦有不同，需根据实际生产需要酌情使用，且使用次数应参考产品标签说明，不宜过多使用。

噻苯·敌草隆

有效成分　噻苯隆（thidiazuron）＋敌草隆（diuron）。

主要含量与剂型　540 克/升（360 克/升＋180 克/升）悬浮剂，12％（8％＋4％）、30％（20％＋10％）可分散油悬浮剂，68％（50％＋18％）、75％（50％＋25％）可湿性粉剂，81％（75％＋6％）水分散粒剂。括号内有效成分含量均为噻苯隆的含量加敌草隆的含量。

产品特点　噻苯·敌草隆是由噻苯隆与敌草隆按科学比例混配的一种接触型低毒复合植物生长调节剂，属取代脲类植物生长调节剂与甲基脲类植物生长调节剂的科学组合，主要应用于棉花脱叶处理。均匀喷施后，促进棉花叶柄基部与茎秆间离层的形成，使棉花叶片枯萎前脱落，具有促使棉铃吐絮早而整齐、利于机械收获、避免枯叶碎屑污染棉絮、提高棉花质量的作用。

适用作物使用技术及效果 噻苯·敌草隆主要应用于棉花，用于促进叶片脱落、促使棉铃吐絮等。多在棉铃吐絮 40%左右时茎叶喷雾施药，每季喷施 1 次。一般每亩使用 12%可分散油悬浮剂 40～60 毫升，或 30%可分散油悬浮剂 20～25 毫升，或 540 克/升悬浮剂 9～12 毫升，或 68%可湿性粉剂 12～15 克，或 75%可湿性粉剂 7～8.5 克，或 81%水分散粒剂 15～20 克，对水 30～45 千克（人工喷雾）或 15～20 千克（拖拉机喷雾）或 6～8 千克（飞机喷雾）均匀叶面喷雾。

注意事项 噻苯·敌草隆不能与枯叶剂或氯化钠混用，喷药时应均匀周到，使植株叶片充分着药。喷药后 24 小时内降雨会影响药效，需要重喷。注意施药前后的气温变化，用药前后 3～5 天日最低温度应≥12℃，以利于充分发挥药效。

烯腺·羟烯腺

有效成分 烯腺嘌呤（enadenine）＋羟烯腺嘌呤（oxyenadenine）。

主要含量与剂型 0.000 4%（0.000 05%＋0.000 35%）、0.002 5%（0.001 5%＋0.001%）、0.004%（0.000 5%＋0.003 5%）可溶粉剂，0.000 1%（0.000 06%＋0.000 04%）、0.000 2%（0.000 1%＋0.000 1%）、0.001%（0.000 125%＋0.000 875%）、0.002%（0.001%＋0.001%）水剂，0.000 1%（0.000 04%＋0.000 06%）可湿性粉剂。括号内有效成分含量均为烯腺嘌呤的含量加羟烯腺嘌呤的含量。

产品特点 烯腺·羟烯腺又称羟烯腺·烯腺，是由烯腺嘌呤与羟烯腺嘌呤按科学比例混配的一种低毒复合植物生长调节剂，使用安全。其作用机理是通过刺激植物细胞分裂、促进叶绿素形成、增强光合作用、加速新陈代谢和蛋白质合成，而在较短时间内达到增强植物生长势的作用。具有促进根系生长发育及吸收养分、积累有机物、提高授粉率、保花保果、促使有机体快速生长、促进作物早熟、提高植物产量、改善植物品质、提高植物抗逆能力等作用。

适用作物使用技术及效果

番茄 在开花初期、坐果期、果实膨大期各叶面喷雾 1 次，具有调节生长、促进果实膨大、增加产量的作用。一般使用浓度 0.002～0.003 毫克/千克烯腺·羟烯腺药液均匀喷雾。

甘蓝 在甘蓝移栽定植缓苗后至结球前均匀叶面喷雾，7～10 天 1 次，连喷 2～3 次，具有调节生长、增加产量的作用。一般使用浓度 0.002～0.002 5 毫克/千克烯腺·羟烯腺药液均匀喷雾。

柑橘树 在柑橘初花期、幼果期、果实膨大期各叶面喷雾 1 次，具有调节生长、提高坐果率、促进果实膨大、增加产量的作用。一般使用浓度 0.003～0.004 毫克/千克烯腺·羟烯腺药液均匀叶面喷雾。

葡萄 在葡萄开花初期、坐果期、果粒膨大期各喷雾 1 次，具有调节生长、提高坐果率、促进果粒膨大等作用。一般使用浓度 0.015～0.025 毫克/千克烯腺·羟烯腺药液均匀喷雾。

水稻 在插秧缓苗后和孕穗期各喷施 1 次，具有调节生长、促进增产、提高抗逆能力的作用。一般每亩使用 0.001% 水剂 40～50 毫升，对水 30～45 千克均匀叶面喷雾。

小麦　在返青至拔节初期和孕穗期各喷施 1 次，具有调节生长、提高抗逆性能、促进增产的作用。一般每亩使用 0.001% 水剂 30～50 毫升，对水 30～45 千克均匀叶面喷雾。

玉米　在玉米拔节期和喇叭口初期各喷施 1 次，具有调节生长、促进增产的作用。一般每亩使用 0.001% 水剂 30～40 毫升，对水 30～45 千克均匀叶面喷雾。

大豆　从大豆初花期开始叶面喷雾，7～10 天 1 次，连喷 2～3 次，具有调节生长、提高结荚率、增加产量的作用。一般使用浓度 0.002～0.0025 毫克/千克的烯酰·羟烯腺药液均匀喷雾。

茶树　在茶树萌芽前、萌芽初期及萌芽后 20 天各叶面喷雾 1 次，具有调节生长、提高抗低温能力、增加产量的作用。一般使用浓度 0.003～0.005 毫克/千克的烯酰·羟烯腺药液均匀喷雾。

注意事项　烯腺·羟烯腺不能与碱性药剂及肥料混用。本剂有效使用量极低，应严格按照产品标签说明使用，并最好采用二次稀释法配制药液。

吲丁·萘乙酸

有效成分　吲哚丁酸（4 - indol - 3 - ylbutyric acid）＋萘乙酸（1 - naphthyl acetic acid）。

主要含量与剂型　1.05%（0.85%＋0.2%）水剂，1%（0.8%＋0.2%）可溶液剂，2%（1%＋1%）、4%（2%＋2%）、5%（2.5%＋2.5%）、50%（40%＋10%）可溶粉剂，0.08%（0.05%＋0.03%）、10%（8%＋2%）可湿性粉剂，0.08%（0.05%＋0.03%）水分散粒剂。括号内有效成分含量均为吲哚丁酸的含量加萘乙酸的含量。

产品特点　吲丁·萘乙酸又称吲哚·萘乙酸，是由吲哚丁酸与萘乙酸按科学比例混配的一种低毒复合植物生长调节剂，经嫩表皮进入植物体内，随营养流输送到起作用部位，具有激化植物细胞活性、促进细胞分裂扩大、促使根原基分化、刺激愈伤组织形成不定根、促进根系生长发育、提高移栽成活率、增强抗逆能力、调节生长、提高坐果率、防止落果、催熟增产等作用，对株高、茎粗、侧枝、侧根等部位生长均有促进效果。

适用作物使用技术及效果

黄瓜　定植缓苗后开始灌根，10 天左右 1 次，连灌 2 次，具有促进根系生长、培育壮秧的作用。一般每亩使用 1% 可溶液剂或 1.05% 水剂 100～130 毫升，对适量水均匀灌根。也可在秧苗移栽成活后和初花期分别叶面喷雾，具有调节生长、提高结瓜率、促进增产的作用。一般使用 1.7～2.6 毫克/千克吲丁·萘乙酸药液均匀叶面喷雾。

水稻　播种前，使用浓度 30～50 毫克/千克吲丁·萘乙酸药液浸种 10～12 小时，而后用清水冲洗、催芽、播种，具有促进种子萌发、促使根系生长、培育壮苗的作用。也可在水稻秧苗 1 叶 1 心期和 3 叶 1 心期各喷施 1 次浓度 15～20 毫克/千克的吲丁·萘乙酸药液，具有促进秧苗生根、移栽缓苗快、增强抗逆性、提高秧苗品质等作用。

玉米　播种前，使用浓度 15～20 毫克/千克吲丁·萘乙酸药液浸种 5～8 小时，而后用清水冲洗、晾干、播种，具有促进种子发芽、促使根系生长发育、培育壮苗的作用。

葡萄　插条育苗时，使用浓度 250～500 毫克/千克的吲丁·萘乙酸药液浸泡插条基部 2～3 厘米处，2～3 小时后捞出、扦插，具有诱使形成根系、提高成活率的作用。

杨树　插条育苗时，使用浓度 80～150 毫克/千克的吲丁·萘乙酸药液浸泡插条基部 8 厘米左右，8～10 小时后捞出、扦插，具有诱使产生根系、提高成活率的作用。

月季　插条育苗时，使用浓度 100～130 毫克/千克的吲丁·萘乙酸药液浸泡插条基部 2～3 厘米处，1～2 小时后捞出、扦插，具有诱发形成根系、提高成活率的作用。

注意事项　吲丁·萘乙酸不能与铜制剂及碱性药剂混用。具体应用时，按照产品标签说明进行操作。

主 要 参 考 文 献

马克比恩，2015. 农药手册：第 16 版 ［M］. 胡笑形，等，译. 北京：化学工业出版社.

李玲，肖浪涛，谭伟明，2018. 现代植物生长调节剂技术手册 ［M］. 北京：化学工业出版社.

农药信息一点通 ［OL］. http：//www. nyrj8. com.

王江柱，2015. 农民欢迎的 200 种农药：第 2 版 ［M］. 北京：中国农业出版社.

张宗俭，邵振润，束放，2015. 植物生长调节剂科学使用指南：第 3 版 ［M］. 北京：化学工业出版社.

中国农药信息网 ［OL］. http：//www. icama. org. cn.

图书在版编目（CIP）数据

新编农药科学使用手册 / 王江柱主编. —北京：
中国农业出版社，2023.9（2025.11 重印）
ISBN 978-7-109-31178-7

Ⅰ.①新… Ⅱ.①王… Ⅲ.①农药施用-手册 Ⅳ.
①S48-62

中国国家版本馆 CIP 数据核字（2023）第 189769 号

中国农业出版社出版

地址：北京市朝阳区麦子店街 18 号楼
邮编：100125
责任编辑：孟令洋 郭晨茜
版式设计：杨 婧 责任校对：刘丽香
印刷：北京通州皇家印刷厂
版次：2023 年 9 月第 1 版
印次：2025 年 11 月北京第 17 次印刷
发行：新华书店北京发行所
开本：787mm×1092mm 1/16
印张：38.75
字数：1000 千字
定价：88.00 元
